U0210707

关联大系统的分散鲁棒控制

谢永芳　桂卫华　陈　宁　蒋朝辉　著

科学出版社

北　京

内 容 简 介

本书总结了作者及其团队20年来从事分散鲁棒控制领域的研究工作，内容涉及不确定性关联系统的分散鲁棒稳定化、分散鲁棒 H_∞ 控制，不确定性关联时滞大系统的分散鲁棒镇定、分散输出跟踪控制、无源化控制和时滞相关分散鲁棒 H_∞ 控制以及奇异关联系统的分散鲁棒控制等，并以电力系统的分散控制和锌湿法冶炼浸出过程分散 H_∞ 鲁棒控制为例，阐述了分散鲁棒控制的应用。书中着重阐述了如何用线性矩阵不等式方法研究这些关联系统的分散控制问题，给出了关联系统分散鲁棒控制器的存在条件、构造方法和求解算法。

本书可作为高等院校控制科学与工程学科高年级本科生和研究生学习的参考书，也可供自动化控制以及相关领域的广大工程技术人员与科研工作者自学和参考。

图书在版编目（CIP）数据

关联大系统的分散鲁棒控制 / 谢永芳等著. —北京：科学出版社，2016.12
ISBN 978-7-03-051301-4

Ⅰ. ①关… Ⅱ. ①谢… Ⅲ. ①多关联系统-鲁棒控制 Ⅳ. ①TP271 ②TP273

中国版本图书馆CIP数据核字（2016）第314832号

责任编辑：张海娜　纪四稳 / 责任校对：郭瑞芝
责任印制：张　倩 / 封面设计：蓝正设计

科学出版社 出版
北京东黄城根北街16号
邮政编码：100717
http://www.sciencep.com
新科印刷有限公司 印刷
科学出版社发行　各地新华书店经销
*
2016年12月第　一　版　开本：720×1000 1/16
2016年12月第一次印刷　印张：21 1/2
字数：430 000

定价：118.00元

（如有印装质量问题，我社负责调换）

前　　言

分散控制是大系统理论中的一个重要分支，是解决复杂系统和大系统控制的一种有效理论和方法。由于工况变化、外部干扰和建模误差，不确定性在实际关联系统中广泛存在。所谓分散鲁棒控制是指只利用各子系统的信息进行分散化控制，同时保证关联大系统在不确定性条件下维持稳定性和某些期望性能。关联系统的分散鲁棒控制已成为国内外研究的重要课题。

本书是作者所在团队在分散控制领域近 20 年研究工作的系统性总结，由 8 章构成。第 1 章主要介绍分散控制的概念，回顾不确定关联大系统、不确定时滞大系统以及不确定奇异大系统分散鲁棒控制的发展，给出线性矩阵不等式(LMI)的概念、Schur 补引理和有界实引理；第 2 章研究满足匹配条件和数值界两类不确定性关联大系统的鲁棒稳定化控制器设计问题和关联 Lurie 控制大系统的参数绝对稳定性问题，给出相应的状态反馈控制器设计方法；第 3 章分别讨论不确定性关联时滞大系统的时滞无关和时滞相关分散鲁棒镇定问题，给出分散鲁棒镇定判据，并推广到具有分离变量的非线性关联大系统时滞相关局部分散鲁棒镇定；第 4 章探讨关联时滞系统的分散无源化控制和输出跟踪控制问题，采用分散控制思想研究时滞线性关联大系统的无源性、控制器的存在性和具体构造方法，给出两类不确定性关联时滞线性大系统渐近跟踪给定参考输入的条件；第 5 章研究不确定性关联大系统的分散鲁棒 H_∞控制问题，给出分散 H_∞、H_2/H_∞状态反馈控制器的参数化定理，提出直接 LMI 和迭代 LMI 两种控制器设计方法，阐述分散输出反馈 H_∞控制器参数化构造方法，研发求解分散输出反馈 H_∞控制器的同伦迭代 LMI 算法，阐述基于状态观测器的分散鲁棒 H_∞控制器设计方法；第 6 章主要研究关联系统的时滞相关分散鲁棒 H_∞控制问题，利用 Lyapunov-Krasovskii 泛函与时滞积分矩阵不等式给出一类线性关联系统存在分散状态反馈鲁棒 H_∞控制器及非脆弱 H_∞控制器的时滞相关的充分条件，讨论一类不确定关联非线性系统的时滞相关分散状态反馈鲁棒 H_∞控制器存在条件；第 7 章主要分析奇异关联系统的分散鲁棒控制问题，阐述不确定性关联奇异大系统时滞相关分散鲁棒容许控制器的设计方法、广义输出反馈分散鲁棒 H_∞控制器的构造与设计方法；第 8 章以电力系统的时滞相关分散励磁控制和锌湿法冶炼过程中浸出工序的分散 H_∞控制为例说明相关理论方法的应用。本书的第 1～3 章由谢永芳教授执笔，第 4 章和第 6 章由桂卫华教授执笔，第 5 章和第 8 章由陈宁教授执笔，第 7 章由蒋朝辉副教授执笔，由桂卫华和谢永芳负责全书的统稿。

本书的主要结果引自作者及其所指导博士生的研究论文，并得到了国家创新群体科学基金项目“复杂有色冶金过程控制理论、技术与应用”(61621062)和国家自然科学基金面上项目“长流程生产过程多重大时滞系统特性分析和控制策略”(61074117)的资助，在此表示衷心的感谢。本书是团队长期团结合作的成果，在本书撰写过程中中南大学控制工程研究所的各位老师给予了大力支持和帮助，在本书完成之际，向他们表示崇高的敬意。此外，本书还得到了武汉理工大学邓燕妮教授、中南大学刘碧玉教授以及中南大学控制工程研究所的部分在读博士生和硕士生的支持和帮助，在此深表谢意。

限于作者水平，书中不妥和疏漏之处在所难免，恳请读者和同仁不吝批评指正。

谢永芳　桂卫华　陈　宁　蒋朝辉

2016 年 10 月 1 日

于中南大学控制工程研究所

目　　录

第1章 绪 论

1.1 分散控制的概念

许多大系统分布地域广阔，集中化的控制方案往往难以有效实施，即使采用分解协调的方法减少了计算量，但从信息传输成本上考虑，对实际系统的信息结构往往有所限制，集中控制所提出的信息集中的要求也难以达到。此外，由于信息传输的滞后、可靠性等，也带来一系列信息的有效性和准确性问题。针对这种情况，在大系统的实践中出现了“分散化”(decentralization)的新概念。这里所说的分散化，是指信息分散化和控制分散化。分散化控制(decentralized control)是大系统理论中的一个重要分支，是解决复杂系统和大系统控制的一种有效理论和方法。图 1.1 比较了集中控制和分散控制在结构上的不同。

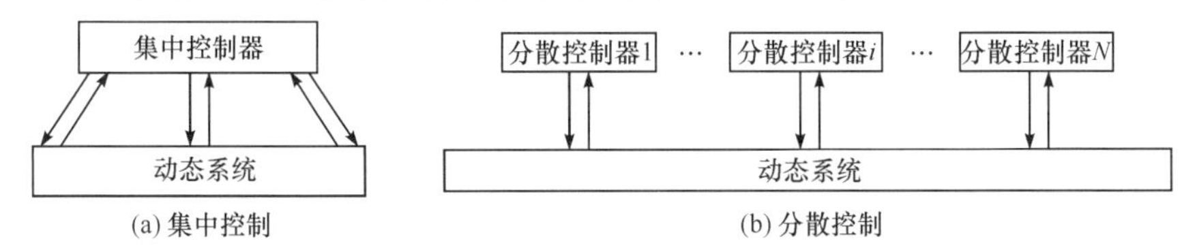

图 1.1 集中控制与分散控制

传统的反馈控制理论指出，无论是线性二次型最优控制，还是利用状态或输出反馈的极点配置，本质上都是集中型控制。其主要特征是系统的任一控制作用都要受到所有传感器输出信息的影响，如图 1.1(a)所示。这种以系统全部信息构成控制律的集中方式，对于很多实际系统，特别是对于空间上分布很广的动态大系统，是难以实现的。例如：

(1) 在电力系统中，各区域电网和不同的发配电站是由不同的区域控制器进行控制的。这些控制器根据本区域中各用户分布和用电计划按适当的规划，分散进行调度控制。各区域之间由于没有足够时间或者没有相应的设备，而不能实现信息的在线交换。

(2) 在过程控制系统中，对于运行在稳态的大型工业对象，局部跟随器的任务是把被调量调整到期望的设定点上，使系统保持稳定，并减少作用于对象的扰动的影响。对于这类系统，要得到一个集中的在线数据库，往往由于时间的限制，在物理上难以实现，或者实现起来代价十分昂贵。即使有可能在某处收集到全部在线信息，为了减少在线计算量，提高系统故障时的可靠性，人们也宁可用分散的信息进行计算，并把控制分散化。

(3) 工业机器人等快速复杂的伺服机构要求对测量输入即刻做出反应，没有足够的时间利用全部信息进行计算。

此外，在电信网络、城市交通网、计算机通信网络、河流污染控制、多水库的洪水控制、经济系统等大系统中都可以找到许多这样的例子。对于这类实时性要求高、空间分布广的大系统，由于集中的反馈控制需要复杂的、有时是远距离的信息交换，因此难以满足可实现性、实时性、经济性、可靠性的要求。由此，自然而然地产生了信息分散化、控制分散化问题。

分散化控制的概念是在大系统的实践中新产生和发展起来的，其指导思想是利用分散的信息实现分散的控制。这不仅是控制理论发展的产物，而且是实现对大系统的在线反馈控制的现实需求。分散控制的立足点是在线反馈控制，实现的方式是信息分散化、控制分散化。在分散控制中，动态大系统被划分为许多子系统，它们分别由独立的控制器进行控制，每个控制器只观测系统的局部信息，并以此构成局部控制律。各个分散控制器在整个系统中具有平等的地位，没有上下级的从属关系，也没有一个控制器可以像协调器那样对整个大系统施加影响，因此控制是多中心的，如图 1.1(b)所示，这是分散控制区别于递阶控制的显著特点。

实现分散控制，不但减少了信息处理量，快速地实现反馈控制，提高了控制的实时性，而且在系统分布地域很广时，降低了数据通信的复杂性，提高了系统的可靠性，便于系统的实现。

由于信息分散及控制分散，在分散控制中出现了一些集中控制所没有的新问题，这主要表现在：

(1) 分散控制是在有约束的信息结构下进行的，这不同于可以利用系统全部信息的集中控制。这种“非经典的信息模式”(nonclassical information pattern)使集中控制中的某些结论不再成立。因此，在设计分散控制器时，必须考虑非经典信息模式带来的新特点。

(2) 由于控制系统是在分散情况下进行的，信息的短缺往往使集中时的最优性能指标难以达到。因此，在分散控制中，往往着眼于次优设计，或者从包含全部关联的总系统出发，按有结构约束来设计分散控制器。

1.2 不确定关联大系统分散鲁棒控制的发展

在实际系统中，由于环境条件或辨识不精确等因素，系统模型中常会有很多不确定性。对不确定性的研究可以追溯到古典控制理论中，在古典控制理论中，系统鲁棒性的研究体现在对系统的某种性质或某个指标对参量变化的敏感程度的研究。对单变量控制系统设计时，总是设法保证系统有一定的稳定裕度，使得控制系统能在一定的建模误差和外界干扰的情况下仍能正常运行。20 世纪 60～70 年代以来，随着计算机科学、数学的发展及工程实际对控制理论的推动，产生了基于状态空间描述的现代控制理论，它是以系统内部状态为研究对象的，而且将系统研究范围扩展到多变量系统,并能较好地解决多变量控制系统的分析和综合问题。但是，在实际工程应用中，控制对象往往存在着干扰，控制系统的元件也可能发生老化或损害等，于是鲁棒性问题开始引起控制学者的注意。现代控制理论中的 LQG 理论将系统的不确定性假设为一高斯白噪声过程，然而在许多实际问题中，人们仅知道噪声或干扰是属于某个集合而并不确知其统计特性，而且许多控制系统的不确定性并不满足 LQG 理论的苛刻假设，这就使得 LQG 理论无法在众多控制问题中得到应用。20 世纪 80 年代以来，人们越来越深刻地认识到设计控制系统时，必须考虑不确定性。

分散鲁棒控制理论所要研究的问题包括分析和综合两方面。在分析方面研究的是当系统存在各种不确定性及外加干扰时，系统性能变化的分析，包括系统的动态性能和稳定性等；综合问题是指设计分散控制器，保证控制系统具有更强的鲁棒性，即当系统存在参数不确定性和未建模动态性时，闭环系统仍能保持稳定性，并保证一定的动态性能品质。

在实际控制系统中，往往存在各种不确定性，不确定性可以分为非结构不确定性和结构不确定性两大类。非结构不确定性，一般用传递函数模型来描述，主要有加法和乘法不确定性以及基于规范化互质分解描述的不确定性。含有非结构不确定性的系统，主要用频域分析法研究。

在实际控制对象中，往往是描述动态特性的方程式具有已知的形式，即模型的结构是已知的，但是方程式中具有不确定的系数，即模型参数的值是不确定的。一般地，包含在模型参数中的各种系数，由于测量误差、元器件老化或工作点变化和线性近似等，模型参数都包含不确定性。这种不确定性由于具有已知的结构，所以称为结构不确定性。

在不确定性系统的鲁棒控制中，不确定项的匹配条件[1]扮演着重要的角色，众所周知，当匹配条件满足时，不确定性系统可稳定化。为了放松不确定项的匹配条件，人们做出了不少努力。目前不确定项的表达式主要有两类，一类是把不确定阵 $\boldsymbol{\Delta}$ 表示为 $\boldsymbol{\Delta}=\boldsymbol{DEF}$ ，其中 $\boldsymbol{D}$、$\boldsymbol{E}$ 为已知矩阵，矩阵 $\boldsymbol{F}$ 中的元素是 Lebesgue 可测的，$\boldsymbol{F}$ 满足 $\boldsymbol{FF}^{\mathrm{T}}<\boldsymbol{I}$ [2]；另一类是在矩阵 $\boldsymbol{A}$ 中，将其不确定项表示为 $\Delta\boldsymbol{A}=\sum r_i\boldsymbol{A}_i$ ，其中 r_i 为不确定参数，满足 $|r_i|<\bar{r}$ [3]。Gu 等通过一个实例表明后一种表达式更具

一般性[4]。基于以上两种不确定项的表达形式，已得到一些鲁棒反馈控制器存在的充分条件。

在实际线性大系统中，不确定项往往具有数值界表达形式[5]，可表示为 $|\boldsymbol{\Delta}| \prec \boldsymbol{E}$，即矩阵 $\boldsymbol{\Delta}$ 中每个元素的绝对值小于矩阵 $\boldsymbol{E}$ 中相应元素，其中 $\boldsymbol{E}$ 为非负常数阵。不难看出这种表达形式与上述的第二类表达形式相类似。相比之下，不确定项的数值界表达形式不需要满足匹配条件，更具有一般性和实际意义。基于不确定项的数值界表达形式，可以去掉不确定项分解后所附加的一些约束条件，从而有可能得到更易于实现的分散鲁棒控制器。

1.2.1 状态反馈的情形

Yasuda 讨论了具有参数不确定性的关联系统的分散二次稳定问题[6]，说明了该问题可归于为每个子系统设计一个具有某个扰动水平的二次稳定化控制器，并可扩展到离散系统和非线性系统的情形。Gong 研究了一类不满足匹配不确定性条件的关联时变系统的分散控制问题[7]，将不确定性分为匹配和不匹配两部分，设计的分散控制策略可保证被控系统指数收敛到一个预定区域。Cheng 建立了 H_∞ 控制和关联大系统的分散控制器设计之间的密切关系[8]，提出利用局部代数 Riccati 方程的集合，设计了 H_∞局部控制器的综合方法，即一种迭代 Schur 算法。Wang 和 Cheng 用 Riccati 方程研究了不满足匹配条件的不确定大系统，设计了一种使闭环系统稳定的全状态观测器[9]。Yang 和 Zhang 对含有时变有界不确定性关联大系统，提出了可分散二次稳定系统的充分条件[10]，根据不确定性的结构特征，给出分散控制器的设计方法。

刘新宇等提出了不确定线性组合系统存在分散鲁棒反馈控制器的充分条件[5]，系统中不确定项具有数值界，可不满足所谓的匹配条件，基于不确定项的数值界表达形式，针对不确定线性组合系统给出分散鲁棒控制律，其不确定项可以是时变的。此外还研究了状态、控制和关联均存在不确定性的关联大系统分散控制问题[11]，不确定性假定为结构已知和范数有界的，设计出的分散控制器能使整个闭环系统分散二次稳定。本课题组用线性矩阵不等式(LMI)方法研究了一类满足匹配条件的时变不确定性关联大系统，给出了其可分散状态反馈镇定的充分条件[12]，并将结果扩展到范数有界不确定性的情形[13]。李忠海和张嗣瀛研究了一种分散 H_∞控制器设计方法[14]，将控制器的设计归结为解一组局部代数 Riccati 方程，同时将不确定项分成结构和有界两部分，设计的对应控制器也由两部分组成，以保证具有强互联不确定性的组合系统是具有干扰衰减指数的分散可稳的。徐兆棣和张嗣瀛研究了一类互联项与孤立子系统均含有范数界不确定性的非线性组合大系统的状态反馈鲁棒分散镇定问题[15]，设计出线性状态反馈鲁棒分散控制器，使闭环系统在其平衡点处按指数渐近稳定，且鲁棒控制器具有全息结构。

1.2.2　输出反馈的情形

不确定性大系统分散输出反馈的主要分析方法是在集中不确定性系统的基础上发展而来的，其中以 Xie 等在 1992 年发表的论文[16]最具代表性，设计方法是根据不确定性的表达形式，先考虑系统无控制输入时的系统稳定性，然后再考虑由分散输出反馈控制器与原系统构成的增广系统的鲁棒性能问题，这时不确定性系统可化成不含任何不确定性系统的增广系统，进而可用标准控制理论求解，最后归结为代数 Riccati 方程、不等式或 LMI 求解。

国外研究分散输出反馈控制问题的学者较多。Zhai 等考虑由 N 个子系统构成的不确定性大系统的分散二次稳定性问题[17]，通过引入两个参数集合，一个估计关联的强度，另一个标定子系统的系数矩阵，分散二次稳定性问题可以归结为在子系统水平上无不确定性的 H_∞控制问题，由代数 Riccati 方程的解可求出局部输出反馈控制器。Wang 等针对不确定性关联大系统，设计分散静态输出反馈律使闭环系统获得鲁棒稳定性和鲁棒 H_∞性能[18]，将该问题转化为无关联和不确定系统的标定 H_∞控制问题。Wang 等研究了含有三个子系统的关联系统的分散鲁棒稳定化问题，每个子系统包括非线性和/或时变不确定性和关联[19]，但三个子系统中有一个没有直接控制，可以使用子系统间的关联作为桥梁来传递控制作用，使得分散控制得以实现。Chen 等研究了大系统含有时变范数界参数不确定性和外部干扰时的分散鲁棒 H_∞控制[20]，得到分散静态输出反馈控制器存在的充要条件，使闭环系统二次稳定，且满足 H_∞性能指标。Erwin 等应用 Popov 判据和拟牛顿法，研究了分散静态输出反馈的实结构奇异值控制，得到了具有固定结构的鲁棒控制器的综合方法[21]。

国内尽管起步较晚，但也有相当多的成果。孙优贤和尚群立针对含有不确定性的线性内互联大系统，讨论通过分散状态反馈和分散动态输出反馈的鲁棒控制问题[22]，基于有界实引理分别导出了状态反馈和动态输出反馈的分散鲁棒 H_∞控制问题有解的充分必要条件，该条件及其问题的求解等价地转化成一个 LMI 和双线性阵不等式(BMI)的求解。王向东等讨论了一类不确定性内联大系统的二次稳定性[23]，给出了以 H_∞小增益条件表示的该系统二次稳定的充分必要条件，讨论了一类不确定内联系统的二次稳定性和分散反馈镇定问题，给出了用“集结”后子系统的一组 H_∞小增益条件表示的不确定内联系统二次稳定和可分散反馈镇定的充分条件，分散控制可通过求一组子系统阶数的 Riccati 不等式得到。用类似的方法，还讨论了不确定线性组合大系统的二次稳定性和联结稳定问题，得到了用关于低阶子系统的一组 H_∞模描述大系统稳定性的充分条件[24]。王银河等研究了一类相似组合系统的鲁棒分散输出反馈镇定问题[25]，描述了两个控制系统间的输出反馈相似的概念，利用这种相似结构设计出的分散输出反馈控制器可使组合系统得到鲁棒镇定。刘粉林等研究了不确定相似组合系统的鲁棒分散输出控制问题[26]，不确定项存在于子系统内部及各子系统的互联项内，可以是非线性或时变的，且满足匹配条件，所得的控制器保证受控系统按指数收敛于系统的平衡点或以平衡点为中心的最终吸引子。Scorletti 等利用系统的输入输出特性(耗散性)的概念，将被控大系统变换成子系统之间的关联模型[27]，对每个子系统设计了一个局部控制器，使闭环子系统稳定，并且满足输入输出特性，从而保证整个大系统的稳定性和性能，获得了基于 LMI 的分散输出反馈控制器存在的充分条件。

1.2.3 输出跟踪的情形

分散鲁棒输出跟踪是鲁棒控制中的重要问题，它要求所设计的控制器确保系统在受到干扰的情况下，其输出仍收敛到所给定的参考输入。Mao 等研究了一类不确定关联系统的分散鲁棒输出跟踪问题[28]，不确定性假定为时不变，并满足匹配条件，通过定义每一个子系统的增广矩阵，设计分散控制律，使闭环系统以固定的收敛率跟踪常数输入。Ni 和 Cheng 在文献[28]的基础上，研究了一类不确定性关联系统分散鲁棒输出跟踪问题[29]。刘新宇等提出了不确定线性组合系统存在分散输出跟踪器的充分条件[5]，系统中不确定项具有数值界，可不满足所谓的匹配条件，基于不确定项的数值界表达形式，针对不确定线性组合系统给出分散鲁棒控制律，系统中的不确定项是时不变的，设计的分散跟踪器能使受控系统可渐近跟踪给定的参考输入。

本课题组应用LMI研究不确定性关联大系统的分散鲁棒输出跟踪控制问题[30]，系统中不确定项具有数值界，可不满足匹配条件，基于不确定项的表达形式，给出了存在分散控制鲁棒跟踪控制器的 LMI 条件，在此基础上，通过建立求解受 LMIs 约束的凸优化问题，提出了具有较小反馈增益 LMI 设计方法，使受控系统渐近跟踪给定的参考输入。陈兵等讨论了线性不确定组合系统的鲁棒分散输出渐近跟踪问题[31]，基于 Lyapunov 方程正定解的存在性，给出了输出反馈跟踪控制器的设计方法，对于系统中所容许的不确定，所设计的控制器均使系统的输出渐近跟踪所给定的参考信号，同时系统的状态保持有界。

1.3 不确定时滞大系统分散鲁棒控制的发展

由于信息传输和测量的不灵敏性，系统中常常会出现时滞，具有关联滞后动态大系统鲁棒稳定化问题已为众多学者关注。通过许多学者的共同努力，时滞关联系统的分散鲁棒控制问题研究取得了许多研究成果。总体来看，研究工作的主体是系统的分散镇定这一基础问题，而对于其他控制目标的研究工作相对薄弱一些。

目前分散鲁棒镇定问题的研究大体上可以分为时滞线性关联系统镇定和时滞非线性关联系统镇定的研究。对于时滞线性关联系统的分散鲁棒镇定问题，由于系统结构和控制器结构都有较为统一的表达方式，以矩阵理论和方法为研究工具吸引了广大研究人员的关注。在工程应用方面，构造一个线性系统比构造非线性系统简单得多，因而也是实际工程当中应用最多的系统。在时滞线性关联系统分散鲁棒镇定方面的研究工作主要如下。

Lee 和 Radovic 研究了线性连续和离散关联时滞系统的分散镇定问题，采用局部无记忆状态反馈，没有考虑时滞对镇定的影响[32]。Hu 也研究了这类系统的分散镇定问题，以 Riccati 方程形式给出了分散状态反馈和状态观测器存在的时滞无关充分条件，并说明文献[33]加在互联上的限制是不必要的[34]。但是 Trinh 和 Aldeen 后来又证明了 Hu 的结果仅仅适合于输入输出的数目相等或大于状态数目的情形[35]。Oucheriah 针对具有外部扰动、模型不确定参数的时变时滞和非线性输入的关联系统研究了其分散镇定问题，但在反馈控制器的设计中没有考虑时滞的影响[36]。Xie 等研究了具有时滞的随机关联系统的分散鲁棒镇定问题，主要采用 LMI 方法，LMI 条件中不含有时滞信息[37]。本项目组针对有数值界不确定线性关联时滞大系统，给出了存在时滞无关分散鲁棒控制器的 LMI 充分条件，在此基础上，通过求解凸优化问题，提出了具有较小反馈增益分散稳定化状态反馈控制律的设计方法[38,39]。余昭旭和孙继涛针对关联矩阵的不同分解，建立了变时滞线性关联时滞大系统的分散镇定的充分条件[40]。Xu 等针对具有未知时滞的关联系统，在一定关联分解情况下，建立了可由 LMI 表示的分散镇定条件，给出了分散局部无记忆状态反馈控制器设计方法[41]。刘晓志等采用还原方法研究了一类具有多输入时滞及互联时滞的不确定关联系统的分散镇定问题[42]。关新平等研究了一类离散时滞关联系统的时滞相关鲁棒分散镇定问题，通过构造性的差分格式，给出了鲁棒时滞上界的求解[43]。

线性关联系统分散控制的研究，经历了系统从没有时滞到有时滞的过程，研究结果从时滞无关到时滞相关的过程。前者在模型上是一个进步，时滞在系统模型中，特别是关联系统模型中是必然存在的。后者是两个研究目标的相互补充，时滞无关的结果可以适应如慢变化工业过程的大滞后系统，但是在数学上难免给出的条件比较保守，时滞相关的结果能够避免保守性、能准确计算系统控制可以容许的时滞，但是对于大时滞的系统又是无能为力的。因而，在时滞无关和时滞相关的控制结论上不能简单地用数学条件的保守与否来衡量其意义。

对时滞线性关联系统分散控制研究的主要工具从早期的 Lyapunov 函数方法、Lyapunov 泛函方法结合 M 矩阵、Riccati 方程方法，发展到比较流行的 LMI 方法[44]。LMI 方法的优越性在于给出的控制条件宽松，可以由工程技术人员选择的控制器参数灵活，在该方法的发展过程中著名的工程计算仿真软件 MATLAB 功不可没[45]。

时滞非线性关联系统的分散鲁棒镇定问题由于难度较大，目前研究成果比较少。针对非线性系统主要的研究工作可以在一些著作中见到，如文献[46]和[47]中系统地总结了非线性系统 Lyapunov 直接法的思想和方法、技巧。Wang 等针对一类时滞非线性不确定系统[48]，Liu 对于具有非线性扰动的动力系统考虑了镇定问题[49]，这些都是集中控制的结果。Jankovic 针对结构特殊的非线性系统，利用控制 Lyapunov 函数得到了镇定条件[50]，这与通常设定好控制器形状的方法不同，考虑了系统有些部分不可控的问题，但是仍然是集中控制的结果。

非线性系统集中控制到分散控制的过渡，主要是如何给出关联结构的稳定条件，在某些结构较为简单的关联系统中，这种过渡不是很困难，但是对于一些比较复杂的关联系统，如发电机组构成的电力系统，其关联结构中不仅存在着非线性而且存在着时滞，在考虑这种非线性系统的分散控制的时候多数是采用比较复杂的非线性控制来实现。

关于时滞非线性关联系统的分散鲁棒镇定问题，文献[51]假设系统非线性部分满足 Lipschitz 条件，这实质上仍然是希望采取线性系统的处理方法来处理非线性问题。Hsiao 等采用模糊控制解决关联时滞非线性系统分散控制的文献[52]，是采用模糊方法解决非线性分散控制的新结果。Hua 等研究了一类时滞非线性关联系统的分散输出反馈镇定问题[53]，这类系统具有典型的三角结构，因而采用 Backstepping 方法来设计镇定与时滞无关的控制器，此类系统和方法是集中系统的推广。

H_∞控制从系统的输入输出角度考虑稳定系统的问题，时滞关联系统的分散 H_∞控制同样是理论与工程技术人员所特别关注的问题，因为在实际工程中没有一个系统是不受噪声影响的。在此方面，目前的主要工作如下。

对象为时滞线性关联系统的情况下，文献[54]～[61]得到了一系列结果，多数文献采用的是目前流行的 LMI 方法，得到了时滞无关、时滞相关控制器的设计方案。对于非线性系统，文献[57]、[60]和[62]等得到了非线性系统分散 H_∞控制的一些结果，但这些结果没有考虑时滞问题。近来，对于非脆弱控制有了更多的关注，文献[63]～[67]针对非脆弱 H_∞控制得到了逐渐深入的结果。在应用方面，H_∞控制问题可以应用到控制工程的各个领域，如机器人控制、电机拖动控制、飞行器控制、工业过程控制等，在著作[68]和[69]中可以见到其应用。

关于时滞关联系统的分散无源性控制问题，目前所做的的工作非常少，但是无源化控制和基于无源性的控制问题目前已经被很多理论与实际工作者所关注。在文献[70]～[72]中，作者考虑了一般系统、非线性系统和时滞系统无源性的条件，随后，文献[73]～[75]考虑了系统无源性的控制问题，其中文献[75]揭示了系统无源性与 H_∞特性有一定的联系。基于系统的无源性，一些学者发现了一种基于能量的控制技术，或者直接称为基于无源的控制，在文献[76]～[81]中，可以看到此方面的具体讨论。Shim 研究了一类不确定性时滞大系统的分散鲁棒无源控制问题[82]，设计了一个分散输出反馈控制器，使闭环系统鲁棒稳定，且从干扰到控制输出是扩展严格无源的，该分散鲁棒无源控制问题可以转化为一个既不包含时滞又不包含不确定性的一个变换系统的扩展严格正实控制问题。国内，冯纯伯院士等率先考虑系统无源性，在他的著作中可以看到无源性的理论和处理方法[83]。系统无源化是研究基于无源控制的基础，文献[84]和[85]在此方面给出了结果。在关联系统的无源化控制方面本课题组以前人的研究为基础也作出了一些贡献[86, 87]。

1.4 不确定奇异大系统分散鲁棒控制的发展

奇异大系统问题也可以说是奇异大系统的分散控制问题。一方面是由实际问题产生的，许多实际模型的控制结构本身具有分散性，因而适合进行分散控制；另一方面，从信息结构上讲，每个子系统的输出只能得到其对应的子系统的输出信息，有效的控制只能采取分散控制。此外，从理论上讲，奇异大系统的分散控制，也是正常大系统分散控制的自然推广。正因为如此，才使得对奇异大系统的研究成为目前控制界关注的热点之一。

自 1986 年美国控制与决策学术会议(IEEE CDC)上，加拿大多伦多大学的 Chang 和 Davison 两人发表了关于奇异系统分散控制内容的首篇文章，提出了奇异系统有穷分散固定模和脉冲分散固定模两个重要概念以来[88]，国内外的一些高校和科研机构展开了系统深入的研究，并取得了一系列理论成果。文献[89]研究了奇异大系统存在有穷分散固定模的判别问题；王朝珠等独立地从闭环正则奇异大系统角度研究了奇异系统脉冲分散固定模问题，给出了脉冲分散固定模的等价定义及有关计算[90]；Lin 对奇异系统存在有穷分散固定模问题进行了进一步研究，给出了奇异系统存在有穷固定模的递推特征[91]；在此基础上，储德林等研究了奇异分散控制系统脉冲分散固定模问题，给出了进一步的结果[92-98]。

与分散固定模问题相对应，谢绪恺和张国山研究了奇异系统的分散能控性问题，给出了奇异系统 R-分散能控性定义及判别条件[99]，后来，研究了分散信息结构能控性问题。一些学者还讨论了奇异系统 I-能控性与奇异系统 C-能控性问题，

Yan 等对奇异系统 R-分散能控性问题又进行了进一步研究，将有关结论推广到带有反馈形式的奇异系统，并对奇异系统的稳定性与分散镇定问题进行了初步研究[100]。

在实际工程系统中，不确定性总是存在的，不确定性是导致系统不稳定和性能恶化的主要原因之一，不确定性的存在可能会破坏奇异大系统的正则性及系统的结构，故奇异大系统分散控制的研究必须考虑不确定性的影响，即有必要研究奇异关联大系统分散鲁棒控制问题。由于奇异系统特有的正则性和脉冲行为，有关研究和结论变得复杂而富于挑战性。奇异大系统分散鲁棒控制研究方面，目前已取得了一些结果，在国际研究方面，文献[88]和[101]通过定义有穷分散固定模和脉冲固定模的概念,研究了奇异大系统的分散稳定化和鲁棒分散伺服机构问题。文献[102]研究了一类由 N 个不确定广义系统构成的奇异关联大系统的二次稳定性问题，得到了一个使奇异大系统二次稳定的分散静态输出反馈控制器存在的充要条件。文献[103]针对由多个控制通道组成的奇异大系统，研究了其分散输出反馈情形下消除脉冲分散固定模,使闭环系统正则的充要条件。文献[104]用文献[103]的方法研究了不确定性奇异大系统在分散静态输出反馈下，闭环系统所能容许的不确定性的上界问题。文献[105]和[106]用代数方法研究了由多个控制通道组成的奇异大系统分散静态输出反馈下的结构特性，定义了脉冲分散固定模的代数多重性、几何多重性及脉冲分散循环指数等概念，这些概念揭示了在分散静态输出反馈下，奇异大系统的脉冲分散固定模可以被消除的程度。国内研究方面，在 1997 年以前的研究以文献[107]最具代表性，以研究奇异系统的结构特性为主，并用代数方法讨论了奇异交联控制大系统、非线性奇异大系统及其相应的离散系统的鲁棒控制问题，在假定上述系统正则、不具有脉冲行为的前提下，给出了一种分散鲁棒镇定方法,并得到了一类带有广义观测器的鲁棒分散稳定器。文献[108]和[109]研究了真稳定化问题，表明了不稳定的有穷分散固定模和脉冲分散固定模是奇异大系统分散稳定化的主要障碍，并利用稳定分解方法得到了分散奇异系统的 Bezout 辨识的状态空间公式。

以上关于奇异大系统的研究除了正则、稳定性，并没有考虑其他性能指标。以 H_∞范数作为性能指标，可以处理具有变化的功率谱干扰下的问题，而且 H_∞范数具有乘积性质$\|\boldsymbol{PQ}\|_\infty \leqslant \|\boldsymbol{P}\|_\infty \cdot \|\boldsymbol{Q}\|_\infty$，这一性质对研究不确定性影响下系统鲁棒性是很重要的。由于 H_∞控制方法上的可行性和在工程上的合理性已使 H_∞控制成为现代鲁棒控制的核心工具之一。在分散控制中引入 H_∞控制就是为了便于研究大系统的鲁棒控制问题。正常大系统基于 H_∞方法分散控制的研究后来取得了长足的发展(见文献[110]、[111]及其参考文献)。在奇异大系统的 H_∞分散控制方面，文献[112]～[114]考虑了一类具有对称结构的奇异大系统的 H_∞控制器的设计问题，借

助广义代数 Riccati 不等式给出了基于状态反馈、广义观测器的分散 H_∞控制器存在的充要条件，但需要求解耦合的 Riccati 不等式，求解过程比较复杂。

时滞正常大系统分散控制在系统稳定、镇定及鲁棒性等方面的研究取得了较大的进展，但由于奇异大系统具有正则性和脉冲特性以及维数高、系统信息耦合强和结构复杂等特点，有关时滞正常大系统分散控制及时滞奇异系统集中控制的一些结果很难推广到时滞奇异大系统分散控制中去，使得时滞奇异关联大系统分散鲁棒控制的研究进展非常缓慢。正因为如此，才使得时滞奇异系统的容许性问题与时滞奇异关联大系统的分散控制问题的研究仍然是目前控制界关注的热点与难点。

1.5 分散鲁棒控制的 LMI 方法

由于 LMI 的优良性能以及数学规划和解法的突破，特别是内点法的提出以及 MATLAB 软件中 LMI 工具箱的推出，LMI 这一工具越来越受到人们的广泛关注与重视，使其在控制系统的分析和设计方面得到了广泛的重视和应用，成为这一领域的研究热点。在此之前，绝大多数的控制问题都是通过 Riccati 方程或不等式的方法来表示和求解的，但是求解 Riccati 方程或其不等式，有大量的参数和正定对称矩阵需要预先调整，因而有时即使问题本身是有解的，也不能找出问题的解。这给实际问题的解决带来了很大的不便，而 LMI 方法可以很好地弥补 Riccati 方程方法的不足，不需要调整任何参数，便可获得问题的解。

1.5.1 LMI 的概念

具有以下形式的矩阵不等式称为 LMI 或严格 LMI：

$$\boldsymbol{F}(\boldsymbol{x})=\boldsymbol{F}_0+\sum_{i=1}^{m}x_i\boldsymbol{F}_i<0 \tag{1.1}$$

式中，$x_1,\cdots,x_m$ 是 m 个实数变量，称为 LMI(1.1)的决策变量，而 $\boldsymbol{x}=(x_1,\cdots,\boldsymbol{x}_m)^{\mathrm{T}}\in\mathbf{R}^n$ 是由决策变量构成的向量，称为决策向量；$\boldsymbol{F}_i=\boldsymbol{F}_i^{\mathrm{T}}\in\mathbf{R}^{n\times n}(i=0,1,\cdots,m)$ 是一组给定的实对称矩阵。式(1.1)中的“<0”是表示矩阵 $\boldsymbol{F}(\boldsymbol{x})$ 是负定的，即对所有的非零向量 $\boldsymbol{u}\in\mathbf{R}^n$，有 $\boldsymbol{u}^{\mathrm{T}}\boldsymbol{F}(\boldsymbol{x})\boldsymbol{u}<0$ 成立。若

$$\boldsymbol{F}(\boldsymbol{x})=\boldsymbol{F}_0+\sum_{i=1}^{m}x_i\boldsymbol{F}_i\leqslant 0 \tag{1.2}$$

成立，则称式(1.2)为非严格的 LMI。

严格 LMI(1.1)和非严格 LMI(1.2)有着密切关系，非严格 LMI 可以转化为严格

LMI。LMI(1.1)是关于 $\boldsymbol{x}$ 的凸约束，即满足 $\{\boldsymbol{x}:\boldsymbol{F}(\boldsymbol{x})<0\}$ 是关于 $\boldsymbol{x}$ 的一个凸集合，是自变量 $\boldsymbol{x}$ 的一个凸约束。正是 LMI 的这个性质使得可以应用解决凸优化问题的有效方法来求解相关的 LMI 问题。

LMI 的一个基本特征是其变量可以为矩阵，而在许多系统与控制问题中，问题的变量是以矩阵形式出现的。例如，Lyapunov 矩阵不等式

$$\boldsymbol{F}(\boldsymbol{X})=\boldsymbol{A}^{\mathrm{T}}\boldsymbol{X}+\boldsymbol{X}\boldsymbol{A}+\boldsymbol{Q}<0 \tag{1.3}$$

式中，$\boldsymbol{A},\boldsymbol{Q}=\boldsymbol{Q}^{\mathrm{T}}\in\mathbf{R}^{n\times n}$ 是给定的常数矩阵，$\boldsymbol{X}=\boldsymbol{X}^{\mathrm{T}}>0\in\mathbf{R}^{n}$ 是未知矩阵变量，因此该矩阵不等式的变量是一个矩阵。设 $\boldsymbol{E}_1,\boldsymbol{E}_2,\cdots,\boldsymbol{E}_m$ 是 $\boldsymbol{S}^n=\{\boldsymbol{M}:\boldsymbol{M}=\boldsymbol{M}^{\mathrm{T}}\in\mathbf{R}^{n\times n}\}$ 中的一组基，则对任意对称矩阵 $\boldsymbol{X}=\boldsymbol{X}^{\mathrm{T}}\in\mathbf{R}^{n}$，存在 $x_1,x_2,\cdots,x_m$，使得 $\boldsymbol{X}=\sum_{i=1}^{M}\boldsymbol{E}_i x_i$。因此

$$\begin{aligned}\boldsymbol{F}(\boldsymbol{X})&=\boldsymbol{F}\left(\sum_{i=1}^{M}x_i\boldsymbol{E}_i\right)=\boldsymbol{A}^{\mathrm{T}}\left(\sum_{i=1}^{M}x_i\boldsymbol{E}_i\right)+\left(\sum_{i=1}^{M}x_i\boldsymbol{E}_i\right)\boldsymbol{A}+\boldsymbol{Q}\\&=\boldsymbol{Q}+x_1\left(\boldsymbol{A}^{\mathrm{T}}\boldsymbol{E}_1+\boldsymbol{E}_1\boldsymbol{A}\right)+\cdots+x_M\left(\boldsymbol{A}^{\mathrm{T}}\boldsymbol{E}_M+\boldsymbol{E}_M\boldsymbol{A}\right)<0\end{aligned}$$

这样，Lyapunov 矩阵不等式(1.3)写成了 LMI 的一般形式(1.1)。

对 $\mathbf{R}^m\to\boldsymbol{S}^m$ 的任意仿射函数 $\boldsymbol{F}(\boldsymbol{x})$ 和 $\boldsymbol{G}(\boldsymbol{x})$，$\boldsymbol{F}(\boldsymbol{x})>0,\boldsymbol{F}(\boldsymbol{x})<\boldsymbol{G}(\boldsymbol{x})$ 也是 LMI，因为它们可以等价表示为

$$\begin{cases}-\boldsymbol{F}(\boldsymbol{x})<0\\\boldsymbol{F}(\boldsymbol{x})-\boldsymbol{G}(\boldsymbol{x})<0\end{cases}$$

在这种情况下并不写成 LMI(1.1)的形式，而只需区分清楚矩阵变量即可。“$\boldsymbol{A}^{\mathrm{T}}\boldsymbol{X}+\boldsymbol{X}\boldsymbol{A}<0$ 是关于矩阵 $\boldsymbol{X}$ 的 LMI”意味着矩阵 $\boldsymbol{X}$ 是变量。用矩阵作为变量，而不再化为严格 LMI 形式，可以利用已开发出的以矩阵作为变量的 LMI 工具软件直接求解。

对于 LMI，有几类标准问题，分别为可行性问题、特征值问题和广义特征值问题，在 MATIAB 的 LMI 工具箱中给出了这三类问题的求解器[115]。假定其中的 $\boldsymbol{F}$、$\boldsymbol{G}$ 和 $\boldsymbol{H}$ 是对称的矩阵仿射函数，$\boldsymbol{c}$ 是一个给定的常数向量。

(1) 可行性问题(LMIP)。对于给定的 LMI $\boldsymbol{F}(\boldsymbol{x})<0$，检验是否存在 $\boldsymbol{x}$，使得 $\boldsymbol{F}(\boldsymbol{x})<0$ 成立的问题称为一个 LMI 的可行性问题。如果存在这样的 $\boldsymbol{x}$，则该 LMI 问题是可行的，否则这个 LMI 就是不可行的。

(2) 特征值问题(EVP)。该问题是在一个 LMI 约束下，求矩阵 $\boldsymbol{G}(\boldsymbol{x})$ 最大特征值的最小化问题或者确定问题的约束是不可行的。它的一般形式为

$$\begin{aligned}&\min\lambda\\\text{s.t.}\quad&\boldsymbol{G}(\boldsymbol{x})<\lambda\boldsymbol{I},\quad\boldsymbol{H}(\boldsymbol{x})<0\end{aligned}\tag{1.4}$$

这个问题也可以化成如下一个等价问题：

$$\begin{aligned} &\min \boldsymbol{c}^{\mathrm{T}}\boldsymbol{x} \\ &\text{s.t.}\quad \boldsymbol{F}(\boldsymbol{x})<0 \end{aligned} \tag{1.5}$$

这是 LMI 工具箱中特征值问题求解器所要处理问题的标准形式。

一个 LMI $\boldsymbol{F}(\boldsymbol{x})<0$ 的可行性问题也可以写成一个 EVP

$$\begin{aligned} &\min \lambda \\ &\text{s.t.}\quad \boldsymbol{F}(\boldsymbol{x})-\lambda \boldsymbol{I}<0 \end{aligned} \tag{1.6}$$

显然，对于任意的 $\boldsymbol{x}$，只要选取足够大的 λ，$(\boldsymbol{x},\lambda)$ 就是上述问题的一个可行解，因此上述问题一定有解。若其最小值 $\lambda^{*}\leqslant 0$，则 LMI $\boldsymbol{F}(\boldsymbol{x})<0$ 是可行的。

(3) 广义特征值问题(GEVP)。在一个 LMI 的约束下，求两个仿射矩阵函数的最大广义特征值的最小化问题。

对于给定的两个相同阶数的对称矩阵 $\boldsymbol{G}$ 和 $\boldsymbol{F}$，对于标量 λ，如果存在非零向量 $\boldsymbol{y}$，使得 $\boldsymbol{G}\boldsymbol{y}=\lambda\boldsymbol{F}\boldsymbol{y}$，则称 λ 为矩阵 $\boldsymbol{G}$ 和 $\boldsymbol{F}$ 的广义特征值。矩阵 $\boldsymbol{G}$ 和 $\boldsymbol{F}$ 的最大广义特征值的计算问题可以转化为一个具有 LMI 约束的优化问题。

事实上，假定矩阵 $\boldsymbol{F}$ 是正定的，则对于充分大的标量 λ，有 $\boldsymbol{G}-\lambda\boldsymbol{F}<0$。随着 λ 的减小，并在某个适当的值，$\boldsymbol{G}-\lambda\boldsymbol{F}$ 将变成奇异的，存在非零向量 $\boldsymbol{y}$ 使得 $\boldsymbol{G}\boldsymbol{y}=\lambda\boldsymbol{F}\boldsymbol{y}$。这样的一个 λ 就是矩阵 $\boldsymbol{G}$ 和 $\boldsymbol{F}$ 的广义特征值。根据这一思路，矩阵 $\boldsymbol{G}$ 和 $\boldsymbol{F}$ 的最大广义特征值可以通过求解以下的优化问题得到：

$$\begin{aligned} &\min \lambda \\ &\text{s.t.}\quad \boldsymbol{G}-\lambda\boldsymbol{F}<0 \end{aligned} \tag{1.7}$$

当矩阵 $\boldsymbol{G}$ 和 $\boldsymbol{F}$ 是 $\boldsymbol{x}$ 的一个仿射函数时，在一个 LMI 的约束下，求矩阵函数 $\boldsymbol{G}(\boldsymbol{x})$ 和 $\boldsymbol{F}(\boldsymbol{x})$ 的最大广义特征值的最小化问题的一般形式为

$$\begin{aligned} &\min \lambda \\ &\text{s.t.}\quad \boldsymbol{G}(\boldsymbol{x})<\lambda\boldsymbol{F}(\boldsymbol{x}),\quad \boldsymbol{F}(\boldsymbol{x})>0,\quad \boldsymbol{G}(\boldsymbol{x})>0 \end{aligned} \tag{1.8}$$

注意到上述问题中的约束条件关于 $\boldsymbol{x}$ 和 λ 并不同时是线性的。

1.5.2　Schur 补引理和有界实引理

1. Schur 补引理

在许多将一些非线性矩阵不等式转化成 LMI 的问题中，常用到矩阵的 Schur 补性质。考虑一个矩阵 $\boldsymbol{S}\in\mathbf{R}^{n\times n}$，将 $\boldsymbol{S}$ 分块表示为

$$\boldsymbol{S}=\begin{bmatrix} \boldsymbol{S}_{11} & \boldsymbol{S}_{12} \\ \boldsymbol{S}_{21} & \boldsymbol{S}_{22} \end{bmatrix}$$

式中，$\boldsymbol{S}_{11}\in\mathbf{R}^{r\times r}$。假定 $\boldsymbol{S}_{11}$ 是非奇异的，则 $\boldsymbol{S}_{22}-\boldsymbol{S}_{21}\boldsymbol{S}_{11}^{-1}\boldsymbol{S}_{12}$ 称为 $\boldsymbol{S}_{11}$ 在 $\boldsymbol{S}$ 中的 Schur 补。

Schur 补引理[44]　对给定的对称矩阵 $\boldsymbol{S}=\boldsymbol{S}^{\mathrm{T}}=\begin{bmatrix}\boldsymbol{S}_{11} & \boldsymbol{S}_{12}\\ \boldsymbol{S}_{12}^{\mathrm{T}} & \boldsymbol{S}_{22}\end{bmatrix}$，其中 $\boldsymbol{S}_{11}\in\mathbf{R}^{r\times r}$。以下三个条件是等价的：

(1) $\boldsymbol{S}<0$；

(2) $\boldsymbol{S}_{11}<0,\ \boldsymbol{S}_{22}-\boldsymbol{S}_{12}^{\mathrm{T}}\boldsymbol{S}_{11}^{-1}\boldsymbol{S}_{12}<0$；

(3) $\boldsymbol{S}_{22}<0,\ \boldsymbol{S}_{11}-\boldsymbol{S}_{12}\boldsymbol{S}_{22}^{-1}\boldsymbol{S}_{12}^{\mathrm{T}}<0$。

2. 有界实引理

考虑线性时不变的连续时间系统

$$\begin{aligned}\dot{\boldsymbol{x}}(t)&=\boldsymbol{A}\boldsymbol{x}(t)+\boldsymbol{B}\boldsymbol{\omega}(t)\\ \boldsymbol{z}(t)&=\boldsymbol{C}\boldsymbol{x}(t)+\boldsymbol{D}\boldsymbol{\omega}(t)\end{aligned}\tag{1.9}$$

式中，$\boldsymbol{x}\in\mathbf{R}^{n}$ 是系统的状态向量；$\boldsymbol{\omega}(t)\in\mathbf{R}^{q}$ 是外部扰动输入；$\boldsymbol{z}(t)\in\mathbf{R}^{r}$ 是系统输出。定义从 $\boldsymbol{\omega}$ 到 $\boldsymbol{z}$ 的 H_∞范数为 $\|\boldsymbol{G}\|_\infty$，$\|\boldsymbol{G}\|_\infty\leqslant\gamma$ 的充分与必要条件为对于一个充分小的常数 $\varepsilon>0$，Riccati 方程

$$\begin{aligned}&\boldsymbol{X}\left(\boldsymbol{A}+\boldsymbol{B}\boldsymbol{R}^{-1}\boldsymbol{D}^{\mathrm{T}}\boldsymbol{C}\right)+\left(\boldsymbol{A}+\boldsymbol{B}\boldsymbol{R}^{-1}\boldsymbol{D}^{\mathrm{T}}\boldsymbol{C}\right)^{\mathrm{T}}\boldsymbol{X}+\boldsymbol{X}\boldsymbol{B}\boldsymbol{R}^{-1}\boldsymbol{B}\boldsymbol{X}\\ &\quad+\boldsymbol{C}^{\mathrm{T}}\left(\boldsymbol{I}+\boldsymbol{D}\boldsymbol{R}^{-1}\boldsymbol{D}^{\mathrm{T}}\right)\boldsymbol{C}+\varepsilon\boldsymbol{I}=0\end{aligned}\tag{1.10}$$

具有正定解 $\boldsymbol{X}>0$。这里 $\boldsymbol{R}=\gamma^{2}\boldsymbol{I}-\boldsymbol{D}^{\mathrm{T}}\boldsymbol{D}$。

事实上，Riccati 方程(1.10)等价于 Riccati 不等式

$$\begin{aligned}&\boldsymbol{X}\left(\boldsymbol{A}+\boldsymbol{B}\boldsymbol{R}^{-1}\boldsymbol{D}^{\mathrm{T}}\boldsymbol{C}\right)+\left(\boldsymbol{A}+\boldsymbol{B}\boldsymbol{R}^{-1}\boldsymbol{D}^{\mathrm{T}}\boldsymbol{C}\right)^{\mathrm{T}}\boldsymbol{X}+\boldsymbol{X}\boldsymbol{B}\boldsymbol{R}^{-1}\boldsymbol{B}\boldsymbol{X}\\ &\quad+\boldsymbol{C}^{\mathrm{T}}\left(\boldsymbol{I}+\boldsymbol{D}\boldsymbol{R}^{-1}\boldsymbol{D}^{\mathrm{T}}\right)\boldsymbol{C}<0\end{aligned}\tag{1.11}$$

具有正定解 $\boldsymbol{X}>0$。利用 Schur 补引理，式(1.11)等价于如下 LMI 成立：

$$\begin{bmatrix}\boldsymbol{X}\boldsymbol{A}+\boldsymbol{A}^{\mathrm{T}}\boldsymbol{X} & \boldsymbol{X}\boldsymbol{B} & \boldsymbol{C}^{\mathrm{T}}\\ \boldsymbol{B}^{\mathrm{T}}\boldsymbol{X} & -\gamma^{2}\boldsymbol{I} & \boldsymbol{D}^{\mathrm{T}}\\ \boldsymbol{C} & \boldsymbol{D} & -\boldsymbol{I}\end{bmatrix}<0\tag{1.12}$$

对 LMI(1.10)左边的矩阵分别左乘和右乘矩阵 $\operatorname{diag}\left\{\gamma^{-\frac{1}{2}}\boldsymbol{I},\gamma^{-\frac{1}{2}}\boldsymbol{I},\gamma^{\frac{1}{2}}\boldsymbol{I}\right\}$，并记 $\boldsymbol{P}=\gamma^{-1}\boldsymbol{X}$，式(1.12)可以转化成如下的等价 LMI：

$$\begin{bmatrix}\boldsymbol{P}\boldsymbol{A}+\boldsymbol{A}^{\mathrm{T}}\boldsymbol{P} & \boldsymbol{P}\boldsymbol{B} & \boldsymbol{C}^{\mathrm{T}}\\ \boldsymbol{B}^{\mathrm{T}}\boldsymbol{P} & -\gamma\boldsymbol{I} & \boldsymbol{D}^{\mathrm{T}}\\ \boldsymbol{C} & \boldsymbol{D} & -\gamma\boldsymbol{I}\end{bmatrix}<0\tag{1.13}$$

将式(1.13)的两边分别左乘和右乘矩阵 $\operatorname{diag}\left\{\boldsymbol{P}^{-1},\ \boldsymbol{I},\ \boldsymbol{I}\right\}$，把 $\boldsymbol{P}^{-1}$ 作为一个新变量，

$\boldsymbol{P}^{-1}$ 为正定矩阵，仍以变量 $\boldsymbol{P}$ 表示，则得到与式(1.13)等价的形式

$$\begin{bmatrix} \boldsymbol{AP}+\boldsymbol{PA}^{\mathrm{T}} & \boldsymbol{B} & \boldsymbol{PC}^{\mathrm{T}} \\ \boldsymbol{B}^{\mathrm{T}} & -\gamma \boldsymbol{I} & \boldsymbol{D}^{\mathrm{T}} \\ \boldsymbol{CP} & \boldsymbol{D} & -\gamma \boldsymbol{I} \end{bmatrix} < 0 \tag{1.14}$$

有界实引理　对线性时不变的连续时间系统(1.9)，设从 $\boldsymbol{\omega}$ 到 $\boldsymbol{z}$ 的 H_∞ 范数为 $\|\boldsymbol{G}\|_\infty$，$\|\boldsymbol{G}\|_\infty \leqslant \gamma$ 的充分与必要条件为存在一个对称正定矩阵 $\boldsymbol{P}$，满足式(1.13)或式(1.14)。

1.6　本书的内容

本书旨在对团队多年来从事关联系统分散鲁棒控制的研究工作加以总结，涉及不确定性关联系统的分散鲁棒稳定化、分散鲁棒 H_∞ 控制，不确定性关联时滞大系统的分散鲁棒镇定、分散输出跟踪控制、无源化控制和时滞相关分散鲁棒 H_∞ 控制以及奇异关联系统的分散鲁棒控制等方面，并以电力系统的分散控制和锌湿法冶炼浸出过程分散 H_∞ 鲁棒控制为例阐述分散鲁棒控制的应用。

第 1 章是全书的绪论，介绍了分散控制的概念，回顾了不确定关联大系统分散鲁棒控制、不确定时滞大系统分散鲁棒控制和不确定奇异大系统分散鲁棒控制的发展，介绍了线性矩阵不等式的概念以及常用的 Schur 补引理和有界实引理。

第 2 章研究满足匹配条件和具有数值界可不满足匹配条件的两类时变不确定性关联大系统的鲁棒稳定化控制器设计问题，得到这两类大系统可状态反馈稳定化的充分条件，提出求解具有较小反馈增益的分散稳定化状态反馈控制律的设计方法，推导出关联 Lurie 系统的参数绝对稳定条件，给出多胞型的 Lurie 大系统系统参数绝对稳定的状态反馈控制器设计方法。

第 3 章研究不确定性关联时滞大系统的分散鲁棒镇定问题，推导出满足匹配条件和数值界两类不确定性关联时滞线性大系统时滞无关分散稳定化控制器的设计方法；给出一类时滞关联大系统的时滞相关分散鲁棒镇定判据，推导出具有分离变量的非线性关联大系统的时滞相关局部分散鲁棒镇定判据，给出低维离散系统和高维离散系统的比较原理，提出一类具有多个状态时滞的不确定离散系统与离散关联系统可通过输出反馈鲁棒镇定与鲁棒分散镇定的充分条件。

第 4 章讨论关联时滞系统的分散无源化控制和输出跟踪控制问题，采用分散控制思想研究时滞线性关联大系统的无源性、控制器的存在性和具体构造方法，给出一类具有分离变量的非线性关联大系统的时滞相关无源化局部分散鲁棒镇定判据，得到满足匹配条件和数值界两类不确定性关联时滞线性大系统渐近跟踪给

定参考输入的 LMI 条件。

第 5 章讨论不确定性关联大系统的分散鲁棒 H_∞控制问题，针对一类数值界不确定性关联大系统，获得分散 H_∞状态反馈控制器的参数化定理，提出直接 LMI 和迭代 LMI 两种控制器设计方法，并推广应用于分散 H_2/H_∞状态反馈控制器的设计，给出分散输出反馈 H_∞控制器参数化构造方法，提出基于同伦方法的迭代 LMI 算法，把现有的可靠 H_∞控制器结果扩展到关联大系统，基于分散二次镇定的概念，提出基于状态观测器的分散鲁棒 H_∞控制器设计方法。

第 6 章主要探讨关联系统的时滞相关分散鲁棒 H_∞控制问题，针对一类线性关联大系统，利用 Lyapunov-Krasovskii 泛函与时滞积分矩阵不等式给出此类系统存在分散状态反馈鲁棒 H_∞控制器及非脆弱 H_∞控制器的时滞相关的充分条件；在非线性项满足全局 Lipschitz 条件下，讨论一类不确定关联非线性系统的时滞相关分散状态反馈鲁棒 H_∞控制器存在条件，最后针对一类不确定关联时滞大系统，设计输出反馈分散鲁棒控制器。

第 7 章主要分析奇异关联系统的分散鲁棒控制问题，提出不确定性关联奇异大系统时滞相关分散鲁棒容许控制器的设计方法，在此基础上，研究其广义输出反馈分散鲁棒 H_∞控制器的构造与设计问题，给出控制器存在的充分条件及参数化形式，采用同伦算法求解控制器，给出具有状态时滞的奇异关联大系统时滞相关分散鲁棒镇定的充分条件，并给出使不确定性时滞关联奇异大系统分散鲁棒镇定的广义输出反馈控制器的参数化形式及其设计方法。

第 8 章以电力系统的时滞相关分散励磁控制和锌湿法冶炼过程中浸出工序的分散 H_∞控制为例，说明相关理论方法的应用。

参 考 文 献

[1] Gutman S. Uncertain dynamical system—A Lyapunov min-max approach. IEEE Transactions on Automatic Control, 1979, 24(3): 437-443.

[2] Kim J H, Jeung E T, Park H B. Robust control for parameter uncertain delay systems in state and control input. Automatica, 1996, 32(9): 1337-1339.

[3] Choi H H, Chung M J. Memoryless stabilization of uncertain dynamic systems with time-varying delayed states and controls. Automatica, 1995, 31(9): 1349-1351.

[4] Gu K, Zohdy M A, Loh N K. Necessary and sufficient condition of quadratic statiblity of uncertain linear systems. IEEE Transactions on Automatic Control, 1990, 35(5): 601-604.

[5] 刘新宇，高立群，张文力.不确定线性组合系统的分散镇定与输出跟踪.信息与控制，1998, 27(5): 342-350.

[6] Yasuda K. Decentralized quadratic stabilization of interconnected systems. Preprints of 12th IFAC Triennial World Congress, 1993: 95-98.

[7] Gong Z M. Decentralized robust control of uncertain interconnected systems with prescribed degree of exponential convergence. IEEE Transactions on Automatic Control, 1995, 40(4): 704-707.
[8] Cheng C F. Disturbances attenuation for interconnected systems by decentralized control. International Journal of Control, 1997, 66(2): 213-224.
[9] Wang W J, Cheng C F. Stabilising controller and observer synthesis for uncertain large-scale systems by the Riccati equation approach. IEE Proceedings D Control Theory and Applications, 1992, 139(1): 72-78.
[10] Yang G H, Zhang S Y. Decentralized robust control for interconnected systems with time-varying uncertainties. Automatica, 1996, 32(11): 1603-1608.
[11] Liu X Y, Gao L Q. Decentralized robust control for a class of uncertain interconnected systems. IFAC 14th Triennal World Congress, 1999: 255-258.
[12] 谢永芳, 桂卫华, 刘晓颖, 等.时变不确定性关联系统的分散鲁棒稳定控制器设计.控制理论与应用, 1999, 16(6): 903-906.
[13] 桂卫华, 谢永芳, 陈宁, 等.基于线性矩阵不等式的不确定性关联系统的分散鲁棒镇定.控制与决策, 2001, 16(3): 329-332.
[14] 李忠海, 张嗣瀛.具有强不确定性大系统的 H_∞分散控制器设计.东北大学学报(自然科学版), 2000, 21(1): 1-4.
[15] 徐兆棣, 张嗣瀛.一类不确定组合大系统的组合鲁棒分散控制.控制与决策, 2000, 15(3): 345-347.
[16] Xie L, Fu M, Souza C E D. H_∞ control and quadratic stabilization of systems with parametric uncertainty via output feedback. IEEE Transactions on Automatic Control, 1992, 37(8): 1253-1256.
[17] Zhai G S, Yasuda K, Ikeda M. Decentralized quadratic stabilization of large-scale systems. Proceedings of the 33rd IEEE CDC, 1994: 2337-2339.
[18] Wang Y Y, Xie L H, Souza C E D. Robust decentralized control of interconnected uncertain linear systems. Proceedings of the 34th IEEE CDC, 1995: 2653-2658.
[19] Wang W J, Chen Y H. Decentralized robust control design with insufficient number of controllers. International Journal of Control, 1996, 65(6): 1015-1030.
[20] Chen B, Wei Y, Zhang S Y. A necessary and sufficient condition for robust H_∞ decentralized control via static output feedback. IFAC 14th Triennal World Congress, 1999: 477-481.
[21] Erwin R S, Sparks A G, Bernstein D S. Fixed-structure robust controller synthesis via decentralized static output feedback. International of Robust and Nonlinear Control, 1998, 8(6): 499-522.
[22] 尚群立, 孙优贤.不确定线性内互联大系统的分散鲁棒 H_∞控制.控制与决策, 1999, 14(4): 334-338.
[23] 王向东, 高立群, 张嗣瀛.不确定内联系统的二次稳定性和分散反馈镇定.自动化学报, 1999, 25(3): 397-401.
[24] 王向东, 高立群, 张嗣瀛.不确定线性组合大系统的二次稳定性、联结稳定性与 H_∞小增益定理.控制理论与应用, 1999, 16(4): 600-602.

[25] 王银河, 刘春峰, 刘粉林, 等.一类相似组合系统的鲁棒分散输出反馈镇定.控制与决策, 2000, 15(1): 98-100.

[26] 刘粉林, 王银河, 张嗣瀛.具有不确定未知界的相似组合系统的鲁棒分散输出控制.自动化学报, 2000, 26(3): 332-338.

[27] Scorletti G, Duc G. An LMI approach to decentralized H_∞ control. International Journal of Control, 2001, 74(3): 211-224.

[28] Mao C J, Yang J H. Decentralized output tracking for linear uncertain interconnected systems. Automatica, 1995, 31(1): 151-154.

[29] Ni M L, Cheng Y. Decentralized stabilization and output tracking of large-scale uncertain systems. Automatica, 1996, 32(7): 1077-1080.

[30] 桂卫华, 谢永芳, 陈宁, 等.基于线性矩阵不等式的分散鲁棒跟踪控制器设计.控制理论与应用, 2000, 17(5): 651-654.

[31] 陈兵, 刘粉林, 张嗣瀛.一类线性不确定组合系统的输出反馈分散输出跟踪控制.自动化学报, 2001, 27(1): 75-81.

[32] Lee T N, Radovic U L. General decentralized stabilization of large-scale linear continuous and discrete time-delay systems. International Journal of Control, 1987, 46(6): 2127-2140.

[33] Lee T N, Radovic U L. Decentralized stabilization of linear continuous and discrete-time systems with time delays in interconnections. IEEE Transactions on Automatic Control, 1988, 33(8): 757-761.

[34] Hu Z Z. Decentralized stabilization of large scale interconnected systems with delays. IEEE Transactions on Automatic Control, 1994, 39(1): 180-182.

[35] Trinh H, Aldeen M. A comment on “decentralized stabilization of large scale interconnected systems with delays”. IEEE Transactions on Automatic Control, 1995, 40(5): 914-916.

[36] Oucheriah S. Decentralized stabilization of large scale systems with multiple delays in the interconnections. International Journal of Control, 2000, 73(13): 1213-1223.

[37] Xie S L, Xie L H. Stabilization of a class of uncertain large-scale stochastic systems with time delays. Automatica, 2000, 36(1): 161-167.

[38] 桂卫华, 谢永芳, 吴敏, 等.基于LMI的不确定性关联时滞大系统的分散鲁棒控制.自动化学报, 2002, 28(1): 155-159.

[39] 谢永芳, 桂卫华, 吴敏, 等.不确定性关联时滞大系统的分散鲁棒控制——LMI 方法.控制理论与应用, 2001, 18(2): 263-265.

[40] 余昭旭, 孙继涛.变时滞关联大系统的镇定控制.应用数学与力学, 2000, 21(9): 949-953.

[41] Xu B G, Xu Y F, Zhou Y X. Decentralized stabilization of large-scale interconnected time-delay systems: An LMI approach. Control Theory and Applications, 2002, 19(3): 475-478.

[42] 刘晓志, 井元伟, 张嗣瀛.采用还原方法的不确定关联时滞系统的鲁棒分散镇定.控制与决策, 2004, 19(11): 1218-1222.

[43] 关新平, 龙承念, 华长春, 等.一类结构不确定性离散时滞系统的分散镇定.控制理论与应用, 2002, 19(4): 537-540.

[44] Boyd S, Ghaoui L E, Feron E, et al. Linear Matrix Inequalities in System and Control Theory. Philadelphia: Society for Industrial and Applied Mathematics, 1994.

[45] Gahinet P, Nemirovski A, Laub A J, et al. LMI Control Toolbox User's Guide.Natick: The MathWorks Inc., 1995.
[46] Gu K, Kharitonov V L, Chen J. Stability of Time-Delay Systems. Boston: Birkhauser, 2003.
[47] Sepulchre R, Jankovic M, Kokotovic P V. Constructive Nonlinear Control. London: Springer, 1997.
[48] Wang Y Y, Xie L H, Souza C E D. Robust control of a class of uncertain nonlinear systems. Systems and Control Letters, 1992, 19(2): 139-149.
[49] Liu P L. Robust stability of multiple-time-delay uncertain systems with series nonlinearities. International Journal of Systems Science, 2001, 32(2): 185-193.
[50] Jankovic M. Stabilization of nonlinear time delay systems with delay-independent feedback. Proceedings of American Control Conference, 2005: 4253-4258.
[51] Mahmoud M S. Adaptive stabilization of a class of interconnected systems. Computers and Electrical Engineering, 1997, 23(4): 225-238.
[52] Hsiao F H, Hwang J D, Chen C W, et al. Robust stabilization of nonlinear multiple time-delay large scale systems via decentralized fuzzy control. IEEE Transactions on Fuzzy Systems, 2005, 13(1): 152-163.
[53] Hua C C, Long C N, Guan X P. Decentralized output feedback control for large-scale systems with time-delays. The 35th Chinese Control Conference, 2005: 964-968.
[54] Mahmoud M S, Zribi M. Robust and H_∞ stabilization of interconnected systems with delays. IEE Proceedings Control Theory and Applications, 1998, 145(6): 559-567.
[55] Zhai G S, Ikeda M. Decentralized H_∞ control of large-scale systems via output feedback. Proceedings of the 33th IEEE CDC, 1993: 1652-1653.
[56] Yang G H, Wang J L. Decentralized H_∞ controller design for composite systems: Linear case. International Journal of Control, 1999, 72(9): 815-825.
[57] Yang G H, Wang J L, Soh C B, et al. Decentralized H_∞ controller design for nonlinear systems. IEEE Transactions on Automatic Control, 1999, 44(3): 578-583.
[58] 尚群立，薛安克，孙优贤.时滞不确定线性大系统分散鲁棒 H_∞控制.自动化学报, 2000, 26(5): 695-699.
[59] 程储旺.不确定性时滞大系统的分散鲁棒 H_∞控制.自动化学报, 2001, 27(3): 361-366.
[60] 刘红霞，胥布工，朱学峰.一类不确定关联时滞大系统的分散 H_∞控制器的设计 LMI 方法.控制理论与应用, 2001, 18(6): 954-960.
[61] Chen N, Gui W H, Wu M. Decentralized H_∞ control for linear interconnected large-scale systems with time-delay. Proceedings of the 14th World Congress IFAC, 1999: 87-92.
[62] Shen T, Tamura K. Robust H_∞ control of uncertain nonlinear systems via state feedback. IEEE Transactions on Automatic Control, 1995, 40(4): 766-768.
[63] Kim J H, Lee S K, Park H B. Robust and non-fragile H_∞ control of parameter uncertain time-varying delay systems. The 38th Annual Conference Proceedings of the SICE, 1999: 927-932.
[64] Yee J S, Yang G H, Wang J L. Non-fragile guaranteed cost control for discrete-time uncertain linear systems. International Journal of Systems Science, 2001, 32(7): 845-853.

[65] Xu S Y, Lam J, Wang J L, et al. Non-fragile positive real control for uncertain linear neutral delay systems. Systems and Control Letters, 2004, 52(1): 59-74.
[66] 王武，杨富文.不确定时滞系统的时滞依赖鲁棒非脆弱 H_∞控制.控制理论与应用, 2003, 20(3): 473-476.
[67] Du H P, Lam J, Sze K Y. Non-fragile H_∞ vibration control for uncertain structural systems. Journal of Sound and Vibration, 2004, 273(4-5): 1031-1045.
[68] 桂卫华，王鸿贵，沈德耀，等.工业大系统控制.长沙：中南工业大学出版社, 1994.
[69] 俞立.鲁棒控制：线性矩阵不等式处理方法.北京：清华大学出版社, 2002.
[70] Byrnes C I, Isidori A, Willems J C. Passivity, feedback equivalence, and the global stabilization of minimum phase nonlinear systems. IEEE Transactions on Automatic Control, 1991, 36(11): 1228-1240.
[71] Niculescu S I, Lozano R. On the passivity of linear delay systems. IEEE Transactions on Automatic Control, 2001, 46(3): 460-464.
[72] Schaft A V D. L_2 Gain Stability and Passivity Techniques in Nonlinear Control. London: Springer-Verlag, 1996.
[73] Sun W Q, Khargonekar P P, Shim D. Solution to the positive real control problem for linear time-invariant systems. IEEE Transactions on Automatic Control, 1994, 39(10): 2034-2046.
[74] Mahmoud M S, Xie L H. Stability and positive realness of time-delay system. Journal of Mathematical Analysis and Applications, 1999, 239(1): 7-19.
[75] Xu S Y, Lam J, Yang C W. H_∞ and positive-real control for linear neutral delay systems. IEEE Transactions on Automatic Control, 2001, 46(8): 1321-1326.
[76] Akmeliawati R, Mareels I. Nonlinear energy-based control method for aircraft dynamics. Decision and Control, Proceedings of the 40th IEEE CDC, 2001: 658-663.
[77] Fioravanti P, Cirstea M N, Cecati C, et al. Passivity based control applied to stand alone generators. Proceedings of the IEEE ISIE, 2002: 1160-1165.
[78] Ortega R, Jiang Z P, Hill D J. Passivity-based control of nonlinear systems: A tutorial. Proceedings of the American Control Conference, 1997: 2633-2637.
[79] Kelkar A G, Joshi S M. On passivity-based control of flexible multibody nonlinear systems. Proceedings of the 36th IEEE CDC, 1997: 4862-4867.
[80] Akmeliwati R, Mareels I. Passivity-based control for flight control systems. Proceedings of Information, Decision and Control, 1999: 15-20.
[81] Ortega R, Spong M W. Adaptive motion control of rigid robots: A tutorial. Automatica, 1989, 25(6): 877-888.
[82] Shim D S. Decentralized robust control passive control for linear interconnected uncertain systems with time delay. Proceedings of the 3rd ASCC, 2000: 937-941.
[83] 冯纯伯，费树岷.非线性控制系统分析与设计.北京：电子工业出版社, 1998.
[84] 俞立，潘海天.具有时变不确定性系统的鲁棒无源控制.自动化学报, 1998, 24(3): 368-372.
[85] 关新平，华长春，唐英干.一类非线性系统的鲁棒无源化控制.控制与决策，2001，16(5): 599-601.

[86] Liu B Y, Gui W H. Passivity of interconnected systems with time-delays based on decentralized control. Proceedings of the Second International Conference on Machine Learning and Cybernetics, 2003: 751-755.

[87] Liu B Y, Gui W H, Wu M. Passivity of interconnected control systems with time-delays based on decentralized control. Control Theory and Applications, 2005, 22(1): 52-56.

[88] Chang N T, Davison E J. Decentralized control for descriptor type systems. Proceedings of IEEE 25th CDC, 1986: 1176-1181.

[89] Xie X K. On fixed modes in singular systems. Proceedings of American Control Conference, 1987: 1150-1151.

[90] 王朝珠, 王恩平.广义分散控制系统的无穷固定模.系统科学与数学, 1988, 8(2): 142-150.

[91] Lin J Y. Algobraic characterizations of centralized fixed modes and recursive characterizations of decentralized fixed modes for generalized systems. IFAC World Congress, Reprints Ⅷ, 1987: 13-18.

[92] 储德林.关于广义分散控制系统的无穷远固定模的进一步研究.系统科学与数学, 1989, 9(3): 202-205.

[93] 胡仰曾, 陈树中.分散广义系统固定模的两个代数特征.控制理论与应用, 1990, 7(3): 92-96.

[94] 张庆灵, 谢绪恺.脉冲固定模的代数特征.自动化学报, 1991, 17(1): 87-90.

[95] 谢绪恺, 王殿辉, 林崇, 等.广义分散控制系统固定模的统一判定.自动化学报, 1995, 21(2): 145-153.

[96] 张庆灵, 戴冠中, San M D L.有穷固定模的确定与消除.控制理论与应用, 1997, 14(3): 407-410.

[97] 张庆灵, 胡仰曾.广义分散控制系统的结构脉冲固定模.系统科学与数学, 1993, 13(2): 97-101.

[98] 王恩平, 刘万泉.广义分散控制系统的有穷固定模.自动化学报, 1990, 16(4): 358-362.

[99] 张国山, 谢绪恺.广义分散控制系统的 DR-能控性.控制理论与应用, 1995, 12(6): 17-20.

[100] Yan W Y, Bitmead R R. Decentralized control of multichannel systems with direct control feedthrough. International Journal of Control, 1989, 49(6): 2057-2075.

[101] Chang T N, Davison E J. Decentralized control of descriptor systems. IEEE Transactions on Automatic Control, 2001, 46(10): 1589-1595.

[102] Yasuda K, Noso F. Decentralized quadratic stabilization of interconnected descriptor systems.Proceedings of the 35th IEEE CDC, 1996: 4264-4269.

[103] Wang D H, Soh C B. On regularizing singular systems by decentralized output feedback. IEEE Transactions on Automatic Control, 1999, 44(1): 148-152.

[104] Wang D H, Bao P. Robust impulse control of uncertain singular systems by decentralized output feedback. IEEE Transactions on Automatic Control, 2000, 45(3): 500-505.

[105] Yu R Y, Wang D H. Algebraic properties of singular systems subject to decentralized output feedback. IEEE Transactions on Automatic Control, 2002, 47(11): 1898-1903.

[106] Yu R Y, Wang D H. On impulsive modes of linear singular systems subject to decentralized output feedback. IEEE Transactions on Automatic Control, 2003, 48(10): 1804-1809.

[107] 张庆灵.广义大系统的分散控制与鲁棒控制.西安: 西北工业大学出版社, 1997.

[108] 高志伟，王先来，李光泉.前馈广义分散控制系统的真镇定.自动化学报，1998, 24(6): 754-760.

[109] Gao Z W, Ho D W C, Wang X L, et al. A state space formula of decentralized Bezout identity for singular systems. Proceedings of the 3rd ASSC, 2000: 1765-1770.

[110] 谢永芳.基于LMI方法的大系统分散鲁棒控制理论及其应用.长沙：中南工业大学博士学位论文, 1999.

[111] 陈宁.不确定关联系统分散鲁棒控制理论及其应用研究.长沙：中南大学博士学位论文, 2002.

[112] 陈跃鹏，张庆灵，张国峰.具有对称结构的广义大系统的 H_∞ 分散控制和二次能稳.东北大学学报(自然科学版), 2000, 21(6): 675-677.

[113] 陈跃鹏，张庆灵，徐天群.基于观测器的具有对称结构的广义大系统的 H_∞ 分散控制.东北大学学报(自然科学版), 2001, 22(4): 450-453.

[114] 陈跃鹏，姚波，张庆灵.广义系统的 H_∞ 控制.辽宁大学学报(自然科学版)，2001，28(4): 305-309.

[115] 吴敏，桂卫华，何勇.现代鲁棒控制.2 版.长沙：中南大学出版社, 2006.

第2章 不确定性关联系统的分散鲁棒稳定化

2.1 引 言

线性调节器具有许多优良品质，因而在控制系统设计中得到了广泛应用。然而，在实际工程应用中，由于环境条件变化或辨识不精确等因素，系统模型中常含有一定的不确定性。这样，按照标称参数设计的控制系统，在实际运行过程中可能会失去预期的性能指标。近年来鲁棒控制器的设计一直是学者的主要研究课题之一。对于单一系统，不确定性系统的鲁棒稳定问题的研究已取得了许多成果。

分散控制方法可以简化系统设计及实现，减少信息处理及在线运算时间。通过把高阶大系统分解为若干低阶子系统，可以对各子系统进行独立设计，从而得到较为简单的控制律。在大系统分散控制或分散鲁棒控制方法的研究中，如何确保大系统的稳定性是一个十分重要的课题。

在实际控制工程应用中，常会碰到时变不确定性系统的的控制问题，因而不确定性大系统的鲁棒控制在理论上和实际上都有很大意义。在不确定性系统的鲁棒控制中，不确定项的匹配条件扮演着重要的角色，众所周知，当匹配条件满足时，不确定性系统可以稳定化。为了放松不确定项的匹配条件，人们做出了很多努力。目前不确定项的表达式主要有两类方法，一类方法是把不确定阵$\boldsymbol{\Delta}$表示为$\boldsymbol{\Delta}=\boldsymbol{DEF}$，式中$\boldsymbol{D}$、$\boldsymbol{E}$为已知矩阵，矩阵$\boldsymbol{F}$满足$\boldsymbol{FF}^{\mathrm{T}}<\boldsymbol{I}$，$\boldsymbol{F}$中的元素是Lebesgue可测的；另一类方法是在矩阵$\boldsymbol{A}$中，将其不确定项表示为$\Delta\boldsymbol{A}=\sum r_i\boldsymbol{A}_i$，其中$r_i$为不确定参数，满足$|r_i|<\bar{r}$，$\bar{r}$为已知的参数。基于以上两种不确定项的表达形式，已得到一些鲁棒反馈控制器存在的充分条件。

在大系统中，不确定项的所谓匹配条件也起着很重要的作用，已得到的较好结果都假设系统中的不确定项满足匹配条件。在实际线性大系统中，不确定项往往具有数值界表达形式，可表示为$|\boldsymbol{\Delta}|\prec\boldsymbol{E}$，即矩阵$\boldsymbol{\Delta}$中每个元素的绝对值小于矩阵$\boldsymbol{E}$中相应元素，其中$\boldsymbol{E}$为非负常数阵。不难看出这种表达形式与上述的第二类表达形式相类似。相比之下，不确定项的数值界表达形式不需要满足匹配条件，更具有一般性和实际意义。基于不确定项的数值界表达形式，可以去掉不确定项分解后所附加的一些约束条件，从而有可能得到更易于实现的分散鲁棒控制器。

在大系统分散控制方法的研究中，如何确保大系统的稳定性是一个十分重要的课题。大系统分散鲁棒稳定化的研究出现了许多基于 Riccati 方程或 Riccati 不等式方法的成果，在求解 Riccati 方程或 Riccati 不等式时，有大量的参数和正定矩阵需要预先调整，有时候，即使问题本身是有解的，也找不出问题的解，给实际应用带来很大的不便。为此，本章研究不确定性关联系统的分散鲁棒稳定化问题的 LMI 设计方法，主要包括满足匹配条件和具有数值界的两类不确定性关联大系统的分散鲁棒稳定化问题，得到了这两类大系统可状态反馈稳定化的充分条件，其结果由一组 LMIs 给出。在此基础上，通过求解一凸优化问题，提出了具有较小反馈增益的分散鲁棒稳定化状态反馈控制律的设计方法。本章还推导出关联 Lurie 系统的基于矩阵不等式的参数绝对稳定性的充分条件，对于具有多胞型的 Lurie 大系统，采用状态反馈的方法，通过求解有限个非参数 LMI 就能获得使系统参数绝对稳定的条件。

2.2 满足匹配条件的不确定性关联大系统分散鲁棒稳定化

2.2.1 系统描述及引理

在大系统的分析与设计中，不确定项的匹配条件起着很重要的作用，本节首先研究满足匹配条件的时变不确定性关联大系统的分散鲁棒稳定化控制器的 LMI 设计方法。考虑一类由 N 个子系统 L_i 构成的时变不确定性关联大系统 L，其子系统方程为

$$L_i\text{: } \dot{\boldsymbol{x}}_i(t)=[\boldsymbol{A}_i+\boldsymbol{B}_i\Delta\boldsymbol{A}_i(\boldsymbol{r}_i(t))]\boldsymbol{x}_i(t)+[\boldsymbol{B}_i+\boldsymbol{B}_i\Delta\boldsymbol{B}_i(\boldsymbol{s}_i(t))]\,\boldsymbol{u}_i(t)+\sum_{j=1,\ j\neq i}^{N}\boldsymbol{B}_i\boldsymbol{H}_{ij}(\boldsymbol{x}_j(t),t) \tag{2.1}$$

式中，$i=1,2,\cdots,N$，$\boldsymbol{x}_i(t)\in\mathbf{R}^{n_i}$ 为状态向量；$\boldsymbol{u}_i(t)\in\mathbf{R}^{m_i}$ 为控制向量；$\boldsymbol{A}_i$、$\boldsymbol{B}_i$ 是维数适当的标称矩阵；$\Delta\boldsymbol{A}_i(\boldsymbol{r}_i(t))$、$\Delta\boldsymbol{B}_i(\boldsymbol{s}_i(t))$ 是与 $\boldsymbol{A}_i$、$\boldsymbol{B}_i$ 维数相容的关于 $\boldsymbol{r}_i(t)$、$\boldsymbol{s}_i(t)$ 连续的不确定性；$\boldsymbol{H}_{ij}$ 表示第 j 个子系统对第 i 个子系统的关联作用，关联可为非线性的。把不确定性表示成 $\boldsymbol{B}_i\Delta\boldsymbol{A}_i(\boldsymbol{r}_i(t))$、$\boldsymbol{B}_i\Delta\boldsymbol{B}_i(\boldsymbol{s}_i(t))$ 形式是为了说明其满足匹配条件。

这里 $\boldsymbol{r}_i(t)\in\mathbf{R}^{l_{ri}}$、$\boldsymbol{s}_i(t)\in\mathbf{R}^{l_{si}}$ 分别为 Lebesgue 可测的，且在紧集 $\boldsymbol{R}_i$ 和 $\boldsymbol{S}_i$ 中变化：

$$R_i=:\left\{\boldsymbol{r}\middle\|r_{ij}\right|\leqslant\overline{r}_i,\ j=1,\cdots,l_{ri}\right\},\ \boldsymbol{S}_i=:\left\{\boldsymbol{s}\middle\|s_{ij}\right|\leqslant\overline{s}_i,\ j=1,\cdots,l_{si}\right\},\quad i=1,2,\cdots,N$$

并假定不确定项 $\Delta\boldsymbol{A}_i$ 和 $\Delta\boldsymbol{B}_i$ 具有“秩 1”形式，即

$$\Delta\boldsymbol{A}_i(\boldsymbol{r}_i(t))=\sum_{j=1}^{l_{ri}}\boldsymbol{A}_{ij}r_{ij},\quad \Delta\boldsymbol{B}_i(s_i(t))=\sum_{j=1}^{l_{si}}\boldsymbol{B}_{ij}s_{ij},\quad i=1,2,\cdots,N \tag{2.2}$$

式中，$\boldsymbol{A}_{ij}$、$\boldsymbol{B}_{ij}$ 满足

$$A_{ij}=d_{ij}e_{ij}^{\mathrm{T}},\ B_{ij}=f_{ij}g_{ij}^{\mathrm{T}} \tag{2.3}$$

d_{ij}、e_{ij}、f_{ij}、g_{ij}是秩均为 1 的矢量。为表述方便，引用以下符号：

$$T_i=:\bar{r}_i\sum_{j=1}^{l_{ri}}d_{ij}d_{ij}^{\mathrm{T}}\ ,\ U_i=:\bar{r}_i\sum_{j=1}^{l_{ri}}e_{ij}e_{ij}^{\mathrm{T}}\ ,\ V_i=:\bar{s}_i\sum_{j=1}^{l_{si}}f_{ij}f_{ij}^{\mathrm{T}}\ ,\ Q_i=:\bar{s}_i\sum_{j=1}^{l_{si}}g_{ij}g_{ij}^{\mathrm{T}} \tag{2.4}$$

假定对所有的$i,j\in\{1,2,\cdots,N\}$，存在正常数ξ_{ij}使得

$$\left\|H_{ij}(x_j,t)\right\|\leqslant\xi_{ij}\left\|x_j\right\| \tag{2.5}$$

假定各个子系统的状态都是可以直接测量得到的，本节的目的是对每一个子系统设计一个局部无记忆状态反馈控制律

$$u_i(t)=K_ix_i(t) \tag{2.6}$$

式中，$K_i\in\mathbf{R}^{m_i\times n_i}$为局部反馈增益矩阵，使所得出的由 N 个具有时变不确定性的子系统组成的关联大系统闭环稳定。

下面是本书中用到的几个重要引理,其中使用的符号仅在所在的引理中有效,与其他出现的符号没有联系。

引理 2.1[1]　设 X 和 Y 是具有适当维数的向量或矩阵，则对任意正数$\alpha>0$，有

$$X^{\mathrm{T}}Y+Y^{\mathrm{T}}X\leqslant\alpha X^{\mathrm{T}}X+\alpha^{-1}Y^{\mathrm{T}}Y$$

成立。

引理 2.2　设 Y 和 Q 是具有适当维数的向量或矩阵，其中 $Q>0$，α、β是给定的正数，则有

$$Y^{\mathrm{T}}Y<\alpha I\ \text{当且仅当}\begin{bmatrix}-\alpha I & Y^{\mathrm{T}}\\ Y & -I\end{bmatrix}<0$$

$$Q^{-1}<\beta I\ \text{当且仅当}\begin{bmatrix}Q & I\\ I & \beta I\end{bmatrix}>0$$

证明　由 Schur 补引理或矩阵初等变换可直接证之。

引理 2.3　设A、$B\in\mathbf{R}^{n\times n}$，$A\geqslant B$，则有$C^{\mathrm{T}}AC\geqslant C^{\mathrm{T}}BC$，$\forall C\in\mathbf{R}^{n\times k}$成立。

证明　当$A\geqslant B$时，有$A-B=D^{\mathrm{T}}D\geqslant 0$，$C^{\mathrm{T}}AC-C^{\mathrm{T}}BC=C^{\mathrm{T}}(A-B)C=C^{\mathrm{T}}D^{\mathrm{T}}DC=(DC)^{\mathrm{T}}(DC)\geqslant 0$成立，由此命题得证。

2.2.2　分散鲁棒稳定化控制器设计

本节将推导出时变不确定性关联系统(2.1)可分散稳定化的充分条件，并给出具有较小反馈增益的分散稳定化控制律的设计方法。

1. 分散稳定化控制器存在的充分条件

采用状态反馈控制律(2.6)，其闭环子系统为

$$\dot{\boldsymbol{x}}_i(t)=[\boldsymbol{A}_i+\boldsymbol{B}_i\Delta\boldsymbol{A}_i(\boldsymbol{r}_i(t))]\,\boldsymbol{x}_i(t)+[\boldsymbol{B}_i+\boldsymbol{B}_i\Delta\boldsymbol{B}_i(\boldsymbol{s}_i(t))]\boldsymbol{K}_i\boldsymbol{x}_i(t)+\sum_{j=1,\ j\neq i}^{N}\boldsymbol{B}_i\boldsymbol{H}_{ij}(\boldsymbol{x}_j(t),t) \tag{2.7}$$

选取 Lyapunov 函数

$$V(\boldsymbol{x})=\boldsymbol{x}^{\mathrm{T}}\boldsymbol{P}\boldsymbol{x}=\sum_{i=1}^{N}\boldsymbol{x}_i^{\mathrm{T}}\boldsymbol{P}_i\boldsymbol{x}_i=\sum_{i=1}^{N}V(\boldsymbol{x}_i)$$

式中，$\boldsymbol{x}=[\boldsymbol{x}_1^{\mathrm{T}}\quad \boldsymbol{x}_2^{\mathrm{T}}\quad\cdots\quad \boldsymbol{x}_N^{\mathrm{T}}]^{\mathrm{T}}$；$\boldsymbol{P}=\mathrm{diag}\{\boldsymbol{P}_1,\boldsymbol{P}_2,\cdots,\boldsymbol{P}_N\}$，$\boldsymbol{P}_i$为正定对称矩阵，则有

$$\begin{aligned}\dot{V}(\boldsymbol{x})&=\sum_{i=1}^{N}\dot{V}_i(\boldsymbol{x}_i)=\sum_{i=1}^{N}(\dot{\boldsymbol{x}}_i^{\mathrm{T}}\boldsymbol{P}_i\boldsymbol{x}_i+\boldsymbol{x}_i^{\mathrm{T}}\boldsymbol{P}_i\dot{\boldsymbol{x}}_i)\\&=\sum_{i=1}^{N}\Big\{\boldsymbol{x}_i^{\mathrm{T}}(\boldsymbol{A}_i^{\mathrm{T}}\boldsymbol{P}_i+\boldsymbol{P}_i\boldsymbol{A}_i+\Delta\boldsymbol{A}_i^{\mathrm{T}}\boldsymbol{B}_i^{\mathrm{T}}\boldsymbol{P}_i+\boldsymbol{P}_i\boldsymbol{B}_i\Delta\boldsymbol{A}_i\\&\quad+\boldsymbol{K}_i^{\mathrm{T}}\boldsymbol{B}_i^{\mathrm{T}}\boldsymbol{P}_i+\boldsymbol{P}_i\boldsymbol{B}_i\boldsymbol{K}_i+\boldsymbol{K}_i^{\mathrm{T}}\Delta\boldsymbol{B}_i^{\mathrm{T}}\boldsymbol{B}_i^{\mathrm{T}}\boldsymbol{P}_i+\boldsymbol{P}_i\boldsymbol{B}_i\Delta\boldsymbol{B}_i\boldsymbol{K}_i)\boldsymbol{x}_i+2\boldsymbol{x}_i^{\mathrm{T}}\boldsymbol{P}_i\boldsymbol{B}_i\sum_{j=1,\ j\neq i}^{N}\boldsymbol{H}_{ij}(\boldsymbol{x}_j(t),t)\Big\}\end{aligned}$$

将式(2.2)～式(2.4)代入$\dot{V}(\boldsymbol{x})$得

$$\begin{aligned}\dot{V}(\boldsymbol{x})&=\sum_{i=1}^{N}\dot{V}_i(\boldsymbol{x}_i)=\sum_{i=1}^{N}(\dot{\boldsymbol{x}}_i^{\mathrm{T}}\boldsymbol{P}_i\boldsymbol{x}_i+\boldsymbol{x}_i^{\mathrm{T}}\boldsymbol{P}_i\dot{\boldsymbol{x}}_i)\\&=\sum_{i=1}^{N}\left\{\boldsymbol{x}_i^{\mathrm{T}}\left(\boldsymbol{A}_i^{\mathrm{T}}\boldsymbol{P}_i+\boldsymbol{P}_i\boldsymbol{A}_i+\sum_{j=1}^{l_{ri}}(\boldsymbol{B}_i\boldsymbol{A}_{ij}r_{ij})^{\mathrm{T}}\boldsymbol{P}_i+\sum_{j=1}^{l_{ri}}\boldsymbol{P}_i\boldsymbol{B}_i\boldsymbol{A}_{ij}r_{ij}+\boldsymbol{K}_i^{\mathrm{T}}\boldsymbol{B}_i^{\mathrm{T}}\boldsymbol{P}_i+\boldsymbol{P}_i\boldsymbol{B}_i\boldsymbol{K}_i\right.\right.\\&\quad\left.\left.+\sum_{j=1}^{l_{si}}\boldsymbol{K}_i^{\mathrm{T}}(\boldsymbol{B}_i\boldsymbol{B}_{ij}s_{ij})^{\mathrm{T}}\boldsymbol{P}_i+\sum_{j=1}^{l_{si}}\boldsymbol{P}_i\boldsymbol{B}_i\boldsymbol{B}_{ij}s_{ij}\boldsymbol{K}_i\right)\boldsymbol{x}_i+2\boldsymbol{x}_i^{\mathrm{T}}\boldsymbol{P}_i\boldsymbol{B}_i\sum_{j=1,\ j\neq i}^{N}\boldsymbol{H}_{ij}(\boldsymbol{x}_j(t),t)\right\}\end{aligned} \tag{2.8}$$

由引理 2.1 可知

$$\sum_{j=1}^{l_{ri}}(\boldsymbol{B}_i\boldsymbol{A}_{ij}r_{ij})^{\mathrm{T}}\boldsymbol{P}_i+\sum_{j=1}^{l_{ri}}\boldsymbol{P}_i\boldsymbol{B}_i\boldsymbol{A}_{ij}r_{ij}\leqslant\alpha_i\boldsymbol{P}_i\boldsymbol{B}_i\boldsymbol{T}_i\boldsymbol{B}_i^{\mathrm{T}}\boldsymbol{P}_i+\alpha_i^{-1}\boldsymbol{U}_i \tag{2.9}$$

$$\sum_{j=1}^{l_{si}}\boldsymbol{K}_i^{\mathrm{T}}(\boldsymbol{B}_i\boldsymbol{B}_{ij}s_{ij})^{\mathrm{T}}\boldsymbol{P}_i+\sum_{j=1}^{l_{si}}\boldsymbol{P}_i\boldsymbol{B}_i\boldsymbol{B}_{ij}s_{ij}\boldsymbol{K}_i\leqslant\beta_i\boldsymbol{P}_i\boldsymbol{B}_i\boldsymbol{V}_i\boldsymbol{B}_i^{\mathrm{T}}\boldsymbol{P}_i+\beta_i^{-1}\boldsymbol{K}_i^{\mathrm{T}}\boldsymbol{Q}_i^{\mathrm{T}}\boldsymbol{K}_i \tag{2.10}$$

因为$a^2+b^2\geqslant 2ab,\ \forall a,b\in\mathbf{R}$成立，有

$$\begin{aligned}\sum_{i=1}^{N}2\boldsymbol{x}_i^{\mathrm{T}}\boldsymbol{P}_i\boldsymbol{B}_i\sum_{j=1,\ j\neq i}^{N}\boldsymbol{H}_{ij}(\boldsymbol{x}_j(t),t)&\leqslant 2\sum_{i=1}^{N}\left\|\boldsymbol{B}_i^{\mathrm{T}}\boldsymbol{P}_i\boldsymbol{x}_i\right\|\sum_{j=1,\ j\neq i}^{N}\xi_{ij}\ \left\|\boldsymbol{x}_j\right\|\\&\leqslant\sum_{i=1}^{N}\left(\sum_{j=1,\ j\neq i}^{N}\xi_{ij}\left\|\boldsymbol{B}_i^{\mathrm{T}}\boldsymbol{P}_i\boldsymbol{x}_i\right\|^2+\sum_{j=1,\ j\neq i}^{N}\xi_{ji}\left\|\boldsymbol{x}_i\right\|^2\right)\\&=\sum_{i=1}^{N}\left(\boldsymbol{F}_{1i}\left\|\boldsymbol{B}_i^{\mathrm{T}}\boldsymbol{P}_i\boldsymbol{x}_i\right\|^2+\boldsymbol{F}_{2i}\left\|\boldsymbol{x}_i\right\|^2\right)\end{aligned} \tag{2.11}$$

式中

$$F_{1i} = \sum_{j=1,\, j\neq i}^{N} \xi_{ij},\quad F_{2i} = \sum_{j=1,\, j\neq i}^{N} \xi_{ji} \tag{2.12}$$

将式(2.9)～式(2.11)代入式(2.8)有

$$\begin{aligned}\dot{V}(\boldsymbol{x}) \leqslant & \sum_{i=1}^{N}\Big\{\boldsymbol{x}_i^{\mathrm{T}}(\boldsymbol{A}_i^{\mathrm{T}}\boldsymbol{P}_i + \boldsymbol{P}_i\boldsymbol{A}_i + \boldsymbol{K}_i^{\mathrm{T}}\boldsymbol{B}_i^{\mathrm{T}}\boldsymbol{P}_i + \boldsymbol{P}_i\boldsymbol{B}_i\boldsymbol{K}_i + \alpha_i\boldsymbol{P}_i\boldsymbol{B}_i\boldsymbol{T}_i\boldsymbol{B}_i^{\mathrm{T}}\boldsymbol{P}_i + \alpha_i^{-1}\boldsymbol{U}_i \\ & + \beta_i\boldsymbol{P}_i\boldsymbol{B}_i\boldsymbol{V}_i\boldsymbol{B}_i^{\mathrm{T}}\boldsymbol{P}_i + \beta_i^{-1}\boldsymbol{K}_i^{\mathrm{T}}\boldsymbol{Q}_i\boldsymbol{K}_i)\boldsymbol{x}_i + \boldsymbol{F}_{1i}\left\|\boldsymbol{B}_i^{\mathrm{T}}\boldsymbol{P}_i\boldsymbol{x}_i\right\|^2 + \boldsymbol{F}_{2i}\left\|\boldsymbol{x}_i\right\|^2\Big\} \\ = & \sum_{i=1}^{N}\Big\{\boldsymbol{x}_i^{\mathrm{T}}(\boldsymbol{A}_i^{\mathrm{T}}\boldsymbol{P}_i + \boldsymbol{P}_i\boldsymbol{A}_i + \boldsymbol{K}_i^{\mathrm{T}}\boldsymbol{B}_i^{\mathrm{T}}\boldsymbol{P}_i + \boldsymbol{P}_i\boldsymbol{B}_i\boldsymbol{K}_i + \alpha_i\boldsymbol{P}_i\boldsymbol{B}_i\boldsymbol{T}_i\boldsymbol{B}_i^{\mathrm{T}}\boldsymbol{P}_i + \alpha_i^{-1}\boldsymbol{U}_i \\ & + \beta_i\boldsymbol{P}_i\boldsymbol{B}_i\boldsymbol{V}_i\boldsymbol{B}_i^{\mathrm{T}}\boldsymbol{P}_i + \beta_i^{-1}\boldsymbol{K}_i^{\mathrm{T}}\boldsymbol{Q}_i\boldsymbol{K}_i)\boldsymbol{x}_i + \boldsymbol{F}_{1i}\boldsymbol{x}_i^{\mathrm{T}}\boldsymbol{P}_i\boldsymbol{B}_i\boldsymbol{B}_i^{\mathrm{T}}\boldsymbol{P}_i x_i + \boldsymbol{F}_{2i}\boldsymbol{x}_i^{\mathrm{T}}\boldsymbol{x}_i\Big\} \\ = & \sum_{i=1}^{N}\Big\{\boldsymbol{x}_i^{\mathrm{T}}(\boldsymbol{A}_i^{\mathrm{T}}\boldsymbol{P}_i + \boldsymbol{P}_i\boldsymbol{A}_i + \boldsymbol{K}_i^{\mathrm{T}}\boldsymbol{B}_i^{\mathrm{T}}\boldsymbol{P}_i + \boldsymbol{P}_i\boldsymbol{B}_i\boldsymbol{K}_i + \alpha_i\boldsymbol{P}_i\boldsymbol{B}_i\boldsymbol{T}_i\boldsymbol{B}_i^{\mathrm{T}}\boldsymbol{P}_i + \alpha_i^{-1}\boldsymbol{U}_i \\ & + \beta_i\boldsymbol{P}_i\boldsymbol{B}_i\boldsymbol{V}_i\boldsymbol{B}_i^{\mathrm{T}}\boldsymbol{P}_i + \beta_i^{-1}\boldsymbol{K}_i^{\mathrm{T}}\boldsymbol{Q}_i\boldsymbol{K}_i + \boldsymbol{F}_{1i}\boldsymbol{P}_i\boldsymbol{B}_i\boldsymbol{B}_i^{\mathrm{T}}\boldsymbol{P}_i + \boldsymbol{F}_{2i}\boldsymbol{I})\boldsymbol{x}_i\Big\}\end{aligned}$$

由 Lyapunov 稳定性定理可知，如果不等式

$$\begin{aligned}&\boldsymbol{A}_i^{\mathrm{T}}\boldsymbol{P}_i + \boldsymbol{P}_i\boldsymbol{A}_i + \boldsymbol{K}_i^{\mathrm{T}}\boldsymbol{B}_i^{\mathrm{T}}\boldsymbol{P}_i + \boldsymbol{P}_i\boldsymbol{B}_i\boldsymbol{K}_i + \beta_i\boldsymbol{P}_i\boldsymbol{B}_i\boldsymbol{V}_i\boldsymbol{B}_i^{\mathrm{T}}\boldsymbol{P}_i + \beta_i^{-1}\boldsymbol{K}_i^{\mathrm{T}}\boldsymbol{Q}_i\boldsymbol{K}_i \\ &\quad + \boldsymbol{F}_{1i}\boldsymbol{P}_i\boldsymbol{B}_i\boldsymbol{B}_i^{\mathrm{T}}\boldsymbol{P}_{ii} + \boldsymbol{F}_{2i}\boldsymbol{I} + \alpha_i\boldsymbol{P}_i\boldsymbol{B}_i\boldsymbol{T}_i\boldsymbol{B}_i^{\mathrm{T}}\boldsymbol{P}_i + \alpha_i^{-1}\boldsymbol{U}_i < 0\end{aligned} \tag{2.13}$$

有正定对称解 $\boldsymbol{P}_i$，则时变不确定性关联大系统(2.1)可以分散状态反馈稳定化。

由式(2.4)可知，$\boldsymbol{U}_i$、$\boldsymbol{Q}_i(i=1,2,\cdots,N)$ 均为正定或半正定矩阵，可分解为 $\boldsymbol{U}_i=\boldsymbol{U}_i^{\frac{1}{2}}\boldsymbol{U}_i^{\frac{1}{2}}$、$\boldsymbol{Q}_i=\boldsymbol{Q}_i^{\frac{1}{2}}\boldsymbol{Q}_i^{\frac{1}{2}}$，将式(2.13)两边分别左乘和右乘 $\boldsymbol{P}_i^{-1}$，令 $\boldsymbol{X}_i=\boldsymbol{P}_i^{-1}$，$\boldsymbol{Y}_i=\boldsymbol{K}_i\boldsymbol{X}_i$，由 Schur 补引理可知，矩阵不等式(2.13)等价于下述 LMI：

$$\begin{bmatrix} \overline{\boldsymbol{A}}_i & \boldsymbol{X}_i\boldsymbol{U}_i^{\frac{1}{2}} & \boldsymbol{Y}_i^{\mathrm{T}}\boldsymbol{Q}_i^{\frac{1}{2}} & \boldsymbol{X}_i \\ \boldsymbol{U}_i^{\frac{1}{2}}\boldsymbol{X}_i & -\alpha_i\boldsymbol{I} & \boldsymbol{0} & \boldsymbol{0} \\ \boldsymbol{Q}_i^{\frac{1}{2}}\boldsymbol{Y}_i & \boldsymbol{0} & -\beta_i\boldsymbol{I} & \boldsymbol{0} \\ \boldsymbol{X}_i & \boldsymbol{0} & \boldsymbol{0} & -\boldsymbol{F}_{2i}^{-1}\boldsymbol{I} \end{bmatrix} < 0 \tag{2.14}$$

式中

$$\overline{\boldsymbol{A}}_i = \boldsymbol{X}_i\boldsymbol{A}_i^{\mathrm{T}} + \boldsymbol{A}_i\boldsymbol{X}_i + \boldsymbol{Y}_i^{\mathrm{T}}\boldsymbol{B}_i^{\mathrm{T}} + \boldsymbol{B}_i\boldsymbol{Y}_i + \alpha_i\boldsymbol{B}_i\boldsymbol{T}_i\boldsymbol{B}_i^{\mathrm{T}} + \beta_i\boldsymbol{B}_i\boldsymbol{V}_i\boldsymbol{B}_i^{\mathrm{T}} + \boldsymbol{F}_{1i}\boldsymbol{B}_i\boldsymbol{B}_i^{\mathrm{T}}$$

因此，如果 LMI(2.14)有解，闭环系统渐近稳定。据此可得下述定理。

定理 2.1　对时变不确定性关联大系统(2.1)，如果存在正定矩阵 $\boldsymbol{X}_i$，矩阵 $\boldsymbol{Y}_i$，

正数α_i、β_i，使 LMI(2.14)成立，则大系统(2.1)可分散状态反馈稳定化，且分散状态反馈增益阵为$\boldsymbol{K}_i = \boldsymbol{Y}_i \boldsymbol{X}_i^{-1}$。

2. 具有较小反馈增益分散稳定化控制器的设计

定理 2.1 给出了大系统(2.1)存在分散稳定化控制器的一个充分条件，但所得的反馈增益难以保证尽可能小。在实际工程应用中，为了保证系统良好的动态性能，抑制测量噪声及实现的经济性，常采用具有较小反馈增益的控制律。

为求较小反馈增益矩阵，考虑

$$\boldsymbol{Y}_i^{\mathrm{T}} \boldsymbol{Y}_i < \theta_i \boldsymbol{I}, \quad \boldsymbol{X}_i^{-1} < \gamma_i \boldsymbol{I} \tag{2.15}$$

式中，$\theta_i > 0$，$\gamma_i > 0$，则$\boldsymbol{K}_i^{\mathrm{T}} \boldsymbol{K}_i = \theta_i \boldsymbol{X}_i^{-1} \boldsymbol{Y}_i^{\mathrm{T}} \boldsymbol{Y}_i \boldsymbol{X}_i^{-1} < \theta_i \gamma_i^2 \boldsymbol{I}$。

故可通过使得θ_i、γ_i的极小化来获得具有较小增益的反馈矩阵。

由引理 2.2 可知式(2.15)等价于

$$\begin{bmatrix} -\theta_i \boldsymbol{I} & \boldsymbol{Y}_i^{\mathrm{T}} \\ \boldsymbol{Y}_i & -\boldsymbol{I} \end{bmatrix} < 0, \quad \begin{bmatrix} \boldsymbol{X}_i & \boldsymbol{I} \\ \boldsymbol{I} & \gamma_i \boldsymbol{I} \end{bmatrix} > 0$$

成立。因此，关联大系统(2.1)具有较小反馈增益的分散控制律可由下述优化问题求解：

$$\min \left(\sum_{i=1}^{N} \theta_i + \sum_{i=1}^{N} \gamma_i \right)$$

约束条件为

$$\begin{bmatrix} \bar{\boldsymbol{A}}_i & \boldsymbol{X}_i \boldsymbol{U}_i^{\frac{1}{2}} & \boldsymbol{Y}_i^{\mathrm{T}} \boldsymbol{Q}_i^{\frac{1}{2}} & \boldsymbol{X}_i \\ \boldsymbol{U}_i^{\frac{1}{2}} \boldsymbol{X}_i & -\alpha_i \boldsymbol{I} & \boldsymbol{0} & \boldsymbol{0} \\ \boldsymbol{Q}_i^{\frac{1}{2}} \boldsymbol{Y}_i & \boldsymbol{0} & -\beta_i \boldsymbol{I} & \boldsymbol{0} \\ \boldsymbol{X}_i & \boldsymbol{0} & \boldsymbol{0} & -\boldsymbol{F}_{2i}^{-1} \boldsymbol{I} \end{bmatrix} < 0, \quad \begin{bmatrix} -\theta_i \boldsymbol{I} & \boldsymbol{Y}_i^{\mathrm{T}} \\ \boldsymbol{Y}_i & -\boldsymbol{I} \end{bmatrix} < 0, \quad \begin{bmatrix} \boldsymbol{X}_i & \boldsymbol{I} \\ \boldsymbol{I} & \gamma_i \boldsymbol{I} \end{bmatrix} > 0$$

这是一个具有 LMIs 约束的凸优化问题，因此，可以应用 MATLAB 中的 LMI 工具软件中的 mincx 命令求解。若该问题有解，则$\boldsymbol{K}_i = \boldsymbol{Y}_i \boldsymbol{X}_i^{-1}$提供了一个具有较小反馈增益参数的分散稳定化控制律。

以上的优化问题提供了一个设计具有较小反馈增益参数的分散稳定化控制律的系统化方法。

2.2.3 仿真示例

例 2.1 设一含时变不确定性关联系统由以下两个子系统构成：

$$L_1:\ \dot{\boldsymbol{x}}_1(t)=\begin{bmatrix}-1 & 2\\ -1+r_1(t) & r_1(t)\end{bmatrix}\boldsymbol{x}_1+\begin{bmatrix}0\\ 1+s_1(t)\end{bmatrix}\boldsymbol{u}_1+\begin{bmatrix}0\\ 1\end{bmatrix}\begin{bmatrix}\sin x_{21} & \cos x_{21}\end{bmatrix}\begin{bmatrix}\boldsymbol{x}_2\end{bmatrix}$$

$$L_2:\ \dot{\boldsymbol{x}}_2(t)=\begin{bmatrix}-3 & 0\\ 2r_2(t) & -1+r_2(t)\end{bmatrix}\boldsymbol{x}_2+\begin{bmatrix}0\\ 1+s_2(t)\end{bmatrix}\boldsymbol{u}_2+\begin{bmatrix}0\\ 1\end{bmatrix}\begin{bmatrix}\sin x_{12} & \cos x_{12}\end{bmatrix}\begin{bmatrix}2\boldsymbol{x}_1\end{bmatrix}$$

式中，$|r_1(t)|\leqslant 0.5, |r_2(t)|\leqslant 1, |s_1(t)|\leqslant 0.4, |s_2(t)|\leqslant 0.3$。

由系统不确定性界可知，$\bar{r}_1=0.5$，$\bar{r}_2=1$，$\bar{s}_1=0.4$，$\bar{s}_2=0.3$，$\xi_{12}=1$，$\xi_{21}=2$。系统满足匹配条件且有

$$\Delta\boldsymbol{A}_1=\begin{bmatrix}1 & 1\end{bmatrix}r_1(t)=\boldsymbol{d}_{11}\boldsymbol{e}_{11}^{\mathrm{T}}r_1(t),\quad \Delta\boldsymbol{B}_1=s_1(t)=\boldsymbol{f}_{11}\boldsymbol{g}_{11}^{\mathrm{T}}s_1(t)$$

$$\Delta\boldsymbol{A}_2=\begin{bmatrix}2 & 1\end{bmatrix}r_2(t)=\boldsymbol{d}_{21}\boldsymbol{e}_{21}^{\mathrm{T}}r_2(t),\quad \Delta\boldsymbol{B}_2=s_2(t)=\boldsymbol{f}_{21}\boldsymbol{g}_{21}^{\mathrm{T}}s_2(t)$$

易知 $n_1=n_2=2$，$m_1=m_2=1$，$\boldsymbol{d}_{11}=\boldsymbol{d}_{21}=1$，$\boldsymbol{e}_{11}=\begin{bmatrix}1 & 1\end{bmatrix}^{\mathrm{T}}$，$\boldsymbol{e}_{21}=\begin{bmatrix}2 & 1\end{bmatrix}^{\mathrm{T}}$，$\boldsymbol{f}_{11}=\boldsymbol{g}_{11}=\boldsymbol{f}_{21}=\boldsymbol{g}_{21}=1$。由式(2.4)得

$$\boldsymbol{T}_1=0.5,\quad \boldsymbol{U}_1=0.5\begin{bmatrix}1 & 1\\ 1 & 1\end{bmatrix},\quad \boldsymbol{T}_2=1,\quad \boldsymbol{U}_2=\begin{bmatrix}4 & 2\\ 2 & 1\end{bmatrix},\quad \boldsymbol{V}_1=\boldsymbol{Q}_1=0.4,\quad \boldsymbol{V}_2=\boldsymbol{Q}_2=0.3$$

根据式(2.12)，有 $\boldsymbol{F}_{11}=\boldsymbol{F}_{22}=1$，$\boldsymbol{F}_{21}=\boldsymbol{F}_{12}=2$。

利用以上数据，用定理 2.1 提出的方法，在 LMI 工具箱环境下解相应的凸优化问题，求得该系统的一个分散稳定化控制律为

$$\boldsymbol{u}_1(t)=\begin{bmatrix}-0.7556 & -8.2017\end{bmatrix}\boldsymbol{x}_1(t),\quad \boldsymbol{u}_2(t)=\begin{bmatrix}-4.6283 & -4.5190\end{bmatrix}\boldsymbol{x}_2(t)$$

而该系统的较小反馈增益的分散稳定化控制律为

$$\boldsymbol{u}_1(t)=\begin{bmatrix}-0.6829 & -5.3526\end{bmatrix}\boldsymbol{x}_1(t),\quad \boldsymbol{u}_2(t)=\begin{bmatrix}-2.0779 & -3.2677\end{bmatrix}\boldsymbol{x}_2(t)$$

设 $\boldsymbol{x}_1(0)=\begin{bmatrix}4 & 3\end{bmatrix}^{\mathrm{T}}$，$\boldsymbol{x}_2(0)=\begin{bmatrix}5 & 4\end{bmatrix}^{\mathrm{T}}$，关联大系统在较小反馈增益的分散控制律作用下，不同时变参数影响下的零输入响应如图 2.1(a)～(h)所示。其中，左图为子系统 1 的状态，右图为子系统 2 的状态，图中实线为子系统的第二状态的响应曲线，虚线为子系统的第一状态的响应曲线。

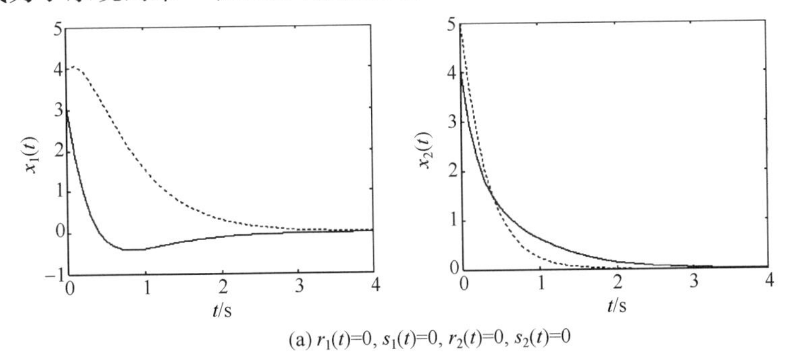

(a) $r_1(t)=0$, $s_1(t)=0$, $r_2(t)=0$, $s_2(t)=0$

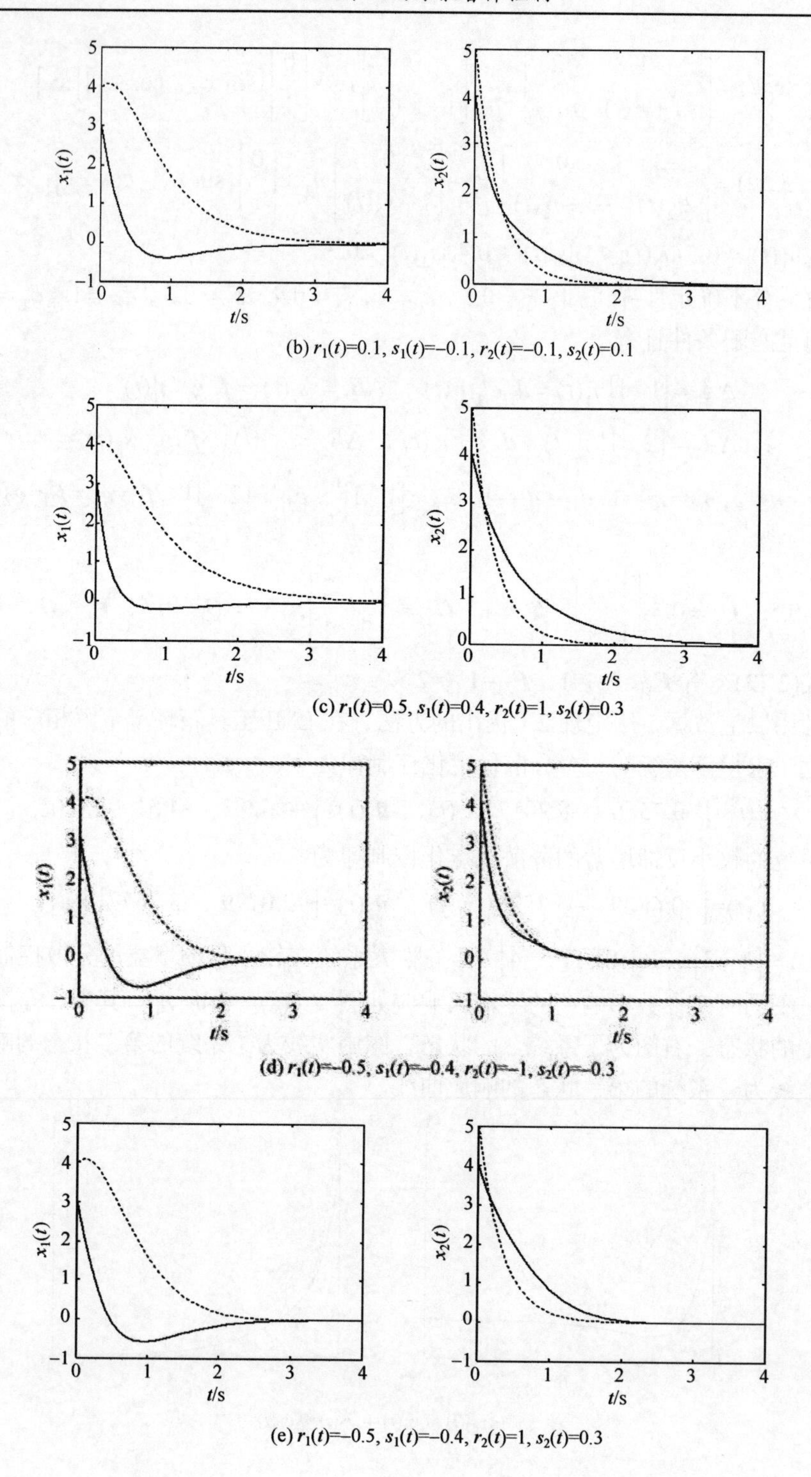

(b) $r_1(t)=0.1$, $s_1(t)=-0.1$, $r_2(t)=-0.1$, $s_2(t)=0.1$

(c) $r_1(t)=0.5$, $s_1(t)=0.4$, $r_2(t)=1$, $s_2(t)=0.3$

(d) $r_1(t)=-0.5$, $s_1(t)=-0.4$, $r_2(t)=-1$, $s_2(t)=-0.3$

(e) $r_1(t)=-0.5$, $s_1(t)=-0.4$, $r_2(t)=1$, $s_2(t)=0.3$

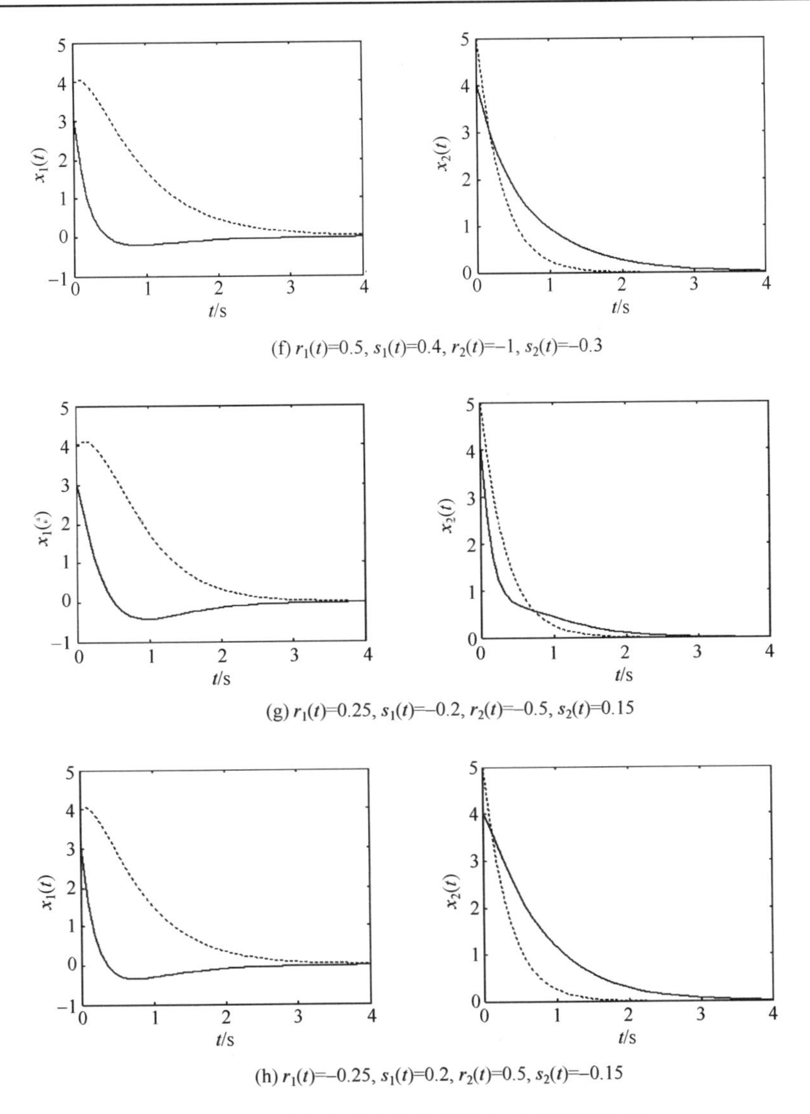

(f) $r_1(t)$=0.5, $s_1(t)$=0.4, $r_2(t)$=−1, $s_2(t)$=−0.3

(g) $r_1(t)$=0.25, $s_1(t)$=−0.2, $r_2(t)$=−0.5, $s_2(t)$=0.15

(h) $r_1(t)$=−0.25, $s_1(t)$=0.2, $r_2(t)$=0.5, $s_2(t)$=−0.15

图 2.1　不确定关联系统的零输入响应仿真曲线

以上仿真结果表明，所设计出的控制器在不同的参数摄动下能渐近稳定，对所容许的不确定性具有鲁棒性，达到了设计目的。

注释 2.1　由于待求解的是线性矩阵不等式组(LMIs)，且含有多个参数，但在 LMI 工具箱环境下可一次性求出，求解非常方便，无须预先调整参数，克服了 Riccati 方程方法的不足。

2.3　数值界不确定性关联系统分散鲁棒稳定化

2.3.1　问题描述

由于对不确定性要求满足匹配条件的约束太强，难以在实际工程中应用。实际工业生产过程中，不确定性往往具有数值界(如信号测量的误差界、干扰的数值界等)，这类不确定性一般不满足匹配条件。因此，具有数值界的不确定性关联系统的分散鲁棒控制的研究，更具有一般性和实际意义。本节应用 LMI 方法研究该类不确定性关联大系统的分散稳定化问题。LMI 方法把状态反馈增益矩阵的设计转化为凸优化问题，求解简单，应用方便。同时克服了 Riccati 方程方法因参数选择不当引起的保守性(反馈增益大)。

考虑一类由 N 个子系统构成的具有数值界时变不确定性关联大系统，其子系统方程为

$$\dot{\boldsymbol{x}}_i(t)=[\boldsymbol{A}_{ii}+\Delta\boldsymbol{A}_{ii}(\omega_i)]\,\boldsymbol{x}_i(t)+[\boldsymbol{B}_i+\Delta\boldsymbol{B}_i(s_i)]\,\boldsymbol{u}_i(t)+\sum_{j=1,\ j\neq i}^{N}[\boldsymbol{A}_{ij}+\Delta\boldsymbol{A}_{ij}(r_{ij})]\,\boldsymbol{x}_j(t) \tag{2.16}$$

式中，$i=1,2,\cdots,N$，$\boldsymbol{x}_i(t)\in\mathbf{R}^{n_i}$ 和 $\boldsymbol{u}_i(t)\in\mathbf{R}^{m_i}$ 分别为状态和控制向量；$\boldsymbol{A}_{ij}$、$\boldsymbol{B}_i$ 有适当的维数，$\boldsymbol{A}_{ii}$、$\boldsymbol{B}_i$ 代表标称系统；($\boldsymbol{A}_{ii}$，$\boldsymbol{B}_i$)是可控的，$\boldsymbol{A}_{ij}$($j\neq i$)为关联矩阵。$\Delta\boldsymbol{A}_{ii}$和$\Delta\boldsymbol{B}_i$为时变不确定项，它们有如下数值界：

$$\left|\Delta\boldsymbol{A}_{ij}\right|\prec\boldsymbol{D}_{ij},\quad\left|\Delta\boldsymbol{B}_i\right|\prec\boldsymbol{E}_i,\quad i,j=1,2,\cdots,N \tag{2.17}$$

式中，$\boldsymbol{D}_{ij}$ 和 $\boldsymbol{E}_i$ 为具有非负元素的实常数矩阵，并分别与$\Delta\boldsymbol{A}_{ii}$和$\Delta\boldsymbol{B}_i$同维。$\left|\boldsymbol{\varDelta}\right|\prec\overline{\boldsymbol{\varDelta}}$ 的含义是$\left|e_{ij}\right|\leqslant\overline{e}_{ij}$，$i,j=1,2,\cdots,N,e_{ij}$ 和 $\overline{e}_{ij}$ 分别为矩阵 $\boldsymbol{\varDelta}$ 和 $\overline{\boldsymbol{\varDelta}}$ 的第 ij 个对应元素。而其中的不确定参数满足 $\omega_i\in\phi_i\subset\mathbf{R}^{p_i}$、$s_i\in\varphi_i\subset\mathbf{R}^{q_i}$、$r_{ij}\in\vartheta_{ij}\subset\mathbf{R}^{l_{ij}}$，其中 $j\neq i,\ j=1,2,\cdots,N,\phi_i$、$\varphi_i$ 和 ϑ_{ij} 为紧集。

假定各个子系统的状态都是可以直接测量得到的，分散状态稳定化问题就是对式(2.16)描述的每一个子系统设计一个局部无记忆状态反馈控制律(2.6)，使所得出的闭环复合大系统稳定。

对于数值界不确定性，有以下引理。

引理 2.4[2]　若 $n\times m$ 阶矩阵 $\Delta\boldsymbol{A}$ 满足 $\left|\Delta\boldsymbol{A}\right|\prec\boldsymbol{D}$，则

$$\boldsymbol{\varOmega}(\boldsymbol{D})\geqslant\Delta\boldsymbol{A}\Delta\boldsymbol{A}^{\mathrm{T}},\quad\boldsymbol{\varGamma}(\boldsymbol{D})\geqslant\Delta\boldsymbol{A}^{\mathrm{T}}\Delta\boldsymbol{A}$$

式中

$$\boldsymbol{\varOmega}(\boldsymbol{D})=\begin{cases}\left\|\boldsymbol{D}\boldsymbol{D}^{\mathrm{T}}\right\|\boldsymbol{I}, & \left\|\boldsymbol{D}\boldsymbol{D}^{\mathrm{T}}\right\|\boldsymbol{I}<n\cdot\mathrm{diag}(\boldsymbol{D}\boldsymbol{D}^{\mathrm{T}})\\ n\cdot\mathrm{diag}(\boldsymbol{D}\boldsymbol{D}^{\mathrm{T}}), & \text{其他}\end{cases}$$

$$\boldsymbol{\Gamma}(\boldsymbol{D})=\begin{cases}\left\|\boldsymbol{D}^{\mathrm{T}}\boldsymbol{D}\right\|\boldsymbol{I}, & \left\|\boldsymbol{D}^{\mathrm{T}}\boldsymbol{D}\right\|\boldsymbol{I}<m\cdot\operatorname{diag}(\boldsymbol{D}^{\mathrm{T}}\boldsymbol{D})\\ m\cdot\operatorname{diag}(\boldsymbol{D}^{\mathrm{T}}\boldsymbol{D}), & \text{其他}\end{cases}$$

式中，$\operatorname{diag}(\boldsymbol{R})=\operatorname{diag}(r_{11},r_{22},\cdots,r_{nn})$，其中 $\boldsymbol{R}=(r_{ij})$为 n 阶对称实阵。

注释 2.2　书中矩阵范数$\|\boldsymbol{M}\|$定义为 $\boldsymbol{M}$ 的最大奇异值，矢量范数$\|\boldsymbol{a}\|$为 $\boldsymbol{a}$ 的 Euclidean 范数。不同位置的 $\boldsymbol{I}$ 代表维数可能不同的单位矩阵，因易于辨别，没有标出 $\boldsymbol{I}$ 的维数。

2.3.2　分散鲁棒稳定化控制器设计

本节将从理论上推导出具有数值界的时变不确定性关联系统(2.16)可分散状态反馈稳定化的充分条件，即大系统(2.16)可分散状态反馈稳定化定理，给出分散控制器的设计方法。

1. 分散鲁棒稳定化控制器存在的充分条件

采用控制律(2.6)，相应的闭环系统为

$$\dot{\boldsymbol{x}}_i=(\boldsymbol{A}_{ii}+\Delta\boldsymbol{A}_{ii})\boldsymbol{x}_i+(\boldsymbol{B}_i+\Delta\boldsymbol{B}_i)\boldsymbol{K}_i\boldsymbol{x}_i+\sum_{j=1,\ j\neq i}^{N}(\boldsymbol{A}_{ij}+\Delta\boldsymbol{A}_{ij})\boldsymbol{x}_j \tag{2.18}$$

考虑如下 Lyapunov 函数：

$$V(\boldsymbol{x})=\boldsymbol{x}^{\mathrm{T}}\boldsymbol{P}\boldsymbol{x}=\sum_{i=1}^{N}\boldsymbol{x}_i^{\mathrm{T}}\boldsymbol{P}_i\boldsymbol{x}_i$$

式中，$\boldsymbol{x}=[\boldsymbol{x}_1^{\mathrm{T}}\quad\boldsymbol{x}_2^{\mathrm{T}}\quad\cdots\quad\boldsymbol{x}_N^{\mathrm{T}}]^{\mathrm{T}}$；$\boldsymbol{P}=\operatorname{diag}\{\boldsymbol{P}_1,\boldsymbol{P}_2,\cdots,\boldsymbol{P}_N\}$，$\boldsymbol{P}_i$ 为正定对称矩阵。则 $V(\boldsymbol{x})$沿系统(2.18)轨线的时间导数为

$$\begin{aligned}\dot{V}(\boldsymbol{x})=\sum_{i=1}^{N}(\dot{\boldsymbol{x}}_i^{\mathrm{T}}\boldsymbol{P}_i\boldsymbol{x}_i+x_i^{\mathrm{T}}\boldsymbol{P}_i\dot{\boldsymbol{x}}_i)=\sum_{i=1}^{N}\Big[&\boldsymbol{x}_i^{\mathrm{T}}(\boldsymbol{A}_{ii}^{\mathrm{T}}\boldsymbol{P}_i+\boldsymbol{P}_i\boldsymbol{A}_{ii}+\Delta\boldsymbol{A}_{ii}^{\mathrm{T}}\boldsymbol{P}_i+\boldsymbol{P}_i\Delta\boldsymbol{A}_{ii}+\boldsymbol{K}_i^{\mathrm{T}}\boldsymbol{B}_i^{\mathrm{T}}\boldsymbol{P}_i\\&+\boldsymbol{P}_i\boldsymbol{B}_i\boldsymbol{K}_i+\boldsymbol{K}_i^{\mathrm{T}}\Delta\boldsymbol{B}_i^{\mathrm{T}}\boldsymbol{P}_i+\boldsymbol{P}_i\Delta\boldsymbol{B}_i\boldsymbol{K}_i)\boldsymbol{x}_i+2\boldsymbol{x}_i^{\mathrm{T}}\boldsymbol{P}_i\sum_{j=1,\ j\neq i}^{N}\left(\boldsymbol{A}_{ij}+\Delta\boldsymbol{A}_{ij}\right)\boldsymbol{x}_j\Big]\end{aligned} \tag{2.19}$$

由引理 2.1、引理 2.3 和引理 2.4 可推得

$$\alpha_i\boldsymbol{P}_i\boldsymbol{P}_i+\alpha_i^{-1}\boldsymbol{\Gamma}\left(\boldsymbol{D}_{ii}\right)\geqslant\alpha_i\boldsymbol{P}_i\boldsymbol{P}_i+\alpha_i^{-1}\Delta\boldsymbol{A}_{ii}^{\mathrm{T}}\Delta\boldsymbol{A}_{ii}\geqslant\boldsymbol{P}_i\Delta\boldsymbol{A}_{ii}+\Delta\boldsymbol{A}_{ii}^{\mathrm{T}}\boldsymbol{P}_i \tag{2.20}$$

$$\beta_i\boldsymbol{P}_i\boldsymbol{P}_i+\beta_i^{-1}\boldsymbol{K}_i^{\mathrm{T}}\boldsymbol{\Gamma}\left(\boldsymbol{E}_i\right)\boldsymbol{K}_i\geqslant\beta_i\boldsymbol{P}_i\boldsymbol{P}_i+\beta_i^{-1}\boldsymbol{K}_i^{\mathrm{T}}\Delta\boldsymbol{B}_i^{\mathrm{T}}\Delta\boldsymbol{B}_i\geqslant\boldsymbol{P}_i\Delta\boldsymbol{B}_i\boldsymbol{K}_i+\boldsymbol{K}_i^{\mathrm{T}}\Delta\boldsymbol{B}_i^{\mathrm{T}}\boldsymbol{P}_i \tag{2.21}$$

在引理 2.1 中令 $\alpha=1$ 可得

$$\sum_{i=1}^{N}2\boldsymbol{x}_i^{\mathrm{T}}\boldsymbol{P}_i\sum_{j=1,\ j\neq i}^{N}(\boldsymbol{A}_{ij}+\Delta\boldsymbol{A}_{ij})\boldsymbol{x}_j\leqslant\sum_{i=1}^{N}\sum_{j=1,\ j\neq i}^{N}\left[\boldsymbol{x}_i^{\mathrm{T}}\boldsymbol{P}_i\left(\boldsymbol{A}_{ij}\boldsymbol{A}_{ij}^{\mathrm{T}}+\Delta\boldsymbol{A}_{ij}\Delta\boldsymbol{A}_{ij}^{\mathrm{T}}\right)\boldsymbol{P}_i\boldsymbol{x}_i+2\boldsymbol{x}_j^{\mathrm{T}}\boldsymbol{x}_j\right]$$

$$\leqslant \sum_{i=1}^{N} \sum_{j=1,\, j\neq i}^{N} \left[\boldsymbol{x}_i^{\mathrm{T}} \boldsymbol{P}_i \left(\boldsymbol{A}_{ij} \boldsymbol{A}_{ij}^{\mathrm{T}} + \boldsymbol{\Omega}\left(\boldsymbol{D}_{ij}\right) \right) \boldsymbol{P}_i \boldsymbol{x}_i + 2 \boldsymbol{x}_j^{\mathrm{T}} \boldsymbol{x}_j \right] = \sum_{i=1}^{N} \left(\boldsymbol{x}_i^{\mathrm{T}} \boldsymbol{P}_i \boldsymbol{F}_{1i} \boldsymbol{P}_i \boldsymbol{x}_i + \boldsymbol{x}_i^{\mathrm{T}} \boldsymbol{P}_i \boldsymbol{F}_{2i} \boldsymbol{P} \boldsymbol{x}_i + \boldsymbol{F}_{3i} \boldsymbol{x}_i^{\mathrm{T}} \boldsymbol{x}_i \right) \tag{2.22}$$

式中

$$\boldsymbol{F}_{1i} = \sum_{j=1,\, j\neq i}^{N} \boldsymbol{A}_{ij} \boldsymbol{A}_{ij}^{\mathrm{T}}, \quad \boldsymbol{F}_{2i} = \sum_{j=1,\, j\neq i}^{N} \boldsymbol{\Omega}\left(\boldsymbol{D}_{ij}\right), \quad \boldsymbol{F}_{3i} = 2(N-1)\boldsymbol{I} \tag{2.23}$$

将式(2.20)～式(2.22)代入式(2.19)有

$$\begin{aligned} \dot{V}(\boldsymbol{x}) \leqslant \sum_{i=1}^{N} \boldsymbol{x}_i^{\mathrm{T}} \Big[& \boldsymbol{A}_{ii}^{\mathrm{T}} \boldsymbol{P}_i + \boldsymbol{P}_i \boldsymbol{A}_{ii} + \alpha_i \boldsymbol{P}_i \boldsymbol{P}_i + \alpha_i^{-1} \boldsymbol{\Gamma}\left(\boldsymbol{D}_{ii}\right) + \boldsymbol{K}_i^{\mathrm{T}} \boldsymbol{B}_i^{\mathrm{T}} \boldsymbol{P}_i + \boldsymbol{P}_i \boldsymbol{B}_i \boldsymbol{K}_i \\ & + \beta_i \boldsymbol{P}_i \boldsymbol{P}_i + \beta_i^{-1} \boldsymbol{K}_i^{\mathrm{T}} \boldsymbol{\Gamma}\left(\boldsymbol{E}_i\right) \boldsymbol{K}_i + \boldsymbol{P}_i \boldsymbol{F}_{1i} \boldsymbol{P}_i + \boldsymbol{P}_i \boldsymbol{F}_{2i} \boldsymbol{P}_i + \boldsymbol{F}_{3i} \Big] \boldsymbol{x}_i \end{aligned}$$

由 Lyapunov 稳定性定理可知，如果不等式

$$\begin{aligned} & \boldsymbol{A}_{ii}^{\mathrm{T}} \boldsymbol{P}_i + \boldsymbol{P}_i \boldsymbol{A}_{ii} + \alpha_i \boldsymbol{P}_i \boldsymbol{P}_i + \alpha_i^{-1} \boldsymbol{\Gamma}\left(\boldsymbol{D}_{ii}\right) + \boldsymbol{K}_i^{\mathrm{T}} \boldsymbol{B}_i^{\mathrm{T}} \boldsymbol{P}_i + \boldsymbol{P}_i \boldsymbol{B}_i \boldsymbol{K}_i + \beta_i \boldsymbol{P}_i \boldsymbol{P}_i \\ & + \beta_i^{-1} \boldsymbol{K}_i^{\mathrm{T}} \boldsymbol{\Gamma}\left(\boldsymbol{E}_i\right) \boldsymbol{K}_i + \boldsymbol{P}_i \boldsymbol{F}_{1i} \boldsymbol{P}_i + \boldsymbol{P}_i \boldsymbol{F}_{2i} \boldsymbol{P}_i + \boldsymbol{F}_{3i} < 0 \end{aligned} \tag{2.24}$$

有正定对称解 P_i，则不确定性关联大系统(2.16)可以分散状态反馈稳定化。

由引理 2.4 可知，$\boldsymbol{\Gamma}\left(\boldsymbol{D}_{ii}\right)$、$\boldsymbol{\Gamma}\left(\boldsymbol{E}_i\right)$ 均为正定或半正定矩阵，可分解为 $\boldsymbol{\Gamma}\left(\boldsymbol{D}_{ii}\right) = \boldsymbol{\Gamma}\left(\boldsymbol{D}_{ii}\right)^{\frac{1}{2}} \boldsymbol{\Gamma}\left(\boldsymbol{D}_{ii}\right)^{\frac{1}{2}}$、$\boldsymbol{\Gamma}\left(\boldsymbol{E}_i\right) = \boldsymbol{\Gamma}\left(\boldsymbol{E}_i\right)^{\frac{1}{2}} \boldsymbol{\Gamma}\left(\boldsymbol{E}_i\right)^{\frac{1}{2}}$，将式(2.24)两边分别左乘和右乘 $\boldsymbol{P}_i^{-1}$，令 $\boldsymbol{X}_i = \boldsymbol{P}_i^{-1}, \boldsymbol{Y}_i = \boldsymbol{K}_i \boldsymbol{X}_i$，得

$$\begin{aligned} & \boldsymbol{X}_i \boldsymbol{A}_{ii}^{\mathrm{T}} + \boldsymbol{A}_{ii} \boldsymbol{X}_i + \alpha_i \boldsymbol{I} + \alpha_i^{-1} \boldsymbol{X}_i \boldsymbol{\Gamma}\left(\boldsymbol{D}_{ii}\right) \boldsymbol{X}_i + \boldsymbol{Y}_i^{\mathrm{T}} \boldsymbol{B}_i^{\mathrm{T}} + \boldsymbol{B}_i \boldsymbol{Y}_i + \beta_i \boldsymbol{I} \\ & + \beta_i^{-1} \boldsymbol{Y}_i^{\mathrm{T}} \boldsymbol{\Gamma}\left(\boldsymbol{E}_i\right) \boldsymbol{Y}_i + \boldsymbol{F}_{1i} + \boldsymbol{F}_{2i} + \boldsymbol{X}_i \boldsymbol{F}_{3i} \boldsymbol{X}_i < 0 \end{aligned} \tag{2.25}$$

由 Schur 引理可知，矩阵不等式(2.25)等价于下述 LMI

$$\begin{bmatrix} \overline{\boldsymbol{A}}_i & \boldsymbol{X}_i \boldsymbol{\Gamma}\left(\boldsymbol{D}_{ii}\right)^{\frac{1}{2}} & \boldsymbol{Y}_i^{\mathrm{T}} \boldsymbol{\Gamma}\left(\boldsymbol{E}_i\right)^{\frac{1}{2}} & \boldsymbol{X}_i \\ \boldsymbol{\Gamma}\left(\boldsymbol{D}_{ii}\right)^{\frac{1}{2}} \boldsymbol{X}_i & -\alpha_i \boldsymbol{I} & \boldsymbol{0} & \boldsymbol{0} \\ \boldsymbol{\Gamma}\left(\boldsymbol{E}_i\right)^{\frac{1}{2}} \boldsymbol{Y}_i & \boldsymbol{0} & -\beta_i \boldsymbol{I} & \boldsymbol{0} \\ \boldsymbol{X}_i & \boldsymbol{0} & \boldsymbol{0} & -\boldsymbol{F}_{3i}^{-1} \end{bmatrix} < 0 \tag{2.26}$$

式中，$\overline{\boldsymbol{A}}_i = \boldsymbol{X}_i \boldsymbol{A}_{ii}^{\mathrm{T}} + \boldsymbol{A}_{ii} \boldsymbol{X}_i + (\alpha_i + \beta_i)\boldsymbol{I} + \boldsymbol{Y}_i^{\mathrm{T}} \boldsymbol{B}_i^{\mathrm{T}} + \boldsymbol{B}_i \boldsymbol{Y}_i + \boldsymbol{F}_{1i} + \boldsymbol{F}_{2i}$，因此，如果 LMI(2.26)有解，闭环系统渐近稳定。据此可得下述定理。

定理 2.2　对满足式(2.17)的时变不确定性关联大系统(2.16)，如果存在正定矩阵 $\boldsymbol{X}_i$，矩阵 $\boldsymbol{Y}_i$，正数 α_i、β_i 使 LMI(2.26)成立，则大系统(2.16)可分散状态反馈稳定化，且 $\boldsymbol{K}_i = \boldsymbol{Y}_i \boldsymbol{X}_i^{-1}$ 为一分散状态反馈增益阵。

2. 较小反馈增益分散稳定化控制器设计

定理 2.2 给出了大系统(2.16)存在分散鲁棒稳定化控制器的一个充分条件。为了克服保守性，保证系统良好的动态性能和抑制测量噪声，利用式(2.15)和引理 2.2，可得系统(2.16)具有较小反馈增益的设计方法。

定理 2.3　关联大系统(2.16)具有较小反馈增益的分散鲁棒稳定化的控制律可由下述优化问题求解

$$\min\left(\sum_{i=1}^{N}\theta_i+\sum_{i=1}^{N}\gamma_i\right) \tag{2.27}$$

约束条件为

$$\begin{bmatrix} \bar{\boldsymbol{A}}_i & \boldsymbol{X}_i\boldsymbol{\Gamma}(\boldsymbol{D}_{ii})^{\frac{1}{2}} & \boldsymbol{Y}_i^{\mathrm{T}}\boldsymbol{\Gamma}(\boldsymbol{E}_i)^{\frac{1}{2}} & \boldsymbol{X}_i \\ \boldsymbol{\Gamma}(\boldsymbol{D}_{ii})^{\frac{1}{2}}\boldsymbol{X}_i & -\alpha_i\boldsymbol{I} & \boldsymbol{0} & \boldsymbol{0} \\ \boldsymbol{\Gamma}(\boldsymbol{E}_i)^{\frac{1}{2}}\boldsymbol{Y}_i & \boldsymbol{0} & -\beta_i\boldsymbol{I} & \boldsymbol{0} \\ \boldsymbol{X}_i & \boldsymbol{0} & \boldsymbol{0} & -\boldsymbol{F}_{3i}^{-1} \end{bmatrix}<0 \tag{2.28}$$

$$\begin{bmatrix} -\theta_i\boldsymbol{I} & \boldsymbol{Y}_i^{\mathrm{T}} \\ \boldsymbol{Y}_i & -\boldsymbol{I} \end{bmatrix}<0,\quad \begin{bmatrix} \boldsymbol{X}_i & \boldsymbol{I} \\ \boldsymbol{I} & \gamma_i\boldsymbol{I} \end{bmatrix}>0 \tag{2.29}$$

式中，$\theta_i>0$，$\gamma_i>0$。

这是一个具有 LMIs 约束的凸优化问题，在 LMI 工具箱环境下用 mincx 命令可一次性求出所有参数，求解非常方便。

2.3.3　仿真示例

例 2.2　沿用 2.3.1 节中的符号，考虑一个可由式(2.16)描述的由两个子系统组成的不确定性线性关联大系统，其不确定项具有数值界，其中

$$\boldsymbol{A}_{11}=\begin{bmatrix} -3 & 4 \\ 1.9 & -2 \end{bmatrix},\ \boldsymbol{B}_1=\begin{bmatrix} 1 \\ 1 \end{bmatrix},\ \boldsymbol{A}_{12}=\begin{bmatrix} 0.5 & 0.2 \\ 0.2 & 0.5 \end{bmatrix},\ \boldsymbol{D}_{11}=\begin{bmatrix} 1 & 0.2 \\ 0.3 & 0.17 \end{bmatrix},\ \boldsymbol{E}_1=\begin{bmatrix} 0.4 \\ 0.2 \end{bmatrix}$$

$$\boldsymbol{D}_{12}=\begin{bmatrix} 0.04 & 0.01 \\ 0.03 & 0.04 \end{bmatrix},\ \boldsymbol{A}_{22}=\begin{bmatrix} 1 & 0.2 \\ -0.2 & 0.8 \end{bmatrix},\ \boldsymbol{B}_2=\begin{bmatrix} 0.5 & 0 \\ 0 & 0.5 \end{bmatrix},\ \boldsymbol{A}_{21}=\begin{bmatrix} 0.2 & -0.1 \\ 0.3 & 0.1 \end{bmatrix}$$

$$\boldsymbol{D}_{22}=\begin{bmatrix} 0.3 & 0 \\ 0 & 0.2 \end{bmatrix},\ \boldsymbol{E}_2=\begin{bmatrix} 0.2 & 0.08 \\ 0.07 & 0.1 \end{bmatrix},\ \boldsymbol{D}_{21}=\begin{bmatrix} 0.04 & 0.01 \\ 0.06 & 0.01 \end{bmatrix}$$

首先可验证此系统满足式(2.16)中的各项假设，同样可以不难验证系统中的不确定项不满足匹配条件。由系统不确定项的数值界、引理 2.4 和式(2.23)可得

$$\boldsymbol{\Gamma}(\boldsymbol{D}_{11})=\begin{bmatrix}2.18 & 0\\ 0 & 0.1378\end{bmatrix},\ \boldsymbol{\Gamma}(\boldsymbol{E}_1)=0.2,\ \boldsymbol{F}_{11}=\begin{bmatrix}0.29 & 0.20\\ 0.20 & 0.29\end{bmatrix}$$

$$\boldsymbol{F}_{21}=\begin{bmatrix}0.0034 & 0\\ 0 & 0.005\end{bmatrix},\ \boldsymbol{\Gamma}(\boldsymbol{D}_{22})=\begin{bmatrix}0.18 & 0\\ 0 & 0.08\end{bmatrix},\ \boldsymbol{\Gamma}(\boldsymbol{E}_2)=\begin{bmatrix}0.0898 & 0\\ 0 & 0.0328\end{bmatrix}$$

$$\boldsymbol{F}_{12}=\begin{bmatrix}0.05 & 0.05\\ 0.05 & 0.1\end{bmatrix},\ \boldsymbol{F}_{22}=\begin{bmatrix}0.0034 & 0\\ 0 & 0.0074\end{bmatrix},\ \boldsymbol{F}_{31}=\boldsymbol{F}_{32}=2\boldsymbol{I}$$

易知 $n_1=n_2=2$，$m_1=1$，$m_2=2$，利用以上数据，在 LMI 工具软件环境下求解定理 2.3 所对应的凸优化问题，可得到该系统的分散稳定化控制律为

$$\boldsymbol{u}_1(t)=\begin{bmatrix}-2.0107 & -1.3523\end{bmatrix}\boldsymbol{x}_1(t)$$

$$\boldsymbol{u}_2(t)=\begin{bmatrix}-8.7852 & 0.2028\\ -0.5445 & -5.9203\end{bmatrix}\boldsymbol{x}_2(t)$$

设 $\boldsymbol{x}_1(0)=\begin{bmatrix}3 & 2\end{bmatrix}^{\mathrm{T}}$，$\boldsymbol{x}_2(0)=\begin{bmatrix}4 & 3\end{bmatrix}^{\mathrm{T}}$，关联大系统在上述控制律作用下的零输入响应按照以下几种情形示于图 2.2(a)～(h)中，其中，左图为子系统 1 的状态，右图为子系统 2 的状态，图中实线为子系统第二状态响应曲线，虚线为子系统第一状态响应曲线。

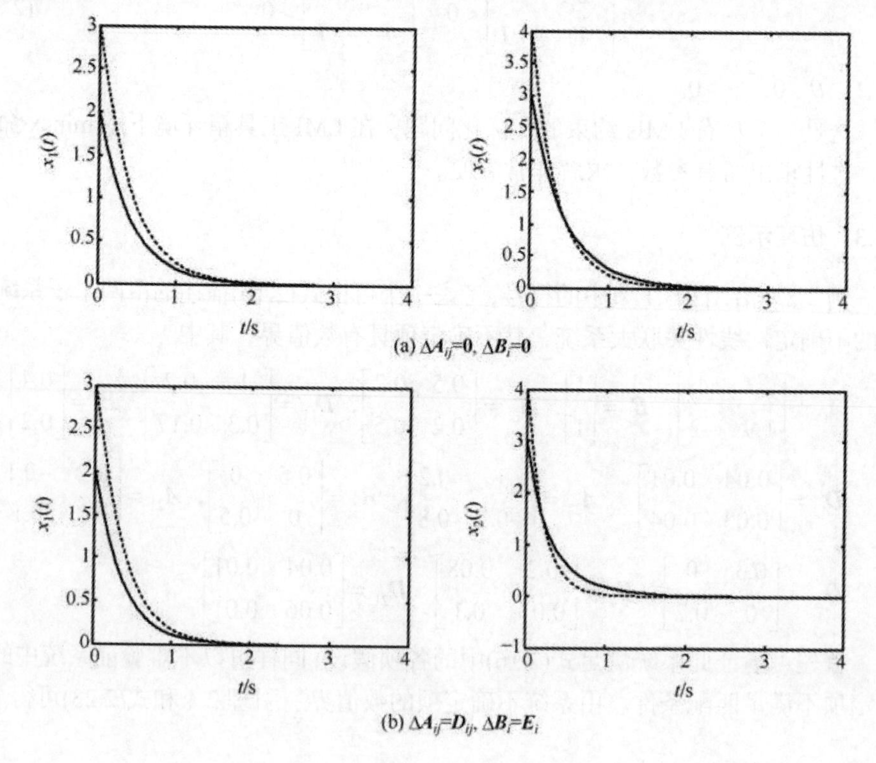

(a) $\Delta A_{ij}=0,\ \Delta B_i=0$

(b) $\Delta A_{ij}=D_{ij},\ \Delta B_i=E_i$

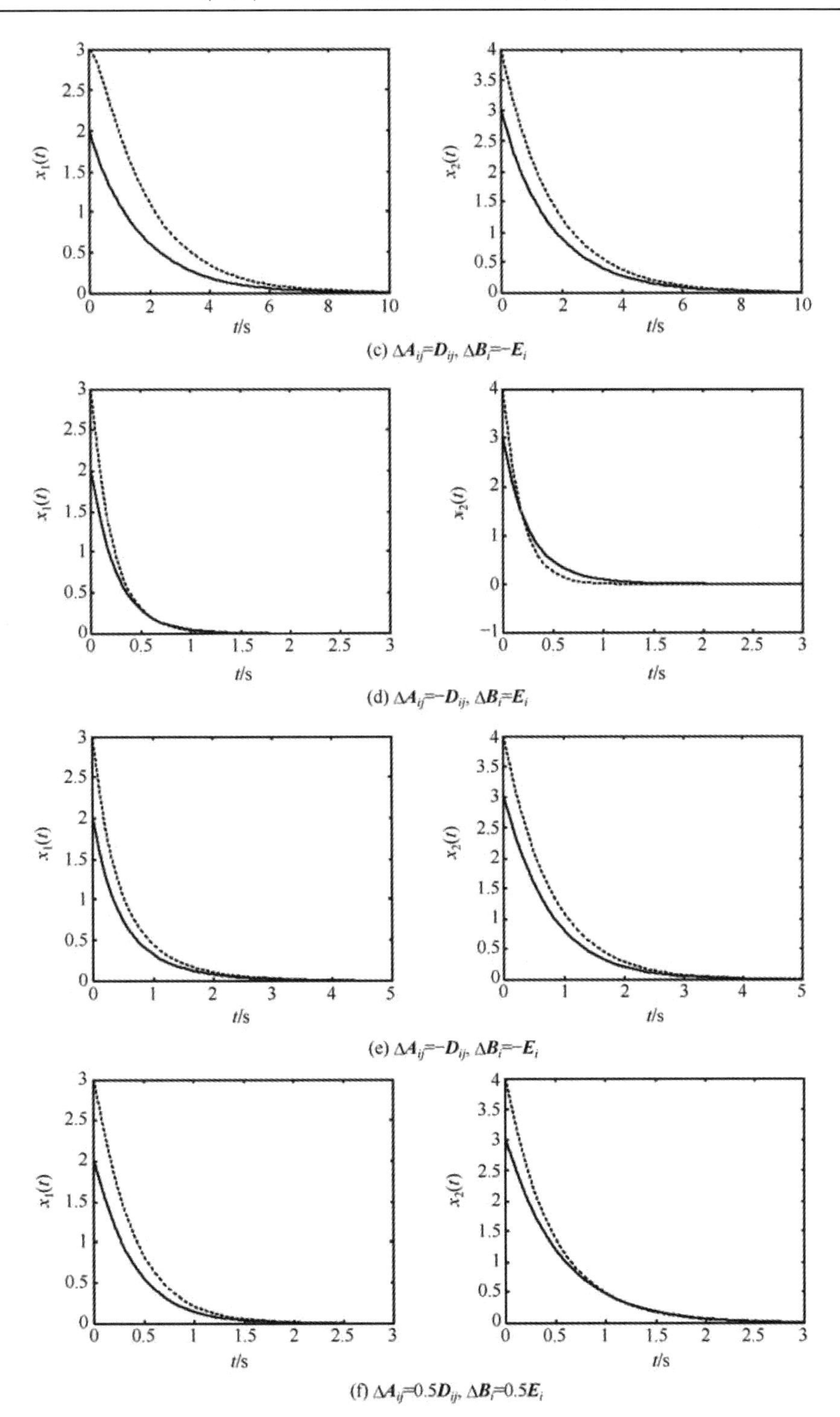

(c) $\Delta \boldsymbol{A}_{ij}=\boldsymbol{D}_{ij}$, $\Delta \boldsymbol{B}_i=-\boldsymbol{E}_i$

(d) $\Delta \boldsymbol{A}_{ij}=-\boldsymbol{D}_{ij}$, $\Delta \boldsymbol{B}_i=\boldsymbol{E}_i$

(e) $\Delta \boldsymbol{A}_{ij}=-\boldsymbol{D}_{ij}$, $\Delta \boldsymbol{B}_i=-\boldsymbol{E}_i$

(f) $\Delta \boldsymbol{A}_{ij}=0.5\boldsymbol{D}_{ij}$, $\Delta \boldsymbol{B}_i=0.5\boldsymbol{E}_i$

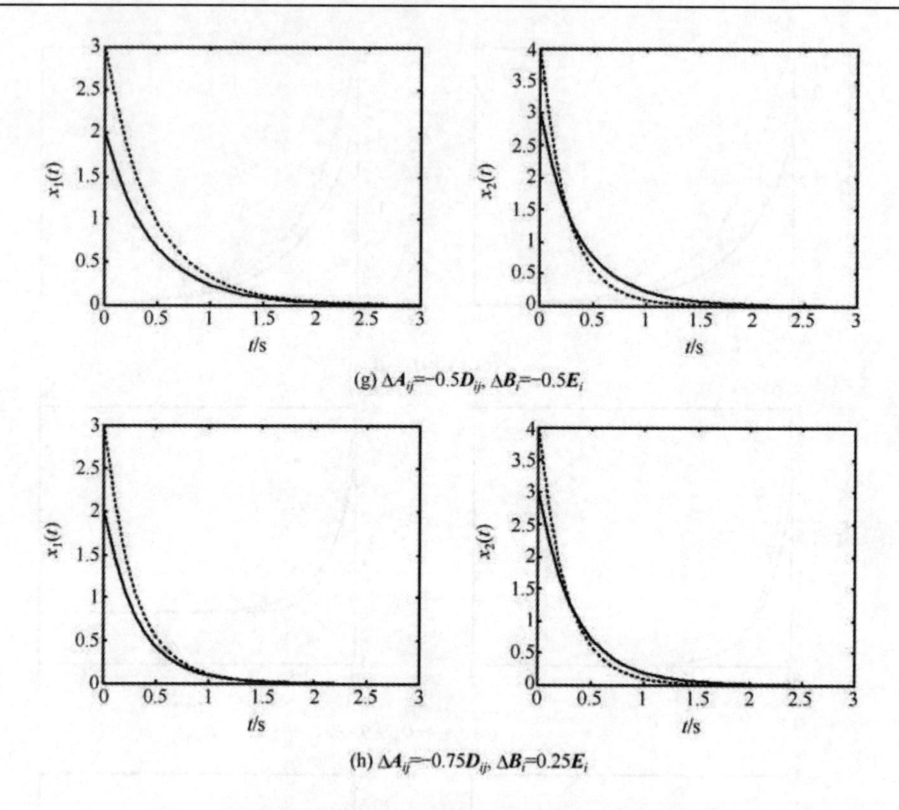

图 2.2　具数值界不确定性关联系统的零输入响应仿真曲线

仿真结果表明所设计的控制器在不同的不确定性影响下，可使各子系统实现渐近稳定。

文献[2]用 Riccati 方程方法研究了具有数值界不确定性系统的分散鲁棒稳定化问题，但需要适当选择参数 α、ε_{i}和 $\boldsymbol{Q}_i$，在系统性能和反馈增益之间折中考虑。按照常规试凑方法适当选择有关参数的值解 Riccati 方程，若经过多次尝试仍无结果，则此法可能失效，这是文献[2]方法的缺陷。而本节提出的 LMI 方法可以很好地弥补 Riccati 方程方法的不足。

2.4　关联 Lurie 大系统的参数绝对稳定性

2.4.1　概述及问题描述

关联大系统中平衡点的存在性及其稳定性是系统分析中两个最为重要的基本问题。研究关联系统的传统方法一般是将系统平衡点的存在性和平衡点的稳定性两个问题分开考虑，并假设平衡点在所有参数值变化范围内保持固定不变。但是这种平衡点固定不变的假设在一个实际关联大系统的分析中是不实际的。系统中参数的变化会影响系统的结构，引起系统平衡点的移动，可能使得系统平衡点完全消失，有时甚至破坏整个系统的稳定性。因此，对关联大系统的控制问题研究必须考虑不确定参数对系统结构、平衡点存在性及其稳定性的影响。例如，在大型电力系统中，各个电站的负荷改变将影响整个系统的平衡点。而平衡点随参数变化的现象将给系统分析、设计和控制带来很大的困难。实际上，不确定参数不但存在于大型电力系统的非线性关联上，而且存在于各个电力子系统中。这些系数会影响整个电力系统的结构，并可能破坏其平衡点的稳定性，在某些情况下，甚至导致整个电力系统完全崩溃，即平衡点完全消失[3,4]。因此，研究关联大系统不确定参数对整个大系统稳定性的影响，不仅具有重要的理论价值，而且具有重大的实际意义。

参数稳定性概念是 20 世纪 90 年代由日本大阪大学控制专家 Ikeda 和美国大系统控制论先驱 Siljak 在研究人口动力学的 Lotka-Volterra 模型时首次提出的[5]。所谓参数稳定性粗略地是指系统参数变化对平衡点存在性及其稳定性的影响。国外许多学者对参数稳定性问题进行了一些初步的研究，如 Ohta 和 Siljak 研究了不确定非线性系统的参数二次稳定性问题[6]。Wada 和 Ikeda 等把参数稳定性的概念扩展到具有不确定性参数和定常参考输入的 Lurie 型非线性控制系统中，提出了参数绝对稳定性的概念[7,8]。Silva 和 Dzul 在文献[8]的基础上，提出了一类具有奇异扰动系统的参数绝对稳定性问题[9]。Zecevic 和 Siljak 研究了一类具有全局 Lipschitz 条件的非线性系统的参数镇定问题[10]，利用 LMI 优化技术，给出了系统在参数变化引起平衡点移动时的参数稳定化控制器的设计方法。这些研究主要针对集中系统，对关联 Lurie 大系统的参数稳定性的研究还远远不够深入。

最近，年晓红等研究任意两个互相独立的 Lurie 控制系统能否通过关联或协调控制组成绝对稳定大系统的问题，给出了两个 Lurie 控制系统可关联绝对稳定的充分条件，并给出了计算关联矩阵的 BMI 方法[11]。郭俊伶和廖福成利用大系统分解方法和 Lyapunov 第二方法研究了一类 Lurie 间接控制大系统，结合 Metzler 矩阵的性质，建立了这类 Lurie 间接控制大系统的稳定性与低维矩阵稳定之间的关系，得到了这类 Lurie 间接控制大系统绝对稳定的充分条件[12]，没有考虑参数不确定性的影响。

本节针对一类具有两个线性子系统的关联 Lurie 大系统，研究当不确定参数和参考输入改变时，系统的参数绝对稳定性问题。基于分散状态反馈，研究了关联 Lurie 大系统参数稳定性存在条件和参数稳定区域，给出了在该参数稳定区域中基于 LMI 条件的关联大系统稳定性存在的充分条件，同时研究了多胞型关联 Lurie 大系统参数绝对稳定性存在的充分条件。

考虑如下关联 Lurie 控制系统：

$$\Sigma_1:\ \begin{aligned}&\dot{\boldsymbol{x}}_1(t)=\boldsymbol{A}_1(p)\boldsymbol{x}_1(t)+\boldsymbol{B}_1(p)\boldsymbol{u}_1(t)+\boldsymbol{D}_1(p)\varphi_1(\boldsymbol{e}_1(t))+\bar{\boldsymbol{A}}_{12}\boldsymbol{x}_2(t)\\&\boldsymbol{y}_1(t)=\boldsymbol{C}_1(p)\boldsymbol{x}_1(t)\\&\boldsymbol{e}_1(t)=\boldsymbol{r}_1-\boldsymbol{y}_1(t)\end{aligned} \tag{2.30a}$$

$$\Sigma_2:\ \begin{aligned}&\dot{\boldsymbol{x}}_2(t)=\boldsymbol{A}_2(p)\boldsymbol{x}_2(t)+\boldsymbol{B}_2(p)\boldsymbol{u}_2(t)+\boldsymbol{D}_2(p)\varphi_2(\boldsymbol{e}_2(t))+\bar{\boldsymbol{A}}_{21}\boldsymbol{x}_1(t)\\&\boldsymbol{y}_2(t)=\boldsymbol{C}_2(p)\boldsymbol{x}_2(t)\\&\boldsymbol{e}_2(t)=\boldsymbol{r}_2-\boldsymbol{y}_2(t)\end{aligned} \tag{2.30b}$$

式中，$\boldsymbol{x}_i(t)\in\mathbf{R}^{n_i}\ (i=1,2)$ 为子系统的状态变量；$\boldsymbol{u}_i(t)\in\mathbf{R}^{m_i}\ (i=1,2)$ 为子系统的控制变量；$\boldsymbol{y}_i(t)\in\mathbf{R}^{l_i}\ (i=1,2)$ 为子系统的输出变量；参考输入 $\boldsymbol{r}_i\in\mathbf{R}^{l_i}\ (i=1,2)$ 为包含原点的紧单连通域 $\Re_i$ 上的常向量，且 $n_1+n_2=n$，$m_1+m_2=m$，$l_1+l_2=l$。$\boldsymbol{A}_i(p)$、$\boldsymbol{B}_i(p)$、$\boldsymbol{C}_i(p)$、$\boldsymbol{D}_i(p)(i=1,2)$ 是具有适当维数的参数矩阵，且关于参数 p 是连续的，假设参数 p 属于紧单连通集 $\wp$，$\bar{\boldsymbol{A}}_{12}$、$\bar{\boldsymbol{A}}_{21}$ 为两子系统间的关联矩阵，假设 $\boldsymbol{A}_i(p)$、$\boldsymbol{B}_i(p)$ 是可镇定的，此关联 Lurie 控制系统的结构如图 2.3 所示。

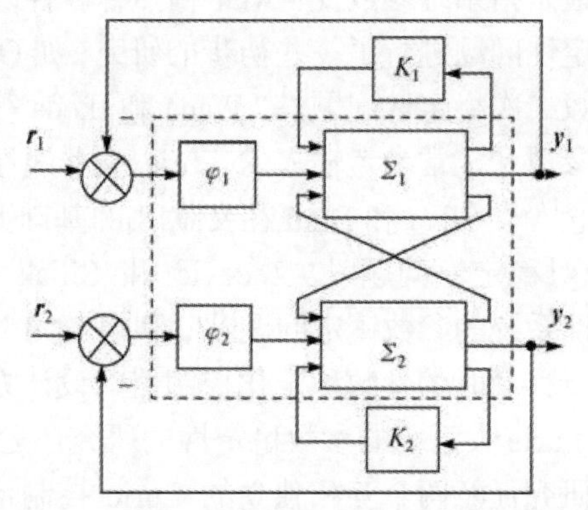

图 2.3　具有两个子系统的关联 Lurie 大系统

假设 2.1　非线性函数 $\varphi_i(\boldsymbol{e}_i(t)):\mathbf{R}^{l_i}\to\mathbf{R}^{l_i}\ (i=1,2)$ 连续可微且满足 $\varphi_i(0)=0$，和

$$\left(\boldsymbol{D}\varphi_i(\boldsymbol{e}_i)\right)^{\mathrm{T}}=\boldsymbol{D}\varphi_i(\boldsymbol{e}_i),\ \ \forall\boldsymbol{e}_i\in\mathbf{R}^{l_i},\ \ i=1,2 \tag{2.31}$$

式中，$\boldsymbol{D}\varphi_i(\boldsymbol{e}_i)$ 表示 $\varphi_i(\boldsymbol{e}_i)$ 的雅可比矩阵。

假设 2.2　考虑误差 $\boldsymbol{e}_i=0$ 的邻域 $\boldsymbol{E}_i$，假设邻域 $\boldsymbol{E}_i$ 是由参考输入 $\boldsymbol{r}_i$ 决定的控制误差 $\boldsymbol{e}_i$ 的可能的平衡点区域，且设对 $\forall\hat{\boldsymbol{e}}_i\in\boldsymbol{E}_i$，$\forall\boldsymbol{e}_i\in\mathbf{R}^{l_i}$ 的扇区条件为

$$0\leqslant\left(\boldsymbol{e}_i-\hat{\boldsymbol{e}}_i\right)^{\mathrm{T}}\left(\varphi_i(\boldsymbol{e}_i)-\varphi_i(\hat{\boldsymbol{e}}_i)\right)\leqslant\left(\boldsymbol{e}_i-\hat{\boldsymbol{e}}_i\right)^{\mathrm{T}}\boldsymbol{G}_i(\hat{\boldsymbol{e}}_i)(\boldsymbol{e}_i-\hat{\boldsymbol{e}}_i) \tag{2.32}$$

式中，$\boldsymbol{G}_i(\hat{\boldsymbol{e}}_i)$ 是连续依赖 $\hat{\boldsymbol{e}}_i\in\boldsymbol{E}_i$ 的正定矩阵。不等式(2.32)的等价形式为

$$\left(\varphi_i(\boldsymbol{e}_i)-\varphi_i(\hat{\boldsymbol{e}}_i)\right)^{\mathrm{T}}\boldsymbol{G}_i^{-1}(\hat{\boldsymbol{e}}_i)\left(\varphi_i(\boldsymbol{e}_i)-\varphi_i(\hat{\boldsymbol{e}}_i)\right)\leqslant\left(\boldsymbol{e}_i-\hat{\boldsymbol{e}}_i\right)^{\mathrm{T}}\left(\varphi_i(\boldsymbol{e}_i)-\varphi_i(\hat{\boldsymbol{e}}_i)\right) \tag{2.33}$$

这里考虑线性状态反馈分散控制器

$$\boldsymbol{u}_i(t)=\boldsymbol{K}_i\boldsymbol{x}_i(t),\quad i=1,2 \tag{2.34}$$

得到两个闭环子系统

$$\Sigma_{\mathrm{c}1}:\begin{aligned}&\dot{\boldsymbol{x}}_1(t)=\left(\boldsymbol{A}_1(p)+\boldsymbol{B}_1(p)\boldsymbol{K}_1\right)\boldsymbol{x}_1(t)+\boldsymbol{D}_1(p)\varphi_1\left(\boldsymbol{e}_1(t)\right)+\bar{\boldsymbol{A}}_{12}\boldsymbol{x}_2(t)\\&\boldsymbol{y}_1(t)=\boldsymbol{C}_1(p)\boldsymbol{x}_1(t)\\&\boldsymbol{e}_1(t)=\boldsymbol{r}_1-\boldsymbol{y}_1(t)\end{aligned} \tag{2.35a}$$

$$\Sigma_{\mathrm{c}2}:\begin{aligned}&\dot{\boldsymbol{x}}_2(t)=\left(\boldsymbol{A}_2(p)+\boldsymbol{B}_2(p)\boldsymbol{K}_2\right)\boldsymbol{x}_2(t)+\boldsymbol{D}_2(p)\varphi_2\left(\boldsymbol{e}_2(t)\right)+\bar{\boldsymbol{A}}_{21}\boldsymbol{x}_1(t)\\&\boldsymbol{y}_2(t)=\boldsymbol{C}_2(p)\boldsymbol{x}_2(t)\\&\boldsymbol{e}_2(t)=\boldsymbol{r}_2-\boldsymbol{y}_2(t)\end{aligned} \tag{2.35b}$$

显然当参考输入向量$\left(\boldsymbol{r}_1^{\mathrm{T}},\boldsymbol{r}_2^{\mathrm{T}}\right)^{\mathrm{T}}=0$时，对任意$p\in\wp$，原点是该系统的一个平衡状态。但当参考输入向量$\left(\boldsymbol{r}_1^{\mathrm{T}},\boldsymbol{r}_2^{\mathrm{T}}\right)^{\mathrm{T}}\neq 0$时，由于系统的线性部分与非线性部分的不确定性，系统的平衡状态不是原点且变得未知。因此系统的稳定性不仅依赖于参考输入，同时也依赖于参数p。为此做如下定义。

定义 2.1　对于闭环关联 Lurie 系统(2.35)，若对于任意参数向量$(\boldsymbol{r},p)\in\Re\times\wp$和满足假设 2.1 和假设 2.2 的非线性函数$\varphi_i(\boldsymbol{e}_i)$，下列条件成立：

(1) 存在唯一平衡状态$\begin{bmatrix}\boldsymbol{x}_1^e(\boldsymbol{r},p)\\\boldsymbol{x}_2^e(\boldsymbol{r},p)\end{bmatrix}$且对应的控制误差$\begin{bmatrix}\boldsymbol{e}_1^e(\boldsymbol{r},p)\\\boldsymbol{e}_2^e(\boldsymbol{r},p)\end{bmatrix}\in\begin{bmatrix}\boldsymbol{E}_1\\\boldsymbol{E}_2\end{bmatrix}$；

(2) 平衡状态$\begin{bmatrix}\boldsymbol{x}_1^e(\boldsymbol{r},p)\\\boldsymbol{x}_2^e(\boldsymbol{r},p)\end{bmatrix}$是全局渐近稳定的。

则称闭环 Lurie 大系统(2.35)是参数绝对稳定的，也称 Lurie 控制系统(2.30)是参数绝对分散镇定。

本节的主要目标是寻求分散控制器(2.34)，使得闭环大系统(2.35)参数绝对稳定。

2.4.2　平衡点分析

对于任意参数$(\boldsymbol{r},p)\in\Re\times\wp$，关联 Lurie 系统(2.35)的平衡状态$\begin{bmatrix}\boldsymbol{x}_1^e(\boldsymbol{r},p)\\\boldsymbol{x}_2^e(\boldsymbol{r},p)\end{bmatrix}$是方程

$$\begin{aligned}&\left(\boldsymbol{A}_1(p)+\boldsymbol{B}_1(p)\boldsymbol{K}_1\right)\boldsymbol{x}_1(t)+\boldsymbol{D}_1(p)\varphi_1\left(\boldsymbol{e}_1(t)\right)+\bar{\boldsymbol{A}}_{12}\boldsymbol{x}_2(t)=0\\&\boldsymbol{e}_1(t)=\boldsymbol{r}_1-\boldsymbol{C}_1(p)\boldsymbol{x}_1(t)\end{aligned} \tag{2.36a}$$

$$\begin{aligned}&\left(\boldsymbol{A}_2(p)+\boldsymbol{B}_2(p)\boldsymbol{K}_2\right)\boldsymbol{x}_2(t)+\boldsymbol{D}_2(p)\varphi_2\left(\boldsymbol{e}_2(t)\right)+\bar{\boldsymbol{A}}_{21}\boldsymbol{x}_1(t)=0\\&\boldsymbol{e}_2(t)=\boldsymbol{r}_2-\boldsymbol{C}_2(p)\boldsymbol{x}_2(t)\end{aligned} \tag{2.36b}$$

的解。在假设 2.2 的等价不等式(2.33)中，令$\hat{\boldsymbol{e}}_i=\boldsymbol{0}$得如下条件：

$$\varphi_i^{\mathrm{T}}(\boldsymbol{e}_i)\boldsymbol{G}_i^{-1}(\boldsymbol{0})\varphi_i(\boldsymbol{e}_i)\leqslant\boldsymbol{e}_i^{\mathrm{T}}\varphi_i(\boldsymbol{e}_i) \tag{2.37}$$

在条件(2.37)下给出方程(2.36)的解的存在条件。

定理 2.4 若对于任意 $p \in \wp$，存在适当维数的对称矩阵 $\boldsymbol{X} = \boldsymbol{X}(p)$ 和分散状态反馈器 $\boldsymbol{K}_1$、$\boldsymbol{K}_2$，使得如下的矩阵不等式成立：

$$\boldsymbol{R}(p) = \begin{bmatrix} \boldsymbol{X}^{\mathrm{T}}(p)\boldsymbol{M}(p) + \boldsymbol{M}^{\mathrm{T}}(p)\boldsymbol{X}(p) & \boldsymbol{X}^{\mathrm{T}}(p)\boldsymbol{L}(p) + \boldsymbol{J} \\ \boldsymbol{L}^{\mathrm{T}}(p)\boldsymbol{X}(p) + \boldsymbol{J}^{\mathrm{T}} & 2\boldsymbol{G}^{-1}(\boldsymbol{0}) \end{bmatrix} > 0 \tag{2.38}$$

式中

$$\boldsymbol{M}(p) = \begin{bmatrix} \boldsymbol{A}_1(p) + \boldsymbol{B}_1(p)\boldsymbol{K}_1 & \overline{\boldsymbol{A}}_{12} & \boldsymbol{0} & \boldsymbol{0} \\ \overline{\boldsymbol{A}}_{21} & \boldsymbol{A}_2(p) + \boldsymbol{B}_2(p)\boldsymbol{K}_2 & \boldsymbol{0} & \boldsymbol{0} \\ \boldsymbol{C}_1(p) & \boldsymbol{0} & \boldsymbol{I} & \boldsymbol{0} \\ \boldsymbol{0} & \boldsymbol{C}_2(p) & \boldsymbol{0} & \boldsymbol{I} \end{bmatrix},\ \boldsymbol{L}(p) = \begin{bmatrix} \boldsymbol{D}_1(p) & \boldsymbol{0} \\ \boldsymbol{0} & \boldsymbol{D}_2(p) \\ \boldsymbol{0} & \boldsymbol{0} \\ \boldsymbol{0} & \boldsymbol{0} \end{bmatrix}$$

$$\boldsymbol{J} = \begin{bmatrix} \boldsymbol{0} \\ -\boldsymbol{I} \end{bmatrix},\ \boldsymbol{G}^{-1}(\boldsymbol{0}) = \begin{bmatrix} \boldsymbol{G}_1^{-1}(\boldsymbol{0}) & \boldsymbol{0} \\ \boldsymbol{0} & \boldsymbol{G}_2^{-1}(\boldsymbol{0}) \end{bmatrix}$$

则对任意参数 $(\boldsymbol{r}, p) \in \Re \times \wp$ 和任意满足条件(2.37)的非线性函数 $\varphi_i(\boldsymbol{e}_i)(i=1,2)$，方程(2.36)存在解 $\begin{bmatrix} \boldsymbol{x} \\ \boldsymbol{e} \end{bmatrix} = \begin{bmatrix} \boldsymbol{x}^e(\boldsymbol{r}, p) \\ \boldsymbol{e}^e(\boldsymbol{r}, p) \end{bmatrix}$，其中 $\boldsymbol{x} = \begin{bmatrix} \boldsymbol{x}_1^{\mathrm{T}}(t) & \boldsymbol{x}_2^{\mathrm{T}}(t) \end{bmatrix}^{\mathrm{T}}$，$\boldsymbol{e} = \begin{bmatrix} \boldsymbol{e}_1^{\mathrm{T}}(t) & \boldsymbol{e}_2^{\mathrm{T}}(t) \end{bmatrix}^{\mathrm{T}}$ 且

$$\boldsymbol{e}^e(\boldsymbol{r}, p) \in \boldsymbol{E}^e(\boldsymbol{r}, p) = \left\{ \hat{\boldsymbol{e}} \in \mathbf{R}^l : \|\hat{\boldsymbol{e}}\| \leqslant \frac{2\|\boldsymbol{X}_2(p)\boldsymbol{r}\|}{\lambda_{\min}[\boldsymbol{R}(p)]} \right\} \tag{2.39}$$

式中，$\boldsymbol{X}_2(p)$ 是矩阵 $\boldsymbol{X}(p)$ 的最下面的 $\boldsymbol{m}$ 行构成的子块；$\|\cdot\|$ 表示 Euclidean 模；$\lambda_{\min}[\cdot]$ 表示最小特征值。

为了证明定理 2.4 需要如下引理。

引理 2.5[5] 对于方程 $f(\boldsymbol{z}, \boldsymbol{r}) = 0$，若对 $(\boldsymbol{z}^*, \boldsymbol{r}^*) \in \mathbf{R}^{n+m} \times \Re$，有 $f(\boldsymbol{z}^*, \boldsymbol{r}^*) = 0$，且存在正数 $\mu > 0$，使得

$$\left\| f(\boldsymbol{z}, \boldsymbol{r}) - f(\boldsymbol{z}^*, \boldsymbol{r}^*) \right\| \geqslant \mu \|\boldsymbol{z} - \boldsymbol{z}^*\|,\ \forall \boldsymbol{z} \in \mathbf{R}^{n+m},\ \forall \boldsymbol{r} \in \Re \tag{2.40}$$

则对于任意参数 $\boldsymbol{r} \in \Re$，方程 $f(\boldsymbol{z}, \boldsymbol{r}) = 0$ 有解 $\boldsymbol{z}^e(\boldsymbol{r})$。

定理 2.4 的证明 对于任意固定的参数 $p \in \wp$，定义如下函数：

$$f(\boldsymbol{z}, \boldsymbol{r}) = \begin{bmatrix} (\boldsymbol{A}_1(p) + \boldsymbol{B}_1(p)\boldsymbol{K}_1)\boldsymbol{x}_1(t) + \boldsymbol{D}_1(p)\varphi_1(\boldsymbol{e}_1(t)) + \overline{\boldsymbol{A}}_{12}\boldsymbol{x}_2(t) \\ (\boldsymbol{A}_2(p) + \boldsymbol{B}_2(p)\boldsymbol{K}_2)\boldsymbol{x}_2(t) + \boldsymbol{D}_2(p)\varphi_2(\boldsymbol{e}_2(t)) + \overline{\boldsymbol{A}}_{21}\boldsymbol{x}_1(t) \\ \boldsymbol{e}_1(t) - \boldsymbol{r}_1 + \boldsymbol{C}_1(p)\boldsymbol{x}_1(t) \\ \boldsymbol{e}_2(t) - \boldsymbol{r}_2 + \boldsymbol{C}_2(p)\boldsymbol{x}_2(t) \end{bmatrix}$$

$$
=\begin{bmatrix} A_1(p)+B_1(p)K_1 & \bar{A}_{12} & 0 & 0 & D_1(p) & 0 \\ \bar{A}_{21} & A_2(p)+B_2(p)K_2 & 0 & 0 & 0 & D_2(p) \\ C_1(p) & 0 & I & 0 & 0 & 0 \\ 0 & C_2(p) & 0 & I & 0 & 0 \end{bmatrix}\begin{bmatrix} x_1(t) \\ x_2(t) \\ e_1(t) \\ e_2(t) \\ \varphi_1(e_1(t)) \\ \varphi_2(e_2(t)) \end{bmatrix}
$$

$$
-\begin{bmatrix} 0 \\ 0 \\ r_1 \\ r_2 \end{bmatrix}
$$

$$
=\begin{bmatrix} M(p) & L(p) \end{bmatrix}\begin{bmatrix} z \\ \varphi(e) \end{bmatrix}-\begin{bmatrix} 0 \\ r \end{bmatrix}=0
$$

式中，$z=\begin{bmatrix} x_1^{\mathrm{T}}(t) & x_2^{\mathrm{T}}(t) & e_1^{\mathrm{T}}(t) & e_2^{\mathrm{T}}(t) \end{bmatrix}^{\mathrm{T}}$，$r=\begin{bmatrix} r_1^{\mathrm{T}} & r_2^{\mathrm{T}} \end{bmatrix}^{\mathrm{T}}$，$\varphi(e)=\begin{bmatrix} \varphi_1^{\mathrm{T}}(e_1) & \varphi_2^{\mathrm{T}}(e_1) \end{bmatrix}^{\mathrm{T}}$。

接下来证明函数 $f(z,r)$ 满足引理 2.5 的条件。由于 $\left(z^*, r^*\right)=0$，有 $f\left(z^*, r^*\right)=0$，由扇区条件(2.37)，有

$$
\begin{aligned}
2\|X(p)\|\ \|z\|\ \|f(z,r)-f(0,r)\| &\geqslant 2z^{\mathrm{T}}X^{\mathrm{T}}(p)\left(f(z,r)-f(0,r)\right) \\
&\geqslant 2z^{\mathrm{T}}X^{\mathrm{T}}(p)\left(f(z,r)-f(0,r)\right)+2\left\{\varphi_1^{\mathrm{T}}(e_1)G_1^{-1}(0)\varphi_1(e_1)-e_1^{\mathrm{T}}\varphi_1(e_1)\right\} \\
&\quad +2\left\{\varphi_2^{\mathrm{T}}(e_2)G_2^{-1}(0)\varphi_2(e_2)-e_2^{\mathrm{T}}\varphi_2(e_2)\right\} \\
&\geqslant 2z^{\mathrm{T}}X^{\mathrm{T}}(p)\begin{bmatrix} M(p) & L(p) \end{bmatrix}\begin{bmatrix} z \\ \varphi(e) \end{bmatrix}+2\left\{\varphi_1^{\mathrm{T}}(e_1)G_1^{-1}(0)\varphi_1(e_1)-e_1^{\mathrm{T}}\varphi_1(e_1)\right\} \\
&\quad +2\left\{\varphi_2^{\mathrm{T}}(e_2)G_2^{-1}(0)\varphi_2(e_2)-e_2^{\mathrm{T}}\varphi_2(e_2)\right\} \\
&=\begin{bmatrix} z^{\mathrm{T}} & \varphi^{\mathrm{T}}(e) \end{bmatrix}\begin{bmatrix} X^{\mathrm{T}}(p)M(p)+M^{\mathrm{T}}(p)X(p) & X^{\mathrm{T}}(p)L(p)+J \\ L^{\mathrm{T}}(p)X(p)+J^{\mathrm{T}} & 2G^{-1}(0) \end{bmatrix}\begin{bmatrix} z \\ \varphi(e) \end{bmatrix} \\
&=\begin{bmatrix} z^{\mathrm{T}} & \varphi^{\mathrm{T}}(e) \end{bmatrix}R(p)\begin{bmatrix} z \\ \varphi(e) \end{bmatrix}
\end{aligned}
$$

由于 $R(p)>0$，故

$$
2\|X(p)\|\ \|z\|\ \|f(z,r)-f(0,r)\|\geqslant \lambda_{\min}\left[R(p)\right]\left\|\begin{bmatrix} z \\ \varphi(e) \end{bmatrix}\right\|^2\geqslant \lambda_{\min}\left[R(p)\right]\|z\|^2
$$

因此不等式

$$\|f(z,r)-f(0,r)\| \geqslant \frac{\lambda_{\min}[R(p)]}{2\|X(p)\|}\|z\| \tag{2.41}$$

成立，即引理 2.5 的条件满足。因此方程 $f(z,r)=0$ 存在解 $z^e(r)=\begin{bmatrix} x^e(r,p) \\ e^e(r,p) \end{bmatrix}$。最后对于任意参数 $(r,p)\in\Re\times\wp$ 计算平衡点 $e^e(r,p)$ 的存在区域 $E^e(r,p)$，令 $z=z^e(r)$，由方程 $f\left(z^e(r),r\right)=0$ 得

$$2\left\{z^e(r)\right\}^{\mathrm{T}} X_2^{\mathrm{T}}(p)r \geqslant \left[\left\{z^e(r)\right\}^{\mathrm{T}} \quad \varphi^{\mathrm{T}}\left[e^e\left(r,p\right)\right]\right]R(p)\begin{bmatrix} z^e(r) \\ \varphi\left[e^e\left(r,p\right)\right] \end{bmatrix}$$

$$\geqslant \lambda_{\min}\left[R(p)\right]\left\|z^e(r)\right\|^2$$

因此，$2\left\|X_2^{\mathrm{T}}(p)r\right\| \geqslant \lambda_{\min}\left[R(p)\right]\left\|z^e(r)\right\| \geqslant \lambda_{\min}\left[R(p)\right]\left\|e^e\left(r,p\right)\right\|$，即式(2.39)成立。定理证毕。

注释 2.3 为了求解矩阵不等式(2.38)的解，可以用变量代换法。为此，先将矩阵 X 分解为如下形式：

$$X=\begin{bmatrix} X_1 & X_2 \\ X_2^{\mathrm{T}} & X_4 \end{bmatrix},\ X_i=\begin{bmatrix} X_{i11} & X_{i12} \\ X_{i12}^{\mathrm{T}} & X_{i22} \end{bmatrix},\ i=1,2,3,4$$

对式(2.38)分别左乘矩阵$\begin{bmatrix} X^{-\mathrm{T}} & 0 \\ 0 & I \end{bmatrix}$和右乘矩阵 $\Pi=\begin{bmatrix} X^{-1} & 0 \\ 0 & I \end{bmatrix}$，并进行变量代换，可以将矩阵不等式(2.38)的可行解的问题转变为 LMI 的可行解问题。

2.4.3 稳定性分析

令 $(r,p)\in\Re\times\wp$ 是任意固定的参数向量，且 $x^e(r,p)=\begin{bmatrix} x_1^e(r,p) \\ x_2^e(r,p) \end{bmatrix}$ 是闭环系统(2.35)的平衡状态，则下列系统与系统(2.35)等价：

$$\begin{aligned} \dot{\tilde{x}}_1(t) &= \left(A_1(p)+B_1(p)K_1\right)\tilde{x}_1(t)+D_1(p)\tilde{\varphi}_1\left(-C_1(p)\tilde{x}_1(t)\right)+\bar{A}_{12}\tilde{x}_2(t) \\ \dot{\tilde{x}}_2(t) &= \left(A_2(p)+B_2(p)K_2\right)\tilde{x}_2(t)+D_2(p)\tilde{\varphi}_2\left(-C_2(p)\tilde{x}_2(t)\right)+\bar{A}_{21}\tilde{x}_1(t) \end{aligned} \tag{2.42}$$

式中，系统(2.42)的平衡状态为 $\tilde{x}=\begin{bmatrix} \tilde{x}_1 \\ \tilde{x}_2 \end{bmatrix}=0$，$\tilde{x}_i(t)=x_i(t)-x_i^e(r,p)$，$\tilde{\varphi}_i(\tilde{e}_i)=\varphi_i(\tilde{e}_i+e_i^e(r,p))-\varphi_i(e_i^e(r,p))$，$\tilde{e}_i=-C_i(p)\tilde{x}_i(t)$ ($i=1,2$)，非线性函数 $\tilde{\varphi}_i\left(\tilde{e}_i\right)(i=1,2)$ 满足 $\tilde{\varphi}_i(\mathbf{0})=0(i=1,2)$，且

$$\left(D\tilde{\varphi}_i(e_i)\right)^{\mathrm{T}}=D\tilde{\varphi}_i(e_i),\ \forall\tilde{e}_i\in\mathbf{R}^{l_i},\ i=1,2 \tag{2.43}$$

进一步，若 $\boldsymbol{e}^{e}(\boldsymbol{r},p)\in\boldsymbol{E}$ ，则 $\tilde{\varphi}_i(\tilde{\boldsymbol{e}}_i)(i=1,2)$ 满足

$$\tilde{\varphi}_i^{\mathrm{T}}(\tilde{\boldsymbol{e}}_i)\boldsymbol{G}_i^{-1}(\boldsymbol{e}_i^{e}(\boldsymbol{r},p))\tilde{\varphi}_i(\tilde{\boldsymbol{e}}_i)\leqslant\tilde{\boldsymbol{e}}_i^{\mathrm{T}}\tilde{\varphi}_i(\tilde{\boldsymbol{e}}_i),\ \ \forall\tilde{\boldsymbol{e}}_i\in\mathbf{R}^{l_i},\ \ i=1,2 \tag{2.44}$$

显然系统(2.29)的平衡状态 $\boldsymbol{x}^{e}(\boldsymbol{r},p)$ 的稳定性与系统(2.42)的平衡状态 $\tilde{\boldsymbol{x}}=0$ 的稳定性等价。

定理 2.5　若对于任意 $p\in\wp$ ，存在适当维数的对称矩阵 $\boldsymbol{X}=\boldsymbol{X}(p)$ 和分散状态反馈器 $\boldsymbol{K}_1$、$\boldsymbol{K}_2$ ，使得矩阵不等式(2.38)成立，且对任意参考输入 $\boldsymbol{r}\in\Re$ ，有 $\boldsymbol{E}^{e}(\boldsymbol{r},p)\subset\boldsymbol{E}$ ，又对任意参数 $(\boldsymbol{r},p)\in\Re\times\wp$ ，存在正定矩阵 $\boldsymbol{H}_1=\boldsymbol{H}_1(\boldsymbol{r},p)>0$, $\boldsymbol{H}_2=\boldsymbol{H}_2(\boldsymbol{r},p)>0$ ，以及实数 $v_1=v_1(\boldsymbol{r},p)$, $v_2=v_2(\boldsymbol{r},p)$ ，使得如下线性矩阵不等式成立：

$$\boldsymbol{H}_1(\boldsymbol{r},p)+v_1(\boldsymbol{r},p)\boldsymbol{C}_1^{\mathrm{T}}(p)\boldsymbol{G}_{e1}(\boldsymbol{r},p)\boldsymbol{C}_1(p)>0 \tag{2.45a}$$

$$\boldsymbol{H}_2(\boldsymbol{r},p)+v_2(\boldsymbol{r},p)\boldsymbol{C}_2^{\mathrm{T}}(p)\boldsymbol{G}_{e2}(\boldsymbol{r},p)\boldsymbol{C}_2(p)>0 \tag{2.45b}$$

$$\boldsymbol{\Phi}=\begin{bmatrix}\boldsymbol{\Phi}_{11} & \boldsymbol{H}_1(\boldsymbol{r},p)\bar{\boldsymbol{A}}_{12}+\bar{\boldsymbol{A}}_{21}\boldsymbol{H}_2(\boldsymbol{r},p) & \boldsymbol{\Phi}_{13} & -v_2(\boldsymbol{r},p)\bar{\boldsymbol{A}}_{21}^{\mathrm{T}}\boldsymbol{C}_2^{\mathrm{T}}(p)\\ \bar{\boldsymbol{A}}_{12}^{\mathrm{T}}\boldsymbol{H}_1(\boldsymbol{r},p)+\boldsymbol{H}_2(\boldsymbol{r},p)\bar{\boldsymbol{A}}_{21} & \boldsymbol{\Phi}_{22} & -v_1(\boldsymbol{r},p)\bar{\boldsymbol{A}}_{12}^{\mathrm{T}}\boldsymbol{C}_1^{\mathrm{T}}(p) & \boldsymbol{\Phi}_{24}\\ \boldsymbol{\Phi}_{13}^{\mathrm{T}} & -v_1(\boldsymbol{r},p)\boldsymbol{C}_1(p)\bar{\boldsymbol{A}}_{12} & \boldsymbol{\Phi}_{33} & \boldsymbol{0}\\ -v_2(\boldsymbol{r},p)\boldsymbol{C}_2(p)\bar{\boldsymbol{A}}_{21} & \boldsymbol{\Phi}_{24} & \boldsymbol{0} & \boldsymbol{\Phi}_{44}\end{bmatrix}<0 \tag{2.46}$$

式中， $\boldsymbol{G}_{ei}(\boldsymbol{r},p)$ 是式(2.44)中矩阵 $\boldsymbol{G}_i\left[\boldsymbol{e}_i^{e}(\boldsymbol{r},p)\right](i=1,2)$ 的上界，即

$$\boldsymbol{G}_{ei}(\boldsymbol{r},p)\geqslant\boldsymbol{G}_i\left(\hat{\boldsymbol{e}}_i\right),\ \ \forall\hat{\boldsymbol{e}}_i\in\boldsymbol{E}_i^{e}(\boldsymbol{r},p) \tag{2.47}$$

$$\begin{aligned}
\boldsymbol{\Phi}_{11}&=\boldsymbol{A}_1^{\mathrm{T}}(p)\boldsymbol{H}_1(\boldsymbol{r},p)+\boldsymbol{H}_1(\boldsymbol{r},p)\boldsymbol{A}_1(p)+\boldsymbol{K}_1^{\mathrm{T}}\boldsymbol{B}_1^{\mathrm{T}}(p)\boldsymbol{H}_1(\boldsymbol{r},p)+\boldsymbol{H}_1(\boldsymbol{r},p)\boldsymbol{B}_1(p)\boldsymbol{K}_1\\
\boldsymbol{\Phi}_{13}&=\boldsymbol{H}_1(\boldsymbol{r},p)\boldsymbol{D}_1(p)-v_1(\boldsymbol{r},p)\boldsymbol{A}_1^{\mathrm{T}}(p)\boldsymbol{C}_1^{\mathrm{T}}(p)-v_1(\boldsymbol{r},p)\boldsymbol{K}_1^{\mathrm{T}}\boldsymbol{B}_1^{\mathrm{T}}(p)\boldsymbol{C}_1^{\mathrm{T}}(p)\\
\boldsymbol{\Phi}_{22}&=\boldsymbol{A}_2^{\mathrm{T}}(p)\boldsymbol{H}_2(\boldsymbol{r},p)+\boldsymbol{H}_2(\boldsymbol{r},p)\boldsymbol{A}_2(p)+\boldsymbol{K}_2^{\mathrm{T}}\boldsymbol{B}_2^{\mathrm{T}}(p)\boldsymbol{H}_2(\boldsymbol{r},p)+\boldsymbol{H}_2(\boldsymbol{r},p)\boldsymbol{B}_2(p)\boldsymbol{K}_2\\
\boldsymbol{\Phi}_{24}&=\boldsymbol{H}_2(\boldsymbol{r},p)\boldsymbol{D}_2(p)-v_2(\boldsymbol{r},p)\boldsymbol{A}_2^{\mathrm{T}}(p)\boldsymbol{C}_2^{\mathrm{T}}(p)-v_2(\boldsymbol{r},p)\boldsymbol{K}_2^{\mathrm{T}}\boldsymbol{B}_2^{\mathrm{T}}(p)\boldsymbol{C}_2^{\mathrm{T}}(p)\\
\boldsymbol{\Phi}_{33}&=-v_1(\boldsymbol{r},p)\boldsymbol{D}_1^{\mathrm{T}}(p)\boldsymbol{C}_1^{\mathrm{T}}(p)-v_1(\boldsymbol{r},p)\boldsymbol{C}_1(p)\boldsymbol{D}_1(p)-G_{e1}^{-1}(\boldsymbol{r},p)\\
\boldsymbol{\Phi}_{44}&=-v_2(\boldsymbol{r},p)\boldsymbol{D}_2^{\mathrm{T}}(p)\boldsymbol{C}_2^{\mathrm{T}}(p)-v_2(\boldsymbol{r},p)\boldsymbol{C}_2(p)\boldsymbol{D}_2(p)-G_{e2}^{-1}(\boldsymbol{r},p)
\end{aligned} \tag{2.48}$$

则 Lurie 系统(2.30)是参数绝对镇定的。

证明　取如下 Lyapunov 函数：

$$V\left(\tilde{\boldsymbol{x}}\right)=\sum_{i=1}^{2}\left\{\tilde{\boldsymbol{x}}_i^{\mathrm{T}}(t)\boldsymbol{H}_i(\boldsymbol{r},p)\tilde{\boldsymbol{x}}_i(t)+2v_i(\boldsymbol{r},p)\int_0^1\left(-\boldsymbol{C}_i(p)\tilde{\boldsymbol{x}}_i(t)\right)^{\mathrm{T}}\tilde{\varphi}_i\left(-\theta\boldsymbol{C}_i(p)\tilde{\boldsymbol{x}}_i(t)\right)\mathrm{d}\theta\right\} \tag{2.49}$$

式中， $\boldsymbol{H}_i=\boldsymbol{H}_i(\boldsymbol{r},p)(i=1,2)$ 是正定矩阵， $v_i=v_i(\boldsymbol{r},p)(i=1,2)$ 为实数且满足

$$\boldsymbol{H}_i(\boldsymbol{r},p)+v_i(\boldsymbol{r},p)\boldsymbol{C}_i^{\mathrm{T}}(p)\boldsymbol{G}_i[\boldsymbol{e}_i^{e}(\boldsymbol{r},p)]\boldsymbol{C}_i(p)>0,\quad i=1,2$$

在此条件下，显然$V(\tilde{x})$正定，沿方程(2.42)对$V(\tilde{x})$求导得

$$
\begin{aligned}
\dot{V}(\tilde{x}) &= \sum_{i=1}^{2}\tilde{x}_i^{\mathrm{T}}(t)(A_i^{\mathrm{T}}(p)H_i(r,p)+H_i(r,p)A_i(p)+K_i^{\mathrm{T}}B_i^{\mathrm{T}}(p)H_i(r,p) \\
&\quad + H_i(r,p)B_i(p)K_i)\tilde{x}_i(t)+2\sum_{i=1}^{2}\tilde{x}_i^{\mathrm{T}}(t)\big[H_i(r,p)D_i(p)\big]\tilde{\varphi}_i\big(-C_i(p)\tilde{x}_i(t)\big) \\
&\quad + 2\tilde{x}_1^{\mathrm{T}}(t)H_1(r,p)\bar{A}_{12}\tilde{x}_2(t)+2\tilde{x}_2^{\mathrm{T}}(t)H_2(r,p)\bar{A}_{21}\tilde{x}_1(t) \\
&\quad - 2\sum_{i=1}^{2}\tilde{x}_i^{\mathrm{T}}(t)\Big[v_i(r,p)\big(A_i^{\mathrm{T}}(p)C_i^{\mathrm{T}}(p)+K_i^{\mathrm{T}}B_i^{\mathrm{T}}(p)C_i^{\mathrm{T}}(p)\big)\Big]\tilde{\varphi}_i\big(-C_i(p)\tilde{x}_i(t)\big) \\
&\quad - 2\sum_{i=1}^{2}\tilde{\varphi}_i^{\mathrm{T}}\big(-C_i(p)\tilde{x}_i(t)\big)\big[v_i(r,p)D_i^{\mathrm{T}}(p)C_i^{\mathrm{T}}(p)\big]\tilde{\varphi}_i\big(-C_i(p)\tilde{x}_i(t)\big) \\
&\quad - 2\tilde{x}_2^{\mathrm{T}}(t)v_1(r,p)\bar{A}_{12}^{\mathrm{T}}C_1^{\mathrm{T}}(p)\tilde{\varphi}_1\big(-C_1(p)\tilde{x}_1(t)\big) \\
&\quad - 2\tilde{x}_1^{\mathrm{T}}(t)v_2(r,p)\bar{A}_{21}^{\mathrm{T}}C_2^{\mathrm{T}}(p)\tilde{\varphi}_2\big(-C_2(p)\tilde{x}_2(t)\big) \\
&\leqslant \sum_{i=1}^{2}\tilde{x}_i^{\mathrm{T}}(t)[A_i^{\mathrm{T}}(p)H_i(r,p)+H_i(r,p)A_i(p)+K_i^{\mathrm{T}}B_i^{\mathrm{T}}(p)H_i(r,p) \\
&\quad + H_i(r,p)B_i(p)K_i]\tilde{x}_i(t)+2\sum_{i=1}^{2}\tilde{x}_i^{\mathrm{T}}(t)\big[H_i(r,p)D_i(p)\big]\tilde{\varphi}_i\big(-C_i(p)\tilde{x}_i(t)\big) \\
&\quad + 2\tilde{x}_1^{\mathrm{T}}(t)H_1(r,p)\bar{A}_{12}\tilde{x}_2(t)+2\tilde{x}_2^{\mathrm{T}}(t)H_2(r,p)\bar{A}_{21}\tilde{x}_1(t) \\
&\quad - 2\sum_{i=1}^{2}\tilde{x}_i^{\mathrm{T}}(t)\Big[v_i(r,p)\big(A_i^{\mathrm{T}}(p)C_i^{\mathrm{T}}(p)+K_i^{\mathrm{T}}B_i^{\mathrm{T}}(p)C_i^{\mathrm{T}}(p)\big)\Big]\tilde{\varphi}_i\big(-C_i(p)\tilde{x}_i(t)\big) \\
&\quad + \Big[-v_1(r,p)C_1(p)D_1(p)\tilde{x}_1(t)-G_1^{-1}\big(e_1^e(r,p)\big)\tilde{\varphi}_1\big(-C_1(p)\tilde{x}_1(t)\big)\Big]^{\mathrm{T}}\tilde{\varphi}_1\big(-C_1(p)\tilde{x}_1(t)\big) \\
&\quad + \Big[-v_2(r,p)C_2(p)D_2(p)\tilde{x}_2(t)-G_2^{-1}\big(e_2^e(r,p)\big)\tilde{\varphi}_2\big(-C_2(p)\tilde{x}_2(t)\big)\Big]^{\mathrm{T}}\tilde{\varphi}_2\big(-C_2(p)\tilde{x}_2(t)\big) \\
&\quad - 2\tilde{x}_2^{\mathrm{T}}(t)v_1(r,p)\bar{A}_{12}^{\mathrm{T}}C_1^{\mathrm{T}}(p)\tilde{\varphi}_1\big(-C_1(p)\tilde{x}_1(t)\big) \\
&\quad - 2\tilde{x}_1^{\mathrm{T}}(t)v_2(r,p)\bar{A}_{21}^{\mathrm{T}}C_2^{\mathrm{T}}(p)\tilde{\varphi}_2\big(-C_2(p)\tilde{x}_2(t)\big) \\
&= \Big[\tilde{x}_1^{\mathrm{T}}(t)\quad \tilde{x}_2^{\mathrm{T}}(t)\quad \tilde{\varphi}_1^{\mathrm{T}}\big(-C_1(p)\tilde{x}_1(t)\big)\quad \tilde{\varphi}_2^{\mathrm{T}}\big(-C_2(p)\tilde{x}_2(t)\big)\Big]\boldsymbol{\Phi}\begin{bmatrix}\tilde{x}_1(t)\\ \tilde{x}_2(t)\\ \tilde{\varphi}_1\big(-C_1(p)\tilde{x}_1(t)\big)\\ \tilde{\varphi}_2\big(-C_2(p)\tilde{x}_2(t)\big)\end{bmatrix}<0
\end{aligned}
$$

定理得证。

2.4.4　具有多胞型线性部分的 Lurie 大系统的参数稳定性条件

在应用定理 2.5 的条件时，必须检查矩阵不等式在参数区间$(r,p)\in\Re\times\wp$是否成立。若系统的系数矩阵在参数空间中是多胞型的，且所有参数是以线性的形式出现在矩阵不等式中，则对原系统中每个参数矩阵不等式的解的存在性就可以

等价为该矩阵不等式在多胞型顶点上的解的存在性问题。

本节假定系统(2.30)的线性部分的系数矩阵可以表示为具有 l 个顶点的矩阵，即

$$\begin{aligned}&\boldsymbol{A}_1(\boldsymbol{p})=\sum_{i=1}^{l}p_i\boldsymbol{A}_{1i},\quad \boldsymbol{B}_1(\boldsymbol{p})=\sum_{i=1}^{l}p_i\boldsymbol{B}_{1i},\quad \boldsymbol{C}_1(\boldsymbol{p})=\sum_{i=1}^{l}p_i\boldsymbol{C}_{1i},\quad \boldsymbol{D}_1(\boldsymbol{p})=\sum_{i=1}^{l}p_i\boldsymbol{D}_{1i}\\&\boldsymbol{A}_2(\boldsymbol{p})=\sum_{i=1}^{l}p_i\boldsymbol{A}_{2i},\quad \boldsymbol{B}_2(\boldsymbol{p})=\sum_{i=1}^{l}p_i\boldsymbol{B}_{2i},\quad \boldsymbol{C}_2(\boldsymbol{p})=\sum_{i=1}^{l}p_i\boldsymbol{C}_{2i},\quad \boldsymbol{D}_2(\boldsymbol{p})=\sum_{i=1}^{l}p_i\boldsymbol{D}_{2i}\end{aligned}\tag{2.50}$$

式中，参数向量 $\boldsymbol{p}=\begin{bmatrix}p_1 & \cdots & p_l\end{bmatrix}^{\mathrm{T}}$，所属的区域为

$$\wp=\left\{\boldsymbol{p}\in\mathbf{R}^l:\sum_{i=1}^{l}p_i=1,\ p_i\geqslant 0,\ \ i=1,2,\cdots,l\right\}\tag{2.51}$$

首先，考虑平衡点的存在性和邻域 $\boldsymbol{e}^e(\boldsymbol{r},\boldsymbol{p})$。

定理 2.6　若对于任意 $\boldsymbol{p}\in\wp$，存在适当维数的对称矩阵 $\boldsymbol{X}$ 和分散状态反馈器 $\boldsymbol{K}_1$、$\boldsymbol{K}_2$，使得如下矩阵不等式成立：

$$\boldsymbol{R}_i=\begin{bmatrix}\boldsymbol{X}^{\mathrm{T}}\boldsymbol{M}_i+\boldsymbol{M}_i^{\mathrm{T}}\boldsymbol{X} & \boldsymbol{X}^{\mathrm{T}}\boldsymbol{L}_i+\boldsymbol{J}\\ \boldsymbol{L}_i^{\mathrm{T}}\boldsymbol{X}+\boldsymbol{J}^{\mathrm{T}} & 2\boldsymbol{G}^{-1}(\boldsymbol{0})\end{bmatrix}>0,\ \ i=1,2,\cdots,l\tag{2.52}$$

式中

$$\boldsymbol{M}_i=\begin{bmatrix}\boldsymbol{A}_{1i}+\boldsymbol{B}_{1i}\boldsymbol{K}_1 & \bar{\boldsymbol{A}}_{12} & \boldsymbol{0} & \boldsymbol{0}\\ \bar{\boldsymbol{A}}_{21} & \boldsymbol{A}_{2i}+\boldsymbol{B}_{2i}\boldsymbol{K}_2 & \boldsymbol{0} & \boldsymbol{0}\\ \boldsymbol{C}_{1i} & \boldsymbol{0} & \boldsymbol{I} & \boldsymbol{0}\\ \boldsymbol{0} & \boldsymbol{C}_{2i} & \boldsymbol{0} & \boldsymbol{I}\end{bmatrix},\quad \boldsymbol{L}_i=\begin{bmatrix}\boldsymbol{D}_{1i} & \boldsymbol{0}\\ \boldsymbol{0} & \boldsymbol{D}_{2i}\\ \boldsymbol{0} & \boldsymbol{0}\\ \boldsymbol{0} & \boldsymbol{0}\end{bmatrix}$$

$$\boldsymbol{J}=\begin{bmatrix}\boldsymbol{0}\\ -\boldsymbol{I}\end{bmatrix},\quad \boldsymbol{G}^{-1}(\boldsymbol{0})=\begin{bmatrix}\boldsymbol{G}_1^{-1}(\boldsymbol{0}) & \boldsymbol{0}\\ \boldsymbol{0} & \boldsymbol{G}_2^{-1}(\boldsymbol{0})\end{bmatrix}$$

则对任意参数 $(\boldsymbol{r},\boldsymbol{p})\in\Re\times\wp$，具有多胞型的关联 Lurie 大系统存在一个平衡态和误差向量 $\boldsymbol{e}^e(\boldsymbol{r},\boldsymbol{p})$，满足

$$\boldsymbol{e}^e(\boldsymbol{r},\boldsymbol{p})\in\bar{\boldsymbol{E}}^e=\left\{\hat{\boldsymbol{e}}\in\mathbf{R}^l:\|\hat{\boldsymbol{e}}\|\leqslant\frac{2\|\boldsymbol{X}_2\|}{\min\limits_i\lambda_{\min}\left[\boldsymbol{R}_i\right]}\max_{\boldsymbol{r}\in\mathbf{R}}\|\boldsymbol{r}\|\right\}\tag{2.53}$$

式中，$\boldsymbol{X}_2$ 是矩阵 $\boldsymbol{X}$ 的最下面的 m 行构成的子块；$\|\bullet\|$ 表示 Euclidean 模。

证明　令定理 2.4 中的 $\boldsymbol{R}(\boldsymbol{p})=\sum_{i=1}^{l}p_i\boldsymbol{R}_i$，并利用 $\lambda_{\min}[\boldsymbol{R}(\boldsymbol{p})]\geqslant\min\limits_i[\boldsymbol{R}_i]$，可以推导出定理 2.6。

下面讨论稳定性条件。假设由式(2.53)定义的区域 $\bar{\boldsymbol{E}}^e(\boldsymbol{r},\boldsymbol{p})$ 满足 $\bar{\boldsymbol{E}}^e(\boldsymbol{r},\boldsymbol{p})\subset\boldsymbol{E}$，可以获得如下定理。

定理 2.7　设存在一个适当维数的对称矩阵 $\boldsymbol{X}$ 和分散状态反馈器 $\boldsymbol{K}_1$、$\boldsymbol{K}_2$，满足所有不等式(2.52)，对给定的区域和参考输入 $\boldsymbol{r}$，满足 $\bar{\boldsymbol{E}}^e(\boldsymbol{r},\boldsymbol{p})\subset \boldsymbol{E}$。假定存在正定对称矩阵 $\boldsymbol{H}_i(i=1,2,\cdots,l)$ 和实数 v_1、v_2 满足如下线性矩阵不等式：

$$\begin{aligned}&\boldsymbol{U}_{1ii}>0,\ \boldsymbol{U}_{1ik}+\boldsymbol{U}_{1ki}>0,\ \boldsymbol{U}_{2ii}>0,\ \boldsymbol{U}_{2ik}+\boldsymbol{U}_{2ki}>0,\ \boldsymbol{Q}_{ii}>0\\&\boldsymbol{Q}_{ik}+\boldsymbol{Q}_{ki}>0,\quad i=1,2,\cdots,l;\ k=i+1,i+2,\cdots,l\end{aligned}\tag{2.54}$$

式中

$$\boldsymbol{U}_{1ik}=\boldsymbol{H}_{1i}+v_1\boldsymbol{C}_{1i}^{\mathrm{T}}\bar{\boldsymbol{G}}_{e1}\boldsymbol{C}_{1k},\ \boldsymbol{U}_{2ik}=\boldsymbol{H}_{2i}+v_2\boldsymbol{C}_{2i}^{\mathrm{T}}\bar{\boldsymbol{G}}_{e2}\boldsymbol{C}_{2k}\tag{2.55}$$

$$\boldsymbol{Q}_{ik}=\begin{bmatrix}\boldsymbol{\Phi}_{11} & \boldsymbol{H}_{1k}\bar{\boldsymbol{A}}_{12}+\bar{\boldsymbol{A}}_{21}^{\mathrm{T}}\boldsymbol{H}_{2k} & \boldsymbol{\Phi}_{13} & -v_2\bar{\boldsymbol{A}}_{21}^{\mathrm{T}}\boldsymbol{C}_{2k}^{\mathrm{T}}\\ \bar{\boldsymbol{A}}_{12}^{\mathrm{T}}\boldsymbol{H}_{1k}+\boldsymbol{H}_{2k}\bar{\boldsymbol{A}}_{21} & \boldsymbol{\Phi}_{22} & -v_1\bar{\boldsymbol{A}}_{12}^{\mathrm{T}}\boldsymbol{C}_{1k}^{\mathrm{T}} & \boldsymbol{\Phi}_{24}\\ \boldsymbol{\Phi}_{13}^{\mathrm{T}} & -v_1\boldsymbol{C}_{1k}\bar{\boldsymbol{A}}_{12} & \boldsymbol{\Phi}_{33} & \boldsymbol{0}\\ -v_2\boldsymbol{C}_{2k}\bar{\boldsymbol{A}}_{21} & \boldsymbol{\Phi}_{24}^{\mathrm{T}} & \boldsymbol{0} & \boldsymbol{\Phi}_{44}\end{bmatrix}\tag{2.56}$$

$$\boldsymbol{\Phi}_{11}=\boldsymbol{A}_{1i}^{\mathrm{T}}\boldsymbol{H}_{1k}+\boldsymbol{H}_{1k}\boldsymbol{A}_{1i}+\boldsymbol{K}_1^{\mathrm{T}}\boldsymbol{B}_{1i}^{\mathrm{T}}\boldsymbol{H}_{1k}+\boldsymbol{H}_{1k}\boldsymbol{B}_{1i}\boldsymbol{K}_1,\quad \boldsymbol{\Phi}_{13}=\boldsymbol{H}_{1k}\boldsymbol{D}_{1i}-v_1\boldsymbol{A}_{1i}^{\mathrm{T}}\boldsymbol{C}_{1k}^{\mathrm{T}}-v_1\boldsymbol{K}_1^{\mathrm{T}}\boldsymbol{B}_{1i}^{\mathrm{T}}\boldsymbol{C}_{1k}^{\mathrm{T}}$$

$$\boldsymbol{\Phi}_{22}=\boldsymbol{A}_{2i}^{\mathrm{T}}\boldsymbol{H}_{2k}+\boldsymbol{H}_{2k}\boldsymbol{A}_{2i}+\boldsymbol{K}_2^{\mathrm{T}}\boldsymbol{B}_{2i}^{\mathrm{T}}\boldsymbol{H}_{2k}+\boldsymbol{H}_{2k}\boldsymbol{B}_{2i}\boldsymbol{K}_2,\quad \boldsymbol{\Phi}_{24}=\boldsymbol{H}_{2k}\boldsymbol{D}_{2i}-v_2\boldsymbol{A}_{2i}^{\mathrm{T}}\boldsymbol{C}_{2k}^{\mathrm{T}}-v_2\boldsymbol{K}_2^{\mathrm{T}}\boldsymbol{B}_{2i}^{\mathrm{T}}\boldsymbol{C}_{2k}^{\mathrm{T}}$$

$$\boldsymbol{\Phi}_{33}=-v_1\boldsymbol{D}_{1i}^{\mathrm{T}}\boldsymbol{C}_{1k}^{\mathrm{T}}-v_1\boldsymbol{C}_{1k}\boldsymbol{D}_{1i}-\bar{\boldsymbol{G}}_{e1}^{-1},\quad \boldsymbol{\Phi}_{44}=-v_2\boldsymbol{D}_{2i}^{\mathrm{T}}\boldsymbol{C}_{2k}^{\mathrm{T}}-v_2\boldsymbol{C}_{2k}\boldsymbol{D}_{2i}-\bar{\boldsymbol{G}}_{e2}^{-1}$$

$\bar{\boldsymbol{G}}_{e1}$、$\bar{\boldsymbol{G}}_{e2}$ 为与参数 $\boldsymbol{p}$ 无关的对称正定阵，满足

$$\bar{\boldsymbol{G}}_{e1}\geqslant \boldsymbol{G}(\boldsymbol{e}_1),\ \bar{\boldsymbol{G}}_{e2}\geqslant \boldsymbol{G}(\boldsymbol{e}_2),\ \ \forall \boldsymbol{e}_1,\ \boldsymbol{e}_2\in\bar{\boldsymbol{E}}^e\tag{2.57}$$

则具有多胞型参数的 Lurie 系统是参数绝对镇定的。

证明　将式(2.45)中的 $\boldsymbol{G}_{e1}(\boldsymbol{r},\boldsymbol{p})$、$\boldsymbol{G}_{e2}(\boldsymbol{r},\boldsymbol{p})$ 替换为 $\bar{\boldsymbol{G}}_{e1}$、$\bar{\boldsymbol{G}}_{e2}$，用 $\boldsymbol{H}_1(\boldsymbol{p})$、$\boldsymbol{H}_2(\boldsymbol{p})$ 替换 $\boldsymbol{H}_1(\boldsymbol{r},\boldsymbol{p})$、$\boldsymbol{H}_2(\boldsymbol{r},\boldsymbol{p})$，其中

$$\boldsymbol{H}_1(\boldsymbol{p})=\sum_{i=1}^{l}p_i\boldsymbol{H}_{1i},\ \boldsymbol{H}_2(\boldsymbol{p})=\sum_{i=1}^{l}p_i\boldsymbol{H}_{2i}\tag{2.58}$$

则式(2.45)和式(2.46)可以表示为

$$\begin{aligned}&\sum_{i=1}^{l}p_i\sum_{k=1}^{l}p_k\boldsymbol{U}_{1ik}=\sum_{i=1}^{l}p_i^2\boldsymbol{U}_{1ii}+\sum_{i=1}^{l-1}\sum_{k=i+1}^{l}p_ip_k\left(\boldsymbol{U}_{1ik}+\boldsymbol{U}_{1ki}\right)>0\\&\sum_{i=1}^{l}p_i\sum_{k=1}^{l}p_k\boldsymbol{U}_{2ik}=\sum_{i=1}^{l}p_i^2\boldsymbol{U}_{2ii}+\sum_{i=1}^{l-1}\sum_{k=i+1}^{l}p_ip_k\left(\boldsymbol{U}_{2ik}+\boldsymbol{U}_{2ki}\right)>0\\&\sum_{i=1}^{l}p_i\sum_{k=1}^{l}p_k\boldsymbol{Q}_{ik}=\sum_{i=1}^{l}p_i^2\boldsymbol{Q}_{ii}+\sum_{i=1}^{l-1}\sum_{k=i+1}^{l}p_ip_k\left(\boldsymbol{Q}_{ik}+\boldsymbol{Q}_{ki}\right)<0\end{aligned}\tag{2.59}$$

式中，$\boldsymbol{U}_{1ik}$、$\boldsymbol{U}_{2ik}$、$\boldsymbol{Q}_{ik}$ 分别由式(2.55)和式(2.56)定义。

如果式(2.54)成立，即定理 2.7 的条件满足，则具有多胞型参数的 Lurie 系统是参数绝对镇定的。

例 2.3　考虑具有两个子系统的关联 Lurie 大系统，其线性部分具有多胞型的

系数矩阵(2.50)，其系数矩阵分别为

$$
\begin{aligned}
&\boldsymbol{A}_{11}=\begin{bmatrix}-4 & 1\\ 0 & -3\end{bmatrix},\ \boldsymbol{B}_{11}=\begin{bmatrix}1\\ 1\end{bmatrix},\ \boldsymbol{C}_{11}=\begin{bmatrix}1 & 1\end{bmatrix},\ \boldsymbol{D}_{11}=\begin{bmatrix}1\\ 0\end{bmatrix}\\
&\boldsymbol{A}_{12}=\begin{bmatrix}-4 & 1\\ 0 & -2\end{bmatrix},\ \boldsymbol{B}_{12}=\begin{bmatrix}1\\ 1\end{bmatrix},\ \boldsymbol{C}_{12}=\begin{bmatrix}1 & 1\end{bmatrix},\ \boldsymbol{D}_{12}=\begin{bmatrix}1\\ 0\end{bmatrix}\\
&\boldsymbol{A}_{13}=\begin{bmatrix}-3 & 1\\ 0 & -3\end{bmatrix},\ \boldsymbol{B}_{13}=\begin{bmatrix}1\\ 1\end{bmatrix},\ \boldsymbol{C}_{13}=\begin{bmatrix}1 & 1\end{bmatrix},\ \boldsymbol{D}_{13}=\begin{bmatrix}1\\ 0\end{bmatrix}\\
&\boldsymbol{A}_{21}=-5,\ \boldsymbol{B}_{21}=1,\ \boldsymbol{C}_{21}=1,\ \boldsymbol{D}_{21}=1\\
&\boldsymbol{A}_{22}=-5,\ \boldsymbol{B}_{21}=1,\ \boldsymbol{C}_{21}=1,\ \boldsymbol{D}_{21}=1\\
&\boldsymbol{A}_{23}=-5,\ \boldsymbol{B}_{21}=1,\ \boldsymbol{C}_{21}=1,\ \boldsymbol{D}_{21}=1\\
&\bar{\boldsymbol{A}}_{12}=\begin{bmatrix}0\\ 3\end{bmatrix},\ \bar{\boldsymbol{A}}_{21}=\begin{bmatrix}0 & -4\end{bmatrix},\ \bar{\boldsymbol{A}}_{12}=\begin{bmatrix}0\\ 3\end{bmatrix},\ \bar{\boldsymbol{A}}_{21}=\begin{bmatrix}0 & -4\end{bmatrix}
\end{aligned}
\tag{2.60}
$$

令参考输入 $\boldsymbol{r}$ 的范围为 $\Re=\{\boldsymbol{r}\in\mathbf{R}^2:\|\boldsymbol{r}\|\leqslant 1\}$，假定扇区条件(2.33)在 $\boldsymbol{e}=0$ 的邻域 $\boldsymbol{E}=\{\boldsymbol{e}\in\mathbf{R}^2:\|\boldsymbol{e}\|\leqslant 6\}$ 中成立。并定义正定对称矩阵为

$$
\boldsymbol{G}_1(\boldsymbol{e}_1)=\begin{cases}1+0.1\|\boldsymbol{e}_1\|, & \|\boldsymbol{e}_1\|\leqslant 4\\ 1.4, & 4<\|\boldsymbol{e}_1\|<6\end{cases}\tag{2.61}
$$

$$
\boldsymbol{G}_2(\boldsymbol{e}_2)=\begin{cases}0.5+0.1\|\boldsymbol{e}_2\|, & \|\boldsymbol{e}_2\|\leqslant 4\\ 0.9, & 4<\|\boldsymbol{e}_2\|<6\end{cases}\tag{2.62}
$$

对多胞型 Lurie 系统，证明定理 2.6 和定理 2.7 的条件将得到满足。

首先，说明 $\boldsymbol{A}(\boldsymbol{p})$参数绝对稳定性。容易验证两个子系统是稳定的。

接着，考虑定理 2.6 中平衡点存在的条件，求解关于变量 $\boldsymbol{X}$ 和分散状态反馈器 $\boldsymbol{K}_1$、$\boldsymbol{K}_2$ 的不等式(2.52)，得到可行解为

$$
\boldsymbol{X}=\begin{bmatrix}-0.39 & 0.10 & 0.06 & 0.52 & 0.01\\ 0.10 & -0.56 & -0.02 & 0.47 & -0.29\\ 0.06 & -0.02 & -0.40 & 0.25 & 0.24\\ 0.52 & 0.47 & 0.25 & 2.65 & -0.02\\ 0.01 & -0.29 & 0.24 & -0.02 & 2.64\end{bmatrix}\tag{2.63}
$$

对应的状态反馈控制器为 $\boldsymbol{K}_1=\begin{bmatrix}-2.4 & -1.8\end{bmatrix}$，$\boldsymbol{K}_2=-4$。因此，多胞型 Lurie 大系统存在平衡态。由于 $\|\boldsymbol{X}_2\|=2.76$，$\min\limits_i \lambda_{\min}[\boldsymbol{R}_i]=1.83$，因此，对任意的 $(\boldsymbol{r},\boldsymbol{p})\in\Re\times\wp$，$\boldsymbol{e}^e(\boldsymbol{r},\boldsymbol{p})$ 的稳定区域 $\bar{\boldsymbol{E}}^e$ 为

$$
\bar{\boldsymbol{E}}^e=\left\{\boldsymbol{e}\in\mathbf{R}^2:\|\boldsymbol{e}\|\leqslant 3.01\right\}\tag{2.64}
$$

最后，验证定理 2.7 中平衡态稳定性的条件。从稳定区域(2.64)中，可以得 $\bar{\boldsymbol{E}}^e \subset \boldsymbol{E}$。选择 $\bar{G}_{e1} = 1.48,\ \bar{\boldsymbol{G}}_{e2} = 1$，作为满足式(2.57) $\boldsymbol{G}(e)(e \in \bar{\boldsymbol{E}}^e)$ 的上界。求解关于变量 $\boldsymbol{H}_{1i}$、$\boldsymbol{H}_{2i} (i = 1, 2, 3)$ 和正数 v_1、v_2 的不等式(2.54)，对应的解为

$$\boldsymbol{H}_{11} = \begin{bmatrix} 37.85 & 15.89 \\ 15.89 & 60.57 \end{bmatrix},\ \boldsymbol{H}_{12} = \begin{bmatrix} 41.78 & 15.78 \\ 15.78 & 60.43 \end{bmatrix},\ \boldsymbol{H}_{13} = \begin{bmatrix} 20.78 & 16.27 \\ 16.27 & 21.17 \end{bmatrix},\ v_1 = 2.97$$

$$\boldsymbol{H}_{21} = 17.84,\ \boldsymbol{H}_{22} = 17.68,\ \boldsymbol{H}_{23} = 1.98,\ v_2 = 0.06$$

因此，定理 2.7 的所有条件均得到满足，多胞型 Lurie 系统可参数绝对镇定。

2.5 本 章 小 结

本章应用 LMI 方法，研究了满足匹配条件和具有数值界可不满足匹配条件的两类时变不确定性关联大系统的鲁棒稳定化控制器设计问题，得到了这两类大系统可状态反馈稳定化的充分条件，即一组 LMIs 有解。在此基础上，通过建立一凸优化问题，提出了求解具有较小反馈增益的分散稳定化状态反馈控制律的设计方法；推导出了关联 Lurie 控制系统的基于矩阵不等式的参数绝对稳定性的充分条件。对于具有多胞型的 Lurie 大系统，采用状态反馈的方法，通过求解有限个非参数 LMI 就能获得使系统参数绝对稳定的条件。分散稳定化控制器的 LMI 设计方法、求解简单、实用方便，克服了 Riccati 方程方法需预先调整多个参数、应用不便的困难。仿真实例验证了本章所提方法的有效性。

参 考 文 献

[1] Wang Y Y, Xie L H, de Souza E D. Robust control of a class of uncertain nonlinear systems. Systems and Control Letters, 1992, 19(2): 139-149.

[2] 刘新宇, 高立群, 张文力.不确定线性组合系统的分散镇定与输出跟踪.信息与控制, 1998, 27(5)：342-350。

[3] Kwatny H G, Pasrija A K, Bahar L Y. Static bifurcations in electric power networks: Loss of steady-state stability and voltage collapse. IEEE Transactions on Circuits and Systems, 1986, 33(10): 981-991.

[4] Zecevic A I, Miljkovic D M. The effects of generation redispatch on Hopf bifurcations in electric power systems. IEEE Transactions on Circuits and Systems I: Fundamental Theory and Applications, 2002, 49(8): 1180-1186.

[5] Ikeda M, Ohta Y, Siljak D D. Parametric Stability, New Trends in System Theory. Boston: Birkhäuser, 1991.

[6] Ohta Y,Siljak D D. Parametric quadratic stabilizability of uncertain nonlinear systems. System Control Letters, 1994, 22(6): 437-444.

[7] Wada T, Ikeda M, Ohta Y, et al. Parametric absolute stability of Lur'e systems. IEEE Transactions on Automatic Control, 1998,43(11): 1649-1653.

[8] Wada T, Ikeda M, Ohta Y, et al. Parametric absolute stability of multivariable Lur'e systems.

Automatica, 2000, 36(9): 1365-1372.
[9] Silva G, Dzul F A. Parametric absolute stability of a class of singularly perturbed systems. Proceedings of the 37th IEEE Conference on Decision and Control, 1998.
[10] Zecevic A I, Siljak D D. Stabilization of nonlinear systems with moving equilibria. IEEE Transactions on Automatic Control, 2003, 48(6): 1036-1040.
[11] 年晓红, 李鑫波, 杨莹, 等. Lurie 控制系统得关联绝对稳定性——双线性矩阵不等式方法. 控制理论与应用, 2005, 22(6)：999-1004.
[12] 郭俊伶，廖福成. Lurie 间接控制大系统的绝对稳定性.北京科技大学学报，2006，28(7)：704-707.

第3章　不确定性关联时滞大系统的分散鲁棒镇定

3.1　引　　言

在实际系统中，由于模型误差、测量误差和线性化近似，不确定性会出现在控制系统中，且实际系统的参数在扰动或其他因素的影响下会发生变化，从而使系统响应不能达到预计的要求，甚至出现不稳定，因此必须使系统对不确定参数具有鲁棒性。鲁棒稳定性与鲁棒镇定是鲁棒控制问题的一个基本问题，控制系统在运行过程中，不可避免地会受到外部和内部的干扰，如果系统不稳定，就会在干扰的作用下，偏离原来的平衡状态，甚至最终导致系统崩溃。另外，由于测量的不灵敏性、元件老化和信息传输的延迟，系统中关联项会出现时滞。系统关联项中存在时滞，也符合许多工业生产过程实际。例如，在锌湿法冶炼过程，净化子过程与浸出子过程可看成一个关联大系统，而净化过程中使用的浸出过程的数据不是当前时刻的数据，而是滞后一定时间的数据(这是由生产工艺和子系统间的相对物理位置决定的)。时滞系统在实际过程控制中经常遇到，更接近物理实际，具有关联滞后动态大系统鲁棒稳定化问题已为众多学者关注。因此，对不确定性关联时滞大系统的研究更具有理论价值和实际意义。

但是，关于时滞关联系统的分散鲁棒镇定的研究还不够深入，特别是很少考虑时滞对控制的影响。一般来说，任何一个关联系统都或多或少地存在时间滞后或超前现象，也就是说系统的变化趋向不但依赖于当前的状态，而且依赖于过去或未来的状态，有时还依赖于过去的变化速度。这主要是由于系统的测量误差，各种信号的采集、处理与传递的不及时性，设备中各种物质的物理性质所导致系统的不灵敏性等因素会引起输出对输入的时间滞后或超前现象。时滞有时对系统的运行会产生巨大的影响，是造成系统不稳定的一个重要因素，因此必须考虑时滞对系统的作用。Lee 和 Radovic[1,2]最早提出了关联时滞系统的分散稳定化问题及其相应的解法，但它要求子系统之间的关联具有一定的结构，即关联系统是通过输入通道关联复合得到的；Hu[3]试图消除这样的结构限制，提出了一个关联系统分散能稳定化的条件，然而 Trinh 和 Aldeen[4]证明了 Hu 的结论只能应用于各子系统的输入的维数等于状态的维数的一类关联时滞系统，并提出了一个改进的结果，但总的思想仍然是对含有一个待定正定矩阵且具有给定结构的分散线性状态反馈控制律，采用估计 Lyapunov 泛函导数界的方法，导出系统分散能稳定化的充分条件。很显然，这样一种对控制器结构的假定将会引进一定的保守性；俞立和陈国定[5]对一般结构的分散线性定常状态反馈控制律，导出了一类关联时滞系统分散能稳定化的条件，证明了该条件等价于一个代数 Riccati 方程的正定解的存在性。若这样一个正定解存在，则可得到一个相应的分散稳定化控制律，从而降低那种对控制器的事先假定可能引进的保守性。上述文献仅单独考虑系统的不确定性或时滞关联，且都是以 Riccati 方程或 Riccati 不等式的形式给出系统可稳定化的充分条件，求解时需预先调整多个参数，因而计算复杂，应用不便。本章主要针对具有关联时滞的关联线性系统，具有分离变量的关联非线性系统和离散关联系统的时滞相关分散鲁棒镇定进行研究。

3.2　满足匹配条件的不确定性关联时滞大系统分散鲁棒镇定

3.2.1　问题描述

考虑一类由 N 个子系统 L_i 构成的满足匹配条件的不确定性关联时滞大系统 L，其子系统方程为

$$L_i : \dot{\boldsymbol{x}}_i(t) = [\boldsymbol{A}_i + \boldsymbol{B}_i\Delta\boldsymbol{A}_i(r_i(t))]\,\boldsymbol{x}_i(t) + [\boldsymbol{B}_i + \boldsymbol{B}_i\Delta\boldsymbol{B}_i(s_i(t))]\,\boldsymbol{u}_i(t) + \sum_{j=1}^{N}\boldsymbol{A}_{ij}\boldsymbol{x}_j(t-\tau_{ij}) \tag{3.1}$$

式中，$i=1,2,\cdots,N$，$\boldsymbol{x}_i(t)\in\mathbf{R}^{n_i}$ 为状态向量，$\boldsymbol{u}_i(t)\in\mathbf{R}^{m_i}$ 为控制向量；$\boldsymbol{A}_i$、$\boldsymbol{B}_i$ 是维数适当的标称矩阵；$\Delta\boldsymbol{A}_i(r_i(t))$、$\Delta\boldsymbol{B}_i(s_i(t))$ 是与 $\boldsymbol{A}_i$、$\boldsymbol{B}_i$ 维数相容的关于 $r_i(t)$、$s_i(t)$ 连续的不确定性；$\boldsymbol{A}_{ij}$ 为第 j 个子系统对第 i 个子系统的关联作用矩阵；$\tau_{ij}\geqslant 0$ 表示关联项中的滞后时间。

假设 $\boldsymbol{r}_i(t)\in\mathbf{R}^{l_{ri}}$、$\boldsymbol{s}_i(t)\in\mathbf{R}^{l_{si}}$ 分别在 Lesbesgue 可测的紧集 $\boldsymbol{R}_i$ 和 $\boldsymbol{S}_i$ 中变化，即

$$\boldsymbol{R}_i =: \left\{ r \middle| \left|r_{ij}\right| \leqslant \overline{r}_i, j=1,\cdots,l_{ri} \right\}, \quad \boldsymbol{S}_i =: \left\{ s \middle| \left|s_{ij}\right| \leqslant \overline{s}_i, j=1,\cdots,\boldsymbol{l}_{si} \right\}, \quad i=1,\cdots,N \tag{3.2}$$

将 $\Delta\boldsymbol{A}_i$ 和 $\Delta\boldsymbol{B}_i$ 表示为秩 1 矩阵的和，即

$$\Delta\boldsymbol{A}_i(r_i(t)) = \sum_{j=1}^{l_{ri}}\boldsymbol{A}_{ij}r_{ij}, \quad \Delta\boldsymbol{B}_i(s_i(t)) = \sum_{j=1}^{l_{si}}\boldsymbol{B}_{ij}s_{ij}, \quad i=1,\cdots,N \tag{3.3}$$

式中，$\boldsymbol{A}_{ij}$、$\boldsymbol{B}_{ij}$ 满足

$$\boldsymbol{A}_{ij} = \boldsymbol{d}_{ij}\boldsymbol{e}_{ij}^{\mathrm{T}}, \quad \boldsymbol{B}_{ij} = \boldsymbol{f}_{ij}\boldsymbol{g}_{ij}^{\mathrm{T}} \tag{3.4}$$

$\boldsymbol{d}_{ij}$、$\boldsymbol{e}_{ij}$、$\boldsymbol{f}_{ij}$、$\boldsymbol{g}_{ij}$ 是秩均为 1 的矢量。为表述方便，引用以下符号：

$$\boldsymbol{T}_i =: \bar{r}_i \sum_{j=1}^{l_{ri}} \boldsymbol{d}_{ij} \boldsymbol{d}_{ij}^{\mathrm{T}}, \quad \boldsymbol{U}_i =: \bar{r}_i \sum_{j=1}^{l_{ri}} \boldsymbol{e}_{ij} \boldsymbol{e}_{ij}^{\mathrm{T}}, \quad \boldsymbol{V}_i =: \bar{s}_i \sum_{j=1}^{l_{si}} \boldsymbol{f}_{ij} \boldsymbol{f}_{ij}^{\mathrm{T}}, \quad \boldsymbol{Q}_i =: \bar{s}_i \sum_{j=1}^{l_{si}} \boldsymbol{g}_{ij} \boldsymbol{g}_{ij}^{\mathrm{T}} \tag{3.5}$$

假定各个子系统的状态都是可以直接测量得到的，本节的目的是对每一个子系统设计一个局部无记忆状态反馈控制律：

$$\boldsymbol{u}_i(t) = \boldsymbol{K}_i \boldsymbol{x}_i(t) \tag{3.6}$$

式中，$\boldsymbol{K}_i \in \mathbf{R}^{m_i \times n_i}$ 为局部反馈增益矩阵，使所得出的闭环复合大系统

$$L_i: \dot{\boldsymbol{x}}_i(t) = [\boldsymbol{A}_i + \boldsymbol{B}_i \Delta \boldsymbol{A}_i(r_i(t))]\boldsymbol{x}_i(t) + [\boldsymbol{B}_i + \boldsymbol{B}_i \Delta \boldsymbol{B}_i(s_i(t))]\boldsymbol{K}_i \boldsymbol{x}_i(t) + \sum_{j=1}^{N} \boldsymbol{A}_{ij} \boldsymbol{x}_j(t - \tau_{ij}) \tag{3.7}$$

稳定。若这样的控制律(3.6)存在，则称系统(3.1)是分散能稳定化的，相应的控制律(3.6)称为系统(3.1)的一个分散稳定化控制律。

在以下讨论中，引进一个二值函数 $\delta(\cdot)$，定义为

$$\delta(E) = \begin{cases} 0, & E = 0 \\ 1, & E \neq 0 \end{cases}$$

3.2.2 分散鲁棒稳定化控制器设计

下述定理给出了不确定性关联时滞大系统(3.1)分散能稳定化的一个LMI充分条件。

定理 3.1 对于大系统(3.1)，如果存在矩阵 $\boldsymbol{Y}_i \in \mathbf{R}^{m_i \times n_i}$，对称正定矩阵 $\boldsymbol{X}_i, \boldsymbol{Z}_i \in \mathbf{R}^{n_i \times n_i}$ 及正数 α_i、β_i 使得下述 LMIs

$$\begin{bmatrix} \bar{\boldsymbol{A}}_i & \boldsymbol{A}_{i1}\boldsymbol{X}_1 & \boldsymbol{A}_{i2}\boldsymbol{X}_2 & \cdots & \boldsymbol{A}_{i1}\boldsymbol{X}_N \\ \boldsymbol{X}_1\boldsymbol{A}_{i1}^{\mathrm{T}} & -\delta(\boldsymbol{A}_{i1})\boldsymbol{Z}_1 & & & \\ \boldsymbol{X}_2\boldsymbol{A}_{i2}^{\mathrm{T}} & & -\delta(\boldsymbol{A}_{i2})\boldsymbol{Z}_2 & & \\ \vdots & & & \ddots & \\ \boldsymbol{X}_N\boldsymbol{A}_{iN}^{\mathrm{T}} & & & & -\delta(\boldsymbol{A}_{iN})\boldsymbol{Z}_N \end{bmatrix} < 0 \tag{3.8}$$

$$\begin{bmatrix} -\alpha_i \boldsymbol{I} & \boldsymbol{X}_i \boldsymbol{U}_i^{\frac{1}{2}} \\ \boldsymbol{U}_i^{\frac{1}{2}} \boldsymbol{X}_i & -\boldsymbol{I} \end{bmatrix} < 0 \tag{3.9}$$

$$\begin{bmatrix} -\beta_i \boldsymbol{I} & \boldsymbol{Y}_i \boldsymbol{Q}_i^{\frac{1}{2}} \\ \boldsymbol{Q}_i^{\frac{1}{2}} \boldsymbol{Y}_i^{\mathrm{T}} & -\boldsymbol{I} \end{bmatrix} < 0 \tag{3.10}$$

($i = 1, 2, \cdots, N$)成立，则大系统(3.1)是分散能稳定化的，且具有以上矩阵

$\boldsymbol{K}_i = \boldsymbol{Y}_i \boldsymbol{X}_i^{-1}$ 作为局部反馈增益矩阵的状态反馈控制律(3.6)是系统(3.1)的一个分散稳定化控制律。其中

$$\overline{\boldsymbol{A}}_i = \boldsymbol{X}_i \boldsymbol{A}_i^{\mathrm{T}} + \boldsymbol{A}_i \boldsymbol{X}_i + \boldsymbol{Y}_i^{\mathrm{T}} \boldsymbol{B}_i^{\mathrm{T}} + \boldsymbol{B}_i \boldsymbol{Y}_i + \boldsymbol{B}_i \boldsymbol{T}_i \boldsymbol{B}_i^{\mathrm{T}} + \boldsymbol{B}_i \boldsymbol{V}_i \boldsymbol{B}_i^{\mathrm{T}} + \alpha_i \boldsymbol{I} + \beta_i \boldsymbol{I} + \delta_i \boldsymbol{Z}_i, \quad \delta_i = \sum_{j=1}^{N} \delta(\boldsymbol{A}_{ji})$$

证明　在定理 3.1 条件下，取 $\boldsymbol{u}_i(t) = \boldsymbol{K}_i \boldsymbol{x}_i(t)$，相应的闭环复合系统是式(3.7)。考虑以下的 Lyapunov 泛函 $V(\boldsymbol{x}) = \sum_{i=1}^{N}\left(\boldsymbol{x}_i^{\mathrm{T}} \boldsymbol{P}_i \boldsymbol{x}_i + \sum_{j=1}^{N}\int_{t-\tau_{ij}}^{t} \delta\,(\boldsymbol{A}_{ij}) \boldsymbol{x}_j^{\mathrm{T}} \boldsymbol{H}_j \boldsymbol{x}_j \mathrm{d}t\right)$，其中 $\boldsymbol{P}_i$、$\boldsymbol{H}_j$ 为正定对称矩阵。则沿系统(3.7)的导数为

$$\begin{aligned}
\dot{V}(\boldsymbol{x}) &= \sum_{i=1}^{N}\left\{\dot{\boldsymbol{x}}_i^{\mathrm{T}} \boldsymbol{P}_i \boldsymbol{x}_i + \boldsymbol{x}_i^{\mathrm{T}} \boldsymbol{P}_i \dot{\boldsymbol{x}}_i + \sum_{j=1}^{N} \delta_i(\boldsymbol{A}_{ij}) \boldsymbol{x}_j^{\mathrm{T}} \boldsymbol{H}_j \boldsymbol{x}_j - \sum_{j=1}^{N} \delta_i(\boldsymbol{A}_{ij}) \boldsymbol{x}_j^{\mathrm{T}}(t-\tau_{ij}) \boldsymbol{H}_j \boldsymbol{x}_j(t-\tau_{ij})\right\} \\
&= \sum_{i=1}^{N}\Big\{\boldsymbol{x}_i^{\mathrm{T}}(\boldsymbol{A}_i^{\mathrm{T}} \boldsymbol{P}_i + \boldsymbol{P}_i \boldsymbol{A}_i + \Delta \boldsymbol{A}_i^{\mathrm{T}} \boldsymbol{B}_i^{\mathrm{T}} \boldsymbol{P}_i + \boldsymbol{P}_i \boldsymbol{B}_i \Delta \boldsymbol{A}_i + \boldsymbol{K}_i^{\mathrm{T}} \boldsymbol{B}_i^{\mathrm{T}} \boldsymbol{P}_i + \boldsymbol{P}_i \boldsymbol{B}_i \boldsymbol{K}_i + \boldsymbol{K}_i^{\mathrm{T}} \Delta \boldsymbol{B}_i^{\mathrm{T}} \boldsymbol{B}_i^{\mathrm{T}} \boldsymbol{P}_i \\
&\quad + \boldsymbol{P}_i \boldsymbol{B}_i \Delta \boldsymbol{B}_i \boldsymbol{K}_i) \boldsymbol{x}_i + \sum_{j=1}^{N} 2\boldsymbol{x}_i^{\mathrm{T}} \boldsymbol{P}_i \boldsymbol{x}_j(t-\tau_{ij}) + \sum_{j=1}^{N} \delta_i(\boldsymbol{A}_{ij}) \boldsymbol{x}_j^{\mathrm{T}} \boldsymbol{H}_j \boldsymbol{x}_j \\
&\quad - \sum_{j=1}^{N} \delta_i(\boldsymbol{A}_{ij}) \boldsymbol{x}_j^{\mathrm{T}}(t-\tau_{ij}) \boldsymbol{H}_j \boldsymbol{x}_j(t-\tau_{ij})\Big\}
\end{aligned}$$

将式(3.3)～式(3.5)代入 $\dot{V}(\boldsymbol{x})$ 得

$$\begin{aligned}
\dot{V}(\boldsymbol{x}) = \sum_{i=1}^{N}\Big\{ \boldsymbol{x}_i^{\mathrm{T}}\Big(& \boldsymbol{A}_i^{\mathrm{T}} \boldsymbol{P}_i + \boldsymbol{P}_i \boldsymbol{A}_i + \sum_{j=1}^{l_{ri}} (\boldsymbol{B}_i \boldsymbol{A}_{ij} r_{ij})^{\mathrm{T}} \boldsymbol{P}_i + \sum_{j=1}^{l_{ri}} \boldsymbol{P}_i \boldsymbol{B}_i \boldsymbol{A}_{ij} r_{ij} + \boldsymbol{K}_i^{\mathrm{T}} \boldsymbol{B}_i^{\mathrm{T}} \boldsymbol{P}_i + \boldsymbol{P}_i \boldsymbol{B}_i \boldsymbol{K}_i \\
& + \sum_{j=1}^{l_{si}} \boldsymbol{K}_i^{\mathrm{T}} (\boldsymbol{B}_i \boldsymbol{B}_{ij} s_{ij})^{\mathrm{T}} \boldsymbol{P}_i + \sum_{j=1}^{l_{si}} \boldsymbol{P}_i \boldsymbol{B}_i \boldsymbol{B}_{ij} s_{ij} \boldsymbol{K}_i \Big) \boldsymbol{x}_i + \sum_{j=1}^{N} \delta_{\mathrm{i}}(\boldsymbol{A}_{ij}) \boldsymbol{x}_j^{\mathrm{T}} \boldsymbol{H}_j \boldsymbol{x}_j \\
& - \sum_{j=1}^{N} \delta_i\,(\boldsymbol{A}_{ij}) \boldsymbol{x}_j^{\mathrm{T}}(t-\tau_{ij}) \boldsymbol{H}_j \boldsymbol{x}_j(t-\tau_{ij}) + \sum_{j=1}^{N} 2\boldsymbol{x}_i^{\mathrm{T}} \boldsymbol{P}_i \boldsymbol{x}_j(t-\tau_{ij})\Big\}
\end{aligned} \tag{3.11}$$

在引理 2.1 中令 $\alpha = 1$ 可推得

$$\sum_{j=1}^{l_{ri}} (\boldsymbol{B}_i \boldsymbol{A}_{ij} r_{ij})^{\mathrm{T}} \boldsymbol{P}_i + \sum_{j=1}^{l_{ri}} \boldsymbol{P}_i \boldsymbol{B}_i \boldsymbol{A}_{ij} r_{ij} \leqslant \boldsymbol{P}_i \boldsymbol{B}_i \boldsymbol{T}_i \boldsymbol{B}_i^{\mathrm{T}} \boldsymbol{P}_i + \boldsymbol{U}_i \tag{3.12}$$

$$\sum_{j=1}^{l_{si}} \boldsymbol{K}_i^{\mathrm{T}} (\boldsymbol{B}_i \boldsymbol{B}_{ij} s_{ij})^{\mathrm{T}} \boldsymbol{P}_i + \sum_{j=1}^{l_{si}} \boldsymbol{P}_i \boldsymbol{B}_i \boldsymbol{B}_{ij} s_{ij} \boldsymbol{K}_i \leqslant \boldsymbol{P}_i \boldsymbol{B}_i \boldsymbol{V}_i \boldsymbol{B}_i^{\mathrm{T}} \boldsymbol{P}_i + \boldsymbol{K}_i^{\mathrm{T}} \boldsymbol{Q}_i^{\mathrm{T}} \boldsymbol{K}_i \tag{3.13}$$

由式(3.5)可知，$\boldsymbol{U}_i, \boldsymbol{Q}_i (i = 1,\ 2,\ \cdots,\ N)$ 均为正定或半正定矩阵，可分解为 $\boldsymbol{U}_i = \boldsymbol{U}_i^{\frac{1}{2}} \boldsymbol{U}_i^{\frac{1}{2}}$、$\boldsymbol{Q}_i = \boldsymbol{Q}_i^{\frac{1}{2}} \boldsymbol{Q}_i^{\frac{1}{2}}$，故存在 $\alpha_i > 0$，$\beta_i > 0$，使得

$$U_i < \alpha_i P_i P_i, \quad K_i^{\mathrm{T}} Q_i^{\mathrm{T}} K_i < \beta_i P_i P_i \tag{3.14}$$

将式(3.12)～式(3.14)代入式(3.11)可得

$$\begin{aligned}
\dot{V}(x) \leqslant & \sum_{i=1}^{N} \Big\{ x_i^{\mathrm{T}} (A_i^{\mathrm{T}} P_i + P_i A_i + K_i^{\mathrm{T}} B_i^{\mathrm{T}} P_i + P_i B_i K_i + P_i B_i T_i B_i^{\mathrm{T}} P_i + U_i + P_i B_i V_i B_i^{\mathrm{T}} P_i \\
& + K_i^{\mathrm{T}} Q_i K_i) x_i + \sum_{j=1}^{N} 2 x_i^{\mathrm{T}} P_i x_j (t - \tau_{ij}) + \sum_{j=1}^{N} \delta(A_{ij}) x_j^{\mathrm{T}} H_j x_j \\
& - \sum_{j=1}^{N} \delta(A_{ij}) x_j^{\mathrm{T}} (t - \tau_{ij}) H_j x_j (t - \tau_{ij}) \Big\} \\
< & \sum_{i=1}^{N} \Big\{ x_i^{\mathrm{T}} (A_i^{\mathrm{T}} P_i + P_i A_i + K_i^{\mathrm{T}} B_i^{\mathrm{T}} P_i + P_i B_i K_i + P_i B_i T_i B_i^{\mathrm{T}} P_i + \alpha_i P_i P_i + P_i B_i V_i B_i^{\mathrm{T}} P_i \\
& + \beta_i P_i P_i + \delta_i H_i) x_i + \sum_{j=1}^{N} 2 x_i^{\mathrm{T}} P_i x_j (t - \tau_{ij}) + \sum_{\substack{j=1 \\ j \neq i}}^{N} \delta(A_{ij}) x_j^{\mathrm{T}} H_j x_j \\
& - \sum_{j=1}^{N} \delta(A_{ij}) x_j^{\mathrm{T}} (t - \tau_{ij}) H_j x_j (t - \tau_{ij}) \Big\} \\
= & \sum_{i=1}^{N} \begin{bmatrix} x_i(t) \\ x_1(t-\tau_{i1}) \\ x_2(t-\tau_{i2}) \\ \vdots \\ x_N(t-\tau_{iN}) \end{bmatrix}^{\mathrm{T}} \begin{bmatrix} \tilde{A}_i & P_i A_{i1} & P_i A_{i2} & \cdots & P_i A_{iN} \\ A_{i1}^{\mathrm{T}} P_i & -\delta(A_{i1}) H_1 & & & \\ A_{i2}^{\mathrm{T}} P_i & & -\delta(A_{i2}) H_2 & & \\ \vdots & & & \ddots & \\ A_{iN}^{\mathrm{T}} P_i & & & & -\delta(A_{iN}) H_N \end{bmatrix} \\
& \cdot \begin{bmatrix} x_i(t) \\ x_1(t-\tau_{i1}) \\ x_2(t-\tau_{i2}) \\ \vdots \\ x_N(t-\tau_{iN}) \end{bmatrix}
\end{aligned}$$

式中

$$\begin{aligned}
\tilde{A}_i = & A_i^{\mathrm{T}} P_i + P_i A_i + K_i^{\mathrm{T}} B_i^{\mathrm{T}} P_i + P_i B_i K_i + P_i B_i T_i B_i^{\mathrm{T}} P_i \\
& + P_i B_i V_i B_i^{\mathrm{T}} P_i + \alpha_i P_i P_i + \beta_i P_i P_i + \delta_i H_i
\end{aligned}$$

由 Lyapunov 稳定性原理可知，如果

$$\begin{bmatrix} \tilde{A}_i & P_i A_{i1} & P_i A_{i2} & \cdots & P_i A_{iN} \\ A_{i1}^{\mathrm{T}} P_i & -\delta(A_{i1}) H_1 & & & \\ A_{i2}^{\mathrm{T}} P_i & & -\delta(A_{i2}) H_2 & & \\ \vdots & & & \ddots & \\ A_{iN}^{\mathrm{T}} P_i & & & & -\delta(A_{iN}) H_N \end{bmatrix} < 0 \tag{3.15}$$

则系统(3.7)是稳定的。

对式(3.15)左边的矩阵分别左乘和右乘矩阵 $\mathrm{diag}\left\{\boldsymbol{P}_i^{-1}, \boldsymbol{P}_1^{-1}, \boldsymbol{P}_2^{-1}, \cdots, \boldsymbol{P}_N^{-1}\right\}$，可得

$$\begin{bmatrix} \hat{\boldsymbol{A}}_i & \boldsymbol{A}_{i1}\boldsymbol{P}_1^{-1} & \boldsymbol{A}_{i2}\boldsymbol{P}_2^{-1} & \cdots & \boldsymbol{A}_{iN}\boldsymbol{P}_N^{-1} \\ \boldsymbol{P}_1^{-1}\boldsymbol{A}_{i1}^{\mathrm{T}} & -\delta(\boldsymbol{A}_{i1})\boldsymbol{P}_1^{-1}\boldsymbol{H}_1\boldsymbol{P}_1^{-1} & & & \\ \boldsymbol{P}_2^{-1}\boldsymbol{A}_{i2}^{\mathrm{T}} & & -\delta(\boldsymbol{A}_{i2})\boldsymbol{P}_2^{-1}\boldsymbol{H}_2\boldsymbol{P}_2^{-1} & & \\ \vdots & & & \ddots & \\ \boldsymbol{P}_N^{-1}\boldsymbol{A}_{iN}^{\mathrm{T}} & & & & -\delta(\boldsymbol{A}_{iN})\boldsymbol{P}_N^{-1}\boldsymbol{H}_N\boldsymbol{P}_N^{-1} \end{bmatrix} < 0 \quad (3.16)$$

式中

$$\begin{aligned} \hat{\boldsymbol{A}}_i = {} & \boldsymbol{P}_i^{-1}\boldsymbol{A}_i^{\mathrm{T}} + \boldsymbol{A}_i\boldsymbol{P}_i^{-1} + \boldsymbol{P}_i^{-1}\boldsymbol{K}_i^{\mathrm{T}}\boldsymbol{B}_i^{\mathrm{T}} + \boldsymbol{B}_i\boldsymbol{K}_i\boldsymbol{P}_i^{-1} + \boldsymbol{B}_i\boldsymbol{T}_i\boldsymbol{B}_i^{\mathrm{T}} + \boldsymbol{B}_i\boldsymbol{V}_i\boldsymbol{B}_i^{\mathrm{T}} \\ & + \alpha_i\boldsymbol{I} + \beta_i\boldsymbol{I} + \delta_i\boldsymbol{P}_i^{-1}\boldsymbol{H}_i\boldsymbol{P}_i^{-1} \end{aligned}$$

记 $\boldsymbol{X}_i = \boldsymbol{P}_i^{-1}, \boldsymbol{Y}_i = \boldsymbol{K}_i\boldsymbol{P}_i^{-1}, \boldsymbol{Z}_i = \boldsymbol{P}_i^{-1}\boldsymbol{H}_i\boldsymbol{P}_i^{-1}$，则 $\boldsymbol{X}_i > 0, \boldsymbol{Z}_i > 0$，由式(3.16)可知式(3.8)成立。

式(3.14)等价于 $\boldsymbol{X}_i\boldsymbol{U}_i\boldsymbol{X}_i < \alpha_i\boldsymbol{I}$，$\boldsymbol{Y}_i^{\mathrm{T}}\boldsymbol{Q}_i^{\mathrm{T}}\boldsymbol{Y}_i < \beta_i\boldsymbol{I}$，由引理 2.2 可知当且仅当式(3.9)和式(3.10)成立时，式(3.14)成立，由此即得证定理之结论。证毕。

定理 3.1 中的条件约束式(3.8)~式(3.10)是一个关于矩阵变量 $\boldsymbol{X}_i$、$\boldsymbol{Y}_i$、$\boldsymbol{Z}_i$ 及正数 α_i、β_i 的 LMI，应用 MATLAB 中的 LMI 软件中的 feasp 命令可得矩阵不等式(3.8)~式(3.10)的可解性。进而，若矩阵不等式(3.8)~式(3.10)可解，则从所得到的解 $\boldsymbol{X}_i$、$\boldsymbol{Y}_i$，根据 $\boldsymbol{K}_i = \boldsymbol{Y}_i\boldsymbol{X}_i^{-1}$ 和式(3.6)，可得所需要的分散稳定化控制律。

定理 3.1 中的条件约束本质上为 LMI 问题，即判别可能解的存在性。当然，还可以利用第 2 章的方法，通过极小化某些参数，将 LMI 问题转化为特征值问题，然后用 mincx 命令求解，来保证分散稳定化控制律具有较小的反馈增益参数。

当 $\Delta\boldsymbol{A}_i(r_i(t)) = 0, \Delta\boldsymbol{B}_i(s_i(t)) = 0$ 时，即不考虑不确定性，系统(3.1)为一关联时滞大系统。放松定理 3.1 中不确定项的约束，并应用式(2.15)和引理 2.2，得到纯关联时滞大系统的具有较小反馈增益的分散稳定化控制器的设计方法。

推论 3.1　对于式(3.1)描述的关联时滞大系统，当不考虑系统的不确定性时，其具有较小反馈增益的分散稳定化控制律可由下述优化问题求解：

$$\min\left(\sum_{i=1}^{N}\theta_i + \sum_{i=1}^{N}\gamma_i\right)$$

约束条件为

$$\begin{bmatrix} \tilde{A}_i & A_{i1}X_1 & A_{i2}X_2 & \cdots & A_{i1}X_N \\ X_1A_{i1}^{\mathrm{T}} & -\delta(A_{i1})Z_1 & & & \\ X_2A_{i2}^{\mathrm{T}} & & -\delta(A_{i2})Z_2 & & \\ \vdots & & & \ddots & \\ X_NA_{iN}^{\mathrm{T}} & & & & -\delta(A_{iN})Z_N \end{bmatrix} < 0$$

$$\begin{bmatrix} -\theta_i I & Y_i^{\mathrm{T}} \\ Y_i & -I \end{bmatrix} < 0$$

$$\begin{bmatrix} X_i & I \\ I & \gamma_i I \end{bmatrix} > 0$$

式中

$$\tilde{A}_i = A_i^{\mathrm{T}}X_i + X_iA_i + Y_i^{\mathrm{T}}B_i^{\mathrm{T}} + B_iY_i + \delta_iZ_i,\quad \delta_i = \sum_{j=1}^{N}\delta(A_{ji}),\quad \theta_i > 0,\quad \gamma_i > 0$$

当$\tau_{ij}=0$时，系统(3.1)为一个不确定性大系统。若系统的关联项满足匹配条件，其分散稳定化控制器的设计方法见第 2 章。

3.2.3　仿真示例

为便于对比分析，下面给出两个示例，其中例 3.1 为一纯滞后大系统，例 3.2 为不确定性关联时滞大系统。

例 3.1　考虑由文献[3]~[7]研究的关联时滞大系统，其中

$$A_1=\begin{bmatrix} -2 & 0 \\ -2 & -1 \end{bmatrix},\quad B_1=\begin{bmatrix} 1 \\ 1 \end{bmatrix},\quad A_{12}=\begin{bmatrix} 1 & 0 & 1 \\ 1 & 0 & 1 \end{bmatrix},\quad A_2=\begin{bmatrix} -1 & 0 & 0 \\ -1 & -4 & -1 \\ 1 & 1 & 0 \end{bmatrix},\quad B_2=\begin{bmatrix} 0 & -1 \\ 1 & 2 \\ 0 & 1 \end{bmatrix}$$

$$A_{21}=\begin{bmatrix} -1 & -2 \\ 3 & 6 \\ 1 & 2 \end{bmatrix},\quad A_{23}=\begin{bmatrix} -1 & 0 \\ 3 & 0 \\ 1 & 0 \end{bmatrix},\quad A_3=\begin{bmatrix} 0 & 1 \\ -1 & -2 \end{bmatrix},\quad B_3=\begin{bmatrix} 1 & 0 \\ 0 & 1 \end{bmatrix},\quad A_{31}=\begin{bmatrix} 1 & 2 \\ 1 & 2 \end{bmatrix}$$

易知该系统的关联矩阵满足匹配条件，根据文献[5]的结论，该大系统是能分散状态反馈稳定化的。将应用本章方法(推论 3.1)得到的分散增益矩阵和用现有方法得到的结果一并列于表 3.1。通过比较可知，由本章方法所得的分散稳定化控制器具有较小的增益参数，且不需要解 Riccati 方程和预选择参数。

表 3.1　本书方法与现有方法的比较

方法	所得结果
本节推论 3.1 方法	$\boldsymbol{K}_1=\begin{bmatrix}-0.8256 & -0.9253\end{bmatrix}$ $\boldsymbol{K}_2=\begin{bmatrix}-1.2284 & -1.0642 & -0.6953\\ 0.0323 & -1.4437 & -1.7995\end{bmatrix}$, $\boldsymbol{K}_3=\begin{bmatrix}-2.5656 & -0.1959\\ -0.1959 & -1.7364\end{bmatrix}$
文献[4]方法(Trinh 和 Aldeen)	$\boldsymbol{K}_1=\begin{bmatrix}-3.0150 & -1.5587\end{bmatrix}$ $\boldsymbol{K}_2=\begin{bmatrix}-2.3047 & -1.8161 & -0.9642\\ 0.7439 & -2.2917 & -4.2769\end{bmatrix}$, $\boldsymbol{K}_3=\begin{bmatrix}-4.5816 & -0.1580\\ -0.1580 & -3.0439\end{bmatrix}$
文献[5]方法(俞立和陈国定)	$\boldsymbol{K}_1=\begin{bmatrix}-1.5869 & -0.8421\end{bmatrix}$ $\boldsymbol{K}_2=\begin{bmatrix}-1.2781 & -1.0562 & -0.7351\\ 0.0125 & -1.5694 & -2.6924\end{bmatrix}$, $\boldsymbol{K}_3=\begin{bmatrix}-2.5831 & -0.3736\\ -0.3736 & -1.7043\end{bmatrix}$
文献[6]方法(Kwon 和 Pearson)	$\boldsymbol{K}_1=\begin{bmatrix}-4.8044 & -2.3548\end{bmatrix}$ $\boldsymbol{K}_2=\begin{bmatrix}-3.9246 & -3.0199 & -1.2910\\ 1.0854 & -3.4062 & -6.1686\end{bmatrix}$, $\boldsymbol{K}_3=\begin{bmatrix}-6.4834 & -0.1249\\ -0.1249 & -4.8216\end{bmatrix}$
文献[7]方法(Furukawa & Shimemura)	$\boldsymbol{K}_1=\begin{bmatrix}-4.7897 & -2.3483\end{bmatrix}$ $\boldsymbol{K}_2=\begin{bmatrix}-3.9110 & -3.0098 & -1.2885\\ 1.0828 & -3.3971 & -6.1532\end{bmatrix}$, $\boldsymbol{K}_3=\begin{bmatrix}-6.4879 & -0.1251\\ -0.1251 & -4.8069\end{bmatrix}$

设 $\boldsymbol{x}_1(0)=\begin{bmatrix}1 & 3\end{bmatrix}^{\mathrm{T}}$，$\boldsymbol{x}_2(0)=\begin{bmatrix}2 & 4 & 3\end{bmatrix}^{\mathrm{T}}$，$\boldsymbol{x}_3(0)=\begin{bmatrix}1.5 & 2.5\end{bmatrix}^{\mathrm{T}}$，关联大系统在本书所得的控制器与文献[5]所得的控制器作用下的零输入响应，如图 3.1(a)~(c)所示，图中实线(包括图 3.1(b)中的 1 和 2)、双画线为本节所求控制器作用下的响应曲线，虚线、点线和点画线为文献[5]所得控制器作用下的响应曲线。仿真曲线表明本节提出的关联时滞大系统的分散稳定化控制器设计方法可以确保关联时滞大系统的分散稳定性。

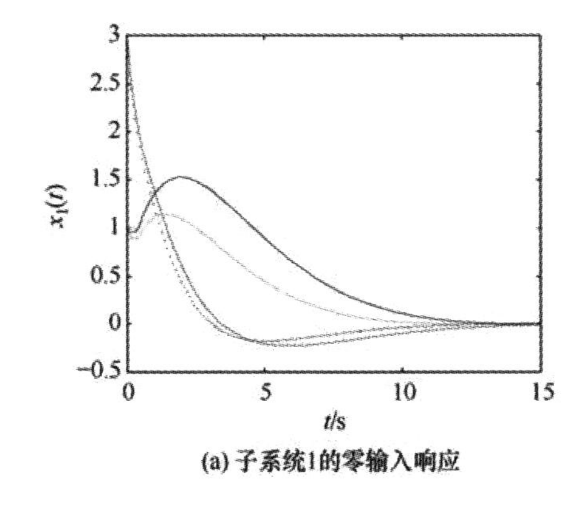

(a) 子系统1的零输入响应

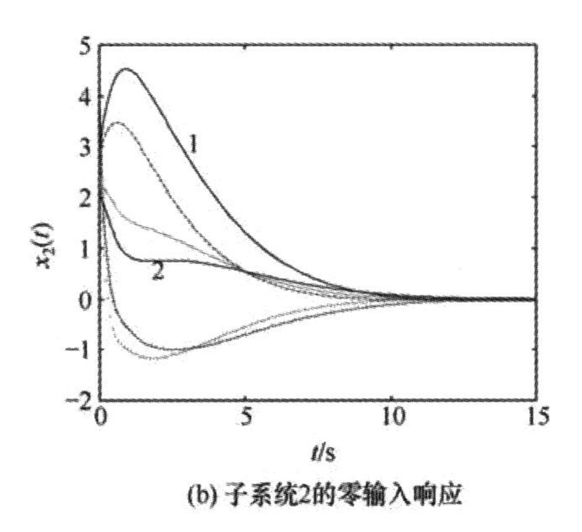

(b) 子系统2的零输入响应

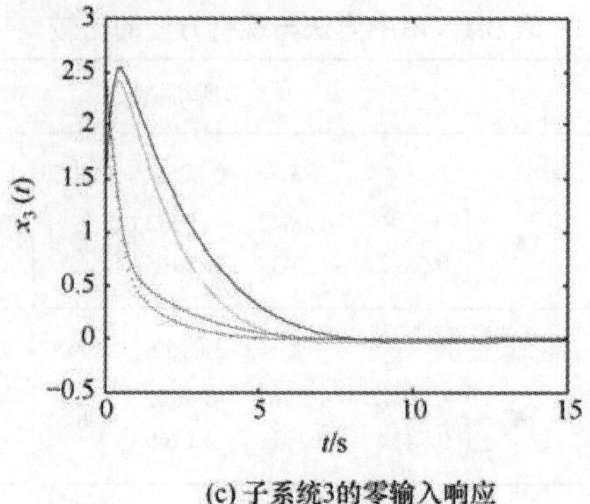

(c) 子系统3的零输入响应

图 3.1 三个子系统的零输入响应

例 3.2 考虑由以下两个子系统组成的不确定性关联滞后大系统：

$$L_1: \ \dot{\boldsymbol{x}}_1(t)=\begin{bmatrix} -3+r_1(t) & 0.5r_1^2(t) \\ r_1(t) & -2+0.5r_1^2(t) \end{bmatrix}\boldsymbol{x}_1+\begin{bmatrix} 1+s_1(t) \\ 1+s_1(t) \end{bmatrix}\boldsymbol{u}_1+\begin{bmatrix} 0.1 & 0.2 \\ 0.1 & 0.1 \end{bmatrix}\boldsymbol{x}_2(t-\tau_{12})$$

$$L_2: \ \dot{\boldsymbol{x}}_2(t)=\begin{bmatrix} 1+r_2(t) & 0.2 \\ -0.2 & 0.8+r_2(t) \end{bmatrix}\boldsymbol{x}_2+\begin{bmatrix} 0.5+s_2(t) & 0 \\ 0 & 0.5+s_2(t) \end{bmatrix}\boldsymbol{u}_2$$

$$+\begin{bmatrix} 0.2 & -0.1 \\ 0.3 & 0.1 \end{bmatrix}\boldsymbol{x}_1(t-\tau_{21})$$

式中

$$|r_1(t)| \leqslant \sqrt{2}, \quad |r_2(t)| \leqslant 0.3, \quad |s_1(t)| \leqslant 0.4, \quad |s_2(t)| \leqslant 0.2$$

由系统不确定性界可知，$\overline{r}_1=2, \overline{r}_2=0.3, \ \overline{s}_1=0.4, \overline{s}_2=0.2$。系统满足匹配条件且有

$$\Delta\boldsymbol{A}_1=\begin{bmatrix} 1 & 0 \end{bmatrix} r_1+0.5\begin{bmatrix} 0 & 1 \end{bmatrix} r_1^2=\boldsymbol{d}_{11}\boldsymbol{e}_{11}^{\mathrm{T}}\ r_1+\ \boldsymbol{d}_{12}\boldsymbol{e}_{12}^{\mathrm{T}}\ r_1^2, \quad \Delta\boldsymbol{B}_1=\ s_1(t)=\boldsymbol{f}_{11}\boldsymbol{g}_{11}^{\mathrm{T}}\ s_1(t)$$

$$\Delta\boldsymbol{A}_2=2r_2(t)=\boldsymbol{d}_{21}\boldsymbol{e}_{21}^{\mathrm{T}}\ r_2(t), \quad \Delta\boldsymbol{B}_2=\ s_2(t)=\boldsymbol{f}_{21}\boldsymbol{g}_{21}^{\mathrm{T}}\ s_2(t)$$

易知 n_1=n_2=2，m_1=m_2=1，$\boldsymbol{d}_{11}$=1，$\boldsymbol{d}_{12}$=0.5，$\boldsymbol{d}_{21}$=2，$\boldsymbol{e}_{11}=\begin{bmatrix} 1 & 0 \end{bmatrix}^{\mathrm{T}}$，$\boldsymbol{e}_{12}=\begin{bmatrix} 0 & 1 \end{bmatrix}^{\mathrm{T}}$，$\boldsymbol{e}_{21}$=$\boldsymbol{f}_{11}$=$\boldsymbol{g}_{11}$=$\boldsymbol{f}_{21}$=$\boldsymbol{g}_{21}$=1。由式(3.5)得

$$\boldsymbol{T}_1=2.5, \quad \boldsymbol{U}_1=\begin{bmatrix} 2 & 0 \\ 0 & 2 \end{bmatrix}, \quad \boldsymbol{T}_2=0.6, \quad \boldsymbol{U}_2=0.6, \quad \boldsymbol{V}_1=\boldsymbol{V}_2=\boldsymbol{Q}_1=\boldsymbol{Q}_2=0.4$$

在 LMI 工具箱环境下解定理 3.1 的 LMI 问题，求得该系统的分散稳定化控制律为

$$\boldsymbol{u}_1(t)=\begin{bmatrix} -0.9120 & -1.5315 \end{bmatrix}\boldsymbol{x}_1(t), \quad \boldsymbol{u}_2(t)=\begin{bmatrix} -59.8678 & -10.0749 \\ -10.1151 & -52.5929 \end{bmatrix}\boldsymbol{x}_2(t)$$

设 $\boldsymbol{x}_1(0)=\begin{bmatrix}1 & 3\end{bmatrix}^{\mathrm{T}}$，$\boldsymbol{x}_2(0)=\begin{bmatrix}2 & 4\end{bmatrix}^{\mathrm{T}}$，关联系统的零输入响应按照以下几种情形示于图 3.2(a)~(h)中，其中，左图为子系统 1 的状态，右图为子系统 2 的状态，图中实线为子系统第二状态的响应曲线，虚线为第一状态的响应曲线。

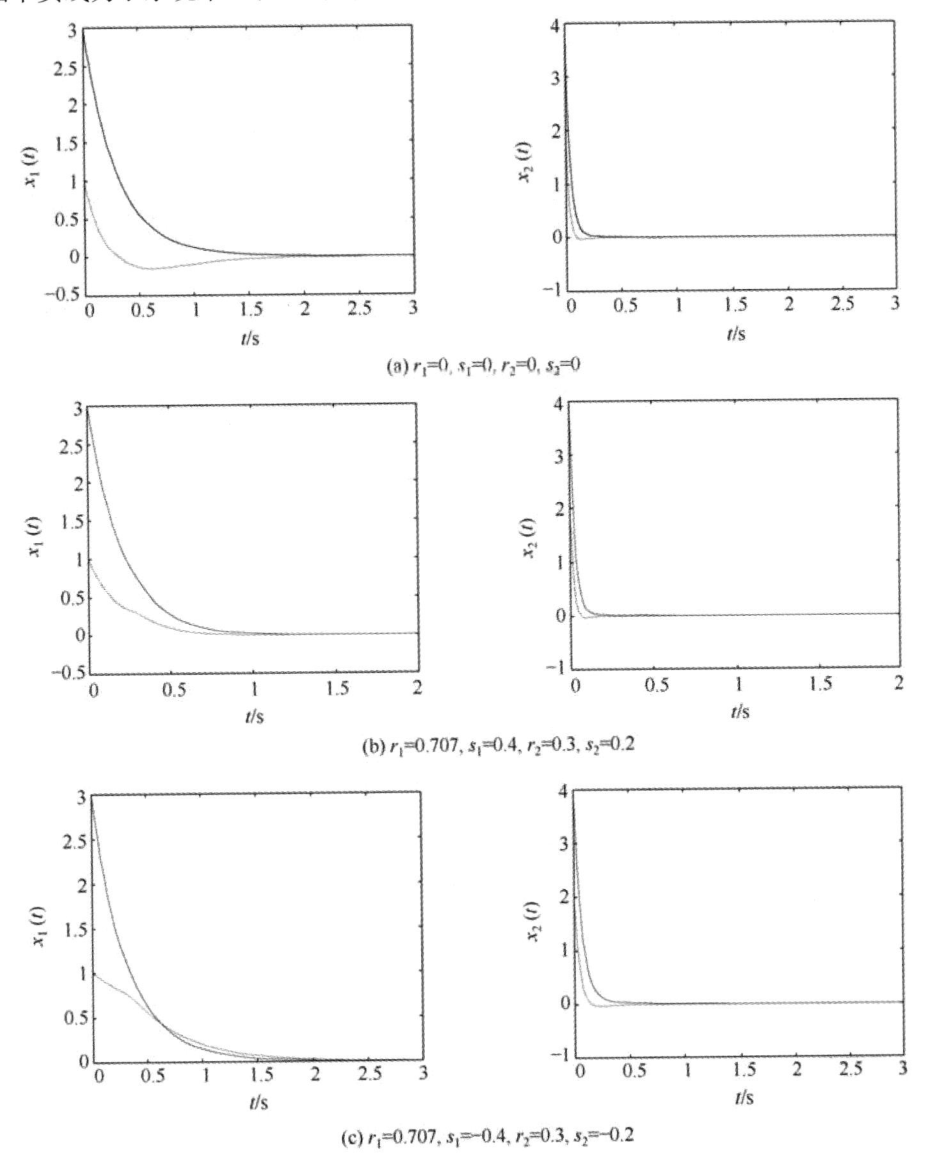

(a) $r_1=0,\ s_1=0,\ r_2=0,\ s_2=0$

(b) $r_1=0.707,\ s_1=0.4,\ r_2=0.3,\ s_2=0.2$

(c) $r_1=0.707,\ s_1=-0.4,\ r_2=0.3,\ s_2=-0.2$

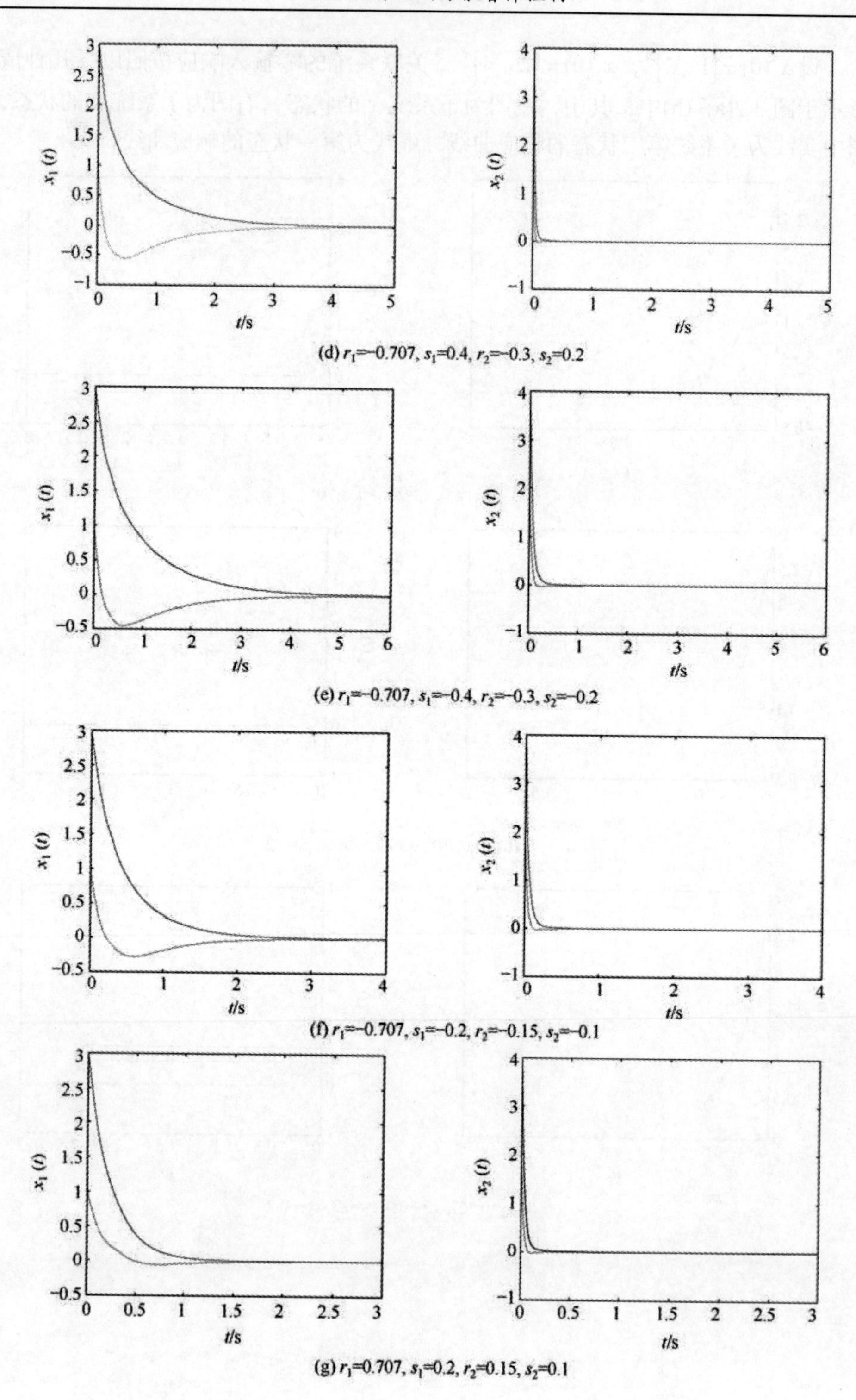
$x_1(t)$
$x_2(t)$
t/s
(d) $r_1=-0.707$, $s_1=0.4$, $r_2=-0.3$, $s_2=0.2$
$x_1(t)$
$x_2(t)$
t/s
(e) $r_1=-0.707$, $s_1=-0.4$, $r_2=-0.3$, $s_2=-0.2$
$x_1(t)$
$x_2(t)$
t/s
(f) $r_1=-0.707$, $s_1=-0.2$, $r_2=-0.15$, $s_2=-0.1$
$x_1(t)$
$x_2(t)$
t/s
(g) $r_1=0.707$, $s_1=0.2$, $r_2=0.15$, $s_2=0.1$

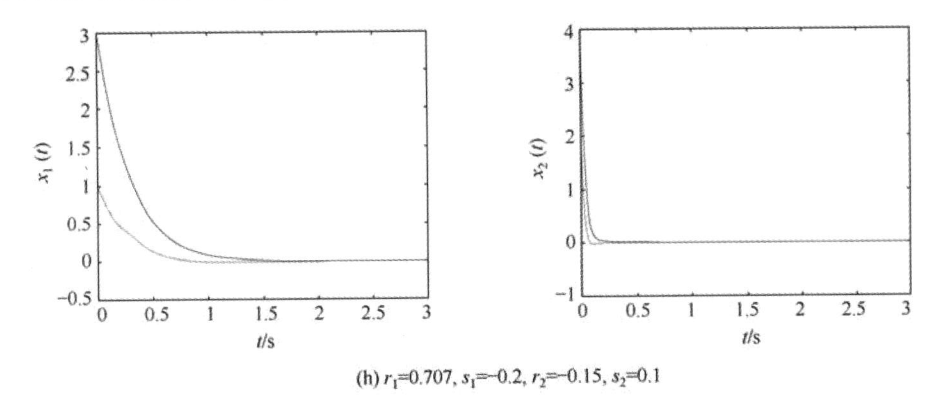

(h) r_1=0.707, s_1=−0.2, r_2=−0.15, s_2=0.1

图 3.2　不确定性关联时滞大系统的零输入响应仿真曲线

以上仿真曲线表明，所获得的控制器能使不确定性时滞关联大系统分散稳定化，从而验证了本节所提出的 LMI 设计方法的正确性。尽管待求的是一组相互关联且含有多个参数的 LMIs，但在 LMI 工具箱环境下可一次性求出，求解非常方便，无须预先调整参数。

3.3　数值界不确定性关联时滞系统分散鲁棒镇定

3.3.1　分散鲁棒稳定化控制器设计

由于在实际大系统中，许多不确定性不满足匹配条件，不确定性条件约束式(3.3)太强，所得结果往往难以在实际工程中应用。在实际工业生产过程中，信号的测量是由各种仪表完成的，测量结果的准确度是一个数值界范围，即不确定性具有数值界，以偏差的形式给出，这种不确定性往往不满足匹配条件，为此本节进一步探讨具有数值界不确定性关联时滞大系统的分散稳定化控制器设计问题。

考虑一类由 N 个子系统 L_i 构成的具有数值界可以不满足匹配条件的不确定性关联时滞大系统 L，其子系统方程为

$$L_i:\ \dot{\boldsymbol{x}}_i(t)=[\boldsymbol{A}_{ii}+\Delta\boldsymbol{A}_{ii}(\omega_i(t))]\,\boldsymbol{x}_i(t)+[\boldsymbol{B}_i+\Delta\boldsymbol{B}_i(s_i(t))]\,\boldsymbol{u}_i(t)+\sum_{j=1}^{N}\boldsymbol{A}_{ij}\boldsymbol{x}_j(t-\tau_{ij}) \tag{3.17}$$

式中，$i=1,2,\cdots,N$；$\boldsymbol{x}_i(t)\in\mathbf{R}^{n_i}$ 为状态向量；$\boldsymbol{u}_i(t)\in\mathbf{R}^{m_i}$ 为控制向量；$\boldsymbol{A}_i$、$\boldsymbol{B}_i$ 是维数适当的标称矩阵；$(\boldsymbol{A}_{ii}, \boldsymbol{B}_i)$是可控的。时变不确定项 $\Delta\boldsymbol{A}_{ii}$和$\Delta\boldsymbol{B}_i$ 的数值界及不确定参数 ω_i和r_i 所满足的条件与 2.3.1 节中的相同。假定各个子系统的状态可以直接测量，对每一个子系统设计一个局部无记忆状态反馈控制律

$$\boldsymbol{u}_i(t)=\boldsymbol{K}_i\boldsymbol{x}_i(t) \tag{3.18}$$

式中，$\boldsymbol{K}_i \in \mathbf{R}^{m_i \times n_i}$ 为局部反馈增益矩阵，使所得出的闭环复合大系统(4.19)稳定。

$$\dot{\boldsymbol{x}}_i(t) = [\boldsymbol{A}_{ii} + \Delta\boldsymbol{A}_{ii}(\omega_i(t))]\boldsymbol{x}_i(t) + [\boldsymbol{B}_i + \Delta\boldsymbol{B}_i(s_i(t))]\boldsymbol{K}_i\boldsymbol{x}_i(t) + \sum_{j=1}^{N}\boldsymbol{A}_{ij}\boldsymbol{x}_j(t-\tau_{ij}) \tag{3.19}$$

接下来列出本节的主要结果。

定理 3.2　对不确定性关联滞后大系统(3.17)，如果存在矩阵 $\boldsymbol{Y}_i \in \mathbf{R}^{m_i \times n_i}$，对称正定矩阵 $\boldsymbol{X}_i$、$\boldsymbol{Z}_i \in \mathbf{R}^{n_i \times n_i}$ 及正数 α_i、β_i 使得下述 LMIs

$$\begin{bmatrix} \bar{\boldsymbol{A}}_{ii} & \boldsymbol{A}_{i1}\boldsymbol{X}_1 & \boldsymbol{A}_{i2}\boldsymbol{X}_2 & \cdots & \boldsymbol{A}_{i1}\boldsymbol{X}_N \\ \boldsymbol{X}_1\boldsymbol{A}_{i1}^{\mathrm{T}} & -\delta(\boldsymbol{A}_{i1})\boldsymbol{Z}_1 & & & \\ \boldsymbol{X}_2\boldsymbol{A}_{i2}^{\mathrm{T}} & & -\delta(\boldsymbol{A}_{i2})\boldsymbol{Z}_2 & & \\ \vdots & & & \ddots & \\ \boldsymbol{X}_N\boldsymbol{A}_{iN}^{\mathrm{T}} & & & & -\delta(\boldsymbol{A}_{iN})\boldsymbol{Z}_N \end{bmatrix} < 0 \tag{3.20}$$

$$\begin{bmatrix} -\alpha_i\boldsymbol{I} & \boldsymbol{X}_i\boldsymbol{\Gamma}\ (\boldsymbol{D}_{ii})^{\frac{1}{2}} \\ \boldsymbol{\Gamma}\ (\boldsymbol{D}_{ii})^{\frac{1}{2}}\boldsymbol{X}_i & -\boldsymbol{I} \end{bmatrix} < 0 \tag{3.21}$$

$$\begin{bmatrix} -\beta_i\boldsymbol{I} & \boldsymbol{Y}_i\boldsymbol{\Gamma}\ (\boldsymbol{E}_i)^{\frac{1}{2}} \\ \boldsymbol{\Gamma}\ (\boldsymbol{E}_i)^{\frac{1}{2}}\boldsymbol{Y}_i^{\mathrm{T}} & -\boldsymbol{I} \end{bmatrix} < 0 \tag{3.22}$$

成立，则大系统(3.17)是分散能稳定化的，且 $\boldsymbol{K}_i = \boldsymbol{Y}_i\boldsymbol{X}_i^{-1}$ 作为局部反馈增益矩阵的状态反馈控制律(3.18)是系统(3.17)的一个分散稳定化控制律。其中

$$\bar{\boldsymbol{A}}_{ii} = \boldsymbol{X}_i\boldsymbol{A}_{ii}^{\mathrm{T}} + \boldsymbol{A}_{ii}\boldsymbol{X}_i + \boldsymbol{Y}_i^{\mathrm{T}}\boldsymbol{B}_i^{\mathrm{T}} + \boldsymbol{B}_i\boldsymbol{Y}_i + 2\boldsymbol{I} + \alpha_i\boldsymbol{I} + \beta_i\boldsymbol{I} + \delta_i\boldsymbol{Z}_i, \quad \delta_i = \sum_{j=1}^{N}\delta(\boldsymbol{A}_{ji})$$

证明　在定理 3.2 条件下，取控制律(3.18)，其闭环复合系统为(3.19)。取 Lyapunov 函数：

$$V(\boldsymbol{x}) = \sum_{i=1}^{N}\left(\boldsymbol{x}_i^{\mathrm{T}}\boldsymbol{P}_i\boldsymbol{x}_i + \sum_{j=1}^{N}\int_{t-\tau_{ij}}^{t}\delta(\boldsymbol{A}_{ij})\boldsymbol{x}_j^{\mathrm{T}}\boldsymbol{H}_j\boldsymbol{x}_j\mathrm{d}t\right)$$

式中，$\boldsymbol{P}_i$、$\boldsymbol{H}_j$ 为正定对称矩阵。

则沿系统(3.19)的导数：

$$\begin{aligned} \dot{V}(\boldsymbol{x}) &= \sum_{i=1}^{N}\left\{\dot{\boldsymbol{x}}_i^{\mathrm{T}}\boldsymbol{P}_i\boldsymbol{x}_i + \boldsymbol{x}_i^{\mathrm{T}}\boldsymbol{P}_i\dot{\boldsymbol{x}}_i + \sum_{j=1}^{N}\delta_i(\boldsymbol{A}_{ij})\boldsymbol{x}_j^{\mathrm{T}}\boldsymbol{H}_j\boldsymbol{x}_j - \sum_{j=1}^{N}\delta_i(\boldsymbol{A}_{ij})\boldsymbol{x}_j^{\mathrm{T}}(t-\tau_{ij})\boldsymbol{H}_j\boldsymbol{x}_j(t-\tau_{ij})\right\} \\ &= \sum_{i=1}^{N}\left\{\boldsymbol{x}_i^{\mathrm{T}}(\boldsymbol{A}_{ii}^{\mathrm{T}}\boldsymbol{P}_i + \boldsymbol{P}_i\boldsymbol{A}_{ii} + \Delta\boldsymbol{A}_{ii}^{\mathrm{T}}\boldsymbol{P}_i + \boldsymbol{P}_i\Delta\boldsymbol{A}_{ii} + \boldsymbol{K}_i^{\mathrm{T}}\boldsymbol{B}_i^{\mathrm{T}}\boldsymbol{P}_i + \boldsymbol{P}_i\boldsymbol{B}_i\boldsymbol{K}_i + \boldsymbol{K}_i^{\mathrm{T}}\Delta\boldsymbol{B}_i^{\mathrm{T}}\boldsymbol{P}_i\right. \\ &\quad \left. + \boldsymbol{P}_i\Delta\boldsymbol{B}_i\boldsymbol{K}_i)\boldsymbol{x}_i + \sum_{j=1}^{N}2\boldsymbol{x}_i^{\mathrm{T}}\boldsymbol{A}_{ij}\boldsymbol{x}_j(t-\tau_{ij}) + \sum_{j=1}^{N}\delta_i(\boldsymbol{A}_{ij})\boldsymbol{x}_j^{\mathrm{T}}\boldsymbol{H}_j\boldsymbol{x}_j\right. \end{aligned}$$

$$-\sum_{j=1}^{N}\delta_i(\boldsymbol{A}_{ij})\boldsymbol{x}_j^{\mathrm{T}}(t-\tau_{ij})\boldsymbol{H}_j\boldsymbol{x}_j(t-\tau_{ij})\Bigg\}$$

在式(2.20)和式(2.21)中，令 $\alpha_i=1$，$\beta_i=1$ 并代入上述公式得

$$\begin{aligned}\dot{V}(\boldsymbol{x})=\sum_{i=1}^{N}\Bigg\{&\boldsymbol{x}_i^{\mathrm{T}}(\boldsymbol{A}_{ii}^{\mathrm{T}}\boldsymbol{P}_i+\boldsymbol{P}_i\boldsymbol{A}_{ii}+\Delta\boldsymbol{A}_{ii}^{\mathrm{T}}\boldsymbol{P}_i+\boldsymbol{P}_i\Delta\boldsymbol{A}_{ii}+\boldsymbol{K}_i^{\mathrm{T}}\boldsymbol{B}_i^{\mathrm{T}}\boldsymbol{P}_i+\boldsymbol{P}_i\boldsymbol{B}_i\boldsymbol{K}_i\\&+2\boldsymbol{P}_i\boldsymbol{P}_i+\boldsymbol{K}_i^{\mathrm{T}}\boldsymbol{\Gamma}(\boldsymbol{E}_i)\boldsymbol{K}_i)\boldsymbol{x}_i+\boldsymbol{\Gamma}(\boldsymbol{D}_{ii})+\sum_{j=1}^{N}2\boldsymbol{x}_i^{\mathrm{T}}\boldsymbol{A}_{ij}\boldsymbol{x}_j(t-\tau_{ij})\\&+\sum_{j=1}^{N}\delta_i(\boldsymbol{A}_{ij})\boldsymbol{x}_j^{\mathrm{T}}\boldsymbol{H}_j\boldsymbol{x}_j-\sum_{j=1}^{N}\delta_i(\boldsymbol{A}_{ij})\boldsymbol{x}_j^{\mathrm{T}}(t-\tau_{ij})\boldsymbol{H}_j\boldsymbol{x}_j(t-\tau_{ij})\Bigg\}\end{aligned}\tag{3.23}$$

由引理 2.4 可知，$\boldsymbol{\Gamma}(\boldsymbol{D}_{ii})$、$\boldsymbol{\Gamma}(\boldsymbol{E}_i)$ 均为正定或半正定矩阵，可分解为 $\boldsymbol{\Gamma}(\boldsymbol{D}_{ii})=\boldsymbol{\Gamma}(\boldsymbol{D}_{ii})^{\frac{1}{2}}\boldsymbol{\Gamma}(\boldsymbol{D}_{ii})^{\frac{1}{2}}$、$\boldsymbol{\Gamma}(\boldsymbol{E}_i)=\boldsymbol{\Gamma}(\boldsymbol{E}_i)^{\frac{1}{2}}\boldsymbol{\Gamma}(\boldsymbol{E}_i)^{\frac{1}{2}}$，故存在 $\alpha_i>0$，$\beta_i>0$，使得

$$\boldsymbol{\Gamma}(\boldsymbol{D}_{ii})<\alpha_i\boldsymbol{P}_i\boldsymbol{P}_i,\quad \boldsymbol{K}_i^{\mathrm{T}}\boldsymbol{\Gamma}(\boldsymbol{E}_i)\boldsymbol{K}_i<\beta_i\boldsymbol{P}_i\boldsymbol{P}_i\tag{3.24}$$

由式(3.23)和式(3.24)可得

$$\begin{aligned}\dot{V}(\boldsymbol{x})<\sum_{i=1}^{N}\Bigg\{&\boldsymbol{x}_i^{\mathrm{T}}(\boldsymbol{A}_{ii}^{\mathrm{T}}\boldsymbol{P}_i+\boldsymbol{P}_i\boldsymbol{A}_{ii}+\Delta\boldsymbol{A}_{ii}^{\mathrm{T}}\boldsymbol{P}_i+\boldsymbol{P}_i\Delta\boldsymbol{A}_{ii}+\boldsymbol{K}_i^{\mathrm{T}}\boldsymbol{B}_i^{\mathrm{T}}\boldsymbol{P}_i+\boldsymbol{P}_i\boldsymbol{B}_i\boldsymbol{K}_i\\&+2\boldsymbol{P}_i\boldsymbol{P}_i+\boldsymbol{K}_i^{\mathrm{T}}\Gamma(\boldsymbol{E}_i)\boldsymbol{K}_i)\boldsymbol{x}+\alpha_i\boldsymbol{I}+\beta_i\boldsymbol{I}_i+\sum_{j=1}^{N}2\boldsymbol{x}_i^{\mathrm{T}}\boldsymbol{A}_{ij}\boldsymbol{x}_j(t-\tau_{ij})\\&+\sum_{j=1}^{N}\delta_i(\boldsymbol{A}_{ij})\boldsymbol{x}_j^{\mathrm{T}}\boldsymbol{H}_j\boldsymbol{x}_j-\sum_{j=1}^{N}\delta_i(\boldsymbol{A}_{ij})\boldsymbol{x}_j^{\mathrm{T}}(t-\tau_{ij})\boldsymbol{H}_j\boldsymbol{x}_j(t-\tau_{ij})\Bigg\}\\=\sum_{i=1}^{N}&\begin{bmatrix}\boldsymbol{x}_i(t)\\\boldsymbol{x}_1(t-\tau_{i1})\\\boldsymbol{x}_2(t-\tau_{i2})\\\vdots\\\boldsymbol{x}_N(t-\tau_{iN})\end{bmatrix}^{\mathrm{T}}\begin{bmatrix}\tilde{\boldsymbol{A}}_{ii}&\boldsymbol{P}_i\boldsymbol{A}_{i1}&\boldsymbol{P}_i\boldsymbol{A}_{i2}&\cdots&\boldsymbol{P}_i\boldsymbol{A}_{iN}\\\boldsymbol{A}_{i1}^{\mathrm{T}}\boldsymbol{P}_i&-\delta(\boldsymbol{A}_{i1})\boldsymbol{H}_1&&&\\\boldsymbol{A}_{i2}^{\mathrm{T}}\boldsymbol{P}_i&&-\delta(\boldsymbol{A}_{i2})\boldsymbol{H}_2&&\\\vdots&&&\ddots&\\\boldsymbol{A}_{iN}^{\mathrm{T}}\boldsymbol{P}_i&&&&-\delta(\boldsymbol{A}_{iN})\boldsymbol{H}_N\end{bmatrix}\\&\cdot\begin{bmatrix}\boldsymbol{x}_i(t)\\\boldsymbol{x}_1(t-\tau_{i1})\\\boldsymbol{x}_2(t-\tau_{i2})\\\vdots\\\boldsymbol{x}_N(t-\tau_{iN})\end{bmatrix}\end{aligned}$$

式中

$$\tilde{\boldsymbol{A}}_{ii}=\boldsymbol{A}_{ii}^{\mathrm{T}}\boldsymbol{P}_i+\boldsymbol{P}_i\boldsymbol{A}_{ii}+\boldsymbol{K}_i^{\mathrm{T}}\boldsymbol{B}_i^{\mathrm{T}}\boldsymbol{P}_i+\boldsymbol{P}_i\boldsymbol{B}_i\boldsymbol{K}_i+2\boldsymbol{P}_i\boldsymbol{P}_i+\alpha_i\boldsymbol{P}_i\boldsymbol{P}_i+\beta_i\boldsymbol{P}_i\boldsymbol{P}_i+\delta_i\boldsymbol{H}_i$$

由 Lyapunov 稳定性原理可知，如果

$$\begin{bmatrix} \tilde{A}_{ii} & P_i A_{i1} & P_i A_{i2} & \cdots & P_i A_{iN} \\ A_{i1}^{\mathrm{T}} P_i & -\delta(A_{i1}) H_1 & & & \\ A_{i2}^{\mathrm{T}} P_i & & -\delta(A_{i2}) H_2 & & \\ \vdots & & & \ddots & \\ A_{iN}^{\mathrm{T}} P_i & & & & -\delta(A_{iN}) H_N \end{bmatrix} < 0 \tag{3.25}$$

则系统(3.19)是稳定的。

对式(3.25)左边的矩阵分别左乘和右乘矩阵 $\mathrm{diag}\{P_i^{-1}, P_1^{-1}, P_2^{-1}, \cdots, P_N^{-1}\}$ 可得

$$\begin{bmatrix} \hat{A}_{ii} & A_{i1} P_1^{-1} & A_{i2} P_2^{-1} & \cdots & A_{iN} P_N^{-1} \\ P_1^{-1} A_{i1}^{\mathrm{T}} & -\delta(A_{i1}) P_1^{-1} H_1 P_1^{-1} & & & \\ P_2^{-1} A_{i2}^{\mathrm{T}} & & -\delta(A_{i2}) P_2^{-1} H_2 P_2^{-1} & & \\ \vdots & & & \ddots & \\ P_N^{-1} A_{iN}^{\mathrm{T}} & & & & -\delta(A_{iN}) P_N^{-1} H_N P_N^{-1} \end{bmatrix} < 0 \tag{3.26}$$

式中

$$\hat{A}_{ii} = P_i^{-1} A_{ii}^{\mathrm{T}} + A_{ii} P_i^{-1} + P_i^{-1} K_i^{\mathrm{T}} B_i^{\mathrm{T}} + B_i K_i P_i^{-1} + 2I + \alpha_i I + \beta_i I + \delta_i P_i^{-1} H_i P_i^{-1}$$

记 $X_i = P_i^{-1}$, $Y_i = K_i P_i^{-1}$, $Z_i = P_i^{-1} H_i P_i^{-1}$，则 $X_i > 0$, $Z_i > 0$，由式(3.26)可知式(3.20)成立。

式(3.24)等价于 $X_i \Gamma\ (D_{ii}) X_i < \alpha_i I$, $Y_i^{\mathrm{T}} \Gamma\ (E_i)^{\mathrm{T}} Y_i < \beta_i I$，由引理 2.2 可知当且仅当式(3.21)、式(3.22)成立时，式(3.24)成立，由此即得证定理之结论。证毕。

定理 3.2 中的条件约束式(3.20)~式(3.22)是一个关于矩阵变量 X_i、Y_i、Z_i 及正数 α_i、β_i 的 LMIs，可用 LMI 工具软件直接求解。从所得到的解 X_i、Y_i，根据 $K_i = Y_i X_i^{-1}$ 和式(3.18)，可得所需要的分散稳定化控制律。

3.3.2 仿真示例

例 3.3 沿用 2.3.1 节中的符号，考虑一个可由式(3.17)描述的由两个子系统组成的不确定性线性关联滞后大系统，其不确定项具有数值界，其中

$$A_{11} = \begin{bmatrix} -5 & 3 \\ 2 & -3 \end{bmatrix}, \quad B_1 = \begin{bmatrix} 1 \\ 1 \end{bmatrix}, \quad A_{12} = \begin{bmatrix} 0.1 & 0.2 \\ 0.1 & 0.1 \end{bmatrix}, \quad D_{11} = \begin{bmatrix} 1 & 0.2 \\ 0.3 & 0.17 \end{bmatrix}, \quad E_1 = \begin{bmatrix} 0.4 \\ 0.2 \end{bmatrix}$$

$$A_{22} = \begin{bmatrix} 2 & 0.3 \\ -0.1 & 1.5 \end{bmatrix}, \quad B_2 = I_2, \quad A_{21} = \begin{bmatrix} 0.2 & 0.1 \\ 0.3 & 0.1 \end{bmatrix}$$

$$D_{22} = \begin{bmatrix} 0.3 & 0 \\ 0 & 0.2 \end{bmatrix}, \quad E_2 = \begin{bmatrix} 0.2 & 0.08 \\ 0.07 & 0.1 \end{bmatrix}$$

可以不难验证系统中的不确定项不满足匹配条件，应用本节提出的方法，在 LMI

工具箱环境下解定理 3.2 对应的优化问题，求得该系统的一个分散稳定化控制律为

$$\boldsymbol{u}_1(t)=\begin{bmatrix}-2.987 & -1.3022\end{bmatrix}\boldsymbol{x}_1(t)\text{，}\boldsymbol{u}_2(t)=\begin{bmatrix}-85.5052 & -3.0029\\ -3.2072 & -7.5988\end{bmatrix}\boldsymbol{x}_2(t)$$

3.4　不确定性连续关联系统的时滞相关分散鲁棒镇定

3.4.1　问题描述与引理

考虑由 N 个相互关联的子系统 Σ_i ($i=1,2,\cdots,N$)构成的时滞关联线性系统

$$\begin{aligned}&\dot{\boldsymbol{x}}_i(t)=(\boldsymbol{A}_i+\Delta\boldsymbol{A}_i)\boldsymbol{x}_i(t)+(\boldsymbol{B}_i+\Delta\boldsymbol{B}_i)\boldsymbol{u}_i(t)+\sum_{j=1}^{N}\boldsymbol{A}_{ij}\boldsymbol{x}_j(t-\tau_{ij})\\&\boldsymbol{x}_i(t)=\boldsymbol{\varphi}_i(t),\quad t\in[-\tau,0],\quad \tau=\max_{i,j}\{\tau_{ij}\}\end{aligned}\tag{3.27}$$

式中，$\boldsymbol{x}_i(t)\in\mathbf{R}^{n_i}$ 为状态向量；$\boldsymbol{u}_i(t)\in\mathbf{R}^{m_i}$ 为控制向量；$\boldsymbol{A}_i$、$\boldsymbol{B}_i$ 和 $\boldsymbol{A}_{ij}$ 是具有适当维数的常数矩阵；$\tau_{ij}\geqslant 0$ 是系统的关联项滞后时间；$\tau=\max\limits_{i,j}\{\tau_{ij}\}$；$\boldsymbol{\varphi}_i(t)$ 是定义在 $[-\tau,0]$ 上的实值连续的初值函数；$\Delta\boldsymbol{A}_i$ 和 $\Delta\boldsymbol{B}_i$ 分别为状态矩阵、控制输入矩阵的时变参数不确定性，并满足

$$\begin{bmatrix}\Delta\boldsymbol{A}_i & \Delta\boldsymbol{B}_i\end{bmatrix}=\boldsymbol{S}_i\boldsymbol{F}_i(t)\begin{bmatrix}\boldsymbol{D}_i & \boldsymbol{E}_i\end{bmatrix}\tag{3.28}$$

式中，$\boldsymbol{F}_i(t)$ 是具有适当维数的 Lebsegue 可测的时变未知矩阵，且 $\boldsymbol{F}_i^{\mathrm{T}}(t)\boldsymbol{F}_i(t)\leqslant\boldsymbol{I}_i$，$\boldsymbol{I}_i$ 是适当维数的单位矩阵，$\boldsymbol{S}_i$、$\boldsymbol{D}_i$ 和 $\boldsymbol{E}_i$ 是具有适当维数的常数矩阵，这里标称系统 $(\boldsymbol{A}_i,\boldsymbol{B}_i)$ 是可控的。

引理 3.1　对于任意适当维数的向量 $\boldsymbol{a}$、$\boldsymbol{b}$，对称矩阵 $\boldsymbol{U}$、$\boldsymbol{W}$、$\boldsymbol{R}$，任意矩阵 $\boldsymbol{V}$、$\boldsymbol{M}$ 和 $\boldsymbol{L}$，若对称矩阵 $\begin{bmatrix}\boldsymbol{U} & \boldsymbol{V} & \boldsymbol{M}^{\mathrm{T}}\\ \boldsymbol{V}^{\mathrm{T}} & \boldsymbol{W} & \boldsymbol{L}^{\mathrm{T}}\\ \boldsymbol{M} & \boldsymbol{L} & \boldsymbol{R}\end{bmatrix}\geqslant 0$，则有

$$-2\boldsymbol{a}^{\mathrm{T}}\begin{bmatrix}\boldsymbol{M} & \boldsymbol{L}\end{bmatrix}^{\mathrm{T}}\boldsymbol{b}\leqslant\begin{bmatrix}\boldsymbol{a}\\ \boldsymbol{b}\end{bmatrix}^{\mathrm{T}}\begin{bmatrix}\boldsymbol{U} & \boldsymbol{V} & \boldsymbol{0}\\ \boldsymbol{V}^{\mathrm{T}} & \boldsymbol{W} & \boldsymbol{0}\\ \boldsymbol{0} & \boldsymbol{0} & \boldsymbol{R}\end{bmatrix}\begin{bmatrix}\boldsymbol{a}\\ \boldsymbol{b}\end{bmatrix}\tag{3.29}$$

证明　显然

$$-2\boldsymbol{a}^{\mathrm{T}}\begin{bmatrix}\boldsymbol{M} & \boldsymbol{L}\end{bmatrix}^{\mathrm{T}}\boldsymbol{b}=\begin{bmatrix}\boldsymbol{a}\\ \boldsymbol{b}\end{bmatrix}^{\mathrm{T}}\begin{bmatrix}\boldsymbol{0} & \boldsymbol{0} & -\boldsymbol{M}^{\mathrm{T}}\\ \boldsymbol{0} & \boldsymbol{0} & -\boldsymbol{L}^{\mathrm{T}}\\ -\boldsymbol{M} & -\boldsymbol{L} & \boldsymbol{0}\end{bmatrix}\begin{bmatrix}\boldsymbol{a}\\ \boldsymbol{b}\end{bmatrix}$$

$$
\leqslant \begin{bmatrix} a \\ b \end{bmatrix}^{\mathrm{T}} \begin{bmatrix} 0 & 0 & -M^{\mathrm{T}} \\ 0 & 0 & -L^{\mathrm{T}} \\ -M & -L & 0 \end{bmatrix} \begin{bmatrix} a \\ b \end{bmatrix} + \begin{bmatrix} a \\ b \end{bmatrix}^{\mathrm{T}} \begin{bmatrix} U & V & M^{\mathrm{T}} \\ V^{\mathrm{T}} & W & L^{\mathrm{T}} \\ M & L & R \end{bmatrix} \begin{bmatrix} a \\ b \end{bmatrix}
$$

$$
= \begin{bmatrix} a \\ b \end{bmatrix}^{\mathrm{T}} \begin{bmatrix} U & V & 0 \\ V^{\mathrm{T}} & W & 0 \\ 0 & 0 & R \end{bmatrix} \begin{bmatrix} a \\ b \end{bmatrix}
$$

引理 3.1 证毕。

接下来，利用引理 3.1，可以得到下述引理。

引理 3.2　若 $\boldsymbol{y}(t)$ 为 $\mathbf{R}^n$ 上具有连续一阶导数的向量值函数，对于对称矩阵 $\boldsymbol{U}$、$\boldsymbol{W}$、$\boldsymbol{R}$，任意矩阵 $\boldsymbol{V}$、$\boldsymbol{M}$ 和 $\boldsymbol{L}$，若对称矩阵 $\begin{bmatrix} U & V & M^{\mathrm{T}} \\ V^{\mathrm{T}} & W & L^{\mathrm{T}} \\ M & L & R \end{bmatrix} \geqslant 0$，则有任意常数 $h \geqslant 0$ 满足不等式

$$
\begin{aligned}
&-\int_{t-h}^{t} \dot{y}^{\mathrm{T}}(s) R \dot{y}(s) \mathrm{d}s \\
&\leqslant \begin{bmatrix} y^{\mathrm{T}}(t) & y^{\mathrm{T}}(t-h) \end{bmatrix} \begin{bmatrix} M^{\mathrm{T}} + M + hU & -M^{\mathrm{T}} + L + hV \\ -M + L^{\mathrm{T}} + hV^{\mathrm{T}} & -L^{\mathrm{T}} - L + hW \end{bmatrix} \begin{bmatrix} y(t) \\ y(t-h) \end{bmatrix}
\end{aligned} \tag{3.30}
$$

证明　由 Newton-Leibniz 公式，有 $\boldsymbol{y}(t) - \boldsymbol{y}(t-h) = \int_{t-h}^{t} \dot{\boldsymbol{y}}(s)\mathrm{d}s$，于是对于任意矩阵 $\boldsymbol{M}$ 和 $\boldsymbol{L}$，有

$$
0 = 2\left(y^{\mathrm{T}}(t) M^{\mathrm{T}} + y^{\mathrm{T}}(t-h) L^{\mathrm{T}} \right) \left[y(t) - y(t-h) - \int_{t-h}^{t} \dot{y}(s) \mathrm{d}s \right] \tag{3.31}
$$

由引理 3.1，若对称矩阵 $\begin{bmatrix} U & V & M^{\mathrm{T}} \\ V^{\mathrm{T}} & W & L^{\mathrm{T}} \\ M & L & R \end{bmatrix} \geqslant 0$，有

$$
\begin{aligned}
-2\left(y^{\mathrm{T}}(t) M^{\mathrm{T}} + y^{\mathrm{T}}(t-h) L^{\mathrm{T}} \right) \cdot \int_{t-h}^{t} \dot{y}(s) \mathrm{d}s &= -2 \begin{bmatrix} y(t) \\ y(t-h) \end{bmatrix}^{\mathrm{T}} (M \quad L)^{\mathrm{T}} \cdot \int_{t-h}^{t} \dot{y}(s) \mathrm{d}s \\
&\leqslant \int_{t-h}^{t} \begin{bmatrix} y(t) \\ y(t-h) \\ \dot{y}(s) \end{bmatrix}^{\mathrm{T}} \begin{bmatrix} U & V & 0 \\ V^{\mathrm{T}} & W & 0 \\ 0 & 0 & R \end{bmatrix} \begin{bmatrix} y(t) \\ y(t-h) \\ \dot{y}(s) \end{bmatrix} \mathrm{d}s \\
&= h \begin{bmatrix} y(t) \\ y(t-h) \end{bmatrix}^{\mathrm{T}} \begin{bmatrix} U & V \\ V^{\mathrm{T}} & W \end{bmatrix} \begin{bmatrix} y(t) \\ y(t-h) \end{bmatrix}
\end{aligned}
$$

$$+\int_{t-h}^{h}\dot{\boldsymbol{y}}^{\mathrm{T}}(s)\boldsymbol{R}\dot{\boldsymbol{y}}(s)\mathrm{d}s$$

$$=h\begin{bmatrix}\boldsymbol{y}(t)\\ \boldsymbol{y}(t-h)\end{bmatrix}^{\mathrm{T}}\begin{bmatrix}\boldsymbol{U} & \boldsymbol{V}\\ \boldsymbol{V}^{\mathrm{T}} & \boldsymbol{W}\end{bmatrix}\begin{bmatrix}\boldsymbol{y}(t)\\ \boldsymbol{y}(t-h)\end{bmatrix}$$

$$+\int_{t-h}^{h}\dot{\boldsymbol{y}}^{\mathrm{T}}(s)\boldsymbol{R}\dot{\boldsymbol{y}}(s)\mathrm{d}s$$

将上述公式代入式(3.31)得式(3.30)成立。引理 3.2 证毕。

注释 3.1　在式(3.30)中令 $\boldsymbol{U}=\boldsymbol{M}^{\mathrm{T}}\boldsymbol{R}^{-1}\boldsymbol{M}$，$\boldsymbol{V}=\boldsymbol{M}^{\mathrm{T}}\boldsymbol{R}^{-1}\boldsymbol{L}$，$\boldsymbol{W}=\boldsymbol{L}^{\mathrm{T}}\boldsymbol{R}^{-1}\boldsymbol{L}$，则由 Schur 补引理可知矩阵 $\begin{bmatrix}\boldsymbol{U} & \boldsymbol{V} & \boldsymbol{M}^{\mathrm{T}}\\ \boldsymbol{V}^{\mathrm{T}} & \boldsymbol{W} & \boldsymbol{L}^{\mathrm{T}}\\ \boldsymbol{M} & \boldsymbol{L} & \boldsymbol{R}\end{bmatrix}\geqslant 0$，于是可得如下推论。

推论 3.2　若 $\boldsymbol{y}(t)$ 为 $\mathbf{R}^n$ 上具有连续一阶导数的向量值函数，则对任意适当维数的矩阵 $\boldsymbol{M}$ 和 $\boldsymbol{L}$，对称正定矩阵 $\boldsymbol{R}>0$，任意常数 $h\geqslant 0$，则

$$-\int_{t-h}^{t}\dot{\boldsymbol{y}}^{\mathrm{T}}(s)\boldsymbol{R}\dot{\boldsymbol{y}}(s)\mathrm{d}s\leqslant\begin{bmatrix}\boldsymbol{y}^{\mathrm{T}}(t) & \boldsymbol{y}^{\mathrm{T}}(t-h)\end{bmatrix}\begin{bmatrix}\boldsymbol{M}^{\mathrm{T}}+\boldsymbol{M} & -\boldsymbol{M}^{\mathrm{T}}+\boldsymbol{L}\\ -\boldsymbol{M}+\boldsymbol{L}^{\mathrm{T}} & -\boldsymbol{L}^{\mathrm{T}}-\boldsymbol{L}\end{bmatrix}\begin{bmatrix}\boldsymbol{y}(t)\\ \boldsymbol{y}(t-h)\end{bmatrix}$$
$$+h\begin{bmatrix}\boldsymbol{y}^{\mathrm{T}}(t) & \boldsymbol{y}^{\mathrm{T}}(t-h)\end{bmatrix}\begin{bmatrix}\boldsymbol{M}^{\mathrm{T}}\\ \boldsymbol{L}^{\mathrm{T}}\end{bmatrix}\boldsymbol{R}^{-1}\begin{bmatrix}\boldsymbol{M} & \boldsymbol{L}\end{bmatrix}\begin{bmatrix}\boldsymbol{y}(t)\\ \boldsymbol{y}(t-h)\end{bmatrix}$$

成立。

注释 3.2　在式(3.30)中进一步令 $\boldsymbol{U}=\dfrac{1}{h^2}\boldsymbol{R}$，$\boldsymbol{V}=-\dfrac{1}{h^2}\boldsymbol{R}$，$\boldsymbol{W}=\dfrac{1}{h^2}\boldsymbol{R}$，$\boldsymbol{M}=-\dfrac{1}{h}\boldsymbol{R}$，$\boldsymbol{L}=\dfrac{1}{h}\boldsymbol{R}$，则由 Schur 补引理，很容易证明矩阵 $\begin{bmatrix}\boldsymbol{U} & \boldsymbol{V} & \boldsymbol{M}^{\mathrm{T}}\\ \boldsymbol{V}^{\mathrm{T}} & \boldsymbol{W} & \boldsymbol{L}^{\mathrm{T}}\\ \boldsymbol{M} & \boldsymbol{L} & \boldsymbol{R}\end{bmatrix}\geqslant 0$，于是可得如下推论。

推论 3.3　若 $\boldsymbol{y}(t)$ 为 $\mathbf{R}^n$ 上具有连续一阶导数的向量值函数，则对任意对称正定矩阵 $\boldsymbol{R}>0$，任意常数 $h>0$，则

$$-h\int_{t-h}^{t}\dot{\boldsymbol{y}}^{\mathrm{T}}(s)\boldsymbol{R}\dot{\boldsymbol{y}}(s)\mathrm{d}s\leqslant\begin{bmatrix}\boldsymbol{y}^{\mathrm{T}}(t) & \boldsymbol{y}^{\mathrm{T}}(t-h)\end{bmatrix}\begin{bmatrix}-\boldsymbol{R} & \boldsymbol{R}\\ \boldsymbol{R} & -\boldsymbol{R}\end{bmatrix}\begin{bmatrix}\boldsymbol{y}(t)\\ \boldsymbol{y}(t-h)\end{bmatrix}$$

成立。

引理 3.3　给定具有适当维数的矩阵 $\boldsymbol{X}=\boldsymbol{X}^{\mathrm{T}}$、$\boldsymbol{U}$、$\boldsymbol{W}$ 和 $\boldsymbol{S}=\boldsymbol{S}^{\mathrm{T}}>0$，有

$$\boldsymbol{X}+\boldsymbol{U}\boldsymbol{F}(t)\boldsymbol{W}+\boldsymbol{W}^{\mathrm{T}}\boldsymbol{F}^{\mathrm{T}}(t)\boldsymbol{U}^{\mathrm{T}}<0$$

对所有满足 $\boldsymbol{F}^{\mathrm{T}}(t)\boldsymbol{F}(t)\leqslant\boldsymbol{S}$ 的 $\boldsymbol{F}(t)$ 成立当且仅当存在常数 $\alpha>0$，使得

$$\boldsymbol{X}+\alpha\boldsymbol{U}\boldsymbol{U}^{\mathrm{T}}+\alpha^{-1}\boldsymbol{W}^{\mathrm{T}}\boldsymbol{S}\boldsymbol{W}<0$$

成立。

3.4.2 标称未控系统的时滞相关稳定性条件

首先考虑如下标称子系统组成的未控大系统

$$
\begin{aligned}
&\dot{\boldsymbol{x}}_i(t)=\boldsymbol{A}_i\boldsymbol{x}_i(t)+\sum_{j=1}^{N}\boldsymbol{A}_{ij}\boldsymbol{x}_j(t-\tau_{ij})\\
&\boldsymbol{x}_i(t)=\boldsymbol{\varphi}_i(t),\quad t\in[-\tau,0],\quad i=1,2,\cdots,N
\end{aligned}
\tag{3.32}
$$

的与时滞相关稳定性的充分条件。

定理 3.3 对于给定的常数 $\tau_{ji}>0$，$j=1,2,\cdots,N$，若存在对称正定矩阵 $\boldsymbol{P}_i>0$、$\boldsymbol{Q}_{ij}>0$、$\boldsymbol{Q}_{ji}>0$、$\boldsymbol{R}_{ji}>0$、$\boldsymbol{U}_{ji}>0$、$\boldsymbol{W}_{ji}>0$，$j=1,2,\cdots,N$，任意矩阵 $\boldsymbol{M}_{ji}$、$\boldsymbol{L}_{ji}$、$\boldsymbol{V}_{ji}$，$j=1,2,\cdots,N$，使得如下 LMIs 成立：

$$
\begin{bmatrix}
\boldsymbol{U}_{ji} & \boldsymbol{V}_{ji} & \boldsymbol{M}_{ji}^{\mathrm{T}}\\
\boldsymbol{V}_{ji}^{\mathrm{T}} & \boldsymbol{W}_{ji} & \boldsymbol{L}_{ji}^{\mathrm{T}}\\
\boldsymbol{M}_{ji} & \boldsymbol{L}_{ji} & \boldsymbol{R}_{ji}
\end{bmatrix}\geqslant 0,\quad j=1,2,\cdots,N
\tag{3.33}
$$

$$
\left[\begin{array}{cccccccccc}
(1,1)_i & -\boldsymbol{M}_{1i}^{\mathrm{T}}+\boldsymbol{L}_{1i}+\tau_{1i}\boldsymbol{V}_{1i} & \cdots & -\boldsymbol{M}_{Ni}^{\mathrm{T}}+\boldsymbol{L}_{Ni}+\tau_{Ni}\boldsymbol{V}_{Ni} & \boldsymbol{P}_i\boldsymbol{A}_{i1} & \cdots & \boldsymbol{P}_i\boldsymbol{A}_{iN} & \tau_{1i}\boldsymbol{A}_i^{\mathrm{T}}\boldsymbol{R}_{1i} & \cdots & \tau_{Ni}\boldsymbol{A}_i^{\mathrm{T}}\boldsymbol{R}_{Ni}\\
-\boldsymbol{M}_{1i}+\boldsymbol{L}_{1i}^{\mathrm{T}}+\tau_{1i}\boldsymbol{V}_{1i}^{\mathrm{T}} & -\boldsymbol{L}_{1i}^{\mathrm{T}}-\boldsymbol{L}_{1i}+\tau_{1i}\boldsymbol{W}_{1i} & \cdots & \boldsymbol{0} & \boldsymbol{0} & \cdots & \boldsymbol{0} & \boldsymbol{0} & \cdots & \boldsymbol{0}\\
\vdots & \vdots & & \vdots & \vdots & & \vdots & \vdots & & \vdots\\
-\boldsymbol{M}_{Ni}+\boldsymbol{L}_{Ni}^{\mathrm{T}}+\tau_{Ni}\boldsymbol{V}_{Nii}^{\mathrm{T}} & \boldsymbol{0} & \cdots & -\boldsymbol{L}_{Ni}^{\mathrm{T}}-\boldsymbol{L}_{Ni}+\tau_{Ni}\boldsymbol{W}_{Ni} & -\boldsymbol{L}_{Ni}^{\mathrm{T}}-\boldsymbol{L}_{Ni}+\tau_{Ni}\boldsymbol{W}_{Ni} & \cdots & \boldsymbol{0} & \boldsymbol{0} & \cdots & \boldsymbol{0}\\
\boldsymbol{A}_{i1}^{\mathrm{T}}\boldsymbol{P}_i & \boldsymbol{0} & \cdots & \boldsymbol{0} & \boldsymbol{0} & \cdots & \boldsymbol{0} & \tau_{1i}\boldsymbol{A}_{i1}^{\mathrm{T}}\boldsymbol{R}_{1i} & \cdots & \tau_{Ni}\boldsymbol{A}_{i1}^{\mathrm{T}}\boldsymbol{R}_{Ni}\\
\vdots & \vdots & & \vdots & \vdots & & \vdots & \vdots & & \vdots\\
\boldsymbol{A}_{iN}^{\mathrm{T}}\boldsymbol{P}_i & \boldsymbol{0} & \cdots & \boldsymbol{0} & \boldsymbol{0} & \cdots & -\boldsymbol{Q}_{i1} & \tau_{1i}\boldsymbol{A}_{iN}^{\mathrm{T}}\boldsymbol{R}_{1i} & \cdots & \tau_{Ni}\boldsymbol{A}_{iN}^{\mathrm{T}}\boldsymbol{R}_{Ni}\\
\tau_{1i}\boldsymbol{R}_{1i}\boldsymbol{A}_i & \boldsymbol{0} & \cdots & \boldsymbol{0} & \boldsymbol{0} & \cdots & \tau_{1i}\boldsymbol{R}_{1i}\boldsymbol{A}_{iN} & -\tau_{1i}\boldsymbol{R}_{1i} & \cdots & \boldsymbol{0}\\
\vdots & \vdots & & \vdots & \vdots & & \vdots & \vdots & & \vdots\\
\tau_{Ni}\boldsymbol{R}_{Ni}\boldsymbol{A}_i & \boldsymbol{0} & \cdots & \boldsymbol{0} & \boldsymbol{0} & \cdots & \boldsymbol{0} & \boldsymbol{0} & \cdots & -\tau_{Ni}\boldsymbol{R}_{Ni}
\end{array}\right]<0
\tag{3.34}
$$

式中

$$(1,1)_i = \boldsymbol{P}_i\boldsymbol{A}_i + \boldsymbol{A}_i^{\mathrm{T}}\boldsymbol{P}_i + \sum_{j=1}^{N}\boldsymbol{Q}_{ji} + \sum_{j=1}^{N}\left(\boldsymbol{M}_{ji}^{\mathrm{T}} + \boldsymbol{M}_{ji} + \tau_{ji}\boldsymbol{U}_{ji}\right),\quad i=1,2,\cdots,N$$

则关联未控大系统(3.32)是渐近稳定的。

证明　选择如下 Lyapunov-Krasovskii 泛函：

$$V(\boldsymbol{x}_t) = \sum_{i=1}^{N}\left\{\boldsymbol{x}_i^{\mathrm{T}}(t)\boldsymbol{P}_i\boldsymbol{x}_i(t) + \sum_{j=1}^{N}\int_{t-\tau_{ij}}^{t}\boldsymbol{x}_j^{\mathrm{T}}(s)\boldsymbol{Q}_{ij}\boldsymbol{x}_j(s)\mathrm{d}s + \int_{-\tau_{ij}}^{0}\int_{t+\theta}^{t}\dot{\boldsymbol{x}}_j^{\mathrm{T}}(s)\boldsymbol{R}_{ij}\dot{\boldsymbol{x}}_j(s)\mathrm{d}s\mathrm{d}\theta\right\}$$

$V(\boldsymbol{x}_t)$ 的导数为

$$\begin{aligned}
\dot{V}(\boldsymbol{x}_t) &= \sum_{i=1}^{N}\left\{\dot{\boldsymbol{x}}_i^{\mathrm{T}}(t)\boldsymbol{P}_i\boldsymbol{x}_i(t) + \boldsymbol{x}_i^{\mathrm{T}}(t)\boldsymbol{P}_i\dot{\boldsymbol{x}}_i(t) + \sum_{j=1}^{N}\boldsymbol{x}_j^{\mathrm{T}}(t)\boldsymbol{Q}_{ij}\boldsymbol{x}_j(t) - \sum_{j=1}^{N}\boldsymbol{x}_j^{\mathrm{T}}(t-\tau_{ij})\boldsymbol{Q}_{ij}\boldsymbol{x}_j(t-\tau_{ij})\right.\\
&\quad\left. + \sum_{j=1}^{N}\tau_{ij}\dot{\boldsymbol{x}}_j^{\mathrm{T}}(t)\boldsymbol{R}_{ij}\dot{\boldsymbol{x}}_j(t) - \sum_{j=1}^{N}\int_{t-\tau_{ij}}^{t}\dot{\boldsymbol{x}}_j^{\mathrm{T}}(s)\boldsymbol{R}_{ij}\dot{\boldsymbol{x}}_j(s)\mathrm{d}s\right\}\\
&= \sum_{i=1}^{N}\left\{\dot{\boldsymbol{x}}_i^{\mathrm{T}}(t)\boldsymbol{P}_i\boldsymbol{x}_i(t) + \boldsymbol{x}_i^{\mathrm{T}}(t)\boldsymbol{P}_i\dot{\boldsymbol{x}}_i(t) + \sum_{j=1}^{N}\boldsymbol{x}_i^{\mathrm{T}}(t)\boldsymbol{Q}_{ji}\boldsymbol{x}_i(t) - \sum_{j=1}^{N}\boldsymbol{x}_j^{\mathrm{T}}(t-\tau_{ij})\boldsymbol{Q}_{ij}\boldsymbol{x}_j(t-\tau_{ij})\right.\\
&\quad\left. + \sum_{j=1}^{N}\tau_{ji}\dot{\boldsymbol{x}}_i^{\mathrm{T}}(t)\boldsymbol{R}_{ji}\dot{\boldsymbol{x}}_i(t) - \sum_{j=1}^{N}\int_{t-\tau_{ji}}^{t}\dot{\boldsymbol{x}}_i^{\mathrm{T}}(s)\boldsymbol{R}_{ji}\dot{\boldsymbol{x}}_i(s)\mathrm{d}s\right\}
\end{aligned}$$

由引理 3.2，若矩阵不等式(3.33)成立，则$V\left(\boldsymbol{x}_t\right)$沿系统(3.32)解的导数为

$$\begin{aligned}
\dot{V}(\boldsymbol{x}_t) &\leqslant \sum_{i=1}^{N}\left\{\boldsymbol{x}_i^{\mathrm{T}}(t)\left[\boldsymbol{P}_i\boldsymbol{A}_i + \boldsymbol{A}_i^{\mathrm{T}}\boldsymbol{P}_i\right]\boldsymbol{x}_i(t) + 2\boldsymbol{x}_i^{\mathrm{T}}(t)\boldsymbol{P}_i\sum_{j=1}^{N}\boldsymbol{A}_{ij}\boldsymbol{x}_j(t-\tau_{ij}) + \sum_{j=1}^{N}\boldsymbol{x}_i^{\mathrm{T}}(t)\boldsymbol{Q}_{ji}\boldsymbol{x}_i(t)\right.\\
&\quad - \sum_{j=1}^{N}\boldsymbol{x}_j^{\mathrm{T}}(t-\tau_{ij})\boldsymbol{Q}_{ij}\boldsymbol{x}_j(t-\tau_{ij}) + \sum_{j=1}^{N}\tau_{ji}\dot{\boldsymbol{x}}_i^{\mathrm{T}}(t)\boldsymbol{R}_{ji}\dot{\boldsymbol{x}}_i(t)\\
&\quad + \sum_{j=1}^{N}\boldsymbol{x}_i^{\mathrm{T}}(t)(\boldsymbol{M}_{ji}^{\mathrm{T}} + \boldsymbol{M}_{ji} + \tau_{ji}\boldsymbol{U}_{ji})\boldsymbol{x}_i(t) + 2\sum_{j=1}^{N}\boldsymbol{x}_i^{\mathrm{T}}(t)(-\boldsymbol{M}_{ji}^{\mathrm{T}} + \boldsymbol{L}_{ji} + \tau_{ji}\boldsymbol{V}_{ji})\boldsymbol{x}_i(t-\tau_{ji})\\
&\quad\left. + \sum_{j=1}^{N}\boldsymbol{x}_i^{\mathrm{T}}(t-\tau_{ji})(-\boldsymbol{L}_{ji}^{\mathrm{T}} - \boldsymbol{L}_{ji} + \tau_{ji}\boldsymbol{W}_{ji})\boldsymbol{x}_i(t-\tau_{ji})\right\}\\
&= \sum_{i=1}^{N}\left\{\boldsymbol{x}_i^{\mathrm{T}}(t)(1,1)_i\boldsymbol{x}_i(t) + 2\boldsymbol{x}_i^{\mathrm{T}}(t)\boldsymbol{P}_i\sum_{j=1}^{N}\boldsymbol{A}_{ij}\boldsymbol{x}_j(t-\tau_{ij}) - \sum_{j=1}^{N}\boldsymbol{x}_j^{\mathrm{T}}(t-\tau_{ij})\boldsymbol{Q}_{ij}\boldsymbol{x}_j(t-\tau_{ij})\right.\\
&\quad + \sum_{j=1}^{N}\tau_{ji}\dot{\boldsymbol{x}}_i^{\mathrm{T}}(t)\boldsymbol{R}_{ji}\dot{\boldsymbol{x}}_i(t) + 2\sum_{j=1}^{N}\boldsymbol{x}_i^{\mathrm{T}}(t)(-\boldsymbol{M}_{ji}^{\mathrm{T}} + \boldsymbol{L}_{ji} + \tau_{ji}\boldsymbol{V}_{ji})\boldsymbol{x}_i(t-\tau_{ji})\\
&\quad\left. + \sum_{j=1}^{N}\boldsymbol{x}_i^{\mathrm{T}}(t-\tau_{ji})(-\boldsymbol{L}_{ji}^{\mathrm{T}} - \boldsymbol{L}_{ji} + \tau_{ji}\boldsymbol{W}_{ji})\boldsymbol{x}_i(t-\tau_{ji})\right\}
\end{aligned}$$

$$
=\sum_{i=1}^{N}\begin{bmatrix} \boldsymbol{x}_i(t) \\ \boldsymbol{x}_i(t-\tau_{1i}) \\ \vdots \\ \boldsymbol{x}_i(t-\tau_{Ni}) \\ \boldsymbol{x}_1(t-\tau_{i1}) \\ \vdots \\ \boldsymbol{x}_N(t-\tau_{iN}) \end{bmatrix}^{\mathrm{T}}
\left[\begin{matrix}
(1,1)_i+\boldsymbol{A}_i^{\mathrm{T}}\left(\sum_{j=1}^{N}\tau_{ji}\boldsymbol{R}_{ji}\right)\boldsymbol{A}_i & -\boldsymbol{M}_{1i}^{\mathrm{T}}+\boldsymbol{L}_{1i}+\tau_{1i}\boldsymbol{V}_{1i} & \cdots \\
-\boldsymbol{M}_{1i}+\boldsymbol{L}_{1i}^{\mathrm{T}}+\tau_{1i}\boldsymbol{V}_{1i}^{\mathrm{T}} & -\boldsymbol{L}_{1i}^{\mathrm{T}}-\boldsymbol{L}_{1i}+\tau_{1i}\boldsymbol{W}_{1i} & \cdots \\
\vdots & \vdots & \\
-\boldsymbol{M}_{Ni}+\boldsymbol{L}_{Ni}^{\mathrm{T}}+\tau_{Ni}\boldsymbol{V}_{Nii}^{\mathrm{T}} & \boldsymbol{0} & \cdots \\
\boldsymbol{A}_{i1}^{\mathrm{T}}\boldsymbol{P}_i+\boldsymbol{A}_{i1}^{\mathrm{T}}\left(\sum_{j=1}^{N}\tau_{ji}\boldsymbol{R}_{ji}\right)\boldsymbol{A}_i & \boldsymbol{0} & \cdots \\
\vdots & \vdots & \\
\boldsymbol{A}_{iN}^{\mathrm{T}}\boldsymbol{P}_i+\boldsymbol{A}_{iN}^{\mathrm{T}}\left(\sum_{j=1}^{N}\tau_{ji}\boldsymbol{R}_{ji}\right)\boldsymbol{A}_i & \boldsymbol{0} & \cdots
\end{matrix}\right.
$$

$$
\left.\begin{matrix}
-\boldsymbol{M}_{Ni}^{\mathrm{T}}+\boldsymbol{L}_{Ni}+\tau_{Ni}\boldsymbol{V}_{Ni} & \boldsymbol{P}_i\boldsymbol{A}_{i1}+\boldsymbol{A}_i^{\mathrm{T}}\left(\sum_{j=1}^{N}\tau_{ji}\boldsymbol{R}_{ji}\right)\boldsymbol{A}_{i1} & \cdots & \boldsymbol{P}_i\boldsymbol{A}_{iN}+\boldsymbol{A}_i^{\mathrm{T}}\left(\sum_{j=1}^{N}\tau_{ji}\boldsymbol{R}_{ji}\right)\boldsymbol{A}_{iN} \\
\boldsymbol{0} & \boldsymbol{0} & \cdots & \boldsymbol{0} \\
\vdots & \vdots & & \vdots \\
-\boldsymbol{L}_{Ni}^{\mathrm{T}}-\boldsymbol{L}_{Ni}+\tau_{Ni}\boldsymbol{W}_{Ni} & \boldsymbol{0} & \cdots & \boldsymbol{0} \\
\boldsymbol{0} & -\boldsymbol{Q}_{i1}+\boldsymbol{A}_{i1}^{\mathrm{T}}\left(\sum_{j=1}^{N}\tau_{ji}\boldsymbol{R}_{ji}\right)\boldsymbol{A}_{i1} & \cdots & \boldsymbol{A}_{i1}^{\mathrm{T}}\left(\sum_{j=1}^{N}\tau_{ji}\boldsymbol{R}_{ji}\right)\boldsymbol{A}_{iN} \\
\vdots & \vdots & & \vdots \\
\boldsymbol{0} & \boldsymbol{A}_{iN}^{\mathrm{T}}\left(\sum_{j=1}^{N}\tau_{ji}\boldsymbol{R}_{ji}\right)\boldsymbol{A}_{i1} & \cdots & -\boldsymbol{Q}_{iN}+\boldsymbol{A}_{iN}^{\mathrm{T}}\left(\sum_{j=1}^{N}\tau_{ji}\boldsymbol{R}_{ji}\right)\boldsymbol{A}_{iN}
\end{matrix}\right]
$$

$$
\cdot\begin{bmatrix} \boldsymbol{x}_i(t) \\ \boldsymbol{x}_i(t-\tau_{1i}) \\ \vdots \\ \boldsymbol{x}_i(t-\tau_{Ni}) \\ \boldsymbol{x}_1(t-\tau_{i1}) \\ \vdots \\ \boldsymbol{x}_N(t-\tau_{iN}) \end{bmatrix}
$$

如果 LMI(3.33)和 LMI(3.34)有解，由 Schur 补引理可知，有 $\dot{V}(\boldsymbol{x}_t)<0$，从而结论得证。定理 3.3 证毕。

3.4.3　标称系统的时滞相关分散镇定

考虑如下子系统组成的标称关联控制系统：

$$
\begin{aligned}
&\dot{\boldsymbol{x}}_i(t)=\boldsymbol{A}_i\boldsymbol{x}_i(t)+\boldsymbol{B}_i\boldsymbol{u}_i(t)+\sum_{j=1}^{N}\boldsymbol{A}_{ij}\boldsymbol{x}_j(t-\tau_{ij})\\
&\boldsymbol{x}_i(t)=\boldsymbol{\varphi}_i(t),\quad t\in[-\tau,0]
\end{aligned}
\tag{3.35}
$$

设计分散状态反馈控制器 $\boldsymbol{u}_i(t)=\boldsymbol{K}_i\boldsymbol{x}_i(t)$ $(i=1,2,\cdots,N)$，使闭环系统

$$
\dot{\boldsymbol{x}}_i(t)=(\boldsymbol{A}_i+\boldsymbol{B}_i\boldsymbol{K}_i)\boldsymbol{x}_i(t)+\sum_{j=1}^{N}\boldsymbol{A}_{ij}\boldsymbol{x}_j(t-\tau_{ij})
\tag{3.36}
$$

是渐近稳定的。

定理 3.4　对于给定的常数 $\tau_{ji}>0$，λ_{ji}，$j=1,2,\cdots,N$，若存在对称正定矩阵 $\boldsymbol{X}_i>0$、$\bar{\boldsymbol{Q}}_{ji}>0$、$\bar{\boldsymbol{Q}}_{ij}>0$、$\bar{\boldsymbol{R}}_{ji}>0$、$\bar{\boldsymbol{U}}_{ji}>0$、$\bar{\boldsymbol{W}}_{ji}>0$，$j=1,2,\cdots,N$，和任意矩阵 $\boldsymbol{V}_{ji}$ 和 $\boldsymbol{Y}_i$，使得

$$
\begin{bmatrix}
\bar{\boldsymbol{U}}_{jl} & \bar{\boldsymbol{V}}_{jl} & \lambda_{jl}\bar{\boldsymbol{R}}_{jl}\\
\bar{\boldsymbol{V}}_{ji}^{\mathrm{T}} & \bar{\boldsymbol{W}}_{ji} & \bar{\boldsymbol{R}}_{ji}\\
\lambda_{ji}\bar{\boldsymbol{R}}_{ji} & \bar{\boldsymbol{R}}_{ji} & \bar{\boldsymbol{R}}_{ji}
\end{bmatrix}\geqslant 0,\quad j=1,2,\cdots,N
\tag{3.37}
$$

$$
\left[\begin{array}{cccccccccc}
\boldsymbol{\Xi}_{i11} & \boldsymbol{X}_i+\lambda_{1i}\bar{\boldsymbol{R}}_{1i}+\tau_{1i}\bar{\boldsymbol{V}}_{1i}-\lambda_{1i}\tau_{1i}\bar{\boldsymbol{W}}_{1i} & \cdots & \boldsymbol{X}_i+\lambda_{Ni}\bar{\boldsymbol{R}}_{Ni}+\tau_{Ni}\bar{\boldsymbol{V}}_{Ni}-\lambda_{Ni}\tau_{Ni}\bar{\boldsymbol{W}}_{Ni} & \boldsymbol{A}_{i1}\boldsymbol{X}_i & \cdots & \boldsymbol{A}_{iN}\boldsymbol{X}_i & \tau_{1i}\left(\boldsymbol{X}_i\boldsymbol{A}_i^{\mathrm{T}}+\boldsymbol{Y}_i^{\mathrm{T}}\boldsymbol{B}_i^{\mathrm{T}}\right) & \cdots & \tau_{Ni}\left(\boldsymbol{X}_i\boldsymbol{A}_i^{\mathrm{T}}+\boldsymbol{Y}_i^{\mathrm{T}}\boldsymbol{B}_i^{\mathrm{T}}\right)\\
\boldsymbol{X}_i+\lambda_{1i}\bar{\boldsymbol{R}}_{1i}+\tau_{1i}\bar{\boldsymbol{V}}_{1i}^{\mathrm{T}}-\lambda_{1i}\tau_{1i}\bar{\boldsymbol{W}}_{1i} & -2\bar{\boldsymbol{R}}_{1i}+\tau_{1i}\bar{\boldsymbol{W}}_{1i} & \cdots & \boldsymbol{0} & \boldsymbol{0} & \cdots & \boldsymbol{0} & \boldsymbol{0} & \cdots & \boldsymbol{0}\\
\vdots & \vdots & & \vdots & \vdots & & \vdots & \vdots & & \vdots\\
\boldsymbol{X}_i+\lambda_{Ni}\bar{\boldsymbol{R}}_{Ni}+\tau_{Ni}\bar{\boldsymbol{V}}_{Ni}^{\mathrm{T}}-\lambda_{Ni}\tau_{Ni}\bar{\boldsymbol{W}}_{Ni} & \boldsymbol{0} & \cdots & -2\bar{\boldsymbol{R}}_{Ni}+\tau_{Ni}\bar{\boldsymbol{W}}_{Ni} & \boldsymbol{0} & \cdots & \boldsymbol{0} & \boldsymbol{0} & \cdots & \boldsymbol{0}\\
\boldsymbol{X}_i\boldsymbol{A}_{i1}^{\mathrm{T}} & \boldsymbol{0} & \cdots & \boldsymbol{0} & -\bar{\boldsymbol{Q}}_{i1} & \cdots & \boldsymbol{0} & \tau_{1i}\boldsymbol{X}_i\boldsymbol{A}_{i1}^{\mathrm{T}} & \cdots & \tau_{Ni}\boldsymbol{X}_i\boldsymbol{A}_{i1}^{\mathrm{T}}\\
\vdots & \vdots & & \vdots & \vdots & & \vdots & \vdots & & \vdots\\
\boldsymbol{X}_i\boldsymbol{A}_{iN}^{\mathrm{T}} & \boldsymbol{0} & \cdots & \boldsymbol{0} & \boldsymbol{0} & \cdots & -\bar{\boldsymbol{Q}}_{iN} & \tau_{1i}\boldsymbol{X}_i\boldsymbol{A}_{iN}^{\mathrm{T}} & \cdots & \tau_{Ni}\boldsymbol{X}_i\boldsymbol{A}_{iN}^{\mathrm{T}}\\
\tau_{1i}\left(\boldsymbol{A}_i\boldsymbol{X}_i+\boldsymbol{B}_i\boldsymbol{Y}_i\right) & \boldsymbol{0} & \cdots & \boldsymbol{0} & \tau_{1i}\boldsymbol{A}_{i1}\boldsymbol{X}_i & \cdots & \tau_{1i}\boldsymbol{A}_{iN}\boldsymbol{X}_i & -\tau_{1i}\bar{\boldsymbol{R}}_{1i} & \cdots & \boldsymbol{0}\\
\vdots & \vdots & & \vdots & \vdots & & \vdots & \vdots & & \vdots\\
\tau_{Ni}\left(\boldsymbol{A}_i\boldsymbol{X}_i+\boldsymbol{B}_i\boldsymbol{Y}_i\right) & \boldsymbol{0} & \cdots & \boldsymbol{0} & \tau_{Ni}\boldsymbol{A}_{i1}\boldsymbol{X}_i & \cdots & \tau_{Ni}\boldsymbol{A}_{iN}\boldsymbol{X}_i & \boldsymbol{0} & \cdots & -\tau_{Ni}\bar{\boldsymbol{R}}_{Ni}
\end{array}\right]<0
\tag{3.38}
$$

式中，$\boldsymbol{\Xi}_{i11}=\boldsymbol{A}_i\boldsymbol{X}_i+\boldsymbol{X}_i\boldsymbol{A}_i^{\mathrm{T}}+\boldsymbol{B}_i\boldsymbol{Y}_i+\boldsymbol{Y}_i^{\mathrm{T}}\boldsymbol{B}_i^{\mathrm{T}}+\sum_{j=1}^{N}\bar{\boldsymbol{Q}}_{ji}+\sum_{j=1}^{N}\tau_{ji}\bar{\boldsymbol{U}}_{ji}-\sum_{j=1}^{N}\tau_{ji}\lambda_{ji}(\bar{\boldsymbol{V}}_{ji}+\bar{\boldsymbol{V}}_{ji}^{\mathrm{T}})+\sum_{j=1}^{N}\tau_{ji}\lambda_{ji}^2\bar{\boldsymbol{W}}_{ji}$，则关联大系统(3.35)是可分散镇定的，相应的分散控制器为 $\boldsymbol{u}_i(t)=\boldsymbol{Y}_i\boldsymbol{X}_i^{-1}\boldsymbol{x}_i(t)$，$i=1,2,\cdots,N$。

证明　采用状态反馈控制 $\boldsymbol{u}_i(t)=\boldsymbol{K}_i\boldsymbol{x}_i(t)$，$i=1,2,\cdots,N$，代入系统(3.35)得闭环系统(3.36)，相当于未控大系统(3.35)中的 $\boldsymbol{A}_i$ 用 $\boldsymbol{A}_i+\boldsymbol{B}_i\boldsymbol{K}_i$ 取代。根据定理 3.3，关联大系统(3.35) 是分散镇定当且仅当

$$\left[\begin{array}{ccccccccccc}
(1,1)_i & -\boldsymbol{M}_{1i}^{\mathrm{T}}+\boldsymbol{L}_{1i}+\tau_{1i}\boldsymbol{V}_{1i} & \cdots & -\boldsymbol{M}_{Ni}^{\mathrm{T}}+\boldsymbol{L}_{Ni}+\tau_{Ni}\boldsymbol{V}_{Ni} & \boldsymbol{P}_i\boldsymbol{A}_{i1} & \cdots & \boldsymbol{P}_i\boldsymbol{A}_{iN} & \tau_{1i}\left(\boldsymbol{A}_i+\boldsymbol{B}_i\boldsymbol{K}_i\right)^{\mathrm{T}} & \cdots & \tau_{Ni}\left(\boldsymbol{A}_i+\boldsymbol{B}_i\boldsymbol{K}_i\right)^{\mathrm{T}} \\
-\boldsymbol{M}_{1i}+\boldsymbol{L}_{1i}^{\mathrm{T}}+\tau_{1i}\boldsymbol{V}_{1i}^{\mathrm{T}} & -\boldsymbol{L}_{1i}^{\mathrm{T}}-\boldsymbol{L}_{1i}+\tau_{1i}\boldsymbol{W}_{1i} & \cdots & \boldsymbol{0} & \boldsymbol{0} & \cdots & \boldsymbol{0} & \boldsymbol{0} & \cdots & \boldsymbol{0} \\
\vdots & \vdots & & \vdots & \vdots & & \vdots & \vdots & & \vdots \\
-\boldsymbol{M}_{Ni}+\boldsymbol{L}_{Ni}^{\mathrm{T}}+\tau_{Ni}\boldsymbol{V}_{Nii}^{\mathrm{T}} & \boldsymbol{0} & \cdots & -\boldsymbol{L}_{Ni}^{\mathrm{T}}-\boldsymbol{L}_{Ni}+\tau_{Ni}\boldsymbol{W}_{Ni} & -\boldsymbol{L}_{Ni}^{\mathrm{T}}-\boldsymbol{L}_{Ni}+\tau_{Ni}\boldsymbol{W}_{Ni} & \cdots & \boldsymbol{0} & \boldsymbol{0} & \cdots & \boldsymbol{0} \\
\boldsymbol{A}_{i1}^{\mathrm{T}}\boldsymbol{P}_i & \boldsymbol{0} & \cdots & \boldsymbol{0} & \boldsymbol{0} & \cdots & \boldsymbol{0} & \tau_{1i}\boldsymbol{A}_{i1}^{\mathrm{T}}\boldsymbol{R}_{1i} & \cdots & \tau_{Ni}\boldsymbol{A}_{i1}^{\mathrm{T}}\boldsymbol{R}_{Ni} \\
\vdots & \vdots & & \vdots & \vdots & & \vdots & \vdots & & \vdots \\
\boldsymbol{A}_{iN}^{\mathrm{T}}\boldsymbol{P}_i & \boldsymbol{0} & \cdots & \boldsymbol{0} & \boldsymbol{0} & \cdots & -\boldsymbol{Q}_{i1} & \tau_{1i}\boldsymbol{A}_{iN}^{\mathrm{T}}\boldsymbol{R}_{1i} & \cdots & \tau_{Ni}\boldsymbol{A}_{iN}^{\mathrm{T}}\boldsymbol{R}_{Ni} \\
\tau_{1i}\left(\boldsymbol{A}_i+\boldsymbol{B}_i\boldsymbol{K}_i\right) & \boldsymbol{0} & \cdots & \boldsymbol{0} & \boldsymbol{0} & \cdots & \tau_{1i}\boldsymbol{R}_{1i}\boldsymbol{A}_{iN} & -\tau_{1i}\boldsymbol{R}_{1i} & \cdots & \boldsymbol{0} \\
\vdots & \vdots & & \vdots & \vdots & & \vdots & \vdots & & \vdots \\
\tau_{Ni}\left(\boldsymbol{A}_i+\boldsymbol{B}_i\boldsymbol{K}_i\right) & \boldsymbol{0} & \cdots & \boldsymbol{0} & \boldsymbol{0} & \cdots & \boldsymbol{0} & \boldsymbol{0} & \cdots & -\tau_{Ni}\boldsymbol{R}_{Ni}
\end{array}\right]<0 \tag{3.39}$$

式中，$(1,1)_i=\boldsymbol{P}_i\left(\boldsymbol{A}_i+\boldsymbol{B}_i\boldsymbol{K}_i\right)+\left(\boldsymbol{A}_i+\boldsymbol{B}_i\boldsymbol{K}_i\right)^{\mathrm{T}}\boldsymbol{P}_i+\sum_{j=1}^{N}\boldsymbol{Q}_{ji}+\sum_{j=1}^{N}\left(\boldsymbol{M}_{ji}^{\mathrm{T}}+\boldsymbol{M}_{ji}+\tau_{ji}\boldsymbol{U}_{ji}\right)$，及式(3.33)成立。

令

$$\boldsymbol{\Pi}_i=\begin{bmatrix}\boldsymbol{P}_i & \mathbf{0} & \cdots & \mathbf{0}\\ \boldsymbol{M}_{1i} & \boldsymbol{L}_{1i} & \cdots & \mathbf{0}\\ \vdots & \vdots & & \vdots\\ \boldsymbol{M}_{Ni} & \mathbf{0} & \cdots & \boldsymbol{L}_{Ni}\end{bmatrix},\quad \bar{\boldsymbol{A}}_i=\begin{bmatrix}\boldsymbol{A}_i+\boldsymbol{B}_i\boldsymbol{K}_i & \mathbf{0} & \cdots & \mathbf{0}\\ \boldsymbol{I}_i & -\boldsymbol{I}_i & \cdots & \mathbf{0}\\ \vdots & \vdots & & \vdots\\ \boldsymbol{I}_i & \mathbf{0} & \cdots & -\boldsymbol{I}_i\end{bmatrix}$$

$$\boldsymbol{Q}_i=\begin{bmatrix}\sum_{j=1}^{N}\left(\boldsymbol{Q}_{ji}+\tau_{ji}\boldsymbol{U}_{ji}\right) & \tau_{1i}\boldsymbol{V}_{1i} & \cdots & \tau_{Ni}\boldsymbol{V}_{Ni}\\ \tau_{1i}\boldsymbol{V}_{1i}^{\mathrm{T}} & \tau_{1i}\boldsymbol{W}_{1i} & \cdots & \mathbf{0}\\ \vdots & \vdots & & \vdots\\ \tau_{Ni}\boldsymbol{V}_{Ni}^{\mathrm{T}} & \mathbf{0} & \cdots & \tau_{Ni}\boldsymbol{W}_{Ni}\end{bmatrix}$$

并对式(3.39)重新分块得

$$\begin{bmatrix}\boldsymbol{\Pi}_i^{\mathrm{T}}\bar{\boldsymbol{A}}_i+\bar{\boldsymbol{A}}_i^{\mathrm{T}}\boldsymbol{\Pi}_i+\boldsymbol{Q}_i & \boldsymbol{\Pi}_i^{\mathrm{T}}\begin{bmatrix}\boldsymbol{A}_{i1} & \cdots & \boldsymbol{A}_{iN}\\ \mathbf{0} & \cdots & \mathbf{0}\\ \vdots & & \vdots\\ \mathbf{0} & \cdots & \mathbf{0}\end{bmatrix} & \begin{bmatrix}\tau_{1i}\left(\boldsymbol{A}_i+\boldsymbol{B}_i\boldsymbol{K}_i\right)^{\mathrm{T}} & \cdots & \tau_{Ni}\left(\boldsymbol{A}_i+\boldsymbol{B}_i\boldsymbol{K}_i\right)^{\mathrm{T}}\\ \mathbf{0} & \cdots & \mathbf{0}\\ \vdots & & \vdots\\ \mathbf{0} & \cdots & \mathbf{0}\end{bmatrix}\\ \begin{bmatrix}\boldsymbol{A}_{i1}^{\mathrm{T}} & \mathbf{0} & \cdots & \mathbf{0}\\ \vdots & \vdots & & \vdots\\ \boldsymbol{A}_{iN}^{\mathrm{T}} & \mathbf{0} & \cdots & \mathbf{0}\end{bmatrix}\boldsymbol{\Pi}_i & \begin{bmatrix}-\boldsymbol{Q}_{i1} & \cdots & \mathbf{0}\\ \vdots & & \vdots\\ \mathbf{0} & \cdots & -\boldsymbol{Q}_{iN}\end{bmatrix} & \begin{bmatrix}\tau_{1i}\boldsymbol{A}_{i1}^{\mathrm{T}} & \cdots & \tau_{Ni}\boldsymbol{A}_{i1}^{\mathrm{T}}\\ \vdots & & \vdots\\ \tau_{1i}\boldsymbol{A}_{iN}^{\mathrm{T}} & \cdots & \tau_{Ni}\boldsymbol{A}_{iN}^{\mathrm{T}}\end{bmatrix}\\ \begin{bmatrix}\tau_{1i}\left(\boldsymbol{A}_i+\boldsymbol{B}_i\boldsymbol{K}_i\right) & \mathbf{0} & \cdots & \mathbf{0}\\ \vdots & \vdots & & \vdots\\ \tau_{Ni}\left(\boldsymbol{A}_i+\boldsymbol{B}_i\boldsymbol{K}_i\right) & \mathbf{0} & \cdots & \mathbf{0}\end{bmatrix} & \begin{bmatrix}\tau_{1i}\boldsymbol{A}_{i1} & \cdots & \tau_{1i}\boldsymbol{A}_{iN}\\ \vdots & & \vdots\\ \tau_{Ni}\boldsymbol{A}_{i1} & \cdots & \tau_{Ni}\boldsymbol{A}_{iN}\end{bmatrix} & \begin{bmatrix}-\tau_{1i}\boldsymbol{R}_{1i}^{-1} & \cdots & \mathbf{0}\\ \vdots & & \vdots\\ \mathbf{0} & \cdots & -\tau_{Ni}\boldsymbol{R}_{Ni}^{-1}\end{bmatrix}\end{bmatrix}<0 \tag{3.40}$$

设 $\boldsymbol{M}_{ji}=\lambda_{ji}\boldsymbol{P}_i$， $\boldsymbol{L}_{ji}=\boldsymbol{R}_{ji}$， $j=1,2,\cdots,N$，则 $\boldsymbol{\Pi}_i$ 可逆，且

$$\boldsymbol{\Pi}_i^{-1}=\begin{bmatrix}\boldsymbol{P}_i^{-1} & \mathbf{0} & \cdots & \mathbf{0}\\ -\boldsymbol{L}_{1i}^{-1}\boldsymbol{M}_{1i}\boldsymbol{P}_i^{-1} & \boldsymbol{L}_{1i}^{-1} & \cdots & \mathbf{0}\\ \vdots & \vdots & & \vdots\\ -\boldsymbol{L}_{Ni}^{-1}\boldsymbol{M}_{Ni}\boldsymbol{P}_i^{-1} & \mathbf{0} & \cdots & \boldsymbol{L}_{Ni}^{-1}\end{bmatrix}=\begin{bmatrix}\boldsymbol{P}_i^{-1} & \mathbf{0} & \cdots & \mathbf{0}\\ -\lambda_{1i}\boldsymbol{R}_{1i}^{-1} & \boldsymbol{R}_{1i}^{-1} & \cdots & \mathbf{0}\\ \vdots & \vdots & & \vdots\\ -\lambda_{Ni}\boldsymbol{R}_{Ni}^{-1} & \mathbf{0} & \cdots & \boldsymbol{R}_{Ni}^{-1}\end{bmatrix}$$

式(3.40)两边分别右乘分块阵 $\mathrm{diag}\left\{\boldsymbol{\Pi}_i^{-1},\mathrm{diag}\left\{\boldsymbol{P}_i^{-1},\cdots,\boldsymbol{P}_i^{-1}\right\},\boldsymbol{I}_i\right\}$，左乘分块阵 $\mathrm{diag}\left\{\left(\boldsymbol{\Pi}_i^{\mathrm{T}}\right)^{-1},\mathrm{diag}\left\{\boldsymbol{P}_i^{-1},\cdots,\boldsymbol{P}_i^{-1}\right\},\boldsymbol{I}_i\right\}$ 得

$$\left[\begin{array}{ll}\bar{\boldsymbol{A}}_i\boldsymbol{\Pi}_i^{-1}+\left(\boldsymbol{\Pi}_i^{\mathrm{T}}\right)^{-1}\bar{\boldsymbol{A}}_i^{\mathrm{T}}+\left(\boldsymbol{\Pi}_i^{\mathrm{T}}\right)^{-1}\boldsymbol{Q}_i\boldsymbol{\Pi}_i^{-1} & \begin{bmatrix}\boldsymbol{A}_{i1} & \cdots & \boldsymbol{A}_{iN}\\ \mathbf{0} & \cdots & \mathbf{0}\\ \vdots & & \vdots\\ \mathbf{0} & \cdots & \mathbf{0}\end{bmatrix}\mathrm{diag}\left\{\boldsymbol{P}_i^{-1},\cdots,\boldsymbol{P}_i^{-1}\right\}\\ \mathrm{diag}\left\{\boldsymbol{P}_i^{-1},\cdots,\boldsymbol{P}_i^{-1}\right\}\begin{bmatrix}\boldsymbol{A}_{i1}^{\mathrm{T}} & \mathbf{0} & \cdots & \mathbf{0}\\ \vdots & \vdots & & \vdots\\ \boldsymbol{A}_{iN}^{\mathrm{T}} & \mathbf{0} & \cdots & \mathbf{0}\end{bmatrix} & \begin{bmatrix}-\boldsymbol{P}_i^{-1}\boldsymbol{Q}_{i1}\boldsymbol{P}_i^{-1} & \cdots & \mathbf{0}\\ \vdots & & \vdots\\ \mathbf{0} & \cdots & -\boldsymbol{P}_i^{-1}\boldsymbol{Q}_{iN}\boldsymbol{P}_i^{-1}\end{bmatrix}\\ \begin{bmatrix}\tau_{1i}\left(\boldsymbol{A}_i+\boldsymbol{B}_i\boldsymbol{K}_i\right) & \mathbf{0} & \cdots & \mathbf{0}\\ \vdots & \vdots & & \vdots\\ \tau_{Ni}\left(\boldsymbol{A}_i+\boldsymbol{B}_i\boldsymbol{K}_i\right) & \mathbf{0} & \cdots & \mathbf{0}\end{bmatrix}\boldsymbol{\Pi}_i^{-1} & \begin{bmatrix}\tau_{1i}\boldsymbol{A}_{i1} & \cdots & \tau_{1i}\boldsymbol{A}_{iN}\\ \vdots & & \vdots\\ \tau_{Ni}\boldsymbol{A}_{i1} & \cdots & \tau_{Ni}\boldsymbol{A}_{iN}\end{bmatrix}\mathrm{diag}\left\{\boldsymbol{P}_i^{-1},\cdots,\boldsymbol{P}_i^{-1}\right\}\end{array}\right.$$

$$\left.\begin{array}{l}\left(\boldsymbol{\Pi}_i^{\mathrm{T}}\right)^{-1}\begin{bmatrix}\tau_{1i}\left(\boldsymbol{A}_i+\boldsymbol{B}_i\boldsymbol{K}_i\right)^{\mathrm{T}} & \cdots & \tau_{Ni}\left(\boldsymbol{A}_i+\boldsymbol{B}_i\boldsymbol{K}_i\right)^{\mathrm{T}}\\ \mathbf{0} & \cdots & \mathbf{0}\\ \vdots & & \vdots\\ \mathbf{0} & \cdots & \mathbf{0}\end{bmatrix}\\ \mathrm{diag}\left\{\boldsymbol{P}_i^{-1},\cdots,\boldsymbol{P}_i^{-1}\right\}\begin{bmatrix}\tau_{1i}\boldsymbol{A}_{i1}^{\mathrm{T}} & \cdots & \tau_{Ni}\boldsymbol{A}_{i1}^{\mathrm{T}}\\ \vdots & & \vdots\\ \tau_{1i}\boldsymbol{A}_{iN}^{\mathrm{T}} & \cdots & \tau_{Ni}\boldsymbol{A}_{iN}^{\mathrm{T}}\end{bmatrix}\\ \begin{bmatrix}-\tau_{1i}\boldsymbol{R}_{1i}^{-1} & \cdots & \mathbf{0}\\ \vdots & & \vdots\\ \mathbf{0} & \cdots & -\tau_{Ni}\boldsymbol{R}_{Ni}^{-1}\end{bmatrix}\end{array}\right]<0 \tag{3.41}$$

令 $\boldsymbol{X}_i=\boldsymbol{P}_i^{-1}$，$\boldsymbol{Y}_i=\boldsymbol{K}_i\boldsymbol{X}_i$，$\bar{\boldsymbol{Q}}_{ij}=\boldsymbol{P}_i^{-1}\boldsymbol{Q}_{ij}\boldsymbol{P}_i^{-1}$，$\bar{\boldsymbol{Q}}_{ji}=\boldsymbol{P}_i^{-1}\boldsymbol{Q}_{ji}\boldsymbol{P}_i^{-1}$，$\bar{\boldsymbol{U}}_{ji}=\boldsymbol{P}_i^{-1}\boldsymbol{U}_{ji}\boldsymbol{P}_i^{-1}$，$\bar{\boldsymbol{V}}_{ji}=\boldsymbol{P}_i^{-1}\boldsymbol{V}_{ji}\boldsymbol{R}_{ji}^{-1}$，$\bar{\boldsymbol{W}}_{ji}=\boldsymbol{R}_{ji}^{-1}\boldsymbol{W}_{ji}\boldsymbol{R}_{ji}^{-1}$，$\bar{\boldsymbol{R}}_{ji}=\boldsymbol{R}_{ji}^{-1}$，$j=1,2,\cdots,N$，代入式(3.41)即LMI(3.38)。另外，LMI(3.33)的两端分别乘分块对角阵 $\mathrm{diag}\left\{\boldsymbol{P}_i^{-1},\boldsymbol{R}_{ji}^{-1},\boldsymbol{R}_{ji}^{-1}\right\}$，可得LMI(3.37)，根据定理 3.3，关联大系统(3.45)是分散镇定的，相应的分散控制器为 $\boldsymbol{u}_i(t)=\boldsymbol{Y}_i\boldsymbol{X}_i^{-1}\boldsymbol{x}_i(t)$，$i=1,2,\cdots,N$。定理 3.4 证毕。

3.4.4 不确定关联系统的时滞相关分散鲁棒镇定

将定理 3.4 推广到不确定性关联大系统(3.27)，可以得到大系统(3.27)时滞相关分散鲁棒镇定的充分条件。

定理 3.5　对于给定的常数 $\tau_{ji}>0$，λ_{ji}，$j=1,2,\cdots,N$，若存在对称正定矩阵 $\boldsymbol{X}_i>0$、$\bar{\boldsymbol{Q}}_{ji}>0$、$\bar{\boldsymbol{Q}}_{ij}>0$、$\bar{\boldsymbol{R}}_{ji}>0$、$\bar{\boldsymbol{U}}_{ji}>0$、$\bar{\boldsymbol{W}}_{ji}>0$，$j=1,2,\cdots,N$，任意矩阵 $\boldsymbol{V}_{ji}$、$\boldsymbol{Y}_i$ 和任意常数 $\mu_i>0$，使得如下的 LMIs 和 LMI(3.37)同时成立：

$$\left[\begin{array}{cccccccccccc}
\boldsymbol{\Xi}_{i11} & \boldsymbol{X}_i+\lambda_{1i}\bar{\boldsymbol{R}}_{1i}+\tau_{1i}\bar{\boldsymbol{V}}_{1i}-\lambda_{1i}\tau_{1i}\bar{\boldsymbol{W}}_{1i} & \cdots & \boldsymbol{X}_i+\lambda_{Ni}\bar{\boldsymbol{R}}_{Ni}+\tau_{Ni}\bar{\boldsymbol{V}}_{Ni}-\lambda_{Ni}\tau_{Ni}\bar{\boldsymbol{W}}_{Ni} & \boldsymbol{A}_{i1}\boldsymbol{X}_i & \cdots & \boldsymbol{A}_{iN}\boldsymbol{X}_i & \tau_{1i}\left(\boldsymbol{X}_i\boldsymbol{A}_i^{\mathrm{T}}+\boldsymbol{Y}_i^{\mathrm{T}}\boldsymbol{B}_i^{\mathrm{T}}\right) & \cdots & \tau_{Ni}\left(\boldsymbol{X}_i\boldsymbol{A}_i^{\mathrm{T}}+\boldsymbol{Y}_i^{\mathrm{T}}\boldsymbol{B}_i^{\mathrm{T}}\right) & \mu_i\boldsymbol{S}_i & \boldsymbol{X}_i\boldsymbol{D}_i^{\mathrm{T}}+\boldsymbol{Y}_i^{\mathrm{T}}\boldsymbol{E}_i^{\mathrm{T}} \\
\boldsymbol{X}_i+\lambda_{1i}\bar{\boldsymbol{R}}_{1i}+\tau_{1i}\bar{\boldsymbol{V}}_{1i}^{\mathrm{T}}-\lambda_{1i}\tau_{1i}\bar{\boldsymbol{W}}_{1i} & -2\bar{\boldsymbol{R}}_{1i}+\tau_{1i}\bar{\boldsymbol{W}}_{1i} & \cdots & \boldsymbol{0} & \boldsymbol{0} & \cdots & \boldsymbol{0} & \boldsymbol{0} & \cdots & \boldsymbol{0} & \boldsymbol{0} & \boldsymbol{0} \\
\vdots & \vdots & & \vdots & \vdots & & \vdots & \vdots & & \vdots & \vdots & \vdots \\
\boldsymbol{X}_i+\lambda_{Ni}\bar{\boldsymbol{R}}_{Ni}+\tau_{Ni}\bar{\boldsymbol{V}}_{Ni}^{\mathrm{T}}-\lambda_{Ni}\tau_{Ni}\bar{\boldsymbol{W}}_{Ni} & \boldsymbol{0} & \cdots & -2\bar{\boldsymbol{R}}_{Ni}+\tau_{Ni}\bar{\boldsymbol{W}}_{Ni} & \boldsymbol{0} & \cdots & \boldsymbol{0} & \boldsymbol{0} & \cdots & \boldsymbol{0} & \boldsymbol{0} & \boldsymbol{0} \\
\boldsymbol{X}_i\boldsymbol{A}_{i1}^{\mathrm{T}} & \boldsymbol{0} & \cdots & \boldsymbol{0} & -\bar{\boldsymbol{Q}}_{i1} & \cdots & \boldsymbol{0} & \tau_{1i}\boldsymbol{X}_i\boldsymbol{A}_{i1}^{\mathrm{T}} & \cdots & \tau_{Ni}\boldsymbol{X}_i\boldsymbol{A}_{i1}^{\mathrm{T}} & \boldsymbol{0} & \boldsymbol{0} \\
\vdots & \vdots & & \vdots & \vdots & & \vdots & \vdots & & \vdots & \vdots & \vdots \\
\boldsymbol{X}_i\boldsymbol{A}_{iN}^{\mathrm{T}} & \boldsymbol{0} & \cdots & \boldsymbol{0} & \boldsymbol{0} & \cdots & -\bar{\boldsymbol{Q}}_{iN} & \tau_{1i}\boldsymbol{X}_i\boldsymbol{A}_{iN}^{\mathrm{T}} & \cdots & \tau_{Ni}\boldsymbol{X}_i\boldsymbol{A}_{iN}^{\mathrm{T}} & \boldsymbol{0} & \boldsymbol{0} \\
\tau_{1i}\left(\boldsymbol{A}_i\boldsymbol{X}_i+\boldsymbol{B}_i\boldsymbol{Y}_i\right) & \boldsymbol{0} & \cdots & \boldsymbol{0} & \tau_{1i}\boldsymbol{A}_{i1}\boldsymbol{X}_i & \cdots & \tau_{1i}\boldsymbol{A}_{iN}\boldsymbol{X}_i & -\tau_{1i}\bar{\boldsymbol{R}}_{1i} & \cdots & \boldsymbol{0} & \mu_i\tau_{1i}\boldsymbol{S}_i & \boldsymbol{0} \\
\vdots & \vdots & & \vdots & \vdots & & \vdots & \vdots & & \vdots & \vdots & \vdots \\
\tau_{Ni}\left(\boldsymbol{A}_i\boldsymbol{X}_i+\boldsymbol{B}_i\boldsymbol{Y}_i\right) & \boldsymbol{0} & \cdots & \boldsymbol{0} & \tau_{Ni}\boldsymbol{A}_{i1}\boldsymbol{X}_i & \cdots & \tau_{Ni}\boldsymbol{A}_{iN}\boldsymbol{X}_i & \boldsymbol{0} & \cdots & -\tau_{Ni}\bar{\boldsymbol{R}}_{Ni} & \mu_i\tau_{Ni}\boldsymbol{S}_i & \boldsymbol{0} \\
\mu_i\boldsymbol{S}_i^{\mathrm{T}} & \boldsymbol{0} & \cdots & \boldsymbol{0} & \boldsymbol{0} & \cdots & \boldsymbol{0} & \mu_i\tau_{1i}\boldsymbol{S}_i^{\mathrm{T}} & \cdots & \mu_i\tau_{Ni}\boldsymbol{S}_i^{\mathrm{T}} & -\mu_i\boldsymbol{I}_i & \boldsymbol{0} \\
\boldsymbol{D}_i\boldsymbol{X}_i+\boldsymbol{E}_i\boldsymbol{Y}_i & \boldsymbol{0} & \cdots & \boldsymbol{0} & \boldsymbol{0} & \cdots & \boldsymbol{0} & \boldsymbol{0} & \cdots & \boldsymbol{0} & \boldsymbol{0} & -\mu_i\boldsymbol{I}_i
\end{array}\right]<0 \tag{3.42}$$

式中，$\boldsymbol{\Xi}_{i11}$ 如定理 3.4 中所定义，则不确定的关联大系统(3.27)是鲁棒分散镇定的，相应的分散控制器为 $\boldsymbol{u}_i(t)=\boldsymbol{Y}_i\boldsymbol{X}_i^{-1}\boldsymbol{x}_i(t)$，$i=1,2,\cdots,N$。

证明　为了证明定理 3.5，只要在 LMI(3.38)中的左端矩阵(记为 $\boldsymbol{\Xi}_i$)中的 $\boldsymbol{A}_i$ 和 $\boldsymbol{B}_i$ 分别用 $\boldsymbol{A}_i+\boldsymbol{S}_i\boldsymbol{F}_i(t)\boldsymbol{D}_i$ 和 $\boldsymbol{B}_i+\boldsymbol{S}_i\boldsymbol{F}_i(t)\boldsymbol{E}_i$ 来代替即可。$\boldsymbol{A}_i$ 和 $\boldsymbol{B}_i$ 分别用 $\boldsymbol{A}_i+\boldsymbol{S}_i\boldsymbol{F}_i(t)\boldsymbol{D}_i$ 和 $\boldsymbol{B}_i+\boldsymbol{S}_i\boldsymbol{F}_i(t)\boldsymbol{E}_i$ 来代替的 LMI(3.38)等价于下列矩阵不等式：

$$
\boldsymbol{\Xi}_i+\begin{bmatrix}\boldsymbol{S}_i\\ \boldsymbol{0}\\ \vdots\\ \boldsymbol{0}\\ \boldsymbol{0}\\ \vdots\\ \boldsymbol{0}\\ \tau_{1i}\boldsymbol{S}_i\\ \vdots\\ \tau_{Ni}\boldsymbol{S}_i\end{bmatrix}\boldsymbol{F}_i(t)\begin{bmatrix}\boldsymbol{D}_i\boldsymbol{X}_i+\boldsymbol{E}_i\boldsymbol{Y}_i & \boldsymbol{0} & \cdots & \boldsymbol{0} & \boldsymbol{0} & \cdots & \boldsymbol{0} & \boldsymbol{0} & \cdots & \boldsymbol{0}\end{bmatrix}
$$

$$
+\begin{bmatrix}\boldsymbol{X}_i\boldsymbol{D}_i^{\mathrm{T}}+\boldsymbol{Y}_i^{\mathrm{T}}\boldsymbol{E}_i^{\mathrm{T}}\\ \boldsymbol{0}\\ \vdots\\ \boldsymbol{0}\\ \boldsymbol{0}\\ \vdots\\ \boldsymbol{0}\\ \boldsymbol{0}\\ \vdots\\ \boldsymbol{0}\end{bmatrix}\begin{bmatrix}\boldsymbol{S}_i^{\mathrm{T}} & \boldsymbol{0} & \cdots & \boldsymbol{0} & \boldsymbol{0} & \cdots & \boldsymbol{0} & \tau_{1i}\boldsymbol{S}_i^{\mathrm{T}} & \cdots & \tau_{Ni}\boldsymbol{S}_i^{\mathrm{T}}\end{bmatrix}<0 \quad (3.43)
$$

根据引理 3.3，矩阵不等式(3.43)成立等价于下列矩阵不等式：

$$
\boldsymbol{\Xi}_i+\mu_i\begin{bmatrix}\boldsymbol{S}_i\\ \boldsymbol{0}\\ \vdots\\ \boldsymbol{0}\\ \boldsymbol{0}\\ \vdots\\ \boldsymbol{0}\\ \tau_{1i}\boldsymbol{S}_i\\ \vdots\\ \tau_{Ni}\boldsymbol{S}_i\end{bmatrix}\begin{bmatrix}\boldsymbol{S}_i^{\mathrm{T}} & \boldsymbol{0} & \cdots & \boldsymbol{0} & \boldsymbol{0} & \cdots & \boldsymbol{0} & \tau_{1i}\boldsymbol{S}_i^{\mathrm{T}} & \cdots & \tau_{Ni}\boldsymbol{S}_i^{\mathrm{T}}\end{bmatrix}
$$

$$+\mu_i^{-1}\begin{bmatrix} \boldsymbol{X}_i\boldsymbol{D}_i^{\mathrm{T}}+\boldsymbol{Y}_i^{\mathrm{T}}\boldsymbol{E}_i^{\mathrm{T}} \\ \boldsymbol{0} \\ \vdots \\ \boldsymbol{0} \\ \boldsymbol{0} \\ \vdots \\ \boldsymbol{0} \\ \boldsymbol{0} \\ \vdots \\ \boldsymbol{0} \end{bmatrix}\begin{bmatrix} \boldsymbol{D}_i\boldsymbol{X}_i+\boldsymbol{E}_i\boldsymbol{Y}_i & \boldsymbol{0} & \cdots & \boldsymbol{0} & \boldsymbol{0} & \cdots & \boldsymbol{0} & \boldsymbol{0} & \cdots & \boldsymbol{0} \end{bmatrix}<0 \tag{3.44}$$

由 Schur 补引理，矩阵不等式(3.44)等价于 LMI(3.42)。定理 3.5 证毕。

3.4.5　仿真示例

下面给出两个示例，其中例 3.4 为标称关联时滞大系统，例 3.5 为不确定性关联时滞大系统。

例 3.4　考虑由两个子系统组成的标称关联系统(3.35)，即

$$\dot{\boldsymbol{x}}_i(t)=\boldsymbol{A}_i\boldsymbol{x}_i(t)+\boldsymbol{B}_i\boldsymbol{u}_i(t)+\sum_{j=1}^{N}\boldsymbol{A}_{ij}\boldsymbol{x}_j\left(t-\tau_{ij}\right)$$

式中

$$\boldsymbol{A}_1=\begin{bmatrix}0 & -3\\ 0 & -1\end{bmatrix},\ \boldsymbol{B}_1=\begin{bmatrix}0\\ -1\end{bmatrix},\ \boldsymbol{A}_{11}=\begin{bmatrix}-0.03 & 0.01\\ 0 & 0.1\end{bmatrix},\ \boldsymbol{A}_{12}=\begin{bmatrix}0.1 & 0\\ 0 & 1\end{bmatrix}$$

$$\boldsymbol{A}_2=\begin{bmatrix}0 & -1\\ 0 & -2\end{bmatrix},\ \boldsymbol{B}_2=\begin{bmatrix}0\\ -2\end{bmatrix},\ \boldsymbol{A}_{21}=\begin{bmatrix}0 & -0.1\\ 0.1 & 0\end{bmatrix},\ \boldsymbol{A}_{22}=\begin{bmatrix}-1 & 0\\ 0 & 0.2\end{bmatrix}$$

利用 LMI 工具箱求解定理 3.4 中的 LMI 问题，得最大时滞界为 $\tau\leqslant 2.0$，且该系统的一个分散镇定控制器为 $\boldsymbol{u}_1(t)=\begin{bmatrix}83.5 & 6.62\end{bmatrix}\boldsymbol{x}_1(t)$，$\boldsymbol{u}_2(t)=\begin{bmatrix}-71.09 & -88.84\end{bmatrix}\boldsymbol{x}_2(t)$。

例 3.5　考虑由两个子系统组成的不确定关联系统(3.27)，即

$$\dot{\boldsymbol{x}}_i(t)=(\boldsymbol{A}_i+\Delta\boldsymbol{A}_i)\boldsymbol{x}_i(t)+\left(\boldsymbol{B}_i+\Delta\boldsymbol{B}_i\right)\boldsymbol{u}_i(t)+\sum_{j=1}^{N}\boldsymbol{A}_{ij}\boldsymbol{x}_j\left(t-\tau_{ij}\right)$$

式中，$\begin{bmatrix}\Delta\boldsymbol{A}_i & \Delta\boldsymbol{B}_i\end{bmatrix}=\boldsymbol{S}_i\boldsymbol{F}_i(t)\begin{bmatrix}\boldsymbol{D}_i & \boldsymbol{E}_i\end{bmatrix}$，参数矩阵为

$$\boldsymbol{A}_1=\begin{bmatrix}0 & -3\\ 0 & -1\end{bmatrix},\ \boldsymbol{B}_1=\begin{bmatrix}0\\ -1\end{bmatrix},\ \boldsymbol{A}_{11}=\begin{bmatrix}-0.03 & 0.01\\ 0 & 0.1\end{bmatrix},\ \boldsymbol{A}_{12}=\begin{bmatrix}0.1 & 0\\ 0 & 0.01\end{bmatrix}$$

$$A_2 = \begin{bmatrix} 0 & -1 \\ 0 & -2 \end{bmatrix},\ B_2 = \begin{bmatrix} 0 \\ -2 \end{bmatrix},\ A_{21} = \begin{bmatrix} 0 & -0.1 \\ 0.1 & 0 \end{bmatrix},\ A_{22} = \begin{bmatrix} -0.1 & 0 \\ 0 & 0.2 \end{bmatrix}$$

不确定矩阵界

$$D_1 = \begin{bmatrix} 0 & 0.01 \\ 0.01 & 0 \end{bmatrix},\ D_2 = \begin{bmatrix} -0.01 & 0 \\ 0 & 0.01 \end{bmatrix}$$

$$S_1 = S_2 = \mathrm{diag}\{0.01, 0.01\},\ E_1 = E_2 = \begin{bmatrix} -0.001 \\ -0.001 \end{bmatrix}$$

利用 LMI 工具箱求解定理 3.5 中 LMI 问题，得最大时滞界为 $\tau \leqslant 2.0$，且该系统的一个分散鲁棒镇定控制器为 $u_1(t) = [51.9703 \quad -9.2952] x_1(t)$，$u_2(t) = [39.9233 \quad 18.8569] x_2(t)$。

3.5 具有分离变量的关联非线性系统时滞相关分散鲁棒镇定

在控制理论和控制工程所涉及的非线性系统中，有一类分离变量和可化为分离变量的系统备受人们关注。控制论中关于直接控制系统、间接控制系统绝对稳定性的著名的 Lurie 问题、Aizerman 问题都可以化为分离变量的非线性系统来进行研究。一些物理过程能够用具有分离变量的非线性系统来建模，如连续的 Hopfield 神经网络。对于分离变量的非线性系统的研究已经有了很多的进展，在 Liao 等的专著[8]中已经对带有时滞的这种系统进行了稳定性分析，关于这种非线性系统解的渐近行为在以前的工作中也已进行了研究。近来，时滞系统的时滞相关稳定性问题成为研究的热点，正如 Park 所指出的，一些线性时滞系统的渐近稳定性可以由时滞相关稳定性判据判别，但却不能由时滞无关的稳定性判据来判别，许多文献说明了时滞相关稳定性研究的意义。当时滞较小时，时滞相关稳定性判据更为精确且有较小的保守性。但是，非线性时滞系统的时滞相关稳定性的研究成果比较少见。目前见到的成果还是利用全局 Lipschitz 条件得到的一些粗略的结果，还有一些稳定判据是用矩阵模的形式给出的，显然这样的结果是比较保守的。

本节考虑一类具有分离变量的时滞关联非线性大系统的分散鲁棒镇定问题。利用 Lyapunov-Krasovskii 泛函方法研究这类系统的鲁棒分散镇定。本节希望说明在非线性系统不满足全局 Lipschitz 条件的情况下，也就是非线性较强的前提下，仍然可以用 LMI 来研究分离变量非线性系统的稳定性与镇定问题。本节所采用的方法不需要对系统本身进行某种变换，仅仅采用构造 Lyapunov-Krasovskii 泛函的技巧来解决问题。分离变量系统是线性系统的自然推广，将系统中的非线性项退化成线性项，非线性系统便退化成了线性系统，显然，本节的方法在相应的线性系统中可以应用。在许多实际情况中，由于互联传输时，数据或信息的到达可能延迟。因此，这里考虑时滞仅仅发生在互联项的情形。借用 Lyapunov-Krasovisk 泛函方法和一些不等式技巧得到了分散鲁棒镇定的一些代数判据。

3.5.1　问题描述与假设

考虑如下具有分离变量的时滞关联非线性大系统：

$$\dot{x}_{ik}(t)=\sum_{l=1}^{n_i}a_{ikl}f_{il}\left(x_{il}(t)\right)+\sum_{l=1}^{m_i}b_{ikl}u_{il}(t)+\sum_{j=1}^{N}\sum_{l=1}^{n_j}c_{ijkl}f_{jl}\left(x_{jl}(t-\tau_{ij})\right),\quad t\geqslant 0 \tag{3.45}$$

其初始条件为

$$\boldsymbol{x}_{ik}(t)=\boldsymbol{\varphi}_{ik}(t),\quad t\in[-\tau,0],\quad k=1,2,\cdots,n_i,\quad i\in\{1,2,\cdots,N\} \tag{3.46}$$

式中，系数 a_{ikl}、b_{ikl}、c_{ijkl} 为常数，时滞 τ_{ij} 是一些正的常数且 $\tau=\max\limits_{i,j}\{\tau_{ij}\}$。本节的论述基于下列假设。

假设 3.1　(1) $f_{il}(x_{il})x_{il}>0$，这里 $x_{il}\neq 0,i=1,2,\cdots,N,\ l=1,2,\cdots,n_i$；

(2) $\int_0^{+\infty}f_{il}(s)\mathrm{d}s=+\infty,i=1,2,\cdots,N,\ l=1,2,\cdots,n_i$。

且假设函数 f_{il} ($i=1,2,\cdots,N;\ l=1,2,\cdots,n_i$)是可微的，定义一个 N 维空间的子集为

$$\Omega=\left\{(x_1,x_2,\cdots,x_N):\sum_{i=1}^{N}\sum_{l=1}^{n_i}\left(\frac{\mathrm{d}f_{il}(x_{il})}{\mathrm{d}x_{il}}\right)^2\leqslant\rho\right\}$$

式中，$\rho>0$ 为常数。关于这个子集给出另一个假设。

假设 3.2　假设子集 Ω 包含坐标原点，即 $(0,0,\cdots,0)\in\Omega$。

具有初始条件(3.46)的标称系统(3.45)可以写成如下向量或矩阵形式：

$$\dot{\boldsymbol{x}}_i(t)=\boldsymbol{A}_i\boldsymbol{F}_i\left(\boldsymbol{x}_i(t)\right)+\boldsymbol{B}_i\boldsymbol{u}_i(t)+\sum_{j=1}^{N}\boldsymbol{C}_{ij}\boldsymbol{F}_j\left(\boldsymbol{x}_j(t-\tau_{ij})\right),\ t\geqslant 0 \tag{3.47}$$

$$\boldsymbol{x}_i(t)=\boldsymbol{\varphi}_i(t),\ t\in[-\tau,0] \tag{3.48}$$

式中，$i\in\{1,2,\cdots,N\}$，$\boldsymbol{x}_i(t)=\left[x_{i1}(t),x_{i2}(t),\cdots,x_{in_i}(t)\right]^{\mathrm{T}}\in\mathbf{R}^{n_i}$ 表示子系统 i 的状态向量；$\boldsymbol{u}_i(t)=\left[u_{i1}(t),u_{i2}(t),\cdots,u_{im_i}(t)\right]^{\mathrm{T}}\in\mathbf{R}^{m_i}$ 为子系统 i 的控制输入向量；$\boldsymbol{A}_i=\left(a_{ikl}\right)_{n_i\times n_i}$、$\boldsymbol{B}_i=\left(b_{ikl}\right)_{n_i\times m_i}$、$\boldsymbol{C}_{ij}=\left(c_{ijkl}\right)_{n_i\times n_j}$ 为常数矩阵；$\boldsymbol{F}_i\left(\boldsymbol{x}_i(t)\right)=\left[f_{i1}\left(x_{i1}(t)\right),f_{i2}\left(x_{i2}(t)\right),\cdots,f_{in_i}\left(x_{in_i}(t)\right)\right]^{\mathrm{T}}$；$\boldsymbol{\varphi}_i(t)=\left(\varphi_{i1}(t),\varphi_{i2}(t),\cdots,\varphi_{in_i}(t)\right)^{\mathrm{T}}$。

由标称系统(3.47)导出的不确定性系统为

$$\dot{\boldsymbol{x}}_i(t)=\left(\boldsymbol{A}_i+\Delta\boldsymbol{A}_i\right)\boldsymbol{F}_i\left(\boldsymbol{x}_i(t)\right)+\left(\boldsymbol{B}_i+\Delta\boldsymbol{B}_i\right)\boldsymbol{u}_i(t)+\sum_{j=1}^{N}\boldsymbol{C}_{ij}\boldsymbol{F}_j\left(\boldsymbol{x}_j\left(t-\tau_{ij}\right)\right),\quad t\geqslant 0 \tag{3.49}$$

$$\boldsymbol{x}_i(t)=\boldsymbol{\varphi}_i(t),\quad t\in[-\tau,0] \tag{3.50}$$

假设参数不确定具有如下形式：

$$\left[\Delta\boldsymbol{A}_i\ \ \Delta\boldsymbol{B}_i\right]=\boldsymbol{D}_i\boldsymbol{G}_i(t)\left[\boldsymbol{P}_{A_i}\quad \boldsymbol{P}_{B_i}\right] \tag{3.51}$$

式中，$\boldsymbol{D}_i$、$\boldsymbol{P}_{A_i}$ 和 $\boldsymbol{P}_{B_i}$ 为具有适当维数的常数矩阵；$\boldsymbol{G}_i(t)$ 为具有 Lebesgue 可测元素的未知矩阵，且满足

$$\boldsymbol{G}_i^{\mathrm{T}}(t)\boldsymbol{G}_i(t)\leqslant \boldsymbol{I}_i \tag{3.52}$$

式中，$\boldsymbol{I}_i$ 表示与 $\boldsymbol{G}_i(t)$ 同维的单位矩阵。

若系统的平凡解是 Lyapunov 稳定且局部吸引，则称此系统是局部渐近稳定的，吸引域度量了平凡解局部吸引范围。

假设各个子系统的状态都可以直接测量得到，对每一个子系统设计一个局部无记忆状态反馈非线性的控制律

$$\boldsymbol{u}_i(t)=\boldsymbol{K}_i\boldsymbol{F}_i\left(\boldsymbol{x}_i(t)\right) \tag{3.53}$$

式中，$\boldsymbol{K}_i\in\mathbf{R}^{m_i\times n_i}$ 为局部反馈增益矩阵，使得闭环大系统

$$\dot{\boldsymbol{x}}_i(t)=\left(\boldsymbol{A}_i+\boldsymbol{B}_i\boldsymbol{K}_i\right)\boldsymbol{F}_i\left(\boldsymbol{x}_i(t)\right)+\sum_{j=1}^{N}\boldsymbol{C}_{ij}\boldsymbol{F}_j\left(\boldsymbol{x}_j\left(t-\tau_{ij}\right)\right) \tag{3.54}$$

或

$$\dot{\boldsymbol{x}}_i(t)=\left(\boldsymbol{A}_i+\Delta\boldsymbol{A}_i\right)\boldsymbol{F}_i\left(\boldsymbol{x}_i(t)\right)+\left(\boldsymbol{B}_i+\Delta\boldsymbol{B}_i\right)\boldsymbol{K}_i\boldsymbol{F}_i\left(\boldsymbol{x}_i(t)\right)+\sum_{j=1}^{N}\boldsymbol{C}_{ij}\boldsymbol{F}_j\left(\boldsymbol{x}_j\left(t-\tau_{ij}\right)\right) \tag{3.55}$$

在吸引域 Ω 内是局部渐近稳定的。若这样的控制律(3.53)存在，则称关联非线性大系统(3.47)是分散局部镇定的，或关联非线性大系统(3.49)是分散鲁棒局部镇定的，相应的控制律(3.53)称为系统(3.47)或系统(3.49)的一个分散局部镇定控制器。

3.5.2 标称关联非线性系统的时滞相关分散镇定

下面讨论标称关联非线性系统(3.47)的分散局部镇定问题。在假设 3.1 和假设 3.2 成立的前提下，给出关联非线性大系统(3.47)的分散局部控制器的设计方法。

定理 3.6 对于给定的常数 $\rho>0$ 和 $\tau_{ji}>0$，$j=1,2,\cdots,N$，如果假设 3.1 和假设 3.2 满足且存在正定对角矩阵 $\boldsymbol{X}_i>0,\ \hat{\boldsymbol{R}}_{ji}>0,\ j=1,2,\cdots,N$，正定对称矩阵 $\hat{\boldsymbol{Q}}_{ji}>0$，$\hat{\boldsymbol{Q}}_{ij}>0,\ j=1,2,\cdots,N$，任意矩阵 $\boldsymbol{Y}_i$ 及其常数 $\lambda_{ji},\ j=1,2,\cdots,N$，使得如下的 LMIs 成立：

$$\begin{bmatrix} (1,1)_i & (1,2)_i & (1,3)_i & \mathbf{0} & (1,5)_i \\ (1,2)_i^{\mathrm{T}} & -2\mathrm{diag}\left\{\hat{\boldsymbol{R}}_{1i},\cdots,\hat{\boldsymbol{R}}_{Ni}\right\} & \mathbf{0} & \hat{\boldsymbol{R}}_i & \mathbf{0} \\ (1,3)_i^{\mathrm{T}} & \mathbf{0} & -\mathrm{diag}\left\{\hat{\boldsymbol{Q}}_{i1},\cdots,\hat{\boldsymbol{Q}}_{iN}\right\} & \mathbf{0} & (3,5)_i \\ \mathbf{0} & \hat{\boldsymbol{R}}_{ii} & \mathbf{0} & -\hat{\boldsymbol{R}}_i & \mathbf{0} \\ (1,5)_i^{\mathrm{T}} & \mathbf{0} & (3,5)_i^{\mathrm{T}} & \mathbf{0} & -\rho\hat{\boldsymbol{R}}_i \end{bmatrix} < 0 \quad (3.56)$$

式中

$$(1,1)_i = \boldsymbol{A}_i\boldsymbol{X}_i + \boldsymbol{X}_i\boldsymbol{A}_i^{\mathrm{T}} + \boldsymbol{B}_i\boldsymbol{Y}_i + \boldsymbol{Y}_i^{\mathrm{T}}\boldsymbol{B}_i^{\mathrm{T}} + \sum_{j=1}^{N}\hat{\boldsymbol{Q}}_{ji}$$

$$(1,2)_i = \left[\boldsymbol{X}_i + \lambda_{1i}\hat{\boldsymbol{R}}_{1i} \quad \boldsymbol{X}_i + \lambda_{2i}\hat{\boldsymbol{R}}_{2i} \quad \cdots \quad \boldsymbol{X}_i + \lambda_{Ni}\hat{\boldsymbol{R}}_{Ni}\right]$$

$$(1,3)_i = \left[\boldsymbol{C}_{i1}\boldsymbol{X}_i \quad \boldsymbol{C}_{i2}\boldsymbol{X}_i \quad \cdots \quad \boldsymbol{C}_{iN}\boldsymbol{X}_i\right]$$

$$(1,5)_i = \left[\rho\tau_{1i}\left(\boldsymbol{X}_i\boldsymbol{A}_i^{\mathrm{T}} + \boldsymbol{Y}_i^{\mathrm{T}}\boldsymbol{B}_i^{\mathrm{T}}\right) \quad \rho\tau_{2i}\left(\boldsymbol{X}_i\boldsymbol{A}_i^{\mathrm{T}} + \boldsymbol{Y}_i^{\mathrm{T}}\boldsymbol{B}_i^{\mathrm{T}}\right) \quad \cdots \quad \rho\tau_{Ni}\left(\boldsymbol{X}_i\boldsymbol{A}_i^{\mathrm{T}} + \boldsymbol{Y}_i^{\mathrm{T}}\boldsymbol{B}_i^{\mathrm{T}}\right)\right]$$

$$\hat{\boldsymbol{R}}_i = \mathrm{diag}\left\{\tau_{1i}\hat{\boldsymbol{R}}_{1i}, \tau_{2i}\hat{\boldsymbol{R}}_{2i}, \cdots, \tau_{Ni}\hat{\boldsymbol{R}}_{Ni}\right\}$$

$$(3,5)_i = \begin{bmatrix} \rho\tau_{1i}\boldsymbol{X}_i\boldsymbol{C}_{i1}^{\mathrm{T}} & \rho\tau_{2i}\boldsymbol{X}_i\boldsymbol{C}_{i1}^{\mathrm{T}} & \cdots & \rho\tau_{Ni}\boldsymbol{X}_i\boldsymbol{C}_{i1}^{\mathrm{T}} \\ \rho\tau_{1i}\boldsymbol{X}_i\boldsymbol{C}_{i2}^{\mathrm{T}} & \rho\tau_{2i}\boldsymbol{X}_i\boldsymbol{C}_{i2}^{\mathrm{T}} & \cdots & \rho\tau_{Ni}\boldsymbol{X}_i\boldsymbol{C}_{i2}^{\mathrm{T}} \\ \vdots & \vdots & & \vdots \\ \rho\tau_{1i}\boldsymbol{X}_i\boldsymbol{C}_{iN}^{\mathrm{T}} & \rho\tau_{2i}\boldsymbol{X}_i\boldsymbol{C}_{iN}^{\mathrm{T}} & \cdots & \rho\tau_{Ni}\boldsymbol{X}_i\boldsymbol{C}_{iN}^{\mathrm{T}} \end{bmatrix}$$

则闭环系统(3.54)在吸引域 Ω 内是局部渐近稳定的，且分散反馈控制器为

$$\boldsymbol{u}_i(t) = \boldsymbol{Y}_i\boldsymbol{X}_i^{-1}\boldsymbol{F}_i\left(\boldsymbol{x}_i(t)\right), \quad i = 1,2,\cdots,N$$

注释 3.3 在下面的描述中，为方便起见，用 $\boldsymbol{F}'_{ix_i}(\boldsymbol{x}_i)$ 表示对角矩阵 $\mathrm{diag}\left\{\dfrac{\mathrm{d}f_{i1}(x_{i1})}{\mathrm{d}x_{i1}}, \dfrac{\mathrm{d}f_{i2}(x_{i2})}{\mathrm{d}x_{i2}}, \cdots, \dfrac{\mathrm{d}f_{in_i}(x_{in_i})}{\mathrm{d}x_{in_i}}\right\}$，用 $\dot{\boldsymbol{F}}_i(\boldsymbol{x}_i(t))$ 表示向量 $\left(\dfrac{\mathrm{d}f_{i1}\left(x_{i1}(t)\right)}{\mathrm{d}t}, \dfrac{\mathrm{d}f_{i2}\left(x_{i2}(t)\right)}{\mathrm{d}t}, \cdots, \dfrac{\mathrm{d}f_{in_i}\left(x_{in_i}(t)\right)}{\mathrm{d}t}\right)^{\mathrm{T}}$。

定理 3.6 的证明 选择如下的 Lyapunov-Krasovskii 泛函：

$$V(\boldsymbol{x}_t) := \sum_{i=1}^{N}\left\{\sum_{k=1}^{n_i}2\alpha_{ik}\int_0^{x_{ik}} f_{ik}(s)\mathrm{d}s + \sum_{j=1}^{N}\left[\int_{t-\tau_{ij}}^{t}\boldsymbol{F}_j^{\mathrm{T}}(\boldsymbol{x}_j(s))\boldsymbol{Q}_{ij}\boldsymbol{F}_j(\boldsymbol{x}_j(s))\mathrm{d}s\right.\right.$$
$$\left.\left. + \int_{-\tau_{ij}}^{0}\int_{t+\theta}^{t}\dot{\boldsymbol{F}}_j^{\mathrm{T}}(\boldsymbol{x}_j(s))\boldsymbol{R}_{ij}\dot{\boldsymbol{F}}_j(\boldsymbol{x}_j(s))\mathrm{d}s\mathrm{d}\theta\right]\right\}$$

由假设 3.1 和定理 3.6 的条件可知，泛函 $V(\boldsymbol{x}_t)$ 是全局正定且径向无穷大的。$V(\boldsymbol{x}_t)$

沿系统(3.54)的解 $\boldsymbol{x}(t)$ 在子集 Ω 内的导数为

$$\begin{aligned}\dot{V}(\boldsymbol{x}_t)=&\sum_{i=1}^{N}\Big\{\boldsymbol{F}_i^{\mathrm{T}}\big(\boldsymbol{x}_i(t)\big)\big[\boldsymbol{\Lambda}_i\boldsymbol{A}_i+\boldsymbol{A}_i^{\mathrm{T}}\boldsymbol{\Lambda}_i+\boldsymbol{\Lambda}_i\boldsymbol{B}_i\boldsymbol{K}_i+\boldsymbol{K}_i^{\mathrm{T}}\boldsymbol{B}_i^{\mathrm{T}}\boldsymbol{\Lambda}_i\big]\boldsymbol{F}_i\big(\boldsymbol{x}_i(t)\big)\\&+2\boldsymbol{F}_i^{\mathrm{T}}\big(\boldsymbol{x}_i(t)\big)\boldsymbol{\Lambda}_i\sum_{j=1}^{N}\boldsymbol{C}_{ij}\boldsymbol{F}_j\big(\boldsymbol{x}_j(t-\tau_{ij})\big)+\sum_{j=1}^{N}\boldsymbol{F}_j^{\mathrm{T}}\big(\boldsymbol{x}_j(t)\big)\boldsymbol{Q}_{ij}\boldsymbol{F}_j\big(\boldsymbol{x}_j(t)\big)\\&-\sum_{j=1}^{N}\boldsymbol{F}_j^{\mathrm{T}}\big(\boldsymbol{x}_j(t-\tau_{ij})\big)\boldsymbol{Q}_{ij}\boldsymbol{F}_j\big(\boldsymbol{x}_j(t-\tau_{ij})\big)+\sum_{j=1}^{N}\tau_{ij}\dot{\boldsymbol{F}}_j^{\mathrm{T}}(\boldsymbol{x}_j(t))\boldsymbol{R}_{ij}\dot{\boldsymbol{F}}_j\big(\boldsymbol{x}_j(t)\big)\\&-\sum_{j=1}^{N}\int_{t-\tau_{ij}}^{t}\dot{\boldsymbol{F}}_j^{\mathrm{T}}\big(\boldsymbol{x}_j(s)\big)\boldsymbol{R}_{ij}\dot{\boldsymbol{F}}_j\big(\boldsymbol{x}_j(s)\big)\mathrm{d}s\Big\}\end{aligned}$$

式中，$\boldsymbol{\Lambda}_i=\mathrm{diag}\left\{\alpha_{i1},\alpha_{i2},\cdots,\alpha_{in_i}\right\}$；$\boldsymbol{R}_{ij}>0$ 为正定对角矩阵。

利用推论 3.2，有

$$\begin{aligned}\dot{V}(\boldsymbol{x}_t)\leqslant&\sum_{i=1}^{N}\Bigg\{\boldsymbol{F}_i^{\mathrm{T}}\big(\boldsymbol{x}_i(t)\big)\big(\boldsymbol{\Lambda}_i\boldsymbol{A}_i+\boldsymbol{A}_i^{\mathrm{T}}\boldsymbol{\Lambda}_i+\boldsymbol{\Lambda}_i\boldsymbol{B}_i\boldsymbol{K}_i+\boldsymbol{K}_i^{\mathrm{T}}\boldsymbol{B}_i^{\mathrm{T}}\boldsymbol{\Lambda}_i\big)\boldsymbol{F}_i\big(\boldsymbol{x}_i(t)\big)\\&+2\boldsymbol{F}_i^{\mathrm{T}}\big(\boldsymbol{x}_i(t)\big)\boldsymbol{\Lambda}_i\sum_{j=1}^{N}\boldsymbol{C}_{ij}\boldsymbol{F}_j\big(\boldsymbol{x}_j(t-\tau_{ij})\big)+\sum_{j=1}^{N}\boldsymbol{F}_j^{\mathrm{T}}\big(\boldsymbol{x}_j(t)\big)\boldsymbol{Q}_{ij}\boldsymbol{F}_j\big(\boldsymbol{x}_j(t)\big)\\&-\sum_{j=1}^{N}\boldsymbol{F}_j^{\mathrm{T}}\big(\boldsymbol{x}_j(t-\tau_{ij})\big)\boldsymbol{Q}_{ij}\boldsymbol{F}_j\big(\boldsymbol{x}_j(t-\tau_{ij})\big)+\sum_{j=1}^{N}\tau_{ij}\dot{\boldsymbol{x}}_j^{\mathrm{T}}(t)\big(\boldsymbol{F}'_{j_{x_j}}(\boldsymbol{x}_j)\big)^2\boldsymbol{R}_{ij}\dot{\boldsymbol{x}}_j(t)\\&+\sum_{j=1}^{N}\Bigg(\begin{bmatrix}\boldsymbol{F}_j^{\mathrm{T}}\big(\boldsymbol{x}_j(t)\big) & \boldsymbol{F}_j^{\mathrm{T}}\big(\boldsymbol{x}_j(t-\tau_{ij})\big)\end{bmatrix}\Bigg(\begin{bmatrix}\boldsymbol{M}_{ij}^{\mathrm{T}}+\boldsymbol{M}_{ij} & -\boldsymbol{M}_{ij}^{\mathrm{T}}+\boldsymbol{L}_{ij}\\ \boldsymbol{L}_{ij}^{\mathrm{T}}-\boldsymbol{M}_{ij} & -\boldsymbol{L}_{ij}^{\mathrm{T}}-\boldsymbol{L}_{ij}\end{bmatrix}\\&+\tau_{ij}\begin{bmatrix}\boldsymbol{M}_{ij}^{\mathrm{T}}\\ \boldsymbol{L}_{ij}^{\mathrm{T}}\end{bmatrix}\boldsymbol{R}_{ij}^{-1}\begin{bmatrix}\boldsymbol{M}_{ij} & \boldsymbol{L}_{ij}\end{bmatrix}\Bigg)\begin{bmatrix}\boldsymbol{F}_j\big(\boldsymbol{x}_j(t)\big)\\ \boldsymbol{F}_j\big(\boldsymbol{x}_j(t-\tau_{ij})\big)\end{bmatrix}\Bigg)\Bigg\}\\=&\sum_{i=1}^{N}\Big\{\boldsymbol{F}_i^{\mathrm{T}}(\boldsymbol{x}_i(t))\big(\boldsymbol{\Lambda}_i\boldsymbol{A}_i+\boldsymbol{A}_i^{\mathrm{T}}\boldsymbol{\Lambda}_i+\boldsymbol{\Lambda}_i\boldsymbol{B}_i\boldsymbol{K}_i+\boldsymbol{K}_i^{\mathrm{T}}\boldsymbol{B}_i^{\mathrm{T}}\boldsymbol{\Lambda}_i\big)\boldsymbol{F}_i\big(\boldsymbol{x}_i(t)\big)\\&+2\boldsymbol{F}_i^{\mathrm{T}}\big(\boldsymbol{x}_i(t)\big)\boldsymbol{\Lambda}_i\sum_{j=1}^{N}\boldsymbol{C}_{ij}\boldsymbol{F}_j\big(\boldsymbol{x}_j(t-\tau_{ij})\big)+\boldsymbol{F}_i^{\mathrm{T}}(\boldsymbol{x}_i(t))\Bigg(\sum_{j=1}^{N}\boldsymbol{Q}_{ji}\Bigg)\boldsymbol{F}_i\big(\boldsymbol{x}_i(t)\big)\\&-\sum_{j=1}^{N}\boldsymbol{F}_j^{\mathrm{T}}\big(\boldsymbol{x}_j(t-\tau_{ij})\big)\boldsymbol{Q}_{ij}\boldsymbol{F}_j\big(\boldsymbol{x}_j(t-\tau_{ij})\big)+\boldsymbol{F}_i^{\mathrm{T}}(\boldsymbol{x}_i(t))(\boldsymbol{A}_i+\boldsymbol{B}_i\boldsymbol{K}_i)^{\mathrm{T}}\\&\cdot\Bigg(\sum_{j=1}^{N}\tau_{ji}\rho\boldsymbol{R}_{ji}\Bigg)(\boldsymbol{A}_i+\boldsymbol{B}_i\boldsymbol{K}_i)\boldsymbol{F}_i\big(\boldsymbol{x}_i(t)\big)\\&+2\boldsymbol{F}_i^{\mathrm{T}}(\boldsymbol{x}_i(t))(\boldsymbol{A}_i+\boldsymbol{B}_i\boldsymbol{K}_i)^{\mathrm{T}}\Bigg(\sum_{j=1}^{N}\tau_{ji}\rho\boldsymbol{R}_{ji}\Bigg)\Bigg(\sum_{j=1}^{N}\boldsymbol{C}_{ij}\boldsymbol{F}_j\big(\boldsymbol{x}_j(t-\tau_{ij})\big)\Bigg)\end{aligned}$$

$$+\left(\sum_{j=1}^{N}\boldsymbol{C}_{ij}\boldsymbol{F}_j\left(\boldsymbol{x}_j\left(t-\tau_{ij}\right)\right)\right)^{\mathrm{T}}\left(\sum_{j=1}^{N}\tau_{ji}\rho\boldsymbol{R}_{ji}\right)\left(\sum_{j=1}^{N}\boldsymbol{C}_{ij}\boldsymbol{F}_j\left(\boldsymbol{x}_j\left(t-\tau_{ij}\right)\right)\right)$$

$$+\boldsymbol{F}_i^{\mathrm{T}}\left(\boldsymbol{x}_i(t)\right)\left(\sum_{j=1}^{N}\left(\boldsymbol{M}_{ji}^{\mathrm{T}}+\boldsymbol{M}_{ji}+\tau_{ji}\boldsymbol{M}_{ji}^{\mathrm{T}}\boldsymbol{R}_{ji}^{-1}\boldsymbol{M}_{ji}\right)\right)\boldsymbol{F}_i\left(\boldsymbol{x}_i(t)\right)$$

$$+2\boldsymbol{F}_i^{\mathrm{T}}\left(\boldsymbol{x}_i(t)\right)\sum_{j=1}^{N}\left(-\boldsymbol{M}_{ji}^{\mathrm{T}}+\boldsymbol{L}_{ji}+\tau_{ji}\boldsymbol{M}_{ji}^{\mathrm{T}}\boldsymbol{R}_{ji}^{-1}\boldsymbol{L}_{ji}\right)\boldsymbol{F}_i\left(\boldsymbol{x}_i\left(t-\tau_{ji}\right)\right)$$

$$\left.+\sum_{j=1}^{N}\boldsymbol{F}_i^{\mathrm{T}}\left(\boldsymbol{x}_i\left(t-\tau_{ji}\right)\right)\left(-\boldsymbol{L}_{ji}^{\mathrm{T}}-\boldsymbol{L}_{ji}+\tau_{ji}\boldsymbol{L}_{ji}^{\mathrm{T}}\boldsymbol{R}_{ji}^{-1}\boldsymbol{L}_{ji}\right)\boldsymbol{F}_i\left(\boldsymbol{x}_i\left(t-\tau_{ji}\right)\right)\right\}$$

$$=\sum_{i=1}^{N}\begin{bmatrix}\boldsymbol{F}_i\left(\boldsymbol{x}_i(t)\right)\\ \boldsymbol{F}_i\left(\boldsymbol{x}_i\left(t-\tau_{1i}\right)\right)\\ \boldsymbol{F}_i\left(\boldsymbol{x}_i\left(t-\tau_{2i}\right)\right)\\ \vdots\\ \boldsymbol{F}_i\left(\boldsymbol{x}_i\left(t-\tau_{Ni}\right)\right)\\ \boldsymbol{F}_1\left(\boldsymbol{x}_1\left(t-\tau_{i1}\right)\right)\\ \boldsymbol{F}_2\left(\boldsymbol{x}_2\left(t-\tau_{i2}\right)\right)\\ \vdots\\ \boldsymbol{F}_N\left(\boldsymbol{x}_N\left(t-\tau_{iN}\right)\right)\end{bmatrix}^{\mathrm{T}}\begin{bmatrix}\boldsymbol{\Theta}_{i11} & \boldsymbol{\Theta}_{i12} & \boldsymbol{\Theta}_{i13}\\ \boldsymbol{\Theta}_{i12}^{\mathrm{T}} & \boldsymbol{\Theta}_{i22} & \boldsymbol{0}\\ \boldsymbol{\Theta}_{i13}^{\mathrm{T}} & \boldsymbol{0} & \boldsymbol{\Theta}_{i33}\end{bmatrix}\begin{bmatrix}\boldsymbol{F}_i\left(\boldsymbol{x}_i(t)\right)\\ \boldsymbol{F}_i\left(\boldsymbol{x}_i\left(t-\tau_{1i}\right)\right)\\ \boldsymbol{F}_i\left(\boldsymbol{x}_i\left(t-\tau_{2i}\right)\right)\\ \vdots\\ \boldsymbol{F}_i\left(\boldsymbol{x}_i\left(t-\tau_{Ni}\right)\right)\\ \boldsymbol{F}_1\left(\boldsymbol{x}_1\left(t-\tau_{i1}\right)\right)\\ \boldsymbol{F}_2\left(\boldsymbol{x}_2\left(t-\tau_{i2}\right)\right)\\ \vdots\\ \boldsymbol{F}_N\left(\boldsymbol{x}_N\left(t-\tau_{iN}\right)\right)\end{bmatrix}$$

式中

$$\boldsymbol{\Theta}_{i11}=\boldsymbol{\Lambda}_i\boldsymbol{A}_i+\boldsymbol{A}_i^{\mathrm{T}}\boldsymbol{\Lambda}_i+\boldsymbol{\Lambda}_i\boldsymbol{B}_i\boldsymbol{K}_i+\boldsymbol{K}_i^{\mathrm{T}}\boldsymbol{B}_i^{\mathrm{T}}\boldsymbol{\Lambda}_i+\sum_{j=1}^{N}\boldsymbol{Q}_{ji}+\sum_{j=1}^{N}\left(\boldsymbol{M}_{ji}^{\mathrm{T}}+\boldsymbol{M}_{ji}\right)$$
$$+\left(\boldsymbol{A}_i+\boldsymbol{B}_i\boldsymbol{K}_i\right)^{\mathrm{T}}\left(\sum_{j=1}^{N}\tau_{ji}\rho\boldsymbol{R}_{ji}\right)\left(\boldsymbol{A}_i+\boldsymbol{B}_i\boldsymbol{K}_i\right)+\sum_{j=1}^{N}\tau_{ji}\boldsymbol{M}_{ji}^{\mathrm{T}}\boldsymbol{R}_{ji}^{-1}\boldsymbol{M}_{ji}$$

$$\boldsymbol{\Theta}_{i12}=$$
$$\left[-\boldsymbol{M}_{1i}^{\mathrm{T}}+\boldsymbol{L}_{1i}+\tau_{1i}\boldsymbol{M}_{1i}^{\mathrm{T}}\boldsymbol{R}_{1i}^{-1}\boldsymbol{L}_{1i}\quad -\boldsymbol{M}_{2i}^{\mathrm{T}}+\boldsymbol{L}_{2i}+\tau_{2i}\boldsymbol{M}_{2i}^{\mathrm{T}}\boldsymbol{R}_{2i}^{-1}\boldsymbol{L}_{2i}\quad\cdots\quad -\boldsymbol{M}_{Ni}^{\mathrm{T}}+\boldsymbol{L}_{Ni}+\tau_{Ni}\boldsymbol{M}_{Ni}^{\mathrm{T}}\boldsymbol{R}_{Ni}^{-1}\boldsymbol{L}_{Ni}\right]$$

$$\boldsymbol{\Theta}_{i13}=$$
$$\left[\boldsymbol{\Lambda}_i\boldsymbol{C}_{i1}+\left(\boldsymbol{A}_i+\boldsymbol{B}_i\boldsymbol{K}_i\right)^{\mathrm{T}}\left(\sum_{j=1}^{N}\tau_{ji}\rho\boldsymbol{R}_{ji}\right)\boldsymbol{C}_{i1}\quad\cdots\quad\boldsymbol{\Lambda}_i\boldsymbol{C}_{iN}+\left(\boldsymbol{A}_i+\boldsymbol{B}_i\boldsymbol{K}_i\right)^{\mathrm{T}}\left(\sum_{j=1}^{N}\tau_{ji}\rho\boldsymbol{R}_{ji}\right)\boldsymbol{C}_{iN}\right]$$

$$\boldsymbol{\Theta}_{i22}=\mathrm{diag}\left\{-\boldsymbol{L}_{1i}^{\mathrm{T}}-\boldsymbol{L}_{1i}+\tau_{1i}\boldsymbol{L}_{1i}^{\mathrm{T}}\boldsymbol{R}_{1i}^{-1}\boldsymbol{L}_{1i},\cdots,-\boldsymbol{L}_{Ni}^{\mathrm{T}}-\boldsymbol{L}_{Ni}+\tau_{Ni}\boldsymbol{L}_{Ni}^{\mathrm{T}}\boldsymbol{R}_{Ni}^{-1}\boldsymbol{L}_{Ni}\right\}$$

$$\boldsymbol{\Theta}_{i33}=\begin{bmatrix} -\boldsymbol{Q}_{i1}+\boldsymbol{C}_{i1}^{\mathrm{T}}\left(\sum_{j=1}^{N}\tau_{ji}\rho\boldsymbol{R}_{ji}\right)\boldsymbol{C}_{i1} & \boldsymbol{C}_{i1}^{\mathrm{T}}\left(\sum_{j=1}^{N}\tau_{ji}\rho\boldsymbol{R}_{ji}\right)\boldsymbol{C}_{i2} & \cdots & \boldsymbol{C}_{i1}^{\mathrm{T}}\left(\sum_{j=1}^{N}\tau_{ji}\rho\boldsymbol{R}_{ji}\right)\boldsymbol{C}_{iN} \\ \boldsymbol{C}_{i2}^{\mathrm{T}}\left(\sum_{j=1}^{N}\tau_{ji}\rho\boldsymbol{R}_{ji}\right)\boldsymbol{C}_{i1} & -\boldsymbol{Q}_{i2}+\boldsymbol{C}_{i2}^{\mathrm{T}}\left(\sum_{j=1}^{N}\tau_{ji}\rho\boldsymbol{R}_{ji}\right)\boldsymbol{C}_{i2} & \cdots & \boldsymbol{C}_{i2}^{\mathrm{T}}\left(\sum_{j=1}^{N}\tau_{ji}\rho\boldsymbol{R}_{ji}\right)\boldsymbol{C}_{iN} \\ \vdots & \vdots & & \vdots \\ \boldsymbol{C}_{iN}^{\mathrm{T}}\left(\sum_{j=1}^{N}\tau_{ji}\rho\boldsymbol{R}_{ji}\right)\boldsymbol{C}_{i1} & \boldsymbol{C}_{iN}^{\mathrm{T}}\left(\sum_{j=1}^{N}\tau_{ji}\rho\boldsymbol{R}_{ji}\right)\boldsymbol{C}_{i2} & \cdots & -\boldsymbol{Q}_{iN}+\boldsymbol{C}_{iN}^{\mathrm{T}}\left(\sum_{j=1}^{N}\tau_{ji}\rho\boldsymbol{R}_{ji}\right)\boldsymbol{C}_{iN} \end{bmatrix}$$

若矩阵

$$\begin{bmatrix} \boldsymbol{\Theta}_{i11} & \boldsymbol{\Theta}_{i12} & \boldsymbol{\Theta}_{i13} \\ \boldsymbol{\Theta}_{i12}^{\mathrm{T}} & \boldsymbol{\Theta}_{i22} & \boldsymbol{0} \\ \boldsymbol{\Theta}_{i13}^{\mathrm{T}} & \boldsymbol{0} & \boldsymbol{\Theta}_{i33} \end{bmatrix}<0 \tag{3.57}$$

则闭环系统(3.54)是渐近稳定的。利用 Schur 补矩阵不等式(3.57)等价于下面的矩阵不等式

$$\begin{bmatrix} \boldsymbol{\Omega}_{i11} & \boldsymbol{\Omega}_{i12} & \boldsymbol{\Omega}_{i13} & \boldsymbol{\Omega}_{i14} & \boldsymbol{\Omega}_{i15} \\ \boldsymbol{\Omega}_{i12}^{\mathrm{T}} & \boldsymbol{\Omega}_{i22} & \boldsymbol{0} & \boldsymbol{\Omega}_{i24} & \boldsymbol{0} \\ \boldsymbol{\Omega}_{i13}^{\mathrm{T}} & \boldsymbol{0} & \boldsymbol{\Omega}_{i33} & \boldsymbol{0} & \boldsymbol{\Omega}_{i35} \\ \boldsymbol{\Omega}_{i14}^{\mathrm{T}} & \boldsymbol{\Omega}_{i24}^{\mathrm{T}} & \boldsymbol{0} & \boldsymbol{\Omega}_{i44} & \boldsymbol{0} \\ \boldsymbol{\Omega}_{i15}^{\mathrm{T}} & \boldsymbol{0} & \boldsymbol{\Omega}_{i35}^{\mathrm{T}} & \boldsymbol{0} & \boldsymbol{\Omega}_{i55} \end{bmatrix}<0 \tag{3.58}$$

式中

$$\boldsymbol{\Omega}_{i11}=\boldsymbol{\Lambda}_i\boldsymbol{A}_i+\boldsymbol{A}_i^{\mathrm{T}}\boldsymbol{\Lambda}_i+\boldsymbol{\Lambda}_i\boldsymbol{B}_i\boldsymbol{K}_i+\boldsymbol{K}_i^{\mathrm{T}}\boldsymbol{B}_i^{\mathrm{T}}\boldsymbol{\Lambda}_i+\sum_{j=1}^{N}\boldsymbol{Q}_{ji}+\sum_{j=1}^{N}\left(\boldsymbol{M}_{ji}^{\mathrm{T}}+\boldsymbol{M}_{ji}\right)$$

$$\boldsymbol{\Omega}_{i12}=\begin{bmatrix} -\boldsymbol{M}_{1i}^{\mathrm{T}}+\boldsymbol{L}_{1i} & -\boldsymbol{M}_{2i}^{\mathrm{T}}+\boldsymbol{L}_{2i} & \cdots & -\boldsymbol{M}_{Ni}^{\mathrm{T}}+\boldsymbol{L}_{Ni} \end{bmatrix}$$

$$\boldsymbol{\Omega}_{i13}=\begin{bmatrix} \boldsymbol{\Lambda}_i\boldsymbol{C}_{i1} & \boldsymbol{\Lambda}_i\boldsymbol{C}_{i2} & \cdots & \boldsymbol{\Lambda}_i\boldsymbol{C}_{iN} \end{bmatrix},\ \boldsymbol{\Omega}_{i14}=\begin{bmatrix} \tau_{1i}\boldsymbol{M}_{1i}^{\mathrm{T}} & \tau_{2i}\boldsymbol{M}_{2i}^{\mathrm{T}} & \cdots & \tau_{Ni}\boldsymbol{M}_{Ni}^{\mathrm{T}} \end{bmatrix}$$

$$\boldsymbol{\Omega}_{i15}=\begin{bmatrix} \left(\boldsymbol{A}_i+\boldsymbol{B}_i\boldsymbol{K}_i\right)^{\mathrm{T}}\tau_{1i}\rho\boldsymbol{R}_{1i} & \left(\boldsymbol{A}_i+\boldsymbol{B}_i\boldsymbol{K}_i\right)^{\mathrm{T}}\tau_{2i}\rho\boldsymbol{R}_{2i} & \cdots & \left(\boldsymbol{A}_i+\boldsymbol{B}_i\boldsymbol{K}_i\right)^{\mathrm{T}}\tau_{Ni}\rho\boldsymbol{R}_{Ni} \end{bmatrix}$$

$$\boldsymbol{\Omega}_{i22}=\mathrm{diag}\left\{-\boldsymbol{L}_{1i}^{\mathrm{T}}-\boldsymbol{L}_{1i},\ -\boldsymbol{L}_{2i}^{\mathrm{T}}-\boldsymbol{L}_{2i},\ \cdots,\ -\boldsymbol{L}_{Ni}^{\mathrm{T}}-\boldsymbol{L}_{Ni}\right\}$$

$$\boldsymbol{\Omega}_{i24}=\mathrm{diag}\left\{\tau_{1i}\boldsymbol{L}_{1i}^{\mathrm{T}},\tau_{2i}\boldsymbol{L}_{2i}^{\mathrm{T}},\cdots,\tau_{Ni}\boldsymbol{L}_{Ni}^{\mathrm{T}}\right\},\quad \boldsymbol{\Omega}_{i33}=\mathrm{diag}\left\{-\boldsymbol{Q}_{i1},\ -\boldsymbol{Q}_{i2},\ \cdots,\ -\boldsymbol{Q}_{iN}\right\}$$

$$\boldsymbol{\Omega}_{i35}=\begin{bmatrix} \boldsymbol{C}_{i1}^{\mathrm{T}}\tau_{1i}\rho\boldsymbol{R}_{1i} & \boldsymbol{C}_{i1}^{\mathrm{T}}\tau_{2i}\rho\boldsymbol{R}_{2i} & \cdots & \boldsymbol{C}_{i1}^{\mathrm{T}}\tau_{Ni}\rho\boldsymbol{R}_{Ni} \\ \boldsymbol{C}_{i2}^{\mathrm{T}}\tau_{1i}\rho\boldsymbol{R}_{1i} & \boldsymbol{C}_{i2}^{\mathrm{T}}\tau_{2i}\rho\boldsymbol{R}_{2i} & \cdots & \boldsymbol{C}_{i2}^{\mathrm{T}}\tau_{Ni}\rho\boldsymbol{R}_{Ni} \\ \vdots & \vdots & & \vdots \\ \boldsymbol{C}_{iN}^{\mathrm{T}}\tau_{1i}\rho\boldsymbol{R}_{1i} & \boldsymbol{C}_{iN}^{\mathrm{T}}\tau_{2i}\rho\boldsymbol{R}_{2i} & \cdots & \boldsymbol{C}_{iN}^{\mathrm{T}}\tau_{Ni}\rho\boldsymbol{R}_{Ni} \end{bmatrix}$$

$$\boldsymbol{\Omega}_{i44}=\mathrm{diag}\left\{-\tau_{1i}\boldsymbol{R}_{1i},\ -\tau_{2i}\boldsymbol{R}_{2i},\ \cdots,\ -\tau_{Ni}\boldsymbol{R}_{Ni}\right\}$$

$$\boldsymbol{\Omega}_{i55}=\operatorname{diag}\{-\rho\tau_{1i}\boldsymbol{R}_{1i},\ -\rho\tau_{2i}\boldsymbol{R}_{2i},\ \cdots,\ -\rho\tau_{Ni}\boldsymbol{R}_{Ni}\}$$

式(3.58)分别左乘和右乘分块矩阵 $\operatorname{diag}\{\boldsymbol{I},\boldsymbol{I},\boldsymbol{I},\boldsymbol{R}_i^{-1},\boldsymbol{R}_i^{-1}\}$，其中 $\boldsymbol{R}_i^{-1}=\operatorname{diag}\{\boldsymbol{R}_{1i}^{-1},\boldsymbol{R}_{2i}^{-1},\cdots,\boldsymbol{R}_{Ni}^{-1}\}$ 得

$$\begin{bmatrix}\boldsymbol{\Omega}_{i11} & \boldsymbol{\Omega}_{i12} & \boldsymbol{\Omega}_{i13} & \bar{\boldsymbol{\Omega}}_{i14} & \bar{\boldsymbol{\Omega}}_{i15}\\ \boldsymbol{\Omega}_{i12}^{\mathrm{T}} & \boldsymbol{\Omega}_{i22} & \boldsymbol{0} & \bar{\boldsymbol{\Omega}}_{i24} & \boldsymbol{0}\\ \boldsymbol{\Omega}_{i13}^{\mathrm{T}} & \boldsymbol{0} & \boldsymbol{\Omega}_{i33} & \boldsymbol{0} & \bar{\boldsymbol{\Omega}}_{i35}\\ \bar{\boldsymbol{\Omega}}_{i14}^{\mathrm{T}} & \bar{\boldsymbol{\Omega}}_{i24}^{\mathrm{T}} & \boldsymbol{0} & \bar{\boldsymbol{\Omega}}_{i44} & \boldsymbol{0}\\ \bar{\boldsymbol{\Omega}}_{i15}^{\mathrm{T}} & \boldsymbol{0} & \bar{\boldsymbol{\Omega}}_{i35}^{\mathrm{T}} & \boldsymbol{0} & \bar{\boldsymbol{\Omega}}_{i55}\end{bmatrix}<0 \tag{3.59}$$

式中

$$\bar{\boldsymbol{\Omega}}_{i14}=\begin{bmatrix}\tau_{1i}\boldsymbol{M}_{1i}^{\mathrm{T}}\boldsymbol{R}_{1i}^{-1} & \tau_{2i}\boldsymbol{M}_{2i}^{\mathrm{T}}\boldsymbol{R}_{2i}^{-1} & \cdots & \tau_{Ni}\boldsymbol{M}_{Ni}^{\mathrm{T}}\boldsymbol{R}_{Ni}^{-1}\end{bmatrix}$$

$$\bar{\boldsymbol{\Omega}}_{i15}=\begin{bmatrix}(\boldsymbol{A}_i+\boldsymbol{B}_i\boldsymbol{K}_i)^{\mathrm{T}}\tau_{1i}\rho & (\boldsymbol{A}_i+\boldsymbol{B}_i\boldsymbol{K}_i)^{\mathrm{T}}\tau_{2i}\rho & \cdots & (\boldsymbol{A}_i+\boldsymbol{B}_i\boldsymbol{K}_i)^{\mathrm{T}}\tau_{Ni}\rho\end{bmatrix}$$

$$\bar{\boldsymbol{\Omega}}_{i24}=\operatorname{diag}\{\tau_{1i}\boldsymbol{L}_{1i}^{\mathrm{T}}\boldsymbol{R}_{1i}^{-1},\tau_{2i}\boldsymbol{L}_{2i}^{\mathrm{T}}\boldsymbol{R}_{2i}^{-1},\cdots,\tau_{Ni}\boldsymbol{L}_{Ni}^{\mathrm{T}}\boldsymbol{R}_{Ni}^{-1}\}$$

$$\bar{\boldsymbol{\Omega}}_{i35}=\begin{bmatrix}\boldsymbol{C}_{i1}^{\mathrm{T}}\tau_{1i}\rho & \boldsymbol{C}_{i1}^{\mathrm{T}}\tau_{2i}\rho & \cdots & \boldsymbol{C}_{i1}^{\mathrm{T}}\tau_{Ni}\rho\\ \boldsymbol{C}_{i2}^{\mathrm{T}}\tau_{1i}\rho & \boldsymbol{C}_{i2}^{\mathrm{T}}\tau_{2i}\rho & \cdots & \boldsymbol{C}_{i2}^{\mathrm{T}}\tau_{Ni}\rho\\ \vdots & \vdots & & \vdots\\ \boldsymbol{C}_{iN}^{\mathrm{T}}\tau_{1i}\rho & \boldsymbol{C}_{iN}^{\mathrm{T}}\tau_{2i}\rho & \cdots & \boldsymbol{C}_{iN}^{\mathrm{T}}\tau_{Ni}\rho\end{bmatrix}$$

$$\bar{\boldsymbol{\Omega}}_{i44}=\operatorname{diag}\{-\tau_{1i}\boldsymbol{R}_{1i}^{-1},-\tau_{2i}\boldsymbol{R}_{2i}^{-1},\cdots,-\tau_{Ni}\boldsymbol{R}_{Ni}^{-1}\}$$

$$\bar{\boldsymbol{\Omega}}_{i55}=\operatorname{diag}\{-\rho\tau_{1i}\boldsymbol{R}_{1i}^{-1},-\rho\tau_{2i}\boldsymbol{R}_{2i}^{-1},\cdots,-\rho\tau_{Ni}\boldsymbol{R}_{Ni}^{-1}\}$$

令

$$\boldsymbol{W}_i=\begin{bmatrix}\boldsymbol{A}_i & \boldsymbol{0} & \boldsymbol{0} & \cdots & \boldsymbol{0}\\ \boldsymbol{M}_{1i} & \boldsymbol{L}_{1i} & \boldsymbol{0} & \cdots & \boldsymbol{0}\\ \boldsymbol{M}_{2i} & \boldsymbol{0} & \boldsymbol{L}_{2i} & \cdots & \boldsymbol{0}\\ \vdots & \vdots & \vdots & & \vdots\\ \boldsymbol{M}_{Ni} & \boldsymbol{0} & \boldsymbol{0} & \cdots & \boldsymbol{L}_{Ni}\end{bmatrix},\quad \bar{\boldsymbol{A}}_i=\begin{bmatrix}\boldsymbol{A}_i+\boldsymbol{B}_i\boldsymbol{K}_i & \boldsymbol{0} & \boldsymbol{0} & \cdots & \boldsymbol{0}\\ \boldsymbol{I} & -\boldsymbol{I} & \boldsymbol{0} & \cdots & \boldsymbol{0}\\ \boldsymbol{I} & \boldsymbol{0} & -\boldsymbol{I} & \cdots & \boldsymbol{0}\\ \vdots & \vdots & \vdots & & \vdots\\ \boldsymbol{I} & \boldsymbol{0} & \boldsymbol{0} & \cdots & -\boldsymbol{I}\end{bmatrix}$$

为了能设计控制器对式(3.59)进行重新分块得

$$\begin{bmatrix}\boldsymbol{W}_i^{\mathrm{T}}\bar{\boldsymbol{A}}_i+\bar{\boldsymbol{A}}_i^{\mathrm{T}}\boldsymbol{W}_i+\boldsymbol{Q}_i & \boldsymbol{W}_i^{\mathrm{T}}\boldsymbol{C}_i & \boldsymbol{W}_i^{\mathrm{T}}\begin{bmatrix}\boldsymbol{0}\\ -\bar{\boldsymbol{\Omega}}_{i44}\end{bmatrix} & \begin{bmatrix}\bar{\boldsymbol{\Omega}}_{i15}\\ \boldsymbol{0}\end{bmatrix}\\ \boldsymbol{C}_i^{\mathrm{T}}\boldsymbol{W}_i & \boldsymbol{\Omega}_{i33} & \boldsymbol{0} & \bar{\boldsymbol{\Omega}}_{i35}\\ \begin{bmatrix}\boldsymbol{0} & -\bar{\boldsymbol{\Omega}}_{i44}\end{bmatrix}\boldsymbol{W}_i & \boldsymbol{0} & \bar{\boldsymbol{\Omega}}_{i44} & \boldsymbol{0}\\ \begin{bmatrix}\bar{\boldsymbol{\Omega}}_{i15}^{\mathrm{T}} & \boldsymbol{0}\end{bmatrix} & \bar{\boldsymbol{\Omega}}_{i35}^{\mathrm{T}} & \boldsymbol{0} & \bar{\boldsymbol{\Omega}}_{i55}\end{bmatrix}<0 \tag{3.60}$$

式中

$$
\boldsymbol{C}_i=\begin{bmatrix}\boldsymbol{C}_{i1} & \boldsymbol{C}_{i2} & \cdots & \boldsymbol{C}_{iN}\\ \boldsymbol{0} & \boldsymbol{0} & \cdots & \boldsymbol{0}\\ \vdots & \vdots & & \vdots\\ \boldsymbol{0} & \boldsymbol{0} & \cdots & \boldsymbol{0}\end{bmatrix},\quad \boldsymbol{Q}_i=\mathrm{diag}\left\{\sum_{j=1}^{N}\boldsymbol{Q}_{ji},\boldsymbol{0},\boldsymbol{0},\cdots,\boldsymbol{0}\right\}
$$

设 $\boldsymbol{M}_{ji}=\lambda_{ji}\boldsymbol{\Lambda}_i$，$\boldsymbol{L}_{ji}=\boldsymbol{R}_{ji}$，$j=1,2,\cdots,N$，则 $\boldsymbol{W}_i$ 可逆，且

$$
\boldsymbol{W}_i^{-1}=\begin{bmatrix}\boldsymbol{\Lambda}_i^{-1} & \boldsymbol{0} & \boldsymbol{0} & \cdots & \boldsymbol{0}\\ -\boldsymbol{L}_{1i}^{-1}\boldsymbol{M}_{1i}\boldsymbol{\Lambda}_i^{-1} & \boldsymbol{L}_{1i}^{-1} & \boldsymbol{0} & \cdots & \boldsymbol{0}\\ -\boldsymbol{L}_{2i}^{-1}\boldsymbol{M}_{2i}\boldsymbol{\Lambda}_i^{-1} & \boldsymbol{0} & \boldsymbol{L}_{2i}^{-1} & \cdots & \boldsymbol{0}\\ \vdots & \vdots & \vdots & & \vdots\\ -\boldsymbol{L}_{Ni}^{-1}\boldsymbol{M}_{Ni}\boldsymbol{\Lambda}_i^{-1} & \boldsymbol{0} & \boldsymbol{0} & \cdots & \boldsymbol{L}_{Ni}^{-1}\end{bmatrix}=\begin{bmatrix}\boldsymbol{\Lambda}_i^{-1} & \boldsymbol{0} & \boldsymbol{0} & \cdots & \boldsymbol{0}\\ -\lambda_{1i}\boldsymbol{R}_{1i}^{-1} & \boldsymbol{R}_{1i}^{-1} & \boldsymbol{0} & \cdots & \boldsymbol{0}\\ -\lambda_{2i}\boldsymbol{R}_{2i}^{-1} & \boldsymbol{0} & \boldsymbol{R}_{2i}^{-1} & \cdots & \boldsymbol{0}\\ \vdots & \vdots & \vdots & & \vdots\\ -\lambda_{Ni}\boldsymbol{R}_{Ni}^{-1} & \boldsymbol{0} & \boldsymbol{0} & \cdots & \boldsymbol{R}_{Ni}^{-1}\end{bmatrix}
$$

对式(3.60)左乘分块对角阵 $\mathrm{diag}\left\{\boldsymbol{W}_i^{-1},\mathrm{diag}\left\{\boldsymbol{\Lambda}_i^{-1},\cdots,\boldsymbol{\Lambda}_i^{-1}\right\},\boldsymbol{I},\boldsymbol{I}\right\}^{\mathrm{T}}$，右乘分块对角阵 $\mathrm{diag}\left\{\boldsymbol{W}_i^{-1},\mathrm{diag}\left\{\boldsymbol{\Lambda}_i^{-1},\cdots,\boldsymbol{\Lambda}_i^{-1}\right\},\boldsymbol{I},\boldsymbol{I}\right\}$ 得

$$
\begin{bmatrix}\bar{\boldsymbol{A}}_i\boldsymbol{W}_i^{-1}+\left(\boldsymbol{W}_i^{-1}\right)^{\mathrm{T}}\bar{\boldsymbol{A}}_i^{\mathrm{T}}+\left(\boldsymbol{W}_i^{-1}\right)^{\mathrm{T}}\boldsymbol{Q}_i\boldsymbol{W}_i^{-1} & \boldsymbol{C}_i\mathrm{diag}\left\{\boldsymbol{\Lambda}_i^{-1},\cdots,\boldsymbol{\Lambda}_i^{-1}\right\} & \begin{pmatrix}\boldsymbol{0}\\ -\bar{\boldsymbol{\Omega}}_{i44}\end{pmatrix} & \left(\boldsymbol{W}_i^{-1}\right)^{\mathrm{T}}\begin{pmatrix}\bar{\boldsymbol{\Omega}}_{i15}\\ \boldsymbol{0}\end{pmatrix}\\ \mathrm{diag}\left\{\boldsymbol{\Lambda}_i^{-1},\cdots,\boldsymbol{\Lambda}_i^{-1}\right\}\boldsymbol{C}_i^{\mathrm{T}} & \bar{\boldsymbol{\Omega}}_{i33} & \boldsymbol{0} & \mathrm{diag}\left\{\boldsymbol{\Lambda}_i^{-1},\cdots,\boldsymbol{\Lambda}_i^{-1}\right\}\bar{\boldsymbol{\Omega}}_{i35}\\ \begin{pmatrix}\boldsymbol{0} & -\bar{\boldsymbol{\Omega}}_{i44}\end{pmatrix} & \boldsymbol{0} & \bar{\boldsymbol{\Omega}}_{i44} & \boldsymbol{0}\\ \begin{pmatrix}\bar{\boldsymbol{\Omega}}_{i15}^{\mathrm{T}} & \boldsymbol{0}\end{pmatrix}\boldsymbol{W}_i^{-1} & \bar{\boldsymbol{\Omega}}_{i35}^{\mathrm{T}}\mathrm{diag}\left\{\boldsymbol{\Lambda}_i^{-1},\cdots,\boldsymbol{\Lambda}_i^{-1}\right\} & \boldsymbol{0} & \bar{\boldsymbol{\Omega}}_{i55}\end{bmatrix}<0
\tag{3.61}
$$

式中，$\bar{\boldsymbol{\Omega}}_{i33}=\mathrm{diag}\left\{-\boldsymbol{\Lambda}_i^{-1}\boldsymbol{Q}_{i1}\boldsymbol{\Lambda}_i^{-1},-\boldsymbol{\Lambda}_i^{-1}\boldsymbol{Q}_{i2}\boldsymbol{\Lambda}_i^{-1},\cdots,-\boldsymbol{\Lambda}_i^{-1}\boldsymbol{Q}_{iN}\boldsymbol{\Lambda}_i^{-1}\right\}$，令 $\boldsymbol{X}_i=\boldsymbol{\Lambda}_i^{-1}$，$\boldsymbol{K}_i\boldsymbol{\Lambda}_i^{-1}=\boldsymbol{Y}_i$，即 $\boldsymbol{K}_i=\boldsymbol{Y}_i\boldsymbol{X}_i^{-1}$，$\boldsymbol{R}_{ji}^{-1}=\hat{\boldsymbol{R}}_{ji}$，$\boldsymbol{\Lambda}_i^{-1}\boldsymbol{Q}_{ij}\boldsymbol{\Lambda}_i^{-1}=\hat{\boldsymbol{Q}}_{ij}$，$\boldsymbol{\Lambda}_i^{-1}\boldsymbol{Q}_{ji}\boldsymbol{\Lambda}_i^{-1}=\hat{\boldsymbol{Q}}_{ji}$，$j=1,2,\cdots,N$。如果LMI(3.56)有解，则 LMI(3.60)成立，从而 LMI(3.57)成立，即闭环系统(3.54)在吸引域 Ω 内是渐近稳定的。定理 3.6 证毕。

3.5.3 不确定关联非线性系统的时滞相关分散鲁棒镇定

接下来讨论不确定关联非线性系统(3.49)的分散局部镇定问题。在假设 3.1 和假设 3.2 成立的前提下，给出不确定关联非线性大系统(3.49)的分散局部鲁棒控制器的设计方法。

定理 3.7 对于给定的常数 $\rho>0$ 和 $\tau_{ji}>0$，$j=1,2,\cdots,N$，如果假设 3.1 和假设 3.2 满足且存在正定对角矩阵 $\boldsymbol{X}_i>0$，$\hat{\boldsymbol{R}}_{ji}>0$，$j=1,2,\cdots,N$，正定对称矩阵 $\hat{\boldsymbol{Q}}_{ji}>0$，$\hat{\boldsymbol{Q}}_{ij}>0$，$j=1,2,\cdots,N$，任意矩阵 $\boldsymbol{Y}_i$ 及其常数 λ_{ji} ($j=1,2,\cdots,N$)和 $\mu_i>0$

使得如下的LMIs成立：

$$\begin{bmatrix} (1,1)_i & (1,2)_i & (1,3)_i & \mathbf{0} & (1,5)_i & \mu_i \boldsymbol{D}_i & \boldsymbol{X}_i \boldsymbol{P}_{A_i}^{\mathrm{T}} + \boldsymbol{Y}_i^{\mathrm{T}} \boldsymbol{P}_{B_i}^{\mathrm{T}} \\ (1,2)_i^{\mathrm{T}} & -2\mathrm{diag}\left\{\hat{\boldsymbol{R}}_{1i},\cdots,\hat{\boldsymbol{R}}_{Ni}\right\} & \mathbf{0} & \hat{\boldsymbol{R}}_i & \mathbf{0} & \mathbf{0} & \mathbf{0} \\ (1,3)_i^{\mathrm{T}} & \mathbf{0} & -\mathrm{diag}\left\{\hat{\boldsymbol{Q}}_{i1},\cdots,\hat{\boldsymbol{Q}}_{iN}\right\} & \mathbf{0} & (3,5)_i & \mathbf{0} & \mathbf{0} \\ \mathbf{0} & \hat{\boldsymbol{R}}_i & \mathbf{0} & -\hat{\boldsymbol{R}}_i & \mathbf{0} & \mathbf{0} & \mathbf{0} \\ (1,5)_i^{\mathrm{T}} & \mathbf{0} & (3,5)_i^{\mathrm{T}} & \mathbf{0} & -\rho\hat{\boldsymbol{R}}_i & \mu_i \boldsymbol{\varphi}_i^{\mathrm{T}} & \mathbf{0} \\ \mu_i \boldsymbol{D}_i^{\mathrm{T}} & \mathbf{0} & \mathbf{0} & \mathbf{0} & \mu_i \boldsymbol{\varphi}_i & -\mu_i \boldsymbol{I}_i & \mathbf{0} \\ \boldsymbol{P}_{A_i} \boldsymbol{X}_i + \boldsymbol{P}_{B_i} \boldsymbol{Y} & \mathbf{0} & \mathbf{0} & \mathbf{0} & \mathbf{0} & \mathbf{0} & -\mu_i \boldsymbol{I}_i \end{bmatrix} < 0 \tag{3.62}$$

式中，$\boldsymbol{\varphi}_i = \left(\rho\tau_{1i}\boldsymbol{D}_i^{\mathrm{T}} \quad \cdots \quad \rho\tau_{Ni}\boldsymbol{D}_i^{\mathrm{T}}\right)$，$(1,1)_i$、$(1,2)_i$、$(1,3)_i$、$(1,5)_i$ 和 $(3,5)_i$ 与定理 3.6 相同，则不确定的闭环系统(3.55)在吸引域 Ω 内是局部渐近稳定的，且分散反馈控制器为

$$\boldsymbol{u}_i(t) = \boldsymbol{Y}_i \boldsymbol{X}_i^{-1} \boldsymbol{F}_i\left(\boldsymbol{x}_i(t)\right), \quad i = 1,2,\cdots,N$$

证明　为了证明定理3.7，只要在LMI(3.56)中的左端矩阵中的 $\boldsymbol{A}_i$、$\boldsymbol{B}_i$ 分别用 $\boldsymbol{A}_i + \boldsymbol{D}_i\boldsymbol{G}_i(t)\boldsymbol{P}_{A_i}$、$\boldsymbol{B}_i + \boldsymbol{D}_i\boldsymbol{G}_i(t)\boldsymbol{P}_{B_i}$ 来代替即可。$\boldsymbol{A}_i$、$\boldsymbol{B}_i$ 分别用 $\boldsymbol{A}_i + \boldsymbol{D}_i\boldsymbol{G}_i(t)\boldsymbol{P}_{A_i}$、$\boldsymbol{B}_i + \boldsymbol{D}_i\boldsymbol{G}_i(t)\boldsymbol{P}_{B_i}$ 来代替的LMI(3.56)等价于下列矩阵不等式：

$$\begin{bmatrix} (1,1)_i & (1,2)_i & (1,3)_i & \mathbf{0} & (1,5)_i \\ (1,2)_i^{\mathrm{T}} & -2\mathrm{diag}\left\{\hat{\boldsymbol{R}}_{1i},\cdots,\hat{\boldsymbol{R}}_{Ni}\right\} & \mathbf{0} & \hat{\boldsymbol{R}}_i & \mathbf{0} \\ (1,3)_i^{\mathrm{T}} & \mathbf{0} & -\mathrm{diag}\left\{\hat{\boldsymbol{Q}}_{i1},\cdots,\hat{\boldsymbol{Q}}_{iN}\right\} & \mathbf{0} & (3,5)_i \\ \mathbf{0} & \hat{\boldsymbol{R}}_i & \mathbf{0} & -\hat{\boldsymbol{R}}_i & \mathbf{0} \\ (1,5)_i^{\mathrm{T}} & \mathbf{0} & (3,5)_i^{\mathrm{T}} & \mathbf{0} & -\rho\hat{\boldsymbol{R}}_i \end{bmatrix} + \begin{bmatrix} \boldsymbol{D}_i \\ \mathbf{0} \\ \mathbf{0} \\ \mathbf{0} \\ \boldsymbol{\varphi}_i^{\mathrm{T}} \end{bmatrix} \boldsymbol{G}_i(t)\left[\boldsymbol{P}_{A_i}\boldsymbol{X}_i + \boldsymbol{P}_{B_i}\boldsymbol{Y}_i \quad \mathbf{0} \quad \mathbf{0} \quad \mathbf{0} \quad \mathbf{0}\right] + \begin{bmatrix} \boldsymbol{X}_i\boldsymbol{P}_{A_i}^{\mathrm{T}} + \boldsymbol{Y}_i^{\mathrm{T}}\boldsymbol{P}_{B_i}^{\mathrm{T}} \\ \mathbf{0} \\ \mathbf{0} \\ \mathbf{0} \\ \mathbf{0} \end{bmatrix} \boldsymbol{G}_i^{\mathrm{T}}(t)\left[\boldsymbol{D}_i^{\mathrm{T}} \quad \mathbf{0} \quad \mathbf{0} \quad \mathbf{0} \quad \boldsymbol{\varphi}_i\right] < 0 \tag{3.63}$$

根据引理 3.3，LMI(3.63)成立等价于下列 LMI：

$$\begin{bmatrix} (1,1)_i & (1,2)_i & (1,3)_i & \mathbf{0} & (1,5)_i \\ (1,2)_i^{\mathrm{T}} & -2\mathrm{diag}\left\{\hat{\boldsymbol{R}}_{1i},\cdots,\hat{\boldsymbol{R}}_{Ni}\right\} & \mathbf{0} & \hat{\boldsymbol{R}}_i & \mathbf{0} \\ (1,3)_i^{\mathrm{T}} & \mathbf{0} & -\mathrm{diag}\left\{\hat{\boldsymbol{Q}}_{i1},\cdots,\hat{\boldsymbol{Q}}_{iN}\right\} & \mathbf{0} & (3,5)_i \\ \mathbf{0} & \hat{\boldsymbol{R}}_i & \mathbf{0} & -\hat{\boldsymbol{R}}_i & \mathbf{0} \\ (1,5)_i^{\mathrm{T}} & \mathbf{0} & (3,5)_i^{\mathrm{T}} & \mathbf{0} & -\rho\hat{\boldsymbol{R}}_i \end{bmatrix}$$

$$+\mu_i\begin{bmatrix} \boldsymbol{D}_i \\ \mathbf{0} \\ \mathbf{0} \\ \mathbf{0} \\ \boldsymbol{\varphi}_i^{\mathrm{T}} \end{bmatrix}\begin{bmatrix} \boldsymbol{D}_i^{\mathrm{T}} & \mathbf{0} & \mathbf{0} & \mathbf{0} & \boldsymbol{\varphi}_i \end{bmatrix} \tag{3.64}$$

$$+\mu_i^{-1}\begin{bmatrix} \boldsymbol{X}_i\boldsymbol{P}_{\boldsymbol{A}_i}^{\mathrm{T}}+\boldsymbol{Y}_i^{\mathrm{T}}\boldsymbol{P}_{\boldsymbol{B}_i}^{\mathrm{T}} \\ \mathbf{0} \\ \mathbf{0} \\ \mathbf{0} \\ \mathbf{0} \end{bmatrix}\begin{bmatrix} \boldsymbol{P}_{\boldsymbol{A}_i}\boldsymbol{X}_i+\boldsymbol{P}_{\boldsymbol{B}_i}\boldsymbol{Y}_i & \mathbf{0} & \mathbf{0} & \mathbf{0} & \mathbf{0} \end{bmatrix}<0$$

由 Schur 补引理，式(3.64)等价于式(3.62)。定理 3.7 证毕。

为了说明上述定理的有效性，给出了例 3.6，为计算方便，例中的参数 $\rho=1$，实际上，它可以被设置成一个较大的数。

例 3.6 考虑由两个子系统构成的关联大系统：

$$\dot{\boldsymbol{x}}_1(t)=\begin{bmatrix} -1 & 0 \\ 0 & -10 \end{bmatrix}\begin{bmatrix} x_{11}^3(t) \\ x_{12}^3(t) \end{bmatrix}+\begin{bmatrix} -17 \\ 1 \end{bmatrix}\boldsymbol{u}_1(t)+\begin{bmatrix} -0.3 & 0 \\ 0 & 1 \end{bmatrix}\begin{bmatrix} x_{11}^3(t-\tau) \\ x_{12}^3(t-\tau) \end{bmatrix}+\begin{bmatrix} 0 & 0 \\ 0 & 1 \end{bmatrix}\begin{bmatrix} x_{21}^3(t-\tau) \\ x_{22}^3(t-\tau) \end{bmatrix}$$

$$\dot{\boldsymbol{x}}_2(t)=\begin{bmatrix} -3 & 0 \\ 0 & -2 \end{bmatrix}\begin{bmatrix} x_{11}^3(t) \\ x_{12}^3(t) \end{bmatrix}+\begin{bmatrix} 5 \\ -1 \end{bmatrix}\boldsymbol{u}_2(t)+\begin{bmatrix} 0 & -0.1 \\ 0 & 0 \end{bmatrix}\begin{bmatrix} x_{11}^3(t-\tau) \\ x_{12}^3(t-\tau) \end{bmatrix}+\begin{bmatrix} -1 & 0 \\ 0 & 0 \end{bmatrix}\begin{bmatrix} x_{21}^3(t-\tau) \\ x_{22}^3(t-\tau) \end{bmatrix}$$

吸引域取为$\Omega=\left\{(\boldsymbol{x}_1,\boldsymbol{x}_2)\mid x_{11}^2+x_{12}^2+x_{21}^2+x_{22}^2\leqslant 1\right\}$，即$\rho=1$。取$\lambda_{11}=-2, \lambda_{12}=-0.3, \lambda_{21}=-0.001, \lambda_{22}=-2$，当$\tau_{11}=\tau_{12}=\tau_{21}=\tau_{22}=\tau$时，由定理 3.6 和 MATLAB 的 LMI 工具箱解定理 3.6 中的 LMI，得到系统(3.47)在吸引域Ω内局部可镇定的最大允许时滞界为$0<\tau\leqslant 0.55$。当非线性函数退化为线性函数时，即$f_{ij}(x_{ij})=x_{ij}\ (i,j=1,2)$，非线性大系统(3.47)就退化为线性大系统，此时局部可镇定就成为全局的，且全局可镇定的最大允许时滞界也为$0<\tau\leqslant 0.55$。

3.6　离散关联系统的时滞相关输出反馈分散鲁棒镇定

众所周知，在控制领域，状态反馈是控制系统设计的重要手段之一，其中状态完全可控是此控制方法中的一个必不可少的假设。然而在工程应用中，测量手段与测量设备的限制而使得这个假设往往难以实现，对于系统的描述也因为测量的限制产生了不确定性，于是人们倾向于研究使用观测的输出信号构造反馈控制，输出反馈鲁棒控制问题应运而生。本节针对一类具有多个时滞的不确定离散系统与离散关联系统，首先给出了一个离散系统的比较原理，推导出一些时滞离散差分不等式和差分不等式组，基于这个比较原理和不等式方法提出系统通过输出反馈鲁棒镇定与鲁棒分散镇定的充分条件。该方法避免了构造 Lyapunov 函数的困难，易于理解，易于应用在工程实践中。

3.6.1　有关引理

引理 3.4　考虑如下时滞离散系统的初值问题：

$$\begin{aligned} \boldsymbol{x}(k+1) &= \boldsymbol{A}(k)\boldsymbol{x}(k)+\boldsymbol{g}\big(k,\boldsymbol{x}(k-\tau)\big) \\ \boldsymbol{x}(s) &= \boldsymbol{\varphi}(s), \quad s=-\tau,-\tau+1,\cdots,0 \end{aligned} \tag{3.65}$$

有如下常数变易公式：

$$\boldsymbol{x}(k)=\boldsymbol{\Omega}(k,0)\boldsymbol{\varphi}(0)+\sum_{t=0}^{k-1}\boldsymbol{\Omega}(k,t+1)\boldsymbol{g}\big(t,\boldsymbol{x}(t-\tau)\big) \tag{3.66}$$

这里 $\boldsymbol{\Omega}(k,s)=\prod_{t=s}^{k-1}\boldsymbol{A}(t)$。

当 $k=s$ 时，$\boldsymbol{\Omega}(k,k)=1$；当 $k<0$ 时，定义 $\sum_{t=0}^{k-1}\boldsymbol{\Omega}(k,t+1)\boldsymbol{g}\big(t,\boldsymbol{x}(t-\tau)\big)=0$。

引理 3.5　设 $a>0,\ b>0$ 为常数，且 $a+b<1$，$x(k)$ 是一个非负函数，且满足不等式

$$x(k+1)\leqslant ax(k)+b\sup_{k-\tau\leqslant\sigma\leqslant k}x(\sigma)$$

那么必存在一个正数 $\lambda>0$，使得

$$x(k)\leqslant\sup_{-\tau\leqslant\sigma\leqslant 0}x(\sigma)\mathrm{e}^{-\lambda k},\quad k\geqslant 0 \tag{3.67}$$

式中，λ 是超越方程

$$a+b\mathrm{e}^{\lambda\tau}=\mathrm{e}^{-\lambda} \tag{3.68}$$

的正实根，τ 是正整数。

证明　先证对任意常数 $r>1$ 有

$$x(k)<r\omega(k)$$

若不然，则存在正整数 k_1，对于 $-\tau<k<k_1$ 时有 $x(k)<r\omega(k)$，而 $x(k_1)\geqslant r\omega(k_1)$，另外，有

$$\begin{aligned}x(k_1)&\leqslant ax(k_1-1)+b\sup_{k_1-1-\tau\leqslant\sigma\leqslant k_1-1}x(\sigma)<ar\omega(k_1-1)+br\omega(k_1-\tau-1)\\&=ar\sup_{-\tau\leqslant\sigma\leqslant 0}x(\sigma)\mathrm{e}^{-\lambda(k_1-1)}+br\sup_{-\tau\leqslant\sigma\leqslant 0}x(\sigma)\mathrm{e}^{-\lambda(k_1-\tau-1)}\\&=r\sup_{-\tau\leqslant\sigma\leqslant 0}x(\sigma)\mathrm{e}^{-\lambda k_1}(a\mathrm{e}^{\lambda}+b\mathrm{e}^{\lambda(\tau+1)})=r\sup_{-\tau\leqslant\sigma\leqslant 0}x(\sigma)\mathrm{e}^{-\lambda k_1}=r\omega(k_1)\end{aligned}$$

得到矛盾，故

$$x(k)<r\omega(k)$$

令 $r\to 1$，得

$$x(k)\leqslant\sup_{-\tau\leqslant\sigma\leqslant 0}x(\sigma)\mathrm{e}^{-\lambda k}$$

注释 3.4　若引理 3.5 中的参数 a、b 满足不等式 $a+b<1$，则超越方程

$$a+b\mathrm{e}^{\lambda\tau}=\mathrm{e}^{-\lambda}$$

一定有唯一解 $\lambda>0$。

引理 3.6　设函数 $x(k):J\to\mathbf{R}$，$J=\{0,1,2,\cdots\}$，满足

$$x(k)\leqslant g\left(k,x(k-\tau)\right)$$

式中，$g\left(k,x(k-\tau)\right):J\times\mathbf{R}\to\mathbf{R}$ 关于 $x(t-\tau)$ 是非减的函数，τ 是正整数，并且

$$\omega(k)=g\left(k,\omega(k-\tau)\right)$$

$$x(\theta)\leqslant\omega(\theta),\quad\theta\in\{-\tau,-\tau+1,\cdots,-1,0\}$$

则不等式 $x(k)\leqslant\omega(k)$ 对所有 $k\geqslant-\tau$ 成立。而且，此结论对有多个时滞的情形也成立。

这个引理类似于 Kelly 等于 1991 年著作[9]中的比较原理，通过反证法进行证明。

3.6.2　不确定离散系统时滞无关输出反馈鲁棒镇定

首先考虑不确定时滞离散集中系统的鲁棒输出反馈镇定问题。考虑如下具有多个状态时滞的不确定离散系统：

$$\begin{aligned}\boldsymbol{x}(k+1)&=\boldsymbol{A}\boldsymbol{x}(k)+\Delta\boldsymbol{A}\left(\boldsymbol{x}(k),k\right)+\sum_{i=1}^{n}\boldsymbol{A}_i\boldsymbol{x}\left(k-\tau_i\right)+\sum_{i=1}^{n}\Delta\boldsymbol{A}_i\left(\boldsymbol{x}\left(k-\tau_i\right),k\right)\\&\quad+\boldsymbol{B}\boldsymbol{u}(k)+\Delta\boldsymbol{B}\left(\boldsymbol{u}(k),k\right)\\\boldsymbol{y}(k)&=\boldsymbol{C}\boldsymbol{x}(k)+\Delta\boldsymbol{C}\left(\boldsymbol{x}(k),k\right)\\\boldsymbol{x}(k)&=\boldsymbol{\varphi}(k),\quad k=-\tau,-\tau+1,\cdots,0\end{aligned}\tag{3.69}$$

式中，$x(k)\in\mathbf{R}^n$ 是状态向量；$u(k)\in\mathbf{R}^m$ 是控制输入向量；$y(k)\in\mathbf{R}^p$ 是观测输出向量；$\tau_i(i=1,2,\cdots,n)$ 为系统的状态时滞，且都为正整数；τ 是状态时滞 $\tau_i(i=1,2,\cdots,n)$ 的最大值。$\varphi(k)$ 是系统的状态向量初值函数，A、$A_i(i=1,2,\cdots,n)$、B 和 C 是具有适当阶数的常数矩阵，$\Delta A\left(x(k),k\right)$，$\Delta B\left(u(k),k\right)$，$i=1,2,\cdots,n$，$\Delta B\left(u(k),k\right)$ 和 $\Delta C\left(x(k),k\right)$ 是具有适当阶数、范数有界的不确定矩阵，它们满足如下的范数不等式：

$$\begin{aligned}&\left\|\Delta A\left(x(k),k\right)\right\|\leqslant\alpha\left\|x(k)\right\|,\quad \left\|\Delta A_i\left(x\left(k-\tau_i\right),k\right)\right\|\leqslant\alpha_i\left\|x\left(k-\tau_i\right)\right\|\\&\left\|\Delta B\left(u(k),k\right)\right\|\leqslant\beta\left\|u(k)\right\|,\quad \left\|\Delta C\left(x(k),k\right)\right\|\leqslant\gamma\left\|x(k)\right\|\end{aligned}\tag{3.70}$$

式中，α、α_i、β、γ 是一些非负常数，且假设 (A,B) 是可镇定的，(A,C) 是可检测的。令 $x\left(k,\varphi(k)\right)$ 表示离散系统(7.43)的初始条件 $x(k)=\varphi(k),k=-\tau,-\tau+1,\cdots,0$ 所对应的状态轨迹。

定义 3.1　若存在常数 $M>0$，$\lambda>0$，使得

$$\left\|x\left(k,\varphi(k)\right)\right\|\leqslant M\sup_{-\tau\leqslant\sigma\leqslant0}\left\|x(\sigma)\right\|\mathrm{e}^{-\lambda k},\quad k\geqslant0$$

则时滞离散系统(3.69)称为是指数稳定的。

获得离散系统的指数稳定性条件是非常重要的，众所周知，在一个自适应控制系统中，指数稳定的自适应系统具有承受一定的外部干扰和非模型动态的能力。

现在考虑系统(3.69)的鲁棒镇定问题，为此，引入下面形式的线性动态输出反馈控制器

$$\begin{aligned}&\hat{x}(k+1)=A\hat{x}(k)+Bu(k)+L\left(y(k)-C\hat{x}(k)\right)\\&u(k)=K\hat{x}(k)\end{aligned}\tag{3.71}$$

式中，$\hat{x}(k)\in\mathbf{R}^n$ 是观测器的状态向量；$K\in\mathbf{R}^{m\times n}$ 是控制器的反馈增益矩阵；$L\in\mathbf{R}^{n\times p}$ 是控制器的观测增益矩阵。它们均为待定的常数矩阵。该控制器将确保闭环系统对于所有容许不确定性是渐近稳定的。

引入观测器误差 $e(k)=x(k)-\hat{x}(k)$，则由式(3.69)和式(3.71)组合的闭环系统为

$$\begin{aligned}&z(k+1)=\tilde{A}z(k)+\sum_{i=1}^{n}\tilde{A}_iz\left(k-\tau_i\right)+\Delta E\left(z(k),k\right)+\sum_{i=1}^{n}\Delta\tilde{A}_i\left(z\left(k-\tau_i\right),k\right)\\&z(k)=\tilde{\varphi}(k)=\begin{bmatrix}\varphi(k)\\0\end{bmatrix},\quad k=-\tau,-\tau+1,\cdots,0\end{aligned}\tag{3.72}$$

式中

$$z(k)=\begin{bmatrix}\hat{x}(k)\\e(k)\end{bmatrix},\quad \tilde{A}=\begin{bmatrix}A+BK & LC\\0 & A-LC\end{bmatrix},\quad \tilde{A}_i=\begin{bmatrix}0 & 0\\A_i & A_i\end{bmatrix}$$

$$\Delta \boldsymbol{E}\left(\boldsymbol{z}(k),k\right)=\begin{bmatrix}\boldsymbol{L}\Delta\boldsymbol{C}\left(\boldsymbol{x}(k),k\right)\\ \Delta\boldsymbol{A}\left(\boldsymbol{x}(k),k\right)+\Delta\boldsymbol{B}\left(\boldsymbol{u}(k),k\right)-\boldsymbol{L}\Delta\boldsymbol{C}\left(\boldsymbol{x}(k),k\right)\end{bmatrix}$$

$$\sum_{i=1}^{n}\Delta\tilde{\boldsymbol{A}}_i\left(\boldsymbol{z}(k-\tau_i),k\right)=\begin{bmatrix}\boldsymbol{0}\\ \sum_{i=1}^{n}\Delta\boldsymbol{A}_i\left(\boldsymbol{x}(k-\tau_i),k\right)\end{bmatrix}$$

下面定理给出了系统(3.69)不依赖于时滞的鲁棒镇定的充分条件。

定理 3.8 对于系统(3.69)，假设 $\tilde{\boldsymbol{A}}$ 是稳定矩阵且存在常数 $r>0$ 和 $0<\eta<1$ 使得

$$\left\|\tilde{\boldsymbol{A}}^{k-s}\right\|\leqslant r\eta^{k-s} \tag{3.73}$$

若不等式

$$\eta+r\boldsymbol{\Omega}+r\sum_{i=1}^{n}\left(\left\|\tilde{\boldsymbol{A}}_i\right\|+\alpha_i\right)<1 \tag{3.74}$$

成立，其中

$$\left\|\Delta\boldsymbol{E}\left(\boldsymbol{z}(k),k\right)\right\|\leqslant\boldsymbol{\Omega}\left\|\boldsymbol{z}(k)\right\|,\quad \boldsymbol{\Omega}=2\left\|\boldsymbol{L}\right\|\gamma+\alpha+\beta\left\|\boldsymbol{K}\right\|$$

则闭环系统(3.69)是渐近稳定的。

证明 由引理 3.6，闭环系统(3.72)满足初始条件 $\boldsymbol{z}(k)=\tilde{\boldsymbol{\varphi}}(k),\ k=-\tau,-\tau+1,\cdots,0$ 的解可以表示为

$$\boldsymbol{z}\left(k,\tilde{\boldsymbol{\varphi}}(k)\right)=\tilde{\boldsymbol{A}}^k\tilde{\boldsymbol{\varphi}}(0)+\sum_{s=0}^{k-1}\tilde{\boldsymbol{A}}^{k-1-s}\left[\sum_{i=1}^{n}\tilde{\boldsymbol{A}}_i\boldsymbol{z}(s-\tau_i)+\Delta\boldsymbol{E}\left(\boldsymbol{z}(s),s\right)+\sum_{i=1}^{n}\Delta\tilde{\boldsymbol{A}}_i\left(\boldsymbol{z}(s-\tau_i),s\right)\right]$$

对上面公式两边取模得到以下不等式：

$$\begin{aligned}\left\|\boldsymbol{z}\left(k,\tilde{\boldsymbol{\varphi}}(k)\right)\right\|&\leqslant r\eta^k\left\|\tilde{\boldsymbol{\varphi}}(0)\right\|+\sum_{s=0}^{k-1}r\eta^{k-1-s}\left[\sum_{i=1}^{n}\left\|\tilde{\boldsymbol{A}}_i\right\|\left\|\boldsymbol{z}\left(s-\tau_i\right)\right\|+\left\|\Delta\boldsymbol{E}\left(\boldsymbol{z}(s),s\right)\right\|\right.\\&\quad\left.+\left\|\sum_{i=1}^{n}\Delta\tilde{\boldsymbol{A}}_i\left(\boldsymbol{z}\left(s-\tau_i\right),s\right)\right\|\right]\\&\leqslant r\eta^k\left\|\tilde{\boldsymbol{\varphi}}(0)\right\|+\sum_{s=0}^{k-1}r\eta^{k-1-s}\left[\boldsymbol{\Omega}\left\|\boldsymbol{z}(s)\right\|+\sum_{i=1}^{n}\left(\left\|\tilde{\boldsymbol{A}}_i\right\|+\alpha_i\right)\left\|\boldsymbol{z}\left(s-\tau_i\right)\right\|\right]\end{aligned}$$

考虑下列比较差分方程：

$$P(k)=r\eta^k\left\|\tilde{\boldsymbol{\varphi}}(0)\right\|+\sum_{s=0}^{k-1}r\eta^{k-1-s}\left[\boldsymbol{\Omega}P(s)+\sum_{i=1}^{n}\left(\left\|\tilde{\boldsymbol{A}}_i\right\|+\alpha_i\right)P(s-\tau_i)\right] \tag{3.75}$$

注意这个差分方程的右端仅含有 $P(k)$ 的时滞项而不含有 $P(k)$ 本身。由引理 3.6 可得

$$\left\|z\left(k,\tilde{\varphi}(k)\right)\right\| \leqslant P(k)$$

对任意 $k \geqslant -\tau$ 成立。同时

$$\sup_{k-\tau\leqslant\sigma\leqslant k}\left\|z(\sigma)\right\| \leqslant \sup_{k-\tau\leqslant\sigma\leqslant k} P(\sigma)$$

$$\sup_{-\tau\leqslant\sigma\leqslant 0}\left\|z(\sigma)\right\| \leqslant \sup_{-\tau\leqslant\sigma\leqslant 0} P(\sigma)$$

对于差分方程(3.75)，可得

$$\begin{aligned} P(k+1) &= \eta P(k) + r\left[\boldsymbol{\Omega} P(k) + \sum_{i=1}^{n}\left(\left\|\tilde{\boldsymbol{A}}_i\right\| + \alpha_i\right)P(k-\tau_i)\right] \\ &\leqslant (\eta + r\boldsymbol{\Omega})P(k) + r\sum_{i=1}^{n}\left(\left\|\tilde{\boldsymbol{A}}_i\right\| + \alpha_i\right)\sup_{k-\tau\leqslant\sigma\leqslant k} P(\sigma) \end{aligned}$$

由引理 3.5 和条件(3.74)可知，存在正数 λ，使得

$$P(k) \leqslant \sup_{-\tau\leqslant\sigma\leqslant 0} P(\sigma)\mathrm{e}^{-\lambda k} \tag{3.76}$$

故 $P(k)$ 的指数估计式蕴含着系统(3.72)的解 $z\left(k,\tilde{\varphi}(k)\right)$，且是渐近稳定的。这样，控制系统(3.69)在动态输出反馈(3.71)的控制之下达到了稳定状态。定理 3.8 证毕。

注释 3.5　值得注意的是不等式(3.76)中的正数 λ 是下面形如引理 3.5 中的超越方程

$$\eta + r\boldsymbol{\Omega} + r\sum_{i=1}^{n}\left(\left\|\tilde{\boldsymbol{A}}_i\right\| + \alpha_i\right)\mathrm{e}^{\lambda\tau} = \mathrm{e}^{-\lambda}$$

的唯一正解。事实上，在条件(3.74)成立的情况下，上面的超越方程一定存在唯一解。

3.6.3　不确定离散系统时滞相关输出反馈鲁棒镇定

由定理 3.8 给出的条件与时滞无关，虽然与时滞无关的判据在处理大时滞的控制系统中非常有效，但是在处理与时滞敏感的或小时滞控制系统，不考虑或放弃时滞的信息所获得的判据不可避免地会带来保守性。因此，为工程控制问题的需要，接下来继续考虑与时滞相关的判据。

由闭环系统(3.72)，可得

$$\begin{aligned} z\left(k-\tau_i\right) &= z(k) - \sum_{l=k-\tau_i}^{k-1}\left[z(l+1) - z(l)\right] \\ &= z(k) - \sum_{l=k-\tau_i}^{k-1}\left[\tilde{\boldsymbol{A}}z(l) - z(l) + \sum_{i=1}^{n}\tilde{\boldsymbol{A}}_i z(l-\tau_i) + \Delta\boldsymbol{E}\left(z(l),l\right) + \sum_{i=1}^{n}\Delta\tilde{\boldsymbol{A}}_i\left(z(l-\tau_i),l\right)\right] \end{aligned}$$

因此闭环系统(3.72)变为

$$
\begin{aligned}
z(k+1)=&\left(\tilde{A}+\sum_{i=1}^{n}\tilde{A}_i\right)z(k)+\Delta E\left(z(k),k\right)+\sum_{i=1}^{n}\Delta\tilde{A}_i\left(z\left(k-\tau_i\right),k\right)\\
&-\sum_{i=1}^{n}\tilde{A}_i\left\{\sum_{l=k-\tau_i}^{k-1}\left[\tilde{A}z(l)-z(l)+\sum_{i=1}^{n}\tilde{A}_i z\left(l-\tau_i\right)+\Delta E\left(z(l),l\right)\right.\right.\\
&\left.\left.+\sum_{j=1}^{n}\Delta\tilde{A}_j\left(z\left(l-\tau_j\right),l\right)\right]\right\}
\end{aligned}
\tag{3.77}
$$

假设控制器(3.71)中的增益矩阵进行适当的选择使得矩阵 $\tilde{A}+\sum_{i=1}^{n}\tilde{A}_i$ 是稳定的，那么在此条件下，获得了具有多时滞的闭环系统(3.77)与时滞相关的指数稳定性判据。

定理 3.9 对于系统(3.77)，假设 $\tilde{A}+\sum_{i=1}^{n}\tilde{A}_i$ 是稳定矩阵且存在常数 $r>0$ 和 $0<\eta<1$，使得

$$
\left\|\left(\tilde{A}+\sum_{i=1}^{n}\tilde{A}_i\right)^k\right\|\leqslant r\eta^k \tag{3.78}
$$

若不等式

$$
\frac{1-\eta-r\Omega-r\sum_{i=1}^{n}\alpha_i}{r\left(\left\|\sum_{i=1}^{n}\tilde{A}\tilde{A}_i\right\|+\sum_{i=1}^{n}\sum_{j=1}^{n}\left\|\tilde{A}_i\tilde{A}_j\right\|+\sum_{i=1}^{n}\left\|\tilde{A}_i\right\|\left(1+\Omega+\sum_{i=1}^{n}\alpha_i\right)\right)}>\tau \tag{3.79}
$$

成立，其中 $\Omega=2\|L\|\gamma+\alpha+\beta\|K\|$ 并满足

$$
\left\|\Delta E\left(z(k),k\right)\right\|\leqslant\Omega\|z(k)\|
$$

那么不确定的离散时滞系统(3.77)是指数稳定的。

证明 由引理 3.4，闭环系统(3.76)满足初始条件 $z(k)=\tilde{\varphi}(k),\ k=-\tau,-\tau+1,\cdots,0$ 的解 $z\left(k,\tilde{\varphi}(k)\right)$ 可以表示为

$$
\begin{aligned}
z\left(k,\tilde{\varphi}(k)\right)=&\left(\tilde{A}+\sum_{i=1}^{n}\tilde{A}_i\right)^k\tilde{\varphi}(0)+\sum_{s=0}^{k-1}\left(\tilde{A}+\sum_{i=1}^{n}\tilde{A}_i\right)^{k-1-s}\left\{\Delta E\left(z(s),s\right)\right.\\
&+\sum_{i=1}^{n}\Delta\tilde{A}_i\left(z\left(s-\tau_i\right),s\right)-\sum_{i=1}^{n}\tilde{A}_i\left[\sum_{l=s-\tau_i}^{s-1}\left(\tilde{A}z(l)-z(l)+\sum_{i=1}^{n}\tilde{A}_i z\left(l-\tau_i\right)\right.\right.\\
&\left.\left.\left.+\Delta E\left(z(l),l\right)+\sum_{j=1}^{n}\Delta\tilde{A}_j\left(z\left(l-\tau_j\right),l\right)\right)\right]\right\}
\end{aligned}
$$

对此式两边取模得到以下不等式：

$$
\begin{aligned}
\left\|z\left(k,\tilde{\boldsymbol{\varphi}}(k)\right)\right\| \leqslant\, & r\eta^{k}\left\|\tilde{\boldsymbol{\varphi}}(0)\right\| + \sum_{s=0}^{k-1} r\eta^{k-1-s}\left[\left\|\Delta\boldsymbol{E}\left(z(s),s\right)\right\| + \left\|\sum_{i=1}^{n}\Delta\tilde{\boldsymbol{A}}_i\left(z(s-\tau_i),s\right)\right\|\right. \\
& + \left\|\sum_{i=1}^{n}\tilde{\boldsymbol{A}}_i\left[\sum_{l=s-\tau_i}^{s-1}\left(\tilde{\boldsymbol{A}}z(l) - z(l) + \sum_{i=1}^{n}\tilde{\boldsymbol{A}}_i z(l-\tau_i) + \Delta\boldsymbol{E}\left(z(l),l\right)\right.\right.\right. \\
& \left.\left.\left.\left. + \sum_{j=1}^{n}\Delta\tilde{\boldsymbol{A}}_j\left(z(l-\tau_j),l\right)\right)\right]\right\|\right] \\
\leqslant\, & r\eta^{k}\left\|\tilde{\boldsymbol{\varphi}}(0)\right\| + \sum_{s=0}^{k-1} r\eta^{k-1-s}\left\{\sum_{l=s-\tau_i}^{s-1}\left[\left(\left\|\sum_{i=1}^{n}\tilde{\boldsymbol{A}}\tilde{\boldsymbol{A}}_i\right\| + \sum_{i=1}^{n}\left\|\tilde{\boldsymbol{A}}_i\right\| + \sum_{i=1}^{n}\left\|\tilde{\boldsymbol{A}}_i\right\|\boldsymbol{\Omega}\right)\left\|z(l)\right\|\right.\right. \\
& \left.\left. + \left(\sum_{i=1}^{n}\sum_{j=1}^{n}\left\|\tilde{\boldsymbol{A}}_i\tilde{\boldsymbol{A}}_j\right\| + \sum_{i=1}^{n}\left\|\tilde{\boldsymbol{A}}_i\right\|\sum_{i=1}^{n}\alpha_i\right)\left\|z\left(l-\tau_i\right)\right\|\right] + \boldsymbol{\Omega}\left\|z(s)\right\| + \sum_{i=1}^{n}\alpha_i\left\|z\left(s-\tau_i\right)\right\|\right\}
\end{aligned}
$$

考虑下列比较差分方程:

$$
\begin{aligned}
P(k) = r\eta^{k}\left\|\tilde{\boldsymbol{\varphi}}(0)\right\| &+ \sum_{s=0}^{k-1} r\eta^{k-1-s}\left\{\sum_{l=s-\tau_i}^{s-1}\left[\left(\left\|\sum_{i=1}^{n}\tilde{\boldsymbol{A}}\tilde{\boldsymbol{A}}_i\right\| + \sum_{i=1}^{n}\left\|\tilde{\boldsymbol{A}}_i\right\| + \sum_{i=1}^{n}\left\|\tilde{\boldsymbol{A}}_i\right\|\boldsymbol{\Omega}\right)P(l)\right.\right. \\
&\left.\left. + \left(\sum_{i=1}^{n}\sum_{j=1}^{n}\left\|\tilde{\boldsymbol{A}}_i\tilde{\boldsymbol{A}}_j\right\| + \sum_{i=1}^{n}\left\|\tilde{\boldsymbol{A}}_i\right\|\sum_{i=1}^{n}\alpha_i\right)P(l-\tau_i)\right] + \boldsymbol{\Omega}\,P(s) + \sum_{i=1}^{n}\alpha_i P(s-\tau_i)\right\}
\end{aligned}
$$

由引理 3.6 中的比较原理可得如下不等式:

$$
\left\|z\left(k,\tilde{\boldsymbol{\varphi}}(k)\right)\right\| \leqslant P(k)
$$

对任意 $k \geqslant -\tau$ 成立，同时

$$
\begin{aligned}
P(k+1) = \eta P(k) + r &\left\{\sum_{l=k-\tau_i}^{k-1}\left[\left(\left\|\sum_{i=1}^{n}\tilde{\boldsymbol{A}}\tilde{\boldsymbol{A}}_i\right\| + \sum_{i=1}^{n}\left\|\tilde{\boldsymbol{A}}_i\right\| + \sum_{i=1}^{n}\left\|\tilde{\boldsymbol{A}}_i\right\|\Omega\right)P(l)\right.\right. \\
&\left.\left. + \left(\sum_{i=1}^{n}\sum_{j=1}^{n}\left\|\tilde{\boldsymbol{A}}_i\tilde{\boldsymbol{A}}_j\right\| + \sum_{i=1}^{n}\left\|\tilde{\boldsymbol{A}}_i\right\|\sum_{i=1}^{n}\alpha_i\right)P(l-\tau_i)\right] + \Omega\,P(k) + \sum_{i=1}^{n}\alpha_i P(k-\tau_i)\right\} \\
\leqslant (\eta + r\Omega)P(k) + r &\left\{\tau\left[\left\|\sum_{i=1}^{n}\tilde{\boldsymbol{A}}\tilde{\boldsymbol{A}}_i\right\| + \sum_{i=1}^{n}\sum_{j=1}^{n}\left\|\tilde{\boldsymbol{A}}_i\tilde{\boldsymbol{A}}_j\right\| + \sum_{i=1}^{n}\left\|\tilde{\boldsymbol{A}}_i\right\|\left(1 + \Omega + \sum_{i=1}^{n}\alpha_i\right)\right]\right. \\
&\left. + \sum_{i=1}^{n}\alpha_i\right\}\sup_{k-2\tau\leqslant\sigma\leqslant k} P(\sigma)
\end{aligned}
$$

由引理 3.5 和条件(3.79)可知，存在正数 λ，使得

$$
P(k) \leqslant \sup_{-2\tau\leqslant\sigma\leqslant 0} P(\sigma)\mathrm{e}^{-\lambda k} \tag{3.80}
$$

故 $P(k)$ 的指数估计式蕴含着系统(3.77)的解 $z\left(k,\tilde{\boldsymbol{\varphi}}(k)\right)$，且是渐近稳定的。证毕。

注释 3.6 不等式(3.80)中的正数 λ 是下面形如引理 3.5 中的超越方程

$$\eta + r\Omega + r\left\{\tau\left[\left\|\sum_{i=1}^{n}\tilde{A}\tilde{A}_i\right\| + \sum_{i=1}^{n}\sum_{j=1}^{n}\left\|\tilde{A}_i\tilde{A}_j\right\| + \sum_{i=1}^{n}\left\|\tilde{A}_i\right\|\left(1+\Omega+\sum_{i=1}^{n}\alpha_i\right)\right] + \sum_{i=1}^{n}\alpha_i\right\}\mathrm{e}^{2\lambda\tau} = \mathrm{e}^{-\lambda} \tag{3.81}$$

的唯一正解。事实上，在条件(3.79)成立的情况下，上面的超越方程一定存在唯一解。

3.6.4 离散关联系统时滞相关输出反馈分散鲁棒镇定

接下来，考虑离散关联系统的输出反馈分散鲁棒镇定问题。将上述集中系统输出反馈鲁棒镇定控制器的设计思想应用到关联大系统的分散控制问题中，为此，首先需要将一维的不等式推广到高维的情形。

定义 3.2 若向量值函数 $\boldsymbol{G}\left(k, \boldsymbol{x}(k), \boldsymbol{y}(k)\right): \boldsymbol{J}\times\mathbf{R}^n\times\mathbf{R}^n \to \mathbf{R}^n$ 满足下列条件：

(1) 对于任意向量 $\boldsymbol{x}(k)\in\mathbf{R}^n$ 和任意给定的向量值函数 $\boldsymbol{y}^{(1)}(k), \boldsymbol{y}^{(2)}(k)\in\mathbf{R}^n$，当 $\boldsymbol{y}^{(1)}(k)\leqslant\boldsymbol{y}^{(2)}(k)$ (即 $\boldsymbol{y}_i^{(1)}(k)\leqslant\boldsymbol{y}_i^{(2)}(k),\ i=1,2,\cdots,n$)时，有

$$G\left(k, \boldsymbol{x}(k), \boldsymbol{y}^{(1)}(k)\right)\leqslant G\left(k, \boldsymbol{x}(k), \boldsymbol{y}^{(2)}(k)\right)$$

(2) 对于任意向量 $\boldsymbol{y}(k)\in\mathbf{R}^n$ 和任意给定的向量值函数 $\boldsymbol{x}^{(1)}(k), \boldsymbol{x}^{(2)}(k)\in\mathbf{R}^n$，当 $\boldsymbol{x}^{(1)}(k)\leqslant\boldsymbol{x}^{(2)}(k)$ (即 $x_i^{(1)}(k)\leqslant x_i^{(2)}(k),\ i=1,2,\cdots,n$)时，有

$$G\left(k, \boldsymbol{x}^{(1)}(k), \boldsymbol{y}(k)\right)\leqslant G\left(k, \boldsymbol{x}^{(2)}(k), \boldsymbol{y}(k)\right)$$

则称 $G\left(k, \boldsymbol{x}(k), \boldsymbol{y}(k)\right)$ 属于 H_n 类函数。

引理 3.7(高维比较原理) 假设 n 维向量值函数 $\boldsymbol{x}(k),\ \boldsymbol{y}(k)$ 满足下列条件：

(1) $x(s) < y(s), s=-\tau, -\tau+1, \cdots, 0$；

(2) $y_i(k+1) > g_i\left(k, \boldsymbol{y}(k), \sup\limits_{k-\tau\leqslant\sigma\leqslant k}\boldsymbol{y}(\sigma)\right)$，$i=1,2,\cdots,n$，$k\geqslant 0$

$x_i(k+1)\leqslant g_i\left(k, \boldsymbol{x}(k), \sup\limits_{k-\tau\leqslant\sigma\leqslant k}\boldsymbol{x}(\sigma)\right)$，$i=1,2,\cdots,n$，$k\geqslant 0$

则 $\boldsymbol{x}(k) < \boldsymbol{y}(k)$ 对所有的 $k\geqslant-\tau$ 成立。其中

$$G\left(k, \boldsymbol{x}(k), \sup_{k-\tau\leqslant\sigma\leqslant k}\boldsymbol{x}(\sigma)\right) = \operatorname{col}\left(g_1\left(k, \boldsymbol{x}(k), \sup_{k-\tau\leqslant\sigma\leqslant k}\boldsymbol{x}(\sigma)\right), \cdots, g_n\left(k, \boldsymbol{x}(k), \sup_{k-\tau\leqslant\sigma\leqslant k}\boldsymbol{x}(\sigma)\right)\right)$$

属于 H_n 类函数。

证明 反证法，若存在整数 k_1 和某些 i，对于 $-\tau < k < k_1$ 时有 $\boldsymbol{x}(k) < \boldsymbol{y}(k)$，而

$$x_i(k_1)\geqslant y_i(k_1) \tag{3.82}$$

但另一方面，由于 $G\in H_n$，以及引理 3.7 中的条件(2)，有

$$x_i(k_1) \leqslant g_i\left(k_1-1, \boldsymbol{x}(k_1-1), \sup_{k_1-1-\tau\leqslant\sigma\leqslant k_1-1} \boldsymbol{x}(\sigma)\right) \leqslant g_i\left(k_1-1, \boldsymbol{y}(k_1-1), \sup_{k_1-1-\tau\leqslant\sigma\leqslant k_1-1} \boldsymbol{x}(\sigma)\right)$$
$$\leqslant g_i\left(k_1-1, \boldsymbol{y}(k_1-1), \sup_{k_1-1-\tau\leqslant\sigma\leqslant k_1-1} \boldsymbol{y}(\sigma)\right) < y_i(k_1) \tag{3.83}$$

式(3.82)和式(3.83)是矛盾的。故 $\boldsymbol{x}(k) < \boldsymbol{y}(k)$ 对所有的 $k \geqslant -\tau$ 成立。引理 3.7 证毕。

引理 3.8　假设常数 $a_{ij} \geqslant 0\ (i \neq j)$、$b_{ij} \geqslant 0(i, j = 1,2,\cdots,n)$、$x_i(k)(i=1,2,\cdots,n)$ 是非负函数，且满足下列条件：

(1) $x_i(k+1) \leqslant \sum_{j=1}^{n} a_{ij}x_j(k) + \sum_{j=1}^{n} b_{ij} \sup_{k-\tau\leqslant\sigma\leqslant k} x_j(\sigma)$，$i=1,2,\cdots,n$；

(2) $\boldsymbol{M} = -(a_{ij}+b_{ij})_{n\times n}$ 是一个 M 矩阵。

那么必存在常数 $\lambda > 0$，$r_i > 0$，使得

$$x_i(k) \leqslant r_i \sum_{j=1}^{n} \sup_{-\tau\leqslant\sigma\leqslant 0} x_j(\sigma) \mathrm{e}^{-\lambda k}, \quad k \geqslant 0; i=1,2,\cdots,n \tag{3.84}$$

证明　设 $g_i\left(k, \boldsymbol{x}(k), \sup_{k-\tau\leqslant\sigma\leqslant k} \boldsymbol{x}(\sigma)\right) = \sum_{j=1}^{n} a_{ij}x_j(k) + \sum_{j=1}^{n} b_{ij} \sup_{k-\tau\leqslant\sigma\leqslant k} x_j(\sigma)$，$i=1,2,\cdots,n$，显然 $G\left(k, \boldsymbol{x}(k), \sup_{k-\tau\leqslant\sigma\leqslant k} \boldsymbol{x}(\sigma)\right) = \mathrm{col}\left(g_1\left(k, \boldsymbol{x}(k), \sup_{k-\tau\leqslant\sigma\leqslant k} \boldsymbol{x}(\sigma)\right), \cdots, g_n\left(k, \boldsymbol{x}(k), \sup_{k-\tau\leqslant\sigma\leqslant k} \boldsymbol{x}(\sigma)\right)\right)$ 属于 H_n 类函数。又由引理 3.7 中的条件(2)可知，存在正数 $d_j\ (j=1,2,\cdots,n)$，使得

$$-\sum_{j=1}^{n}(a_{ij}+b_{ij})d_j > 0, \quad i=1,2,\cdots,n$$

从而有

$$\mathrm{e}^{-\lambda}d_i - \sum_{j=1}^{n}\left(a_{ij}d_j + b_{ij}d_j\mathrm{e}^{\lambda\tau}\right) > 0, \quad i=1,2,\cdots,n \tag{3.85}$$

当 $k \in \{-\tau, -\tau+1, \cdots, 0\}$ 时，选择 r 充分大使 $rd_i\mathrm{e}^{\lambda\tau} > 1$。

$\forall \varepsilon > 0$，令

$$y_i(k) = rd_i\left[\sum_{j=1}^{n} \sup_{-\tau\leqslant\sigma\leqslant 0} x_j(\sigma) + \varepsilon\right]\mathrm{e}^{-\lambda k} \tag{3.86}$$

则由式(3.85)有

$$y_i(k+1) = rd_i\mathrm{e}^{-\lambda}\left[\sum_{j=1}^{n} \sup_{-\tau\leqslant\sigma\leqslant 0} x_j(\sigma) + \varepsilon\right]\mathrm{e}^{-\lambda k}$$
$$> \sum_{j=1}^{n}(a_{ij}d_j + b_{ij}d_j\mathrm{e}^{\lambda\tau})\ r\left[\sum_{j=1}^{n} \sup_{-\tau\leqslant\sigma\leqslant 0} x_j(\sigma) + \varepsilon\right]\mathrm{e}^{-\lambda k}$$

$$=\sum_{j=1}^{n}a_{ij}d_j\ r\left[\sum_{j=1}^{n}\sup_{-\tau\leqslant\sigma\leqslant0}x_j(\sigma)+\varepsilon\right]\mathrm{e}^{-\lambda k}+\sum_{j=1}^{n}b_{ij}d_j\ r\left[\sum_{j=1}^{n}\sup_{-\tau\leqslant\sigma\leqslant0}x_j(\sigma)+\varepsilon\right]\mathrm{e}^{-\lambda k}\cdot\mathrm{e}^{\lambda\tau}$$

$$\geqslant\sum_{j=1}^{n}a_{ij}y_j(k)+\sum_{j=1}^{n}b_{ij}\sup_{k-\tau\leqslant\sigma\leqslant k}y_j(\sigma),\quad i=1,2,\cdots,n$$

即

$$y_i(k+1)>g_i\left(k,\boldsymbol{y}(k),\sup_{k-\tau\leqslant\sigma\leqslant k}\boldsymbol{y}(\sigma)\right)$$

而当$k\in\{-\tau,-\tau+1,\cdots,0\}$时，由式(3.76)有

$$y_i(k)=rd_i\left[\sum_{j=1}^{n}\sup_{-\tau\leqslant\sigma\leqslant0}x_j(\sigma)+\varepsilon\right]\mathrm{e}^{-\lambda k}>\sum_{j=1}^{n}\sup_{-\tau\leqslant\sigma\leqslant0}x_j(\sigma)+\varepsilon$$

当$k\in\{-\tau,-\tau+1,\cdots,0\}$时，令$x_i(k)\leqslant\sum\limits_{j=1}^{n}\sup\limits_{-\tau\leqslant\sigma\leqslant0}x_j(\sigma)+\varepsilon$，由引理3.7可知

$$x_i(k)<y_i(k)=rd_i\left[\sum_{j=1}^{n}\sup_{-\tau\leqslant\sigma\leqslant0}x_j(\sigma)+\varepsilon\right]\mathrm{e}^{-\lambda k}$$

式中，令$\varepsilon\to0$，$rd_i=r_i$，则有

$$x_i(k)\leqslant r_i\left[\sum_{j=1}^{n}\sup_{-\tau\leqslant\sigma\leqslant0}x_j(\sigma)\right]\mathrm{e}^{-\lambda k},\quad i=1,2,\cdots,n$$

证毕。

接下来考虑如下具有时滞的不确定离散关联大系统：

$$\begin{aligned}&\boldsymbol{x}_i(k+1)=\boldsymbol{A}_i\boldsymbol{x}_i(k)+\Delta\boldsymbol{A}_i\left(\boldsymbol{x}_i(k),k\right)+\boldsymbol{B}_i\boldsymbol{u}_i(k)+\Delta\boldsymbol{B}_i\left(\boldsymbol{u}_i(k),k\right)+\sum_{j=1}^{N}\boldsymbol{A}_{ij}\boldsymbol{x}_j(k-\tau_{ij})\\&\boldsymbol{y}_i(k)=\boldsymbol{C}_i\boldsymbol{x}_i(k)+\Delta\boldsymbol{C}_i\left(\boldsymbol{x}_i(k),k\right)\\&\boldsymbol{x}_i(k)=\boldsymbol{\varphi}_i(k),\quad k=-\tau,-\tau+1,\cdots,0\end{aligned}\tag{3.87}$$

式中，$\boldsymbol{x}_i(k)\in\mathbf{R}^{n_i}$是第$i$个子系统的状态向量；$\boldsymbol{u}_i(k)\in\mathbf{R}^{m_i}$是第$i$个子系统的控制输入向量；$\boldsymbol{y}_i(k)\in\mathbf{R}^{p_i}$是第$i$个子系统的观测输出向量；$\tau_{ij}(i,j=1,2,\cdots,N)$为关联项中状态的滞后时间，且都为正整数；$\tau$是状态时滞$\tau_{ij}(i,j=1,2,\cdots,N)$的最大值；$\boldsymbol{\varphi}_i(k)$是系统的状态向量初值函数；$\boldsymbol{A}_i$、$\boldsymbol{B}_i$和$\boldsymbol{C}_i$是具有适当阶数的标称矩阵；$\boldsymbol{A}_{ij}$为第$j$个子系统对第$i$个子系统的关联作用矩阵；$\Delta\boldsymbol{A}_i\left(\boldsymbol{x}_i(k),k\right)$、$\Delta\boldsymbol{B}_i\left(\boldsymbol{u}_i(k),k\right)$和$\Delta\boldsymbol{C}_i\left(\boldsymbol{x}_i(k),k\right)$是具有适当阶数、范数有界的不确定矩阵，它们满足如下的范数不等式：

$$\|\Delta\boldsymbol{A}_i(\boldsymbol{x}_i(k),k)\|\leqslant\alpha_i\|\boldsymbol{x}_i(k)\|,\quad\|\Delta\boldsymbol{B}_i(\boldsymbol{u}_i(k),k)\|\leqslant\beta_i\|\boldsymbol{u}_i(k)\|,\quad\|\Delta\boldsymbol{C}_i(\boldsymbol{x}_i(k),k)\|\leqslant\gamma_i\|\boldsymbol{x}_i(k)\|\tag{3.88}$$

式中，α_i、β_i、γ_i 是一些非负常数，且假设 $(\boldsymbol{A}_i,\boldsymbol{B}_i)$ 是可镇定的，$(\boldsymbol{A}_i,\boldsymbol{C}_i)$ 是可检测的。

现在考虑系统(3.87)的鲁棒分散镇定问题。为此，对每一个子系统设计一个局部的线性动态输出反馈控制器

$$\begin{aligned}&\hat{\boldsymbol{x}}_i(k+1)=\boldsymbol{A}_i\hat{\boldsymbol{x}}_i(k)+\boldsymbol{B}_i\boldsymbol{u}_i(k)+\boldsymbol{L}_i\left(\boldsymbol{y}_i(k)-\boldsymbol{C}_i\hat{\boldsymbol{x}}_i(k)\right)\\&\boldsymbol{u}_i(k)=\boldsymbol{K}_i\hat{\boldsymbol{x}}_i(k)\end{aligned}\tag{3.89}$$

式中，$\hat{\boldsymbol{x}}_i(k)\in\mathbf{R}^{n_i}$ 是观测器的状态向量；$\boldsymbol{K}_i\in\mathbf{R}^{m_i\times n_i}$ 是控制器的局部反馈增益矩阵；$\boldsymbol{L}_i\in\mathbf{R}^{n_i\times p_i}$ 是控制器的局部观测增益矩阵。它们均为待定的常数矩阵。该控制器将确保闭环系统对于所有容许不确定性是渐近稳定的。

引入观测器误差 $\boldsymbol{e}_i(k)=\boldsymbol{x}_i(k)-\hat{\boldsymbol{x}}_i(k)$，则由式(3.87)和式(3.89)组合的闭环大系统为

$$\begin{aligned}&\boldsymbol{z}_i(k+1)=\tilde{\boldsymbol{A}}_i\boldsymbol{z}_i(k)+\Delta\boldsymbol{E}_i\left(\boldsymbol{z}_i(k),k\right)+\sum_{j=1}^{N}\tilde{\boldsymbol{A}}_{ij}\boldsymbol{z}_j\left(k-\tau_{ij}\right)\\&\boldsymbol{z}_i(k)=\tilde{\boldsymbol{\varphi}}_i(k)=\begin{bmatrix}\boldsymbol{\varphi}_i(k)\\\boldsymbol{0}\end{bmatrix},\quad k=-\tau,-\tau+1,\cdots,0\end{aligned}\tag{3.90}$$

式中

$$\boldsymbol{z}_i(k)=\begin{bmatrix}\hat{\boldsymbol{x}}_i(k)\\\boldsymbol{e}_i(k)\end{bmatrix},\quad\tilde{\boldsymbol{A}}_i=\begin{bmatrix}\boldsymbol{A}_i+\boldsymbol{B}_i\boldsymbol{K}_i & \boldsymbol{L}_i\boldsymbol{C}_i\\\boldsymbol{0} & \boldsymbol{A}_i-\boldsymbol{L}_i\boldsymbol{C}_i\end{bmatrix},\quad\tilde{\boldsymbol{A}}_{ij}=\begin{bmatrix}\boldsymbol{0} & \boldsymbol{0}\\\boldsymbol{A}_{ij} & \boldsymbol{A}_{ij}\end{bmatrix}$$

$$\Delta\boldsymbol{E}_i\left(\boldsymbol{z}_i(k),k\right)=\begin{bmatrix}\boldsymbol{L}_i\Delta\boldsymbol{C}_i\left(\boldsymbol{x}_i(k),k\right)\\\Delta\boldsymbol{A}_i\left(\boldsymbol{x}_i(k),k\right)+\Delta\boldsymbol{B}_i\left(\boldsymbol{u}_i(k),k\right)-\boldsymbol{L}_i\Delta\boldsymbol{C}_i\left(\boldsymbol{x}_i(k),k\right)\end{bmatrix}$$

由闭环大系统(3.90)，可得

$$\begin{aligned}\boldsymbol{z}_j\left(k-\tau_{ij}\right)&=\boldsymbol{z}_j(k)-\sum_{l=k-\tau_{ij}}^{k-1}\left[\boldsymbol{z}_j(l+1)-\boldsymbol{z}_j(l)\right]\\&=\boldsymbol{z}_j(k)-\sum_{l=k-\tau_{ij}}^{k-1}\left[\tilde{\boldsymbol{A}}_j\boldsymbol{z}_j(l)-\boldsymbol{z}_j(l)+\Delta\boldsymbol{E}_j\left(\boldsymbol{z}_j(l),l\right)+\sum_{p=1}^{N}\tilde{\boldsymbol{A}}_{jp}\boldsymbol{z}_p\left(l-\tau_{jp}\right)\right]\end{aligned}$$

因此闭环大系统(3.90)变为

$$\begin{aligned}\boldsymbol{z}_i(k+1)=&\left(\tilde{\boldsymbol{A}}_i+\tilde{\boldsymbol{A}}_{ii}\right)\boldsymbol{z}_i(k)+\Delta\boldsymbol{E}_i\left(\boldsymbol{z}_i(k),k\right)+\sum_{\substack{j=1\\i\neq j}}^{N}\tilde{\boldsymbol{A}}_{ij}\boldsymbol{z}_j\left(k\right)\\&-\sum_{j=1}^{N}\tilde{\boldsymbol{A}}_{ij}\left\{\sum_{l=k-\tau_{ij}}^{k-1}\left[\tilde{\boldsymbol{A}}_j\boldsymbol{z}_j(l)-\boldsymbol{z}_j(l)+\Delta\boldsymbol{E}_j\left(\boldsymbol{z}_j(l),l\right)+\sum_{p=1}^{N}\tilde{\boldsymbol{A}}_{jp}\boldsymbol{z}_p\left(l-\tau_{jp}\right)\right]\right\}\\\boldsymbol{z}_i(k)=&\tilde{\boldsymbol{\varphi}}_i(k)=\begin{bmatrix}\boldsymbol{\varphi}_i(k)\\\boldsymbol{0}\end{bmatrix},\quad k=-\tau,-\tau+1,\cdots,0\end{aligned}\tag{3.91}$$

假设对控制器(3.89)中的增益矩阵进行适当的选择，使得矩阵 $\tilde{\boldsymbol{A}}_i + \tilde{\boldsymbol{A}}_{ii}$ 是稳定的,那么在此条件下,就可以获得闭环大系统(3.91)与时滞相关的指数稳定性判据。

定理 3.10 对于关联大系统(3.91)，假设 $\tilde{\boldsymbol{A}}_i + \tilde{\boldsymbol{A}}_{ii}$ 是稳定矩阵且存在常数 $r_i > 0$ 和 $0 < \eta_i < 1$ 使得

$$\left\|\left(\tilde{\boldsymbol{A}}_i + \tilde{\boldsymbol{A}}_{ii}\right)^k\right\| \leqslant r_i \eta_i^k \tag{3.92}$$

若矩阵 $-\boldsymbol{U}-\boldsymbol{V}$ 是一个 M 矩阵，其中

$$\boldsymbol{U}=\left[u_{ij}\right]_{N\times N},\quad \boldsymbol{V}=\left[v_{ij}\right]_{N\times N},\quad u_{ii}=\eta_i + r_i\Omega_i$$

$$u_{ij}\left(i\neq j\right)=r_i\left\|\tilde{\boldsymbol{A}}_{ij}\right\|,\quad v_{ij}=r_i\tau\left(\left\|\tilde{\boldsymbol{A}}_{ij}\right\|\left(1+\Omega_j+\left\|\tilde{\boldsymbol{A}}_j\right\|\right)+\sum_{p=1}^{N}\left\|\tilde{\boldsymbol{A}}_{pj}\right\|\right)$$

且参数 $\Omega_i = 2\|\boldsymbol{L}_i\|\gamma_i + \alpha_i + \beta_i\|\boldsymbol{K}_i\|$ 满足 $\left\|\Delta\boldsymbol{E}_i\left(\boldsymbol{z}_i(k),k\right)\right\| \leqslant \Omega_i\|\boldsymbol{z}_i(k)\|$，那么不确定的关联大系统(3.91)是指数稳定的。

证明 由引理 3.4，闭环系统(3.91)满足初始条件 $\boldsymbol{z}_i(k)=\tilde{\boldsymbol{\varphi}}_i(k)=\begin{bmatrix}\boldsymbol{\varphi}_i(k)\\ 0\end{bmatrix}$ ($k=-\tau,-\tau+1,\cdots,0$)的解 $\boldsymbol{z}_i\left(k,\tilde{\boldsymbol{\varphi}}_i(k)\right)$ 可以表示为

$$\begin{aligned}\boldsymbol{z}_i\left(k,\tilde{\boldsymbol{\varphi}}_i(k)\right)=&\left(\tilde{\boldsymbol{A}}_i+\tilde{\boldsymbol{A}}_{ii}\right)^k\tilde{\boldsymbol{\varphi}}_i(0)+\sum_{s=0}^{k-1}\left(\tilde{\boldsymbol{A}}_i+\tilde{\boldsymbol{A}}_{ii}\right)^{k-1-s}\left\{\Delta\boldsymbol{E}_i\left(\boldsymbol{z}_i(s),s\right)+\sum_{\substack{j=1\\ i\neq j}}^{N}\tilde{\boldsymbol{A}}_{ij}\boldsymbol{z}_j(s)\right.\\ &\left.-\sum_{j=1}^{N}\tilde{\boldsymbol{A}}_{ij}\left[\sum_{l=s-\tau_{ij}}^{s-1}\left(\tilde{\boldsymbol{A}}_j\boldsymbol{z}_j(l)-\boldsymbol{z}_j(l)+\Delta\boldsymbol{E}_j\left(\boldsymbol{z}_j(l),l\right)+\sum_{p=1}^{N}\tilde{\boldsymbol{A}}_{jp}\boldsymbol{z}_p\left(l-\tau_{jp}\right)\right)\right]\right\}\end{aligned}$$

此式两边取模得以下不等式：

$$\begin{aligned}\left\|\boldsymbol{z}_i\left(k,\tilde{\boldsymbol{\varphi}}_i(k)\right)\right\|\leqslant& r_i\eta_i^k\left\|\tilde{\boldsymbol{\varphi}}_i(0)\right\|+\sum_{s=0}^{k-1}r_i\eta_i^{k-1-s}\left[\left\|\Delta\boldsymbol{E}_i\left(\boldsymbol{z}_i(s),s\right)\right\|+\left\|\sum_{\substack{j=1\\ i\neq j}}^{N}\tilde{\boldsymbol{A}}_{ij}\boldsymbol{z}_j(s)\right\|\right.\\ &\left.+\left\|\sum_{j=1}^{N}\tilde{\boldsymbol{A}}_{ij}\left[\sum_{l=s-\tau_{ij}}^{s-1}\left(\tilde{\boldsymbol{A}}_j\boldsymbol{z}_j(l)-\boldsymbol{z}_j(l)+\Delta\boldsymbol{E}_j\left(\boldsymbol{z}_j(l),l\right)+\sum_{p=1}^{N}\tilde{\boldsymbol{A}}_{jp}\boldsymbol{z}_p\left(l-\tau_{jp}\right)\right)\right]\right\|\right]\\ \leqslant& r_i\eta_i^k\left\|\tilde{\boldsymbol{\varphi}}_i(0)\right\|+\sum_{s=0}^{k-1}r_i\eta_i^{k-1-s}\left\{\Omega_i\left\|\boldsymbol{z}_i(s)\right\|+\sum_{\substack{j=1\\ i\neq j}}^{N}\left\|\tilde{\boldsymbol{A}}_{ij}\right\|\left\|\boldsymbol{z}_j(s)\right\|\right.\\ &\left.+\sum_{j=1}^{N}\sum_{l=s-\tau_{ij}}^{s-1}\left[\left\|\tilde{\boldsymbol{A}}_{ij}\right\|\left(1+\Omega_j+\left\|\tilde{\boldsymbol{A}}_j\right\|\right)\left\|\boldsymbol{z}_j(l)\right\|+\sum_{p=1}^{N}\left\|\tilde{\boldsymbol{A}}_{jp}\right\|\left\|\boldsymbol{z}_p(l-\tau_{jp})\right\|\right]\right\}\end{aligned}$$

考虑下列比较差分方程组：

$$P_i(k)=r_i\eta_i^k\left\|\tilde{\boldsymbol{\varphi}}_i(0)\right\|+\sum_{s=0}^{k-1}r_i\eta_i^{k-1-s}\left\{\Omega_iP_i(s)+\sum_{\substack{j=1\\i\neq j}}^{N}\left\|\tilde{\boldsymbol{A}}_{ij}\right\|P_j(s)\right.$$

$$\left.+\sum_{j=1}^{N}\sum_{l=s-\tau_{ij}}^{s-1}\left[\left\|\tilde{\boldsymbol{A}}_{ij}\right\|\left(1+\Omega_j+\left\|\tilde{\boldsymbol{A}}_j\right\|\right)P_j(l)+\sum_{p=1}^{N}\left\|\tilde{\boldsymbol{A}}_{jp}\right\|P_p(l-\tau_{jp})\right]\right\},\quad i=1,2,\cdots,N$$

由引理 3.7 中的比较原理得如下不等式$\left\|\boldsymbol{z}_i\left(k,\tilde{\boldsymbol{\varphi}}_i(k)\right)\right\|\leqslant\boldsymbol{P}_i(k)$对任意$k\geqslant-\tau$成立。同时

$$\boldsymbol{P}_i(k+1)=\eta_i\boldsymbol{P}_i(k)+r_i\left\{\Omega_i\boldsymbol{P}_i(k)+\sum_{\substack{j=1\\l\neq j}}^{N}\left\|\tilde{\boldsymbol{A}}_{ij}\right\|\boldsymbol{P}_j(k)+\sum_{j=1}^{N}\sum_{l=k-\tau_{ij}}^{k-1}\left[\left\|\tilde{\boldsymbol{A}}_{ij}\right\|\left(1+\Omega_j+\left\|\tilde{\boldsymbol{A}}_j\right\|\right)\boldsymbol{P}_j(l)\right.\right.$$

$$\left.\left.+\sum_{p=1}^{N}\left\|\tilde{\boldsymbol{A}}_{jp}\right\|\boldsymbol{P}_p(l-\tau_{jp})\right]\right\}\leqslant\left(\boldsymbol{\eta}_i+r_i\Omega_i\right)\boldsymbol{P}_i(k)+r_i\sum_{\substack{j=1\\i\neq j}}^{N}\left\|\tilde{\boldsymbol{A}}_{ij}\right\|\boldsymbol{P}_j(k)$$

$$+r_i\tau\sum_{j=1}^{N}\left(\left\|\tilde{\boldsymbol{A}}_{ij}\right\|\left(1+\Omega_j+\left\|\tilde{\boldsymbol{A}}_j\right\|\right)+\sum_{p=1}^{N}\left\|\tilde{\boldsymbol{A}}_{pj}\right\|\right)\sup_{k-2\tau\leqslant\sigma\leqslant k}\boldsymbol{P}_j(\sigma)$$

由引理 3.8 和定理的条件可知，存在常数$\lambda>0$，$c_i>0$使得

$$P_i(k)\leqslant c_i\sum_{j=1}^{N}\sup_{-2\tau\leqslant\sigma\leqslant0}P_j(\sigma)\mathrm{e}^{-\lambda k},\quad k\geqslant0;i=1,2,\cdots,N\tag{3.93}$$

故$P_i(k)$的指数估计式蕴含着系统(3.92)的解$\boldsymbol{z}_i\left(k,\tilde{\varphi}_i(k)\right)$是渐近稳定的。定理 3.10 证毕。

根据定理 3.8 和定理 3.9，给出系统(3.70)的动态输出反馈控制器(3.71)中反馈增益矩阵$\boldsymbol{K}$和观测增益矩阵$\boldsymbol{L}$的设计步骤：

Step1　调整动态输出反馈控制器(3.71)中增益矩阵$\boldsymbol{K}$和$\boldsymbol{L}$，使矩阵$\tilde{\boldsymbol{A}}$(时滞无关的情形)或$\tilde{\boldsymbol{A}}+\sum_{i=1}^{n}\tilde{\boldsymbol{A}}_i$(时滞相关的情形)的所有特征值位于单位圆内；

Step2　配置矩阵$\tilde{\boldsymbol{A}}$(时滞无关的情形)或$\tilde{\boldsymbol{A}}+\sum_{i=1}^{n}\tilde{\boldsymbol{A}}_i$(时滞相关的情形)的特征值，使观测器中的系数充分小；

Step3　检验不等式(3.74)(时滞无关的情形)或不等式(3.79) (时滞相关的情形)是否成立，不成立则返回 Step2。不等式(3.74)(时滞无关的情形)或不等式(3.79) (时滞相关的情形)成立则步骤结束，至此得到反馈控制器(3.71)中的反馈增益矩阵$\boldsymbol{K}$和观测增益矩阵$\boldsymbol{L}$。

类似地，可以给出关联大系统(3.87)的动态输出反馈分散控制器(3.89)中反馈增益矩阵 $\boldsymbol{K}_i$ 和观测增益矩阵 $\boldsymbol{L}_i$ 的设计步骤。

例 3.7 考虑如下具有两个状态时滞的不确定离散系统：

$$\begin{aligned}\boldsymbol{x}(k+1)=&\begin{bmatrix}-0.1 & -0.2\\ 0.1 & -0.4\end{bmatrix}\boldsymbol{x}(k)+\Delta\boldsymbol{A}\left(\boldsymbol{x}(k),k\right)+\begin{bmatrix}0.11 & 0.01\\ -0.01 & 0.12\end{bmatrix}\boldsymbol{x}(k-1)\\&+\begin{bmatrix}0.02 & 0.01\\ 0.01 & -0.02\end{bmatrix}\boldsymbol{x}(k-2)+\Delta\boldsymbol{A}_1\left(\boldsymbol{x}(k-1),k\right)+\Delta\boldsymbol{A}_2\left(\boldsymbol{x}(k-2),k\right)\\&+\begin{bmatrix}1 & 0\\ 0 & 1\end{bmatrix}\boldsymbol{u}(k)+\Delta\boldsymbol{B}\left(\boldsymbol{u}(k),k\right)\end{aligned}$$

$$\boldsymbol{y}(k)=\begin{bmatrix}1 & 0\\ 0 & 1\end{bmatrix}\boldsymbol{x}(k)+\Delta\boldsymbol{C}\left(\boldsymbol{x}(k),k\right)$$

式中

$$\boldsymbol{x}(k)=\begin{bmatrix}\boldsymbol{x}_1(k)\\ \boldsymbol{x}_2(k)\end{bmatrix},\ \boldsymbol{u}(k)=\begin{bmatrix}\boldsymbol{u}_1(k)\\ \boldsymbol{u}_2(k)\end{bmatrix},\ \left\|\Delta\boldsymbol{A}\left(\boldsymbol{x}(k),k\right)\right\|\leqslant\alpha\left\|\begin{bmatrix}\boldsymbol{x}_1(k)\\ \boldsymbol{x}_2(k)\end{bmatrix}\right\|$$

$$\left\|\Delta\boldsymbol{A}_1\left(\boldsymbol{x}(k-1),k\right)\right\|=\alpha_1\left\|\begin{bmatrix}\boldsymbol{x}_1(k-1)\\ \boldsymbol{x}_2(k-1)\end{bmatrix}\right\|,\quad \left\|\Delta\boldsymbol{A}_2\left(\boldsymbol{x}(k-2),k\right)\right\|=\alpha_2\left\|\begin{bmatrix}\boldsymbol{x}_1(k-1)\\ \boldsymbol{x}_2(k-1)\end{bmatrix}\right\|$$

$$\left\|\Delta\boldsymbol{B}\left(\boldsymbol{u}(k),k\right)\right\|=\beta\left\|\begin{bmatrix}\boldsymbol{u}_1(k)\\ \boldsymbol{u}_2(k)\end{bmatrix}\right\|,\quad \left\|\Delta\boldsymbol{C}\left(\boldsymbol{x}(k),k\right)\right\|=\gamma\left\|\begin{bmatrix}\boldsymbol{x}_1(k)\\ \boldsymbol{x}_2(k)\end{bmatrix}\right\|$$

采用矩阵的 1 模，不确定性的界设为 $\alpha=0.12$, $\alpha_1=0.02$, $\alpha_2=0.01$, $\beta=0.15$, $\gamma=0.1$。

按照上述设计步骤，若调整控制器(3.71)中增益矩阵 $\boldsymbol{K}=\begin{bmatrix}0.12 & 0.22\\ -0.11 & 0.33\end{bmatrix}$, $\boldsymbol{L}=\begin{bmatrix}-0.13 & -0.21\\ 0.11 & -0.14\end{bmatrix}$，且配置 $\tilde{\boldsymbol{A}}$ 的特征值为 $0.025+0.0132\mathrm{j}$、$0.025-0.0132\mathrm{j}$, -0.2597 、 0.0297 ，由此可以计算 $\varOmega=0.2725$ ，且满足不等式

$$\eta+r\varOmega+r\sum_{i=1}^{n}\left(\left\|\tilde{A}_i\right\|+\alpha_i\right)=0.89825<1$$

于是可得动态输出反馈控制器(3.71)为

$$\hat{\boldsymbol{x}}(k+1)=\begin{bmatrix}-0.1 & -0.2\\ 0.1 & -0.4\end{bmatrix}\hat{\boldsymbol{x}}(k)+\begin{bmatrix}1 & 0\\ 0 & 1\end{bmatrix}\boldsymbol{u}(k)+\begin{bmatrix}-0.13 & -0.21\\ 0.11 & -0.14\end{bmatrix}\left[\boldsymbol{y}(k)-\begin{bmatrix}1 & 0\\ 0 & 1\end{bmatrix}\hat{\boldsymbol{x}}(k)\right]$$

$$\boldsymbol{u}(k)=\begin{bmatrix}0.12 & 0.22\\ -0.11 & 0.33\end{bmatrix}\hat{\boldsymbol{x}}(k)$$

根据定理 3.8，上述不确定离散系统可通过上述动态输出反馈控制器鲁棒镇定。

例 3.8　考虑下列离散系统：

$$\begin{aligned}\boldsymbol{x}(k+1)=&\begin{bmatrix}-0.3 & -0.28\\ 0.21 & 0.14\end{bmatrix}\boldsymbol{x}(k)+\Delta\boldsymbol{A}\left(\boldsymbol{x}(k),k\right)+\begin{bmatrix}0.001 & 0.01\\ -0.01 & 0.02\end{bmatrix}\boldsymbol{x}(k-1)\\&+\begin{bmatrix}0.002 & 0.01\\ 0.01 & -0.02\end{bmatrix}\boldsymbol{x}(k-2)+\Delta\boldsymbol{A}_1\left(\boldsymbol{x}(k-1),k\right)+\Delta\boldsymbol{A}_2\left(\boldsymbol{x}(k-2),k\right)\\&+\begin{bmatrix}1 & 0\\ 0 & 1\end{bmatrix}\boldsymbol{u}(k)+\Delta\boldsymbol{B}\left(\boldsymbol{u}(k),k\right)\\\boldsymbol{y}(k)=&\begin{bmatrix}1 & 0\\ 0 & 1\end{bmatrix}\boldsymbol{x}(k)+\Delta\boldsymbol{C}\left(\boldsymbol{x}(k),k\right),\quad k\geqslant 0\end{aligned}$$

式中，$\boldsymbol{x}(k)=\begin{bmatrix}\boldsymbol{x}_1(k)\\ \boldsymbol{x}_2(k)\end{bmatrix}$，$\boldsymbol{u}(k)=\begin{bmatrix}\boldsymbol{u}_1(k)\\ \boldsymbol{u}_2(k)\end{bmatrix}$，不确定性的界如例 3.7 中给出。按照上述设计步骤, 若调整控制器(3.71)中增益矩阵 $\boldsymbol{K}=\begin{bmatrix}0.01 & -0.01\\ -0.13 & 0.001\end{bmatrix}$，$\boldsymbol{L}=\begin{bmatrix}-0.018 & -0.02\\ -0.021 & 0.019\end{bmatrix}$，配置 $\tilde{\boldsymbol{A}}+\sum_{i=1}^{2}\tilde{\boldsymbol{A}}_i$ 的特征值在单位圆内且使 $\left\|\tilde{\boldsymbol{A}}+\sum_{i=1}^{2}\tilde{\boldsymbol{A}}_i\right\|=0.585<\eta=0.595$，由此可以计算

$$\frac{1-\eta-r\Omega-r\sum_{i=1}^{n}\alpha_i}{r\left(\left\|\sum_{i=1}^{n}\tilde{\boldsymbol{A}}\tilde{\boldsymbol{A}}_i\right\|+\sum_{i=1}^{n}\sum_{j=1}^{n}\left\|\tilde{\boldsymbol{A}}_i\tilde{\boldsymbol{A}}_j\right\|+\sum_{i=1}^{n}\left\|\tilde{\boldsymbol{A}}_i\right\|\left(1+\Omega+\sum_{i=1}^{n}\alpha_i\right)\right)}=2.2468>2\ (\text{时滞的最大值})$$

于是可得动态输出反馈控制器(3.71)为

$$\hat{\boldsymbol{x}}(k+1)=\begin{bmatrix}-0.3 & -0.28\\ 0.21 & 0.14\end{bmatrix}\hat{\boldsymbol{x}}(k)+\begin{bmatrix}1 & 0\\ 0 & 1\end{bmatrix}\boldsymbol{u}(k)+\begin{bmatrix}-0.018 & -0.02\\ -0.021 & 0.019\end{bmatrix}\left(\boldsymbol{y}(k)-\begin{bmatrix}1 & 0\\ 0 & 1\end{bmatrix}\hat{\boldsymbol{x}}(k)\right)$$

$$\boldsymbol{u}(k)=\begin{bmatrix}0.01 & -0.01\\ -0.13 & 0.001\end{bmatrix}\hat{\boldsymbol{x}}(k),\quad \hat{\boldsymbol{x}}(0)=0$$

根据定理 3.9，上述不确定离散系统可通过上述动态输出反馈控制器鲁棒镇定。

3.7　本 章 小 结

本章用 LMI 方法研究了不确定性关联时滞大系统的分散鲁棒镇定问题, 在以下四个方面开展了研究：①针对不确定性满足匹配条件以及数值界不确定性关联时滞线性大系统，导出了关联系统可用一个定常分散状态反馈控制器稳定化的充

分条件，进而证明了这一条件等价于一组适当的 LMIs 有解，据此导出了分散稳定化控制器的设计方法。该方法不需要预先假定控制器的结构，可望降低结果的保守性，且不需要参数调整，求解应用方便。②针对一类线性关联大系统，在引进几个时滞积分矩阵不等式的基础上，讨论了此类线性关联系统的分散鲁棒镇定问题，给出了与时滞相关的分散鲁棒镇定判据。③针对一类具有分离变量的非线性关联大系统，利用特殊 Lyapunov-Krasovskii 泛函研究了此类非线性系统的分散鲁棒镇定问题，给出了该非线性关联系统与时滞相关的局部分散鲁棒镇定判据，并说明了当该系统退化为线性系统时与时滞相关的镇定判据就是全局的。④分别研究了一类具有多个状态时滞的不确定离散系统与离散关联系统的鲁棒镇定和分散鲁棒镇定问题，给出了低维离散系统和高维离散系统的比较原理，以及证明了一些时滞离散不等式。基于这些比较原理和时滞离散不等式以及分析方法提出了确保该离散系统可通过输出反馈鲁棒镇定与鲁棒分散镇定的充分条件，这些条件有些是不依赖于时滞的，有些是依赖于时滞的。

参 考 文 献

[1] Lee T N, Radovic U L. General decentralized stabilization of large-scale linear continuous and discrete time-delay systems. International Journal of Control, 1987, 46(6): 2127-2140.

[2] Lee T N, Radovic U L. Decentralized stabilization of linear continuous and discrete-time systems with delay in interconnections. IEEE Transactions on Automatic Control, 1988, 33(8): 757-761.

[3] Hu Z. Decentralized stabilization of large-scale interconnected systems with delays. IEEE Transactions on Automatic Control, 1994, 39(1):180-182.

[4] Trinh H, Aldeen M. A comment on “decentralized stabilization of large scale interconnected systems with delay”. IEEE Transactions on Automatic Control, 1995, 40(5):914-916.

[5] 俞立，陈国定.一类关联时滞系统的分散稳定化控制器设计.控制与决策，1997,12(5)：559-564.

[6] Kwon W H, Pearson A E. A note on feedback stabilization of a differential-difference system. IEEE Transactions on Automatic Control, 1977, 22(3):468-470.

[7] Furukawa T, Shimemura E. Stabilizability conditions by memory less feedback for linear systems with time-delay. International Journal of Control, 1983, 37(3): 353-365.

[8] Liao X X, Yu P. Absolute Stability of Nonlinear Control Systems. Kluwer: Academic Publisher, 1993.

[9] Kelly W G, Peterson A C. Difference Equation: An Introduction with Applications. New York: Academic Press, 1991.

第 4 章　关联时滞系统的分散无源化控制和输出跟踪控制

4.1 引　　言

系统的无源性在控制理论的研究中起着重要作用[1-6]，引入无源化方法可以充分利用物理系统本身的结构特点，为 Lyapunov 函数的构造提供信息，特别是广义 Hamilton 这种开放无源系统的引入，有可能为非线性鲁棒控制的最终突破带来机遇[3]。近年来，基于无源的控制已经被成功地应用于镇定复杂系统[7-12]，这就说明无源性不仅是系统的一个重要特性，而且是使控制系统镇定的一个重要工具。基于无源的控制在飞行动力系统、柔性多体非线性系统、电力系统和串联控制系统等方面有着广泛的应用[7-12]。

许多学者在无源性理论方面做了大量的工作[3, 13-15]。van der Schaft[3]针对非线性控制中的无源化方法进行了系统阐述，冯纯伯等[13]深入研究了复合动态系统的无源特性，俞立等[14]研究了具有时变不确定参数的线性系统在有界能量外部输入作用下的鲁棒无源控制问题。所有这些工作都极大地促进了无源性理论的发展，然而针对时滞关联系统无源化的分散控制的研究却还未见。本章将无源性理论引进时滞关联系统的分散控制的研究中，基于 Lyapunov 定理、无源特性和 LMI 相结合的方法去解决分散控制问题。

分散鲁棒输出跟踪是鲁棒控制中的重要问题，它要求所设计的控制器确保系统在受到干扰的情况下，其输出仍收敛到所给定的参考输入。Mao 等研究了一类不确定关联系统的分散鲁棒输出跟踪问题[16]，不确定性假定为时不变，并满足匹配条件，通过定义每一个子系统的增广矩阵，设计分散控制律，使闭环系统以固定的收敛率跟踪常数输入。Nig 和 Cheng 在文献[16]的基础上，研究了一类不确定性系统的关联系统分散鲁棒输出跟踪问题[17]。刘新宇等提出了不确定线性组合系统存在分散输出跟踪器的充分条件[18]，系统中不确定项具有数值界，可不满足所谓的匹配条件，基于不确定项的数值界表达形式，针对不确定线性组合系统给出分散鲁棒控制律，系统中的不确定项是时不变的，设计的分散跟踪器能使受控系统可渐近跟踪给定的参考输入。Shigemaru 等对一类含有不确定性的关联大系统，讨论分散鲁棒跟踪和模型跟随问题[19]，提出了一种非线性分散状态反馈控制器的设计方法，该控制器能保证在每个子系统和局部参考模型之间的跟踪误差渐近减到零，该文献讨论的不确定满足匹配条件，且采用的是非线性状态观测器。

本课题组应用 LMI 方法研究不确定性关联大系统的分散鲁棒输出跟踪控制问题[20]。系统中不确定项具有数值界，可不满足匹配条件。基于不确定项的表达形式，给出了存在分散控制鲁棒跟踪控制器的 LMI 条件。在此基础上，通过建立求解受 LMIs 约束的凸优化问题，提出了具有较小反馈增益的 LMI 设计方法，使受控系统渐近跟踪给定的参考输入。本章将在此基础上，探讨不确定性时滞关联系统的分散鲁棒跟踪器的设计问题，研究满足匹配条件和具有数值界可不满足匹配条件的两类关联时滞系统的分散鲁棒输出跟踪控制问题，得到了使两类时滞大系统渐近跟踪给定参考输入的 LMI 条件及控制器设计方法。

4.2 线性关联系统的时滞相关无源化分散控制

本节针对一类线性时滞关联系统，给出存在分散无记忆的状态反馈控制器使得闭环系统渐近稳定且严格无源的一些充分条件。

4.2.1 问题的描述与定义

考虑一类由 N 个子系统 S_i 构成的线性时滞关联系统

$$\begin{aligned}
&\dot{\boldsymbol{x}}_i(t)=\boldsymbol{A}_i\boldsymbol{x}_i(t)+\boldsymbol{B}_i\boldsymbol{u}_i(t)+\boldsymbol{E}_i\boldsymbol{\omega}_i(t)+\sum_{j=1}^{N}\boldsymbol{A}_{ij}\boldsymbol{x}_j(t-\tau_{ij})\\
&\boldsymbol{z}_i(t)=\boldsymbol{C}_i\boldsymbol{x}_i(t)+\boldsymbol{D}_i\boldsymbol{\omega}_i(t)\\
&\boldsymbol{x}_i(t)=\boldsymbol{\varphi}_i(t),\ t\in[-\tau_i,0],\quad 0<\tau_{ij}<\infty,\quad \tau_i=\max_{j\in\{1,2,\cdots,N\}}\{\tau_{ij}\}
\end{aligned}\tag{4.1}$$

式中，$i\in\{1,2,\cdots,N\}$，$\boldsymbol{x}_i(t)\in\mathbf{R}^{n_i}$、$\boldsymbol{u}_i(t)\in\mathbf{R}^{m_i}$、$\boldsymbol{\omega}_i(t)\in\mathbf{R}^{p_i}$ 和 $\boldsymbol{z}_i(t)\in\mathbf{R}^{q_i}$ 分别为第 i 个系统的状态向量、控制向量、外部输入和输出向量；矩阵 $\boldsymbol{A}_i$、$\boldsymbol{B}_i$、$\boldsymbol{E}_i$、$\boldsymbol{A}_{ij}$、$\boldsymbol{C}_i$ 和 $\boldsymbol{D}_i$ 均具有相应维数的常数矩阵。假设外部输入 $\boldsymbol{\omega}_i(t)\in\boldsymbol{L}_2(0,\infty)$，$\tau_{ij}\geqslant 0$ 表示关联项中的滞后时间。初始值 $\boldsymbol{\varphi}_i(t)\in\mathbf{R}^{n_i}$ 是定义在 $[-\tau_i,0]$ 上的连续函数。本节总是假定矩阵 $\boldsymbol{D}_i+\boldsymbol{D}_i^{\mathrm{T}}$ 是正定的，$(\boldsymbol{A}_i,\boldsymbol{B}_i)$ 是完全可控的且子系统的状态可直接测量。

对于每一个子系统构造一个分散的无记忆状态反馈控制器

$$\boldsymbol{u}_i(t)=\boldsymbol{K}_i\boldsymbol{x}_i(t)\tag{4.2}$$

式中，$\boldsymbol{K}_i\in\mathbf{R}^{m_i\times n_i}$ 是子系统的反馈增益矩阵，则由式(4.1)和式(4.2)组成的闭环系统为

$$\begin{aligned}\dot{\boldsymbol{x}}_i(t) &= (\boldsymbol{A}_i + \boldsymbol{B}_i\boldsymbol{K}_i)\boldsymbol{x}_i(t) + \boldsymbol{E}_i\boldsymbol{\omega}_i(t) + \sum_{j=1}^{N}\boldsymbol{A}_{ij}\boldsymbol{x}_j(t-\tau_{ij}) \\ \boldsymbol{z}_i(t) &= \boldsymbol{C}_i\boldsymbol{x}_i(t) + \boldsymbol{D}_i\boldsymbol{\omega}_i(t)\end{aligned} \tag{4.3}$$

首先给出输入输出系统的严格无源的定义，令 $\varXi$ 和 Z 分别表示外部输入输出的容许轨迹。

定义 4.1[3]　称算子 $H:\varXi \mapsto Z$ 是严格无源的，如果存在常数 $\varepsilon_1 \geqslant 0, \varepsilon_2 \geqslant 0$, $\varepsilon_1 + \varepsilon_2 > 0$ 使得

$$\int_0^T \boldsymbol{\omega}^{\mathrm{T}}(s)\boldsymbol{z}(s)\mathrm{d}s \geqslant -\beta^2 + \varepsilon_1\int_0^T \boldsymbol{\omega}^{\mathrm{T}}(s)\boldsymbol{\omega}(s)\mathrm{d}s + \varepsilon_2\int_0^T \boldsymbol{z}^{\mathrm{T}}(s)\boldsymbol{z}(s)\mathrm{d}s \tag{4.4}$$

对所有的 T 成立，其中 $\beta \in \mathbf{R}$ 是常数，算子 $H(s)$ 作用在输入 $\boldsymbol{\omega}(s)$ 上，得到映射 $\boldsymbol{z}(s) = H(s)\boldsymbol{\omega}(s)$ 的一条可行轨迹。如果 $\varepsilon_1 > 0$ 该算子被称为是输入严格无源的，如果 $\varepsilon_2 > 0$，则该算子被称为是输出严格无源的。

注释 4.1　第 i 个闭环系统(4.3)可以被看成上述的算子，称为 CS_i，显然其输入可以看成 $\boldsymbol{\omega}_i$，输出为 $\boldsymbol{z}_i$。这样，可以考虑算子 CS_i 的严格无源。因此，上面的不等式(4.4)可以看成一个微分系统中能量关系的一种性质。如果外部输入 $\omega = 0$ 时，闭环系统(4.3)是渐近稳定的，则将其称为内部稳定的。

定义 4.2　关联大系统(4.1)称为无源化分散镇定，如果存在一组分散控制器(4.2)使得闭环系统(4.3)是内部稳定的，其对应的每一个算子 CS_i 又是严格无源的。

引理 4.1　假设 $\boldsymbol{x}$ 和 $\boldsymbol{y}$ 为任意具有适当维数的向量或矩阵，对于正数 $\alpha > 0$ 和正定矩阵 $\boldsymbol{Q} > 0$，有下面的不等式：

$$2\boldsymbol{x}^{\mathrm{T}}\boldsymbol{y} \leqslant \alpha\boldsymbol{x}^{\mathrm{T}}\boldsymbol{Q}^{-1}\boldsymbol{x} + \alpha^{-1}\boldsymbol{y}^{\mathrm{T}}\boldsymbol{Q}\boldsymbol{y}$$

4.2.2　时滞无关无源化分散控制器的设计

本节给出系统(4.1)时滞无关的无源化分散镇定控制器存在的一个充分条件，使得在这个条件下时滞关联系统能够被分散控制器(4.2)控制成严格无源且内部稳定。

定理 4.1　对于关联大系统(4.1)，如果存在常数矩阵 $\boldsymbol{K}_i \in \mathbf{R}^{m_i \times n_i}$ 和正定矩阵 $\boldsymbol{Q}_i, \boldsymbol{P}_i \in \mathbf{R}^{n_i \times n_i}$，$i = 1, 2, \cdots, N$，满足矩阵不等式

$$\begin{bmatrix} \tilde{\boldsymbol{A}}_i & \boldsymbol{P}_i\boldsymbol{A}_{i1} & \boldsymbol{P}_i\boldsymbol{A}_{i2} & \cdots & \boldsymbol{P}_i\boldsymbol{A}_{iN} & \boldsymbol{P}_i\boldsymbol{E}_i - \boldsymbol{C}_i^{\mathrm{T}} \\ \boldsymbol{A}_{i1}^{\mathrm{T}}\boldsymbol{P}_i & -\delta(\boldsymbol{A}_{i1})\boldsymbol{Q}_1 & \boldsymbol{0} & \cdots & \boldsymbol{0} & \boldsymbol{0} \\ \boldsymbol{A}_{i2}^{\mathrm{T}}\boldsymbol{P}_i & \boldsymbol{0} & -\delta(\boldsymbol{A}_{i2})\boldsymbol{Q}_2 & \cdots & \boldsymbol{0} & \boldsymbol{0} \\ \vdots & \vdots & \vdots & & \vdots & \vdots \\ \boldsymbol{A}_{iN}^{\mathrm{T}}\boldsymbol{P}_i & \boldsymbol{0} & \boldsymbol{0} & \cdots & -\delta(\boldsymbol{A}_{iN})\boldsymbol{Q}_N & \boldsymbol{0} \\ \boldsymbol{E}_i^{\mathrm{T}}\boldsymbol{P}_i - \boldsymbol{C}_i & \boldsymbol{0} & \boldsymbol{0} & \cdots & \boldsymbol{0} & -(\boldsymbol{D}_i + \boldsymbol{D}_i^{\mathrm{T}}) \end{bmatrix} \leqslant 0 \tag{4.5}$$

式中，$\tilde{A}_i = A_i^{\mathrm{T}} P_i + P_i A_i + K_i^{\mathrm{T}} B_i^{\mathrm{T}} P_i + P_i B_i K_i + \sum_{j=1}^{N} \delta(A_{ji}) Q_i$。且至少有一个$i^* \in \{1,2,\cdots, N\}$存在，使得第$i^*$个式(4.5)的左边负定。则系统(4.1)是无源化分散镇定的。

证明 针对闭环系统(4.3)，构造如下 Lyapunov 泛函

$$V(x_t) = \sum_{i=1}^{N}\left(x_i^{\mathrm{T}}(t) P_i x_i(t) + \sum_{j=1}^{N} \int_{t-\tau_{ij}}^{t} \delta(A_{ij}) x_j^{\mathrm{T}}(t) Q_j x_j(t) \mathrm{d}t \right)$$

沿着系统(4.3)的状态变量微分$V(x_t)$得

$$\begin{aligned}
\dot{V}(x_t) &= \sum_{i=1}^{N}\Bigg\{ x_i^{\mathrm{T}}(t)(A_i^{\mathrm{T}} P_i + P_i A_i + K_i^{\mathrm{T}} B_i^{\mathrm{T}} P_i + P_i B_i K_i) x_i(t) + 2x_i^{\mathrm{T}}(t) P_i E_i \omega_i(t) \\
&\quad + \sum_{j=1}^{N} 2x_i^{\mathrm{T}}(t) P_i A_{ij} x_j(t-\tau_{ij}) + \sum_{j=1}^{N} \delta(A_{ij}) x_j^{\mathrm{T}}(t) Q_j x_j(t) \\
&\quad - \sum_{j=1}^{N} \delta(A_{ij}) x_j^{\mathrm{T}}(t-\tau_{ij}) Q_j x_j(t-\tau_{ij}) \Bigg\} \\
&= \sum_{i=1}^{N}\Bigg\{ x_i^{\mathrm{T}}(t)\left(A_i^{\mathrm{T}} P_i + P_i A_i + K_i^{\mathrm{T}} B_i^{\mathrm{T}} P_i + P_i B_i K_i + \sum_{j=1}^{N} \delta(A_{ji}) Q_i \right) x_i(t) \\
&\quad + 2x_i^{\mathrm{T}}(t) P_i E_i \omega_i(t) \\
&\quad + \sum_{j=1}^{N} 2x_i^{\mathrm{T}}(t) P_i A_{ij} x_j(t-\tau_{ij}) - \sum_{j=1}^{N} \delta(A_{ij}) x_j^{\mathrm{T}}(t-\tau_{ij}) Q_j x_j(t-\tau_{ij}) \Bigg\} \\
&\leqslant \sum_{i=1}^{N}\Bigg\{ x_i^{\mathrm{T}}(t) \tilde{A}_i x_i(t) + 2x_i^{\mathrm{T}}(t) P_i E_i \omega_i(t) + \sum_{j=1}^{N} \delta(A_{ij}) x_i^{\mathrm{T}}(t) P_i A_{ij} Q_j^{-1} A_{ij}^{\mathrm{T}} P_i x_i(t) \\
&\quad + \sum_{j=1}^{N} \delta(A_{ij}) x_j^{\mathrm{T}}(t-\tau_{ij}) Q_j x_j(t-\tau_{ij}) - \sum_{j=1}^{N} \delta(A_{ij}) x_j^{\mathrm{T}}(t-\tau_{ij}) Q_j x_j(t-\tau_{ij}) \Bigg\} \\
&= \sum_{i=1}^{N}\Bigg\{ x_i^{\mathrm{T}}(t)\left(\tilde{A}_i + \sum_{j=1}^{N} \delta(A_{ij}) P_i A_{ij} Q_j^{-1} A_{ij}^{\mathrm{T}} P_i \right) x_i(t) + 2x_i^{\mathrm{T}}(t) P_i E_i \omega_i(t) \Bigg\}
\end{aligned}$$

利用 Schur 补定理，从不等式(4.5)得

$$\dot{V}(x_t) < \sum_{i=1}^{N}\{-x_i^{\mathrm{T}}(t)[(E_i^{\mathrm{T}} P_i - C_i)^{\mathrm{T}} (D_i + D_i^{\mathrm{T}})^{-1} (E_i^{\mathrm{T}} P_i - C_i)] x_i(t) + 2x_i^{\mathrm{T}}(t) P_i E_i \omega_i(t)\}$$

在$\omega_i(t) = 0$的情况下有$\dot{V}(x_t) < 0$。系统的内稳定得证。

系统(4.3)的 Hamiltonian 函数为

$$\begin{aligned}
H(x,t) &= -\dot{V}(x_t) + 2z^{\mathrm{T}}(t)\omega(t) \\
&\geqslant -\sum_{i=1}^{N}\Bigg\{ x_i^{\mathrm{T}}(t) \tilde{A}_i x_i(t) + 2x_i^{\mathrm{T}}(t) P_i E_i \omega_i(t) + \sum_{j=1}^{N} 2x_i^{\mathrm{T}}(t) P_i A_{ij} x_j(t-\tau_{ij})
\end{aligned}$$

$$-\sum_{j=1}^{N}\delta(\boldsymbol{A}_{ij})\boldsymbol{x}_j^{\mathrm{T}}(t-\tau_{ij})\boldsymbol{Q}_j\boldsymbol{x}_j(t-\tau_{ij})-2\boldsymbol{z}_i^{\mathrm{T}}(t)\boldsymbol{\omega}_i(t)\Bigg\}$$

$$=-\sum_{i=1}^{N}\Bigg\{\boldsymbol{x}_i^{\mathrm{T}}(t)\tilde{\boldsymbol{A}}_i\boldsymbol{x}_i(t)+\sum_{j=1}^{N}2\boldsymbol{x}_i^{\mathrm{T}}(t)\boldsymbol{P}_i\boldsymbol{A}_{ij}\boldsymbol{x}_j(t-\tau_{ij})-\sum_{j=1}^{N}\delta(\boldsymbol{A}_{ij})\boldsymbol{x}_j^{\mathrm{T}}(t-\tau_{ij})\boldsymbol{Q}_j\boldsymbol{x}_j(t-\tau_{ij})$$

$$+\boldsymbol{x}_i^{\mathrm{T}}(t)(\boldsymbol{P}_i\boldsymbol{E}_i-\boldsymbol{C}_i^{\mathrm{T}})\boldsymbol{\omega}_i(t)+\boldsymbol{\omega}_i^{\mathrm{T}}(t)(\boldsymbol{E}_i^{\mathrm{T}}\boldsymbol{P}_i-\boldsymbol{C}_i)\boldsymbol{x}_i(t)-\boldsymbol{\omega}_i^{\mathrm{T}}(t)(\boldsymbol{D}_i+\boldsymbol{D}_i^{\mathrm{T}})\boldsymbol{\omega}_i(t)\Bigg\}$$

$$=-\sum_{i=1}^{N}\boldsymbol{q}_i^{\mathrm{T}}(t)\Omega(\boldsymbol{P}_i)\boldsymbol{q}_i(t)$$

式中，$\boldsymbol{q}_i(t)=\left[\boldsymbol{x}_i(t),\boldsymbol{x}_1(t-\tau_{i1}),\cdots,\boldsymbol{x}_N(t-\tau_{iN}),\boldsymbol{\omega}_i(t)\right]^{\mathrm{T}}$。

由矩阵不等式(4.5)，有 $-\dot{V}(\boldsymbol{x}_t)+2\boldsymbol{z}^{\mathrm{T}}(t)\boldsymbol{\omega}(t)>0$。因此，对于零初始值可得

$$\int_0^T \boldsymbol{z}^{\mathrm{T}}(t)\boldsymbol{\omega}(t)\mathrm{d}t\geqslant\frac{1}{2}V(\boldsymbol{x}(T))\geqslant 0$$

另外，在定理 4.1 的条件下，存在充分小的 $\alpha>0$，使得当 $\boldsymbol{D}_i$ 换成 $\boldsymbol{D}_i-\alpha\boldsymbol{I}_i$ 时所有条件满足。用同样的方法可以得到 $\int_0^T[\boldsymbol{z}(t)-\alpha\boldsymbol{\omega}(t)]^{\mathrm{T}}\boldsymbol{\omega}(t)\mathrm{d}t\geqslant 0$，即 $\int_0^T \boldsymbol{z}^{\mathrm{T}}(t)\boldsymbol{\omega}(t)\mathrm{d}t\geqslant \alpha\int_0^T\boldsymbol{\omega}^{\mathrm{T}}(t)\boldsymbol{\omega}(t)\mathrm{d}t$。这就得到了闭环系统(4.3)的严格无源性。定理证毕。

注释 4.2　定理 4.1 给出了处理关联系统无源化问题的矩阵不等式，但是，用 MATLAB 求解这个矩阵不等式是不容易的，为了能够直接利用 MATLAB 的 LMI 工具箱来解决这个问题，将上述定理改写成下面 LMI 的形式。

定理 4.2　对于关联大系统(4.1)，如果存在矩阵 $\boldsymbol{Y}_i\in\mathbf{R}^{m_i\times n_i}$ 和正定矩阵 $\boldsymbol{X}_i,\boldsymbol{Z}_i\in\mathbf{R}^{n_i\times n_i}$，$i=1,2,\cdots,N$，满足如下的 LMIs：

$$\begin{bmatrix}\hat{\boldsymbol{A}}_i & \boldsymbol{A}_{i1}\boldsymbol{X}_1 & \boldsymbol{A}_{i2}\boldsymbol{X}_2 & \cdots & \boldsymbol{A}_{iN}\boldsymbol{X}_N & \boldsymbol{E}_i-\boldsymbol{X}_i\boldsymbol{C}_i^{\mathrm{T}}\\ \boldsymbol{X}_1\boldsymbol{A}_{i1}^{\mathrm{T}} & -\delta(\boldsymbol{A}_{i1})\boldsymbol{Z}_1 & \boldsymbol{0} & \cdots & \boldsymbol{0} & \boldsymbol{0}\\ \boldsymbol{X}_2\boldsymbol{A}_{i2}^{\mathrm{T}} & \boldsymbol{0} & -\delta(\boldsymbol{A}_{i2})\boldsymbol{Z}_2 & \cdots & \boldsymbol{0} & \boldsymbol{0}\\ \vdots & \vdots & \vdots & & \vdots & \vdots\\ \boldsymbol{X}_N\boldsymbol{A}_{iN}^{\mathrm{T}} & \boldsymbol{0} & \boldsymbol{0} & \cdots & -\delta(\boldsymbol{A}_{iN})\boldsymbol{Z}_N & \boldsymbol{0}\\ \boldsymbol{E}_i^{\mathrm{T}}-\boldsymbol{C}_i\boldsymbol{X}_i & \boldsymbol{0} & \boldsymbol{0} & \cdots & \boldsymbol{0} & -(\boldsymbol{D}_i+\boldsymbol{D}_i^{\mathrm{T}})\end{bmatrix}\leqslant 0 \quad (4.6)$$

且至少存在一个 $i^*\in\{1,\ 2,\cdots,\ N\}$ 使得第 i^* 个不等式(4.6)左边的矩阵为负定，则系统(4.1)可以被式(4.2)无源化镇定，且第 i 个控制器的增益为 $\boldsymbol{K}_i=\boldsymbol{Y}_i\boldsymbol{X}_i^{-1}$，这里 $\hat{\boldsymbol{A}}_i=\boldsymbol{X}_i\boldsymbol{A}_i^{\mathrm{T}}+\boldsymbol{A}_i\boldsymbol{X}_i+\boldsymbol{Y}_i^{\mathrm{T}}\boldsymbol{B}_i^{\mathrm{T}}+\boldsymbol{B}_i\boldsymbol{Y}_i+\sum_{j=1}^{N}\delta(\boldsymbol{A}_{ji})\boldsymbol{Z}_i$。

证明　用 $\mathrm{diag}\{\boldsymbol{P}_i^{-1},\boldsymbol{P}_1^{-1},\boldsymbol{P}_2^{-1},\cdots,\boldsymbol{P}_N^{-1},\boldsymbol{I}\}$ 左乘、右乘不等式(4.5)的两边，可以得

到不等式(4.5)的等价形式，即式(4.6)，其中$\boldsymbol{X}_i=\boldsymbol{P}_i^{-1}$，$\boldsymbol{Z}_i=\boldsymbol{P}_i^{-1}\boldsymbol{Q}_i\boldsymbol{P}_i^{-1}$，$\boldsymbol{Y}_i=\boldsymbol{K}_i\boldsymbol{X}_i$。于是定理证毕。

注释 4.3 定理 4.2 给出了时滞关联系统(4.1)分散无源化镇定的一个充分条件。定理 4.2 的条件由 LMI 给出，而且有显式的增益矩阵表达式。根据这个定理可以比较方便地通过 MATLAB 中的 LMI 工具箱设计分散控制器(4.2)。

注释 4.4 这两个定理中的条件都是与时滞无关的，与时滞无关的镇定条件的优点在于设计者可以不必对关联时滞有精确的辨识就能够设计出镇定该关联系统的分散控制器。

4.2.3 时滞相关无源化分散控制器的设计

如果要得到与时滞无关的控制器，镇定条件就必须更加严格、更加难以满足。对那些时滞可以估计甚至可以辨识的关联系统，人们还是倾向于考虑发展与时滞相关的镇定条件，这样的控制器可以根据时滞的变化调整自己的参数以适应具体的需要，而且与时滞相关的条件有可能是更宽松、更容易达到的。

考虑时滞相关的无源化分散控制的充分条件。假设所有的时滞都被辨识为已知的常数，引入 Lyapunov-Krasovskii 泛函

$$\begin{aligned}V_{\mathrm{d}}(\boldsymbol{x}_t)=\sum_{i=1}^{N}\Bigg\{&\boldsymbol{x}_i^{\mathrm{T}}(t)\boldsymbol{P}_i\boldsymbol{x}_i(t)+\sum_{j=1}^{N}\int_{-\tau_{ij}}^{0}\Bigg[\int_{t+\theta}^{t}r_1\boldsymbol{x}_j^{\mathrm{T}}(s)(\boldsymbol{A}_j+\boldsymbol{B}_j\boldsymbol{K}_j)^{\mathrm{T}}(\boldsymbol{A}_j+\boldsymbol{B}_j\boldsymbol{K}_j)\boldsymbol{x}_j(s)\mathrm{d}s\\&+\sum_{k=1}^{N}\int_{t+\theta-\tau_{jk}}^{t}r_2\boldsymbol{x}_k^{\mathrm{T}}(s)\boldsymbol{A}_{jk}^{\mathrm{T}}\boldsymbol{A}_{jk}\boldsymbol{x}_k(s)\mathrm{d}s+\int_{t+\theta}^{t}r_3\boldsymbol{\omega}_j^{\mathrm{T}}(s)\boldsymbol{E}_j^{\mathrm{T}}\boldsymbol{E}_j\boldsymbol{\omega}_j(s)\mathrm{d}s\Bigg]\mathrm{d}\theta\Bigg\}\end{aligned}\tag{4.7}$$

式中，$0<\boldsymbol{P}_i=\boldsymbol{P}_i^{\mathrm{T}}\in\mathbf{R}^{n_i\times n_i}$，常数$r_1>0,r_2>0,r_3>0$表示权数因子。从系统(4.3)得

$$\begin{aligned}\boldsymbol{x}_j(t-\tau_{ij})&=\boldsymbol{x}_j(t)-\int_{-\tau_{ij}}^{0}\dot{\boldsymbol{x}}_j(t+\theta)\mathrm{d}\theta\\&=\boldsymbol{x}_j(t)-\int_{-\tau_{ij}}^{0}(\boldsymbol{A}_j+\boldsymbol{B}_j\boldsymbol{K}_j)\boldsymbol{x}_j(t+\theta)\mathrm{d}\theta-\int_{-\tau_{ij}}^{0}\boldsymbol{E}_j\omega_j(t+\theta)\mathrm{d}\theta\\&\quad-\int_{-\tau_{ij}}^{0}\sum_{k=1}^{N}\boldsymbol{A}_{jk}\boldsymbol{x}_k(t+\theta-\tau_{jk})\mathrm{d}\theta\end{aligned}$$

于是，闭环系统(4.3)转化为

$$\begin{aligned}\dot{\boldsymbol{x}}_i(t)=&(\boldsymbol{A}_i+\boldsymbol{B}_i\boldsymbol{K}_i)\boldsymbol{x}_i(t)+\boldsymbol{E}_i\boldsymbol{\omega}_i(t)+\sum_{j=1}^{N}\boldsymbol{A}_{ij}\boldsymbol{x}_j(t)-\sum_{j=1}^{N}\boldsymbol{A}_{ij}\int_{-\tau_{ij}}^{0}(\boldsymbol{A}_j+\boldsymbol{B}_j\boldsymbol{K}_j)\boldsymbol{x}_j(t+\theta)\mathrm{d}\theta\\&-\sum_{j=1}^{N}\boldsymbol{A}_{ij}\int_{-\tau_{ij}}^{0}\boldsymbol{E}_j\boldsymbol{\omega}_j(t+\theta)\mathrm{d}\theta-\sum_{j=1}^{N}\boldsymbol{A}_{ij}\int_{-\tau_{ij}}^{0}\sum_{k=1}^{N}\boldsymbol{A}_{jk}\boldsymbol{x}_k(t+\theta-\tau_{jk})\mathrm{d}\theta\\&\boldsymbol{z}_i(t)=\boldsymbol{C}_i\boldsymbol{x}_i(t)+\boldsymbol{D}_i\boldsymbol{\omega}_i(t),\quad i=1,2,\cdots,N\end{aligned}\tag{4.8}$$

由式(4.8)可以用 Lyapunov-Krasovskii 泛函研究时滞相关的无源化镇定条件，这种条件可以由下面的定理给出。

定理 4.3　对于关联大系统(4.1)，假设有常数 $r_3>0$ 满足不等式 $\boldsymbol{D}_i+\boldsymbol{D}_i^{\mathrm{T}}-r_3\left(\sum_{j=1}^{N}\tau_{ji}\right)\boldsymbol{E}_i^{\mathrm{T}}\boldsymbol{E}_i>0$，如果存在常数矩阵 $\boldsymbol{K}_i\in\mathbf{R}^{m_i\times m_i}$、正定矩阵 $\boldsymbol{P}_i\in\mathbf{R}^{n_i\times n_i}$ ($i=1,2,\cdots,N$)和常数 $r_1>0,\ r_2>0,\ \alpha>0$ 满足下面的矩阵不等式：

$$\varPi_i(\boldsymbol{P}_i)=\begin{bmatrix}\widehat{\boldsymbol{A}}_i & \boldsymbol{A}_{\mathrm{d}_0}^{\mathrm{T}} & -(\boldsymbol{C}_i^{\mathrm{T}}-\boldsymbol{P}_i\boldsymbol{E}_i)\\ \boldsymbol{A}_{\mathrm{d}_0} & -\boldsymbol{J}_{\mathrm{d}_0} & \boldsymbol{0}\\ -(\boldsymbol{C}_i-\boldsymbol{E}_i^{\mathrm{T}}\boldsymbol{P}_i) & \boldsymbol{0} & -\left(\boldsymbol{D}_i+\boldsymbol{D}_i^{\mathrm{T}}-r_3\left(\sum_{j-1}^{N}\tau_{ji}\right)\boldsymbol{E}_i^{\mathrm{T}}\boldsymbol{E}_i\right)\end{bmatrix}\leqslant 0 \tag{4.9}$$

且存在至少一个 $i^*\in\{1,2,\cdots,N\}$ 使得第 i^* 个不等式(4.9)的左端负定，则系统(4.1)可以被分散控制器(4.2)严格无源化镇定。这里

$$\widehat{\boldsymbol{A}}_i=\boldsymbol{P}_i\left(\boldsymbol{A}_i+\boldsymbol{B}_i\boldsymbol{K}_i\right)+\left(\boldsymbol{A}_i+\boldsymbol{B}_i\boldsymbol{K}_i\right)^{\mathrm{T}}\boldsymbol{P}_i+\sum_{j=1}^{N}\tau_{ij}(r_1^{-1}+Nr_2^{-1}+r_3^{-1})\boldsymbol{P}_i\boldsymbol{A}_{ij}\boldsymbol{A}_{ij}^{\mathrm{T}}\boldsymbol{P}_i$$
$$+N\alpha^{-1}\boldsymbol{P}_i\boldsymbol{P}_i+\sum_{j=1}^{N}\alpha\boldsymbol{A}_{ji}^{\mathrm{T}}\boldsymbol{A}_{ji}$$

$$\boldsymbol{A}_{\mathrm{d}_0}=\left[\left(\sum_{k=1}^{N}\tau_{k1}\right)\boldsymbol{A}_{1i}\quad\left(\sum_{k=1}^{N}\tau_{k2}\right)\boldsymbol{A}_{2i}\quad\cdots\quad\left(\sum_{k=1}^{N}\tau_{kN}\right)\boldsymbol{A}_{Ni}\quad\left(\sum_{k=1}^{N}\tau_{ki}\right)(\boldsymbol{A}_i+\boldsymbol{B}_i\boldsymbol{K}_i)\right]^{\mathrm{T}}$$

$$\boldsymbol{J}_{\mathrm{d}_0}=\mathrm{diag}\left\{\left(\sum_{k=1}^{N}\tau_{k1}\right)r_2^{-1}\boldsymbol{I}\quad\left(\sum_{k=1}^{N}\tau_{k2}\right)r_2^{-1}\boldsymbol{I}\quad\cdots\quad\left(\sum_{k=1}^{N}\tau_{kN}\right)r_2^{-1}\boldsymbol{I}\quad\left(\sum_{k=1}^{N}\tau_{ki}\right)r_1^{-1}\boldsymbol{I}\right\}$$

证明　沿着闭环系统(4.8)的状态，计算 $V_{\mathrm{d}}(\boldsymbol{x}_t)$ 的导数有

$$\dot{V}_{\mathrm{d}}(\boldsymbol{x}_t)=\sum_{i=1}^{N}\Bigg\{\boldsymbol{x}_i^{\mathrm{T}}(t)(\boldsymbol{A}_i^{\mathrm{T}}\boldsymbol{P}_i+\boldsymbol{P}_i\boldsymbol{A}_i+\boldsymbol{K}_i^{\mathrm{T}}\boldsymbol{B}_i^{\mathrm{T}}\boldsymbol{P}_i+\boldsymbol{P}_i\boldsymbol{B}_i\boldsymbol{K}_i)\boldsymbol{x}_i(t)+2\boldsymbol{x}_i^{\mathrm{T}}(t)\boldsymbol{P}_i\boldsymbol{E}_i\boldsymbol{\omega}_i(t)$$
$$+\sum_{j=1}^{N}2\boldsymbol{x}_i^{\mathrm{T}}(t)\boldsymbol{P}_i\boldsymbol{A}_{ij}\boldsymbol{x}_j(t)-\sum_{j=1}^{N}2\boldsymbol{x}_i^{\mathrm{T}}(t)\boldsymbol{P}_i\boldsymbol{A}_{ij}\int_{-\tau_{ij}}^{0}(\boldsymbol{A}_j+\boldsymbol{B}_j\boldsymbol{K}_j)\boldsymbol{x}_j(t+\theta)\mathrm{d}\theta$$
$$-\sum_{j=1}^{N}2\boldsymbol{x}_i^{\mathrm{T}}(t)\boldsymbol{P}_i\boldsymbol{A}_{ij}\int_{-\tau_{ij}}^{0}\boldsymbol{E}_j\boldsymbol{\omega}_j(t+\theta)\mathrm{d}\theta$$
$$-\sum_{j=1}^{N}2\boldsymbol{x}_i^{\mathrm{T}}(t)\boldsymbol{P}_i\boldsymbol{A}_{ij}\int_{-\tau_{ij}}^{0}\sum_{k=1}^{N}\boldsymbol{A}_{jk}\boldsymbol{x}_k(t+\theta-\tau_{jk})\mathrm{d}\theta$$
$$+\sum_{j=1}^{N}r_1\tau_{ij}\boldsymbol{x}_j^{\mathrm{T}}(t)(\boldsymbol{A}_j+\boldsymbol{B}_j\boldsymbol{K}_j)^{\mathrm{T}}(\boldsymbol{A}_j+\boldsymbol{B}_j\boldsymbol{K}_j)\boldsymbol{x}_j(t)+\sum_{j=1}^{N}r_2\tau_{ij}\sum_{k=1}^{N}\boldsymbol{x}_k^{\mathrm{T}}(t)\boldsymbol{A}_{jk}^{\mathrm{T}}\boldsymbol{A}_{jk}\boldsymbol{x}_k(t)$$

$$
+\sum_{j=1}^{N} r_3\tau_{ij}\boldsymbol{\omega}_j^{\mathrm{T}}(t)\boldsymbol{E}_j^{\mathrm{T}}\boldsymbol{E}_j\boldsymbol{\omega}_j(t)-\sum_{j=1}^{N}\int_{-\tau_{ij}}^{0} r_1\boldsymbol{x}_j^{\mathrm{T}}(t+\theta)(\boldsymbol{A}_j+\boldsymbol{B}_j\boldsymbol{K}_j)^{\mathrm{T}}(\boldsymbol{A}_j+\boldsymbol{B}_j\boldsymbol{K}_j)\boldsymbol{x}_j(t+\theta)\mathrm{d}\theta
$$

$$
-\sum_{j=1}^{N}\int_{-\tau_{ij}}^{0} r_2\sum_{k=1}^{N}\boldsymbol{x}_k^{\mathrm{T}}(t+\theta-\tau_{jk})\boldsymbol{A}_{jk}^{\mathrm{T}}\boldsymbol{A}_{jk}\boldsymbol{x}_k(t+\theta-\tau_{jk})\mathrm{d}\theta
$$

$$
\left.-\sum_{j=1}^{N}\int_{-\tau_{ij}}^{0} r_3\boldsymbol{\omega}_j^{\mathrm{T}}(t+\theta)\boldsymbol{E}_j^{\mathrm{T}}\boldsymbol{E}_j\boldsymbol{\omega}_j(t+\theta)\mathrm{d}\theta\right\}
\tag{4.10}
$$

由引理 4.1 可得

$$
-\sum_{j=1}^{N}2\boldsymbol{x}_i^{\mathrm{T}}(t)\boldsymbol{P}_i\boldsymbol{A}_{ij}\int_{-\tau_{ij}}^{0}(\boldsymbol{A}_j+\boldsymbol{B}_j\boldsymbol{K}_j)\boldsymbol{x}_j(t+\theta)\mathrm{d}\theta
$$

$$
\leqslant\sum_{j=1}^{N}\int_{-\tau_{ij}}^{0}[r_1^{-1}\boldsymbol{x}_i^{\mathrm{T}}(t)\boldsymbol{P}_i\boldsymbol{A}_{ij}\boldsymbol{A}_{ij}^{\mathrm{T}}\boldsymbol{P}_i\boldsymbol{x}_i(t)+r_1\boldsymbol{x}_j^{\mathrm{T}}(t+\theta)(\boldsymbol{A}_j+\boldsymbol{B}_j\boldsymbol{K}_j)^{\mathrm{T}}(\boldsymbol{A}_j+\boldsymbol{B}_j\boldsymbol{K}_j)\boldsymbol{x}_j(t+\theta)]\mathrm{d}\theta
$$

$$
=\sum_{j=1}^{N}\left\{r_1^{-1}\tau_{ij}\boldsymbol{x}_i^{\mathrm{T}}(t)\boldsymbol{P}_i\boldsymbol{A}_{ij}\boldsymbol{A}_{ij}^{\mathrm{T}}\boldsymbol{P}_i\boldsymbol{x}_i(t)+\int_{-\tau_{ij}}^{0} r_1\boldsymbol{x}_j^{\mathrm{T}}(t+\theta)(\boldsymbol{A}_j+\boldsymbol{B}_j\boldsymbol{K}_j)^{\mathrm{T}}(\boldsymbol{A}_j+\boldsymbol{B}_j\boldsymbol{K}_j)\boldsymbol{x}_j(t+\theta)\mathrm{d}\theta\right\}
\tag{4.11}
$$

$$
-\sum_{j=1}^{N}2\boldsymbol{x}_i^{\mathrm{T}}(t)\boldsymbol{P}_i\boldsymbol{A}_{ij}\int_{-\tau_{ij}}^{0}\sum_{k=1}^{N}\boldsymbol{A}_{jk}\boldsymbol{x}_k(t+\theta-\tau_{jk})\mathrm{d}\theta
$$

$$
\leqslant\sum_{j=1}^{N}\left\{r_2^{-1}\int_{-\tau_{ij}}^{0}\left(\sum_{k=1}^{N}\boldsymbol{x}_i^{\mathrm{T}}(t)\boldsymbol{P}_i\boldsymbol{A}_{ij}\boldsymbol{A}_{ij}^{\mathrm{T}}\boldsymbol{P}_i\boldsymbol{x}_i(t)\right)\mathrm{d}\theta\right.
$$

$$
\left.+r_2\int_{-\tau_{ij}}^{0}\sum_{k=1}^{N}\boldsymbol{x}_k^{\mathrm{T}}(t+\theta-\tau_{jk})\boldsymbol{A}_{jk}^{\mathrm{T}}\boldsymbol{A}_{jk}\boldsymbol{x}_k(t+\theta-\tau_{jk})\mathrm{d}\theta\right\}
$$

$$
=\sum_{j=1}^{N}\left\{r_2^{-1}\tau_{ij}\sum_{k=1}^{N}\boldsymbol{x}_i^{\mathrm{T}}(t)\boldsymbol{P}_i\boldsymbol{A}_{ij}\boldsymbol{A}_{ij}^{\mathrm{T}}\boldsymbol{P}_i\boldsymbol{x}_i(t)+\int_{-\tau_{ij}}^{0} r_2\sum_{k=1}^{N}\boldsymbol{x}_k^{\mathrm{T}}(t+\theta-\tau_{jk})\boldsymbol{A}_{jk}^{\mathrm{T}}\boldsymbol{A}_{jk}\boldsymbol{x}_k(t+\theta-\tau_{jk})\mathrm{d}\theta\right\}
\tag{4.12}
$$

$$
\begin{aligned}
&-\sum_{j=1}^{N}2\boldsymbol{x}_i^{\mathrm{T}}(t)\boldsymbol{P}_i\boldsymbol{A}_{ij}\int_{-\tau_{ij}}^{0}\boldsymbol{E}_j\boldsymbol{\omega}_j(t+\theta)\mathrm{d}\theta\\
&\leqslant\sum_{j=1}^{N}\left[\int_{-\tau_{ij}}^{0} r_3^{-1}\boldsymbol{x}_i^{\mathrm{T}}(t)\boldsymbol{P}_i\boldsymbol{A}_{ij}\boldsymbol{A}_{ij}^{\mathrm{T}}\boldsymbol{P}_i\boldsymbol{x}_i(t)\mathrm{d}\theta+\int_{-\tau_{ij}}^{0} r_3\boldsymbol{\omega}_j^{\mathrm{T}}(t+\theta)\boldsymbol{E}_j^{\mathrm{T}}\boldsymbol{E}_j\boldsymbol{\omega}_j(t+\theta)\mathrm{d}\theta\right]\\
&=\sum_{j=1}^{N}\left\{r_3^{-1}\tau_{ij}\boldsymbol{x}_i^{\mathrm{T}}(t)\boldsymbol{P}_i\boldsymbol{A}_{ij}\boldsymbol{A}_{ij}^{\mathrm{T}}\boldsymbol{P}_i\boldsymbol{x}_i(t)+\int_{-\tau_{ij}}^{0} r_3\boldsymbol{\omega}_j^{\mathrm{T}}(t+\theta)\boldsymbol{E}_j^{\mathrm{T}}\boldsymbol{E}_j\boldsymbol{\omega}_j(t+\theta)\mathrm{d}\theta\right\}
\end{aligned}
\tag{4.13}
$$

在式(4.10)中运用不等式(4.11)~式(4.13)，得

$$
\dot{V}_{\mathrm{d}}(\boldsymbol{x}_t)\leqslant\sum_{i=1}^{N}\left\{\boldsymbol{x}_i^{\mathrm{T}}(t)(\boldsymbol{A}_i^{\mathrm{T}}\boldsymbol{P}_i+\boldsymbol{P}_i\boldsymbol{A}_i+\boldsymbol{K}_i^{\mathrm{T}}\boldsymbol{B}_i^{\mathrm{T}}\boldsymbol{P}_i+\boldsymbol{P}_i\boldsymbol{B}_i\boldsymbol{K}_i)\boldsymbol{x}_i(t)+2\boldsymbol{x}_i^{\mathrm{T}}(t)\boldsymbol{P}_i\boldsymbol{E}_i\boldsymbol{\omega}_i(t)\right.
$$

$$
\begin{aligned}
&+\sum_{j=1}^{N}2\boldsymbol{x}_i^{\mathrm{T}}(t)\boldsymbol{P}_i\boldsymbol{A}_{ij}\boldsymbol{x}_j(t)+\sum_{j=1}^{N}r_1\tau_{ij}\boldsymbol{x}_j^{\mathrm{T}}(t)(\boldsymbol{A}_j+\boldsymbol{B}_j\boldsymbol{K}_j)^{\mathrm{T}}(\boldsymbol{A}_j+\boldsymbol{B}_j\boldsymbol{K}_j)\boldsymbol{x}_j(t)\\
&+\sum_{j=1}^{N}r_2\tau_{ij}\sum_{k=1}^{N}\boldsymbol{x}_k^{\mathrm{T}}(t)\boldsymbol{A}_{jk}^{\mathrm{T}}\boldsymbol{A}_{jk}\boldsymbol{x}_k(t)+\sum_{j=1}^{N}r_3\tau_{ij}\boldsymbol{\omega}_j^{\mathrm{T}}(t)\boldsymbol{E}_j^{\mathrm{T}}\boldsymbol{E}_j\boldsymbol{\omega}_j(t)\\
&+\sum_{j=1}^{N}r_1^{-1}\tau_{ij}\boldsymbol{x}_i^{\mathrm{T}}(t)\boldsymbol{P}_i\boldsymbol{A}_{ij}\boldsymbol{A}_{ij}^{\mathrm{T}}\boldsymbol{P}_i\boldsymbol{x}_i(t)+\sum_{j=1}^{N}r_2^{-1}\tau_{ij}\sum_{k=1}^{N}\boldsymbol{x}_i^{\mathrm{T}}(t)\boldsymbol{P}_i\boldsymbol{A}_{ij}\boldsymbol{A}_{ij}^{\mathrm{T}}\boldsymbol{P}_i\boldsymbol{x}_i(t)\\
&\left.+\sum_{j=1}^{N}r_3^{-1}\tau_{ij}\boldsymbol{x}_i^{\mathrm{T}}(t)\boldsymbol{P}_i\boldsymbol{A}_{ij}\boldsymbol{A}_{ij}^{\mathrm{T}}\boldsymbol{P}_i\boldsymbol{x}_i(t)\right\}\\
\leqslant&\sum_{i=1}^{N}\left\{\boldsymbol{x}_i^{\mathrm{T}}(t)\left(\boldsymbol{A}_i^{\mathrm{T}}\boldsymbol{P}_i+\boldsymbol{P}_i\boldsymbol{A}_i+\boldsymbol{K}_i^{\mathrm{T}}\boldsymbol{B}_i^{\mathrm{T}}\boldsymbol{P}_i+\boldsymbol{P}_i\boldsymbol{B}_i\boldsymbol{K}_i+\sum_{j=1}^{N}\tau_{ij}(r_1^{-1}+Nr_2^{-1}+r_3^{-1})\boldsymbol{P}_i\boldsymbol{A}_{ij}\boldsymbol{A}_{ij}^{\mathrm{T}}\boldsymbol{P}_i\right.\right.\\
&+N\alpha^{-1}\boldsymbol{P}_i\boldsymbol{P}_i+\sum_{j=1}^{N}\alpha\boldsymbol{A}_{ji}^{\mathrm{T}}\boldsymbol{A}_{ji}+r_1\left(\sum_{j=1}^{N}\tau_{ji}\right)(\boldsymbol{A}_i+\boldsymbol{B}_i\boldsymbol{K}_i)^{\mathrm{T}}(\boldsymbol{A}_i+\boldsymbol{B}_i\boldsymbol{K}_i)\\
&\left.\left.+r_2\sum_{j=1}^{N}\left(\sum_{k=1}^{N}\tau_{kj}\right)\boldsymbol{A}_{ji}^{\mathrm{T}}\boldsymbol{A}_{ji}\right)\boldsymbol{x}_i(t)+2\boldsymbol{x}_i^{\mathrm{T}}(t)\boldsymbol{P}_i\boldsymbol{E}_i\boldsymbol{\omega}_i(t)+\sum_{j=1}^{N}r_3\tau_{ij}\boldsymbol{\omega}_j^{\mathrm{T}}(t)\boldsymbol{E}_j^{\mathrm{T}}\boldsymbol{E}_j\boldsymbol{\omega}_j(t)\right\}
\end{aligned}
$$

当$\boldsymbol{\omega}_i(t)=0$时，由不等式(4.9)，可得

$$
\begin{aligned}
&\boldsymbol{A}_i^{\mathrm{T}}\boldsymbol{P}_i+\boldsymbol{P}_i\boldsymbol{A}_i+\boldsymbol{K}_i^{\mathrm{T}}\boldsymbol{B}_i^{\mathrm{T}}\boldsymbol{P}_i+\boldsymbol{P}_i\boldsymbol{B}_i\boldsymbol{K}_i+\sum_{j=1}^{N}\tau_{ij}(r_1^{-1}+Nr_2^{-1}+r_3^{-1})\boldsymbol{P}_i\boldsymbol{A}_{ij}\boldsymbol{A}_{ij}^{\mathrm{T}}\boldsymbol{P}_i+N\alpha^{-1}\boldsymbol{P}_i\boldsymbol{P}_i\\
&+\sum_{j=1}^{N}\alpha\boldsymbol{A}_{ji}^{\mathrm{T}}\boldsymbol{A}_{ji}+r_1\left(\sum_{j=1}^{N}\tau_{ji}\right)(\boldsymbol{A}_i+\boldsymbol{B}_i\boldsymbol{K}_i)^{\mathrm{T}}(\boldsymbol{A}_i+\boldsymbol{B}_i\boldsymbol{K}_i)+r_2\sum_{j=1}^{N}\left(\sum_{k=1}^{N}\tau_{kj}\right)\boldsymbol{A}_{ji}^{\mathrm{T}}\boldsymbol{A}_{ji}<0
\end{aligned}
\tag{4.14}
$$

即$\dot{V}_{\mathrm{d}}(\boldsymbol{x}_t)<0$，由此可知系统(4.8)是内部稳定的。

Hamiltonian 函数$H(\boldsymbol{x},t)$可以用下面方法计算：

$$
\begin{aligned}
H(\boldsymbol{x},t)=&-\dot{V}_{\mathrm{d}}(\boldsymbol{x}_t)+2\boldsymbol{z}^{\mathrm{T}}(t)\boldsymbol{\omega}(t)\\
\geqslant&-\sum_{i=1}^{N}\left\{\boldsymbol{x}_i^{\mathrm{T}}(t)\left[\boldsymbol{A}_i^{\mathrm{T}}\boldsymbol{P}_i+\boldsymbol{P}_i\boldsymbol{A}_i+\boldsymbol{K}_i^{\mathrm{T}}\boldsymbol{B}_i^{\mathrm{T}}\boldsymbol{P}_i+\boldsymbol{P}_i\boldsymbol{B}_i\boldsymbol{K}_i+\sum_{j=1}^{N}\tau_{ij}(r_1^{-1}+Nr_2^{-1}\right.\right.\\
&+r_3^{-1})\boldsymbol{P}_i\boldsymbol{A}_{ij}\boldsymbol{A}_{ij}^{\mathrm{T}}\boldsymbol{P}_i+N\alpha^{-1}\boldsymbol{P}_i\boldsymbol{P}_i+\sum_{j=1}^{N}\alpha\boldsymbol{A}_{ji}^{\mathrm{T}}\boldsymbol{A}_{ji}+r_1\left(\sum_{j=1}^{N}\tau_{ji}\right)(\boldsymbol{A}_i+\boldsymbol{B}_i\boldsymbol{K}_i)^{\mathrm{T}}(\boldsymbol{A}_i+\boldsymbol{B}_i\boldsymbol{K}_i)\\
&\left.+r_2\sum_{j=1}^{N}\left(\sum_{k=1}^{N}\tau_{kj}\right)\boldsymbol{A}_{ji}^{\mathrm{T}}\boldsymbol{A}_{ji}\right]\boldsymbol{x}_i(t)+2\boldsymbol{x}_i^{\mathrm{T}}(t)\boldsymbol{P}_i\boldsymbol{E}_i\boldsymbol{\omega}_i(t)\\
&\left.+\sum_{j=1}^{N}r_3\tau_{ij}\boldsymbol{\omega}_j^{\mathrm{T}}(t)\boldsymbol{E}_j^{\mathrm{T}}\boldsymbol{E}_j\boldsymbol{\omega}_j(t)-2\boldsymbol{z}_i^{\mathrm{T}}(t)\boldsymbol{\omega}_i(t)\right\}
\end{aligned}
$$

$$
\begin{aligned}
&= -\sum_{i=1}^{N}\Bigg\{ \boldsymbol{x}_i^{\mathrm{T}}(t)\Bigg[\boldsymbol{A}_i^{\mathrm{T}}\boldsymbol{P}_i + \boldsymbol{P}_i\boldsymbol{A}_i + \boldsymbol{K}_i^{\mathrm{T}}\boldsymbol{B}_i^{\mathrm{T}}\boldsymbol{P}_i + \boldsymbol{P}_i\boldsymbol{B}_i\boldsymbol{K}_i + \sum_{j=1}^{N}\tau_{ij}(r_1^{-1} + Nr_2^{-1} + r_3^{-1})\boldsymbol{P}_i\boldsymbol{A}_{ij}\boldsymbol{A}_{ij}^{\mathrm{T}}\boldsymbol{P}_i \\
&\quad + \alpha\sum_{j=1}^{N}\boldsymbol{A}_{ji}^{\mathrm{T}}\boldsymbol{A}_{ji} + \alpha^{-1}N\boldsymbol{P}_i\boldsymbol{P}_i + r_1\left(\sum_{j=1}^{N}\tau_{ji}\right)(\boldsymbol{A}_i + \boldsymbol{B}_i\boldsymbol{K}_i)^{\mathrm{T}}(\boldsymbol{A}_i + \boldsymbol{B}_i\boldsymbol{K}_i) \\
&\quad + r_2\sum_{j=1}^{N}\left(\sum_{k=1}^{N}\tau_{kj}\right)\boldsymbol{A}_{ji}^{\mathrm{T}}\boldsymbol{A}_{ji}\Bigg]\boldsymbol{x}_i(t) + \boldsymbol{x}_i^{\mathrm{T}}(t)(\boldsymbol{P}_i\boldsymbol{E}_i - \boldsymbol{C}_i^{\mathrm{T}})\boldsymbol{\omega}_i(t) + \boldsymbol{\omega}_i^{\mathrm{T}}(t)(\boldsymbol{E}_i^{\mathrm{T}}\boldsymbol{P}_i - \boldsymbol{C}_i)\boldsymbol{x}_i(t) \\
&\quad - \boldsymbol{\omega}_i^{\mathrm{T}}(t)\left(\boldsymbol{D}_i + \boldsymbol{D}_i^{\mathrm{T}} - r_3\left(\sum_{j=1}^{N}\tau_{ji}\right)\boldsymbol{E}_i^{\mathrm{T}}\boldsymbol{E}_i\right)\boldsymbol{\omega}_i(t)\Bigg\} \\
&= -\sum_{i=1}^{N}\boldsymbol{p}_i^{\mathrm{T}}(t)\,\Pi(\boldsymbol{P}_i)\,\boldsymbol{p}_i(t)
\end{aligned}
$$

式中，$\boldsymbol{p}_i(t) = [\boldsymbol{x}_i^{\mathrm{T}}(t) \quad \boldsymbol{\omega}_i^{\mathrm{T}}(t)]$。因为 $\Pi(\boldsymbol{P}_i) < 0$，所以有 $-\dot{V}_{\mathrm{d}}(\boldsymbol{x}_t) + 2\boldsymbol{z}^{\mathrm{T}}(t)\boldsymbol{\omega}(t) > 0$。由此可得

$$
\int_0^T \boldsymbol{z}^{\mathrm{T}}(t)\boldsymbol{\omega}(t)\mathrm{d}t \geqslant \frac{1}{2}V_{\mathrm{d}}(\boldsymbol{x}(T)) \geqslant 0
$$

对所有对应于零初值的解满足。

另外，在定理4.3的条件下，存在充分小的常数 $\alpha > 0$ 使得当把 $\boldsymbol{D}_i$ 换成 $\boldsymbol{D}_i - \alpha\boldsymbol{I}_i$ 时所有的条件仍然成立。类似地可以得到 $\int_0^T [\boldsymbol{z}(t) - \alpha\boldsymbol{\omega}(t)]^{\mathrm{T}}\boldsymbol{\omega}(t)\mathrm{d}t \geqslant 0$，即 $\int_0^T \boldsymbol{z}^{\mathrm{T}}(t)\boldsymbol{\omega}(t)\mathrm{d}t \geqslant \alpha\int_0^T \boldsymbol{\omega}^{\mathrm{T}}(t)\boldsymbol{\omega}(t)\mathrm{d}t$。于是闭环系统(4.8)为严格无源的。定理证毕。

注释 4.5　对于系统(4.1)，因为假设 $\boldsymbol{D}_i + \boldsymbol{D}_i^{\mathrm{T}} > 0$，总存在一个常数 r_3 满足 $\boldsymbol{D}_i + \boldsymbol{D}_i^{\mathrm{T}} - r_3\left(\sum_{j=1}^{N}\tau_{ji}\right)\boldsymbol{E}_i^{\mathrm{T}}\boldsymbol{E}_i > 0$，所以，这条件并不比原来的条件更强。

同样给出下面的等价定理，其中的条件是用确切的 LMI 给出的。

定理 4.4　对于关联大系统(4.1)，如果存在正定矩阵 $\boldsymbol{X}_i, \boldsymbol{Y}_i \in \mathbf{R}^{n_i \times n_i}$ 和常数 $r_1 \geqslant 0,\ r_2 > 0,\ r_3 > 0,\ \alpha > 0$ 使 $\boldsymbol{D}_i + \boldsymbol{D}_i^{\mathrm{T}} - r_3\left(\sum_{j=1}^{N}\tau_{ji}\right)\boldsymbol{E}_i^{\mathrm{T}}\boldsymbol{E}_i > 0$，并且满足下面关于 $\boldsymbol{X}_i, \boldsymbol{Y}_i$ 的 LMIs：

$$
\begin{bmatrix}
\widehat{\boldsymbol{A}}_i & \boldsymbol{X}_i\boldsymbol{A}_{\mathrm{d}i}^{\mathrm{T}} & \boldsymbol{Y}_i^{\mathrm{T}}\boldsymbol{B}_i^{\mathrm{T}} & -(\boldsymbol{X}_i\boldsymbol{C}_i^{\mathrm{T}} - \boldsymbol{E}_i) \\
\boldsymbol{A}_{\mathrm{d}i}\boldsymbol{X}_i & -\boldsymbol{I}_i & \boldsymbol{0} & \boldsymbol{0} \\
\boldsymbol{B}_i\boldsymbol{Y}_i & \boldsymbol{0} & -\boldsymbol{J}_i & \boldsymbol{0} \\
-(\boldsymbol{C}_i\boldsymbol{X}_i - \boldsymbol{E}_i^{\mathrm{T}}) & \boldsymbol{0} & \boldsymbol{0} & -\left[\boldsymbol{D}_i + \boldsymbol{D}_i^{\mathrm{T}} - r_3\left(\sum_{j=1}^{N}\tau_{ji}\right)\boldsymbol{E}_i^{\mathrm{T}}\boldsymbol{E}_i\right]
\end{bmatrix} \leqslant 0 \tag{4.15}
$$

且至少存在一个 $i^* \in \{1,2,\cdots,N\}$ 使得第 i^* 个不等式(4.15)的左边负定，则系统(4.1)可以被分散控制器(4.2)无源化镇定，第 $\boldsymbol{i}$ 个分散控制器的增益矩阵可以由 $\boldsymbol{K}_i = \boldsymbol{Y}_i\boldsymbol{X}_i^{-1}$ ($i=1,2,\cdots,N$)计算。其中 $\widehat{\boldsymbol{A}}_i = \boldsymbol{A}_i\boldsymbol{X}_i + \boldsymbol{X}_i\boldsymbol{A}_i^{\mathrm{T}} + \boldsymbol{B}_i\boldsymbol{Y}_i + \boldsymbol{Y}_i\boldsymbol{B}_i^{\mathrm{T}} + \sum_{j=1}^{N}\tau_{ij}(r_1^{-1} + Nr_2^{-1} + r_3^{-1})\boldsymbol{A}_{ij}\boldsymbol{A}_{ij}^{\mathrm{T}} + \alpha^{-1}N\boldsymbol{I}_i$，$\boldsymbol{J}_i = r_1^{-1}\left(\sum_{k=1}^{N}\tau_{ki}\right)^{-1}\boldsymbol{I}_i$，$\boldsymbol{A}_{\mathrm{d}i}$ 是下面非负定矩阵的 Cholesky 分解 $\boldsymbol{A}_{\mathrm{d}i}^{\mathrm{T}}\boldsymbol{A}_{\mathrm{d}i} = \alpha\sum_{j=1}^{\mathrm{N}}\boldsymbol{A}_{ji}^{\mathrm{T}}\boldsymbol{A}_{ji} + r_1\left(\sum_{k=1}^{N}\tau_{ki}\right)\boldsymbol{A}_i^{\mathrm{T}}\boldsymbol{A}_i + r_2\sum_{j=1}^{N}\left(\sum_{k=1}^{N}\tau_{kj}\right)\boldsymbol{A}_{ji}^{\mathrm{T}}\boldsymbol{A}_{ji} \geqslant 0$。

证明 由不等式(4.15)和引理 4.1 可得

$$
\begin{aligned}
&\boldsymbol{P}_i(\boldsymbol{A}_i + \boldsymbol{B}_i\boldsymbol{K}_i) + (\boldsymbol{A}_i + \boldsymbol{B}_i\boldsymbol{K}_i)^{\mathrm{T}}\boldsymbol{P}_i + \sum_{j=1}^{N}\tau_{ij}(r_1^{-1} + Nr_2^{-1} + r_3^{-1})\boldsymbol{P}_i\boldsymbol{A}_{ij}\boldsymbol{A}_{ij}^{\mathrm{T}}\boldsymbol{P}_i + N\alpha^{-1}\boldsymbol{P}_i\boldsymbol{P}_i \\
&+\sum_{j=1}^{N}\alpha\boldsymbol{A}_{ji}^{\mathrm{T}}\boldsymbol{A}_{ji} + r_1\left(\sum_{k=1}^{N}\tau_{ki}\right)(\boldsymbol{A}_i + \boldsymbol{B}_i\boldsymbol{K}_i)^{\mathrm{T}}(\boldsymbol{A}_i + \boldsymbol{B}_i\boldsymbol{K}_i) + r_2\sum_{j=1}^{N}\left(\sum_{k=1}^{N}\tau_{kj}\right)\boldsymbol{A}_{ji}^{\mathrm{T}}\boldsymbol{A}_{ji} \\
&+(\boldsymbol{P}_i\boldsymbol{E}_i - \boldsymbol{C}_i^{\mathrm{T}})\left(\boldsymbol{D}_i + \boldsymbol{D}_i^{\mathrm{T}} - r_3\left(\sum_{j=1}^{N}\tau_{ji}\right)\boldsymbol{E}_i^{\mathrm{T}}\boldsymbol{E}_i\right)^{-1}\left(\boldsymbol{E}_i^{\mathrm{T}}\boldsymbol{P}_i - \boldsymbol{C}_i\right) \\
\leqslant\, &\boldsymbol{P}_i\boldsymbol{A}_i + \boldsymbol{P}_i\boldsymbol{B}_i\boldsymbol{K}_i + \boldsymbol{P}_i\boldsymbol{A}_i^{\mathrm{T}} + \boldsymbol{K}_i^{\mathrm{T}}\boldsymbol{B}_i^{\mathrm{T}}\boldsymbol{P}_i + \sum_{j=1}^{N}\tau_{ij}(r_1^{-1} + Nr_2^{-1} + r_3^{-1})\boldsymbol{P}_i\boldsymbol{A}_{ij}\boldsymbol{A}_{ij}^{\mathrm{T}}\boldsymbol{P}_i \\
&+N\alpha^{-1}\boldsymbol{P}_i\boldsymbol{P}_i + \sum_{j=1}^{N}\alpha\boldsymbol{A}_{ji}^{\mathrm{T}}\boldsymbol{A}_{ji} + r_1\left(\sum_{k=1}^{N}\tau_{ki}\right)(\boldsymbol{A}_i^{\mathrm{T}}\boldsymbol{A}_i + \boldsymbol{K}_i^{\mathrm{T}}\boldsymbol{B}_i^{\mathrm{T}}\boldsymbol{B}_i\boldsymbol{K}_i) + r_2\sum_{j=1}^{N}\left(\sum_{k=1}^{N}\tau_{kj}\right)\boldsymbol{A}_{ji}^{\mathrm{T}}\boldsymbol{A}_{ji} \\
&+(\boldsymbol{P}_i\boldsymbol{E}_i - \boldsymbol{C}_i^{\mathrm{T}})\left(\boldsymbol{D}_i + \boldsymbol{D}_i^{\mathrm{T}} - r_3\left(\sum_{j=1}^{N}\tau_{ji}\right)\boldsymbol{E}_i^{\mathrm{T}}\boldsymbol{E}_i\right)^{-1}\left(\boldsymbol{E}_i^{\mathrm{T}}\boldsymbol{P}_i - \boldsymbol{C}_i\right)
\end{aligned}
\tag{4.16}
$$

用 $\boldsymbol{P}_i^{-1}$ 左乘右乘不等式(4.16)的右端，令 $\boldsymbol{X}_i = \boldsymbol{P}_i^{-1}$，$\boldsymbol{Y}_i = \boldsymbol{K}_i\boldsymbol{P}_i^{-1}$，可得

$$
\begin{aligned}
&\boldsymbol{A}_i\boldsymbol{X}_i + \boldsymbol{B}_i\boldsymbol{Y}_i + \boldsymbol{A}_i^{\mathrm{T}}\boldsymbol{X}_i + \boldsymbol{Y}_i^{\mathrm{T}}\boldsymbol{B}_i^{\mathrm{T}} + \sum_{j=1}^{N}\tau_{ij}(r_1^{-1} + Nr_2^{-1} + r_3^{-1})\boldsymbol{A}_{ij}\boldsymbol{A}_{ij}^{\mathrm{T}} + \alpha^{-1}N\boldsymbol{I}_i + \sum_{j=1}^{N}\alpha\boldsymbol{X}_i\boldsymbol{A}_{ji}^{\mathrm{T}}\boldsymbol{A}_{ji}\boldsymbol{X}_i \\
&+r_1\left(\sum_{k=1}^{N}\tau_{ki}\right)(\boldsymbol{X}_i\boldsymbol{A}_i^{\mathrm{T}}\boldsymbol{A}_i\boldsymbol{X}_i + \boldsymbol{Y}_i^{\mathrm{T}}\boldsymbol{B}_i^{\mathrm{T}}\boldsymbol{B}_i\boldsymbol{Y}_i) + r_2\sum_{j=1}^{N}\left(\sum_{k=1}^{N}\tau_{kj}\right)\boldsymbol{X}_i^{\mathrm{T}}\boldsymbol{A}_{ji}^{\mathrm{T}}\boldsymbol{A}_{ji}\boldsymbol{X}_i \\
&+(\boldsymbol{E}_i - \boldsymbol{X}_i\boldsymbol{C}_i^{\mathrm{T}})\left(\boldsymbol{D}_i + \boldsymbol{D}_i^{\mathrm{T}} - r_3\left(\sum_{j=1}^{N}\tau_{ji}\right)\boldsymbol{E}_i^{\mathrm{T}}\boldsymbol{E}_i\right)^{-1}(\boldsymbol{E}_i^{\mathrm{T}} - \boldsymbol{C}_i\boldsymbol{X}_i)
\end{aligned}
\tag{4.17}
$$

矩阵(4.17)负定和定理 4.3 将可以推导出前述的反馈分散控制器，它的反馈增益可以由 $\boldsymbol{K}_i = \boldsymbol{Y}_i\boldsymbol{X}_i^{-1}$ 分别计算。而根据 Schur 补引理，可以由 LMI(4.16)推出式(4.17)

负定。定理证毕。

4.2.4 仿真示例

本节将给出一些仿真算例来说明所提出的分散控制器的设计方法和上述定理的应用。

例 4.1 假设系统(4.1)由两个独立子系统关联而成，其中一个是二维子系统，另一个是三维子系统，即 $N=2$。第一个子系统的参数设为

$$\boldsymbol{A}_1=\begin{bmatrix}-0.8 & 0.6\\ 0.4 & -1\end{bmatrix},\ \boldsymbol{B}_1=\begin{bmatrix}-0.1 & 0\\ 0 & -0.1\end{bmatrix},\ \boldsymbol{C}_1=\begin{bmatrix}-0.1 & 0\\ 0 & -0.1\end{bmatrix}$$

$$\boldsymbol{D}_1=\begin{bmatrix}0.7 & 0\\ 0 & 0.7\end{bmatrix},\ \boldsymbol{E}_1=\begin{bmatrix}0.1 & 0\\ 0 & 0.3\end{bmatrix}$$

第二个子系统的参数矩阵为

$$\boldsymbol{A}_2=\begin{bmatrix}-0.7 & 0 & -0.5\\ 0.1 & -1 & -0.1\\ 0.6 & 1 & -0.8\end{bmatrix},\ \boldsymbol{B}_2=\begin{bmatrix}-0.4 & 0 & 0\\ 0 & -0.4 & 0\\ 0 & 0 & -0.4\end{bmatrix},\ \boldsymbol{C}_2=\begin{bmatrix}-0.5 & 0 & 0\\ 0 & -0.5 & 0\\ 0 & 0 & -0.5\end{bmatrix}$$

$$\boldsymbol{D}_2=\begin{bmatrix}0.2 & 0 & 0\\ 0 & 0.2 & 0\\ 0 & 0 & 0.2\end{bmatrix},\ \boldsymbol{E}_2=\begin{bmatrix}0.1 & -0.1 & 0\\ -0.1 & 0.03 & 0.01\\ 0 & 0.21 & 0.04\end{bmatrix}$$

假设两个子系统的关联矩阵为

$$\boldsymbol{A}_{11}=\begin{bmatrix}0 & 0\\ 0 & 0\end{bmatrix},\ \boldsymbol{A}_{12}=\begin{bmatrix}0.05 & 0.01 & 0.2\\ -0.01 & 0.03 & 0.1\end{bmatrix}$$

$$\boldsymbol{A}_{21}=\begin{bmatrix}0.05 & 0.1\\ 0.02 & 0.2\\ -0.4 & 0.03\end{bmatrix},\ \boldsymbol{A}_{22}=\begin{bmatrix}0.5 & 0 & 0\\ 0 & 0.5 & 0\\ 0 & 0 & 0.5\end{bmatrix}$$

这里希望可以验证定理 4.2 中的时滞无关的条件和设计方法。于是仅设所有的时滞是常数且落在一个有限的区间中，即 $\tau_{ij}\in[0,\tau]$，其中 $\tau>0$ 是一个常数。这从某种意义上说，除了有界，时滞是不确定的常数。外部输入 $\boldsymbol{\omega}_i$ ($i=1,2$) 是二维和三维有界随机向量。用 MATLAB 的 LMI 工具箱，可以解出 LMI(4.6) 的可行解

$$\boldsymbol{X}_1=\begin{bmatrix}514.6259 & 40.6815\\ 40.6815 & 630.8671\end{bmatrix},\ \boldsymbol{X}_2=\begin{bmatrix}348.9911 & -3.6110 & -4.2000\\ -3.6110 & 378.6456 & -44.6865\\ -4.2000 & -44.6865 & 360.1913\end{bmatrix}$$

$$Y_1 = 10^5 \times \begin{bmatrix} 6.6111 & 0.0075 \\ 0.0075 & 6.5828 \end{bmatrix}, \quad Y_2 = 10^8 \times \begin{bmatrix} -5.3606 & -0.0000002 & 0.0000 \\ -0.0000002 & -5.3606 & 0.0000 \\ 0.0000 & 0.0000 & -5.3606 \end{bmatrix}$$

得到的分散控制器(4.2)的增益矩阵为

$$K_1 = 10^3 \times \begin{bmatrix} 1.2911 & -0.0821 \\ -0.0814 & 1.0487 \end{bmatrix}, \quad K_2 = 10^6 \times \begin{bmatrix} -1.5364 & -0.0170 & -0.0200 \\ -0.0170 & -1.4369 & -0.1785 \\ -0.0200 & -0.1785 & -1.5106 \end{bmatrix}$$

进而得到分散控制器 $\boldsymbol{u}_1 = \boldsymbol{K}_1 \begin{bmatrix} x_{11} & x_{12} \end{bmatrix}^{\mathrm{T}}$， $\boldsymbol{u}_2 = \boldsymbol{K}_2 \begin{bmatrix} x_{21} & x_{22} & x_{23} \end{bmatrix}^{\mathrm{T}}$ 。用这两个分散控制器可以使控制系统(4.1)严格输入无源化。其结果可以适应所有在有限区间内的不确定的常时滞。

例 4.2　考虑与例 4.1 中同样的系统参数，为了验证定理 4.4 的条件和方法，因此设时滞为 $\tau_{11} = 0$，$\tau_{12} = 0.002$，$\tau_{21} = 0.001$，$\tau_{22} = 0.0001$ 。选择参数 $\alpha = 9$, $r_1 = 0.01$, $r_2 = 0.01$, $r_3 = 0.01$ 。同样用 MATLAB 的 LMI 工具箱，得到 LMI(4.15)的可行解为

$$X_1 = \begin{bmatrix} 0.87808 & -0.43357 \\ -0.43357 & 1.9453 \end{bmatrix}, \quad X_2 = \begin{bmatrix} 0.95755 & -0.0091786 & -0.023003 \\ -0.009.786 & 1.0274 & -0.10671 \\ -0.023003 & -0.10671 & 0.91255 \end{bmatrix}$$

$$Y_1 = \begin{bmatrix} 6.8770 & 1.4317 \\ 1.4317 & 5.6841 \end{bmatrix}, \quad Y_2 = \begin{bmatrix} 6.7553 & 0.018784 & 0.011746 \\ 0.01.8784 & 6.6015 & 0.34784 \\ 0.011746 & 0.34784 & 6.7657 \end{bmatrix}$$

各个控制器的增益矩阵可以求得

$$K_1 = \begin{bmatrix} 9.2087 & 2.7885 \\ 3.4533 & 3.6917 \end{bmatrix}, \quad K_2 = \begin{bmatrix} 7.0606 & 0.10243 & 0.20283 \\ 0.10997 & 6.5460 & 1.1494 \\ 0.20444 & 1.1247 & 7.5508 \end{bmatrix}$$

具有这样增益矩阵的控制器(4.2)将可以严格输入无源化镇定系统(4.1)。

4.3　具有分离变量的关联非线性系统时滞相关无源化分散鲁棒控制

本节针对一类具有分离变量的时滞关联非线性系统，给出存在分散无记忆的状态反馈控制器使得闭环系统渐近稳定且严格无源的一些充分条件。

4.3.1 问题描述

考虑一类由 N 个子系统 S_i 构成的非线性时滞关联系统

$$
\begin{aligned}
&\dot{\boldsymbol{x}}_i(t)=\left(\boldsymbol{A}_i+\Delta\boldsymbol{A}_i\right)\boldsymbol{F}_i\left(\boldsymbol{x}_i(t)\right)+\left(\boldsymbol{B}_i+\Delta\boldsymbol{B}_i\right)\boldsymbol{u}_i(t)+\boldsymbol{E}_i\boldsymbol{\omega}_i(t)+\sum_{j=1}^{N}\boldsymbol{A}_{ij}\boldsymbol{F}_j\left(\boldsymbol{x}_j(t-\tau_{ij})\right)\\
&\boldsymbol{z}_i(t)=\left(\boldsymbol{C}_i+\Delta\boldsymbol{C}_i\right)\boldsymbol{F}_i\left(\boldsymbol{x}_i(t)\right)+\left(\boldsymbol{D}_i+\Delta\boldsymbol{D}_i\right)\boldsymbol{u}_i(t)+\boldsymbol{H}_i\boldsymbol{\omega}_i(t)\\
&\boldsymbol{x}_i(t)=\varphi_i(t),\quad t\in\left[-\tau,0\right]
\end{aligned}
\tag{4.18}
$$

式中，$i\in\{1,2,\cdots,N\}$，$\boldsymbol{x}_i(t)=\left[x_{i1}(t),\cdots,x_{in_i}(t)\right]^{\mathrm{T}}\in\mathbf{R}^{n_i}$、$\boldsymbol{u}_i(t)=\left[u_{i1}(t),\cdots,u_{im_i}(t)\right]^{\mathrm{T}}\in\mathbf{R}^{m_i}$、$\boldsymbol{\omega}_i(t)=\left[\omega_{i1}(t),\cdots,\omega_{ip_i}(t)\right]^{\mathrm{T}}\in\mathbf{R}^{p_i}$ 和 $\boldsymbol{z}_i(t)=\left[z_{i1}(t),\cdots,z_{iq_i}(t)\right]^{\mathrm{T}}\in\mathbf{R}^{q_i}$ 分别为第 i 个系统的状态向量、控制向量、外部输入和输出向量；$\boldsymbol{A}_i=\left[a_{ikl}\right]_{n_i\times n_i}$、$\boldsymbol{B}_i=\left[b_{ikl}\right]_{n_i\times m_i}$、$\boldsymbol{E}_i=\left[e_{ikl}\right]_{n_i\times p_i}$、$\boldsymbol{A}_{ij}=\left[a_{ijkl}\right]_{n_i\times n_j}$、$\boldsymbol{C}_i=\left[c_{ikl}\right]_{q_i\times n_i}$、$\boldsymbol{D}_i=\left[d_{ikl}\right]_{q_i\times m_i}$ 和 $\boldsymbol{H}_i=\left[h_{ikl}\right]_{q_i\times p_i}$ 为常数矩阵；时滞 τ_{ij} 是一些正的常数且 $\tau=\max\limits_{i,j}\left\{\tau_{ij}\right\}$；非线性函数 $\boldsymbol{F}_i\left(\boldsymbol{x}_i(t)\right)=[f_{i1}(x_{i1}(t)),\cdots,f_{in_i}(x_{in_i}(t))]^{\mathrm{T}}\in\mathbf{R}^{n_i}$ 具有分离变量的形式；初始值 $\boldsymbol{\varphi}_i(t)=\left[\varphi_{i1}(t),\cdots,\varphi_{in_i}(t)\right]^{\mathrm{T}}\in\mathbf{R}^{n_i}$ 是定义在 $[-\tau,0]$ 上的连续向量值函数；$\Delta\boldsymbol{A}_i$、$\Delta\boldsymbol{B}_i$、$\Delta\boldsymbol{C}_i$ 和 $\Delta\boldsymbol{D}_i$ 为未知矩阵，描述了时变参数不确定性，它们有如下数值界：

$$
\begin{bmatrix}\Delta\boldsymbol{A}_i & \Delta\boldsymbol{B}_i\\ \Delta\boldsymbol{C}_i & \Delta\boldsymbol{D}_i\end{bmatrix}=\begin{bmatrix}\boldsymbol{S}_i\\ \boldsymbol{L}_i\end{bmatrix}\boldsymbol{F}_i(t)\begin{bmatrix}\boldsymbol{M}_i & \boldsymbol{N}_i\end{bmatrix}
\tag{4.19}
$$

式中，$\boldsymbol{F}_i(t)$ 是具有适当维数的 Lebsegue 可测的时变未知矩阵，且 $\boldsymbol{F}_i^{\mathrm{T}}(t)\boldsymbol{F}_i(t)\leqslant\boldsymbol{I}_i$，$\boldsymbol{I}_i$ 是适当维数的单位矩阵；$\boldsymbol{S}_i$、$\boldsymbol{L}_i$、$\boldsymbol{M}_i$、N_i 是具有适当维数的常数矩阵。假设矩阵 $\boldsymbol{H}_i+\boldsymbol{H}_i^{\mathrm{T}}$ 是正定的、$(\boldsymbol{A}_i,\boldsymbol{B}_i)$ 是完全可控的且子系统的状态可直接测量，并假设所有的时滞是可辨识的。

本节的论述同样基于下列假设。

假设 4.1 (1) $f_{il}(x_{il})x_{il}>0$，这里 $x_{il}\neq 0, i=1,2,\cdots,N,\ l=1,2,\cdots,n_i$；

(2) $\int_0^{+\infty}f_{il}(s)\mathrm{d}s=+\infty, i=1,2,\cdots,N,\ l=1,2,\cdots,n_i$。

且假设函数 f_{il} ($i=1,2,\cdots,N;\ l=1,2,\cdots,n_i$) 是可微的。定义一个 N 维空间的子集为

$$
\Omega=\left\{\left(\boldsymbol{x}_1^{\mathrm{T}},\boldsymbol{x}_2^{\mathrm{T}},\cdots,\boldsymbol{x}_N^{\mathrm{T}}\right)^{\mathrm{T}}:\sum_{i=1}^{N}\sum_{l=1}^{n_i}\left(\frac{\mathrm{d}f_{il}\left(x_{il}\right)}{\mathrm{d}x_{il}}\right)^2\leqslant\rho\right\}
$$

式中，$\rho>0$ 为常数。关于这个子集给出另一个假设。

假设 4.2 假设子集 Ω 包含坐标原点，即 $(0,0,\cdots,0)\in\Omega$。本节的目的是对每一个子系统设计一个局部无记忆状态反馈非线性的控制器

$$\boldsymbol{u}_i(t)=\boldsymbol{K}_i\boldsymbol{F}_i\left(\boldsymbol{x}_i(t)\right) \tag{4.20}$$

式中，$\boldsymbol{K}_i\in\mathbf{R}^{m_i\times n_i}$ 为反馈增益矩阵，使得如下闭环系统：

$$\begin{aligned}\dot{\boldsymbol{x}}_i(t)&=(\boldsymbol{A}_i+\boldsymbol{B}_i\boldsymbol{K}_i+\Delta\boldsymbol{A}_i+\Delta\boldsymbol{B}_i\boldsymbol{K}_i)\boldsymbol{F}_i\left(\boldsymbol{x}_i(t)\right)+\boldsymbol{E}_i\boldsymbol{\omega}_i(t)+\sum_{j=1}^{N}\boldsymbol{A}_{ij}\boldsymbol{F}_j\left(\boldsymbol{x}_j\left(t-\tau_{ij}\right)\right)\\ \boldsymbol{z}_i(t)&=\left(\boldsymbol{C}_i+\boldsymbol{D}_i\boldsymbol{K}_i+\Delta\boldsymbol{C}_i+\Delta\boldsymbol{D}_i\boldsymbol{K}_i\right)\boldsymbol{F}_i\left(\boldsymbol{x}_i(t)\right)+\left(\boldsymbol{D}_i+\Delta\boldsymbol{D}_i\right)\boldsymbol{u}_i(t)+\boldsymbol{H}_i\boldsymbol{\omega}_i(t)\end{aligned} \tag{4.21}$$

在吸引域 Ω 内是内部渐近稳定且严格无源的。若这样的控制器(4.20)存在，则称非线性关联大系统(4.18)是局部无源化分散鲁棒镇定的，相应的控制器(4.20)称为系统(4.18)的一个局部无源化分散鲁棒镇定控制器。

4.3.2　标称未控系统的时滞相关无源化分析

首先考虑如下标称关联未控系统：

$$\begin{aligned}\dot{\boldsymbol{x}}_i(t)&=\boldsymbol{A}_i\boldsymbol{F}_i\left(\boldsymbol{x}_i(t)\right)+\boldsymbol{E}_i\boldsymbol{\omega}_i(t)+\sum_{j=1}^{N}\boldsymbol{A}_{ij}\boldsymbol{F}_j\left(\boldsymbol{x}_j\left(t-\tau_{ij}\right)\right)\\ \boldsymbol{z}_i(t)&=\boldsymbol{C}_i\boldsymbol{F}_i\left(\boldsymbol{x}_i(t)\right)+\boldsymbol{H}_i\boldsymbol{\omega}_i(t)\\ \boldsymbol{x}_i(t)&=\boldsymbol{\varphi}_i(t),\quad t\in[-\tau,0]\end{aligned} \tag{4.22}$$

对于关联系统(4.22)，下面的定理给出了局部无源化分析的一个充分条件，即关联系统(4.22)在吸引域 Ω 内是内部稳定且严格无源的充分条件。

定理 4.5　对于给定的常数 $\tau_{ji}>0$， $j=1,2,\cdots,N$, 若存在对角正定矩阵 $\boldsymbol{\Lambda}_i=\operatorname{diag}\left\{\alpha_{i1},\cdots,\alpha_{in_i}\right\}>0$， $\boldsymbol{R}_{ji}>0$，对称正定矩阵 $\boldsymbol{Q}_{ij}>0$， $\boldsymbol{Q}_{ji}>0$， $j=1,2,\cdots,N$，使得如下 LMIs 成立：

$$\begin{bmatrix}(1,1)_i & \boldsymbol{R}_{1i} & \cdots & \boldsymbol{R}_{Ni} & \boldsymbol{\Lambda}_i\boldsymbol{A}_{i1} & \cdots\\ \boldsymbol{R}_{1i} & -\boldsymbol{R}_{1i} & \cdots & \boldsymbol{0} & \boldsymbol{0} & \cdots\\ \vdots & \vdots & & \vdots & \vdots & \\ \boldsymbol{R}_{Ni} & \boldsymbol{0} & \cdots & -\boldsymbol{R}_{Ni} & \boldsymbol{0} & \cdots\\ \boldsymbol{A}_{i1}^{\mathrm{T}}\boldsymbol{\Lambda}_i & \boldsymbol{0} & \cdots & \boldsymbol{0} & -\boldsymbol{Q}_{i1} & \cdots\\ \vdots & \vdots & & \vdots & \vdots & \\ \boldsymbol{A}_{iN}^{\mathrm{T}}\boldsymbol{\Lambda}_i & \boldsymbol{0} & \cdots & \boldsymbol{0} & \boldsymbol{0} & \cdots\\ \boldsymbol{E}_i^{\mathrm{T}}\boldsymbol{\Lambda}_i-\boldsymbol{C}_i & \boldsymbol{0} & \cdots & \boldsymbol{0} & \boldsymbol{0} & \cdots\\ \tau_{1i}\rho\boldsymbol{R}_{1i}\boldsymbol{A}_i & \boldsymbol{0} & \cdots & \boldsymbol{0} & \tau_{1i}\rho\boldsymbol{R}_{1i}\boldsymbol{A}_{i1} & \cdots\\ \vdots & \vdots & & \vdots & \vdots & \\ \tau_{Ni}\rho\boldsymbol{R}_{Ni}\boldsymbol{A}_i & \boldsymbol{0} & \cdots & \boldsymbol{0} & \tau_{Ni}\rho\boldsymbol{R}_{Ni}\boldsymbol{A}_{i1} & \cdots\end{matrix}$$

$$
\begin{bmatrix}
\cdots & \Lambda_i A_{iN} & \Lambda_i E_i - C_i^{\mathrm T} & \tau_{1i}\rho A_i^{\mathrm T} R_{1i} & \cdots & \tau_{Ni}\rho A_i^{\mathrm T} R_{Ni} \\
\cdots & \mathbf{0} & \mathbf{0} & \mathbf{0} & \cdots & \mathbf{0} \\
 & \vdots & \vdots & \vdots & & \vdots \\
\cdots & \mathbf{0} & \mathbf{0} & \mathbf{0} & \cdots & \mathbf{0} \\
\cdots & \mathbf{0} & \mathbf{0} & \tau_{1i}\rho A_{i1}^{\mathrm T} R_{1i} & \cdots & \tau_{Ni}\rho A_{i1}^{\mathrm T} R_{Ni} \\
 & \vdots & \vdots & \vdots & & \vdots \\
\cdots & -Q_{iN} & \mathbf{0} & \tau_{1i}\rho A_{iN}^{\mathrm T} R_{1i} & \cdots & \tau_{Ni}\rho A_{iN}^{\mathrm T} R_{Ni} \\
\cdots & \mathbf{0} & -H_i - H_i^{\mathrm T} & \tau_{1i}\rho E_i^{\mathrm T} R_{1i} & \cdots & \tau_{Ni}\rho E_i^{\mathrm T} R_{Ni} \\
\cdots & \tau_{1i}\rho R_{1i} A_{iN} & \tau_{1i}\rho R_{1i} E_i & -\rho R_{1i} & \cdots & \mathbf{0} \\
 & \vdots & \vdots & \vdots & & \vdots \\
\cdots & \tau_{Ni}\rho R_{Ni} A_{iN} & \tau_{Ni}\rho R_{Ni} E_i & \mathbf{0} & \cdots & -\rho R_{Ni}
\end{bmatrix} < 0 \tag{4.23}
$$

式中，$(1,1)_i = \Lambda_i A_i + A_i^{\mathrm T}\Lambda_i + \sum_{j=1}^{N} Q_{ji} - \sum_{j=1}^{N} R_{ji}$，$i = 1,2,\cdots,N$，则关联未控系统(4.22)在吸引域 Ω 内是内部渐近稳定且严格无源的。

注释 4.6　在下面的描述中，为方便起见，同样用 $F'_{ix_i}(x_i)$ 表示对角矩阵 $\mathrm{diag}\left\{\frac{\mathrm d f_{i1}(x_{i1})}{\mathrm d x_{i1}},\cdots,\frac{\mathrm d f_{in_i}(x_{in_i})}{\mathrm d x_{in_i}}\right\}$，用 $\dot F_i(x_i(t))$ 表示向量 $\left[\frac{\mathrm d f_{i1}(x_{i1}(t))}{\mathrm d t},\cdots,\frac{\mathrm d f_{in_i}(x_{in_i}(t))}{\mathrm d t}\right]^{\mathrm T}$。

定理 4.5 的证明　构造如下的 Lyapunov-Krasovskii 泛函：

$$
\begin{aligned}
V(x_t) = \sum_{i=1}^{N}\Bigg\{ & \sum_{k=1}^{n_i} 2\alpha_{ik}\int_0^{x_{ik}} f_{ik}(s)\mathrm ds + \sum_{j=1}^{N}\Bigg[\int_{t-\tau_{ij}}^{t} F_j^{\mathrm T}(x_j(s)) Q_{ij} F_j(x_j(s))\mathrm ds \\
& + \int_{-\tau_{ij}}^{0}\int_{t+\theta}^{t} \dot F_j^{\mathrm T}(x_j(s))\tau_{ij} R_{ij}\dot F_j(x_j(s))\mathrm ds\mathrm d\theta\Bigg]\Bigg\}
\end{aligned}
$$

由假设 4.1 和定理的条件可知，泛函 $V(x_t)$ 是全局正定且径向无穷大的。$V(x_t)$ 沿系统(4.22)的解 $x(t)$ 在子集 Ω 内的导数为

$$
\begin{aligned}
\dot V(x_t) = \sum_{i=1}^{N}\Bigg\{ & F_i^{\mathrm T}(x_i(t))\left[\Lambda_i A_i + A_i^{\mathrm T}\Lambda_i\right]F_i(x_i(t)) + 2F_i^{\mathrm T}(x_i(t))\Lambda_i\sum_{j=1}^{N} A_{ij}F_j(x_j(t-\tau_{ij})) \\
& + 2F_i^{\mathrm T}(x_i(t))\Lambda_i E_i\omega_i(t) + \sum_{j=1}^{N} F_j^{\mathrm T}(x_j(t)) Q_{ij} F_j(x_j(t)) \\
& - \sum_{j=1}^{N} F_j^{\mathrm T}(x_j(t-\tau_{ij})) Q_{ij} F_j(x_j(t-\tau_{ij})) + \sum_{j=1}^{N}\tau_{ij}^2 \dot F_j^{\mathrm T}(x_j(t)) R_{ij}\dot F_j(x_j(t)) \\
& - \sum_{j=1}^{N}\tau_{ij}\int_{t-\tau_{ij}}^{t}\dot F_j^{\mathrm T}(x_j(s)) R_{ij}\dot F_j(x_j(s))\mathrm ds\Bigg\}
\end{aligned}
$$

利用推论 3.3，有

$$
\begin{aligned}
\dot{V}(\boldsymbol{x}_t) \leqslant & \sum_{i=1}^{N}\Bigg\{\boldsymbol{F}_i^{\mathrm{T}}\left(\boldsymbol{x}_i(t)\right)\left(\boldsymbol{\varLambda}_i\boldsymbol{A}_i+\boldsymbol{A}_i^{\mathrm{T}}\boldsymbol{\varLambda}_i\right)\boldsymbol{F}_i\left(\boldsymbol{x}_i(t)\right)+2\boldsymbol{F}_i^{\mathrm{T}}\left(\boldsymbol{x}_i(t)\right)\boldsymbol{\varLambda}_i\sum_{j=1}^{N}\boldsymbol{A}_{ij}\boldsymbol{F}_j\left(\boldsymbol{x}_j\left(t-\tau_{ij}\right)\right) \\
& +2\boldsymbol{F}_i^{\mathrm{T}}\left(\boldsymbol{x}_i(t)\right)\boldsymbol{\varLambda}_i\boldsymbol{E}_i\boldsymbol{\omega}_i(t)+\sum_{j=1}^{N}\boldsymbol{F}_j^{\mathrm{T}}\left(\boldsymbol{x}_j(t)\right)\boldsymbol{Q}_{ij}\boldsymbol{F}_j\left(\boldsymbol{x}_j(t)\right) \\
& -\sum_{j=1}^{N}\boldsymbol{F}_j^{\mathrm{T}}\left(\boldsymbol{x}_j\left(t-\tau_{ij}\right)\right)\boldsymbol{Q}_{ij}\boldsymbol{F}_j\left(\boldsymbol{x}_j\left(t-\tau_{ij}\right)\right)+\sum_{j=1}^{N}\tau_{ij}^2\dot{\boldsymbol{x}}_j^{\mathrm{T}}(t)\left(\boldsymbol{F}_{j_{x_j}}'\left(\boldsymbol{x}_j\right)\right)^2\boldsymbol{R}_{ij}\dot{\boldsymbol{x}}_j(t) \\
& +\sum_{j=1}^{N}\left[\begin{pmatrix}\boldsymbol{F}_j^{\mathrm{T}}\left(\boldsymbol{x}_j(t)\right) & \boldsymbol{F}_j^{\mathrm{T}}\left(\boldsymbol{x}_j\left(t-\tau_{ij}\right)\right)\end{pmatrix}\begin{pmatrix}-\boldsymbol{R}_{ij} & \boldsymbol{R}_{ij} \\ \boldsymbol{R}_{ij} & -\boldsymbol{R}_{ij}\end{pmatrix}\begin{pmatrix}\boldsymbol{F}_j\left(\boldsymbol{x}_j(t)\right) \\ \boldsymbol{F}_j\left(\boldsymbol{x}_j\left(t-\tau_{ij}\right)\right)\end{pmatrix}\right]\Bigg\} \\
= & \sum_{i=1}^{N}\Bigg\{\boldsymbol{F}_i^{\mathrm{T}}\left(\boldsymbol{x}_i(t)\right)\left(\boldsymbol{\varLambda}_i\boldsymbol{A}_i+\boldsymbol{A}_i^{\mathrm{T}}\boldsymbol{\varLambda}_i\right)\boldsymbol{F}_i\left(\boldsymbol{x}_i(t)\right)+2\boldsymbol{F}_i^{\mathrm{T}}\left(\boldsymbol{x}_i(t)\right)\boldsymbol{\varLambda}_i\sum_{j=1}^{N}\boldsymbol{A}_{ij}\boldsymbol{F}_j\left(\boldsymbol{x}_j\left(t-\tau_{ij}\right)\right) \\
& +2\boldsymbol{F}_i^{\mathrm{T}}\left(\boldsymbol{x}_i(t)\right)\boldsymbol{\varLambda}_i\boldsymbol{E}_i\boldsymbol{\omega}_i(t)+\boldsymbol{F}_i^{\mathrm{T}}\left(\boldsymbol{x}_i(t)\right)\left(\sum_{j=1}^{N}\boldsymbol{Q}_{ji}\right)\boldsymbol{F}_i\left(\boldsymbol{x}_i(t)\right) \\
& -\sum_{j=1}^{N}\boldsymbol{F}_j^{\mathrm{T}}\left(\boldsymbol{x}_j\left(t-\tau_{ij}\right)\right)\boldsymbol{Q}_{ij}\boldsymbol{F}_j\left(\boldsymbol{x}_j\left(t-\tau_{ij}\right)\right)+\sum_{j=1}^{N}\tau_{ji}^2\rho\dot{\boldsymbol{x}}_i^{\mathrm{T}}(t)\boldsymbol{R}_{ji}\dot{\boldsymbol{x}}_i(t) \\
& -\boldsymbol{F}_i^{\mathrm{T}}\left(\boldsymbol{x}_i(t)\right)\left(\sum_{j=1}^{N}\boldsymbol{R}_{ji}\right)\boldsymbol{F}_i\left(\boldsymbol{x}_i(t)\right)+2\boldsymbol{F}_i^{\mathrm{T}}\left(\boldsymbol{x}_i(t)\right)\sum_{j=1}^{N}\boldsymbol{R}_{ji}\boldsymbol{F}_i\left(\boldsymbol{x}_i\left(t-\tau_{ji}\right)\right) \\
& -\sum_{j=1}^{N}\boldsymbol{F}_i^{\mathrm{T}}\left(\boldsymbol{x}_i\left(t-\tau_{ji}\right)\right)\boldsymbol{R}_{ji}\boldsymbol{F}_i\left(\boldsymbol{x}_i\left(t-\tau_{ji}\right)\right)\Bigg\}
\end{aligned}
$$

若 $\boldsymbol{\omega}_i(t)=0$， $i=1,2,\cdots,N$ ，有

$$
\dot{V}\left(\boldsymbol{x}_t\right)\leqslant
$$

$$
\sum_{i=1}^{N}\begin{bmatrix}\boldsymbol{F}_i\left(\boldsymbol{x}_i(t)\right) \\ \boldsymbol{F}_i\left(\boldsymbol{x}_i\left(t-\tau_{1i}\right)\right) \\ \vdots \\ \boldsymbol{F}_i\left(\boldsymbol{x}_i\left(t-\tau_{Ni}\right)\right) \\ \boldsymbol{F}_1\left(\boldsymbol{x}_1\left(t-\tau_{i1}\right)\right) \\ \vdots \\ \boldsymbol{F}_N\left(\boldsymbol{x}_N\left(t-\tau_{iN}\right)\right)\end{bmatrix}^{\mathrm{T}}
\left[\begin{matrix}
\boldsymbol{\varLambda}_i\boldsymbol{A}_i+\boldsymbol{A}_i^{\mathrm{T}}\boldsymbol{\varLambda}_i+\sum_{j=1}^{N}\boldsymbol{Q}_{ji}-\sum_{j=1}^{N}\boldsymbol{R}_{ji}+\boldsymbol{A}_i^{\mathrm{T}}\left(\sum_{j=1}^{N}\tau_{ji}^2\rho\boldsymbol{R}_{ji}\right)\boldsymbol{A}_i & \boldsymbol{R}_{1i} \\
\boldsymbol{R}_{1i} & -\boldsymbol{R}_{1i} \\
\vdots & \vdots \\
\boldsymbol{R}_{Ni} & \mathbf{0} \\
\boldsymbol{A}_{i1}^{\mathrm{T}}\boldsymbol{\varLambda}_i+\boldsymbol{A}_{i1}^{\mathrm{T}}\left(\sum_{j=1}^{N}\tau_{ji}^2\rho\boldsymbol{R}_{ji}\right)\boldsymbol{A}_i & \mathbf{0} \\
\vdots & \vdots \\
\boldsymbol{A}_{iN}^{\mathrm{T}}\boldsymbol{\varLambda}_i+\boldsymbol{A}_{i1}^{\mathrm{T}}\left(\sum_{j=1}^{N}\tau_{ji}^2\rho\boldsymbol{R}_{ji}\right)\boldsymbol{A}_i & \mathbf{0}
\end{matrix}\right.
$$

$$
\left.\begin{matrix}
\cdots & \boldsymbol{R}_{Ni} & \boldsymbol{\Lambda}_i \boldsymbol{A}_{i1} + \boldsymbol{A}_i^{\mathrm{T}}\left(\sum_{j=1}^{N}\tau_{ji}^2\rho\boldsymbol{R}_{ji}\right)\boldsymbol{A}_{i1} & \cdots & \boldsymbol{\Lambda}_i \boldsymbol{A}_{iN} + \boldsymbol{A}_i^{\mathrm{T}}\left(\sum_{j=1}^{N}\tau_{ji}^2\rho\boldsymbol{R}_{ji}\right)\boldsymbol{A}_{iN} \\
\cdots & \boldsymbol{0} & \boldsymbol{0} & \cdots & \boldsymbol{0} \\
 & \vdots & \vdots & & \vdots \\
\cdots & -\boldsymbol{R}_{Ni} & \boldsymbol{0} & \cdots & \boldsymbol{0} \\
\cdots & \boldsymbol{0} & -\boldsymbol{Q}_{i1} + \boldsymbol{A}_{i1}^{\mathrm{T}}\left(\sum_{j=1}^{N}\tau_{ji}^2\rho\boldsymbol{R}_{ji}\right)\boldsymbol{A}_{i1} & \cdots & \boldsymbol{A}_{i1}^{\mathrm{T}}\left(\sum_{j=1}^{N}\tau_{ji}^2\rho\boldsymbol{R}_{ji}\right)\boldsymbol{A}_{iN} \\
 & \vdots & \vdots & & \vdots \\
\cdots & \boldsymbol{0} & \boldsymbol{A}_{iN}^{\mathrm{T}}\left(\sum_{j=1}^{N}\tau_{ji}^2\rho\boldsymbol{R}_{ji}\right)\boldsymbol{A}_{i1} & \cdots & -\boldsymbol{Q}_{iN} + \boldsymbol{A}_{iN}^{\mathrm{T}}\left(\sum_{j=1}^{N}\tau_{ji}^2\rho\boldsymbol{R}_{ji}\right)\boldsymbol{A}_{iN}
\end{matrix}\right]
$$

$$
\cdot\begin{bmatrix}
\boldsymbol{F}_i\left(\boldsymbol{x}_i(t)\right) \\
\boldsymbol{F}_i\left(\boldsymbol{x}_i\left(t-\tau_{1i}\right)\right) \\
\vdots \\
\boldsymbol{F}_i\left(\boldsymbol{x}_i\left(t-\tau_{Ni}\right)\right) \\
\boldsymbol{F}_1\left(\boldsymbol{x}_1\left(t-\tau_{i1}\right)\right) \\
\vdots \\
\boldsymbol{F}_N\left(\boldsymbol{x}_N\left(t-\tau_{iN}\right)\right)
\end{bmatrix}
$$

若矩阵

$$
\left[\begin{matrix}
\boldsymbol{\Theta}_{i11} & \boldsymbol{R}_{1i} & \cdots & \boldsymbol{R}_{Ni} \\
\boldsymbol{R}_{1i} & -\boldsymbol{R}_{1i} & \cdots & \boldsymbol{0} \\
\vdots & \vdots & & \vdots \\
\boldsymbol{R}_{Ni} & \boldsymbol{0} & \cdots & -\boldsymbol{R}_{Ni} \\
\boldsymbol{A}_{i1}^{\mathrm{T}}\boldsymbol{\Lambda}_i + \boldsymbol{A}_{i1}^{\mathrm{T}}\left(\sum_{j=1}^{N}\tau_{ji}^2\rho\boldsymbol{R}_{ji}\right)\boldsymbol{A}_i & \boldsymbol{0} & \cdots & \boldsymbol{0} \\
\vdots & \vdots & & \vdots \\
\boldsymbol{A}_{iN}^{\mathrm{T}}\boldsymbol{\Lambda}_i + \boldsymbol{A}_{i1}^{\mathrm{T}}\left(\sum_{j=1}^{N}\tau_{ji}^2\rho\boldsymbol{R}_{ji}\right)\boldsymbol{A}_i & \boldsymbol{0} & \cdots & \boldsymbol{0}
\end{matrix}\right.
$$

$$\left.\begin{matrix} \Lambda_i A_{i1}+A_i^{\mathrm{T}}\left(\sum_{j=1}^{N}\tau_{ji}^2\rho R_{ji}\right)A_{i1} & \cdots & \Lambda_i A_{iN}+A_i^{\mathrm{T}}\left(\sum_{j=1}^{N}\tau_{ji}^2\rho R_{ji}\right)A_{iN} \\ \mathbf{0} & \cdots & \mathbf{0} \\ \vdots & & \vdots \\ \mathbf{0} & \cdots & \mathbf{0} \\ -Q_{i1}+A_{i1}^{\mathrm{T}}\left(\sum_{j=1}^{N}\tau_{ji}^2\rho R_{ji}\right)A_{i1} & \cdots & A_{i1}^{\mathrm{T}}\left(\sum_{j=1}^{N}\tau_{ji}^2\rho R_{ji}\right)A_{iN} \\ \vdots & & \vdots \\ A_{iN}^{\mathrm{T}}\left(\sum_{j=1}^{N}\tau_{ji}^2\rho R_{ji}\right)A_{i1} & \cdots & -Q_{iN}+A_{iN}^{\mathrm{T}}\left(\sum_{j=1}^{N}\tau_{ji}^2\rho R_{ji}\right)A_{iN} \end{matrix}\right]<0 \tag{4.24}$$

式中，$\Theta_{i11}=\Lambda_i A_i+A_i^{\mathrm{T}}\Lambda_i+\sum_{j=1}^{N}Q_{ji}-\sum_{j=1}^{N}R_{ji}+A_i^{\mathrm{T}}\left(\sum_{j=1}^{N}\tau_{ji}^2\rho R_{ji}\right)A_i$，则在子集 Ω 内有 $\dot V(x_t)<0$，即关联系统(4.22)在吸引域 Ω 内是内稳定的。利用 Schur 补引理，矩阵不等式(4.24)等价于下列矩阵不等式

$$\begin{bmatrix} (1,1)_i & R_{1i} & \cdots & R_{Ni} & \Lambda_i A_{i1} & \cdots & \Lambda_i A_{iN} & \tau_{1i}\rho A_i^{\mathrm{T}} & \cdots & \tau_{Ni}\rho A_i^{\mathrm{T}} \\ R_{1i} & -R_{1i} & \cdots & \mathbf{0} & \mathbf{0} & \cdots & \mathbf{0} & \mathbf{0} & \cdots & \mathbf{0} \\ \vdots & \vdots & & \vdots & \vdots & & \vdots & \vdots & & \vdots \\ R_{Ni} & \mathbf{0} & \cdots & -R_{Ni} & \mathbf{0} & \cdots & \mathbf{0} & \mathbf{0} & \cdots & \mathbf{0} \\ A_{i1}^{\mathrm{T}}\Lambda_i & \mathbf{0} & \cdots & \mathbf{0} & -Q_{i1} & \cdots & \mathbf{0} & \tau_{1i}\rho A_{i1}^{\mathrm{T}} & \cdots & \tau_{Ni}\rho A_{i1}^{\mathrm{T}} \\ \vdots & \vdots & & \vdots & \vdots & & \vdots & \vdots & & \vdots \\ A_{iN}^{\mathrm{T}}\Lambda_i & \mathbf{0} & \cdots & \mathbf{0} & \mathbf{0} & \cdots & -Q_{iN} & \tau_{1i}\rho A_{iN}^{\mathrm{T}} & \cdots & \tau_{Ni}\rho A_{iN}^{\mathrm{T}} \\ \tau_{1i}\rho A_i & \mathbf{0} & \cdots & \mathbf{0} & \tau_{1i}\rho A_{i1} & \cdots & \tau_{1i}\rho A_{iN} & -\rho R_{1i}^{-1} & \cdots & \mathbf{0} \\ \vdots & \vdots & & \vdots & \vdots & & \vdots & \vdots & & \vdots \\ \tau_{Ni}\rho A_i & \mathbf{0} & \cdots & \mathbf{0} & \tau_{Ni}\rho A_{i1} & \cdots & \tau_{Ni}\rho A_{iN} & \mathbf{0} & \cdots & -\rho R_{Ni}^{-1} \end{bmatrix}<0 \tag{4.25}$$

式中，$(1,1)_i=\Lambda_i A_i+A_i^{\mathrm{T}}\Lambda_i+\sum_{j=1}^{N}Q_{ji}-\sum_{j=1}^{N}R_{ji}$。从定理的条件可知式(4.25)显然是成立的，故关联系统(4.22)在吸引域 Ω 内是内部稳定的。

接下来，证明关联系统(4.22)的无源性。令 $H(x,t)=-\dot V(x_t)+2z^{\mathrm{T}}(t)\omega(t)$，则在子集 Ω 内

$$\begin{aligned} &H(x,t)=-\dot V(x_t)+2z^{\mathrm{T}}(t)\omega(t) \\ &\geqslant -\sum_{i=1}^{N}\left\{F_i^{\mathrm{T}}\left(x_i(t)\right)\left(\Lambda_i A_i+A_i^{\mathrm{T}}\Lambda_i\right)F_i\left(x_i(t)\right)+2F_i^{\mathrm{T}}\left(x_i(t)\right)\Lambda_i\sum_{j=1}^{N}A_{ij}F_j\left(x_j\left(t-\tau_{ij}\right)\right)\right. \end{aligned}$$

$$
\begin{aligned}
&+2\boldsymbol{F}_i^{\mathrm{T}}\left(\boldsymbol{x}_i(t)\right)\boldsymbol{\Lambda}_i\boldsymbol{E}_i\boldsymbol{\omega}_i(t)+\boldsymbol{F}_i^{\mathrm{T}}\left(\boldsymbol{x}_i(t)\right)\left(\sum_{j=1}^{N}\boldsymbol{Q}_{ji}\right)\boldsymbol{F}_i\left(\boldsymbol{x}_i(t)\right)\\
&-\sum_{j=1}^{N}\boldsymbol{F}_j^{\mathrm{T}}\left(\boldsymbol{x}_j\left(t-\tau_{ij}\right)\right)\boldsymbol{Q}_{ij}\boldsymbol{F}_j\left(\boldsymbol{x}_j\left(t-\tau_{ij}\right)\right)+\sum_{j=1}^{N}\tau_{ji}^2\rho\dot{\boldsymbol{x}}_i^{\mathrm{T}}(t)\boldsymbol{R}_{ji}\dot{\boldsymbol{x}}_i(t)\\
&-\boldsymbol{F}_i^{\mathrm{T}}\left(\boldsymbol{x}_i(t)\right)\left(\sum_{j=1}^{N}\boldsymbol{R}_{ji}\right)\boldsymbol{F}_i\left(\boldsymbol{x}_i(t)\right)+2\boldsymbol{F}_i^{\mathrm{T}}\left(\boldsymbol{x}_i(t)\right)\sum_{j=1}^{N}\boldsymbol{R}_{ji}\boldsymbol{F}_i\left(\boldsymbol{x}_i\left(t-\tau_{ji}\right)\right)\\
&\left.-\sum_{j=1}^{N}\boldsymbol{F}_i^{\mathrm{T}}\left(\boldsymbol{x}_i\left(t-\tau_{ji}\right)\right)\boldsymbol{R}_{ji}\boldsymbol{F}_i\left(\boldsymbol{x}_i\left(t-\tau_{ji}\right)\right)-2\boldsymbol{z}_i^{\mathrm{T}}(t)\boldsymbol{\omega}_i(t)\right\}
\end{aligned}
$$

$$
=-\sum_{i=1}^{N}\begin{bmatrix}\boldsymbol{F}_i\left(\boldsymbol{x}_i(t)\right)\\ \boldsymbol{F}_i\left(\boldsymbol{x}_i\left(t-\tau_{1i}\right)\right)\\ \vdots\\ \boldsymbol{F}_i\left(\boldsymbol{x}_i\left(t-\tau_{Ni}\right)\right)\\ \boldsymbol{F}_1\left(\boldsymbol{x}_1\left(t-\tau_{i1}\right)\right)\\ \vdots\\ \boldsymbol{F}_N\left(\boldsymbol{x}_N\left(t-\tau_{iN}\right)\right)\\ \boldsymbol{\omega}_i(t)\end{bmatrix}^{\mathrm{T}}
\left[\begin{matrix}
\boldsymbol{\Lambda}_i\boldsymbol{A}_i+\boldsymbol{A}_i^{\mathrm{T}}\boldsymbol{\Lambda}_i+\sum\limits_{j=1}^{N}\boldsymbol{Q}_{ji}-\sum\limits_{j=1}^{N}\boldsymbol{R}_{ji}+\boldsymbol{A}_i^{\mathrm{T}}\left(\sum\limits_{j=1}^{N}\tau_{ji}^2\rho\boldsymbol{R}_{ji}\right)\boldsymbol{A}_i & \boldsymbol{R}_{1i} & \cdots & \boldsymbol{R}_{Ni} & \boldsymbol{\Lambda}_i\boldsymbol{A}_{i1}+\boldsymbol{A}_i^{\mathrm{T}}\left(\sum\limits_{j=1}^{N}\tau_{ji}^2\rho\boldsymbol{R}_{ji}\right)\boldsymbol{A}_{i1} & \cdots & \boldsymbol{\Lambda}_i\boldsymbol{A}_{iN}+\boldsymbol{A}_i^{\mathrm{T}}\left(\sum\limits_{j=1}^{N}\tau_{ji}^2\rho\boldsymbol{R}_{ji}\right)\boldsymbol{A}_{iN}\\
\boldsymbol{R}_{1i} & -\boldsymbol{R}_{1i} & \cdots & \boldsymbol{0} & \boldsymbol{0} & \cdots & \boldsymbol{0}\\
\vdots & \vdots & & \vdots & \vdots & & \vdots\\
\boldsymbol{R}_{Ni} & \boldsymbol{0} & \cdots & -\boldsymbol{R}_{Ni} & \boldsymbol{0} & \cdots & \boldsymbol{0}\\
\boldsymbol{A}_{i1}^{\mathrm{T}}\boldsymbol{\Lambda}_i+\boldsymbol{A}_{i1}^{\mathrm{T}}\left(\sum\limits_{j=1}^{N}\tau_{ji}^2\rho\boldsymbol{R}_{ji}\right)\boldsymbol{A}_i & \boldsymbol{0} & \cdots & \boldsymbol{0} & -\boldsymbol{Q}_{i1}+\boldsymbol{A}_{i1}^{\mathrm{T}}\left(\sum\limits_{j=1}^{N}\tau_{ji}^2\rho\boldsymbol{R}_{ji}\right)\boldsymbol{A}_{i1} & \cdots & \boldsymbol{A}_{i1}^{\mathrm{T}}\left(\sum\limits_{j=1}^{N}\tau_{ji}^2\rho\boldsymbol{R}_{ji}\right)\boldsymbol{A}_{iN}\\
\vdots & \vdots & & \vdots & \vdots & & \vdots\\
\boldsymbol{A}_{iN}^{\mathrm{T}}\boldsymbol{\Lambda}_i+\boldsymbol{A}_{iN}^{\mathrm{T}}\left(\sum\limits_{j=1}^{N}\tau_{ji}^2\rho\boldsymbol{R}_{ji}\right)\boldsymbol{A}_i & \boldsymbol{0} & \cdots & \boldsymbol{0} & \boldsymbol{A}_{iN}^{\mathrm{T}}\left(\sum\limits_{j=1}^{N}\tau_{ji}^2\rho\boldsymbol{R}_{ji}\right)\boldsymbol{A}_{i1} & \cdots & -\boldsymbol{Q}_{iN}+\boldsymbol{A}_{iN}^{\mathrm{T}}\left(\sum\limits_{j=1}^{N}\tau_{ji}^2\rho\boldsymbol{R}_{ji}\right)\boldsymbol{A}_{iN}\\
\boldsymbol{E}_i^{\mathrm{T}}\boldsymbol{\Lambda}_i-\boldsymbol{C}_i+\boldsymbol{E}_i^{\mathrm{T}}\left(\sum\limits_{j=1}^{N}\tau_{ji}^2\rho\boldsymbol{R}_{ji}\right)\boldsymbol{A}_i & \boldsymbol{0} & \cdots & \boldsymbol{0} & \boldsymbol{E}_i^{\mathrm{T}}\left(\sum\limits_{j=1}^{N}\tau_{ji}^2\rho\boldsymbol{R}_{ji}\right)\boldsymbol{A}_{i1} & \cdots & \boldsymbol{E}_i^{\mathrm{T}}\left(\sum\limits_{j=1}^{N}\tau_{ji}^2\rho\boldsymbol{R}_{ji}\right)\boldsymbol{A}_{iN}
\end{matrix}\right.
$$

$$
\left.\begin{matrix}
\boldsymbol{A}_i\boldsymbol{E}_i - \boldsymbol{C}_i^{\mathrm{T}} + \boldsymbol{A}_i^{\mathrm{T}}\left(\sum_{j=1}^{N}\tau_{ji}^2\rho\boldsymbol{R}_{ji}\right)\boldsymbol{E}_i \\
\boldsymbol{0} \\
\vdots \\
\boldsymbol{0} \\
\boldsymbol{A}_{i1}^{\mathrm{T}}\left(\sum_{j=1}^{N}\tau_{ji}^2\rho\boldsymbol{R}_{ji}\right)\boldsymbol{E}_i \\
\vdots \\
\boldsymbol{A}_{iN}^{\mathrm{T}}\left(\sum_{j=1}^{N}\tau_{ji}^2\rho\boldsymbol{R}_{ji}\right)\boldsymbol{E}_i \\
\boldsymbol{H}_i \quad \boldsymbol{H}_i^{\mathrm{T}} + \boldsymbol{E}_i^{\mathrm{T}}\left(\sum_{j=1}^{N}\tau_{ji}^2\rho\boldsymbol{R}_{ji}\right)\boldsymbol{E}_i
\end{matrix}\right]
\begin{bmatrix}
\boldsymbol{F}_i\left(\boldsymbol{x}_i(t)\right) \\
\boldsymbol{F}_i\left(\boldsymbol{x}_i(t-\tau_{1i})\right) \\
\vdots \\
\boldsymbol{F}_i\left(\boldsymbol{x}_i(t-\tau_{Ni})\right) \\
\boldsymbol{F}_1\left(\boldsymbol{x}_1(t-\tau_{i1})\right) \\
\vdots \\
\boldsymbol{F}_N\left(\boldsymbol{x}_N(t-\tau_{iN})\right) \\
\boldsymbol{\omega}_i(t)
\end{bmatrix}
$$

由 Schur 补引理，式(4.23)成立能保证在子集 Ω 内 $H(\boldsymbol{x},t) = -\dot{V}(\boldsymbol{x}_t) + 2\boldsymbol{z}^{\mathrm{T}}(t)\boldsymbol{\omega}(t) > 0$，因此，对于零初始值可得

$$
\int_0^T \boldsymbol{z}^{\mathrm{T}}(t)\boldsymbol{\omega}(t)\mathrm{d}t \geqslant \frac{1}{2}V(\boldsymbol{x}(T)) > 0
$$

另外，在定理 4.5 的条件下，存在充分小的 $\alpha > 0$ 使得当 $\boldsymbol{H}_i$ 换成 $\boldsymbol{H}_i - \alpha\boldsymbol{I}_i$ 时所有条件满足。用同样方法可以得到 $\int_0^T [\boldsymbol{z}(t) - \alpha\boldsymbol{\omega}(t)]^{\mathrm{T}}\boldsymbol{\omega}(t)\mathrm{d}t \geqslant 0$，即 $\int_0^T \boldsymbol{z}^{\mathrm{T}}(t)\boldsymbol{\omega}(t)\mathrm{d}t \geqslant \alpha\int_0^T \boldsymbol{\omega}^{\mathrm{T}}(t)\boldsymbol{\omega}(t)\mathrm{d}t$。故关联未控系统(4.22)在吸引域 Ω 内是严格无源的。定理证毕。

4.3.3　标称系统的时滞相关无源化分散控制器的设计

本节根据上述无源化分析定理，对于下述标称系统：

$$
\begin{aligned}
&\dot{\boldsymbol{x}}_i(t) = \boldsymbol{A}_i\boldsymbol{F}_i\left(\boldsymbol{x}_i(t)\right) + \boldsymbol{B}_i\boldsymbol{u}_i(t) + \boldsymbol{E}_i\boldsymbol{\omega}_i(t) + \sum_{j=1}^{N}\boldsymbol{A}_{ij}\boldsymbol{F}_j\left(\boldsymbol{x}_j\left(t-\tau_{ij}\right)\right) \\
&\boldsymbol{z}_i(t) = \boldsymbol{C}_i\boldsymbol{F}_i\left(\boldsymbol{x}_i(t)\right) + \boldsymbol{D}_i\boldsymbol{u}_i(t) + \boldsymbol{H}_i\boldsymbol{\omega}_i(t) \\
&\boldsymbol{x}_i(t) = \boldsymbol{\varphi}_i(t), \quad t \in [-\tau, 0]
\end{aligned}
\tag{4.26}
$$

基于分散非线性状态反馈控制器 $\boldsymbol{u}_i(t) = \boldsymbol{K}_i\boldsymbol{F}_i\left(\boldsymbol{x}_i(t)\right)$，$i = 1,2,\cdots,N$，给出一个与时滞相关无源化分散控制的一个充分条件。

定理 4.6　对于给定的常数 $\tau_{ji} > 0$，$j = 1,2,\cdots,N$，若存在对角正定矩阵 $\boldsymbol{X}_i > 0$、$\bar{\boldsymbol{R}}_{ji} > 0$ ($j = 1,2,\cdots,N$)对称正定矩阵 $\bar{\boldsymbol{Q}}_{ji} > 0$、$\bar{\boldsymbol{Q}}_{ij} > 0$ ($j = 1,2,\cdots,N$)和任意矩阵 $\boldsymbol{Y}_i$，使得如下的 LMIs 成立：

$$\begin{bmatrix} \boldsymbol{\Xi}_{i11} & \mathbf{0} & \cdots & \mathbf{0} & \boldsymbol{A}_{i1}\boldsymbol{X}_i & \cdots & \boldsymbol{A}_{iN}\boldsymbol{X}_i & \boldsymbol{E}_i-\left(\boldsymbol{X}_i\boldsymbol{C}_i^{\mathrm{T}}+\boldsymbol{Y}_i^{\mathrm{T}}\boldsymbol{D}_i^{\mathrm{T}}\right) & \rho\tau_{1i}\left(\boldsymbol{X}_i\boldsymbol{A}_i^{\mathrm{T}}+\boldsymbol{Y}_i^{\mathrm{T}}\boldsymbol{B}_i^{\mathrm{T}}\right) & \cdots & \rho\tau_{Ni}\left(\boldsymbol{X}_i\boldsymbol{A}_i^{\mathrm{T}}+\boldsymbol{Y}_i^{\mathrm{T}}\boldsymbol{B}_i^{\mathrm{T}}\right) \\ \mathbf{0} & -4\bar{\boldsymbol{R}}_{1i} & \cdots & \mathbf{0} & \mathbf{0} & \cdots & \mathbf{0} & \mathbf{0} & \mathbf{0} & \cdots & \mathbf{0} \\ \vdots & \vdots & & \vdots & \vdots & & \vdots & \vdots & \vdots & & \vdots \\ \mathbf{0} & \mathbf{0} & \cdots & -4\bar{\boldsymbol{R}}_{Ni} & \mathbf{0} & \cdots & \mathbf{0} & \mathbf{0} & \mathbf{0} & \cdots & \mathbf{0} \\ \boldsymbol{X}_i\boldsymbol{A}_{i1}^{\mathrm{T}} & \mathbf{0} & \cdots & \mathbf{0} & -\bar{\boldsymbol{Q}}_{i1} & \cdots & \mathbf{0} & \mathbf{0} & \rho\tau_{1i}\boldsymbol{X}_i\boldsymbol{A}_{i1}^{\mathrm{T}} & \cdots & \rho\tau_{Ni}\boldsymbol{X}_i\boldsymbol{A}_{i1}^{\mathrm{T}} \\ \vdots & \vdots & & \vdots & \vdots & & \vdots & \vdots & \vdots & & \vdots \\ \boldsymbol{X}_i\boldsymbol{A}_{iN}^{\mathrm{T}} & \mathbf{0} & \cdots & \mathbf{0} & \mathbf{0} & \cdots & -\bar{\boldsymbol{Q}}_{iN} & \mathbf{0} & \rho\tau_{1i}\boldsymbol{X}_i\boldsymbol{A}_{iN}^{\mathrm{T}} & \cdots & \rho\tau_{Ni}\boldsymbol{X}_i\boldsymbol{A}_{iN}^{\mathrm{T}} \\ \boldsymbol{E}_i^{\mathrm{T}}-\left(\boldsymbol{C}_i\boldsymbol{X}_i+\boldsymbol{D}_i\boldsymbol{Y}_i\right) & \mathbf{0} & \cdots & \mathbf{0} & \mathbf{0} & \cdots & \mathbf{0} & -\boldsymbol{H}_i-\boldsymbol{H}_i^{\mathrm{T}} & \rho\tau_{1i}\boldsymbol{E}_i^{\mathrm{T}} & \cdots & \rho\tau_{Ni}\boldsymbol{E}_i^{\mathrm{T}} \\ \rho\tau_{1i}\left(\boldsymbol{A}_i\boldsymbol{X}_i+\boldsymbol{B}_i\boldsymbol{Y}_i\right) & \mathbf{0} & \cdots & \mathbf{0} & \rho\tau_{1i}\boldsymbol{A}_{i1}\boldsymbol{X}_i & \cdots & \rho\tau_{1i}\boldsymbol{A}_{iN}\boldsymbol{X}_i & \rho\tau_{1i}\boldsymbol{E}_i & -\rho\bar{\boldsymbol{R}}_{1i} & \cdots & \mathbf{0} \\ \vdots & \vdots & & \vdots & \vdots & & \vdots & \vdots & \vdots & & \vdots \\ \rho\tau_{Ni}\left(\boldsymbol{A}_i\boldsymbol{X}_i+\boldsymbol{B}_i\boldsymbol{Y}_i\right) & \mathbf{0} & \cdots & \mathbf{0} & \rho\tau_{Ni}\boldsymbol{A}_{i1}\boldsymbol{X}_i & \cdots & \rho\tau_{Ni}\boldsymbol{A}_{iN}\boldsymbol{X}_i & \rho\tau_{Ni}\boldsymbol{E}_i & \mathbf{0} & \cdots & -\rho\bar{\boldsymbol{R}}_{Ni} \end{bmatrix} < 0 \tag{4.27}$$

式中，$\boldsymbol{\Xi}_{i11}=\boldsymbol{A}_i\boldsymbol{X}_i+\boldsymbol{X}_i\boldsymbol{A}_i^{\mathrm{T}}+\boldsymbol{B}_i\boldsymbol{Y}_i+\boldsymbol{Y}_i^{\mathrm{T}}\boldsymbol{B}_i^{\mathrm{T}}+\sum_{j=1}^{N}\bar{\boldsymbol{Q}}_{ji}$，$i=1,2,\cdots,N$。则关联系统(4.26)在吸引域 Ω 内是无源化分散镇定，相应的无源化分散控制器为 $\boldsymbol{u}_i(t)=\boldsymbol{Y}_i\boldsymbol{X}_i^{-1}\boldsymbol{F}_i\left(\boldsymbol{x}_i(t)\right)$，$i=1,2,\cdots,N$。

证明　采用状态反馈 $\boldsymbol{u}_i(t)=\boldsymbol{K}_i\boldsymbol{F}_i\left(\boldsymbol{x}_i(t)\right)$，$i=1,2,\cdots,N$，代入系统(4.26)中，得如下闭环系统：

$$\begin{aligned} \dot{\boldsymbol{x}}_i(t)&=\left(\boldsymbol{A}_i+\boldsymbol{B}_i\boldsymbol{K}_i\right)\boldsymbol{F}_i\left(\boldsymbol{x}_i(t)\right)+\boldsymbol{E}_i\boldsymbol{\omega}_i(t)+\sum_{j=1}^{N}\boldsymbol{A}_{ij}\boldsymbol{F}_j\left(\boldsymbol{x}_j\left(t-\tau_{ij}\right)\right) \\ \boldsymbol{z}_i(t)&=\left(\boldsymbol{C}_i+\boldsymbol{D}_i\boldsymbol{K}_i\right)\boldsymbol{F}_i\left(\boldsymbol{x}_i(t)\right)+\boldsymbol{H}_i\boldsymbol{\omega}_i(t) \end{aligned} \tag{4.28}$$

相当于关联系统(4.22)中的 $\boldsymbol{A}_i$、$\boldsymbol{C}_i$ 分别用 $\boldsymbol{A}_i+\boldsymbol{B}_i\boldsymbol{K}_i$、$\boldsymbol{C}_i+\boldsymbol{D}_i\boldsymbol{K}_i$ 取代。根据定理 4.5，闭环系统(4.28)在吸引域 Ω 内是内部渐近稳定且严格无源的，即关联大系统(4.26)

在吸引域 Ω 内是无源化分散镇定的当且仅当

$$
\begin{bmatrix}
\boldsymbol{\Omega}_{i11} & \boldsymbol{R}_{1i} & \cdots & \boldsymbol{R}_{Ni} & \boldsymbol{\Lambda}_i\boldsymbol{A}_{i1} & \cdots & \boldsymbol{\Lambda}_i\boldsymbol{A}_{iN} & \boldsymbol{\Lambda}_i\boldsymbol{E}_i-(\boldsymbol{C}_i+\boldsymbol{D}_i\boldsymbol{K}_i)^{\mathrm{T}} & \tau_{1i}\rho(\boldsymbol{A}_i+\boldsymbol{B}_i\boldsymbol{K}_i)^{\mathrm{T}} & \cdots & \tau_{Ni}\rho(\boldsymbol{A}_i+\boldsymbol{B}_i\boldsymbol{K}_i)^{\mathrm{T}} \\
\boldsymbol{R}_{1i} & -\boldsymbol{R}_{1i} & \cdots & \boldsymbol{0} & \boldsymbol{0} & \cdots & \boldsymbol{0} & \boldsymbol{0} & \boldsymbol{0} & \cdots & \boldsymbol{0} \\
\vdots & \vdots & & \vdots & \vdots & & \vdots & \vdots & \vdots & & \vdots \\
\boldsymbol{R}_{Ni} & \boldsymbol{0} & \cdots & -\boldsymbol{R}_{Ni} & \boldsymbol{0} & \cdots & \boldsymbol{0} & \boldsymbol{0} & \boldsymbol{0} & \cdots & \boldsymbol{0} \\
\boldsymbol{A}_{i1}^{\mathrm{T}}\boldsymbol{\Lambda}_i & \boldsymbol{0} & \cdots & \boldsymbol{0} & -\boldsymbol{Q}_{i1} & \cdots & \boldsymbol{0} & \boldsymbol{0} & \tau_{1i}\rho\boldsymbol{A}_{i1}^{\mathrm{T}} & \cdots & \tau_{Ni}\rho\boldsymbol{A}_{i1}^{\mathrm{T}} \\
\vdots & \vdots & & \vdots & \vdots & & \vdots & \vdots & \vdots & & \vdots \\
\boldsymbol{A}_{iN}^{\mathrm{T}}\boldsymbol{\Lambda}_i & \boldsymbol{0} & \cdots & \boldsymbol{0} & \boldsymbol{0} & \cdots & -\boldsymbol{Q}_{iN} & \boldsymbol{0} & \tau_{1i}\rho\boldsymbol{A}_{iN}^{\mathrm{T}} & \cdots & \tau_{Ni}\rho\boldsymbol{A}_{iN}^{\mathrm{T}} \\
\boldsymbol{E}_i^{\mathrm{T}}\boldsymbol{\Lambda}_i-(\boldsymbol{C}_i+\boldsymbol{D}_i\boldsymbol{K}_i) & \boldsymbol{0} & \cdots & \boldsymbol{0} & \boldsymbol{0} & \cdots & \boldsymbol{0} & -\boldsymbol{H}_i-\boldsymbol{H}_i^{\mathrm{T}} & \tau_{1i}\rho\boldsymbol{E}_i^{\mathrm{T}} & \cdots & \tau_{Ni}\rho\boldsymbol{E}_i^{\mathrm{T}} \\
\tau_{1i}\rho(\boldsymbol{A}_i+\boldsymbol{B}_i\boldsymbol{K}_i) & \boldsymbol{0} & \cdots & \boldsymbol{0} & \tau_{1i}\rho\boldsymbol{A}_{i1} & \cdots & \tau_{1i}\rho\boldsymbol{A}_{iN} & \tau_{1i}\rho\boldsymbol{E}_i & -\rho\boldsymbol{R}_{1i}^{-1} & \cdots & \boldsymbol{0} \\
\vdots & \vdots & & \vdots & \vdots & & \vdots & \vdots & \vdots & & \vdots \\
\tau_{Ni}\rho(\boldsymbol{A}_i+\boldsymbol{B}_i\boldsymbol{K}_i) & \boldsymbol{0} & \cdots & \boldsymbol{0} & \tau_{Ni}\rho\boldsymbol{A}_{i1} & \cdots & \tau_{Ni}\rho\boldsymbol{A}_{iN} & \tau_{Ni}\rho\boldsymbol{E}_i & \boldsymbol{0} & \cdots & -\rho\boldsymbol{R}_{Ni}^{-1}
\end{bmatrix} < 0 \tag{4.29}
$$

式中，$\boldsymbol{\Omega}_{i11}=\boldsymbol{\Lambda}_i(\boldsymbol{A}_i+\boldsymbol{B}_i\boldsymbol{K}_i)+(\boldsymbol{A}_i+\boldsymbol{B}_i\boldsymbol{K}_i)^{\mathrm{T}}\boldsymbol{\Lambda}_i+\sum_{j=1}^{N}\boldsymbol{Q}_{ji}-\sum_{j=1}^{N}\boldsymbol{R}_{ji}$。

令

$$
\boldsymbol{W}_i=\begin{bmatrix}
\boldsymbol{\Lambda}_i & \boldsymbol{0} & \cdots & \boldsymbol{0} \\
-\frac{1}{2}\boldsymbol{R}_{1i} & \frac{1}{2}\boldsymbol{R}_{1i} & \cdots & \boldsymbol{0} \\
\vdots & \vdots & & \vdots \\
-\frac{1}{2}\boldsymbol{R}_{Ni} & \boldsymbol{0} & \cdots & \frac{1}{2}\boldsymbol{R}_{Ni}
\end{bmatrix},\quad
\overline{\boldsymbol{A}}_i=\begin{bmatrix}
\boldsymbol{A}_i+\boldsymbol{B}_i\boldsymbol{K}_i & \boldsymbol{0} & \cdots & \boldsymbol{0} \\
\boldsymbol{I}_i & -\boldsymbol{I}_i & \cdots & \boldsymbol{0} \\
\vdots & \vdots & & \vdots \\
\boldsymbol{I}_i & \boldsymbol{0} & \cdots & -\boldsymbol{I}_i
\end{bmatrix}
$$

对式(4.29)进行重新分块为

$$
\begin{bmatrix}
W_i^{\mathrm{T}}\bar{A}_i+\bar{A}_i^{\mathrm{T}}W_i+Q_i & W_i^{\mathrm{T}}\begin{bmatrix} A_{i1} & \cdots & A_{iN} \\ 0 & \cdots & 0 \\ \vdots & & \vdots \\ 0 & \cdots & 0 \end{bmatrix} & W_i^{\mathrm{T}}\begin{bmatrix} E_i-\Lambda_i^{-1}\left(C_i+D_iK_i\right)^{\mathrm{T}} \\ 0 \\ \vdots \\ 0 \end{bmatrix} & \rho\begin{bmatrix} \tau_{1i}\left(A_i+B_iK_i\right)^{\mathrm{T}} & \cdots & \tau_{Ni}\left(A_i+B_iK_i\right)^{\mathrm{T}} \\ 0 & \cdots & 0 \\ \vdots & & \vdots \\ 0 & \cdots & 0 \end{bmatrix} \\
\begin{bmatrix} A_{i1}^{\mathrm{T}} & 0 & \cdots & 0 \\ \vdots & \vdots & & \vdots \\ A_{iN}^{\mathrm{T}} & 0 & \cdots & 0 \end{bmatrix}W_i & \begin{bmatrix} -Q_{i1} & \cdots & 0 \\ \vdots & & \vdots \\ 0 & \cdots & -Q_{iN} \end{bmatrix} & \begin{bmatrix} 0 \\ \vdots \\ 0 \end{bmatrix} & \rho\begin{bmatrix} \tau_{1i}A_{i1}^{\mathrm{T}} & \cdots & \tau_{Ni}A_{i1}^{\mathrm{T}} \\ \vdots & & \vdots \\ \tau_{1i}A_{iN}^{\mathrm{T}} & \cdots & \tau_{Ni}A_{iN}^{\mathrm{T}} \end{bmatrix} \\
\begin{bmatrix} E_i^{\mathrm{T}}-\left(C_i+D_iK_i\right)\Lambda_i^{-1} & 0 & \cdots & 0 \end{bmatrix}W_i & \begin{bmatrix} 0 & \cdots & 0 \end{bmatrix} & -H_i-H_i^{\mathrm{T}} & \rho\begin{bmatrix} \tau_{1i}E_i^{\mathrm{T}} & \cdots & \tau_{Ni}E_i^{\mathrm{T}} \end{bmatrix} \\
\rho\begin{bmatrix} \tau_{1i}\left(A_i+B_iK_i\right) & 0 & \cdots & 0 \\ \vdots & \vdots & & \vdots \\ \tau_{Ni}\left(A_i+B_iK_i\right) & 0 & \cdots & 0 \end{bmatrix} & \rho\begin{bmatrix} \tau_{1i}A_{i1} & \cdots & \tau_{1i}A_{iN} \\ \vdots & & \vdots \\ \tau_{Ni}A_{i1} & \cdots & \tau_{Ni}A_{iN} \end{bmatrix} & \rho\begin{bmatrix} \tau_{1i}E_i \\ \vdots \\ \tau_{Ni}E_i \end{bmatrix} & \rho\begin{bmatrix} -R_{1i}^{-1} & \cdots & 0 \\ \vdots & & \vdots \\ 0 & \cdots & -R_{Ni}^{-1} \end{bmatrix}
\end{bmatrix}<0 \tag{4.30}
$$

式中，$Q_i=\mathrm{diag}\left\{\sum_{j=1}^{N}Q_{ji},0,\cdots,0\right\}$。显然矩阵$W_i$可逆，且其逆阵为

$$
W_i^{-1}=\begin{bmatrix} \Lambda_i^{-1} & 0 & \cdots & 0 \\ \Lambda_i^{-1} & 2R_{1i}^{-1} & \cdots & 0 \\ \vdots & \vdots & & \vdots \\ \Lambda_i^{-1} & 0 & \cdots & 2R_{Ni}^{-1} \end{bmatrix}
$$

式(4.30)两边分别右乘分块阵$\mathrm{diag}\left\{W_i^{-1},\mathrm{diag}\left\{\Lambda_i^{-1},\cdots,\Lambda_i^{-1}\right\},I_i,I_i\right\}$，左乘分块阵$\mathrm{diag}\left\{\left(W_i^{\mathrm{T}}\right)^{-1},\mathrm{diag}\left\{\Lambda_i^{-1},\cdots,\Lambda_i^{-1}\right\},I_i,I_i\right\}$得

$$
\left[\begin{matrix}
\bar{\boldsymbol{A}}_i\boldsymbol{W}_i^{-1}+\left(\boldsymbol{W}_i^{\mathrm{T}}\right)^{-1}\bar{\boldsymbol{A}}_i^{\mathrm{T}}+\left(\boldsymbol{W}_i^{\mathrm{T}}\right)^{-1}\boldsymbol{Q}_i\boldsymbol{W}_i^{-1} & \begin{bmatrix}\boldsymbol{A}_{i1} & \cdots & \boldsymbol{A}_{iN}\\ \boldsymbol{0} & \cdots & \boldsymbol{0}\\ \vdots & & \vdots\\ \boldsymbol{0} & \cdots & \boldsymbol{0}\end{bmatrix}\operatorname{diag}\left\{\boldsymbol{\Lambda}_i^{-1},\cdots,\boldsymbol{\Lambda}_i^{-1}\right\}\\
\operatorname{diag}\left\{\boldsymbol{\Lambda}_i^{-1},\cdots,\boldsymbol{\Lambda}_i^{-1}\right\}\begin{bmatrix}\boldsymbol{A}_{i1}^{\mathrm{T}} & \boldsymbol{0} & \cdots & \boldsymbol{0}\\ \vdots & \vdots & & \vdots\\ \boldsymbol{A}_{iN}^{\mathrm{T}} & \boldsymbol{0} & \cdots & \boldsymbol{0}\end{bmatrix} & \begin{bmatrix}-\boldsymbol{\Lambda}_i^{-1}\boldsymbol{Q}_{i1}\boldsymbol{\Lambda}_i^{-1} & \cdots & \boldsymbol{0}\\ \vdots & & \vdots\\ \boldsymbol{0} & \cdots & -\boldsymbol{\Lambda}_i^{-1}\boldsymbol{Q}_{iN}\boldsymbol{\Lambda}_i^{-1}\end{bmatrix}\\
\begin{bmatrix}\boldsymbol{E}_i^{\mathrm{T}}-\left(\boldsymbol{C}_i+\boldsymbol{D}_i\boldsymbol{K}_i\right)\boldsymbol{\Lambda}_i^{-1} & \boldsymbol{0} & \cdots & \boldsymbol{0}\end{bmatrix} & \begin{bmatrix}\boldsymbol{0} & \cdots & \boldsymbol{0}\end{bmatrix}\\
\rho\begin{bmatrix}\tau_{1i}\left(\boldsymbol{A}_i+\boldsymbol{B}_i\boldsymbol{K}_i\right) & \boldsymbol{0} & \cdots & \boldsymbol{0}\\ \vdots & \vdots & & \vdots\\ \tau_{Ni}\left(\boldsymbol{A}_i+\boldsymbol{B}_i\boldsymbol{K}_i\right) & \boldsymbol{0} & \cdots & \boldsymbol{0}\end{bmatrix}\boldsymbol{W}_i^{-1} & \rho\begin{bmatrix}\tau_{1i}\boldsymbol{A}_{i1} & \cdots & \tau_{1i}\boldsymbol{A}_{iN}\\ \vdots & & \vdots\\ \tau_{Ni}\boldsymbol{A}_{i1} & \cdots & \tau_{Ni}\boldsymbol{A}_{iN}\end{bmatrix}\operatorname{diag}\left\{\boldsymbol{\Lambda}_i^{-1},\cdots,\boldsymbol{\Lambda}_i^{-1}\right\}
\end{matrix}\right.
$$

$$
\left.\begin{matrix}
\begin{bmatrix}\boldsymbol{E}_i-\boldsymbol{\Lambda}_i^{-1}\left(\boldsymbol{C}_i+\boldsymbol{D}_i\boldsymbol{K}_i\right)^{\mathrm{T}}\\ \boldsymbol{0}\\ \vdots\\ \boldsymbol{0}\end{bmatrix} & \rho\left(\boldsymbol{W}_i^{\mathrm{T}}\right)^{-1}\begin{bmatrix}\tau_{1i}\left(\boldsymbol{A}_i+\boldsymbol{B}_i\boldsymbol{K}_i\right)^{\mathrm{T}} & \cdots & \tau_{Ni}\left(\boldsymbol{A}_i+\boldsymbol{B}_i\boldsymbol{K}_i\right)^{\mathrm{T}}\\ \boldsymbol{0} & \cdots & \boldsymbol{0}\\ \vdots & & \vdots\\ \boldsymbol{0} & \cdots & \boldsymbol{0}\end{bmatrix}\\
\begin{bmatrix}\boldsymbol{0}\\ \vdots\\ \boldsymbol{0}\end{bmatrix} & \rho\operatorname{diag}\left\{\boldsymbol{\Lambda}_i^{-1},\cdots,\boldsymbol{\Lambda}_i^{-1}\right\}\begin{bmatrix}\tau_{1i}\boldsymbol{A}_{i1}^{\mathrm{T}} & \cdots & \tau_{Ni}\boldsymbol{A}_{i1}^{\mathrm{T}}\\ \vdots & & \vdots\\ \tau_{1i}\boldsymbol{A}_{iN}^{\mathrm{T}} & \cdots & \tau_{Ni}\boldsymbol{A}_{iN}^{\mathrm{T}}\end{bmatrix}\\
-\boldsymbol{H}_i-\boldsymbol{H}_i^{\mathrm{T}} & \rho\begin{bmatrix}\tau_{1i}\boldsymbol{E}_i^{\mathrm{T}} & \cdots & \tau_{Ni}\boldsymbol{E}_i^{\mathrm{T}}\end{bmatrix}\\
\rho\begin{bmatrix}\tau_{1i}\boldsymbol{E}_i\\ \vdots\\ \tau_{Ni}\boldsymbol{E}_i\end{bmatrix} & \rho\begin{bmatrix}-\boldsymbol{R}_{1i}^{-1} & \cdots & \boldsymbol{0}\\ \vdots & & \vdots\\ \boldsymbol{0} & \cdots & -\boldsymbol{R}_{Ni}^{-1}\end{bmatrix}
\end{matrix}\right]<0
\tag{4.31}
$$

令 $\boldsymbol{X}_i=\boldsymbol{\Lambda}_i^{-1}$， $\boldsymbol{Y}_i=\boldsymbol{K}_i\boldsymbol{\Lambda}_i^{-1}$， $\bar{\boldsymbol{Q}}_{ij}=\boldsymbol{\Lambda}_i^{-1}\boldsymbol{Q}_{ij}\boldsymbol{\Lambda}_i^{-1}$， $\bar{\boldsymbol{Q}}_{ji}=\boldsymbol{\Lambda}_i^{-1}\boldsymbol{Q}_{ji}\boldsymbol{\Lambda}_i^{-1}$， $j=1,2,\cdots,N$， $\bar{\boldsymbol{R}}_{ji}=\boldsymbol{R}_{ji}^{-1}$，$j=1,2,\cdots,N$，代入式(4.31)即 LMI(4.27)。根据定理 4.5 则关联系统(4.26)在吸引域 Ω 内是无源化分散镇定的。相应的无源化分散镇定控制器为 $\boldsymbol{u}_i(t)=\boldsymbol{Y}_i\boldsymbol{X}_i^{-1}\boldsymbol{F}_i\left(\boldsymbol{x}_i(t)\right)$， $i=1,2,\cdots,N$ 。定理证毕。

4.3.4　不确定关联系统的时滞相关无源化分散鲁棒控制器的设计

本节考虑不确定的关联系统(4.18)的时滞相关无源化分散鲁棒控制器问题。

为此将定理 4.6 推广到不确定的关联系统(4.18)，得如下定理。

定理 4.7　对于给定的常数 $\tau_{ji} > 0$ ， $j = 1,2,\cdots,N$ ，若存在对角正定矩阵 $\boldsymbol{X}_i > 0$ 、 $\bar{\boldsymbol{R}}_{ji} > 0$ ($j = 1,2,\cdots,N$)，对称正定矩阵 $\bar{\boldsymbol{Q}}_{ji} > 0$ 、 $\bar{\boldsymbol{Q}}_{ij} > 0$ ($j = 1,2,\cdots,N$)和任意矩阵 $\boldsymbol{Y}_i$ 任意常数 $\mu_i > 0$ ，使得如下的 LMIs 成立：

$$
\left[\begin{array}{ccccccccccccc}
\boldsymbol{\Xi}_{i11} & \mathbf{0} & \cdots & \mathbf{0} & \boldsymbol{A}_{i1}\boldsymbol{X}_i & \cdots & \boldsymbol{A}_{iN}\boldsymbol{X}_i & \boldsymbol{E}_i - \left(\boldsymbol{X}_i\boldsymbol{C}_i^{\mathrm{T}} + \boldsymbol{Y}_i^{\mathrm{T}}\boldsymbol{D}_i^{\mathrm{T}}\right) & \rho\tau_{1i}\left(\boldsymbol{X}_i\boldsymbol{A}_i^{\mathrm{T}} + \boldsymbol{Y}_i^{\mathrm{T}}\boldsymbol{B}_i^{\mathrm{T}}\right) & \cdots & \rho\tau_{Ni}\left(\boldsymbol{X}_i\boldsymbol{A}_i^{\mathrm{T}} + \boldsymbol{Y}_i^{\mathrm{T}}\boldsymbol{B}_i^{\mathrm{T}}\right) & \mu_i\boldsymbol{S}_i & \boldsymbol{X}_i\boldsymbol{M}_i^{\mathrm{T}} + \boldsymbol{Y}_i^{\mathrm{T}}\boldsymbol{N}_i^{\mathrm{T}} \\
\mathbf{0} & -4\bar{\boldsymbol{R}}_{1i} & \cdots & \mathbf{0} & \mathbf{0} & \cdots & \mathbf{0} & \mathbf{0} & \mathbf{0} & \cdots & \mathbf{0} & \mathbf{0} & \mathbf{0} \\
\vdots & \vdots & & \vdots & \vdots & & \vdots & \vdots & \vdots & & \vdots & \vdots & \vdots \\
\mathbf{0} & \mathbf{0} & \cdots & -4\bar{\boldsymbol{R}}_{Ni} & \mathbf{0} & \cdots & \mathbf{0} & \mathbf{0} & \mathbf{0} & \cdots & \mathbf{0} & \mathbf{0} & \mathbf{0} \\
\boldsymbol{X}_i\boldsymbol{A}_{i1}^{\mathrm{T}} & \mathbf{0} & \cdots & \mathbf{0} & -\bar{\boldsymbol{Q}}_{i1} & \cdots & \mathbf{0} & \mathbf{0} & \rho\tau_{1i}\boldsymbol{X}_i\boldsymbol{A}_{i1}^{\mathrm{T}} & \cdots & \rho\tau_{Ni}\boldsymbol{X}_i\boldsymbol{A}_{i1}^{\mathrm{T}} & \mathbf{0} & \mathbf{0} \\
\vdots & \vdots & & \vdots & \vdots & & \vdots & \vdots & \vdots & & \vdots & \vdots & \vdots \\
\boldsymbol{X}_i\boldsymbol{A}_{iN}^{\mathrm{T}} & \mathbf{0} & \cdots & \mathbf{0} & \mathbf{0} & \cdots & -\bar{\boldsymbol{Q}}_{iN} & \mathbf{0} & \rho\tau_{1i}\boldsymbol{X}_i\boldsymbol{A}_{iN}^{\mathrm{T}} & \cdots & \rho\tau_{Ni}\boldsymbol{X}_i\boldsymbol{A}_{iN}^{\mathrm{T}} & \mathbf{0} & \mathbf{0} \\
\boldsymbol{E}_i^{\mathrm{T}} - \left(\boldsymbol{C}_i\boldsymbol{X}_i + \boldsymbol{D}_i\boldsymbol{Y}_i\right) & \mathbf{0} & \cdots & \mathbf{0} & \mathbf{0} & \cdots & \mathbf{0} & -\boldsymbol{H}_i - \boldsymbol{H}_i^{\mathrm{T}} & \rho\tau_{1i}\boldsymbol{E}_i^{\mathrm{T}} & \cdots & \rho\tau_{Ni}\boldsymbol{E}_i^{\mathrm{T}} & -\boldsymbol{L}_i & \mathbf{0} \\
\rho\tau_{1i}\left(\boldsymbol{A}_i\boldsymbol{X}_i + \boldsymbol{B}_i\boldsymbol{Y}_i\right) & \mathbf{0} & \cdots & \mathbf{0} & \rho\tau_{1i}\boldsymbol{A}_{i1}\boldsymbol{X}_i & \cdots & \rho\tau_{1i}\boldsymbol{A}_{iN}\boldsymbol{X}_i & \rho\tau_{1i}\boldsymbol{E}_i & -\rho\bar{\boldsymbol{R}}_{1i} & \cdots & \mathbf{0} & \rho\mu_i\tau_{1i}\boldsymbol{S}_i & \mathbf{0} \\
\vdots & \vdots & & \vdots & \vdots & & \vdots & \vdots & \vdots & & \vdots & \vdots & \vdots \\
\rho\tau_{Ni}\left(\boldsymbol{A}_i\boldsymbol{X}_i + \boldsymbol{B}_i\boldsymbol{Y}_i\right) & \mathbf{0} & \cdots & \mathbf{0} & \rho\tau_{Ni}\boldsymbol{A}_{i1}\boldsymbol{X}_i & \cdots & \rho\tau_{Ni}\boldsymbol{A}_{iN}\boldsymbol{X}_i & \rho\tau_{Ni}\boldsymbol{E}_i & \mathbf{0} & \cdots & -\rho\bar{\boldsymbol{R}}_{Ni} & \rho\mu_i\tau_{Ni}\boldsymbol{S}_i & \mathbf{0} \\
\mu_i\boldsymbol{S}_i^{\mathrm{T}} & \mathbf{0} & \cdots & \mathbf{0} & \mathbf{0} & \cdots & \mathbf{0} & -\boldsymbol{L}_i^{\mathrm{T}} & \rho\mu_i\tau_{1i}\boldsymbol{S}_i^{\mathrm{T}} & \cdots & \rho\mu_i\tau_{Ni}\boldsymbol{S}_i^{\mathrm{T}} & -\mu_i\boldsymbol{I}_i & \mathbf{0} \\
\boldsymbol{M}_i\boldsymbol{X}_i + \boldsymbol{N}_i\boldsymbol{Y}_i & \mathbf{0} & \cdots & \mathbf{0} & \mathbf{0} & \cdots & \mathbf{0} & \mathbf{0} & \mathbf{0} & \cdots & \mathbf{0} & \mathbf{0} & -\mu_i\boldsymbol{I}_i
\end{array}\right] < 0 \tag{4.32}
$$

式中， $\boldsymbol{\Xi}_{i11} = \boldsymbol{A}_i\boldsymbol{X}_i + \boldsymbol{X}_i\boldsymbol{A}_i^{\mathrm{T}} + \boldsymbol{B}_i\boldsymbol{Y}_i + \boldsymbol{Y}_i^{\mathrm{T}}\boldsymbol{B}_i^{\mathrm{T}} + \sum_{j=1}^{N}\bar{\boldsymbol{Q}}_{ji}$ ， $i = 1,2,\cdots,N$ ，则关联系统(4.18)在吸引域 Ω 内是无源化分散鲁棒镇定的。相应的无源化分散控制器为 $\boldsymbol{u}_i(t) =$

$\boldsymbol{Y}_i\boldsymbol{X}_i^{-1}\boldsymbol{F}_i\left(\boldsymbol{x}_i(t)\right)$， $i=1,2,\cdots,N$ 。

证明　为了证明定理 4.7，只要在 LMI(4.27)中的左端矩阵(记为 $\boldsymbol{\varXi}_i$)中的 $\boldsymbol{A}_i$ 、 $\boldsymbol{B}_i$ 、 $\boldsymbol{C}_i$ 和 $\boldsymbol{D}_i$ 分别用 $\boldsymbol{A}_i+\boldsymbol{S}_i\boldsymbol{F}_i(t)\boldsymbol{M}_i$ 、 $\boldsymbol{B}_i+\boldsymbol{S}_i\boldsymbol{F}_i(t)\boldsymbol{N}_i$ 、 $\boldsymbol{C}_i+\boldsymbol{L}_i\boldsymbol{F}_i(t)\boldsymbol{M}_i$ 和 $\boldsymbol{D}_i+\boldsymbol{L}_i\boldsymbol{F}_i(t)\boldsymbol{N}_i$ 来代替即可。于是 $\boldsymbol{A}_i$ 、 $\boldsymbol{B}_i$ 、 $\boldsymbol{C}_i$ 和 $\boldsymbol{D}_i$ 分别用 $\boldsymbol{A}_i+\boldsymbol{S}_i\boldsymbol{F}_i(t)\boldsymbol{M}_i$ 、 $\boldsymbol{B}_i+\boldsymbol{S}_i\boldsymbol{F}_i(t)\boldsymbol{N}_i$ 、 $\boldsymbol{C}_i+\boldsymbol{L}_i\boldsymbol{F}_i(t)\boldsymbol{M}_i$ 和 $\boldsymbol{D}_i+\boldsymbol{L}_i\boldsymbol{F}_i(t)\boldsymbol{N}_i$ 来代替的 LMI(4.27)等价于下列矩阵不等式：

$$
\begin{aligned}
&\boldsymbol{\varXi}_i+\begin{bmatrix}\boldsymbol{S}_i\\ \boldsymbol{0}\\ \vdots\\ \boldsymbol{0}\\ \boldsymbol{0}\\ \vdots\\ \boldsymbol{0}\\ -\boldsymbol{L}_i\\ \rho\tau_{1i}\boldsymbol{S}_i\\ \vdots\\ \rho\tau_{Ni}\boldsymbol{S}_i\end{bmatrix}\boldsymbol{F}_i(t)\begin{bmatrix}\boldsymbol{M}_i\boldsymbol{X}_i+\boldsymbol{N}_i\boldsymbol{Y}_i & \boldsymbol{0} & \cdots & \boldsymbol{0} & \boldsymbol{0} & \cdots & \boldsymbol{0} & \boldsymbol{0} & \boldsymbol{0} & \cdots & \boldsymbol{0}\end{bmatrix}\\
&+\begin{bmatrix}\boldsymbol{X}_i\boldsymbol{M}_i^{\mathrm{T}}+\boldsymbol{Y}_i^{\mathrm{T}}\boldsymbol{N}_i^{\mathrm{T}}\\ \boldsymbol{0}\\ \vdots\\ \boldsymbol{0}\\ \boldsymbol{0}\\ \vdots\\ \boldsymbol{0}\\ \boldsymbol{0}\\ \boldsymbol{0}\\ \vdots\\ \boldsymbol{0}\end{bmatrix}\boldsymbol{F}_i^{\mathrm{T}}(t)\begin{bmatrix}\boldsymbol{S}_i^{\mathrm{T}} & \boldsymbol{0} & \cdots & \boldsymbol{0} & \boldsymbol{0} & \cdots & \boldsymbol{0} & -\boldsymbol{L}_i^{\mathrm{T}} & \rho\tau_{1i}\boldsymbol{S}_i^{\mathrm{T}} & \cdots & \rho\tau_{Ni}\boldsymbol{S}_i^{\mathrm{T}}\end{bmatrix}<0
\end{aligned}
\tag{4.33}
$$

根据引理 3.3，矩阵不等式(4.33)成立等价于下列矩阵不等式：

$$
\Xi_i + \mu_i \begin{bmatrix} \boldsymbol{S}_i \\ \boldsymbol{0} \\ \vdots \\ \boldsymbol{0} \\ \boldsymbol{0} \\ \vdots \\ \boldsymbol{0} \\ -\boldsymbol{L}_i \\ \rho\tau_{1i}\boldsymbol{S}_i \\ \vdots \\ \rho\tau_{Ni}\boldsymbol{S}_i \end{bmatrix} \begin{bmatrix} \boldsymbol{S}_i^{\mathrm{T}} & \boldsymbol{0} & \cdots & \boldsymbol{0} & \boldsymbol{0} & \cdots & \boldsymbol{0} & -\boldsymbol{L}_i^{\mathrm{T}} & \rho\tau_{1i}\boldsymbol{S}_i^{\mathrm{T}} & \cdots & \rho\tau_{Ni}\boldsymbol{S}_i^{\mathrm{T}} \end{bmatrix}
$$

$$
+\mu_i^{-1} \begin{bmatrix} \boldsymbol{X}_i\boldsymbol{M}_i^{\mathrm{T}} + \boldsymbol{Y}_i^{\mathrm{T}}\boldsymbol{N}_i^{\mathrm{T}} \\ \boldsymbol{0} \\ \vdots \\ \boldsymbol{0} \\ \boldsymbol{0} \\ \vdots \\ \boldsymbol{0} \\ \boldsymbol{0} \\ \boldsymbol{0} \\ \vdots \\ \boldsymbol{0} \end{bmatrix} \begin{bmatrix} \boldsymbol{M}_i\boldsymbol{X}_i + \boldsymbol{N}_i\boldsymbol{Y}_i & \boldsymbol{0} & \cdots & \boldsymbol{0} & \boldsymbol{0} & \cdots & \boldsymbol{0} & \boldsymbol{0} & \boldsymbol{0} & \cdots & \boldsymbol{0} \end{bmatrix} < 0 \tag{4.34}
$$

由 Schur 补引理，矩阵不等式(4.34)等价于 LMI(4.32)。定理证毕。

4.3.5 数值示例

例 4.3　考虑由两个子系统组成的标称关联非线性系统(4.26)，其中

$$
\boldsymbol{A}_1 = \begin{bmatrix} -1 & -1 \\ 0 & -1 \end{bmatrix},\ \boldsymbol{B}_1 = \begin{bmatrix} -3 \\ 1 \end{bmatrix},\ \boldsymbol{E}_1 = \begin{bmatrix} 0.3 & 0 \\ 0 & 0.3 \end{bmatrix},\ \boldsymbol{C}_1 = \begin{bmatrix} 0.03 & 0 \\ 0 & 0.03 \end{bmatrix},\ \boldsymbol{D}_1 = \begin{bmatrix} -3 \\ -1 \end{bmatrix}
$$

$$
\boldsymbol{A}_{11} = \begin{bmatrix} -0.03 & 0 \\ 0 & 0.01 \end{bmatrix},\ \boldsymbol{A}_{12} = \begin{bmatrix} 0 & 1 \\ 0 & 1 \end{bmatrix},\ \boldsymbol{H}_1 = \begin{bmatrix} 0.2 & 0 \\ 0 & 0.2 \end{bmatrix}
$$

$$
\boldsymbol{A}_2 = \begin{bmatrix} -2 & -1 \\ -1 & 1 \end{bmatrix},\ \boldsymbol{B}_2 = \begin{bmatrix} 0 \\ -1 \end{bmatrix},\ \boldsymbol{E}_2 = \begin{bmatrix} 0.2 & 0 \\ 0 & 0.2 \end{bmatrix},\ \boldsymbol{C}_2 = \begin{bmatrix} 0.02 & 0 \\ 0 & 0.02 \end{bmatrix},\ \boldsymbol{D}_2 = \begin{bmatrix} -1 \\ -1 \end{bmatrix}
$$

$$A_{21}=\begin{bmatrix}0 & -0.1\\ 0.3 & 0\end{bmatrix},\quad A_{22}=\begin{bmatrix}-1 & 0\\ 0 & 0\end{bmatrix},\quad H_2=\begin{bmatrix}0.1 & 0\\ 0 & 0.1\end{bmatrix}$$

非线性函数取为 $F_i\left(x_i(t)\right)=\begin{bmatrix}x_{i1}^3(t)\\ x_{i3}^3(t)\end{bmatrix}, i=1,2$。吸引域取 $\Omega=\left\{\left(x_1^{\mathrm{T}},x_2^{\mathrm{T}}\right): \sum_{i=1}^{2}\sum_{l=1}^{2}\left(\frac{\mathrm{d}f_{il}\left(x_{il}\right)}{\mathrm{d}x_{il}}\right)^2\leqslant 1\right\}$，利用 MATLAB 的 LMI 工具箱，求解定理 4.6 中 LMI 问题，得最大时滞界为 $\tau\leqslant 2.87$，且 LMI(4.27)中的解为

$$X_1=\begin{bmatrix}0.246 & 0\\ 0 & 0.09\end{bmatrix},\quad Y_1=\begin{bmatrix}-0.036 & -0.061\end{bmatrix}$$

$$X_2=\begin{bmatrix}0.124 & 0\\ 0 & -0.0014\end{bmatrix},\quad Y_2=\begin{bmatrix}-0.158 & 0.282\end{bmatrix}$$

该系统的一个分散镇定控制器为 $u_1(t)=[-0.141\quad -0.679]F_1\left(x_1(t)\right)$，$u_2(t)=[-1.28\quad -205.9]F_2\left(x_2(t)\right)$，具有这种增益矩阵的控制器在吸引域 Ω 内将可以严格输入无源化镇定大系统(4.26)。

例 4.4　考虑由两个子系统组成的不确定关联非线性系统(4.18)，其中

$$A_1=\begin{bmatrix}-1 & 0\\ 0 & -1\end{bmatrix},\quad B_1=\begin{bmatrix}-3\\ 1\end{bmatrix},\quad E_1=\begin{bmatrix}0.3 & 0\\ 0 & 0.3\end{bmatrix},\quad C_1=\begin{bmatrix}0.3 & 0\\ 0 & 0.3\end{bmatrix},\quad D_1=\begin{bmatrix}-3\\ -1\end{bmatrix}$$

$$A_{11}=\begin{bmatrix}-0.3 & 0\\ 0 & 0.1\end{bmatrix},\quad A_{12}=\begin{bmatrix}0 & 1\\ 0 & 1\end{bmatrix},\quad H_1=\begin{bmatrix}0.2 & 0\\ 0 & 0.2\end{bmatrix}$$

$$A_2=\begin{bmatrix}-2 & -1\\ 0 & -1\end{bmatrix},\quad B_2=\begin{bmatrix}0\\ -1\end{bmatrix},\quad E_2=\begin{bmatrix}0.2 & 0\\ 0 & 0.2\end{bmatrix},\quad C_2=\begin{bmatrix}0.2 & 0\\ 0 & 0.2\end{bmatrix},\quad D_2=\begin{bmatrix}-1\\ -1\end{bmatrix}$$

$$A_{21}=\begin{bmatrix}0 & -0.1\\ 0.3 & 0\end{bmatrix},\quad A_{22}=\begin{bmatrix}-1 & 0\\ 0 & 0\end{bmatrix},\quad H_2=\begin{bmatrix}0.9 & 0\\ 0 & 0.9\end{bmatrix}$$

不确定矩阵界 $S_1=L_1=M_1=\mathrm{diag}\{0.2,0.2\}$，$S_2=L_2=M_2=\mathrm{diag}\{0.01,0.01\}$，$N_1=\begin{bmatrix}0.1\\ 0.1\end{bmatrix}$，$N_2=\begin{bmatrix}0.01\\ 0.01\end{bmatrix}$。

利用 MATLAB 的 LMI 工具箱，求解定理 4.7 中 LMI 问题，得最大时滞界为 $\tau\leqslant 2.24$，且 LMI(4.32)中的解为

$$X_1=\begin{bmatrix}0.4668 & 0\\ 0 & 0.2575\end{bmatrix},\quad Y_1=\begin{bmatrix}-0.046 & -0.0217\end{bmatrix}$$

$$X_2=\begin{bmatrix}0.0044 & 0\\ 0 & 0.0062\end{bmatrix},\quad Y_2=\begin{bmatrix}-0.0039 & 0.0136\end{bmatrix}$$

该系统的一个分散镇定控制器为 $\boldsymbol{u}_1(t)=\begin{bmatrix}-0.0989 & -0.084\end{bmatrix}\boldsymbol{x}_1(t)$ ， $\boldsymbol{u}_2(t)=\begin{bmatrix}-0.871 & 2.201\end{bmatrix}\boldsymbol{x}_2(t)$ ，具有这种增益矩阵的控制器在吸引域 Ω 内将可以严格输入无源化鲁棒镇定大系统(4.18)。

4.4 不确定性时滞大系统的分散输出跟踪控制

4.4.1 满足匹配条件的不确定性关联时滞大系统分散鲁棒输出跟踪控制

考虑一类由N个子系统构成的时不变不确定性关联时滞大系统，其子系统方程为

$$\dot{x}_i(t)=\left[\boldsymbol{A}_{ii}+\boldsymbol{B}_i\Delta\boldsymbol{A}_{ii}\left(r_i(t)\right)\right]\boldsymbol{x}_i(t)+\left[\boldsymbol{B}_i+\boldsymbol{B}_i\Delta\boldsymbol{B}_i\left(s_i(t)\right)\right]\boldsymbol{u}_i(t)+\sum_{j=1}^{N}\boldsymbol{E}_{ij}\boldsymbol{x}_j\left(t-\tau_{ij}\right)+\boldsymbol{\eta}_i \tag{4.35a}$$

$$\boldsymbol{y}_i(t)=\boldsymbol{C}_i\boldsymbol{x}_i(t)\,,\qquad i=1,2,\cdots,N \tag{4.35b}$$

式中， $\boldsymbol{E}_{ij}$ 为第 j 个子系统对第 i 个子系统的关联作用矩阵； $\tau_{ij}\geqslant 0$ 为关联项中的滞后时间； $\boldsymbol{\eta}_i$ 为第 i 个子系统上的未知常值干扰；其他变量的含义及不确定性项与 3.2.1 节中的相同。为表述方便，引用式(3.5)中的符号 $\boldsymbol{T}_i$ 、 $\boldsymbol{U}_i$ 、 $\boldsymbol{V}_i$ 和 $\boldsymbol{Q}_i$ 。

对于时滞大系统(4.35)，假设其满足 $\operatorname{rank}\begin{bmatrix}\boldsymbol{A}_{ii} & \boldsymbol{B}_i\\ \boldsymbol{C}_i & \boldsymbol{0}\end{bmatrix}=n_i+l_i$ (秩条件假设)。本节讨论的是对满足以上假设的时滞大系统(4.35)的每一个子系统设计一个线性定常控制器，使所得的闭环系统能渐近跟踪任意给定的参考输入。接下来将导出具有不确定性关联时滞大系统(4.35)可分散鲁棒输出跟踪给定参考输入的LMI条件，并给出具有较小反馈增益的 LMI 设计方法。

构造如下增广系统：

$$\dot{x}_i(t)=\left[\boldsymbol{A}_{ii}+\boldsymbol{B}_i\Delta\boldsymbol{A}_{ii}\left(r_i(t)\right)\right]\boldsymbol{x}_i(t)+\left[\boldsymbol{B}_i+\boldsymbol{B}_i\Delta\boldsymbol{B}_i\left(s_i(t)\right)\right]\boldsymbol{u}_i(t)+\sum_{j=1}^{N}\boldsymbol{E}_{ij}\boldsymbol{x}_j\left(t-\tau_{ij}\right)+\boldsymbol{\eta}_i \tag{4.36a}$$

$$\dot{\boldsymbol{q}}_i(t)=\boldsymbol{C}_i\boldsymbol{x}_i(t)-\boldsymbol{y}_{ri} \tag{4.36b}$$

式中， $i=1,2,\cdots,N$ ， $\boldsymbol{q}_i(t)\in\mathbf{R}^{li}$ 和 $\boldsymbol{y}_{ri}\in\mathbf{R}^{li}$ 分别为增广状态向量及参考输入向量。

增广系统(4.36)可重写为

$$\dot{z}_i(t)=\left[\boldsymbol{A}_{zii}+\boldsymbol{B}_{zi}\Delta\boldsymbol{A}_{zii}(r_i(t))\right]\boldsymbol{z}_i(t)+\left[\boldsymbol{B}_{zi}+\boldsymbol{B}_{zi}\Delta\boldsymbol{B}_{zi}(s_i(t))\right]\boldsymbol{u}_i(t)+\sum_{j=1}^{N}\boldsymbol{A}_{zij}\boldsymbol{z}_j(t-\tau_{ij})+\boldsymbol{\xi}_i \tag{4.37}$$

式中

$$\boldsymbol{z}_i(t)=\begin{bmatrix}\boldsymbol{x}_i(t)\\ \boldsymbol{q}_i(t)\end{bmatrix},\quad \boldsymbol{A}_{zii}=\begin{bmatrix}\boldsymbol{A}_{ii} & \boldsymbol{0}\\ \boldsymbol{C}_i & \boldsymbol{0}\end{bmatrix},\quad \Delta\boldsymbol{A}_{zii}=\begin{bmatrix}\Delta\boldsymbol{A}_{ii} & \boldsymbol{0}\\ \boldsymbol{0} & \boldsymbol{0}\end{bmatrix},\quad \Delta\boldsymbol{A}_{zij}=\begin{bmatrix}\boldsymbol{E}_{ii} & \boldsymbol{0}\\ \boldsymbol{0} & \boldsymbol{0}\end{bmatrix}$$

$$\boldsymbol{B}_{zi}=\begin{bmatrix}\boldsymbol{B}_i\\ \boldsymbol{0}\end{bmatrix},\quad \Delta\boldsymbol{B}_{zi}=\begin{bmatrix}\Delta\boldsymbol{B}_i\\ \boldsymbol{0}\end{bmatrix},\quad \xi_i=\begin{bmatrix}\boldsymbol{\eta}_i\\ -\boldsymbol{y}_{ri}\end{bmatrix}$$

由秩条件假设可知增广系统(4.37)的标称系统$(\boldsymbol{A}_{zii},\boldsymbol{B}_{zi})$是可控的。定理 4.8 给出了系统(9.35)可鲁棒分散跟踪的主要结果。

定理 4.8　对不确定性时滞关联大系统(4.35)，如果存在对称正定矩阵$\boldsymbol{X}_i$，$\boldsymbol{Z}_i\in\mathbf{R}^{(n_i+l_i)\times(n_i+l_i)}$和矩阵$\boldsymbol{Y}_i\in\mathbf{R}^{(m_i+l_i)\times(n_i+l_i)}$及正数$\alpha_i,\beta_i$，使得式(3.9)、式(3.10)和下述线性矩阵不等式组成的 LMIs 成立：

$$\begin{bmatrix}\bar{\boldsymbol{A}}_{zii} & \boldsymbol{A}_{zi1}\boldsymbol{X}_1 & \boldsymbol{A}_{zi2}\boldsymbol{X}_2 & \cdots & \boldsymbol{A}_{ziN}\boldsymbol{X}_N\\ \boldsymbol{X}_1\boldsymbol{A}_{zi1}^{\mathrm{T}} & -\delta(\boldsymbol{A}_{zi1})\boldsymbol{Z}_1 & & & \\ \boldsymbol{X}_2\boldsymbol{A}_{zi2}^{\mathrm{T}} & & -\delta(\boldsymbol{A}_{zi2})\boldsymbol{Z}_2 & & \vdots\\ \vdots & & & \ddots & \\ \boldsymbol{X}_N\boldsymbol{A}_{ziN}^{\mathrm{T}} & & \cdots & & -\delta(\boldsymbol{A}_{ziN})\boldsymbol{Z}_N\end{bmatrix}<0 \tag{4.38}$$

式中

$$\bar{\boldsymbol{A}}_{zii}=\boldsymbol{X}_i\boldsymbol{A}_{zii}^{\mathrm{T}}+\boldsymbol{A}_{zii}\boldsymbol{X}_i+\boldsymbol{Y}_i^{\mathrm{T}}\boldsymbol{B}_{zi}^{\mathrm{T}}+\boldsymbol{B}_{zi}\boldsymbol{Y}_i+\boldsymbol{B}_{zi}\boldsymbol{T}_i\boldsymbol{B}_{zi}^{\mathrm{T}}+\boldsymbol{B}_{zi}\boldsymbol{V}_i\boldsymbol{B}_{zi}^{\mathrm{T}}+\alpha_i I+\beta_i I+\sum_{j=1}^{N}\delta(\boldsymbol{A}_{zji})\boldsymbol{Z}_i$$

则有分散反馈控制律

$$\boldsymbol{u}_i=\boldsymbol{K}_i\boldsymbol{z}_i,\quad \boldsymbol{K}_i=\boldsymbol{Y}_i\boldsymbol{X}_i^{-1} \tag{4.39}$$

使闭环大系统内部稳定，且受控系统渐近跟踪参考输入。

证明　证明分为内部稳定性和渐近跟踪两部分。

(1) 内部稳定性。把分散控制律(4.39)施加于系统(4.37)，并忽略ξ_i可得闭环系统

$$\dot{\boldsymbol{z}}_i(t)=\left[\boldsymbol{A}_{zii}+\boldsymbol{B}_{zi}\Delta\boldsymbol{A}_{zii}(r_i(t))\right]\boldsymbol{z}_i(t)+\left[\boldsymbol{B}_{zi}+\boldsymbol{B}_{zi}\Delta\boldsymbol{B}_{zi}(s_i(t))\right]\boldsymbol{K}_i\boldsymbol{z}_i(t)+\sum_{j=1}^{N}\boldsymbol{A}_{zij}\boldsymbol{z}_j(t-\tau_{ij}) \tag{4.40}$$

考虑如下Lyapunov函数：

$$V(\boldsymbol{z})=\sum_{i=1}^{N}\left[\boldsymbol{z}_i^{\mathrm{T}}\boldsymbol{P}_i\boldsymbol{z}_i+\sum_{j=1}^{N}\int_{t-\tau_{ij}}^{t}\delta(\boldsymbol{A}_{zij})\boldsymbol{z}_j^{\mathrm{T}}\boldsymbol{H}_j\boldsymbol{z}_j\mathrm{d}t_i\right]$$

式中，$\boldsymbol{P}_i$、$\boldsymbol{H}_j$为正定对称矩阵。$V(\boldsymbol{z})$沿系统(4.40)轨线的时间导数为

$$
\begin{aligned}
\dot{V}(z) &= \sum_{i=1}^{N}\left\{\dot{z}_i^{\mathrm{T}}P_i z_i + z_i^{\mathrm{T}}P_i\dot{z}_i + \sum_{j=1}^{N}\delta(A_{zij})z_j^{\mathrm{T}}H_j z_j - \sum_{j=1}^{N}\delta(A_{zij})z_j^{\mathrm{T}}(t-\tau_{ij})H_j z_j(t-\tau_{ij})\right\} \\
&= \sum_{i=1}^{N}\left\{z_i^{\mathrm{T}}(A_{zii}^{\mathrm{T}}P_i + P_i A_{zii} + \Delta A_{zii}^{\mathrm{T}}B_{zi}^{\mathrm{T}}P_i + P_i B_{zi}\Delta A_{zii} + K_i^{\mathrm{T}}B_{zi}^{\mathrm{T}}P_i + P_i B_{zi}K_i\right. \\
&\quad + K_i^{\mathrm{T}}\Delta B_{zi}^{\mathrm{T}}B_{zi}^{\mathrm{T}}P_i + P_i B_{zi}\Delta B_{zi}K_i)z_i \\
&\quad \left. + \sum_{j=1}^{N}2z_i^{\mathrm{T}}P_i A_{zij}z_j(t-\tau_{ij}) + \sum_{j=1}^{N}\delta(A_{zij})z_j^{\mathrm{T}}H_j z_j - \sum_{j=1}^{N}\delta(A_{zij})z_j^{\mathrm{T}}(t-\tau_{ij})H_j z_j(t-\tau_{ij})\right\}
\end{aligned} \tag{4.41}
$$

将式(3.12)~式(3.14)代入式(4.41)，并经简单运算，可得

$$
\dot{V}(z) < \sum_{i=1}^{N}\begin{bmatrix} z_i(t) \\ z_1(t-\tau_{i1}) \\ z_2(t-\tau_{i2}) \\ \vdots \\ z_N(t-\tau_{iN}) \end{bmatrix}^{\mathrm{T}}
\begin{bmatrix}
\tilde{A}_{zii} & P_i A_{zi1} & P_i A_{zi2} & \cdots & P_i A_{ziN} \\
A_{zi1}^{\mathrm{T}}P_i & -\delta(A_{zi1})H_1 & & & \\
A_{zi2}^{\mathrm{T}}P_i & & -\delta(A_{zi2})H_2 & & \vdots \\
\vdots & & & \ddots & \\
A_{ziN}^{\mathrm{T}}P_i & & \cdots & & -\delta(A_{ziN})H_N
\end{bmatrix}
\cdot\begin{bmatrix} z_i(t) \\ z_1(t-\tau_{i1}) \\ z_2(t-\tau_{i2}) \\ \vdots \\ z_N(t-\tau_{iN}) \end{bmatrix}
$$

式中

$$
\begin{aligned}
\tilde{A}_{zii} &= A_{zii}^{\mathrm{T}}P_i + P_i A_{zii} + K_i^{\mathrm{T}}B_{zi}^{\mathrm{T}}P_i + P_i B_{zi}K_i + P_i B_{zi}T_i B_{zi}^{\mathrm{T}}P_i \\
&\quad + \alpha_i P_i P_i + \beta_i P_i P_i + \sum_{j=1}^{N}\delta(A_{zji})Z_i H_i
\end{aligned}
$$

由 Lyapunov 稳定性原理可知，如果

$$
\begin{bmatrix}
\tilde{A}_{zii} & P_i A_{zi1} & P_i A_{zi2} & \cdots & P_i A_{ziN} \\
A_{zi1}^{\mathrm{T}}P_i & -\delta(A_{zi1})H_1 & & & \\
A_{zi2}^{\mathrm{T}}P_i & & -\delta(A_{zi2})H_2 & & \\
\vdots & & & \ddots & \\
A_{ziN}^{\mathrm{T}}P_i & & & & -\delta(A_{ziN})H_N
\end{bmatrix} < 0 \tag{4.42}
$$

成立，则系统(4.37)是稳定的。

对式(4.42)左边的矩阵分别左乘和右乘矩阵 $\mathrm{diag}\left\{P_i^{-1}, P_1^{-1}, P_2^{-1}, \cdots, P_N^{-1}\right\}$，记 $X_i = P_i^{-1}$，$Y_i = K_i P_i^{-1}$，$Z_i = P_i^{-1}H_i P_i^{-1}$，则 $X_i > 0,\ Z_i > 0$，由式(4.42)可推导出

式(4.38)成立。

式(3.14)等价于 $\boldsymbol{X}_i\boldsymbol{U}_i\boldsymbol{X}_i < \alpha_i\boldsymbol{I}$ ，$\boldsymbol{Y}_i^{\mathrm{T}}\boldsymbol{Q}_i^{\mathrm{T}}\boldsymbol{Y}_i < \beta_i\boldsymbol{I}$ ，由引理 2.2 可知当且仅当式(3.9)和式(3.10)成立时，式(3.14)成立。因此，内部稳定性得到保证。

(2) 渐近跟踪。在控制(4.39)作用下系统(4.36)可写为

$$\dot{z}(t) = \left[\boldsymbol{A}_z + \boldsymbol{B}_z\Delta\boldsymbol{A}_z + \boldsymbol{B}_z + \boldsymbol{B}_z\Delta\boldsymbol{B}_z\boldsymbol{K}\right]z(t) + \boldsymbol{A}_{\mathrm{d}}z(t-\tau) + \xi = \boldsymbol{A}_{\mathrm{c}}z(t) + \boldsymbol{A}_{\mathrm{d}}z(t-\tau) + \xi \tag{4.43}$$

式中

$$\boldsymbol{A}_z = \mathrm{diag}[\boldsymbol{A}_{z11},\cdots,\boldsymbol{A}_{zNN}]，\quad \Delta\boldsymbol{A}_z = \mathrm{diag}[\Delta\boldsymbol{A}_{z11},\cdots,\Delta\boldsymbol{A}_{zNN}]，\quad \boldsymbol{A}_{\mathrm{d}} = \mathrm{diag}[\boldsymbol{A}_{z1},\cdots,\boldsymbol{A}_{zN}]$$

$$\boldsymbol{A}_{zi} = \mathrm{diag}[\boldsymbol{A}_{zi1},\cdots,\boldsymbol{A}_{ziN}]，\quad \boldsymbol{B}_z = \mathrm{diag}[\boldsymbol{B}_{z1},\cdots,\boldsymbol{B}_{zN}]，\quad \Delta\boldsymbol{B}_z = \mathrm{diag}[\Delta\boldsymbol{B}_{z1},\cdots,\Delta\boldsymbol{B}_{zN}]$$

$$z(t-\tau) = [z^{\mathrm{T}}_1(t-\tau_1),\cdots,z^{\mathrm{T}}_N(t-\tau_N)]^{\mathrm{T}}，\quad z_i(t-\tau_i) = [z^{\mathrm{T}}_1(t-\tau_{i1}),\cdots,z^{\mathrm{T}}_N(t-\tau_{iN})]^{\mathrm{T}}$$

$$\xi = \lfloor\xi_1^{\mathrm{T}},\cdots,\xi_N^{\mathrm{T}}\rfloor^{\mathrm{T}}，\quad \boldsymbol{K} = \mathrm{diag}[\boldsymbol{K}_1,\cdots,\boldsymbol{K}_N]^{\mathrm{T}}，\quad i = 1,2,\cdots,N$$

由于扰动和参考输入均是时不变的，因此对式(4.43)的两边求导可得

$$\ddot{z}(t) = \boldsymbol{A}_{\mathrm{c}}\dot{z}(t) + \boldsymbol{A}_{\mathrm{d}}\dot{z}(t-\tau)$$

由本定理的第一部分可知，$\dot{z}(t)$ 渐近地趋近于 0。

因为

$$\dot{z}(t) = [\dot{\boldsymbol{x}}^{\mathrm{T}}(t)\quad \dot{\boldsymbol{q}}^{\mathrm{T}}(t)]^{\mathrm{T}}，\quad \dot{\boldsymbol{q}}(t) = \boldsymbol{y}_i - \boldsymbol{y}_{ri}，\quad i = 1,2,\cdots,N$$

所以增广系统(4.36)会渐近跟踪参考输入。

利用式(2.15)和引理 2.2，也可得到系统(4.35)具有较小反馈增益的分散鲁棒跟踪控制律可由下述优化问题求解：

$$\min\left(\sum_{i=1}^{N}\theta_i + \sum_{i=1}^{N}\gamma_i\right)$$

约束条件为式(3.9)、式(3.10)和式(4.38)。这是一个具有 LMIs 约束的凸优化问题，用 LMI 工具软件可直接求解。

例 4.5　一个可由式(4.35)描述的由两个子系统组成的不确定性线性关联时滞大系统

$$\dot{\boldsymbol{x}}_1(t) = \begin{bmatrix} -3 + r_1(t) & 0.5r_1^2(t) \\ r_1(t) & -2 + 0.5r_1^2(t) \end{bmatrix}\boldsymbol{x}_1 + \begin{bmatrix} 1 + s_1(t) \\ 1 + s_1(t) \end{bmatrix}\boldsymbol{u}_1 + \begin{bmatrix} 0.1 & 0.2 \\ 0.1 & 0.1 \end{bmatrix}\boldsymbol{x}_2\left(t-\tau_{12}\right)$$

$$\dot{\boldsymbol{x}}_2(t) = \begin{bmatrix} 1 + r_2(t) & 0.2 \\ -0.2 & 0.8 + r_2(t) \end{bmatrix}\boldsymbol{x}_2 + \begin{bmatrix} 0.5 + s_2(t) & 0 \\ 0 & 0.5 + s_2(t) \end{bmatrix}\boldsymbol{u}_2 + \begin{bmatrix} 0.2 & -0.1 \\ 0.3 & 0.1 \end{bmatrix}\boldsymbol{x}_1\left(t-\tau_{21}\right)$$

式中，$|r_1(t)| \leqslant \sqrt{2}$ ，$|r_2(t)| \leqslant 0.3$ ，$|s_1(t)| \leqslant 0.4$ ，$|s_2(t)| \leqslant 0.2$ ，输出矩阵为 $\boldsymbol{C}_1 = [1\quad 0.5]$ ，$\boldsymbol{C}_2 = [1\quad 1]$ ，参考输入向量为 $\boldsymbol{y}_r = [1\quad 3]^{\mathrm{T}}$ ，干扰向量为 $\boldsymbol{\eta} = [1\quad 2\quad 2\quad 4]^{\mathrm{T}}$ 。用定理

4.8 提出的方法，在 LMI 工具箱环境下解相应的凸优化问题，求得反馈增益 $\boldsymbol{K} = \mathrm{diag}\{\boldsymbol{K}_1, \boldsymbol{K}_2\}$，其中

$$\boldsymbol{K}_1 = \begin{bmatrix} -0.9120 & -1.5315 & -4.568 \end{bmatrix}$$

$$\boldsymbol{K}_2 = \begin{bmatrix} -59.8678 & -10.0749 & -5.6798 \\ -10.1151 & -52.5929 & -6.4362 \end{bmatrix}$$

4.4.2 数值界不确定性关联时滞大系统的分散鲁棒输出跟踪控制

考虑一类由N个子系统构成的具有数值界时不变不确定性关联时滞大系统，其子系统方程为

$$\dot{\boldsymbol{x}}_i(t) = [\boldsymbol{A}_{ii} + \Delta\boldsymbol{A}_{ii}]\boldsymbol{x}_i(t) + [\boldsymbol{B}_i + \Delta\boldsymbol{B}_i]\boldsymbol{u}_i(t) + \sum_{j=1}^{N}\boldsymbol{A}_{ij}\boldsymbol{x}_j(t-\tau_{ij}) + \boldsymbol{\eta}_i \tag{4.44a}$$

$$\boldsymbol{y}_i(t) = \boldsymbol{C}_i\boldsymbol{x}_i(t), \quad i = 1,2,\cdots,N \tag{4.44b}$$

式中，$\boldsymbol{A}_{ij}$ 为互联矩阵；$\tau_{ij} \geqslant 0$ 为关联项中的滞后时间；$\boldsymbol{\eta}_i$ 为第 i 个子系统上的未知常值干扰，其他变量的含义及不确定性项与 2.3.1 节中的相同；$\Delta\boldsymbol{A}_{ij}$ 和 $\Delta\boldsymbol{B}_i$ 为时变不确定项，它们有如下数值界

$$\left|\Delta\boldsymbol{A}_{ij}\right| \prec \boldsymbol{D}_{ij}, \quad \left|\Delta\boldsymbol{B}_i\right| \prec \boldsymbol{E}_i, \quad i,j = 1,2,\cdots,N$$

构造增广系统

$$\dot{\boldsymbol{x}}_i(t) = [\boldsymbol{A}_{ii} + \Delta\boldsymbol{A}_{ii}]\boldsymbol{x}_i(t) + [\boldsymbol{B}_i + \Delta\boldsymbol{B}_i]\boldsymbol{u}_i(t) + \sum_{j=1}^{N}\boldsymbol{A}_{ij}\boldsymbol{x}_j(t-\tau_{ij}) + \boldsymbol{\eta}_i \tag{4.45a}$$

$$\dot{\boldsymbol{q}}_i(t) = \boldsymbol{C}_i\boldsymbol{x}_i(t) - \boldsymbol{y}_{ri}, \quad i = 1,2,\cdots,N \tag{4.45b}$$

式中，$\boldsymbol{q}_i(t) \in \mathbf{R}^{l_i}$ 和 $\boldsymbol{y}_{ri} \in \mathbf{R}^{l_i}$ 分别为增广状态向量及参考输入向量。

增广系统(4.45)可重写为

$$\dot{\boldsymbol{z}}_i(t) = [\boldsymbol{A}_{zii} + \Delta\boldsymbol{A}_{zii}]\boldsymbol{z}_i(t) + [\boldsymbol{B}_{zi} + \Delta\boldsymbol{B}_{zi}]\boldsymbol{u}_i(t) + \sum_{j=1}^{N}\boldsymbol{A}_{zij}\boldsymbol{z}_j(t-\tau_{ij}) + \boldsymbol{\xi}_i \tag{4.46}$$

式中

$$\boldsymbol{Z}_i(t) = \begin{bmatrix} \boldsymbol{x}_i(t) \\ \boldsymbol{q}_i(t) \end{bmatrix}, \quad \boldsymbol{A}_{zii} = \begin{bmatrix} \boldsymbol{A}_{ii} & \boldsymbol{0} \\ \boldsymbol{C}_i & \boldsymbol{0} \end{bmatrix}, \quad \Delta\boldsymbol{A}_{zii} = \begin{bmatrix} \Delta\boldsymbol{A}_{ii} & \boldsymbol{0} \\ \boldsymbol{0} & \boldsymbol{0} \end{bmatrix}, \quad \Delta\boldsymbol{A}_{zij} = \begin{bmatrix} \boldsymbol{A}_{ij} & \boldsymbol{0} \\ \boldsymbol{0} & \boldsymbol{0} \end{bmatrix}$$

$$\boldsymbol{B}_{zi} = \begin{bmatrix} \boldsymbol{B}_i \\ \boldsymbol{0} \end{bmatrix}, \quad \Delta\boldsymbol{B}_{zi} = \begin{bmatrix} \Delta\boldsymbol{B}_i \\ \boldsymbol{0} \end{bmatrix}, \quad \boldsymbol{\xi}_i = \begin{bmatrix} \boldsymbol{\eta}_i \\ -\boldsymbol{y}_{ri} \end{bmatrix}$$

显然可知

$$\left|\Delta\boldsymbol{A}_{zij}\right| \prec \boldsymbol{D}_{zij}, \quad \left|\Delta\boldsymbol{B}_{zi}\right| \prec \boldsymbol{E}_{zi}, \quad i,j = 1,2,\cdots,N \tag{4.47}$$

式中

$$\boldsymbol{D}_{zij}=\begin{bmatrix}\boldsymbol{D}_{ii} & \boldsymbol{0}\\ \boldsymbol{0} & \boldsymbol{0}\end{bmatrix},\quad \boldsymbol{E}_{zi}=\begin{bmatrix}\boldsymbol{E}_{i}\\ \boldsymbol{0}\end{bmatrix}$$

假定系统(4.44)满足秩假设条件，则增广系统(4.45)的标称系统$(\boldsymbol{A}_{zii},\boldsymbol{B}_{zi})$是可控的。定理 4.9 给出了系统(4.44)可鲁棒分散跟踪的一个 LMI 充分条件。

定理 4.9　对于大系统(4.44)，如果存在对称正定矩阵$\boldsymbol{X}_i,\boldsymbol{Z}_i\in\mathbf{R}^{(m_i+l_i)\times(n_i+l_i)}$、矩阵$\boldsymbol{Y}_i\in\mathbf{R}^{(m_i+l_i)\times(n_i+l_i)}$，以及正数$\alpha_i$、$\beta_i$，使得下述 LMIs 成立：

$$\begin{bmatrix}\bar{\boldsymbol{A}}_{zii} & \boldsymbol{A}_{zi1}\boldsymbol{X}_1 & \boldsymbol{A}_{zi2}\boldsymbol{X}_2 & \cdots & \boldsymbol{A}_{ziN}\boldsymbol{X}_N\\ \boldsymbol{X}_1(\boldsymbol{A}_{zi1})^{\mathrm{T}} & -\delta\left(\boldsymbol{A}_{zi1}\right)\boldsymbol{Z}_1 & & & \\ \boldsymbol{X}_2(\boldsymbol{A}_{zi2})^{\mathrm{T}} & & -\delta\left(\boldsymbol{A}_{zi2}\right)\boldsymbol{Z}_2 & & \\ \vdots & & & \ddots & \\ \boldsymbol{X}_N(\boldsymbol{A}_{ziN})^{\mathrm{T}} & & & & -\delta\left(\boldsymbol{A}_{ziN}\right)\boldsymbol{Z}_N\end{bmatrix}<0 \tag{4.48}$$

$$\begin{bmatrix}-\alpha_i\boldsymbol{I} & \boldsymbol{X}_i\boldsymbol{\Gamma}(\boldsymbol{D}_{zii})^{\frac{1}{2}}\\ \boldsymbol{\Gamma}(\boldsymbol{D}_{zii})^{\frac{1}{2}}\boldsymbol{X}_i & -\boldsymbol{I}\end{bmatrix}<0 \tag{4.49}$$

$$\begin{bmatrix}-\beta_i\boldsymbol{I} & \boldsymbol{Y}_i\boldsymbol{\Gamma}(\boldsymbol{E}_{zi})^{\frac{1}{2}}\\ \boldsymbol{\Gamma}(\boldsymbol{E}_{zi})^{\frac{1}{2}}\boldsymbol{Y}_i^{\mathrm{T}} & -\boldsymbol{I}\end{bmatrix}<0 \tag{4.50}$$

式中，$\bar{\boldsymbol{A}}_{zii}=\boldsymbol{X}_i\boldsymbol{A}_{zii}^{\mathrm{T}}+\boldsymbol{A}_{zii}\boldsymbol{X}_i+\boldsymbol{Y}_i^{\mathrm{T}}\boldsymbol{B}_{zi}^{\mathrm{T}}+\boldsymbol{B}_{zi}\boldsymbol{Y}_i+2\boldsymbol{I}+\alpha_i\boldsymbol{I}+\beta_i\boldsymbol{I}+\sum_{j=1}^{N}\delta(\boldsymbol{A}_{zji})\boldsymbol{Z}_i$，则有分散反馈控制律(4.49)，使闭环大系统内部稳定，且受控系统渐近跟踪参考输入。

证明　(1) 内部稳定性。把分散控制律(4.49)施加于系统(4.46)并忽略$\boldsymbol{\xi}_i$可得闭环子系统

$$\dot{\boldsymbol{z}}_i(t)=(\boldsymbol{A}_{zii}+\Delta\boldsymbol{A}_{zii})\boldsymbol{z}_i(t)+(\boldsymbol{B}_{zi}+\Delta\boldsymbol{B}_{zi})\boldsymbol{K}_i\boldsymbol{Z}_i(t)+\sum_{j=1}^{N}\boldsymbol{A}_{zij}\boldsymbol{z}_j(t-\tau_{ij}) \tag{4.51}$$

考虑如下 Lyapunov 函数：

$$V(\boldsymbol{z})=\sum_{i=1}^{N}\left[\boldsymbol{z}_i^{\mathrm{T}}\boldsymbol{P}_i\boldsymbol{z}_i+\sum_{j=1}^{N}\int_{t-\tau_{ij}}^{t}\delta(\boldsymbol{A}_{zij})\boldsymbol{z}_j^{\mathrm{T}}\boldsymbol{H}_j\boldsymbol{z}_j\mathrm{d}t\right]$$

式中，$\boldsymbol{P}_i$、$\boldsymbol{H}_j$为正定对称矩阵。$V(\boldsymbol{z})$沿系统(4.51)轨线的时间导数为

$$
\begin{aligned}
\dot{V}(z) &= \sum_{i=1}^{N}\left\{\dot{z}_i^{\mathrm{T}} P_i z_i + z_i^{\mathrm{T}} P_i \dot{z}_i + \sum_{j=1}^{N}\delta(A_{zij}) z_j^{\mathrm{T}} H_j z_j - \sum_{j=1}^{N}\delta(A_{zij}) z_j^{\mathrm{T}}(t-\tau_{ij}) H_j z_j(t-\tau_{ij})\right\} \\
&= \sum_{i=1}^{N}\left\{ z_i^{\mathrm{T}}(A_{zii}^{\mathrm{T}} P_i + P_i A_{zii} + \Delta A_{zii}^{\mathrm{T}} P_i + P_i \Delta A_{zii} + K_i^{\mathrm{T}} B_{zi}^{\mathrm{T}} P_i + P_i B_{zi} K_i \right. \\
&\quad + K_i^{\mathrm{T}} \Delta B_{zi}^{\mathrm{T}} P_i + P_i \Delta B_{zi} K_i) z_i + \sum_{j=1}^{N} 2 z_i^{\mathrm{T}} P_i A_{zij} z_j(t-\tau_{ij}) \\
&\quad \left. + \sum_{j=1}^{N}\delta(A_{zij}) z_j^{\mathrm{T}} H_j z_j - \sum_{j=1}^{N}\delta(A_{zij}) z_j^{\mathrm{T}}(t-\tau_{ij}) H_j z_j(t-\tau_{ij})\right\}
\end{aligned} \tag{4.52}
$$

由引理 2.1 和引理 2.4 可推出

$$
P_i P_i + \Gamma(D_{zii}) \geqslant P_i P_i + \Delta A_{zii}^{\mathrm{T}} \Delta A_{zii} \geqslant P_i \Delta A_{zii} + \Delta A_{zii}^{\mathrm{T}} P_i \tag{4.53}
$$

$$
P_i P_i + K_i^{\mathrm{T}} \Gamma(E_{zi}) K_i \geqslant P_i P_i + K_i^{\mathrm{T}} \Delta B_{zi}^{\mathrm{T}} \Delta B_{zi} K_i \geqslant P_i \Delta B_{zi} K_i + K_i^{\mathrm{T}} \Delta B_{zi}^{\mathrm{T}} P_i \tag{4.54}
$$

将式(4.53)、式(4.54)代入式(4.51)有

$$
\begin{aligned}
\dot{V}(z) &\leqslant \sum_{i=1}^{N}\left\{ z_i^{\mathrm{T}}[A_{zii}^{\mathrm{T}} P_i + P_i A_{zii} + 2P_i P_i + \Gamma(D_{zii}) + K_i^{\mathrm{T}} B_{zi}^{\mathrm{T}} P_i + P_i B_{zi} K_i + K_i^{\mathrm{T}} \Gamma(E_{zi}) K_i] z_i \right. \\
&\quad \left. + \sum_{j=1}^{N} 2 z_i^{\mathrm{T}} P_i A_{zij} z_j(t-\tau_{ij}) + \sum_{j=1}^{N}\delta(A_{zij}) z_j^{\mathrm{T}} H_j z_j - \sum_{j=1}^{N}\delta(A_{zij}) z_j^{\mathrm{T}}(t-\tau_{ij}) H_j z_j(t-\tau_{ij})\right\}
\end{aligned} \tag{4.55}
$$

因为 $\Gamma(D_{zij})$ 、$\Gamma(E_{zi})$ 均为正定或半正定矩阵，可分解为 $\Gamma(D_{zij}) = \Gamma(D_{zij})^{1/2}\Gamma(D_{zij})^{1/2}$，$\Gamma(E_{zi}) = \Gamma(E_{zi})^{1/2}\Gamma(E_{zi})^{1/2}$，故存在 $\alpha_i > 0$，$\beta_i > 0$，使得

$$
\Gamma(D_{zii}) < \alpha_i P_i P_i, \quad K_i^{\mathrm{T}} \Gamma(E_{zi}) K_i < \beta_i P_i P_i \tag{4.56}
$$

由式(4.55)和式(4.56)可得

$$
\begin{aligned}
\dot{V}(z) &\leqslant \sum_{i=1}^{N}\left\{ z_i^{\mathrm{T}}[A_{zii}^{\mathrm{T}} P_i + P_i A_{zii} + K_i^{\mathrm{T}} B_{zi}^{\mathrm{T}} P_i + P_i B_{zi} K_i + 2P_i P_i + P_i B_{zi} K_i + \alpha_i P_i P_i + \beta_i P_i P_i] z_i \right. \\
&\quad \left. + \sum_{j=1}^{N} 2 z_i^{\mathrm{T}} P_i A_{zij} z_j(t-\tau_{ij}) + \sum_{j=1}^{N}\delta(A_{zij}) z_j^{\mathrm{T}} H_j z_j - \sum_{j=1}^{N}\delta(A_{zij}) z_j^{\mathrm{T}}(t-\tau_{ij}) H_j z_j(t-\tau_{ij})\right\} \\
&= \sum_{i=1}^{N}\begin{bmatrix} z_i(t) \\ z_1(t-\tau_{i1}) \\ z_2(t-\tau_{i2}) \\ \vdots \\ z_N(t-\tau_{iN}) \end{bmatrix}^{\mathrm{T}}
\begin{bmatrix} \tilde{A}_{zii} & P_i A_{zi1} & P_i A_{zi2} & \cdots & P_i A_{ziN} \\ A_{zi1}^{\mathrm{T}} P_i & -\delta(A_{zi1}) H_1 & & & \\ A_{zi2}^{\mathrm{T}} P_i & & -\delta(A_{zi2}) H_2 & & \\ \vdots & & & \ddots & \\ A_{ziN}^{\mathrm{T}} P_i & & & & -\delta(A_{ziN}) H_N \end{bmatrix}
\end{aligned}
$$

$$\cdot\begin{bmatrix} z_i(t) \\ z_1(t-\tau_{i1}) \\ z_2(t-\tau_{i2}) \\ \vdots \\ z_N(t-\tau_{iN}) \end{bmatrix}$$

式中

$$\tilde{A}_{zii} = A_{zii}^{\mathrm{T}} P_i + P_i A_{zii} + K_i^{\mathrm{T}} B_{zi}^{\mathrm{T}} P_i + P_i B_{zi} K_i + 2P_i P_i + \alpha_i P_i P_i + +\beta_i P_i P_i + \sum_{j=1}^{N} \delta(A_{zji}) H_i$$

由 Lyapunov 稳定性原理可知，如果

$$\begin{bmatrix} \tilde{A}_{zii} & P_i A_{zi1} & P_i A_{zi2} & \cdots & P_i A_{ziN} \\ A_{zi1}^{\mathrm{T}} P_i & -\delta(A_{zi1}) H_1 & & & \\ A_{zi2}^{\mathrm{T}} P_i & & -\delta(A_{zi2}) H_2 & & \\ \vdots & & & \ddots & \\ A_{ziN}^{\mathrm{T}} P_i & & & & -\delta(A_{ziN}) H_N \end{bmatrix} < 0 \tag{4.57}$$

成立，则系统(4.46)是稳定的。

对式(4.57)左边的矩阵分别左乘和右乘矩阵 $\mathrm{diag}\{P_i^{-1}, P_1^{-1}, P_2^{-1}, \cdots, P_N^{-1}\}$，记 $X_i = P_i^{-1}$，$Y_i = K_i P_i^{-1}$，$Z_i = P_i^{-1} H_i P_i^{-1}$，则 $X_i > 0, Z_i > 0$，由式(4.57)可推导出式(4.48)成立。式(4.56)等价于 $X_i T(D_{zii}) X_i < \alpha_i I$，$Y_i^{\mathrm{T}} T(E_{zi})^{\mathrm{T}} Y_i < \beta_i I$，由引理 2.2 可知，当且仅当式(4.49)和式(4.50)成立时，式(4.56)成立，由此系统是稳定的，因此内部稳定性得到保证。

(2) 渐近跟踪。在控制(4.39)作用下，系统(4.46)可写为

$$\dot{z}(t) = \left[A_z + \Delta A_z + (B_z + \Delta B_z) K\right] z(t) + A_{\mathrm{d}} z(t-\tau) + \xi = A_{\mathrm{c}} z(t) + A_{\mathrm{d}} z(t-\tau) + \xi \tag{4.58}$$

式中

$$A_z = \mathrm{diag}[A_{z11}, \cdots, A_{zNN}],\quad \Delta A_z = \mathrm{diag}[\Delta A_{z11}, \cdots, \Delta A_{zNN}]$$

$$A_d = \mathrm{diag}[A_{z1}, \cdots, A_{zN}],\quad A_{zi} = \mathrm{diag}[A_{zi1}, \cdots, A_{ziN}],\quad i = 1, 2, \cdots, N$$

$$z(t-\tau) = [z_1^{\mathrm{T}}(t-\tau_1), \cdots, z_N^{\mathrm{T}}(t-\tau_N)]^{\mathrm{T}},\quad z_i(t-\tau_i) = [z_1^{\mathrm{T}}(t-\tau_{i1}), \cdots, z_N^{\mathrm{T}}(t-\tau_{iN})]^{\mathrm{T}}$$

$$B_z = \mathrm{diag}[B_{z1}, \cdots, B_{zN}],\quad \Delta B_z = \mathrm{diag}[\Delta B_{z1}, \cdots, \Delta B_{zN}]$$

$$\xi = [\xi_1^{\mathrm{T}}, \cdots, \xi_N^{\mathrm{T}}]^{\mathrm{T}},\quad K = \mathrm{diag}[K_1, \cdots, K_N]^{\mathrm{T}}$$

由于扰动和参考输入均是时不变的，因此对式(4.58)的两边求导可得

$$\ddot{z}(t) = A_{\mathrm{c}} \dot{z}(t) + A_{\mathrm{d}} \dot{z}(t-\tau)$$

从本定理证明的第一部分可知 $\dot{z}(t)$ 渐近趋近于 0。

因为

$$\dot{z}(t)=[\dot{x}^{\mathrm{T}}(t)\quad \dot{q}^{\mathrm{T}}(t)]^{\mathrm{T}},\quad \dot{q}(t)=y_i-y_{ri},\quad i=1,2,\cdots,N$$

所以增广系统(4.46)会渐近跟踪参考输入。

例 4.6 一个可由式(4.44)描述的由两个子系统组成的不确定性线性关联时滞大系统，其不确定性项具有数值界，其中

$$A_{11}=\begin{bmatrix}-5 & 3\\ 2 & -3\end{bmatrix},\quad B_1=\begin{bmatrix}1\\ 1\end{bmatrix},\quad A_{12}=\begin{bmatrix}0.1 & 0.2\\ 0.1 & 0.1\end{bmatrix},\quad D_{11}=\begin{bmatrix}1 & 0.2\\ 0.3 & 0.17\end{bmatrix}$$

$$E_1=\begin{bmatrix}0.4\\ 0.2\end{bmatrix},\quad A_{22}=\begin{bmatrix}2 & 0.3\\ -0.1 & 1.5\end{bmatrix},\quad B_1=\begin{bmatrix}1 & 0\\ 0 & 1\end{bmatrix},\quad A_{21}=\begin{bmatrix}0.2 & 0.1\\ 0.3 & 0.1\end{bmatrix}$$

$$D_{22}=\begin{bmatrix}0.3 & 0\\ 0 & 0.2\end{bmatrix},\quad E_2=\begin{bmatrix}0.2 & 0.08\\ 0.07 & 0.1\end{bmatrix}$$

输出矩阵为 $C_1=[1\quad 0]$，$C_2=[0\quad 1]$，参考输入向量为 $y_{\mathrm{r}}=[1\quad 2]^{\mathrm{T}}$，干扰向量为 $\eta=[1\quad 2\quad 1\quad 3]^{\mathrm{T}}$。用定理 4.9 提出的方法，在 LMI 工具箱环境下解相应的凸优化问题，求得反馈增益 $K=\mathrm{diag}\{K_1, K_2\}$，其中

$$K_1=[-2.9870\quad -1.3022\quad -3.6891],\quad K_2=\begin{bmatrix}-85.5052 & -3.0029 & -6.3498\\ -3.2072 & -7.5988 & -5.9734\end{bmatrix}$$

4.5 本章小结

(1) 针对一类时滞线性关联大系统，采用分散控制的思想研究了系统的无源性、控制器的存在性和具体构造，这些条件中有些是与时滞无关的，有些是与时滞相关的。与时滞无关的条件使工程技术人员能够在不考虑时滞具体信息的情况下就可以设计无源化控制器，但是这样的条件往往是比较苛刻的。与时滞相关的条件比较宽松，容易满足，但是这需要事先辨识时滞的较为精确的信息。

(2) 针对一类具有分离变量的非线性关联大系统，采用特殊 Lyapunov-Krasovskii 泛函方法，研究了此类非线性系统的无源化分散鲁棒镇定问题，给出了该非线性关联系统与时滞相关的无源化局部分散鲁棒镇定判据，说明了当该系统退化为线性系统时与时滞相关的无源化镇定判据就是全局的。

(3) 针对不确定性时滞关联系统的分散鲁棒跟踪器的设计问题，研究了满足匹配条件和具有数值界可不满足匹配条件的两类关联时滞系统的分散鲁棒输出跟踪控制问题，得到了使两类时滞大系统渐近跟踪给定参考输入的 LMI 条件，给出了具有较小反馈增益控制律的 LMI 设计方法。

参 考 文 献

[1] Byrnes C I, Isidori A, Willems J C. Passivity, feedback equivalence, and the global stabilization of minimum phase nonlinear systems. IEEE Transactions on Automatic Control, 1991, 36(11): 1228-1240.

[2] Niculescu S I, Rogelio L. On the passivity of linear delay systems. IEEE Transactions on Automatic Control, 2001, 46(3): 460-464.

[3] van der Schaft A. L_2-gain Stability and Passivity Techniques in Nonlinear Control. London: Springer-Verlag, 1996.

[4] Sun W, Khargonekar P P, Shim D. Solution to the positive real control problem for linear time-invariant systems. IEEE Transactions on Automatic Control, 1994, 39(9): 2034-2046.

[5] Mahmoud M S, Xie L H. Stability and positive realness of time-delay system. Journal of Mathematical Analysis Applications, 1999, 239(1): 7-19.

[6] Xu S Y, Lam J, Yang C W. H_∞ and positive-real control for linear neutral delay systems. IEEE Transactions on Automatic Control, 2001, 46 (8): 1321-1326.

[7] Akmeliawati R, Mareels I. Nonlinear energy-based control method for aircraft dynamics. Proceedings of the 40th IEEE Conference on Decision and Control, 2001: 658-663.

[8] Fioravanti P, Cirstea M N, Cecati C, et al. Passivity based control applied to stand alone generators. Proceedings of the IEEE International Symposium on Industrial Electronics, 2002, 4: 1160 -1165.

[9] Ortega R, Jiang Z P, Hill D J. Passivity-based control of nonlinear systems: A tutorial. Proceedings of American Control Conference, 1997, 5: 2633 -2637.

[10] Kelkar A G, Joshi S M. On passivity-based control of flexible multibody nonlinear systems. Proceedings of the 36th IEEE Conference on Decision and Control, 1997, 5: 4862-4867.

[11] Akmeliwati R, Mareels I. Passivity-based control for flight control systems. Proceedings of Information, Decision and Control, 1999：15-20.

[12] Ortega R, Spong M. Adaptive motion control of rigid robots: A tutorial. Automatica, 1989, 25(8): 877-888.

[13] 冯纯伯, 费树岷.非线性控制系统分析与设计.北京: 电子工业出版社, 1998.

[14] 俞立, 潘海天.具有时变不确定性系统的鲁棒无源控制.自动化学报, 1998, 24(3): 368-371.

[15] 关新平, 华长春, 唐英干.一类非线性系统的鲁棒无源化控制.控制与决策, 2001, 16(5): 599-601.

[16] Mao C J, Yang J H. Decentralized output tracking for linear uncertain interconnected systems. Automatica, 1995, 31(1): 151-154.

[17] Nig M, Cheng Y. Decentralized stabilization and output tracking of large-scale uncertain systems. Automatica, 1996, 32(7): 1077-1080.

[18] 刘新宇, 高立群, 张文力.不确定线性组合系统的分散镇定与输出跟踪.信息与控制, 1998, 27(5): 342-350.

[19] Shigemaru S, Wu H, Kawabata K. Robust tracking and model following for a class of large scale interconnected systems with uncertainties. Proceedings of the 3rd Asian Control Conference, Shanghai, 2000: 1759-1764.

[20] 桂卫华, 谢永芳, 陈宁, 等.基于线性矩阵不等式的分散鲁棒跟踪控制器设计.控制理论与应用, 2000, 17(5): 651-654.

第 5 章　不确定性关联大系统的分散鲁棒 H_∞ 控制

5.1　引　言

分散控制是利用分散的信息实现分散的控制，广泛应用于地域分布广大的系统，如电网、通信以及大型工业对象的过程控制系统。分散控制可以减少信息处理量，快速实现反馈控制，降低数据通信的复杂性，满足现实和实时要求。自 Zames 等[1]提出 H_∞ 控制理论以来，H_∞ 控制理论取得了引人注目的发展，并开始应用于分散控制工程实践中。

传递函数的 H_∞ 范数，描述了输入有限能量信号传递到输出的最大能量放大倍数。设输入 $d(t)$ 为有限能量信号，其拉氏变换为 $D(s)$，系统为渐近稳定的，具有传递函数 $G(s)$，输出为 $y(t)$，相应的拉氏变换为 $Y(s)$，则

$$\|G(s)\|_\infty = \operatorname*{Sup}_{D(s)} \frac{\left[\int_{-\infty}^{+\infty} |Y(\mathrm{j}\omega)|^2 \mathrm{d}\omega\right]^{\frac{1}{2}}}{\left[\int_{-\infty}^{+\infty} |D(\mathrm{j}\omega)|^2 \mathrm{d}\omega\right]^{\frac{1}{2}}} = \operatorname*{Sup}_{d(t)} \frac{\left[\int_{-\infty}^{+\infty} y^2(t)\mathrm{d}t\right]^{\frac{1}{2}}}{\left[\int_{-\infty}^{+\infty} d^2(t)\mathrm{d}t\right]^{\frac{1}{2}}} = \operatorname*{Sup}_{\omega} \bar{\sigma}[G(\mathrm{j}\omega)]$$

式中，$\bar{\sigma}[\cdot]$ 表示最大奇异值；Sup 表示上确界。当 $G(s)$ 是标量函数时，范数 H_∞ 为复平面上频率特性的最大幅值。

许多控制问题(目标)如干扰抑制、混合灵敏度设计、模型匹配、不确定性系统的鲁棒稳定性及跟踪控制等问题都可以转化为 H_∞ 控制问题。H_∞ 设计方法已成为迅速发展起来的一种鲁棒设计方法，目前，大系统分散 H_∞ 控制已经受到了人们的普遍关注[2-6]。自 20 世纪 80 年代以来，集中系统的 H_∞ 控制问题就受到了广大学者的重视。H_∞ 控制器的解往往依赖于代数 Riccati 方程，近年来，许多学者利用代数 Riccati 不等式及 LMI 解决了不确定集中系统的 H_∞ 控制问题，得到了很好的结果。分散 H_∞ 控制是伴随着集中 H_∞ 控制的发展而发展来的，文献[2]提出了一种大系统分散状态反馈控制器的迭代 LMI 方法，但没有考虑不确定性。文献[3]将关联大系统的分散鲁棒 H_∞ 控制问题转化为 N 个确定性辅助子系统的标准 H_∞ 控制问题，但要求这个辅助子系统满足一定的构造条件，并且给出的问题有解条件只是充分的。文献[4]研究了基于 LMI 和 BMI 的分散鲁棒 H_∞ 控制问题，文献[5]和[6]研究了以 H_∞ 小增益条件表示的系统二次稳定性和分散反馈控制问题。由于

控制器结构的约束，具有不确定性的关联大系统的分散鲁棒 H_∞控制问题仍然是一个开放的问题。

由于元器件质量、环境变化等各种因素，执行器和传感器失效是实际工程系统经常遇到的问题。因此，随着对系统可靠性要求的提高，系统可靠控制问题的研究受到许多研究者的重视和关注。近年来，不确定系统的可靠 H_∞控制问题的研究已取得了一些成果[7-9]。但现有结果多是研究集中控制问题，而对于不确定关联系统的分散鲁棒 H_∞控制方面的结果却鲜见报道。文献[9]针对相似对称组合大系统，研究了分散容错 H_∞控制问题。鲁棒分散 H_∞控制不仅可以从理论上简化复杂问题，实现起来也经济可靠。

本章用 LMI 方法研究一类具有不确定性的关联大系统的分散控制问题，主要包括基于状态反馈和输出反馈的分散 H_∞控制、分散 H_2/H_∞控制、分散可靠 H_∞控制以及基于状态观测器的分散鲁棒 H_∞控制，提出求解分散 H_∞控制器的直接 LMI 方法、迭代 LMI 方法和基于同伦方法的迭代 LMI 求解方法。

5.2　数值界不确定性大系统分散 H_∞状态反馈控制

5.2.1　问题描述

考虑一类由 N 个子系统组成的状态矩阵、控制输入矩阵及关联矩阵中具有数值界不确定性的关联大系统，其子系统方程为

$$\dot{\boldsymbol{x}}_i(t)=\left(\boldsymbol{A}_{ii}+\Delta\boldsymbol{A}_{ii}\right)\boldsymbol{x}_i(t)+\boldsymbol{B}_{1i}\boldsymbol{\omega}_i(t)+\left(\boldsymbol{B}_{2i}+\Delta\boldsymbol{B}_{2i}\right)\boldsymbol{u}_i(t)+\sum_{j=1,j\neq i}^{N}\left(\boldsymbol{A}_{ij}+\Delta\boldsymbol{A}_{ij}\right)\boldsymbol{x}_j(t) \tag{5.1a}$$

$$\boldsymbol{z}_i(t)=\boldsymbol{C}_{1i}\boldsymbol{x}_i(t)+\boldsymbol{D}_{1i}\boldsymbol{\omega}_i(t)+\boldsymbol{D}_{2i}\boldsymbol{u}_i(t) \tag{5.1b}$$

$$\boldsymbol{y}_i(t)=\boldsymbol{x}_i(t) \tag{5.1c}$$

式中，$i=1,2,\cdots,N$；$\boldsymbol{x}_i(t)\in\mathbf{R}^{n_i}$、$\boldsymbol{\omega}_i(t)\in\mathbf{R}^{r_i}$、$\boldsymbol{u}_i(t)\in\mathbf{R}^{m_i}$、$\boldsymbol{z}_i(t)\in\mathbf{R}^{l_i}$、$\boldsymbol{y}_i(t)\in\mathbf{R}^{n_i}$ 分别为第 i 个子系统的状态、扰动输入、控制输入、被控输出和可测量输出向量；矩阵 $\boldsymbol{A}_{ii}$、$\boldsymbol{B}_{1i}$、$\boldsymbol{B}_{2i}$、$\boldsymbol{C}_{1i}$、$\boldsymbol{D}_{1i}$、$\boldsymbol{D}_{2i}$ 为具有相应维数的常数矩阵；$\boldsymbol{A}_{ij}$ 为第 j 个子系统与第 i 个子系统的关联矩阵；矩阵 $\Delta\boldsymbol{A}_{ii}$、$\Delta\boldsymbol{B}_{2i}$ 和 $\Delta\boldsymbol{A}_{ij}$ 分别为状态矩阵、控制输入矩阵和关联矩阵的不确定性，它们有如下数值界：

$$\left|\Delta\boldsymbol{A}_{ij}\right|\prec\boldsymbol{R}_{ij},\quad \left|\Delta\boldsymbol{B}_{2i}\right|\prec\boldsymbol{S}_i,\quad i,j=1,2,\cdots,N \tag{5.2}$$

式中，$\boldsymbol{R}_{ij}$ 和 $\boldsymbol{S}_i$ 为具有非负元素的实常数矩阵，并分别与 $\Delta\boldsymbol{A}_{ij}$ 和 $\Delta\boldsymbol{B}_{2i}$ 同维。$|\boldsymbol{\varDelta}|\prec\overline{\boldsymbol{\varDelta}}$ 的含义为 $\left|\boldsymbol{e}_{ij}\right|\leqslant\overline{\boldsymbol{e}}_{ij}$，$i$，$j=1,2,\cdots,N$，$\boldsymbol{e}_{ij}$ 和 $\overline{\boldsymbol{e}}_{ij}$ 分别为矩阵 $\boldsymbol{\varDelta}$ 和 $\overline{\boldsymbol{\varDelta}}$ 的第 (i,j) 个对应元素。

整个关联大系统可描述为

$$\begin{aligned}\dot{\boldsymbol{x}} &= (\boldsymbol{A}+\Delta\boldsymbol{A})\boldsymbol{x}+\boldsymbol{B}_1\boldsymbol{\omega}+(\boldsymbol{B}_2+\Delta\boldsymbol{B}_2)\boldsymbol{u}\\ \boldsymbol{z} &= \boldsymbol{C}_1\boldsymbol{x}+\boldsymbol{D}_1\boldsymbol{\omega}+\boldsymbol{D}_2\boldsymbol{u}\\ \boldsymbol{y} &= \boldsymbol{x}\end{aligned}\tag{5.3}$$

式中

$$\boldsymbol{A}=\left[\boldsymbol{A}_{ij}\right]_{N\times N},\quad \boldsymbol{B}_1=\operatorname{diag}\left\{\boldsymbol{B}_{11},\cdots,\boldsymbol{B}_{1N}\right\},\quad \boldsymbol{B}_2=\operatorname{diag}\left\{\boldsymbol{B}_{21},\cdots,\boldsymbol{B}_{2N}\right\}$$

$$\boldsymbol{C}_1=\operatorname{diag}\left\{\boldsymbol{C}_{11},\cdots,\boldsymbol{C}_{1N}\right\},\quad \boldsymbol{D}_1=\operatorname{diag}\left\{\boldsymbol{D}_{11},\cdots,\boldsymbol{D}_{1N}\right\},\quad \boldsymbol{D}_2=\operatorname{diag}\left\{\boldsymbol{D}_{21},\cdots,\boldsymbol{D}_{2N}\right\}$$

$$\Delta\boldsymbol{A}=\left[\Delta\boldsymbol{A}_{ij}\right]_{N\times N},\quad \Delta\boldsymbol{B}=\operatorname{diag}\left\{\Delta\boldsymbol{B}_{21},\cdots,\Delta\boldsymbol{B}_{2N}\right\}$$

$$\boldsymbol{x}=\operatorname{col}\left\{\boldsymbol{x}_1,\cdots,\boldsymbol{x}_N\right\},\quad \boldsymbol{\omega}=\operatorname{col}\left\{\boldsymbol{\omega}_1,\cdots,\boldsymbol{\omega}_N\right\},\quad \boldsymbol{u}=\operatorname{col}\left\{\boldsymbol{u}_1,\cdots,\boldsymbol{u}_N\right\}$$

$$z=\operatorname{col}\left\{z_1,\cdots,z_N\right\},\quad y=\operatorname{col}\left\{y_1,\cdots,y_N\right\}$$

假设系统的状态完全可测，则基于状态反馈分散 H_∞控制规律可描述为

$$\boldsymbol{u}=\boldsymbol{K}_{\mathrm{d}}\boldsymbol{y}=\boldsymbol{K}_{\mathrm{d}}\boldsymbol{x}\tag{5.4}$$

式中

$$\boldsymbol{K}_{\mathrm{d}}=\operatorname{diag}\left\{\boldsymbol{K}_1,\cdots,\boldsymbol{K}_i,\cdots,\boldsymbol{K}_N\right\}\in\boldsymbol{\Phi}\tag{5.5}$$

这里 $\boldsymbol{\Phi}$ 为能在子系统水平上给出局部状态反馈控制的块对角矩阵的集合，$\boldsymbol{K}_i\in\mathbf{R}^{m_i\times n_i}\ (i=1,2,\cdots,N)$。

为确保分散控制器的存在，一般假设由式(5.1)组成的大系统(5.3)在控制律式(5.4)及结构约束式(5.5)下，没有不稳定的分散固定模，并用 $\boldsymbol{T}_{z\omega}(\boldsymbol{K}_{\mathrm{d}})$ 表示从 $\boldsymbol{\omega}$ 到 $\boldsymbol{z}$ 的闭环传递函数，则

$$\boldsymbol{T}_{z\omega}(\boldsymbol{K}_{\mathrm{d}})=\left(\boldsymbol{C}_1+\boldsymbol{D}_2\boldsymbol{K}_{\mathrm{d}}\right)\left(s\boldsymbol{I}-\boldsymbol{A}-\Delta\boldsymbol{A}-\boldsymbol{B}_2\boldsymbol{K}_{\mathrm{d}}-\Delta\boldsymbol{B}_2\boldsymbol{K}_{\mathrm{d}}\right)^{-1}\boldsymbol{B}_1+\boldsymbol{D}_1\tag{5.6}$$

分散 H_∞状态反馈控制问题：对于由式(5.1)组成的大系统(5.3)，采用式(5.4)描述的控制律，在式(5.5)的结构约束下，寻找一个容许的控制器 $\boldsymbol{K}_{\mathrm{d}}$，使得闭环系统渐近稳定 $\left\|\boldsymbol{T}_{z\omega}(\boldsymbol{K}_{\mathrm{d}})\right\|_\infty<\gamma$，其中 γ 为预先给定的正常数。

5.2.2 分散鲁棒 H_∞状态反馈控制器设计

分散 H_∞控制器的参数化是通过两个步骤获得的，首先解决集中条件下的全状态反馈控制器的参数化问题，然后对控制器的参数进行结构约束，得到分散控制器的参数化，根据这个思想，可得到分散 H_∞状态反馈控制器的参数化定理。

定理 5.1　对于由式(5.1)组成的数值界不确定大系统(5.3)，γ 为任意给定的正数，若存在正数 $\alpha>0,\beta>0$ 及矩阵 $\boldsymbol{X}$ 和 $\boldsymbol{K}_{\mathrm{d}}$ 满足

$$\begin{bmatrix} \bar{A} & B_1 & X(C_1+D_2K_d)^T & X & (K_dX)^T \\ B_1^T & -\gamma I & D_1^T & 0 & 0 \\ (C_1+D_2K_d)X & D_1 & -\gamma I & 0 & 0 \\ X & 0 & 0 & -\alpha I & 0 \\ K_dX & 0 & 0 & 0 & -\beta I \end{bmatrix} < 0 \tag{5.7}$$

$$X = X^T > 0 \tag{5.8}$$

$$K_d \in \mathrm{diag}\{K_1, \cdots, K_i, \cdots, K_N\} \tag{5.9}$$

时，存在分散状态反馈控制器(5.4)，且 K_d 就为分散状态反馈增益矩阵，使构成的闭环大系统渐近稳定并具有给定的 H_∞ 性能指标 γ 。其中

$$\bar{A} = AX + XA^T + B_2K_dX + XK_d^TB_2^T + \alpha\Omega(R) + \beta\Omega(S)$$

$$\Omega(R) = \Omega([R_{ij}]_{N\times N}), \quad i, j = 1, \cdots, N, \quad \Omega(S) = \mathrm{diag}\{\Omega(S_1), \cdots, \Omega(S_N)\}$$

证明　由 Schur 补引理可知，式(5.7)等价于

$$T(X, K_d, \alpha, \beta) = \begin{bmatrix} \bar{A} + \alpha^{-1}XX + \beta^{-1}XK_d^TK_dX & B_1 & X(C_1+D_2K_d)^T \\ B_1^T & -\gamma I & D_1^T \\ (C_1+D_2K_d)X & D_1 & -\gamma I \end{bmatrix} < 0$$

利用式(5.7)~式(5.9)的解构造如下矩阵：

$$M = \Delta AX + X\Delta A^T + \Delta B_2K_dX + XK_d^T\Delta B_2^T$$

$$N = \alpha\Omega(R) + \alpha^{-1}XX + \beta\Omega(S) + \beta^{-1}XK_d^TK_dX$$

由引理 2.1、引理 2.3 及引理 2.4 可得

$$\Delta AX + X\Delta A^T \leqslant \alpha\Delta A\Delta A^T + \alpha^{-1}XX \leqslant \alpha\Omega(R) + \alpha^{-1}XX$$

$$\begin{aligned} \Delta B_2K_dX + XK_d^T\Delta B_2^T &\leqslant \beta\Delta B_2\Delta B_2^T + \beta^{-1}XK_d^TK_dX \\ &\leqslant \beta\Omega(S) + \beta^{-1}XK_d^TK_dX \end{aligned}$$

故可知矩阵

$$J = \begin{bmatrix} M & 0 & 0 \\ 0 & 0 & 0 \\ 0 & 0 & 0 \end{bmatrix} - \begin{bmatrix} N & 0 & 0 \\ 0 & 0 & 0 \\ 0 & 0 & 0 \end{bmatrix} \leqslant 0$$

定义矩阵

$$\Theta = \begin{bmatrix} \Theta_{11} & B_1 & X(C_1+D_2K_d)^T \\ B_1^T & -\gamma I & D_1^T \\ (C_1+D_2K_d)X & D_1 & -\gamma I \end{bmatrix}$$

式中，$\boldsymbol{\Theta}_{11}=(\boldsymbol{A}+\Delta\boldsymbol{A})\boldsymbol{X}+\boldsymbol{X}(\boldsymbol{A}+\Delta\boldsymbol{A})^{\mathrm{T}}+(\boldsymbol{B}_2+\Delta\boldsymbol{B}_2)\boldsymbol{K}_{\mathrm{d}}\boldsymbol{X}+\boldsymbol{X}\boldsymbol{K}_{\mathrm{d}}^{\mathrm{T}}(\boldsymbol{B}_2+\Delta\boldsymbol{B}_2)^{\mathrm{T}}$，则 $\boldsymbol{\Theta}=\boldsymbol{T}(\boldsymbol{X},\boldsymbol{K}_{\mathrm{d}},\alpha,\beta)+\boldsymbol{J}$。由 $\boldsymbol{T}(\boldsymbol{X},\boldsymbol{K}_{\mathrm{d}},\alpha,\beta)<0,\boldsymbol{J}\leqslant 0$ 可知 $\boldsymbol{\Theta}<0$ 成立，由有界实引理[10]可知定理 5.1 成立。

由分散 H_∞ 控制器的参数化定理，提出了求解分散 H_∞ 控制器的两种 LMI 求解方法。

直接 LMI 方法 定理 5.1 用参数化的形式给出了分散鲁棒 H_∞ 状态反馈控制器存在的条件，这些条件中因含有矩阵 $\boldsymbol{X}$ 和 $\boldsymbol{K}_{\mathrm{d}}$ 的乘积项，不满足 LMI 的凸性要求，故分散 H_∞ 状态反馈控制问题是非凸的，但通过变量替换 $\boldsymbol{L}=\boldsymbol{K}_{\mathrm{d}}\boldsymbol{X}$，并重写式(5.7)～式(5.9)，可恢复其凸性，并得到分散鲁棒 H_∞ 状态反馈控制器存在的直接 LMI 参数化定理。

定理 5.2 对于由式(5.1)组成的数值界不确定大系统(5.3)，若存在正数 $\alpha>0,\beta>0$ 及矩阵 $\boldsymbol{L}_{\mathrm{d}}$ 和对称正定矩阵 $\boldsymbol{X}_{\mathrm{d}}$ 满足式(5.10)～式(5.12)的约束，则 $\boldsymbol{K}_{\mathrm{d}}=\boldsymbol{L}_{\mathrm{d}}\boldsymbol{X}_{\mathrm{d}}^{-1}$ 为一个使得闭环系统渐近稳定，且满足 $\left\|\boldsymbol{T}_{z\omega}(\boldsymbol{K}_{\mathrm{d}})\right\|_\infty<\gamma$ 的分散鲁棒 H_∞ 状态反馈增益矩阵：

$$\begin{bmatrix} \hat{\boldsymbol{A}} & \boldsymbol{B}_1 & (\boldsymbol{C}_1\boldsymbol{X}_{\mathrm{d}}+\boldsymbol{D}_2\boldsymbol{L}_{\mathrm{d}})^{\mathrm{T}} & \boldsymbol{X}_{\mathrm{d}} & \boldsymbol{L}_{\mathrm{d}}^{\mathrm{T}} \\ \boldsymbol{B}_1^{\mathrm{T}} & -\gamma\boldsymbol{I} & \boldsymbol{D}_1^{\mathrm{T}} & \boldsymbol{0} & \boldsymbol{0} \\ \boldsymbol{C}_1\boldsymbol{X}_{\mathrm{d}}+\boldsymbol{D}_2\boldsymbol{L}_{\mathrm{d}} & \boldsymbol{D}_1 & -\gamma\boldsymbol{I} & \boldsymbol{0} & \boldsymbol{0} \\ \boldsymbol{X} & \boldsymbol{0} & \boldsymbol{0} & -\alpha\boldsymbol{I} & \boldsymbol{0} \\ \boldsymbol{L}_{\mathrm{d}} & \boldsymbol{0} & \boldsymbol{0} & \boldsymbol{0} & -\beta\boldsymbol{I} \end{bmatrix}<0 \tag{5.10}$$

$$\boldsymbol{X}_{\mathrm{d}}\in\mathrm{diag}\{\boldsymbol{X}_1,\cdots,\boldsymbol{X}_i,\cdots,\boldsymbol{X}_N\} \tag{5.11}$$

$$\boldsymbol{L}_{\mathrm{d}}\in\mathrm{diag}\{\boldsymbol{L}_1,\cdots,\boldsymbol{L}_i,\cdots,\boldsymbol{L}_N\} \tag{5.12}$$

式中

$$\hat{\boldsymbol{A}}=\boldsymbol{A}\boldsymbol{X}_{\mathrm{d}}+\boldsymbol{X}_{\mathrm{d}}\boldsymbol{A}^{\mathrm{T}}+\boldsymbol{B}_2\boldsymbol{L}_{\mathrm{d}}+\boldsymbol{L}_{\mathrm{d}}^{\mathrm{T}}\boldsymbol{B}_2^{\mathrm{T}}+\alpha\boldsymbol{\Omega}(\boldsymbol{R})+\beta\boldsymbol{\Omega}(\boldsymbol{S})$$

$$\boldsymbol{\Omega}(\boldsymbol{R})=\boldsymbol{\Omega}\left([\boldsymbol{R}_{ij}]_{N\times N}\right),\quad i,j=1,\cdots,N,\quad \boldsymbol{\Omega}(\boldsymbol{S})=\mathrm{diag}\{\boldsymbol{\Omega}(\boldsymbol{S}_1),\cdots,\boldsymbol{\Omega}(\boldsymbol{S}_N)\}$$

证明 定理 5.2 是定理 5.1 的一种特殊形式，在定理 5.1 中，令 $\boldsymbol{L}=\boldsymbol{K}_{\mathrm{d}}\boldsymbol{X}$，对矩阵 $\boldsymbol{L}$ 和 $\boldsymbol{X}$ 均结构约束为块对角结构(5.11)和结构(5.12)，由定理 5.1 易知定理 5.2 成立。证毕。

根据定理 5.2，分散 H_∞ 状态反馈控制问题可归结为判别满足条件式(5.10)～式(5.12)的 $\boldsymbol{L}_{\mathrm{d}}$、$\boldsymbol{X}_{\mathrm{d}}$ 是否存在的问题。这是带有 LMIs 约束的 LMI 标准问题，可用 LMI 工具软件直接判断解的存在性，若有解，由 $\boldsymbol{K}_{\mathrm{d}}=\boldsymbol{L}_{\mathrm{d}}\boldsymbol{X}_{\mathrm{d}}^{-1}$ 可得分散 H_∞ 状态反馈增益矩阵。

迭代 LMI(ILMI)方法 直接 LMI 方法把矩阵 $\boldsymbol{L}$ 和 $\boldsymbol{X}$ 都结构约束为块对角结

构，排除了 $\boldsymbol{X}$ 与 $\boldsymbol{L}$ 是非块对角结构，但乘积 $\boldsymbol{L}\boldsymbol{X}^{-1}$ 为块对角结构的情形，所得结果是相对保守的。虽然定理 5.1 的条件中含有矩阵 $\boldsymbol{X}$ 和 $\boldsymbol{K}_{\mathrm{d}}$ 的乘积项 $\boldsymbol{K}_{\mathrm{d}}\boldsymbol{X}$，不满足凸性要求，但这些条件具有以下两个重要特性。

特性 5.1　对于给定的 $\boldsymbol{K}_{\mathrm{d}} \in \boldsymbol{\Phi}$，条件式(5.7)～式(5.9)是关于变量组 $(\boldsymbol{X},\gamma,\alpha,\beta)$ 的 LMI。

特性 5.2　对于给定的 $\boldsymbol{X} = \boldsymbol{X}^{\mathrm{T}} > 0$，条件式(5.7)～式(5.9)是关于变量组 $(\boldsymbol{K}_{\mathrm{d}},\gamma,\alpha,\beta)$ 的 LMI。

因此，对固定的 $\boldsymbol{X} = \boldsymbol{X}^{\mathrm{T}} > 0$ 或 $\boldsymbol{K}_{\mathrm{d}} \in \boldsymbol{\Phi}$，可用标准的 LMI 函数求解最小的 γ 值及其对应的变量 $\boldsymbol{K}_{\mathrm{d}}$ 或 $\boldsymbol{X}$。据此本书提出了求解分散 H_∞状态反馈优化控制器的迭代算法，即先固定一个参数，求解受 LMI 条件约束的最小 γ 优化问题，再固定另一个参数，求解受 LMI 约束的最小 γ 优化问题。

Step1　初始化系统矩阵，选择状态反馈阵 $\boldsymbol{K}_0$，$\boldsymbol{K}_0 \in \hat{\boldsymbol{K}}_{\mathrm{d}}$，$\hat{\boldsymbol{K}}_{\mathrm{d}} := \{\boldsymbol{K}_{\mathrm{d}} \mid \boldsymbol{K}_{\mathrm{d}} \in \boldsymbol{\Phi}$, 且使$(\boldsymbol{A}+\boldsymbol{B}_2\boldsymbol{K}_{\mathrm{d}})$渐近稳定$\}$，并设置迭代次数 $i=0$，所期望的 H_∞性能指标 $\hat{\gamma}$ 及终止条件参数 $\varepsilon(0<\varepsilon<1)$。

Step2　对固定的 $\boldsymbol{K}_{\mathrm{d}} = \boldsymbol{K}_i$，用 mincx 函数求解满足约束条件式(5.7)～式(5.9)的最小 γ 凸优化问题，记 $\boldsymbol{X}_i$ 为求得的 $\boldsymbol{X}$ 变量的最优值。

Step3　对固定的 $\boldsymbol{X} = \boldsymbol{X}_i$，用 mincx 函数求解满足约束条件式(5.7)～式(5.9)的最小 γ 凸优化问题，记 γ_i 为求得的 γ 变量的最优值，$\boldsymbol{K}_i$ 为 $\boldsymbol{K}_{\mathrm{d}}$ 变量的最优值，令迭代次数加 1，即 $i=i+1$。

Step4　判断终止条件，若 $\gamma_{i-1}-\gamma_i<\varepsilon\gamma_{i-1}$ 或 $\gamma_i \leqslant \hat{\gamma}$ 成立，则停止计算，$\boldsymbol{K}_i$ 即所求的 H_∞反馈增益矩阵；否则转到 Step2 继续执行迭代运算。

关于算法的存在性主要是解决两点证明：

(a) 收敛性。即每次迭代均应满足

$$\gamma_i < \gamma_{i-1} \tag{5.13}$$

(b) 稳定性。即迭代过程中的每一个 $\boldsymbol{K}_i$ 满足

$$\boldsymbol{K}_i \in \hat{\boldsymbol{K}}_{\mathrm{d}} \tag{5.14}$$

证明　(a) 收敛性。式(5.13)的成立是显而易见的，它由算法本身予以保证。因为由 Step2 和 Step3 每次迭代出的 γ_{i} 是在凸集合($\boldsymbol{K}_{\mathrm{d}},\gamma$)和($\boldsymbol{X},\gamma$)中产生的最小值，故有 $\gamma_i \leqslant \gamma_{i-1}$ 成立。只有在 $\boldsymbol{K}_i=\boldsymbol{K}_{i-1}$ 和 $\boldsymbol{X}_i=\boldsymbol{X}_{i-1}$ 同时成立时，等号成立。此时，γ_i 和 γ_{i-1} 相等，满足迭代终止条件而退出迭代。在整个迭代过程中，$\gamma_i<\gamma_{i-1}$ 成立，算法收敛。

(b) 稳定性。因为在迭代过程中，约束条件式(5.7)~式(5.9)始终得到满足，由

有界实引理可知对每一个 $\boldsymbol{K}_i$，其闭环系统稳定，即 $\boldsymbol{K}_i \in \hat{\boldsymbol{K}}_{\mathrm{d}}$，满足式(5.14)，算法的稳定性得到保证。证毕。

关于 ILMI 算法的两点说明：

(1) 初始矩阵 $\boldsymbol{K}_0$ 的选择是任意的，只有使第一次迭代 γ_0 存在即可；

(2) 当中止条件 ε 趋于 0 时 ILMI 算法可提供更优的性能指标。

当 $\Delta\boldsymbol{A}_{ij}=0$、$\Delta\boldsymbol{B}_{2i}=0$ 时，即不考虑不确定性，此时有 $\boldsymbol{R}_{ij}=0, \boldsymbol{S}_i=0$，系统(5.1)为标称大系统。放松定理 5.1 和定理 5.2 中关于不确定项的约束，得到标称大系统分散 H_∞状态反馈控制器的设计方法。

推论 5.1　不考虑系统的不确定性，对于由式(5.1)描述组成的标称大系统，设 γ 为预定的正常数，当且仅当存在矩阵参数 $\boldsymbol{X}$ 和 $\boldsymbol{K}_{\mathrm{d}}$，满足式(5.8)、式(5.9)和

$$\begin{bmatrix} \boldsymbol{A}_{\mathrm{cl}}^{\mathrm{T}}\boldsymbol{X}+\boldsymbol{X}\boldsymbol{A}_{\mathrm{cl}} & \boldsymbol{B}_1 & \boldsymbol{X}\boldsymbol{C}_{\mathrm{cl}}^{\mathrm{T}} \\ \boldsymbol{B}_1^{\mathrm{T}} & -\gamma\boldsymbol{I} & \boldsymbol{D}_1^{\mathrm{T}} \\ \boldsymbol{C}_{\mathrm{cl}}\boldsymbol{X} & \boldsymbol{D}_1 & -\gamma\boldsymbol{I} \end{bmatrix}<0 \tag{5.15}$$

时，存在一分散 H_∞状态反馈控制器，且 $\boldsymbol{K}_{\mathrm{d}}$ 就是使得闭环系统稳定，满足 $\left\|\boldsymbol{T}_{z\omega}\left(\boldsymbol{K}_{\mathrm{d}}\right)\right\|_\infty<\gamma$ 性能指标的分散状态反馈增益矩阵。其中 $\boldsymbol{A}_{\mathrm{cl}}=\boldsymbol{A}+\boldsymbol{B}_2\boldsymbol{K}_{\mathrm{d}}$，$\boldsymbol{C}_{\mathrm{cl}}=\boldsymbol{C}_1+\boldsymbol{D}_2\boldsymbol{K}_{\mathrm{d}}$。

推论 5.1 用参数化的形式给出了标称大系统分散 H_∞状态反馈控制器存在的充分条件。这些条件中因含有矩阵 $\boldsymbol{K}_{\mathrm{d}}$ 与 $\boldsymbol{X}$ 的乘积 $\boldsymbol{K}_{\mathrm{d}}\boldsymbol{X}$，不满足 LMI 的凸性要求，同样可以通过变量替换 $\boldsymbol{L}=\boldsymbol{K}_{\mathrm{d}}\boldsymbol{X}$，并重写式(5.15)、式(5.8)和式(5.9)，可得到推论 5.2。

推论 5.2　不考虑系统的不确定性，对于由式(5.1)描述组成的标称大系统，设 γ 为预定的正常数，如果存在矩阵 $\boldsymbol{L}_{\mathrm{d}}$ 和对称正定矩阵 $\boldsymbol{X}_{\mathrm{d}}$ 满足式(5.11)、式(5.12)和

$$\begin{bmatrix} \boldsymbol{U}\left(\boldsymbol{X}_{\mathrm{d}},\boldsymbol{L}_{\mathrm{d}}\right)+\boldsymbol{U}\left(\boldsymbol{X}_{\mathrm{d}},\boldsymbol{L}_{\mathrm{d}}\right)^{\mathrm{T}} & \boldsymbol{B}_1 & \boldsymbol{V}\left(\boldsymbol{X}_{\mathrm{d}},\boldsymbol{L}_{\mathrm{d}}\right)^{\mathrm{T}} \\ \boldsymbol{B}_1^{\mathrm{T}} & -\gamma\boldsymbol{I} & \boldsymbol{D}_1^{\mathrm{T}} \\ \boldsymbol{V}\left(\boldsymbol{X}_{\mathrm{d}},\boldsymbol{L}_{\mathrm{d}}\right) & \boldsymbol{D}_1 & -\gamma\boldsymbol{I} \end{bmatrix}<0 \tag{5.16}$$

时，则 $\boldsymbol{K}_{\mathrm{d}}=\boldsymbol{L}_{\mathrm{d}}\boldsymbol{X}_{\mathrm{d}}^{-1}$ 为一个使得标称大系统闭环系统渐近稳定，且满足 $\left\|\boldsymbol{T}_{z\omega}(\boldsymbol{K}_{\mathrm{d}})\right\|_\infty<\gamma$ 的分散 H_∞状态反馈增益矩阵。其中 $\boldsymbol{U}(\boldsymbol{X}_{\mathrm{d}},\boldsymbol{L}_{\mathrm{d}})=\boldsymbol{A}\boldsymbol{X}_{\mathrm{d}}+\boldsymbol{B}_2\boldsymbol{L}_{\mathrm{d}}, \boldsymbol{V}(\boldsymbol{X}_{\mathrm{d}},\boldsymbol{L}_{\mathrm{d}})=\boldsymbol{C}_1\boldsymbol{X}_{\mathrm{d}}+\boldsymbol{D}_2\boldsymbol{L}_{\mathrm{d}}$。

对于推论 5.1 和推论 5.2 可用本节提出的 ILMI 方法和直接 LMI 方法进行求解。

5.2.3　分散鲁棒 H_∞状态反馈控制器仿真验证

为便于比较分析，考虑文献[11]中由两个倒立摆组成的 Benchmark 问题，从该系统引出两个示例来验证所提出的设计方法。在例 5.1 中，$\boldsymbol{C}_1^{\mathrm{T}}\boldsymbol{D}_2=0, \boldsymbol{D}_2=\begin{bmatrix}\boldsymbol{0}\\ \boldsymbol{I}\end{bmatrix}$，满足标准 H_∞问题的条件[12]，而例 5.2 不满足这些假设条件，并在被控输出中考虑了扰动的影响，例 5.3 是带有数值界不确定性大系统的分散 H_∞鲁棒状态反馈控制器的设计问题。

例 5.1　系统的状态空间模型为

$$\boldsymbol{A}=\begin{bmatrix}0 & 1 & 0 & 0\\ 9.8 & 0 & -9.8 & 0\\ 0 & 0 & 0 & 1\\ -9.8 & 0 & 2.94 & 0\end{bmatrix},\quad \boldsymbol{B}_1=\begin{bmatrix}1 & 0 & 0 & 0\\ 0 & 1 & 0 & 0\\ 0 & 0 & 1 & 0\\ 0 & 0 & 0 & 1\end{bmatrix},\quad \boldsymbol{B}_2=\begin{bmatrix}0 & 0\\ 1 & -2\\ 0 & 0\\ -2 & 5\end{bmatrix}$$

$$\boldsymbol{C}_1=\begin{bmatrix}1 & 0 & 0 & 0\\ 0 & 0 & 1 & 0\\ 0 & 0 & 0 & 0\\ 0 & 0 & 0 & 0\end{bmatrix},\quad \boldsymbol{D}_2=\begin{bmatrix}0 & 0\\ 0 & 0\\ 1 & 0\\ 0 & 1\end{bmatrix}$$

其中前两个状态属于第一个倒立摆，后两个状态属于第二个倒立摆。Davison[11]指出该系统为一难以控制的高度不稳定系统。然而用上述 ILMI 算法很容易实现反馈控制。用文献[2]中的结果作为初始反馈矩阵

$$\boldsymbol{K}_0=\begin{bmatrix}-17.088 & -4.4031 & 0 & 0\\ 0 & 0 & -5.7216 & -0.1549\end{bmatrix}\in\hat{\boldsymbol{K}}_{\mathrm{d}}$$

得到分散反馈增益 $\boldsymbol{K}_{\mathrm{d}}$ 为

$$\boldsymbol{K}_{\mathrm{d}}=\begin{bmatrix}-16.9540 & -4.3351 & 0 & 0\\ 0 & 0 & -5.7501 & -0.1575\end{bmatrix}$$

此时闭环传递函数的 H_∞范数为 8.6273，分别低于文献[13]所求的 26.9128 和文献[2]中的 8.8925，这说明 ILMI 算法可以获得更优的 H_∞性能指标。计算结果如表 5.1 所示，迭代过程中取 $\varepsilon=0.01$。表中，i 表示迭代次数；$\lambda_i(i=1,2,3,4)$ 代表闭环系统中第 i 个特征值；$\|\boldsymbol{T}_{z\omega}(\boldsymbol{K}_i)\|_\infty$ 代表第 i 次迭代所得到的闭环传递函数的 H_∞范数。

表 5.1　例 5.1 迭代计算结果

i	λ_1,λ_2	λ_3	λ_4	$\|\boldsymbol{T}_{z\omega}(\boldsymbol{K}_i)\|_\infty$
0	−1.9917 ± 1.6220j	−0.5971 + 4.6826j	−0.5971 − 4.6826j	8.8925
1	−1.9729 ± 1.6144j	−0.6100 + 4.6894j	−0.6100 − 4.6894j	8.7359

续表

i	λ_1, λ_2	λ_3	λ_4	$\lVert T_{z\omega}(K_i) \rVert_\infty$
2	$-1.9584 \pm 1.6137\mathrm{j}$	$-0.6148 + 4.6943\mathrm{j}$	$-0.6148 - 4.6943\mathrm{j}$	8.6662
3	$-1.9443 \pm 1.6184\mathrm{j}$	$-0.6171 + 4.6976\mathrm{j}$	$-0.6171 - 4.6976\mathrm{j}$	8.6270

所得结果的闭环系统的最大奇异值曲线与文献[13]所得结果如图 5.1 所示，其中虚线为文献[13]所得结果的最大奇异值曲线。

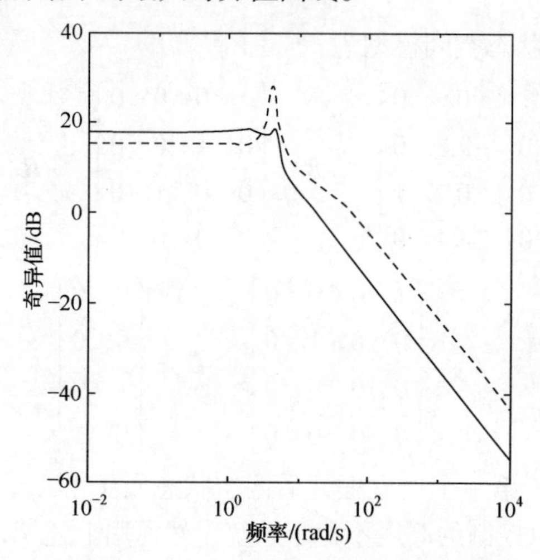

图 5.1　闭环系统最大奇异值曲线图

用 ILMI 算法求出的控制器 $\boldsymbol{K}_\mathrm{d}$ 与文献[2]提出的算法求出的控制器 $\boldsymbol{K}_0$ 对于系统扰动为阶跃输入时，其控制输出状态响应曲线比较情况如图 5.2~图 5.5 所示：其中，实线表示系统在本章求出的控制器 $\boldsymbol{K}_\mathrm{d}$ 的作用下的结果；虚线表示系统在文献[2]求出的控制器 $\boldsymbol{K}_0$ 的作用下的结果。

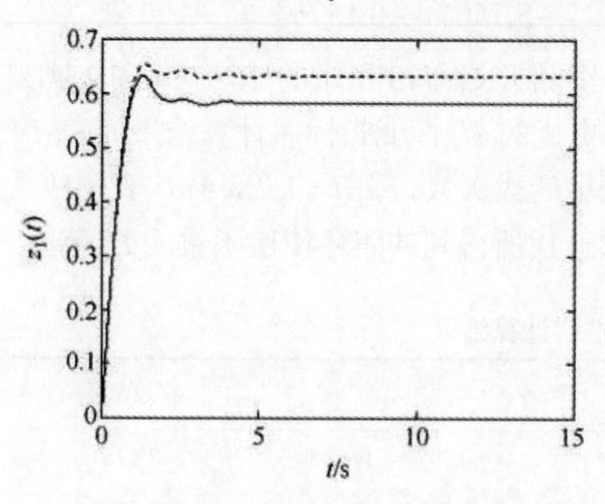

图 5.2　系统控制输出状态 1 阶跃响应曲线

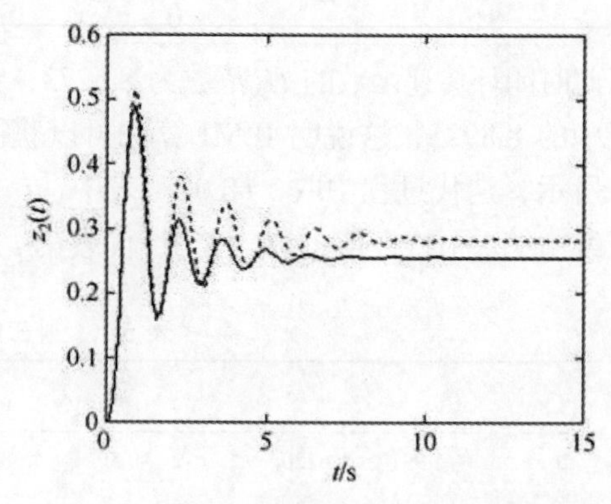

图 5.3　系统控制输出状态 2 阶跃响应曲线

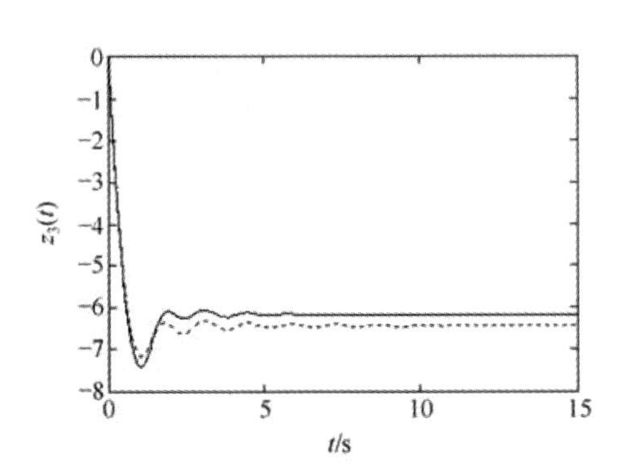

图 5.4　系统控制输出状态 3 阶跃响应曲线

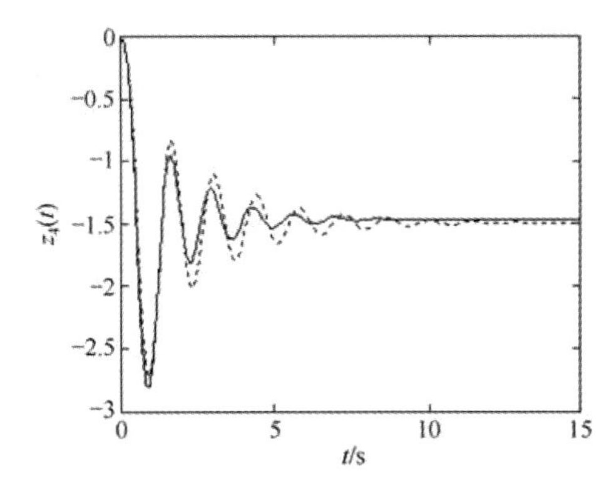

图 5.5　系统控制输出状态 4 阶跃响应曲线

从曲线可以看出，对于给定的扰动输入，系统在控制器 $\boldsymbol{K}_{\mathrm{d}}$ 作用下对控制输出 $\boldsymbol{z}$ 的影响小于系统在控制器 $\boldsymbol{K}_0$ 作用下对控制输出 $\boldsymbol{z}$ 的影响，而且能够更快地趋于稳定。说明本章的算法得出的 H_∞性能指标优于文献[2]所得的性能指标。

例 5.2　考虑一广义系统，改变例 5.1 中的 $\boldsymbol{C}_1$ 和 $\boldsymbol{D}_2$ 矩阵，系统不满足正交条件，并在被控输出中考虑扰动的影响。

$$\boldsymbol{C}_1=\begin{bmatrix}1&0&0&0\\0&0&1&0\\0&0.1&0&0\\0&0&0&0.1\end{bmatrix},\ \boldsymbol{D}_1=\begin{bmatrix}0.1&0&0&0\\0&0.1&0&0\\0&0&0.1&0\\0&0&0&0.1\end{bmatrix},\ \boldsymbol{D}_2=\begin{bmatrix}0&0\\0&0\\1&0.1\\0.1&0\end{bmatrix}$$

对于 $\gamma=14$，取初始矩阵 $\boldsymbol{K}_0$ 为

$$\boldsymbol{K}_0=\begin{bmatrix}-17.25&-5.5&0&0\\0&0&-4.7&-1.2\end{bmatrix}$$

可得到分散反馈增益为

$$\boldsymbol{K}_{\mathrm{d}}=\begin{bmatrix}-16.4551&-5.5917&0&0\\0&0&-5.9174&-0.9050\end{bmatrix}$$

此时闭环系统的极点均位于左半平面，闭环系统渐近稳定，闭环传递函数的 H_∞ 范数为 13.6568。计算结果如表 5.2 所示。

表 5.2　例 5.2 迭代计算结果

i	λ_1,λ_2	λ_3	λ_4	$\Vert\boldsymbol{T}_{z\omega}(\boldsymbol{K}_i)\Vert_\infty$
0	$-0.3091\pm2.8724\mathrm{j}$	−8.6137	−2.2680	35.3665
1	$-0.6744\pm2.9495\mathrm{j}$	−8.4173	−2.2661	19.8686
2	$-0.7367\pm2.9874\mathrm{j}$	−7.9327	−2.1978	18.2268

续表

i	λ_1, λ_2	λ_3	λ_4	$\lVert T_{z\omega}(K_i) \rVert_\infty$
3	−0.7763 ± 3.0204j	−7.6544	−2.1333	17.2533
4	−0.8182 ± 3.0570j	−7.3806	−2.0639	16.3306
5	−0.8608 ± 3.1008j	−7.0974	−1.9904	15.4483
6	−0.9023 ± 3.1477j	−6.7930	−1.9175	14.6324
7	−0.9247 ± 3.1885j	−6.5898	−1.8488	14.0728
8	−0.9435 ± 3.2209j	−6.4306	−1.7990	13.6568

系统在扰动为脉冲激励时，其控制输出脉冲响应曲线如图 5.6～图 5.9 所示。

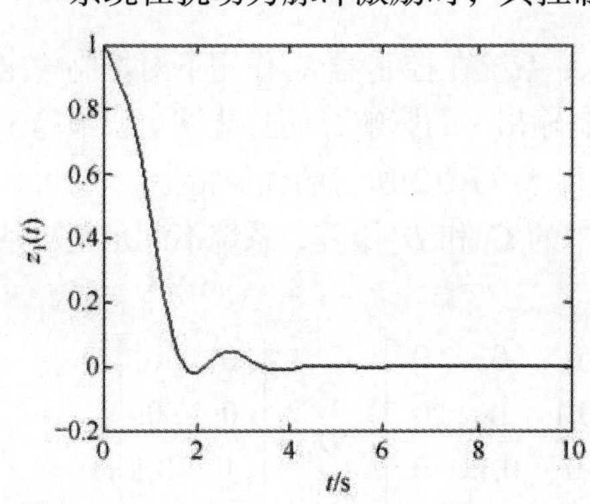

图 5.6　系统控制输出状态 1 脉冲响应曲线

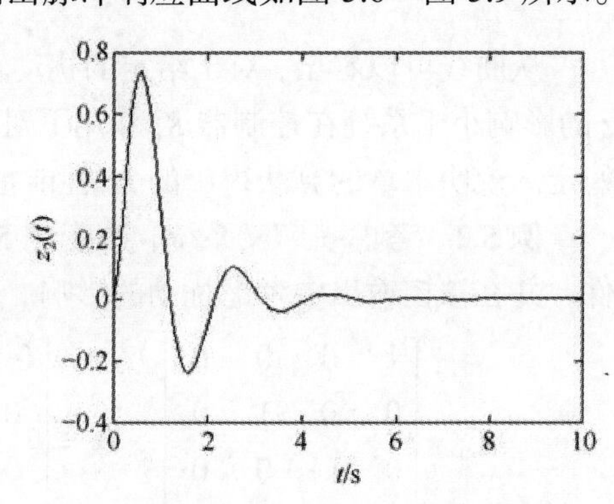

图 5.7　系统控制输出状态 2 脉冲响应曲线

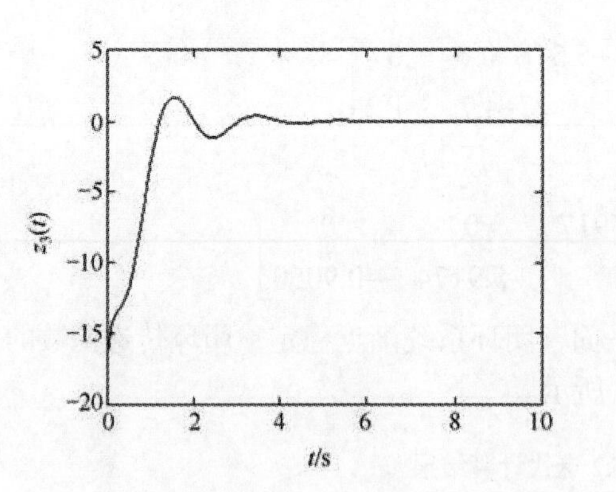

图 5.8　系统控制输出状态 3 脉冲响应曲线

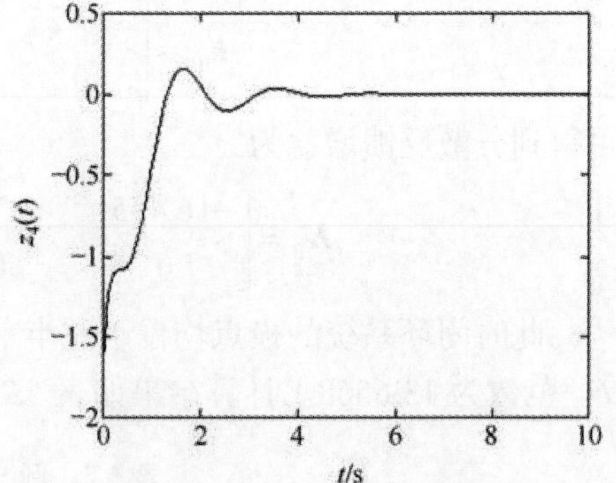

图 5.9　系统控制输出状态 4 脉冲响应曲线

系统在 $\boldsymbol{K}_0$ 和 $\boldsymbol{K}_\mathrm{d}$ 控制下的最大奇异值曲线如图 5.10 和图 5.11 所示。

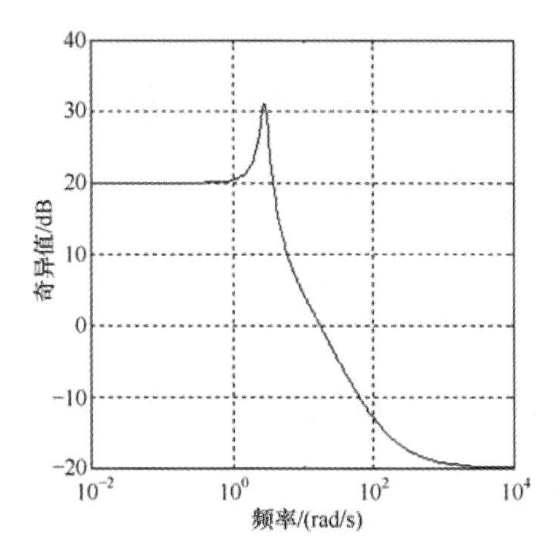

图 5.10　$\boldsymbol{K}_0$ 作用下最大奇异值曲线

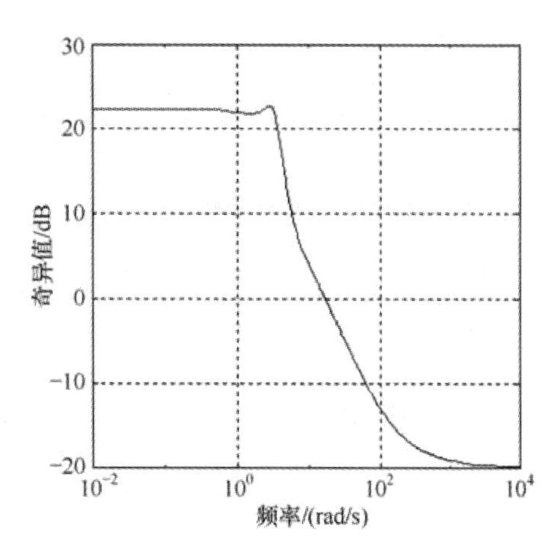

图 5.11　$\boldsymbol{K}_\mathrm{d}$ 作用下最大奇异值曲线

例 5.3　考虑由两个子系统构成的不确定大系统(5.1)，其中

$$\boldsymbol{A}_{11}=\begin{bmatrix}-2 & 1\\ 3 & 0\end{bmatrix},\quad \boldsymbol{B}_{11}=\begin{bmatrix}1 & 0\\ 1 & 1\end{bmatrix},\quad \boldsymbol{B}_{21}=\begin{bmatrix}0\\ 1\end{bmatrix},\quad \boldsymbol{A}_{12}=\begin{bmatrix}1 & 1\\ 0 & 2\end{bmatrix},\quad \boldsymbol{C}_{11}=\begin{bmatrix}1 & 1\\ 0 & 0\end{bmatrix}$$

$$\boldsymbol{D}_{11}=\begin{bmatrix}1 & 1\\ 0 & 0\end{bmatrix},\quad \boldsymbol{D}_{21}=\begin{bmatrix}0\\ 1\end{bmatrix},\quad \boldsymbol{A}_{22}=\begin{bmatrix}-2 & -3\\ 2 & -1\end{bmatrix},\quad \boldsymbol{B}_{12}=\begin{bmatrix}1 & 0\\ 0 & 1\end{bmatrix},\quad \boldsymbol{B}_{22}=\begin{bmatrix}0\\ 1\end{bmatrix}$$

$$\boldsymbol{A}_{21}=\begin{bmatrix}-1 & 0\\ -2 & -1\end{bmatrix},\quad \boldsymbol{C}_{12}=\begin{bmatrix}1 & 1\\ 0 & 0\end{bmatrix},\quad \boldsymbol{D}_{12}=\begin{bmatrix}0 & 0\\ 0 & 1\end{bmatrix},\quad \boldsymbol{D}_{22}=\begin{bmatrix}0\\ 1\end{bmatrix}$$

不确定矩阵为

$$\boldsymbol{R}_{11}=\begin{bmatrix}0.1 & 0.05\\ 0.15 & 0.1\end{bmatrix},\quad \boldsymbol{R}_{12}=\begin{bmatrix}0.05 & 0.05\\ 0 & 0.1\end{bmatrix},\quad \boldsymbol{S}_1=\begin{bmatrix}0\\ 0.1\end{bmatrix}$$

$$\boldsymbol{R}_{22}=\begin{bmatrix}0.1 & 0.15\\ 0.1 & 0.1\end{bmatrix},\quad \boldsymbol{R}_{21}=\begin{bmatrix}0.05 & 0\\ 0.1 & 0.05\end{bmatrix},\quad \boldsymbol{S}_2=\begin{bmatrix}0\\ 0.1\end{bmatrix}$$

在 $\gamma=10$ 的条件下，用直接 LMI 方法，求得的分散反馈增益矩阵为

$$\boldsymbol{K}_\mathrm{d}=\begin{bmatrix}-8.0550 & -9.9009 & 0 & 0\\ 0 & 0 & -1.2438 & -3.6854\end{bmatrix}$$

此时对应的 H_∞性能指标 $\gamma=3.9751$。用此结果作为初始反馈矩阵 $\boldsymbol{K}_0$，用 ILMI 方法迭代 30 次，求得的分散反馈增益矩阵为

$$\boldsymbol{K}_\mathrm{d}=\begin{bmatrix}-47.3746 & -50.6712 & 0 & 0\\ 0 & 0 & -2.3493 & -11.1229\end{bmatrix}$$

此时对应的 H_∞性能指标 $\gamma=3.9041$。由此可见，IIMI 算法能获得更优的性能指标。

5.3　数值界不确定性大系统分散 H_∞ 输出反馈控制

5.3.1　问题描述

考虑一类由 N 个子系统组成的状态阵、控制阵及关联矩阵中具有数值界不确定性的关联大系统，其子系统的方程为

$$\dot{\boldsymbol{x}}_i(t)=\left(\boldsymbol{A}_{ii}+\Delta\boldsymbol{A}_{ii}\right)\boldsymbol{x}_i(t)+\boldsymbol{B}_{1i}\boldsymbol{\omega}_i(t)+\left(\boldsymbol{B}_{2i}+\Delta\boldsymbol{B}_{2i}\right)\boldsymbol{u}_i+\sum_{j=1,\,j\neq i}^{N}\left(\boldsymbol{A}_{ij}+\Delta\boldsymbol{A}_{ij}\right)\boldsymbol{x}_j(t) \tag{5.17a}$$

$$\boldsymbol{z}_i(t)=\boldsymbol{C}_{1i}\boldsymbol{x}_i(t)+\boldsymbol{D}_{12i}\boldsymbol{u}_i(t) \tag{5.17b}$$

$$\boldsymbol{y}_i(t)=\boldsymbol{C}_{2i}\boldsymbol{x}_i(t)+\boldsymbol{D}_{21i}\boldsymbol{\omega}_i(t) \tag{5.17c}$$

式中，$i=1,2,\cdots,N$；$\boldsymbol{x}_i(t)\in\mathbf{R}^{n_i}$、$\boldsymbol{\omega}_i(t)\in\mathbf{R}^{r_i}$、$\boldsymbol{u}_i(t)\in\mathbf{R}^{m_i}$、$\boldsymbol{z}_i(t)\in\mathbf{R}^{l_i}$、$\boldsymbol{y}_i(t)\in\mathbf{R}^{p_i}$ 分别为第 i 个子系统的状态、扰动输入、控制输入、被控输出和可测量输出向量；矩阵 $\boldsymbol{A}_{ii}$、$\boldsymbol{B}_{1i}$、$\boldsymbol{B}_{2i}$、$\boldsymbol{C}_{1i}$、$\boldsymbol{C}_{2i}$、$\boldsymbol{D}_{12i}$、$\boldsymbol{D}_{21i}$ 为具有相应维数的常数矩阵；$\boldsymbol{A}_{ij}$ 为第 j 个子系统与第 i 个子系统的关联矩阵；矩阵 $\Delta\boldsymbol{A}_{ii}$、$\Delta\boldsymbol{B}_{2i}$ 和 $\Delta\boldsymbol{A}_{ij}$ 分别为状态矩阵、控制输入矩阵和关联矩阵的不确定性，它们有如下的数值界：

$$\left|\Delta\boldsymbol{A}_{ij}\right|\prec\boldsymbol{R}_{ij},\quad\left|\Delta\boldsymbol{B}_{2i}\right|\prec\boldsymbol{S}_i,\quad i,j=1,2,\cdots,N$$

整个关联大系统可描述为

$$\begin{aligned}&\dot{\boldsymbol{x}}=(\boldsymbol{A}+\Delta\boldsymbol{A})\boldsymbol{x}+\boldsymbol{B}_1\boldsymbol{\omega}+(\boldsymbol{B}_2+\Delta\boldsymbol{B}_2)\boldsymbol{u}\\&\boldsymbol{z}=\boldsymbol{C}_1\boldsymbol{x}+\boldsymbol{D}_{12}\boldsymbol{u}\\&\boldsymbol{y}=\boldsymbol{C}_2\boldsymbol{x}+\boldsymbol{D}_{21}\boldsymbol{\omega}\end{aligned} \tag{5.18}$$

式中

$$\begin{aligned}&\boldsymbol{A}=\left[\boldsymbol{A}_{ij}\right]_{N\times N},\quad\boldsymbol{B}_1=\operatorname{diag}\left\{\boldsymbol{B}_{11},\cdots,\boldsymbol{B}_{1N}\right\},\quad\boldsymbol{B}_2=\operatorname{diag}\left\{\boldsymbol{B}_{21},\cdots,\boldsymbol{B}_{2N}\right\}\\&\boldsymbol{C}_1=\operatorname{diag}\left\{\boldsymbol{C}_{11},\cdots,\boldsymbol{C}_{1N}\right\},\quad\boldsymbol{C}_2=\operatorname{diag}\left\{\boldsymbol{C}_{21},\cdots,\boldsymbol{C}_{2N}\right\}\\&\boldsymbol{D}_{12}=\operatorname{diag}\left\{\boldsymbol{D}_{121},\cdots,\boldsymbol{D}_{12N}\right\},\quad\boldsymbol{D}_{21}=\operatorname{diag}\left\{\boldsymbol{D}_{211},\cdots,\boldsymbol{D}_{21N}\right\}\\&\Delta\boldsymbol{A}=\left[\Delta\boldsymbol{A}_{ij}\right]_{N\times N},\quad\Delta\boldsymbol{B}_2=\operatorname{diag}\left\{\Delta\boldsymbol{B}_{21},\cdots,\Delta\boldsymbol{B}_{2N}\right\}\\&\boldsymbol{x}=\operatorname{col}\left\{\boldsymbol{x}_1,\cdots,\boldsymbol{x}_N\right\},\quad\boldsymbol{\omega}=\operatorname{col}\left\{\boldsymbol{\omega}_1,\cdots,\boldsymbol{\omega}_N\right\},\quad\boldsymbol{u}=\operatorname{col}\left\{\boldsymbol{u}_1,\cdots,\boldsymbol{u}_N\right\}\\&\boldsymbol{z}=\operatorname{col}\left\{\boldsymbol{z}_1,\cdots,\boldsymbol{z}_N\right\},\quad\boldsymbol{y}=\operatorname{col}\left\{\boldsymbol{y}_1,\cdots,\boldsymbol{y}_N\right\}\end{aligned}$$

分散 H_∞ 输出反馈控制问题：对大系统(5.17)，假设满足 $(\boldsymbol{A}_{ii},\boldsymbol{B}_{2i},\boldsymbol{C}_{2i})$ 可稳定且可观测，为每个子系统设计一个严格真的输出反馈控制器

$$\begin{aligned}\dot{\boldsymbol{x}}_{ci} &= \boldsymbol{A}_{ci}\boldsymbol{x}_{ci} + \boldsymbol{B}_{ci}\boldsymbol{y}_i \\ \boldsymbol{u}_i &= \boldsymbol{C}_{ci}\boldsymbol{x}_{ci}\end{aligned} \qquad i = 1,\cdots,N \tag{5.19}$$

使闭环大系统稳定并使从扰动 $\boldsymbol{\omega}$ 到被控输出 $\boldsymbol{z}$ 的传递函数 $\boldsymbol{T}_{z\omega}(s)$ 满足 $\|\boldsymbol{T}_{z\omega}(s)\|_\infty < \gamma$。其中 $\boldsymbol{x}_{ci} \in \mathbf{R}^{n_i}$ 为第 i 个局部控制器的状态，$\boldsymbol{A}_{ci}$、$\boldsymbol{B}_{ci}$、$\boldsymbol{C}_{ci}$ 为需要设计的常数矩阵。

采用式(5.19)的控制律，其闭环大系统为

$$\begin{aligned}\dot{\boldsymbol{x}}_{cl} &= \boldsymbol{A}_{cl}\boldsymbol{x}_{cl} + \boldsymbol{B}_{cl}\boldsymbol{\omega} \\ \boldsymbol{z} &= \boldsymbol{C}_{cl}\boldsymbol{x}_{cl}\end{aligned} \tag{5.20}$$

式中

$$\boldsymbol{x}_{cl} = \mathrm{col}\{\boldsymbol{x},\boldsymbol{x}_c\},\quad \boldsymbol{x}_c = \mathrm{col}\{\boldsymbol{x}_{c1},\cdots,\boldsymbol{x}_{cN}\},\quad \boldsymbol{A}_c = \mathrm{diag}\{\boldsymbol{A}_{c1},\cdots,\boldsymbol{A}_{cN}\}$$

$$\boldsymbol{B}_c = \mathrm{diag}\{\boldsymbol{B}_{c1},\cdots,\boldsymbol{B}_{cN}\},\quad \boldsymbol{C}_c = \mathrm{diag}\{\boldsymbol{C}_{c1},\cdots,\boldsymbol{C}_{cN}\}$$

$$\boldsymbol{A}_{cl} = \begin{bmatrix}\boldsymbol{A}+\Delta\boldsymbol{A} & (\boldsymbol{B}_2+\Delta\boldsymbol{B}_2)\boldsymbol{C}_c \\ \boldsymbol{B}_c\boldsymbol{C}_2 & \boldsymbol{A}_c\end{bmatrix},\quad \boldsymbol{B}_{cl} = \begin{bmatrix}\boldsymbol{B}_1 \\ \boldsymbol{B}_c\boldsymbol{D}_{21}\end{bmatrix},\quad \boldsymbol{C}_{cl} = [\boldsymbol{C}_1 \quad \boldsymbol{D}_{12}\boldsymbol{C}_c]$$

由式(5.18)可知从扰动 $\boldsymbol{\omega}$ 到被控输出 $\boldsymbol{z}$ 的传递函数 $\boldsymbol{T}_{z\omega}(s)$ 为 $\boldsymbol{T}_{z\omega}(s) = \boldsymbol{C}_{cl}(s\boldsymbol{I}-\boldsymbol{A}_{cl})^{-1}\boldsymbol{B}_{cl}$。

5.3.2　分散鲁棒 H_∞输出反馈控制器设计

本节首先推导出大系统(5.17)存在分散鲁棒 H_∞输出反馈控制器的充分条件，其次应用同伦方法提出求解控制器的迭代 LMI 算法。

定理 5.3　对任意给定的 $\gamma > 0$，若存在正数 $\alpha > 0$、$\beta > 0$ 及块对角正定矩阵 $\boldsymbol{X}$、$\boldsymbol{Y}$ 和块对角矩阵 $\boldsymbol{F}$、$\boldsymbol{L}$、$\boldsymbol{Q}$ (每一个子块的维数与相应子系统的维数相匹配)满足

$$\begin{aligned}&\boldsymbol{T}(\boldsymbol{X},\boldsymbol{Y},\boldsymbol{F},\boldsymbol{L},\boldsymbol{Q},\alpha,\beta) \\ &= \begin{bmatrix}\boldsymbol{J}_{11} & \boldsymbol{J}_{21}^{\mathrm{T}} & \boldsymbol{B}_1 & (\boldsymbol{C}_1\boldsymbol{X}+\boldsymbol{D}_{12}\boldsymbol{F})^{\mathrm{T}} \\ \boldsymbol{J}_{21} & \boldsymbol{J}_{22} & \boldsymbol{Y}\boldsymbol{B}_1+\boldsymbol{L}\boldsymbol{D}_{21} & \boldsymbol{C}_1^{\mathrm{T}} \\ \boldsymbol{B}_1^{\mathrm{T}} & (\boldsymbol{Y}\boldsymbol{B}_1+\boldsymbol{L}\boldsymbol{D}_{21})^{\mathrm{T}} & -\gamma\boldsymbol{I} & \boldsymbol{0} \\ \boldsymbol{C}_1\boldsymbol{X}+\boldsymbol{D}_{12}\boldsymbol{F} & \boldsymbol{C}_1 & \boldsymbol{0} & -\gamma\boldsymbol{I}\end{bmatrix} < 0\end{aligned} \tag{5.21}$$

$$\begin{bmatrix}\boldsymbol{X} & \boldsymbol{I} \\ \boldsymbol{I} & \boldsymbol{Y}\end{bmatrix} > 0 \tag{5.22}$$

则数值界不确定大系统(5.17)，存在分散输出反馈控制器(5.19)，使构成的闭环大系统(5.20)稳定且具有给定的 H_∞ 性能指标 γ。在此情形下，控制器的参数可取为

$$A_c = V^{-1}QU^{-T}, \quad B_c = V^{-1}L, \quad C_c = FU^{-T} \tag{5.23}$$

且

$$UV^T = I - XY \tag{5.24}$$

式中

$$J_{11} = AX + XA^T + B_2F + F^TB_2^T + (\alpha+\beta)I + \alpha^{-1}X\Gamma(R)X + \beta^{-1}F^T\Gamma(S)F$$
$$J_{21} = A^T + YAX + LC_2X + YB_2F + Q + (\alpha+\beta)Y + \alpha^{-1}\Gamma(R)X$$
$$J_{22} = YA + A^TF + LC_2 + (LC_2)^T + (\alpha+\beta)Y^2 + \alpha^{-1}\Gamma(R)$$
$$\Gamma(R) = T\left([R_{ij}]_{N\times N}\right), \quad i,j=1,\cdots,N, \quad \Gamma(S) = \mathrm{diag}\left\{\Gamma(S_1),\cdots,\Gamma(S_N)\right\}$$

证明　利用式(5.21)、式(5.22)和式(5.24)的解构造如下分块对称矩阵 X_{cl}：

$$X_{cl} = \begin{bmatrix} Y & V \\ V^T & U^{-1}XYXU^{-T} - U^{-1}XU^{-T} \end{bmatrix}$$

由式(5.22)和 Schur 补引理可知

$$X - Y^{-1} > 0$$

由 $Y>0$ 和 Schur 补引理并利用式(5.24)可得

$$\begin{aligned} U^{-1}XYXU^{-T} - U^{-1}XU^{-T} - V^TY^{-1}V &= U^{-1}\left(XYX - X - (I-XY)Y^{-1}(I-YX)\right)U^{-T} \\ &= U^{-1}\left(X - Y^{-1}\right)U^{-T} \\ &> 0 \end{aligned}$$

因此 X_{cl} 是正定矩阵。定义如下矩阵：

$$\begin{bmatrix} \varDelta_{11} & \varDelta_{21}^T \\ \varDelta_{21} & \varDelta_{22} \end{bmatrix} = \begin{bmatrix} \Delta AX + X\Delta A^T + \Delta B_2F + F^T\Delta B_2^T & \Delta A + X\Delta A^TY + F^T\Delta B_2^TY \\ \Delta A^T + Y\Delta AX + Y\Delta B_2F & Y\Delta A + \Delta A^TY \end{bmatrix} \tag{5.25}$$

$$\begin{bmatrix} Z_{11} & Z_{21}^T \\ Z_{21} & Z_{22} \end{bmatrix} = \begin{bmatrix} (\alpha+\beta)I + \alpha^{-1}X\Gamma(R)X + \beta^{-1}F^T\Gamma(S)F & (\alpha+\beta)Y + \alpha^{-1}X\Gamma(R) \\ (\alpha+\beta)Y + \alpha^{-1}\Gamma(R)X & (\alpha+\beta)Y^2 + \alpha^{-1}\Gamma(R) \end{bmatrix} \tag{5.26}$$

由引理 2.1、引理 2.3 及引理 2.4 可得

$$\begin{aligned} \begin{bmatrix} \varDelta_{11} & \varDelta_{21}^T \\ \varDelta_{21} & \varDelta_{22} \end{bmatrix} &= \begin{bmatrix} I \\ Y \end{bmatrix}\begin{bmatrix} \Delta AX & \Delta A \end{bmatrix} + \begin{bmatrix} X\Delta A^T \\ \Delta A^T \end{bmatrix}\begin{bmatrix} I & Y \end{bmatrix} + \begin{bmatrix} I \\ Y \end{bmatrix}\begin{bmatrix} \Delta B_2F & 0 \end{bmatrix} + \begin{bmatrix} F^T\Delta B_2^T \\ 0 \end{bmatrix}\begin{bmatrix} I & Y \end{bmatrix} \\ &\leqslant \alpha\begin{bmatrix} I \\ Y \end{bmatrix}\begin{bmatrix} I & Y \end{bmatrix} + \alpha^{-1}\begin{bmatrix} X\Delta A^T \\ \Delta A^T \end{bmatrix}\begin{bmatrix} \Delta AX & \Delta A \end{bmatrix} + \beta\begin{bmatrix} I \\ Y \end{bmatrix}\begin{bmatrix} I & Y \end{bmatrix} \\ &\quad + \beta^{-1}\begin{bmatrix} F^T\Delta B_2^T \\ 0 \end{bmatrix}\begin{bmatrix} \Delta B_2F & 0 \end{bmatrix} \end{aligned}$$

$$
\begin{aligned}
&=\begin{bmatrix}(\alpha+\beta)\boldsymbol{I}+\alpha^{-1}\boldsymbol{X}\Delta\boldsymbol{A}^{\mathrm{T}}\Delta\boldsymbol{A}\boldsymbol{X}+\beta^{-1}\boldsymbol{F}^{\mathrm{T}}\Delta\boldsymbol{B}_2^{\mathrm{T}}\Delta\boldsymbol{B}_2\boldsymbol{F} & (\alpha+\beta)\boldsymbol{Y}+\alpha^{-1}\boldsymbol{X}\Delta\boldsymbol{A}^{\mathrm{T}}\Delta\boldsymbol{A}\\ (\alpha+\beta)\boldsymbol{Y}+\alpha^{-1}\boldsymbol{X}\Delta\boldsymbol{A}^{\mathrm{T}}\Delta\boldsymbol{A} & (\alpha+\beta)\boldsymbol{Y}^2+\alpha^{-1}\Delta\boldsymbol{A}^{\mathrm{T}}\Delta\boldsymbol{A}\end{bmatrix}\\
&\leqslant\begin{bmatrix}(\alpha+\beta)\boldsymbol{I}+\alpha^{-1}\boldsymbol{X}\boldsymbol{\varGamma}(\boldsymbol{R})\boldsymbol{X}+\beta^{-1}\boldsymbol{F}^{\mathrm{T}}\boldsymbol{\varGamma}(\boldsymbol{S})\boldsymbol{F} & (\alpha+\beta)\boldsymbol{Y}+\alpha^{-1}\boldsymbol{X}\boldsymbol{\varGamma}(\boldsymbol{R})\\ (\alpha+\beta)\boldsymbol{Y}+\alpha^{-1}\boldsymbol{\varGamma}(\boldsymbol{R})\boldsymbol{X} & (\alpha+\beta)\boldsymbol{Y}^2+\alpha^{-1}\boldsymbol{\varGamma}(\boldsymbol{R})\end{bmatrix} \qquad (5.27)\\
&=\begin{bmatrix}\boldsymbol{Z}_{11} & \boldsymbol{Z}_{21}^{\mathrm{T}}\\ \boldsymbol{Z}_{21} & \boldsymbol{Z}_{22}\end{bmatrix}
\end{aligned}
$$

由式(5.25)～式(5.27)可知矩阵

$$
\boldsymbol{J}=\begin{bmatrix}\boldsymbol{\varDelta}_{11} & \boldsymbol{\varDelta}_{21}^{\mathrm{T}} & \boldsymbol{0} & \boldsymbol{0}\\ \boldsymbol{\varDelta}_{21} & \boldsymbol{\varDelta}_{22} & \boldsymbol{0} & \boldsymbol{0}\\ \boldsymbol{0} & \boldsymbol{0} & \boldsymbol{0} & \boldsymbol{0}\\ \boldsymbol{0} & \boldsymbol{0} & \boldsymbol{0} & \boldsymbol{0}\end{bmatrix}-\begin{bmatrix}\boldsymbol{Z}_{11} & \boldsymbol{Z}_{21}^{\mathrm{T}} & \boldsymbol{0} & \boldsymbol{0}\\ \boldsymbol{Z}_{21} & \boldsymbol{Z}_{22} & \boldsymbol{0} & \boldsymbol{0}\\ \boldsymbol{0} & \boldsymbol{0} & \boldsymbol{0} & \boldsymbol{0}\\ \boldsymbol{0} & \boldsymbol{0} & \boldsymbol{0} & \boldsymbol{0}\end{bmatrix}\leqslant 0
$$

定义矩阵

$$
\boldsymbol{\varTheta}=\begin{bmatrix}\boldsymbol{K}_{11} & \boldsymbol{K}_{21}^{\mathrm{T}} & \boldsymbol{B}_1 & (\boldsymbol{C}_1\boldsymbol{X}+\boldsymbol{D}_{12}\boldsymbol{F})^{\mathrm{T}}\\ \boldsymbol{K}_{21} & \boldsymbol{K}_{22} & \boldsymbol{Y}\boldsymbol{B}_1+\boldsymbol{L}\boldsymbol{D}_{21} & \boldsymbol{C}_1^{\mathrm{T}}\\ \boldsymbol{B}_1^{\mathrm{T}} & (\boldsymbol{Y}\boldsymbol{B}_1+\boldsymbol{L}\boldsymbol{D}_{21})^{\mathrm{T}} & -\gamma\boldsymbol{I} & \boldsymbol{0}\\ \boldsymbol{C}_1\boldsymbol{X}+\boldsymbol{D}_{12}\boldsymbol{F} & \boldsymbol{C}_1 & \boldsymbol{0} & -\gamma\boldsymbol{I}\end{bmatrix}
$$

式中

$$
\begin{aligned}
\boldsymbol{K}_{11}&=(\boldsymbol{A}+\Delta\boldsymbol{A})\boldsymbol{X}+\boldsymbol{X}(\boldsymbol{A}+\Delta\boldsymbol{A})^{\mathrm{T}}+(\boldsymbol{B}_2+\Delta\boldsymbol{B}_2)\boldsymbol{F}+\boldsymbol{F}^{\mathrm{T}}(\boldsymbol{B}_2+\Delta\boldsymbol{B}_2)^{\mathrm{T}}\\
\boldsymbol{K}_{21}&=(\boldsymbol{A}+\Delta\boldsymbol{A})^{\mathrm{T}}+\boldsymbol{Y}(\boldsymbol{A}+\Delta\boldsymbol{A})\boldsymbol{X}+\boldsymbol{L}\boldsymbol{C}_2\boldsymbol{X}+\boldsymbol{Y}(\boldsymbol{B}_2+\Delta\boldsymbol{B}_2)\boldsymbol{F}+\boldsymbol{Q}\\
\boldsymbol{K}_{22}&=\boldsymbol{Y}(\boldsymbol{A}+\Delta\boldsymbol{A})+(\boldsymbol{A}+\Delta\boldsymbol{A})^{\mathrm{T}}\boldsymbol{Y}+\boldsymbol{L}\boldsymbol{C}_2+\boldsymbol{C}_2^{\mathrm{T}}\boldsymbol{L}^{\mathrm{T}}
\end{aligned}
$$

则 $\boldsymbol{\varTheta}=\boldsymbol{T}(\boldsymbol{X},\boldsymbol{Y},\boldsymbol{F},\boldsymbol{L},\boldsymbol{Q},\alpha,\beta)+\boldsymbol{J}$ 。由 $\boldsymbol{T}(\boldsymbol{X},\boldsymbol{Y},\boldsymbol{F},\boldsymbol{L},\boldsymbol{Q},\alpha,\beta)<0,\boldsymbol{J}\leqslant 0$ 可知

$$
\boldsymbol{\varTheta}<0 \qquad (5.28)
$$

定义矩阵

$$
\boldsymbol{\varPi}=\begin{bmatrix}\boldsymbol{X} & \boldsymbol{I}\\ \boldsymbol{U}^{\mathrm{T}} & \boldsymbol{0}\end{bmatrix}
$$

并令 $\boldsymbol{Q}=\boldsymbol{V}\boldsymbol{A}_{\mathrm{c}}\boldsymbol{U}^{\mathrm{T}},\boldsymbol{L}=\boldsymbol{V}\boldsymbol{B}_{\mathrm{c}},\boldsymbol{F}=\boldsymbol{C}_{\mathrm{c}}\boldsymbol{U}^{\mathrm{T}}$ 代入式(5.26)，式(5.28)可重写为

$$
\begin{bmatrix}\boldsymbol{\varPi}^{\mathrm{T}}(\boldsymbol{A}_{\mathrm{cl}}^{\mathrm{T}}\boldsymbol{X}_{\mathrm{cl}}+\boldsymbol{X}_{\mathrm{cl}}\boldsymbol{A}_{\mathrm{cl}})\boldsymbol{\varPi} & \boldsymbol{\varPi}^{\mathrm{T}}\boldsymbol{X}_{\mathrm{cl}}\boldsymbol{B}_{\mathrm{cl}} & \boldsymbol{\varPi}^{\mathrm{T}}\boldsymbol{C}_{\mathrm{cl}}^{\mathrm{T}}\\ \boldsymbol{B}_{\mathrm{cl}}^{\mathrm{T}}\boldsymbol{X}_{\mathrm{cl}}\boldsymbol{\varPi} & -\gamma\boldsymbol{I} & \boldsymbol{0}\\ \boldsymbol{C}_{\mathrm{cl}}\boldsymbol{\varPi} & \boldsymbol{0} & -\gamma\boldsymbol{I}\end{bmatrix}<0
$$

在上面公式两边分别左乘 $\mathrm{diag}\{\boldsymbol{\varPi}^{-\mathrm{T}},\boldsymbol{I},\boldsymbol{I}\}$ 和右乘 $\mathrm{diag}\{\boldsymbol{\varPi}^{-1},\boldsymbol{I},\boldsymbol{I}\}$ ，则可得

$$\begin{bmatrix} A_{cl}^{T}X_{cl}+X_{cl}A_{cl} & X_{cl}B_{cl} & C_{cl}^{T} \\ B_{cl}^{T}X_{cl} & -\gamma I & 0 \\ C_{cl} & 0 & -\gamma I \end{bmatrix}<0$$

成立，由有界实引理可知定理 5.3 成立。证毕。

对满足式(5.24)的 U 和 V，一个简单的选择方法是选择 $U=I-XY$，$V=I$。

在定理 5.3 中，由于式(5.21)为非线性矩阵不等式(NLMI)，对于 NLMI 的求解，目前还没有很好的方法。在这里通过选取适当的同伦函数来表示该 NMLI，利用 Schur 补引理将其化为两个 BMI，迭代求解式(5.21)。

引入实数 $\lambda\in[0,1]$ 并定义矩阵

$$H(X,Y,F,L,Q,\alpha,\beta,\lambda)=G(X,Y,F,L,Q)+\lambda K(X,Y,F,L,Q,\alpha,\beta) \tag{5.29}$$

式中

$$G(X,Y,F,L,Q)=\begin{bmatrix} P_{11} & P_{21}^{T} & B_{1} & (C_{1}X+D_{12}F)^{T} \\ P_{21} & P_{22} & YB_{1}+LD_{21} & C_{1}^{T} \\ B_{1}^{T} & (YB_{1}+LD_{21})^{T} & -\gamma I & 0 \\ C_{1}X+D_{12}F & C_{1} & 0 & -\gamma I \end{bmatrix}$$

$$P_{11}=AX+XA^{T}+B_{2}F+F^{T}B_{2}^{T}$$

$$P_{21}=A^{T}+YAX+LC_{2}X+YB_{2}F+Q$$

$$P_{22}=YA+A^{T}Y+LC_{2}+C_{2}^{T}L^{T}$$

$$K(X,Y,F,L,Q,\alpha,\beta)=\begin{bmatrix} Z_{11} & Z_{21}^{T} & 0 & 0 \\ Z_{21} & Z_{22} & 0 & 0 \\ 0 & 0 & 0 & 0 \\ 0 & 0 & 0 & 0 \end{bmatrix}$$

很显然

$$H(X,Y,F,L,Q,\alpha,\beta,\lambda)=\begin{cases} G(X,Y,F,L,Q), & \lambda=0 \\ T(X,Y,F,L,Q,\alpha,\beta), & \lambda=1 \end{cases}$$

通过求解式(5.30)可以得到式(5.21)的解为

$$H(X,Y,F,L,Q,\alpha,\beta,\lambda)<0,\quad \lambda\in[0,1] \tag{5.30}$$

即当 λ 从 0 变到 1 时就可得到式(5.21)的解。

为求解问题(5.30)，应用 Schur 补引理，可得到与式(5.30)等价的两个矩阵不等式(5.31)和式(5.32)，即

$$H_{1}(X,Y,F,L,Q,\alpha,\beta,\lambda)=$$

$$
\begin{bmatrix}
M_{11} & M_{21}^{\mathrm{T}} & B_1 & (C_1X+D_{12}F)^{\mathrm{T}} & X & F^{\mathrm{T}} \\
M_{21} & M_{22} & YB_1+LD_{21} & C_1^{\mathrm{T}} & I & 0 \\
B_1^{\mathrm{T}} & (YB_1+LD_{21})^{\mathrm{T}} & -\gamma I & 0 & 0 & 0 \\
C_1X+D_{12}F & C_1 & 0 & -\gamma I & 0 & 0 \\
X & I & 0 & 0 & -\alpha\lambda^{-1}\Gamma(R)^{-1} & 0 \\
F & 0 & 0 & 0 & 0 & -\beta\lambda^{-1}\Gamma(S)^{-1}
\end{bmatrix}
< 0 \tag{5.31}
$$

式中

$$
M_{11} = AX + XA^{\mathrm{T}} + B_2F + F^{\mathrm{T}}B_2^{\mathrm{T}} + \lambda(\alpha+\beta)I
$$

$$
M_{21} = A^{\mathrm{T}} + YAX + LC_2X + YB_2F + Q + \lambda(\alpha+\beta)Y
$$

$$
M_{22} = YA + A^{\mathrm{T}}Y + LC_2 + C_2^{\mathrm{T}}L^{\mathrm{T}} + \lambda(\alpha+\beta)Y^2
$$

$$
H_2(X,Y,F,L,Q,\alpha,\beta,\lambda) =
\begin{bmatrix}
N_{11} & N_{21}^{\mathrm{T}} & B_1 & (C_1X+D_{12}F)^{\mathrm{T}} & I & I \\
N_{21} & N_{22} & YB_1+LD_{21} & C_1^{\mathrm{T}} & Y & Y \\
B_1^{\mathrm{T}} & (YB_1+LD_{21})^{\mathrm{T}} & -\gamma I & 0 & 0 & 0 \\
C_1X+D_{12}F & C_1 & 0 & -\gamma I & 0 & 0 \\
I & Y & 0 & 0 & -\alpha^{-1}\lambda^{-1}I & 0 \\
I & Y & 0 & 0 & 0 & -\beta^{-1}\lambda^{-1}I
\end{bmatrix}
< 0 \tag{5.32}
$$

式中

$$
N_{11} = AX + XA^{\mathrm{T}} + B_2F + F^{\mathrm{T}}B_2^{\mathrm{T}} + \alpha^{-1}\lambda X\Gamma(R)X + \beta^{-1}\lambda F^{\mathrm{T}}\Gamma(S)F
$$

$$
N_{21} = A^{\mathrm{T}} + YAX + LC_2X + YB_2F + Q + \alpha^{-1}\lambda\Gamma(R)X
$$

$$
N_{22} = YA + A^{\mathrm{T}}Y + LC_2 + C_2^{\mathrm{T}}L^{\mathrm{T}} + \alpha^{-1}\lambda\Gamma(R)
$$

可以看出如果固定变量 Y 和 L，式(5.31)是关于变量 X、F、Q、α 和 β 的 LMI，如果固定变量 X 和 F，式(5.32)是关于变量 Y、L、Q、α^{-1} 和 β^{-1} 的 LMI，可以通过逐步增加 λ 和交替求解式(5.31)和式(5.32)来获得满足式(5.30)和式(5.22)约束的解，因此有下面的迭代求解算法。

Step1　取 $\lambda=0$ 时的值为初始值。当 $\lambda=0$ 时求解式(5.30)等价于求解 $G(X,Y,F,L,Q)<0$。在 $G(X,Y,F,L,Q)$ 中约束 A_{21} 为块对角结构 Q_F，计算满足 $G(X,Y,F,L,Q_F)<0$ 和式(5.22)的块对角约束解作为初始值 X_0、Y_0、F_0、L_0。

Step2　设 M 为一个正整数(如 M=4)，并确定 M 的上限 $M_{\max}$ (如 $M_{\max}=2^{10}$)。设迭代次数为 K，并令 $K=0$。

Step3　令 $K=K+1$ 和 $\lambda_K=\dfrac{K}{M}$。在固定 $\boldsymbol{Y}_{K-1}$、$\boldsymbol{L}_{K-1}$ 条件下通过求解式(5.31)和式(5.22)得到相应的块对角阵 $\boldsymbol{X}$、$\boldsymbol{F}$。如果无可行解，则转至 Step4；如果存在可行解，则求得块对角阵 $\boldsymbol{X}$、$\boldsymbol{F}$ 并令 $\boldsymbol{X}_K=\boldsymbol{X}$、$\boldsymbol{F}_K=\boldsymbol{F}$，在固定 $\boldsymbol{X}_K$、$\boldsymbol{F}_K$ 条件下通过求解式(5.32)和式(5.22)得到相应的解 $\boldsymbol{Y}$、$\boldsymbol{L}$、$\boldsymbol{Q}$、α^{-1}、β^{-1} 且令 $\boldsymbol{Y}_K=\boldsymbol{Y}$、$\boldsymbol{L}_K=\boldsymbol{L}$、$\boldsymbol{Q}_K=\boldsymbol{Q}$ 并转至 Step6。

Step4　在固定 $\boldsymbol{X}_{K-1}$、$\boldsymbol{F}_{K-1}$ 条件下通过求解式(5.32)和式(5.22)得到相应的解 $\boldsymbol{Y}$、$\boldsymbol{L}$、$\boldsymbol{Q}$、α^{-1}、β^{-1}。如果不存在可行解，则转至 Step5；如果存在可行解，则求得 $\boldsymbol{Y}$、$\boldsymbol{L}$ 且令 $\boldsymbol{Y}_K=\boldsymbol{Y}$、$\boldsymbol{L}_K=\boldsymbol{L}$，在固定 $\boldsymbol{Y}_K$、$\boldsymbol{L}_K$ 条件下通过求解式(5.31)和式(5.22)得到相应的解 $\boldsymbol{X}$、$\boldsymbol{F}$、$\boldsymbol{Q}$、α、β 且令 $\boldsymbol{X}_K=\boldsymbol{X}$、$\boldsymbol{F}_K=\boldsymbol{F}$、$\boldsymbol{Q}_K=\boldsymbol{Q}$ 并转至 Step6。

Step5　令 $M=2M$ 且满足约束条件：$M\leqslant M_{\max}$。假设 $\boldsymbol{X}_{2(K-1)}=\boldsymbol{X}_{K-1}$，$\boldsymbol{Y}_{2(K-1)}=\boldsymbol{Y}_{K-1}$，$\boldsymbol{F}_{2(K-1)}=\boldsymbol{F}_{K-1}$，$\boldsymbol{L}_{2(K-1)}=\boldsymbol{L}_{K-1}$，$K=2(K-1)$，再转至 Step3。如果 M 的值不能再增大，则该算法无解。

Step6　如果 $K<M$，则转至 Step3。如果 $K=M$，矩阵 $\boldsymbol{X}_K$、$\boldsymbol{Y}_K$、$\boldsymbol{F}_K$、$\boldsymbol{L}_K$、$\boldsymbol{Q}_K$ 和正数 α、β 为式(5.21)和式(5.22)的解。

Step7　通过对 $\boldsymbol{U}\boldsymbol{V}^{\mathrm{T}}=\boldsymbol{I}-\boldsymbol{X}_K\boldsymbol{Y}_K$ 进行奇异值分解可求得 $\boldsymbol{U}$、$\boldsymbol{V}$，进而通过式(5.24)求得控制器(5.23)的参数。

5.3.3　仿真示例

例 5.4　考虑由两个子系统构成的不确定性大系统(5.17)，其中

$$\boldsymbol{A}_{11}=\begin{bmatrix}-2 & 1\\ 3 & 0\end{bmatrix},\quad \boldsymbol{B}_{11}=\begin{bmatrix}1 & 0\\ 1 & 1\end{bmatrix},\quad \boldsymbol{B}_{21}=\begin{bmatrix}0\\ 1\end{bmatrix},\quad \boldsymbol{A}_{12}=\begin{bmatrix}1 & 1\\ 0 & 2\end{bmatrix}$$

$$\boldsymbol{C}_{11}=\begin{bmatrix}1 & 1\\ 0 & 0\end{bmatrix},\quad \boldsymbol{D}_{121}=\begin{bmatrix}0\\ 1\end{bmatrix},\quad \boldsymbol{C}_{21}=\begin{bmatrix}1\\ 2\end{bmatrix}^{\mathrm{T}},\quad \boldsymbol{D}_{211}=\begin{bmatrix}1\\ 1\end{bmatrix}^{\mathrm{T}}$$

$$\boldsymbol{A}_{22}=\begin{bmatrix}-2 & -3\\ 2 & -1\end{bmatrix},\quad \boldsymbol{B}_{12}=\begin{bmatrix}1 & 0\\ 0 & 1\end{bmatrix},\quad \boldsymbol{B}_{22}=\begin{bmatrix}0\\ 1\end{bmatrix},\quad \boldsymbol{A}_{21}=\begin{bmatrix}-1 & 0\\ -2 & -1\end{bmatrix}$$

$$\boldsymbol{C}_{12}=\begin{bmatrix}1 & 1\\ 0 & 0\end{bmatrix},\quad \boldsymbol{D}_{122}=\begin{bmatrix}0\\ 1\end{bmatrix},\quad \boldsymbol{C}_{22}=\begin{bmatrix}-1\\ 1\end{bmatrix}^{\mathrm{T}},\quad \boldsymbol{D}_{212}=\begin{bmatrix}0\\ 1\end{bmatrix}^{\mathrm{T}}$$

不确定性矩阵的数值界为

$$\boldsymbol{R}_{11}=\begin{bmatrix}0.1 & 0.05\\ 0.15 & 0\end{bmatrix},\quad \boldsymbol{S}_{1}=\begin{bmatrix}0\\ 0.1\end{bmatrix},\quad \boldsymbol{R}_{12}=\begin{bmatrix}0.05 & 0.05\\ 0 & 0.1\end{bmatrix}$$

$$\boldsymbol{R}_{22}=\begin{bmatrix}0.1 & 0.15\\ 0.1 & 0.1\end{bmatrix},\quad \boldsymbol{R}_{21}=\begin{bmatrix}0.05 & 0\\ 0.1 & 0.05\end{bmatrix},\quad \boldsymbol{S}_{2}=\begin{bmatrix}0\\ 0.1\end{bmatrix}$$

可以验证系统中的不确定项不满足匹配条件，用本节提出的同伦迭代算法，求解式(5.21)和式(5.22)，在 $\gamma=10, M=8$ 的条件下，求得

$$\boldsymbol{X}=\begin{bmatrix} 1.2165 & -1.5717 & 0 & 0 \\ -1.5717 & 2.9058 & 0 & 0 \\ 0 & 0 & 1.8319 & -0.1897 \\ 0 & 0 & -0.1897 & 0.9745 \end{bmatrix}$$

$$\boldsymbol{Y}=\begin{bmatrix} 4.0576 & 0.3065 & 0 & 0 \\ 0.3065 & 6.2245 & 0 & 0 \\ 0 & 0 & 6.1656 & -1.7894 \\ 0 & 0 & -1.7894 & 6.8606 \end{bmatrix}$$

$$\boldsymbol{F}=\begin{bmatrix} -0.1939 & -6.1718 & 0 & 0 \\ 0 & 0 & -0.0795 & -6.2118 \end{bmatrix}$$

$$\boldsymbol{L}=\begin{bmatrix} -6.5504 & 0 \\ -15.4650 & 0 \\ 0 & 11.1509 \\ 0 & -16.1209 \end{bmatrix},\quad \boldsymbol{Q}=\begin{bmatrix} 2.1254 & -1.4822 & 0 & 0 \\ -51.4524 & 131.9264 & 0 & 0 \\ 0 & 0 & 44.8323 & -15.1772 \\ 0 & 0 & -57.1729 & 64.7793 \end{bmatrix}$$

相应的分散 H_∞ 输出反馈控制器参数为

$$\boldsymbol{A}_{\mathrm{c}}=\begin{bmatrix} -5.8587 & -2.3394 & 0 & 0 \\ -114.5800 & -54.9100 & 0 & 0 \\ 0 & 0 & -3.9546 & -0.6067 \\ 0 & 0 & 0.9429 & -10.2951 \end{bmatrix},\quad \boldsymbol{B}_{\mathrm{c}}=\begin{bmatrix} -6.5504 & 0 \\ -15.4650 & 0 \\ 0 & 11.1509 \\ 0 & -16.1209 \end{bmatrix}$$

$$\boldsymbol{C}_{\mathrm{c}}=\begin{bmatrix} 17.3721 & 7.5380 & 0 & 0 \\ 0 & 0 & 0.5702 & 1.1306 \end{bmatrix}$$

在该控制器的作用下，当 $\Delta\boldsymbol{A}_{ij}$ 和 $\Delta\boldsymbol{B}_{2i}$ 在各自的摄动界内取不同的值时，其闭环系统的极点和对应的 H_∞ 性能指标如表 5.3 所示，对应的最大奇异值曲线如图 5.12 所示。仿真结果表明在不同的不确定性影响下，闭环大系统的极点均位于左半平面(即闭环系统稳定)，且对应的最大奇异值(H_∞ 范数)均小于预先指定的 $\gamma=10$。

表 5.3　闭环系统的计算结果及曲线对应关系

不确定性		闭环特征值	H_∞ 性能指标	对应的最大奇异值曲线
$\Delta\boldsymbol{A}_{ij}$	$\Delta\boldsymbol{B}_{2i}$			
0	0	−51.3191　−8.6004　−3.2134±3.6086j −1.2899　−3.8042　−4.2889±1.8746j	5.8069	图 5.12(a)实线

续表

不确定性		闭环特征值	H_∞性能指标	对应的最大奇异值曲线
ΔA_{ij}	ΔB_{2i}			
$\boldsymbol{R}_{ij}$	$\boldsymbol{S}_i$	−50.2834　−8. 4888　−3.1494±3.4245j −1.2507　−3.6785　−4.8590±1.7948j	5.7883	图 5.12(a)虚线
$\boldsymbol{R}_{ij}$	$-\boldsymbol{S}_i$	−52.3168　−8.6502　−2.8664±3.5889j −1.3579　−3.9429　−3.8590±1.8444j	5.8340	图 5.12(a)点连线
$-\boldsymbol{R}_{ij}$	$\boldsymbol{S}_i$	−50.2746　−8.6328　−3.5208±3.6774j −1.2287　−3.6975　−4.7216±1.7377j	5.7878	图 5.12(a)点画线
$-\boldsymbol{R}_{ij}$	$-\boldsymbol{S}_i$	−52.3104　−8.7852　−3.1975±3.7845j −1.3337　−3.8546　−3.8198±1.9319j	5.8332	图 5.12(b)实线
$0.5\boldsymbol{R}_{ij}$	$0.5\boldsymbol{S}_i$	−50.8072　−8.5288　−3.1895±3.5147j −1.2698　−3.7500　−4.5668±1.8347j	5.7970	图 5.12(b)虚线
$-0.5\boldsymbol{R}_{ij}$	$0.5\boldsymbol{S}_i$	−51.8200　−8.6888　−3.2165±3.7012j −1.3112　−3.8381　−4.0387±1.9073j	5.8187	图 5.12(b)点连线
$-0.75\boldsymbol{R}_{ij}$	$0.25\boldsymbol{S}_i$	−51.0607　−8.6365　−3.3800±3.6796j −1.2685　−3.7658　−4.3760±1.8615j	5.8014	图 5.12(b)点画线

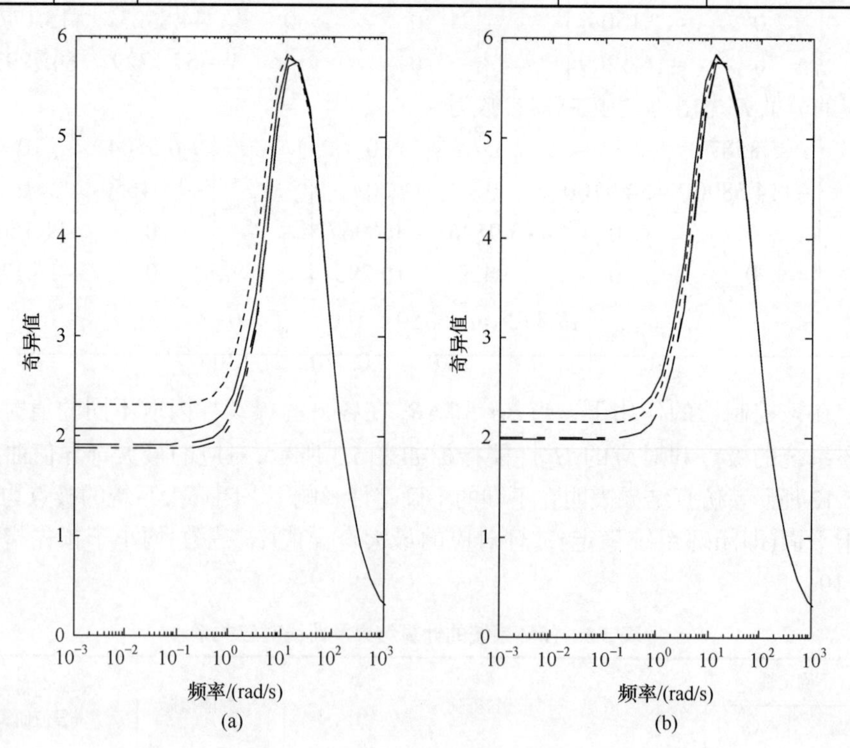

图 5.12　闭环系统最大奇异值曲线图

5.4 数值界不确定性大系统分散 H_2/H_∞状态反馈控制

最优 H_2 控制问题可以解释为：当外部输入 ω 是均值为零的白噪声时，使控制输出 z 的功率期望值最小，最优 H_2 控制系统具有许多优良品质，但其鲁棒性较差。传递函数的 H_∞范数描述了输入有限能量信号传递到输出的最大能量放大倍数，用 H_∞方法设计的控制器虽然能较好地解决系统的鲁棒性问题，但系统的动态性能相对较差，是以牺牲系统的其他性能为代价的。实际工程应用中，用 H_∞方法设计出的控制器往往过于保守。较理想的控制设计策略使系统同时具有 H_2 控制的优良性能和 H_∞控制的鲁棒性，即把 H_2 控制理论和 H_∞控制理论相结合起来考虑。鉴于此，Berstein 等提出了 H_2/H_∞混合控制的设计思想[14]，由于这一方法能较好地解决系统的鲁棒性和性能问题，因而一提出就得到广泛关注，并得到了巨大发展。H_2/H_∞多目标控制问题反映了许多生产过程的实际控制要求，例如，锌湿法冶炼浸出过程是一个关联大系统，为保证上清液的质量，要求外界各种干扰对中性浸出终点的 pH 的影响最小，这是一个 H_∞控制目标问题；同时为保证物料平衡和酸性浸出的正常运行，要求中性浓缩底流最小，这是一个 H_2 控制问题，综合考虑浸出过程对生产过程的要求则为一个 H_2/H_∞多目标控制问题。因此，对 H_2/H_∞多目标控制的研究具有实际意义和理论价值。

H_2/H_∞控制问题就是寻找一内部稳定化控制器，使 H_2/H_∞性能指标最小，且该指标受到闭环传递函数的 H_∞范数的不等式约束。这种指标可看成闭环传递函数的 H_2 范数的上界，也可以认为是具有 H_∞范数界的不确定性的传函的鲁棒 H_2 范数的上界，因此 H_2/H_∞问题是多目标控制问题中很典型的一种[15]。目前基于 H_2/H_∞理论的控制问题的研究已取得了重大进展，提出了许多解决 H_2/H_∞控制设计的方法和技术。由于 LMIs 本质上反映的是约束关系，可以灵活地将闭环系统的各种约束关系和性能指标用矩阵不等式描述，适合于 H_2/H_∞多目标控制问题。在此本章把用于求解分散 H_∞状态反馈控制器的直接 LMI 和 ILMI 方法推广应用到求解一类状态矩阵、控制输入矩阵及关联矩阵中含有数值界不确定性的大系统分散鲁棒 H_2/H_∞状态反馈控制器设计问题，所得的分散控制器，使闭环大系统鲁棒稳定，并且能优化闭环系统的 H_2/H_∞性能指标。

5.4.1 问题描述

考虑一类由 N 个子系统组成的状态阵、控制输入阵及关联矩阵中具有数值界不确定性的关联大系统，其子系统的方程为

$$\dot{\boldsymbol{x}}_i(t)=\left(\boldsymbol{A}_{ii}+\Delta\boldsymbol{A}_{ii}\right)\boldsymbol{x}_i(t)+\boldsymbol{B}_{1i}\boldsymbol{\omega}_i(t)+\left(\boldsymbol{B}_{2i}+\Delta\boldsymbol{B}_{2i}\right)\boldsymbol{u}_i(t)+\sum_{j=1,\,j\neq i}^{N}\left(\boldsymbol{A}_{ij}+\Delta\boldsymbol{A}_{ij}\right)\boldsymbol{x}_j(t) \tag{5.33a}$$

$$z_{1i}(t)=\boldsymbol{C}_{1i}\boldsymbol{x}_i(t)+\boldsymbol{D}_{11i}\boldsymbol{\omega}_i(t)+\boldsymbol{D}_{12i}\boldsymbol{u}_i(t) \tag{5.33b}$$

$$z_{2i}(t)=\boldsymbol{C}_{2i}\boldsymbol{x}_i(t)+\boldsymbol{D}_{22i}\boldsymbol{u}_i(t) \tag{5.33c}$$

$$\boldsymbol{y}_i(t)=\boldsymbol{x}_i(t) \tag{5.33d}$$

式中，$i=1,2,\cdots,N$；$\boldsymbol{x}_i(t)\in\mathbf{R}^{n_i}$、$\boldsymbol{\omega}_i(t)\in\mathbf{R}^{r_i}$、$\boldsymbol{u}_i(t)\in\mathbf{R}^{m_i}$、$z_{1i}(t)\in\mathbf{R}^{l_{1i}}$、$z_{2i}(t)\in\mathbf{R}^{l_{2i}}$、$\boldsymbol{y}_i(t)\in\mathbf{R}^{n_i}$ 分别为第 i 个子系统的状态、扰动输入、控制输入、与 H_∞ 范数和 H_2 范数有关的被控输出及可测量输出向量；矩阵 $\boldsymbol{A}_{ii}$、$\boldsymbol{B}_{1i}$、$\boldsymbol{B}_{2i}$、$\boldsymbol{C}_{1i}$、$\boldsymbol{D}_{11i}$、$\boldsymbol{D}_{12i}$、$\boldsymbol{C}_{2i}$、$\boldsymbol{D}_{22i}$ 为具有相应维数的常数矩阵；$\boldsymbol{A}_{ij}$ 为第 j 个子系统与第 i 个子系统的关联矩阵；矩阵 $\Delta\boldsymbol{A}_{ii}$、$\Delta\boldsymbol{B}_{2i}$ 和 $\Delta\boldsymbol{A}_{ij}$ 分别为状态矩阵、控制输入矩阵和关联矩阵的不确定性，它们有如下数值界：

$$\left|\Delta\boldsymbol{A}_{ij}\right|\prec\boldsymbol{R}_{ij},\quad\left|\Delta\boldsymbol{B}_{2i}\right|\prec\boldsymbol{S}_i,\quad i,j=1,2,\cdots,N$$

整个关联大系统可描述为

$$\begin{aligned}\dot{\boldsymbol{x}}&=(\boldsymbol{A}+\Delta\boldsymbol{A})\boldsymbol{x}+\boldsymbol{B}_1\boldsymbol{\omega}+(\boldsymbol{B}_2+\Delta\boldsymbol{B}_2)\boldsymbol{u}\\ z_1&=\boldsymbol{C}_1\boldsymbol{x}+\boldsymbol{D}_{11}\boldsymbol{\omega}+\boldsymbol{D}_{12}\boldsymbol{u}\\ z_2&=\boldsymbol{C}_2\boldsymbol{x}+\boldsymbol{D}_{22}\boldsymbol{u}\\ \boldsymbol{y}&=\boldsymbol{x}\end{aligned} \tag{5.34}$$

式中

$$\boldsymbol{A}=\left[\boldsymbol{A}_{ij}\right]_{N\times N},\quad\boldsymbol{B}_1=\mathrm{diag}\left\{\boldsymbol{B}_{11},\cdots,\boldsymbol{B}_{1N}\right\},\quad\boldsymbol{B}_2=\mathrm{diag}\left\{\boldsymbol{B}_{21},\cdots,\boldsymbol{B}_{2N}\right\}$$

$$\boldsymbol{C}_1=\mathrm{diag}\left\{\boldsymbol{C}_{11},\cdots,\boldsymbol{C}_{1N}\right\},\quad\boldsymbol{D}_{11}=\mathrm{diag}\left\{\boldsymbol{D}_{11i},\cdots,\boldsymbol{D}_{11N}\right\},\quad\boldsymbol{D}_{12}=\mathrm{diag}\left\{\boldsymbol{D}_{12i},\cdots,\boldsymbol{D}_{12N}\right\}$$

$$\boldsymbol{C}_2=\mathrm{diag}\left\{\boldsymbol{C}_{21},\cdots,\boldsymbol{C}_{2N}\right\},\quad\boldsymbol{D}_{22}=\mathrm{diag}\left\{\boldsymbol{D}_{221},\cdots,\boldsymbol{D}_{22N}\right\},\quad\Delta\boldsymbol{A}=\left[\Delta\boldsymbol{A}_{ij}\right]_{N\times N}$$

$$\Delta\boldsymbol{B}_2=\mathrm{diag}\left\{\Delta\boldsymbol{B}_{21},\cdots,\Delta\boldsymbol{B}_{2N}\right\},\quad\boldsymbol{x}=\mathrm{col}\left\{\boldsymbol{x}_1,\cdots,\boldsymbol{x}_N\right\},\quad\boldsymbol{\omega}=\mathrm{col}\left\{\boldsymbol{\omega}_1,\cdots,\boldsymbol{\omega}_N\right\}$$

$$\boldsymbol{u}=\mathrm{col}\left\{\boldsymbol{u}_1,\cdots,\boldsymbol{u}_N\right\},\quad z_1=\mathrm{col}\left\{z_{1i},\cdots,z_{1N}\right\},\quad z_2=\mathrm{col}\left\{z_{2i},\cdots,z_{2N}\right\},\quad\boldsymbol{y}=\mathrm{col}\left\{\boldsymbol{y}_1,\cdots,\boldsymbol{y}_N\right\}$$

假设系统的状态完全可测，基于状态反馈分散 H_2/H_∞控制规律可描述为

$$\boldsymbol{u}=\boldsymbol{K}_{\mathrm{d}}\boldsymbol{y}=\boldsymbol{K}_{\mathrm{d}}\boldsymbol{x} \tag{5.35}$$

式中

$$\boldsymbol{K}_{\mathrm{d}}=\mathrm{diag}\left\{\boldsymbol{K}_1,\cdots,\boldsymbol{K}_i,\cdots,\boldsymbol{K}_N\right\}\in\boldsymbol{\varPhi} \tag{5.36}$$

$\boldsymbol{\varPhi}$ 为能在子系统水平上给出局部状态反馈控制的块对角矩阵的集合，$\boldsymbol{K}_i\in\mathbf{R}^{m_i\times n_i}$ $(i=1,2,\cdots,N)$。

为确保分散控制器的存在，一般假设由式(5.33)组成的大系统(5.34)在控制律

式(5.35)及结构约束式(5.36)下，没有不稳定的分散固定模，并用 $\boldsymbol{T}_{z_1\omega}^{\mathrm{d}}(s)$ 和 $\boldsymbol{T}_{z_2\omega}^{\mathrm{d}}(s)$ 表示从 $\boldsymbol{\omega}$ 到 $\boldsymbol{z}_1$ 、 $\boldsymbol{z}_2$ 的闭环传递函数，则

$$\boldsymbol{T}_{z_1\omega}^{\mathrm{d}}(s)=(\boldsymbol{C}_1+\boldsymbol{D}_{12}\boldsymbol{K}_{\mathrm{d}})(s\boldsymbol{I}-\boldsymbol{A}-\Delta\boldsymbol{A}-\boldsymbol{B}_2\boldsymbol{K}_{\mathrm{d}}-\Delta\boldsymbol{B}_2\boldsymbol{K}_{\mathrm{d}})^{-1}\boldsymbol{B}_1+\boldsymbol{D}_{11}$$

$$\boldsymbol{T}_{z_2\omega}^{\mathrm{d}}(s)=(\boldsymbol{C}_2+\boldsymbol{D}_{22}\boldsymbol{K}_{\mathrm{d}})(s\boldsymbol{I}-\boldsymbol{A}-\Delta\boldsymbol{A}-\boldsymbol{B}_2\boldsymbol{K}_{\mathrm{d}}-\Delta\boldsymbol{B}_2\boldsymbol{K}_{\mathrm{d}})^{-1}\boldsymbol{B}_1$$

分散 H_2/H_∞ 状态反馈控制问题，就是对于由式(5.33)组成的大系统(5.34)，采用式(5.35)描述的控制律，在式(5.36)的结构约束下，寻找一个容许的控制器 $\boldsymbol{K}_{\mathrm{d}}$，使得

(1) 闭环大系统渐近稳定；

(2) $\left\|\boldsymbol{T}_{z_1\omega}^{\mathrm{d}}(s)\right\|_\infty<\gamma$；

(3) $\boldsymbol{T}_{z_2\omega}^{\mathrm{d}}(s)$ 的 H_2 范数最小，即 $\underset{\boldsymbol{K}_{\mathrm{d}}}{\mathrm{Min}}\left\|\boldsymbol{T}_{z_2\omega}^{\mathrm{d}}(s)\right\|_2$。

其中，γ 是预先给定的正常数，不失一般性，假设 $\gamma=1$。

5.4.2 分散鲁棒 H_2/H_∞ 控制器设计

对于分散 H_2/H_∞ 状态反馈控制问题，定理 5.4 给出了存在分散 H_2/H_∞ 状态反馈控制的一个充分条件。

定理 5.4 对于由式(5.33)组成的数值界不确定性大系统(5.34)，若存在正数 $\alpha>0$、$\beta>0$ 及正定对称矩阵 $\boldsymbol{X}$ 、$\boldsymbol{Y}$ 和矩阵 $\boldsymbol{K}_{\mathrm{d}}$ 满足

$$\begin{bmatrix}\bar{\boldsymbol{A}} & \boldsymbol{B}_1 & \boldsymbol{X}(\boldsymbol{C}_1+\boldsymbol{D}_{12}\boldsymbol{K}_{\mathrm{d}})^{\mathrm{T}} & \boldsymbol{X} & (\boldsymbol{K}_{\mathrm{d}}\boldsymbol{X})^{\mathrm{T}} \\ \boldsymbol{B}_1^{\mathrm{T}} & -\boldsymbol{I} & \boldsymbol{D}_{11}^{\mathrm{T}} & \boldsymbol{0} & \boldsymbol{0} \\ (\boldsymbol{C}_1+\boldsymbol{D}_{12}\boldsymbol{K}_{\mathrm{d}})\boldsymbol{X} & \boldsymbol{D}_{11} & -\boldsymbol{I} & \boldsymbol{0} & \boldsymbol{0} \\ \boldsymbol{X} & \boldsymbol{0} & \boldsymbol{0} & -\alpha\boldsymbol{I} & \boldsymbol{0} \\ \boldsymbol{K}_{\mathrm{d}}\boldsymbol{X} & \boldsymbol{0} & \boldsymbol{0} & \boldsymbol{0} & -\beta\boldsymbol{I}\end{bmatrix}<0 \tag{5.37}$$

$$\begin{bmatrix}\boldsymbol{Y} & \boldsymbol{C}_2\boldsymbol{X}+\boldsymbol{D}_{22}\boldsymbol{K}_{\mathrm{d}}\boldsymbol{X} \\ (\boldsymbol{C}_2\boldsymbol{X}+\boldsymbol{D}_{22}\boldsymbol{K}_{\mathrm{d}}\boldsymbol{X})^{\mathrm{T}} & \boldsymbol{X}\end{bmatrix}>0 \tag{5.38}$$

$$\boldsymbol{K}_{\mathrm{d}}\in\mathrm{diag}\left\{\boldsymbol{K}_1,\cdots,\boldsymbol{K}_i,\cdots,\boldsymbol{K}_N\right\} \tag{5.39}$$

时，系统存在分散 H_2/H_∞ 状态反馈控制器，若式(5.37)～式(5.39)的解为 $(\boldsymbol{X}_{\mathrm{d}}^*,\boldsymbol{Y}_{\mathrm{d}}^*,\boldsymbol{K}_{\mathrm{d}}^*)$，则 $\boldsymbol{K}_{\mathrm{d}}^*$ 就为一个分散 H_2/H_∞ 状态反馈控制器，产生的闭环传递函数的 H_2 范数上界为 $\sqrt{\mathrm{Trace}(\boldsymbol{Y}_{\mathrm{d}}^*)}$，其中

$$\bar{\boldsymbol{A}}=\boldsymbol{A}\boldsymbol{X}+\boldsymbol{X}\boldsymbol{A}^{\mathrm{T}}+\boldsymbol{B}_2\boldsymbol{K}_{\mathrm{d}}\boldsymbol{X}+\boldsymbol{X}\boldsymbol{K}_{\mathrm{d}}^{\mathrm{T}}\boldsymbol{B}_2^{\mathrm{T}}+\alpha\boldsymbol{\Omega}(\boldsymbol{R})+\beta\boldsymbol{\Omega}(\boldsymbol{S})$$

$$\boldsymbol{\Omega}(\boldsymbol{R})=\boldsymbol{\Omega}\left([\boldsymbol{R}_{ij}]_{N\times N}\right),\quad i,j=1,\cdots,N,\quad \boldsymbol{\Omega}(\boldsymbol{S})=\mathrm{diag}\left\{\boldsymbol{\Omega}(\boldsymbol{S}_1),\cdots,\boldsymbol{\Omega}(\boldsymbol{S}_N)\right\}$$

证明 由 Schur 补引理可知，式(5.37)等价于

$$T(X,K_d,\alpha,\beta)=\begin{bmatrix}\bar{A}+\alpha^{-1}XX+\beta^{-1}XK_d^TK_dX & B_1 & X(C_1+D_{12}K_d)^T\\ B_1^T & -I & D_{11}^T\\ (C_1+D_{12}K_d)X & D_{11} & -I\end{bmatrix}<0$$

利用式(5.37)~式(5.39)的解构造如下矩阵：

$$M=\Delta AX+X\Delta A^T+\Delta B_2K_dX+XK_d^T\Delta B_2^T$$

$$N=\alpha\Omega(R)+\alpha^{-1}XX+\beta\Omega(S)+\beta^{-1}XK_d^TK_dX$$

由引理 2.1、引理 2.3 及引理 2.4 可得

$$\Delta AX+X\Delta A^T\leqslant\alpha\Delta A\Delta A^T+\alpha^{-1}XX\leqslant\alpha\Omega(R)+\alpha^{-1}XX$$

$$\Delta B_2K_dX+XK_d^T\Delta B_2^T\leqslant\beta\Delta B_2\Delta B_2^T+\beta^{-1}XK_d^TK_dX\leqslant\beta\Omega(R)+\beta^{-1}XK_d^TK_dX$$

故可知矩阵

$$J=\begin{bmatrix}M&0&0\\0&0&0\\0&0&0\end{bmatrix}-\begin{bmatrix}N&0&0\\0&0&0\\0&0&0\end{bmatrix}\leqslant 0$$

定义矩阵

$$\Theta=\begin{bmatrix}\Theta_{11} & B_1 & X(C_1+D_{12}K_d)^T\\ B_1^T & -I & D_{11}^T\\ (C_1+D_{12}K_d)X & D_{11} & -I\end{bmatrix}$$

式中，$\Theta_{11}=(A+\Delta A)X+X(A+\Delta A)^T+(B_2+\Delta B_2)K_dX+XK_d^T(B_2+\Delta B_2)^T$。则$\Theta=T(X,K_d,\alpha,\beta)+J$，由$T(X,K_d,\alpha,\beta)<0,J\leqslant 0$可知$\Theta<0$成立，由有界实引理可知闭环系统渐近稳定，$\left\|T_{z_1\omega}^d(s)\right\|_\infty<1$成立。

由$\left\|T_{z_2\omega}(s)\right\|_2^2=\mathrm{Trace}(C_{cl2}MC_{cl2}^T)$，其中$C_{cl2}=C_2+D_{22}K_d$，$M$是 Lyapunov 方程

$$A_{cl}M+MA_{cl}^T+B_{cl}B_{cl}^T=0$$

的半正定解[16](这里$A_{cl}=A+\Delta A+B_2K_d+\Delta B_2K_d, B_{cl}=B_1$)和$f(x)=Ax+xA+BB^T$是关于$x$的减函数可知，对于任何使$A_{cl}X+XA_{cl}^T+B_{cl}B_{cl}^T<0$成立的正定矩阵$X>0$，都有$\left\|T_{z_2\omega}\right\|_2^2<\mathrm{Trace}\left(C_{cl2}XC_{cl2}^T\right)$成立。也就是说，只有存在正定矩阵$X$和$Y$满足

$$A_{cl}X+XA_{cl}^T+B_{cl}B_{cl}^T<0 \tag{5.40}$$

$$\begin{bmatrix}Y & C_{cl2}X\\ XC_{cl2}^T & X\end{bmatrix}>0 \tag{5.41}$$

则 $\sqrt{\text{Trace}(\boldsymbol{Y})}$ 就是 H_2 范数的一个上界。由 Schur 补引理可知，如果式(5.37)成立，则有式(5.40)成立，而式(5.41)就是式(5.38)，因此定理 5.4 的结论成立。证毕。

直接 LMI 方法　定理 5.4 用参数化的形式给出了分散 H_2/H_∞ 状态反馈控制器存在的条件，这些条件中因含有矩阵 $\boldsymbol{X}$ 和 $\boldsymbol{K}_{\mathrm{d}}$ 的乘积项，不满足 LMI 的凸性要求，故分散 H_2/H_∞ 状态反馈控制问题是非凸的，但通过变量替换 $\boldsymbol{L}=\boldsymbol{K}_{\mathrm{d}}\boldsymbol{X}$ ，并重写式(5.39)～式(5.41)，可恢复其凸性，并得到分散 H_2/H_∞ 状态反馈控制器存在的直接 LMI 参数化定理。

定理 5.5　对于由式(5.35)组成的数值界不确定大系统(5.37)，若存在正数 $\alpha>0$、$\beta>0$ 及正定对称矩阵 $\boldsymbol{X}_{\mathrm{d}}$ 、$\boldsymbol{Y}_{\mathrm{d}}$ 和矩阵 $\boldsymbol{L}_{\mathrm{d}}$ 满足

$$\begin{bmatrix} \hat{\boldsymbol{A}} & \boldsymbol{B}_1 & \left(\boldsymbol{C}_1\boldsymbol{X}_{\mathrm{d}}+\boldsymbol{D}_{12}\boldsymbol{L}_{\mathrm{d}}\right)^{\mathrm{T}} & \boldsymbol{X}_{\mathrm{d}} & \boldsymbol{L}_{\mathrm{d}}^{\mathrm{T}} \\ \boldsymbol{B}_1^{\mathrm{T}} & -\boldsymbol{I} & \boldsymbol{D}_{11}^{\mathrm{T}} & \boldsymbol{0} & \boldsymbol{0} \\ \boldsymbol{C}_1\boldsymbol{X}_{\mathrm{d}}+\boldsymbol{D}_{12}\boldsymbol{L}_{\mathrm{d}} & \boldsymbol{D}_{11} & -\boldsymbol{I} & \boldsymbol{0} & \boldsymbol{0} \\ \boldsymbol{X}_{\mathrm{d}} & \boldsymbol{0} & \boldsymbol{0} & -\alpha\boldsymbol{I} & \boldsymbol{0} \\ \boldsymbol{L}_{\mathrm{d}} & \boldsymbol{0} & \boldsymbol{0} & \boldsymbol{0} & -\beta\boldsymbol{I} \end{bmatrix}<0 \tag{5.42}$$

$$\begin{bmatrix} \boldsymbol{Y}_{\mathrm{d}} & \boldsymbol{C}_2\boldsymbol{X}_{\mathrm{d}}+\boldsymbol{D}_{22}\boldsymbol{L}_{\mathrm{d}} \\ \left(\boldsymbol{C}_2\boldsymbol{X}_{\mathrm{d}}+\boldsymbol{D}_{22}\boldsymbol{L}_{\mathrm{d}}\right)^{\mathrm{T}} & \boldsymbol{X}_{\mathrm{d}} \end{bmatrix}>0 \tag{5.43}$$

$$\boldsymbol{L}_{\mathrm{d}}\in\operatorname{diag}\left\{\boldsymbol{L}_1,\cdots,\boldsymbol{L}_i,\cdots,\boldsymbol{L}_N\right\} \tag{5.44}$$

$$\boldsymbol{X}_{\mathrm{d}}\in\operatorname{diag}\left\{\boldsymbol{X}_1,\cdots,\boldsymbol{X}_i,\cdots,\boldsymbol{X}_N\right\} \tag{5.45}$$

时，系统存在分散 H_2/H_∞ 状态反馈控制器，若式(5.42)～式(5.45)的解为 $(\boldsymbol{X}_{\mathrm{d}}^*,\boldsymbol{Y}_{\mathrm{d}}^*,\boldsymbol{L}_{\mathrm{d}}^*)$，则 $\boldsymbol{K}_{\mathrm{d}}^*=\boldsymbol{L}_{\mathrm{d}}^*(\boldsymbol{X}_{\mathrm{d}}^*)^{-1}$ 就为一分散 H_2/H_∞ 状态反馈控制器，产生的闭环传递函数的 H_2 范数上界为 $\sqrt{\text{Trace}(\boldsymbol{Y}_{\mathrm{d}}^*)}$ ，其中

$$\hat{\boldsymbol{A}}=\boldsymbol{A}\boldsymbol{X}_{\mathrm{d}}+\boldsymbol{X}_{\mathrm{d}}\boldsymbol{A}^{\mathrm{T}}+\boldsymbol{B}_2\boldsymbol{L}_{\mathrm{d}}+\boldsymbol{L}_{\mathrm{d}}^{\mathrm{T}}\boldsymbol{B}_2^{\mathrm{T}}+\alpha\boldsymbol{\Omega}(\boldsymbol{R})+\beta\boldsymbol{\Omega}(\boldsymbol{S})$$

$$\boldsymbol{\Omega}(\boldsymbol{R})=\boldsymbol{\Omega}\left([\boldsymbol{R}_{ij}]_{N\times N}\right),\quad i,j=1,\cdots,N,\quad \boldsymbol{\Omega}(\boldsymbol{S})=\operatorname{diag}\left\{\boldsymbol{\Omega}(\boldsymbol{S}_1),\cdots,\boldsymbol{\Omega}(\boldsymbol{S}_N)\right\}$$

证明　定理 5.5 是定理 5.4 的一种特殊形式，在定理 5.4 中，令 $\boldsymbol{L}=\boldsymbol{K}_{\mathrm{d}}\boldsymbol{X}$ ，对矩阵 $\boldsymbol{L}$ 和 $\boldsymbol{X}$ 均结构约束为块对角结构(5.44)和结构(5.45)，由定理 5.4 易知定理 5.5 成立。证毕。

定理 5.5 把分散 H_2/H_∞ 状态反馈控制问题归结为求解满足条件式(5.42)～式(5.45)的矩阵 $\boldsymbol{Y}_{\mathrm{d}}$ 的最小迹问题

$$J\left(\boldsymbol{T}_{z_2\omega}(s)\right)=\inf\left\{\text{Trace}(\boldsymbol{Y}_{\mathrm{d}}):\boldsymbol{X}_{\mathrm{d}},\boldsymbol{Y}_{\mathrm{d}},\boldsymbol{L}_{\mathrm{d}}\text{满足式(5.42)～式(5.45)}\right\} \tag{5.46}$$

式(5.46)是带有 LMIs 约束的凸优化问题，可用 LMI 优化软件包中的 mincx 命令直接求解。

ILMI 方法 直接 LMI 方法把矩阵 $\boldsymbol{L}$ 和 $\boldsymbol{X}$ 都结构约束为块对角结构，排除了 $\boldsymbol{X}$ 与 $\boldsymbol{L}$ 是非块对角结构，但乘积 $\boldsymbol{L}\boldsymbol{X}^{-1}$ 为块对角结构的情形，所得结果是相对保守的。虽然定理 5.4 的条件中含有矩阵 $\boldsymbol{X}$ 和 $\boldsymbol{K}_{\mathrm{d}}$ 的乘积项 $\boldsymbol{K}_{\mathrm{d}}\boldsymbol{X}$，不满足凸性要求，但这些条件具有以下两个重要特性。

特性 5.3 对于给定的 $\boldsymbol{K}_{\mathrm{d}} \in \boldsymbol{\Phi}$，条件式(5.37)～式(5.39)是关于变量组 $(\boldsymbol{X}, \boldsymbol{Y}, \alpha, \beta)$ 的 LMI。

特性 5.4 对于给定的 $\boldsymbol{X} = \boldsymbol{X}^{\mathrm{T}} > 0$，条件式(5.37)～式(5.39)是关于变量组 $(\boldsymbol{K}_{\mathrm{d}}, \boldsymbol{Y}, \alpha, \beta)$ 的 LMI。

因此，对固定的 $\boldsymbol{X} = \boldsymbol{X}^{\mathrm{T}} > 0$ 或 $\boldsymbol{K}_{\mathrm{d}} \in \boldsymbol{\Phi}$，可用标准的 LMI 函数求解矩阵 $\boldsymbol{Y}$ 最小迹及其对应的变量 $\boldsymbol{K}_{\mathrm{d}}$ 或 $\boldsymbol{X}$。据此本节提出求解分散 H_2/H_∞ 状态反馈优化控制器的迭代算法，即先固定一个参数，求解受 LMI 条件约束的矩阵 $\boldsymbol{Y}$ 最小迹凸优化问题，再固定另一个参数，求解受 LMI 约束的矩阵 $\boldsymbol{Y}$ 最小迹凸优化问题。

Step1 初始化系统矩阵，选择状态反馈阵 $\boldsymbol{K}_0$，$\boldsymbol{K}_0 \in \hat{\boldsymbol{K}}_{\mathrm{d}}$，$\hat{\boldsymbol{K}}_{\mathrm{d}} := \{\boldsymbol{K}_{\mathrm{d}} \mid \boldsymbol{K}_{\mathrm{d}} \in \boldsymbol{\Phi}$，且使$(\boldsymbol{A} + \boldsymbol{B}_2\boldsymbol{K}_{\mathrm{d}})$渐近稳定$\}$，并设置迭代次数 $i = 0$，及中止条件参数 $\varepsilon(0 < \varepsilon < 1)$。

Step2 对固定的 $\boldsymbol{K}_{\mathrm{d}} = \boldsymbol{K}_i$，用 mincx 函数求解满足约束条件式(5.37)～式(5.39)的矩阵 $\boldsymbol{Y}$ 的最小迹 Tr 凸优化问题，记 $\boldsymbol{X}_i$ 为求得的 $\boldsymbol{X}$ 变量的最优值。

Step3 对固定的 $\boldsymbol{X} = \boldsymbol{X}_i$，用 mincx 函数求解满足约束条件式(5.37)～式(5.39)的矩阵 $\boldsymbol{Y}$ 的最小迹 Tr 凸优化问题，记 Tr_i 为求得的 Tr 变量的最优值，$\boldsymbol{K}_i$ 为对应于 Tr_i 的 $\boldsymbol{K}_{\mathrm{d}}$ 变量的值，令迭代次数加 1，即 $i = i + 1$。

Step4 判断终止条件，若 $\mathrm{Tr}_{i-1} - \mathrm{Tr}_i < \varepsilon \mathrm{Tr}_{i-1}$ 成立，则停止计算，$\sqrt{\mathrm{Tr}_i}$ 为所求的 H_2 范数的上界，$\boldsymbol{K}_i$ 为分散状态反馈增益矩阵；否则转到 Step2 继续执行迭代运算。

同样，当 $\Delta\boldsymbol{A}_{ij} = 0,\ \Delta\boldsymbol{B}_{2i} = 0$ 时，即不考虑不确定性，此时有 $\boldsymbol{R}_{ij} = 0, \boldsymbol{S}_i = 0$，系统(5.33)为标称大系统。放松定理 5.4 和定理 5.5 中关于不确定项的约束，得到标称大系统分散 H_2/H_∞ 状态反馈控制器的设计方法，即推论 5.3 和推论 5.4。

推论 5.3 不考虑系统的不确定性，对于由式(5.3)描述组成的标称大系统，如果存在矩阵 $\boldsymbol{K}_{\mathrm{d}}$ 和正定对称矩阵 $\boldsymbol{X}$、$\boldsymbol{Y}$ 满足式(5.38)、式(5.39)和

$$\begin{bmatrix} \boldsymbol{U}(\boldsymbol{X}, \boldsymbol{K}_{\mathrm{d}}) + \boldsymbol{U}(\boldsymbol{X}, \boldsymbol{K}_{\mathrm{d}})^{\mathrm{T}} & \boldsymbol{B}_1 & \boldsymbol{V}(\boldsymbol{X}, \boldsymbol{K}_{\mathrm{d}})^{\mathrm{T}} \\ \boldsymbol{B}_1^{\mathrm{T}} & -\boldsymbol{I} & \boldsymbol{D}_{11}^{\mathrm{T}} \\ \boldsymbol{V}(\boldsymbol{X}, \boldsymbol{K}_{\mathrm{d}}) & \boldsymbol{D}_{11} & -\boldsymbol{I} \end{bmatrix} < 0 \tag{5.47}$$

则系统存在 H_2/H_∞分散状态反馈控制器；若式(5.38)、式(5.39)和式(5.47)的解为 $(\boldsymbol{X}_{\mathrm{d}}^*, \boldsymbol{Y}_{\mathrm{d}}^*, \boldsymbol{K}_{\mathrm{d}}^*)$，则 $\boldsymbol{K}_{\mathrm{d}}^*$ 是一分散 H_2/H_∞状态反馈增益矩阵，使得闭环系统稳定，H_∞

范数满足 $\left\|\boldsymbol{T}_{z_1\omega}^{\mathrm{d}}(s)\right\|_\infty<1$，且产生的闭环传递函数的 H_2 范数的上界不超过 $\sqrt{\mathrm{Trace}(\boldsymbol{Y}_{\mathrm{d}}^*)}$。其中 $\boldsymbol{U}(\boldsymbol{X},\boldsymbol{K}_{\mathrm{d}})=\boldsymbol{A}\boldsymbol{X}+\boldsymbol{B}_2\boldsymbol{K}_{\mathrm{d}}\boldsymbol{X},\boldsymbol{V}(\boldsymbol{X},\boldsymbol{K}_{\mathrm{d}})=\boldsymbol{C}_1\boldsymbol{X}+\boldsymbol{D}_{12}\boldsymbol{K}_{\mathrm{d}}\boldsymbol{X}$。

推论 5.3 用参数化的形式给出了标称大系统分散 H_2/H_∞状态反馈控制器存在的充分条件。这些条件中因含有矩阵 $\boldsymbol{K}_{\mathrm{d}}$ 与 $\boldsymbol{X}$ 的乘积 $\boldsymbol{K}_{\mathrm{d}}\boldsymbol{X}$，不满足 LMI 的凸性要求，同样可以通过变量替换 $\boldsymbol{L}=\boldsymbol{K}_{\mathrm{d}}\boldsymbol{X}$，并重写式(5.42)～式(5.45)，可得到推论 5.4。

推论 5.4　不考虑系统的不确定性，对于由式(5.33)描述组成的标称大系统，设 γ 为预定的正常数，如果存在矩阵 $\boldsymbol{L}_{\mathrm{d}}$ 和对称正定矩阵 $\boldsymbol{X}_{\mathrm{d}}$ 满足式(5.43)～式(5.45)和

$$\begin{bmatrix} \boldsymbol{U}(\boldsymbol{X}_{\mathrm{d}},\boldsymbol{L}_{\mathrm{d}})+\boldsymbol{U}(\boldsymbol{X}_{\mathrm{d}},\boldsymbol{L}_{\mathrm{d}})^{\mathrm{T}} & \boldsymbol{B}_1 & \boldsymbol{V}(\boldsymbol{X}_{\mathrm{d}},\boldsymbol{L}_{\mathrm{d}})^{\mathrm{T}} \\ \boldsymbol{B}_1^{\mathrm{T}} & -\boldsymbol{I} & \boldsymbol{D}_{11}^{\mathrm{T}} \\ \boldsymbol{V}(\boldsymbol{X}_{\mathrm{d}},\boldsymbol{L}_{\mathrm{d}}) & \boldsymbol{D}_{11} & -\boldsymbol{I} \end{bmatrix}<0 \tag{5.48}$$

时，则 $\boldsymbol{K}_{\mathrm{d}}-\boldsymbol{L}_{\mathrm{d}}\boldsymbol{X}_{\mathrm{d}}^{-1}$ 为一个使得的标称大系统闭环系统渐近稳定，且满足 $\left\|\boldsymbol{T}_{z\omega}(\boldsymbol{K}_{\mathrm{d}})\right\|_\infty<\gamma$ 的分散 H_∞状态反馈增益矩阵。其中 $\boldsymbol{U}(\boldsymbol{X}_{\mathrm{d}},\boldsymbol{L}_{\mathrm{d}})=\boldsymbol{A}\boldsymbol{X}_{\mathrm{d}}+\boldsymbol{B}_2\boldsymbol{L}_{\mathrm{d}}$，$\boldsymbol{V}(\boldsymbol{X}_{\mathrm{d}},\boldsymbol{L}_{\mathrm{d}})=\boldsymbol{C}_1\boldsymbol{X}_{\mathrm{d}}+\boldsymbol{D}_2\boldsymbol{L}_{\mathrm{d}}$。

同样，对于推论 5.3 和推论 5.4 可用提出的 ILMI 方法和直接 LMI 方法进行求解。

5.4.3　仿真示例

为说明本节提出方法的应用，给出两个示例。其中例 5.5 为标称系统情形，并对比了分散控制器与集中控制器的性能；例 5.6 为数值界不确定性关联大系统的分散 H_2/H_∞状态反馈控制器设计问题。

例 5.5　考虑由两子系统组成的四阶关联标称大系统，其组成的系统矩阵分别为

$$\boldsymbol{A}=\begin{bmatrix} 0 & 0.2 & 0.25 & 1.0 \\ -1.0 & -2.0 & 1.0 & 0 \\ -1.0 & 0.1 & 0.85 & 1.0 \\ 0.25 & -0.5 & 0 & -0.25 \end{bmatrix},\quad \boldsymbol{B}_1=\begin{bmatrix} 0.25 & 0 & 0 & 0 \\ 0 & 0.25 & 0 & 0 \\ 0 & 0 & 0.25 & 0 \\ 0 & 0 & 0 & 0.25 \end{bmatrix},\quad \boldsymbol{B}_2=\begin{bmatrix} 1.0 & 0 \\ 1.0 & 0 \\ 0 & 0.1 \\ 0 & 1.0 \end{bmatrix}$$

$$\boldsymbol{C}_1=\begin{bmatrix} 1 & 0 & 0 & 0 \\ 0 & 0 & 1 & 0 \\ 0 & 0 & 0 & 1 \\ 0 & 1 & 0 & 0 \end{bmatrix},\quad \boldsymbol{D}_{11}=\begin{bmatrix} 0.1 & 0 & 0 & 0 \\ 0 & 0.1 & 0 & 0 \\ 0 & 0 & 0.1 & 0 \\ 0 & 0 & 0 & 0.1 \end{bmatrix},\quad \boldsymbol{D}_{12}=\begin{bmatrix} 0 & 0 \\ 0 & 0 \\ 1 & 0 \\ 0 & 1 \end{bmatrix}$$

$$
\boldsymbol{C}_2 = \begin{bmatrix} 20 & 0 & 0 & 0 \\ 1.2 & 18 & 0 & 0 \\ 0 & 0.25 & 27 & 0 \\ 0 & 0 & 0 & 10 \end{bmatrix}, \quad \boldsymbol{D}_{22} = \begin{bmatrix} 1.0 & 0 \\ 0.1 & 1.0 \\ 0 & 0 \\ 0 & 0 \end{bmatrix}
$$

用提出的直接 LMI 方法求解，获得的分散状态反馈增益矩阵 $\boldsymbol{K}_{\mathrm{d}}$ 为

$$
\boldsymbol{K}_{\mathrm{d}} = \begin{bmatrix} -34.0635 & 1.5964 & 0 & 0 \\ 0 & 0 & -50.3304 & -12.9412 \end{bmatrix}
$$

此时，H_2 性能指标的上界为 8.0877，H_∞ 范数为 0.7757，闭环系统的极点为−31.9557，−1.9185，−14.8812，−3.0859。用上述 $\boldsymbol{K}_{\mathrm{d}}$ 作为初始矩阵 $\boldsymbol{K}_0$，用 ILMI 算法求解，计算结果如表 5.4 所示，迭代过程取 $\varepsilon=0.005$。表中，i 表示迭代次数；$\lambda_i(i=1,2,3,4)$ 代表闭环系统中第 i 个特征值；$\|\boldsymbol{T}_{z\omega 1}(\boldsymbol{K}_i)\|_\infty$ 代表第 i 次迭代所得到的闭环传递函数的 H_∞ 范数；$\|\boldsymbol{T}_{z\omega 2}(\boldsymbol{K}_i)\|_2$ 是第 i 次迭代所得的 H_2 范数的上界。

表 5.4　迭代计算结果

i	λ_1	λ_2	λ_3	λ_4	$\|\boldsymbol{T}_{z\omega 1}(\boldsymbol{K}_i)\|_\infty$	$\|\boldsymbol{T}_{z\omega 2}(\boldsymbol{K}_i)\|_2$
0	−31.9557	−1.9185	−14.8812	−3.0859	0.7757	8.0877
1	−32.3718	−1.9131	−14.8528	−3.0906	0.7757	7.3124
2	−32.7528	−1.9082	−14.8259	−3.0947	0.7756	7.3111
⋮	⋮	⋮	⋮	⋮	⋮	⋮
14	−34.7695	−1.8811	−14.9764	−3.1062	0.7740	7.3024
⋮	⋮	⋮	⋮	⋮	⋮	⋮
29	−38.0277	−1.8464	−15.1286	−3.1212	0.7720	7.2981

经过 29 次迭代，满足终止条件，迭代结束。得到的分散状态反馈矩阵为

$$
\boldsymbol{K}_{29} = \begin{bmatrix} -39.9045 & 1.4522 & 0 & 0 \\ 0 & 0 & -51.0545 & -13.1661 \end{bmatrix}
$$

此时，闭环系统稳定，获得的 H_2 范数的上界为 7.2981，H_∞ 范数为 0.7720，分别低于直接 LMI 方法获得的对应结果，这说明用 ILMI 算法可以获得更优的分散 H_2/H_∞ 性能指标。

为便于比较，给出集中情形下的状态反馈最优控制器 $\boldsymbol{K}$ 为

$$
\boldsymbol{K} = \begin{bmatrix} -32.9292 & 4.1496 & 17.9893 & 4.7583 \\ -9.9379 & -1.4484 & -46.1749 & -13.5845 \end{bmatrix}
$$

该控制器使闭环系统稳定，获得的 H_2 范数的上界为 6.9379，H_∞ 范数为 0.7080。

集中最优解与分散次优解的最大奇异值曲线如图 5.13 所示。图中虚线为集中情形，实线为分散情形，可以看出，集中最优解与分散解非常接近，这说明本节提出的 LMI 方法求解的分散控制律能满足实际需要，并达到预期的设计目标。

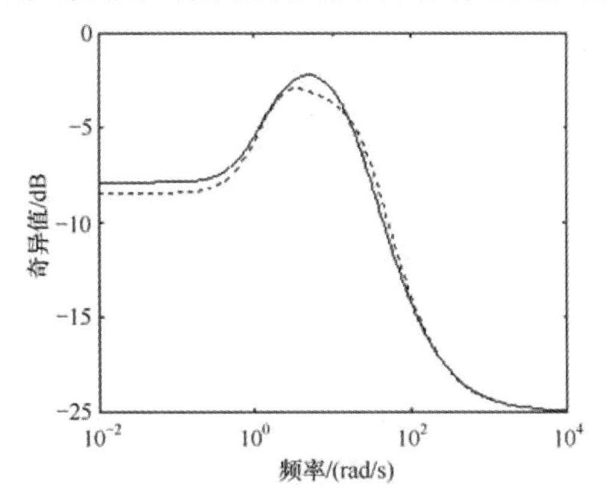

图 5.13　闭环系统最大奇异值曲线图

例 5.6　考虑由两个子系统构成的数值界不确定大系统，其中

$$\boldsymbol{A}_{11}=\begin{bmatrix}0 & 1.6\\ -8 & -16\end{bmatrix},\quad \boldsymbol{B}_{11}=\begin{bmatrix}0.25 & 0\\ 0 & 0.25\end{bmatrix},\quad \boldsymbol{B}_{21}=\begin{bmatrix}1\\ 1\end{bmatrix},\quad \boldsymbol{A}_{12}=\begin{bmatrix}2 & 8\\ 8 & 0\end{bmatrix},\quad \boldsymbol{C}_{11}=\begin{bmatrix}1 & 0\\ 0 & 1\end{bmatrix}$$

$$\boldsymbol{D}_{111}=\begin{bmatrix}0.1 & 0\\ 0 & 0.1\end{bmatrix},\quad \boldsymbol{D}_{121}=\begin{bmatrix}0\\ 1\end{bmatrix},\quad \boldsymbol{C}_{21}=\begin{bmatrix}20 & 0\\ 1.2 & 18\end{bmatrix},\quad \boldsymbol{D}_{221}=\begin{bmatrix}1\\ 0.1\end{bmatrix},\quad \boldsymbol{A}_{22}=\begin{bmatrix}-8 & 0.8\\ 2 & -4\end{bmatrix}$$

$$\boldsymbol{B}_{12}=\begin{bmatrix}0.25 & 0\\ 0 & 0.25\end{bmatrix},\quad \boldsymbol{B}_{22}=\begin{bmatrix}0.1\\ 1\end{bmatrix},\quad \boldsymbol{A}_{22}=\begin{bmatrix}-8 & 0.8\\ 2 & -4\end{bmatrix},\quad \boldsymbol{B}_{12}=\begin{bmatrix}0.25 & 0\\ 0 & 0.25\end{bmatrix}$$

$$\boldsymbol{B}_{22}=\begin{bmatrix}0.1\\ 1\end{bmatrix},\quad \boldsymbol{A}_{21}=\begin{bmatrix}-6.8 & 8\\ 0 & -2\end{bmatrix},\quad \boldsymbol{C}_{12}=\begin{bmatrix}1 & 0\\ 0 & 1\end{bmatrix},\quad \boldsymbol{A}_{21}=\begin{bmatrix}-6.8 & 8\\ 0 & -2\end{bmatrix},\quad \boldsymbol{C}_{12}=\begin{bmatrix}1 & 0\\ 0 & 1\end{bmatrix}$$

$$\boldsymbol{D}_{112}=\begin{bmatrix}0.1 & 0\\ 0 & 0.1\end{bmatrix},\quad \boldsymbol{D}_{122}=\begin{bmatrix}0\\ 1\end{bmatrix},\quad \boldsymbol{C}_{22}=\begin{bmatrix}27 & 0\\ 0.25 & 10\end{bmatrix},\quad \boldsymbol{D}_{222}=\begin{bmatrix}0.1\\ 1\end{bmatrix}$$

不确定矩阵为

$$\boldsymbol{R}_{11}=\begin{bmatrix}0.1 & 0.02\\ 0.1 & 0.2\end{bmatrix},\quad \boldsymbol{R}_{12}=\begin{bmatrix}0.05 & 0.2\\ 0.2 & 0.01\end{bmatrix},\quad \boldsymbol{S}_{1}=\begin{bmatrix}0.1\\ 0.1\end{bmatrix}$$

$$\boldsymbol{R}_{22}=\begin{bmatrix}0.1 & 0.1\\ 0.01 & 0.05\end{bmatrix},\quad \boldsymbol{R}_{21}=\begin{bmatrix}0.1 & 0.01\\ 0.04 & 0.05\end{bmatrix},\quad \boldsymbol{S}_{2}=\begin{bmatrix}0.03\\ 0.1\end{bmatrix}$$

用提出的直接 LMI 方法求解，获得的分散反馈增益矩阵 $\boldsymbol{K}_{\mathrm{d}}$ 为

$$\boldsymbol{K}_{\mathrm{d}}=\begin{bmatrix}-34.8061 & 0.3426 & 0 & 0\\ 0 & 0 & -12.9054 & -16.9751\end{bmatrix}$$

此时，H_2性能指标的上界为 9.7517，H_∞范数为 0.3788。用上述 $\boldsymbol{K}_{\mathrm{d}}$ 作为初始反馈矩阵 $\boldsymbol{K}_0$，用 ILMI 方法迭代，迭代过程取 $\varepsilon=0.005$，经过 11 次迭代，满足终止条件，迭代结束，得到的分散反馈增益矩阵为

$$\boldsymbol{K}_{11}=\begin{bmatrix}-30.1069 & 0.6201 & 0 & 0\\ 0 & 0 & -21.6156 & -25.5387\end{bmatrix}$$

此时，H_2范数的上界为 7.3586，H_∞范数为 0.3692，分别低于直接 LMI 方法获得的对应结果。

5.5　不确定关联大系统鲁棒分散可靠 H_∞控制

5.5.1　问题描述

考虑由 N 个子系统组成的关联大系统，其子系统方程为

$$\begin{aligned}&\dot{\boldsymbol{x}}_i=\left[\boldsymbol{A}_i+\Delta\boldsymbol{A}_i(t)\right]\boldsymbol{x}_i+\boldsymbol{B}_i\boldsymbol{u}_i+\boldsymbol{D}_i\boldsymbol{\omega}_i+\sum_{j=1,i\neq j}^{N}\boldsymbol{A}_{ij}(t)\boldsymbol{x}_j \qquad i=1,2,\cdots,N\\&\boldsymbol{z}_i=\boldsymbol{E}_i\boldsymbol{x}_i\end{aligned}\tag{5.49}$$

式中，$\boldsymbol{x}_i\in\mathbf{R}^{n_i}$、$\boldsymbol{u}_i\in\mathbf{R}^{m_i}$、$\boldsymbol{\omega}_i\in\mathbf{R}^{q_i}$ 和 $\boldsymbol{z}_i\in\mathbf{R}^{p_i}$ 分别为第 i 个子系统的状态、控制输入、干扰输入和被控输出；矩阵 $\boldsymbol{A}_i$、$\boldsymbol{B}_i$、$\boldsymbol{E}_i$ 和 $\boldsymbol{D}_i$ 均具有相应维数的常数矩阵。设系统(5.49)满足下列假定条件：$(\boldsymbol{A}_i, \boldsymbol{B}_i)$是可稳定的。矩阵 $\boldsymbol{A}_{ij}(t)$表示子系统的关联。$\Delta\boldsymbol{A}_i(t)$ 表示子系统间的不确定性，设它们具有如下形式：

$$\Delta\boldsymbol{A}_i(t)=\boldsymbol{L}_i\boldsymbol{F}_i(t)\boldsymbol{G}_i\tag{5.50}$$

式中，$\boldsymbol{L}_i$ 和 $\boldsymbol{G}_i$ 为已知常数矩阵；$\boldsymbol{F}_i(t)$为具有适当维数的未知函数矩阵，其元素是 Lebesgue 可测的，且满足

$$\boldsymbol{F}_i^{\mathrm{T}}(t)\boldsymbol{F}_i(t)\leqslant\boldsymbol{I}\tag{5.51}$$

令

$$\begin{aligned}&\boldsymbol{x}=[\boldsymbol{x}_1^{\mathrm{T}}\ \ \boldsymbol{x}_2^{\mathrm{T}}\ \ \cdots\ \ \boldsymbol{x}_N^{\mathrm{T}}]^{\mathrm{T}},\quad \boldsymbol{u}=[\boldsymbol{u}_1^{\mathrm{T}}\ \ \boldsymbol{u}_2^{\mathrm{T}}\ \ \cdots\ \ \boldsymbol{u}_N^{\mathrm{T}}]^{\mathrm{T}},\quad \boldsymbol{\omega}=[\boldsymbol{\omega}_1^{\mathrm{T}}\ \ \boldsymbol{\omega}_2^{\mathrm{T}}\ \ \cdots\ \ \boldsymbol{\omega}_N^{\mathrm{T}}]^{\mathrm{T}}\\&\boldsymbol{z}=[\boldsymbol{z}_1^{\mathrm{T}}\ \ \boldsymbol{z}_2^{\mathrm{T}}\ \ \cdots\ \ \boldsymbol{z}_N^{\mathrm{T}}]^{\mathrm{T}},\quad \boldsymbol{A}=\mathrm{diag}[\boldsymbol{A}_1,\cdots,\boldsymbol{A}_N],\quad \boldsymbol{B}=\mathrm{diag}\{\boldsymbol{B}_1,\cdots,\boldsymbol{B}_N\}\\&\boldsymbol{D}=\mathrm{diag}\{\boldsymbol{D}_1,\cdots,\boldsymbol{D}_N\},\quad \boldsymbol{E}=\mathrm{diag}\{\boldsymbol{E}_1,\cdots,\boldsymbol{E}_N\},\quad \boldsymbol{L}=\mathrm{diag}\{\boldsymbol{L}_1,\cdots,\boldsymbol{L}_N\}\\&\boldsymbol{F}=\mathrm{diag}\{\boldsymbol{F}_1,\cdots,\boldsymbol{F}_N\},\quad \boldsymbol{G}=\mathrm{diag}\{\boldsymbol{G}_1,\cdots,\boldsymbol{G}_N\}\end{aligned}\tag{5.52}$$

$\boldsymbol{H}=[\boldsymbol{A}_{ij}]_{i\neq j}$ 表示以 $\boldsymbol{A}_{ij}$ 为第 i 行第 j 列元素构成的分块矩阵，则关联大系统(5.49)的集中形式可写为

$$\dot{\boldsymbol{x}} = (\boldsymbol{A} + \boldsymbol{LFG} + \boldsymbol{H})\boldsymbol{x} + \boldsymbol{Bu} + \boldsymbol{D\omega} \tag{5.53a}$$

$$\boldsymbol{z} = \boldsymbol{Ex} \tag{5.53b}$$

执行器分为两部分，其中一部分为容易失效的，记为 $\boldsymbol{\Omega} \subseteq \{1,2,\cdots,m\}$，这一部分对于稳定系统是冗余的，但可用来改善系统性能。另一部分记为 $\bar{\boldsymbol{\Omega}} \subseteq \{1,2,\cdots,m\} - \boldsymbol{\Omega}$，这一部分执行器不会失效。对控制矩阵引入如下分解：

$$\boldsymbol{B} = \boldsymbol{B}_{\boldsymbol{\Omega}} + \boldsymbol{B}_{\bar{\boldsymbol{\Omega}}} \tag{5.54}$$

式中，$\boldsymbol{B}_{\boldsymbol{\Omega}}$ 和 $\boldsymbol{B}_{\bar{\boldsymbol{\Omega}}}$ 是按照 $\bar{\boldsymbol{\Omega}}$ 和 $\boldsymbol{\Omega}$ 把矩阵 $\boldsymbol{B}$ 对应列置为零而得到的。执行器在系统中起着传输控制器输出到对象的作用，不失一般性，假设其传递函数为 1，同时当它失效时，假设其输出为任意能量有限的信号，且干扰信号作用到对象上。把实际失效的一部分执行器记为 $\boldsymbol{\omega} \subseteq \boldsymbol{\Omega}$，并对 $\boldsymbol{B}$ 采用如下分解：

$$\boldsymbol{B} = \boldsymbol{B}_{\omega} + \boldsymbol{B}_{\bar{\omega}} \tag{5.55}$$

式中，$\boldsymbol{B}_{\omega}$ 和 $\boldsymbol{B}_{\bar{\omega}}$ 类似于 $\boldsymbol{B}_{\boldsymbol{\Omega}}$ 和 $\boldsymbol{B}_{\bar{\boldsymbol{\Omega}}}$ 对矩阵 $\boldsymbol{B}$ 的分解。根据定义，不难得到如下事实

$$\begin{aligned} \boldsymbol{B}_{\boldsymbol{\Omega}}\boldsymbol{B}_{\boldsymbol{\Omega}}^{\mathrm{T}} &= \boldsymbol{B}_{\omega}\boldsymbol{B}_{\omega}^{\mathrm{T}} + \boldsymbol{B}_{\boldsymbol{\Omega}-\omega}\boldsymbol{B}_{\boldsymbol{\Omega}-\omega}^{\mathrm{T}} \\ \boldsymbol{B}_{\bar{\boldsymbol{\Omega}}}\boldsymbol{B}_{\bar{\boldsymbol{\Omega}}}^{\mathrm{T}} &= \boldsymbol{B}_{\bar{\omega}}\boldsymbol{B}_{\bar{\omega}}^{\mathrm{T}} - \boldsymbol{B}_{\boldsymbol{\Omega}-\omega}\boldsymbol{B}_{\boldsymbol{\Omega}-\omega}^{\mathrm{T}} \end{aligned} \tag{5.56}$$

记 $\boldsymbol{\omega}_f = \begin{bmatrix} \boldsymbol{\omega}^{\mathrm{T}} & \boldsymbol{\omega}_u^{\mathrm{T}} \end{bmatrix}^{\mathrm{T}}$，其中 $\boldsymbol{\omega}_u \in \mathbf{R}^m$ 是由于对应的执行器失效而产生的干扰输入。

考虑如下状态反馈：

$$\boldsymbol{u} = \boldsymbol{Kx} \tag{5.57}$$

使得由式(5.49)和式(5.57)组成的闭环系统 Σ_{c} 能分散可靠稳定系统(5.49)，同时可靠地抑制外界干扰 $\boldsymbol{\omega}$ 和由于执行器失效所产生的干扰 $\boldsymbol{\omega}_f$，使下列条件满足：

(1) 对所有容许的不确定性，闭环系统 Σ_{c} 分散二次稳定；

(2) 给定 $\gamma > 0$，对所有容许的不确定性，从干扰 $\boldsymbol{\omega}$ 到输出 $\boldsymbol{z}$ 的传递函数为 $\boldsymbol{T}_{z\omega}(s)$ 满足 $\|\boldsymbol{T}_{z\omega}\|_\infty < \gamma, \forall \boldsymbol{\omega} \in \boldsymbol{L}_2[0,\infty)$。

下面给出本书要用到的几个重要的引理。

引理 5.1[17]　设 $\boldsymbol{\Xi}$ 是具有适当维数的负定对称矩阵，$\boldsymbol{P} = \boldsymbol{P}^{\mathrm{T}}$，$\boldsymbol{L}, \boldsymbol{G}$ 是具有适当维数的向量矩阵，$\boldsymbol{F}(t)$是不确定性矩阵，且满足式(5.51)，那么

$$\boldsymbol{\Xi} + \boldsymbol{PLF}(t)\boldsymbol{G} + \boldsymbol{G}^{\mathrm{T}}\boldsymbol{F}^{\mathrm{T}}(t)\boldsymbol{L}^{\mathrm{T}}\boldsymbol{P} < 0$$

当且仅当存在标量 $\varepsilon > 0$，使得

$$\boldsymbol{\Xi} + \varepsilon\boldsymbol{PLL}^{\mathrm{T}}\boldsymbol{P} + \varepsilon^{-1}\boldsymbol{L}^{\mathrm{T}}\boldsymbol{L} < 0$$

成立。

引理 5.2　对任意分块矩阵

$$H = \begin{bmatrix} H_{11} & H_{12} & \cdots & H_{1N} \\ H_{21} & H_{22} & \cdots & H_{2N} \\ \vdots & \vdots & & \vdots \\ H_{N1} & H_{N2} & \cdots & H_{NN} \end{bmatrix}$$

式中，$H_{ij}(i,j=1,2,\cdots,N)$是具有适当维数的矩阵块，H_{ii}为方阵，存在矩阵$H_k(k=1,2,\cdots,N)$，使得$H=\sum_{k=1}^{N}H_k$且$\sum_{k=1}^{N}H_kH_k^{\mathrm{T}}$是与$H$具有相同维数矩阵块的块对角矩阵。

5.5.2　鲁棒分散可靠 H_∞ 控制器设计

由系统(5.53)和控制器(5.57)构成的闭环系统可写为

$$\begin{aligned} \dot{x} &= (A+LFG+H+BK)x+D\omega \\ z &= Ex \end{aligned} \tag{5.58}$$

首先针对上述不确定性系统给出如下重要的引理。

引理 5.3[18]　考虑闭环系统(5.58)，对任意给定的正数γ和可允许的参数不确定性$F(t)$，若存在一个正定对称阵P，满足

$$(A+LFG+BK+H)^{\mathrm{T}}P+P(A+LFG+BK+H)+\gamma^{-2}PDD^{\mathrm{T}}P+E^{\mathrm{T}}E<0 \tag{5.59}$$

时，系统(5.53)是鲁棒二次稳定的，并满足$\|T_{z\omega}\|_\infty<\gamma,\forall\omega\in L_2[0,\infty)$。

下面给出当执行器不失效时的鲁棒分散H_∞状态反馈控制器的设计方法。

定理 5.6　对任意给定的正数γ，若存在正定矩阵$X>0$、$\rho>0$、$\varepsilon>0$和$\delta_k>0$，满足

$$W_1 = \begin{bmatrix} \bar{A}_1 & XE^{\mathrm{T}} & XG^{\mathrm{T}} & D & [X\ \cdots\ X] \\ EX & -I & & & \\ GX & & -\varepsilon I & & \\ D^{\mathrm{T}} & & & -\gamma^2 I & \\ [X\ \cdots\ X]^{\mathrm{T}} & & & & -\mathrm{diag}\{\delta_1 I,\cdots,\delta_N I\} \end{bmatrix}<0 \tag{5.60}$$

式中，$\bar{A}_1=XA^{\mathrm{T}}+AX-\rho BB^{\mathrm{T}}+\varepsilon LL^{\mathrm{T}}+\sum_{k=1}^{N}\delta_kH_kH_k^{\mathrm{T}}$，$H_k$满足引理 5.2 的条件，则闭环系统(5.58)二次稳定且满足$\|T_{z\omega}\|_\infty<\gamma$。而且，无记忆的状态反馈控制器可由式(5.61)给出

$$u=-\frac{\rho}{2}B^{\mathrm{T}}X^{-1}x(t) \tag{5.61}$$

证明　由引理 5.3 可知，若式(5.59)成立，则闭环系统(5.58)稳定且满足

$\|\boldsymbol{T}_{z\omega}\|_\infty < \gamma$。将式(5.59)展开得

$$\boldsymbol{A}^{\mathrm{T}}\boldsymbol{P} + \Delta\boldsymbol{A}^{\mathrm{T}}\boldsymbol{P} - \rho\boldsymbol{PBB}^{\mathrm{T}}\boldsymbol{P} + \boldsymbol{H}^{\mathrm{T}}\boldsymbol{P} + \boldsymbol{PA} + \boldsymbol{P}\Delta\boldsymbol{A} + \boldsymbol{PH} + \gamma^{-2}\boldsymbol{PDD}^{\mathrm{T}}\boldsymbol{P} + \boldsymbol{E}^{\mathrm{T}}\boldsymbol{E} < 0 \tag{5.62}$$

考虑到不确定性的表达形式和引理 5.1 有

$$\Delta\boldsymbol{A}^{\mathrm{T}}\boldsymbol{P} + \boldsymbol{P}\Delta\boldsymbol{A} = (\boldsymbol{LFG})^{\mathrm{T}}\boldsymbol{P} + \boldsymbol{PLFG} < \varepsilon\boldsymbol{PLL}^{\mathrm{T}}\boldsymbol{P} + \varepsilon^{-1}\boldsymbol{G}^{\mathrm{T}}\boldsymbol{G} \tag{5.63}$$

又根据引理 2.1 和引理 5.2 有

$$\boldsymbol{H}^{\mathrm{T}}\boldsymbol{P} + \boldsymbol{PH} \leqslant \delta\boldsymbol{PHH}^{\mathrm{T}}\boldsymbol{P} + \delta^{-1}\boldsymbol{I} = \boldsymbol{P}\sum_{k=1}^{m}\delta_k\boldsymbol{H}_k\boldsymbol{H}_k^{\mathrm{T}}\boldsymbol{P} + \sum_{k=1}^{m}\delta_k^{-1}\boldsymbol{I} \tag{5.64}$$

考虑到式(5.63)和式(5.64)，若

$$\begin{aligned}&\boldsymbol{A}^{\mathrm{T}}\boldsymbol{P} + \boldsymbol{PA} - \rho\boldsymbol{PBB}^{\mathrm{T}}\boldsymbol{P} + \varepsilon\boldsymbol{PLL}^{\mathrm{T}}\boldsymbol{P} + \varepsilon^{-1}\boldsymbol{G}^{\mathrm{T}}\boldsymbol{G} + \gamma^{-2}\boldsymbol{PDD}^{\mathrm{T}}\boldsymbol{P}\\&+\boldsymbol{E}^{\mathrm{T}}\boldsymbol{E} + \boldsymbol{P}\left(\sum_{k=1}^{N}\delta_k\boldsymbol{H}_k\boldsymbol{H}_k^{\mathrm{T}}\right)\boldsymbol{P} + \sum_{k=1}^{N}\delta_k^{-1}\boldsymbol{I} < 0\end{aligned} \tag{5.65}$$

成立，则式(5.62)成立。对式(5.65)两边同时乘以 $\boldsymbol{P}^{-1}$，令 $\boldsymbol{X} = \boldsymbol{P}^{-1}$，并由 Schur 补引理可得式(5.65)等价于式(5.60)。证毕。

注释 5.1　为了求解这个控制器，可解如下最小化问题

$$\begin{aligned}&\min_{\boldsymbol{X},\rho,\varepsilon,\delta_k}\gamma\\&\text{s.t.}\quad -\boldsymbol{X}<0,\quad -\rho<0,\quad -\varepsilon<0,\quad -\delta_K<0,\quad \boldsymbol{W}_1<0\end{aligned} \tag{5.66}$$

对于上述问题，可用 LMI 控制工具箱的标准函数求解。

下述定理给出了系统(5.49)具有 H_∞范数界 γ 的鲁棒分散可靠 H_∞镇定的一个充分条件。

定理 5.7　对任意给定的正数 γ，若存在正定矩阵 $\boldsymbol{X}>0$、$\rho>0$、$\varepsilon>0$ 和 $\delta_k>0$，满足

$$\boldsymbol{W}_2 = \begin{bmatrix}\bar{\boldsymbol{A}}_2 & \boldsymbol{XE}^{\mathrm{T}} & \boldsymbol{XG}^{\mathrm{T}} & \boldsymbol{D} & \boldsymbol{B}_{\boldsymbol{\Omega}} & [\boldsymbol{X} \ \cdots \ \boldsymbol{X}]\\ \boldsymbol{EX} & -\boldsymbol{I} & & & & \\ \boldsymbol{GX} & & -\varepsilon\boldsymbol{I} & & & \\ \boldsymbol{D}^{\mathrm{T}} & & & -\gamma^2\boldsymbol{I} & & \\ \boldsymbol{B}_{\boldsymbol{\Omega}}^{\mathrm{T}} & & & & -\gamma^2\boldsymbol{I} & \\ [\boldsymbol{X} \ \cdots \ \boldsymbol{X}]^{\mathrm{T}} & & & & & -\mathrm{diag}\{\delta_1\boldsymbol{I},\cdots,\delta_N\boldsymbol{I}\}\end{bmatrix} < 0 \tag{5.67}$$

式中，$\bar{\boldsymbol{A}}_2 = \boldsymbol{XA}^{\mathrm{T}} + \boldsymbol{AX} - \rho\boldsymbol{B}_{\bar{\boldsymbol{\Omega}}}\boldsymbol{B}_{\bar{\boldsymbol{\Omega}}}^{\mathrm{T}} + \varepsilon\boldsymbol{LL}^{\mathrm{T}} + \sum_{k=1}^{N}\delta_k\boldsymbol{H}_k\boldsymbol{H}_k^{\mathrm{T}}$，$\boldsymbol{H}_k$满足引理 5.2 的条件，则对于任意执行器 $\boldsymbol{\omega} \subseteq \boldsymbol{\Omega}$ 失效时，由系统(5.53)和控制器(5.57)构成的闭环系统可靠稳定且 $\|\boldsymbol{T}_{z\omega}\|_\infty < \gamma$。而且，无记忆的状态反馈控制器可由式(5.68)给出

$$\boldsymbol{u} = -\frac{\rho}{2}\boldsymbol{B}^{\mathrm{T}}\boldsymbol{X}^{-1}\boldsymbol{x}(t) \tag{5.68}$$

证明　根据B_{ω}和$B_{\bar{\omega}}$的定义，由系统(5.53)和控制器(5.68)构成的闭环系统为

$$\begin{aligned}\dot{x} &= \left(A + LFG + H - \frac{\rho}{2}B_{\bar{\omega}}B_{\bar{\omega}}^{\mathrm{T}}X^{-1}\right)x + \begin{bmatrix} D & B_{\omega}\end{bmatrix}\omega_f \\ z &= Ex\end{aligned} \tag{5.69}$$

由引理 5.3 可知，若式(5.59)成立，则闭环系统(5.58)稳定且满足$\|T_{z\omega}\|_{\infty} < \gamma$。将式(5.59)展开得

$$\begin{aligned}&A^{\mathrm{T}}P + PA - \rho PB_{\Omega}B_{\Omega}^{\mathrm{T}}P + \varepsilon PLL^{\mathrm{T}}P + \varepsilon^{-1}G^{\mathrm{T}}G + \gamma^{-2}PDD^{\mathrm{T}}P + \gamma^{-2}PB_{\bar{\Omega}}B_{\bar{\Omega}}^{\mathrm{T}}P \\ &\quad + E^{\mathrm{T}}E + P\left(\sum_{k=1}^{N}\delta_k H_k H_k^{\mathrm{T}}\right)P + \sum_{k=1}^{N}\delta_k^{-1}I < 0 \\ &A^{\mathrm{T}}P + \Delta A^{\mathrm{T}}P - \rho PB_{\bar{\omega}}B_{\bar{\omega}}^{\mathrm{T}}P + H^{\mathrm{T}}P + PA + P\Delta A + PH + \gamma^{-2}PDD^{\mathrm{T}}P \\ &\quad + \gamma^{-2}PB_{\omega}B_{\omega}^{\mathrm{T}}P + E^{\mathrm{T}}E < 0\end{aligned} \tag{5.70}$$

考虑到式(5.63)和式(5.64)及下述事实：

$$B_{\bar{\Omega}}B_{\bar{\Omega}}^{\mathrm{T}} \leqslant B_{\bar{\omega}}B_{\bar{\omega}}^{\mathrm{T}} \tag{5.71}$$

若

$$\begin{aligned}&A^{\mathrm{T}}P + PA - \rho PB_{\Omega}B_{\Omega}^{\mathrm{T}}P + \varepsilon PLL^{\mathrm{T}}P + \varepsilon^{-1}G^{\mathrm{T}}G + \gamma^{-2}PDD^{\mathrm{T}}P + \gamma^{-2}PB_{\bar{\Omega}}B_{\bar{\Omega}}^{\mathrm{T}}P \\ &\quad + E^{\mathrm{T}}E + P\left(\sum_{k=1}^{N}\delta_k H_k H_k^{\mathrm{T}}\right)P + \sum_{k=1}^{N}\delta_k^{-1}I < 0\end{aligned} \tag{5.72}$$

成立，则式(5.70)成立。对式(5.72)两边同时乘以P^{-1}，令$X = P^{-1}$，并由 Schur 补引理可得式(5.72)等价于式(5.67)。证毕。

注释 5.2　为了求解这个控制器，可解如下最小化问题：

$$\begin{aligned}&\min_{X,\rho,\varepsilon,\delta_k} \quad \gamma \\ &\text{s.t.} \quad -X < 0,\quad -\rho < 0,\quad -\varepsilon < 0,\quad -\delta_k < 0,\quad W_2 < 0\end{aligned} \tag{5.73}$$

对于上述问题，可用 LMI 控制工具箱的标准函数求解。

例 5.7　考虑由两个子系统构成的不确定大系统(5.49)，其中

$$A_1 = \begin{bmatrix} -1 & 2 \\ -1 & 0 \end{bmatrix},\quad B_1 = \begin{bmatrix} 0.3 & -1 \\ 1 & 0.5 \end{bmatrix},\quad A_{12} = \begin{bmatrix} 0 & 0 \\ 1 & 1 \end{bmatrix},\quad D_1 = \begin{bmatrix} 0 \\ 1 \end{bmatrix},\quad E_1 = \begin{bmatrix} 0 & 1 \end{bmatrix}$$

$$A_2 = \begin{bmatrix} -3 & 0 \\ -1 & -1 \end{bmatrix},\quad B_2 = \begin{bmatrix} 0.5 \\ 0.8 \end{bmatrix},\quad A_{21} = \begin{bmatrix} 0 & 0 \\ 2 & 2 \end{bmatrix},\quad D_2 = \begin{bmatrix} 0 \\ 1 \end{bmatrix},\quad E_2 = \begin{bmatrix} 0 & 1 \end{bmatrix}$$

$$L_1 = \begin{bmatrix} 1 & 0 \\ 0 & -1 \end{bmatrix},\quad G_1 = \begin{bmatrix} 0.2 & 0 \\ 0 & 0.2 \end{bmatrix},\quad L_2 = \begin{bmatrix} 2 & 0 \\ 0 & -2 \end{bmatrix},\quad G_2 = \begin{bmatrix} 0.1 & 0 \\ 0 & 0.1 \end{bmatrix}$$

$$F_1(t)=F_2(t)=\begin{bmatrix}\sin t & 0\\ 0 & \cos t\end{bmatrix}$$

令

$$H_1=\begin{bmatrix}0&0&0&0\\0&0&1&1\\0&0&0&0\\0&0&0&0\end{bmatrix},\quad H_2=\begin{bmatrix}0&0&0&0\\0&0&0&0\\0&0&0&0\\2&2&0&0\end{bmatrix}$$

容易验证满足引理 5.2 的条件。

设第一个子系统的第二个执行器是容许失效的，则

$$B_{\bar{\Omega}}=\begin{bmatrix}0.3&0&0\\1&0&0\\0&0&0\\0&0&1\end{bmatrix},\quad B_{\Omega}=\begin{bmatrix}0&-1&0\\0&0.5&0\\0&0&0\\0&0&0\end{bmatrix}$$

令$\gamma=1$。根据定理 5.7，解 LMI(5.67)可得可靠控制器

$$K=\mathrm{diag}\{K_1,K_2\}=\begin{bmatrix}6.4620&-9.7723&&\\22.7468&-18.1722&&\\&&-1.1438&-5.9427\end{bmatrix}$$

根据定理 5.6，解 LMI(5.60)可得状态反馈控制器

$$K=\mathrm{diag}\{K_1,K_2\}=\begin{bmatrix}-1.0306&-5.3859&&\\4.6513&-3.0578&&\\&&0.6846&-8.0472\end{bmatrix}$$

设外界干扰ω为 0~0.5 的随机数，取初始条件$x_1=[2\quad -1]^{\mathrm{T}},x_2=[3\quad 1]^{\mathrm{T}}$进行仿真，当控制器不失效时，采用状态反馈控制器时的仿真曲线如图 5.14 和图 5.15 所示。

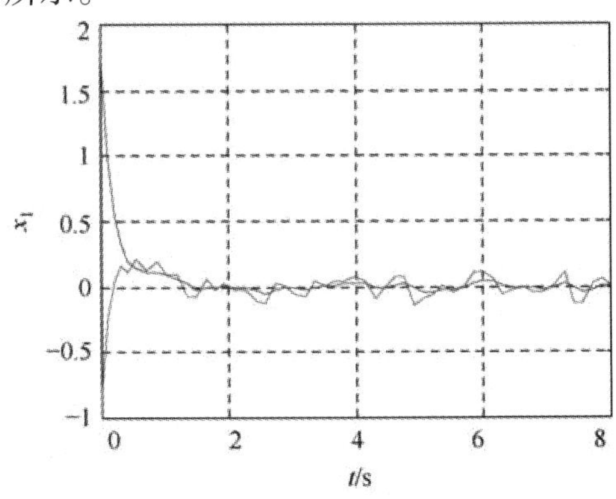

图 5.14　子系统 1 的状态曲线

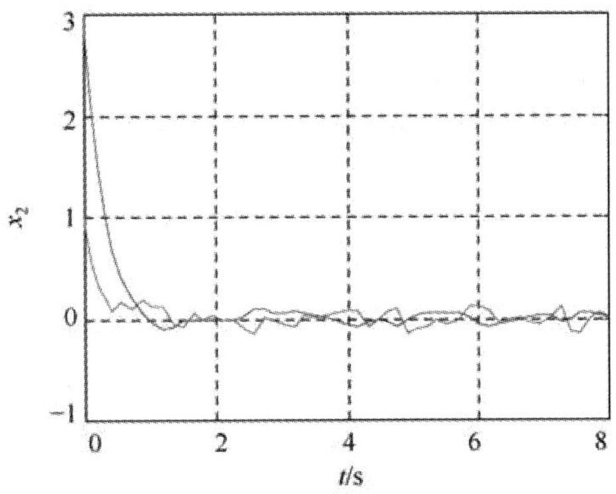

图 5.15　子系统 2 的状态曲线

当子系统 1 的第二个执行器失效时，采用可靠控制器时的仿真曲线如图 5.16 和图 5.17 所示。仿真结果表明所得的可靠设计方法是有效的，可以达到预期的控制目的。

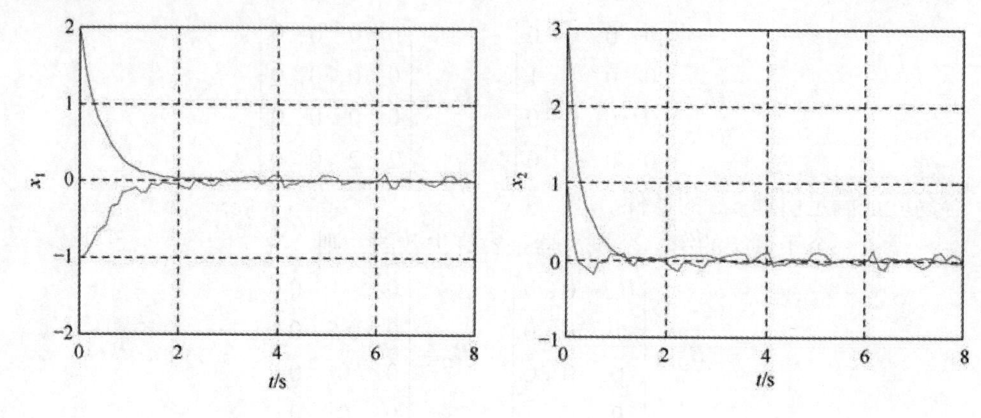

图 5.16　失效时子系统 1 的状态曲线　　图 5.17　失效时子系统 2 的状态曲线

5.6　一类状态、控制和关联均含有不确定性的大系统分散状态反馈 H_∞ 控制

考虑由 N 个相互关联的子系统 $\Sigma_i\,(i=1,2,\cdots,N)$ 构成的大系统

$$\dot{\boldsymbol{x}}_i(t)=[\boldsymbol{A}_i+\Delta\boldsymbol{A}_i(t)]\boldsymbol{x}_i(t)+[\boldsymbol{B}_i+\Delta\boldsymbol{B}_i(t)]\boldsymbol{u}_i(t)+\boldsymbol{B}_{\omega i}\boldsymbol{\omega}_i(t)+\sum_{j=1}^{N}[\boldsymbol{A}_{ij}+\Delta\boldsymbol{A}_{ij}(t)]\boldsymbol{x}_j(t) \tag{5.74a}$$

$$\boldsymbol{z}_i(t)=\boldsymbol{C}_i\boldsymbol{x}_i(t)+\boldsymbol{D}_i\boldsymbol{u}_i(t),\quad i=1,2,\cdots,N \tag{5.74b}$$

式中，$\boldsymbol{x}_i(t)\in\mathbf{R}^{n_i}$ 和 $\boldsymbol{u}_i(t)\in\mathbf{R}^{m_i}$ 分别是状态向量和控制向量；$\boldsymbol{\omega}_i(t)\in\mathbf{R}^{p_{\omega i}}$ 是平方可积的干扰输入；$\boldsymbol{z}_i(t)\in\mathbf{R}^{l_i}$ 是控制输出；$\boldsymbol{A}_i$、$\boldsymbol{B}_i$、$\boldsymbol{B}_{\omega i}$、$\boldsymbol{C}_i$ 和 $\boldsymbol{D}_i$ 是维数适当的标称矩阵；$\Delta\boldsymbol{A}_i(t)$、$\Delta\boldsymbol{B}_i(t)$ 和 $\Delta\boldsymbol{A}_{ij}(t)$ 是具有相应维数的关于 t 分段连续的函数矩阵，分别描述了第 i 个子系统关于状态和输入增益的不确定性；$\boldsymbol{A}_{ij}$ 为第 j 个子系统对第 i 个子系统的关联作用矩阵，且 $\boldsymbol{A}_{ii}=0$。系统不确定性满足

$$\begin{aligned}&\left[\Delta\boldsymbol{A}_i(t),\Delta\boldsymbol{B}_i(t)\right]=\boldsymbol{L}_i\boldsymbol{F}_i(t)[\boldsymbol{E}_{1i},\boldsymbol{E}_{2i}]\\&\Delta\boldsymbol{A}_{ij}(t)=\boldsymbol{M}_i\boldsymbol{F}_{ij}(t)\boldsymbol{N}_j\end{aligned} \tag{5.75}$$

式中，$\boldsymbol{D}_i$、$\boldsymbol{D}_{i1}$、$\boldsymbol{D}_{i2}$、$\boldsymbol{E}_i$、$\boldsymbol{E}_{i1}$、$\boldsymbol{N}_i$、$\boldsymbol{N}_{i1}$ 是已知的实常数矩阵；$\boldsymbol{F}_i(t)$和 $\boldsymbol{F}_{ij}(t)$是具有适当维数的未知函数矩阵，其元素是 Lebesgue 可测的，且满足

$$\boldsymbol{F}_i^{\mathrm{T}}\boldsymbol{F}_i \leqslant \boldsymbol{I}, \quad \boldsymbol{F}_{ij}^{\mathrm{T}}\boldsymbol{F}_{ij} \leqslant \boldsymbol{I} \tag{5.76}$$

分散鲁棒 H_∞ 控制问题就是对已知常数 $\gamma > 0$，设计分散线性状态反馈控制 $\boldsymbol{u}_i(t) = \boldsymbol{K}_i\boldsymbol{x}_i(t)(i=1,2,\cdots,N)$ 使得对应的闭环大系统满足：

(1) 当 $\boldsymbol{\omega}=0$ 时，闭环系统渐近稳定；

(2) 在零初始条件下，当 $\boldsymbol{\omega}\neq 0$ 时，对所容许得不确定性满足

$$\|\boldsymbol{z}\|_2 < \gamma\|\boldsymbol{\omega}\|_2$$

式中，$\boldsymbol{z}=[\boldsymbol{z}_1^{\mathrm{T}} \quad \boldsymbol{z}_2^{\mathrm{T}} \quad \cdots \quad \boldsymbol{z}_N^{\mathrm{T}}]^{\mathrm{T}}, \boldsymbol{\omega}=[\boldsymbol{\omega}_1^{\mathrm{T}} \quad \boldsymbol{\omega}_2^{\mathrm{T}} \quad \cdots \quad \boldsymbol{\omega}_N^{\mathrm{T}}]^{\mathrm{T}}$。

采用状态反馈控制 $\boldsymbol{u}_i(t)=\boldsymbol{K}_i\boldsymbol{x}_i(t)(i=1,2,\cdots,N)$，其闭环子系统为

$$\begin{aligned}\boldsymbol{L}_i\text{:}\ \dot{\boldsymbol{x}}_i(t) &= [\boldsymbol{A}_i+\Delta\boldsymbol{A}_i(t)]\boldsymbol{x}_i(t)+[\boldsymbol{B}_i+\Delta\boldsymbol{B}_i(t)]\boldsymbol{K}_i\boldsymbol{x}_i(t)\\ &\quad+\sum_{j=1}^{N}[\boldsymbol{A}_{ij}+\Delta\boldsymbol{A}_{ij}(t)]\boldsymbol{x}_j(t)+\boldsymbol{B}_{\omega i}\boldsymbol{\omega}_i(t)\end{aligned} \tag{5.77}$$

选择 Lyapunov 函数为

$$V(\boldsymbol{x})=\boldsymbol{x}^{\mathrm{T}}\boldsymbol{P}\boldsymbol{x}=\sum_{i=1}^{N}\boldsymbol{x}_i^{\mathrm{T}}\boldsymbol{P}_i\boldsymbol{x}_i=\sum_{i=1}^{N}V(\boldsymbol{x}_i) \tag{5.78}$$

式中，$\boldsymbol{P}_i$ 是正定对称矩阵。$\boldsymbol{x}=[\boldsymbol{x}_1^{\mathrm{T}} \quad \boldsymbol{x}_2^{\mathrm{T}} \quad \cdots \quad \boldsymbol{x}_N^{\mathrm{T}}]^{\mathrm{T}}$，$\boldsymbol{P}=\mathrm{diag}\{\boldsymbol{P}_1,\boldsymbol{P}_2,\cdots,\boldsymbol{P}_N\}$，则

$$\begin{aligned}\dot{V}(\boldsymbol{x}) &= \sum_{i=1}^{N}\dot{V}_i(\boldsymbol{x}_i)=\sum_{i=1}^{N}(\dot{\boldsymbol{x}}_i^{\mathrm{T}}\boldsymbol{P}_i\boldsymbol{x}_i+\boldsymbol{x}_i^{\mathrm{T}}\boldsymbol{P}_i\dot{\boldsymbol{x}}_i)=\sum_{i=1}^{N}\Big\{\boldsymbol{x}_i^{\mathrm{T}}(\boldsymbol{A}_i^{\mathrm{T}}\boldsymbol{P}_i+\boldsymbol{P}_i\boldsymbol{A}_i+\Delta\boldsymbol{A}_i^{\mathrm{T}}\boldsymbol{P}_i+\boldsymbol{P}_i\Delta\boldsymbol{A}_i\\ &\quad+\boldsymbol{K}_i^{\mathrm{T}}\boldsymbol{B}_i^{\mathrm{T}}\boldsymbol{P}_i+\boldsymbol{P}_i\boldsymbol{B}_i\boldsymbol{K}_i+\boldsymbol{K}_i^{\mathrm{T}}\Delta\boldsymbol{B}_i^{\mathrm{T}}\boldsymbol{P}_i+\boldsymbol{P}_i\Delta\boldsymbol{B}_i\boldsymbol{K}_i)\boldsymbol{x}_i\\ &\quad+2\boldsymbol{x}_i^{\mathrm{T}}\boldsymbol{P}_i\sum_{j=1}^{N}(\boldsymbol{A}_{ij}+\Delta\boldsymbol{A}_{ij})\boldsymbol{x}_j+2\boldsymbol{x}_i^{\mathrm{T}}\boldsymbol{P}_i\boldsymbol{B}_{\omega i}\boldsymbol{\omega}_i\Big\}\end{aligned} \tag{5.79}$$

考虑式(5.75)和式(5.76)，并由引理 2.1 得

$$\begin{aligned}&(\Delta\boldsymbol{A}_i+\Delta\boldsymbol{B}_i\boldsymbol{K}_i)^{\mathrm{T}}\boldsymbol{P}_i+\boldsymbol{P}_i(\Delta\boldsymbol{A}_i+\Delta\boldsymbol{B}_i\boldsymbol{K}_i)\\ &=(\boldsymbol{L}_i\boldsymbol{F}_i\boldsymbol{E}_{1i}+\boldsymbol{L}_i\boldsymbol{F}_i\boldsymbol{E}_{2i}\boldsymbol{K}_i)^{\mathrm{T}}\boldsymbol{P}_i+\boldsymbol{P}_i(\boldsymbol{L}_i\boldsymbol{F}_i\boldsymbol{E}_{1i}+\boldsymbol{L}_i\boldsymbol{F}_i\boldsymbol{E}_{2i}\boldsymbol{K}_i)\\ &\leqslant \boldsymbol{P}_i\boldsymbol{L}_i\boldsymbol{L}_i^{\mathrm{T}}\boldsymbol{P}_i+(\boldsymbol{E}_{1i}+\boldsymbol{E}_{2i}\boldsymbol{K}_i)^{\mathrm{T}}(\boldsymbol{E}_{1i}+\boldsymbol{E}_{2i}\boldsymbol{K}_i)\end{aligned} \tag{5.80}$$

$$\begin{aligned}\sum_{i=1}^{N}2\boldsymbol{x}_i^{\mathrm{T}}\boldsymbol{P}_i\sum_{j=1,j\neq i}^{N}\boldsymbol{A}_{ij}\boldsymbol{x}_j &\leqslant \sum_{i=1}^{N}\left[\boldsymbol{x}_i^{\mathrm{T}}\boldsymbol{P}_i\sum_{j=1,j\neq i}^{N}\boldsymbol{A}_{ij}\boldsymbol{A}_{ij}^{\mathrm{T}}\boldsymbol{P}_i\boldsymbol{x}_i+\sum_{j=1,j\neq i}^{N}\boldsymbol{x}_j^{\mathrm{T}}\boldsymbol{x}_j\right]\\ &=\sum_{i=1}^{N}\left[\boldsymbol{x}_i^{\mathrm{T}}\boldsymbol{P}_i\sum_{j=1,j\neq i}^{N}\boldsymbol{A}_{ij}\boldsymbol{A}_{ij}^{\mathrm{T}}\boldsymbol{P}_i\boldsymbol{x}_i+(N-1)\boldsymbol{x}_i^{\mathrm{T}}\boldsymbol{x}_i\right]\end{aligned} \tag{5.81}$$

$$\begin{aligned}\sum_{i=1}^{N}2\boldsymbol{x}_i^{\mathrm{T}}\boldsymbol{P}_i\sum_{j=1,j\neq i}^{N}\Delta\boldsymbol{A}_{ij}\boldsymbol{x}_j &\leqslant \sum_{i=1}^{N}\left[\boldsymbol{x}_i^{\mathrm{T}}\boldsymbol{P}_i\boldsymbol{M}_i\boldsymbol{M}_i^{\mathrm{T}}\boldsymbol{P}_i\boldsymbol{x}_i+\sum_{j=1,j\neq i}^{N}\boldsymbol{N}_j^{\mathrm{T}}\boldsymbol{N}_j\right]\\ &=\sum_{i=1}^{N}\left[\boldsymbol{x}_i^{\mathrm{T}}\boldsymbol{P}_i\boldsymbol{M}_i\boldsymbol{M}_i^{\mathrm{T}}\boldsymbol{P}_i\boldsymbol{x}_i+(N-1)\boldsymbol{N}_i^{\mathrm{T}}\boldsymbol{N}_i\right]\end{aligned} \tag{5.82}$$

将式(5.80)~式(5.82)代入式(5.79)，得

$$\begin{aligned}\dot{V}(\boldsymbol{x}) \leqslant \sum_{i=1}^{N}\Big\{ \boldsymbol{x}_i^{\mathrm{T}} \Big[& \boldsymbol{A}_i^{\mathrm{T}}\boldsymbol{P}_i + \boldsymbol{P}_i\boldsymbol{A}_i + \boldsymbol{K}_i^{\mathrm{T}}\boldsymbol{B}_i^{\mathrm{T}}\boldsymbol{P}_i + \boldsymbol{P}_i\boldsymbol{B}_i\boldsymbol{K}_i + \alpha_i\boldsymbol{P}_i\boldsymbol{L}_i\boldsymbol{L}_i^{\mathrm{T}}\boldsymbol{P}_i + \boldsymbol{P}_i\boldsymbol{M}_i\boldsymbol{M}_i^{\mathrm{T}}\boldsymbol{P}_i \\ & + \frac{1}{\alpha_i}\left(\boldsymbol{E}_{1i} + \boldsymbol{E}_{2i}\boldsymbol{K}_i\right)^{\mathrm{T}}\left(\boldsymbol{E}_{1i} + \boldsymbol{E}_{2i}\boldsymbol{K}_i\right) + \boldsymbol{P}_i\sum_{j=1,\,j\neq i}^{N}\boldsymbol{A}_{ij}\boldsymbol{A}_{ij}^{\mathrm{T}}\boldsymbol{P}_i \\ & + (N-1)\boldsymbol{I}_i + (N-1)\boldsymbol{N}_i^{\mathrm{T}}\boldsymbol{N}_i \Big]\boldsymbol{x}_i + 2\boldsymbol{x}_i^{\mathrm{T}}\boldsymbol{P}_i\boldsymbol{B}_{\omega i}\boldsymbol{\omega}_i \Big\} \\ = \sum_{i=1}^{N}\{ & \boldsymbol{x}_i^{\mathrm{T}}\boldsymbol{M}_i\boldsymbol{x}_i + 2\boldsymbol{x}_i^{\mathrm{T}}\boldsymbol{P}_i\boldsymbol{B}_{\omega i}\boldsymbol{\omega}_i\}\end{aligned} \tag{5.83}$$

因此，当$\boldsymbol{\omega}_i = 0$时，如果$\boldsymbol{M}_i < 0$成立，则系统(5.77)是渐近稳定的。

为证明$\|\boldsymbol{z}\|_2 < \gamma\|\boldsymbol{\omega}\|_2$成立，假设系统满足零初始条件，并令

$$\boldsymbol{J} = \sum_{i=1}^{N}\int_0^{\infty}\left(\boldsymbol{z}_i^{\mathrm{T}}\boldsymbol{z}_i - \gamma_i^2\boldsymbol{\omega}_i^{\mathrm{T}}\boldsymbol{\omega}_i\right)\mathrm{d}t$$

从以上讨论可得

$$\begin{aligned}\boldsymbol{J} &= \int_0^{\infty}\sum_{i=1}^{N}\left(\boldsymbol{z}_i^{\mathrm{T}}\boldsymbol{z}_i - \gamma_i^2\boldsymbol{\omega}_i^{\mathrm{T}}\boldsymbol{\omega}_i + \dot{V}(t)\right)\mathrm{d}t - V(\infty) < \sum_{i=1}^{N}\int_o^{\infty}\left(\boldsymbol{z}_i^{\mathrm{T}}\boldsymbol{z}_i - \gamma_i^2\boldsymbol{\omega}_i^{\mathrm{T}}\boldsymbol{\omega}_i + \dot{V}(t)\right)\mathrm{d}t \\ &= \sum_{i=1}^{N}\int_0^{\infty}\begin{bmatrix}\boldsymbol{x}_i \\ \boldsymbol{\omega}_i\end{bmatrix}^{\mathrm{T}}\begin{bmatrix}\boldsymbol{M}_i + (\boldsymbol{C}_i + \boldsymbol{D}_i\boldsymbol{K}_i)^{\mathrm{T}}(\boldsymbol{C}_i + \boldsymbol{D}_i\boldsymbol{K}_i) & \boldsymbol{P}_i\boldsymbol{B}_{\omega i} \\ \boldsymbol{B}_{\omega i}^{\mathrm{T}}\boldsymbol{P}_i & -\gamma_i^2\boldsymbol{I}\end{bmatrix}\begin{bmatrix}\boldsymbol{x}_i \\ \boldsymbol{\omega}_i\end{bmatrix}\mathrm{d}t\end{aligned}$$

至此不难得到如下的主要结果。

定理 5.8　对于给定的不确定性关联大系统(5.74)，已知常数$\gamma > 0$，则闭环系统(5.77)可分散状态反馈渐近稳定且具有给定 H_∞范数界γ 的充分条件是对称正定矩阵$\boldsymbol{X}_i$、矩阵$\boldsymbol{Y}_i$和常数α_i，满足 LMI

$$\begin{bmatrix} \boldsymbol{S}_i & \sqrt{(N-1)}\begin{bmatrix}\boldsymbol{X}_i & \boldsymbol{X}_i\boldsymbol{N}_i^{\mathrm{T}}\end{bmatrix} & (\boldsymbol{E}_{1i}\boldsymbol{X}_i + \boldsymbol{E}_{2i}\boldsymbol{Y}_i)^{\mathrm{T}} & \boldsymbol{B}_{\omega i} & (\boldsymbol{C}_i\boldsymbol{X}_i + \boldsymbol{D}_i\boldsymbol{Y}_i)^{\mathrm{T}} \\ \sqrt{(N-1)}\begin{bmatrix}\boldsymbol{X}_i & \boldsymbol{X}_i\boldsymbol{N}_i^{\mathrm{T}}\end{bmatrix}^{\mathrm{T}} & -\begin{bmatrix}\boldsymbol{I}_i & \boldsymbol{0} \\ \boldsymbol{0} & \boldsymbol{I}_i\end{bmatrix} & \boldsymbol{0} & \boldsymbol{0} & \boldsymbol{0} \\ (\boldsymbol{E}_{1i}\boldsymbol{X}_i + \boldsymbol{E}_{2i}\boldsymbol{Y}_i) & \boldsymbol{0} & -\alpha_i\boldsymbol{I}_{m_i\times m_i} & \boldsymbol{0} & \boldsymbol{0} \\ \boldsymbol{B}_{\omega i}^{\mathrm{T}} & \boldsymbol{0} & \boldsymbol{0} & -\gamma_i^2\boldsymbol{I} & \boldsymbol{0} \\ (\boldsymbol{C}_i\boldsymbol{X}_i + \boldsymbol{D}_i\boldsymbol{Y}_i) & \boldsymbol{0} & \boldsymbol{0} & \boldsymbol{0} & -\boldsymbol{I} \end{bmatrix} < 0 \tag{5.84}$$

式中，$\boldsymbol{S}_i = \boldsymbol{X}_i\boldsymbol{A}_i^{\mathrm{T}} + \boldsymbol{A}_i\boldsymbol{X}_i + \boldsymbol{Y}_i^{\mathrm{T}}\boldsymbol{B}_i^{\mathrm{T}} + \boldsymbol{B}_i\boldsymbol{Y}_i + \alpha_i\boldsymbol{L}_i\boldsymbol{L}_i^{\mathrm{T}} + \boldsymbol{M}_i\boldsymbol{M}_i^{\mathrm{T}} + \sum_{j=1}^{N}\boldsymbol{A}_{ij}\boldsymbol{A}_{ij}^{\mathrm{T}}$，并且相应的分散鲁棒 H_∞控制器为

$$\boldsymbol{u}_i(t) = \boldsymbol{K}_i\boldsymbol{x}_i(t) = \boldsymbol{Y}_i\boldsymbol{X}_i^{-1}\boldsymbol{x}_i(t), \quad i = 1, 2, \cdots, N \tag{5.85}$$

证明　考察下述 LMI：

$$\begin{bmatrix} M_i + (C_i + D_i K_i)^{\mathrm{T}} (C_i + D_i K_i) & P_i B_{\omega i} \\ B_{\omega i}^{\mathrm{T}} P_i & -\gamma_i^2 I \end{bmatrix} < 0 \tag{5.86}$$

令 $X_i = P_i^{-1}, Y_i = K_i X_i$，由 Schur 补引理可知式(5.86)等价于 LMI(5.84)，并且满足 $\|z_i\|_2 < \gamma_i \|\omega_i\|_2$，定理 5.8 得证。

例 5.8　考虑由以下两个子系统复合的不确定性关联系统：

$$A_1 = \begin{bmatrix} -3 & 0 \\ 0 & -1 \end{bmatrix},\quad A_{12} = \begin{bmatrix} -0.5 & 0.3 \\ 0 & 1.2 \end{bmatrix},\quad B_1 = \begin{bmatrix} 0 \\ 1 \end{bmatrix},\quad B_{\omega 1} = \begin{bmatrix} 0.1 \\ 0.1 \end{bmatrix},\quad C_1 = \begin{bmatrix} 0.1 & 0 \end{bmatrix}$$

$$D_1 = 0.1,\quad E_{11} = \begin{bmatrix} -0.04 & 0.03 \end{bmatrix},\quad E_{21} = -0.06,\quad L_1 = \begin{bmatrix} 0.1 \\ 0.1 \end{bmatrix},\quad M_1 = \begin{bmatrix} 0.02 \\ 0.01 \end{bmatrix}$$

$$N_1 = \begin{bmatrix} 0.03 & 0.1 \end{bmatrix},\quad A_2 = \begin{bmatrix} -1.97 & 0.31 \\ 0.91 & -0.8 \end{bmatrix},\quad A_{21} = \begin{bmatrix} -0.5 & 0 \\ 0 & 1 \end{bmatrix},\quad B_2 = \begin{bmatrix} 1 \\ 1 \end{bmatrix}$$

$$B_{\omega 2} = \begin{bmatrix} 0 \\ 0.3 \end{bmatrix},\quad C_2 = \begin{bmatrix} 0 & 0.1 \end{bmatrix},\quad D_2 = 0.1,\quad E_{21} = \begin{bmatrix} -0.06 & 0.04 \end{bmatrix}$$

$$E_{22} = -0.07,\quad L_2 = \begin{bmatrix} 0.2 \\ 0.1 \end{bmatrix},\quad M_2 = \begin{bmatrix} 0.05 \\ -0.1 \end{bmatrix},\quad N_2 = \begin{bmatrix} 0.4 & 0.05 \end{bmatrix}$$

用本节提出的方法，在 LMI 工具箱环境下解相应的凸优化问题，令 $\gamma_1 = \gamma_2 = 1$,求得该系统的分散稳定化控制律为

$$X_1 = \begin{bmatrix} 0.5321 & 0.0699 \\ 0.0699 & 0.9444 \end{bmatrix},\quad Y_1 = \begin{bmatrix} -0.4963 & 0.5929 \end{bmatrix},\quad \alpha_1 = 1.6391$$

$$X_2 = \begin{bmatrix} 0.2017 & 0.0514 \\ 0.0514 & 0.7707 \end{bmatrix},\quad Y_2 = \begin{bmatrix} -0.1902 & -0.3851 \end{bmatrix},\quad \alpha_2 = 1.2593$$

$$K_1 = \begin{bmatrix} -1.0252 & 0.7037 \end{bmatrix},\quad K_2 = \begin{bmatrix} -0.8297 & -0.4440 \end{bmatrix}$$

5.7　基于状态观测器的分散鲁棒 H_∞控制

5.7.1　问题描述

考虑一类由 N 个子系统 S_i 构成的关联大系统 S，其子系统方程为

$$\begin{aligned} &\dot{x}_i(t) = [A_i + \Delta A_i] x_i(t) + [B_i + \Delta B_i] u_i(t) + D_i \omega_i + \sum_{j=1, j\neq i}^{N} A_{ij} x_j(t) \\ &y_i(t) = C_i x_i(t) \\ &z_i(t) = E_i x_i(t) \\ &i = 1, 2, \cdots, N \end{aligned} \tag{5.87}$$

式中，$\boldsymbol{x}_i \in \mathbf{R}^n$、$\boldsymbol{u}_i \in \mathbf{R}^m$、$\boldsymbol{\omega}_i \in \mathbf{R}^{q_i}$、$z_i \in \mathbf{R}^{p_i}$ 和 $y_i \in \mathbf{R}^{r_i}$ 分别为第 i 个子系统的状态、控制输入、干扰输入、被控输出和系统输出。矩阵 $\boldsymbol{A}_i$、$\boldsymbol{B}_i$、$\boldsymbol{C}_i$、$\boldsymbol{D}_i$ 和 $\boldsymbol{E}_i$ 均为具有相应维数的常数矩阵。设系统(5.87)满足下列假定条件：$(\boldsymbol{A}_i,\boldsymbol{B}_i)$ 是可稳定的，$(\boldsymbol{C}_i,\boldsymbol{A}_i)$ 是可检测的。矩阵 $\boldsymbol{A}_{ij}(t)$ 表示子系统的关联，$\Delta\boldsymbol{A}_i(t)$、$\Delta\boldsymbol{B}_i(t)$ 表示子系统间和控制的不确定性，设它们具有如下形式：

$$[\Delta\boldsymbol{A}_i \quad \Delta\boldsymbol{B}_i] = \boldsymbol{L}_i\boldsymbol{F}_i(t)[\boldsymbol{G}_{1i} \quad \boldsymbol{G}_{2i}] \tag{5.88}$$

式中，$\boldsymbol{L}_i$、$\boldsymbol{G}_{1i}$、$\boldsymbol{G}_{2i}$ 为已知常数矩阵。矩阵 $\boldsymbol{F}_i(t)$ 为未知的 Lebesgue 可测的具有范数界的不确定性，并满足

$$\boldsymbol{F}_i^{\mathrm{T}}\boldsymbol{F}_i < \boldsymbol{I} \tag{5.89}$$

$\boldsymbol{H}$ 表示以 $\boldsymbol{A}_{ij}$ 为第 i 行第 j 列元素构成的分块矩阵，关联大系统(5.87)的集中形式可写为

$$\begin{aligned}\dot{\boldsymbol{x}} &= (\boldsymbol{A}+\Delta\boldsymbol{A}+\boldsymbol{H})\boldsymbol{x}+(\boldsymbol{B}+\Delta\boldsymbol{B})\boldsymbol{u}+\boldsymbol{D}\boldsymbol{\omega}\\ &= (\boldsymbol{A}+\boldsymbol{L}\boldsymbol{F}\boldsymbol{G}_1+\boldsymbol{H})\boldsymbol{x}+(\boldsymbol{B}+\boldsymbol{L}\boldsymbol{F}\boldsymbol{G}_2)\boldsymbol{u}+\boldsymbol{D}\boldsymbol{\omega}\end{aligned} \tag{5.90a}$$

$$\boldsymbol{z} = \boldsymbol{E}\boldsymbol{x} \tag{5.90b}$$

$$\boldsymbol{y} = \boldsymbol{C}\boldsymbol{x} \tag{5.90c}$$

式中

$$\begin{aligned}&\boldsymbol{x}=[\boldsymbol{x}_1^{\mathrm{T}} \quad \boldsymbol{x}_2^{\mathrm{T}} \quad \cdots \quad \boldsymbol{x}_N^{\mathrm{T}}]^{\mathrm{T}},\ \boldsymbol{u}=[\boldsymbol{u}_1^{\mathrm{T}} \quad \boldsymbol{u}_2^{\mathrm{T}} \quad \cdots \quad \boldsymbol{u}_N^{\mathrm{T}}]^{\mathrm{T}},\ \boldsymbol{\omega}=[\boldsymbol{\omega}_1^{\mathrm{T}} \quad \boldsymbol{\omega}_2^{\mathrm{T}} \quad \cdots \quad \boldsymbol{\omega}_N^{\mathrm{T}}]^{\mathrm{T}}\\ &\boldsymbol{y}=[\boldsymbol{y}_1^{\mathrm{T}} \quad \boldsymbol{y}_2^{\mathrm{T}} \quad \cdots \quad \boldsymbol{y}_N^{\mathrm{T}}]^{\mathrm{T}},\ \boldsymbol{z}=[\boldsymbol{z}_1^{\mathrm{T}} \quad \boldsymbol{z}_2^{\mathrm{T}} \quad \cdots \quad \boldsymbol{z}_N^{\mathrm{T}}]^{\mathrm{T}},\ \boldsymbol{A}=\mathrm{diag}\{\boldsymbol{A}_1,\cdots,\boldsymbol{A}_N\}\\ &\boldsymbol{B}=\mathrm{diag}\{\boldsymbol{B}_1,\cdots,\boldsymbol{B}_N\},\ \boldsymbol{C}=\mathrm{diag}\{\boldsymbol{C}_1,\cdots,\boldsymbol{C}_N\},\ \boldsymbol{D}=\mathrm{diag}\{\boldsymbol{D}_1,\cdots,\boldsymbol{D}_N\}\\ &\boldsymbol{E}=\mathrm{diag}\{\boldsymbol{E}_1,\cdots,\boldsymbol{E}_N\},\ \boldsymbol{L}=\mathrm{diag}\{\boldsymbol{L}_1,\cdots,\boldsymbol{L}_N\},\ \boldsymbol{F}=\mathrm{diag}\{\boldsymbol{F}_1,\cdots,\boldsymbol{F}_N\}\\ &\boldsymbol{G}_1=\mathrm{diag}\{\boldsymbol{G}_{11},\cdots,\boldsymbol{G}_{1N}\},\ \boldsymbol{G}_2=\mathrm{diag}\{\boldsymbol{G}_{21},\cdots,\boldsymbol{G}_{2N}\}\end{aligned} \tag{5.91}$$

定义 5.1 如果存在块对角对称阵 $\boldsymbol{P} \in \mathbf{R}^{n\times n}$ 和常数 $\alpha > 0$，使得对于任意容许的不确定性和 $(\boldsymbol{x},t) \in \mathbf{R}^n \times \mathbf{R}$，Lyapunov 函数

$$V(\boldsymbol{x},t) = \boldsymbol{x}^{\mathrm{T}}\boldsymbol{P}\boldsymbol{x} \tag{5.92}$$

对时间 t 的导数满足条件

$$L(\boldsymbol{x},t) = \dot{V}(\boldsymbol{x},t) \leqslant -\alpha\|\boldsymbol{x}\|^2 \tag{5.93}$$

则称式(5.87)～式(5.89)组成的系统是分散二次镇定的。

设计如下状态观测器型的动态分散输出反馈控制器：

$$\boldsymbol{u} = -\boldsymbol{K}\hat{\boldsymbol{x}} \tag{5.94}$$

$$\dot{\hat{\boldsymbol{x}}} = \boldsymbol{A}\hat{\boldsymbol{x}}+\boldsymbol{B}\boldsymbol{u}+\boldsymbol{M}(\boldsymbol{y}-\boldsymbol{C}\hat{\boldsymbol{x}}) \tag{5.95}$$

式中，$\hat{\boldsymbol{x}} \in \mathbf{R}^n$ 是观测器的状态向量；$\boldsymbol{K} \in \mathbf{R}^{m\times n}$ 是控制器的增益矩阵；$\boldsymbol{M} \in \mathbf{R}^{n\times r}$ 是

观测器的增益矩阵，$\boldsymbol{K}$、$\boldsymbol{M}$ 均具有块对角的结构。

引入误差向量

$$\boldsymbol{e}(t)=\boldsymbol{x}(t)-\hat{\boldsymbol{x}}(t) \tag{5.96}$$

则由式(5.90)、式(5.94)和式(5.95)构成的闭环系统为

$$\dot{\boldsymbol{e}}=\dot{\boldsymbol{x}}-\dot{\hat{\boldsymbol{x}}}=(\Delta\boldsymbol{A}+\boldsymbol{H}-\Delta\boldsymbol{B}\boldsymbol{K})\boldsymbol{x}+(\boldsymbol{A}-\boldsymbol{M}\boldsymbol{C}+\Delta\boldsymbol{B}\boldsymbol{K})\boldsymbol{e}+\boldsymbol{D}\boldsymbol{\omega} \tag{5.97}$$

由此得到闭环系统为

$$\begin{gathered}\begin{bmatrix}\dot{\boldsymbol{x}}\\ \dot{\boldsymbol{e}}\end{bmatrix}=\begin{bmatrix}\boldsymbol{A}+\Delta\boldsymbol{A}+\boldsymbol{H}-(\boldsymbol{B}+\Delta\boldsymbol{B})\boldsymbol{K} & (\boldsymbol{B}+\Delta\boldsymbol{B})\boldsymbol{K}\\ \boldsymbol{H}+\Delta\boldsymbol{A}-\Delta\boldsymbol{B}\boldsymbol{K} & \boldsymbol{A}-\boldsymbol{M}\boldsymbol{C}+\Delta\boldsymbol{B}\boldsymbol{K}\end{bmatrix}\begin{bmatrix}\boldsymbol{x}\\ \boldsymbol{e}\end{bmatrix}+\begin{bmatrix}\boldsymbol{D}\\ \boldsymbol{D}\end{bmatrix}\boldsymbol{\omega}\\ \boldsymbol{z}=\begin{bmatrix}\boldsymbol{E} & \boldsymbol{0}\end{bmatrix}\begin{bmatrix}\boldsymbol{x}\\ \boldsymbol{e}\end{bmatrix}\end{gathered} \tag{5.98}$$

基于以上描述，可以引入如下系统可通过动态输出反馈进行分散二次镇定的定义。

定义 5.2　如果存在对称阵 $\boldsymbol{P}_{\mathrm{c}},\boldsymbol{P}_{\mathrm{o}}\in\mathbf{R}^{n\times n}$ 和常数 $\alpha_1,\alpha_2>0$，使得对于任意容许的不确定性和 $(\boldsymbol{x},\boldsymbol{e},t)\in\mathbf{R}^n\times\mathbf{R}^n\times\mathbf{R}$，Lyapunov 函数

$$V(\boldsymbol{x},t)=[\,\boldsymbol{x}^{\mathrm{T}}\quad \boldsymbol{e}^{\mathrm{T}}\,]\begin{bmatrix}\boldsymbol{P}_{\mathrm{c}} & \boldsymbol{0}\\ \boldsymbol{0} & \boldsymbol{P}_{\mathrm{o}}\end{bmatrix}\begin{bmatrix}\boldsymbol{x}\\ \boldsymbol{e}\end{bmatrix} \tag{5.99}$$

对时间 t 的导数满足条件

$$L(\boldsymbol{x},\boldsymbol{e},t)=\dot{V}(\boldsymbol{x},\boldsymbol{e},t)\leqslant-\alpha_1\|\boldsymbol{x}\|^2-\alpha_2\|\boldsymbol{e}\|^2 \tag{5.100}$$

则称式(5.87)~式(5.89)组成的系统是分散二次镇定的。

定义 5.3　对于任意容许的不确定性，令 γ 为一个预先给定的常数，如果由式(5.94)和式(5.95)组成的输出控制器存在，且满足下列条件：

(1) 当 $\boldsymbol{\omega}_i=0$ 时，闭环系统分散二次镇定；

(2) 在零初始条件下，对任意 $\boldsymbol{\omega}\in\boldsymbol{L}_2[0,\infty)$，被控输出 $\boldsymbol{z}$ 满足 $\|\boldsymbol{z}\|_2<\gamma\|\boldsymbol{\omega}\|_2$。

则系统(5.87)在由式(5.94)和式(5.95)组成的分散动态输出反馈控制器的作用下，是具有 H_∞范数界 γ 鲁棒镇定的。

5.7.2　分散鲁棒 H_∞输出反馈镇定分析

下面给出系统(5.90)的基于分散状态观测器的反馈镇定的一个充分条件。

定理 5.9　对于满足约束式(5.88)和式(5.89)的系统(5.90)，如果存在块对角增益矩阵 $\boldsymbol{K}\in\mathbf{R}^{m\times n}$、$\boldsymbol{M}\in\mathbf{R}^{n\times r}$ 和块对角对称阵 $\boldsymbol{P}_{\mathrm{c}}\in\mathbf{R}^{n\times n}$、$\boldsymbol{P}_{\mathrm{o}}\in\mathbf{R}^{n\times n}$，使得对于任意容许的不确定性，满足

$$\boldsymbol{S}_1=(\boldsymbol{A}-\boldsymbol{B}\boldsymbol{K})^{\mathrm{T}}\boldsymbol{P}_{\mathrm{c}}+\boldsymbol{P}_{\mathrm{c}}(\boldsymbol{A}-\boldsymbol{B}\boldsymbol{K})+\boldsymbol{P}_{\mathrm{c}}\boldsymbol{W}_1\boldsymbol{P}_{\mathrm{c}}+\boldsymbol{Q}_1<0 \tag{5.101}$$

$$S_2 = (A - MC)^{\mathrm{T}} P_{\mathrm{o}} + P_{\mathrm{o}}(A - MC) + P_{\mathrm{o}} W_2 P_{\mathrm{o}} + Q_2 < 0 \tag{5.102}$$

式中

$$W_1 = \sum_{k=1}^{N} H_k H_k^{\mathrm{T}} + 2LL^{\mathrm{T}} + BB^{\mathrm{T}},\ W_2 = \sum_{k=1}^{N} H_k H_k^{\mathrm{T}} + 2LL^{\mathrm{T}}$$

$$Q_1 = 2\left(G_1 - G_2 K\right)^{\mathrm{T}}\left(G_1 - G_2 K\right) + 2N,\ Q_2 = 2K^{\mathrm{T}} G_2^{\mathrm{T}} G_2 K + K^{\mathrm{T}} K$$

则不确定系统是可分散输出反馈二次镇定的，并且闭环系统(5.98)是分散二次镇定的。

为证明定理 5.9，引入如下引理。

引理 5.4[19] 设 X、Y 和 $F(t)$是具有适当维数的向量或矩阵，$F(t)$满足 $F_{(t)}^{\mathrm{T}} F(t) \leqslant I$，则对任意正数$\alpha > 0$，有以下不等式成立：

$$2X^{\mathrm{T}} FY \leqslant \alpha X^{\mathrm{T}} X t \alpha^{-1} Y^{\mathrm{T}} Y$$

定理 5.9 的证明 在定理 5.9 的条件下，引入分散动态输出反馈控制律(5.94)和控制律(5.95)，则闭环系统可写为

$$\begin{bmatrix} \dot{x} \\ \dot{e} \end{bmatrix} = \begin{bmatrix} A + \Delta A + H - (B + \Delta B)K & (B + \Delta B)K \\ H + \Delta A - \Delta BK & A - MC + \Delta BK \end{bmatrix} \begin{bmatrix} x \\ e \end{bmatrix} \tag{5.103}$$

对上述系统，引入 Lyapunov 函数

$$V(x,t) = [x^{\mathrm{T}} \quad e^{\mathrm{T}}] \begin{bmatrix} P_{\mathrm{c}} & 0 \\ 0 & P_{\mathrm{o}} \end{bmatrix} \begin{bmatrix} x \\ e \end{bmatrix} \tag{5.104}$$

则对时间 t 的导数为

$$\begin{aligned} L(x,e,t) = {} & x^{\mathrm{T}}[(A - BK)^{\mathrm{T}} P_{\mathrm{c}} + P_{\mathrm{c}}(A - BK) + H^{\mathrm{T}} P_{\mathrm{c}} + P_{\mathrm{c}} H + (\Delta A - \Delta BK)^{\mathrm{T}} P_{\mathrm{c}} \\ & + P_{\mathrm{c}}(\Delta A - \Delta BK)]X + 2X^{\mathrm{T}} P_{\mathrm{c}}(B + \Delta B)Ke + e^{\mathrm{T}}[(A - MC)^{\mathrm{T}} P_{\mathrm{o}} \\ & + P_{\mathrm{o}}(A - MC)]e + 2e^{\mathrm{T}} P_{\mathrm{o}} \Delta BKe + 2e^{\mathrm{T}} P_{\mathrm{o}}(\Delta A - \Delta BK)x + 2e^{\mathrm{T}} P_{\mathrm{o}} Hx \end{aligned} \tag{5.105}$$

考虑到不确定性的表达形式，由引理 5.4 和引理 5.2 有

$$\begin{aligned} 2x^{\mathrm{T}} P_{\mathrm{c}}(\Delta A - \Delta BK)x &= 2x^{\mathrm{T}} P_{\mathrm{c}} LF\left(G_1 - G_2 K\right)x \\ &\leqslant x^{\mathrm{T}} P_{\mathrm{c}} LL^{\mathrm{T}} P_{\mathrm{c}} x + x^{\mathrm{T}}\left(G_1 - G_2 K\right)^{\mathrm{T}}\left(G_1 - G_2 K\right)x \end{aligned} \tag{5.106}$$

$$\begin{aligned} x^{\mathrm{T}}\left(H^{\mathrm{T}} P_{\mathrm{c}} + P_{\mathrm{c}} H\right)x &= 2x^{\mathrm{T}} P_{\mathrm{c}} \sum_{k=1}^{N} H_k x = 2x^{\mathrm{T}} \sum_{k=1}^{N} P_{\mathrm{c}} H_k x \\ &\leqslant x^{\mathrm{T}} P_{\mathrm{c}} \sum_{k=1}^{N} H_k H_k{}^{\mathrm{T}} P_{\mathrm{c}} x + x^{\mathrm{T}} x \sum_{k=1}^{N} I \end{aligned} \tag{5.107}$$

$$2x^{\mathrm{T}} P_{\mathrm{c}} BKe \leqslant x^{\mathrm{T}} P_{\mathrm{c}} BB^{\mathrm{T}} P_{\mathrm{c}} x + e^{\mathrm{T}} K^{\mathrm{T}} Ke \tag{5.108}$$

$$2x^{\mathrm{T}} P_{\mathrm{c}} \Delta BKe = 2x^{\mathrm{T}} P_{\mathrm{c}} LFG_2 Ke \leqslant x^{\mathrm{T}} P_{\mathrm{c}} LL^{\mathrm{T}} P_{\mathrm{c}} x + e^{\mathrm{T}} K^{\mathrm{T}} G_2^{\mathrm{T}} G_2 Ke \tag{5.109}$$

$$
\begin{aligned}
2e^{\mathrm{T}}P_{\mathrm{o}}\left(\Delta A-\Delta BK\right)x &= 2e^{\mathrm{T}}P_{\mathrm{o}}LF\left(G_1-G_2K\right)x \\
&\leqslant e^{\mathrm{T}}P_{\mathrm{o}}LL^{\mathrm{T}}P_{\mathrm{o}}e+x^{\mathrm{T}}\left(G_1-G_2K\right)^{\mathrm{T}}\left(G_1-G_2K\right)x
\end{aligned} \tag{5.110}
$$

$$
2e^{\mathrm{T}}P_{\mathrm{o}}\Delta BKe = 2e^{\mathrm{T}}P_{\mathrm{o}}LFG_2Ke \leqslant e^{\mathrm{T}}P_{\mathrm{o}}LL^{\mathrm{T}}P_{\mathrm{o}}e+K^{\mathrm{T}}G_2^{\mathrm{T}}G_2K \tag{5.111}
$$

$$
\begin{aligned}
2e^{\mathrm{T}}P_{\mathrm{o}}Hx &= 2e^{\mathrm{T}}P_{\mathrm{o}}\sum_{k=1}^{N}H_kx \leqslant \sum_{k=1}^{N}\left[e^{\mathrm{T}}P_{\mathrm{o}}H_kH_k^{\mathrm{T}}P_{\mathrm{o}}e+x^{\mathrm{T}}x\right] \\
&= e^{\mathrm{T}}P_{\mathrm{o}}\sum_{k=1}^{N}H_kH_k^{\mathrm{T}}P_{\mathrm{o}}e+\sum_{k=1}^{N}x^{\mathrm{T}}x
\end{aligned} \tag{5.112}
$$

将式(5.106)~式(5.112)代入式(5.105)，得

$$
\begin{aligned}
L(x,e,t) \leqslant\ & x^{\mathrm{T}}\Big[(A-BK)^{\mathrm{T}}P_{\mathrm{c}}+P_{\mathrm{c}}(A-BK)+P_{\mathrm{c}}\sum_{k=1}^{N}H_kH_k^{\mathrm{T}}P_{\mathrm{c}}+\sum_{k=1}^{N}I+\sum_{k=1}^{N}I \\
&+2P_{\mathrm{c}}L^{\mathrm{T}}LP_{\mathrm{c}}+P_{\mathrm{c}}BB^{\mathrm{T}}P_{\mathrm{c}}+2\left(G_1-G_2K\right)^{\mathrm{T}}\left(G_1-G_2K\right)\Big]x \\
&+e^{\mathrm{T}}\Big[(A-MC)^{\mathrm{T}}P_{\mathrm{o}}+P_{\mathrm{o}}(A-MC)+2P_{\mathrm{o}}LL^{\mathrm{T}}P_{\mathrm{o}}+P_{\mathrm{o}}\sum_{k=1}^{N}H_kH_k^{\mathrm{T}}P_{\mathrm{o}} \\
&+2K^{\mathrm{T}}G_2^{\mathrm{T}}G_2K+K^{\mathrm{T}}K\Big]e
\end{aligned} \tag{5.113}
$$

根据式(5.101)和式(5.102)，可得

$$
L(x,e,t) \leqslant x^{\mathrm{T}}S_1x+e^{\mathrm{T}}S_2e=\begin{bmatrix} x^{\mathrm{T}} & e^{\mathrm{T}} \end{bmatrix}\begin{bmatrix} S_1 & 0 \\ 0 & S_2 \end{bmatrix}\begin{bmatrix} x \\ e \end{bmatrix} \tag{5.114}
$$

则

$$
L(x,e,t) \leqslant \lambda_{\max}(S_1)x^{\mathrm{T}}x+\lambda_{\max}(S_2)e^{\mathrm{T}}e \tag{5.115}
$$

式中，$\lambda_{\max}(S_1)$、$\lambda_{\max}(S_2)$ 分别表示矩阵 S_1 和 S_2 的最大特征值。因此，若 $\alpha_1=-\lambda_{\max}(S_1)>0,\alpha_2=-\lambda_{\max}(S_2)>0$ 成立，由定义 5.2 可知，定理 5.9 成立。证毕。

下面给出本节的主要定理。

定理 5.10　对任意给定的正数 $\gamma>0$ 和容许的不确定性 $F(t)$，设存在常数矩阵 $K\in\mathbf{R}^{m\times n}$、$M\in\mathbf{R}^{n\times r}$ 和正定对称阵 $P_{\mathrm{c}}\in\mathbf{R}^{n\times n}$、$P_{\mathrm{o}}\in\mathbf{R}^{n\times n}$，满足

$$
S_1+2\gamma^{-2}P_{\mathrm{c}}DD^{\mathrm{T}}P_{\mathrm{c}}+E^{\mathrm{T}}E<0 \tag{5.116}
$$

$$
S_2+\gamma^{-2}P_{\mathrm{o}}DD^{\mathrm{T}}P_{\mathrm{o}}<0 \tag{5.117}
$$

式中，S_1 和 S_2 由式(5.101)和式(5.102)给定，则由式(5.88)~式(5.90)和式(5.94)、式(5.95)组成的闭环系统分散二次稳定，且具有 H_∞范数界 γ。

证明　考虑由动态输出反馈控制律(5.94)和控制律(5.95)与系统(5.90)组成的闭环大系统(5.98)，不等式(5.115)和式(5.116)包含了不等式(5.101)和式(5.102)。因此，由定理 5.9 可知，闭环系统(5.98)是分散二次镇定的，只需证明 $\|z\|_2<\gamma\|\omega\|_2$ 即可。

由定义 5.3 可知，设 $\boldsymbol{x}(0)=0$，引入如下性能指标：

$$\boldsymbol{J}=\int_0^\infty\left(\boldsymbol{z}^{\mathrm{T}}\boldsymbol{z}-\gamma^2\boldsymbol{\omega}^{\mathrm{T}}\boldsymbol{\omega}\right)\mathrm{d}t \tag{5.118}$$

因为闭环系统是分散二次镇定的，所以对任意非零干扰 $\boldsymbol{\omega}\in \boldsymbol{L}_2[0,\infty)$，可得

$$\boldsymbol{J}=\int_0^\infty\left(\boldsymbol{z}^{\mathrm{T}}\boldsymbol{z}-\gamma^2\boldsymbol{\omega}^{\mathrm{T}}\boldsymbol{\omega}+\frac{\mathrm{d}V}{\mathrm{d}t}\right)\mathrm{d}t-\boldsymbol{X}^{\mathrm{T}}(\infty)\boldsymbol{P}_{\mathrm{c}}\boldsymbol{X}(\infty)-\boldsymbol{e}^{\mathrm{T}}(\infty)\boldsymbol{P}_{\mathrm{o}}\boldsymbol{e}(\infty) \tag{5.119}$$

式中，$\mathrm{d}V/\mathrm{d}t$ 由式(5.99)定义。很明显，下列不等式成立：

$$\begin{aligned}&0\leqslant \boldsymbol{X}^{\mathrm{T}}(\infty)\boldsymbol{P}_{\mathrm{c}}\boldsymbol{X}(\infty)<\infty\\&0\leqslant \boldsymbol{e}^{\mathrm{T}}(\infty)\boldsymbol{P}_{\mathrm{o}}\boldsymbol{e}(\infty)<\infty\end{aligned} \tag{5.120}$$

则可得

$$\boldsymbol{J}\leqslant\int_0^\infty(\boldsymbol{z}^{\mathrm{T}}\boldsymbol{z}-\gamma^2\boldsymbol{\omega}^{\mathrm{T}}\boldsymbol{\omega}+\boldsymbol{x}^{\mathrm{T}}\boldsymbol{S}_1\boldsymbol{x}+\boldsymbol{e}^{\mathrm{T}}\boldsymbol{S}_2\boldsymbol{e}+2\boldsymbol{x}^{\mathrm{T}}\boldsymbol{P}_{\mathrm{c}}\boldsymbol{D}\boldsymbol{\omega}+2\boldsymbol{e}^{\mathrm{T}}\boldsymbol{P}_{\mathrm{o}}\boldsymbol{D}\boldsymbol{\omega})\mathrm{d}t \tag{5.121}$$

由引理 2.1，可得

$$\begin{aligned}&2\boldsymbol{x}^{\mathrm{T}}\boldsymbol{P}_{\mathrm{c}}\boldsymbol{D}\boldsymbol{\omega}\leqslant 2\gamma^{-2}\boldsymbol{P}_{\mathrm{c}}\boldsymbol{D}\boldsymbol{D}^{\mathrm{T}}\boldsymbol{P}_{\mathrm{c}}\boldsymbol{x}+\frac{1}{2}\gamma^2\boldsymbol{\omega}^{\mathrm{T}}\boldsymbol{\omega}\\&2\boldsymbol{e}^{\mathrm{T}}\boldsymbol{P}_{\mathrm{c}}\boldsymbol{D}\boldsymbol{\omega}\leqslant 2\gamma^{-2}\boldsymbol{P}_{\mathrm{o}}\boldsymbol{D}\boldsymbol{D}^{\mathrm{T}}\boldsymbol{P}_{\mathrm{o}}\boldsymbol{x}+\frac{1}{2}\gamma^2\boldsymbol{\omega}^{\mathrm{T}}\boldsymbol{\omega}\end{aligned} \tag{5.122}$$

将式(5.122)代入式(5.121)，再根据式(5.116)和式(5.117)，有

$$\boldsymbol{J}=\int_0^\infty[\boldsymbol{x}^{\mathrm{T}}(\boldsymbol{E}^{\mathrm{T}}\boldsymbol{E}+\boldsymbol{S}_1+2\gamma^{-2}\boldsymbol{P}_{\mathrm{c}}\boldsymbol{D}\boldsymbol{D}^{\mathrm{T}}\boldsymbol{P}_{\mathrm{c}})\boldsymbol{x}+\boldsymbol{e}^{\mathrm{T}}(\boldsymbol{S}_2+2\gamma^{-2}\boldsymbol{P}_{\mathrm{o}}\boldsymbol{D}\boldsymbol{D}^{\mathrm{T}}\boldsymbol{P}_{\mathrm{o}})\boldsymbol{e}]\mathrm{d}t\leqslant 0 \tag{5.123}$$

因此，对任意非 0 干扰 $\boldsymbol{\omega}\in \boldsymbol{L}_2[0,\infty),\|\boldsymbol{z}\|_2<\gamma\|\boldsymbol{\omega}\|_2$ 成立。证毕。

条件 5.1 如果对于任意容许不确定性，存在常数矩阵 $\boldsymbol{K}\in\mathbf{R}^{m\times n}$ 和对称正定矩阵 $\boldsymbol{P}_{\mathrm{c}}\in\mathbf{R}^{n\times n}$，使不等式(5.103)成立，则系统(5.88)~系统(5.90)满足条件 5.1。

条件 5.2 如果对于任意容许不确定性，存在常数矩阵 $\boldsymbol{M}\in\mathbf{R}^{n\times r}$ 和对称正定矩阵 $\boldsymbol{P}_{\mathrm{o}}\in\mathbf{R}^{n\times n}$，使不等式(5.104)成立，则系统(5.88)~系统(5.90)满足条件 5.2。

注释 5.3 根据定理 5.10，容易得到满足条件 5.1 和条件 5.2 的关联大系统(5.88)~系统(5.90)是可通过动态输出反馈控制律(5.94)和控制律(5.95)分散二次镇定的。

5.7.3 分散鲁棒 H_∞ 输出反馈控制器的设计

本书给出分散鲁棒 H_∞ 输出反馈控制器存在的充分条件。

考虑条件 5.1，因 $\boldsymbol{P}_{\mathrm{c}}$ 是正定对称矩阵，故其是可逆的，同时对式(5.114)两边左乘和右乘 $\boldsymbol{P}_{\mathrm{c}}^{-1}$，不等式将转化为下述矩阵不等式：

$$F_1 + F_2^{\mathrm{T}} F_2 + 2N\bar{P}_{\mathrm{c}}\bar{P}_{\mathrm{c}} < 0 \tag{5.124}$$

式中，$\bar{P}_{\mathrm{c}} = P_{\mathrm{c}}^{-1}, T_{\mathrm{c}} = K\bar{P}_{\mathrm{c}}, F_1 = A\bar{P}_{\mathrm{c}} + \bar{P}_{\mathrm{c}}A^{\mathrm{T}} - BT_{\mathrm{c}} - T_{\mathrm{c}}^{\mathrm{T}}B^{\mathrm{T}} + W_1 + 2\gamma^{-2}DD^{\mathrm{T}}, F_2 = \sqrt{2}G_2\bar{P}_{\mathrm{c}} - \sqrt{2}G_2T_{\mathrm{c}}$，$W_1$的定义见定理 5.9。

下面的定理给出了输出反馈控制律(5.94)和控制律(5.95)的控制器反馈增益 K 存在的条件和设计方法。

定理 5.11　考虑不确定关联大系统(5.88)~系统(5.90)，对于给定的正数γ，若系统满足条件 5.1 的充要条件是存在正定对称矩阵 $\bar{P}_{\mathrm{c}} \in \mathbf{R}^{n\times n}$ 和 $T_{\mathrm{c}} \in \mathbf{R}^{m\times n}$ 矩阵使下述矩阵不等式成立：

$$\begin{bmatrix} F_1 & F_2^{\mathrm{T}} & \sqrt{2N}\bar{P}_{\mathrm{c}} \\ F_2 & -I & \mathbf{0} \\ \sqrt{2N}\bar{P}_{\mathrm{c}} & \mathbf{0} & -I \end{bmatrix} < 0 \tag{5.125}$$

若此 LMI 优化问题有解 $\bar{P}_{\mathrm{c}}$、T_{c}，则输出反馈控制律中的控制器反馈增益矩阵 K 为

$$K = T_{\mathrm{c}}\bar{P}_{\mathrm{c}}^{-1} \tag{5.126}$$

证明　使用 Schur 分解方法，可将式(5.116)等价转化为式(5.125)。定理得证。

考虑条件 5.2，因 P_{o} 是正定对称矩阵，故它是可逆的，同时对式(5.117)两边左乘和右乘 P_{o}^{-1}，不等式将转化为下述矩阵不等式：

$$F_1 + P_{\mathrm{o}}F_2^{\mathrm{T}}F_2P_{\mathrm{o}} + P_{\mathrm{o}}\sum_{k=1}^{N}H_kH_k^{\mathrm{T}}P_{\mathrm{o}} < 0 \tag{5.127}$$

式中，$T_{\mathrm{o}} = P_{\mathrm{o}}M$，$F_1 = A^{\mathrm{T}}P_{\mathrm{o}} + P_{\mathrm{o}}A - T_{\mathrm{o}}C - C^{\mathrm{T}}T_{\mathrm{o}}^{\mathrm{T}} + Q_2$，$F_2 = \begin{bmatrix}\sqrt{2}L & \sqrt{2}\gamma^{-1}D\end{bmatrix}$，$Q_2$的定义见定理 5.9。

下面的定理给出输出反馈控制律(5.94)和控制律(5.95)的控制器观测器增益 M 存在的条件和设计方法。

定理 5.12　考虑不确定关联大系统(5.88)~系统(5.90)，对于给定的正数γ，若系统满足条件 5.2 的充要条件是存在正定对称矩阵 $P_{\mathrm{o}} \in \mathbf{R}^{n\times n}$ 和 $T_{\mathrm{o}} \in \mathbf{R}^{n\times r}$，使下述矩阵不等式成立：

$$\begin{bmatrix} F_1 & P_{\mathrm{o}}F_2^{\mathrm{T}} & P_{\mathrm{o}}H_1 & \cdots & P_{\mathrm{o}}H_N \\ F_2P_{\mathrm{o}} & -I & & & \\ H_1^{\mathrm{T}}P_{\mathrm{o}} & & -I & & \\ \vdots & & & \vdots & \\ H_N^{\mathrm{T}}P_{\mathrm{o}} & & & & -I \end{bmatrix} < 0 \tag{5.128}$$

若此 LMI 优化问题有解 $\boldsymbol{P}_{\mathrm{o}}$，则输出反馈控制律中的控制器观测器增益矩阵 $\boldsymbol{M}$ 为

$$\boldsymbol{M}=\boldsymbol{P}_{\mathrm{o}}^{-1}\boldsymbol{T}_{\mathrm{o}} \tag{5.129}$$

证明　使用 Schur 分解方法，可将式(5.117)等价转化为式(5.128)。定理得证。

基于上述结果，可得如下求解不确定大系统(5.87)~系统(5.89)的基于观测器的分散鲁棒 H_∞动态输出反馈控制律的设计算法。

Step1　对已知给定的关联大系统(5.87)~系统(5.89)，令 $\gamma=\{\gamma_1,\gamma_2,\cdots,\gamma_N\}$ 为一预先给定的常数。

Step2　确定 LMI(5.125)的解 $\bar{\boldsymbol{P}}_{\mathrm{c}}$、$\boldsymbol{T}_{\mathrm{c}}$ 是否存在？若其解存在，则转到 Step4，否则，增大 γ，继续 Step3。

Step3　若对足够大的 γ，LMI(5.125)的解仍不存在，则停止，此算法失败，否则，回到 Step2。

Step4　确定 LMI(5.128)的解 $\boldsymbol{P}_{\mathrm{o}}$、$\boldsymbol{T}_{\mathrm{o}}$ 是否存在？若其解存在，则转到 Step5，否则，增大 γ，回到 Step2。

Step5　若 γ 小于预先给定的性能水平，此算法成功。利用式(5.126)和式(5.129)来计算控制器状态反馈增益 $\boldsymbol{K}$ 和观测器增益 $\boldsymbol{M}$，从而获得分散鲁棒动态输出反馈控制律(5.94)和控制律(5.95)。否则，继续减小 γ，回到 Step2。

例 5.9　考虑由以下两个子系统复合而成的不确定性关联系统：

$$\boldsymbol{A}_1=\begin{bmatrix}0&1\\3&-4\end{bmatrix},\quad \boldsymbol{B}_1=\begin{bmatrix}1\\1\end{bmatrix},\quad \boldsymbol{A}_{12}=\begin{bmatrix}-0.5&0\\0.1&0.1\end{bmatrix},\quad \boldsymbol{D}_1=\begin{bmatrix}0.1\\0.1\end{bmatrix},\quad \boldsymbol{E}_1=\begin{bmatrix}0.1&0.1\end{bmatrix}$$

$$\boldsymbol{C}_1=\begin{bmatrix}1&0.6\end{bmatrix},\quad \boldsymbol{A}_2=\begin{bmatrix}0&4\\1&-1\end{bmatrix},\quad \boldsymbol{B}_2=\begin{bmatrix}2\\1\end{bmatrix},\quad \boldsymbol{A}_{21}=\begin{bmatrix}-0.5&0\\0.2&0.2\end{bmatrix},\quad \boldsymbol{D}_2=\begin{bmatrix}0\\0.3\end{bmatrix}$$

$$\boldsymbol{E}_2=\begin{bmatrix}0.2&0.1\end{bmatrix},\quad \boldsymbol{C}_2=\begin{bmatrix}1&1\end{bmatrix},\quad \boldsymbol{L}_1=\begin{bmatrix}0.1\\0.2\end{bmatrix},\quad \boldsymbol{G}_{11}=\begin{bmatrix}-0.5&0.3\end{bmatrix},\quad \boldsymbol{G}_{12}=\begin{bmatrix}0.6&0.4\end{bmatrix}$$

$$\boldsymbol{L}_2=\begin{bmatrix}0.2\\0.1\end{bmatrix},\quad \boldsymbol{G}_{21}=-0.5,\quad \boldsymbol{G}_{22}=-0.3,\quad \boldsymbol{F}_1(t)=\boldsymbol{F}_2(t)=\begin{bmatrix}\sin t&0\\0&\cos t\end{bmatrix}$$

令

$$\boldsymbol{H}_1=\begin{bmatrix}0&0&-0.5&0\\0&0&0.1&0.1\\0&0&0&0\\0&0&0&0\end{bmatrix},\quad \boldsymbol{H}_2=\begin{bmatrix}0&0&0&0\\0&0&0&0\\-0.5&0&0&0\\0.2&0.2&0&0\end{bmatrix}$$

容易验证满足引理 5.2 的条件。

根据分散鲁棒 H_∞动态输出反馈控制器镇定控制算法，取 $\gamma=1$，LMI(5.125)的解为

$$
\boldsymbol{P}_\text{c}=\begin{bmatrix} 0.2441 & 0.0207 & & \\ 0.0207 & 0.2479 & & \\ & & 0.1801 & -0.0837 \\ & & -0.0837 & 0.2654 \end{bmatrix}
$$

$$
\boldsymbol{T}_\text{c}=\begin{bmatrix} 1.5997 & 0.4243 & & \\ & & 1.4616 & 0.2654 \end{bmatrix}
$$

LMI(5.128)的解为

$$
\boldsymbol{P}_\text{o}=\begin{bmatrix} 0.8260 & 0.0472 & & \\ 0.0472 & 0.8958 & & \\ & & 0.9506 & -0.4670 \\ & & -0,4670 & 1.7951 \end{bmatrix},\quad \boldsymbol{T}_\text{o}=\begin{bmatrix} 26.8364 & \\ -3.3418 & \\ & 66.3562 \\ & 21.3928 \end{bmatrix}
$$

则状态输出反馈增益和静态输出反馈增益分别为

$$
\boldsymbol{K}=\begin{bmatrix} 6.4532 & 1.7711 & 0 & 0 \\ 0 & 0 & 11.1402 & 6.5058 \end{bmatrix},\quad \boldsymbol{M}=\begin{bmatrix} 32.7998 & 0 \\ -5.4594 & 0 \\ 0 & 86.7430 \\ 0 & 34.4840 \end{bmatrix}
$$

取初始条件 $\boldsymbol{x}_1=[2\quad -1]^\text{T}, \boldsymbol{x}_2=[3\quad 1]^\text{T}$ 进行仿真，采用控制器(5.125)和控制器(5.129)时，两个子系统的基于状态观测器的输出反馈曲线分别如图 5.18 和图 5.19 所示。

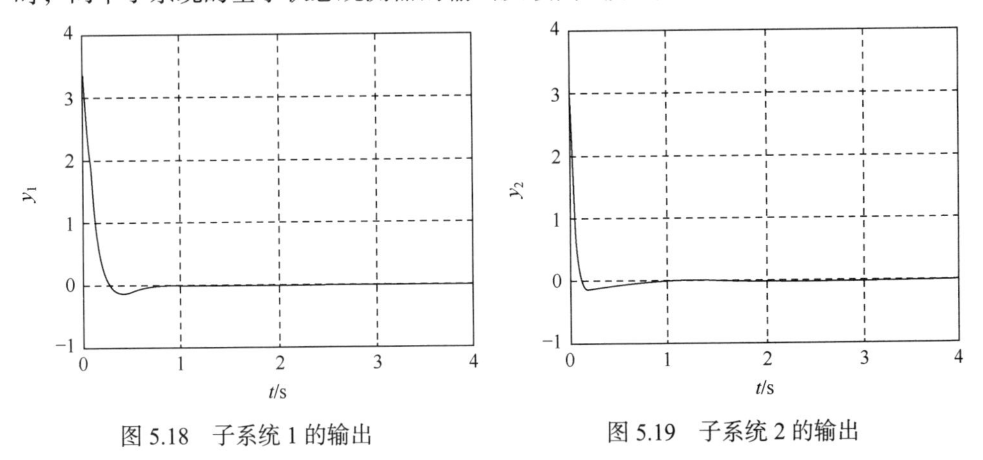

图 5.18　子系统 1 的输出　　图 5.19　子系统 2 的输出

5.8　本 章 小 结

本章用线性矩阵不等式方法研究了不确定性关联大系统的分散 H_∞控制、分散

H_2/H_∞控制、分散可靠H_∞控制以及基于状态观测器的分散鲁棒H_∞控制问题。针对一类数值界不确定性关联大系统，分两步获得分散H_∞状态反馈控制器的参数化定理，提出了直接LMI和迭代LMI两种基于LMI的控制器设计方法，并把这种两种设计方法推广应用于分散H_2/H_∞状态反馈控制器的设计；采用控制器参数化方法对分散输出反馈H_∞控制器进行构造，提出了基于同伦方法的迭代LMI算法求解分散输出反馈H_∞控制器；把现有的可靠H_∞控制器结果扩展到了关联大系统，给出了能可靠鲁棒镇定闭环大系统且保证一定H_∞性能的控制器设计方法；根据分散二次镇定的概念和Riccati方程的方式，得到了闭环系统二次稳定且满足一定H_∞范数界约束的分散鲁棒输出反馈控制器存在的充分条件，利用一组LMIs的解来构造状态观测器和状态反馈控制器的增益矩阵。所提方法克服了Riccati方程方法需预先调整多个参数、计算复杂的困难。

参 考 文 献

[1] Zames G, Francis B. Feedback, minimax sensitivity and optimal robustness. IEEE Transactions on Automatic Control, 1983, 28(5): 585-601.

[2] Shiau J K, Chow J H. Robust decentralized state feedback control design using an iterative linear matrix inequality algorithm. IFAC 13th Triennial World Congress, 1996: 203-208.

[3] Wang Y Y, Xie L H, Souza D C E, et al. Robust decentralized control of interconnected uncertain linear systems. Proceedings of the 34th IEEE Conference on Decision Control, 1995: 2653-2658.

[4] 尚群立，孙优贤. 不确定线性内互联大系统的分散鲁棒H_∞控制. 控制与决策，1999，14(4)：334-338.

[5] 王向东，高立群，张嗣瀛. 不确定内联系统的二次稳定性和分散反馈镇定. 自动化学报，1999, 25(3)：397-401.

[6] 王向东，高立群，张嗣瀛. 不确定线性组合大系统的二次稳定性、联结稳定性与H_∞小增益定理. 控制理论与应用, 1999, 16(4)：600-602.

[7] Veillette R J, Medanic J V, Perkins W R. Design of reliable control systems. IEEE Transactions on Automatic Control, 1992, 37(3): 290-304.

[8] Seo C J, Kim B K. Robust and reliable H_∞ control for linear systems with parameter uncertainty and actuator failure. Automatica, 1996, 32(3):465-467.

[9] Huang S, Lam J, Yang G H, et al. Fault tolerant decentralized H_∞ control for symmetric composite systems. IEEE Transactions on Automatic Control, 1999, 44(11): 2108-2114.

[10] Iwasaki T, Skelton R E. All controllers for the general H_∞ control problem: LMI existence conditions and state space formulas. Automatica, 1994, 30(8): 1307-1317.

[11] Davison E J. Benchmark Problems for Control System Design. Report of the IFAC Theory Committee, 1990.

[12] Doyle J C, Glover K, Khargonekar P P, et al. State-space solutions to H_2 and H_∞ control problems. IEEE Transactions on Automatic Control, 1989, 34(8):831-847.

[13] Geromel J C, Bernussou J, Peres P L D. Decentralized control through parameter space

optimaziation. Automatica, 1994, 30(10): 1565-1578.

[14] Berstein D S, Haddad W M. LQG control with an H_∞ performance bound. IEEE Transactions on Automatic Control, 1989, 34(3): 293-305.

[15] Scherer C, Chilali M, Gahinent P. Multiobjective output-feedback control via LMI optimization. IEEE Transactions on Automatic Control, 1997, 42(7): 896-911.

[16] Doyle J, Zhou K, Glover K, et al. Mixed H_2 and H_∞ performance objectives II: Optimal control. IEEE Transactions on Automatic Control, 1994, 39(8): 1575-1587.

[17] Wang Y Y, Xie L H, Souza D C E. Robust control of uncertain nonlinear systems. Systems and Control Letters, 1992, 19:139-149.

[18] Xie L, Fu M, Souza D C E. H_∞ control and quadratic stabilization of systems with parametric uncertainty via output feedback. IEEE Transactions on Automatic Control, 1992, 37(8): 1253-1257.

[19] Petersen I R. A stabilization algorithm for a class of uncertain linear system. System and Control Letters, 1987, 8(5): 351-357.

第 6 章　关联系统的时滞相关分散鲁棒 H_∞ 控制

6.1　引　　言

时滞关联系统分散鲁棒 H_∞ 控制理论是在 H_∞ 空间，即 Hardy 空间，通过某些性能指标的无穷范数优化而获得具有鲁棒性能的分散控制器的一种控制理论。近年来，这个问题已经受到了人们普遍的关注[1-6]。许多学者利用代数 Riccati 不等式或 LMI 方法，根据参数不确定性的不同描述，提出了各种分散鲁棒 H_∞ 性能分析和控制器的设计方法。文献[1]利用代数 Riccati 不等式和基于分散状态观测器的设计，研究了一类具有时滞和范数有界不确定性的关联系统的鲁棒镇定和 H_∞ 性能问题。文献[5]和[6]采用 LMI 的分析方法和基于分散状态反馈，研究了一类不确定的时滞关联系统的分散鲁棒 H_∞ 控制问题。以上这些研究针对的对象都是线性关联系统且对关联项的分析和处理上采用的是结构分解法[7]，即把大系统的分散控制器的设计归结为求解一系列的代数 Riccati 方程或求解一系列的 LMIs，且所得的结果大多都是与时滞无关的。关于关联线性系统时滞相关的分散鲁棒 H_∞ 控制和非线性系统的分散鲁棒 H_∞ 控制的研究却不多见。本章主要针对具有关联时滞的关联系统时滞相关分散鲁棒 H_∞ 控制、一类非线性关联系统的分散鲁棒 H_∞ 控制以及一类时变时滞大系统时滞相关分散 H_∞ 控制进行研究。主要应用 Lyapunov-Krasovskii 泛函方法，结合时滞积分不等式技巧设计分散线性状态反馈控制器，使得闭环系统渐近稳定，且满足一定的 H_∞ 性能指标。

6.2　线性关联系统的时滞相关分散鲁棒 H_∞ 控制

6.2.1　问题描述

考虑由 N 个相互关联的子系统 $L_i\ (i=1,2,\cdots,N)$ 构成的时滞关联系统

$$\begin{aligned}
&\dot{\boldsymbol{x}}_i(t)=(\boldsymbol{A}_i+\Delta\boldsymbol{A}_i)\boldsymbol{x}_i(t)+(\boldsymbol{B}_i+\Delta\boldsymbol{B}_i)\boldsymbol{u}_i(t)+\boldsymbol{\Gamma}_i\boldsymbol{\omega}_i(t)+\sum_{j=1}^{N}\boldsymbol{A}_{ij}\boldsymbol{x}_j(t-\tau_{ij})\\
&\boldsymbol{z}_i(t)=(\boldsymbol{C}_i+\Delta\boldsymbol{C}_i)\boldsymbol{x}_i(t)+(\boldsymbol{D}_i+\Delta\boldsymbol{D}_i)\boldsymbol{u}_i(t)\\
&\boldsymbol{x}_i(t)=\boldsymbol{\varphi}_i(t),\quad t\in[-\tau,0],\quad \tau=\max_{i,j}\{\tau_{ij}\}
\end{aligned}\tag{6.1}$$

式中，$\boldsymbol{x}_i(t)\in\mathbf{R}^{n_i}$ 为状态向量；$\boldsymbol{u}_i(t)\in\mathbf{R}^{m_i}$ 为控制向量；$\boldsymbol{\omega}_i(t)\in\mathbf{R}^{p_i}$ 为平方可积的外部扰动信号；$\boldsymbol{z}_i(t)\in\mathbf{R}^{l_i}$ 为控制输出向量；$\boldsymbol{A}_i$、$\boldsymbol{B}_i$、$\boldsymbol{C}_i$、$\boldsymbol{D}_i$、$\boldsymbol{\Gamma}_i$ 和 $\boldsymbol{A}_{ij}$ 是具有适当维数的常数矩阵；$\tau_{ij}\geqslant 0$ 是系统的关联项滞后时间，$\tau=\max\limits_{i.j}\{\tau_{ij}\}$；$\boldsymbol{\varphi}_i(t)$ 是定义在 $[-\tau,0]$ 上的实值连续的初值函数；$\Delta\boldsymbol{A}_i$、$\Delta\boldsymbol{B}_i$、$\Delta\boldsymbol{C}_i$ 和 $\Delta\boldsymbol{D}_i$ 为未知矩阵描述了时变参数不确定性，它们满足

$$\begin{bmatrix}\Delta\boldsymbol{A}_i & \Delta\boldsymbol{B}_i\\ \Delta\boldsymbol{C}_i & \Delta\boldsymbol{D}_i\end{bmatrix}=\begin{bmatrix}\boldsymbol{S}_i\\ \boldsymbol{L}_i\end{bmatrix}\boldsymbol{F}_i(t)\begin{bmatrix}\boldsymbol{M}_i & \boldsymbol{N}_i\end{bmatrix}\tag{6.2}$$

式中，$\boldsymbol{F}_i(t)$ 是具有适当维数的 Lebsegue 可测的时变未知矩阵，且 $\boldsymbol{F}_i^{\mathrm{T}}(t)\boldsymbol{F}_i(t)\leqslant\boldsymbol{I}_i$，$\boldsymbol{I}_i$ 是适当维数的单位矩阵；$\boldsymbol{S}_i$、$\boldsymbol{L}_i$、$\boldsymbol{M}_i$、$\boldsymbol{N}_i$ 是具有适当维数的常数矩阵。这里假设 $(\boldsymbol{A}_i,\boldsymbol{B}_i)$ 是完全可控的。

分散鲁棒 H_∞控制问题　已知常数 $\gamma>0$，设计分散状态反馈控制器 $\boldsymbol{u}_i(t)=\boldsymbol{K}_i\boldsymbol{x}_i(t)$（$i=1,2,\cdots,N$），使得闭环系统

$$\begin{aligned}\dot{\boldsymbol{x}}_i(t)&=\left(\boldsymbol{A}_i+\Delta\boldsymbol{A}_i\right)\boldsymbol{x}_i(t)+\left(\boldsymbol{B}_i+\Delta\boldsymbol{B}_i\right)\boldsymbol{K}_i\boldsymbol{x}_i(t)+\boldsymbol{\Gamma}_i\boldsymbol{\omega}_i(t)+\sum_{j=1}^{N}\boldsymbol{A}_{ij}\boldsymbol{x}_j\left(t-\tau_{ij}\right)\\ \boldsymbol{z}_i(t)&=(\boldsymbol{C}_i+\Delta\boldsymbol{C}_i)\boldsymbol{x}_i(t)+(\boldsymbol{D}_i+\Delta\boldsymbol{D}_i)\boldsymbol{K}_i\boldsymbol{x}_i(t)\end{aligned}\tag{6.3}$$

满足以下性质：

(1) 闭环系统(6.3)是内部渐近稳定；

(2) 从外部扰动 $\boldsymbol{\omega}(t)$ 到被控输出 $\boldsymbol{z}(t)$ 的传递函数 $\boldsymbol{T}_{z\omega}(s)$ 的 H_∞范数不超过给定的常数 $\gamma>0$，即在零初始条件 $\boldsymbol{x}_i(t)=0,t\in[-\tau,0]$（$i=1,2,\cdots,N$）下，有

$$\|\boldsymbol{z}(t)\|_2^2\leqslant\gamma\|\boldsymbol{\omega}(t)\|_2^2,\ \ \forall\boldsymbol{\omega}(t)\in\boldsymbol{L}_2[0,\ \infty)\tag{6.4}$$

式中，$\boldsymbol{z}(t)=\left[\boldsymbol{z}_1^{\mathrm{T}}(t)\ \cdots\ \boldsymbol{z}_N^{\mathrm{T}}(t)\right]^{\mathrm{T}}$，$\boldsymbol{\omega}(t)=\left[\boldsymbol{\omega}_1^{\mathrm{T}}(t)\ \cdots\ \boldsymbol{\omega}_N^{\mathrm{T}}(t)\right]^{\mathrm{T}}$。具有以上性质的控制器 $\boldsymbol{u}_i(t)=\boldsymbol{K}_i\boldsymbol{x}_i(t)$（$i=1,2,\cdots,N$）称为系统(6.1)的分散 H_∞控制器。不等式(6.4)反映了系统对外部扰动的抑制能力，因此 γ 也称为系统对外部扰动的抑制度，γ 越小，表明系统的性能越好。

6.2.2　时滞相关有界实引理

首先考虑如下标称关联未控系统：

$$\begin{aligned}&\dot{\boldsymbol{x}}_i(t)=\boldsymbol{A}_i\boldsymbol{x}_i(t)+\boldsymbol{\Gamma}_i\boldsymbol{\omega}_i(t)+\sum_{j=1}^{N}\boldsymbol{A}_{ij}\boldsymbol{x}_j\left(t-\tau_{ij}\right)\\ &\boldsymbol{z}_i(t)=\boldsymbol{C}_i\boldsymbol{x}_i(t)\\ &\boldsymbol{x}_i=\boldsymbol{\varphi}_i(t),\quad t\in[-\tau,0],\quad \tau=\max_{i,j}\{\tau_{ij}\}\end{aligned}\tag{6.5}$$

对于系统(6.5)，下面的定理给出了一个新的时滞相关有界实引理，即 H_∞性能分析

的一个充分条件。

定理 6.1　对于给定的常数 $\gamma>0$，$\tau_{ji}>0$，$j=1,2,\cdots,N$，若存在对称正定矩阵 $\boldsymbol{P}_i>0$，$\boldsymbol{Q}_i>0$，$\boldsymbol{R}_i>0$，$j=1,2,\cdots,N$，使得如下 LMIs 成立：

$$\begin{bmatrix} (1,1)_i & \boldsymbol{R}_{1i} & \cdots & \boldsymbol{R}_{Ni} & \boldsymbol{P}_i\boldsymbol{A}_{i1} & \cdots & \boldsymbol{P}_i\boldsymbol{A}_{iN} & \boldsymbol{P}_i\boldsymbol{\Gamma}_i & \tau_{1i}\boldsymbol{A}_i^{\mathrm{T}}\boldsymbol{R}_{1i} & \cdots & \tau_{Ni}\boldsymbol{A}_i^{\mathrm{T}}\boldsymbol{R}_{Ni} \\ \boldsymbol{R}_{1i} & -\boldsymbol{R}_{1i} & \cdots & \boldsymbol{0} & \boldsymbol{0} & \cdots & \boldsymbol{0} & \boldsymbol{0} & \boldsymbol{0} & \cdots & \boldsymbol{0} \\ \vdots & \vdots & & \vdots & \vdots & & \vdots & \vdots & \vdots & & \vdots \\ \boldsymbol{R}_{Ni} & \boldsymbol{0} & \cdots & -\boldsymbol{R}_{Ni} & \boldsymbol{0} & \cdots & \boldsymbol{0} & \boldsymbol{0} & \boldsymbol{0} & \cdots & \boldsymbol{0} \\ \boldsymbol{A}_{i1}^{\mathrm{T}}\boldsymbol{P}_i & \boldsymbol{0} & \cdots & \boldsymbol{0} & -\boldsymbol{Q}_{i1} & \cdots & \boldsymbol{0} & \boldsymbol{0} & \tau_{1i}\boldsymbol{A}_{i1}^{\mathrm{T}}\boldsymbol{R}_{1i} & \cdots & \tau_{Ni}\boldsymbol{A}_{i1}^{\mathrm{T}}\boldsymbol{R}_{Ni} \\ \vdots & \vdots & & \vdots & \vdots & & \vdots & \vdots & \vdots & & \vdots \\ \boldsymbol{A}_{iN}^{\mathrm{T}}\boldsymbol{P}_i & \boldsymbol{0} & \cdots & \boldsymbol{0} & \boldsymbol{0} & \cdots & -\boldsymbol{Q}_{iN} & \boldsymbol{0} & \tau_{1i}\boldsymbol{A}_{iN}^{\mathrm{T}}\boldsymbol{R}_{1i} & \cdots & \tau_{Ni}\boldsymbol{A}_{iN}^{\mathrm{T}}\boldsymbol{R}_{Ni} \\ \boldsymbol{\Gamma}_i^{\mathrm{T}}\boldsymbol{P}_i & \boldsymbol{0} & \cdots & \boldsymbol{0} & \boldsymbol{0} & \cdots & \boldsymbol{0} & -\gamma\boldsymbol{I}_i & \tau_{1i}\boldsymbol{\Gamma}_i^{\mathrm{T}}\boldsymbol{R}_{1i} & \cdots & \tau_{Ni}\boldsymbol{\Gamma}_i^{\mathrm{T}}\boldsymbol{R}_{Ni} \\ \tau_{1i}\boldsymbol{R}_{1i}\boldsymbol{A}_i & \boldsymbol{0} & \cdots & \boldsymbol{0} & \tau_{1i}\boldsymbol{R}_{1i}\boldsymbol{A}_{i1} & \cdots & \tau_{1i}\boldsymbol{R}_{1i}\boldsymbol{A}_{iN} & \tau_{1i}\boldsymbol{R}_{1i}\boldsymbol{\Gamma}_i & -\boldsymbol{R}_{1i} & \cdots & \boldsymbol{0} \\ \vdots & \vdots & & \vdots & \vdots & & \vdots & \vdots & \vdots & & \vdots \\ \tau_{Ni}\boldsymbol{R}_{Ni}\boldsymbol{A}_i & \boldsymbol{0} & \cdots & \boldsymbol{0} & \tau_{Ni}\boldsymbol{R}_{Ni}\boldsymbol{A}_{i1} & \cdots & \tau_{Ni}\boldsymbol{R}_{Ni}\boldsymbol{A}_{iN} & \tau_{Ni}\boldsymbol{R}_{Ni}\boldsymbol{\Gamma}_i & \boldsymbol{0} & \cdots & -\boldsymbol{R}_{Ni} \end{bmatrix} < 0 \tag{6.6}$$

$i=1,2,\cdots,N$，其中 $(1,1)_i=\boldsymbol{P}_i\boldsymbol{A}_i+\boldsymbol{A}_i^{\mathrm{T}}\boldsymbol{P}_i+\sum_{j=1}^{N}\boldsymbol{Q}_{ji}-\sum_{j=1}^{N}\boldsymbol{R}_{ji}+\boldsymbol{C}_i^{\mathrm{T}}\boldsymbol{C}_i$，则关联未控大系统(6.5)内部是渐近稳定的，且在零初始条件下，对于任意非零的 $\boldsymbol{\omega}(t)\in\boldsymbol{L}_2[0,\infty)$ 有 $\|z(t)\|_2^2\leqslant\gamma\|\boldsymbol{\omega}(t)\|_2^2$。

证明　选择如下 Lyapunov-Krasovskii 泛函：

$$V(\boldsymbol{x}_t)=\sum_{i=1}^{N}\left\{\boldsymbol{x}_i^{\mathrm{T}}(t)\boldsymbol{P}_i\boldsymbol{x}_i(t)+\sum_{j=1}^{N}\left[\int_{t-\tau_{ij}}^{t}\boldsymbol{x}_j^{\mathrm{T}}(s)\boldsymbol{Q}_{ij}\boldsymbol{x}_j(s)\mathrm{d}s+\int_{-\tau_{ij}}^{0}\int_{t+\theta}^{t}\dot{\boldsymbol{x}}_j^{\mathrm{T}}(s)\boldsymbol{\tau}_{ij}\boldsymbol{R}_{ij}\dot{\boldsymbol{x}}_j(s)\mathrm{d}s\mathrm{d}\theta\right]\right\}$$

$V(\boldsymbol{x}_t)$ 的导数为

$$\begin{aligned}\dot{V}(\boldsymbol{x}_t)=\sum_{i=1}^{N}&\left\{\dot{\boldsymbol{x}}_i^{\mathrm{T}}(t)\boldsymbol{P}_i\boldsymbol{x}_i(t)+\boldsymbol{x}_i^{\mathrm{T}}(t)\boldsymbol{P}_i\dot{\boldsymbol{x}}_i(t)+\sum_{j=1}^{N}\boldsymbol{x}_j^{\mathrm{T}}(t)\boldsymbol{Q}_{ij}\boldsymbol{x}_j(t)-\sum_{j=1}^{N}\boldsymbol{x}_j^{\mathrm{T}}\left(t-\tau_{ij}\right)\boldsymbol{Q}_{ij}\boldsymbol{x}_j\left(t-\tau_{ij}\right)\right.\\&\left.+\sum_{j=1}^{N}\tau_{ij}^2\dot{\boldsymbol{x}}_j^{\mathrm{T}}(t)\boldsymbol{R}_{ij}\dot{\boldsymbol{x}}_j(t)-\sum_{j=1}^{N}\int_{t-\tau_{ij}}^{t}\dot{\boldsymbol{x}}_j^{\mathrm{T}}(s)\tau_{ij}\boldsymbol{R}_{ij}\dot{\boldsymbol{x}}_j(s)\mathrm{d}s\right\}\end{aligned}$$

由推论 3.3，当 $\boldsymbol{\omega}_i(t)=0$（$i=1,2,\cdots,N$）时，$V(\boldsymbol{x}_t)$ 沿系统(6.5)的导数为

$$\begin{aligned}\dot{V}(\boldsymbol{x}_t)\leqslant\sum_{i=1}^{N}&\left\{\boldsymbol{x}_i^{\mathrm{T}}(t)\left[\boldsymbol{P}_i\boldsymbol{A}_i+\boldsymbol{A}_i^{\mathrm{T}}\boldsymbol{P}_i\right]\boldsymbol{x}_i(t)+2\boldsymbol{x}_i^{\mathrm{T}}(t)\boldsymbol{P}_i\sum_{j=1}^{N}\boldsymbol{A}_{ij}\boldsymbol{x}_j\left(t-\tau_{ij}\right)+\sum_{j=1}^{N}\boldsymbol{x}_j^{\mathrm{T}}(t)\boldsymbol{Q}_{ij}\boldsymbol{x}_j(t)\right.\\&-\sum_{j=1}^{N}\boldsymbol{x}_j^{\mathrm{T}}\left(t-\tau_{ij}\right)\boldsymbol{Q}_{ij}\boldsymbol{x}_j\left(t-\tau_{ij}\right)+\sum_{j=1}^{N}\tau_{ij}^2\dot{\boldsymbol{x}}_j^{\mathrm{T}}(t)\boldsymbol{R}_{ij}\dot{\boldsymbol{x}}_j(t)\\&-\sum_{j=1}^{N}\boldsymbol{x}_j^{\mathrm{T}}(t)\boldsymbol{R}_{ij}\boldsymbol{x}_j(t)+2\sum_{j=1}^{N}\boldsymbol{x}_j^{\mathrm{T}}(t)\boldsymbol{R}_{ij}\boldsymbol{x}_j\left(t-\tau_{ij}\right)\end{aligned}$$

$$
\begin{aligned}
&-\sum_{j=1}^{N}\boldsymbol{x}_j^{\mathrm{T}}\left(t-\tau_{ij}\right)\boldsymbol{R}_{ij}\boldsymbol{x}_j\left(t-\tau_{ij}\right)\Bigg\} \\
=&\sum_{i=1}^{N}\Bigg\{\boldsymbol{x}_i^{\mathrm{T}}(t)\left[\boldsymbol{P}_i\boldsymbol{A}_i+\boldsymbol{A}_i^{\mathrm{T}}\boldsymbol{P}_i+\sum_{j=1}^{N}\boldsymbol{Q}_{ji}-\sum_{j=1}^{N}\boldsymbol{R}_{ji}\right]\boldsymbol{x}_i(t)+2\boldsymbol{x}_i^{\mathrm{T}}(t)\boldsymbol{P}_i\sum_{j=1}^{N}\boldsymbol{A}_{ij}\boldsymbol{x}_j\left(t-\tau_{ij}\right) \\
&-\sum_{j=1}^{N}\boldsymbol{x}_j^{\mathrm{T}}\left(t-\tau_{ij}\right)\boldsymbol{Q}_{ij}\boldsymbol{x}_j\left(t-\tau_{ij}\right)+\sum_{j=1}^{N}\tau_{ji}^2\dot{\boldsymbol{x}}_i^{\mathrm{T}}(t)\boldsymbol{R}_{ji}\dot{\boldsymbol{x}}_i(t)+2\sum_{j=1}^{N}\boldsymbol{x}_i^{\mathrm{T}}(t)\boldsymbol{R}_{ji}\boldsymbol{x}_i\left(t-\tau_{ji}\right) \\
&-\sum_{j=1}^{N}\boldsymbol{x}_i^{\mathrm{T}}\left(t-\tau_{ji}\right)\boldsymbol{R}_{ji}\boldsymbol{x}_i\left(t-\tau_{ji}\right)\Bigg\}
\end{aligned}
$$

$$
=\sum_{i=1}^{N}\begin{bmatrix}\boldsymbol{x}_i(t)\\ \boldsymbol{x}_i\left(t-\tau_{1i}\right)\\ \vdots\\ \boldsymbol{x}_i\left(t-\tau_{Ni}\right)\\ \boldsymbol{x}_1\left(t-\tau_{i1}\right)\\ \vdots\\ \boldsymbol{x}_N\left(t-\tau_{iN}\right)\end{bmatrix}^{\mathrm{T}}
\begin{bmatrix}
\boldsymbol{P}_i\boldsymbol{A}_i+\boldsymbol{A}_i^{\mathrm{T}}\boldsymbol{P}_i+\sum_{j=1}^{N}\boldsymbol{Q}_{ji}-\sum_{j=1}^{N}\boldsymbol{R}_{ji}+\boldsymbol{A}_i^{\mathrm{T}}\left(\sum_{j=1}^{N}\tau_{ji}^2\boldsymbol{R}_{ji}\right)\boldsymbol{A}_i & \boldsymbol{R}_{1i} & \cdots & \boldsymbol{R}_{Ni} & \boldsymbol{P}_i\boldsymbol{A}_{i1}+\boldsymbol{A}_i^{\mathrm{T}}\left(\sum_{j=1}^{N}\tau_{ji}^2\boldsymbol{R}_{ji}\right)\boldsymbol{A}_{i1} & \cdots & \boldsymbol{P}_i\boldsymbol{A}_{iN}+\boldsymbol{A}_i^{\mathrm{T}}\left(\sum_{j=1}^{N}\tau_{ji}^2\boldsymbol{R}_{ji}\right)\boldsymbol{A}_{iN} \\
\boldsymbol{R}_{1i} & -\boldsymbol{R}_{1i} & \cdots & \boldsymbol{0} & \boldsymbol{0} & \cdots & \boldsymbol{0} \\
\vdots & \vdots & & \vdots & \vdots & & \vdots \\
\boldsymbol{R}_{Ni} & \boldsymbol{0} & \cdots & -\boldsymbol{R}_{Ni} & \boldsymbol{0} & \cdots & \boldsymbol{0} \\
\boldsymbol{A}_{i1}^{\mathrm{T}}\boldsymbol{P}_i+\boldsymbol{A}_{i1}^{\mathrm{T}}\left(\sum_{j=1}^{N}\tau_{ji}^2\boldsymbol{R}_{ji}\right)\boldsymbol{A}_i & \boldsymbol{0} & \cdots & \boldsymbol{0} & -\boldsymbol{Q}_{i1}+\boldsymbol{A}_{i1}^{\mathrm{T}}\left(\sum_{j=1}^{N}\tau_{ji}^2\boldsymbol{R}_{ji}\right)\boldsymbol{A}_{i1} & \cdots & \boldsymbol{A}_{i1}^{\mathrm{T}}\left(\sum_{j=1}^{N}\tau_{ji}^2\boldsymbol{R}_{ji}\right)\boldsymbol{A}_{iN} \\
\vdots & \vdots & & \vdots & \vdots & & \vdots \\
\boldsymbol{A}_{iN}^{\mathrm{T}}\boldsymbol{P}_i+\boldsymbol{A}_{iN}^{\mathrm{T}}\left(\sum_{j=1}^{N}\tau_{ji}^2\boldsymbol{R}_{ji}\right)\boldsymbol{A}_i & \boldsymbol{0} & \cdots & \boldsymbol{0} & \boldsymbol{A}_{iN}^{\mathrm{T}}\left(\sum_{j=1}^{N}\tau_{ji}^2\boldsymbol{R}_{ji}\right)\boldsymbol{A}_{i1} & \cdots & -\boldsymbol{Q}_{iN}+\boldsymbol{A}_{iN}^{\mathrm{T}}\left(\sum_{j=1}^{N}\tau_{ji}^2\boldsymbol{R}_{ji}\right)\boldsymbol{A}_{iN}
\end{bmatrix}
\begin{bmatrix}\boldsymbol{x}_i(t)\\ \boldsymbol{x}_i\left(t-\tau_{1i}\right)\\ \vdots\\ \boldsymbol{x}_i\left(t-\tau_{Ni}\right)\\ \boldsymbol{x}_1\left(t-\tau_{i1}\right)\\ \vdots\\ \boldsymbol{x}_N\left(t-\tau_{iN}\right)\end{bmatrix}
$$

另外，由式(6.6)易知

$$\begin{bmatrix} (1,1)'_i & \boldsymbol{R}_{1i} & \cdots & \boldsymbol{R}_{Ni} & \boldsymbol{P}_i\boldsymbol{A}_{i1} & \cdots & \boldsymbol{P}_i\boldsymbol{A}_{iN} & \tau_{1i}\boldsymbol{A}_i^{\mathrm{T}}\boldsymbol{R}_{1i} & \cdots & \tau_{Ni}\boldsymbol{A}_i^{\mathrm{T}}\boldsymbol{R}_{Ni} \\ \boldsymbol{R}_{1i} & -\boldsymbol{R}_{1i} & \cdots & \boldsymbol{0} & \boldsymbol{0} & \cdots & \boldsymbol{0} & \boldsymbol{0} & \cdots & \boldsymbol{0} \\ \vdots & \vdots & & \vdots & \vdots & & \vdots & \vdots & & \vdots \\ \boldsymbol{R}_{Ni} & \boldsymbol{0} & \cdots & -\boldsymbol{R}_{Ni} & \boldsymbol{0} & \cdots & \boldsymbol{0} & \boldsymbol{0} & \cdots & \boldsymbol{0} \\ \boldsymbol{A}_{i1}^{\mathrm{T}}\boldsymbol{P}_i & \boldsymbol{0} & \cdots & \boldsymbol{0} & -\boldsymbol{Q}_{i1} & \cdots & \boldsymbol{0} & \tau_{1i}\boldsymbol{A}_{i1}^{\mathrm{T}}\boldsymbol{R}_{1i} & \cdots & \tau_{Ni}\boldsymbol{A}_{i1}^{\mathrm{T}}\boldsymbol{R}_{Ni} \\ \vdots & \vdots & & \vdots & \vdots & & \vdots & \vdots & & \vdots \\ \boldsymbol{A}_{iN}^{\mathrm{T}}\boldsymbol{P}_i & \boldsymbol{0} & \cdots & \boldsymbol{0} & \boldsymbol{0} & \cdots & -\boldsymbol{Q}_{iN} & \tau_{1i}\boldsymbol{A}_{iN}^{\mathrm{T}}\boldsymbol{R}_{1i} & \cdots & \tau_{Ni}\boldsymbol{A}_{iN}^{\mathrm{T}}\boldsymbol{R}_{Ni} \\ \tau_{1i}\boldsymbol{R}_{1i}\boldsymbol{A}_i & \boldsymbol{0} & \cdots & \boldsymbol{0} & \tau_{1i}\boldsymbol{R}_{1i}\boldsymbol{A}_{i1} & \cdots & \tau_{1i}\boldsymbol{R}_{1i}\boldsymbol{A}_{iN} & -\boldsymbol{R}_{1i} & \cdots & \boldsymbol{0} \\ \vdots & \vdots & & \vdots & \vdots & & \vdots & \vdots & & \vdots \\ \tau_{Ni}\boldsymbol{R}_{Ni}\boldsymbol{A}_i & \boldsymbol{0} & \cdots & \boldsymbol{0} & \tau_{Ni}\boldsymbol{R}_{Ni}\boldsymbol{A}_{i1} & \cdots & \tau_{Ni}\boldsymbol{R}_{Ni}\boldsymbol{A}_{iN} & \boldsymbol{0} & \cdots & -\boldsymbol{R}_{Ni} \end{bmatrix} < 0$$

式中，$(1,1)'_i = \boldsymbol{P}_i\boldsymbol{A}_i + \boldsymbol{A}_i^{\mathrm{T}}\boldsymbol{P}_i + \sum_{j=1}^{N}\boldsymbol{Q}_{ji} - \sum_{j=1}^{N}\boldsymbol{R}_{ji}$。由 Schur 补引理可知，上述不等式能保证$\dot{V}(\boldsymbol{x}_t) < 0$，因此，当$\boldsymbol{\omega}_i(t) = 0$（$i = 1,2,\cdots,N$）时，关联大系统(6.5)是内部渐近稳定的。

接下来，证明在零初始条件下，有$\|\boldsymbol{z}(t)\|_2^2 \leqslant \gamma\|\boldsymbol{\omega}(t)\|_2^2$成立。为此，令

$$J = \int_0^{\infty}\sum_{i=1}^{N}\left[\boldsymbol{z}_i^{\mathrm{T}}(t)\boldsymbol{z}_i(t) - \gamma\boldsymbol{\omega}_i^{\mathrm{T}}(t)\boldsymbol{\omega}_i(t)\right]\mathrm{d}t \tag{6.7}$$

在零初始条件下及$V(\boldsymbol{x}_t)$的正定性，有

$$\begin{aligned} J &= \int_0^{\infty}\left[\left(\sum_{i=1}^{N}\left(\boldsymbol{z}_i^{\mathrm{T}}(t)\boldsymbol{z}_i(t) - \gamma\boldsymbol{\omega}_i^{\mathrm{T}}(t)\boldsymbol{\omega}_i(t)\right)\right) + \dot{V}(\boldsymbol{x}_t)\right]\mathrm{d}t - V(\infty) \\ &\leqslant \int_0^{\infty}\left[\left(\sum_{i=1}^{N}\left(\boldsymbol{z}_i^{\mathrm{T}}(t)\boldsymbol{z}_i(t) - \gamma\boldsymbol{\omega}_i^{\mathrm{T}}(t)\boldsymbol{\omega}_i(t)\right)\right) + \dot{V}(\boldsymbol{x}_t)\right]\mathrm{d}t \end{aligned}$$

$$
\leqslant \int_0^\infty \sum_{i=1}^{N} \begin{bmatrix} \boldsymbol{x}_i(t) \\ \boldsymbol{x}_i(t-\tau_{1i}) \\ \vdots \\ \boldsymbol{x}_i(t-\tau_{Ni}) \\ \boldsymbol{x}_1(t-\tau_{i1}) \\ \vdots \\ \boldsymbol{x}_N(t-\tau_{iN}) \\ \boldsymbol{\omega}_i(t) \end{bmatrix}^{\mathrm{T}}
\left[\begin{matrix}
\boldsymbol{P}_i\boldsymbol{A}_i + \boldsymbol{A}_i^{\mathrm{T}}\boldsymbol{P}_i + \sum_{j=1}^{N}\boldsymbol{Q}_{ji} - \sum_{j=1}^{N}\boldsymbol{R}_{ji} + \boldsymbol{C}_i^{\mathrm{T}}\boldsymbol{C}_i + \boldsymbol{A}_i^{\mathrm{T}}\left(\sum_{j=1}^{N}\tau_{ji}^2\boldsymbol{R}_{ji}\right)\boldsymbol{A}_i & \boldsymbol{R}_{1i} & \cdots & \boldsymbol{R}_{Ni} & \boldsymbol{P}_i\boldsymbol{A}_{i1} + \boldsymbol{A}_i^{\mathrm{T}}\left(\sum_{j=1}^{N}\tau_{ji}^2\boldsymbol{R}_{ji}\right)\boldsymbol{A}_{i1} & \cdots & \boldsymbol{P}_i\boldsymbol{A}_{iN} + \boldsymbol{A}_i^{\mathrm{T}}\left(\sum_{j=1}^{N}\tau_{ji}^2\boldsymbol{R}_{ji}\right)\boldsymbol{A}_{iN} \\
\boldsymbol{R}_{1i} & -\boldsymbol{R}_{1i} & \cdots & \boldsymbol{0} & \boldsymbol{0} & \cdots & \boldsymbol{0} \\
\vdots & \vdots & & \vdots & \vdots & & \vdots \\
\boldsymbol{R}_{Ni} & \boldsymbol{0} & \cdots & -\boldsymbol{R}_{Ni} & \boldsymbol{0} & \cdots & \boldsymbol{0} \\
\boldsymbol{A}_{i1}^{\mathrm{T}}\boldsymbol{P}_i + \boldsymbol{A}_{i1}^{\mathrm{T}}\left(\sum_{j=1}^{N}\tau_{ji}^2\boldsymbol{R}_{ji}\right)\boldsymbol{A}_i & \boldsymbol{0} & \cdots & \boldsymbol{0} & -\boldsymbol{Q}_{i1} + \boldsymbol{A}_{i1}^{\mathrm{T}}\left(\sum_{j=1}^{N}\tau_{ji}^2\boldsymbol{R}_{ji}\right)\boldsymbol{A}_{i1} & \cdots & \boldsymbol{A}_{i1}^{\mathrm{T}}\left(\sum_{j=1}^{N}\tau_{ji}^2\boldsymbol{R}_{ji}\right)\boldsymbol{A}_{iN} \\
\vdots & \vdots & & \vdots & \vdots & & \vdots \\
\boldsymbol{A}_{iN}^{\mathrm{T}}\boldsymbol{P}_i + \boldsymbol{A}_{iN}^{\mathrm{T}}\left(\sum_{j=1}^{N}\tau_{ji}^2\boldsymbol{R}_{ji}\right)\boldsymbol{A}_i & \boldsymbol{0} & \cdots & \boldsymbol{0} & \boldsymbol{A}_{iN}^{\mathrm{T}}\left(\sum_{j=1}^{N}\tau_{ji}^2\boldsymbol{R}_{ji}\right)\boldsymbol{A}_{i1} & \cdots & -\boldsymbol{Q}_{iN} + \boldsymbol{A}_{iN}^{\mathrm{T}}\left(\sum_{j=1}^{N}\tau_{ji}^2\boldsymbol{R}_{ji}\right)\boldsymbol{A}_{iN} \\
\boldsymbol{\Gamma}_i^{\mathrm{T}}\boldsymbol{P}_i + \boldsymbol{\Gamma}_i^{\mathrm{T}}\left(\sum_{j=1}^{N}\tau_{ji}^2\boldsymbol{R}_{ji}\right)\boldsymbol{A}_i & \boldsymbol{0} & \cdots & \boldsymbol{0} & \boldsymbol{\Gamma}_i^{\mathrm{T}}\left(\sum_{j=1}^{N}\tau_{ji}^2\boldsymbol{R}_{ji}\right)\boldsymbol{A}_{i1} & \cdots & \boldsymbol{\Gamma}_i^{\mathrm{T}}\left(\sum_{j=1}^{N}\tau_{ji}^2\boldsymbol{R}_{ji}\right)\boldsymbol{A}_{iN}
\end{matrix}\right.
$$

$$
\left.\begin{matrix}
\boldsymbol{P}_i\boldsymbol{\Gamma}_i+\boldsymbol{A}_i^{\mathrm{T}}\left(\sum_{j=1}^{N}\tau_{ji}^2\boldsymbol{R}_{ji}\right)\boldsymbol{\Gamma}_i \\
\boldsymbol{0} \\
\vdots \\
\boldsymbol{0} \\
\boldsymbol{A}_{i1}^{\mathrm{T}}\left(\sum_{j=1}^{N}\tau_{ji}^2\boldsymbol{R}_{ji}\right)\boldsymbol{\Gamma}_i \\
\vdots \\
\boldsymbol{A}_{iN}^{\mathrm{T}}\left(\sum_{j=1}^{N}\tau_{ji}^2\boldsymbol{R}_{ji}\right)\boldsymbol{\Gamma}_i \\
-\gamma\boldsymbol{I}_i+\boldsymbol{\Gamma}_i^{\mathrm{T}}\left(\sum_{j=1}^{N}\tau_{ji}^2\boldsymbol{R}_{ji}\right)\boldsymbol{\Gamma}_i
\end{matrix}\right]
\begin{bmatrix}
\boldsymbol{x}_i(t) \\
\boldsymbol{x}_i(t-\tau_{1i}) \\
\vdots \\
\boldsymbol{x}_i(t-\tau_{Ni}) \\
\boldsymbol{x}_1(t-\tau_{i1}) \\
\vdots \\
\boldsymbol{x}_N(t-\tau_{iN}) \\
\boldsymbol{\omega}_i(t)
\end{bmatrix}
$$

由 Schur 补引理可知式(6.6)成立，能保证 $J<0$，即 $\|z(t)\|_2^2 \leqslant \gamma\|\boldsymbol{\omega}(t)\|_2^2$，定理证毕。

6.2.3　标称系统分散 $\boldsymbol{H}_\infty$控制器的设计

本节根据上述时滞相关有界实引理，对于下述标称系统：

$$
\begin{aligned}
&\dot{\boldsymbol{x}}_i(t)=\boldsymbol{A}_i\boldsymbol{x}_i(t)+\boldsymbol{B}_i\boldsymbol{u}_i(t)+\boldsymbol{\Gamma}_i\boldsymbol{\omega}_i(t)+\sum_{j=1}^{N}\boldsymbol{A}_{ij}\boldsymbol{x}_j\left(t-\tau_{ij}\right) \\
&\boldsymbol{z}_i(t)=\boldsymbol{C}_i\boldsymbol{x}_i(t)+\boldsymbol{D}_i\boldsymbol{u}_i(t) \\
&\boldsymbol{x}_i(t)=\boldsymbol{\varphi}_i(t),\quad t\in[-\tau,0],\quad \tau=\max_{i,j}\left\{\tau_{ij}\right\}
\end{aligned}
\tag{6.8}
$$

基于所设计的分散状态反馈控制器 $\boldsymbol{u}_i(t)=\boldsymbol{K}_i\boldsymbol{x}_i(t)$，$i=1,2,\cdots,N$，给出其时滞相关 H_∞控制的一个充分条件。

定理 6.2　对于给定的常数 $\gamma>0$，$\tau_{ji}>0$，$j=1,2,\cdots,N$，若存在对称正定矩阵 $\boldsymbol{X}_i>0$，$\bar{\boldsymbol{Q}}_{ji}>0$，$\bar{\boldsymbol{Q}}_{ij}>0$，$\bar{\boldsymbol{R}}_{ji}>0$，$j=1,2,\cdots,N$，以及任意矩阵 $\boldsymbol{Y}_i$，使得如下的 LMIs 成立：

$$
\begin{bmatrix}
\Xi_{i11} & 0 & \cdots & 0 & A_{i1}X_i & \cdots & A_{iN}X_i & \Gamma_i & \tau_{1i}\left(X_iA_i^{\mathrm{T}}+Y_i^{\mathrm{T}}B_i^{\mathrm{T}}\right) & \cdots & \tau_{Ni}\left(X_iA_i^{\mathrm{T}}+Y_i^{\mathrm{T}}B_i^{\mathrm{T}}\right) & X_iC_i^{\mathrm{T}}+Y_i^{\mathrm{T}}D_i^{\mathrm{T}} \\
0 & -4\bar{R}_{1i} & \cdots & 0 & 0 & \cdots & 0 & 0 & 0 & \cdots & 0 & 0 \\
\vdots & \vdots & & \vdots & \vdots & & \vdots & \vdots & \vdots & & \vdots & \vdots \\
0 & 0 & \cdots & -4\bar{R}_{Ni} & 0 & \cdots & 0 & 0 & 0 & \cdots & 0 & 0 \\
X_iA_{i1}^{\mathrm{T}} & 0 & \cdots & 0 & -\bar{Q}_{i1} & \cdots & 0 & 0 & \tau_{1i}X_iA_{i1}^{\mathrm{T}} & \cdots & \tau_{Ni}X_iA_{i1}^{\mathrm{T}} & 0 \\
\vdots & \vdots & & \vdots & \vdots & & \vdots & \vdots & \vdots & & \vdots & \vdots \\
X_iA_{iN}^{\mathrm{T}} & 0 & \cdots & 0 & 0 & \cdots & -\bar{Q}_{iN} & 0 & \tau_{1i}X_iA_{iN}^{\mathrm{T}} & \cdots & \tau_{Ni}X_iA_{iN}^{\mathrm{T}} & 0 \\
\Gamma_i^{\mathrm{T}} & 0 & \cdots & 0 & 0 & \cdots & 0 & -\gamma I_i & \tau_{1i}\Gamma_i^{\mathrm{T}} & \cdots & \tau_{Ni}\Gamma_i^{\mathrm{T}} & 0 \\
\tau_{1i}\left(A_iX_i+B_iY_i\right) & 0 & \cdots & 0 & \tau_{1i}A_{i1}X_i & \cdots & \tau_{1i}A_{iN}X_i & \tau_{1i}\Gamma_i & -\bar{R}_{1i} & \cdots & 0 & 0 \\
\vdots & \vdots & & \vdots & \vdots & & \vdots & \vdots & \vdots & & \vdots & \vdots \\
\tau_{Ni}\left(A_iX_i+B_iY_i\right) & 0 & \cdots & 0 & \tau_{Ni}A_{i1}X_i & \cdots & \tau_{Ni}A_{iN}X_i & \tau_{Ni}\Gamma_i & 0 & \cdots & -\bar{R}_{Ni} & 0 \\
C_iX_i+D_iY_i & 0 & \cdots & 0 & 0 & \cdots & 0 & 0 & 0 & \cdots & 0 & -I_i
\end{bmatrix} < 0 \tag{6.9}
$$

$i=1,2,\cdots,N$，其中 $\Xi_{i11}=A_iX_i+X_iA_i^{\mathrm{T}}+B_iY_i+Y_i^{\mathrm{T}}B_i^{\mathrm{T}}+\sum_{j=1}^{N}\bar{Q}_{ji}$。则关联大系统(6.8)是可分散镇定的，且在零初始条件下，对于任意非零的 $\omega(t)\in L_2[0,\infty)$, 有 $\|z(t)\|_2^2\leqslant\gamma\|\omega(t)\|_2^2$，相应的分散 H_∞控制器为 $u_i(t)=Y_iX_i^{-1}x_i(t)$。

证明　采用状态反馈控制 $u_i(t)=K_ix_i(t)$，代入系统(6.8)，相当于系统(6.6)中的 A_i、C_i 分别用 $A_i+B_iK_i$、$C_i+D_iK_i$ 取代。根据定理 6.1 及 Schur 补引理，关联大系统(6.8)是分散镇定的当且仅当

$$
\boldsymbol{\Omega}_i=\left[\begin{array}{ccccccc}
\boldsymbol{\Omega}_{i11} & \boldsymbol{R}_{1i} & \cdots & \boldsymbol{R}_{Ni} & \boldsymbol{P}_i\boldsymbol{X}_{i1} & \cdots & \boldsymbol{P}_i\boldsymbol{A}_{iN} & \boldsymbol{P}_i\boldsymbol{\Gamma}_i \\
\boldsymbol{R}_{1i} & -\boldsymbol{R}_{1i} & \cdots & \boldsymbol{0} & \boldsymbol{0} & \cdots & \boldsymbol{0} & \boldsymbol{0} \\
\vdots & \vdots & & \vdots & \vdots & & \vdots & \vdots \\
\boldsymbol{R}_{Ni} & \boldsymbol{0} & \cdots & -\boldsymbol{R}_{Ni} & \boldsymbol{0} & \cdots & \boldsymbol{0} & \boldsymbol{0} \\
\boldsymbol{A}_{i1}^{\mathrm{T}}\boldsymbol{P}_i & \boldsymbol{0} & \cdots & \boldsymbol{0} & -\boldsymbol{Q}_{i1} & \cdots & \boldsymbol{0} & \boldsymbol{0} \\
\vdots & \vdots & & \vdots & \vdots & & \vdots & \vdots \\
\boldsymbol{A}_{iN}^{\mathrm{T}}\boldsymbol{P}_i & \boldsymbol{0} & \cdots & \boldsymbol{0} & \boldsymbol{0} & \cdots & -\boldsymbol{Q}_{iN} & \boldsymbol{0} \\
\boldsymbol{\Gamma}_i^{\mathrm{T}}\boldsymbol{P}_i & \boldsymbol{0} & \cdots & \boldsymbol{0} & \boldsymbol{0} & \cdots & \boldsymbol{0} & -\gamma\boldsymbol{I}_i \\
\tau_{1i}\left(\boldsymbol{A}_i+\boldsymbol{B}_i\boldsymbol{K}_i\right) & \boldsymbol{0} & \cdots & \boldsymbol{0} & \tau_{1i}\boldsymbol{A}_{i1} & \cdots & \tau_{1i}\boldsymbol{A}_{iN} & \tau_{1i}\boldsymbol{\Gamma}_i \\
\vdots & \vdots & & \vdots & \vdots & & \vdots & \vdots \\
\tau_{Ni}\left(\boldsymbol{A}_i+\boldsymbol{B}_i\boldsymbol{K}_i\right) & \boldsymbol{0} & \cdots & \boldsymbol{0} & \tau_{Ni}\boldsymbol{A}_{i1} & \cdots & \tau_{Ni}\boldsymbol{A}_{iN} & \tau_{Ni}\boldsymbol{\Gamma}_i \\
\boldsymbol{C}_i+\boldsymbol{D}_i\boldsymbol{k}_{ii} & \boldsymbol{0} & \cdots & \boldsymbol{0} & \boldsymbol{0} & \cdots & \boldsymbol{0} & \boldsymbol{0}
\end{array}\right.
$$

$$
\left.\begin{array}{cccc}
\tau_{1i}\left(\boldsymbol{A}_i^{\mathrm{T}}+\boldsymbol{K}_i^{\mathrm{T}}\boldsymbol{B}_i^{\mathrm{T}}\right) & \cdots & \tau_{Ni}\left(\boldsymbol{A}_i^{\mathrm{T}}+\boldsymbol{K}_i^{\mathrm{T}}\boldsymbol{B}_i^{\mathrm{T}}\right) & \boldsymbol{C}_i^{\mathrm{T}}+\boldsymbol{K}_i^{\mathrm{T}}\boldsymbol{D}_i^{\mathrm{T}} \\
\boldsymbol{0} & \cdots & \boldsymbol{0} & \boldsymbol{0} \\
\vdots & & \vdots & \vdots \\
\boldsymbol{0} & \cdots & \boldsymbol{0} & \boldsymbol{0} \\
\tau_{1i}\boldsymbol{A}_{i1}^{\mathrm{T}} & \cdots & \tau_{Ni}\boldsymbol{A}_{i1}^{\mathrm{T}} & \boldsymbol{0} \\
\vdots & & \vdots & \vdots \\
\tau_{1i}\boldsymbol{A}_{iN}^{\mathrm{T}} & \cdots & \tau_{Ni}\boldsymbol{A}_{iN}^{\mathrm{T}} & \boldsymbol{0} \\
\tau_{1i}\boldsymbol{\Gamma}_i^{\mathrm{T}} & \cdots & \tau_{Ni}\boldsymbol{\Gamma}_i^{\mathrm{T}} & \boldsymbol{0} \\
-\boldsymbol{R}_{1i}^{-1} & \cdots & \boldsymbol{0} & \boldsymbol{0} \\
\vdots & & \vdots & \vdots \\
\boldsymbol{0} & \cdots & -\boldsymbol{R}_{Ni}^{-1} & \boldsymbol{0} \\
\boldsymbol{0} & \cdots & \boldsymbol{0} & -\boldsymbol{I}_i
\end{array}\right]<0 \tag{6.10}
$$

式中，$\boldsymbol{\Omega}_{i11}=\boldsymbol{P}_i\left(\boldsymbol{A}_i+\boldsymbol{B}_i\boldsymbol{K}_i\right)+\left(\boldsymbol{A}_i+\boldsymbol{B}_i\boldsymbol{K}_i\right)^{\mathrm{T}}\boldsymbol{P}_i+\sum_{j=1}^{N}\boldsymbol{Q}_{ji}-\sum_{j=1}^{N}\boldsymbol{R}_{ji}$。令

$$
\boldsymbol{W}_i=\begin{bmatrix}
\boldsymbol{P}_i & \boldsymbol{0} & \cdots & \boldsymbol{0} \\
-\frac{1}{2}\boldsymbol{R}_{1i} & \frac{1}{2}\boldsymbol{R}_{1i} & \cdots & \boldsymbol{0} \\
\vdots & \vdots & & \vdots \\
-\frac{1}{2}\boldsymbol{R}_{Ni} & \boldsymbol{0} & \cdots & \frac{1}{2}\boldsymbol{R}_{Ni}
\end{bmatrix},\quad
\bar{\boldsymbol{A}}_i=\begin{bmatrix}
\boldsymbol{A}_i+\boldsymbol{B}_i\boldsymbol{K}_i & \boldsymbol{0} & \cdots & \boldsymbol{0} \\
\boldsymbol{I}_i & -\boldsymbol{I}_i & \cdots & \boldsymbol{0} \\
\vdots & \vdots & & \vdots \\
\boldsymbol{I}_i & \boldsymbol{0} & \cdots & -\boldsymbol{I}_i
\end{bmatrix}
$$

式(6.10)进行重新分块为

$$
\begin{bmatrix}
\boldsymbol{W}_i^{\mathrm{T}}\overline{\boldsymbol{A}}_i+\overline{\boldsymbol{A}}_i^{\mathrm{T}}\boldsymbol{W}_i+\boldsymbol{Q}_i & \boldsymbol{W}_i^{\mathrm{T}}\begin{bmatrix}\boldsymbol{A}_{i1} & \cdots & \boldsymbol{A}_{iN}\\ \boldsymbol{0} & \cdots & \boldsymbol{0}\\ \vdots & & \vdots\\ \boldsymbol{0} & \cdots & \boldsymbol{0}\end{bmatrix} & \boldsymbol{W}_i^{\mathrm{T}}\begin{bmatrix}\boldsymbol{\Gamma}_i\\ \boldsymbol{0}\\ \vdots\\ \boldsymbol{0}\end{bmatrix} & \begin{bmatrix}\tau_{1i}\left(\boldsymbol{A}_i+\boldsymbol{B}_i\boldsymbol{K}_i\right)^{\mathrm{T}} & \cdots & \tau_{Ni}\left(\boldsymbol{A}_i+\boldsymbol{B}_i\boldsymbol{K}_i\right)^{\mathrm{T}}\\ \boldsymbol{0} & \cdots & \boldsymbol{0}\\ \vdots & & \vdots\\ \boldsymbol{0} & \cdots & \boldsymbol{0}\end{bmatrix} & \begin{bmatrix}\left(\boldsymbol{C}_i+\boldsymbol{D}_i\boldsymbol{K}_i\right)^{\mathrm{T}}\\ \boldsymbol{0}\\ \vdots\\ \boldsymbol{0}\end{bmatrix}\\
\begin{bmatrix}\boldsymbol{A}_{i1}^{\mathrm{T}} & \boldsymbol{0} & \cdots & \boldsymbol{0}\\ \vdots & \vdots & & \vdots\\ \boldsymbol{A}_{iN}^{\mathrm{T}} & \boldsymbol{0} & \cdots & \boldsymbol{0}\end{bmatrix}\boldsymbol{W}_i & \begin{bmatrix}-\boldsymbol{Q}_{i1} & \cdots & \boldsymbol{0}\\ \vdots & & \vdots\\ \boldsymbol{0} & \cdots & -\boldsymbol{Q}_{iN}\end{bmatrix} & \begin{bmatrix}\boldsymbol{0}\\ \vdots\\ \boldsymbol{0}\end{bmatrix} & \begin{bmatrix}\tau_{1i}\boldsymbol{A}_{i1}^{\mathrm{T}} & \cdots & \tau_{Ni}\boldsymbol{A}_{i1}^{\mathrm{T}}\\ \vdots & & \vdots\\ \tau_{1i}\boldsymbol{A}_{iN}^{\mathrm{T}} & \cdots & \tau_{Ni}\boldsymbol{A}_{iN}^{\mathrm{T}}\end{bmatrix} & \begin{bmatrix}\boldsymbol{0}\\ \vdots\\ \boldsymbol{0}\end{bmatrix}\\
\begin{bmatrix}\boldsymbol{\Gamma}_i^{\mathrm{T}} & \boldsymbol{0} & \cdots & \boldsymbol{0}\end{bmatrix}\boldsymbol{W}_i & \begin{bmatrix}\boldsymbol{0} & \cdots & \boldsymbol{0}\end{bmatrix} & -\gamma\boldsymbol{I}_i & \begin{bmatrix}\tau_{1i}\boldsymbol{\Gamma}_i^{\mathrm{T}} & \cdots & \tau_{Ni}\boldsymbol{\Gamma}_i^{\mathrm{T}}\end{bmatrix} & \boldsymbol{0}\\
\begin{bmatrix}\tau_{1i}\left(\boldsymbol{A}_i+\boldsymbol{B}_i\boldsymbol{K}_i\right) & \boldsymbol{0} & \cdots & \boldsymbol{0}\\ \vdots & \vdots & & \vdots\\ \tau_{Ni}\left(\boldsymbol{A}_i+\boldsymbol{B}_i\boldsymbol{K}_i\right) & \boldsymbol{0} & \cdots & \boldsymbol{0}\end{bmatrix} & \begin{bmatrix}\tau_{1i}\boldsymbol{A}_{i1} & \cdots & \tau_{1i}\boldsymbol{A}_{iN}\\ \vdots & & \vdots\\ \tau_{Ni}\boldsymbol{A}_{i1} & \cdots & \tau_{Ni}\boldsymbol{A}_{iN}\end{bmatrix} & \begin{bmatrix}\tau_{1i}\boldsymbol{\Gamma}_i\\ \vdots\\ \tau_{Ni}\boldsymbol{\Gamma}_i\end{bmatrix} & \begin{bmatrix}-\boldsymbol{R}_{1i}^{-1} & \cdots & \boldsymbol{0}\\ \vdots & & \vdots\\ \boldsymbol{0} & \cdots & -\boldsymbol{R}_{Ni}^{-1}\end{bmatrix} & \begin{bmatrix}\boldsymbol{0}\\ \vdots\\ \boldsymbol{0}\end{bmatrix}\\
\begin{bmatrix}\boldsymbol{C}_i+\boldsymbol{D}_i\boldsymbol{K}_i & \boldsymbol{0} & \cdots & \boldsymbol{0}\end{bmatrix} & \begin{bmatrix}\boldsymbol{0} & \cdots & \boldsymbol{0}\end{bmatrix} & \boldsymbol{0} & \begin{bmatrix}\boldsymbol{0} & \cdots & \boldsymbol{0}\end{bmatrix} & -\boldsymbol{I}_i
\end{bmatrix}<0 \tag{6.11}
$$

式中，$\boldsymbol{Q}_i=\mathrm{diag}\left\{\sum_{j=1}^{N}\boldsymbol{Q}_{ji},\boldsymbol{0},\cdots,\boldsymbol{0}\right\}$。

显然矩阵$\boldsymbol{W}_i$可逆，且其逆阵为$\boldsymbol{W}_i^{-1}=\begin{bmatrix}\boldsymbol{P}_i^{-1} & \boldsymbol{0} & \cdots & \boldsymbol{0}\\ \boldsymbol{P}_i^{-1} & 2\boldsymbol{R}_{1i}^{-1} & \cdots & \boldsymbol{0}\\ \vdots & \vdots & & \vdots\\ \boldsymbol{P}_i^{-1} & \boldsymbol{0} & \cdots & 2\boldsymbol{R}_{Ni}^{-1}\end{bmatrix}$。式(6.11)两边分别右乘分块阵$\mathrm{diag}\left\{\boldsymbol{W}_i^{-1},\mathrm{diag}\left\{\boldsymbol{P}_i^{-1},\cdots,\boldsymbol{P}_i^{-1}\right\},\boldsymbol{I}_i,\boldsymbol{I}_i,\boldsymbol{I}_i\right\}$，左乘分块阵$\mathrm{diag}\{(\boldsymbol{W}_i^{\mathrm{T}})^{-1},$

$\mathrm{diag}\{\boldsymbol{P}_i^{-1},\cdots,\boldsymbol{P}_i^{-1}\},\boldsymbol{I}_i,\boldsymbol{I}_i,\boldsymbol{I}_i\}$ 得

$$
\left[\begin{array}{ccccc}
\bar{\boldsymbol{A}}_i\boldsymbol{W}_i^{-1}+\left(\boldsymbol{W}_i^{\mathrm{T}}\right)^{-1}\bar{\boldsymbol{A}}_i^{\mathrm{T}}+\left(\boldsymbol{W}_i^{\mathrm{T}}\right)^{-1}\boldsymbol{Q}_i\boldsymbol{W}_i^{-1} & \begin{bmatrix}\boldsymbol{A}_{i1} & \cdots & \boldsymbol{A}_{iN}\\ \boldsymbol{0} & \cdots & \boldsymbol{0}\\ \vdots & & \vdots\\ \boldsymbol{0} & \cdots & \boldsymbol{0}\end{bmatrix}\mathrm{diag}\left\{\boldsymbol{P}_i^{-1},\cdots,\boldsymbol{P}_i^{-1}\right\} & \begin{bmatrix}\boldsymbol{\Gamma}_i\\ \boldsymbol{0}\\ \vdots\\ \boldsymbol{0}\end{bmatrix} & \left(\boldsymbol{W}_i^{\mathrm{T}}\right)^{-1}\begin{bmatrix}\tau_{1i}\left(\boldsymbol{A}_i+\boldsymbol{B}_i\boldsymbol{K}_i\right)^{\mathrm{T}} & \cdots & \tau_{Ni}\left(\boldsymbol{A}_i+\boldsymbol{B}_i\boldsymbol{K}_i\right)^{\mathrm{T}}\\ \boldsymbol{0} & \cdots & \boldsymbol{0}\\ \vdots & & \vdots\\ \boldsymbol{0} & \cdots & \boldsymbol{0}\end{bmatrix} & \left(\boldsymbol{W}_i^{\mathrm{T}}\right)^{-1}\begin{bmatrix}\left(\boldsymbol{C}_i+\boldsymbol{D}_i\boldsymbol{K}_i\right)^{\mathrm{T}}\\ \boldsymbol{0}\\ \vdots\\ \boldsymbol{0}\end{bmatrix}\\
\mathrm{diag}\left\{\boldsymbol{P}_i^{-1},\cdots,\boldsymbol{P}_i^{-1}\right\}\begin{bmatrix}\boldsymbol{A}_{i1}^{\mathrm{T}} & \boldsymbol{0} & \cdots & \boldsymbol{0}\\ \vdots & \vdots & & \vdots\\ \boldsymbol{A}_{iN}^{\mathrm{T}} & \boldsymbol{0} & \cdots & \boldsymbol{0}\end{bmatrix} & \begin{bmatrix}-\boldsymbol{P}_i^{-1}\boldsymbol{Q}_{i1}\boldsymbol{P}_i^{-1} & \cdots & \boldsymbol{0}\\ \vdots & & \vdots\\ \boldsymbol{0} & \cdots & -\boldsymbol{P}_i^{-1}\boldsymbol{Q}_{iN}\boldsymbol{P}_i^{-1}\end{bmatrix} & \begin{bmatrix}\boldsymbol{0}\\ \vdots\\ \boldsymbol{0}\end{bmatrix} & \mathrm{diag}\left\{\boldsymbol{P}_i^{-1},\cdots,\boldsymbol{P}_i^{-1}\right\}\begin{bmatrix}\tau_{1i}\boldsymbol{A}_{i1}^{\mathrm{T}} & \cdots & \tau_{Ni}\boldsymbol{A}_{i1}^{\mathrm{T}}\\ \vdots & & \vdots\\ \tau_{1i}\boldsymbol{A}_{iN}^{\mathrm{T}} & \cdots & \tau_{Ni}\boldsymbol{A}_{iN}^{\mathrm{T}}\end{bmatrix} & \begin{bmatrix}\boldsymbol{0}\\ \vdots\\ \boldsymbol{0}\end{bmatrix}\\
\begin{bmatrix}\boldsymbol{\Gamma}_i^{\mathrm{T}} & \boldsymbol{0} & \cdots & \boldsymbol{0}\end{bmatrix}_i & \begin{bmatrix}\boldsymbol{0} & \cdots & \boldsymbol{0}\end{bmatrix} & -\gamma\boldsymbol{I}_i & \begin{bmatrix}\tau_{1i}\boldsymbol{\Gamma}_i^{\mathrm{T}} & \cdots & \tau_{Ni}\boldsymbol{\Gamma}_i^{\mathrm{T}}\end{bmatrix} & \boldsymbol{0}\\
\begin{bmatrix}\tau_{1i}\left(\boldsymbol{A}_i+\boldsymbol{B}_i\boldsymbol{K}_i\right) & \boldsymbol{0} & \cdots & \boldsymbol{0}\\ \vdots & \vdots & & \vdots\\ \tau_{Ni}\left(\boldsymbol{A}_i+\boldsymbol{B}_i\boldsymbol{K}_i\right) & \boldsymbol{0} & \cdots & \boldsymbol{0}\end{bmatrix}\boldsymbol{W}_i^{-1} & \begin{bmatrix}\tau_{1i}\boldsymbol{A}_{i1} & \cdots & \tau_{1i}\boldsymbol{A}_{iN}\\ \vdots & & \vdots\\ \tau_{Ni}\boldsymbol{A}_{i1} & \cdots & \tau_{Ni}\boldsymbol{A}_{iN}\end{bmatrix}\mathrm{diag}\left\{\boldsymbol{P}_i^{-1},\cdots,\boldsymbol{P}_i^{-1}\right\} & \begin{bmatrix}\tau_{1i}\boldsymbol{\Gamma}_i\\ \vdots\\ \tau_{Ni}\boldsymbol{\Gamma}_i\end{bmatrix} & \begin{bmatrix}-\boldsymbol{R}_{1i}^{-1} & \cdots & \boldsymbol{0}\\ \vdots & & \vdots\\ \boldsymbol{0} & \cdots & -\boldsymbol{R}_{Ni}^{-1}\end{bmatrix} & \begin{bmatrix}\boldsymbol{0}\\ \vdots\\ \boldsymbol{0}\end{bmatrix}\\
\begin{bmatrix}\boldsymbol{C}_i+\boldsymbol{D}_i\boldsymbol{K}_i & \boldsymbol{0} & \cdots & \boldsymbol{0}\end{bmatrix}\boldsymbol{W}_i^{-1} & \begin{bmatrix}\boldsymbol{0} & \cdots & \boldsymbol{0}\end{bmatrix} & \boldsymbol{0} & \begin{bmatrix}\boldsymbol{0} & \cdots & \boldsymbol{0}\end{bmatrix} & -\boldsymbol{I}
\end{array}\right]<0 \quad (6.12)
$$

令 $\boldsymbol{X}_i=\boldsymbol{P}_i^{-1}$，$\boldsymbol{Y}_i=\boldsymbol{K}_i\boldsymbol{X}_i$，$\bar{\boldsymbol{Q}}_{ij}=\boldsymbol{P}_i^{-1}\boldsymbol{Q}_{ij}\boldsymbol{P}_i^{-1}$，$\bar{\boldsymbol{Q}}_{ji}=\boldsymbol{P}_i^{-1}\boldsymbol{Q}_{ji}\boldsymbol{P}_i^{-1}$，$j=1,2,\cdots,N$，$\bar{\boldsymbol{R}}_{ji}=\boldsymbol{R}_{ji}^{-1}$，$j=1,2,\cdots,N$，并代入式(6.12)即可得式(6.9)。根据定理 6.1，关联大系统(6.8)是分散镇定的，且在零初始条件下，对于任意非零的 $\boldsymbol{\omega}(t)\in\boldsymbol{L}_2[0,\infty)$ 有 $\|\boldsymbol{z}(t)\|_2^2\leqslant\gamma\|\boldsymbol{\omega}(t)\|_2^2$，相应的分散 H_∞ 控制器为 $\boldsymbol{u}_i(t)=\boldsymbol{Y}_i\boldsymbol{X}_i^{-1}\boldsymbol{x}_i(t)$。定理证毕。

6.2.4　分散鲁棒 H_∞控制器的设计

本节考虑不确定的关联大系统(6.1)的分散鲁棒 H_∞控制问题。为此，将定理 6.2 推广到不确定的关联大系统(6.1)，得到如下定理。

定理 6.3　对于给定的常数 $\gamma>0$，$\tau_{ji}>0$，$j=1,2,\cdots,N$，若存在对称正定矩阵 $\boldsymbol{X}_i>0$，$\bar{\boldsymbol{Q}}_{ji}>0$，$\bar{\boldsymbol{Q}}_{ij}>0$，$\bar{\boldsymbol{R}}_{ji}>0$，$j=1,2,\cdots,N$，以及任意矩阵 $\boldsymbol{Y}_i$、任意常数 $\mu_i>0$，使得如下的 LMIs 成立：

$$
\begin{bmatrix}
\boldsymbol{\varXi}_{i11} & \boldsymbol{0} & \cdots & \boldsymbol{0} & \boldsymbol{A}_{i1}\boldsymbol{X} & \cdots & \boldsymbol{A}_{iN}\boldsymbol{X} & \boldsymbol{\varGamma}_i & \tau_{1i}\left(\boldsymbol{X}_i\boldsymbol{A}_i^{\mathrm{T}}+\boldsymbol{Y}_i^{\mathrm{T}}\boldsymbol{B}_i^{\mathrm{T}}\right) & \cdots & \tau_{Ni}\left(\boldsymbol{X}_i\boldsymbol{A}_i^{\mathrm{T}}+\boldsymbol{Y}_i^{\mathrm{T}}\boldsymbol{B}_i^{\mathrm{T}}\right) & \boldsymbol{X}_i\boldsymbol{C}_i^{\mathrm{T}}+\boldsymbol{Y}_i^{\mathrm{T}}\boldsymbol{D}_i^{\mathrm{T}} & \mu_i\boldsymbol{S} & \boldsymbol{X}_i\boldsymbol{M}_i^{\mathrm{T}}+\boldsymbol{Y}_i^{\mathrm{T}}\boldsymbol{N}_i^{\mathrm{T}} \\
\boldsymbol{0} & -4\bar{\boldsymbol{R}}_{1i} & \cdots & \boldsymbol{0} & \boldsymbol{0} & \cdots & \boldsymbol{0} & \boldsymbol{0} & \boldsymbol{0} & \cdots & \boldsymbol{0} & \boldsymbol{0} & \boldsymbol{0} & \boldsymbol{0} \\
\vdots & \vdots & & \vdots & \vdots & & \vdots & \vdots & \vdots & & \vdots & \vdots & \vdots & \vdots \\
\boldsymbol{0} & \boldsymbol{0} & \cdots & -4\bar{\boldsymbol{R}}_{Ni} & \boldsymbol{0} & \cdots & \boldsymbol{0} & \boldsymbol{0} & \boldsymbol{0} & \cdots & \boldsymbol{0} & \boldsymbol{0} & \boldsymbol{0} & \boldsymbol{0} \\
\boldsymbol{X}_i\boldsymbol{A}_{i1}^{\mathrm{T}} & \boldsymbol{0} & \cdots & \boldsymbol{0} & -\bar{\boldsymbol{Q}}_{i1} & \cdots & \boldsymbol{0} & \boldsymbol{0} & \tau_{1i}\boldsymbol{X}_i\boldsymbol{A}_{i1}^{\mathrm{T}} & \cdots & \tau_{Ni}\boldsymbol{X}_i\boldsymbol{A}_{i1}^{\mathrm{T}} & \boldsymbol{0} & \boldsymbol{0} & \boldsymbol{0} \\
\vdots & \vdots & & \vdots & \vdots & & \vdots & \vdots & \vdots & & \vdots & \vdots & \vdots & \vdots \\
\boldsymbol{X}_i\boldsymbol{A}_{iN}^{\mathrm{T}} & \boldsymbol{0} & \cdots & \boldsymbol{0} & \boldsymbol{0} & \cdots & -\bar{\boldsymbol{Q}}_{iN} & \boldsymbol{0} & \tau_{1i}\boldsymbol{X}_i\boldsymbol{A}_{iN}^{\mathrm{T}} & \cdots & \tau_{Ni}\boldsymbol{X}_i\boldsymbol{A}_{iN}^{\mathrm{T}} & \boldsymbol{0} & \boldsymbol{0} & \boldsymbol{0} \\
\boldsymbol{\varGamma}_i^{\mathrm{T}} & \boldsymbol{0} & \cdots & \boldsymbol{0} & \boldsymbol{0} & \cdots & \boldsymbol{0} & -\gamma\boldsymbol{I}_i & \tau_{1i}\boldsymbol{\varGamma}_i^{\mathrm{T}} & \cdots & \tau_{Ni}\boldsymbol{\varGamma}_i^{\mathrm{T}} & \boldsymbol{0} & \boldsymbol{0} & \boldsymbol{0} \\
\tau_{1i}\left(\boldsymbol{A}_i\boldsymbol{X}_i+\boldsymbol{B}_i\boldsymbol{Y}_i\right) & \boldsymbol{0} & \cdots & \boldsymbol{0} & \tau_{1i}\boldsymbol{A}_{i1}\boldsymbol{X} & \cdots & \tau_{1i}\boldsymbol{A}_{iN}\boldsymbol{X} & \tau_{1i}\boldsymbol{\varGamma}_i & -\bar{\boldsymbol{R}}_{1i} & \cdots & -\bar{\boldsymbol{R}}_{Ni} & \boldsymbol{0} & \mu_i\tau_{1i}\boldsymbol{S}_i & \boldsymbol{0} \\
\vdots & \vdots & & \vdots & \vdots & & \vdots & \vdots & \vdots & & \vdots & \vdots & \vdots & \vdots \\
\tau_{Ni}\left(\boldsymbol{A}_i\boldsymbol{X}_i+\boldsymbol{B}_i\boldsymbol{Y}_i\right) & \boldsymbol{0} & \cdots & \boldsymbol{0} & \tau_{Ni}\boldsymbol{A}_{i1}\boldsymbol{X}_i & \cdots & \tau_{Ni}\boldsymbol{A}_{iN}\boldsymbol{X} & \tau_{Ni}\boldsymbol{\varGamma} & \boldsymbol{0} & \cdots & \boldsymbol{0} & \boldsymbol{0} & \mu_i\tau_{Ni}\boldsymbol{S}_i & \boldsymbol{0} \\
\boldsymbol{C}_i\boldsymbol{X}_i+\boldsymbol{D}_i\boldsymbol{Y} & \boldsymbol{0} & \cdots & \boldsymbol{0} & \boldsymbol{0} & \cdots & \boldsymbol{0} & \boldsymbol{0} & \boldsymbol{0} & \cdots & \boldsymbol{0} & -\boldsymbol{I}_i & \mu_i\boldsymbol{L} & \boldsymbol{0} \\
\mu_i\boldsymbol{S}_i^{\mathrm{T}} & \boldsymbol{0} & \cdots & \boldsymbol{0} & \boldsymbol{0} & \cdots & \boldsymbol{0} & \boldsymbol{0} & \mu_i\tau_{1i}\boldsymbol{S}_i^{\mathrm{T}} & \cdots & \mu_i\tau_{Ni}\boldsymbol{S}_i^{\mathrm{T}} & \mu_i\boldsymbol{L}_i^{\mathrm{T}} & -\mu_i\boldsymbol{I}_i & \boldsymbol{0} \\
\boldsymbol{M}_i\boldsymbol{X}_i+\boldsymbol{N}_i\boldsymbol{Y}_i & \boldsymbol{0} & \cdots & \boldsymbol{0} & \boldsymbol{0} & \cdots & \boldsymbol{0} & \boldsymbol{0} & \boldsymbol{0} & \cdots & \boldsymbol{0} & \boldsymbol{0} & \boldsymbol{0} & -\mu_i\boldsymbol{I}_i
\end{bmatrix}<0 \tag{6.13}
$$

$i=1,2,\cdots,N$，其中 $\boldsymbol{\varXi}_{i11}$ 同定理 6.2 中所定义的一样，则不确定的关联大系统(6.1)是鲁棒分散镇定的，且在零初始条件下，对于任意非零的 $\boldsymbol{\omega}(t)\in \boldsymbol{L}_2[0,\infty)$，有 $\|z(t)\|_2^2 \leqslant \gamma\|\boldsymbol{\omega}(t)\|_2^2$，相应的分散 H_∞ 控制器为 $\boldsymbol{u}_i(t)=\boldsymbol{Y}_i\boldsymbol{X}_i^{-1}\boldsymbol{x}_i(t)$，$i=1,2,\cdots,N$。

证明　为了证明定理 6.3，只要在 LMI(6.9)中的左端矩阵（记为 $\boldsymbol{\varXi}_i$）中的 $\boldsymbol{A}_i$、$\boldsymbol{B}_i$、$\boldsymbol{C}_i$ 和 $\boldsymbol{D}_i$ 分别用 $\boldsymbol{A}_i+\boldsymbol{S}_i\boldsymbol{F}_i(t)\boldsymbol{M}_i$、$\boldsymbol{B}_i+\boldsymbol{S}_i\boldsymbol{F}_i(t)\boldsymbol{N}_i$、$\boldsymbol{C}_i+\boldsymbol{L}_i\boldsymbol{F}_i(t)\boldsymbol{M}_i$ 和 $\boldsymbol{D}_i+\boldsymbol{L}_i\boldsymbol{F}_i(t)\boldsymbol{N}_i$ 来代替即可。于是 $\boldsymbol{A}_i$、$\boldsymbol{B}_i$、$\boldsymbol{C}_i$ 和 $\boldsymbol{D}_i$ 分别用 $\boldsymbol{A}_i+\boldsymbol{S}_i\boldsymbol{F}_i(t)\boldsymbol{M}_i$、$\boldsymbol{B}_i+\boldsymbol{S}_i\boldsymbol{F}_i(t)\boldsymbol{N}_i$、$\boldsymbol{C}_i+\boldsymbol{L}_i\boldsymbol{F}_i(t)\boldsymbol{M}_i$ 和 $\boldsymbol{D}_i+\boldsymbol{L}_i\boldsymbol{F}_i(t)\boldsymbol{N}_i$ 来代替的 LMI(6.9)等价于下列矩阵不等式：

$$
\boldsymbol{\varXi}_i+\begin{bmatrix}\boldsymbol{S}_i\\ \mathbf{0}\\ \vdots\\ \mathbf{0}\\ \mathbf{0}\\ \vdots\\ \mathbf{0}\\ \mathbf{0}\\ \tau_{1i}\boldsymbol{S}_i\\ \vdots\\ \tau_{Ni}\boldsymbol{S}_i\\ \boldsymbol{L}_i\end{bmatrix}\boldsymbol{F}_i(t)\begin{bmatrix}\boldsymbol{M}_i\boldsymbol{X}_i+\boldsymbol{N}_i\boldsymbol{Y}_i & \mathbf{0} & \cdots & \mathbf{0} & \mathbf{0} & \cdots & \mathbf{0} & \mathbf{0} & \mathbf{0} & \cdots & \mathbf{0} & \mathbf{0}\end{bmatrix}
$$

$$
+\begin{bmatrix}\boldsymbol{X}_i\boldsymbol{M}_i^{\mathrm{T}}+\boldsymbol{Y}_i^{\mathrm{T}}\boldsymbol{N}_i^{\mathrm{T}}\\ \mathbf{0}\\ \vdots\\ \mathbf{0}\\ \mathbf{0}\\ \vdots\\ \mathbf{0}\\ \mathbf{0}\\ \mathbf{0}\\ \vdots\\ \mathbf{0}\\ \mathbf{0}\end{bmatrix}\boldsymbol{F}_i^{\mathrm{T}}(t)\begin{bmatrix}\boldsymbol{S}_i^{\mathrm{T}} & \mathbf{0} & \cdots & \mathbf{0} & \mathbf{0} & \cdots & \mathbf{0} & \mathbf{0} & \tau_{1i}\boldsymbol{S}_i^{\mathrm{T}} & \cdots & \tau_{Ni}\boldsymbol{S}_i^{\mathrm{T}} & \boldsymbol{L}_i^{\mathrm{T}}\end{bmatrix}<0
\tag{6.14}
$$

根据引理 3.3，矩阵不等式(6.14)成立等价于下列矩阵不等式：

$$
\boldsymbol{\Xi}_i+\mu_i\begin{bmatrix}\boldsymbol{S}_i\\ \boldsymbol{0}\\ \vdots\\ \boldsymbol{0}\\ \boldsymbol{0}\\ \vdots\\ \boldsymbol{0}\\ \boldsymbol{0}\\ \tau_{1i}\boldsymbol{S}_i\\ \vdots\\ \tau_{Ni}\boldsymbol{S}_i\\ \boldsymbol{L}_i\end{bmatrix}\begin{bmatrix}\boldsymbol{S}_i^{\mathrm{T}} & \boldsymbol{0} & \cdots & \boldsymbol{0} & \boldsymbol{0} & \cdots & \boldsymbol{0} & \boldsymbol{0} & \tau_{1i}\boldsymbol{S}_i^{\mathrm{T}} & \cdots & \tau_{Ni}\boldsymbol{S}_i^{\mathrm{T}} & \boldsymbol{L}_i^{\mathrm{T}}\end{bmatrix}
$$

$$
+\mu_i^{-1}\begin{bmatrix}\boldsymbol{X}_i\boldsymbol{M}_i^{\mathrm{T}}+\boldsymbol{Y}_i^{\mathrm{T}}\boldsymbol{N}_i^{\mathrm{T}}\\ \boldsymbol{0}\\ \vdots\\ \boldsymbol{0}\\ \boldsymbol{0}\\ \vdots\\ \boldsymbol{0}\\ \boldsymbol{0}\\ \boldsymbol{0}\\ \vdots\\ \boldsymbol{0}\\ \boldsymbol{0}\end{bmatrix}\begin{bmatrix}\boldsymbol{M}_i\boldsymbol{X}_i+\boldsymbol{N}_i\boldsymbol{Y}_i & \boldsymbol{0} & \cdots & \boldsymbol{0} & \boldsymbol{0} & \cdots & \boldsymbol{0} & \boldsymbol{0} & \boldsymbol{0} & \cdots & \boldsymbol{0} & \boldsymbol{0}\end{bmatrix}<0 \tag{6.15}
$$

由 Schur 补引理可知，矩阵不等式(6.15)等价于式(6.13)。定理证毕。

6.2.5　数值示例

例 6.1　考虑由两个子系统组成的标称关联系统(6.8)，其中

$$
\boldsymbol{A}_1=\begin{bmatrix}-1 & 0\\ -1 & -1\end{bmatrix},\ \boldsymbol{B}_1=\begin{bmatrix}-17\\ 1\end{bmatrix},\ \boldsymbol{C}_1=\begin{bmatrix}0.3 & 0\\ 0 & 0.3\end{bmatrix},\ \boldsymbol{D}_1=\begin{bmatrix}1\\ 1\end{bmatrix},\ \boldsymbol{\Gamma}_1=\begin{bmatrix}0.1\\ 0.2\end{bmatrix}
$$

$$
\boldsymbol{A}_{11}=\begin{bmatrix}-0.3 & 0\\ 0 & 1\end{bmatrix},\ \boldsymbol{A}_{12}=\begin{bmatrix}0 & 0\\ 0 & 1\end{bmatrix},\ \boldsymbol{A}_2=\begin{bmatrix}-3 & 0\\ 0.1 & -2\end{bmatrix},\ \boldsymbol{B}_2=\begin{bmatrix}5\\ -1\end{bmatrix},\ \boldsymbol{C}_2=\begin{bmatrix}0.1 & 0\\ 0 & 0.1\end{bmatrix}
$$

$$\boldsymbol{D}_2=\begin{bmatrix}-1\\1\end{bmatrix},\quad \boldsymbol{\Gamma}_2=\begin{bmatrix}0.2\\0.2\end{bmatrix},\quad \boldsymbol{A}_{21}=\begin{bmatrix}0&-0.1\\0&0\end{bmatrix},\quad \boldsymbol{A}_{22}=\begin{bmatrix}-1&0\\0&0\end{bmatrix}$$

利用 MATLAB 的 LMI 工具箱，求解定理 6.2 中的 LMI 问题，得最大时滞界为$\tau\leqslant 3.05$，且 LMI(6.9)中的解为

$$\boldsymbol{X}_1=\begin{bmatrix}0.0787&0.0743\\0.0743&0.0702\end{bmatrix},\ \boldsymbol{Y}_1=\begin{bmatrix}0.0125&-0.0037\end{bmatrix}$$

$$\boldsymbol{X}_2=\begin{bmatrix}0.0001&0.0001\\0.0001&0.1564\end{bmatrix},\ \boldsymbol{Y}_2=\begin{bmatrix}-0.0619&0.0052\end{bmatrix}$$

干扰抑制水平为$\gamma=0.5$，且该系统的一个分散镇定 H_∞控制器为

$$\boldsymbol{u}_1(t)=\begin{bmatrix}-404.0563&427.8084\end{bmatrix}\boldsymbol{x}_1(t),\quad \boldsymbol{u}_2(t)=\begin{bmatrix}-864.0531&0.3997\end{bmatrix}\boldsymbol{x}_2(t)$$

例 6.2 考虑由两个子系统组成的不确定关联系统(6.1),其中参数矩阵$\boldsymbol{A}_1$、$\boldsymbol{A}_2$、$\boldsymbol{B}_1$、$\boldsymbol{B}_2$、$\boldsymbol{C}_1$、$\boldsymbol{C}_2$、$\boldsymbol{D}_1$、$\boldsymbol{D}_2$、$\boldsymbol{\Gamma}_1$、$\boldsymbol{\Gamma}_2$、$\boldsymbol{A}_{11}$、$\boldsymbol{A}_{12}$、$\boldsymbol{A}_{21}$和$\boldsymbol{A}_{22}$如例 6.1 所示。不确定矩阵界$\boldsymbol{S}_1=\boldsymbol{L}_1=\boldsymbol{M}_1=\mathrm{diag}\{0.1,0.1\}$，$\boldsymbol{S}_2=\boldsymbol{L}_2=\boldsymbol{M}_2=\mathrm{diag}\{0.01,0.01\}$，$\boldsymbol{N}_1=\begin{bmatrix}0.1\\0.1\end{bmatrix}$，$\boldsymbol{N}_2=\begin{bmatrix}0.01\\0.01\end{bmatrix}$。利用 MATLAB 的 LMI 工具箱，求解定理 6.3 中 LMI 问题，得最大时滞界为$\tau\leqslant 3.05$，且 LMI(6.13)中的解为

$$\boldsymbol{X}_1=\begin{bmatrix}0.0765&0.0725\\0.0725&0.0679\end{bmatrix},\ \boldsymbol{Y}_1=\begin{bmatrix}0.0128&-0.0036\end{bmatrix}$$

$$\boldsymbol{X}_2=\begin{bmatrix}0.0032&0.0024\\0.0024&0.1499\end{bmatrix},\ \boldsymbol{Y}_2=\begin{bmatrix}-0.0586&0.0059\end{bmatrix}$$

干扰抑制水平为$\gamma=0.5$，且该系统的一个分散鲁棒镇定 H_∞控制器为

$$\boldsymbol{u}_1(t)=\begin{bmatrix}-19.9785&21.2657\end{bmatrix}\boldsymbol{x}_1(t),\quad \boldsymbol{u}_2(t)=\begin{bmatrix}-18.7974&0.3459\end{bmatrix}\boldsymbol{x}_2(t)$$

6.3 线性关联系统的时滞相关分散鲁棒 H_∞非脆弱控制

6.2 节就一类线性关联系统讨论了与时滞相关的分散鲁棒 H_∞控制问题，所设计的反馈分散控制器要求是准确实现的。但在某些实际的控制问题中，由于硬件(如 A/D 转换器和 D/A 转换器等)、软件(如计算截断误差等)等，控制器存在着一定的不确定性。Keel 和 Bhattacharyya 指出控制器中参数相当小的扰动甚至会破坏闭环系统的稳定性，或造成闭环系统的性能下降，因此有必要考虑所设计的控制器能承受这种参数增益变化，并称这种能承受参数增益变化的控制器为非脆弱控制器[8]，已经有许多工作考虑了非脆弱控制问题[9-19]。文献[18]和[19]基于 LMI 方法，研究了不确定时滞线性系统的鲁棒非脆弱 H_∞状态反馈控制器的设计问题。文

献[15]基于 Lyapunov 方法研究了一类离散时滞大系统的鲁棒非脆弱控制问题。但关于线性关联系统时滞相关的分散鲁棒非脆弱 H_∞控制的研究却不多见。本节主要针对线性关联系统与时滞相关的分散鲁棒非脆弱 H_∞控制问题进行研究。主要应用 Lyapunov-Krasovskii 泛函方法，结合积分不等式技巧，设计具有参数增益变化的状态反馈分散控制器，使得闭环系统渐近稳定，且满足一定的 H_∞性能指标。

6.3.1　系统描述

考虑由 N 个相互关联的子系统 Σ_i ($i=1,2,\cdots,N$)构成的大系统

$$\begin{aligned} \dot{\boldsymbol{x}}_i(t) &= \left(\boldsymbol{A}_i + \Delta\boldsymbol{A}_i\right)\boldsymbol{x}_i(t) + \boldsymbol{B}_i\boldsymbol{u}_i(t) + \boldsymbol{\Gamma}_i\boldsymbol{\omega}_i(t) + \sum_{j=1}^{N}\boldsymbol{A}_{ij}\boldsymbol{x}_j\left(t-\tau_{ij}\right) \\ \boldsymbol{z}_i(t) &= (\boldsymbol{C}_i + \Delta\boldsymbol{C}_i)\boldsymbol{x}_i(t) + \boldsymbol{D}_i\boldsymbol{u}_i(t) \\ \boldsymbol{x}_i(t) &= \boldsymbol{\varphi}_i(t), \quad t\in[-\tau,0], \quad \tau = \max_{i,j}\{\tau_{ij}\} \end{aligned} \tag{6.16}$$

式中，$\boldsymbol{x}_i(t)\in\mathbf{R}^{n_i}$ 为状态向量；$\boldsymbol{u}_i(t)\in\mathbf{R}^{m_i}$ 为控制向量；$\boldsymbol{\omega}_i(t)\in\mathbf{R}^{p_i}$ 为平方可积的外部扰动信号；$\boldsymbol{z}_i(t)\in\mathbf{R}^{l_i}$ 为控制输出向量；$\boldsymbol{A}_i$、$\boldsymbol{B}_i$、$\boldsymbol{C}_i$、$\boldsymbol{D}_i$、$\boldsymbol{\Gamma}_i$ 和 $\boldsymbol{A}_{ij}$ 是具有适当维数的常数矩阵；$\tau_{ij}\geqslant 0$ 是系统的关联项滞后时间；$\tau=\max\limits_{i,j}\left\{\tau_{ij}\right\}$；$\boldsymbol{\varphi}_i(t)$ 是定义在 $\left[-\tau,0\right]$ 上的实值连续的初值函数；$\Delta\boldsymbol{A}_i$ 和 $\Delta\boldsymbol{C}_i$ 为未知矩阵描述了时变参数不确定性，它们满足

$$\begin{bmatrix}\Delta\boldsymbol{A}_i \\ \Delta\boldsymbol{C}_i\end{bmatrix} = \begin{bmatrix}\boldsymbol{S}_i \\ \boldsymbol{L}_i\end{bmatrix}\boldsymbol{F}_i(t)\boldsymbol{M}_i \tag{6.17}$$

式中，$\boldsymbol{F}_i(t)$ 是具有适当维数的 Lebsegue 可测的时变未知矩阵，且 $\boldsymbol{F}_i^{\mathrm{T}}(t)\boldsymbol{F}_i(t)\leqslant\boldsymbol{I}_i$，$\boldsymbol{I}_i$ 是适当维数的单位矩阵；$\boldsymbol{S}_i$、$\boldsymbol{L}_i$ 和 $\boldsymbol{M}_i$ 是具有适当维数的常数矩阵。这里假设 $\left(\boldsymbol{A}_i,\boldsymbol{B}_i\right)$ 是完全可控的。

分散鲁棒非脆弱 H_∞控制问题　已知常数 $\gamma>0$，设计具有增益变化的分散状态反馈控制器 $\boldsymbol{u}_i(t)=\left(\boldsymbol{K}_i+\Delta\boldsymbol{K}_i\right)\boldsymbol{x}_i(t)$ ($i=1,2,\cdots,N$)，其中

$$\Delta\boldsymbol{K}_i = \boldsymbol{H}_i\boldsymbol{G}_i(t)\boldsymbol{E}_i \tag{6.18}$$

$\boldsymbol{G}_i(t)$ 是具有适当维数的 Lebsegue 可测的时变未知矩阵，且 $\boldsymbol{G}_i^{\mathrm{T}}(t)\boldsymbol{G}_i(t)\leqslant\boldsymbol{I}_i$，$\boldsymbol{I}_i$ 是适当维数的单位矩阵，$\boldsymbol{H}_i$ 和 $\boldsymbol{E}_i$ 是具有适当维数的常数矩阵，使得闭环系统内部渐近稳定，且在零初始条件 $\boldsymbol{x}_i(t)=0, t\in\left[-\tau,0\right]$ ($i=1,2,\cdots,N$)下，有 $\|\boldsymbol{z}(t)\|_2^2\leqslant\gamma\|\boldsymbol{\omega}(t)\|_2^2$，$\forall\boldsymbol{\omega}(t)\in\boldsymbol{L}_2[0,\infty)$，其中 $\boldsymbol{z}(t)=\left[\boldsymbol{z}_1^{\mathrm{T}}(t) \quad \cdots \quad \boldsymbol{z}_N^{\mathrm{T}}(t)\right]^{\mathrm{T}}$，$\boldsymbol{\omega}(t)=\left[\boldsymbol{\omega}_1^{\mathrm{T}}(t) \quad \cdots \quad \boldsymbol{\omega}_N^{\mathrm{T}}(t)\right]^{\mathrm{T}}$。具有以上性质的控制器称为大系统(6.17)的分散鲁棒非脆弱 H_∞控制器。

6.3.2　时滞相关 H_∞性能分析

首先考虑如下关联未控系统的 H_∞性能问题：

$$
\begin{aligned}
\dot{\boldsymbol{x}}_i(t) &= \left(\boldsymbol{A}_i + \Delta\boldsymbol{A}_i\right)\boldsymbol{x}_i(t) + \boldsymbol{\Gamma}_i\boldsymbol{\omega}_i(t) + \sum_{j=1}^{N}\boldsymbol{A}_{ij}\boldsymbol{x}_j\left(t-\tau_{ij}\right) \\
\boldsymbol{z}_i(t) &= (\boldsymbol{C}_i + \Delta\boldsymbol{C}_i)\boldsymbol{x}_i(t)
\end{aligned}
\tag{6.19}
$$

对于系统（6.19），下面的定理给出了一个时滞相关 H_∞性能分析的充分条件。

定理 6.4 对于给定的常数$\gamma>0$，$\tau_{ji}>0$，$j=1,2,\cdots,N$，若存在对称正定矩阵$\boldsymbol{P}_i>0$，$\boldsymbol{Q}_{ij}>0$，$\boldsymbol{R}_{ji}>0$，$j=1,2,\cdots,N$，使得如下 LMIs 成立：

$$
\left[\begin{array}{ccccccccccccc}
(1,1)'_i & \boldsymbol{R}_{1i} & \cdots & \boldsymbol{R}_{Ni} & \boldsymbol{P}_i\boldsymbol{A}_{i1} & \cdots & \boldsymbol{P}_i\boldsymbol{A}_{iN} & \boldsymbol{P}_i\boldsymbol{\Gamma}_i & \tau_{1i}\boldsymbol{A}_i^{\mathrm{T}}\boldsymbol{R}_{1i} & \cdots & \tau_{Ni}\boldsymbol{A}_i^{\mathrm{T}}\boldsymbol{R}_{Ni} & \boldsymbol{C}_i^{\mathrm{T}} & \mu_i\boldsymbol{P}_i\boldsymbol{S}_i & \boldsymbol{M}_i^{\mathrm{T}} \\
\boldsymbol{R}_{1i} & -\boldsymbol{R}_{1i} & \cdots & \boldsymbol{0} & \boldsymbol{0} & \cdots & \boldsymbol{0} & \boldsymbol{0} & \boldsymbol{0} & \cdots & \boldsymbol{0} & \boldsymbol{0} & \boldsymbol{0} & \boldsymbol{0} \\
\vdots & \vdots & & \vdots & \vdots & & \vdots & \vdots & \vdots & & \vdots & \vdots & \vdots & \vdots \\
\boldsymbol{R}_{Ni} & \boldsymbol{0} & \cdots & -\boldsymbol{R}_{Ni} & \boldsymbol{0} & \cdots & \boldsymbol{0} & \boldsymbol{0} & \boldsymbol{0} & \cdots & \boldsymbol{0} & \boldsymbol{0} & \boldsymbol{0} & \boldsymbol{0} \\
\boldsymbol{A}_{i1}^{\mathrm{T}}\boldsymbol{P}_i & \boldsymbol{0} & \cdots & \boldsymbol{0} & -\boldsymbol{Q}_{i1} & \cdots & \boldsymbol{0} & \boldsymbol{0} & \tau_{1i}\boldsymbol{A}_{i1}^{\mathrm{T}}\boldsymbol{R}_{1i} & \cdots & \tau_{Ni}\boldsymbol{A}_{i1}^{\mathrm{T}}\boldsymbol{R}_{Ni} & \boldsymbol{0} & \boldsymbol{0} & \boldsymbol{0} \\
\vdots & \vdots & & \vdots & \vdots & & \vdots & \vdots & \vdots & & \vdots & \vdots & \vdots & \vdots \\
\boldsymbol{A}_{iN}^{\mathrm{T}}\boldsymbol{P}_i & \boldsymbol{0} & \cdots & \boldsymbol{0} & \boldsymbol{0} & \cdots & -\boldsymbol{Q}_{iN} & \boldsymbol{0} & \tau_{1i}\boldsymbol{A}_{iN}^{\mathrm{T}}\boldsymbol{R}_{1i} & \cdots & \tau_{Ni}\boldsymbol{A}_{iN}^{\mathrm{T}}\boldsymbol{R}_{Ni} & \boldsymbol{0} & \boldsymbol{0} & \boldsymbol{0} \\
\boldsymbol{\Gamma}_i^{\mathrm{T}}\boldsymbol{P}_i & \boldsymbol{0} & \cdots & \boldsymbol{0} & \boldsymbol{0} & \cdots & \boldsymbol{0} & -\gamma\boldsymbol{I}_i & \tau_{1i}\boldsymbol{\Gamma}_i^{\mathrm{T}}\boldsymbol{R}_{1i} & \cdots & \tau_{Ni}\boldsymbol{\Gamma}_i^{\mathrm{T}}\boldsymbol{R}_{Ni} & \boldsymbol{0} & \boldsymbol{0} & \boldsymbol{0} \\
\tau_{1i}\boldsymbol{R}_{1i}\boldsymbol{A}_i & \boldsymbol{0} & \cdots & \boldsymbol{0} & \tau_{1i}\boldsymbol{R}_{1i}\boldsymbol{A}_{i1} & \cdots & \tau_{1i}\boldsymbol{R}_{1i}\boldsymbol{A}_{iN} & \tau_{1i}\boldsymbol{R}_{1i}\boldsymbol{\Gamma}_i & -\boldsymbol{R}_{1i} & \cdots & \boldsymbol{0} & \boldsymbol{0} & \mu_i\tau_{1i}\boldsymbol{R}_{1i}\boldsymbol{S}_i & \boldsymbol{0} \\
\vdots & \vdots & & \vdots & \vdots & & \vdots & \vdots & \vdots & & \vdots & \vdots & \vdots & \vdots \\
\tau_{Ni}\boldsymbol{R}_{Ni}\boldsymbol{A}_i & \boldsymbol{0} & \cdots & \boldsymbol{0} & \tau_{Ni}\boldsymbol{R}_{Ni}\boldsymbol{A}_{i1} & \cdots & \tau_{Ni}\boldsymbol{R}_{Ni}\boldsymbol{A}_i & \tau_{Ni}\boldsymbol{R}_{Ni}\boldsymbol{\Gamma}_i & \boldsymbol{0} & \cdots & -\boldsymbol{R}_{Ni} & \boldsymbol{0} & \mu_i\tau_{Ni}\boldsymbol{R}_{Ni}\boldsymbol{S}_i & \boldsymbol{0} \\
\boldsymbol{C}_i & \boldsymbol{0} & \cdots & \boldsymbol{0} & \boldsymbol{0} & \cdots & \boldsymbol{0} & \boldsymbol{0} & \boldsymbol{0} & \cdots & \boldsymbol{0} & -\boldsymbol{I}_i & \mu_i\boldsymbol{L}_i & \boldsymbol{0} \\
\mu_i\boldsymbol{S}_i^{\mathrm{T}}\boldsymbol{P}_i & \boldsymbol{0} & \cdots & \boldsymbol{0} & \boldsymbol{0} & \cdots & \boldsymbol{0} & \boldsymbol{0} & \mu_i\tau_{1i}\boldsymbol{S}_i^{\mathrm{T}}\boldsymbol{R}_{1i} & \cdots & \mu_i\tau_{Ni}\boldsymbol{S}_i^{\mathrm{T}}\boldsymbol{R}_{Ni} & \mu_i\boldsymbol{L}_i^{\mathrm{T}} & -\mu_i\boldsymbol{I}_i & \boldsymbol{0} \\
\boldsymbol{M}_i & \boldsymbol{0} & \cdots & \boldsymbol{0} & \boldsymbol{0} & \cdots & \boldsymbol{0} & \boldsymbol{0} & \boldsymbol{0} & \cdots & \boldsymbol{0} & \boldsymbol{0} & \boldsymbol{0} & -\mu_i\boldsymbol{I}_i
\end{array}\right] < 0
\tag{6.20}
$$

$i=1,2,\cdots,N$，其中，$(1,1)_i'=\boldsymbol{P}_i\boldsymbol{A}_i+\boldsymbol{A}_i^{\mathrm{T}}\boldsymbol{P}_i+\sum_{j=1}^{N}\boldsymbol{Q}_{ji}-\sum_{j=1}^{N}\boldsymbol{R}_{ji}$，则关联未控大系统(6.19)是内部渐近稳定的，且在零初始条件下，对于任意非零的 $\boldsymbol{\omega}(t)\in \boldsymbol{L}_2[0,\infty)$ 有 $\|z(t)\|_2^2\leqslant\gamma\|\boldsymbol{\omega}(t)\|_2^2$。

证明　记 $\tilde{\boldsymbol{A}}_i=\boldsymbol{A}_i+\Delta\boldsymbol{A}_i$，$\tilde{\boldsymbol{C}}_i=\boldsymbol{C}_i+\Delta\boldsymbol{C}_i$。根据定理 6.1，在 LMI(6.6)中的左端矩阵中的 $\boldsymbol{A}_i$、$\boldsymbol{C}_i$ 分别由 $\tilde{\boldsymbol{A}}_i$、$\tilde{\boldsymbol{C}}_i$ 代替，经适当整理，并利用定理 6.1 及 Schur 补引理，易得 LMI(6.20)。定理证毕。

6.3.3　时滞相关分散 H_∞ 非脆弱控制器的设计

根据定理 6.4，可方便地给出不确定关联系统(6.16)存在分散鲁棒非脆弱 H_∞ 状态反馈控制器的充分条件。将具有限制条件(6.18)的分散状态反馈控制器 $\boldsymbol{u}_i(t)=\left(\boldsymbol{K}_i+\Delta\boldsymbol{K}_i\right)\boldsymbol{x}_i(t)$（$i=1,2,\cdots,N$）代入系统(6.16)中，得如下闭环系统：

$$\begin{aligned}\dot{\boldsymbol{x}}_i(t)&=\left(\boldsymbol{A}_i+\boldsymbol{B}_i\boldsymbol{K}_i+\Delta\bar{\boldsymbol{A}}_i\right)\boldsymbol{x}_i(t)+\boldsymbol{\Gamma}_i\boldsymbol{\omega}_i(t)+\sum_{j=1}^{N}\boldsymbol{A}_{ij}\boldsymbol{x}_j\left(t-\tau_{ij}\right)\\ \boldsymbol{z}_i(t)&=(\boldsymbol{C}_i+\boldsymbol{D}_i\boldsymbol{K}_i+\Delta\bar{\boldsymbol{C}}_i)\boldsymbol{x}_i(t)\end{aligned}\tag{6.21}$$

式中

$$\Delta\bar{\boldsymbol{A}}_i(t)=\left[\boldsymbol{S}_i\quad \boldsymbol{B}_i\boldsymbol{H}_i\right]\mathrm{diag}\left\{\boldsymbol{F}_i(t),\boldsymbol{G}_i(t)\right\}\begin{bmatrix}\boldsymbol{M}_i\\ \boldsymbol{E}_i\end{bmatrix}$$

$$\Delta\bar{\boldsymbol{C}}_i(t)=\left[\boldsymbol{L}_i\quad \boldsymbol{D}_i\boldsymbol{H}_i\right]\mathrm{diag}\left\{\boldsymbol{F}_i(t),\boldsymbol{G}_i(t)\right\}\begin{bmatrix}\boldsymbol{M}_i\\ \boldsymbol{E}_i\end{bmatrix}$$

定理 6.5　对于给定的常数 $\gamma>0$，$\tau_{ji}>0$，$j=1,2,\cdots,N$，若存在对称正定矩阵 $\boldsymbol{X}_i>0$，$\bar{\boldsymbol{Q}}_{ji}>0$，$\bar{\boldsymbol{Q}}_{ij}>0$，$\bar{\boldsymbol{R}}_{ji}>0$，$j=1,2,\cdots,N$，以及任意矩阵 $\boldsymbol{Y}_i$、任意常数 $\mu_i>0$，使得如下的 LMIs 成立：

$$
\begin{bmatrix}
\boldsymbol{\Xi}_{i1} & \mathbf{0} & \cdots & \mathbf{0} & \boldsymbol{A}_{i1}\boldsymbol{X}_i & \cdots & \boldsymbol{A}_{iN}\boldsymbol{X}_i & \boldsymbol{\Gamma}_i & \tau_{1i}\left(\boldsymbol{X}_i\boldsymbol{A}_i^{\mathrm{T}}+\boldsymbol{Y}_i^{\mathrm{T}}\boldsymbol{B}_i^{\mathrm{T}}\right) & \cdots & \tau_{Ni}\left(\boldsymbol{X}_i\boldsymbol{A}_i^{\mathrm{T}}+\boldsymbol{Y}_i^{\mathrm{T}}\boldsymbol{B}_i^{\mathrm{T}}\right) & \boldsymbol{X}_i\boldsymbol{C}_i^{\mathrm{T}}+\boldsymbol{Y}_i^{\mathrm{T}}\boldsymbol{D}_i^{\mathrm{T}} & \mu_i\boldsymbol{S}_i & \mu_i\boldsymbol{B}_i\boldsymbol{H}_i & \boldsymbol{X}_i\boldsymbol{M}_i^{\mathrm{T}} & \boldsymbol{X}_i\boldsymbol{E}_i^{\mathrm{T}} \\
\mathbf{0} & -4\bar{\boldsymbol{R}}_{1i} & \cdots & \mathbf{0} & \mathbf{0} & \cdots & \mathbf{0} & \mathbf{0} & \mathbf{0} & \cdots & \mathbf{0} & \mathbf{0} & \mathbf{0} & \mathbf{0} & \mathbf{0} & \mathbf{0} \\
\vdots & \vdots & & \vdots & \vdots & & \vdots & \vdots & \vdots & & \vdots & \vdots & \vdots & \vdots & \vdots & \vdots \\
\mathbf{0} & \mathbf{0} & \cdots & -4\bar{\boldsymbol{R}}_{Ni} & \mathbf{0} & \cdots & \mathbf{0} & \mathbf{0} & \mathbf{0} & \cdots & \mathbf{0} & \mathbf{0} & \mathbf{0} & \mathbf{0} & \mathbf{0} & \mathbf{0} \\
\boldsymbol{X}_i\boldsymbol{A}_{i1}^{\mathrm{T}} & \mathbf{0} & \cdots & \mathbf{0} & -\bar{\boldsymbol{Q}}_{i1} & \cdots & \mathbf{0} & \mathbf{0} & \tau_{1i}\boldsymbol{X}_i\boldsymbol{A}_{i1}^{\mathrm{T}} & \cdots & \tau_{Ni}\boldsymbol{X}_i\boldsymbol{A}_{i1}^{\mathrm{T}} & \mathbf{0} & \mathbf{0} & \mathbf{0} & \mathbf{0} & \mathbf{0} \\
\vdots & \vdots & & \vdots & \vdots & & \vdots & \vdots & \vdots & & \vdots & \vdots & \vdots & \vdots & \vdots & \vdots \\
\boldsymbol{X}_i\boldsymbol{A}_{iN}^{\mathrm{T}} & \mathbf{0} & \cdots & \mathbf{0} & \mathbf{0} & \cdots & -\bar{\boldsymbol{Q}}_{iN} & \mathbf{0} & \tau_{1i}\boldsymbol{X}_i\boldsymbol{A}_{iN}^{\mathrm{T}} & \cdots & \tau_{Ni}\boldsymbol{X}_i\boldsymbol{A}_{iN}^{\mathrm{T}} & \mathbf{0} & \mathbf{0} & \mathbf{0} & \mathbf{0} & \mathbf{0} \\
\boldsymbol{\Gamma}_i^{\mathrm{T}} & \mathbf{0} & \cdots & \mathbf{0} & \mathbf{0} & \cdots & \mathbf{0} & -\gamma\boldsymbol{I}_i & \tau_{1i}\boldsymbol{\Gamma}_i^{\mathrm{T}} & \cdots & \tau_{Ni}\boldsymbol{\Gamma}_i^{\mathrm{T}} & \mathbf{0} & \mathbf{0} & \mathbf{0} & \mathbf{0} & \mathbf{0} \\
\tau_{1i}\left(\boldsymbol{A}_i\boldsymbol{X}_i+\boldsymbol{B}_i\boldsymbol{Y}_i\right) & \mathbf{0} & \cdots & \mathbf{0} & \tau_{1i}\boldsymbol{A}_{i1}\boldsymbol{X}_i & \cdots & \tau_{1i}\boldsymbol{A}_{iN}\boldsymbol{X}_i & \tau_{1i}\boldsymbol{\Gamma}_i & -\bar{\boldsymbol{R}}_{1i} & \cdots & \mathbf{0} & \mathbf{0} & \mu_i\tau_{1i}\boldsymbol{S}_i & \mu_i\tau_{1i}\boldsymbol{B}_i\boldsymbol{H}_i & \mathbf{0} & \mathbf{0} \\
\vdots & \vdots & & \vdots & \vdots & & \vdots & \vdots & \vdots & & \vdots & \vdots & \vdots & \vdots & \vdots & \vdots \\
\tau_{Ni}\left(\boldsymbol{A}_i\boldsymbol{X}_i+\boldsymbol{B}_i\boldsymbol{Y}_i\right) & \mathbf{0} & \cdots & \mathbf{0} & \tau_{Ni}\boldsymbol{A}_{i1}\boldsymbol{X}_i & \cdots & \tau_{Ni}\boldsymbol{A}_{iN}\boldsymbol{X}_i & \tau_{Ni}\boldsymbol{\Gamma}_i & \mathbf{0} & \cdots & -\bar{\boldsymbol{R}}_{Ni} & \mathbf{0} & \mu_i\tau_{Ni}\boldsymbol{S}_i & \mu_i\tau_{Ni}\boldsymbol{B}_i\boldsymbol{H}_i & \mathbf{0} & \mathbf{0} \\
\boldsymbol{C}_i\boldsymbol{X}_i+\boldsymbol{D}_i\boldsymbol{Y}_i & \mathbf{0} & \cdots & \mathbf{0} & \mathbf{0} & \cdots & \mathbf{0} & \mathbf{0} & \mathbf{0} & \cdots & \mathbf{0} & -\boldsymbol{I}_i & \mu_i\boldsymbol{L}_i & \mu_i\boldsymbol{D}_i\boldsymbol{H}_i & \mathbf{0} & \mathbf{0} \\
\mu_i\boldsymbol{S}_i^{\mathrm{T}} & \mathbf{0} & \cdots & \mathbf{0} & \mathbf{0} & \cdots & \mathbf{0} & \mathbf{0} & \mu_i\tau_{1i}\boldsymbol{S}_i^{\mathrm{T}} & \cdots & \mu_i\tau_{Ni}\boldsymbol{S}_i^{\mathrm{T}} & \mu_i\boldsymbol{L}_i^{\mathrm{T}} & -\mu_i\boldsymbol{I}_i & \mathbf{0} & \mathbf{0} & \mathbf{0} \\
\mu_i\boldsymbol{H}_i^{\mathrm{T}}\boldsymbol{B}_i^{\mathrm{T}} & \mathbf{0} & \cdots & \mathbf{0} & \mathbf{0} & \cdots & \mathbf{0} & \mathbf{0} & \mu_i\tau_{1i}\boldsymbol{H}_i^{\mathrm{T}}\boldsymbol{B}_i^{\mathrm{T}} & \cdots & \mu_i\tau_{Ni}\boldsymbol{H}_i^{\mathrm{T}}\boldsymbol{B}_i^{\mathrm{T}} & \mu_i\boldsymbol{H}_i^{\mathrm{T}}\boldsymbol{D}_i^{\mathrm{T}} & \mathbf{0} & -\mu_i\boldsymbol{I}_i & \mathbf{0} & \mathbf{0} \\
\boldsymbol{M}_i\boldsymbol{X}_i & \mathbf{0} & \cdots & \mathbf{0} & \mathbf{0} & \cdots & \mathbf{0} & \mathbf{0} & \mathbf{0} & \cdots & \mathbf{0} & \mathbf{0} & \mathbf{0} & \mathbf{0} & -\mu_i\boldsymbol{I}_i & \mathbf{0} \\
\boldsymbol{E}_i\boldsymbol{X}_i & \mathbf{0} & \cdots & \mathbf{0} & \mathbf{0} & \cdots & \mathbf{0} & \mathbf{0} & \mathbf{0} & \cdots & \mathbf{0} & \mathbf{0} & \mathbf{0} & \mathbf{0} & \mathbf{0} & -\mu_i\boldsymbol{I}_i
\end{bmatrix} < 0 \tag{6.22}
$$

$i=1,2,\cdots,N$，其中 $\boldsymbol{\Xi}_{i11}=\boldsymbol{A}_i\boldsymbol{X}_i+\boldsymbol{X}_i\boldsymbol{A}_i^{\mathrm{T}}+\boldsymbol{B}_i\boldsymbol{Y}_i+\boldsymbol{Y}_i^{\mathrm{T}}\boldsymbol{B}_i^{\mathrm{T}}+\sum_{j=1}^{N}\bar{\boldsymbol{Q}}_{ji}$。则存在分散非脆弱状态反馈控制器 $\boldsymbol{u}_i(t)=\left(\boldsymbol{Y}_i\boldsymbol{X}_i^{-1}+\Delta\boldsymbol{K}_i\right)\boldsymbol{x}_i(t)$，$i=1,2,\cdots,N$，使得闭环系统(6.21)渐近稳定，且在零初始条件下，对于任意非零的 $\boldsymbol{\omega}(t)\in\boldsymbol{L}_2[0,\infty)$ 有 $\|\boldsymbol{z}(t)\|_2^2\leqslant\gamma\|\boldsymbol{\omega}(t)\|_2^2$。

证明　由闭环系统(6.21)与定理 6.4，将式(6.20)中的 $\boldsymbol{A}_i$、$\boldsymbol{C}_i$、$\boldsymbol{S}_i$、$\boldsymbol{L}_i$ 和 $\boldsymbol{M}_i$ 分别用 $\boldsymbol{A}_i+\boldsymbol{B}_i\boldsymbol{K}_i$、$\boldsymbol{C}_i+\boldsymbol{D}_i\boldsymbol{K}_i$、$\begin{bmatrix}\boldsymbol{S}_i & \boldsymbol{B}_i\boldsymbol{H}_i\end{bmatrix}$、$\begin{bmatrix}\boldsymbol{L}_i & \boldsymbol{D}_i\boldsymbol{H}_i\end{bmatrix}$ 和 $\begin{bmatrix}\boldsymbol{M}_i\\ \boldsymbol{E}_i\end{bmatrix}$ 来代替，且进行适当调整得如下矩阵不等式：

$$\boldsymbol{N}=\begin{bmatrix}\boldsymbol{N}_{11} & \boldsymbol{N}_{12}^{\mathrm{T}} & \boldsymbol{N}_{13}\\ \boldsymbol{N}_{21} & \boldsymbol{N}_{22} & \boldsymbol{N}_{23}\\ \boldsymbol{N}_{23}^{\mathrm{T}} & \boldsymbol{N}_{13}^{\mathrm{T}} & \boldsymbol{N}_{33}\end{bmatrix}<0 \tag{6.23}$$

式中

$$\boldsymbol{N}_{11}=\begin{bmatrix}\boldsymbol{\Omega}_{i11} & \boldsymbol{R}_{1i} & \cdots & \boldsymbol{R}_{Ni} & \boldsymbol{P}_i\boldsymbol{A}_{i1} & \cdots & \boldsymbol{P}_i\boldsymbol{A}_{iN} & \boldsymbol{P}_i\boldsymbol{\Gamma}_i\\ \boldsymbol{R}_{1i} & -\boldsymbol{R}_{1i} & \cdots & \boldsymbol{0} & \boldsymbol{0} & \cdots & \boldsymbol{0} & \boldsymbol{0}\\ \vdots & \vdots & & \vdots & \vdots & & \vdots & \vdots\\ \boldsymbol{R}_{Ni} & \boldsymbol{0} & \cdots & -\boldsymbol{R}_{Ni} & \boldsymbol{0} & \cdots & \boldsymbol{0} & \boldsymbol{0}\\ \boldsymbol{A}_{i1}^{\mathrm{T}}\boldsymbol{P}_i & \boldsymbol{0} & \cdots & \boldsymbol{0} & -\boldsymbol{Q}_{i1} & \cdots & \boldsymbol{0} & \boldsymbol{0}\\ \vdots & \vdots & & \vdots & \vdots & & \vdots & \vdots\\ \boldsymbol{A}_{iN}^{\mathrm{T}}\boldsymbol{P}_i & \boldsymbol{0} & \cdots & \boldsymbol{0} & \boldsymbol{0} & \cdots & -\boldsymbol{Q}_{iN} & \boldsymbol{0}\\ \boldsymbol{\Gamma}_i^{\mathrm{T}}\boldsymbol{P}_i & \boldsymbol{0} & \cdots & \boldsymbol{0} & \boldsymbol{0} & \cdots & \boldsymbol{0} & -\gamma\boldsymbol{I}_i\end{bmatrix}$$

$$\boldsymbol{N}_{21}=\begin{bmatrix}\tau_{1i}\left(\boldsymbol{A}_i+\boldsymbol{B}_i\boldsymbol{K}_i\right) & \boldsymbol{0} & \cdots & \boldsymbol{0} & \tau_{1i}\boldsymbol{A}_{i1} & \cdots & \tau_{1i}\boldsymbol{A}_{iN} & \tau_{1i}\boldsymbol{\Gamma}_i\\ \vdots & \vdots & & \vdots & \vdots & & \vdots & \vdots\\ \tau_{Ni}\left(\boldsymbol{A}_i+\boldsymbol{B}_i\boldsymbol{K}_i\right) & \boldsymbol{0} & \cdots & \boldsymbol{0} & \tau_{Ni}\boldsymbol{A}_{i1} & \cdots & \tau_{Ni}\boldsymbol{A}_{iN} & \tau_{Ni}\boldsymbol{\Gamma}_i\\ \left(\boldsymbol{C}_i+\boldsymbol{D}_i\boldsymbol{K}_i\right) & \boldsymbol{0} & \cdots & \boldsymbol{0} & \boldsymbol{0} & \cdots & \boldsymbol{0} & \boldsymbol{0}\end{bmatrix}$$

$$\boldsymbol{N}_{13}=\begin{bmatrix}\mu_i\boldsymbol{P}_i\begin{bmatrix}\boldsymbol{S}_i & \boldsymbol{B}_i\boldsymbol{H}_i\end{bmatrix} & \begin{bmatrix}\boldsymbol{M}_i^{\mathrm{T}} & \boldsymbol{E}_i^{\mathrm{T}}\end{bmatrix}\\ \boldsymbol{0} & \boldsymbol{0}\\ \vdots & \vdots\\ \boldsymbol{0} & \boldsymbol{0}\\ \boldsymbol{0} & \boldsymbol{0}\\ \vdots & \vdots\\ \boldsymbol{0} & \boldsymbol{0}\\ \boldsymbol{0} & \boldsymbol{0}\end{bmatrix},\quad \boldsymbol{N}_{22}=\begin{bmatrix}-\boldsymbol{R}_{1i}^{-1} & \cdots & \boldsymbol{0} & \boldsymbol{0}\\ \vdots & & \vdots & \vdots\\ \boldsymbol{0} & \cdots & -\boldsymbol{R}_{Ni}^{-1} & \boldsymbol{0}\\ \boldsymbol{0} & \cdots & \boldsymbol{0} & -\boldsymbol{I}_i\end{bmatrix}$$

$$N_{23}=\begin{bmatrix}\mu_i\tau_{1i}\begin{bmatrix}S_i & B_iH_i\end{bmatrix} & 0\\ \vdots & \vdots\\ \mu_i\tau_{Ni}\begin{bmatrix}S_i & B_iH_i\end{bmatrix} & 0\\ \mu_i\begin{bmatrix}L_i & D_iH_i\end{bmatrix} & 0\end{bmatrix},\quad N_{33}=\begin{bmatrix}-\mu_iI_i & 0\\ 0 & -\mu_iI_i\end{bmatrix}$$

$$\Omega_{i11}=P_i\left(A_i+B_iK_i\right)+\left(A_i+B_iK_i\right)^{\mathrm{T}}P_i+\sum_{j=1}^{N}Q_{ji}-\sum_{j=1}^{N}R_{ji}$$

令

$$W_i=\begin{bmatrix}P_i & 0 & \cdots & 0\\ -\frac{1}{2}R_{1i} & \frac{1}{2}R_{1i} & \cdots & 0\\ \vdots & \vdots & & \vdots\\ -\frac{1}{2}R_{Ni} & 0 & \cdots & \frac{1}{2}R_{Ni}\end{bmatrix},\quad \bar{A}_i=\begin{bmatrix}A_i+B_iK_i & 0 & \cdots & 0\\ I_i & -I_i & \cdots & 0\\ \vdots & \vdots & & \vdots\\ I_i & 0 & \cdots & -I_i\end{bmatrix}$$

且对式(6.23)进行重新分块，可得

$$\begin{bmatrix}
W_i^{\mathrm{T}}\bar{A}_i+\bar{A}_i^{\mathrm{T}}W_i+Q_i & W_i^{\mathrm{T}}\begin{bmatrix}A_{i1} & \cdots & A_{iN}\\ 0 & \cdots & 0\\ \vdots & & \vdots\\ 0 & \cdots & 0\end{bmatrix} & W_i^{\mathrm{T}}\begin{bmatrix}\Gamma_i\\ 0\\ \vdots\\ 0\end{bmatrix}\\
\begin{bmatrix}A_{i1}^{\mathrm{T}} & 0 & \cdots & 0\\ \vdots & \vdots & & \vdots\\ A_{iN}^{\mathrm{T}} & 0 & \cdots & 0\end{bmatrix}W_i & \begin{bmatrix}-Q_{i1} & \cdots & 0\\ \vdots & & \vdots\\ 0 & \cdots & -Q_{iN}\end{bmatrix} & \begin{bmatrix}0\\ \vdots\\ 0\end{bmatrix}\\
\begin{bmatrix}\Gamma_i^{\mathrm{T}} & 0 & \cdots & 0\end{bmatrix}W_i & \begin{bmatrix}0 & \cdots & 0\end{bmatrix} & -\gamma I_i\\
\begin{bmatrix}\tau_{1i}\left(A_i+B_iK_i\right) & 0 & \cdots & 0\\ \vdots & \vdots & & \vdots\\ \tau_{Ni}\left(A_i+B_iK_i\right) & 0 & \cdots & 0\end{bmatrix} & \begin{bmatrix}\tau_{1i}A_{i1} & \cdots & \tau_{1i}A_{iN}\\ \vdots & & \vdots\\ \tau_{Ni}A_{i1} & \cdots & \tau_{Ni}A_{iN}\end{bmatrix} & \begin{bmatrix}\tau_{1i}\Gamma_i\\ \vdots\\ \tau_{Ni}\Gamma_i\end{bmatrix}\\
\begin{bmatrix}C_i+D_iK_i & 0 & \cdots & 0\end{bmatrix} & \begin{bmatrix}0 & \cdots & 0\end{bmatrix} & 0\\
\begin{bmatrix}\mu_i\begin{bmatrix}S_i^{\mathrm{T}}\\ H_i^{\mathrm{T}}B_i^{\mathrm{T}}\end{bmatrix} & 0 & \cdots & 0\end{bmatrix}W_i & \begin{bmatrix}0 & \cdots & 0\end{bmatrix} & 0\\
\begin{bmatrix}\begin{bmatrix}M_i\\ E_i\end{bmatrix} & 0 & \cdots & 0\end{bmatrix} & \begin{bmatrix}0 & \cdots & 0\end{bmatrix} & 0
\end{bmatrix}$$

$$
\left.\begin{array}{cccc}
\begin{bmatrix} \tau_{1i}\left(\boldsymbol{A}_i+\boldsymbol{B}_i\boldsymbol{K}_i\right)^{\mathrm{T}} & \cdots & \tau_{Ni}\left(\boldsymbol{A}_i+\boldsymbol{B}_i\boldsymbol{K}_i\right)^{\mathrm{T}} \\ \boldsymbol{0} & \cdots & \boldsymbol{0} \\ \vdots & & \vdots \\ \boldsymbol{0} & \cdots & \boldsymbol{0} \end{bmatrix} &
\begin{bmatrix} \left(\boldsymbol{C}_i+\boldsymbol{D}_i\boldsymbol{K}_i\right)^{\mathrm{T}} \\ \boldsymbol{0} \\ \vdots \\ \boldsymbol{0} \end{bmatrix} &
\boldsymbol{W}_i^{\mathrm{T}}\begin{bmatrix} \mu_i\left[\boldsymbol{S}_i \quad \boldsymbol{B}_i\boldsymbol{H}_i\right] \\ \boldsymbol{0} \\ \vdots \\ \boldsymbol{0} \end{bmatrix} &
\begin{bmatrix} \left[\boldsymbol{M}_i^{\mathrm{T}} \quad \boldsymbol{E}_i^{\mathrm{T}}\right] \\ \boldsymbol{0} \\ \vdots \\ \boldsymbol{0} \end{bmatrix} \\
\begin{bmatrix} \tau_{1i}\boldsymbol{A}_{i1}^{\mathrm{T}} & \cdots & \tau_{Ni}\boldsymbol{A}_{i1}^{\mathrm{T}} \\ \vdots & & \vdots \\ \tau_{1i}\boldsymbol{A}_{iN}^{\mathrm{T}} & \cdots & \tau_{Ni}\boldsymbol{A}_{iN}^{\mathrm{T}} \end{bmatrix} &
\begin{bmatrix} \boldsymbol{0} \\ \vdots \\ \boldsymbol{0} \end{bmatrix} &
\begin{bmatrix} \boldsymbol{0} \\ \vdots \\ \boldsymbol{0} \end{bmatrix} &
\begin{bmatrix} \boldsymbol{0} \\ \vdots \\ \boldsymbol{0} \end{bmatrix} \\
\begin{bmatrix} \tau_{1i}\boldsymbol{\Gamma}_i^{\mathrm{T}} & \cdots & \tau_{Ni}\boldsymbol{\Gamma}_i^{\mathrm{T}} \end{bmatrix} & \boldsymbol{0} & \boldsymbol{0} & \boldsymbol{0} \\
\begin{bmatrix} -\boldsymbol{R}_{1i}^{-1} & \cdots & \boldsymbol{0} \\ \vdots & & \vdots \\ \boldsymbol{0} & \cdots & -\boldsymbol{R}_{Ni}^{-1} \end{bmatrix} &
\begin{bmatrix} \boldsymbol{0} \\ \vdots \\ \boldsymbol{0} \end{bmatrix} &
\begin{bmatrix} \mu_i\tau_{1i}\left[\boldsymbol{S}_i \quad \boldsymbol{B}_i\boldsymbol{H}_i\right] \\ \vdots \\ \mu_i\tau_{Ni}\left[\boldsymbol{S}_i \quad \boldsymbol{B}_i\boldsymbol{H}_i\right] \end{bmatrix} &
\begin{bmatrix} \boldsymbol{0} \\ \vdots \\ \boldsymbol{0} \end{bmatrix} \\
\begin{bmatrix} \boldsymbol{0} & \cdots & \boldsymbol{0} \end{bmatrix} & -\boldsymbol{I}_i & \mu_i\left[\boldsymbol{L}_i \quad \boldsymbol{D}_i\boldsymbol{H}_i\right] & \boldsymbol{0} \\
\begin{bmatrix} \mu_i\tau_{1i}\begin{bmatrix} \boldsymbol{S}_i^{\mathrm{T}} \\ \boldsymbol{H}_i^{\mathrm{T}}\boldsymbol{B}_i^{\mathrm{T}} \end{bmatrix} & \mu_i\tau_{Ni}\begin{bmatrix} \boldsymbol{S}_i^{\mathrm{T}} \\ \boldsymbol{H}_i^{\mathrm{T}}\boldsymbol{B}_i^{\mathrm{T}} \end{bmatrix} \end{bmatrix} &
\mu_i\begin{bmatrix} \boldsymbol{L}_i^{\mathrm{T}} \\ \boldsymbol{H}_i^{\mathrm{T}}\boldsymbol{D}_i^{\mathrm{T}} \end{bmatrix} & -\mu_i\boldsymbol{I}_i & \boldsymbol{0} \\
\begin{bmatrix} \boldsymbol{0} & \cdots & \boldsymbol{0} \end{bmatrix} & \boldsymbol{0} & \boldsymbol{0} & -\mu_i\boldsymbol{I}_i
\end{array}\right] < 0
\tag{6.24}
$$

式中，$\boldsymbol{Q}_i = \mathrm{diag}\left\{\sum_{j=1}^{N}\boldsymbol{Q}_{ji}, 0, \cdots, 0\right\}$。

显然矩阵$\boldsymbol{W}_i$可逆，且其逆阵为$\boldsymbol{W}_i^{-1} = \begin{bmatrix} \boldsymbol{P}_i^{-1} & \boldsymbol{0} & \cdots & \boldsymbol{0} \\ \boldsymbol{P}_i^{-1} & 2\boldsymbol{R}_{1i}^{-1} & \cdots & \boldsymbol{0} \\ \vdots & \vdots & & \vdots \\ \boldsymbol{P}_i^{-1} & \boldsymbol{0} & \cdots & 2\boldsymbol{R}_{Ni}^{-1} \end{bmatrix}$。式(6.24)两边分别右乘分块阵$\mathrm{diag}\left\{\boldsymbol{W}_i^{-1}, \mathrm{diag}\{\boldsymbol{P}_i^{-1}, \cdots, \boldsymbol{P}_i^{-1}\}, \boldsymbol{I}_i, \boldsymbol{I}_i, \boldsymbol{I}_i, \boldsymbol{I}_i, \boldsymbol{I}_i\right\}$，左乘分块阵$\mathrm{diag}\{(\boldsymbol{W}_i^{\mathrm{T}})^{-1}, \mathrm{diag}\{\boldsymbol{P}_i^{-1}, \cdots, \boldsymbol{P}_i^{-1}\}, \boldsymbol{I}_i, \boldsymbol{I}_i, \boldsymbol{I}_i, \boldsymbol{I}_i, \boldsymbol{I}_i\}$，并令$\boldsymbol{X}_i = \boldsymbol{P}_i^{-1}$，$\boldsymbol{Y}_i = \boldsymbol{K}_i\boldsymbol{X}_i$，$\bar{\boldsymbol{Q}}_{ij} = \boldsymbol{P}_i^{-1}\boldsymbol{Q}_{ij}\boldsymbol{P}_i^{-1}$，$\bar{\boldsymbol{Q}}_{ji} = \boldsymbol{P}_i^{-1}\boldsymbol{Q}_{ji}\boldsymbol{P}_i^{-1}$，$j = 1, 2, \cdots, N$，$\bar{\boldsymbol{R}}_{ji} = \boldsymbol{R}_{ji}^{-1}$，$j = 1, 2, \cdots, N$，经简单计算得式(6.22)。根据定理 6.4，关联大系统(6.16)是分散镇定的，且在零初始条件下，对于任意非零的$\boldsymbol{\omega}(t) \in \boldsymbol{L}_2[0, \infty)$，有$\|\boldsymbol{z}(t)\|_2^2 \leqslant \gamma\|\boldsymbol{\omega}(t)\|_2^2$，相应的分散非脆弱 H_∞控制器为$\boldsymbol{u}_i(t) = \left(\boldsymbol{Y}_i\boldsymbol{X}_i^{-1} + \Delta\boldsymbol{K}_i\right)\boldsymbol{x}_i(t)$。定理证毕。

6.3.4 数值示例

例 6.3 考虑由两个子系统组成的关联系统(6.16)，其中

$$
\boldsymbol{A}_1 = \begin{bmatrix} -2 & 0 \\ 0 & -1 \end{bmatrix},\quad \boldsymbol{B}_1 = \begin{bmatrix} 1 & 0 \\ 1 & 3 \end{bmatrix},\quad \boldsymbol{C}_1 = \begin{bmatrix} 0.3 & 0 \\ 0 & 0.3 \end{bmatrix},\quad \boldsymbol{D}_1 = \begin{bmatrix} 0.001 & 0.001 \\ 0 & 0 \end{bmatrix}
$$

$$\boldsymbol{\Gamma}_1=\begin{bmatrix}0.001\\0.002\end{bmatrix},\ \boldsymbol{A}_{11}=\begin{bmatrix}-0.03 & 0.01\\0 & 0.1\end{bmatrix},\ \boldsymbol{A}_{12}=\begin{bmatrix}0.1 & 0\\0 & 1\end{bmatrix},\ \boldsymbol{A}_2=\begin{bmatrix}0 & 0\\0 & 1\end{bmatrix}$$

$$\boldsymbol{B}_2=\begin{bmatrix}5 & 0\\1 & -1\end{bmatrix},\ \boldsymbol{C}_2=\begin{bmatrix}0.1 & 0\\0 & 0.1\end{bmatrix},\ \boldsymbol{D}_2=\begin{bmatrix}-0.01 & 0\\0 & 0\end{bmatrix},\ \boldsymbol{\Gamma}_2=\begin{bmatrix}0.02\\0.002\end{bmatrix}$$

$$\boldsymbol{A}_{21}=\begin{bmatrix}0 & -0.1\\0.1 & 0\end{bmatrix},\ \boldsymbol{A}_{22}=\begin{bmatrix}-1 & 0\\0 & 0.2\end{bmatrix}$$

不确定矩阵界

$$\boldsymbol{S}_1=\boldsymbol{S}_2=\boldsymbol{L}_1=\boldsymbol{L}_2=\boldsymbol{M}_1=\boldsymbol{M}_2=\boldsymbol{H}_1=\mathrm{diag}\{0.1,0.1\},\ \boldsymbol{E}_1=\begin{bmatrix}0.1 & 0\\0 & 0.1\end{bmatrix}$$

$$\boldsymbol{E}_2=\begin{bmatrix}0.1 & 0\\0 & 0.001\end{bmatrix},\ \boldsymbol{H}_2=\mathrm{diag}\{0.01,0.01\}$$

利用 MATLAB 的 LMI 工具箱，求解定理 6.5 中 LMI 问题，得最大时滞界为 $\tau\leqslant 21$，且 LMI(6.22)中的解为

$$\boldsymbol{X}_1=\begin{bmatrix}0.0049 & -0.0003\\-0.0003 & 0.0000\end{bmatrix},\ \boldsymbol{Y}_1=\begin{bmatrix}0.0061 & -0.0005\\-0.0021 & -0.0035\end{bmatrix}$$

$$\boldsymbol{X}_2=\begin{bmatrix}0.0000 & 0.0002\\0.0002 & 0.0015\end{bmatrix},\ \boldsymbol{Y}_2=\begin{bmatrix}-0.0005 & -0.0000\\-0.0003 & 0.0027\end{bmatrix}$$

$\mu_1=\mu_2=0.1$，干扰抑制水平为 $\gamma=0.35$，且该系统的一个分散非脆弱 H_∞ 镇定控制器为

$$\boldsymbol{u}_1(t)=\left[\begin{bmatrix}-1.4893 & -50.0835\\-50.5432 & -916.5842\end{bmatrix}+\Delta\boldsymbol{K}(t)\right]\boldsymbol{x}_1(t)$$

$$\boldsymbol{u}_2(t)=\left[\begin{bmatrix}-36.4288 & 4.9528\\-48.9313 & 8.4716\end{bmatrix}+\Delta\boldsymbol{K}(t)\right]\boldsymbol{x}_2(t)$$

如果控制器的参数的实际误差满足式(6.18)，那么所设计的分散控制器能保证闭环系统渐近稳定，且有 $\gamma=0.35$ 的干扰抑制水平。

6.4 一类非线性时滞关联系统的分散鲁棒 H_∞ 控制

本节研究一类具有时滞的不确定性关联非线性系统的分散鲁棒 H_∞ 控制问题，在非线性项满足全局 Lipschitz 条件下，基于 LMIs 得到一些分散状态反馈鲁棒 H_∞ 控制问题有解的充分条件。

6.4.1　问题描述

考虑一类由 N 个子系统 S_i 构成的不确定非线性时滞关联系统

$$\begin{aligned}
\dot{\boldsymbol{x}}_i(t) &= \left(\boldsymbol{A}_i + \Delta\boldsymbol{A}_i\right)\boldsymbol{x}_i(t) + \left(\boldsymbol{B}_i + \Delta\boldsymbol{B}_i\right)\boldsymbol{u}_i(t) + \left(\boldsymbol{E}_i + \Delta\boldsymbol{E}_i\right)\boldsymbol{x}_i\left(t-d_i\right) \\
&\quad + \boldsymbol{G}_i\boldsymbol{g}_i\left(\boldsymbol{x}_i(t), \boldsymbol{x}_i\left(t-d_i\right)\right) + \boldsymbol{\Gamma}_i\boldsymbol{\omega}_i(t) + \sum_{j=1}^{N}\boldsymbol{A}_{ij}\boldsymbol{x}_j\left(t-\tau_{ij}\right) \\
\boldsymbol{z}_i(t) &= (\boldsymbol{C}_i + \Delta\boldsymbol{C}_i)\boldsymbol{x}_i(t) + (\boldsymbol{D}_i + \Delta\boldsymbol{D}_i)\boldsymbol{u}_i(t) + (\boldsymbol{F}_i + \Delta\boldsymbol{F}_i)\boldsymbol{x}_i(t-d_i) \\
\boldsymbol{x}_i(t) &= \boldsymbol{\varphi}_i(t), \quad t\in[-\tau, 0], \quad \tau = \max_i\{d_i, \tau_{ij}\}
\end{aligned} \tag{6.25}$$

式中，$i=1,2,\cdots,N$；$\boldsymbol{x}_i(t)\in\mathbf{R}^{n_i}$ 为状态向量；$\boldsymbol{u}_i(t)\in\mathbf{R}^{m_i}$ 为控制向量；$\boldsymbol{\omega}_i(t)\in\mathbf{R}^{p_i}$ 为平方可积的外部扰动信号；$\boldsymbol{z}_i(t)\in\mathbf{R}^{l_i}$ 为控制输出向量；$\boldsymbol{A}_i$、$\boldsymbol{B}_i$、$\boldsymbol{C}_i$、$\boldsymbol{D}_i$、$\boldsymbol{E}_i$、$\boldsymbol{F}_i$、$\boldsymbol{G}_i$、$\boldsymbol{\Gamma}_i$ 和 $\boldsymbol{A}_{ij}$ 是具有适当维数的常数矩阵；$\boldsymbol{g}_i\left(\boldsymbol{x}_i(t), \boldsymbol{x}_i(t-d_i)\right)$ 是已知非线性函数矩阵；$d_i \geqslant 0$ 是系统的状态滞后时间；$\tau_{ij}\geqslant 0$ 是系统的关联项滞后时间，$\tau=\max_i\left\{d_i, \tau_{ij}\right\}$；$\boldsymbol{\varphi}_i(t)$ 是定义在 $[-\tau, 0]$ 上的实值连续的初值函数；$\Delta\boldsymbol{A}_i$、$\Delta\boldsymbol{B}_i$、$\Delta\boldsymbol{C}_i$、$\Delta\boldsymbol{D}_i$、$\Delta\boldsymbol{E}_i$ 和 $\Delta\boldsymbol{F}_i$ 为未知矩阵描述了时变参数不确定性，它们满足

$$\begin{bmatrix} \Delta\boldsymbol{A}_i & \Delta\boldsymbol{B}_i & \Delta\boldsymbol{E}_i \\ \Delta\boldsymbol{C}_i & \Delta\boldsymbol{D}_i & \Delta\boldsymbol{F}_i \end{bmatrix} = \begin{bmatrix} \boldsymbol{S}_i \\ \boldsymbol{L}_i \end{bmatrix}\boldsymbol{F}_i(t)\begin{bmatrix} \boldsymbol{M}_i & \boldsymbol{N}_i & \boldsymbol{R}_i \end{bmatrix} \tag{6.26}$$

式中，$\boldsymbol{F}_i(t)$ 是具有适当维数的 Lebsegue 可测的时变未知矩阵,且 $\boldsymbol{F}_i^{\mathrm{T}}(t)\boldsymbol{F}_i(t)\leqslant\boldsymbol{I}_i$，$\boldsymbol{I}_i$ 是适当维数的单位矩阵；$\boldsymbol{S}_i$、$\boldsymbol{L}_i$、$\boldsymbol{M}_i$、$\boldsymbol{N}_i$、$\boldsymbol{R}_i$ 是具有适当维数的常数矩阵。这里假设 $(\boldsymbol{A}_i, \boldsymbol{B}_i)$ 是完全可控的，$(\boldsymbol{C}_i, \boldsymbol{D}_i)$ 是可检测的。令

$$\boldsymbol{x}(t) = \left[\boldsymbol{x}_1^{\mathrm{T}}(t), \cdots, \boldsymbol{x}_N^{\mathrm{T}}(t)\right]^{\mathrm{T}} \in \mathbf{R}^n, \quad \boldsymbol{u}(t) = \left[\boldsymbol{u}_1^{\mathrm{T}}(t), \cdots, \boldsymbol{u}_N^{\mathrm{T}}(t)\right]^{\mathrm{T}} \in \mathbf{R}^m$$

$$\boldsymbol{\omega}(t) = \left[\boldsymbol{\omega}_1^{\mathrm{T}}(t), \cdots, \boldsymbol{\omega}_N^{\mathrm{T}}(t)\right]^{\mathrm{T}} \in \mathbf{R}^p, \quad \boldsymbol{z}(t) = \left[\boldsymbol{z}_1^{\mathrm{T}}(t), \cdots, \boldsymbol{z}_N^{\mathrm{T}}(t)\right]^{\mathrm{T}} \in \mathbf{R}^l$$

本节对系统的非线性函数矩阵进行如下假设。

假设 6.1　(Lipschitz 条件)

(1)　$\boldsymbol{g}_i(0,0)=0$；

(2)　$\left\|\boldsymbol{g}_i\left(\boldsymbol{x}_{i1}, \boldsymbol{x}_{i2}\right) - \boldsymbol{g}_i\left(\boldsymbol{y}_{i1}, \boldsymbol{y}_{i2}\right)\right\| \leqslant \left\|\boldsymbol{\Theta}_{i1}\left(\boldsymbol{x}_{i1}-\boldsymbol{y}_{i1}\right)\right\| + \left\|\boldsymbol{\Theta}_{i2}\left(\boldsymbol{x}_{i2}-\boldsymbol{y}_{i2}\right)\right\|$　(6.27)

其中，$\boldsymbol{\Theta}_{i1}, \boldsymbol{\Theta}_{i2}$ 是已知的常数矩阵。

本节的目的是对系统(6.25)设计分散状态反馈控制器 $\boldsymbol{u}_i(t)=\boldsymbol{K}_i\boldsymbol{x}_i(t)$（$i=1, 2,\cdots,N$），使得闭环系统

$$\begin{aligned}
\dot{\boldsymbol{x}}_i(t) &= \left(\boldsymbol{A}_i + \Delta\boldsymbol{A}_i\right)\boldsymbol{x}_i(t) + \left(\boldsymbol{B}_i + \Delta\boldsymbol{B}_i\right)\boldsymbol{K}_i\boldsymbol{x}_i(t) + \left(\boldsymbol{E}_i + \Delta\boldsymbol{E}_i\right)\boldsymbol{x}_i\left(t-d_i\right) \\
&\quad + \boldsymbol{G}_i\boldsymbol{g}_i\left(\boldsymbol{x}_i(t), \boldsymbol{x}_i\left(t-d_i\right)\right) + \boldsymbol{\Gamma}_i\boldsymbol{\omega}_i(t) + \sum_{j=1}^{N}\boldsymbol{A}_{ij}\boldsymbol{x}_j\left(t-\tau_{ij}\right)
\end{aligned} \tag{6.28}$$

$$z_i(t)=(C_i+\Delta C_i)x_i(t)+(D_i+\Delta D_i)K_i x_i(t)+(F_i+\Delta F_i)x_i(t-d_i)$$

内部渐近稳定且在零初始条件 $x_i(t)=0, t\in[-\tau,0]$（$i=1,2,\cdots,N$）下，有 $\|z(t)\|_2^2\leqslant\gamma\|\omega(t)\|_2^2$，$\forall\omega(t)\in L_2[0,\infty)$。

6.4.2 分散鲁棒 H_∞ 控制器的设计

采用LMI方法来解决系统(6.25)的分散鲁棒 H_∞ 控制问题。首先引进如下引理。

引理 6.1[20] 设 A、D、E、P 和 $F(t)$ 是具有适当维数的矩阵，且 $P>0$，$F(t)$ 满足 $F^{\mathrm T}(t)F(t)\leqslant I$，则下列不等式成立：

(1) 对任意常数 $\varepsilon>0$ 和向量 $x,y\in\mathbf R^n$，有

$$2x^{\mathrm T}DF(t)Ey\leqslant\varepsilon^{-1}x^{\mathrm T}DD^{\mathrm T}x+\varepsilon y^{\mathrm T}E^{\mathrm T}Ey$$

(2) 对任意满足 $\varepsilon I-D^{\mathrm T}PD>0$ 的常数 $\varepsilon>0$，有

$$\left(A+DF(t)E\right)^{\mathrm T}P\left(A+DF(t)E\right)\leqslant A^{\mathrm T}PA+A^{\mathrm T}PD\left(\varepsilon I-D^{\mathrm T}PD\right)^{-1}D^{\mathrm T}PA+\varepsilon E^{\mathrm T}E$$

定理 6.6 对于不确定性非线性时滞关联系统(6.25)，若假设 6.1 成立，对于给定的常数 $\gamma>0$，如果存在常数 $\varepsilon_i>0$、$\eta_i>0$、$\mu_i>0$ 和正定矩阵 $P_i>0$、$Q_i>0$、$H_i>0$ 使得 $\mu_i I_i-L_i^{\mathrm T}L_i>0$，且矩阵不等式(6.29)成立，其中至少存在一个 $i\in\{1,2,\cdots,N\}$，使不等式(6.29)是严格的。

$$\Omega_i=\begin{bmatrix}\Omega_{i11} & \Omega_{i12} & \Omega_{i13} & \Omega_{i14}\\ \Omega_{i12}^{\mathrm T} & \Omega_{i22} & 0 & \Omega_{i24}\\ \Omega_{i13}^{\mathrm T} & 0 & \Omega_{i33} & 0\\ \Omega_{i14}^{\mathrm T} & \Omega_{i24}^{\mathrm T} & 0 & \Omega_{i44}\end{bmatrix}\leqslant 0,\quad i=1,2,\cdots,N \tag{6.29}$$

式中

$$\begin{aligned}\Omega_{i11}=&P_i\left(A_i+B_iK_i\right)+\left(A_i+B_iK_i\right)^{\mathrm T}P_i+Q_i+\eta_i\Theta_{i1}^{\mathrm T}\Theta_{i1}+\sum_{j=1}^{N}\delta\left(A_{ji}\right)H_i\\&+\left(C_i+D_iK_i\right)^{\mathrm T}\left(C_i+D_iK_i\right)+(\varepsilon_i+\mu_i)\left(M_i+N_iK_i\right)^{\mathrm T}\left(M_i+N_iK_i\right)\\ \Omega_{i12}=&P_iE_i+\eta_i\Theta_{i1}^{\mathrm T}\Theta_{i2}+(\varepsilon_i+\mu_i)\left(M_i+N_iK_i\right)^{\mathrm T}R_i+\left(C_i+D_iK_i\right)^{\mathrm T}F_i\\ \Omega_{i22}=&\eta_i\Theta_{i2}^{\mathrm T}\Theta_{i2}-Q_i+(\varepsilon_i+\mu_i)R_i^{\mathrm T}R_i+F_i^{\mathrm T}F_i,\quad \Omega_{i13}=\left[P_iA_{i1}\ \ \cdots\ \ P_iA_{iN}\right]\\ \Omega_{i14}=&\left[P_iS_i\ \ P_iG_i\ \ P_i\Gamma_i\ \ \left(C_i+D_iK_i\right)^{\mathrm T}L_i\right],\ \Omega_{i24}=\left[0\ \ 0\ \ 0\ \ F_i^{\mathrm T}L_i\right]\\ \Omega_{i33}=&\mathrm{diag}\left\{-\delta\left(A_{i1}\right)H_1,-\delta\left(A_{i2}\right)H_2,\cdots,-\delta\left(A_{iN}\right)H_N\right\}\\ \Omega_{i44}=&\mathrm{diag}\left\{-\varepsilon_iI_i,-\eta_iI_i,-\gamma I_i,-\left(\mu_iI_i-L_i^{\mathrm T}L_i\right)\right\}\end{aligned}$$

则关联大系统(6.25)是可分散状态反馈镇定的，且在零初始条件下，对于任意非零

的 $\boldsymbol{\omega}(t)\in \boldsymbol{L}_2[0,\infty)$ 有 $\|z(t)\|_2^2 \leqslant \gamma\|\boldsymbol{\omega}(t)\|_2^2$。

证明　首先证明当 $\boldsymbol{\omega}_i(t)=0$ ($i=1,2,\cdots,N$)时，闭环系统(6.28)是渐近稳定的。考虑下列 Lyapunov-Krasovskii 泛函

$$V\left(\boldsymbol{x}_t\right)=\sum_{i=1}^{N}\left\{\boldsymbol{x}_i^{\mathrm{T}}(t)\boldsymbol{P}_i\boldsymbol{x}_i(t)+\int_{t-d_i}^{t}\boldsymbol{x}_i^{\mathrm{T}}(s)\boldsymbol{Q}_i\boldsymbol{x}_i(s)\mathrm{d}s+\sum_{j=1}^{N}\int_{t-\tau_{ij}}^{t}\delta\left(\boldsymbol{A}_{ij}\right)\boldsymbol{x}_j^{\mathrm{T}}(s)\boldsymbol{H}_j\boldsymbol{x}_j(s)\mathrm{d}s\right\} \tag{6.30}$$

式中

$$\delta\left(\boldsymbol{A}_{ij}\right)=\begin{cases}0, & \boldsymbol{A}_{ij}=0\\ 1, & \boldsymbol{A}_{ij}\neq 0\end{cases}\qquad \boldsymbol{x}_t=\boldsymbol{x}(t+\sigma),\quad \sigma\in[-\tau,0]$$

$V\left(\boldsymbol{x}_t\right)$沿系统(6.28)的导数为

$$\begin{aligned}\dot{V}\left(\boldsymbol{x}_t\right)=&\sum_{i=1}^{N}\Big\{2\boldsymbol{x}_i^{\mathrm{T}}(t)\boldsymbol{P}_i\dot{\boldsymbol{x}}_i(t)+\boldsymbol{x}_i^{\mathrm{T}}(t)\boldsymbol{Q}_i\boldsymbol{x}_i(t)-\boldsymbol{x}_i^{\mathrm{T}}\left(t-d_i\right)\boldsymbol{Q}_i\boldsymbol{x}_i\left(t-d_i\right)\\&+\sum_{j=1}^{N}\delta\left(\boldsymbol{A}_{ij}\right)\boldsymbol{x}_j^{\mathrm{T}}(t)\boldsymbol{H}_j\boldsymbol{x}_j(t)-\sum_{j=1}^{N}\delta\left(\boldsymbol{A}_{ij}\right)\boldsymbol{x}_j^{\mathrm{T}}\left(t-\tau_{ij}\right)\boldsymbol{H}_j\boldsymbol{x}_j\left(t-\tau_{ij}\right)\Big\}\\=&\sum_{i=1}^{N}\Big\{2\boldsymbol{x}_i^{\mathrm{T}}(t)\boldsymbol{P}_i\Big[\left(\boldsymbol{A}_i+\Delta\boldsymbol{A}_i\right)\boldsymbol{x}_i(t)+\left(\boldsymbol{B}_i+\Delta\boldsymbol{B}_i\right)\boldsymbol{K}_i\boldsymbol{x}_i(t)\\&+\left(\boldsymbol{E}_i+\Delta\boldsymbol{E}_i\right)\boldsymbol{x}_i\left(t-d_i\right)+\boldsymbol{G}_i\boldsymbol{g}_i\left(\boldsymbol{x}_i(t),\boldsymbol{x}_i\left(t-d_i\right)\right)+\sum_{j=1}^{N}\boldsymbol{A}_{ij}\boldsymbol{x}_j\left(t-\tau_{ij}\right)\Big]\\&+\boldsymbol{x}_i^{\mathrm{T}}(t)\boldsymbol{Q}_i\boldsymbol{x}_i(t)-\boldsymbol{x}_i^{\mathrm{T}}\left(t-d_i\right)\boldsymbol{Q}_i\boldsymbol{x}_i\left(t-d_i\right)\\&+\sum_{j=1}^{N}\delta\left(\boldsymbol{A}_{ij}\right)\boldsymbol{x}_j^{\mathrm{T}}(t)\boldsymbol{H}_j\boldsymbol{x}_j(t)-\sum_{j=1}^{N}\delta\left(\boldsymbol{A}_{ij}\right)\boldsymbol{x}_j^{\mathrm{T}}\left(t-\tau_{ij}\right)\boldsymbol{H}_j\boldsymbol{x}_j\left(t-\tau_{ij}\right)\Big\}\end{aligned} \tag{6.31}$$

应用假设 6.1，有

$$\left\|\boldsymbol{g}_i\left(\boldsymbol{x}_i(t),\boldsymbol{x}_i\left(t-d_i\right)\right)\right\|\leqslant\left\|\boldsymbol{\Theta}_{i1}\boldsymbol{x}_i(t)\right\|+\left\|\boldsymbol{\Theta}_{i2}\boldsymbol{x}_i\left(t-d_i\right)\right\| \tag{6.32}$$

由式(6.26)、式(6.32)以及引理 6.1，对于任意的 $\varepsilon_i>0,\eta_i>0$， $i=1,2,\cdots,N$，可推得

$$\begin{aligned}&2\boldsymbol{x}_i^{\mathrm{T}}(t)\boldsymbol{P}_i\left[\left(\Delta\boldsymbol{A}_i+\Delta\boldsymbol{B}_i\boldsymbol{K}_i\right)\boldsymbol{x}_i(t)+\Delta\boldsymbol{E}_i\boldsymbol{x}_i\left(t-d_i\right)\right]\\&=2\boldsymbol{x}_i^{\mathrm{T}}(t)\boldsymbol{P}_i\boldsymbol{S}_i\boldsymbol{F}_i(t)\left[\boldsymbol{M}_i+\boldsymbol{N}_i\boldsymbol{K}_i\quad \boldsymbol{R}_i\right]\begin{bmatrix}\boldsymbol{x}_i(t)\\ \boldsymbol{x}_i\left(t-d_i\right)\end{bmatrix}\\&\leqslant\varepsilon_i^{-1}\boldsymbol{x}_i^{\mathrm{T}}(t)\boldsymbol{P}_i\boldsymbol{S}_i\boldsymbol{S}_i^{\mathrm{T}}\boldsymbol{P}_i\boldsymbol{x}_i(t)+\varepsilon_i\left[\left(\boldsymbol{M}_i+\boldsymbol{N}_i\boldsymbol{K}_i\right)\boldsymbol{x}_i(t)+\boldsymbol{R}_i\boldsymbol{x}_i\left(t-d_i\right)\right]^{\mathrm{T}}\\&\quad\cdot\left[\left(\boldsymbol{M}_i+\boldsymbol{N}_i\boldsymbol{K}_i\right)\boldsymbol{x}_i(t)+\boldsymbol{R}_i\boldsymbol{x}_i\left(t-d_i\right)\right]\end{aligned} \tag{6.33}$$

$$
\begin{aligned}
&2\boldsymbol{x}_i^{\mathrm{T}}(t)\boldsymbol{P}_i\boldsymbol{G}_i\boldsymbol{g}_i\left(\boldsymbol{x}_i(t),\boldsymbol{x}_i\left(t-d_i\right)\right)\\
&\leqslant \eta_i^{-1}\boldsymbol{x}_i^{\mathrm{T}}(t)\boldsymbol{P}_i\boldsymbol{G}_i\boldsymbol{G}_i^{\mathrm{T}}\boldsymbol{P}_i\boldsymbol{x}_i(t)+\eta_i\boldsymbol{g}_i\left(\boldsymbol{x}_i(t),\boldsymbol{x}_i\left(t-d_i\right)\right)^{\mathrm{T}}\boldsymbol{g}_i\left(\boldsymbol{x}_i(t),\boldsymbol{x}_i\left(t-d_i\right)\right)\\
&\leqslant \eta_i^{-1}\boldsymbol{x}_i^{\mathrm{T}}(t)\boldsymbol{P}_i\boldsymbol{G}_i\boldsymbol{G}_i^{\mathrm{T}}\boldsymbol{P}_i\boldsymbol{x}_i(t)+\eta_i\Big[\boldsymbol{x}_i^{\mathrm{T}}(t)\boldsymbol{\Theta}_{i1}^{\mathrm{T}}\boldsymbol{\Theta}_{i1}\boldsymbol{x}_i(t)+2\boldsymbol{x}_i^{\mathrm{T}}(t)\boldsymbol{\Theta}_{i1}^{\mathrm{T}}\boldsymbol{\Theta}_{i2}\boldsymbol{x}_i\left(t-d_i\right)\\
&\quad+\boldsymbol{x}_i^{\mathrm{T}}\left(t-d_i\right)\boldsymbol{\Theta}_{i2}^{\mathrm{T}}\boldsymbol{\Theta}_{i2}\boldsymbol{x}_i\left(t-d_i\right)\Big]
\end{aligned}
\tag{6.34}
$$

将式(6.33)、式(6.34)代入式(6.31)可得

$$
\begin{aligned}
\dot{V}\left(\boldsymbol{x}_t\right)\leqslant&\sum_{i=1}^{N}\Big\{\boldsymbol{x}_i^{\mathrm{T}}(t)\Big[\boldsymbol{P}_i\left(\boldsymbol{A}_i+\boldsymbol{B}_i\boldsymbol{K}_i\right)+\left(\boldsymbol{A}_i+\boldsymbol{B}_i\boldsymbol{K}_i\right)^{\mathrm{T}}\boldsymbol{P}_i+\boldsymbol{Q}_i+\varepsilon_i^{-1}\boldsymbol{P}_i\boldsymbol{S}_i\boldsymbol{S}_i^{\mathrm{T}}\boldsymbol{P}_i+\eta_i^{-1}\boldsymbol{P}_i\boldsymbol{G}_i\boldsymbol{G}_i^{\mathrm{T}}\boldsymbol{P}_i\\
&+\eta_i\boldsymbol{\Theta}_{i1}^{\mathrm{T}}\boldsymbol{\Theta}_{i1}+\varepsilon_i\left(\boldsymbol{M}_i+\boldsymbol{N}_i\boldsymbol{K}_i\right)^{\mathrm{T}}\left(\boldsymbol{M}_i+\boldsymbol{N}_i\boldsymbol{K}_i\right)\Big]\boldsymbol{x}_i(t)+2\boldsymbol{x}_i^{\mathrm{T}}(t)\boldsymbol{P}_i\sum_{j=1}^{N}\boldsymbol{A}_{ij}\boldsymbol{x}_j\left(t-\tau_{ij}\right)\\
&+\eta_i\boldsymbol{x}_i^{\mathrm{T}}\left(t-d_i\right)\boldsymbol{\Theta}_{i2}^{\mathrm{T}}\boldsymbol{\Theta}_{i2}\boldsymbol{x}_i\left(t-d_i\right)+2\boldsymbol{x}_i^{\mathrm{T}}(t)\eta_i\boldsymbol{\Theta}_{i1}^{\mathrm{T}}\boldsymbol{\Theta}_{i2}\boldsymbol{x}_i\left(t-d_i\right)\\
&+2\boldsymbol{x}_i^{\mathrm{T}}(t)\varepsilon_i\left(\boldsymbol{M}_i+\boldsymbol{N}_i\boldsymbol{K}_i\right)^{\mathrm{T}}\boldsymbol{R}_i\boldsymbol{x}_i\left(t-d_i\right)+\varepsilon_i\boldsymbol{x}_i^{\mathrm{T}}\left(t-d_i\right)\boldsymbol{R}_i^{\mathrm{T}}\boldsymbol{R}_i\boldsymbol{x}_i\left(t-d_i\right)\\
&+2\boldsymbol{x}_i^{\mathrm{T}}(t)\boldsymbol{P}_i\boldsymbol{E}_i\boldsymbol{x}_i\left(t-d_i\right)-\boldsymbol{x}_i^{\mathrm{T}}\left(t-d_i\right)\boldsymbol{Q}_i\boldsymbol{x}_i\left(t-d_i\right)+\sum_{j=1}^{N}\boldsymbol{\delta}\left(\boldsymbol{A}_{ij}\right)\boldsymbol{x}_j^{\mathrm{T}}(t)\boldsymbol{H}_j\boldsymbol{x}_j(t)\\
&-\sum_{j=1}^{N}\delta\left(\boldsymbol{A}_{ij}\right)\boldsymbol{x}_j^{\mathrm{T}}\left(t-\tau_{ij}\right)\boldsymbol{H}_j\boldsymbol{x}_j\left(t-\tau_{ij}\right)\Big\}\\
=&\sum_{i=1}^{N}\Big\{\boldsymbol{x}_i^{\mathrm{T}}(t)\Big[\boldsymbol{P}_i\left(\boldsymbol{A}_i+\boldsymbol{B}_i\boldsymbol{K}_i\right)+\left(\boldsymbol{A}_i+\boldsymbol{B}_i\boldsymbol{K}_i\right)^{\mathrm{T}}\boldsymbol{P}_i+\boldsymbol{Q}_i+\boldsymbol{P}_i\left(\varepsilon_i^{-1}\boldsymbol{S}_i\boldsymbol{S}_i^{\mathrm{T}}+\eta_i^{-1}\boldsymbol{G}_i\boldsymbol{G}_i^{\mathrm{T}}\right)\boldsymbol{P}_i\\
&+\eta_i\boldsymbol{\Theta}_{i1}^{\mathrm{T}}\boldsymbol{\Theta}_{i1}+\sum_{j=1}^{N}\boldsymbol{\delta}\left(\boldsymbol{A}_{ji}\right)\boldsymbol{H}_i+\varepsilon_i\left(\boldsymbol{M}_i+\boldsymbol{N}_i\boldsymbol{K}_i\right)^{\mathrm{T}}\left(\boldsymbol{M}_i+\boldsymbol{N}_i\boldsymbol{K}_i\right)\Big]\boldsymbol{x}_i(t)\\
&+\boldsymbol{x}_i^{\mathrm{T}}\left(t-d_i\right)\left(\varepsilon_i\boldsymbol{R}_i^{\mathrm{T}}\boldsymbol{R}_i+\eta_i\boldsymbol{\Theta}_{i2}^{\mathrm{T}}\boldsymbol{\Theta}_{i2}-\boldsymbol{Q}_i\right)\boldsymbol{x}_i\left(t-d_i\right)\\
&+2\boldsymbol{x}_i^{\mathrm{T}}(t)\Big[\eta_i\boldsymbol{\Theta}_{i1}^{\mathrm{T}}\boldsymbol{\Theta}_{i2}+\varepsilon_i\left(\boldsymbol{M}_i+\boldsymbol{N}_i\boldsymbol{K}_i\right)^{\mathrm{T}}\boldsymbol{R}_i+\boldsymbol{P}_i\boldsymbol{E}_i\Big]\boldsymbol{x}_i\left(t-d_i\right)\\
&+2\boldsymbol{x}_i^{\mathrm{T}}(t)\boldsymbol{P}_i\sum_{j=1}^{N}\boldsymbol{A}_{ij}\boldsymbol{x}_j\left(t-\tau_{ij}\right)-\sum_{j=1}^{N}\boldsymbol{\delta}\left(\boldsymbol{A}_{ij}\right)\boldsymbol{x}_j^{\mathrm{T}}\left(t-\tau_{ij}\right)\boldsymbol{H}_j\boldsymbol{x}_j\left(t-\tau_{ij}\right)\Big\}\\
=&\sum_{i=1}^{N}\Big[\boldsymbol{x}_i^{\mathrm{T}}(t)\quad\boldsymbol{x}_i^{\mathrm{T}}\left(t-d_i\right)\quad\boldsymbol{x}_1^{\mathrm{T}}\left(t-\tau_{i1}\right)\quad\cdots\quad\boldsymbol{x}_N^{\mathrm{T}}\left(t-\tau_{iN}\right)\Big]\boldsymbol{\Phi}_i\begin{bmatrix}\boldsymbol{x}_i(t)\\ \boldsymbol{x}_i\left(t-d_i\right)\\ \boldsymbol{x}_1\left(t-\tau_{i1}\right)\\ \vdots\\ \boldsymbol{x}_N\left(t-\tau_{iN}\right)\end{bmatrix}
\end{aligned}
\tag{6.35}
$$

式中

$$
\boldsymbol{\Phi}_i = \begin{bmatrix} \boldsymbol{\Phi}_{i11} & \boldsymbol{\Phi}_{i12} & \boldsymbol{P}_i\boldsymbol{A}_{i1} & \cdots & \boldsymbol{P}_i\boldsymbol{A}_{iN} \\ \boldsymbol{\Phi}_{i12}^{\mathrm{T}} & \boldsymbol{\Phi}_{i22} & \boldsymbol{0} & \cdots & \boldsymbol{0} \\ \boldsymbol{A}_{i1}^{\mathrm{T}}\boldsymbol{P}_i & \boldsymbol{0} & -\delta(\boldsymbol{A}_{i1})\boldsymbol{H}_1 & \cdots & \boldsymbol{0} \\ \vdots & \vdots & \vdots & & \vdots \\ \boldsymbol{A}_{iN}^{\mathrm{T}}\boldsymbol{P}_i & \boldsymbol{0} & \boldsymbol{0} & \cdots & -\delta(\boldsymbol{A}_{iN})\boldsymbol{H}_N \end{bmatrix} \tag{6.36}
$$

$$
\begin{aligned}
\boldsymbol{\Phi}_{i11} = {} & \boldsymbol{P}_i(\boldsymbol{A}_i + \boldsymbol{B}_i\boldsymbol{K}_i) + (\boldsymbol{A}_i + \boldsymbol{B}_i\boldsymbol{K}_i)^{\mathrm{T}}\boldsymbol{P}_i + \boldsymbol{Q}_i + \boldsymbol{P}_i\left(\varepsilon_i^{-1}\boldsymbol{S}_i\boldsymbol{S}_i^{\mathrm{T}} + \eta_i^{-1}\boldsymbol{G}_i\boldsymbol{G}_i^{\mathrm{T}}\right)\boldsymbol{P}_i + \eta_i\boldsymbol{\Theta}_{i1}^{\mathrm{T}}\boldsymbol{\Theta}_{i1} \\
& + \sum_{j=1}^{N}\delta(\boldsymbol{A}_{ji})\boldsymbol{H}_i + \varepsilon_i(\boldsymbol{M}_i + \boldsymbol{N}_i\boldsymbol{K}_i)^{\mathrm{T}}(\boldsymbol{M}_i + \boldsymbol{N}_i\boldsymbol{K}_i)
\end{aligned} \tag{6.37}
$$

$$
\boldsymbol{\Phi}_{i12} = \eta_i\boldsymbol{\Theta}_{i1}^{\mathrm{T}}\boldsymbol{\Theta}_{i2} + \varepsilon_i(\boldsymbol{M}_i + \boldsymbol{N}_i\boldsymbol{K}_i)^{\mathrm{T}}\boldsymbol{R}_i + \boldsymbol{P}_i\boldsymbol{E}_i, \quad \boldsymbol{\Phi}_{i22} = \varepsilon_i\boldsymbol{R}_i^{\mathrm{T}}\boldsymbol{R}_i + \eta_i\boldsymbol{\Theta}_{i2}^{\mathrm{T}}\boldsymbol{\Theta}_{i2} - \boldsymbol{Q}_i
$$

另外，由式(6.29)易知至少存在一个 $i \in \{1,2,\cdots,N\}$ 使得

$$
\begin{bmatrix} \boldsymbol{\Omega}_{i11} & \boldsymbol{\Omega}_{i12} & \boldsymbol{P}_i\boldsymbol{A}_{i1} & \cdots & \boldsymbol{P}_i\boldsymbol{A}_{iN} & \boldsymbol{P}_i\boldsymbol{S}_i & \boldsymbol{P}_i\boldsymbol{G}_i \\ \boldsymbol{\Omega}_{i12}^{\mathrm{T}} & \boldsymbol{\Omega}_{i22} & \boldsymbol{0} & \cdots & \boldsymbol{0} & \boldsymbol{0} & \boldsymbol{0} \\ \boldsymbol{A}_{i1}^{\mathrm{T}}\boldsymbol{P}_i & \boldsymbol{0} & -\delta(\boldsymbol{A}_{i1})\boldsymbol{H}_1 & \cdots & \boldsymbol{0} & \boldsymbol{0} & \boldsymbol{0} \\ \vdots & \vdots & \vdots & & \vdots & \vdots & \vdots \\ \boldsymbol{A}_{iN}^{\mathrm{T}}\boldsymbol{P}_i & \boldsymbol{0} & \boldsymbol{0} & \cdots & -\delta(\boldsymbol{A}_{iN})\boldsymbol{H}_N & \boldsymbol{0} & \boldsymbol{0} \\ \boldsymbol{S}_i^{\mathrm{T}}\boldsymbol{P}_i & \boldsymbol{0} & \boldsymbol{0} & \cdots & \boldsymbol{0} & -\varepsilon_i\boldsymbol{I}_i & \boldsymbol{0} \\ \boldsymbol{G}_i^{\mathrm{T}}\boldsymbol{P}_i & \boldsymbol{0} & \boldsymbol{0} & \cdots & \boldsymbol{0} & \boldsymbol{0} & -\eta_i\boldsymbol{I}_i \end{bmatrix} < 0
$$

由 Schur 补引理可知，此式等价于矩阵不等式

$$
\begin{bmatrix} \tilde{\boldsymbol{\Omega}}_{i11} & \tilde{\boldsymbol{\Omega}}_{i12} & \boldsymbol{P}_i\boldsymbol{A}_{i1} & \cdots & \boldsymbol{P}_i\boldsymbol{A}_{iN} & \boldsymbol{P}_i\boldsymbol{S}_i & \boldsymbol{P}_i\boldsymbol{G}_i & (\boldsymbol{M}_i + \boldsymbol{N}_i\boldsymbol{K}_i)^{\mathrm{T}} & (\boldsymbol{C}_i + \boldsymbol{D}_i\boldsymbol{K}_i)^{\mathrm{T}} \\ \tilde{\boldsymbol{\Omega}}_{i12}^{\mathrm{T}} & \tilde{\boldsymbol{\Omega}}_{i22} & \boldsymbol{0} & \cdots & \boldsymbol{0} & \boldsymbol{0} & \boldsymbol{0} & \boldsymbol{R}_i^{\mathrm{T}} & \boldsymbol{F}_i^{\mathrm{T}} \\ \boldsymbol{A}_{i1}^{\mathrm{T}}\boldsymbol{P}_i & \boldsymbol{0} & -\delta(\boldsymbol{A}_{i1})\boldsymbol{H}_1 & \cdots & \boldsymbol{0} & \boldsymbol{0} & \boldsymbol{0} & \boldsymbol{0} & \boldsymbol{0} \\ \vdots & \vdots & \vdots & & \vdots & \vdots & \vdots & \vdots & \vdots \\ \boldsymbol{A}_{iN}^{\mathrm{T}}\boldsymbol{P}_i & \boldsymbol{0} & \boldsymbol{0} & \cdots & -\delta(\boldsymbol{A}_{iN})\boldsymbol{H}_N & \boldsymbol{0} & \boldsymbol{0} & \boldsymbol{0} & \boldsymbol{0} \\ \boldsymbol{S}_i^{\mathrm{T}}\boldsymbol{P}_i & \boldsymbol{0} & \boldsymbol{0} & \cdots & \boldsymbol{0} & -\varepsilon_i\boldsymbol{I}_i & \boldsymbol{0} & \boldsymbol{0} & \boldsymbol{0} \\ \boldsymbol{G}_i^{\mathrm{T}}\boldsymbol{P}_i & \boldsymbol{0} & \boldsymbol{0} & \cdots & \boldsymbol{0} & \boldsymbol{0} & -\eta_i\boldsymbol{I}_i & \boldsymbol{0} & \boldsymbol{0} \\ \boldsymbol{M}_i + \boldsymbol{N}_i\boldsymbol{K}_i & \boldsymbol{R}_i & \boldsymbol{0} & \cdots & \boldsymbol{0} & \boldsymbol{0} & \boldsymbol{0} & -\mu_i\boldsymbol{I}_i & \boldsymbol{0} \\ \boldsymbol{C}_i + \boldsymbol{D}_i\boldsymbol{K}_i & \boldsymbol{F}_i & \boldsymbol{0} & \cdots & \boldsymbol{0} & \boldsymbol{0} & \boldsymbol{0} & \boldsymbol{0} & -\boldsymbol{I}_i \end{bmatrix} < 0
$$

式中

$$
\begin{aligned}
\tilde{\boldsymbol{\Omega}}_{i11} = {} & \boldsymbol{P}_i(\boldsymbol{A}_i + \boldsymbol{B}_i\boldsymbol{K}_i) + (\boldsymbol{A}_i + \boldsymbol{B}_i\boldsymbol{K}_i)^{\mathrm{T}}\boldsymbol{P}_i + \boldsymbol{Q}_i + 2\eta_i\boldsymbol{\Theta}_{i1}^{\mathrm{T}}\boldsymbol{\Theta}_{i1} + \sum_{j=1}^{N}\delta(\boldsymbol{A}_{ji})\boldsymbol{H}_i \\
& + \varepsilon_i(\boldsymbol{M}_i + \boldsymbol{N}_i\boldsymbol{K}_i)^{\mathrm{T}}(\boldsymbol{M}_i + \boldsymbol{N}_i\boldsymbol{K}_i)
\end{aligned}
$$

$$
\tilde{\boldsymbol{\Omega}}_{i12} = \boldsymbol{P}_i\boldsymbol{E}_i + \varepsilon_i(\boldsymbol{M}_i + \boldsymbol{N}_i\boldsymbol{K}_i)^{\mathrm{T}}\boldsymbol{R}_i, \quad \tilde{\boldsymbol{\Omega}}_{i22} = 2\eta_i\boldsymbol{\Theta}_{i2}^{\mathrm{T}}\boldsymbol{\Theta}_{i2} - \boldsymbol{Q}_i + \varepsilon_i\boldsymbol{R}_i^{\mathrm{T}}\boldsymbol{R}_i
$$

因此

$$\begin{bmatrix} \tilde{\boldsymbol{\Omega}}_{i11} & \tilde{\boldsymbol{\Omega}}_{i12} & \boldsymbol{P}_i\boldsymbol{A}_{i1} & \cdots & \boldsymbol{P}_i\boldsymbol{A}_{iN} & \boldsymbol{P}_i\boldsymbol{S}_i & \boldsymbol{P}_i\boldsymbol{G}_i \\ \tilde{\boldsymbol{\Omega}}_{i12}^{\mathrm{T}} & \tilde{\boldsymbol{\Omega}}_{i22} & \boldsymbol{0} & \cdots & \boldsymbol{0} & \boldsymbol{0} & \boldsymbol{0} \\ \boldsymbol{A}_{i1}^{\mathrm{T}}\boldsymbol{P}_i & \boldsymbol{0} & -\delta\left(\boldsymbol{A}_{i1}\right)\boldsymbol{H}_1 & \cdots & \boldsymbol{0} & \boldsymbol{0} & \boldsymbol{0} \\ \vdots & \vdots & \vdots & & \vdots & \vdots & \vdots \\ \boldsymbol{A}_{iN}^{\mathrm{T}}\boldsymbol{P}_i & \boldsymbol{0} & \boldsymbol{0} & \cdots & -\delta\left(\boldsymbol{A}_{iN}\right)\boldsymbol{H}_N & \boldsymbol{0} & \boldsymbol{0} \\ \boldsymbol{S}_i^{\mathrm{T}}\boldsymbol{P}_i & \boldsymbol{0} & \boldsymbol{0} & \cdots & \boldsymbol{0} & -\varepsilon_i\boldsymbol{I}_i & \boldsymbol{0} \\ \boldsymbol{G}_i^{\mathrm{T}}\boldsymbol{P}_i & \boldsymbol{0} & \boldsymbol{0} & \cdots & \boldsymbol{0} & \boldsymbol{0} & -\eta_i\boldsymbol{I}_i \end{bmatrix} < 0$$

再由 Schur 补引理可知至少存在一个 $i \in \{1,2,\cdots,N\}$，使得

$$\boldsymbol{\Phi}_i = \begin{bmatrix} \boldsymbol{\Phi}_{i11} & \boldsymbol{\Phi}_{i12} & \boldsymbol{P}_i\boldsymbol{A}_{i1} & \cdots & \boldsymbol{P}_i\boldsymbol{A}_{iN} \\ \boldsymbol{\Phi}_{i12}^{\mathrm{T}} & \boldsymbol{\Phi}_{i22} & \boldsymbol{0} & \cdots & \boldsymbol{0} \\ \boldsymbol{A}_{i1}^{\mathrm{T}}\boldsymbol{P}_i & \boldsymbol{0} & -\delta\left(\boldsymbol{A}_{i1}\right)\boldsymbol{H}_1 & \cdots & \boldsymbol{0} \\ \vdots & \vdots & \vdots & & \vdots \\ \boldsymbol{A}_{iN}^{\mathrm{T}}\boldsymbol{P}_i & \boldsymbol{0} & \boldsymbol{0} & \cdots & -\delta\left(\boldsymbol{A}_{iN}\right)\boldsymbol{H}_N \end{bmatrix} < 0$$

因此有 $\dot{V}\left(\boldsymbol{x}_t\right) < 0$，故当 $\omega_i(t) = 0$（$i = 1,2,\cdots,N$）时，闭环系统(6.28)是渐近稳定的。

接下来证明在零初始条件下，有 $\|\boldsymbol{z}(t)\|_2^2 \leqslant \gamma\|\boldsymbol{\omega}(t)\|_2^2$ 成立。为此，令

$$J = \int_0^{\infty}\sum_{i=1}^{N}\left(\boldsymbol{z}_i^{\mathrm{T}}(t)\boldsymbol{z}_i(t) - \gamma\boldsymbol{\omega}_i^{\mathrm{T}}(t)\boldsymbol{\omega}_i(t)\right)\mathrm{d}t \tag{6.38}$$

在零初始条件下及 $V\left(\boldsymbol{x}_t\right)$ 的正定性，有

$$\begin{aligned} J &= \int_0^{\infty}\left[\left(\sum_{i=1}^{N}\left(\boldsymbol{z}_i^{\mathrm{T}}(t)\boldsymbol{z}_i(t) - \gamma\boldsymbol{\omega}_i^{\mathrm{T}}(t)\boldsymbol{\omega}_i(t)\right)\right) + \dot{V}\left(\boldsymbol{x}_t\right)\right]\mathrm{d}t - V(\infty) \\ &\leqslant \int_0^{\infty}\left[\left(\sum_{i=1}^{N}\left(\boldsymbol{z}_i^{\mathrm{T}}(t)\boldsymbol{z}_i(t) - \gamma\boldsymbol{\omega}_i^{\mathrm{T}}(t)\boldsymbol{\omega}_i(t)\right)\right) + \dot{V}\left(\boldsymbol{x}_t\right)\right]\mathrm{d}t \end{aligned} \tag{6.39}$$

令 $\boldsymbol{\Xi}_i = \mu_i\boldsymbol{I}_i - \boldsymbol{L}_i^{\mathrm{T}}\boldsymbol{L}_i$，由引理 6.1 可得

$$\begin{aligned} \boldsymbol{z}_i^{\mathrm{T}}(t)\boldsymbol{z}_i(t) &= \left\{\left[\left(\boldsymbol{C}_i + \boldsymbol{D}_i\boldsymbol{K}_i\right) + \boldsymbol{L}_i\boldsymbol{F}_i(t)\left(\boldsymbol{M}_i + \boldsymbol{N}_i\boldsymbol{K}_i\right)\right]\boldsymbol{x}_i(t) + \left[\boldsymbol{F}_i + \boldsymbol{L}_i\boldsymbol{F}_i(t)\boldsymbol{R}_i\right]\boldsymbol{x}_i\left(t - d_i\right)\right\}^{\mathrm{T}} \\ &\quad \cdot\left\{\left[\left(\boldsymbol{C}_i + \boldsymbol{D}_i\boldsymbol{K}_i\right) + \boldsymbol{L}_i\boldsymbol{F}_i(t)\left(\boldsymbol{M}_i + \boldsymbol{N}_i\boldsymbol{K}_i\right)\right]\boldsymbol{x}_i(t) + \left[\boldsymbol{F}_i + \boldsymbol{L}_i\boldsymbol{F}_i(t)\boldsymbol{R}_i\right]\boldsymbol{x}_i\left(t - d_i\right)\right\} \\ &= \left[\boldsymbol{x}_i^{\mathrm{T}}(t) \quad \boldsymbol{x}_i^{\mathrm{T}}\left(t - d_i\right)\right]\left\{\left[\boldsymbol{C}_i + \boldsymbol{D}_i\boldsymbol{K}_i \quad \boldsymbol{F}_i\right] + \boldsymbol{L}_i\boldsymbol{F}_i(t)\left[\boldsymbol{M}_i + \boldsymbol{N}_i\boldsymbol{K}_i \quad \boldsymbol{R}_i\right]\right\}^{\mathrm{T}} \\ &\quad \cdot\left\{\left[\boldsymbol{C}_i + \boldsymbol{D}_i\boldsymbol{K}_i \quad \boldsymbol{F}_i\right] + \boldsymbol{L}_i\boldsymbol{F}_i(t)\left[\boldsymbol{M}_i + \boldsymbol{N}_i\boldsymbol{K}_i \quad \boldsymbol{R}_i\right]\right\}\begin{bmatrix} \boldsymbol{x}_i(t) \\ \boldsymbol{x}_i\left(t - d_i\right) \end{bmatrix} \\ &= \left[\boldsymbol{x}_i^{\mathrm{T}}(t) \quad \boldsymbol{x}_i^{\mathrm{T}}\left(t - d_i\right)\right]\left\{\left[\boldsymbol{C}_i + \boldsymbol{D}_i\boldsymbol{K}_i \quad \boldsymbol{F}_i\right]^{\mathrm{T}}\left[\boldsymbol{C}_i + \boldsymbol{D}_i\boldsymbol{K}_i \quad \boldsymbol{F}_i\right]\right. \\ &\quad + \left[\boldsymbol{C}_i + \boldsymbol{D}_i\boldsymbol{K}_i \quad \boldsymbol{F}_i\right]^{\mathrm{T}}\boldsymbol{L}_i\boldsymbol{\Xi}_i^{-1}\boldsymbol{L}_i^{\mathrm{T}}\left[\boldsymbol{C}_i + \boldsymbol{D}_i\boldsymbol{K}_i \quad \boldsymbol{F}_i\right] \end{aligned}$$

$$+\mu_i\begin{bmatrix}M_i+N_iK_i & R_i\end{bmatrix}^{\mathrm{T}}\begin{bmatrix}M_i+N_iK_i & R_i\end{bmatrix}\Bigg\}\begin{bmatrix}x_i(t)\\ x_i(t-d_i)\end{bmatrix} \tag{6.40}$$

由式(6.39)、式(6.40)、式(6.33)和式(6.34)可得

$$J\leqslant\int_0^\infty\sum_{i=1}^{N}\begin{bmatrix}x_i^{\mathrm{T}}(t) & x_i^{\mathrm{T}}(t-d_i) & x_1^{\mathrm{T}}(t-\tau_{i1}) & \cdots & x_N^{\mathrm{T}}(t-\tau_{iN}) & \omega_i^{\mathrm{T}}(t)\end{bmatrix}\Psi_i\begin{bmatrix}x_i(t)\\ x_i(t-d_i)\\ x_1(t-\tau_{i1})\\ \vdots\\ x_N(t-\tau_{iN})\\ \omega_i(t)\end{bmatrix}\mathrm{d}t \tag{6.41}$$

式中

$$\Psi_i=\begin{bmatrix}\Psi_{i11} & \Psi_{i12} & P_iA_{i1} & \cdots & P_iA_{iN} & P_i\Gamma_i\\ \Psi_{i12}^{\mathrm{T}} & \Psi_{i22} & 0 & \cdots & 0 & 0\\ A_{i1}^{\mathrm{T}}P_i & 0 & -\delta(A_{i1})H_1 & \cdots & 0 & 0\\ \vdots & \vdots & \vdots & & \vdots & \vdots\\ A_{iN}^{\mathrm{T}}P_i & 0 & 0 & \cdots & -\delta(A_{iN})H_N & 0\\ \Gamma_i^{\mathrm{T}}P_i & 0 & 0 & \cdots & 0 & -\gamma I_i\end{bmatrix}$$

$$\begin{aligned}\Psi_{i11}={}&P_i(A_i+B_iK_i)+(A_i+B_iK_i)^{\mathrm{T}}P_i+Q_i+P_i\left(\varepsilon_i^{-1}S_iS_i^{\mathrm{T}}+\eta_i^{-1}G_iG_i^{\mathrm{T}}\right)P_i+\eta_i\Theta_{i1}^{\mathrm{T}}\Theta_{i1}\\ &+\sum_{j=1}^{N}\delta(A_{ji})H_i+(\varepsilon_i+\mu_i)(M_i+N_iK_i)^{\mathrm{T}}(M_i+N_iK_i)\\ &+(C_i+D_iK_i)^{\mathrm{T}}(C_i+D_iK_i)+(C_i+D_iK_i)^{\mathrm{T}}L_i\Xi_i^{-1}L_i^{\mathrm{T}}(C_i+D_iK_i)\end{aligned}$$

$$\begin{aligned}\Psi_{i12}={}&\eta_i\Theta_{i1}^{\mathrm{T}}\Theta_{i2}+P_iE_i+(\varepsilon_i+\mu_i)(M_i+N_iK_i)^{\mathrm{T}}R_i+(C_i+D_iK_i)^{\mathrm{T}}F_i\\ &+(C_i+D_iK_i)^{\mathrm{T}}L_i\Xi_i^{-1}L_i^{\mathrm{T}}F_i\end{aligned}$$

$$\Psi_{i22}=\eta_i\Theta_{i2}^{\mathrm{T}}\Theta_{i2}-Q_i+F_i^{\mathrm{T}}F_i+F_i^{\mathrm{T}}L_i\Xi_i^{-1}L_i^{\mathrm{T}}F_i+(\varepsilon_i+\mu_i)R_i^{\mathrm{T}}R_i$$

由 Schur 补引理易证，矩阵不等式(6.29)成立能保证至少存在一个 $i\in\{1,2,\cdots,N\}$，使得

$$\Psi_i=\begin{bmatrix}\Psi_{i11} & \Psi_{i12} & P_iA_{i1} & \cdots & P_iA_{iN} & P_i\Gamma_i\\ \Psi_{i12}^{\mathrm{T}} & \Psi_{i22} & 0 & \cdots & 0 & 0\\ A_{i1}^{\mathrm{T}}P_i & 0 & -\delta(A_{i1})H_1 & \cdots & 0 & 0\\ \vdots & \vdots & \vdots & & \vdots & \vdots\\ A_{iN}^{\mathrm{T}}P_i & 0 & 0 & \cdots & -\delta(A_{iN})H_N & 0\\ \Gamma_i^{\mathrm{T}}P_i & 0 & 0 & \cdots & 0 & -\gamma I_i\end{bmatrix}<0$$

因此，$J<0$，即$\|z(t)\|_2^2 \leqslant \gamma\|\omega(t)\|_2^2$，定理证毕。

定理 6.7　对于不确定性非线性时滞关联系统(6.25)，若假设 6.1 成立，对于给定的常数$\gamma>0$，如果存在常数$\varepsilon_i>0$、$\eta_i>0$、$\mu_i>0$，正定矩阵$\boldsymbol{X}_i>0$、$\boldsymbol{Z}_i>0$、$\boldsymbol{U}_i>0$和矩阵Y_i使得$\boldsymbol{\Xi}_i=\mu_i\boldsymbol{I}_i-\boldsymbol{L}_i^{\mathrm{T}}\boldsymbol{L}_i>0$，且满足 LMI(6.42)，其中至少存在一个$i\in\{1,2,\cdots,N\}$，使 LMI(6.42)是严格的：

$$\begin{bmatrix} \hat{\boldsymbol{\Omega}}_{i11} & \boldsymbol{E}_i\boldsymbol{X}_i & \hat{\boldsymbol{\Omega}}_{i13} & \hat{\boldsymbol{\Omega}}_{i14} \\ \boldsymbol{X}_i\boldsymbol{E}_i^{\mathrm{T}} & -\boldsymbol{U}_i & \hat{\boldsymbol{\Omega}}_{i23} & \boldsymbol{0} \\ \hat{\boldsymbol{\Omega}}_{i13}^{\mathrm{T}} & \hat{\boldsymbol{\Omega}}_{i23}^{\mathrm{T}} & \boldsymbol{\Lambda}_{i33} & \boldsymbol{0} \\ \hat{\boldsymbol{\Omega}}_{i14}^{\mathrm{T}} & \boldsymbol{0} & \boldsymbol{0} & \boldsymbol{\Lambda}_{i44} \end{bmatrix} \leqslant 0, \quad i=1,2,\cdots,N \tag{6.42}$$

其中

$$\hat{\boldsymbol{\Omega}}_{i11}=\boldsymbol{A}_i\boldsymbol{X}_i+\boldsymbol{X}_i\boldsymbol{A}_i^{\mathrm{T}}+\boldsymbol{B}_i\boldsymbol{Y}_i+\boldsymbol{Y}_i^{\mathrm{T}}\boldsymbol{B}_i^{\mathrm{T}}+\boldsymbol{U}_i+\sum_{j=1}^{N}\delta\left(\boldsymbol{A}_{ji}\right)\boldsymbol{Z}_i+\gamma^{-1}\boldsymbol{\Gamma}_i\boldsymbol{\Gamma}_i^{\mathrm{T}}+\varepsilon_i^{-1}\boldsymbol{S}_i\boldsymbol{S}_i^{\mathrm{T}}+\eta_i^{-1}\boldsymbol{G}_i\boldsymbol{G}_i^{\mathrm{T}}$$

$$\hat{\boldsymbol{\Omega}}_{i13}=\begin{bmatrix}\boldsymbol{X}_i\boldsymbol{\Theta}_{i1}^{\mathrm{T}} & \boldsymbol{X}_i\boldsymbol{C}_i^{\mathrm{T}}+\boldsymbol{Y}_i^{\mathrm{T}}\boldsymbol{D}_i^{\mathrm{T}} & \boldsymbol{X}_i\boldsymbol{M}_i^{\mathrm{T}}+\boldsymbol{Y}_i^{\mathrm{T}}\boldsymbol{N}_i^{\mathrm{T}} & \left(\boldsymbol{X}_i\boldsymbol{C}_i^{\mathrm{T}}+\boldsymbol{Y}_i^{\mathrm{T}}\boldsymbol{D}_i^{\mathrm{T}}\right)\boldsymbol{L}_i\end{bmatrix}$$

$$\hat{\boldsymbol{\Omega}}_{i14}=\begin{bmatrix}\boldsymbol{A}_{i1}\boldsymbol{X}_1 & \cdots & \boldsymbol{A}_{iN}\boldsymbol{X}_N\end{bmatrix},\quad \hat{\boldsymbol{\Omega}}_{i23}=\begin{bmatrix}\boldsymbol{X}_i\boldsymbol{\Theta}_{i2}^{\mathrm{T}} & \boldsymbol{X}_i\boldsymbol{F}_i^{\mathrm{T}} & \boldsymbol{X}_i\boldsymbol{R}_i^{\mathrm{T}} & \boldsymbol{X}_i\boldsymbol{F}_i^{\mathrm{T}}\boldsymbol{L}_i\end{bmatrix}$$

$$\boldsymbol{\Lambda}_{i33}=\mathrm{diag}\left\{-\eta_i^{-1}\boldsymbol{I}_i,-\boldsymbol{I}_i,-\left(\varepsilon_i+\mu_i\right)^{-1}\boldsymbol{I}_i,-\left(\mu_i\boldsymbol{I}_i-\boldsymbol{L}_i^{\mathrm{T}}\boldsymbol{L}_i\right)\right\}$$

$$\boldsymbol{\Lambda}_{i44}=\mathrm{diag}\left\{-\delta\left(\boldsymbol{A}_{i1}\right)\boldsymbol{Z}_1,-\delta\left(\boldsymbol{A}_{i2}\right)\boldsymbol{Z}_2,\cdots,-\delta\left(\boldsymbol{A}_{iN}\right)\boldsymbol{Z}_N\right\}$$

则关联大系统(6.25)是可分散镇定的，分散状态反馈控制器为$\boldsymbol{u}_i(t)=\boldsymbol{Y}_i\boldsymbol{X}_i^{-1}\boldsymbol{x}_i(t)$，$i=1,2,\cdots,N$，且在零初始条件下，对于任意非零的$\boldsymbol{\omega}(t)\in\boldsymbol{L}_2[0,\infty)$，有$\|\boldsymbol{z}(t)\|_2^2\leqslant\gamma\|\boldsymbol{\omega}(t)\|_2^2$。

证明　根据定理 6.6，将矩阵不等式(6.29)等价变换为

$$\begin{bmatrix} \breve{\boldsymbol{\Omega}}_{i11} & \breve{\boldsymbol{\Omega}}_{i12} & \boldsymbol{P}_i\boldsymbol{A}_{i1} & \cdots & \boldsymbol{P}_i\boldsymbol{A}_{iN} \\ \breve{\boldsymbol{\Omega}}_{i12}^{\mathrm{T}} & \breve{\boldsymbol{\Omega}}_{i22} & \boldsymbol{0} & \cdots & \boldsymbol{0} \\ \boldsymbol{A}_{i1}^{\mathrm{T}}\boldsymbol{P}_i & \boldsymbol{0} & -\delta\left(\boldsymbol{A}_{i1}\right)\boldsymbol{H}_1 & \cdots & \boldsymbol{0} \\ \vdots & \vdots & \vdots & & \vdots \\ \boldsymbol{A}_{iN}^{\mathrm{T}}\boldsymbol{P}_i & \boldsymbol{0} & \boldsymbol{0} & \cdots & -\delta\left(\boldsymbol{A}_{iN}\right)\boldsymbol{H}_N \end{bmatrix} \leqslant 0 \tag{6.43}$$

式中

$$\breve{\boldsymbol{\Omega}}_{i11}=\boldsymbol{P}_i\left(\boldsymbol{A}_i+\boldsymbol{B}_i\boldsymbol{K}_i\right)+\left(\boldsymbol{A}_i+\boldsymbol{B}_i\boldsymbol{K}_i\right)^{\mathrm{T}}\boldsymbol{P}_i+\boldsymbol{Q}_i+\eta_i\boldsymbol{\Theta}_{i1}^{\mathrm{T}}\boldsymbol{\Theta}_{i1}+\sum_{j=1}^{N}\delta\left(\boldsymbol{A}_{ji}\right)\boldsymbol{H}_i$$
$$+\left(\boldsymbol{C}_i+\boldsymbol{D}_i\boldsymbol{K}_i\right)^{\mathrm{T}}\left(\boldsymbol{C}_i+\boldsymbol{D}_i\boldsymbol{K}_i\right)+\gamma^{-1}\boldsymbol{P}_i\boldsymbol{\Gamma}_i\boldsymbol{\Gamma}_i^{\mathrm{T}}\boldsymbol{P}_i+\left(\boldsymbol{C}_i+\boldsymbol{D}_i\boldsymbol{K}_i\right)^{\mathrm{T}}\boldsymbol{L}_i\boldsymbol{\Xi}_i^{-1}\boldsymbol{L}_i^{\mathrm{T}}\left(\boldsymbol{C}_i+\boldsymbol{D}_i\boldsymbol{K}_i\right)$$

$$+\left(\varepsilon_i+\mu_i\right)\left(\boldsymbol{M}_i+\boldsymbol{N}_i\boldsymbol{K}_i\right)^{\mathrm{T}}\left(\boldsymbol{M}_i+\boldsymbol{N}_i\boldsymbol{K}_i\right)+\boldsymbol{P}_i\left(\varepsilon_i^{-1}\boldsymbol{S}_i\boldsymbol{S}_i^{\mathrm{T}}+\eta_i^{-1}\boldsymbol{G}_i\boldsymbol{G}_i^{\mathrm{T}}\right)\boldsymbol{P}_i$$

$$\breve{\boldsymbol{\Omega}}_{i12}=\boldsymbol{\Psi}_{i12}=\eta_i\boldsymbol{\Theta}_{i1}^{\mathrm{T}}\boldsymbol{\Theta}_{i2}+\boldsymbol{P}_i\boldsymbol{E}_i+\left(\varepsilon_i+\mu_i\right)\left(\boldsymbol{M}_i+\boldsymbol{N}_i\boldsymbol{K}_i\right)^{\mathrm{T}}\boldsymbol{R}_i$$
$$+\left(\boldsymbol{C}_i+\boldsymbol{D}_i\boldsymbol{K}_i\right)^{\mathrm{T}}\boldsymbol{F}_i+\left(\boldsymbol{C}_i+\boldsymbol{D}_i\boldsymbol{K}_i\right)^{\mathrm{T}}\boldsymbol{L}_i\boldsymbol{\Xi}_i^{-1}\boldsymbol{L}_i^{\mathrm{T}}\boldsymbol{F}_i$$

$$\breve{\boldsymbol{\Omega}}_{i22}=\boldsymbol{\Psi}_{i22}=\eta_i\boldsymbol{\Theta}_{i2}^{\mathrm{T}}\boldsymbol{\Theta}_{i2}-\boldsymbol{Q}_i+\left(\varepsilon_i+\mu_i\right)\boldsymbol{R}_i^{\mathrm{T}}\boldsymbol{R}_i+\boldsymbol{F}_i^{\mathrm{T}}\boldsymbol{F}_i+\boldsymbol{F}_i^{\mathrm{T}}\boldsymbol{L}_i\boldsymbol{\Xi}_i^{-1}\boldsymbol{L}_i^{\mathrm{T}}\boldsymbol{F}_i$$

对式(6.43)左边的矩阵分别左乘和右乘对角矩阵 $\mathrm{diag}\left(\boldsymbol{P}_i^{-1},\boldsymbol{P}_i^{-1},\boldsymbol{P}_1^{-1},\cdots,\boldsymbol{P}_N^{-1}\right)$得

$$\begin{bmatrix}\bar{\boldsymbol{\Omega}}_{i11} & \bar{\boldsymbol{\Omega}}_{i12} & \boldsymbol{A}_{i1}\boldsymbol{P}_1^{-1} & \cdots & \boldsymbol{A}_{iN}\boldsymbol{P}_N^{-1}\\ \bar{\boldsymbol{\Omega}}_{i12}^{\mathrm{T}} & \bar{\boldsymbol{\Omega}}_{i22} & \boldsymbol{0} & \cdots & \boldsymbol{0}\\ \boldsymbol{P}_1^{-1}\boldsymbol{A}_{i1}^{\mathrm{T}} & \boldsymbol{0} & -\delta\left(\boldsymbol{A}_{i1}\right)\boldsymbol{P}_1^{-1}\boldsymbol{H}_1\boldsymbol{P}_1^{-1} & \cdots & \boldsymbol{0}\\ \vdots & \vdots & \vdots & & \vdots\\ \boldsymbol{P}_N^{-1}\boldsymbol{A}_{iN}^{\mathrm{T}} & \boldsymbol{0} & \boldsymbol{0} & \cdots & -\delta\left(\boldsymbol{A}_{iN}\right)\boldsymbol{P}_N^{-1}\boldsymbol{H}_N\boldsymbol{P}_N^{-1}\end{bmatrix}\leqslant 0 \tag{6.44}$$

式中

$$\bar{\boldsymbol{\Omega}}_{i11}=\left(\boldsymbol{A}_i+\boldsymbol{B}_i\boldsymbol{K}_i\right)\boldsymbol{P}_i^{-1}+\boldsymbol{P}_i^{-1}\left(\boldsymbol{A}_i+\boldsymbol{B}_i\boldsymbol{K}_i\right)^{\mathrm{T}}+\boldsymbol{P}_i^{-1}\boldsymbol{Q}_i\boldsymbol{P}_i^{-1}+\eta\boldsymbol{P}_i^{-1}\boldsymbol{\Theta}_{i1}^{\mathrm{T}}\boldsymbol{\Theta}_{i1}\boldsymbol{P}_i^{-1}$$
$$+\sum_{j=1}^{N}\delta\left(\boldsymbol{A}_{ji}\right)\boldsymbol{P}_i^{-1}\boldsymbol{H}_i\boldsymbol{P}_i^{-1}+\gamma^{-1}\boldsymbol{\Gamma}_i\boldsymbol{\Gamma}_i^{\mathrm{T}}+\boldsymbol{P}_i^{-1}\left(\boldsymbol{C}_i+\boldsymbol{D}_i\boldsymbol{K}_i\right)^{\mathrm{T}}\left(\boldsymbol{C}_i+\boldsymbol{D}_i\boldsymbol{K}_i\right)\boldsymbol{P}_i^{-1}$$
$$+\left(\varepsilon_i+\mu_i\right)\boldsymbol{P}_i^{-1}\left(\boldsymbol{M}_i+\boldsymbol{N}_i\boldsymbol{K}_i\right)^{\mathrm{T}}\left(\boldsymbol{M}_i+\boldsymbol{N}_i\boldsymbol{K}_i\right)\boldsymbol{P}_i^{-1}+\varepsilon_i^{-1}\boldsymbol{S}_i\boldsymbol{S}_i^{\mathrm{T}}+\eta_i^{-1}\boldsymbol{G}_i\boldsymbol{G}_i^{\mathrm{T}}$$
$$+\boldsymbol{P}_i^{-1}\left(\boldsymbol{C}_i+\boldsymbol{D}_i\boldsymbol{K}_i\right)^{\mathrm{T}}\boldsymbol{L}_i\boldsymbol{\Xi}_i^{-1}\boldsymbol{L}_i^{\mathrm{T}}\left(\boldsymbol{C}_i+\boldsymbol{D}_i\boldsymbol{K}_i\right)\boldsymbol{P}_i^{-1}$$

$$\bar{\boldsymbol{\Omega}}_{i12}=\eta_i\boldsymbol{P}_i^{-1}\boldsymbol{\Theta}_{i1}^{\mathrm{T}}\boldsymbol{\Theta}_{i2}\boldsymbol{P}_i^{-1}+\boldsymbol{E}_i\boldsymbol{P}_i^{-1}+\left(\varepsilon_i+\mu_i\right)\boldsymbol{P}_i^{-1}\left(\boldsymbol{M}_i+\boldsymbol{N}_i\boldsymbol{K}_i\right)^{\mathrm{T}}\boldsymbol{R}_i\boldsymbol{P}_i^{-1}$$
$$+\boldsymbol{P}_i^{-1}\left(\boldsymbol{C}_i+\boldsymbol{D}_i\boldsymbol{K}_i\right)^{\mathrm{T}}\boldsymbol{F}_i\boldsymbol{P}_i^{-1}+\boldsymbol{P}_i^{-1}\left(\boldsymbol{C}_i+\boldsymbol{D}_i\boldsymbol{K}_i\right)^{\mathrm{T}}\boldsymbol{L}_i\boldsymbol{\Xi}_i^{-1}\boldsymbol{L}_i^{\mathrm{T}}\boldsymbol{F}_i\boldsymbol{P}_i^{-1}$$

$$\bar{\boldsymbol{\Omega}}_{i22}=\eta_i\boldsymbol{P}_i^{-1}\boldsymbol{\Theta}_{i2}^{\mathrm{T}}\boldsymbol{\Theta}_{i2}\boldsymbol{P}_i^{-1}-\boldsymbol{P}_i^{-1}\boldsymbol{Q}_i\boldsymbol{P}_i^{-1}+\left(\varepsilon_i+\mu_i\right)\boldsymbol{P}_i^{-1}\boldsymbol{R}_i^{\mathrm{T}}\boldsymbol{R}_i\boldsymbol{P}_i^{-1}+\boldsymbol{P}_i^{-1}\boldsymbol{F}_i^{\mathrm{T}}\boldsymbol{F}_i\boldsymbol{P}_i^{-1}$$
$$+\boldsymbol{P}_i^{-1}\boldsymbol{F}_i^{\mathrm{T}}\boldsymbol{L}_i\boldsymbol{\Xi}_i^{-1}\boldsymbol{L}_i^{\mathrm{T}}\boldsymbol{F}_i\boldsymbol{P}_i^{-1}$$

令 $\boldsymbol{X}_i=\boldsymbol{P}_i^{-1},\boldsymbol{Y}_i=\boldsymbol{K}_i\boldsymbol{P}_i^{-1},\boldsymbol{Z}_i=\boldsymbol{P}_i^{-1}\boldsymbol{H}_i\boldsymbol{P}_i^{-1},\boldsymbol{U}_i=\boldsymbol{P}_i^{-1}\boldsymbol{Q}_i\boldsymbol{P}_i^{-1}$，Schur 补引理可知，矩阵不等式(6.44)等价于 LMI(6.42)。定理 6.7 得证。

6.4.3　数值示例

例 6.4　考虑由两个子系统组成的关联系统(6.25)，其中

$$\boldsymbol{A}_1=\begin{bmatrix}-1 & -1\\ 0 & -1\end{bmatrix},\quad \boldsymbol{B}_1=\begin{bmatrix}-1 & 0\\ -0.4 & -3\end{bmatrix},\quad \boldsymbol{C}_1=\begin{bmatrix}0.3 & 0\\ 0 & 0.3\end{bmatrix},\quad \boldsymbol{D}_1=\begin{bmatrix}0 & 1\\ 1 & 0\end{bmatrix}$$

$$\boldsymbol{E}_1=\begin{bmatrix}0.13 & 0\\ 0.13 & 0.13\end{bmatrix},\quad \boldsymbol{F}_1=\begin{bmatrix}0.1 & 0\\ 0 & 0.1\end{bmatrix},\quad \boldsymbol{G}_1=\begin{bmatrix}0 & 0.1\\ 0.1 & 0\end{bmatrix},\quad \boldsymbol{\Gamma}_1=\begin{bmatrix}0.1\\ 0.01\end{bmatrix}$$

$$A_{11}=\begin{bmatrix}0.1 & 0\\ 0 & 1\end{bmatrix},\ A_{12}=\begin{bmatrix}0 & 0.01\\ 0 & 1\end{bmatrix},\ A_2=\begin{bmatrix}-2 & 1\\ 0 & -1\end{bmatrix},\ B_2=\begin{bmatrix}1 & 0\\ 0 & 1\end{bmatrix}$$

$$C_2=\begin{bmatrix}0.1 & 0\\ 0 & 0.1\end{bmatrix},\ D_2=\begin{bmatrix}-0.01 & 0\\ 0 & 0.01\end{bmatrix},\ E_2=\begin{bmatrix}0.22 & 0.22\\ 0 & 0.22\end{bmatrix},\ F_2=\begin{bmatrix}0.1 & 0\\ 0 & 0.1\end{bmatrix}$$

$$G_2=\begin{bmatrix}-0.01 & 0\\ 0 & 0.01\end{bmatrix},\ \Gamma_2=\begin{bmatrix}0.1\\ 1\end{bmatrix},\ A_{21}=\begin{bmatrix}0 & -0.1\\ 0.1 & 0\end{bmatrix},\ A_{22}=\begin{bmatrix}-1 & 0\\ 0 & 0.2\end{bmatrix}$$

不确定矩阵界

$$S_1=M_1=M_2=N_1=N_2=0.1\operatorname{diag}\{1,1\},\ S_2=0.001\operatorname{diag}\{1,1\},\ L_1=L_2=\operatorname{diag}\{1,1\}$$

$$R_1=\begin{bmatrix}-0.1 & 0\\ 0 & -0.1\end{bmatrix},\quad R_2=\begin{bmatrix}-0.1 & 0\\ 0 & -0.01\end{bmatrix},\quad \Theta_{11}=2.45\operatorname{diag}\{1,1\}$$

$$\Theta_{12}=2.207\operatorname{diag}\{1,1\},\quad \Theta_{21}=4.3\operatorname{diag}\{1,1\},\quad \Theta_{22}=3.1\operatorname{diag}\{1,1\}$$

参数 $\varepsilon_1=0.6$，$\varepsilon_2=0.2$，$\eta_1=0.091$，$\eta_2=0.12$，$\mu_1=1.01$，$\mu_2=1.02$。

利用 MATLAB 的 LMI 工具箱，求解定理 6.7 中 LMI 问题，LMI(6.42)中的解为

$$X_1=\begin{bmatrix}0.2801 & -0.0245\\ -0.0245 & 0.2987\end{bmatrix},\ Y_1=\begin{bmatrix}0.0954 & -0.0659\\ -0.0967 & 0.2576\end{bmatrix}$$

$$X_2=\begin{bmatrix}0.4970 & -0.0168\\ -0.0168 & 0.0765\end{bmatrix},\ Y_2=\begin{bmatrix}-7.4870 & -0.0006\\ 0.0014 & -6.9692\end{bmatrix}$$

干扰抑制水平为 $\gamma=0.358$，且该系统的一个分散 H_∞ 镇定控制器为

$$u_1(t)=\begin{bmatrix}0.3237 & -0.1939\\ -0.2716 & 0.8398\end{bmatrix}x_1(t),\quad u_2(t)=\begin{bmatrix}-15.1795 & -3.3523\\ -3.1101 & -91.8190\end{bmatrix}x_2(t)$$

6.5 不确定关联系统的时滞相关分散 H_∞ 输出反馈控制

6.5.1 定常时滞大系统分散 H_∞ 输出反馈控制

考虑具有 N 个不确定性时滞子系统构成的关联系统，其状态方程描述为

$$\begin{aligned}
\dot{x}_i(t)&=(A+\Delta A_i)x_i(t)+B_{1i}\omega_i(t)+\sum_{j=1}^{N}(A_{ij}+\Delta A_{ij})x_j(t-\tau_{ij})+(B_{2i}+\Delta B_{2i})u_i(t)\\
\dot{\hat{x}}_i(t)&=\hat{B}_iC_{1i}x_i(t)+\hat{A}_i\hat{x}_i(t)+\hat{B}_iD_{1i}\omega_i(t)\\
z_i(t)&=C_{2i}x_i(t)+D_{2i}\omega_i(t)
\end{aligned}\tag{6.45}$$

式中，$x_i(t)\in\mathbf{R}^{n_i}$ 为第 i 个子系统的状态变量；$u_i(t)\in\mathbf{R}^{m_i}$ 为第 i 个子系统的控制

输入量；$\boldsymbol{\omega}_i(t)\in\mathbf{R}^{p_i}$ 为第 i 个子系统的扰动输入；$\boldsymbol{z}_i(t)\in\mathbf{R}^{l_i}$ 为第 i 个子系统的控制输出向量；$\boldsymbol{A}_i$、$\boldsymbol{B}_{1i}$、$\boldsymbol{B}_{2i}$、$\boldsymbol{C}_{1i}$、$\boldsymbol{D}_{1i}$、$\boldsymbol{C}_{2i}$、$\boldsymbol{D}_{2i}$ 是具有相应维数的常数矩阵；$\tau_{ij}\geqslant 0$ 是系统的关联项滞后时间，$\tau=\max\limits_{ij}\{\tau_{ij}\}$，是定义在 $[-\tau,0]$ 上的实值连续的初值函数。

首先假设 $(\boldsymbol{A}_i,\boldsymbol{B}_{2i},\boldsymbol{C}_{2i})$ 是可稳定的和可检测的。$\Delta\boldsymbol{A}_i$、$\Delta\boldsymbol{B}_{2i}$、$\Delta\boldsymbol{A}_{ij}$ 反映了系统模型中参数不确定性的未知实矩阵，范数有界形式为

$$\begin{bmatrix}\Delta\boldsymbol{A}_i & \Delta\boldsymbol{B}_{2i}\end{bmatrix}=\boldsymbol{E}_i\boldsymbol{\varDelta}_i(t)\begin{bmatrix}\boldsymbol{S}_{i1} & \boldsymbol{S}_{i2}\end{bmatrix},\quad \Delta\boldsymbol{A}_{ij}=\boldsymbol{M}_i\boldsymbol{\varDelta}_{ij}(t)\boldsymbol{N}_{ij} \tag{6.46}$$

$\boldsymbol{E}_i$、$\boldsymbol{S}_{i1}$、$\boldsymbol{S}_{i2}$、$\boldsymbol{M}_i$、$\boldsymbol{N}_{ij}$ 都是具有适当维数的常数矩阵，反映了不确定参数的结构信息，$\boldsymbol{\varDelta}_i(t)$ 和 $\boldsymbol{\varDelta}_{ij}(t)$ 为未知常数矩阵，并且满足 $\boldsymbol{\varDelta}_{ij}^{\mathrm{T}}(t)\boldsymbol{\varDelta}_{ij}(t)\leqslant I$，$\boldsymbol{\varDelta}_i^{\mathrm{T}}(t)\boldsymbol{\varDelta}_i(t)\leqslant I$，$i=1,\cdots,N$。

对于系统(6.45)，设计一个输出反馈控制器

$$\begin{aligned}\dot{\hat{\boldsymbol{x}}}_i(t)&=\hat{\boldsymbol{A}}_i\hat{\boldsymbol{x}}_i(t)+\hat{\boldsymbol{B}}_i\boldsymbol{y}_i(t)\\ \boldsymbol{u}_i(t)&=\hat{\boldsymbol{C}}_i\hat{\boldsymbol{x}}_i(t)\end{aligned}\qquad i=1,\cdots,N \tag{6.47}$$

得到闭环系统

$$\begin{aligned}\dot{\boldsymbol{x}}_i(t)&=(\boldsymbol{A}+\Delta\boldsymbol{A}_i)\boldsymbol{x}_i(t)+(\boldsymbol{B}_{2i}+\Delta\boldsymbol{B}_{2i})\hat{\boldsymbol{C}}_i\hat{\boldsymbol{x}}_i(t)+\sum_{j=1}^{N}(\boldsymbol{A}_{ij}+\Delta\boldsymbol{A}_{ij})\boldsymbol{x}_j(t-\tau_{ij})+\boldsymbol{B}_{1i}\boldsymbol{\omega}_i(t)\\ \dot{\hat{\boldsymbol{x}}}_i(t)&=\hat{\boldsymbol{B}}_i\boldsymbol{C}_{1i}\boldsymbol{x}_i(t)+\hat{\boldsymbol{A}}_i\hat{\boldsymbol{x}}_i(t)+\hat{\boldsymbol{B}}_i\boldsymbol{D}_{1i}\boldsymbol{\omega}_i(t)\\ \boldsymbol{z}_i(t)&=\boldsymbol{C}_{2i}\boldsymbol{x}_i(t)+\boldsymbol{D}_{2i}\boldsymbol{\omega}_i(t)\end{aligned} \tag{6.48}$$

闭环系统(6.48)可以写为

$$\begin{aligned}\dot{\tilde{\boldsymbol{x}}}_i(t)&=\tilde{\boldsymbol{A}}_{\mathrm{d}i}\tilde{\boldsymbol{x}}_i(t)+\sum_{j=1}^{N}\tilde{\boldsymbol{A}}_{\mathrm{d}ij}\tilde{\boldsymbol{x}}_j(t-\tau_{ij})+\tilde{\boldsymbol{B}}_i\boldsymbol{\omega}_i(t)\\ \boldsymbol{z}_i(t)&=\tilde{\boldsymbol{C}}_{2i}\tilde{\boldsymbol{x}}_i(t)+\boldsymbol{D}_i\boldsymbol{\omega}_i(t)\end{aligned} \tag{6.49}$$

式中

$$\tilde{\boldsymbol{A}}_i=\begin{bmatrix}\boldsymbol{A}_i & \boldsymbol{B}_{2i}\hat{\boldsymbol{C}}_i\\ \hat{\boldsymbol{B}}_i\boldsymbol{C}_{1i} & \hat{\boldsymbol{A}}_i\end{bmatrix},\ \Delta\tilde{\boldsymbol{A}}_i=\begin{bmatrix}\Delta\boldsymbol{A}_i & \Delta\boldsymbol{B}_{2i}\hat{\boldsymbol{C}}_i\\ \boldsymbol{0} & \boldsymbol{0}\end{bmatrix},\ \tilde{\boldsymbol{A}}_{ij}=\begin{bmatrix}\boldsymbol{A}_{ij}\\ \boldsymbol{0}\end{bmatrix},\ \tilde{\boldsymbol{B}}_i=\begin{bmatrix}\boldsymbol{B}_{1i}\\ \hat{\boldsymbol{B}}_i\boldsymbol{D}_{1i}\end{bmatrix}$$

$$\Delta\tilde{\boldsymbol{A}}_{ij}=\begin{bmatrix}\Delta\boldsymbol{A}_{ij}\\ \boldsymbol{0}\end{bmatrix},\ \tilde{\boldsymbol{x}}_i(t)=\begin{bmatrix}\boldsymbol{x}_i(t)\\ \hat{\boldsymbol{x}}_i(t)\end{bmatrix},\quad \tilde{\boldsymbol{x}}_j(t-\tau_{ij})=\begin{bmatrix}\boldsymbol{x}_j(t-\tau_{ij}) & \boldsymbol{0}\end{bmatrix},\ \tilde{\boldsymbol{C}}_{2i}=\begin{bmatrix}\boldsymbol{C}_{2i} & \boldsymbol{0}\end{bmatrix}$$

$$\tilde{\boldsymbol{A}}_{\mathrm{d}i}=\tilde{\boldsymbol{A}}_i+\Delta\tilde{\boldsymbol{A}}_i,\ \tilde{\boldsymbol{A}}_{\mathrm{d}ij}=\tilde{\boldsymbol{A}}_{ij}+\Delta\tilde{\boldsymbol{A}}_{ij}$$

分散 H_∞输出反馈控制问题是对给定的正常数γ，为每个子系统设计一个输出反馈控制器(6.47)，使得满足：

(1) $\boldsymbol{\omega}_i(t)=0$时，闭环系统(6.49)内部渐近稳定；

(2) 在零初始条件下 $\boldsymbol{x}_i(t)=0, t\in[-\tau,0]$，有 $\|\boldsymbol{z}(t)\|_2^2 \leqslant \gamma\|\boldsymbol{\omega}(t)\|_2^2$，$\forall\boldsymbol{\omega}(t)\in \boldsymbol{L}_2[0,\infty]$ 成立，其中 $\boldsymbol{z}(t)=\left[\boldsymbol{z}_1^{\mathrm{T}}(t),\cdots,\boldsymbol{z}_N^{\mathrm{T}}(t)\right]^{\mathrm{T}}$，$\boldsymbol{\omega}(t)=\left[\boldsymbol{\omega}_1^{\mathrm{T}}(t),\cdots,\boldsymbol{\omega}_N^{\mathrm{T}}(t)\right]^{\mathrm{T}}$。则称输出反馈控制器(6.47)为系统(6.45)的一个时滞相关 γ 次优输出反馈 H_∞控制器。

定理 6.8　对于给定的常量 $\gamma>0, \tau_{ji}>0, i, j=1,\cdots,N$，若存在正定对称矩阵 $\boldsymbol{P}_i$、$\boldsymbol{Q}_{ji}$ 和 $\boldsymbol{R}_{ji}$ 使得如下不等式成立：

$$\begin{bmatrix}
(1,1)_i & \boldsymbol{R}_{1i} & \cdots & \boldsymbol{R}_{Ni} & \boldsymbol{P}_i\tilde{\boldsymbol{A}}_{\mathrm{d}i1} & \cdots & \boldsymbol{P}_i\tilde{\boldsymbol{A}}_{\mathrm{d}iN} & \tau_{1i}\tilde{\boldsymbol{A}}_{\mathrm{d}i}^{\mathrm{T}}\boldsymbol{R}_{1i} & \cdots & \tau_{Ni}\tilde{\boldsymbol{A}}_{\mathrm{d}i}^{\mathrm{T}}\boldsymbol{R}_{Ni} & \tilde{\boldsymbol{C}}_{2i}^{\mathrm{T}}\tilde{\boldsymbol{D}}_{2i} \\
\boldsymbol{R}_{1i} & -\boldsymbol{R}_{1i} & \cdots & \boldsymbol{0} & \boldsymbol{0} & \cdots & \boldsymbol{0} & \boldsymbol{0} & \cdots & \boldsymbol{0} & \boldsymbol{0} \\
\vdots & \vdots & & \vdots & \vdots & & \vdots & \vdots & & \vdots & \vdots \\
\boldsymbol{R}_{Ni} & \boldsymbol{0} & \cdots & -\boldsymbol{R}_{Ni} & \boldsymbol{0} & \cdots & \boldsymbol{0} & \boldsymbol{0} & \cdots & \boldsymbol{0} & \boldsymbol{0} \\
\tilde{\boldsymbol{A}}_{\mathrm{d}i1}^{\mathrm{T}}\boldsymbol{P}_i & \boldsymbol{0} & \cdots & \boldsymbol{0} & -\boldsymbol{Q}_{i1} & \cdots & \boldsymbol{0} & \tau_{1i}\tilde{\boldsymbol{A}}_{\mathrm{d}i1}^{\mathrm{T}}\boldsymbol{R}_{1i} & \cdots & \tau_{Ni}\tilde{\boldsymbol{A}}_{\mathrm{d}i1}^{\mathrm{T}}\boldsymbol{R}_{Ni} & \boldsymbol{0} \\
\vdots & \vdots & & \vdots & \vdots & & \vdots & \vdots & & \vdots & \vdots \\
\tilde{\boldsymbol{A}}_{\mathrm{d}iN}^{\mathrm{T}}\boldsymbol{P}_i & \boldsymbol{0} & \cdots & \boldsymbol{0} & \boldsymbol{0} & \cdots & -Q_{iN} & \tau_{1i}\tilde{\boldsymbol{A}}_{\mathrm{d}iN}^{\mathrm{T}}\boldsymbol{R}_{1i} & \cdots & \tau_{Ni}\tilde{\boldsymbol{A}}_{\mathrm{d}iN}^{\mathrm{T}}\boldsymbol{R}_{Ni} & \boldsymbol{0} \\
\tau_{1i}\boldsymbol{R}_{1i}\tilde{\boldsymbol{A}}_{\mathrm{d}i} & \boldsymbol{0} & \cdots & \boldsymbol{0} & \tau_{1i}\boldsymbol{R}_{1i}\tilde{\boldsymbol{A}}_{\mathrm{d}i1} & \cdots & \tau_{1i}\boldsymbol{R}_{1i}\tilde{\boldsymbol{A}}_{\mathrm{d}iN} & -\boldsymbol{R}_{1i} & \cdots & \boldsymbol{0} & \boldsymbol{0} \\
\vdots & \vdots & & \vdots & \vdots & & \vdots & \vdots & & \vdots & \vdots \\
\tau_{Ni}\boldsymbol{R}_{Ni}\tilde{\boldsymbol{A}}_{\mathrm{d}i} & \boldsymbol{0} & \cdots & \boldsymbol{0} & \tau_{Ni}\boldsymbol{R}_{Ni}\tilde{\boldsymbol{A}}_{\mathrm{d}i1} & \cdots & \tau_{Ni}\boldsymbol{R}_{Ni}\tilde{\boldsymbol{A}}_{\mathrm{d}iN} & \boldsymbol{0} & \cdots & \boldsymbol{0} & \boldsymbol{0} \\
\tilde{\boldsymbol{D}}_{2i}^{\mathrm{T}}\tilde{\boldsymbol{C}}_{2i} & \boldsymbol{0} & \boldsymbol{0} & \boldsymbol{0} & \boldsymbol{0} & \boldsymbol{0} & \boldsymbol{0} & \boldsymbol{0} & \cdots & \boldsymbol{0} & -\gamma\boldsymbol{I}_i+\tilde{\boldsymbol{D}}_{2i}^{\mathrm{T}}\tilde{\boldsymbol{D}}_{2i}
\end{bmatrix}$$

$$<0 \tag{6.50}$$

式中，$(1,1)_i=\boldsymbol{P}_i\tilde{\boldsymbol{A}}_{\mathrm{d}i}+\tilde{\boldsymbol{A}}_{\mathrm{d}i}^{\mathrm{T}}\boldsymbol{P}_i+\sum_{j=1}^{N}\boldsymbol{Q}_{ji}-\sum_{j=1}^{N}\boldsymbol{R}_{ji}+\tilde{\boldsymbol{C}}_{2i}^{\mathrm{T}}\tilde{\boldsymbol{C}}_{2i}$，则称输出反馈控制器(6.47)为系统(6.45)的一个时滞相关 γ 次优输出反馈 H_∞控制器。

证明　选择如下的 Lyapunov-Krasovskii 泛函

$$\begin{aligned}
&V(\tilde{\boldsymbol{x}}_i(t),t)\\
&=\sum_{i=1}^{N}\left\{\tilde{\boldsymbol{x}}_i^{\mathrm{T}}(t)\boldsymbol{P}_i\tilde{\boldsymbol{x}}_i(t)+\sum_{j=1}^{N}\left[\int_{t-\tau_{ij}}^{t}\tilde{\boldsymbol{x}}_j^{\mathrm{T}}(s)\boldsymbol{Q}_{ij}\tilde{\boldsymbol{x}}_j(s)\mathrm{d}s+\int_{-\tau_{ij}}^{0}\int_{t+\theta}^{t}\dot{\tilde{\boldsymbol{x}}}^{\mathrm{T}}(s)\tau_{ij}\boldsymbol{R}_{ij}\dot{\tilde{\boldsymbol{x}}}(s)\mathrm{d}s\mathrm{d}\theta\right]\right\}
\end{aligned}$$

其对时间的导数为

$$\begin{aligned}
\frac{\mathrm{d}V}{\mathrm{d}t}=\sum_{i=1}^{N}\Bigg\{&\dot{\tilde{\boldsymbol{x}}}_i^{\mathrm{T}}\boldsymbol{P}_i\tilde{\boldsymbol{x}}_i(t)+\tilde{\boldsymbol{x}}_i^{\mathrm{T}}(t)\boldsymbol{P}_i\dot{\tilde{\boldsymbol{x}}}(t)+\sum_{j=1}^{N}\Bigg[\tilde{\boldsymbol{x}}^{\mathrm{T}}(t)\boldsymbol{Q}_{ij}\tilde{\boldsymbol{x}}_i(t)\\
&-\tilde{\boldsymbol{x}}_i^{\mathrm{T}}(t-\tau_{ij})+\tau_{ij}^2\dot{\tilde{\boldsymbol{x}}}_j^{\mathrm{T}}(t)\boldsymbol{R}_{ij}\dot{\tilde{\boldsymbol{x}}}_j(t)-\sum_{j=1}^{N}\int_{t-\tau_{ij}}^{t}\dot{\tilde{\boldsymbol{x}}}_j^{\mathrm{T}}(s)\tau_{ij}\boldsymbol{R}_{ij}\dot{\tilde{\boldsymbol{x}}}_j(s)\mathrm{d}s\Bigg]\Bigg\}
\end{aligned}$$

由推论 3.3，当 $\boldsymbol{\omega}_i(t)=0$，$V(\tilde{\boldsymbol{x}}_i(t),t)$ 沿系统(6.49)的导数为

$$\begin{aligned}
\dot{V}(\tilde{\boldsymbol{x}}_i(t),t)\leqslant\sum_{i=1}^{N}\Bigg\{&\tilde{\boldsymbol{x}}_i^{\mathrm{T}}(t)\left[\boldsymbol{P}_i\tilde{\boldsymbol{A}}_{\mathrm{d}i}+\tilde{\boldsymbol{A}}_{\mathrm{d}i}^{\mathrm{T}}\boldsymbol{P}_i\right]\tilde{\boldsymbol{x}}_i(t)+2\tilde{\boldsymbol{x}}_i^{\mathrm{T}}(t)\boldsymbol{P}_i\sum_{j=1}^{N}\tilde{\boldsymbol{A}}_{\mathrm{d}ij}\tilde{\boldsymbol{x}}_j\left(t-\tau_{ij}\right)\\
&+\sum_{j=1}^{N}\tilde{\boldsymbol{x}}_j^{\mathrm{T}}(t)\boldsymbol{Q}_{ij}\tilde{\boldsymbol{x}}_j(t)-\sum_{j=1}^{N}\tilde{\boldsymbol{x}}_j^{\mathrm{T}}(t-\tau_{ij})\boldsymbol{Q}_{ij}\tilde{\boldsymbol{x}}_j(t-\tau_{ij})+\sum_{j=1}^{N}\tau_{ij}^2\dot{\tilde{\boldsymbol{x}}}_j^{\mathrm{T}}(t)\boldsymbol{R}_{ij}\dot{\tilde{\boldsymbol{x}}}_j(t)
\end{aligned}$$

$$-\sum_{j=1}^{N}\tilde{\boldsymbol{x}}_j^{\mathrm{T}}(t)\boldsymbol{R}_{ij}\tilde{\boldsymbol{x}}_j(t)+2\sum_{j=1}^{N}\tilde{\boldsymbol{x}}_j^{\mathrm{T}}\boldsymbol{R}_{ij}\tilde{\boldsymbol{x}}_j(t-\tau_{ij})-\sum_{j=1}^{N}\tilde{\boldsymbol{x}}_j^{\mathrm{T}}(t-\tau_{ij})\boldsymbol{R}_{ij}\tilde{\boldsymbol{x}}_j(t-\tau_{ij})\Bigg\}$$

再令 $J=\int_0^\infty\left\{\sum_{i=1}^{N}\left[\boldsymbol{z}_i^{\mathrm{T}}(t)\boldsymbol{z}_i(t)-\gamma\boldsymbol{\omega}_i^{\mathrm{T}}(t)\boldsymbol{\omega}_i(t)\right]\right\}\mathrm{d}t$，考虑在零初始条件下及 $V(\tilde{x}_i(t),t)$ 的正定性，有

$$J=\int_0^\infty\left\{\sum_{j=1}^{N}\left[\boldsymbol{z}_i^{\mathrm{T}}(t)\boldsymbol{z}_i(t)-\gamma\boldsymbol{\omega}_i^{\mathrm{T}}(t)\boldsymbol{\omega}_i(t)\right]+\dot{V}(\tilde{\boldsymbol{x}}_i(t),t)\right\}\mathrm{d}t-V(\tilde{\boldsymbol{x}}_i(t),\infty)$$

$$\leqslant\int_0^\infty\left\{\sum_{j=1}^{N}\left[\boldsymbol{z}_i^{\mathrm{T}}(t)\boldsymbol{z}_i(t)-\gamma\boldsymbol{\omega}_i^{\mathrm{T}}(t)\boldsymbol{\omega}_i(t)\right]+\dot{V}(\tilde{\boldsymbol{x}}_i(t),t)\right\}\mathrm{d}t$$

$$\leqslant\sum_{j=1}^{N}\begin{bmatrix}\tilde{\boldsymbol{x}}_i(t)\\ \tilde{\boldsymbol{x}}_i(t-\tau_{1i})\\ \vdots\\ \tilde{\boldsymbol{x}}_i(t-\tau_{Ni})\\ \tilde{\boldsymbol{x}}_1(t-\tau_{i1})\\ \vdots\\ \tilde{\boldsymbol{x}}_N(t-\tau_{iN})\\ \boldsymbol{\omega}_i(t)\end{bmatrix}^{\mathrm{T}}\left[\begin{matrix}\boldsymbol{P}_i\tilde{\boldsymbol{A}}_{\mathrm{d}i}+\tilde{\boldsymbol{A}}_{\mathrm{d}i}^{\mathrm{T}}\boldsymbol{P}_i+\sum_{j=1}^{N}\boldsymbol{Q}_{ji}-\sum_{j=1}^{N}\boldsymbol{R}_{ji}+\tilde{\boldsymbol{A}}_{\mathrm{d}i}^{\mathrm{T}}\left(\sum_{j=1}^{N}\tau_{ji}^2\boldsymbol{R}_{ji}\right)\tilde{\boldsymbol{A}}_{\mathrm{d}i}+\tilde{\boldsymbol{C}}_{2i}^{\mathrm{T}}\tilde{\boldsymbol{C}}_{2i}\\ \boldsymbol{R}_{1i}\\ \vdots\\ \boldsymbol{R}_{Ni}\\ \tilde{\boldsymbol{A}}_{\mathrm{d}i1}^{\mathrm{T}}\boldsymbol{P}_i+\tilde{\boldsymbol{A}}_{\mathrm{d}i1}^{\mathrm{T}}\left(\sum_{j=1}^{N}\tau_{ji}^2\boldsymbol{R}_{ji}\right)\tilde{\boldsymbol{A}}_{\mathrm{d}i}\\ \vdots\\ \tilde{\boldsymbol{A}}_{\mathrm{d}iN}^{\mathrm{T}}\boldsymbol{P}_i+\tilde{\boldsymbol{A}}_{\mathrm{d}iN}^{\mathrm{T}}\left(\sum_{j=1}^{N}\tau_{ji}^2\boldsymbol{R}_{ji}\right)\tilde{\boldsymbol{A}}_{\mathrm{d}i}\\ \tilde{\boldsymbol{D}}_{2i}^{\mathrm{T}}\tilde{\boldsymbol{C}}_{2i}\end{matrix}\right.$$

$$\begin{matrix}\boldsymbol{R}_{1i} & \cdots & \boldsymbol{R}_{Ni} & \boldsymbol{P}_i\tilde{\boldsymbol{A}}_{\mathrm{d}i1}+\tilde{\boldsymbol{A}}_{\mathrm{d}i}^{\mathrm{T}}\left(\sum_{j=1}^{N}\tau_{ji}^2\boldsymbol{R}_{ji}\right)\tilde{\boldsymbol{A}}_{\mathrm{d}i1} & \cdots\\ -\boldsymbol{R}_{1i} & \cdots & \boldsymbol{0} & \boldsymbol{0} & \cdots\\ \vdots & & \vdots & \vdots & \\ \boldsymbol{0} & \cdots & -\boldsymbol{R}_{Ni} & \boldsymbol{0} & \cdots\\ \boldsymbol{0} & \cdots & \boldsymbol{0} & -\boldsymbol{Q}_{i1}+\tilde{\boldsymbol{A}}_{\mathrm{d}i1}^{\mathrm{T}}\left(\sum_{j=1}^{N}\tau_{ji}^2\boldsymbol{R}_{ji}\right)\tilde{\boldsymbol{A}}_{\mathrm{d}i1} & \cdots\\ \vdots & & \vdots & \vdots & \\ \boldsymbol{0} & \cdots & \boldsymbol{0} & \tilde{\boldsymbol{A}}_{\mathrm{d}iN}^{\mathrm{T}}\left(\sum_{j=1}^{N}\tau_{ji}^2\boldsymbol{R}_{ji}\right)\tilde{\boldsymbol{A}}_{i1} & \cdots\\ \boldsymbol{0} & \cdots & \boldsymbol{0} & \boldsymbol{0} & \cdots\end{matrix}$$

$$\begin{bmatrix} P_i\tilde{A}_{\mathrm{d}iN} + \tilde{A}_{\mathrm{d}i}^{\mathrm{T}}\left(\sum_{j=1}^{N}\tau_{ji}^2 R_{ji}\right)\tilde{A}_{\mathrm{d}iN} & \tilde{C}_{2i}^{\mathrm{T}}\tilde{D}_{2i} \\ 0 & 0 \\ \vdots & \vdots \\ 0 & 0 \\ \tilde{A}_{\mathrm{d}i1}^{\mathrm{T}}\left(\sum_{j=1}^{N}\tau_{ji}^2 R_{ji}\right)\tilde{A}_{\mathrm{d}iN} & 0 \\ \vdots & \vdots \\ -Q_{iN} + \tilde{A}_{\mathrm{d}iN}^{\mathrm{T}}\left(\sum_{j=1}^{N}\tau_{ji}^2 R_{ji}\right)\tilde{A}_{\mathrm{d}iN} & 0 \\ 0 & -gI_i + \tilde{D}_{2i}^{\mathrm{T}}\tilde{D}_{2i} \end{bmatrix} \begin{bmatrix} \tilde{x}_i(t) \\ \tilde{x}_i(t-\tau_{1i}) \\ \vdots \\ \tilde{x}_i(t-\tau_{Ni}) \\ \tilde{x}_1(t-\tau_{i1}) \\ \vdots \\ \tilde{x}_N(t-\tau_{iN}) \\ \omega_i(t) \end{bmatrix}$$

由 Schur 补引理和定理 6.8 的条件可知，$J<0$。所以，满足$\|z(t)\|_2^2=\gamma\|\omega(t)\|_2^2$。定理 6.8 得证。

定理 6.8 中的不等式(6.50)的求解非常困难，为了得到满足条件的输出反馈控制器，进一步给出分散 H_∞控制器可解的 LMI 的充分条件。

定理 6.9　对于给定的常量 $\gamma>0, \tau_{ji}>0, i, j=1,\cdots,N$ ，若存在正定对称矩阵 X_i、Y_i、R_{ji}、Q_{ji} 和任意矩阵 L_i、F_i、K_i，以及任意常数 $\varepsilon_{i1}>0$、$\varepsilon_{i2}>0$、$\varepsilon_{i3}>0$、$\varepsilon_{i4}>0$ ，使得如下的 LMI 成立：

$$\begin{bmatrix} \tilde{\Gamma}_{i1} & \tilde{\Gamma}_{i2} & \tilde{\Gamma}_{i3} & \tilde{\Gamma}_{i7} \\ * & \tilde{\Gamma}_{i4} & \tilde{\Gamma}_{i5} & \tilde{\Gamma}_{i8} \\ * & * & \tilde{\Gamma}_{i6} & \tilde{\Gamma}_{i9} \\ * & * & * & \tilde{\Gamma}_{i10} \end{bmatrix} < 0 \tag{6.51}$$

式中

$$\tilde{\Gamma}_{i1} = \begin{bmatrix} A_iX_i + X_iA_i^{\mathrm{T}} + F_iB_{2i}^{\mathrm{T}} + B_{2i}F_i^{\mathrm{T}} + \sum_{j=1}^{N}Q_{ji} - \sum_{j=1}^{N}R_{ji} + C_{2i}^{\mathrm{T}}C_{2i} + \varepsilon_{i1}E_iE_i^{\mathrm{T}} & A_i + K_i + \sum_{j=1}^{N}Q_{ji} - \sum_{j=1}^{N}R_{ji} + \varepsilon_{i1}E_iE_i^{\mathrm{T}} \\ * & Y_iA_i + A_i^{\mathrm{T}}Y_i + L_iC_{1i} + C_{1i}^{\mathrm{T}}L_i^{\mathrm{T}} + \sum_{j=1}^{N}Q_{ji} - \sum_{j=1}^{N}R_{ji} + \varepsilon_{i1}E_iE_i^{\mathrm{T}} \end{bmatrix}$$

$$\tilde{\Gamma}_{i2} = \begin{bmatrix} X_iR_{1i} & \cdots & X_iR_{Ni} & A_{i1} + \varepsilon_{i2}M_iM_i^{\mathrm{T}} & \cdots & A_{iN} + \varepsilon_{i2}M_iM_i^{\mathrm{T}} \\ R_{1i} & \cdots & R_{Ni} & Y_iA_{i1} + \varepsilon_{i2}M_iM_i^{\mathrm{T}} & \cdots & Y_iA_{iN} + \varepsilon_{i2}M_iM_i^{\mathrm{T}} \end{bmatrix}$$

$$\tilde{\boldsymbol{\Gamma}}_{i3}=\begin{bmatrix}\tau_{1i}(\boldsymbol{X}_i\boldsymbol{A}_i^{\mathrm{T}}+\boldsymbol{F}_i\boldsymbol{B}_{2i}^{\mathrm{T}})\boldsymbol{R}_{1i}+\tau_{1i}\varepsilon_{i3}\boldsymbol{R}_{1i}\boldsymbol{S}_{i1}^{\mathrm{T}}\boldsymbol{S}_{i1}\boldsymbol{R}_{1i} & \cdots \\ \boldsymbol{A}_i^{\mathrm{T}}\boldsymbol{R}_{1i}+\varepsilon_{i3}\boldsymbol{R}_{1i}\boldsymbol{S}_{i1}^{\mathrm{T}}\boldsymbol{S}_{i1}\boldsymbol{R}_{1i} & \cdots\end{bmatrix.$$

$$\left.\begin{matrix}\tau_{Ni}(\boldsymbol{X}_i\boldsymbol{A}_i^{\mathrm{T}}+\boldsymbol{F}_i\boldsymbol{B}_{2i}^{\mathrm{T}})\boldsymbol{R}_{Ni}+\tau_{Ni}\varepsilon_{i3}\boldsymbol{R}_{Ni}\boldsymbol{S}_{i1}^{\mathrm{T}}\boldsymbol{S}_{i1}\boldsymbol{R}_{Ni} & \boldsymbol{C}_{2i}^{\mathrm{T}}\boldsymbol{D}_{2i} \\ \boldsymbol{A}_i^{\mathrm{T}}\boldsymbol{R}_{Ni}+\varepsilon_{i3}\boldsymbol{R}_{Ni}\boldsymbol{S}_{i1}^{\mathrm{T}}\boldsymbol{S}_{i1}\boldsymbol{R}_{Ni} & \boldsymbol{0}\end{matrix}\right]$$

$$\tilde{\boldsymbol{\Gamma}}_{i4}=\operatorname{diag}\left\{-\boldsymbol{R}_{1i},\cdots,-\boldsymbol{R}_{Ni},-\boldsymbol{Q}_{i1},\cdots,-\boldsymbol{Q}_{iN}\right\}$$

$$\tilde{\boldsymbol{\Gamma}}_{i5}=\begin{bmatrix}\boldsymbol{0} & \cdots & \boldsymbol{0} & \boldsymbol{0}\\ \vdots & & \vdots & \vdots\\ \boldsymbol{0} & \cdots & \boldsymbol{0} & \boldsymbol{0}\\ \tau_{1i}\boldsymbol{A}_{i1}^{\mathrm{T}}\boldsymbol{R}_{1i}+\tau_{1i}\varepsilon_{i4}\boldsymbol{R}_{1i}\boldsymbol{M}_i\boldsymbol{M}_i^{\mathrm{T}}\boldsymbol{R}_{1i} & \cdots & \tau_{Ni}\boldsymbol{A}_{i1}^{\mathrm{T}}\boldsymbol{R}_{Ni}+\tau_{Ni}\varepsilon_{i4}\boldsymbol{R}_{Ni}\boldsymbol{M}_i\boldsymbol{M}_i^{\mathrm{T}}\boldsymbol{R}_{Ni} & \boldsymbol{0}\\ \vdots & & \vdots & \vdots\\ \tau_{1i}\boldsymbol{A}_{iN}^{\mathrm{T}}\boldsymbol{R}_{1i}+\tau_{1i}\varepsilon_{i4}\boldsymbol{R}_{1i}\boldsymbol{M}_i\boldsymbol{M}_i^{\mathrm{T}}\boldsymbol{R}_{1i} & \cdots & \tau_{Ni}\boldsymbol{A}_{iN}^{\mathrm{T}}\boldsymbol{R}_{Ni}+\tau_{Ni}\varepsilon_{i4}\boldsymbol{R}_{Ni}\boldsymbol{M}_i\boldsymbol{M}_i^{\mathrm{T}}\boldsymbol{R}_{Ni} & \boldsymbol{0}\end{bmatrix}$$

$$\tilde{\boldsymbol{\Gamma}}_{i6}=\operatorname{diag}\left\{-\boldsymbol{R}_{1i},\cdots,-\boldsymbol{R}_{Ni},-\gamma\boldsymbol{I}_i+\boldsymbol{D}_{2i}^{\mathrm{T}}\boldsymbol{D}_{2i}\right\}$$

$$\tilde{\boldsymbol{\Gamma}}_{i7}=\begin{bmatrix}\boldsymbol{S}_{i1}\boldsymbol{X}_i & \boldsymbol{0} & \cdots & \boldsymbol{0}\\ \boldsymbol{S}_{i1} & \boldsymbol{0} & \cdots & \boldsymbol{0}\end{bmatrix}$$

$$\tilde{\boldsymbol{\Gamma}}_{i8}=\frac{1}{2}\begin{bmatrix}\boldsymbol{S}_{i1}^{\mathrm{T}} & \boldsymbol{N}_{i1}^{\mathrm{T}} & \tau_{1i}\boldsymbol{X}_i\boldsymbol{S}_{i1}^{\mathrm{T}} & \boldsymbol{0} & \cdots & \boldsymbol{0}\\ \boldsymbol{S}_{i2}\boldsymbol{F}_i & \boldsymbol{N}_{i2}^{\mathrm{T}} & \tau_{2i}\boldsymbol{X}_i\boldsymbol{S}_{i2}^{\mathrm{T}} & \boldsymbol{0} & \cdots & \boldsymbol{0}\\ \vdots & \vdots & \vdots & \vdots & & \vdots\\ \boldsymbol{0} & \boldsymbol{N}_{iN}^{\mathrm{T}} & \tau_{Ni}\boldsymbol{X}_i\boldsymbol{S}_{iN}^{\mathrm{T}} & \boldsymbol{0} & \cdots & \boldsymbol{0}\\ \boldsymbol{0} & \boldsymbol{Y}_i\boldsymbol{N}_{i1}^{\mathrm{T}} & \boldsymbol{E}_{i1} & \boldsymbol{0} & \cdots & \boldsymbol{0}\\ \vdots & \vdots & \vdots & \vdots & & \vdots\\ \boldsymbol{0} & \boldsymbol{Y}_i\boldsymbol{N}_{iN}^{\mathrm{T}} & \boldsymbol{E}_{i1} & \boldsymbol{0} & \cdots & \boldsymbol{0}\end{bmatrix}$$

$$\tilde{\boldsymbol{\Gamma}}_{i9}=\begin{bmatrix}\boldsymbol{0} & \boldsymbol{0} & \tau_{1i}\boldsymbol{S}_{i2}\boldsymbol{F}_i & \tau_{1i}\boldsymbol{N}_{i1} & \cdots & \tau_{Ni}\boldsymbol{N}_{i1}\\ \vdots & \vdots & \vdots & \vdots & & \vdots\\ \boldsymbol{0} & \boldsymbol{0} & \tau_{Ni}\boldsymbol{S}_{i2}\boldsymbol{F}_i & \tau_{1i}\boldsymbol{N}_{iN} & \cdots & \tau_{Ni}\boldsymbol{N}_{iN}\\ \boldsymbol{0} & \boldsymbol{0} & \boldsymbol{0} & \boldsymbol{0} & \cdots & \boldsymbol{0}\end{bmatrix}$$

$$\tilde{\boldsymbol{\Gamma}}_{i10}=\operatorname{diag}\left\{-\varepsilon_{i1}\boldsymbol{I},-\varepsilon_{i2}\boldsymbol{I},-\varepsilon_{i3}\boldsymbol{I},-\varepsilon_{i4}\boldsymbol{I}_N\right\}$$

则称输出反馈控制器(6.47)为系统(6.45)的一个时滞相关γ次优输出反馈 H_∞控制器，其中

$$\hat{\boldsymbol{B}}_i=\boldsymbol{N}_i^{-1}\boldsymbol{L}_i,\quad \hat{\boldsymbol{C}}_i=\boldsymbol{F}_i^{\mathrm{T}}\boldsymbol{V}_i^{-\mathrm{T}}$$

$$\hat{\boldsymbol{A}}_i=\boldsymbol{N}_i^{-\mathrm{T}}(\boldsymbol{K}_i^{\mathrm{T}}-\boldsymbol{Y}_i\boldsymbol{A}_i\boldsymbol{X}_i-\boldsymbol{L}_i\boldsymbol{C}_{1i}\boldsymbol{X}_i-\boldsymbol{Y}_i\boldsymbol{B}_{2i}\boldsymbol{F}_i^{\mathrm{T}})\boldsymbol{V}_i^{-\mathrm{T}}$$

注释 6.1　本章用 $*$ 表示由对称矩阵的对称性所决定的部分，如 $\begin{bmatrix} A & B \\ * & C \end{bmatrix} = \begin{bmatrix} A & B \\ B^{\mathrm{T}} & C \end{bmatrix}$。下面给出一个实例验证所提方法的有效性。

例 6.5　考虑不确定关联时滞系统(6.45)由两个子系统组成，取如下系数矩阵和不确定性

$$A_1 = \begin{bmatrix} -1 & 0 \\ -7 & -8 \end{bmatrix},\ A_{11} = \begin{bmatrix} 0 & 0.3 \\ -0.2 & 0.3 \end{bmatrix},\ A_{12} = \begin{bmatrix} -0.1 & 0.3 \\ 0 & 0.8 \end{bmatrix},\ B_{11} = \begin{bmatrix} 1 \\ 0 \end{bmatrix},\ B_{12} = \begin{bmatrix} 0.24 \\ 1 \end{bmatrix}$$

$$C_{11} = \begin{bmatrix} -0.01 & -0.15 \end{bmatrix},\quad D_{21} = \begin{bmatrix} 0.1 & 0 \end{bmatrix},\quad C_{21} = \begin{bmatrix} 0 & 1 \end{bmatrix},\quad A_2 = \begin{bmatrix} -5 & 2 \\ -3 & -7 \end{bmatrix}$$

$$A_{21} = \begin{bmatrix} 0.3 & 0.2 \\ -0.8 & 0.01 \end{bmatrix},\quad A_{22} = \begin{bmatrix} -0.12 & 0.3 \\ -0.21 & 0.1 \end{bmatrix},\quad B_{21} = \begin{bmatrix} 0 \\ 0.1 \end{bmatrix},\ B_{22} = \begin{bmatrix} 0.01 \\ 0.24 \end{bmatrix}$$

$$C_{12} = \begin{bmatrix} 0.1 & 1 \end{bmatrix},\ D_{22} = \begin{bmatrix} 0 & 0.1 \end{bmatrix},\ C_{22} = \begin{bmatrix} 1 & 0 \end{bmatrix},\ S_{11} = \begin{bmatrix} 0.02 & 0.1 \end{bmatrix},\ S_{21} = \begin{bmatrix} 0 & 0.01 \end{bmatrix}$$

$$S_{12} = \begin{bmatrix} 0.002 & 0.02 \end{bmatrix},\ S_{22} = \begin{bmatrix} 0 & 0.001 \end{bmatrix},\ E_1 = \begin{bmatrix} 0.1 \\ 0 \end{bmatrix},\ E_2 = \begin{bmatrix} 0 \\ -0.02 \end{bmatrix},\ M_1 = \begin{bmatrix} 0.2 \\ 0.01 \end{bmatrix}$$

$$M_2 = \begin{bmatrix} 1 \\ 0.03 \end{bmatrix},\ N_{11} = \begin{bmatrix} -0.2 & 0.01 \end{bmatrix},\ N_{12} = \begin{bmatrix} 0.03 & 0.01 \end{bmatrix},\ N_{21} = \begin{bmatrix} 0.01 & 0.1 \end{bmatrix}$$

$$N_{22} = \begin{bmatrix} 0.3 & 0.1 \end{bmatrix},\ R_{11} = \begin{bmatrix} 2.76 & 0 \\ 0 & 2.76 \end{bmatrix},\ R_{12} = \begin{bmatrix} 9.28 & 0 \\ 0 & 9.28 \end{bmatrix}$$

$$R_{21} = \begin{bmatrix} 0.58 & 0 \\ 0 & 0.58 \end{bmatrix},\ R_{22} = \begin{bmatrix} 9.53 & 0 \\ 0 & 9.53 \end{bmatrix}$$

利用 MATLAB 里面的 LMI 工具箱，求解 LMI(6.51)，在 $\gamma = 5$ 时得到最大时滞界 $\tau \leqslant 0.56$，对应的控制器的系数为

$$\hat{A}_1 = \begin{bmatrix} 1.813 & -2.721 \\ -2.8006 & 1.8659 \end{bmatrix},\ \hat{B}_1 = \begin{bmatrix} -1.7787 \\ 1.1182 \end{bmatrix},\ \hat{C}_1 = \begin{bmatrix} 8.5019 & -23.9177 \end{bmatrix}$$

$$\hat{A}_2 = \begin{bmatrix} 0.51 & -0.5618 \\ -1.2481 & 1.1105 \end{bmatrix},\ \hat{B}_2 = \begin{bmatrix} 6.2399 \\ -5.5519 \end{bmatrix},\ \hat{C}_2 = \begin{bmatrix} 1.8326 & -1.6042 \end{bmatrix}$$

在该控制器的作用下，取不同的时滞，可以得到各自闭环系统的最大奇异值(H_∞范数)曲线如图 6.1 所示。在图 6.1 中，从上至下的四条曲线分别为 $\tau = 0.5$、$\tau = 0.4$、$\tau = 0.2$、$\tau = 0.01$ 时的最大奇异值曲线。由图 6.1 可以看出，在时滞越小时，频域上最大奇异值的峰值越小，系统越稳定。

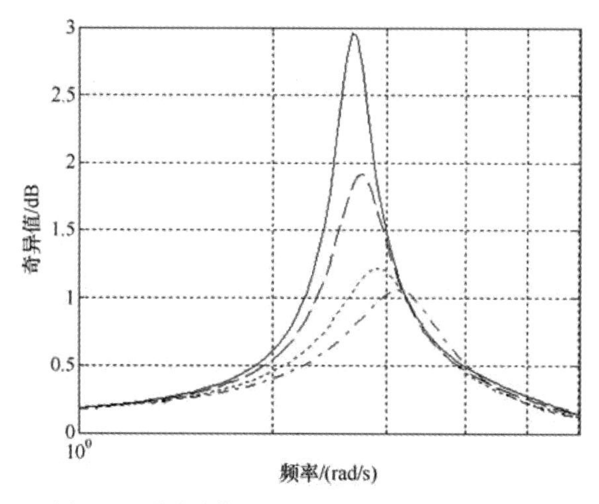

图 6.1　不同时滞下的闭环系统最大奇异值曲线

6.5.2　时变时滞大系统时滞相关分散 H_∞输出反馈控制

考虑具有 N 个时滞子系统构成的关联大系统，其状态方程描述为

$$\begin{aligned}
\dot{\boldsymbol{x}}_i(t) &= \boldsymbol{A}_i\boldsymbol{x}_i(t) + \sum_{j=1}^{N}\boldsymbol{A}_{ij}\boldsymbol{x}_{\mathrm{j}}(t-\boldsymbol{d}_j(t)) + \boldsymbol{B}_{1i}\boldsymbol{\omega}_i(t) + \boldsymbol{B}_{2i}\boldsymbol{u}_i(t) \\
\boldsymbol{y}_i(t) &= \boldsymbol{C}_{1i}(t)\boldsymbol{x}_i(t) + \boldsymbol{D}_{1i}\boldsymbol{\omega}_i(t) + \sum_{j=1}^{N}\boldsymbol{C}_{\mathrm{d}ij}\boldsymbol{x}_j(t-d_j(t)) \\
\boldsymbol{z}_i(t) &= \boldsymbol{C}_{2i}\boldsymbol{x}_i(t) + \boldsymbol{D}_{2i}\boldsymbol{\omega}_i(t)
\end{aligned} \tag{6.52}$$

式中，$\boldsymbol{x}_i(t)\in\mathbf{R}^{n_i}$ 、$\boldsymbol{u}_i(t)\in\mathbf{R}^{m_i}$ 、$\boldsymbol{\omega}_i(t)\in\mathbf{R}^{p_i}$ 、$\boldsymbol{y}_i(t)\in\mathbf{R}^{m_i}$ 和 $\boldsymbol{z}_i(t)\in\mathbf{R}^{l_i}$ 分别为第 i 个子系统的状态向量、控制输入向量、扰动输入向量、观测输出向量和控制输出向量；$\boldsymbol{A}_i$、$\boldsymbol{A}_{ij}$、$\boldsymbol{C}_{\mathrm{d}ij}$、$\boldsymbol{B}_{1i}$、$\boldsymbol{B}_{2i}$、$\boldsymbol{C}_{1i}$、$\boldsymbol{D}_{1i}$、$\boldsymbol{C}_{2i}$、$\boldsymbol{D}_{2i}$ 是具有相应维数的常数矩阵；这里，$d_j(t)$ 是同时存在于系统的关联项和观测输出中的时变时滞，$d_j(t)$ 满足

$$d_1 \leqslant d_j(t) \leqslant d_2,\quad d_1>0,\quad d_2>0 \tag{6.53}$$

对于系统(6.52)，设计一个输出反馈控制器

$$\begin{aligned}
\dot{\hat{\boldsymbol{x}}}_i(t) &= \hat{A}_i\hat{\boldsymbol{x}}_i(t) + \hat{\boldsymbol{B}}_i\boldsymbol{y}_i(t) \\
\boldsymbol{u}_i(t) &= \hat{\boldsymbol{C}}_i\hat{\boldsymbol{x}}_i(t)
\end{aligned}\qquad i=1,\cdots,N \tag{6.54}$$

将控制器(6.54)代入式(6.52)，得到闭环系统

$$\begin{aligned}
\dot{\boldsymbol{x}}_i(t) &= (\boldsymbol{A}_i+\Delta\boldsymbol{A}_i)\boldsymbol{x}_i(t) + (\boldsymbol{B}_{2i}+\Delta\boldsymbol{B}_{2i})\hat{\boldsymbol{C}}_i\hat{\boldsymbol{x}}_i(t) + \sum_{j=1}^{N}(\boldsymbol{A}_{ij}+\Delta\boldsymbol{A}_{ij})\boldsymbol{x}_j(t-\tau_{ij}) + \boldsymbol{B}_{1i}\boldsymbol{\omega}_i(t) \\
\dot{\hat{\boldsymbol{x}}}_i(t) &= \hat{\boldsymbol{B}}_i\boldsymbol{C}_{1i}\boldsymbol{x}_i(t) + \hat{\boldsymbol{A}}_i\hat{\boldsymbol{x}}_i(t) + \hat{\boldsymbol{B}}_i\boldsymbol{D}_{1i}\boldsymbol{\omega}_i(t) \\
\boldsymbol{z}_i(t) &= \boldsymbol{C}_{2i}\boldsymbol{x}_i(t) + \boldsymbol{D}_{2i}\boldsymbol{\omega}_i(t)
\end{aligned} \tag{6.55}$$

闭环系统(6.55)可以写为

$$\begin{aligned}
&\dot{\tilde{\boldsymbol{x}}}_i(t)=\tilde{\boldsymbol{A}}_{\mathrm{d}i}\tilde{\boldsymbol{x}}_i(t)+\sum_{j=1}^{N}\tilde{\boldsymbol{A}}_{\mathrm{d}ij}\tilde{\boldsymbol{x}}_j(t-\tau_{ij})+\tilde{\boldsymbol{B}}_i\boldsymbol{\omega}_i(t)\\
&\boldsymbol{z}_i(t)=\tilde{\boldsymbol{C}}_{2i}\tilde{\boldsymbol{x}}_i(t)+\boldsymbol{D}_{2i}\boldsymbol{\omega}_i(t)
\end{aligned}\tag{6.56}$$

式中

$$\tilde{\boldsymbol{A}}_i=\begin{bmatrix}\boldsymbol{A}_i & \boldsymbol{B}_{2i}\hat{\boldsymbol{C}}_i\\ \hat{\boldsymbol{B}}_i\boldsymbol{C}_{1i} & \hat{\boldsymbol{A}}_i\end{bmatrix},\ \Delta\tilde{\boldsymbol{A}}_i=\begin{bmatrix}\Delta\boldsymbol{A}_i & \Delta\boldsymbol{B}_{2i}\hat{\boldsymbol{C}}_i\\ \boldsymbol{0} & \boldsymbol{0}\end{bmatrix},\ \tilde{\boldsymbol{A}}_{ij}=\begin{bmatrix}\boldsymbol{A}_{ij}\\ \boldsymbol{0}\end{bmatrix},\ \tilde{\boldsymbol{B}}_i=\begin{bmatrix}\boldsymbol{B}_{1i}\\ \hat{\boldsymbol{B}}_i\boldsymbol{D}_{1i}\end{bmatrix}$$

$$\Delta\tilde{\boldsymbol{A}}_{ij}=\begin{bmatrix}\Delta\boldsymbol{A}_{ij}\\ \boldsymbol{0}\end{bmatrix},\quad \tilde{\boldsymbol{x}}_i(t)=\begin{bmatrix}\boldsymbol{x}_i(t)\\ \hat{\boldsymbol{x}}_i(t)\end{bmatrix},\quad \tilde{\boldsymbol{x}}_j(t-\tau_{ij})=\begin{bmatrix}\boldsymbol{x}_j(t-\tau_{ij}) & \boldsymbol{0}\end{bmatrix}$$

$$\tilde{\boldsymbol{C}}_{2i}=\begin{bmatrix}\boldsymbol{C}_{2i} & \boldsymbol{0}\end{bmatrix},\ \tilde{\boldsymbol{A}}_{\mathrm{d}i}=\tilde{\boldsymbol{A}}_i+\Delta\tilde{\boldsymbol{A}}_i,\ \tilde{\boldsymbol{A}}_{\mathrm{d}ij}=\tilde{\boldsymbol{A}}_{ij}+\Delta\tilde{\boldsymbol{A}}_{ij}$$

本节的目的是对给定的正常数γ，为每个子系统(6.52)设计一个输出反馈控制器(6.54)，使得：

(1) $\boldsymbol{\omega}_i(t)=0$时，闭环系统(6.55)内部渐近稳定；

(2) 在零初始条件下$\boldsymbol{x}_i(t)=0,\ t\in[-\tau,0]$，有$\|z(t)\|_2^2\leqslant\gamma\|\boldsymbol{\omega}(t)\|_2^2,\forall\boldsymbol{\omega}(t)\in\boldsymbol{L}_2[0,\infty]$成立，其中$\boldsymbol{z}(t)=\begin{bmatrix}\boldsymbol{z}_1^{\mathrm{T}}(t) & \cdots & \boldsymbol{z}_N^{\mathrm{T}}(t)\end{bmatrix}^{\mathrm{T}}$，$\boldsymbol{\omega}(t)=\begin{bmatrix}\boldsymbol{\omega}_1^{\mathrm{T}}(t) & \cdots & \boldsymbol{\omega}_N^{\mathrm{T}}(t)\end{bmatrix}^{\mathrm{T}}$。

在给出主要的定理之前，先介绍一下有用的引理。

引理 6.2[21]　设$x(t)\in\mathbf{R}^{n\times n}$具有一阶连续导数，则对任意正定矩阵$\boldsymbol{R}\in\mathbf{R}^{n\times n}$，以及$\begin{bmatrix}\boldsymbol{M}_1 & \boldsymbol{M}_2\end{bmatrix}\in\mathbf{R}^{n\times 2n}$，$h\geqslant 0$，以下积分不等式成立：

$$\begin{aligned}
-\int_{t-h}^{t}\dot{\boldsymbol{x}}^{\mathrm{T}}(s)\boldsymbol{R}\dot{\boldsymbol{x}}(s)\mathrm{d}s\leqslant&\begin{bmatrix}\boldsymbol{x}(t)\\ \boldsymbol{x}(t-h)\end{bmatrix}^{\mathrm{T}}\left\{\begin{bmatrix}\boldsymbol{M}_1^{\mathrm{T}}+\boldsymbol{M}_1 & -\boldsymbol{M}_1^{\mathrm{T}}+\boldsymbol{M}_2\\ * & -\boldsymbol{M}_2^{\mathrm{T}}-\boldsymbol{M}_2\end{bmatrix}\right.\\
&\left.+h\begin{bmatrix}\boldsymbol{M}_1^{\mathrm{T}}\\ \boldsymbol{M}_2^{\mathrm{T}}\end{bmatrix}\boldsymbol{R}^{-1}\begin{bmatrix}\boldsymbol{M}_1^{\mathrm{T}}\\ \boldsymbol{M}_2^{\mathrm{T}}\end{bmatrix}^{\mathrm{T}}\right\}\begin{bmatrix}\boldsymbol{x}(t)\\ \boldsymbol{x}(t-h)\end{bmatrix}
\end{aligned}$$

下面给出闭环系统渐近稳定且具有H_∞性能指标γ及H_∞控制器存在的充分条件。

定理 6.10　对于给定的常量$\gamma>0$，并且$d_j(t)$满足条件(6.53)，若存在正定对称矩阵$\boldsymbol{P}_i$、$\boldsymbol{Q}_{ji}$、$\boldsymbol{Z}_{ij}$和$\boldsymbol{R}_{ij}=\mathrm{diag}\{\boldsymbol{R}_{ij11},\boldsymbol{R}_{ij22}\}$以及任意矩阵$\boldsymbol{M}_1$、$\boldsymbol{M}_2$、$\boldsymbol{E}_i$、$\boldsymbol{F}_i$、$\boldsymbol{H}_i$、$\boldsymbol{L}_i$使得如下不等式成立：

$$\begin{bmatrix}\boldsymbol{\Gamma}_{11} & \boldsymbol{0} & \boldsymbol{\Gamma}_{13} & \boldsymbol{0}\\ * & \boldsymbol{\Gamma}_{22} & \boldsymbol{0} & \boldsymbol{\Gamma}_{24}\\ * & * & \boldsymbol{\Gamma}_{33} & \boldsymbol{0}\\ * & * & * & \boldsymbol{\Gamma}_{44}\end{bmatrix}<0\tag{6.57}$$

式中

$$
\boldsymbol{\Gamma}_{11}=\begin{bmatrix} (1,1) & \boldsymbol{H}_i+\boldsymbol{C}_{1i}^{\mathrm{T}}\boldsymbol{F}_i^{\mathrm{T}} & \boldsymbol{P}_i\boldsymbol{A}_{i1}+\boldsymbol{L}_i\boldsymbol{C}_{\mathrm{d}i1} & \cdots & \boldsymbol{P}_i\boldsymbol{A}_{iN}+\boldsymbol{L}_i\boldsymbol{C}_{\mathrm{d}iN} \\ * & \boldsymbol{E}_i+\boldsymbol{E}_i^{\mathrm{T}} & \boldsymbol{F}_i\boldsymbol{C}_{\mathrm{d}i1} & \cdots & \boldsymbol{F}_i\boldsymbol{C}_{\mathrm{d}iN} \\ * & * & -\boldsymbol{Z}_{i1} & \cdots & \boldsymbol{0} \\ * & * & * & & \vdots \\ * & * & * & \cdots & -\boldsymbol{Z}_{iN} \end{bmatrix}
$$

$$
(1,1)=\boldsymbol{P}_i\boldsymbol{A}_i+\boldsymbol{A}_i^{\mathrm{T}}\boldsymbol{P}_i+\boldsymbol{L}_i\boldsymbol{C}_{1i}+\boldsymbol{C}_{1i}^{\mathrm{T}}\boldsymbol{L}_i+\sum_{j=1}^{N}d_{12}\boldsymbol{Z}_{ij}+\boldsymbol{C}_{2i}^{\mathrm{T}}\boldsymbol{C}_{2i}
$$

$$
\boldsymbol{\Gamma}_{13}=\begin{bmatrix} \boldsymbol{P}_i\boldsymbol{B}_{1i}+\boldsymbol{L}_i\boldsymbol{D}_{1i}+\boldsymbol{C}_{2i}\boldsymbol{D}_{2i} & d_{12}(\boldsymbol{A}_i^{\mathrm{T}}\boldsymbol{P}_i+\boldsymbol{C}_{1i}^{\mathrm{T}}\boldsymbol{L}_i^{\mathrm{T}}) & d_{12}\boldsymbol{C}_{1i}^{\mathrm{T}}\boldsymbol{F}_i^{\mathrm{T}} & \cdots & d_{12}(\boldsymbol{A}_i^{\mathrm{T}}\boldsymbol{P}_i+\boldsymbol{C}_{1i}^{\mathrm{T}}\boldsymbol{L}_i^{\mathrm{T}}) & d_{12}\boldsymbol{C}_{1i}^{\mathrm{T}}\boldsymbol{F}_i^{\mathrm{T}} \\ \boldsymbol{F}_i\boldsymbol{D}_{1i} & d_{12}\boldsymbol{H}_i^{\mathrm{T}} & d_{12}\boldsymbol{E}_i^{\mathrm{T}} & \cdots & d_{12}\boldsymbol{H}_i^{\mathrm{T}} & d_{12}\boldsymbol{E}_i^{\mathrm{T}} \\ \boldsymbol{0} & d_{12}(\boldsymbol{A}_{i1}^{\mathrm{T}}\boldsymbol{P}_i+\boldsymbol{C}_{\mathrm{d}i1}^{\mathrm{T}}\boldsymbol{L}_i^{\mathrm{T}}) & d_{12}\boldsymbol{C}_{\mathrm{d}i1}^{\mathrm{T}}\boldsymbol{F}_i^{\mathrm{T}} & \cdots & d_{12}(\boldsymbol{A}_{i1}^{\mathrm{T}}\boldsymbol{P}_i+\boldsymbol{C}_{\mathrm{d}i1}^{\mathrm{T}}\boldsymbol{L}_i^{\mathrm{T}}) & d_{12}\boldsymbol{C}_{\mathrm{d}i1}^{\mathrm{T}}\boldsymbol{F}_i^{\mathrm{T}} \\ \vdots & \vdots & \vdots & & \vdots & \vdots \\ \boldsymbol{0} & d_{12}(\boldsymbol{A}_{iN}^{\mathrm{T}}\boldsymbol{P}_i+\boldsymbol{C}_{\mathrm{d}iN}^{\mathrm{T}}\boldsymbol{L}_i^{\mathrm{T}}) & d_{12}\boldsymbol{C}_{\mathrm{d}iN}^{\mathrm{T}}\boldsymbol{F}_i^{\mathrm{T}} & \cdots & d_{12}(\boldsymbol{A}_{iN}^{\mathrm{T}}\boldsymbol{P}_i+\boldsymbol{C}_{\mathrm{d}iN}^{\mathrm{T}}\boldsymbol{L}_i^{\mathrm{T}}) & d_{12}\boldsymbol{C}_{\mathrm{d}iN}^{\mathrm{T}}\boldsymbol{F}_i^{\mathrm{T}} \end{bmatrix}
$$

$$
\boldsymbol{\Gamma}_{22}=\begin{bmatrix} \boldsymbol{Q}_{i1}+d_{12}(\boldsymbol{M}_1^{\mathrm{T}}+\boldsymbol{M}_1) & \cdots & \boldsymbol{0} & d_{12}(\boldsymbol{M}_2-\boldsymbol{M}_1^{\mathrm{T}}) & \cdots & \boldsymbol{0} \\ \vdots & & \vdots & \vdots & & \vdots \\ \boldsymbol{0} & \cdots & \boldsymbol{Q}_{i1}+d_{12}(\boldsymbol{M}_1^{\mathrm{T}}+\boldsymbol{M}_1) & \boldsymbol{0} & \cdots & d_{12}(\boldsymbol{M}_2-\boldsymbol{M}_1^{\mathrm{T}}) \\ * & \cdots & * & -\boldsymbol{Q}_{i1}-d_{12}(\boldsymbol{M}_2+\boldsymbol{M}_2^{\mathrm{T}}) & \cdots & \boldsymbol{0} \\ \vdots & & \vdots & \vdots & & \vdots \\ * & \cdots & * & \boldsymbol{0} & \cdots & -\boldsymbol{Q}_{iN}-d_{12}(\boldsymbol{M}_2+\boldsymbol{M}_2^{\mathrm{T}}) \end{bmatrix}
$$

$$\boldsymbol{\Gamma}_{24}=\begin{bmatrix} d_{12}\boldsymbol{M}_1^{\mathrm{T}} & \cdots & \boldsymbol{0} \\ \vdots & & \vdots \\ \boldsymbol{0} & \cdots & d_{12}\boldsymbol{M}_1^{\mathrm{T}} \\ d_{12}\boldsymbol{M}_2^{\mathrm{T}} & \cdots & \boldsymbol{0} \\ \vdots & & \vdots \\ \boldsymbol{0} & \cdots & d_{12}\boldsymbol{M}_2^{\mathrm{T}} \end{bmatrix},\ \boldsymbol{\Gamma}_{44}=\begin{bmatrix} -\boldsymbol{R}_{i1} & \cdots & \boldsymbol{0} \\ \vdots & & \vdots \\ \boldsymbol{0} & \cdots & -\boldsymbol{R}_{iN} \end{bmatrix},\ d_{12}=d_2-d_1$$

$$\boldsymbol{\Gamma}_{33}=\begin{bmatrix} -\gamma\boldsymbol{I}+\boldsymbol{D}_{2i}^{\mathrm{T}}\boldsymbol{D}_{2i} & d_{12}(\boldsymbol{B}_{1i}^{\mathrm{T}}\boldsymbol{P}_i+\boldsymbol{D}_{1i}^{\mathrm{T}}\boldsymbol{L}_i^{\mathrm{T}}) & d_{12}\boldsymbol{D}_{1i}^{\mathrm{T}}\boldsymbol{F}_i^{\mathrm{T}} & \cdots & d_{12}(\boldsymbol{B}_{1i}^{\mathrm{T}}\boldsymbol{P}_i+\boldsymbol{D}_{1i}^{\mathrm{T}}\boldsymbol{L}_i^{\mathrm{T}}) & d_{12}\boldsymbol{D}_{1i}^{\mathrm{T}}\boldsymbol{F}_i^{\mathrm{T}} \\ d_{12}(\boldsymbol{P}_i\boldsymbol{B}_{1i}+\boldsymbol{L}_i\boldsymbol{D}_{1i}) & -\boldsymbol{P}_i\boldsymbol{R}_{1i11}^{-1}\boldsymbol{P}_i & \boldsymbol{0} & \cdots & \boldsymbol{0} & \boldsymbol{0} \\ d_{12}\boldsymbol{F}_i\boldsymbol{D}_{1i} & \boldsymbol{0} & -\boldsymbol{P}_i\boldsymbol{R}_{1i22}^{-1}\boldsymbol{P}_i & \cdots & \boldsymbol{0} & \boldsymbol{0} \\ \vdots & \vdots & \vdots & & \vdots & \vdots \\ d_{12}(\boldsymbol{P}_i\boldsymbol{B}_{1i}+\boldsymbol{L}_i\boldsymbol{D}_{1i}) & \boldsymbol{0} & \boldsymbol{0} & \cdots & -\boldsymbol{P}_i\boldsymbol{R}_{Ni11}^{-1}\boldsymbol{P}_i & \boldsymbol{0} \\ d_{12}\boldsymbol{F}_i\boldsymbol{D}_{1i} & \boldsymbol{0} & \boldsymbol{0} & \cdots & \boldsymbol{0} & -\boldsymbol{P}_i\boldsymbol{R}_{Ni22}^{-1}\boldsymbol{P}_i \end{bmatrix}$$

则称输出反馈控制器(6.54)为系统(6.52)的一个时滞依赖γ次优输出反馈 H_∞控制器，其中$\hat{\boldsymbol{A}}_i=\boldsymbol{P}_i^{-1}\boldsymbol{E}_i$，$\hat{\boldsymbol{B}}_i=\boldsymbol{P}_i^{-1}\boldsymbol{F}_i$，$\hat{\boldsymbol{C}}_i=\boldsymbol{B}_{2i}^{-1}\boldsymbol{P}_i^{-1}\boldsymbol{H}_i$，$\hat{\boldsymbol{D}}_i=\boldsymbol{B}_{2i}^{-1}\boldsymbol{P}_i^{-1}\boldsymbol{L}_i$。

证明　选择如下的 Lyapunov-Krasovskii 泛函：

$$V(\tilde{\boldsymbol{x}}_i(t),t)=\sum_{i=1}^{N}\left\{\tilde{\boldsymbol{x}}_i^{\mathrm{T}}(t)\boldsymbol{P}_i\tilde{\boldsymbol{x}}_i(t)+\sum_{j=1}^{N}\left[\int_{t-d_2}^{t-d_1}\tilde{\boldsymbol{x}}_j^{\mathrm{T}}(s)\boldsymbol{Q}_{ij}\tilde{\boldsymbol{x}}_j(s)\mathrm{d}s+\int_{-d_2}^{-d_1}\int_{t+\theta}^{t}\dot{\tilde{\boldsymbol{x}}}_j^{\mathrm{T}}(s)d_{12}\boldsymbol{R}_{ij}\dot{\tilde{\boldsymbol{x}}}_j(s)\mathrm{d}s\mathrm{d}\theta\right.\right.$$
$$\left.\left.+\int_{-d_2}^{-d_1}\int_{t+\theta}^{t}\tilde{\boldsymbol{x}}_j^{\mathrm{T}}(s)\boldsymbol{Z}_{ij}\tilde{\boldsymbol{x}}_j(s)\mathrm{d}s\mathrm{d}\theta\right]\right\}$$

求取其对时间的导数，有

$$\dot{V}(\tilde{\boldsymbol{x}}_i(t),t)\leqslant\sum_{i=1}^{N}\left\{\tilde{\boldsymbol{x}}_i^{\mathrm{T}}(t)\left[\boldsymbol{P}_i\tilde{\boldsymbol{A}}_i+\tilde{\boldsymbol{A}}_i^{\mathrm{T}}\boldsymbol{P}_i\right]\tilde{\boldsymbol{x}}_i(t)+2\tilde{\boldsymbol{x}}_i^{\mathrm{T}}(t)\boldsymbol{P}_i\sum_{j=1}^{N}\tilde{\boldsymbol{A}}_{ij}\boldsymbol{x}_j(t-d_j(t))\right.$$
$$+2\boldsymbol{\omega}_i^{\mathrm{T}}(t)\tilde{\boldsymbol{B}}_{1i}^{\mathrm{T}}\boldsymbol{P}_i\tilde{\boldsymbol{x}}_i(t)+\sum_{j=1}^{N}\tilde{\boldsymbol{x}}_j^{\mathrm{T}}(t-d_1)\boldsymbol{Q}_{ij}\tilde{\boldsymbol{x}}_j(t-d_1)-\sum_{j=1}^{N}\tilde{\boldsymbol{x}}_j^{\mathrm{T}}(t-d_2)\boldsymbol{Q}_{ij}\tilde{\boldsymbol{x}}_j(t-d_2)$$
$$+\sum_{j=1}^{N}d_{12}^2\dot{\tilde{\boldsymbol{x}}}_j^{\mathrm{T}}(t)\boldsymbol{R}_{ij}\dot{\tilde{\boldsymbol{x}}}_j(t)-d_{12}\sum_{j=1}^{N}\int_{t-d_2}^{t-d_1}\dot{\tilde{\boldsymbol{x}}}_j^{\mathrm{T}}(t)\boldsymbol{R}_{ij}\dot{\tilde{\boldsymbol{x}}}_j(t)\mathrm{d}t$$
$$\left.+\sum_{j=1}^{N}\left[d_{12}\tilde{\boldsymbol{x}}_i^{\mathrm{T}}(t)\boldsymbol{Z}_{ij}\tilde{\boldsymbol{x}}_i(t)-\tilde{\boldsymbol{x}}_j^{\mathrm{T}}(t-d_j(t))\boldsymbol{Z}_{ij}\tilde{\boldsymbol{x}}_j(t-d_j(t))\right]\right\}$$

令 $J=\int_0^{\infty}\left\{\sum_{i=1}^{N}\left[\boldsymbol{z}_i^{\mathrm{T}}(t)\boldsymbol{z}_i(t)-\gamma\boldsymbol{\omega}_i^{\mathrm{T}}(t)\boldsymbol{\omega}_i(t)\right]\right\}\mathrm{d}t$，考虑在零初始条件下，以及 $V(\tilde{\boldsymbol{x}}_i(t),t)$ 的正定性并代入引理 6.2，有

$$
\begin{aligned}
J&=\int_0^{\infty}\left\{\sum_{j=1}^{N}\left[\boldsymbol{z}_i^{\mathrm{T}}(t)\boldsymbol{z}_i(t)-\gamma\boldsymbol{\omega}_i^{\mathrm{T}}(t)\boldsymbol{\omega}_i(t)\right]+\dot{V}(\tilde{x}_i(t),t)\right\}\mathrm{d}t-V(\tilde{x}_i(t),\infty)\\
&\leqslant\int_0^{\infty}\left\{\sum_{j=1}^{N}\left[\boldsymbol{z}_i^{\mathrm{T}}(t)\boldsymbol{z}_i(t)-\gamma\boldsymbol{\omega}_i^{\mathrm{T}}(t)\boldsymbol{\omega}_i(t)\right]+\dot{V}(\tilde{\boldsymbol{x}}_i(t),t)\right\}\mathrm{d}t
\end{aligned}
$$

$$
\leqslant\sum_{i=1}^{N}\begin{bmatrix}\tilde{\boldsymbol{x}}_i(t)\\ \tilde{\boldsymbol{x}}_i(t-d_1(t))\\ \vdots\\ \tilde{\boldsymbol{x}}_N(t-d_N(t))\\ \tilde{\boldsymbol{x}}_1(t-d_1)\\ \vdots\\ \tilde{\boldsymbol{x}}_N(t-d_1)\\ \tilde{\boldsymbol{x}}_1(t-d_2)\\ \vdots\\ \tilde{\boldsymbol{x}}_N(t-d_2)\\ \boldsymbol{\omega}_i(t)\end{bmatrix}^{\mathrm{T}}
\left[\begin{matrix}
\tilde{\boldsymbol{A}}_i^{\mathrm{T}}\boldsymbol{P}_i+\boldsymbol{P}_i\tilde{\boldsymbol{A}}_i+d_{12}^2\sum_{j=1}^{N}\tilde{\boldsymbol{A}}_i^{\mathrm{T}}\boldsymbol{R}_{ji}\tilde{\boldsymbol{A}}_i+d_{12}\sum_{j=1}^{N}\boldsymbol{Z}_{ij}+\tilde{\boldsymbol{C}}_{2i}^{\mathrm{T}}\tilde{\boldsymbol{C}}_{2i}\\
\tilde{\boldsymbol{A}}_{i1}^{\mathrm{T}}\boldsymbol{P}_i+d_{12}^2\sum_{j=1}^{N}\tilde{\boldsymbol{A}}_{i1}^{\mathrm{T}}\boldsymbol{R}_{ji}\tilde{\boldsymbol{A}}_i\\
\vdots\\
\tilde{\boldsymbol{A}}_{iN}^{\mathrm{T}}\boldsymbol{P}_i+d_{12}^2\sum_{j=1}^{N}\tilde{\boldsymbol{A}}_{iN}^{\mathrm{T}}\boldsymbol{R}_{ji}\tilde{\boldsymbol{A}}_i\\
\mathbf{0}\\ \vdots\\ \mathbf{0}\\ \mathbf{0}\\ \vdots\\ \mathbf{0}\\
\tilde{\boldsymbol{B}}_{1i}^{\mathrm{T}}\boldsymbol{P}_i+d_{12}^2\sum_{j=1}^{N}\tilde{\boldsymbol{B}}_{1i}^{\mathrm{T}}\boldsymbol{R}_{ji}\tilde{\boldsymbol{A}}_i^{\mathrm{T}}+\tilde{\boldsymbol{C}}_{2i}^{\mathrm{T}}\boldsymbol{D}_{2i}
\end{matrix}\right.
$$

$$
\begin{matrix}
\boldsymbol{P}_i\tilde{\boldsymbol{A}}_{i1}+d_{12}^2\sum_{j=1}^{N}\tilde{\boldsymbol{A}}_i^{\mathrm{T}}\boldsymbol{R}_{ji}\tilde{\boldsymbol{A}}_{i1} & \cdots & \boldsymbol{P}_i\tilde{\boldsymbol{A}}_{iN}+d_{12}^2\sum_{j=1}^{N}\tilde{\boldsymbol{A}}_i^{\mathrm{T}}\boldsymbol{R}_{ji}\tilde{\boldsymbol{A}}_{iN} & \mathbf{0} & \cdots & \mathbf{0}\\
-\boldsymbol{Z}_{i1}+d_{12}^2\sum_{j=1}^{N}\tilde{\boldsymbol{A}}_{i1}^{\mathrm{T}}\boldsymbol{R}_{ji}\tilde{\boldsymbol{A}}_{i1} & \cdots & d_{12}^2\sum_{j=1}^{N}\tilde{\boldsymbol{A}}_{i1}^{\mathrm{T}}\boldsymbol{R}_{ji}\tilde{\boldsymbol{A}}_{iN} & \mathbf{0} & \cdots & \mathbf{0}\\
\vdots & & \vdots & \vdots & & \vdots\\
d_{12}^2\sum_{j=1}^{N}\tilde{\boldsymbol{A}}_{iN}^{\mathrm{T}}\boldsymbol{R}_{ji}\tilde{\boldsymbol{A}}_{i1} & \cdots & -\boldsymbol{Z}_{iN}+d_{12}^2\sum_{j=1}^{N}\tilde{\boldsymbol{A}}_{iN}^{\mathrm{T}}\boldsymbol{R}_{ji}\tilde{\boldsymbol{A}}_{iN} & \mathbf{0} & \cdots & \mathbf{0}\\
\mathbf{0} & \cdots & \mathbf{0} & \begin{matrix}\boldsymbol{Q}_{i1}+d_{12}^2\boldsymbol{M}_1^{\mathrm{T}}\boldsymbol{R}_{i1}^{-1}\boldsymbol{M}_1\\+d_{12}(\boldsymbol{M}_1^{\mathrm{T}}+\boldsymbol{M}_1)\end{matrix} & \cdots & \mathbf{0}\\
\vdots & & \vdots & \vdots & & \vdots\\
\mathbf{0} & \cdots & \mathbf{0} & \mathbf{0} & \cdots & \begin{matrix}\boldsymbol{Q}_{iN}+d_{12}^2\boldsymbol{M}_1^{\mathrm{T}}\boldsymbol{R}_{iN}^{-1}\boldsymbol{M}_1\\+d_{12}(\boldsymbol{M}_1^{\mathrm{T}}+\boldsymbol{M}_1)\end{matrix}\\
\mathbf{0} & \cdots & \mathbf{0} & \begin{matrix}d_{12}^2\boldsymbol{M}_2^{\mathrm{T}}\boldsymbol{R}_{i1}^{-1}\boldsymbol{M}_1+\\d_{12}(\boldsymbol{M}_2^{\mathrm{T}}-\boldsymbol{M}_1)\end{matrix} & \cdots & \mathbf{0}\\
\vdots & & \vdots & \vdots & & \vdots\\
\mathbf{0} & \cdots & \mathbf{0} & \mathbf{0} & \cdots & \begin{matrix}d_{12}^2\boldsymbol{M}_2^{\mathrm{T}}\boldsymbol{R}_{iN}^{-1}\boldsymbol{M}_1\\+d_{12}(\boldsymbol{M}_2^{\mathrm{T}}-\boldsymbol{M}_1)\end{matrix}\\
d_{12}^2\sum_{j=1}^{N}\tilde{\boldsymbol{B}}_{1i}^{\mathrm{T}}\boldsymbol{R}_{ji}\tilde{\boldsymbol{A}}_{i1}^{\mathrm{T}} & \cdots & d_{12}^2\sum_{j=1}^{N}\tilde{\boldsymbol{B}}_{1i}^{\mathrm{T}}\boldsymbol{R}_{ji}\tilde{\boldsymbol{A}}_{iN}^{\mathrm{T}} & \mathbf{0} & \cdots & \mathbf{0}
\end{matrix}
$$

$$
\left.\begin{array}{cccc}
 & & & \boldsymbol{P}_i\tilde{\boldsymbol{B}}_{1i}+\boldsymbol{D}_{2i}^{\mathrm{T}}\tilde{\boldsymbol{C}}_{2i} \\
\boldsymbol{0} & \cdots & \boldsymbol{0} & d_{12}^2\sum\limits_{j=1}^{N}\tilde{\boldsymbol{A}}_i^{\mathrm{T}}\boldsymbol{R}_{ji}\tilde{\boldsymbol{B}}_{1i} \\
\boldsymbol{0} & \cdots & \boldsymbol{0} & \boldsymbol{0} \\
\vdots & & \vdots & \vdots \\
\boldsymbol{0} & \cdots & \boldsymbol{0} & \boldsymbol{0} \\
\begin{array}{c} d_{12}^2\boldsymbol{M}_1^{\mathrm{T}}\boldsymbol{R}_{i1}^{-1}\boldsymbol{M}_2+ \\ d_{12}(\boldsymbol{M}_2^{\mathrm{T}}-\boldsymbol{M}_1^{\mathrm{T}}) \end{array} & \cdots & \boldsymbol{0} & \boldsymbol{0} \\
\vdots & & \vdots & \vdots \\
\boldsymbol{0} & \cdots & \begin{array}{c} d_{12}^2\boldsymbol{M}_1^{\mathrm{T}}\boldsymbol{R}_{i1}^{-1}\boldsymbol{M}_2+ \\ d_{12}(\boldsymbol{M}_2^{\mathrm{T}}-\boldsymbol{M}_1^{\mathrm{T}}) \end{array} & \boldsymbol{0} \\
\begin{array}{c} -\boldsymbol{Q}_{i1}+d_{12}^2\boldsymbol{M}_2^{\mathrm{T}}\boldsymbol{R}_{i1}^{-1}\boldsymbol{M}_2 \\ +d_{12}(-\boldsymbol{M}_2^{\mathrm{T}}-\boldsymbol{M}_2) \end{array} & \cdots & \boldsymbol{0} & \boldsymbol{0} \\
\vdots & & \vdots & \vdots \\
\boldsymbol{0} & \cdots & \begin{array}{c} -\boldsymbol{Q}_{iN}+d_{12}^2\boldsymbol{M}_2^{\mathrm{T}}\boldsymbol{R}_{iN}^{-1}\boldsymbol{M}_2 \\ +d_{12}(-\boldsymbol{M}_2^{\mathrm{T}}-\boldsymbol{M}_2) \end{array} & \boldsymbol{0} \\
\boldsymbol{0} & \cdots & \boldsymbol{0} & d_{12}^2\sum\limits_{j=1}^{N}\tilde{\boldsymbol{B}}_{1i}^{\mathrm{T}}\boldsymbol{R}_{ji}\tilde{\boldsymbol{B}}_{1i}-\gamma\boldsymbol{I}
\end{array}\right]
\begin{bmatrix}
\tilde{\boldsymbol{x}}_i(t) \\
\tilde{\boldsymbol{x}}_i(t-d_1(t)) \\
\vdots \\
\tilde{\boldsymbol{x}}_N(t-d_N(t)) \\
\tilde{\boldsymbol{x}}_1(t-d_1) \\
\vdots \\
\tilde{\boldsymbol{x}}_N(t-d_1) \\
\tilde{\boldsymbol{x}}_1(t-d_2) \\
\vdots \\
\tilde{\boldsymbol{x}}_N(t-d_2) \\
\boldsymbol{\omega}_i(t)
\end{bmatrix}
$$

再次利用 Schur 补引理将其中的项展开，然后代入式(6.56)，再经过一些简单的矩阵变换可以得到定理 6.10。

定理 6.10 中的不等式(6.57)并不是严格的 LMI，求解非常困难，为了得到满足条件的输出反馈控制器，先利用文献[22]的思想处理非线性项，再利用锥补法(CCL)[23]将其转变为最小化问题。

在式(6.57)中，只含有非线性项 $\boldsymbol{P}_i\boldsymbol{R}_{ij}^{-1}\boldsymbol{P}_i$，于是，定义一个新的矩阵变量 $\boldsymbol{S}_{ij}=\mathrm{diag}\{\boldsymbol{S}_{ij11},\boldsymbol{S}_{ij22}\}$，使得 $S_{ij}\leqslant\boldsymbol{P}_i\boldsymbol{R}_{ij}^{-1}\boldsymbol{P}_i$，这样不等式(6.57)可以由如下不等式组替代：

$$
\begin{bmatrix}
\boldsymbol{\Gamma}_{11} & \boldsymbol{0} & \boldsymbol{\Gamma}_{13} & \boldsymbol{0} \\
* & \boldsymbol{\Gamma}_{22} & \boldsymbol{0} & \boldsymbol{\Gamma}_{24} \\
* & * & \tilde{\boldsymbol{\Gamma}}_{33} & \boldsymbol{0} \\
* & * & * & \boldsymbol{\Gamma}_{44}
\end{bmatrix}<0 \tag{6.58}
$$

$$
\tilde{\boldsymbol{\Gamma}}_{33}=\left[\begin{array}{ccc}
-\gamma\boldsymbol{I}+\boldsymbol{D}_{2i}^{\mathrm{T}}\boldsymbol{D}_{2i} & d_{12}(\boldsymbol{B}_{1i}^{\mathrm{T}}\boldsymbol{P}_i+\boldsymbol{D}_{1i}^{\mathrm{T}}\boldsymbol{L}_i^{\mathrm{T}}) & d_{12}\boldsymbol{D}_{1i}^{\mathrm{T}}\boldsymbol{F}_i^{\mathrm{T}} \\
d_{12}(\boldsymbol{P}_i\boldsymbol{B}_{1i}+\boldsymbol{L}_i\boldsymbol{D}_{1i}) & -\boldsymbol{S}_{1i11} & \boldsymbol{0} \\
d_{12}\boldsymbol{F}_i\boldsymbol{D}_{1i} & \boldsymbol{0} & -\boldsymbol{S}_{1i22} \\
\vdots & \vdots & \vdots \\
d_{12}(\boldsymbol{P}_i\boldsymbol{B}_{1i}+\boldsymbol{L}_i\boldsymbol{D}_{1i}) & \boldsymbol{0} & \boldsymbol{0} \\
d_{12}\boldsymbol{F}_i\boldsymbol{D}_{1i} & \boldsymbol{0} & \boldsymbol{0}
\end{array}\right.
$$

$$\begin{matrix} \cdots & d_{12}(\boldsymbol{B}_{1i}^{\mathrm{T}}\boldsymbol{P}_i + \boldsymbol{D}_{1i}^{\mathrm{T}}\boldsymbol{L}_i^{\mathrm{T}}) & d_{12}\boldsymbol{D}_{1i}^{\mathrm{T}}\boldsymbol{F}_i^{\mathrm{T}} \\ \cdots & \boldsymbol{0} & \boldsymbol{0} \\ \cdots & \boldsymbol{0} & \boldsymbol{0} \\ & \vdots & \vdots \\ \cdots & -\boldsymbol{S}_{Ni11} & \boldsymbol{0} \\ \cdots & \boldsymbol{0} & -\boldsymbol{S}_{Ni22} \end{matrix}\Bigg]$$

$$\begin{bmatrix} \boldsymbol{S}_{ij}^{-1} & \boldsymbol{P}_i^{-1} \\ \boldsymbol{P}_i^{-1} & \boldsymbol{R}_{ij}^{-1} \end{bmatrix} \geqslant 0 \tag{6.59}$$

于是，不等式(6.57)成立当且仅当式(6.58)成立以及

$$\text{Min Trace}(\mathrm{S}_{ij}\boldsymbol{T}_{ij}+\boldsymbol{P}_i\boldsymbol{J}_i+\boldsymbol{R}_{ij}\boldsymbol{O}_{ij}) \tag{6.60}$$

$$\text{s.t.} \begin{bmatrix} \boldsymbol{T}_{ij} & \boldsymbol{J}_i \\ \boldsymbol{J}_i & \boldsymbol{O}_{ij} \end{bmatrix} \geqslant 0, \begin{bmatrix} \boldsymbol{S}_{ij} & \boldsymbol{I} \\ \boldsymbol{I} & \boldsymbol{T}_{ij} \end{bmatrix} \geqslant 0, \begin{bmatrix} \boldsymbol{P}_i & \boldsymbol{I} \\ \boldsymbol{I} & \boldsymbol{J}_i \end{bmatrix} \geqslant 0, \begin{bmatrix} \boldsymbol{R}_{ij} & \boldsymbol{I} \\ \boldsymbol{I} & \boldsymbol{O}_{ij} \end{bmatrix} \geqslant 0$$

$$\boldsymbol{R}_{ij11} > 0, \quad \boldsymbol{R}_{ij22} > 0, \quad \boldsymbol{P}_i > 0, \quad \boldsymbol{Q}_{ij} > 0, \quad \boldsymbol{Z}_{ij} > 0 \tag{6.61}$$

如果上述最小化问题的解存在，则称输出反馈控制器(6.54)为系统(6.52)的一个时滞依赖 γ 次优输出反馈 H_∞控制器。

正如文献[22]所指出的，要求出非线性问题(6.60)的全局最优解是很困难的。所以，利用下面的迭代算法可以对于给定的 γ 求出最大的 d_{12}。算法的基本思想是最小化式(6.60)的同时，验证式(6.57)是否成立。如果式(6.57)满足，则终止最小化，且增大 d_{12}，求取最大时滞界。

Step1　取一个极小的 d_{12}，并且找一组满足式(6.58)和式(6.61)的初始解，设 k=0。

Step2　将初始值代入，求解约束条件式(6.61)下的最小化问题式(6.60)，然后将求得的矩阵变量作为新的初始值。

Step3　将求得的矩阵变量代入式(6.57)，如果式(6.57)满足，则增大 d_{12}，回到 Step2；如果式(6.57)不满足，并且超出了迭代次数，则终止程序，否则，就令 k=k+1，回到 Step2。

下面给出一个示例验证所提方法的有效性。

例 6.6　考虑时滞大系统(6.52)由两个子系统组成，取如下系数矩阵：

$$\boldsymbol{A}_1 = \begin{bmatrix} -30 & 70 \\ -10 & -10 \end{bmatrix}, \boldsymbol{A}_2 = \begin{bmatrix} -50 & -10 \\ 30 & -70 \end{bmatrix}, \boldsymbol{A}_{11} = \begin{bmatrix} 0.2 & 0.3 \\ -0.2 & 0.3 \end{bmatrix}, \boldsymbol{A}_{12} = \begin{bmatrix} -0.1 & 0.3 \\ 0 & 0.8 \end{bmatrix}$$

$$\boldsymbol{A}_{21} = \begin{bmatrix} -0.1 & -0.35 \\ 0 & 0.3 \end{bmatrix}, \boldsymbol{A}_{22} = \begin{bmatrix} 0.12 & 0.3 \\ -0.21 & 0.1 \end{bmatrix}, \boldsymbol{B}_{11} = \begin{bmatrix} -0.02 \\ 0.05 \end{bmatrix}, \boldsymbol{B}_{12} = \begin{bmatrix} 0.1 \\ 0 \end{bmatrix}$$

$$\boldsymbol{B}_{21}=\begin{bmatrix}0.02\\0.1\end{bmatrix},\ \boldsymbol{B}_{22}=\begin{bmatrix}0\\0.05\end{bmatrix},\ \boldsymbol{C}_{11}=\begin{bmatrix}-0.01 & 0\end{bmatrix},\ \boldsymbol{C}_{12}=\begin{bmatrix}0 & -1\end{bmatrix},\ \boldsymbol{C}_{21}=\begin{bmatrix}0.5 & -0.1\end{bmatrix}$$

$$\boldsymbol{C}_{22}=\begin{bmatrix}-0.2 & 1\end{bmatrix},\ \boldsymbol{C}_{\mathrm{d}11}=\begin{bmatrix}-0.2 & -0.8\end{bmatrix},\ \boldsymbol{C}_{\mathrm{d}12}=\begin{bmatrix}0.1 & -1\end{bmatrix},\ \boldsymbol{C}_{\mathrm{d}21}=\begin{bmatrix}0.1 & -3\end{bmatrix}$$

$$\boldsymbol{C}_{\mathrm{d}22}=\begin{bmatrix}0.1 & -8\end{bmatrix},\ \boldsymbol{D}_{11}=-0.1,\ \boldsymbol{D}_{12}=-0.2,\ \boldsymbol{D}_{21}=-0.3,\ \boldsymbol{D}_{22}=0.1$$

利用 MATLAB 里面的 LMI 工具箱，求解 LMI(6.58)、LMI(6.60)和 LMI(6.61)，在取$\gamma=1$时得到最大时滞界$d_{12}\leqslant 0.62$。取$d_{12}=0.4,\gamma=1$时式(6.58)中的解为

$$\hat{\boldsymbol{A}}_1=\begin{bmatrix}-2.0783 & 0.001\\0.001 & -2.0829\end{bmatrix},\ \hat{\boldsymbol{A}}_2=\begin{bmatrix}-2.0773 & -0.001\\-0.001 & -2.0816\end{bmatrix},\ \hat{\boldsymbol{B}}_1=\begin{bmatrix}0\\0\end{bmatrix},\ \hat{\boldsymbol{B}}_2=\begin{bmatrix}0\\0\end{bmatrix}$$

$$\hat{\boldsymbol{C}}_1=\begin{bmatrix}1.2407 & 6.2320\end{bmatrix},\ \hat{\boldsymbol{C}}_2=\begin{bmatrix}0.0068 & 14.3953\end{bmatrix},\ \hat{\boldsymbol{D}}_1=9.1332,\ \hat{\boldsymbol{D}}_2=17.2825$$

得到控制器后，利用 MATLAB 中的 Simulink 做出的状态变量仿真曲线如图 6.2 和图 6.3 所示。从图中可以看出，在该输出反馈控制器的作用下，关联系统在不到 2s 时已经很好地达到了稳定，可见，所提出的控制方法是有效的。

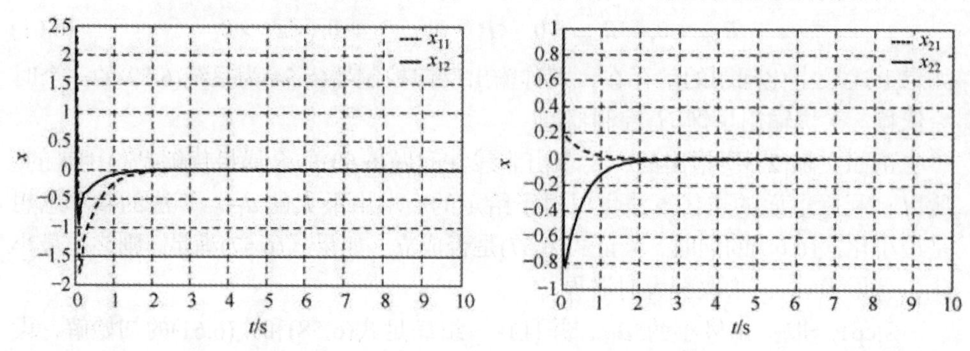

图 6.2　第一个子系统状态曲线　　　　图 6.3　第二个子系统状态曲线

6.6 本 章 小 结

针对一类线性关联大系统，利用 Lyapunov-Krasovskii 泛函与时滞积分矩阵不等式相结合的方法，讨论了此类线性关联系统的分散鲁棒 H_∞控制和分散鲁棒 H_∞非脆弱控制问题，给出了存在分散状态反馈鲁棒 H_∞控制器及非脆弱 H_∞控制器的时滞相关的充分条件；在非线性项满足全局 Lipschitz 条件下，讨论了一类不确定关联非线性系统的时滞相关分散状态反馈鲁棒 H_∞控制器存在的条件，最后针对一类不确定关联时滞大系统，设计了输出反馈分散鲁棒控制器，仿真示例验证了所设计控制器的有效性。

参 考 文 献

[1] Mahmoud M S, Zribi M. Robust and H_∞ stabilization of interconnected systems with delays. IEEE Proceedings—Control Theory and Applications, 1998, 145(6): 559-567.

[2] Zhai G, Ikeda M. Decentralized H_∞ control of large-scale systems via output feedback. Proceedings of the 33th IEEE Conference on Decision and Control, 1993: 1652-1653.

[3] Yang G H, Wang J L. Decentralized H_∞ controller design for composite systems:Linear case.International Journal of Control, 1999, 72(9): 815-825.

[4] Yang G H,Wang J L, Soh C B.Decentralized H_∞ controller design for nonlinear systems. IEEE Transactions on Automatic Control, 1999, 44(3):578-583.

[5] 尚群立，薛安克，孙优贤.时滞不确定线性大系统分散鲁棒 H_∞ 控制．自动化学报，2000, 26(5)：695-699.

[6] 程储旺．不确定性时滞大系统的分散鲁棒 H_∞ 控制．自动化学报，2001, 27(3)：361-366.

[7] Chen Y H. Structural decomposition and new algebraic method for large scale systems. International Journal of Systems Science, 1990, 21(2): 241-255.

[8] Keel L, Bhattacharyya S.Robust, fragile, or optimal. IEEE Transactions on Automatic Control, 1997, 42(8): 1098-1105.

[9] Yang G H, Wang J L. Non-fragile H_∞ control for linear systems with multiplicative controller gain variations. Automatica,2001, 37(5): 727-737.

[10] Dorato P.Non-fragile controller design:An overview. Proceedings of American Control Conference, 1998: 1109-1113.

[11] Famularo D, Dorato P, Abdallah C T, et al. Robust non-fragile L Q controllers:The static state feedback case. International Journal of Control,2000,73(2): 159-165.

[12] Yang G H, Wang J L, Lin C. H_∞ control for linear systems with additive controller gain variation. International Journal of Control, 2000,73(16): 1500-1506.

[13] Kim J H, Lee S K, Park H B. Robust and non-fragile H_∞ control of parameter uncertain time-varying delay systems. Proceedings of Society of Instrument and Control Engineers, 1999: 927-932.

[14] Yee J S, Yang G H, Wang J L.Non-fragile guaranteed cost control for discrete-time uncertain linear systems.International Journal of Systems Science, 2001, 32(7): 845-853.

[15] Park J H. Robust non-fragile control for uncertain discrete-delay large-scale systems with a class of controller gain variations. Applied Mathematics and Computation,2004,149(1): 147-164.

[16] Xu S Y, Lam J, Wang J L, et al.Non-fragile positive real control for uncertain linear neutral delay systems. Systems & Control Letters, 2004, 52(1): 59-74.

[17] 王武，杨富文．不确定时滞系统的时滞依赖鲁棒非脆弱 H_∞ 控制．控制理论与应用，2003, 20(3): 473-476.

[18] 王武，杨富文．具有控制器增益变化的不确定时滞系统的鲁棒 H_∞ 控制．自动化学报，2002, 28(6): 1043-1046.

[19] Du H, Lam J, Sze K Y. Non-fragile H_∞ vibration control for uncertain structural systems. Journal of Sound and Vibration, 2004, 273(4-5): 1031-1045.

[20] Wang Y, Xie L H, Souza D C E. Robust control of a class of uncertain nonlinear systems. Systems & Control Letters, 1992, 19(2): 139-149.

[21] Chen N, Gui W H, Xie Y F.Decentralized H_∞ state feedback control for large-scale interconnected uncertain systems with multiple delays. Journal of Central South University of Technology (English Edition), 2004, 11(1): 93-97.

[22] Li Z H, Shao H H. Decentralized guaranteed cost control for uncertain interconnected systems with time-delay based on output feedback. Journal of Shanghai Jiao Tong University, 2004, 35(8): 1148-1151.

[23] Zhang X M, Wu M, She J H, et al. Delay-dependent stabilization of linear systems with time-varying state and input delays. Automatica, 2005, 41(8): 1405-1412.

第 7 章　奇异关联系统的分散鲁棒控制

7.1　奇异系统基本性质

本节将给出线性时不变奇异系统的一些基本性质，以方便后面的研究。对于连续时间的线性时不变奇异系统，其状态空间描述一般表示为

$$\begin{aligned} \boldsymbol{E}\dot{\boldsymbol{x}}(t) &= \boldsymbol{A}\boldsymbol{x}(t) + \boldsymbol{B}\boldsymbol{u}(t) \\ \boldsymbol{y}(t) &= \boldsymbol{C}\boldsymbol{x}(t) + \boldsymbol{D}\boldsymbol{u}(t) \end{aligned} \tag{7.1}$$

式中，$\boldsymbol{E},\boldsymbol{A} \in \mathbf{R}^{n\times n},\boldsymbol{B} \in \mathbf{R}^{n\times m},\boldsymbol{C} \in \mathbf{R}^{l\times n},\boldsymbol{D} \in \mathbf{R}^{l\times m}$ 均为常数矩阵；$\boldsymbol{E}$ 为奇异矩阵，$\boldsymbol{E}$ 的秩满足 $\operatorname{rank}(\boldsymbol{E}) = q < n$。

特别地，当 $\boldsymbol{E}$ 非奇异时，奇异系统(7.1)等价于

$$\begin{aligned} \dot{\boldsymbol{x}}(t) &= \boldsymbol{E}^{-1}\boldsymbol{A}\boldsymbol{x}(t) + \boldsymbol{E}^{-1}\boldsymbol{B}\boldsymbol{u}(t) \\ \boldsymbol{y}(t) &= \boldsymbol{C}\boldsymbol{x}(t) + \boldsymbol{D}\boldsymbol{u}(t) \end{aligned}$$

即奇异系统(7.1)退化为正常系统；如果 $\boldsymbol{E} = \boldsymbol{I}$，则奇异系统(7.1)退化为标准的正常系统模型。一般来说，奇异系统的结论适用于 $\boldsymbol{E}$ 非奇异，因此说奇异系统是比正常系统更具有广泛意义的系统。

正则性是奇异系统区别于正常系统的一个最基本的属性。任意一个正常系统都是正则的，但对于奇异系统却不这样。满足正则性通常是对奇异控制系统设计的最基本要求。

定义 7.1[1]　对任意给定的同阶方阵 $\boldsymbol{E}$ 和 $\boldsymbol{A}$，若存在常数 $s_0 \in \mathbf{C}$（$\mathbf{C}$ 表示复数域)满足

$$\det\left(s_0\boldsymbol{E} - \boldsymbol{A}\right) \neq 0$$

则称矩阵束 $(s\boldsymbol{E} - \boldsymbol{A})$ 是正则的。

定义 7.2[1]　方程 $\det(s\boldsymbol{E} - \boldsymbol{A}) = 0$ 称为正则矩阵束 $(s\boldsymbol{E} - \boldsymbol{A})$ 的特征方程；特征方程的根称为正则矩阵束 $(s\boldsymbol{E} - \boldsymbol{A})$ 的广义特征值；多项式 $\boldsymbol{P}(s) = \det(s\boldsymbol{E} - \boldsymbol{A})$ 称为正则矩阵束 $(s\boldsymbol{E} - \boldsymbol{A})$ 的特征多项式。

定义 7.3[1]　如果矩阵束 $(s\boldsymbol{E} - \boldsymbol{A})$ 正则，即存在常数 $s_0 \in \mathbf{C}$，使得行列式 $\det\left(s_0\boldsymbol{E} - \boldsymbol{A}\right) \neq 0$，则称奇异系统(7.1)是正则的。

引理 7.1[1]　矩阵束 $(s\boldsymbol{E} - \boldsymbol{A})$ 正则的充要条件是存在两个可逆矩阵 $\boldsymbol{P},\boldsymbol{Q}$ 满足

$$QEP=\begin{bmatrix} I_1 & 0 \\ 0 & N \end{bmatrix},\quad QAP=\begin{bmatrix} A_1 & 0 \\ 0 & I_2 \end{bmatrix}$$

式中，$N\in\mathbf{R}^{n_1\times n_1}$；$A_1\in\mathbf{R}^{n_2\times n_2}$；$I_1,I_2$ 均为具有相应维数的单位矩阵；N 为幂零矩阵，即存在正整数 v 使 $N^{v-1}\neq 0, N^{v}=0$；$n_1+n_2=n$。

正则性是奇异系统区别于正常系统的固有属性。除此之外，奇异系统还具有脉冲行为，在实际工程中，脉冲行为可能引起奇异系统不能正常运行或导致系统的损坏，所以不希望出现。下面给出奇异系统无脉冲的几个简便的判别准则，由此可以设计反馈控制器来消除脉冲。

引理 7.2[2]　下面两个命题等价：

(1) 奇异系统(7.1)无脉冲或者矩阵对 (E,A) 无脉冲；

(2) $\operatorname{rank}\begin{bmatrix} E & 0 \\ A & E \end{bmatrix}=n+\operatorname{rank}(E)$。

奇异关联大系统分散控制从理论意义上讲，是正常关联大系统分散控制的自然推广[1]，奇异大系统问题也可以说是奇异大系统的分散控制问题。一方面是由实际问题产生的，许多实际模型的控制结构本身具有分散性，因而适合进行分散控制；另一方面，从信息结构上讲，每个子系统的输出只能得到它对应的子系统的输出信息，有效的控制只能采取分散控制。正因为如此，才使得对奇异大系统的研究成为目前控制界关注的热点之一。

然而，由于奇异关联大系统的复杂性及分散控制本身的特点，奇异关联大系统分散控制问题的研究进展不大，只在奇异关联大系统的稳定性及镇定方面得到了一些结论。目前，奇异大系统分散控制的理论成果很少，大量的基本问题尚未得到充分的研究。作为控制领域一个新的研究分支，应当对奇异关联大系统的分散控制问题给予足够的研究，为其应用开发研究奠定理论基础，本章的研究工作正是在这个背景下展开的，并获得了相应的研究结果。

7.2　奇异关联大系统时滞相关分散鲁棒容许性分析及其镇定

奇异系统比正常系统能更精确地描述实际动态系统，而时滞客观存在于各种实际系统中，且常常是导致系统不稳定甚至性能恶化的重要原因之一，因而对时滞奇异系统的研究引起了人们的关注，并得到了有关时滞无关和时滞相关稳定及稳定化的一些结论。随着实际生产过程中系统复杂性的增加，集中控制方法表现出了很大的局限性，而分散控制以其实现的可靠性、实时性、经济性等优点而成

为大系统理论中一个十分重要的分支，因此人们对时滞关联大系统分散控制也倾注了极大的热情，取得了许多有意义的研究结果[3-7]。但对时滞奇异关联大系统的时滞相关分散鲁棒镇定问题却很少研究，文献[8]用 LMI 方法给出了一类关联时滞广义大系统的稳定性与分散镇定的充分条件，但所获得的结论与时滞大小无关，且没有考虑系统存在不确性问题；文献[9]用 Lyapunov 稳定性理论与 LMI 相结合的方法，给出了一类奇异关联大系统时滞相关分散鲁棒镇定的充分条件，但该文研究的系统中关联项不存在时滞和不确定性，且文中多次用到不等式 $2\left|\boldsymbol{x}^{\mathrm{T}}\boldsymbol{y}\right| \leqslant \boldsymbol{x}^{\mathrm{T}}\boldsymbol{S}\boldsymbol{x}+\boldsymbol{y}^{\mathrm{T}}\boldsymbol{S}^{-1}\boldsymbol{y}$，其中 $\boldsymbol{S}$ 为一正定矩阵。关联系统中关联项常常存在时滞和不确定性，且实际工程系统中时滞往往是有界的，因此文献[8]和[9]均存在一定的保守性，故研究不确定关联奇异大系统时滞相关分散鲁棒容许问题具有十分重要的意义。为此，针对一类具有关联时滞的不确定关联奇异大系统，利用 Lyapunov 稳定性理论和时滞积分矩阵不等式相结合的方法，讨论了该类系统的分散鲁棒容许问题，得到了关联奇异大系统时滞相关分散鲁棒容许的充分条件。与文献[8]和[9]相比，考虑了关联项存在时滞和不确定性，所得结论与时滞大小相关，且用到的时滞积分矩阵不等式比不等式 $2\left|\boldsymbol{x}^{\mathrm{T}}\boldsymbol{y}\right| \leqslant \boldsymbol{x}^{\mathrm{T}}\boldsymbol{S}\boldsymbol{x}+\boldsymbol{y}^{\mathrm{T}}\boldsymbol{S}^{-1}\boldsymbol{y}$ 的保守性更小，因而所获结果具有更小的保守性，而且所得结论均以矩阵不等式方式给出，容易求解。

7.2.1　系统描述

考虑由 N 个相互关联的子系统 $L_i(i=1,2,\cdots,N)$ 构成的时滞关联奇异系统

$$\begin{aligned}&\boldsymbol{E}_i\dot{\boldsymbol{x}}_i(t)=\left(\boldsymbol{A}_i+\Delta\boldsymbol{A}_i\right)\boldsymbol{x}_i(t)+\left(\boldsymbol{B}_i+\Delta\boldsymbol{B}_i\right)\boldsymbol{u}_i(t)+\sum_{j=1}^{N}\left(\boldsymbol{A}_{ij}+\Delta\boldsymbol{A}_{ij}\right)\boldsymbol{x}_j\left(t-\tau_{ij}\right)\\&\boldsymbol{x}_i(t)=\boldsymbol{\varphi}_i(t),\quad t\in[-\tau,\ 0],\quad \tau=\max_{i,j}\{\tau_{ij}\}\end{aligned}\tag{7.2}$$

式中，$\boldsymbol{x}_i(t)\in\mathbf{R}^{n_i}$、$\boldsymbol{u}_i(t)\in\mathbf{R}^{m_i}$ 分别为第 i 个子系统的状态向量和控制输入向量；$\boldsymbol{E}_i$、$\boldsymbol{A}_i$、$\boldsymbol{A}_{ij}$、$\boldsymbol{B}_i$ 均为维数相容的常数矩阵；$\boldsymbol{A}_{ij}$ 为第 j 个子系统与第 i 个子系统的关联矩阵；矩阵 $\boldsymbol{E}_i$ 满足 $\operatorname{rank}\left(\boldsymbol{E}_i\right)=\boldsymbol{q}_i<\boldsymbol{n}_i$；$\tau_{ij}\geqslant 0$ 是系统的关联项滞后时间；$\boldsymbol{\varphi}_i(t)$ 是定义在 $t\in\left[-\tau,\ 0\right]$ 上的实值连续的初始函数；$\Delta\boldsymbol{A}_i$、$\Delta\boldsymbol{B}_i$、$\Delta\boldsymbol{A}_{ij}$ 为时变结构不确定性矩阵并满足

$$\left[\Delta\boldsymbol{A}_i\quad \Delta\boldsymbol{B}_i\quad \Delta\boldsymbol{A}_{ij}\right]=\boldsymbol{S}_i\boldsymbol{F}_i(t)\left[\boldsymbol{D}_i\quad \boldsymbol{G}_i\quad \boldsymbol{D}_{ij}\right]\tag{7.3}$$

式中，$\boldsymbol{F}_i(t)$ 为具有适当维数的 Lesbesgue 可测的时变未知矩阵，且 $\boldsymbol{F}_i^{\mathrm{T}}(t)\boldsymbol{F}_i(t)\leqslant\boldsymbol{I}_i$，$\boldsymbol{I}_i$ 表示适当维数的单位矩阵；$\boldsymbol{S}_i$、$\boldsymbol{D}_i$、$\boldsymbol{G}_i$、$\boldsymbol{D}_{ij}$ 为具有合适维数的常数矩阵。

本节的主要目的是为系统(7.2)设计一个分散状态反馈控制器，使其相应的闭环系统分散鲁棒容许(正则、无脉冲、时滞相关分散鲁棒稳定)。为研究该问题，

首先在引理 3.1 的基础上，给出如下广义积分不等式引理 7.3。

引理 7.3　$y(t)$ 为 $\mathbf{R}^n$ 上具有连续一阶导数的向量值函数，对于对称矩阵 $\boldsymbol{U}$、$\boldsymbol{W}$、$\boldsymbol{R}$，任意矩阵 $\boldsymbol{V}$、$\boldsymbol{M}$、$\boldsymbol{L}$，奇异矩阵 $\boldsymbol{E}$，若对称矩阵 $\begin{bmatrix} \boldsymbol{U} & \boldsymbol{V} & \boldsymbol{M}^{\mathrm{T}} \\ \boldsymbol{V}^{\mathrm{T}} & \boldsymbol{W} & \boldsymbol{L}^{\mathrm{T}} \\ \boldsymbol{M} & \boldsymbol{L} & \boldsymbol{R} \end{bmatrix} \geqslant 0$，则有任意常数 $h \geqslant 0$ 满足如下不等式：

$$-\int_{t-h}^{t} \dot{\boldsymbol{y}}^{\mathrm{T}}(s)\boldsymbol{E}^{\mathrm{T}}\boldsymbol{R}\boldsymbol{E}\dot{\boldsymbol{y}}(s)\mathrm{d}s \leqslant \begin{bmatrix} \boldsymbol{y}(t) \\ \boldsymbol{y}(t-h) \end{bmatrix}^{\mathrm{T}} \boldsymbol{\Theta} \begin{bmatrix} \boldsymbol{y}(t) \\ \boldsymbol{y}(t-h) \end{bmatrix} \tag{7.4}$$

式中

$$\boldsymbol{\Theta} = \begin{bmatrix} \boldsymbol{E}^{\mathrm{T}}\left(\boldsymbol{M}+\boldsymbol{M}^{\mathrm{T}}+h\boldsymbol{U}\right)\boldsymbol{E} & \boldsymbol{E}^{\mathrm{T}}\left(\boldsymbol{L}-\boldsymbol{M}^{\mathrm{T}}+h\boldsymbol{V}\right)\boldsymbol{E} \\ \boldsymbol{E}^{\mathrm{T}}\left(\boldsymbol{L}^{\mathrm{T}}-\boldsymbol{M}+h\boldsymbol{V}^{\mathrm{T}}\right)\boldsymbol{E} & \boldsymbol{E}^{\mathrm{T}}\left(-\boldsymbol{L}^{\mathrm{T}}-\boldsymbol{L}+h\boldsymbol{W}\right)\boldsymbol{E} \end{bmatrix}$$

证明　由 Newton-Leibniz 公式，有 $\boldsymbol{E}\left[\boldsymbol{y}(t)-\boldsymbol{y}(t-h)-\int_{t-h}^{t}\dot{\boldsymbol{y}}(s)\mathrm{d}s\right]=0$，于是对于任意矩阵 $\boldsymbol{M}$、$\boldsymbol{L}$，有

$$2\left[\boldsymbol{y}^{\mathrm{T}}(t)\boldsymbol{E}^{\mathrm{T}}\boldsymbol{M}^{\mathrm{T}}+\boldsymbol{y}^{\mathrm{T}}(t-h)\boldsymbol{E}^{\mathrm{T}}\boldsymbol{L}^{\mathrm{T}}\right]\boldsymbol{E}\left[\boldsymbol{y}(t)-\boldsymbol{y}(t-h)-\int_{t-h}^{t}\dot{\boldsymbol{y}}(s)\mathrm{d}s\right]=0 \tag{7.5}$$

由引理 3.1 可知，若对称矩阵 $\begin{bmatrix} \boldsymbol{U} & \boldsymbol{V} & \boldsymbol{M}^{\mathrm{T}} \\ \boldsymbol{V}^{\mathrm{T}} & \boldsymbol{W} & \boldsymbol{L}^{\mathrm{T}} \\ \boldsymbol{M} & \boldsymbol{L} & \boldsymbol{R} \end{bmatrix} \geqslant 0$，则有

$$\begin{aligned} & -2\left[\boldsymbol{y}^{\mathrm{T}}(t)\boldsymbol{E}^{\mathrm{T}}\boldsymbol{M}^{\mathrm{T}}+\boldsymbol{y}^{\mathrm{T}}(t-h)\boldsymbol{E}^{\mathrm{T}}\boldsymbol{L}^{\mathrm{T}}\right]\boldsymbol{E}\int_{t-h}^{t}\dot{\boldsymbol{y}}(s)\mathrm{d}s \\ & = -2\begin{bmatrix} \boldsymbol{E}\boldsymbol{y}(t) \\ \boldsymbol{E}\boldsymbol{y}(t-h) \end{bmatrix}^{\mathrm{T}} (\boldsymbol{M}\quad \boldsymbol{L})^{\mathrm{T}} \int_{t-h}^{t}\boldsymbol{E}\dot{\boldsymbol{y}}(s)\mathrm{d}s \\ & \leqslant h\begin{bmatrix} \boldsymbol{E}\boldsymbol{y}(t) \\ \boldsymbol{E}\boldsymbol{y}(t-h) \end{bmatrix}^{\mathrm{T}} \begin{bmatrix} \boldsymbol{U} & \boldsymbol{V} \\ \boldsymbol{V}^{\mathrm{T}} & \boldsymbol{W} \end{bmatrix} \begin{bmatrix} \boldsymbol{E}\boldsymbol{y}(t) \\ \boldsymbol{E}\boldsymbol{y}(t-h) \end{bmatrix} + \int_{t-h}^{t}\dot{\boldsymbol{y}}^{\mathrm{T}}(s)\boldsymbol{E}^{\mathrm{T}}\boldsymbol{R}\boldsymbol{E}\dot{\boldsymbol{y}}(s)\mathrm{d}s \end{aligned}$$

将此式代入式(7.5)，可得式(7.4)成立。证毕。

7.2.2 标称未受控奇异关联大系统时滞相关分散容许

本节通过构造合适的 Lyapunov-Krasovskii 函数，利用 Lyapunov 稳定性理论及引理 7.3 研究系统(7.6)

$$\boldsymbol{E}_i\dot{\boldsymbol{x}}_i(t)=\boldsymbol{A}_i\boldsymbol{x}_i(t)+\sum_{j=1}^{N}\boldsymbol{A}_{ij}\boldsymbol{x}_j\left(t-\tau_{ij}\right) \tag{7.6}$$

的时滞相关分散容许问题，即研究系统(7.2)在 $\boldsymbol{u}_i(t)\equiv 0$ ，$\Delta\boldsymbol{A}_i$、$\Delta\boldsymbol{B}_i$、$\Delta\boldsymbol{A}_{ij}$ 均为 $0\,(i=1,2,\cdots,N)$ 的条件下的时滞相关分散容许性问题。

定理 7.1　任意给定标量 $\tau>0$，若存在对称正定矩阵 $\boldsymbol{Q}_{ij}$、$\boldsymbol{Q}_{ji}$、$\boldsymbol{R}_{ji}$、$\boldsymbol{U}_{ji}$、$\boldsymbol{W}_{ji}$ 及矩阵 $\boldsymbol{P}_i$、$\boldsymbol{M}_{ji}$、$\boldsymbol{L}_{ji}$、$\boldsymbol{V}_{ji}$ ($j=1,2,\cdots,N$)满足

$$\boldsymbol{P}_i^{\mathrm{T}}\boldsymbol{E}_i=\boldsymbol{E}_i^{\mathrm{T}}\boldsymbol{P}_i\geqslant 0 \tag{7.7}$$

$$\begin{bmatrix}\boldsymbol{U}_{ji} & \boldsymbol{V}_{ji} & \boldsymbol{M}_{ji}^{\mathrm{T}}\\ \boldsymbol{V}_{ji}^{\mathrm{T}} & \boldsymbol{W}_{ji} & \boldsymbol{L}_{ji}^{\mathrm{T}}\\ \boldsymbol{M}_{ji} & \boldsymbol{L}_{ji} & \boldsymbol{R}_{ji}\end{bmatrix}\geqslant 0 \tag{7.8}$$

$$\boldsymbol{\varPhi}_i=\begin{bmatrix}\boldsymbol{\varSigma}_{11} & \boldsymbol{\varSigma}_{12} & \boldsymbol{\varSigma}_{13} & \boldsymbol{\varSigma}_{14}\\ * & \boldsymbol{\varSigma}_{22} & 0 & 0\\ * & * & \boldsymbol{\varSigma}_{33} & \boldsymbol{\varSigma}_{34}\\ * & * & * & \boldsymbol{\varSigma}_{44}\end{bmatrix}<0 \tag{7.9}$$

时，则奇异关联大系统(7.6)正则、无脉冲且时滞相关稳定。式中

$$\boldsymbol{\varSigma}_{11}=\begin{bmatrix}\boldsymbol{\varXi}_i & 0\\ * & \sum_{j=1}^{N}\boldsymbol{Y}_{ij}\end{bmatrix},\quad \boldsymbol{\varSigma}_{12}=\begin{bmatrix}\boldsymbol{E}_i^{\mathrm{T}}\boldsymbol{\varPi}_{1i} & \cdots & \boldsymbol{E}_i^{\mathrm{T}}\boldsymbol{\varPi}_{Ni}\\ 0 & \cdots & 0\end{bmatrix},\quad \boldsymbol{\varSigma}_{13}=\begin{bmatrix}\boldsymbol{\varPsi}_{i1} & \cdots & \boldsymbol{\varPsi}_{Ni}\\ 0 & \cdots & 0\end{bmatrix}$$

$$\boldsymbol{\varSigma}_{14}=\begin{bmatrix}\tau\boldsymbol{A}_i^{\mathrm{T}} & \cdots & \tau\boldsymbol{A}_i^{\mathrm{T}}\\ 0 & \cdots & 0\end{bmatrix},\quad \boldsymbol{\varSigma}_{22}=\mathrm{diag}\left\{\boldsymbol{\varOmega}_{i1},\cdots,\boldsymbol{\varOmega}_{iN}\right\},\quad \boldsymbol{\varSigma}_{33}=\mathrm{diag}\left\{-\boldsymbol{Q}_{i1},\cdots,-\boldsymbol{Q}_{iN}\right\}$$

$$\boldsymbol{\varSigma}_{44}=\mathrm{diag}\left\{-\tau\boldsymbol{R}_{1i}^{-1},\cdots,-\tau\boldsymbol{R}_{Ni}^{-1}\right\},\quad \boldsymbol{\varSigma}_{34}=\begin{bmatrix}\tau\boldsymbol{A}_{i1}^{\mathrm{T}} & \cdots & \tau\boldsymbol{A}_{i1}^{\mathrm{T}}\\ \vdots & & \vdots\\ \tau\boldsymbol{A}_{iN}^{\mathrm{T}} & \cdots & \tau\boldsymbol{A}_{iN}^{\mathrm{T}}\end{bmatrix}$$

$$\boldsymbol{\varXi}_i=\boldsymbol{A}_i^{\mathrm{T}}\boldsymbol{P}_i+\boldsymbol{P}_i^{\mathrm{T}}\boldsymbol{A}_i+\left(\sum_{j=1}^{N}\boldsymbol{Q}_{ij}\right),\quad \boldsymbol{Y}_{ji}=\boldsymbol{M}_{ji}+\boldsymbol{M}_{ji}^{\mathrm{T}}+\tau\boldsymbol{U}_{ji},\quad \boldsymbol{\varPi}_{ji}=\boldsymbol{L}_{ji}-\boldsymbol{M}_{ji}^{\mathrm{T}}+\tau\boldsymbol{V}_{ji}$$

$$\boldsymbol{\varOmega}_{ji}=-\boldsymbol{L}_{ji}-\boldsymbol{L}_{ji}^{\mathrm{T}}+\tau\boldsymbol{W}_{ji},\quad \boldsymbol{\varPsi}_{ij}=\boldsymbol{E}_i^{\mathrm{T}}\boldsymbol{P}_i\boldsymbol{A}_{ij},\quad j=1,2,\cdots,N$$

证明　假设存在对称正定矩阵 $\boldsymbol{Q}_{ij}$、$\boldsymbol{Q}_{ji}$、$\boldsymbol{R}_{ji}$、$\boldsymbol{U}_{ji}$、$\boldsymbol{W}_{ji}$ 及矩阵 $\boldsymbol{P}_i$、$\boldsymbol{M}_{ji}$、$\boldsymbol{L}_{ji}$、$\boldsymbol{V}_{ji}$ 满足式(7.7)～式(7.9)，则由式(7.9)可知 $\boldsymbol{\varSigma}_{11}<0$，进而可知 $\boldsymbol{\varXi}_i=\boldsymbol{A}_i^{\mathrm{T}}\boldsymbol{P}_i+\boldsymbol{P}_i^{\mathrm{T}}\boldsymbol{A}_i+\left(\sum_{j=1}^{N}\boldsymbol{Q}_{ij}\right)<0$，而 $\boldsymbol{Q}_{ij}>0$，因此有式(7.10)成立

$$\boldsymbol{A}_i^{\mathrm{T}}\boldsymbol{P}_i+\boldsymbol{P}_i^{\mathrm{T}}\boldsymbol{A}_i<0 \tag{7.10}$$

结合式(7.7)和式(7.10)，由引理 3.1 和引理 7.3 可知 $(\boldsymbol{E}_i,\boldsymbol{A}_i)$ 正则、无脉冲。

由于$\left(\boldsymbol{E}_i,\boldsymbol{A}_i\right)$正则、无脉冲，因此存在非奇异矩阵$\boldsymbol{M}_i$和$\boldsymbol{N}_i$使得

$$\boldsymbol{M}_i\boldsymbol{E}_i\boldsymbol{N}_i=\begin{bmatrix}\boldsymbol{I} & 0\\ 0 & 0\end{bmatrix},\quad \boldsymbol{M}_i\boldsymbol{A}_i\boldsymbol{N}_i=\begin{bmatrix}\boldsymbol{A}_{1i} & \boldsymbol{A}_{2i}\\ \boldsymbol{A}_{3i} & \boldsymbol{A}_{4i}\end{bmatrix},\quad \boldsymbol{M}_i^{-\mathrm{T}}\boldsymbol{P}_i\boldsymbol{N}_i=\begin{bmatrix}\boldsymbol{P}_{1i} & \boldsymbol{P}_{2i}\\ \boldsymbol{P}_{3i} & \boldsymbol{P}_{4i}\end{bmatrix}$$

由式(7.7)可知$\boldsymbol{P}_{2i}=0$。在式(7.10)两边分别左乘$\boldsymbol{N}_i^{\mathrm{T}}$和右乘$\boldsymbol{N}_i$可得$\begin{bmatrix}\bullet & \bullet\\ \bullet & \boldsymbol{A}_{4i}^{\mathrm{T}}\boldsymbol{P}_{4i}+\boldsymbol{P}_{4i}^{\mathrm{T}}\boldsymbol{A}_{4i}\end{bmatrix}<0$，故有$\boldsymbol{A}_{4i}^{\mathrm{T}}\boldsymbol{P}_{4i}+\boldsymbol{P}_{4i}^{\mathrm{T}}\boldsymbol{A}_{4i}<0$，即$\boldsymbol{A}_{4i}$非奇异，因此系统(7.6)正则、无脉冲。其中，•表示在推导过程中不需要关注的部分。

下面证明系统(7.6)是时滞相关稳定的。由于系统(7.6)正则、无脉冲，因此存在非奇异矩阵$\bar{\boldsymbol{M}}_i$和$\bar{\boldsymbol{N}}_i$使得

$$\bar{\boldsymbol{M}}_i\boldsymbol{E}_i\bar{\boldsymbol{N}}_i=\begin{bmatrix}\boldsymbol{I} & 0\\ 0 & 0\end{bmatrix},\quad \bar{\boldsymbol{M}}_i\boldsymbol{A}_i\bar{\boldsymbol{N}}_i=\begin{bmatrix}\bar{\boldsymbol{A}}_i & 0\\ 0 & \boldsymbol{I}\end{bmatrix}$$

定义矩阵

$$\bar{\boldsymbol{M}}_i\boldsymbol{A}_{ij}\bar{\boldsymbol{N}}_i=\begin{bmatrix}\bar{\boldsymbol{A}}_{1ij} & \bar{\boldsymbol{A}}_{2ij}\\ \bar{\boldsymbol{A}}_{3ij} & \bar{\boldsymbol{A}}_{4ij}\end{bmatrix},\quad \bar{\boldsymbol{P}}_i=\bar{\boldsymbol{M}}_i^{-\mathrm{T}}\boldsymbol{P}_i\bar{\boldsymbol{N}}_i=\begin{bmatrix}\bar{\boldsymbol{P}}_{1i} & \bar{\boldsymbol{P}}_{2i}\\ \bar{\boldsymbol{P}}_{3i} & \bar{\boldsymbol{P}}_{4i}\end{bmatrix}$$

则系统(7.6)可等价为

$$\begin{cases}\dot{\boldsymbol{\xi}}_{1i}(t)=\bar{\boldsymbol{A}}_i\boldsymbol{\xi}_{1i}(t)+\sum\limits_{j=1}^{N}\bar{\boldsymbol{A}}_{1ij}\boldsymbol{\xi}_{1j}\left(t-\tau_{ij}\right)+\sum\limits_{j=1}^{N}\bar{\boldsymbol{A}}_{2ij}\boldsymbol{\xi}_{2j}\left(t-\boldsymbol{\tau}_{ij}\right)\\ 0=\boldsymbol{\xi}_{2i}(t)+\sum\limits_{j=1}^{N}\bar{\boldsymbol{A}}_{3ij}\boldsymbol{\xi}_{1j}\left(t-\boldsymbol{\tau}_{ij}\right)+\sum\limits_{j=1}^{N}\bar{\boldsymbol{A}}_{4ij}\boldsymbol{\xi}_{2j}\left(t-\boldsymbol{\tau}_{ij}\right)\end{cases}$$

式中

$$\boldsymbol{\xi}_i(t)=\begin{bmatrix}\boldsymbol{\xi}_{1i}(t)\\ \boldsymbol{\xi}_{2i}(t)\end{bmatrix}=\bar{\boldsymbol{N}}_i^{-1}\boldsymbol{x}_i(t),\quad \boldsymbol{\xi}_j\left(t-\boldsymbol{\tau}_{ij}\right)=\begin{bmatrix}\boldsymbol{\xi}_{1j}\left(t-\boldsymbol{\tau}_{ij}\right)\\ \boldsymbol{\xi}_{2j}\left(t-\boldsymbol{\tau}_{ij}\right)\end{bmatrix}=\bar{\boldsymbol{N}}_i^{-1}\boldsymbol{x}_j(t) \tag{7.11}$$

选择如下 Lyapunov-Krasovskii 泛涵

$$V(\boldsymbol{x}(t))=V_1(\boldsymbol{x}(t))+V_2(\boldsymbol{x}(t))+V_3(\boldsymbol{x}(t))$$

式中

$$V_1(\boldsymbol{x}(t))=\sum_{i=1}^{N}\boldsymbol{x}_i^{\mathrm{T}}(t)\boldsymbol{E}_i^{\mathrm{T}}\boldsymbol{P}_i\boldsymbol{x}_i(t),\quad V_2(\boldsymbol{x}(t))=\sum_{i=1}^{N}\left\{\sum_{j=1}^{N}\left[\int_{t-\tau_{ij}}^{t}\boldsymbol{x}_j^{\mathrm{T}}(s)\boldsymbol{Q}_{ij}\boldsymbol{x}_j(s)\mathrm{d}s\right]\right\}$$

$$V_3(\boldsymbol{x}(t))=\sum_{i=1}^{N}\left\{\sum_{j=1}^{N}\left[\int_{-\tau_{ij}}^{0}\int_{t+\beta}^{t}\dot{\boldsymbol{x}}_j^{\mathrm{T}}(s)\boldsymbol{E}_j^{\mathrm{T}}\boldsymbol{R}_{ij}\boldsymbol{E}_j\dot{\boldsymbol{x}}_j(s)\mathrm{d}s\mathrm{d}\beta\right]\right\}$$

这里$\boldsymbol{P}_i$、$\boldsymbol{Q}_{ij}$、$\boldsymbol{R}_{ij}$均为对称正定矩阵。

$V_1(\boldsymbol{x}(t))$、$V_2(\boldsymbol{x}(t))$、$V_3(\boldsymbol{x}(t))$沿系统(7.6)的导数分别为

$$\dot{V}_1(\boldsymbol{x}(t))=\sum_{i=1}^{N}\left\{\boldsymbol{x}_i^{\mathrm{T}}(t)\left(\boldsymbol{A}_i^{\mathrm{T}}\boldsymbol{P}_i+\boldsymbol{P}_i^{\mathrm{T}}\boldsymbol{A}_i\right)\boldsymbol{x}_i(t)+2\boldsymbol{x}_i^{\mathrm{T}}(t)\boldsymbol{P}_i^{\mathrm{T}}\left[\sum_{j=1}^{N}\boldsymbol{A}_{ij}\boldsymbol{x}_j\left(t-\tau_{ij}\right)\right]\right\} \tag{7.12}$$

$$\begin{aligned}\dot{V}_2(\boldsymbol{x}(t))&=\sum_{i=1}^{N}\left\{\sum_{j=1}^{N}\boldsymbol{x}_j^{\mathrm{T}}(t)\boldsymbol{Q}_{ij}\boldsymbol{x}_j(t)-\sum_{j=1}^{N}\boldsymbol{x}_j^{\mathrm{T}}\left(t-\tau_{ij}\right)\boldsymbol{Q}_{ij}\boldsymbol{x}_j\left(t-\tau_{ij}\right)\right\}\\&=\sum_{i=1}^{N}\left\{\boldsymbol{x}_i^{\mathrm{T}}(t)\left[\sum_{j=1}^{N}\boldsymbol{Q}_{ji}\right]\boldsymbol{x}_i(t)-\sum_{j=1}^{N}\boldsymbol{x}_j^{\mathrm{T}}\left(t-\tau_{ij}\right)\boldsymbol{Q}_{ij}\boldsymbol{x}_j\left(t-\tau_{ij}\right)\right\}\end{aligned} \tag{7.13}$$

$$\dot{V}_3(\boldsymbol{x}(t))=\sum_{i=1}^{N}\left\{\sum_{j=1}^{N}\boldsymbol{\tau}_{ij}\dot{\boldsymbol{x}}_j^{\mathrm{T}}(t)\boldsymbol{E}_j^{\mathrm{T}}\boldsymbol{R}_{ij}\boldsymbol{E}_j\dot{\boldsymbol{x}}_j(t)-\sum_{j=1}^{N}\int_{t-\tau_{ij}}^{t}\dot{\boldsymbol{x}}_j^{\mathrm{T}}(t)\boldsymbol{E}_j^{\mathrm{T}}\boldsymbol{R}_{ij}\boldsymbol{E}_j\dot{\boldsymbol{x}}_j(t)\mathrm{d}s\right\}$$

由引理 7.3 可知

$$\dot{V}_3(\boldsymbol{x}(t))\leqslant\sum_{i=1}^{N}\left\{\begin{aligned}&\boldsymbol{x}_i^{\mathrm{T}}(t)\boldsymbol{A}_i^{\mathrm{T}}\boldsymbol{M}\boldsymbol{A}_i\boldsymbol{x}_i(t)+2\boldsymbol{x}_i^{\mathrm{T}}(t)\boldsymbol{A}_i^{\mathrm{T}}\boldsymbol{M}\left[\sum_{j=1}^{N}\boldsymbol{A}_{ij}\boldsymbol{x}_j\left(t-\tau_{ij}\right)\right]\\&+\left[\sum_{j=1}^{N}\boldsymbol{A}_{ij}\boldsymbol{x}_j\left(t-\tau_{ij}\right)\right]^{\mathrm{T}}\boldsymbol{M}\left[\sum_{j=1}^{N}\boldsymbol{A}_{ij}\boldsymbol{x}_j\left(t-\tau_{ij}\right)\right]\\&+\boldsymbol{x}_i^{\mathrm{T}}(t)\boldsymbol{E}_i^{\mathrm{T}}\left[\sum_{j=1}^{N}\boldsymbol{Y}_{ji}\right]\boldsymbol{E}_i\boldsymbol{x}_i(t)+2\boldsymbol{x}_i^{\mathrm{T}}(t)\boldsymbol{E}_i^{\mathrm{T}}\sum_{j=1}^{N}\boldsymbol{\Pi}_{ji}\boldsymbol{E}_i\boldsymbol{x}_i\left(t-\tau_{ji}\right)\\&+\sum_{j=1}^{N}\boldsymbol{x}_i^{\mathrm{T}}\left(t-\tau_{ji}\right)\boldsymbol{E}_i^{\mathrm{T}}\boldsymbol{\Omega}_{ji}\boldsymbol{E}_i\boldsymbol{x}_i\left(t-\tau_{ji}\right)\end{aligned}\right\} \tag{7.14}$$

式中，$\boldsymbol{Y}_{ji}$、$\boldsymbol{\Pi}_{ji}$、$\boldsymbol{\Omega}_{ji}$ 与定理 7.1 中的相同。

$$\boldsymbol{Y}_{ij}=\boldsymbol{M}_{ij}+\boldsymbol{M}_{ij}^{\mathrm{T}}+\tau\boldsymbol{U}_{ij},\quad \boldsymbol{\Pi}_{ij}=\boldsymbol{L}_{ij}-\boldsymbol{M}_{ij}^{\mathrm{T}}+\tau\boldsymbol{V}_{ij},\quad \boldsymbol{\Omega}_{ij}=-\boldsymbol{L}_{ij}-\boldsymbol{L}_{ij}^{\mathrm{T}}+\tau\boldsymbol{W}_{ij},\quad \boldsymbol{M}=\sum_{j=1}^{N}\tau\boldsymbol{R}_{ji}$$

由式(7.12)～式(7.14)可知

$$\begin{aligned}\dot{V}(\boldsymbol{x}(t))&\leqslant\sum_{i=1}^{N}\left\{\begin{aligned}&\boldsymbol{x}_i^{\mathrm{T}}(t)\bar{\boldsymbol{\Theta}}_i\boldsymbol{x}_i(t)+\boldsymbol{x}_i^{\mathrm{T}}(t)\boldsymbol{E}_i^{\mathrm{T}}\left[\sum_{j=1}^{N}\boldsymbol{Y}_{ji}\right]\boldsymbol{E}_i\boldsymbol{x}_i(t)\\&+2\boldsymbol{x}_i^{\mathrm{T}}(t)\boldsymbol{E}_i^{\mathrm{T}}\sum_{j=1}^{N}\boldsymbol{\Pi}_{ji}\boldsymbol{E}_i\boldsymbol{x}_i\left(t-\tau_{ji}\right)+\sum_{j=1}^{N}\boldsymbol{x}_i^{\mathrm{T}}\left(t-\tau_{ji}\right)\boldsymbol{E}_i^{\mathrm{T}}\boldsymbol{\Omega}_{ji}\boldsymbol{E}_i\boldsymbol{x}_i\left(t-\tau_{ji}\right)\\&+2\boldsymbol{x}_i^{\mathrm{T}}(t)\left(\boldsymbol{P}_i^{\mathrm{T}}+\boldsymbol{A}_i^{\mathrm{T}}\boldsymbol{M}\right)\left[\sum_{j=1}^{N}\boldsymbol{A}_{ij}\boldsymbol{x}_j\left(t-\tau_{ij}\right)\right]-\sum_{j=1}^{N}\boldsymbol{x}_j^{\mathrm{T}}\left(t-\tau_{ij}\right)\boldsymbol{Q}_{ij}\boldsymbol{x}_j\left(t-\tau_{ij}\right)\\&+\left[\sum_{j=1}^{N}\boldsymbol{A}_{ij}\boldsymbol{x}_j\left(t-\tau_{ij}\right)\right]^{\mathrm{T}}\boldsymbol{M}\left[\sum_{j=1}^{N}\boldsymbol{A}_{ij}\boldsymbol{x}_j\left(t-\tau_{ij}\right)\right]\end{aligned}\right\}\\&=\sum_{i=1}^{N}\boldsymbol{\xi}_i^{\mathrm{T}}(t)\boldsymbol{\Gamma}_i\boldsymbol{\xi}_i(t)\end{aligned}$$

式中

$$\bar{\boldsymbol{\Theta}}_i=\boldsymbol{A}_i^{\mathrm{T}}\boldsymbol{P}_i+\boldsymbol{P}_i^{\mathrm{T}}\boldsymbol{A}_i+\left(\sum_{j=1}^{N}\boldsymbol{Q}_{ji}\right)+\boldsymbol{A}_i^{\mathrm{T}}\boldsymbol{M}\boldsymbol{A}_i$$

$$\boldsymbol{\xi}_i^{\mathrm{T}}(t)=\begin{bmatrix}\boldsymbol{x}_i^{\mathrm{T}}(t) & \boldsymbol{x}_i^{\mathrm{T}}(t)\boldsymbol{E}_i^{\mathrm{T}} & \boldsymbol{\rho}_{1i}^{\mathrm{T}}(t) & \boldsymbol{\rho}_{i1}^{\mathrm{T}}(t)\end{bmatrix}$$

$$\boldsymbol{\rho}_{1i}^{\mathrm{T}}(t)=\begin{bmatrix}\boldsymbol{x}_i^{\mathrm{T}}(t-\tau_{1i})\boldsymbol{E}_i^{\mathrm{T}} & \cdots & \boldsymbol{x}_i^{\mathrm{T}}(t-\tau_{Ni})\boldsymbol{E}_i^{\mathrm{T}}\end{bmatrix}$$

$$\boldsymbol{\rho}_{i1}^{\mathrm{T}}(t)=\begin{bmatrix}\boldsymbol{x}_1^{\mathrm{T}}(t-\tau_{i1}) & \cdots & \boldsymbol{x}_N^{\mathrm{T}}(t-\tau_{iN})\end{bmatrix}$$

$$\boldsymbol{\Lambda}_{ij}=\boldsymbol{P}_i^{\mathrm{T}}\boldsymbol{A}_{ij}+\tau\boldsymbol{A}_i^{\mathrm{T}}\boldsymbol{M}\boldsymbol{A}_{ij},\quad j=1,2,\cdots,N$$

$$\boldsymbol{\Gamma}_i=\begin{bmatrix}
\bar{\boldsymbol{\Theta}}_i & \boldsymbol{0} & \boldsymbol{E}_i^{\mathrm{T}}\boldsymbol{\Pi}_{1i} & \cdots & \boldsymbol{E}_i^{\mathrm{T}}\boldsymbol{\Pi}_{Ni} & \boldsymbol{\Lambda}_{i1} & \cdots & \boldsymbol{\Lambda}_{iN}\\
* & \sum\limits_{j=1}^{N}\boldsymbol{Y}_{ji} & \boldsymbol{0} & \cdots & \boldsymbol{0} & \boldsymbol{0} & \cdots & \boldsymbol{0}\\
* & * & \boldsymbol{\Omega}_{1i} & \cdots & \boldsymbol{0} & \boldsymbol{0} & \cdots & \boldsymbol{0}\\
* & * & * & & \vdots & \vdots & & \vdots\\
* & * & * & * & \boldsymbol{\Omega}_{Ni} & \boldsymbol{0} & \cdots & \boldsymbol{0}\\
* & * & * & * & * & -\boldsymbol{Q}_{i1}+\tau\boldsymbol{A}_{i1}^{\mathrm{T}}\boldsymbol{M}\boldsymbol{A}_{i1} & \cdots & \tau\boldsymbol{A}_{i1}^{\mathrm{T}}\boldsymbol{M}\boldsymbol{A}_{iN}\\
* & * & * & * & * & * & & \vdots\\
* & * & * & * & * & * & * & -\boldsymbol{Q}_{iN}+\tau\boldsymbol{A}_{iN}^{\mathrm{T}}\boldsymbol{M}\boldsymbol{A}_{iN}
\end{bmatrix}$$

由式(7.9)可知$\dot{V}(\boldsymbol{x}(t))<0$，即$\boldsymbol{\Gamma}_i<0$，由 Schur 补可知，式(7.10)与$\boldsymbol{\Gamma}_i<0$等价。而据式(7.11)可知

$$\begin{aligned}\sum_{i=1}^{N}\alpha_i\|\boldsymbol{\xi}_{1i}(t)\|^2-V(\boldsymbol{x}(0))&\leqslant\sum_{i=1}^{N}\boldsymbol{x}_i^{\mathrm{T}}(t)\boldsymbol{E}_i^{\mathrm{T}}\boldsymbol{P}_i\boldsymbol{x}_i(t)-V(\boldsymbol{x}(0))\\
&\leqslant V(\boldsymbol{x}(t))-V(\boldsymbol{x}(0))=\int_0^t\dot{V}\left(\bar{\boldsymbol{N}}\xi(v)\right)\mathrm{d}v\\
&\leqslant-\sum_{i=1}^{N}\int_0^t\beta_i\|\xi_i(v)\|^2\,\mathrm{d}v\leqslant-\sum_{i=1}^{N}\int_0^t\beta_i\|\xi_{1i}(v)\|^2\,\mathrm{d}v<0\end{aligned}$$

式中，$\alpha_i=\lambda_{\min}\left(\bar{\boldsymbol{P}}_{1i}\right)>0$，$\beta_i=-\lambda_{\max}\left(\bar{\boldsymbol{N}}_i^{\mathrm{T}}\boldsymbol{\Gamma}_i\bar{\boldsymbol{N}}_i\right)>0$。

根据上面的推导可知$\sum\limits_{i=1}^{N}\alpha_i\|\xi_{1i}(t)\|^2+\sum\limits_{i=1}^{N}\int_0^t\beta_i\|\xi_{1i}(v)\|^2\,\mathrm{d}v\leqslant V(\boldsymbol{x}(0))$，即$\|\xi_{1i}(t)\|$和$\int_0^t\|\xi_{1i}(v)\|^2\mathrm{d}v$有界。同理可以得出$\|\xi_{2i}(t)\|$有界。因此$\|\xi_i(t)\|$有界且一致连续，由 Barbalat 结论[9]可知$\lim\limits_{t\to\infty}\xi_{1i}(t)=0$，即慢子系统稳定。由于$0=\boldsymbol{\xi}_{2i}(t)+\sum\limits_{j=1}^{N}\bar{\boldsymbol{A}}_{3ij}\boldsymbol{\xi}_{1j}\left(t-\tau_{ij}\right)+\sum\limits_{j=1}^{N}\bar{\boldsymbol{A}}_{4ij}\boldsymbol{\xi}_{2j}\left(t-\tau_{ij}\right)$，因此有$\lim\limits_{t\to\infty}\boldsymbol{\xi}_{2i}(t)=0$，即快子系统稳定。综上可知系统(7.6)稳

定。证毕。

注释 7.1　定理 7.1 为时滞相关容许性条件，即考虑了时滞大小对系统容许性的影响；文献[10]的结论均为时滞无关条件，即没有考虑时滞大小对系统容许性的影响。然而，许多实际系统中的时滞一般都是有界的，无穷时滞很少出现，这种不考虑时滞大小的结论，因为适用于任意大小的时滞，当时滞有界时，或者时滞比较小时，是相当保守的，所以所获的结论比文献[10]的结论具有更低的保守性。

注释 7.2　由于引理 7.3 能直接对二次型积分项进行界定，可以避免对系统进行模型变换和对交叉项的界定，故利用引理 7.3 获得的时滞相关稳定性条件就有可能比 $2\left|\boldsymbol{x}^{\mathrm{T}}\boldsymbol{y}\right| \leqslant \boldsymbol{x}^{\mathrm{T}}\boldsymbol{S}\boldsymbol{x}+\boldsymbol{y}^{\mathrm{T}}\boldsymbol{S}^{-1}\boldsymbol{y}$ 具有更少的保守性，即定理 7.1 比文献[9]中由 $2\left|\boldsymbol{x}^{\mathrm{T}}\boldsymbol{y}\right| \leqslant \boldsymbol{x}^{\mathrm{T}}\boldsymbol{S}\boldsymbol{x}+\boldsymbol{y}^{\mathrm{T}}\boldsymbol{S}^{-1}\boldsymbol{y}$ 获得的稳定性条件的保守性少一些。

7.2.3　标称奇异关联大系统时滞相关分散容许

本节在定理 7.1 的基础上，研究奇异关联系统(7.2)在 $\Delta\boldsymbol{A}_i=\Delta\boldsymbol{B}_i=\Delta\boldsymbol{A}_{ij}=0$ 的条件下时滞相关分散镇定问题，即为系统(7.2)设计分散状态反馈控制器

$$\boldsymbol{u}_i(t)=\boldsymbol{K}_i\boldsymbol{x}_i(t),\quad i=1,2,\cdots,N \tag{7.15}$$

使得闭环系统

$$\begin{aligned}&\boldsymbol{E}_i\dot{\boldsymbol{x}}_i(t)=\left(\boldsymbol{A}_i+\boldsymbol{B}_i\boldsymbol{K}_i\right)\boldsymbol{x}_i(t)+\sum_{j=1}^{N}\boldsymbol{A}_{ij}\boldsymbol{x}_j\left(t-\tau_{ij}\right)\\&\boldsymbol{x}_i(t)=\boldsymbol{\varphi}_i(t),\quad t\in\left[-\tau,\ 0\right],\quad \tau=\max_{i,j}\left\{\tau_{ij}\right\}\end{aligned} \tag{7.16}$$

正则、无脉冲、时滞相关渐近稳定。

定理 7.2　奇异关联大系统(7.2)在 $\Delta\boldsymbol{A}_i$、$\Delta\boldsymbol{B}_i$、$\Delta\boldsymbol{A}_{ij}$ 均为 0 的条件下正则、无脉冲且可以通过分散状态反馈控制器(7.15)时滞相关分散镇定的充分条件为，对于给定的标量 $\tau>0$，若存在对称正定矩阵 $\boldsymbol{Q}_{ij}$、$\boldsymbol{Q}_{ji}$、$\boldsymbol{R}_{ji}$、$\boldsymbol{U}_{ji}$、$\boldsymbol{W}_{ji}$ 以及矩阵 $\boldsymbol{P}_i$、$\boldsymbol{M}_{ji}$、$\boldsymbol{L}_{ji}$、$\boldsymbol{V}_{ji}$ 满足式(7.7)和式(7.8)以及

$$\bar{\boldsymbol{\Phi}}_i<0 \tag{7.17}$$

式中，$\bar{\boldsymbol{\Phi}}_i$ 是通过将式(7.9)中的 $\boldsymbol{A}_i$ 用 $\boldsymbol{A}_i+\boldsymbol{B}_i\boldsymbol{K}_i$ 代替所获得的。

定理 7.2 的证明过程同定理 7.1。不难看出定理 7.2 中含有 $\boldsymbol{P}_i$ 与 $\boldsymbol{K}_i$ 的耦合项，不能直接用 LMI 工具箱来求解，为便于求解给出如下定理。

定理 7.3　任意给定标量 $\tau>0$，若存在对称正定矩阵 $\bar{\boldsymbol{Q}}_{ij}$、$\bar{\boldsymbol{Q}}_{ji}$、$\bar{\boldsymbol{U}}_{ji}$、$\bar{\boldsymbol{W}}_{ji}$、$\boldsymbol{S}_{ji}$ 和矩阵 $\boldsymbol{X}_i$、$\boldsymbol{Y}_i$、$\bar{\boldsymbol{V}}_{ji}$、$\bar{\boldsymbol{L}}_{ji}$ 满足

$$\boldsymbol{E}_i\boldsymbol{X}_i=\boldsymbol{X}_i^{\mathrm{T}}\boldsymbol{E}_i^{\mathrm{T}}\geqslant 0 \tag{7.18}$$

$$\begin{bmatrix}\bar{\boldsymbol{U}}_{ji} & \bar{\boldsymbol{V}}_{ji} & \bar{\boldsymbol{M}}_{ji}^{\mathrm{T}}\\ \bar{\boldsymbol{V}}_{ji}^{\mathrm{T}} & \bar{\boldsymbol{W}}_{ji} & \bar{\boldsymbol{L}}_{ji}^{\mathrm{T}}\\ \bar{\boldsymbol{M}}_{ji} & \bar{\boldsymbol{L}}_{ji} & \boldsymbol{X}_i^{\mathrm{T}}\boldsymbol{S}_{ji}^{-1}\boldsymbol{X}_i\end{bmatrix}\geqslant 0 \tag{7.19}$$

$$\boldsymbol{F}_i=\begin{bmatrix}\bar{\boldsymbol{\Sigma}}_{11} & \bar{\boldsymbol{\Sigma}}_{12} & \bar{\boldsymbol{\Sigma}}_{13} & \bar{\boldsymbol{\Sigma}}_{14}\\ * & \bar{\boldsymbol{\Sigma}}_{22} & \boldsymbol{0} & \boldsymbol{0}\\ * & * & \bar{\boldsymbol{\Sigma}}_{33} & \bar{\boldsymbol{\Sigma}}_{34}\\ * & * & * & \bar{\boldsymbol{\Sigma}}_{44}\end{bmatrix}<0 \tag{7.20}$$

时，则奇异关联大系统(7.2)在$\Delta\boldsymbol{A}_i$、$\Delta\boldsymbol{B}_i$、$\Delta\boldsymbol{A}_{ij}$均为0的条件下正则、无脉冲，并可以通过状态反馈控制器(7.15)时滞相关分散镇定，且若式(7.18)～式(7.20)存在可行解，那么分散状态反馈控制器参数由式(7.21)决定

$$\boldsymbol{K}_i=\boldsymbol{Y}_i\boldsymbol{X}_i^{-1},\quad i=1,2,\cdots,N \tag{7.21}$$

式中

$$\bar{\boldsymbol{\Sigma}}_{11}=\begin{bmatrix}\bar{\boldsymbol{\Xi}}_i & \boldsymbol{0}\\ * & \sum_{j=1}^{N}\bar{\boldsymbol{Y}}_{ij}\end{bmatrix},\quad \boldsymbol{\Sigma}_{12}=\begin{bmatrix}\boldsymbol{E}_i^{\mathrm{T}}\bar{\boldsymbol{\Pi}}_{1i} & \cdots & \boldsymbol{E}_i^{\mathrm{T}}\bar{\boldsymbol{\Pi}}_{Ni}\\ \boldsymbol{0} & \cdots & \boldsymbol{0}\end{bmatrix},\quad \boldsymbol{\Sigma}_{13}=\begin{bmatrix}\bar{\boldsymbol{\Psi}}_{i1} & \cdots & \bar{\boldsymbol{\Psi}}_{Ni}\\ \boldsymbol{0} & \cdots & \boldsymbol{0}\end{bmatrix}$$

$$\boldsymbol{\Sigma}_{14}=\begin{bmatrix}\tau\boldsymbol{\varUpsilon}_i^{\mathrm{T}} & \cdots & \tau\boldsymbol{\varUpsilon}_i^{\mathrm{T}}\\ 0 & \cdots & 0\end{bmatrix},\quad \boldsymbol{\Sigma}_{22}=\mathrm{diag}\left\{\bar{\boldsymbol{\Omega}}_{i1},\cdots,\bar{\boldsymbol{\Omega}}_{iN}\right\},\quad \boldsymbol{\Sigma}_{33}=\mathrm{diag}\left\{-\bar{\boldsymbol{Q}}_{i1},\cdots,-\bar{\boldsymbol{Q}}_{iN}\right\}$$

$$\boldsymbol{\Sigma}_{44}=\mathrm{diag}\left\{-\tau\boldsymbol{S}_{1i},\cdots,-\tau\boldsymbol{S}_{Ni}\right\},\quad \boldsymbol{\Sigma}_{34}=\begin{bmatrix}\tau\boldsymbol{X}_i^{\mathrm{T}}\boldsymbol{A}_{i1}^{\mathrm{T}} & \cdots & \tau\boldsymbol{X}_i^{\mathrm{T}}\boldsymbol{A}_{i1}^{\mathrm{T}}\\ \vdots & & \vdots\\ \tau\boldsymbol{X}_i^{\mathrm{T}}\boldsymbol{A}_{iN}^{\mathrm{T}} & \cdots & \tau\boldsymbol{X}_i^{\mathrm{T}}\boldsymbol{A}_{iN}^{\mathrm{T}}\end{bmatrix}$$

$$\bar{\boldsymbol{\Xi}}_i=\boldsymbol{\varUpsilon}_i^{\mathrm{T}}+\boldsymbol{\varUpsilon}_i+\left(\sum_{j=1}^{N}\bar{\boldsymbol{Q}}_{ji}\right),\quad \boldsymbol{\varUpsilon}_i=\boldsymbol{A}_i\boldsymbol{X}_i+\boldsymbol{B}_i\boldsymbol{Y}_i,\quad \bar{\boldsymbol{Y}}_{ji}=\bar{\boldsymbol{M}}_{ji}+\bar{\boldsymbol{M}}_{ji}^{\mathrm{T}}+\tau\bar{\boldsymbol{U}}_{ji}$$

$$\bar{\boldsymbol{\Pi}}_{ji}=\bar{\boldsymbol{L}}_{ji}-\bar{\boldsymbol{M}}_{ji}^{\mathrm{T}}+\tau\bar{\boldsymbol{V}}_{ji},\quad \bar{\boldsymbol{\Omega}}_{ji}=-\bar{\boldsymbol{L}}_{ji}-\bar{\boldsymbol{L}}_{ji}^{\mathrm{T}}+\tau\bar{\boldsymbol{W}}_{ji},\quad \bar{\boldsymbol{\Psi}}_{ij}=\boldsymbol{E}_i\boldsymbol{A}_{ij}\boldsymbol{X}_i$$

证明　令$\boldsymbol{X}_i=\boldsymbol{P}_i^{-1}$，$\boldsymbol{Y}_i=\boldsymbol{K}_i\boldsymbol{P}_i^{-1}=\boldsymbol{K}_i\boldsymbol{X}_i$，$\boldsymbol{\varUpsilon}_i=\boldsymbol{A}_i\boldsymbol{X}_i+\boldsymbol{B}_i\boldsymbol{Y}_i$，在式(7.7)两边分别左乘$\boldsymbol{X}_i^{\mathrm{T}}$和右乘矩阵$\boldsymbol{X}_i$，可知式(7.18)成立。在式(7.8)两边分别左乘$\mathrm{diag}\left\{\boldsymbol{X}_i^{\mathrm{T}},\boldsymbol{X}_i^{\mathrm{T}},\boldsymbol{X}_i^{\mathrm{T}}\right\}$和右乘对角矩阵$\mathrm{diag}\left\{\boldsymbol{X}_i,\boldsymbol{X}_i,\boldsymbol{X}_i\right\}$，并令$\bar{\boldsymbol{M}}_{ji}=\boldsymbol{X}_i^{\mathrm{T}}\boldsymbol{M}_{ji}\boldsymbol{X}_i$，$\bar{\boldsymbol{U}}_{ji}=\boldsymbol{X}_i^{\mathrm{T}}\boldsymbol{U}_{ji}\boldsymbol{X}_i$，$\bar{\boldsymbol{L}}_{ji}=\boldsymbol{X}_i^{\mathrm{T}}\boldsymbol{L}_{ji}\boldsymbol{X}_i$，$\bar{\boldsymbol{V}}_{ji}=\boldsymbol{X}_i^{\mathrm{T}}\boldsymbol{V}_{ji}\boldsymbol{X}_i$，$\bar{\boldsymbol{W}}_{ji}=\boldsymbol{X}_i^{\mathrm{T}}\boldsymbol{W}_{ji}\boldsymbol{X}_i$，$\boldsymbol{R}_{ji}=\boldsymbol{S}_{ji}^{-1}$可知式(7.8)等价于式(7.19)。在式(7.17)两边分别左乘$\mathrm{diag}\left\{\boldsymbol{X}_i^{\mathrm{T}},\boldsymbol{X}_i^{\mathrm{T}},\boldsymbol{X}_i^{\mathrm{T}},\cdots,\boldsymbol{X}_i^{\mathrm{T}},\boldsymbol{X}_i^{\mathrm{T}},\cdots,\boldsymbol{X}_i^{\mathrm{T}},\boldsymbol{I}_i,\cdots,\boldsymbol{I}_i\right\}$和右乘对角矩阵$\mathrm{diag}\left\{\boldsymbol{X}_i,\boldsymbol{X}_i,\boldsymbol{X}_i,\cdots,\boldsymbol{X}_i,\boldsymbol{X}_i,\cdots,\boldsymbol{X}_i,\boldsymbol{I}_i,\cdots,\boldsymbol{I}_i\right\}$，并令$\bar{\boldsymbol{Q}}_{ij}=\boldsymbol{X}_i^{\mathrm{T}}\boldsymbol{Q}_{ij}\boldsymbol{X}_i$，$\bar{\boldsymbol{Q}}_{ji}=\boldsymbol{X}_i^{\mathrm{T}}\boldsymbol{Q}_{ji}\boldsymbol{X}_i$，

$\bar{\boldsymbol{Y}}_{ji}=\boldsymbol{X}_i^{\mathrm{T}}\boldsymbol{Y}_{ji}\boldsymbol{X}_i$，$\bar{\boldsymbol{\Pi}}_{ji}=\boldsymbol{X}_i^{\mathrm{T}}\boldsymbol{\Pi}_{ji}\boldsymbol{X}_i$，$\bar{\boldsymbol{\Omega}}_{ji}=\boldsymbol{X}_i^{\mathrm{T}}\boldsymbol{\Omega}_{ji}\boldsymbol{X}_i$，$\bar{\boldsymbol{\Psi}}_{ij}=\boldsymbol{E}_i\boldsymbol{A}_{ij}\boldsymbol{X}_i$，$\boldsymbol{R}_{ji}=\boldsymbol{S}_{ji}^{-1}$则可知式(7.17)等价于式(7.20)。证毕。

由于式(7.19)中存在非线性项$\boldsymbol{X}_i^{\mathrm{T}}\boldsymbol{S}_{ji}^{-1}\boldsymbol{X}_i$，定理 7.3 也不能用 LMI 工具箱求解。但是利用文献[11]所提的算法，可以获得一个保证系统镇定的次优最大时滞上界τ。引入新的矩阵变量$\boldsymbol{C}_{ji}>0$满足

$$\begin{bmatrix}\bar{\boldsymbol{U}}_{ji} & \bar{\boldsymbol{V}}_{ji} & \bar{\boldsymbol{M}}_{ji}^{\mathrm{T}}\\ \bar{\boldsymbol{V}}_{ji}^{\mathrm{T}} & \bar{\boldsymbol{W}}_{ji} & \bar{\boldsymbol{L}}_{ji}^{\mathrm{T}}\\ \bar{\boldsymbol{M}}_{ji} & \bar{\boldsymbol{L}}_{ji} & \boldsymbol{C}_{ji}\end{bmatrix}\geqslant 0,\quad \boldsymbol{X}_i^{\mathrm{T}}\boldsymbol{S}_{ji}^{-1}\boldsymbol{X}_i\geqslant\boldsymbol{C}_{ji}$$

而$\boldsymbol{X}_i^{\mathrm{T}}\boldsymbol{S}_{ji}^{-1}\boldsymbol{X}_i\geqslant\boldsymbol{C}_{ji}$等价于$\boldsymbol{X}_i^{-\mathrm{T}}\boldsymbol{S}_{ji}\boldsymbol{X}_i^{-1}\leqslant\boldsymbol{C}_{ji}^{-1}$，由 Schur 补引理可知上面公式等价于

$$\begin{bmatrix}\bar{\boldsymbol{U}}_{ji} & \bar{\boldsymbol{V}}_{ji} & \bar{\boldsymbol{M}}_{ji}^{\mathrm{T}}\\ \bar{\boldsymbol{V}}_{ji}^{\mathrm{T}} & \bar{\boldsymbol{W}}_{ji} & \bar{\boldsymbol{L}}_{ji}^{\mathrm{T}}\\ \bar{\boldsymbol{M}}_{ji} & \bar{\boldsymbol{L}}_{ji} & \boldsymbol{C}_{ji}\end{bmatrix}\geqslant 0,\quad \begin{bmatrix}\boldsymbol{C}_{ji}^{-1} & \boldsymbol{X}_i^{-\mathrm{T}}\\ \boldsymbol{X}_i^{-1} & \boldsymbol{S}_{ji}^{-1}\end{bmatrix}\geqslant 0,\quad j=1,2,\cdots,N \tag{7.22}$$

令$\boldsymbol{J}_{ji}=\boldsymbol{C}_{ji}^{-1}$，$\boldsymbol{Z}_{ji}=\boldsymbol{S}_{ji}^{-1}$，$\boldsymbol{F}_i=\boldsymbol{X}_i^{-1}$，可将定理 7.3 中的问题转化成如下基于 LMIs 的非线性最小化问题：

$$\text{Min Trace}\sum_{i=1}^{N}\left(\left(\sum_{j=1}^{N}\boldsymbol{C}_{ji}\boldsymbol{J}_{ji}+\boldsymbol{S}_{ji}\boldsymbol{Z}_{ji}\right)+\boldsymbol{X}_i\boldsymbol{F}_i\right)$$

s.t.　式 (7.18)、式(7.20)、式(7.22)且

$$\boldsymbol{S}_{ij}>0,\quad \boldsymbol{C}_{ij}>0,\quad \begin{bmatrix}\bar{\boldsymbol{U}}_{ji} & \bar{\boldsymbol{V}}_{ji} & \bar{\boldsymbol{M}}_{ji}^{\mathrm{T}}\\ \bar{\boldsymbol{V}}_{ji}^{\mathrm{T}} & \bar{\boldsymbol{W}}_{ji} & \bar{\boldsymbol{L}}_{ji}^{\mathrm{T}}\\ \bar{\boldsymbol{M}}_{ji} & \bar{\boldsymbol{L}}_{ji} & \boldsymbol{C}_{ji}\end{bmatrix}\geqslant 0 \tag{7.23}$$

$$\begin{bmatrix}\boldsymbol{J}_{ji} & \boldsymbol{F}_i\\ \boldsymbol{F}_i & \boldsymbol{Z}_{ji}\end{bmatrix}\geqslant 0,\quad \begin{bmatrix}\boldsymbol{C}_{ji} & \boldsymbol{I}_{ji}\\ \boldsymbol{I}_{ji} & \boldsymbol{J}_{ji}\end{bmatrix}\geqslant 0,\quad \begin{bmatrix}\boldsymbol{S}_{ji} & \boldsymbol{I}_{ji}\\ \boldsymbol{I}_{ji} & \boldsymbol{Z}_{ji}\end{bmatrix}\geqslant 0$$

$$\begin{bmatrix}\boldsymbol{X}_i & \boldsymbol{I}_i\\ \boldsymbol{I}_i & \boldsymbol{F}_i\end{bmatrix}\geqslant 0,\quad i=1,2,\cdots,N;\ j=1,2,\cdots,N$$

具体算法如下：

Step1　选取时滞界限τ的初始值$\tau_0>0$(充分小)，使得式(7.18)、式(7.20)、式(7.22)和式(7.23)存在可行解，确定最大迭代次数$m_{\max}$。

Step2　令迭代次数初值$k=0$，选取初值$\left(\boldsymbol{X}_{i0},\ \bar{\boldsymbol{Q}}_{ij0},\ \bar{\boldsymbol{Q}}_{ji0},\bar{\boldsymbol{U}}_{ji0},\ \bar{\boldsymbol{W}}_{ji0},\ \boldsymbol{S}_{ji0},\ \boldsymbol{Y}_{i0},\ \bar{\boldsymbol{V}}_{ji0},\ \bar{\boldsymbol{L}}_{ji0},\ \boldsymbol{C}_{ji0},\ \boldsymbol{J}_{ji0},\ \boldsymbol{Z}_{ji0},\ \boldsymbol{F}_{i0}\right)$满足式(7.18)、式(7.20)、式(7.22)和式(7.23)。

Step3　求解关于变量$\left(\boldsymbol{X}_i,\ \bar{\boldsymbol{Q}}_{ij},\ \bar{\boldsymbol{Q}}_{ji},\bar{\boldsymbol{U}}_{ji},\ \bar{\boldsymbol{W}}_{ji},\ \boldsymbol{S}_{ji},\ \boldsymbol{Y}_i,\ \bar{\boldsymbol{V}}_{ji},\ \bar{\boldsymbol{L}}_{ji},\ \boldsymbol{C}_{ji},\ \boldsymbol{J}_{ji},\right.$

$\boldsymbol{Z}_{ji}, \boldsymbol{F}_i)$ 的 LMIs 问题

$$\text{Min Trace}\left(\left[\sum_{j=1}^{N}\boldsymbol{C}_{jik}\boldsymbol{J}_{ji}+\boldsymbol{S}_{jik}\boldsymbol{Z}_{ji}+\boldsymbol{J}_{jik}\boldsymbol{C}_{ji}+\boldsymbol{Z}_{jik}\boldsymbol{S}_{ji}\right]+\boldsymbol{X}_{ik}\boldsymbol{F}_i+\boldsymbol{F}_{ik}\boldsymbol{X}_i\right)$$

s.t. 式 (7.18)、式(7.20)、式(7.22) 和式(7.23)

令 $\boldsymbol{C}_{ji(k+1)}=\boldsymbol{C}_{ji}$，$\boldsymbol{J}_{ji(k+1)}=\boldsymbol{J}_{ji}$，$\boldsymbol{S}_{ji(k+1)}=\boldsymbol{S}_{ji}$，$\boldsymbol{Z}_{ji(k+1)}=\boldsymbol{Z}_{ji}$，$\boldsymbol{X}_{i(k+1)}=\boldsymbol{X}_i$，$\boldsymbol{F}_{i(k+1)}=\boldsymbol{F}_i$。

Step4 将所求得的 $\boldsymbol{X}_i$ 和 $\boldsymbol{S}_{ji}$ 代入式(7.19)，若式(7.19)成立，则适当增大 τ_0，并转至 Step2；若式(7.19)不成立且 $k<m_{\max}$，则转至 Step3；若式(7.19)不成立且 $k=m_{\max}$，则退出迭代过程，此时的 τ_0 即所获得的最大次优时滞界限。

注释 7.3 上述算法给出了如何求解矩阵不等式(7.19)的一种方法，虽然不需要调节任何参数，但是这一算法以矩阵不等式(7.19)作为循环终止条件，因此只能获得次优最大时滞上界。

7.2.4 不确定奇异关联大系统时滞相关分散鲁棒容许

在定理 7.3 的基础上，研究不确定奇异关联大系统时滞相关分散鲁棒容许问题，即为不确定系统(7.2)设计分散状态反馈控制器(7.15)，使得闭环系统

$$\begin{aligned}\boldsymbol{E}_i\dot{\boldsymbol{x}}_i(t)&=\left(\boldsymbol{A}_i+\Delta\boldsymbol{A}_i+\left(\boldsymbol{B}_i+\Delta\boldsymbol{B}_i\right)\boldsymbol{K}_i\right)\boldsymbol{x}_i(t)+\sum_{j=1}^{N}\left(\boldsymbol{A}_{ij}+\Delta\boldsymbol{A}_{ij}\right)\boldsymbol{x}_j\left(t-\tau_{ij}\right)\\&=\left(\boldsymbol{A}_i+\boldsymbol{S}_i\boldsymbol{F}_i(t)\boldsymbol{D}_i+\left(\boldsymbol{B}_i+\boldsymbol{S}_i\boldsymbol{F}_i(t)\boldsymbol{G}_i\right)\boldsymbol{K}_i\right)\boldsymbol{x}_i(t)\\&\quad+\sum_{j=1}^{N}\left(\boldsymbol{A}_{ij}+\boldsymbol{S}_i\boldsymbol{F}_i(t)\boldsymbol{D}_{ij}\right)\boldsymbol{x}_j\left(t-\tau_{ij}\right)\end{aligned}\tag{7.24}$$

$$\boldsymbol{x}_i(t)=\boldsymbol{\varphi}_i(t),\quad t\in[-\tau,\ 0],\quad \tau=\max_{i,j}\left\{\tau_{ij}\right\}$$

是正则、无脉冲、时滞相关鲁棒稳定的。

定理 7.4 对由式(7.2)和式(7.15)构成的闭环奇异关联大系统(7.24)，给定标量 $\tau>0$，若存在对称正定矩阵 $\bar{\boldsymbol{Q}}_{ij}$、$\bar{\boldsymbol{Q}}_{ji}$、$\bar{\boldsymbol{U}}_{ji}$、$\bar{\boldsymbol{W}}_{ji}$、$\boldsymbol{S}_{ji}$ 以及矩阵 $\boldsymbol{X}_i$、$\boldsymbol{Y}_i$、$\bar{\boldsymbol{V}}_{ji}$、$\bar{\boldsymbol{L}}_{ji}$，对满足约束(7.3)的所有不确定项有式(7.18)、式(7.19)和下面的矩阵不等式成立：

$$\bar{\boldsymbol{F}}_i<0\tag{7.25}$$

则不确性奇异关联大系统(7.2)正则、无脉冲，且可以通过状态反馈控制器(7.15)时滞相关分散鲁棒镇定。其中，$\bar{\boldsymbol{F}}_i$ 是通过将定理 7.3 中的 $\boldsymbol{A}_i$、$\boldsymbol{B}_i$、$\boldsymbol{A}_{ij}$ 分别用 $\boldsymbol{A}_i+\boldsymbol{S}_i\boldsymbol{F}_i(t)\boldsymbol{D}_i$、$\boldsymbol{B}_i+\boldsymbol{S}_i\boldsymbol{F}_i(t)\boldsymbol{G}_i$、$\boldsymbol{A}_{ij}+\boldsymbol{S}_i\boldsymbol{F}_i(t)\boldsymbol{D}_{ij}$ 代替获得的。

将定理 7.3 中的 $\boldsymbol{A}_i$、$\boldsymbol{B}_i$、$\boldsymbol{A}_{ij}$ 分别用 $\boldsymbol{A}_i+\boldsymbol{S}_i\boldsymbol{F}_i(t)\boldsymbol{D}_i$、$\boldsymbol{B}_i+\boldsymbol{S}_i\boldsymbol{F}_i(t)\boldsymbol{G}_i$、$\boldsymbol{A}_{ij}+\boldsymbol{S}_i\boldsymbol{F}_i(t)\boldsymbol{D}_{ij}$ 代替，容易证明该定理成立。定理 7.4 给出了不确定性奇异关联系统(7.1)，

可以通过状态反馈控制器(7.15)时滞相关分散鲁棒镇定的一个充分条件，但该条件含有不确定项，无法应用，下面将利用引理 7.4 给出定理 7.4 的一个等价形式。

引理 7.4[11,12]　给定具有合适维数矩阵 $\boldsymbol{Q}=\boldsymbol{Q}^{\mathrm{T}}$、$\boldsymbol{H}$、$\boldsymbol{T}$ 和 $\boldsymbol{R}=\boldsymbol{R}^{\mathrm{T}}>0$，对于所有满足 $\boldsymbol{F}^{\mathrm{T}}(t)\boldsymbol{F}(t)\leqslant \boldsymbol{R}$ 的 $\boldsymbol{F}(t)$，当且仅当存在 $\varepsilon>0$，使得

$$\boldsymbol{Q}+\varepsilon\boldsymbol{H}\boldsymbol{H}^{\mathrm{T}}+\varepsilon^{-1}\boldsymbol{T}^{\mathrm{T}}\boldsymbol{R}\boldsymbol{T}<0$$

成立时，有

$$\boldsymbol{Q}+\boldsymbol{H}\boldsymbol{F}(t)\boldsymbol{T}+\boldsymbol{T}^{\mathrm{T}}\boldsymbol{F}^{\mathrm{T}}(t)\boldsymbol{H}^{\mathrm{T}}<0$$

定理 7.5　任意给定标量 $\tau>0$ 和满足约束式(7.3)的矩阵 $\boldsymbol{S}_i$、$\boldsymbol{D}_i$、$\boldsymbol{G}_i$、$\boldsymbol{D}_{ij}$，若存在对称正定矩阵 $\bar{\boldsymbol{Q}}_{ij}$、$\bar{\boldsymbol{Q}}_{ji}$、$\bar{\boldsymbol{U}}_{ji}$、$\bar{\boldsymbol{W}}_{ji}$、$\boldsymbol{S}_{ji}$ 和矩阵 $\boldsymbol{X}_i$、$\boldsymbol{Y}_i$、$\bar{\boldsymbol{V}}_{ji}$、$\bar{\boldsymbol{L}}_{ji}$ 以及标量 $\zeta_i>0$ 满足式(7.18)、式(7.19)和如下矩阵不等式

$$\begin{bmatrix} \boldsymbol{F}_i & \zeta_i\boldsymbol{H}_i & \boldsymbol{T}_i^{\mathrm{T}} \\ * & -\zeta_i\boldsymbol{I}_i & \boldsymbol{0} \\ * & * & -\zeta_i\boldsymbol{I}_i \end{bmatrix}<0 \tag{7.26}$$

时，则不确性奇异关联大系统(7.1)正则、无脉冲，并可以通过控制器(7.15)时滞相关分散鲁棒镇定，且若式(7.18)、式(7.19)和式(7.26)存在可行解，那么分散状态反馈控制器的参数由式(7.21)确定。其中 $\boldsymbol{F}_i$ 与定理 7.3 中的相同，且

$$\boldsymbol{H}_i^{\mathrm{T}}=\begin{bmatrix}(\boldsymbol{E}_i\boldsymbol{S}_i)^{\mathrm{T}} & \boldsymbol{0} & \boldsymbol{0} & \cdots & \boldsymbol{0} & \boldsymbol{0} & \cdots & \boldsymbol{0} & \tau\boldsymbol{S}_i^{\mathrm{T}} & \cdots & \tau\boldsymbol{S}_i^{\mathrm{T}}\end{bmatrix}$$

$$\boldsymbol{T}_i=\begin{bmatrix}\boldsymbol{D}_i\boldsymbol{X}_i+\boldsymbol{G}_i\boldsymbol{Y} & \boldsymbol{0} & \boldsymbol{0} & \cdots & \boldsymbol{0} & \boldsymbol{D}_{i1}\boldsymbol{X}_i & \cdots & \boldsymbol{D}_{iN}\boldsymbol{X}_i & \boldsymbol{0} & \cdots & \boldsymbol{0}\end{bmatrix}$$

证明　将 $\boldsymbol{A}_i+\boldsymbol{S}_i\boldsymbol{F}_i(t)\boldsymbol{D}_i$、$\boldsymbol{B}_i+\boldsymbol{S}_i\boldsymbol{F}_i(t)\boldsymbol{G}_i$ 和 $\boldsymbol{A}_{ij}+\boldsymbol{S}_i\boldsymbol{F}_i(t)\boldsymbol{D}_{ij}$ 分别代入式(7.25)，并定义与定理 7.5 相同的矩阵 $\boldsymbol{H}_i$、$\boldsymbol{T}_i$，可将其改写为

$$\boldsymbol{F}_i+\boldsymbol{H}_i\boldsymbol{F}_i(t)\boldsymbol{T}_i+\left(\boldsymbol{H}_i\boldsymbol{F}_i(t)\boldsymbol{T}_i\right)^{\mathrm{T}}<0 \tag{7.27}$$

由引理 7.4 可知式(7.27)成立的充要条件为存在标量 $\zeta_i>0$ 满足

$$\boldsymbol{F}_i+\zeta_i\boldsymbol{H}_i\boldsymbol{H}_i^{\mathrm{T}}+\zeta_i^{-1}\boldsymbol{T}_i^{\mathrm{T}}\boldsymbol{T}_i<0 \tag{7.28}$$

由 Schur 补引理可知，式(7.28)等价于式(7.26)。证毕。

由于定理 7.5 中也含有非线性项 $\boldsymbol{X}_i^{\mathrm{T}}\boldsymbol{S}_{ji}^{-1}\boldsymbol{X}_i$，因此可采用与定理 7.3 相似的求解方法。

7.2.5　数值示例

例 7.1　为说明上述定理的有效性，给出如下算例，即考虑由两个子系统构成的奇异关联大系统，其中

$$\boldsymbol{E}_1=\begin{bmatrix}1&0\\0&0\end{bmatrix},\quad \boldsymbol{A}_1=\begin{bmatrix}-1.8&1\\2&-2.5\end{bmatrix},\quad \boldsymbol{A}_{11}=\begin{bmatrix}\frac{1}{3}&\frac{1}{3}\\-\frac{1}{4}&\frac{1}{4}\end{bmatrix},\quad \boldsymbol{A}_{12}=\begin{bmatrix}\frac{1}{6}&0\\0&0\end{bmatrix},\quad \boldsymbol{B}_1=\begin{bmatrix}1\\1\end{bmatrix}$$

$$\boldsymbol{E}_2=\begin{bmatrix}1&0\\0&0\end{bmatrix},\quad \boldsymbol{A}_2=\begin{bmatrix}-\frac{4}{3}&\frac{1}{3}\\\frac{1}{2}&-\frac{1}{2}\end{bmatrix},\quad \boldsymbol{A}_{21}=\begin{bmatrix}\frac{1}{5}&0\\0&0\end{bmatrix},\quad \boldsymbol{A}_{22}=\begin{bmatrix}\frac{5}{2}&-1\\\frac{5}{4}&-\frac{3}{2}\end{bmatrix},\quad \boldsymbol{B}_2=\begin{bmatrix}1\\1\end{bmatrix}$$

满足式(7.3)的矩阵$\boldsymbol{S}_i$、$\boldsymbol{D}_i$、$\boldsymbol{G}_i$、$\boldsymbol{D}_{ij}\,(i,j=1,2)$为

$$\boldsymbol{S}_1=\begin{bmatrix}0.2&-0.1\end{bmatrix}^{\mathrm{T}},\ \boldsymbol{D}_1=\begin{bmatrix}-0.06&0.04\end{bmatrix},\ \boldsymbol{G}_1=-0.06,\quad \boldsymbol{D}_{11}=\begin{bmatrix}0&-0.1\end{bmatrix}$$

$$\boldsymbol{D}_{12}=\begin{bmatrix}0.1&0\end{bmatrix},\quad \boldsymbol{S}_2=\begin{bmatrix}0.1&0.3\end{bmatrix}^{\mathrm{T}},\quad \boldsymbol{D}_2=\begin{bmatrix}0.04&-0.02\end{bmatrix},\quad \boldsymbol{G}_2=-0.5$$

$$\boldsymbol{D}_{21}=\begin{bmatrix}0.01&0.01\end{bmatrix},\quad \boldsymbol{D}_{22}=\begin{bmatrix}0.1&0\end{bmatrix}$$

利用 MATLAB 的 LMI 工具箱，用文献[13]所提算法分别求解定理 7.3 和定理 7.5 中的 NLMI 问题，在最大时滞界限$\tau\leqslant 0.76$的条件下，求解定理 7.3，可得使奇异关联大系统(7.2)的标称系统时滞相关分散容许的一个状态反馈控制器为

$$\boldsymbol{K}_1=\begin{bmatrix}-1.0257&-0.6841\end{bmatrix},\quad \boldsymbol{K}_2=\begin{bmatrix}-1.8973&-1.2581\end{bmatrix}$$

且满足$\boldsymbol{E}_i\boldsymbol{X}_i=\boldsymbol{X}_i^{\mathrm{T}}\boldsymbol{E}_i^{\mathrm{T}}\geqslant 0$的$\boldsymbol{X}_i$分别为

$$\boldsymbol{X}_1=\begin{bmatrix}0.6314&0\\-0.1584&0.0861\end{bmatrix},\quad \boldsymbol{X}_2=\begin{bmatrix}0.0557&0\\0.0149&0.0079\end{bmatrix}$$

根据定义 7.1，很容易验证存在常数$s_0=-1-\mathrm{j}$，使得

$$\left|s_0\begin{bmatrix}\boldsymbol{E}_1&\boldsymbol{0}\\\boldsymbol{0}&\boldsymbol{E}_2\end{bmatrix}-\begin{bmatrix}\boldsymbol{A}_1+\boldsymbol{B}_1\boldsymbol{K}_1+\boldsymbol{A}_{11}\mathrm{e}^{-\tau}&\boldsymbol{A}_{12}\mathrm{e}^{-\tau}\\\boldsymbol{A}_{21}\mathrm{e}^{-\tau}&\boldsymbol{A}_2+\boldsymbol{B}_2\boldsymbol{K}_2+\boldsymbol{A}_{22}\mathrm{e}^{-\tau}\end{bmatrix}\right|\neq 0$$

即在所求得的控制器作用下，整个闭环奇异关联大系统正则，且此时有

$$\operatorname{rank}\begin{bmatrix}\begin{bmatrix}\boldsymbol{E}_1&\boldsymbol{0}\\\boldsymbol{0}&\boldsymbol{E}_2\end{bmatrix}&\boldsymbol{0}\\\begin{bmatrix}\boldsymbol{A}_1+\boldsymbol{B}_1\boldsymbol{K}_1+\boldsymbol{A}_{11}\mathrm{e}^{-\tau}&\boldsymbol{A}_{12}\mathrm{e}^{-\tau}\\\boldsymbol{A}_{21}\mathrm{e}^{-\tau}&\boldsymbol{A}_2+\boldsymbol{B}_2\boldsymbol{K}_2+\boldsymbol{A}_{22}\mathrm{e}^{-\tau}\end{bmatrix}&\begin{bmatrix}\boldsymbol{E}_1&\boldsymbol{0}\\\boldsymbol{0}&\boldsymbol{E}_2\end{bmatrix}\end{bmatrix}=4+\operatorname{rank}\begin{bmatrix}\boldsymbol{E}_1&\boldsymbol{0}\\\boldsymbol{0}&\boldsymbol{E}_2\end{bmatrix}$$

根据引理 7.2 可知，所求得的控制器作用下，整个闭环奇异关联大系统无脉冲。在此控制器的作用下，各子系统的状态响应曲线和控制输入$u_i(t)$的曲线分别如图 7.1～图 7.3 所示。

由数值算例和系统状态的响应曲线以及控制输入曲线图可知，在所求得的控制器作用下，整个闭环奇异关联大系统正则、无脉冲、时滞相关渐近稳定。

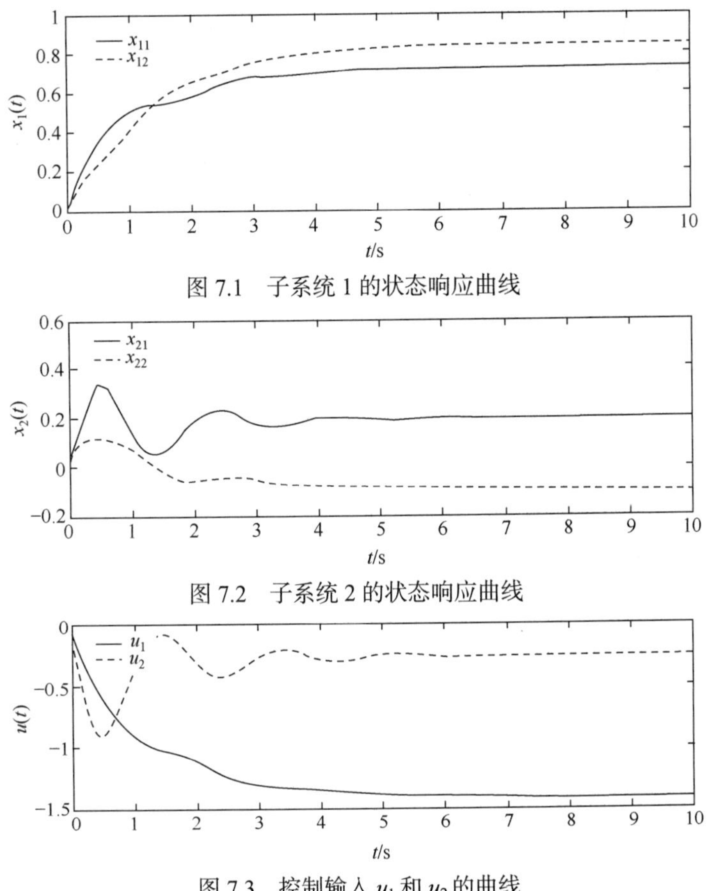

图 7.1　子系统 1 的状态响应曲线

图 7.2　子系统 2 的状态响应曲线

图 7.3　控制输入 u_1 和 u_2 的曲线

求解定理 7.5，可得使不确定奇异关联大系统(7.1)时滞相关分散鲁棒镇定的一个状态反馈控制器为

$$\boldsymbol{K}_1=\begin{bmatrix}-1.0098 & -0.0587\end{bmatrix},\quad \boldsymbol{K}_2=\begin{bmatrix}-8.0011 & -1.4502\end{bmatrix}$$

且满足 $\boldsymbol{E}_i\boldsymbol{X}_i=\boldsymbol{X}_i\boldsymbol{E}_i^{\mathrm{T}}$ 的 $\boldsymbol{X}_i$ 分别为

$$\boldsymbol{X}_1=\begin{bmatrix}0.2567 & 0\\ 0.0047 & 0.1259\end{bmatrix},\quad \boldsymbol{X}_2=\begin{bmatrix}0.4101 & 0\\ 0.0084 & 0.5603\end{bmatrix}$$

同样可以验证，通过求解定理 7.5 所获得的控制器也使整个闭环奇异关联大系统正则、无脉冲、时滞相关分散鲁棒稳定。

7.3　基于广义输出反馈的奇异关联大系统分散鲁棒 H_∞控制

在许多实际问题中，系统的状态往往是不能直接测量的，故难以应用状态反馈控制律来对系统进行控制。有时即使系统的状态可以直接测量，但考虑到实施控制的成本和系统的可靠性等因素，如果可以用系统的输出反馈来达到闭环系统的性能要求，则更适合于选择输出反馈的控制方式。因此基于输出反馈的奇异关联大系统分散鲁棒 H_∞控制问题的研究更具有实际意义。

7.3.1　系统描述

1. 标称系统描述

考虑一类由 N 个正则、无脉冲的奇异子系统组成的标称奇异关联大系统的分散鲁棒 H_∞广义输出反馈控制问题，其子系统方程为

$$\begin{aligned} \boldsymbol{E}_i\dot{\boldsymbol{x}}_i(t) &= \boldsymbol{A}_{ii}\boldsymbol{x}_i(t)+\boldsymbol{B}_{1i}\boldsymbol{\omega}_i(t)+\boldsymbol{B}_{2i}\boldsymbol{u}_i(t)+\sum_{j=1,\,j\neq i}^{N}\boldsymbol{A}_{ij}\boldsymbol{x}_j(t) \\ \boldsymbol{z}_i(t) &= \boldsymbol{C}_{1i}\boldsymbol{x}_i(t)+\boldsymbol{D}_{11i}\boldsymbol{\omega}_i(t)+\boldsymbol{D}_{12i}\boldsymbol{u}_i(t) \\ \boldsymbol{y}_i(t) &= \boldsymbol{C}_{2i}\boldsymbol{x}_i(t)+\boldsymbol{D}_{21i}\boldsymbol{\omega}_i(t) \end{aligned} \tag{7.29}$$

式中，$i=1,\cdots,N$, $\boldsymbol{x}_i(t)\in\mathbf{R}^{n_i}$、$\boldsymbol{\omega}_i(t)\in\mathbf{R}^{r_i}$、$\boldsymbol{u}_i(t)\in\mathbf{R}^{i}$、$\boldsymbol{z}_i(t)\in\mathbf{R}^{l_i}$、$\boldsymbol{y}_i(t)\in\mathbf{R}^{p_i}$ 分别为第 i 个子系统的状态变量、扰动输入、控制输入、被控输出和可测量输出向量；矩阵 $\boldsymbol{E}_i$、$\boldsymbol{A}_{ii}$、$\boldsymbol{B}_{1i}$、$\boldsymbol{B}_{2i}$、$\boldsymbol{C}_{1i}$、$\boldsymbol{C}_{2i}$、$\boldsymbol{D}_{11i}$、$\boldsymbol{D}_{12i}$、$\boldsymbol{D}_{21i}$ 为维数兼容的常数矩阵；$\boldsymbol{A}_{ij}$ 为第 j 个子系统与第 i 个子系统的关联矩阵；矩阵 $\boldsymbol{E}_i$ 满足 $\operatorname{rank}(\boldsymbol{E}_i)=q_i<n_i$。

整个正则、无脉冲奇异关联大系统可描述为

$$\begin{aligned} \boldsymbol{E}\dot{\boldsymbol{x}}(t) &= \boldsymbol{A}\boldsymbol{x}(t)+\boldsymbol{B}_1\boldsymbol{\omega}(t)+\boldsymbol{B}_2\boldsymbol{u}(t) \\ \boldsymbol{z}(t) &= \boldsymbol{C}_1 x(t)+\boldsymbol{D}_{11}\boldsymbol{\omega}(t)+\boldsymbol{D}_{12}\boldsymbol{u}(t) \\ \boldsymbol{y}(t) &= \boldsymbol{C}_2\boldsymbol{x}(t)+\boldsymbol{D}_{21}\boldsymbol{\omega}(t) \end{aligned} \tag{7.30}$$

式中

$\boldsymbol{A}=\left[\boldsymbol{A}_{ij}\right]_{N\times N}$，　$\boldsymbol{E}=\operatorname{diag}\{\boldsymbol{E}_{11},\cdots,\boldsymbol{E}_{NN}\}$，　$\boldsymbol{B}_1=\operatorname{diag}\{\boldsymbol{B}_{11},\cdots,\boldsymbol{B}_{1N}\}$

$\boldsymbol{B}_2=\operatorname{diag}\{\boldsymbol{B}_{21},\cdots,\boldsymbol{B}_{2N}\}$，　$\boldsymbol{C}_1=\operatorname{diag}\{\boldsymbol{C}_{11},\cdots,\boldsymbol{C}_{1N}\}$，　$\boldsymbol{C}_2=\operatorname{diag}\{\boldsymbol{C}_{21},\cdots,\boldsymbol{C}_{2N}\}$

$\boldsymbol{D}_{11}=\operatorname{diag}\{\boldsymbol{D}_{111},\cdots,\boldsymbol{D}_{11N}\}$，　$\boldsymbol{D}_{12}=\operatorname{diag}\{\boldsymbol{D}_{121},\cdots,\boldsymbol{D}_{12N}\}$，　$\boldsymbol{D}_{21}=\operatorname{diag}\{\boldsymbol{D}_{211},\cdots,\boldsymbol{D}_{21N}\}$

$\boldsymbol{x}=\operatorname{col}\{\boldsymbol{x}_1,\cdots,\boldsymbol{x}_N\}$，　$\boldsymbol{\omega}=\operatorname{col}\{\boldsymbol{\omega}_1,\cdots,\boldsymbol{\omega}_N\}$，　$\boldsymbol{u}=\operatorname{col}\{\boldsymbol{u}_1,\cdots,\boldsymbol{u}_N\}$

$\boldsymbol{z}=\operatorname{col}\{\boldsymbol{z}_1,\cdots,\boldsymbol{z}_N\}$，　$\boldsymbol{y}=\operatorname{col}\{\boldsymbol{y}_1,\cdots,\boldsymbol{y}_N\}$

本节在讨论标称奇异关联大系统的分散鲁棒 H_∞广义输出反馈控制问题的基础上，还讨论具有时变结构不确定性和数值界不确定性的奇异关联大系统的分散鲁棒 H_∞广义输出反馈控制问题，其系统描述分别如下所述。

2. 具有时变结构不确定性系统描述

具有时变结构不确定性的正则、无脉冲奇异关联大系统的子系统方程为

$$\begin{aligned} \boldsymbol{E}_i\dot{\boldsymbol{x}}_i(t) &= \left(\boldsymbol{A}_{ii} + \Delta\boldsymbol{A}_{ii}(t)\right)\boldsymbol{x}_i(t) + \boldsymbol{B}_{1i}\boldsymbol{\omega}_i(t) \\ &\quad + \left(\boldsymbol{B}_{2i} + \Delta\boldsymbol{B}_{2i}(t)\right)\boldsymbol{u}_i(t) + \sum_{j=1, j\neq i}^{N} \boldsymbol{A}_{ij}\boldsymbol{x}_j(t) \\ \boldsymbol{z}_i(t) &= \boldsymbol{C}_{1i}\boldsymbol{x}_i(t) + \boldsymbol{D}_{11i}\boldsymbol{\omega}_i(t) + \boldsymbol{D}_{12i}\boldsymbol{u}_i(t) \\ \boldsymbol{y}_i(t) &= \boldsymbol{C}_{2i}\boldsymbol{x}_i(t) + \boldsymbol{D}_{21i}\boldsymbol{\omega}_i(t) \end{aligned} \tag{7.31}$$

式中，矩阵$\Delta\boldsymbol{A}_{ii}(t)$、$\Delta\boldsymbol{B}_{2i}(t)$分别为状态矩阵和控制输入矩阵的时变结构不确定性，并满足

$$\begin{cases} \left[\Delta\boldsymbol{A}_{ii}(t) \quad \Delta\boldsymbol{B}_{2i}(t)\right] = \boldsymbol{H}_i\boldsymbol{F}_i(t)\left[\boldsymbol{G}_{1i} \quad \boldsymbol{G}_{2i}\right] \\ \boldsymbol{F}_i^{\mathrm{T}}(t)\boldsymbol{F}_i(t) \leqslant \boldsymbol{I}, \quad i = 1, \cdots, N \end{cases} \tag{7.32}$$

式中，$\boldsymbol{H}_i$、$\boldsymbol{G}_{1i}$、$\boldsymbol{G}_{2i}$为具有合适维数的常数矩阵；$\boldsymbol{F}_i(t)$为具有 Lesbesgue 可测元的不确定矩阵；$\boldsymbol{I}$表示合适维数的单位矩阵。

整个具有时变结构不确定性的正则、无脉冲奇异关联大系统可描述为

$$\begin{aligned} \boldsymbol{E}\dot{\boldsymbol{x}}(t) &= (\boldsymbol{A} + \Delta\boldsymbol{A}(t))\boldsymbol{x}(t) + \boldsymbol{B}_1\boldsymbol{\omega}(t) + \left(\boldsymbol{B}_2 + \Delta\boldsymbol{B}_2(t)\right)\boldsymbol{u}(t) \\ &= \left(\boldsymbol{A} + \boldsymbol{H}\boldsymbol{F}(t)\boldsymbol{G}_1\right)\boldsymbol{x}(t) + \boldsymbol{B}_1\boldsymbol{\omega}(t) + \left(\boldsymbol{B}_2 + \boldsymbol{H}\boldsymbol{F}(t)\boldsymbol{G}_2\right)\boldsymbol{u}(t) \\ \boldsymbol{z}(t) &= \boldsymbol{C}_1\boldsymbol{x}(t) + \boldsymbol{D}_{11}\boldsymbol{\omega}(t) + \boldsymbol{D}_{12}\boldsymbol{u}(t) \\ \boldsymbol{y}(t) &= \boldsymbol{C}_2\boldsymbol{x}(t) + \boldsymbol{D}_{21}\boldsymbol{\omega}(t) \end{aligned} \tag{7.33}$$

式中

$$\begin{aligned} &\Delta\boldsymbol{A}(t) = \mathrm{diag}\left\{\Delta\boldsymbol{A}_{ii}(t), \cdots, \Delta\boldsymbol{A}_{NN}(t)\right\}, \quad \Delta\boldsymbol{B}_2(t) = \mathrm{diag}\left\{\Delta\boldsymbol{B}_{21}(t), \cdots, \Delta\boldsymbol{B}_{2N}(t)\right\} \\ &\boldsymbol{H} = \mathrm{diag}\left\{\boldsymbol{H}_1, \cdots, \boldsymbol{H}_N\right\}, \quad \boldsymbol{G}_1 = \mathrm{diag}\left\{\boldsymbol{G}_{11}, \cdots, \boldsymbol{G}_{1N}\right\} \\ &\boldsymbol{G}_2 = \mathrm{diag}\left\{\boldsymbol{G}_{21}, \cdots, \boldsymbol{G}_{2N}\right\}, \quad \boldsymbol{F}(t) = \mathrm{diag}\left\{\boldsymbol{F}_I(t), \cdots, \boldsymbol{F}_N(t)\right\} \end{aligned}$$

其他参数描述形式同标称系统。

3. 具有数值界不确定性系统描述

具有数值界不确定性的正则、无脉冲奇异关联大系统的子系统方程为

$$\begin{aligned} \boldsymbol{E}_i\dot{\boldsymbol{x}}_i(t) &= \left(\boldsymbol{A}_{ii} + \Delta\boldsymbol{A}_{ii}\right)\boldsymbol{x}_i(t) + \boldsymbol{B}_{1i}\boldsymbol{\omega}_i(t) + \left(\boldsymbol{B}_{2i} + \Delta\boldsymbol{B}_{2i}\right)\boldsymbol{u}_i(t) \\ &\quad + \sum_{j=1, j\neq i}^{N} \left(\boldsymbol{A}_{ij} + \Delta\boldsymbol{A}_{ij}\right)\boldsymbol{x}_j(t) \end{aligned} \tag{7.34a}$$

$$\boldsymbol{z}_i(t) = \boldsymbol{C}_{1i}\boldsymbol{x}_i(t) + \boldsymbol{D}_{11i}\boldsymbol{\omega}_i(t) + \boldsymbol{D}_{12i}\boldsymbol{u}_i(t) \tag{7.34b}$$

$$\boldsymbol{y}_i(t) = \boldsymbol{C}_{2i}\boldsymbol{x}_i(t) + \boldsymbol{D}_{21i}\boldsymbol{\omega}_i(t) \tag{7.34c}$$

式中，$\Delta\boldsymbol{A}_{ii}$、$\Delta\boldsymbol{B}_{2i}$、$\Delta\boldsymbol{A}_{ij}$分别为状态矩阵、控制输入矩阵和关联矩阵的不确定性，它们有如下数值界：

$$\left|\Delta A_{ij}\right| \prec R_{ij}, \quad \left|\Delta B_{2i}\right| \prec S_i, \quad i,j=1,2,\cdots,N \tag{7.35}$$

式中，R_{ij}、S_i 为具有非负元素的实数矩阵，其维数分别与相应的不确定性矩阵相同。$|\varDelta| \prec \overline{\varDelta}$ 的含义是: $\left|e_{ij}\right| \prec \overline{e}_{ij}\,(i,j=1,2,\cdots,N)$, e_{ij} 和 $\overline{e}_{ij}$ 分别为矩阵 $\varDelta$ 和 $\overline{\varDelta}$ 的第 (i,j) 个对应元素。

整个满足数值界不确定性的正则、无脉冲奇异关联大系统可描述为

$$\begin{aligned} E\dot{x}(t) &= (A+\Delta A)x(t) + B_1\omega(t) + \left(B_2+\Delta B_2\right)u(t) \\ z(t) &= C_1x(t) + D_{11}\omega(t) + D_{12}u(t) \\ y(t) &= C_2x(t) + D_{21}\omega(t) \end{aligned} \tag{7.36}$$

式中

$$|\Delta A| \prec R, \quad |\Delta B_2| \prec S, \quad \Delta A = \left[A_{ij}\right]_{N\times N}, \quad R = \left[R_{ij}\right]_{N\times N}, \quad S = \mathrm{diag}\left\{S_1,\cdots,S_N\right\}$$

其他参数描述形式同标称系统。

假设 7.1 $\left(E_{ii}, A_{ij}, B_{2i}\right)$ 能稳且无脉冲。该假设条件为系统能镇定的必要条件，即保证一个容许的控制器的存在性。

为了处理奇异关联大系统的分散鲁棒 H_∞ 广义输出反馈控制问题，需要用到下述引理。

引理 7.5[14,15] 给定对称矩阵 H 和两个适当维数矩阵 P、Q，存在一个矩阵 X，使得

$$H + P^{\mathrm{T}}X^{\mathrm{T}}Q + Q^{\mathrm{T}}XP < 0$$

成立的充分必要条件为由矩阵 P、Q 的核空间 $\ker(P)$、$\ker(Q)$ 的任意一组基向量作为列向量构成的矩阵 N_P、N_Q 满足

$$N_P^{\mathrm{T}}HN_P < 0, \quad N_Q^{\mathrm{T}}HN_Q < 0$$

引理 7.6[16] 对于奇异系统

$$\begin{aligned} E\dot{x}(t) &= Ax(t) + B\omega(t) \\ z(t) &= Cx(t) + D\omega(t) \end{aligned}$$

和给定的 $\gamma > 0$，下面两个叙述是等价的:

(1) 该奇异系统正则、渐近稳定、无脉冲，$\left\|C\left(sE-A\right)^{-1}B+D\right\|_\infty < \gamma$ 且 $\|D\| < \gamma$；

(2) 存在可逆矩阵 $X \in \mathbf{R}^{n\times n}$ 满足

$$E^{\mathrm{T}}X = X^{\mathrm{T}}E \geqslant 0$$

$$\begin{bmatrix} A^{\mathrm{T}}X + X^{\mathrm{T}}A & X^{\mathrm{T}}B & C^{\mathrm{T}} \\ B^{\mathrm{T}}X & -\gamma I & D^{\mathrm{T}} \\ C & D & -\gamma I \end{bmatrix} < 0$$

7.3.2　标称奇异关联大系统的分散鲁棒 H_∞广义输出反馈控制

基于广义输出反馈标称奇异关联大系统分散鲁棒 H_∞控制问题可描述为：针对奇异大系统(7.29)，为每个子系统设计一个容许的广义动态输出反馈控制器

$$\begin{aligned} \boldsymbol{E}_{ci}\dot{\boldsymbol{x}}_{ci}(t) &= \boldsymbol{A}_{ci}\boldsymbol{x}_{ci}(t) + \boldsymbol{B}_{ci}\boldsymbol{y}_i(t) \\ \boldsymbol{u}_i(t) &= \boldsymbol{C}_{ci}\boldsymbol{x}_{ci}(t) + \boldsymbol{D}_{ci}\boldsymbol{y}_i(t) \end{aligned} \quad i=1,\cdots,N \tag{7.37}$$

使得其对应的闭环奇异关联大系统容许(正则、稳定、无脉冲)，并且满足给定的 H_∞性能指标 γ，即从扰动 $\boldsymbol{\omega}$ 到被调输出 $\boldsymbol{z}$ 的传递函数 $\|\boldsymbol{T}_{z\omega}(s)\|_\infty < \gamma(\gamma>0)$ 为预先给定的值。其中 $\boldsymbol{x}_{ci}\in\mathbf{R}^{n_{ci}}$ 为第 i 个局部控制器的状态，$\boldsymbol{E}_{ci}$、$\boldsymbol{A}_{ci}$、$\boldsymbol{B}_{ci}$、$\boldsymbol{C}_{ci}$、$\boldsymbol{D}_{ci}$ 为待求的控制器参数，假定广义输出反馈控制器(7.37)正则且满足 $\operatorname{rank}(\boldsymbol{E}_{ci})=\boldsymbol{q}_{ci}\leqslant\boldsymbol{n}_{ci}$。广义输出反馈控制器(7.37)的紧凑形式为

$$\begin{aligned} \boldsymbol{E}_{c}\dot{\boldsymbol{x}}_{c}(t) &= \boldsymbol{A}_{c}\boldsymbol{x}_{c}(t) + \boldsymbol{B}_{c}\boldsymbol{y}(t) \\ \boldsymbol{u}(t) &= \boldsymbol{C}_{c}\boldsymbol{x}_{c}(t) + \boldsymbol{D}_{c}\boldsymbol{y}(t) \end{aligned} \tag{7.38}$$

式中

$$\boldsymbol{E}_c=\operatorname{diag}\{\boldsymbol{E}_{c1},\cdots,\boldsymbol{E}_{cN}\},\quad \boldsymbol{A}_c=\operatorname{diag}\{\boldsymbol{A}_{c1},\cdots,\boldsymbol{A}_{cN}\},\quad \boldsymbol{B}_c=\operatorname{diag}\{\boldsymbol{B}_{c1},\cdots,\boldsymbol{B}_{cN}\}$$
$$\boldsymbol{C}_c=\operatorname{diag}\{\boldsymbol{C}_{c1},\cdots,\boldsymbol{C}_{cN}\},\quad \boldsymbol{D}_c=\operatorname{diag}\{\boldsymbol{D}_{c1},\cdots,\boldsymbol{D}_{cN}\},\quad \boldsymbol{x}_c=\operatorname{col}\{\boldsymbol{x}_{c1},\cdots,\boldsymbol{x}_{cN}\}$$

由标称奇异系统(7.29)组成的奇异关联大系统(7.30)与广义输出反馈控制器(7.38)构成的闭环奇异关联大系统为

$$\begin{aligned} \boldsymbol{E}_{cl}\dot{\boldsymbol{x}}_{cl}(t) &= \boldsymbol{A}_{cl}\boldsymbol{x}_{cl}(t) + \boldsymbol{B}_{cl}\boldsymbol{\omega}(t) \\ \boldsymbol{z}(t) &= \boldsymbol{C}_{cl}\boldsymbol{x}_{cl}(t) + \boldsymbol{D}_{cl}\boldsymbol{\omega}(t) \end{aligned} \tag{7.39}$$

式中

$$\boldsymbol{x}_{cl}=\begin{bmatrix}\boldsymbol{x}\\ \boldsymbol{x}_c\end{bmatrix},\quad \boldsymbol{E}_{cl}=\begin{bmatrix}\boldsymbol{E} & \\ & \boldsymbol{E}_c\end{bmatrix},\quad \boldsymbol{A}_{cl}=\begin{bmatrix}\boldsymbol{A}+\boldsymbol{B}_2\boldsymbol{D}_c\boldsymbol{C}_2 & \boldsymbol{B}_2\boldsymbol{C}_c\\ \boldsymbol{B}_c\boldsymbol{C}_2 & \boldsymbol{A}_c\end{bmatrix},\quad \boldsymbol{B}_{cl}=\begin{bmatrix}\boldsymbol{B}_1+\boldsymbol{B}_2\boldsymbol{D}_c\boldsymbol{D}_{21}\\ \boldsymbol{B}_c\boldsymbol{D}_{21}\end{bmatrix}$$
$$\boldsymbol{C}_{cl}=\begin{bmatrix}\boldsymbol{C}_1+\boldsymbol{D}_{12}\boldsymbol{D}_c\boldsymbol{C}_2 & \boldsymbol{D}_{12}\boldsymbol{C}_c\end{bmatrix},\quad \boldsymbol{D}_{cl}=\boldsymbol{D}_{11}+\boldsymbol{D}_{12}\boldsymbol{D}_c\boldsymbol{D}_{21}$$

定理 7.6　分散控制器(7.38)是奇异关联大系统(7.30)的一个 H_∞ 控制器，即闭环系统(7.39)是容许的，且从扰动 $\boldsymbol{\omega}$ 到被调输出 $\boldsymbol{z}$ 的传递函数的 H_∞范数小于给定指标 γ 的充分条件为存在一个块对角对称正定矩阵 $\boldsymbol{X}_{cl}$ 满足

$$\begin{gathered} \boldsymbol{E}_{cl}^{T}\boldsymbol{X}_{cl}=\boldsymbol{X}_{cl}^{T}\boldsymbol{E}_{cl}\geqslant 0 \\ \begin{bmatrix}\boldsymbol{A}_{cl}^{T}\boldsymbol{X}_{cl}+\boldsymbol{X}_{cl}^{T}\boldsymbol{A}_{cl} & \boldsymbol{X}_{cl}^{T}\boldsymbol{B}_{cl} & \boldsymbol{C}_{cl}^{T}\\ \boldsymbol{B}_{cl}^{T}\boldsymbol{X}_{cl} & -\gamma\boldsymbol{I} & \boldsymbol{D}_{cl}^{T}\\ \boldsymbol{C}_{cl} & \boldsymbol{D}_{cl} & -\gamma\boldsymbol{I}\end{bmatrix}<0 \end{gathered} \tag{7.40}$$

证明 以$\boldsymbol{E}=\boldsymbol{E}_{\rm cl}$，$\boldsymbol{X}=\boldsymbol{X}_{\rm cl}$，$\boldsymbol{A}=\boldsymbol{A}_{\rm cl}$，$\boldsymbol{B}=\boldsymbol{B}_{\rm cl}$，$\boldsymbol{C}=\boldsymbol{C}_{\rm cl}$，$\boldsymbol{D}=\boldsymbol{D}_{\rm cl}$代入引理7.6中，由引理7.6易知定理7.6成立。

下面将基于这个H_∞控制器的存在条件，研究形如(7.38)的分散鲁棒H_∞广义输出反馈控制器设计方法。由于$\boldsymbol{E}_{\rm cl}$、$\boldsymbol{A}_{\rm cl}$、$\boldsymbol{B}_{\rm cl}$、$\boldsymbol{C}_{\rm cl}$、$\boldsymbol{D}_{\rm cl}$都依赖于待求的控制器参数，因此在矩阵不等式(7.40)中，矩阵变量$\boldsymbol{X}_{\rm cl}$与控制器参数矩阵$\boldsymbol{E}_{\rm c}$、$\boldsymbol{A}_{\rm c}$、$\boldsymbol{B}_{\rm c}$、$\boldsymbol{C}_{\rm c}$、$\boldsymbol{D}_{\rm c}$之间存在耦合，即以非线性的方式出现，难以简单地直接应用状态反馈控制情形中的变量替换方法来处理，这给广义输出反馈H_∞控制器的设计带来了极大的困难。为此，这里给出两种基于LMI处理的广义输出反馈H_∞控制器的设计方法——变量替换法和消元法。

1. 广义输出反馈H_∞控制器的设计方法——变量替换法

在状态反馈控制器的设计中，通过引进一组新的矩阵变量，将原来的LMI转化为关于新变量的一个LMI，从而可以用LMI的求解方法来获得这组新变量的值，进而根据新旧变量之间的替换关系，得到原变量的值。一个很自然的思想就是将这样一种变量代换的方法推广到广义输出反馈控制器的设计中。

定理7.7 对由式(7.29)组成的奇异关联大系统(7.30)，任意给定$\gamma>0$，若存在块对角对称正定矩阵$\boldsymbol{X}$、$\boldsymbol{Y}$和块对角矩阵$\boldsymbol{F}$、$\boldsymbol{L}$、$\boldsymbol{Q}$、$\boldsymbol{N}$、$\boldsymbol{U}$、$\boldsymbol{V}$(每个子块的维数与相应子系统的维数相匹配)满足

$$\begin{bmatrix}\boldsymbol{X}^{\rm T} & \boldsymbol{0}\\ \boldsymbol{0} & \boldsymbol{Y}\end{bmatrix}\begin{bmatrix}\boldsymbol{E}^{\rm T} & \boldsymbol{0}\\ \boldsymbol{0} & \boldsymbol{E}\end{bmatrix}=\begin{bmatrix}\boldsymbol{E} & \boldsymbol{0}\\ \boldsymbol{0} & \boldsymbol{E}^{\rm T}\end{bmatrix}\begin{bmatrix}\boldsymbol{X} & \boldsymbol{0}\\ \boldsymbol{0} & \boldsymbol{Y}\end{bmatrix}\geqslant 0 \tag{7.41}$$

$$\boldsymbol{Y}^{\rm T}\boldsymbol{E}\boldsymbol{X}+\boldsymbol{V}\boldsymbol{E}_{\rm c}\boldsymbol{U}^{\rm T}=\boldsymbol{E}^{\rm T} \tag{7.42}$$

$$\boldsymbol{U}\boldsymbol{V}^{\rm T}=\boldsymbol{I}-\boldsymbol{X}\boldsymbol{Y} \tag{7.43}$$

$$\begin{bmatrix}\boldsymbol{X} & \boldsymbol{I}\\ \boldsymbol{I} & \boldsymbol{Y}\end{bmatrix}>0 \tag{7.44}$$

$$\boldsymbol{T}(\boldsymbol{X},\boldsymbol{Y},\boldsymbol{F},\boldsymbol{L},\boldsymbol{Q},\boldsymbol{N})=$$

$$\begin{bmatrix}\boldsymbol{J}_{11} & \boldsymbol{J}_{12} & \boldsymbol{B}_1+\boldsymbol{B}_2\boldsymbol{N}\boldsymbol{D}_{21} & (\boldsymbol{C}_1\boldsymbol{X}+\boldsymbol{D}_{12}\boldsymbol{Q})^{\rm T}\\ \boldsymbol{J}_{12}^{\rm T} & \boldsymbol{J}_{22} & \boldsymbol{Y}^{\rm T}\boldsymbol{B}_1+\boldsymbol{L}\boldsymbol{D}_{21} & (\boldsymbol{C}_1+\boldsymbol{D}_{12}\boldsymbol{N}\boldsymbol{C}_2)^{\rm T}\\ (\boldsymbol{B}_1+\boldsymbol{B}_2\boldsymbol{N}\boldsymbol{D}_{21})^{\rm T} & (\boldsymbol{Y}^{\rm T}\boldsymbol{B}_1+\boldsymbol{L}\boldsymbol{D}_{21})^{\rm T} & -\gamma\boldsymbol{I} & (\boldsymbol{D}_{11}+\boldsymbol{D}_{12}\boldsymbol{N}\boldsymbol{D}_{21})^{\rm T}\\ \boldsymbol{C}_1\boldsymbol{X}+\boldsymbol{D}_{12}\boldsymbol{Q} & \boldsymbol{C}_1+\boldsymbol{D}_{12}\boldsymbol{N}\boldsymbol{C}_2 & \boldsymbol{D}_{11}+\boldsymbol{D}_{12}\boldsymbol{N}\boldsymbol{D}_{21} & -\gamma\boldsymbol{I}\end{bmatrix}<0 \tag{7.45}$$

时，存在分散鲁棒H_∞广义输出反馈控制器(7.38)，使闭环奇异关联大系统(7.39)容许，并满足给定的H_∞性能指标$\|\boldsymbol{T}_{z\omega}(s)\|_\infty<\gamma$。且若式(7.41)～式(7.45)存在一个可行解$\boldsymbol{X}^*$、$\boldsymbol{Y}^*$、$\boldsymbol{F}^*$、$\boldsymbol{L}^*$、$\boldsymbol{Q}^*$、$\boldsymbol{N}^*$、$\boldsymbol{U}^*$、$\boldsymbol{V}^*$，则广义动态输出反馈控制器参数由

$$E_c=\left(V^*\right)^{-1}\left(E^T-\left(Y^*\right)^T EX^*\right)\left(U^*\right)^{-T} \tag{7.46a}$$

$$D_c=N^* \tag{7.46b}$$

$$C_c=\left(Q^*-D_c C_2 X^*\right)\left(U^*\right)^{-T} \tag{7.46c}$$

$$B_c=\left(V^*\right)^{-T}\left(L^*-Y^T B_2 D_c\right) \tag{7.46d}$$

$$\begin{aligned}A_c=&\left(V^*\right)^{-1}\left(F^*-\left(Y^*\right)^T\left(A+B_2 D_c C_2\right)X^*\right)\left(U^*\right)^{-T}\\&-B_c C_2 X^*\left(U^*\right)^{-T}-\left(V^*\right)^{-1}\left(Y^*\right)^T B_2 C_c\end{aligned} \tag{7.46e}$$

决定，式中

$$J_{11}=AX+B_2Q+\left(AX+B_2Q\right)^T,\quad J_{12}=F^T+A+XNC_2$$

$$J_{22}=Y^TA+LC_2+\left(Y^TA+LC_2\right)^T$$

证明　要证明该定理成立，只需证明存在块对角对称正定矩阵 X_{cl} 满足引理 7.6 即可。利用式(7.41)～式(7.45)的解构造如下分块对称正定矩阵 X_{cl}

$$X_{cl}=\begin{bmatrix} Y & V \\ V^T & U^{-1}XYXU^{-T}-U^{-1}XU^{-T}\end{bmatrix} \tag{7.47}$$

由式(7.44)和 Schur 补引理可知

$$X-Y^{-1}>0$$

由 $Y>0$ 和 Schur 补引理可得

$$\begin{aligned}U^{-1}XYXU^{-T}-U^{-1}XU^{-T}-V^TY^{-1}V&=U^{-1}\left(XYX-X-(I-XY)Y^{-1}(I-YX)\right)U^{-T}\\&=U^{-1}\left(X-Y^{-1}\right)U^{-T}\\&>0\end{aligned}$$

因此 X_{cl} 是正定的矩阵。同样，可以证明 X_{cl} 的逆矩阵为

$$X_{cl}^{-1}=\begin{bmatrix} X & U \\ U^T & V^{-1}YXYV^{-T}-V^{-1}YV^{-T}\end{bmatrix}$$

定义矩阵 $H=\begin{bmatrix} X & I \\ U^T & 0\end{bmatrix}$，则 $H^TX_{cl}H=\begin{bmatrix} X & I \\ I & Y\end{bmatrix}$。由式(7.41)和式(7.42)可知

$$\begin{bmatrix} X^TE^T & X^TE^TY+UE_c^TV^T \\ E^T & E^TY\end{bmatrix}=\begin{bmatrix} EX & E \\ Y^TEX+VE_cU^T & Y^TE\end{bmatrix}\geqslant 0$$

很明显此式可重写为

$$H^TE_{cl}^TX_{cl}H=H^TX_{cl}^TE_{cl}H\geqslant 0$$

即有

$$E_{\mathrm{cl}}^{\mathrm{T}}X_{\mathrm{cl}} = X_{\mathrm{cl}}^{\mathrm{T}}E_{\mathrm{cl}} \geqslant 0 \tag{7.48}$$

定义以下变量替换公式

$$\begin{aligned} &N = D_{\mathrm{c}}, \quad Q = D_{\mathrm{c}}C_2X + C_{\mathrm{c}}U^{\mathrm{T}}, \quad L = Y^{\mathrm{T}}B_2D_{\mathrm{c}} + VB_{\mathrm{c}} \\ &F = Y^{\mathrm{T}}\left(A + B_2D_{\mathrm{c}}C_2\right)X + VB_{\mathrm{c}}C_2X + Y^{\mathrm{T}}B_2C_{\mathrm{c}}U^{\mathrm{T}} + VA_{\mathrm{c}}U^{\mathrm{T}} \end{aligned} \tag{7.49}$$

由 $H = \begin{bmatrix} X & I \\ U^{\mathrm{T}} & 0 \end{bmatrix}$ 和式(7.49)可知式(7.45)可转化为

$$\begin{bmatrix} H^{\mathrm{T}}\left(A_{\mathrm{cl}}^{\mathrm{T}}X_{\mathrm{cl}} + X_{\mathrm{cl}}^{\mathrm{T}}A_{\mathrm{cl}}\right)H & H^{\mathrm{T}}X_{\mathrm{cl}}^{\mathrm{T}}B_{\mathrm{cl}} & H^{\mathrm{T}}C_{\mathrm{cl}}^{\mathrm{T}} \\ B_{\mathrm{cl}}^{\mathrm{T}}X_{\mathrm{cl}}H & -\gamma I & D_{\mathrm{cl}}^{\mathrm{T}} \\ C_{\mathrm{cl}}H & D_{\mathrm{cl}} & -\gamma I \end{bmatrix} < 0$$

在此式两边分别左乘和右乘矩阵 $\mathrm{diag}\left\{H^{-\mathrm{T}}, I, I\right\}$ 和 $\mathrm{diag}\left\{H^{-1}, I, I\right\}$，可知此式等价于

$$\begin{bmatrix} A_{\mathrm{cl}}^{\mathrm{T}}X_{\mathrm{cl}} + X_{\mathrm{cl}}^{\mathrm{T}}A_{\mathrm{cl}} & X_{\mathrm{cl}}^{\mathrm{T}}B_{\mathrm{cl}} & C_{\mathrm{cl}}^{\mathrm{T}} \\ B_{\mathrm{cl}}^{\mathrm{T}}X_{\mathrm{cl}} & -\gamma I & D_{\mathrm{cl}}^{\mathrm{T}} \\ C_{\mathrm{cl}} & D_{\mathrm{cl}} & -\gamma I \end{bmatrix} < 0 \tag{7.50}$$

由式(7.48)和式(7.50)可知存在块对角对称正定矩阵 X_{cl} 满足引理 7.6。故该定理成立。证毕。

从定理 7.7 可以看出，式(7.44)和式(7.45)是关于矩阵变量 X、Y、F、L、Q、N 的一组 LMIs，且变量 X、Y 满足约束式(7.41)，因此在 X、Y 满足式(7.41)的条件下，可以应用求解 LMI 的有效方法来判断这组 LMI 是否有解，并在有解的情况下求出它的一个可行解。在得到式(7.44)和式(7.45)的一个可行解之后，可以通过对式(7.43)进行奇异值分解来获得矩阵 U、V 的值。最后通过式(7.46)来获得分散鲁棒 H_∞ 广义输出反馈控制器的参数矩阵。

下面基于变量替换和同伦迭代算法[17,18]给出奇异关联大系统(7.30)存在严格真的广义输出反馈控制器(即式(7.38)中的 $D_{\mathrm{c}} = 0$)的一个充分条件。

定理 7.8　对由式(7.29)组成的奇异关联大系统(7.30)，存在一个严格真的分散鲁棒 H_∞ 广义输出反馈控制器($D_{\mathrm{c}} = 0$)(7.38)，使得对应的闭环奇异关联大系统容许，并满足给定的 H_∞ 性能指标 $\|T_{z\omega}(s)\|_\infty < \gamma$ 的充分条件为给定 $\gamma > 0$，存在块对角对称正定矩阵 X、Y 和块对角矩阵 F、L、Q、U、V (每个子块的维数与相应子系统的维数相匹配)满足式(7.41)～式(7.44)和如下矩阵不等式：

$$K(X,Y,F,L,Q)=$$
$$\begin{bmatrix} J_{11} & J_{21}^{\mathrm{T}} & B_1 & (C_1X+D_{12}F)^{\mathrm{T}} \\ J_{21} & J_{22} & Y^{\mathrm{T}}B_1+LD_{21} & C_1^{\mathrm{T}} \\ B_1^{\mathrm{T}} & (Y^{\mathrm{T}}B_1+LD_{21})^{\mathrm{T}} & -\gamma I & D_{11}^{\mathrm{T}} \\ C_1X+D_{12}F & C_1 & D_{11} & -\gamma I \end{bmatrix}<0 \tag{7.51}$$

若式(7.41)～式(7.44)和式(7.51)存在一组可行解 X^*、Y^*、F^*、L^*、Q^*、U^*、V^*，则广义输出反馈控制器参数由

$$\begin{aligned} E_{\mathrm{c}} &= (V^*)^{-1}\left(E^{\mathrm{T}}-(Y^*)^{\mathrm{T}}EX^*\right)(U^*)^{-\mathrm{T}} \\ A_{\mathrm{c}} &= (V^*)^{-1}Q^*(U^*)^{-\mathrm{T}} \\ B_{\mathrm{c}} &= (V^*)^{-1}L^* \\ C_{\mathrm{c}} &= F^*(U^*)^{-\mathrm{T}} \end{aligned} \tag{7.52}$$

决定。其中

$$\begin{aligned} J_{11} &= AX^{\mathrm{T}}+XA^{\mathrm{T}}+B_2F+F^{\mathrm{T}}B_2^{\mathrm{T}} \\ J_{21} &= A^{\mathrm{T}}+Y^{\mathrm{T}}AX^{\mathrm{T}}+LC_2X^{\mathrm{T}}+Y^{\mathrm{T}}B_2F+Q \\ J_{22} &= Y^{\mathrm{T}}A+A^{\mathrm{T}}Y+LC_2+(LC_2)^{\mathrm{T}} \end{aligned}$$

证明 在定理 7.7 的证明过程中进行如下变量替换：

$$Q=VA_{\mathrm{c}}U^{\mathrm{T}},\quad L=VB_{\mathrm{c}},\quad F=C_{\mathrm{c}}U^{\mathrm{T}}$$

可证该定理成立。

容易看出，式(7.51)为一个关于变量 X、Y、F、L、Q 的 NLMI，因此采用同状态反馈相同的同伦迭代算法来求解。引入实数 $\lambda\in[0,1]$，并定义如下矩阵函数：

$$H(X,Y,F,L,Q,\lambda)=K[X,Y,F,L,\lambda Q+(1-\lambda)Q_F] \tag{7.53}$$

则 $J_{21}=A^{\mathrm{T}}+YAX+LC_2X+YB_2F+\lambda Q+(1-\lambda)Q_F$，其中 Q_F 与 Q 有相同的维数，明显有

$$H(X,Y,F,L,Q,\lambda)=\begin{cases} K(X,Y,F,L,Q_F), & \lambda=0 \\ K(X,Y,F,L,Q), & \lambda=1 \end{cases}$$

因此通过逐步求解式(7.53)来获得式(7.51)的解，即当 λ 从 0 变到 1 时就可得到式(7.51)的解。为了获得迭代初值，取 $\lambda=0$ 并假设 $J_{21}=N$ (维数匹配)。在此情形下式(7.51)为 LMI，求解式(7.44)和式(7.51)，可得初值 X_0、Y_0、F_0、L_0、Q_F，且

$$Q_F=N-A^{\mathrm{T}}-Y_0AX_0-L_0C_2X-Y_0B_2F_0$$

很明显，若固定参数 X、F，则式(7.53)是关于参数 Y、L、Q 的 LMI；若固定参数 Y、L，则式(7.53)是关于参数 X、F、Q 的 LMI。因而可以通过逐步增加参数 λ

和交替迭代求解即可获得式(7.53)的解。下面直接给出同伦迭代算法的求解步骤:

Step1　取 $\lambda=0$ 时的值为初始值。$\lambda=0$ 时，求解 $\boldsymbol{K}\left(\boldsymbol{X},\boldsymbol{Y},\boldsymbol{F},\boldsymbol{L},\boldsymbol{Q}_F\right)<0$，且令 $\boldsymbol{J}_{21}=\boldsymbol{N}$ 为块对角阵，则 $\boldsymbol{K}(\boldsymbol{X},\boldsymbol{Y},\boldsymbol{F},\boldsymbol{L},\boldsymbol{N})<0$ 为标准 LMI 问题，可求得具有块对角结构约束的初始值 $\boldsymbol{X}_0$、$\boldsymbol{Y}_0$、$\boldsymbol{F}_0$、$\boldsymbol{L}_0$ 及无任何结构约束的矩阵 $\boldsymbol{Q}_F=\boldsymbol{N}-\left(\boldsymbol{A}^{\mathrm{T}}+\boldsymbol{Y}_0\boldsymbol{A}\boldsymbol{X}_0+\boldsymbol{L}_0\boldsymbol{C}_2\boldsymbol{X}_0+\boldsymbol{Y}_0\boldsymbol{B}_2\boldsymbol{F}_0\right)$。

Step2　设 m 为一个正整数(如 $m=2$)，并确定 m 的上限 $\bar{m}$ (如 $\bar{m}=2^{10}$)。设迭代次数为 s，并令 $s=0$。

Step3　令 $s=s+1$ 和 $\lambda_s=\dfrac{s}{m}$。在 $\boldsymbol{X}_{s-1},\boldsymbol{F}_{s-1}$ 已知下求解式(7.44)和式(7.53)。若不存在可行解，则转至 Step4；若存在可行解，则求得块对角对称阵 $\boldsymbol{Y}$ 和块对角阵 $\boldsymbol{L}$、$\boldsymbol{Q}$，并令 $\boldsymbol{Y}_s=\boldsymbol{Y},\boldsymbol{L}_s=\boldsymbol{L},\boldsymbol{Q}_s=\boldsymbol{Q}$，再在 $\boldsymbol{Y}_s$、$\boldsymbol{L}_s$ 已知下求解式(7.44)和式(7.53)，得到块对角对称阵 $\boldsymbol{X}$ 和块对角阵 $\boldsymbol{F}$、$\boldsymbol{Q}$ 且令 $\boldsymbol{X}_s=\boldsymbol{X},\boldsymbol{F}_s=\boldsymbol{F},\boldsymbol{Q}_s=\boldsymbol{Q}$ 并转至 Step6。

Step4　在 $\boldsymbol{Y}_{s-1}$、$\boldsymbol{L}_{s-1}$ 已知下求解式(7.44)和式(7.53)。若不存在可行解，则转至 Step5；若存在可行解，则求得块对角对称阵 $\boldsymbol{X}$ 和块对角阵 $\boldsymbol{F}$、$\boldsymbol{Q}$，并令 $\boldsymbol{X}_s=\boldsymbol{X},\boldsymbol{F}_s=\boldsymbol{F},\boldsymbol{Q}_s=\boldsymbol{Q}$，再在 $\boldsymbol{X}_s,\boldsymbol{F}_s$ 已知下求解式(7.44)和式(7.53)，得到块对角对称阵 $\boldsymbol{Y}$ 和块对角阵 $\boldsymbol{L}$、$\boldsymbol{Q}$ 且令 $\boldsymbol{Y}_s=\boldsymbol{Y},\boldsymbol{L}_s=\boldsymbol{L},\boldsymbol{Q}_s=\boldsymbol{Q}$ 并转至 Step6。

Step5　令 $m=2m$ 且满足约束条件: $m\leqslant\bar{m}$。假设 $\boldsymbol{X}_{2(s-1)}=\boldsymbol{X}_{s-1}$，$\boldsymbol{Y}_{2(s-1)}=\boldsymbol{Y}_{s-1}$，$\boldsymbol{F}_{2(s-1)}=\boldsymbol{F}_{s-1}$，$\boldsymbol{L}_{2(s-1)}=\boldsymbol{L}_{s-1}$，$s=2(s-1)$，再转至 Step3。如果 m 的值不能再增大，则该算法无解。

Step6　如果 $s<m$，则转至 Step3。如果 $s=m$，则得到式(7.44)和式(7.53)的解，且有 $\boldsymbol{X}=\boldsymbol{X}_s,\boldsymbol{Y}=\boldsymbol{Y}_s,\boldsymbol{F}=\boldsymbol{F}_s,\boldsymbol{L}=\boldsymbol{L}_s,\boldsymbol{Q}=\boldsymbol{Q}_s$。

Step7　在 $\boldsymbol{U}\boldsymbol{V}^{\mathrm{T}}=\boldsymbol{I}-\boldsymbol{X}_s\boldsymbol{Y}_s$ 中令 $\boldsymbol{V}=\boldsymbol{I}$，则可求得 $\boldsymbol{U}$，进而通过式(7.52)求得分散鲁棒 H_∞广义输出反馈控制器的参数矩阵。

2. 广义输出反馈 H_∞控制器的设计方法——消元法

定理 7.9　对由式(7.29)组成的奇异关联大系统(7.30)，任意给定 $\gamma>0$，若存在块对角对称正定矩阵 $\boldsymbol{X}_{\mathrm{cl}}$ 和矩阵 $\boldsymbol{K}$ 满足

$$\boldsymbol{E}_{\mathrm{cl}}^{\mathrm{T}}\boldsymbol{X}_{\mathrm{cl}}=\boldsymbol{X}_{\mathrm{cl}}^{\mathrm{T}}\boldsymbol{E}_{\mathrm{cl}}\geqslant 0$$

$$\begin{bmatrix}\left(\bar{\boldsymbol{A}}+\bar{\boldsymbol{B}}_2\boldsymbol{K}\bar{\boldsymbol{C}}_2\right)^{\mathrm{T}}\boldsymbol{X}_{\mathrm{cl}}+\boldsymbol{X}_{\mathrm{cl}}^{\mathrm{T}}\left(\bar{\boldsymbol{A}}+\bar{\boldsymbol{B}}_2\boldsymbol{K}\bar{\boldsymbol{C}}_2\right) & \boldsymbol{X}_{\mathrm{cl}}^{\mathrm{T}}\left(\bar{\boldsymbol{B}}_1+\bar{\boldsymbol{B}}_2\boldsymbol{K}\bar{\boldsymbol{D}}_{21}\right) & \left(\bar{\boldsymbol{C}}_1+\bar{\boldsymbol{D}}_{12}\boldsymbol{K}\bar{\boldsymbol{C}}_2\right)^{\mathrm{T}} \\ \left(\bar{\boldsymbol{B}}_1+\bar{\boldsymbol{B}}_2\boldsymbol{K}\bar{\boldsymbol{D}}_{21}\right)^{\mathrm{T}}\boldsymbol{X}_{\mathrm{cl}} & -\gamma\boldsymbol{I} & \left(\boldsymbol{D}_{11}+\bar{\boldsymbol{D}}_{12}\boldsymbol{K}\bar{\boldsymbol{D}}_{21}\right)^{\mathrm{T}} \\ \bar{\boldsymbol{C}}_1+\bar{\boldsymbol{D}}_{12}\boldsymbol{K}\bar{\boldsymbol{C}}_2 & \boldsymbol{D}_{11}+\bar{\boldsymbol{D}}_{12}\boldsymbol{K}\bar{\boldsymbol{D}}_{21} & -\gamma\boldsymbol{I}\end{bmatrix}<0 \tag{7.54}$$

时，存在分散鲁棒 H_∞广义输出反馈控制器(7.38)，使闭环奇异关联大系统(7.39)容许，并满足给定的 H_∞性能指标 $\|\boldsymbol{T}_{z\omega}(s)\|_\infty < \gamma$。其中

$$\boldsymbol{K}=\begin{bmatrix}\boldsymbol{D}_{\rm c} & \boldsymbol{C}_{\rm c}\\ \boldsymbol{B}_{\rm c} & \boldsymbol{A}_{\rm c}\end{bmatrix},\quad \bar{\boldsymbol{A}}=\begin{bmatrix}\boldsymbol{A} & \boldsymbol{0}\\ \boldsymbol{0} & \boldsymbol{0}\end{bmatrix},\quad \bar{\boldsymbol{B}}_1=\begin{bmatrix}\boldsymbol{B}_1\\ \boldsymbol{0}\end{bmatrix},\quad \bar{\boldsymbol{B}}_2=\begin{bmatrix}\boldsymbol{B}_2 & \boldsymbol{0}\\ \boldsymbol{0} & \boldsymbol{I}\end{bmatrix} \tag{7.55a}$$

$$\bar{\boldsymbol{C}}_2=\begin{bmatrix}\boldsymbol{C}_2 & \boldsymbol{0}\\ \boldsymbol{0} & \boldsymbol{I}\end{bmatrix},\quad \bar{\boldsymbol{D}}_{21}=\begin{bmatrix}\boldsymbol{D}_{21}\\ \boldsymbol{0}\end{bmatrix},\quad \bar{\boldsymbol{C}}_1=\begin{bmatrix}\boldsymbol{C}_1 & \boldsymbol{0}\end{bmatrix},\quad \bar{\boldsymbol{D}}_{12}=\begin{bmatrix}\boldsymbol{D}_{12} & \boldsymbol{0}\end{bmatrix} \tag{7.55b}$$

证明　由式(7.55)可知

$$\begin{aligned}&\boldsymbol{A}_{\rm cl}=\bar{\boldsymbol{A}}+\bar{\boldsymbol{B}}_2\boldsymbol{K}\bar{\boldsymbol{C}}_2,\quad \boldsymbol{B}_{\rm cl}=\bar{\boldsymbol{B}}_1+\bar{\boldsymbol{B}}_2\boldsymbol{K}\bar{\boldsymbol{D}}_{21}\\ &\boldsymbol{C}_{\rm cl}=\bar{\boldsymbol{C}}_1+\bar{\boldsymbol{D}}_{12}\boldsymbol{K}\bar{\boldsymbol{C}}_2,\quad \boldsymbol{D}_{\rm cl}=\boldsymbol{D}_{11}+\bar{\boldsymbol{D}}_{12}\boldsymbol{K}\bar{\boldsymbol{D}}_{21}\end{aligned} \tag{7.56}$$

由引理 7.6(广义有界实引理)可知定理 7.9 成立。

该定理中含有 $\boldsymbol{K}$ 与 $\boldsymbol{X}_{\rm cl}$ 的耦合项，不便于求解。为便于求解，给出如下定理。

定理 7.10　由式(7.29)组成的奇异关联大系统(7.30)，存在分散鲁棒 H_∞广义输出反馈控制器(7.38)，使闭环奇异关联大系统(7.39)容许，并满足给定的 H_∞性能指标 $\|\boldsymbol{T}_{z\omega}(s)\|_\infty < \gamma$ 的充分条件为：对于任意给定的 $\gamma > 0$，存在块对角对称正定矩阵 $\boldsymbol{X}_{\rm cl}$ 和矩阵 $\boldsymbol{K}$ 使得如下矩阵不等式成立：

$$\begin{aligned}&\boldsymbol{E}_{\rm cl}^{\rm T}\boldsymbol{X}_{\rm cl}=\boldsymbol{X}_{\rm cl}^{\rm T}\boldsymbol{E}_{\rm cl}\geqslant 0\\ &\boldsymbol{T}_{X_{\rm cl}}+\boldsymbol{P}_{X_{\rm cl}}^{\rm T}\boldsymbol{K}\boldsymbol{Q}+\boldsymbol{Q}^{\rm T}\boldsymbol{K}^{\rm T}\boldsymbol{P}_{X_{\rm cl}}<0\end{aligned} \tag{7.57}$$

式中

$$\boldsymbol{T}_{X_{\rm cl}}=\begin{bmatrix}\bar{\boldsymbol{A}}^{\rm T}\boldsymbol{X}_{\rm cl}+\boldsymbol{X}_{\rm cl}^{\rm T}\bar{\boldsymbol{A}} & \boldsymbol{X}_{\rm cl}^{\rm T}\bar{\boldsymbol{B}}_1 & \bar{\boldsymbol{C}}_1^{\rm T}\\ \bar{\boldsymbol{B}}_1^{\rm T}\boldsymbol{X}_{\rm cl} & -\gamma\boldsymbol{I} & \boldsymbol{D}_{11}^{\rm T}\\ \bar{\boldsymbol{C}}_1 & \boldsymbol{D}_{11} & -\gamma\boldsymbol{I}\end{bmatrix},\quad \boldsymbol{P}_{X_{\rm cl}}^{\rm T}=\begin{bmatrix}\boldsymbol{X}_{\rm cl}^{\rm T}\bar{\boldsymbol{B}}_2\\ \boldsymbol{0}\\ \bar{\boldsymbol{D}}_{12}\end{bmatrix},\quad \boldsymbol{Q}^{\rm T}=\begin{bmatrix}\bar{\boldsymbol{C}}_2^{\rm T}\\ \bar{\boldsymbol{D}}_{21}^{\rm T}\\ \boldsymbol{0}\end{bmatrix}$$

这样就将系统(7.30)的分散鲁棒 H_∞广义输出反馈控制器的存在性问题转换成在满足约束条件 $\boldsymbol{E}_{\rm cl}^{\rm T}\boldsymbol{X}_{\rm cl}=\boldsymbol{X}_{\rm cl}^{\rm T}\boldsymbol{E}_{\rm cl}\geqslant 0$ 下，包含矩阵变量 $\boldsymbol{K}$ 与 $\boldsymbol{X}_{\rm cl}$ 的矩阵不等式(7.57)的可解性问题，接下来给出式(7.57)成立的充分必要条件。

定理 7.11　矩阵不等式(7.57)成立的充分必要条件为由矩阵 $\boldsymbol{P}_{X_{\rm cl}}$、$\boldsymbol{Q}$ 的核空间 $\ker\left(\boldsymbol{P}_{X_{\rm cl}}\right),\ker(\boldsymbol{Q})$ 的任意一组基向量作为列向量构成的矩阵 $\boldsymbol{N}_{P_{X_{\rm cl}}},\boldsymbol{N}_Q$ 满足

$$\boldsymbol{N}_{P_{X_{\rm cl}}}^{\rm T}\boldsymbol{T}_{X_{\rm cl}}\boldsymbol{N}_{P_{X_{\rm cl}}}<0,\quad \boldsymbol{N}_Q^{\rm T}\boldsymbol{T}_{X_{\rm cl}}\boldsymbol{N}_Q<0 \tag{7.58}$$

于是就将具有两个矩阵变量 $\boldsymbol{K}$ 与 $\boldsymbol{X}_{\rm cl}$ 的矩阵不等式(7.57)的可解性问题转化成等价的两个只含有一个矩阵变量 $\boldsymbol{X}_{\rm cl}$ 的矩阵不等式的可解性问题，消去了矩阵变量 $\boldsymbol{K}$。因此，通过求解式(7.58)获得一个可行解 $\boldsymbol{X}_{\rm cl}^*$，在将 $\boldsymbol{X}_{\rm cl}^*$ 代入矩阵不等式(7.57)，得到只含有矩阵变量 $\boldsymbol{K}$ 的一个 LMI，从而应用求解 LMI 的方法来

获得矩阵变量 $\boldsymbol{K}$ 的一个可行解 $\boldsymbol{K}^*$，即得到所求控制器的参数矩阵。

由于矩阵变量 $\boldsymbol{X}_{\mathrm{cl}}$ 同时出现在 $\boldsymbol{N}_{\boldsymbol{P}_{X_{\mathrm{cl}}}}$ 和 $\boldsymbol{T}_{X_{\mathrm{cl}}}$ 中，因此，式(7.58)中矩阵不等式 $\boldsymbol{N}_{\boldsymbol{P}_{X_{\mathrm{cl}}}}^{\mathrm{T}}\boldsymbol{T}_{X_{\mathrm{cl}}}\boldsymbol{N}_{\boldsymbol{P}_{X_{\mathrm{cl}}}}<0$ 为 NLMI,从而难以直接应用求解 LMI 的方法来求解该矩阵不等式。为便于求解，给出如下定理。

定理 7.12 矩阵不等式(7.57)成立的充分必要条件为存在已对称正定矩阵 $\boldsymbol{X}_{\mathrm{cl}}$ 满足

$$\boldsymbol{N}_{\boldsymbol{P}}^{\mathrm{T}}\boldsymbol{R}_{X_{\mathrm{cl}}}\boldsymbol{N}_{\boldsymbol{P}}<0,\quad \boldsymbol{N}_{\boldsymbol{Q}}^{\mathrm{T}}\boldsymbol{T}_{X_{\mathrm{cl}}}\boldsymbol{N}_{\boldsymbol{Q}}<0 \tag{7.59}$$

式中

$$\boldsymbol{R}_{X_{\mathrm{cl}}}=\begin{bmatrix}\boldsymbol{X}_{\mathrm{cl}}^{-\mathrm{T}}\bar{\boldsymbol{A}}^{\mathrm{T}}+\bar{\boldsymbol{A}}\boldsymbol{X}_{\mathrm{cl}}^{-1} & \bar{\boldsymbol{B}}_1 & \boldsymbol{X}_{\mathrm{cl}}^{-\mathrm{T}}\bar{\boldsymbol{C}}_1^{\mathrm{T}}\\ \bar{\boldsymbol{B}}_1^{\mathrm{T}} & -\gamma\boldsymbol{I} & \boldsymbol{D}_{11}^{\mathrm{T}}\\ \bar{\boldsymbol{C}}_1\boldsymbol{X}_{\mathrm{cl}}^{-1} & \boldsymbol{D}_{11} & -\gamma\boldsymbol{I}\end{bmatrix}$$

$\boldsymbol{T}_{X_{\mathrm{cl}}}$ 与式(7.57)中的相同，$\boldsymbol{N}_{\boldsymbol{P}}$ 为由矩阵 $\boldsymbol{P}=\begin{bmatrix}\bar{\boldsymbol{B}}_2^{\mathrm{T}} & 0 & \bar{\boldsymbol{D}}_{12}^{\mathrm{T}}\end{bmatrix}$ 的核空间 $\ker(\boldsymbol{P})$ 的任意一组基向量作为列向量构成的。

证明 定义矩阵

$$\boldsymbol{P}=\begin{bmatrix}\bar{\boldsymbol{B}}_2\\ \boldsymbol{0}\\ \bar{\boldsymbol{D}}_{12}\end{bmatrix}^{\mathrm{T}},\quad \boldsymbol{S}=\begin{bmatrix}\boldsymbol{X}_{\mathrm{cl}} & \boldsymbol{0} & \boldsymbol{0}\\ \boldsymbol{0} & \boldsymbol{I} & \boldsymbol{0}\\ \boldsymbol{0} & \boldsymbol{0} & \boldsymbol{I}\end{bmatrix}$$

则 $\boldsymbol{P}_{X_{\mathrm{cl}}}=\boldsymbol{P}\boldsymbol{S}$，由矩阵论知识可知 $\ker\left(\boldsymbol{P}_{X_{\mathrm{cl}}}\right)=\boldsymbol{S}^{-1}\ker(\boldsymbol{P})$，即 $\boldsymbol{N}_{\boldsymbol{P}_{X_{\mathrm{cl}}}}=\boldsymbol{S}^{-1}\boldsymbol{N}_{\boldsymbol{P}}$。因此

$$\boldsymbol{N}_{\boldsymbol{P}_{X_{\mathrm{cl}}}}^{\mathrm{T}}\boldsymbol{T}_{X_{\mathrm{cl}}}\boldsymbol{N}_{\boldsymbol{P}_{X_{\mathrm{cl}}}}<0 \quad\Leftrightarrow\quad \boldsymbol{N}_{\boldsymbol{P}}^{\mathrm{T}}\boldsymbol{S}^{-\mathrm{T}}\boldsymbol{T}_{X_{\mathrm{cl}}}\boldsymbol{S}^{-1}\boldsymbol{N}_{\boldsymbol{P}}<0 \quad\Leftrightarrow\quad \boldsymbol{N}_{\boldsymbol{P}}^{\mathrm{T}}\boldsymbol{R}_{X_{\mathrm{cl}}}\boldsymbol{N}_{\boldsymbol{P}}<0$$

式中

$$\boldsymbol{R}_{X_{\mathrm{cl}}}=\boldsymbol{S}^{-\mathrm{T}}\boldsymbol{T}_{X_{\mathrm{cl}}}\boldsymbol{S}^{-1}=\begin{bmatrix}\boldsymbol{X}_{\mathrm{cl}}^{-\mathrm{T}}\bar{\boldsymbol{A}}^{\mathrm{T}}+\bar{\boldsymbol{A}}\boldsymbol{X}_{\mathrm{cl}}^{-1} & \bar{\boldsymbol{B}}_1 & \boldsymbol{X}_{\mathrm{cl}}^{-\mathrm{T}}\bar{\boldsymbol{C}}_1^{\mathrm{T}}\\ \bar{\boldsymbol{B}}_1^{\mathrm{T}} & -\gamma\boldsymbol{I} & \boldsymbol{D}_{11}^{\mathrm{T}}\\ \bar{\boldsymbol{C}}_1\boldsymbol{X}_{\mathrm{cl}}^{-1} & \boldsymbol{D}_{11} & -\gamma\boldsymbol{I}\end{bmatrix}$$

很明显,式(7.59)中的 $\boldsymbol{N}_{\boldsymbol{P}}^{\mathrm{T}}\boldsymbol{R}_{X_{\mathrm{cl}}}\boldsymbol{N}_{\boldsymbol{P}}<0$ 第一个矩阵不等式是关于矩阵变量 $\boldsymbol{X}_{\mathrm{cl}}^{-1}$ 的 LMI,而 $\boldsymbol{N}_{\boldsymbol{Q}}^{\mathrm{T}}\boldsymbol{T}_{X_{\mathrm{cl}}}\boldsymbol{N}_{\boldsymbol{Q}}<0$ 是关于矩阵变量 $\boldsymbol{X}_{\mathrm{cl}}$ 的 NLMI。因此,存在对称可逆矩阵 $\boldsymbol{X}_{\mathrm{cl}}$ 同时满足 $\boldsymbol{N}_{\boldsymbol{P}}^{\mathrm{T}}\boldsymbol{R}_{X_{\mathrm{cl}}}\boldsymbol{N}_{\boldsymbol{P}}<0,\boldsymbol{N}_{\boldsymbol{Q}}^{\mathrm{T}}\boldsymbol{T}_{X_{\mathrm{cl}}}\boldsymbol{N}_{\boldsymbol{Q}}<0$ 的问题为一非凸优化问题，即很难找到同时满足 $\boldsymbol{N}_{\boldsymbol{P}}^{\mathrm{T}}\boldsymbol{R}_{X_{\mathrm{cl}}}\boldsymbol{N}_{\boldsymbol{P}}<0,\boldsymbol{N}_{\boldsymbol{Q}}^{\mathrm{T}}\boldsymbol{T}_{X_{\mathrm{cl}}}\boldsymbol{N}_{\boldsymbol{Q}}<0$ 的 $\boldsymbol{X}_{\mathrm{cl}}$，为此给出如下结论。

定理 7.13 式(7.59)成立的充分必要条件为由式(7.57)所确定的对称正定矩阵 $\boldsymbol{X}$、$\boldsymbol{Y}$ 满足如下两个矩阵不等式：

$$\begin{bmatrix} \boldsymbol{I} & \boldsymbol{0} \\ \boldsymbol{0} & \boldsymbol{N}_{\mathrm{c}} \end{bmatrix}^{\mathrm{T}} \begin{bmatrix} \boldsymbol{AX}+\boldsymbol{X}^{\mathrm{T}}\boldsymbol{A}^{\mathrm{T}} & \boldsymbol{B}_1 & \boldsymbol{X}^{\mathrm{T}}\boldsymbol{C}_1^{\mathrm{T}} \\ \boldsymbol{B}_1^{\mathrm{T}} & -\gamma\boldsymbol{I} & \boldsymbol{D}_{11} \\ \boldsymbol{C}_1\boldsymbol{X} & \boldsymbol{D}_{11}^{\mathrm{T}} & -\gamma\boldsymbol{I} \end{bmatrix} \begin{bmatrix} \boldsymbol{I} & \boldsymbol{0} \\ \boldsymbol{0} & \boldsymbol{N}_{\mathrm{c}} \end{bmatrix} < 0 \tag{7.60}$$

$$\begin{bmatrix} \boldsymbol{I} & \boldsymbol{0} \\ \boldsymbol{0} & \boldsymbol{N}_{\mathrm{o}} \end{bmatrix}^{\mathrm{T}} \begin{bmatrix} \boldsymbol{A}^{\mathrm{T}}\boldsymbol{Y}+\boldsymbol{Y}^{\mathrm{T}}\boldsymbol{A} & \boldsymbol{Y}^{\mathrm{T}}\boldsymbol{B}_1 & \boldsymbol{C}_1^{\mathrm{T}} \\ \boldsymbol{B}_1^{\mathrm{T}}\boldsymbol{Y} & -\gamma\boldsymbol{I} & \boldsymbol{D}_{11} \\ \boldsymbol{C}_1 & \boldsymbol{D}_{11}^{\mathrm{T}} & -\gamma\boldsymbol{I} \end{bmatrix} \begin{bmatrix} \boldsymbol{I} & \boldsymbol{0} \\ \boldsymbol{0} & \boldsymbol{N}_{\mathrm{o}} \end{bmatrix} < 0 \tag{7.61}$$

式中，$\boldsymbol{N}_{\mathrm{c}}$ 和 $\boldsymbol{N}_{\mathrm{o}}$ 分别是由矩阵 $\begin{bmatrix} \boldsymbol{B}_2^{\mathrm{T}} & \boldsymbol{D}_{12}^{\mathrm{T}} \end{bmatrix}$ 和 $\begin{bmatrix} \boldsymbol{C}_2 & \boldsymbol{D}_{21} \end{bmatrix}$ 的核空间 $\ker\left(\begin{bmatrix} \boldsymbol{B}_2^{\mathrm{T}} & \boldsymbol{D}_{12}^{\mathrm{T}} \end{bmatrix}\right)$ 与 $\ker\left(\begin{bmatrix} \boldsymbol{C}_2 & \boldsymbol{D}_{21} \end{bmatrix}\right)$ 的任意一组基向量作为列向量构成的矩阵。

证明　将矩阵 $\bar{\boldsymbol{A}}$、$\bar{\boldsymbol{B}}_1$、$\bar{\boldsymbol{C}}_1$、$\boldsymbol{X}_{\mathrm{cl}}^{-1}$ 及 $\boldsymbol{X}_{\mathrm{cl}}$ 代入矩阵 $\boldsymbol{R}_{\boldsymbol{X}_{\mathrm{cl}}}$ 和 $\boldsymbol{T}_{\boldsymbol{X}_{\mathrm{cl}}}$ 中，可得

$$\boldsymbol{R}_{\boldsymbol{X}_{\mathrm{cl}}} = \begin{bmatrix} \boldsymbol{AX}+\boldsymbol{X}^{\mathrm{T}}\boldsymbol{A}^{\mathrm{T}} & \boldsymbol{AU} & \boldsymbol{B}_1 & \boldsymbol{X}^{\mathrm{T}}\boldsymbol{C}_1^{\mathrm{T}} \\ \boldsymbol{U}^{\mathrm{T}}\boldsymbol{A}^{\mathrm{T}} & \boldsymbol{0} & \boldsymbol{0} & \boldsymbol{U}^{\mathrm{T}}\boldsymbol{C}_1^{\mathrm{T}} \\ \boldsymbol{B}_1^{\mathrm{T}} & \boldsymbol{0} & -\gamma\boldsymbol{I} & \boldsymbol{D}_{11} \\ \boldsymbol{C}_1\boldsymbol{X} & \boldsymbol{C}_1\boldsymbol{U} & \boldsymbol{D}_{11}^{\mathrm{T}} & -\gamma\boldsymbol{I} \end{bmatrix}$$

$$\boldsymbol{T}_{\boldsymbol{X}_{\mathrm{cl}}} = \begin{bmatrix} \boldsymbol{A}^{\mathrm{T}}\boldsymbol{Y}+\boldsymbol{Y}^{\mathrm{T}}\boldsymbol{A} & \boldsymbol{A}^{\mathrm{T}}\boldsymbol{V} & \boldsymbol{Y}^{\mathrm{T}}\boldsymbol{B}_1 & \boldsymbol{C}_1^{\mathrm{T}} \\ \boldsymbol{V}^{\mathrm{T}}\boldsymbol{A} & \boldsymbol{0} & \boldsymbol{V}^{\mathrm{T}}\boldsymbol{B}_1 & \boldsymbol{0} \\ \boldsymbol{B}_1^{\mathrm{T}}\boldsymbol{Y} & \boldsymbol{B}_1^{\mathrm{T}}\boldsymbol{V} & -\gamma\boldsymbol{I} & \boldsymbol{D}_{11} \\ \boldsymbol{C}_1 & \boldsymbol{0} & \boldsymbol{D}_{11}^{\mathrm{T}} & -\gamma\boldsymbol{I} \end{bmatrix}$$

再将矩阵 $\bar{\boldsymbol{B}}_2$、$\bar{\boldsymbol{D}}_{12}$ 代入矩阵 $\boldsymbol{P}$ 中和将矩阵 $\bar{\boldsymbol{C}}_2$、$\bar{\boldsymbol{D}}_{21}$ 代入矩阵 $\boldsymbol{Q}$ 中，可以获得

$$\boldsymbol{P} = \begin{bmatrix} \boldsymbol{B}_2^{\mathrm{T}} & \boldsymbol{0} & \boldsymbol{0} & \boldsymbol{D}_{12}^{\mathrm{T}} \\ \boldsymbol{0} & \boldsymbol{I} & \boldsymbol{0} & \boldsymbol{0} \end{bmatrix}, \quad \boldsymbol{Q} = \begin{bmatrix} \boldsymbol{C}_2 & \boldsymbol{0} & \boldsymbol{D}_{21} & \boldsymbol{0} \\ \boldsymbol{0} & \boldsymbol{I} & \boldsymbol{0} & \boldsymbol{0} \end{bmatrix}$$

因此

$$\boldsymbol{N}_{\boldsymbol{P}} = \begin{bmatrix} \boldsymbol{0} & \boldsymbol{V}_1 \\ \boldsymbol{0} & \boldsymbol{0} \\ \boldsymbol{I} & \boldsymbol{0} \\ \boldsymbol{0} & \boldsymbol{V}_2 \end{bmatrix}, \quad \boldsymbol{N}_{\boldsymbol{Q}} = \begin{bmatrix} \boldsymbol{0} & \boldsymbol{U}_1 \\ \boldsymbol{0} & \boldsymbol{0} \\ \boldsymbol{I} & \boldsymbol{0} \\ \boldsymbol{0} & \boldsymbol{U}_2 \end{bmatrix}$$

式中，$\begin{bmatrix} \boldsymbol{V}_1^{\mathrm{T}} & \boldsymbol{V}_2^{\mathrm{T}} \end{bmatrix}^{\mathrm{T}} = \boldsymbol{N}_{\mathrm{c}}$ 张成了矩阵 $\begin{bmatrix} \boldsymbol{B}_2^{\mathrm{T}} & \boldsymbol{D}_{12}^{\mathrm{T}} \end{bmatrix}$ 的核空间；$\begin{bmatrix} \boldsymbol{U}_1^{\mathrm{T}} & \boldsymbol{U}_2^{\mathrm{T}} \end{bmatrix}^{\mathrm{T}} = \boldsymbol{N}_{\mathrm{o}}$ 张成了矩阵 $\begin{bmatrix} \boldsymbol{C}_2 & \boldsymbol{D}_{21} \end{bmatrix}$ 的核空间。注意到矩阵 $\boldsymbol{N}_{\boldsymbol{P}}$ 和 $\boldsymbol{N}_{\boldsymbol{Q}}$ 的第二行全为零，利用分块矩阵的运算可知 $\boldsymbol{N}_{\boldsymbol{P}}^{\mathrm{T}}\boldsymbol{R}_{\boldsymbol{X}_{\mathrm{cl}}}\boldsymbol{N}_{\boldsymbol{P}} < 0, \boldsymbol{N}_{\boldsymbol{Q}}^{\mathrm{T}}\boldsymbol{T}_{\boldsymbol{X}_{\mathrm{cl}}}\boldsymbol{N}_{\boldsymbol{Q}} < 0$ 等价于

$$\begin{bmatrix} \boldsymbol{0} & \boldsymbol{V}_1 \\ \boldsymbol{I} & \boldsymbol{0} \\ \boldsymbol{0} & \boldsymbol{V}_2 \end{bmatrix}^{\mathrm{T}} \begin{bmatrix} \boldsymbol{AX}+\boldsymbol{X}^{\mathrm{T}}\boldsymbol{A}^{\mathrm{T}} & \boldsymbol{B}_1 & \boldsymbol{X}^{\mathrm{T}}\boldsymbol{C}_1^{\mathrm{T}} \\ \boldsymbol{B}_1^{\mathrm{T}} & -\gamma\boldsymbol{I} & \boldsymbol{D}_{11} \\ \boldsymbol{C}_1\boldsymbol{X} & \boldsymbol{D}_{11}^{\mathrm{T}} & -\gamma\boldsymbol{I} \end{bmatrix} \begin{bmatrix} \boldsymbol{0} & \boldsymbol{V}_1 \\ \boldsymbol{I} & \boldsymbol{0} \\ \boldsymbol{0} & \boldsymbol{V}_2 \end{bmatrix} < 0$$

$$\begin{bmatrix} \boldsymbol{0} & \boldsymbol{U}_1 \\ \boldsymbol{I} & \boldsymbol{0} \\ \boldsymbol{0} & \boldsymbol{U}_2 \end{bmatrix}^{\mathrm{T}} \begin{bmatrix} \boldsymbol{A}^{\mathrm{T}}\boldsymbol{Y}+\boldsymbol{Y}^{\mathrm{T}}\boldsymbol{A} & \boldsymbol{Y}^{\mathrm{T}}\boldsymbol{B}_1 & \boldsymbol{C}_1^{\mathrm{T}} \\ \boldsymbol{B}_1^{\mathrm{T}}\boldsymbol{Y} & -\gamma\boldsymbol{I} & \boldsymbol{D}_{11} \\ \boldsymbol{C}_1 & \boldsymbol{D}_{11}^{\mathrm{T}} & -\gamma\boldsymbol{I} \end{bmatrix} \begin{bmatrix} \boldsymbol{0} & \boldsymbol{U}_1 \\ \boldsymbol{I} & \boldsymbol{0} \\ \boldsymbol{0} & \boldsymbol{U}_2 \end{bmatrix} < 0$$

注意到

$$\begin{bmatrix} \boldsymbol{0} & \boldsymbol{V}_1 \\ \boldsymbol{I} & \boldsymbol{0} \\ \boldsymbol{0} & \boldsymbol{V}_2 \end{bmatrix} = \begin{bmatrix} \boldsymbol{0} & \boldsymbol{I} & \boldsymbol{0} \\ \boldsymbol{I} & \boldsymbol{0} & \boldsymbol{0} \\ \boldsymbol{0} & \boldsymbol{0} & \boldsymbol{I} \end{bmatrix} \begin{bmatrix} \boldsymbol{I} & \boldsymbol{0} \\ \boldsymbol{0} & \boldsymbol{N}_{\mathrm{c}} \end{bmatrix}, \quad \begin{bmatrix} \boldsymbol{0} & \boldsymbol{U}_1 \\ \boldsymbol{I} & \boldsymbol{0} \\ \boldsymbol{0} & \boldsymbol{U}_2 \end{bmatrix} = \begin{bmatrix} \boldsymbol{0} & \boldsymbol{I} & \boldsymbol{0} \\ \boldsymbol{I} & \boldsymbol{0} & \boldsymbol{0} \\ \boldsymbol{0} & \boldsymbol{0} & \boldsymbol{I} \end{bmatrix} \begin{bmatrix} \boldsymbol{I} & \boldsymbol{0} \\ \boldsymbol{0} & \boldsymbol{N}_{\mathrm{o}} \end{bmatrix}$$

因此，可以推出 $\boldsymbol{N}_{\boldsymbol{P}}^{\mathrm{T}}\boldsymbol{R}_{\boldsymbol{X}_{\mathrm{cl}}}\boldsymbol{N}_{\boldsymbol{P}} < 0, \boldsymbol{N}_{\boldsymbol{Q}}^{\mathrm{T}}\boldsymbol{T}_{\boldsymbol{X}_{\mathrm{cl}}}\boldsymbol{N}_{\boldsymbol{Q}} < 0$ 等价于 LMI(7.60)和 LMI(7.61)。证毕。

要通过式(7.57)获得参数矩阵 $\boldsymbol{K}$，首先必须确定矩阵 $\boldsymbol{X}_{\mathrm{cl}}$，而由 $\boldsymbol{X}_{\mathrm{cl}}$ 的表达式

$$\boldsymbol{X}_{\mathrm{cl}} = \begin{bmatrix} \boldsymbol{Y} & \boldsymbol{V} \\ \boldsymbol{V}^{\mathrm{T}} & \boldsymbol{U}^{-1}\boldsymbol{X}\boldsymbol{Y}\boldsymbol{X}\boldsymbol{U}^{-\mathrm{T}} - \boldsymbol{U}^{-1}\boldsymbol{X}\boldsymbol{U}^{-\mathrm{T}} \end{bmatrix}$$

可知，只要确定矩阵 $\boldsymbol{X}$、$\boldsymbol{Y}$ 和 $\boldsymbol{U}$、$\boldsymbol{V}$ 就可以确定 $\boldsymbol{X}_{\mathrm{cl}}$。通过求解 LMI(7.60)和式(7.61)，可以确定矩阵 $\boldsymbol{X}$、$\boldsymbol{Y}$。因为矩阵 $\boldsymbol{X}_{\mathrm{cl}}$ 的逆矩阵可表示为

$$\boldsymbol{X}_{\mathrm{cl}}^{-1} = \begin{bmatrix} \boldsymbol{X} & \boldsymbol{U} \\ \boldsymbol{U}^{\mathrm{T}} & \boldsymbol{V}^{-1}\boldsymbol{Y}\boldsymbol{X}\boldsymbol{Y}\boldsymbol{V}^{-\mathrm{T}} - \boldsymbol{V}^{-1}\boldsymbol{Y}\boldsymbol{V}^{-\mathrm{T}} \end{bmatrix}$$

由 $\boldsymbol{X}_{\mathrm{cl}}\boldsymbol{X}_{\mathrm{cl}}^{-1} = \boldsymbol{I}$ 可得

$$\boldsymbol{U}\boldsymbol{V}^{\mathrm{T}} = \boldsymbol{I} - \boldsymbol{X}\boldsymbol{Y}$$

故在 $\boldsymbol{X}$、$\boldsymbol{Y}$ 已知的条件下，通过奇异值分解可以获得矩阵 $\boldsymbol{U}$、$\boldsymbol{V}$，从而确定矩阵变量 $\boldsymbol{X}_{\mathrm{cl}}$。将矩阵 $\boldsymbol{X}_{\mathrm{cl}}$ 的值代入矩阵不等式(7.57)可以求得矩阵 $\boldsymbol{K}$，就可以求得广义输出反馈控制器的参数矩阵 $\boldsymbol{A}_{\mathrm{c}}$、$\boldsymbol{B}_{\mathrm{c}}$、$\boldsymbol{C}_{\mathrm{c}}$、$\boldsymbol{D}_{\mathrm{c}}$，再通过 $\boldsymbol{Y}^{\mathrm{T}}\boldsymbol{E}\boldsymbol{X} + \boldsymbol{V}\boldsymbol{E}_{\mathrm{c}}\boldsymbol{U}^{\mathrm{T}} = \boldsymbol{E}^{\mathrm{T}}$ 确定矩阵 $\boldsymbol{E}_{\mathrm{c}}$。

综上所述，可以得到奇异关联大系统(7.30)存在分散鲁棒 H_∞ 广义输出反馈控制器的条件和设计方法。

定理 7.14 对由式(7.29)组成的奇异关联大系统(7.30)，存在分散鲁棒 H_∞ 广义输出反馈控制器(7.38)，使闭环奇异关联大系统(7.39)容许，并满足给定的 H_∞ 性能指标 $\|\boldsymbol{T}_{z\omega}(s)\|_\infty < \gamma$ 的充分条件为：任意给定 $\gamma > 0$，存在块对角对称正定矩阵 $\boldsymbol{X}$、$\boldsymbol{Y}$ 和块对角矩阵 $\boldsymbol{U}$、$\boldsymbol{V}$ (每个子块的维数与相应子系统的维数相匹配)满足下列矩阵不等式

$$\begin{bmatrix} \boldsymbol{X}^{\mathrm{T}} & \boldsymbol{0} \\ \boldsymbol{0} & \boldsymbol{Y} \end{bmatrix} \begin{bmatrix} \boldsymbol{E}^{\mathrm{T}} & \boldsymbol{0} \\ \boldsymbol{0} & \boldsymbol{E} \end{bmatrix} = \begin{bmatrix} \boldsymbol{E} & \boldsymbol{0} \\ \boldsymbol{0} & \boldsymbol{E}^{\mathrm{T}} \end{bmatrix} \begin{bmatrix} \boldsymbol{X} & \boldsymbol{0} \\ \boldsymbol{0} & \boldsymbol{Y} \end{bmatrix} \geqslant 0 \tag{7.62}$$

$$\boldsymbol{Y}^{\mathrm{T}}\boldsymbol{E}\boldsymbol{X} + \boldsymbol{V}\boldsymbol{E}_{\mathrm{c}}\boldsymbol{U}^{\mathrm{T}} = \boldsymbol{E}^{\mathrm{T}} \tag{7.63}$$

$$\boldsymbol{U}\boldsymbol{V}^{\mathrm{T}} = \boldsymbol{I} - \boldsymbol{X}\boldsymbol{Y} \tag{7.64}$$

$$\begin{bmatrix} X & I \\ I & Y \end{bmatrix} > 0 \tag{7.65}$$

$$\begin{bmatrix} I & 0 \\ 0 & N_c \end{bmatrix}^{\mathrm{T}} \begin{bmatrix} AX + X^{\mathrm{T}}A^{\mathrm{T}} & B_1 & X^{\mathrm{T}}C_1^{\mathrm{T}} \\ B_1^{\mathrm{T}} & -\gamma I & D_{11} \\ C_1 X & D_{11}^{\mathrm{T}} & -\gamma I \end{bmatrix} \begin{bmatrix} I & 0 \\ 0 & N_c \end{bmatrix} < 0 \tag{7.66}$$

$$\begin{bmatrix} I & 0 \\ 0 & N_o \end{bmatrix}^{\mathrm{T}} \begin{bmatrix} A^{\mathrm{T}}Y + Y^{\mathrm{T}}A & Y^{\mathrm{T}}B_1 & C_1^{\mathrm{T}} \\ B_1^{\mathrm{T}}Y & -\gamma I & D_{11} \\ C_1 & D_{11}^{\mathrm{T}} & -\gamma I \end{bmatrix} \begin{bmatrix} I & 0 \\ 0 & N_o \end{bmatrix} < 0 \tag{7.67}$$

若式(7.62)～式(7.67)存在一组可行解 X^*、Y^*、U^*、V^*，那么广义输出反馈控制器的参数矩阵 E_c^* 和 $K^* = \begin{bmatrix} D_c^* & C_c^* \\ B_c^* & A_c^* \end{bmatrix}$，可由定理 7.10 中的式(7.57)以及式(7.64)确定，其中 N_c 和 N_o 与定理 7.13 中的相同。

由定理 7.7 和定理 7.13 易证该定理成立。

根据以上得到的分散鲁棒 H_∞广义输出反馈控制器存在条件，可以按以下步骤设计所需要的广义动态输出反馈控制器：

Step1　求得满足定理 7.14 条件的块对角对称正定矩阵 X、Y。

Step2　对获取的 X、Y 按式(7.64)进行奇异值分解获得矩阵 U、V。

Step3　利用所求得的矩阵 X、Y、U 及 V，通过 $Y^{\mathrm{T}}EX + VE_cU^{\mathrm{T}} = E^{\mathrm{T}}$ 可求得广义输出反馈控制器的一个参数矩阵 $E_c = V^{-1}\left(E^{\mathrm{T}} - Y^{\mathrm{T}}EX\right)U^{-\mathrm{T}}$。

Step4　利用所求得的矩阵 X、Y、U 及 V 构造如下矩阵 X_{cl}：

$$X_{cl} = \begin{bmatrix} Y & V \\ V^{\mathrm{T}} & U^{-1}XYXU^{-\mathrm{T}} - U^{-1}XU^{-\mathrm{T}} \end{bmatrix}$$

Step5　将得到的 X_{cl} 代入矩阵不等式

$$T_{X_{cl}} + P_{X_{cl}}^{\mathrm{T}}KQ + Q^{\mathrm{T}}K^{\mathrm{T}}P_{X_{cl}} < 0$$

中，就可以得到一个只含有矩阵变量 K 的线性矩阵不等式，从而可以应用求解 LMI 的工具求出控制器的参数矩阵 $K = \begin{bmatrix} D_c & C_c \\ B_c & A_c \end{bmatrix}$。

注释 7.4　块对角对称正定矩阵 X_{cl} 的存在保证了 LMI $T_{X_{cl}} + P_{X_{cl}}^{\mathrm{T}}KQ + Q^{\mathrm{T}}K^{\mathrm{T}}P_{X_{cl}} < 0$ 是可行的。

7.3.3　时变结构不确定性奇异关联大系统的分散鲁棒 H_∞广义输出反馈控制

由具有时变结构不确定性的奇异系统(7.31)组成的奇异关联大系统(7.33)与严

格真的广义输出反馈控制器(7.38)(即式(7.38)中的 $D_c = 0$)构成的闭环奇异关联大系统为

$$\begin{aligned} E_{cl}\dot{x}_{cl}(t) &= A_{cl}x_{cl}(t) + B_{cl}\omega(t) \\ z(t) &= C_{cl}x_{cl}(t) + D_{cl}\omega(t) \end{aligned} \tag{7.68}$$

式中

$$x_{cl} = \begin{bmatrix} x \\ x_c \end{bmatrix},\quad E_{cl} = \begin{bmatrix} E & \\ & E_c \end{bmatrix},\quad A_{cl} = \begin{bmatrix} A + HF(t)G_1 & \left(B_2 + HF(t)G_2\right)C_c \\ B_cC_2 & A_c \end{bmatrix}$$

$$B_{cl} = \begin{bmatrix} B_1 \\ B_cD_{21} \end{bmatrix},\quad C_{cl} = \begin{bmatrix} C_1 & D_{12}C_c \end{bmatrix},\quad D_{cl} = D_{11}$$

对于 7.3.2 节中关于标称系统(7.30)存在分散鲁棒 H_∞状态反馈控制器(7.38)，使闭环关联奇异大系统(7.39)容许，且满足给定的 H_∞性能指标$\|T_{z\omega}(s)\|_\infty < \gamma$ 的结论，利用引理 7.6 可以很方便地推广到具有时变结构不确定性的系统(7.33)。首先将定理 7.8 推广，有如下结论。

定理 7.15 对由式(7.31)组成的具有时变结构不确定性奇异关联大系统(7.33)，任意给定$\gamma > 0$，若存在块对角对称正定矩阵 X、Y 和块对角矩阵 F、L、Q、U、V (每个子块的维数与相应子系统的维数相匹配)满足式(7.41)～式(7.44)和如下矩阵不等式

$$\bar{T}(X,Y,F,L,Q) = \begin{bmatrix} \bar{J}_{11} & \bar{J}_{21}^{\mathrm{T}} & B_1 & \left(C_1X + D_{12}F\right)^{\mathrm{T}} \\ \bar{J}_{21} & \bar{J}_{22} & Y^{\mathrm{T}}B_1 + LD_{21} & C_1^{\mathrm{T}} \\ B_1^{\mathrm{T}} & \left(Y^{\mathrm{T}}B_1 + LD_{21}\right)^{\mathrm{T}} & -\gamma I & D_{11}^{\mathrm{T}} \\ C_1X + D_{12}F & C_1 & D_{11} & -\gamma I \end{bmatrix} < 0 \tag{7.69}$$

时，则存在一个分散鲁棒 H_∞广义输出反馈控制器(7.38)，使得对应的闭环奇异关联大系统容许，并满足给定的 H_∞性能指标$\|T_{z\omega}(s)\|_\infty < \gamma$。其中

$$\begin{aligned} \bar{J}_{11} &= \left(A + HF(t)G_1\right)X^{\mathrm{T}} + X\left(A + HF(t)G_1\right)^{\mathrm{T}} \\ &\quad + \left(B_2 + HF(t)G_2\right)F + F^{\mathrm{T}}\left(B_2 + HF(t)G_2\right)^{\mathrm{T}} \\ \bar{J}_{21} &= \left(A + HF(t)G_1\right)^{\mathrm{T}} + Y^{\mathrm{T}}\left(A + HF(t)G_1\right)X^{\mathrm{T}} \\ &\quad + LC_2X^{\mathrm{T}} + Y^{\mathrm{T}}\left(B_2 + HF(t)G_2\right)F + Q \\ \bar{J}_{22} &= Y^{\mathrm{T}}\left(A + HF(t)G_1\right) + \left(A + HF(t)G_1\right)^{\mathrm{T}}Y + LC_2 + \left(LC_2\right)^{\mathrm{T}} \end{aligned}$$

证明 将定理 7.8 中的 A 和 B_2 分别用 $A + HF(t)G_1$ 与 $B_2 + HF(t)G_2$ 代替，可证该定理成立。

由于定理 7.15 中含有不确定项，不能直接应用。下面利用引理 7.6 给出该定

理的一种可直接应用的等价形式。

定理 7.16　任意给定$\gamma>0$，若存在块对角对称正定矩阵$\boldsymbol{X}$、$\boldsymbol{Y}$和块对角矩阵$\boldsymbol{F}$、$\boldsymbol{L}$、$\boldsymbol{Q}$、$\boldsymbol{U}$、$\boldsymbol{V}$(每个子块的维数与相应子系统的维数相匹配)及标量$\varepsilon>0$满足式(7.41)～式(7.44)和如下矩阵不等式

$$\boldsymbol{T}(\boldsymbol{X},\boldsymbol{Y},\boldsymbol{F},\boldsymbol{L},\boldsymbol{Q},\varepsilon)=\begin{bmatrix}\boldsymbol{J}_{11} & \boldsymbol{J}_{21}^{\mathrm{T}} & \boldsymbol{B}_1 & \left(\boldsymbol{C}_1\boldsymbol{X}+\boldsymbol{D}_{12}\boldsymbol{F}\right)^{\mathrm{T}}\\ \boldsymbol{J}_{21} & \boldsymbol{J}_{22} & \boldsymbol{Y}^{\mathrm{T}}\boldsymbol{B}_1+\boldsymbol{L}\boldsymbol{D}_{21} & \boldsymbol{C}_1^{\mathrm{T}}\\ \boldsymbol{B}_1^{\mathrm{T}} & \left(\boldsymbol{Y}^{\mathrm{T}}\boldsymbol{B}_1+\boldsymbol{L}\boldsymbol{D}_{21}\right)^{\mathrm{T}} & -\gamma\boldsymbol{I} & \boldsymbol{D}_{11}^{\mathrm{T}}\\ \boldsymbol{C}_1\boldsymbol{X}+\boldsymbol{D}_{12}\boldsymbol{F} & \boldsymbol{C}_1 & \boldsymbol{D}_{11} & -\gamma\boldsymbol{I}\end{bmatrix}<0 \tag{7.70}$$

时，则称由所有满足约束(7.32)的时变结构不确定性奇异系统(7.31)构成的奇异关联大系统(7.33)，存在严格真的分散鲁棒广义输出反馈控制器(7.38)，使构成的闭环奇异关联大系统(7.68)容许，并且满足给定的H_∞性能指标$\left\|\boldsymbol{T}_{z\omega}(s)\right\|_\infty<\gamma$。且若式(7.41)～式(7.44)和式(7.70)存在一组可行解$\boldsymbol{X}^*$、$\boldsymbol{Y}^*$、$\boldsymbol{F}^*$、$\boldsymbol{L}^*$、$\boldsymbol{Q}^*$、$\boldsymbol{U}^*$、$\boldsymbol{V}^*$，那么控制器(7.38)的参数可由式(7.52)决定。其中

$$\boldsymbol{J}_{11}=\boldsymbol{A}\boldsymbol{X}^{\mathrm{T}}+\boldsymbol{X}\boldsymbol{A}^{\mathrm{T}}+\boldsymbol{B}_2\boldsymbol{F}+\left(\boldsymbol{B}_2\boldsymbol{F}\right)^{\mathrm{T}}+\varepsilon\boldsymbol{H}\boldsymbol{H}^{\mathrm{T}}+\varepsilon^{-1}\left(\boldsymbol{G}_1\boldsymbol{X}+\boldsymbol{G}_2\boldsymbol{F}\right)^{\mathrm{T}}\left(\boldsymbol{G}_1\boldsymbol{X}^{\mathrm{T}}+\boldsymbol{G}_2\boldsymbol{F}\right)$$

$$\boldsymbol{J}_{21}=\boldsymbol{A}^{\mathrm{T}}+\boldsymbol{Y}^{\mathrm{T}}\boldsymbol{A}\boldsymbol{X}^{\mathrm{T}}+\boldsymbol{L}\boldsymbol{C}_2\boldsymbol{X}^{\mathrm{T}}+\boldsymbol{Y}^{\mathrm{T}}\boldsymbol{B}_2\boldsymbol{F}+\boldsymbol{Q}+\varepsilon\boldsymbol{Y}\boldsymbol{H}\boldsymbol{H}^{\mathrm{T}}+\varepsilon^{-1}\boldsymbol{G}_1^{\mathrm{T}}\left(\boldsymbol{G}_1\boldsymbol{X}^{\mathrm{T}}+\boldsymbol{G}_2\boldsymbol{F}\right)$$

$$\boldsymbol{J}_{22}=\boldsymbol{Y}^{\mathrm{T}}\boldsymbol{A}+\boldsymbol{A}^{\mathrm{T}}\boldsymbol{Y}+\boldsymbol{L}\boldsymbol{C}_2+\left(\boldsymbol{L}\boldsymbol{C}_2\right)^{\mathrm{T}}+\varepsilon\boldsymbol{Y}^{\mathrm{T}}\boldsymbol{H}\boldsymbol{H}^{\mathrm{T}}\boldsymbol{Y}+\varepsilon^{-1}\boldsymbol{G}_1^{\mathrm{T}}\boldsymbol{G}_1$$

证明　式(7.41)～式(7.44)的证明同定理 7.7，下面给出式(7.70)的证明过程。定义矩阵

$$\boldsymbol{\Phi}=\begin{bmatrix}\boldsymbol{H}^{\mathrm{T}} & \boldsymbol{H}^{\mathrm{T}}\boldsymbol{Y} & \boldsymbol{0} & \boldsymbol{0}\end{bmatrix}^{\mathrm{T}},\quad \boldsymbol{\Gamma}=\begin{bmatrix}\boldsymbol{G}_1\boldsymbol{X}^{\mathrm{T}}+\boldsymbol{G}_2\boldsymbol{F} & \boldsymbol{G}_1 & \boldsymbol{0} & \boldsymbol{0}\end{bmatrix}$$

则矩阵不等式(7.69)可以改写为

$$\boldsymbol{K}(\boldsymbol{X},\boldsymbol{Y},\boldsymbol{F},\boldsymbol{L},\boldsymbol{Q})+\boldsymbol{\Phi}\boldsymbol{F}(t)\boldsymbol{\Gamma}+\left(\boldsymbol{\Phi}\boldsymbol{F}(t)\boldsymbol{\Gamma}\right)^{\mathrm{T}}<0 \tag{7.71}$$

式中，$\boldsymbol{K}(\boldsymbol{X},\boldsymbol{Y},\boldsymbol{F},\boldsymbol{L},\boldsymbol{Q})$与式(7.51)中的相同。由引理 7.6 可知，式(7.71)成立的一个充分必要条件是存在一个标量$\varepsilon>0$，使得下面公式成立：

$$\boldsymbol{K}(\boldsymbol{X},\boldsymbol{Y},\boldsymbol{F},\boldsymbol{L},\boldsymbol{Q})+\varepsilon\boldsymbol{\Phi}\boldsymbol{\Phi}^{\mathrm{T}}+\varepsilon^{-1}\boldsymbol{\Gamma}^{\mathrm{T}}\boldsymbol{\Gamma}<0 \tag{7.72}$$

将$\boldsymbol{K}(\boldsymbol{X},\boldsymbol{Y},\boldsymbol{F},\boldsymbol{L},\boldsymbol{Q})$、$\boldsymbol{\Phi}$和$\boldsymbol{\Gamma}$代入此式，可得

$$\boldsymbol{T}(\boldsymbol{X},\boldsymbol{Y},\boldsymbol{F},L,\boldsymbol{Q},\varepsilon)=\boldsymbol{K}(\boldsymbol{X},\boldsymbol{Y},\boldsymbol{F},\boldsymbol{L},\boldsymbol{Q})+\varepsilon\boldsymbol{\Phi}\boldsymbol{\Phi}^{\mathrm{T}}+\varepsilon^{-1}\boldsymbol{\Gamma}^{\mathrm{T}}\boldsymbol{\Gamma}<0$$

即式(7.72)就是式(7.70)。证毕。

由定理 7.16 可知，通过求解式(7.41)～式(7.44)和式(7.70)，可以获得控制器(7.38)的参数，而求解式(7.41)～式(7.44)和式(7.70)关键在于求解 NLMI(7.70)。目前求解

NLMI 还没有很好的方法，采用同伦迭代算法来求解式(7.70)，即先选取适当的同伦函数来表示该 NLMI，再通过 Schur 补引理将其化为两个 BMI，最后通过迭代算法求解。

引入实数 $\lambda\in[0,1]$，并定义矩阵函数

$$\boldsymbol{H}(\boldsymbol{X},\boldsymbol{Y},\boldsymbol{F},\boldsymbol{L},\boldsymbol{Q},\varepsilon,\lambda)=\boldsymbol{K}(\boldsymbol{X},\boldsymbol{Y},\boldsymbol{F},\boldsymbol{L},\boldsymbol{Q})+\lambda\boldsymbol{N}(\boldsymbol{X},\boldsymbol{Y},\boldsymbol{F},\boldsymbol{L},\boldsymbol{Q},\varepsilon)$$

式中

$$\boldsymbol{N}(\boldsymbol{X},\boldsymbol{Y},\boldsymbol{F},\boldsymbol{L},\boldsymbol{Q},\varepsilon)=\varepsilon\boldsymbol{\Phi}\boldsymbol{\Phi}^{\mathrm{T}}+\varepsilon^{-1}\boldsymbol{\Gamma}^{\mathrm{T}}\boldsymbol{\Gamma}$$

很明显

$$\boldsymbol{H}(\boldsymbol{X},\boldsymbol{Y},\boldsymbol{F},\boldsymbol{L},\boldsymbol{Q},\varepsilon,\lambda)=\begin{cases}\boldsymbol{K}(\boldsymbol{X},\boldsymbol{Y},\boldsymbol{F},\boldsymbol{L},\boldsymbol{Q}), & \lambda=0\\ \boldsymbol{T}(\boldsymbol{X},\boldsymbol{Y},\boldsymbol{F},\boldsymbol{L},\boldsymbol{Q},\varepsilon), & \lambda=1\end{cases}$$

因此，通过求解矩阵不等式

$$\boldsymbol{H}(\boldsymbol{X},\boldsymbol{Y},\boldsymbol{F},\boldsymbol{L},\boldsymbol{Q},\varepsilon,\lambda)<0,\quad \lambda\in[0,1] \tag{7.73}$$

可以获得矩阵不等式(7.70)的一组可行解。即当 λ 从 0 变到 1 时就可以求得式(7.70)的一组可行解。为求解式(7.73)，利用 Schur 补引理，可得与式(7.73)等价的两个 BMI(7.74)和 BMI(7.75)

$$\begin{bmatrix}\boldsymbol{M}_{11} & \boldsymbol{M}_{21}^{\mathrm{T}} & \boldsymbol{B}_1 & (\boldsymbol{C}_1\boldsymbol{X}+\boldsymbol{D}_{12}\boldsymbol{F})^{\mathrm{T}} & (\boldsymbol{G}_1\boldsymbol{X}^{\mathrm{T}}+\boldsymbol{G}_2\boldsymbol{F})^{\mathrm{T}}\\ \boldsymbol{M}_{21} & \boldsymbol{M}_{22} & \boldsymbol{Y}\boldsymbol{B}_1+\boldsymbol{L}\boldsymbol{D}_{21} & \boldsymbol{C}_1^{\mathrm{T}} & \boldsymbol{G}_1^{\mathrm{T}}\\ \boldsymbol{B}_1^{\mathrm{T}} & (\boldsymbol{Y}\boldsymbol{B}_1+\boldsymbol{L}\boldsymbol{D}_{21})^{\mathrm{T}} & -\gamma\boldsymbol{I} & \boldsymbol{0} & \boldsymbol{0}\\ \boldsymbol{C}_1\boldsymbol{X}+\boldsymbol{D}_{12}\boldsymbol{F} & \boldsymbol{C}_1 & \boldsymbol{0} & -\gamma I & \boldsymbol{0}\\ \boldsymbol{G}_1\boldsymbol{X}^{\mathrm{T}}+\boldsymbol{G}_2\boldsymbol{F} & \boldsymbol{G}_1 & \boldsymbol{0} & \boldsymbol{0} & -\varepsilon\lambda^{-1}\boldsymbol{I}\end{bmatrix}<0 \tag{7.74}$$

式中

$$\boldsymbol{M}_{11}=\boldsymbol{A}\boldsymbol{X}^{\mathrm{T}}+\boldsymbol{X}\boldsymbol{A}^{\mathrm{T}}+\boldsymbol{B}_2\boldsymbol{F}+\boldsymbol{F}^{\mathrm{T}}\boldsymbol{B}_2^{\mathrm{T}}+\varepsilon\lambda\boldsymbol{H}\boldsymbol{H}^{\mathrm{T}}$$
$$\boldsymbol{M}_{21}=\boldsymbol{A}^{\mathrm{T}}+\boldsymbol{Y}^{\mathrm{T}}\boldsymbol{A}\boldsymbol{X}^{\mathrm{T}}+\boldsymbol{L}\boldsymbol{C}_2\boldsymbol{X}^{\mathrm{T}}+\boldsymbol{Y}^{\mathrm{T}}\boldsymbol{B}_2\boldsymbol{F}+\boldsymbol{Q}+\varepsilon\lambda\boldsymbol{Y}\boldsymbol{H}\boldsymbol{H}^{\mathrm{T}}$$
$$\boldsymbol{M}_{22}=\boldsymbol{Y}^{\mathrm{T}}\boldsymbol{A}+\boldsymbol{A}^{\mathrm{T}}\boldsymbol{Y}+\boldsymbol{L}\boldsymbol{C}_2+\boldsymbol{C}_2^{\mathrm{T}}\boldsymbol{L}^{\mathrm{T}}+\varepsilon\lambda\boldsymbol{Y}^{\mathrm{T}}\boldsymbol{H}\boldsymbol{H}^{\mathrm{T}}\boldsymbol{Y}$$

$$\begin{bmatrix}\boldsymbol{N}_{11} & \boldsymbol{N}_{21}^{\mathrm{T}} & \boldsymbol{B}_1 & (\boldsymbol{C}_1\boldsymbol{X}+\boldsymbol{D}_{12}\boldsymbol{F})^{\mathrm{T}} & \boldsymbol{H}\\ \boldsymbol{N}_{21} & \boldsymbol{N}_{22} & \boldsymbol{Y}\boldsymbol{B}_1+\boldsymbol{L}\boldsymbol{D}_{21} & \boldsymbol{C}_1^{\mathrm{T}} & \boldsymbol{Y}^{\mathrm{T}}\boldsymbol{H}\\ \boldsymbol{B}_1^{\mathrm{T}} & (\boldsymbol{Y}\boldsymbol{B}_1+\boldsymbol{L}\boldsymbol{D}_{21})^{\mathrm{T}} & -\gamma\boldsymbol{I} & \boldsymbol{0} & \boldsymbol{0}\\ \boldsymbol{C}_1\boldsymbol{X}+\boldsymbol{D}_{12}\boldsymbol{F} & \boldsymbol{C}_1 & \boldsymbol{0} & -\gamma\boldsymbol{I} & \boldsymbol{0}\\ \boldsymbol{H}^{\mathrm{T}} & \boldsymbol{H}^{\mathrm{T}}\boldsymbol{Y} & \boldsymbol{0} & \boldsymbol{0} & -\varepsilon^{-1}\lambda^{-1}\boldsymbol{I}\end{bmatrix}<0 \tag{7.75}$$

式中

$$N_{11} = AX^{\mathrm{T}} + XA^{\mathrm{T}} + B_2F + F^{\mathrm{T}}B_2^{\mathrm{T}} + \varepsilon^{-1}\lambda\left(G_1X^{\mathrm{T}} + G_2F\right)^{\mathrm{T}}\left(G_1X^{\mathrm{T}} + G_2F\right)$$
$$N_{21} = A^{\mathrm{T}} + Y^{\mathrm{T}}AX^{\mathrm{T}} + LC_2X^{\mathrm{T}} + Y^{\mathrm{T}}B_2F + Q + \varepsilon^{-1}\lambda G_1^{\mathrm{T}}\left(G_1X^{\mathrm{T}} + G_2F\right)$$
$$N_{22} = Y^{\mathrm{T}}A + A^{\mathrm{T}}Y + LC_2 + C_2^{\mathrm{T}}L^{\mathrm{T}} + \varepsilon^{-1}\lambda G_1^{\mathrm{T}}G_1$$

可以看出，若固定参数Y、L，则式(7.74)是关于X、F、Q、ε的LMI；若固定参数X、F，则式(7.75)是关于Y、L、Q、ε^{-1}的LMI，通过逐步增加同伦参数λ和交替求解式(7.74)、式(7.75)，则可得到矩阵不等式(7.70)的解，因此有下面的求解算法步骤：

Step1　取$\lambda=0$时的值为初始值。当$\lambda=0$时求解式(7.73)等价于求解$K(X,Y,F,L,Q)<0$。在$K\left(X,Y,F,L,Q_F\right)<0$中令$A_{21}=Q_F$，则$K\left(X,Y,F,L,Q_F\right)<0$为标准LMI问题，可求得具有块对角结构约束的初始值X_0、Y_0、F_0、L_0。

Step2　设m为一个正整数(如$m=2$)，并确定m的上限$m_{\max}$(如$m_{\max}=2^{10}$)。设迭代次数为s，并令$s=0$。

Step3　令$s=s+1$和$\lambda_s=\dfrac{s}{m}$。在Y_{s-1}, L_{s-1}条件下通过求解式(7.74)和式(7.44)。如果不存在可行解，则转至Step4；如果存在可行解，则求得块对角阵X、Y、Q并令$X_s=X$、$F_s=F$、$Q_s=Q$，再在$X=X_s$、$F=F_s$、$Q=Q_s$条件下通过求解式(7.75)和式(7.44)得到相应的解且令$Y_s=Y$、$L_s=L$并转至Step6。

Step4　在X_{s-1}, F_{s-1}条件下通过求解式(7.75)和式(7.44)。如果不存在可行解，则转至Step5；如果存在可行解，则求得Y、L、Q且令$Y_s=Y$、$L_s=L$、$Q_s=Q$，再在$Y=Y_s$、$L=L_s$、$Q=Q_s$条件下通过求解式(7.74)和式(7.44)得到相应的解且令$X_s=X$、$F_s=F$并转至Step6。

Step5　令$m=2m$且满足约束条件:$m\leqslant m_{\max}$。假设$X_{2(s-1)}=X_{s-1}$, $Y_{2(s-1)}=Y_{s-1}$, $F_{2(s-1)}=F_{s-1}$, $L_{2(s-1)}=L_{s-1}$, $s=2(s-1)$，再转至Step3。如果m的值不能再增大，则该算法无解。

Step6　如果$s<m$，则转至Step3。如果$s=m$，则得到式(7.44)和式(7.70)的解，且有$X=X_s$、$Y=Y_s$、$F=F_s$、$L=L_s$、$Q=Q_s$和$\varepsilon>0$。

Step7　在$UV^{\mathrm{T}}=I-X_sY_s$中令$V=I$，则可求得U，进而通过式(7.52)求得严格真的分散广义输出反馈控制器(7.38)的参数矩阵。

7.3.4　数值界不确定性奇异关联大系统的分散鲁棒 H_∞ 广义输出反馈控制

基于广义输出反馈数值界不确定性奇异关联大系统分散鲁棒H_∞控制问题[19]是为数值界不确定性奇异关联大系统(7.36)设计一个严格真的分散广义输出反馈

控制器(7.38)，使由系统(7.36)和控制器(7.38)构成的闭环奇异关联大系统

$$\begin{aligned}\boldsymbol{E}_{\text{cl}}\dot{\boldsymbol{x}}_{\text{cl}}(t)&=\boldsymbol{A}_{\text{cl}}\boldsymbol{x}_{\text{cl}}(t)+\boldsymbol{B}_{\text{cl}}\boldsymbol{\omega}(t)\\ \boldsymbol{z}(t)&=\boldsymbol{C}_{\text{cl}}\boldsymbol{x}_{\text{cl}}(t)+\boldsymbol{D}_{\text{cl}}\boldsymbol{\omega}(t)\end{aligned}\tag{7.76}$$

容许，并满足给定的 H_∞ 性能指标 $\|\boldsymbol{T}_{z\omega}(s)\|_\infty<\gamma$。其中

$$\boldsymbol{x}_{\text{cl}}=\begin{bmatrix}\boldsymbol{x}\\ \boldsymbol{x}_{\text{c}}\end{bmatrix},\quad \boldsymbol{E}_{\text{cl}}=\begin{bmatrix}\boldsymbol{E}&\\ &\boldsymbol{E}_{\text{c}}\end{bmatrix},\quad \boldsymbol{A}_{\text{cl}}=\begin{bmatrix}\boldsymbol{A}+\Delta\boldsymbol{A}&(\boldsymbol{B}_2+\Delta\boldsymbol{B}_2)\boldsymbol{C}_{\text{c}}\\ \boldsymbol{B}_{\text{c}}\boldsymbol{C}_2&\boldsymbol{A}_{\text{c}}\end{bmatrix}$$

$$\boldsymbol{B}_{\text{cl}}=\begin{bmatrix}\boldsymbol{B}_1\\ \boldsymbol{B}_{\text{c}}\boldsymbol{D}_{21}\end{bmatrix},\quad \boldsymbol{C}_{\text{cl}}=\begin{bmatrix}\boldsymbol{C}_1&\boldsymbol{D}_{12}\boldsymbol{C}_{\text{c}}\end{bmatrix},\quad \boldsymbol{D}_{\text{cl}}=\boldsymbol{D}_{11}$$

下面首先给出数值界不确定性奇异关联大系统(7.36)，存在分散鲁棒 H_∞ 广义输出反馈控制器的充分条件，最后给出获得控制器参数矩阵的算法。

定理 7.17 对由式(7.34)组成的具有数值界不确定性奇异关联大系统(7.36)存在一个严格真的分散鲁棒 H_∞ 广义动态输出反馈控制器($\boldsymbol{D}_{\text{c}}=0$)(7.38)，使对应的闭环奇异关联大系统容许，并满足给定的 H_∞ 性能指标 $\|\boldsymbol{T}_{z\omega}(s)\|_\infty<\gamma$ 的充分条件为：任意给定 $\gamma>0$，存在块对角对称正定矩阵 $\boldsymbol{X}$、$\boldsymbol{Y}$ 和块对角矩阵 $\boldsymbol{F}$、$\boldsymbol{L}$、$\boldsymbol{Q}$、$\boldsymbol{U}$、$\boldsymbol{V}$ (每个子块的维数与相应子系统的维数相匹配)满足式(7.41)～式(7.44)和如下矩阵不等式：

$$\begin{bmatrix}\boldsymbol{J}_{11}&\boldsymbol{J}_{21}^{\text{T}}&\boldsymbol{B}_1&(\boldsymbol{C}_1\boldsymbol{X}+\boldsymbol{D}_{12}\boldsymbol{F})^{\text{T}}\\ \boldsymbol{J}_{21}&\boldsymbol{J}_{22}&\boldsymbol{Y}^{\text{T}}\boldsymbol{B}_1+\boldsymbol{L}\boldsymbol{D}_{21}&\boldsymbol{C}_1^{\text{T}}\\ \boldsymbol{B}_1^{\text{T}}&(\boldsymbol{Y}^{\text{T}}\boldsymbol{B}_1+\boldsymbol{L}\boldsymbol{D}_{21})^{\text{T}}&-\gamma\boldsymbol{I}&\boldsymbol{D}_{11}^{\text{T}}\\ \boldsymbol{C}_1\boldsymbol{X}+\boldsymbol{D}_{12}\boldsymbol{F}&\boldsymbol{C}_1&\boldsymbol{D}_{11}&-\gamma\boldsymbol{I}\end{bmatrix}<0\tag{7.77}$$

式中

$$\begin{aligned}\boldsymbol{J}_{11}&=(\boldsymbol{A}+\Delta\boldsymbol{A})\boldsymbol{X}^{\text{T}}+\boldsymbol{X}(\boldsymbol{A}+\Delta\boldsymbol{A})^{\text{T}}+(\boldsymbol{B}_2+\Delta\boldsymbol{B}_2)\boldsymbol{F}+\boldsymbol{F}^{\text{T}}(\boldsymbol{B}_2+\Delta\boldsymbol{B}_2)^{\text{T}}\\ \boldsymbol{J}_{21}&=(\boldsymbol{A}+\Delta\boldsymbol{A})^{\text{T}}+\boldsymbol{Y}^{\text{T}}(\boldsymbol{A}+\Delta\boldsymbol{A})\boldsymbol{X}^{\text{T}}+\boldsymbol{L}\boldsymbol{C}_2\boldsymbol{X}^{\text{T}}+\boldsymbol{Y}^{\text{T}}(\boldsymbol{B}_2+\Delta\boldsymbol{B}_2)\boldsymbol{F}+\boldsymbol{Q}\\ \boldsymbol{J}_{22}&=\boldsymbol{Y}^{\text{T}}(\boldsymbol{A}+\Delta\boldsymbol{A})+(\boldsymbol{A}+\Delta\boldsymbol{A})^{\text{T}}\boldsymbol{Y}+\boldsymbol{L}\boldsymbol{C}_2+(\boldsymbol{L}\boldsymbol{C}_2)^{\text{T}}\end{aligned}$$

将定理 7.8 中的 $\boldsymbol{A}$ 和 $\boldsymbol{B}_2$ 分别用 $\boldsymbol{A}+\Delta\boldsymbol{A}$ 与 $\boldsymbol{B}_2+\Delta\boldsymbol{B}_2$ 代替，可证该定理成立。由于式(7.77)中含有不确定项，不能直接应用。为此，给出该定理的一种可直接应用的等价形式。

定理 7.18 任意给定 $\gamma>0$，若存在标量 $\alpha>0$、$\beta>0$ 和块对角对称正定矩阵 $\boldsymbol{X}$、$\boldsymbol{Y}$ 及块对角矩阵 $\boldsymbol{F}$、$\boldsymbol{L}$、$\boldsymbol{Q}$、$\boldsymbol{U}$、$\boldsymbol{V}$ (每个子块的维数与相应子系统的维数相匹配)满足式(7.41)～式(7.44)和如下矩阵不等式

$$
\boldsymbol{Z}(\boldsymbol{X},\boldsymbol{Y},\boldsymbol{F},\boldsymbol{L},\boldsymbol{Q},\alpha,\beta)=
$$

$$
\begin{bmatrix}
\boldsymbol{J}_{11} & \boldsymbol{J}_{21}^{\mathrm{T}} & \boldsymbol{B}_1 & \left(\boldsymbol{C}_1\boldsymbol{X}+\boldsymbol{D}_{12}\boldsymbol{F}\right)^{\mathrm{T}} \\
\boldsymbol{J}_{21} & \boldsymbol{J}_{22} & \boldsymbol{Y}^{\mathrm{T}}\boldsymbol{B}_1+\boldsymbol{L}\boldsymbol{D}_{21} & \boldsymbol{C}_1^{\mathrm{T}} \\
\boldsymbol{B}_1^{\mathrm{T}} & \left(\boldsymbol{Y}^{\mathrm{T}}\boldsymbol{B}_1+\boldsymbol{L}\boldsymbol{D}_{21}\right)^{\mathrm{T}} & -\gamma\boldsymbol{I} & \boldsymbol{D}_{11}^{\mathrm{T}} \\
\boldsymbol{C}_1\boldsymbol{X}+\boldsymbol{D}_{12}\boldsymbol{F} & \boldsymbol{C}_1 & \boldsymbol{D}_{11} & -\gamma I
\end{bmatrix}<0 \tag{7.78}
$$

时，则称由所有满足约束(7.35)的数值界不确定性奇异系统(7.34)构成的奇异关联大系统(7.36)，存在严格真的分散广义输出反馈控制器(7.38)，使构成的闭环奇异关联大系统(7.76)容许，并满足给定的 H_∞ 性能指标 $\|\boldsymbol{T}_{z\omega}(s)\|_\infty<\gamma$ 。且若式(7.41)～式(7.44)和式(7.78)存在一组可行解 $\boldsymbol{X}^*$、$\boldsymbol{Y}^*$、$\boldsymbol{F}^*$、$\boldsymbol{L}^*$、$\boldsymbol{Q}^*$、$\boldsymbol{U}^*$、$\boldsymbol{V}^*$ ，那么控制器(7.38)的参数可由式(7.52)决定。其中

$$
\boldsymbol{J}_{11}=\boldsymbol{A}\boldsymbol{X}^{\mathrm{T}}+\boldsymbol{X}\boldsymbol{A}^{\mathrm{T}}+\boldsymbol{B}_2\boldsymbol{F}+\left(\boldsymbol{B}_2\boldsymbol{F}\right)^{\mathrm{T}}+(\alpha+\beta)\boldsymbol{I}+\alpha^{-1}\boldsymbol{X}\boldsymbol{\Gamma}(\boldsymbol{R})\boldsymbol{X}^{\mathrm{T}}+\beta^{-1}\boldsymbol{F}^{\mathrm{T}}\boldsymbol{\Gamma}(\boldsymbol{S})\boldsymbol{F}
$$

$$
\boldsymbol{J}_{21}=\boldsymbol{A}^{\mathrm{T}}+\boldsymbol{Y}^{\mathrm{T}}\boldsymbol{A}\boldsymbol{X}^{\mathrm{T}}+\boldsymbol{L}\boldsymbol{C}_2\boldsymbol{X}^{\mathrm{T}}+\boldsymbol{Y}^{\mathrm{T}}\boldsymbol{B}_2\boldsymbol{F}+\boldsymbol{Q}+(\alpha+\beta)\boldsymbol{Y}^{\mathrm{T}}+\alpha^{-1}\boldsymbol{\Gamma}(\boldsymbol{R})\boldsymbol{X}^{\mathrm{T}}
$$

$$
\boldsymbol{J}_{22}=\boldsymbol{Y}^{\mathrm{T}}\boldsymbol{A}+\boldsymbol{A}^{\mathrm{T}}\boldsymbol{Y}+\boldsymbol{L}\boldsymbol{C}_2+\left(\boldsymbol{L}\boldsymbol{C}_2\right)^{\mathrm{T}}+(\alpha+\beta)\boldsymbol{Y}^{\mathrm{T}}\boldsymbol{Y}+\alpha^{-1}\boldsymbol{\Gamma}(\boldsymbol{R})
$$

$$
\boldsymbol{\Gamma}(\boldsymbol{R})=\boldsymbol{\Gamma}\left(\left[\boldsymbol{R}_{ij}\right]_{N\times N}\right),\quad i,j=1,\cdots,N,\quad \boldsymbol{\Gamma}(\boldsymbol{S})=\mathrm{diag}\left\{\boldsymbol{\Gamma}\left(\boldsymbol{S}_1\right),\cdots,\boldsymbol{\Gamma}\left(\boldsymbol{S}_N\right)\right\}
$$

证明　式(7.41)～式(7.44)的证明同定理 7.7，下面给出式(7.78)的证明过程。定义矩阵

$$
\boldsymbol{\Phi}=\left[\boldsymbol{I}\quad \boldsymbol{Y}\quad \boldsymbol{0}\quad \boldsymbol{0}\right]^{\mathrm{T}},\quad \boldsymbol{\Gamma}_1=\left[\Delta\boldsymbol{A}\boldsymbol{X}^{\mathrm{T}}\quad \Delta\boldsymbol{A}\quad \boldsymbol{0}\quad \boldsymbol{0}\right],\quad \boldsymbol{\Gamma}_2=\left[\Delta\boldsymbol{B}_2\boldsymbol{F}\quad \boldsymbol{0}\quad \boldsymbol{0}\quad \boldsymbol{0}\right]
$$

$$
\boldsymbol{\Pi}(\boldsymbol{X},\boldsymbol{Y},\boldsymbol{F},\alpha,\beta)=
$$

$$
\begin{bmatrix}
(\alpha+\beta)\boldsymbol{I}+\alpha^{-1}\boldsymbol{X}\boldsymbol{\Gamma}(\boldsymbol{R})\boldsymbol{X}^{\mathrm{T}}+\beta^{-1}\boldsymbol{F}^{\mathrm{T}}\boldsymbol{\Gamma}(\boldsymbol{S})\boldsymbol{F} & \left((\alpha+\beta)\boldsymbol{Y}^{\mathrm{T}}+\alpha^{-1}\boldsymbol{\Gamma}(\boldsymbol{R})\boldsymbol{X}^{\mathrm{T}}\right)^{\mathrm{T}} & \boldsymbol{0} & \boldsymbol{0} \\
(\alpha+\beta)\boldsymbol{Y}^{\mathrm{T}}+\alpha^{-1}\boldsymbol{\Gamma}(\boldsymbol{R})\boldsymbol{X}^{\mathrm{T}} & (\alpha+\beta)\boldsymbol{Y}^{\mathrm{T}}\boldsymbol{Y}+\alpha^{-1}\boldsymbol{\Gamma}(\boldsymbol{R}) & \boldsymbol{0} & \boldsymbol{0} \\
\boldsymbol{0} & \boldsymbol{0} & \boldsymbol{0} & \boldsymbol{0} \\
\boldsymbol{0} & \boldsymbol{0} & \boldsymbol{0} & \boldsymbol{0}
\end{bmatrix}
$$

则矩阵不等式(7.77)可以改写为

$$
\boldsymbol{K}(\boldsymbol{X},\boldsymbol{Y},\boldsymbol{F},\boldsymbol{L},\boldsymbol{Q})+\boldsymbol{\Phi}\boldsymbol{\Gamma}_1+\left(\boldsymbol{\Phi}\boldsymbol{\Gamma}_1\right)^{\mathrm{T}}+\boldsymbol{\Phi}\boldsymbol{\Gamma}_2+\left(\boldsymbol{\Phi}\boldsymbol{\Gamma}_2\right)^{\mathrm{T}}<0 \tag{7.79}
$$

式中， $\boldsymbol{K}(\boldsymbol{X},\boldsymbol{Y},\boldsymbol{F},\boldsymbol{L},\boldsymbol{Q})$ 与式(7.51)中的相同，由引理 2.1 可知式(7.79)成立的充分条件为存在标量 $\alpha>0$ ， $\beta>0$ ，使得式(7.80)成立

$$
\boldsymbol{K}(\boldsymbol{X},\boldsymbol{Y},\boldsymbol{F},\boldsymbol{L},\boldsymbol{Q})+\alpha\boldsymbol{\Phi}\boldsymbol{\Phi}^{\mathrm{T}}+\alpha^{-1}\boldsymbol{\Gamma}_1^{\mathrm{T}}\boldsymbol{\Gamma}_1+\beta\boldsymbol{\Phi}\boldsymbol{\Phi}^{\mathrm{T}}+\beta^{-1}\boldsymbol{\Gamma}_2^{\mathrm{T}}\boldsymbol{\Gamma}_2<0 \tag{7.80}
$$

将 $\boldsymbol{\Phi}$、$\boldsymbol{\Gamma}_1$、$\boldsymbol{\Gamma}_2$ 代入式(7.80)，并利用引理 2.4 可知式(7.80)等价于

$$
\boldsymbol{K}(\boldsymbol{X},\boldsymbol{Y},\boldsymbol{F},\boldsymbol{L},\boldsymbol{Q})+\boldsymbol{\Pi}(\boldsymbol{X},\boldsymbol{Y},\boldsymbol{F},\alpha,\beta)<0 \tag{7.81}
$$

将 $\boldsymbol{K}(\boldsymbol{X},\boldsymbol{Y},\boldsymbol{F},\boldsymbol{L},\boldsymbol{Q})$ 和 $\boldsymbol{\Pi}\left(\boldsymbol{X},\boldsymbol{Y},\boldsymbol{F},\alpha,\beta\right)$ 代入式(7.81)，可得

$$\boldsymbol{Z}(\boldsymbol{X},\boldsymbol{Y},\boldsymbol{F},\boldsymbol{L},\boldsymbol{Q},\alpha,\beta)=\boldsymbol{K}(\boldsymbol{X},\boldsymbol{Y},\boldsymbol{F},\boldsymbol{L},\boldsymbol{Q})+\boldsymbol{\Pi}(\boldsymbol{X},\boldsymbol{Y},\boldsymbol{F},\alpha,\beta)<0$$

即式(7.81)就是式(7.78)。证毕。

由于定理 7.18 中的式(7.78)也是 NLMI，因此也采用同伦迭代算法来求解。引入实数 $\lambda\in[0,1]$，并定义矩阵函数

$$\boldsymbol{H}(\boldsymbol{X},\boldsymbol{Y},\boldsymbol{F},\boldsymbol{L},\boldsymbol{Q},\alpha,\beta,\lambda)=\boldsymbol{K}(\boldsymbol{X},\boldsymbol{Y},\boldsymbol{F},\boldsymbol{L},\boldsymbol{Q})+\lambda\boldsymbol{\Pi}(\boldsymbol{X},\boldsymbol{Y},\boldsymbol{F},\alpha,\beta)$$

显然

$$\boldsymbol{H}(\boldsymbol{X},\boldsymbol{Y},\boldsymbol{F},\boldsymbol{L},\boldsymbol{Q},\alpha,\beta,\lambda)=\begin{cases}\boldsymbol{K}(\boldsymbol{X},\boldsymbol{Y},\boldsymbol{F},\boldsymbol{L},\boldsymbol{Q}), & \lambda=0\\ \boldsymbol{Z}(\boldsymbol{X},\boldsymbol{Y},\boldsymbol{F},\boldsymbol{L},\boldsymbol{Q},\alpha,\beta), & \lambda=1\end{cases}$$

因此，通过求解矩阵不等式

$$\boldsymbol{H}(\boldsymbol{X},\boldsymbol{Y},\boldsymbol{F},\boldsymbol{L},\boldsymbol{Q},\alpha,\beta,\lambda)<0,\quad \lambda\in[0,1] \tag{7.82}$$

可以获得矩阵不等式(7.78)的一组可行解。即当 λ 从 0 变到 1 时就可以求得式(7.78)的一组可行解。为求解式(7.82)，利用 Schur 补引理，可得到与式(7.82)等价的两个 BMI (7.83)和 BMI(7.84)

$$\begin{bmatrix}\boldsymbol{M}_{11} & \boldsymbol{M}_{21}^{\mathrm{T}} & \boldsymbol{B}_1 & \boldsymbol{W}^{\mathrm{T}} & \boldsymbol{X} & \boldsymbol{F}^{\mathrm{T}}\\ \boldsymbol{M}_{21} & \boldsymbol{M}_{22} & \boldsymbol{\Theta} & \boldsymbol{C}_1^{\mathrm{T}} & \boldsymbol{I} & \boldsymbol{0}\\ \boldsymbol{B}_1^{\mathrm{T}} & \boldsymbol{\Theta}^{\mathrm{T}} & -\gamma\boldsymbol{I} & \boldsymbol{D}_{11}^{\mathrm{T}} & \boldsymbol{0} & \boldsymbol{0}\\ \boldsymbol{W} & \boldsymbol{C}_1 & \boldsymbol{D}_{11} & -\gamma\boldsymbol{I} & \boldsymbol{0} & \boldsymbol{0}\\ \boldsymbol{X}^{\mathrm{T}} & \boldsymbol{I} & \boldsymbol{0} & \boldsymbol{0} & -\lambda^{-1}\alpha(\boldsymbol{\Gamma}(\boldsymbol{R}))^{-1} & \boldsymbol{0}\\ \boldsymbol{F} & \boldsymbol{0} & \boldsymbol{0} & \boldsymbol{0} & \boldsymbol{0} & -\lambda^{-1}\beta(\boldsymbol{\Gamma}(\boldsymbol{S}))^{-1}\end{bmatrix}<0 \tag{7.83}$$

式中

$$\boldsymbol{M}_{11}=\boldsymbol{A}\boldsymbol{X}^{\mathrm{T}}+\boldsymbol{X}\boldsymbol{A}^{\mathrm{T}}+\boldsymbol{B}_2\boldsymbol{F}+\left(\boldsymbol{B}_2\boldsymbol{F}\right)^{\mathrm{T}}+(\alpha+\beta)\boldsymbol{I}$$

$$\boldsymbol{M}_{21}=\boldsymbol{A}^{\mathrm{T}}+\boldsymbol{Y}^{\mathrm{T}}\boldsymbol{A}\boldsymbol{X}^{\mathrm{T}}+\boldsymbol{L}\boldsymbol{C}_2\boldsymbol{X}^{\mathrm{T}}+\boldsymbol{Y}^{\mathrm{T}}\boldsymbol{B}_2\boldsymbol{F}+\boldsymbol{Q}+(\alpha+\beta)\boldsymbol{Y}^{\mathrm{T}}$$

$$\boldsymbol{M}_{22}=\boldsymbol{Y}^{\mathrm{T}}\boldsymbol{A}+\boldsymbol{A}^{\mathrm{T}}\boldsymbol{Y}+\boldsymbol{L}\boldsymbol{C}_2+\left(\boldsymbol{L}\boldsymbol{C}_2\right)^{\mathrm{T}}+(\alpha+\beta)\boldsymbol{Y}^{\mathrm{T}}\boldsymbol{Y}$$

$$\boldsymbol{W}=\boldsymbol{C}_1\boldsymbol{X}+\boldsymbol{D}_{12}\boldsymbol{F},\quad \boldsymbol{\Theta}=\boldsymbol{Y}^{\mathrm{T}}\boldsymbol{B}_1+\boldsymbol{L}\boldsymbol{D}_{21}$$

$$\begin{bmatrix}\boldsymbol{N}_{11} & \boldsymbol{N}_{21}^{\mathrm{T}} & \boldsymbol{B}_1 & \boldsymbol{W}^{\mathrm{T}} & \boldsymbol{I} & \boldsymbol{I}\\ \boldsymbol{N}_{21} & \boldsymbol{N}_{22} & \boldsymbol{\Theta} & \boldsymbol{C}_1^{\mathrm{T}} & \boldsymbol{Y}^{\mathrm{T}} & \boldsymbol{Y}^{\mathrm{T}}\\ \boldsymbol{B}_1^{\mathrm{T}} & \boldsymbol{\Theta}^{\mathrm{T}} & -\gamma\boldsymbol{I} & \boldsymbol{D}_{11}^{\mathrm{T}} & \boldsymbol{0} & \boldsymbol{0}\\ \boldsymbol{W} & \boldsymbol{C}_1 & \boldsymbol{D}_{11} & -\gamma\boldsymbol{I} & \boldsymbol{0} & \boldsymbol{0}\\ \boldsymbol{I} & \boldsymbol{Y} & \boldsymbol{0} & \boldsymbol{0} & -\lambda^{-1}\alpha^{-1}\boldsymbol{I} & \boldsymbol{0}\\ \boldsymbol{I} & \boldsymbol{Y} & \boldsymbol{0} & \boldsymbol{0} & \boldsymbol{0} & -\lambda^{-1}\beta^{-1}\boldsymbol{I}\end{bmatrix}<0 \tag{7.84}$$

其中

$$N_{11} = AX^{\mathrm{T}} + XA^{\mathrm{T}} + B_2F + (B_2F)^{\mathrm{T}} + \alpha^{-1}X\Gamma(R)X^{\mathrm{T}} + \beta^{-1}F^{\mathrm{T}}\Gamma(S)F$$
$$N_{21} = A^{\mathrm{T}} + Y^{\mathrm{T}}AX^{\mathrm{T}} + LC_2X^{\mathrm{T}} + Y^{\mathrm{T}}B_2F + Q + \alpha^{-1}\Gamma(R)X^{\mathrm{T}}$$
$$N_{22} = Y^{\mathrm{T}}A + A^{\mathrm{T}}Y + LC_2 + (LC_2)^{\mathrm{T}} + \alpha^{-1}\Gamma(R)$$

W、Θ 与式(7.83)中的相同。

明显可以看出，若固定变量 Y 和 L，式(7.83)是关于变量 X、F、Q、α 和 β 的 LMI，若固定变量 X 和 F，式(7.84)是关于变量 Y、L、Q、α^{-1} 和 β^{-1} 的 LMI，可以通过逐步增加 λ 和交替求解式(7.83)、式(7.84)来获得式(7.78)的解，因此求解的迭代算法步骤类似于时变结构不确定性奇异关联大系统的分散鲁棒 H_∞ 广义输出反馈控制。

7.3.5　仿真示例

不失一般性，均取 $E_i = \mathrm{diag}\{I_{r_i}, 0_{n_i-r_i}\}$ $(r_i = \mathrm{rank}(E_i))$，若 E_i 不是这种形式，可以通过矩阵变换为该形式。由于 X 和 Y 要满足约束 $\begin{bmatrix} X^{\mathrm{T}} & 0 \\ 0 & Y \end{bmatrix}\begin{bmatrix} E^{\mathrm{T}} & 0 \\ 0 & E \end{bmatrix} = \begin{bmatrix} E & 0 \\ 0 & E^{\mathrm{T}} \end{bmatrix}\begin{bmatrix} X & 0 \\ 0 & Y \end{bmatrix} \geqslant 0$，因此其形式应满足 $X = \begin{bmatrix} X_1 & 0 \\ 0 & X_2 \end{bmatrix}$，$Y = \begin{bmatrix} Y_1 & 0 \\ 0 & Y_2 \end{bmatrix}$，其中 X_1、X_2、Y_1、Y_2 均为块对角对称可逆矩阵。例如，由一个三阶子系统和一个二阶子系统构成的奇异关联大系统，若 $E_1 = \begin{bmatrix} 1 & 0 & 0 \\ 0 & 1 & 0 \\ 0 & 0 & 0 \end{bmatrix}$，$E_2 = \begin{bmatrix} 1 & 0 \\ 0 & 0 \end{bmatrix}$，则 X 应具有 $X_1 = \begin{bmatrix} X_{11} & X_{12} & 0 \\ X_{12} & X_{13} & 0 \\ 0 & 0 & X_{14} \end{bmatrix}$，$X_2 = \begin{bmatrix} X_{21} & 0 \\ 0 & X_{22} \end{bmatrix}$ 的形式，Y 也一样。这样对上述结论中的 X、Y 加如上约束，可以通过 LMI 工具软件直接求得使奇异关联大系统容许，且满足给定的 H_∞ 性能指标的分散鲁棒广义输出反馈控制器。

例 7.2　考虑由两个子系统构成的奇异关联大系统，其中

$$E_1 = \begin{bmatrix} 1 & 0 & 0 \\ 0 & 1 & 0 \\ 0 & 0 & 0 \end{bmatrix}, \quad A_{11} = \begin{bmatrix} -0.4 & 0.2 & -0.6 \\ 0 & -0.5 & 0 \\ 0 & 0 & -2 \end{bmatrix}, \quad A_{12} = \begin{bmatrix} 0.1 & -0.2 \\ 0 & 0.4 \\ 0 & 0.2 \end{bmatrix}$$

$$E_2 = \begin{bmatrix} 1 & 0 \\ 0 & 0 \end{bmatrix}, \quad A_{21} = \begin{bmatrix} 0.2 & 0.1 & -0.5 \\ 0.25 & 0 & -0.2 \end{bmatrix}, \quad A_{22} = \begin{bmatrix} -1.25 & 0 \\ 0.5 & -1 \end{bmatrix}$$

$$B_{12} = B_{22} = C_{12}^{\mathrm{T}} = C_{22}^{\mathrm{T}} = \begin{bmatrix} 1 \\ 1 \end{bmatrix}, \quad B_{21}^{\mathrm{T}} = C_{21} = \begin{bmatrix} 1 & 0 & 0 \end{bmatrix}, \quad B_{11} = C_{11}^{\mathrm{T}} = \begin{bmatrix} 1 \\ 1 \\ 0 \end{bmatrix}$$

$$D_{111}=D_{112}=D_{121}=D_{122}=D_{211}=D_{212}=1$$

时变结构不确定性满足匹配条件式(7.32)的矩阵为

$$H_1=\begin{bmatrix}0.2\\-0.1\\0.15\end{bmatrix},\quad G_{11}=\begin{bmatrix}-0.06\\0.04\\0.02\end{bmatrix},\quad G_{21}=-0.06$$

$$H_2=\begin{bmatrix}0.1\\0.3\end{bmatrix},\quad G_{12}=\begin{bmatrix}0.04\\-0.02\end{bmatrix},\quad G_{22}=-0.1$$

不确定矩阵满足数值界条件式(7.35)的矩阵为

$$R_{11}=\begin{bmatrix}0.01&0.02&0.01\\0&0.01&0\\0&0&0.03\end{bmatrix},\quad R_{12}=\begin{bmatrix}0.01&0.01\\0&0.01\\0&0.01\end{bmatrix},\quad S_1=\begin{bmatrix}0.01\\0\\0\end{bmatrix}$$

$$R_{21}=\begin{bmatrix}0.01&0.01&0.02\\0.01&0&0.01\end{bmatrix},\quad R_{22}=\begin{bmatrix}0.01&0\\0.01&0.01\end{bmatrix},\quad S_2=\begin{bmatrix}0.01\\0.01\end{bmatrix}$$

1. 标称系统情形

根据定理 7.7，在 $\gamma=10$ 的条件下获得分散鲁棒 H_∞ 广义动态输出反馈控制器为

$$E_{c1}=\begin{bmatrix}0.9886&-0.0179&0\\0.0276&1.0110&0\\0&0&0\end{bmatrix},\quad A_{c1}=\begin{bmatrix}-0.6794&-0.4992&-0.5922\\-0.8216&-0.5503&0.1541\\0.3159&0.0646&-2.0283\end{bmatrix}$$

$$B_{c1}=\begin{bmatrix}12.2344\\-22.5442\\7.1850\end{bmatrix},\quad C_{c1}=\begin{bmatrix}-0.0075&0.0251&-0.0247\end{bmatrix},\quad D_{c1}=-1.0000$$

$$C_{c2}=\begin{bmatrix}-0.0539&-0.0373\end{bmatrix},\quad D_{c2}=-1.0000,\quad E_{c2}=\begin{bmatrix}1.0000&0\\0&0\end{bmatrix}$$

$$A_{c2}=\begin{bmatrix}-0.8623&0.2416\\1.1240&-0.7085\end{bmatrix},\quad B_{c2}=\begin{bmatrix}9.1474\\11.3794\end{bmatrix}$$

式中，满足约束(7.41)的 X、Y 为

$$X=\begin{bmatrix}25.2533&-8.6734&0&0&0\\-8.6734&33.6895&0&0&0\\0&0&11.6612&0&0\\0&0&0&15.0366&0\\0&0&0&0&16.4730\end{bmatrix}$$

$$
\boldsymbol{Y}=\begin{bmatrix} 2.39499 & -6.2344 & 0 & 0 & 0 \\ -6.2344 & 28.4530 & 0 & 0 & 0 \\ 0 & 0 & 12.2192 & 0 & 0 \\ 0 & 0 & 0 & 13.8100 & 0 \\ 0 & 0 & 0 & 0 & 17.2102 \end{bmatrix}
$$

在此分散鲁棒 H_∞广义输出反馈控制器的作用下，闭环奇异关联大系统的 H_∞性能指标为

$$
\left\|\boldsymbol{T}_{z\omega}(s)\right\|_\infty = 0.9393 < 10
$$

根据定义 7.3 可知，存在常数 $s_0=-1-\mathrm{j}$，使得行列式 $\det\left(s_0\boldsymbol{E}_{\mathrm{cl}}-\boldsymbol{A}_{\mathrm{cl}}\right)=-10.7158-4.9498\mathrm{j}\neq 0$，即在控制律的作用下闭环奇异关联大系统是正则的。

由引理 7.2 可知

$$
\operatorname{rank}\begin{bmatrix} \boldsymbol{E}_{\mathrm{cl}} & 0 \\ \boldsymbol{A}_{\mathrm{cl}} & \boldsymbol{E}_{\mathrm{cl}} \end{bmatrix} = 16 = n + \operatorname{rank}\left(\boldsymbol{E}_{\mathrm{cl}}\right)
$$

即在此控制律的作用下闭环奇异关联大系统无脉冲。

综上可知，所求得的分散鲁棒 H_∞广义输出反馈控制器使标称系统(7.29)容许且满足给定的 H_∞性能指标 $\left\|\boldsymbol{T}_{z\omega}(s)\right\|_\infty<\gamma$。

根据定理 7.8，在 $\gamma=10$ 的条件下，迭代 8 次，获得严格真的分散鲁棒 H_∞广义动态输出反馈控制器为

$$
\boldsymbol{E}_{\mathrm{c1}}=\begin{bmatrix} 1.000 & 0 & 0 \\ 0 & 1.000 & 0 \\ 0 & 0 & 0 \end{bmatrix},\quad \boldsymbol{A}_{\mathrm{c1}}=\begin{bmatrix} -3.2515 & -3.8845 & -0.3677 \\ -0.2757 & -1.2577 & -0.0502 \\ -0.0121 & 0.0439 & -2.0515 \end{bmatrix},\quad \boldsymbol{B}_{\mathrm{c1}}=\begin{bmatrix} -21.8376 \\ -2.3059 \\ -0.0756 \end{bmatrix}
$$

$$
\boldsymbol{E}_{\mathrm{c2}}=\begin{bmatrix} 1.0000 & 0 \\ 0 & 0 \end{bmatrix},\quad \boldsymbol{A}_{\mathrm{c2}}=\begin{bmatrix} -5.3233 & -3.7654 \\ -3.9146 & -5.3151 \end{bmatrix},\quad \boldsymbol{B}_{\mathrm{c2}}=\begin{bmatrix} -14.7590 \\ -15.9337 \end{bmatrix}
$$

$$
\boldsymbol{C}_{\mathrm{c1}}=\begin{bmatrix} -0.0397 & 1.1688 & -0.0298 \end{bmatrix},\quad \boldsymbol{C}_{\mathrm{c2}}=\begin{bmatrix} 0.1984 & 0.2438 \end{bmatrix}
$$

式中，满足约束(7.41)的 $\boldsymbol{X}$、$\boldsymbol{Y}$ 为

$$
\boldsymbol{X}=\begin{bmatrix} 16.0145 & -0.7611 & 0 & 0 & 0 \\ -0.7611 & 11.3794 & 0 & 0 & 0 \\ 0 & 0 & 5.8387 & 0 & 0 \\ 0 & 0 & 0 & 11.8519 & 0 \\ 0 & 0 & 0 & 0 & 5.6899 \end{bmatrix}
$$

$$
\boldsymbol{Y}=\begin{bmatrix} 10.2761 & 1.3930 & 0 & 0 & 0 \\ 1.3930 & 0.8632 & 0 & 0 & 0 \\ 0 & 0 & 9.4982 & 0 & 0 \\ 0 & 0 & 0 & 4.8006 & 0 \\ 0 & 0 & 0 & 0 & 5.8842 \end{bmatrix}
$$

根据引理 7.2 和定义 7.3 可知，在此分散鲁棒 H_∞ 广义输出反馈控制器的作用下，闭环奇异关联大系统正则、无脉冲，且此时系统的 H_∞ 性能指标为 $\|\boldsymbol{T}_{z\omega}(s)\|_\infty = 2.7911 < 10$ 。

消元法——先通过定理 7.14 获得满足约束式(7.62)的矩阵 $\boldsymbol{X}$、$\boldsymbol{Y}$

$$
\boldsymbol{X}=\begin{bmatrix} 38.8521 & -35.3474 & 0 & 0 & 0 \\ -35.3474 & 37.7259 & 0 & 0 & 0 \\ 0 & 0 & 6.2006 & 0 & 0 \\ 0 & 0 & 0 & 7.4758 & 0 \\ 0 & 0 & 0 & 0 & 10.7651 \end{bmatrix}
$$

$$
\boldsymbol{Y}=\begin{bmatrix} 17.3220 & -19.5710 & 0 & 0 & 0 \\ -19.5710 & 32.6700 & 0 & 0 & 0 \\ 0 & 0 & 45.1320 & 0 & 0 \\ 0 & 0 & 0 & 14.4728 & 0 \\ 0 & 0 & 0 & 0 & 10.7190 \end{bmatrix}
$$

在 $\boldsymbol{U}\boldsymbol{V}^{\mathrm{T}} = \boldsymbol{I} - \boldsymbol{X}\boldsymbol{Y}$ 中令 $\boldsymbol{V} = \boldsymbol{I}$ 可以求得矩阵 $\boldsymbol{U}$ 为

$$
\boldsymbol{U}=\begin{bmatrix} -1363.8 & 1915.2 & 0 & 0 & 0 \\ 1350.6 & -1923.3 & 0 & 0 & 0 \\ 0 & 0 & -278.8 & 0 & 0 \\ 0 & 0 & 0 & -107.2 & 0 \\ 0 & 0 & 0 & 0 & -114.4 \end{bmatrix}
$$

由式 $\boldsymbol{E}_{\mathrm{c}} = \boldsymbol{V}^{-1}\left(\boldsymbol{E}^{\mathrm{T}} - \boldsymbol{Y}^{\mathrm{T}}\boldsymbol{E}\boldsymbol{X}\right)\boldsymbol{U}^{-\mathrm{T}}$ 可以获得广义输出反馈控制器的一个参数矩阵 $\boldsymbol{E}_{\mathrm{c}}$ 为

$$
\boldsymbol{E}_{\mathrm{c}}=\begin{bmatrix} 1.0000 & 0.0000 & 0 & 0 & 0 \\ -0.0000 & 1.0000 & 0 & 0 & 0 \\ 0 & 0 & 0 & 0 & 0 \\ 0 & 0 & 0 & 1.0000 & 0 \\ 0 & 0 & 0 & 0 & 0 \end{bmatrix}
$$

利用式 $\boldsymbol{X}_{\mathrm{cl}}=\begin{bmatrix}\boldsymbol{Y} & \boldsymbol{V}\\ \boldsymbol{V}^{\mathrm{T}} & \boldsymbol{U}^{-1}\boldsymbol{XYXU}^{-\mathrm{T}}-\boldsymbol{U}^{-1}\boldsymbol{XU}^{-\mathrm{T}}\end{bmatrix}$ 获得矩阵 $\boldsymbol{X}_{\mathrm{cl}}$，再将 $\boldsymbol{X}_{\mathrm{cl}}$ 代入矩阵不等式 $\boldsymbol{T}_{\boldsymbol{X}_{\mathrm{cl}}}+\boldsymbol{P}_{\boldsymbol{X}_{\mathrm{cl}}}^{\mathrm{T}}\boldsymbol{KQ}+\boldsymbol{Q}^{\mathrm{T}}\boldsymbol{K}^{\mathrm{T}}\boldsymbol{P}_{\boldsymbol{X}_{\mathrm{cl}}}<0$ 中，可以求得矩阵 $\boldsymbol{K}=\begin{bmatrix}\boldsymbol{D}_{\mathrm{c}} & \boldsymbol{C}_{\mathrm{c}}\\ \boldsymbol{B}_{\mathrm{c}} & \boldsymbol{A}_{\mathrm{c}}\end{bmatrix}$ 为

$$\boldsymbol{K}=\begin{bmatrix}-1.0183 & 0 & 0.6496 & 0.4764 & -0.0003 & 0 & 0\\ 0 & -0.9997 & 0 & 0 & 0 & 0.0943 & 0.0884\\ 9.7925 & 0 & -12.6949 & -8.7338 & -0.2299 & 0 & 0\\ -32.9482 & 0 & 9.3068 & 6.6228 & 0.2508 & 0 & 0\\ 0.0498 & 0 & -0.0520 & -0.0385 & -2.0038 & 0 & 0\\ 0 & -11.0506 & 0 & 0 & 0 & -4.4013 & -3.9691\\ 0 & -10.3023 & 0 & 0 & 0 & -2.2018 & -2.9374\end{bmatrix}$$

在此分散鲁棒 H_∞广义输出反馈控制律的作用下,闭环奇异关联大系统满足给定的 H_∞性能指标，即$\|\boldsymbol{T}_{z\omega}(s)\|_\infty=1.3969<10$。

根据引理 7.2 和定义 7.3 很容易验证，在此分散鲁棒 H_∞广义输出反馈控制器的作用下，闭环奇异关联大系统容许。

2. 具有时变结构不确定性情形

根据定理 7.16，在 $\gamma=10$ 的条件下，迭代 8 次，获得严格真的分散鲁棒 H_∞广义输出反馈控制器为

$$\boldsymbol{E}_{\mathrm{c}1}=\begin{bmatrix}1.000 & 0 & 0\\ 0 & 1.000 & 0\\ 0 & 0 & 0\end{bmatrix},\quad \boldsymbol{A}_{\mathrm{c}1}=\begin{bmatrix}-6.2340 & -0.7892 & 1.1352\\ -0.8953 & -1.2574 & 0.0138\\ -0.0459 & 0.0078 & -3.5942\end{bmatrix},\quad \boldsymbol{B}_{\mathrm{c}1}=\begin{bmatrix}-20.1258\\ -8.0261\\ -1.2354\end{bmatrix}$$

$$\boldsymbol{E}_{\mathrm{c}2}=\begin{bmatrix}1.0000 & 0\\ 0 & 0\end{bmatrix},\quad \boldsymbol{A}_{\mathrm{c}2}=\begin{bmatrix}-12.3654 & -8.5694\\ -9.3279 & -18.2365\end{bmatrix},\quad \boldsymbol{B}_{\mathrm{c}2}=\begin{bmatrix}-19.3567\\ -18.9641\end{bmatrix}$$

$$\boldsymbol{C}_{\mathrm{c}1}=\begin{bmatrix}0.0864 & 0.5630 & -0.0187\end{bmatrix},\quad \boldsymbol{C}_{\mathrm{c}2}=\begin{bmatrix}0.4896 & 4.5687\end{bmatrix}$$

在此分散鲁棒 H_∞广义输出反馈控制律的作用下,闭环奇异关联大系统满足给定的 H_∞性能指标,即$\|\boldsymbol{T}_{z\omega}(s)\|_\infty=1.8569<10$。且根据引理 7.2 和定义 7.3 很容易验证，在此分散鲁棒 H_∞广义输出反馈控制器的作用下，闭环奇异关联大系统容许。

3. 具有数值界不确定性情形

根据定理 7.18，在 $\gamma=10$ 的条件下，迭代 16 次，获得严格真的分散鲁棒 H_∞广义输出反馈控制器为

$$\boldsymbol{E}_{c1}=\begin{bmatrix}1.000 & 0 & 0\\ 0 & 1.000 & 0\\ 0 & 0 & 0\end{bmatrix},\quad \boldsymbol{A}_{c1}=\begin{bmatrix}-3.1850 & -1.1043 & 0.3370\\ -0.5615 & -0.5220 & 0.0206\\ -0.0293 & 0.0067 & -1.9945\end{bmatrix},\quad \boldsymbol{B}_{c1}=\begin{bmatrix}-25.1803\\ -7.2630\\ -0.7435\end{bmatrix}$$

$$\boldsymbol{E}_{c2}=\begin{bmatrix}1.0000 & 0\\ 0 & 0\end{bmatrix},\quad \boldsymbol{A}_{c2}=\begin{bmatrix}-6.2708 & -10.4988\\ -5.1789 & -15.5801\end{bmatrix},\quad \boldsymbol{B}_{c2}=\begin{bmatrix}-12.4209\\ -13.4556\end{bmatrix}$$

$$\boldsymbol{C}_{c1}=\begin{bmatrix}0.0695 & 0.1260 & -0.0014\end{bmatrix},\ \boldsymbol{C}_{c2}=\begin{bmatrix}0.3636 & 2.4089\end{bmatrix}$$

在此分散鲁棒 H_∞广义输出反馈控制律的作用下，闭环奇异关联大系统满足给定的 H_∞性能指标，即$\|\boldsymbol{T}_{z\omega}(s)\|_\infty = 1.5899 < 10$，且根据引理 7.2 和定义 7.3 很容易验证，在此分散鲁棒 H_∞广义输出反馈控制器的作用下，闭环奇异关联大系统容许。

综上可知，基于广义输出反馈的标称奇异关联大系统，在所提供的设计方法下所获得的广义输出反馈控制器能使闭环奇异关联大系统鲁棒容许，且满足给定的 H_∞性能指标并将上述设计方法推广到具有时变结构不确定性奇异关联大系统和具有数值界不确定性奇异关联大系统中，得到了相应的结论。从仿真结果可以看出，在两种不确定性的作用下，闭环奇异关联大系统都鲁棒容许，但数值界不确定性奇异关联大系统比时变结构不确定性奇异关联大系统具有更好的 H_∞性能。

7.4　基于广义输出反馈的奇异大系统时滞相关分散鲁棒镇定

在各类工业系统中，由于信息、数据等变量的测量、采集、处理以及信号传递的延迟等，时滞现象常出现在各种实际问题中，如长管道进料、皮带传输等。时滞的存在对系统的控制无论在理论方面还是工程实践方面都造成了很大的困难，且常常是导致实际系统控制性能恶化甚至不稳定的重要原因之一，故时滞系统研究有着广泛的理论和实际背景。对于一些复杂的实际物理过程，系统可能具有不同的层次，各个子系统间具有不同的时标，系统的数学模型是奇异系统形式，对时滞奇异大系统的研究可以充分揭示系统各种物理过程的动态行为。由于时滞关联奇异大系统分散鲁棒控制既有区别于时滞正常关联大系统分散鲁棒控制的特征(正则性和脉冲行为等)，又有区别于时滞奇异系统集中控制的特点(高维数和系统信息间强耦合等)，因此时滞关联奇异大系统分散鲁棒镇定问题一直是控制理论和控制工程领域中研究的一个热点问题。本节基于 Lyapunov 稳定性理论，采用 LMI 这一有效工具，提出基于广义输出反馈的奇异大系统时滞相关分散鲁棒镇定的一些方法和结果。

7.4.1　系统描述

考虑一类由 N 个正则、无脉冲的奇异子系统组成的标称奇异关联大系统的基于广义输出反馈的时滞相关分散鲁棒镇定问题，其子系统方程为

$$\begin{aligned}&\boldsymbol{E}_i\dot{\boldsymbol{x}}_i(t)=\boldsymbol{A}_{ii}\boldsymbol{x}_i(t)+\boldsymbol{B}_i\boldsymbol{u}_i(t)+\bar{\boldsymbol{A}}_{ii}\boldsymbol{x}_i\left(t-d_i(t)\right)+\sum_{j=1,j\neq i}^{N}\boldsymbol{A}_{ij}\boldsymbol{x}_j(t)\\&\boldsymbol{y}_i(t)=\boldsymbol{C}_i\boldsymbol{x}_i(t)\\&\boldsymbol{x}_i(t)=\boldsymbol{\varphi}_i(t),\quad t\in[-h,\ 0]\end{aligned}\tag{7.85}$$

式中，$i=1,\cdots,N$，$\boldsymbol{x}_i(t)\in\mathbf{R}^{n_i}$、$\boldsymbol{u}_i(t)\in\mathbf{R}^{m_i}$、$\boldsymbol{y}_i(t)\in\mathbf{R}^{p_i}$ 分别为第 i 个子系统的状态、控制输入和可测量输出向量；$\boldsymbol{E}_i$、$\boldsymbol{A}_{ii}$、$\bar{\boldsymbol{A}}_{ii}$、$\boldsymbol{A}_{ij}$ 、$\boldsymbol{B}_i$、$\boldsymbol{C}_i$ 均为维数相容的常数矩阵，$\boldsymbol{A}_{ij}$ 为第 j 个子系统与第 i 个子系统的关联矩阵且 $\boldsymbol{E}_i$ 满足 $\operatorname{rank}\left(\boldsymbol{E}_i\right)=q_i<n_i$；$\boldsymbol{\varphi}_i(t)$ 为初始函数且在 $t\in[-h,\ 0]$ 上连续，h 为时滞常数，$d_i(t)$ 为时变时滞量并满足

$$\begin{aligned}&0\leqslant d_i(t)\leqslant h_i,\quad h=\max\left(h_1,\cdots,h_N\right)\\&\dot{d}_i(t)\leqslant\mu_i<1,\quad \mu=\max\left(\mu_1,\cdots,\mu_N\right)\end{aligned}\tag{7.86}$$

整个奇异关联大系统可描述为

$$\begin{aligned}&\boldsymbol{E}\dot{\boldsymbol{x}}(t)=\boldsymbol{A}\boldsymbol{x}(t)+\bar{\boldsymbol{A}}\boldsymbol{x}(t-d(t))+\boldsymbol{B}\boldsymbol{u}(t)\\&\boldsymbol{y}(t)=\boldsymbol{C}\boldsymbol{x}(t)\\&\boldsymbol{x}(t)=\boldsymbol{\varphi}(t),\quad t\in[-h,\ 0]\end{aligned}\tag{7.87}$$

式中

$$\begin{aligned}&\boldsymbol{E}=\operatorname{diag}\left\{\boldsymbol{E}_1,\cdots,\boldsymbol{E}_N\right\},\quad \boldsymbol{A}=\left[\boldsymbol{A}_{ij}\right]_{N\times N},\quad \bar{\boldsymbol{A}}=\operatorname{diag}\left\{\bar{\boldsymbol{A}}_{11},\cdots,\bar{\boldsymbol{A}}_{NN}\right\}\\&\boldsymbol{B}=\operatorname{diag}\left\{\boldsymbol{B}_1,\cdots,\boldsymbol{B}_N\right\},\quad \boldsymbol{C}=\operatorname{diag}\left\{\boldsymbol{C}_1,\cdots,\boldsymbol{C}_N\right\}\\&\boldsymbol{x}(t)=\operatorname{col}\left\{\boldsymbol{x}_1(t),\cdots,\boldsymbol{x}_N(t)\right\},\quad \boldsymbol{x}(t-d(t))=\operatorname{col}\left\{\boldsymbol{x}_1\left(t-d_1(t)\right),\cdots,\boldsymbol{x}_N\left(t-d_N(t)\right)\right\}\\&\boldsymbol{u}(t)=\operatorname{col}\left\{\boldsymbol{u}_1(t),\cdots,\boldsymbol{u}_N(t)\right\},\quad \boldsymbol{y}(t)=\operatorname{col}\left\{\boldsymbol{y}_1(t),\cdots,\boldsymbol{y}_N(t)\right\}\\&\boldsymbol{\varphi}(t)=\operatorname{col}\left\{\boldsymbol{\varphi}_1(t),\cdots,\boldsymbol{\varphi}_N(t)\right\}\end{aligned}$$

这里时变时滞量 $d(t)$ 满足

$$0\leqslant d(t)\leqslant h,\quad \dot{d}(t)\leqslant\mu<1\tag{7.88}$$

在讨论标称奇异关联大系统的基于广义输出反馈的时滞相关分散鲁棒镇定问题的基础上，还将讨论如下具有时变结构不确定性和时变时滞的奇异关联大系统

$$\begin{aligned}\boldsymbol{E}_i\dot{\boldsymbol{x}}_i(t)=&\left(\boldsymbol{A}_{ii}+\Delta\boldsymbol{A}_{ii}\right)\boldsymbol{x}_i(t)+\left(\boldsymbol{B}_i+\Delta\boldsymbol{B}_i\right)\boldsymbol{u}_i(t)\\&+\left(\bar{\boldsymbol{A}}_{ii}+\Delta\bar{\boldsymbol{A}}_{ii}\right)\boldsymbol{x}_i(t-d_i(t))+\sum_{j=i,j\neq i}^{N}\boldsymbol{A}_{ij}\boldsymbol{x}_j(t)\\\boldsymbol{y}_i(t)=&\,\boldsymbol{C}_i\boldsymbol{x}_i(t)\\\boldsymbol{x}_i(t)=&\,\boldsymbol{\varphi}_i(t),\quad t\in[-h,\ 0]\end{aligned}\tag{7.89}$$

式中，时变结构不确定性满足

$$\begin{bmatrix} \Delta A_{ii} & \Delta \bar{A}_{ii} & \Delta B_i \end{bmatrix} = M_i F_i(t) \begin{bmatrix} G_{ii} & \bar{G}_{ii} & H_i \end{bmatrix}$$
$$F_i^{\mathrm{T}}(t) F_i(t) \leqslant I, \quad i = 1, \cdots, N \tag{7.90}$$

这里 M_i、G_{ii}、$\bar{G}_{ii}$、H_i 为具有合适维数的常数矩阵；$F_i(t)$ 为具有 Lesbesgue 可测的不确定矩阵；I 表示合适维数的单位矩阵。

整个不确定性奇异关联大系统可描述为

$$\begin{aligned} &E\dot{x}(t) = (A + \Delta A)x(t) + \left(\bar{A} + \Delta \bar{A}\right)x(t - d(t)) + (B + \Delta B)u(t) \\ &y(t) = Cx(t) \\ &x(t) = \varphi(t), \quad t \in [-h, 0] \end{aligned} \tag{7.91}$$

式中，时变结构不确定性 ΔA、$\Delta \bar{A}$、ΔB 满足

$$\begin{bmatrix} \Delta A & \Delta \bar{A} & \Delta B \end{bmatrix} = MF(t) \begin{bmatrix} G & \bar{G} & H \end{bmatrix}$$

这里

$$\Delta \bar{A} = \mathrm{diag}\left\{\Delta \bar{A}_{11}, \cdots, \Delta \bar{A}_{NN}\right\}, \quad \Delta B = \mathrm{diag}\left\{\Delta B_1, \cdots, \Delta B_N\right\}$$
$$M = \mathrm{diag}\left\{M_1, \cdots, M_N\right\}, \quad F(t) = \mathrm{diag}\left\{F_1(t), \cdots, F_N(t)\right\}$$
$$\bar{G} = \mathrm{diag}\left\{\bar{G}_{11}, \cdots, \bar{G}_{NN}\right\}, \quad G = \mathrm{diag}\left\{G_{11}, \cdots, G_{NN}\right\}, \quad H = \mathrm{diag}\left\{H_1, \cdots, H_N\right\}$$

研究时滞相关分散鲁棒镇定问题，需要用到如下引理。

引理 7.7[20]　对任意的实向量 $x, y \in \mathbf{R}^r$，存在适当维数的实矩阵 $S > 0$ 满足

$$2\left|x^{\mathrm{T}} y\right| \leqslant x^{\mathrm{T}} S x + y^{\mathrm{T}} S^{-1} y$$

7.4.2　标称系统的时滞相关分散鲁棒镇定

标称系统的时滞相关分散鲁棒镇定问题是为每个子系统(7.85)设计一个广义动态输出反馈控制器

$$\begin{aligned} &E_{ci}\dot{x}_{ci}(t) = A_{ci}x_{ci}(t) + B_{ci}y_i(t) \\ &u_i(t) = C_{ci}x_{ci}(t) + D_{ci}y_i(t) \\ &x_{ci}(0) = 0 \end{aligned} \tag{7.92}$$

使得对所有满足时滞约束(7.86)的奇异关联大系统(7.87)时滞相关分散鲁棒镇定。其中 $x_{ci} \in \mathbf{R}^{n_{ci}}$ 为第 i 个局部控制器的状态，A_{ci}、B_{ci}、C_{ci}、D_{ci} 为待求的常数矩阵。

令

$$E_c = E, \quad A_c = \mathrm{diag}\left\{A_{c1}, \cdots, A_{cN}\right\}, \quad B_c = \mathrm{diag}\left\{B_{c1}, \cdots, B_{cN}\right\}, \quad C_c = \mathrm{diag}\left\{C_{c1}, \cdots, C_{cN}\right\}$$
$$D_c = \mathrm{diag}\left\{D_{c1}, \cdots, D_{cN}\right\}, \quad x_c(t) = \mathrm{col}\left\{x_{c1}(t), \cdots, x_{cN}(t)\right\}$$

则广义动态输出反馈控制器(7.92)的紧凑形式可表示为

$$\begin{aligned}&\boldsymbol{E}_{\mathrm{c}}\dot{\boldsymbol{x}}_{\mathrm{c}}(t)=\boldsymbol{A}_{\mathrm{c}}\boldsymbol{x}_{\mathrm{c}}(t)+\boldsymbol{B}_{\mathrm{c}}\boldsymbol{y}(t)\\&\boldsymbol{u}(t)=\boldsymbol{C}_{\mathrm{c}}\boldsymbol{x}_{\mathrm{c}}(t)+\boldsymbol{D}_{\mathrm{c}}\boldsymbol{y}(t)\\&\boldsymbol{x}_{\mathrm{c}}(0)=0\end{aligned}\tag{7.93}$$

由奇异关联大系统(7.87)和控制器(7.93)构成的闭环奇异关联大系统为

$$\begin{aligned}&\boldsymbol{E}_{\mathrm{cl}}\dot{\boldsymbol{x}}_{\mathrm{cl}}(t)=\boldsymbol{A}_{\mathrm{cl}}\boldsymbol{x}_{\mathrm{cl}}(t)+\bar{\boldsymbol{A}}_{\mathrm{cl}}\boldsymbol{x}_{\mathrm{cl}}(t-d(t))\\&\boldsymbol{x}_{\mathrm{cl}}(t)=\boldsymbol{\varphi}_{\mathrm{cl}}(t),\quad t\in[-h,0]\end{aligned}\tag{7.94}$$

式中

$$\boldsymbol{E}_{\mathrm{cl}}=\begin{bmatrix}\boldsymbol{E}&\boldsymbol{0}\\\boldsymbol{0}&\boldsymbol{E}\end{bmatrix},\quad\boldsymbol{x}_{\mathrm{cl}}(t)=\begin{bmatrix}\boldsymbol{x}(t)\\\boldsymbol{x}_{\mathrm{c}}(t)\end{bmatrix},\quad\boldsymbol{\varphi}_{\mathrm{cl}}(t)=\begin{bmatrix}\boldsymbol{\varphi}(t)\\\boldsymbol{0}\end{bmatrix}$$

$$\boldsymbol{A}_{\mathrm{cl}}=\begin{bmatrix}\boldsymbol{A}+\boldsymbol{B}\boldsymbol{D}_{\mathrm{c}}\boldsymbol{C}&\boldsymbol{B}\boldsymbol{C}_{\mathrm{c}}\\\boldsymbol{B}_{\mathrm{c}}\boldsymbol{C}&\boldsymbol{A}_{\mathrm{c}}\end{bmatrix},\quad\bar{\boldsymbol{A}}_{\mathrm{cl}}=\begin{bmatrix}\bar{\boldsymbol{A}}\\\boldsymbol{0}\end{bmatrix}$$

定义矩阵 $\boldsymbol{K}=\begin{bmatrix}\boldsymbol{D}_{\mathrm{c}}&\boldsymbol{C}_{\mathrm{c}}\\\boldsymbol{B}_{\mathrm{c}}&\boldsymbol{A}_{\mathrm{c}}\end{bmatrix}$，这个矩阵将控制器(7.93)待求的参数矩阵集中在一起，这是基于广义输出反馈的时滞相关分散鲁棒镇定问题中最终要确定的矩阵。引进如下矩阵

$$\boldsymbol{A}_0=\begin{bmatrix}\boldsymbol{A}&\boldsymbol{0}\\\boldsymbol{0}&\boldsymbol{0}\end{bmatrix},\quad\boldsymbol{B}_0=\begin{bmatrix}\boldsymbol{B}&\boldsymbol{0}\\\boldsymbol{0}&\boldsymbol{I}\end{bmatrix},\quad\boldsymbol{C}_0=\begin{bmatrix}\boldsymbol{C}&\boldsymbol{0}\\\boldsymbol{0}&\boldsymbol{I}\end{bmatrix},\quad\bar{\boldsymbol{A}}_0=\begin{bmatrix}\bar{\boldsymbol{A}}&\boldsymbol{0}\\\boldsymbol{0}&\boldsymbol{0}\end{bmatrix}$$

这些矩阵可由系统模型(7.87)中的系数矩阵确定。则闭环系统中的各个系数矩阵可以表示为

$$\boldsymbol{A}_{\mathrm{cl}}=\boldsymbol{A}_0+\boldsymbol{B}_0\boldsymbol{K}\boldsymbol{C}_0,\quad\bar{\boldsymbol{A}}_{\mathrm{cl}}=\bar{\boldsymbol{A}}_0\tag{7.95}$$

为保证闭环系统(7.94)的解存在且唯一，本章假定系统(7.94)正则，即假定 $\left(\boldsymbol{E}_{\mathrm{cl}},\ \boldsymbol{A}_{\mathrm{cl}}+\bar{\boldsymbol{A}}_{\mathrm{cl}}\mathrm{e}^{-sd(t)}\right)$ 正则。为保证系统(7.94)没有无穷极点，假定系统(7.94)无脉冲，即存在非奇异矩阵 $\boldsymbol{Q}$、$\boldsymbol{P}$，使得矩阵 $\boldsymbol{E}_{\mathrm{cl}}$ 满足

$$\boldsymbol{Q}\boldsymbol{E}_{\mathrm{cl}}\boldsymbol{P}=\begin{bmatrix}\boldsymbol{I}&\boldsymbol{0}\\\boldsymbol{0}&\boldsymbol{0}\end{bmatrix}\tag{7.96}$$

定义如下状态变换：

$$\boldsymbol{x}_{\mathrm{cl}}(t)=\boldsymbol{P}\begin{bmatrix}\boldsymbol{x}_{\mathrm{cl1}}(t)\\\boldsymbol{x}_{\mathrm{cl2}}(t)\end{bmatrix}\tag{7.97}$$

则系统(7.94)可改写为

$$\begin{bmatrix}\boldsymbol{I}&\boldsymbol{0}\\\boldsymbol{0}&\boldsymbol{0}\end{bmatrix}\begin{bmatrix}\dot{\boldsymbol{x}}_{\mathrm{cl1}}(t)\\\dot{\boldsymbol{x}}_{\mathrm{cl2}}(t)\end{bmatrix}=\boldsymbol{Q}\boldsymbol{A}_{\mathrm{cl}}\boldsymbol{P}\begin{bmatrix}\boldsymbol{x}_{\mathrm{cl1}}(t)\\\boldsymbol{x}_{\mathrm{cl2}}(t)\end{bmatrix}+\boldsymbol{Q}\bar{\boldsymbol{A}}_{\mathrm{cl}}\boldsymbol{P}\begin{bmatrix}\boldsymbol{x}_{\mathrm{cl1}}(t-d(t))\\\boldsymbol{x}_{\mathrm{cl2}}(t-d(t))\end{bmatrix}\tag{7.98}$$

式中，$\boldsymbol{x}_{\text{cl1}}(t)\in\mathbf{R}^{m_1}$，$\boldsymbol{x}_{\text{cl2}}(t)\in\mathbf{R}^{m_2}$，$m_1+m_2=2n$。

注释 7.5 本章矩阵 $\boldsymbol{E}$ 及 $\boldsymbol{E}_{\text{cl}}$ 为奇异矩阵，即 $\text{rank}(\boldsymbol{E})=q<n$，$\text{rank}\left(\boldsymbol{E}_{\text{cl}}\right)=2q<2n,\ q=q_1+\cdots+q_N$，$n=n_1+\cdots+n_N$。

注释 7.6 $*$表示由对称矩阵的对称性所决定的部分，如 $\begin{bmatrix}\boldsymbol{A} & \boldsymbol{B}\\ * & \boldsymbol{C}\end{bmatrix}=\begin{bmatrix}\boldsymbol{A} & \boldsymbol{B}\\ \boldsymbol{B}^{\text{T}} & \boldsymbol{C}\end{bmatrix}$。

定理 7.19 任意给定标量 $h>0,\mu<1$，若存在块对角对称正定矩阵 $\boldsymbol{X}$、$\boldsymbol{X}_1$、$\boldsymbol{R}_1$、$\boldsymbol{R}_2$ (每个子块的维数与相应子系统的维数相匹配)满足

$$\begin{bmatrix}\boldsymbol{\Phi} & \boldsymbol{E}_{\text{cl}}^{\text{T}}\boldsymbol{X}\overline{\boldsymbol{A}}_{\text{cl}}\boldsymbol{P}\boldsymbol{I}_1 & \boldsymbol{E}_{\text{cl}}^{\text{T}}\boldsymbol{X}\overline{\boldsymbol{A}}_{\text{cl}}\boldsymbol{P}\boldsymbol{I}_0^{\text{T}} & \boldsymbol{E}_{\text{cl}}^{\text{T}}\boldsymbol{X}\overline{\boldsymbol{A}}_{\text{cl}}\boldsymbol{P}\boldsymbol{I}_0^{\text{T}}\\ * & -(1-\mu)\boldsymbol{X}_1 & \boldsymbol{0} & \boldsymbol{0}\\ * & * & -h^{-1}\boldsymbol{R}_1 & \boldsymbol{0}\\ * & * & * & -h^{-1}\boldsymbol{R}_2\end{bmatrix}<0 \tag{7.99}$$

时，则称由满足时滞约束(7.86)的标称系统(7.85)组成的奇异关联大系统(7.87)可以通过广义动态输出反馈控制器(7.93)时滞相关分散鲁棒镇定。其中

$$\begin{aligned}\boldsymbol{\Phi}=&\boldsymbol{A}_{\text{cl}}^{\text{T}}\boldsymbol{X}\boldsymbol{E}_{\text{cl}}+\boldsymbol{E}_{\text{cl}}^{\text{T}}\boldsymbol{X}\boldsymbol{A}_{\text{cl}}+\boldsymbol{P}^{-\text{T}}\boldsymbol{I}_0^{\text{T}}\boldsymbol{I}_0\boldsymbol{P}^{\text{T}}\overline{\boldsymbol{A}}_{\text{cl}}^{\text{T}}\boldsymbol{X}\boldsymbol{E}_{\text{cl}}+\boldsymbol{E}_{\text{cl}}^{\text{T}}\boldsymbol{X}\overline{\boldsymbol{A}}_{\text{cl}}\boldsymbol{P}\boldsymbol{I}_0^{\text{T}}\boldsymbol{I}_0\boldsymbol{P}^{-1}\\&+\boldsymbol{P}^{-\text{T}}\boldsymbol{I}_1\boldsymbol{X}_1\boldsymbol{I}_1^{\text{T}}\boldsymbol{P}^{-1}+h\boldsymbol{A}_{\text{cl}}^{\text{T}}\boldsymbol{Q}^{\text{T}}\boldsymbol{I}_0^{\text{T}}\boldsymbol{R}_1\boldsymbol{I}_0\boldsymbol{Q}\boldsymbol{A}_{\text{cl}}+h\overline{\boldsymbol{A}}_{\text{cl}}^{\text{T}}\boldsymbol{Q}^{\text{T}}\boldsymbol{I}_0^{\text{T}}\boldsymbol{R}_2\boldsymbol{I}_0\boldsymbol{Q}\overline{\boldsymbol{A}}_{\text{cl}}\end{aligned}$$

$\boldsymbol{I}_0=\begin{bmatrix}\boldsymbol{I} & \boldsymbol{0}\end{bmatrix},\boldsymbol{I}_1=\begin{bmatrix}\boldsymbol{0} & \boldsymbol{I}\end{bmatrix}^{\text{T}}$，$\boldsymbol{Q}$、$\boldsymbol{P}$ 与式(7.96)、式(7.97)中的相同。

证明 利用牛顿-莱布尼茨公式

$$\boldsymbol{x}_{\text{cl}}(t)-\boldsymbol{x}_{\text{cl}}(t-d(t))=\int_{t-d(t)}^{t}\dot{\boldsymbol{x}}_{\text{cl}}(s)\text{d}s$$

结合式(7.98)可知

$$\boldsymbol{x}_{\text{cl1}}(t-d(t))=\boldsymbol{x}_{\text{cl1}}(t)-\int_{t-d(t)}^{t}\boldsymbol{f}(s)\text{d}s \tag{7.100}$$

式中

$$\boldsymbol{f}(s)=\boldsymbol{I}_0\boldsymbol{Q}\boldsymbol{A}_{\text{cl}}\boldsymbol{x}_{\text{cl}}(s)+\boldsymbol{I}_0\boldsymbol{Q}\overline{\boldsymbol{A}}_{\text{cl}}\boldsymbol{x}_{\text{cl}}(s-d(s))$$

将式(7.100)代入式(7.98)可知式(7.98)等价于

$$\begin{aligned}\boldsymbol{E}_{\text{cl}}\dot{\boldsymbol{x}}_{\text{cl}}(t)&=\boldsymbol{A}_{\text{cl}}\boldsymbol{x}_{\text{cl}}(t)+\overline{\boldsymbol{A}}_{\text{cl}}\boldsymbol{P}\begin{bmatrix}\boldsymbol{x}_{\text{cl1}}(t-d(t))\\ \boldsymbol{x}_{\text{cl2}}(t-d(t))\end{bmatrix}\\&=\boldsymbol{A}_{\text{cl}}\boldsymbol{x}_{\text{cl}}(t)+\overline{\boldsymbol{A}}_{\text{cl}}\boldsymbol{P}\begin{bmatrix}\boldsymbol{x}_{\text{cl1}}(t)-\displaystyle\int_{t-d(t)}^{t}\boldsymbol{f}(s)\text{d}s\\ \boldsymbol{x}_{\text{cl2}}(t-d(t))\end{bmatrix}\\&=\boldsymbol{A}_{\text{cl}}\boldsymbol{x}_{\text{cl}}(t)+\overline{\boldsymbol{A}}_{\text{cl}}\boldsymbol{P}\boldsymbol{I}_0^{\text{T}}\boldsymbol{I}_0\boldsymbol{P}^{-1}\boldsymbol{x}_{\text{cl}}(t)+\overline{\boldsymbol{A}}_{\text{cl}}\boldsymbol{P}\boldsymbol{I}_1\boldsymbol{x}_{\text{cl2}}(t-d(t))\\&\quad-\int_{t-d(t)}^{t}\overline{\boldsymbol{A}}_{\text{cl}}\boldsymbol{P}\boldsymbol{I}_0^{\text{T}}\boldsymbol{f}(s)\text{d}s\end{aligned} \tag{7.101}$$

构造如下 Lyapunov 函数：

$$V\left(\boldsymbol{x}_{\text{cl}}(t)\right)=V_1\left(\boldsymbol{x}_{\text{cl}}(t)\right)+V_2\left(\boldsymbol{x}_{\text{cl}}(t)\right) \tag{7.102}$$

式中

$$V_1\left(\boldsymbol{x}_{\text{cl}}(t)\right)=\boldsymbol{x}_{\text{cl}}^{\text{T}}(t)\boldsymbol{E}_{\text{cl}}^{\text{T}}\boldsymbol{X}\boldsymbol{E}_{\text{cl}}\boldsymbol{x}_{\text{cl}}(t) \tag{7.103}$$

$$\begin{aligned}V_2\left(\boldsymbol{x}_{\text{cl}}(t)\right)=&\int_{t-d(t)}^{t}\boldsymbol{x}_{\text{cl2}}^{\text{T}}(s)\boldsymbol{X}_1\boldsymbol{x}_{\text{cl2}}(s)\text{d}s+\int_{-d(t)}^{0}\int_{t+\beta}^{t}\boldsymbol{x}_{\text{cl}}^{\text{T}}(s)\boldsymbol{X}_2\boldsymbol{x}_{\text{cl}}(s)\text{d}s\text{d}\beta\\&+\int_{-d(t)}^{0}\int_{t-d(t)+\beta}^{t}\boldsymbol{x}_{\text{cl}}^{\text{T}}(s)\boldsymbol{X}_3\boldsymbol{x}_{\text{cl}}(s)\text{d}s\text{d}\beta\end{aligned} \tag{7.104}$$

这里，$\boldsymbol{X}$、$\boldsymbol{X}_1$、$\boldsymbol{R}_1$、$\boldsymbol{R}_2$ 块对角对称正定矩阵，且

$$\boldsymbol{X}_2=\boldsymbol{A}_{\text{cl}}^{\text{T}}\boldsymbol{Q}^{\text{T}}\boldsymbol{I}_0^{\text{T}}\boldsymbol{R}_1\boldsymbol{I}_0\boldsymbol{Q}\boldsymbol{A}_{\text{cl}},\quad \boldsymbol{X}_3=\overline{\boldsymbol{A}}_{\text{cl}}^{\text{T}}\boldsymbol{Q}^{\text{T}}\boldsymbol{I}_0^{\text{T}}\boldsymbol{R}_2\boldsymbol{I}_0\boldsymbol{Q}\overline{\boldsymbol{A}}_{\text{cl}}$$

$V_1\left(\boldsymbol{x}_{\text{cl}}(t)\right)$沿系统(7.94)的导数为

$$\begin{aligned}\dot{V}_1\left(\boldsymbol{x}_{\text{cl}}(t)\right)=&2\left(\boldsymbol{E}_{\text{cl}}\dot{\boldsymbol{x}}_{\text{cl}}(t)\right)^{\text{T}}\boldsymbol{X}\boldsymbol{E}_{\text{cl}}\boldsymbol{x}_{\text{cl}}(t)\\=&\boldsymbol{x}_{\text{cl}}^{\text{T}}(t)\boldsymbol{\Theta}_1\boldsymbol{x}_{\text{cl}}(t)+2\boldsymbol{x}_{\text{cl}}^{\text{T}}(t)\boldsymbol{E}_{\text{cl}}^{\text{T}}\boldsymbol{X}\overline{\boldsymbol{A}}_{\text{cl}}\boldsymbol{P}\boldsymbol{I}_1\boldsymbol{x}_{\text{cl2}}(t-d(t))\\&-2\int_{t-d(t)}^{t}\boldsymbol{x}_{\text{cl}}^{\text{T}}(t)\boldsymbol{E}_{\text{cl}}^{\text{T}}\boldsymbol{X}\overline{\boldsymbol{A}}_{\text{cl}}\boldsymbol{P}\boldsymbol{I}_0^{\text{T}}\boldsymbol{f}(s)\text{d}s\end{aligned} \tag{7.105}$$

式中，$\boldsymbol{\Theta}_1=\boldsymbol{A}_{\text{cl}}^{\text{T}}\boldsymbol{X}\boldsymbol{E}_{\text{cl}}+\boldsymbol{E}_{\text{cl}}^{\text{T}}\boldsymbol{X}\boldsymbol{A}_{\text{cl}}+\boldsymbol{P}^{-\text{T}}\boldsymbol{I}_0^{\text{T}}\boldsymbol{I}_0\boldsymbol{P}^{\text{T}}\overline{\boldsymbol{A}}_{\text{cl}}^{\text{T}}\boldsymbol{X}\boldsymbol{E}_{\text{cl}}+\boldsymbol{E}_{\text{cl}}^{\text{T}}\boldsymbol{X}\overline{\boldsymbol{A}}_{\text{cl}}\boldsymbol{P}\boldsymbol{I}_0^{\text{T}}\boldsymbol{I}_0\boldsymbol{P}^{-1}$。

将 $\boldsymbol{f}(s)$ 代入式(7.105)，并利用引理 7.7 及式(7.88)可知

$$\begin{aligned}\dot{V}_1\left(\boldsymbol{x}_{\text{cl}}(t)\right)\leqslant&\boldsymbol{x}_{\text{cl}}^{\text{T}}(t)\boldsymbol{\Theta}_2\boldsymbol{x}_{\text{cl}}(t)+2\boldsymbol{x}_{\text{cl}}^{\text{T}}(t)\boldsymbol{E}_{\text{cl}}^{\text{T}}\boldsymbol{X}\overline{\boldsymbol{A}}_{\text{cl}}\boldsymbol{P}\boldsymbol{I}_1\boldsymbol{x}_{\text{cl2}}(t-d(t))\\&+\int_{t-d(t)}^{t}\boldsymbol{x}_{\text{cl}}^{\text{T}}(s)\boldsymbol{X}_2\boldsymbol{x}_{\text{cl}}(s)\text{d}s+\int_{t-d(t)}^{t}\boldsymbol{x}_{\text{cl}}^{\text{T}}(s-d(s))\boldsymbol{X}_3\boldsymbol{x}_{\text{cl}}(s-d(s))\text{d}s\end{aligned} \tag{7.106}$$

式中，$\boldsymbol{\Theta}_2=\boldsymbol{\Theta}_1+h\boldsymbol{E}_{\text{cl}}^{\text{T}}\boldsymbol{X}\overline{\boldsymbol{A}}_{\text{cl}}\boldsymbol{P}\boldsymbol{I}_0^{\text{T}}\left(\boldsymbol{R}_1^{-1}+\boldsymbol{R}_2^{-1}\right)\boldsymbol{I}_0\boldsymbol{P}^{\text{T}}\overline{\boldsymbol{A}}_{\text{cl}}^{\text{T}}\boldsymbol{X}\boldsymbol{E}_{\text{cl}}$。

对 $V_2\left(\boldsymbol{x}_{\text{cl}}(t)\right)$ 沿系统(7.94)求导，并利用式(7.88)可得

$$\begin{aligned}\dot{V}_2\left(\boldsymbol{x}_{\text{cl}}(t)\right)\leqslant&\boldsymbol{x}_{\text{cl}}^{\text{T}}(t)\boldsymbol{\Theta}_3\boldsymbol{x}_{\text{cl}}(t)-(1-\mu)\boldsymbol{x}_{\text{cl2}}^{\text{T}}\left(t-d_1(t)\right)\boldsymbol{X}_1\boldsymbol{x}_{\text{cl2}}\left(t-d_1(t)\right)\\&-\int_{t-d(t)}^{t}\boldsymbol{x}_{\text{cl}}^{\text{T}}(s)\boldsymbol{X}_2\boldsymbol{x}_{\text{cl}}(s)\text{d}s-\int_{t-d(t)}^{t}\boldsymbol{x}_{\text{cl}}^{\text{T}}(s-d(s))\boldsymbol{X}_2\boldsymbol{x}_{\text{cl}}(s-d(s))\text{d}s\end{aligned} \tag{7.107}$$

式中，$\boldsymbol{\Theta}_3=\boldsymbol{P}^{-\text{T}}\boldsymbol{I}_1\boldsymbol{X}_1\boldsymbol{I}_1^{\text{T}}\boldsymbol{P}^{-1}+h\boldsymbol{A}_{\text{cl}}^{\text{T}}\boldsymbol{Q}^{\text{T}}\boldsymbol{I}_0^{\text{T}}\boldsymbol{R}_1\boldsymbol{I}_0\boldsymbol{Q}\boldsymbol{A}_{\text{cl}}+h\overline{\boldsymbol{A}}_{\text{cl}}^{\text{T}}\boldsymbol{Q}^{\text{T}}\boldsymbol{I}_0^{\text{T}}\boldsymbol{R}_2\boldsymbol{I}_0\boldsymbol{Q}\overline{\boldsymbol{A}}_{\text{cl}}$。

由式(7.105)～式(7.107)可知，$V\left(\boldsymbol{x}_{\text{cl}}(t)\right)$沿系统(7.94)的导数为

$$\begin{aligned}\dot{V}\left(\boldsymbol{x}_{\text{cl}}(t)\right)=&\dot{V}_1\left(\boldsymbol{x}_{\text{cl}}(t)\right)+\dot{V}_2\left(\boldsymbol{x}_{\text{cl}}(t)\right)\\\leqslant&\boldsymbol{x}_{\text{cl}}^{\text{T}}(t)\left(\boldsymbol{\Theta}_2+\boldsymbol{\Theta}_3\right)\boldsymbol{x}_{\text{cl}}(t)+2\boldsymbol{x}_{\text{cl}}^{\text{T}}(t)\boldsymbol{E}_{\text{cl}}^{\text{T}}\boldsymbol{X}\overline{\boldsymbol{A}}_{\text{cl}}\boldsymbol{P}\boldsymbol{I}_1\boldsymbol{x}_{\text{cl2}}(t-d(t))\\&-(1-\mu)\boldsymbol{x}_{\text{cl2}}^{\text{T}}(t-d(t))\boldsymbol{X}_1\boldsymbol{x}_{\text{cl2}}(t-d(t))=\boldsymbol{\xi}^{\text{T}}(t)\boldsymbol{\varXi}\boldsymbol{\xi}(t)\end{aligned} \tag{7.108}$$

式中

$$\xi(t)=\begin{bmatrix} x_{cl}(t) \\ x_{cl2}(t-d(t)) \end{bmatrix},\quad \Phi_0=\Theta_2+\Theta_3,\quad \Xi=\begin{bmatrix} \Phi_0 & E_{cl}^{T}X\bar{A}_{cl}PI_1 \\ * & -(1-\mu)X_1 \end{bmatrix}$$

如果有

$$\Xi<0 \tag{7.109}$$

那么对于充分小的正数 λ，有 $V\left(x_{cl}(t)\right)<-\lambda\|x_{cl}(t)\|^2$，这样就保证了系统(7.94)是渐近稳定的。应用 Schur 补引理，式(7.109)与式(7.99)等价。所以如果矩阵不等式(7.99)成立，则系统(7.94)是渐近稳定的，即由标称系统(7.85)组成的奇异关联大系统(7.87)，在满足时滞约束(7.86)的条件下，可通过广义动态输出反馈控制器(7.93)时滞相关分散鲁棒镇定。证毕。

定理 7.19 给出了奇异关联大系统(7.87)可以通过广义动态输出反馈控制器(7.93)时滞相关分散鲁棒镇定的充分条件，但将 $A_{cl}=A_0+B_0KC_0, \bar{A}_{cl}=\bar{A}_0$ 代入式(7.99)中，不难发现矩阵变量 K 与 X、R_1 之间存在耦合，即以非线性的方式出现，不能直接用LMI工具箱求解出使时滞系统(7.87)时滞相关分散鲁棒镇定的控制器(7.93)的参数矩阵。为此，这里采用变量替换法和消元法进行基于线性矩阵不等式处理的广义动态输出反馈控制器的设计方法。

1. 标称系统的时滞相关分散鲁棒镇定设计——变量替换法

为获得能使奇异关联大系统(7.87)时滞相关分散鲁棒镇定的控制器(7.93)的参数矩阵，通过引进一组新的矩阵变量，将原来的 NLMI 转化为关于新变量的一个 LMI，从而可以用 LMI 的求解方法来获得这组新变量的值，进而根据新旧变量之间的替换关系，得到原变量的值。

定理 7.20　给定标量 $h>0, \mu<1$，若存在块对角对称正定矩阵 Z、Z_1、U_1、U_2，以及块对角矩阵 T (每个子块的维数与相应子系统的维数相匹配)满足

$$E_{cl}Z=ZE_{cl}^{T} \tag{7.110}$$

$$\Pi=\begin{bmatrix} \Omega & E_{cl}\bar{A}_0PI_1Z_1 & \Lambda & ZP^{-T}I_1 \\ * & -(1-\mu)Z_1 & 0 & 0 \\ * & * & h^{-1}\Gamma & 0 \\ * & * & * & -Z_1 \end{bmatrix}<0 \tag{7.111}$$

时，则称满足时滞约束(7.88)的标称系统(7.87)可以通过控制器(7.93)时滞相关分散鲁棒镇定，且若式(7.110)和式(7.111)存在可行解，那么广义输出反馈控制器参数由

$$K=TZ^{-1}C_0^{-1} \tag{7.112}$$

决定。其中

$$\boldsymbol{\Omega}=\left(\boldsymbol{A}_0\boldsymbol{Z}+\boldsymbol{B}_0\boldsymbol{T}\right)^{\mathrm{T}}\boldsymbol{E}_{\mathrm{cl}}^{\mathrm{T}}+\boldsymbol{E}_{\mathrm{cl}}\left(\boldsymbol{A}_0\boldsymbol{Z}+\boldsymbol{B}_0\boldsymbol{T}\right)+\boldsymbol{Z}\boldsymbol{P}^{-\mathrm{T}}\boldsymbol{I}_0^{\mathrm{T}}\boldsymbol{I}_0\boldsymbol{P}^{\mathrm{T}}\overline{\boldsymbol{A}}_0^{\mathrm{T}}\boldsymbol{E}_{\mathrm{cl}}^{\mathrm{T}}+\boldsymbol{E}_{\mathrm{cl}}\overline{\boldsymbol{A}}_0\boldsymbol{P}\boldsymbol{I}_0^{\mathrm{T}}\boldsymbol{I}_0\boldsymbol{P}^{-1}\boldsymbol{Z}$$

$$\boldsymbol{\Lambda}=\left[\boldsymbol{E}_{\mathrm{cl}}\overline{\boldsymbol{A}}_0\boldsymbol{P}\boldsymbol{I}_0^{\mathrm{T}}\boldsymbol{U}_1\quad \boldsymbol{E}_{\mathrm{cl}}\overline{\boldsymbol{A}}_0\boldsymbol{P}\boldsymbol{I}_0^{\mathrm{T}}\boldsymbol{U}_2\quad \left(\boldsymbol{A}_0\boldsymbol{Z}+\boldsymbol{B}_0\boldsymbol{T}\right)^{\mathrm{T}}\boldsymbol{Q}^{\mathrm{T}}\boldsymbol{I}_0^{\mathrm{T}}\quad \boldsymbol{Z}\overline{\boldsymbol{A}}_0^{\mathrm{T}}\boldsymbol{Q}^{\mathrm{T}}\boldsymbol{I}_0^{\mathrm{T}}\right]$$

$$\boldsymbol{\Gamma}=\mathrm{diag}\left\{-\boldsymbol{U}_1,-\boldsymbol{U}_2,-\boldsymbol{U}_1,-\boldsymbol{U}_2\right\}$$

证明　令 $\boldsymbol{U}_i=\boldsymbol{R}_i^{-1}(i=1,2)$，在式(7.99)的左边左乘和右乘 $\mathrm{diag}\{\boldsymbol{I},\boldsymbol{I},\boldsymbol{U}_1,\boldsymbol{U}_2\}$ 可得

$$\begin{bmatrix}\boldsymbol{\Phi}_1 & \boldsymbol{E}_{\mathrm{cl}}^{\mathrm{T}}\boldsymbol{X}\overline{\boldsymbol{A}}_{\mathrm{cl}}\boldsymbol{P}\boldsymbol{I}_1 & \boldsymbol{E}_{\mathrm{cl}}^{\mathrm{T}}\boldsymbol{X}\overline{\boldsymbol{A}}_{\mathrm{cl}}\boldsymbol{P}\boldsymbol{I}_0^{\mathrm{T}}\boldsymbol{U}_1 & \boldsymbol{E}_{\mathrm{cl}}^{\mathrm{T}}\boldsymbol{X}\overline{\boldsymbol{A}}_{\mathrm{cl}}\boldsymbol{P}\boldsymbol{I}_0^{\mathrm{T}}\boldsymbol{U}_2\\ * & -(1-\mu)\boldsymbol{X}_1 & \boldsymbol{0} & \boldsymbol{0}\\ * & * & -h^{-1}\boldsymbol{U}_1 & \boldsymbol{0}\\ * & * & * & -h^{-1}\boldsymbol{U}_2\end{bmatrix}<0 \tag{7.113}$$

式中

$$\boldsymbol{\Phi}_1=\boldsymbol{A}_{\mathrm{cl}}^{\mathrm{T}}\boldsymbol{X}\boldsymbol{E}_{\mathrm{cl}}+\boldsymbol{E}_{\mathrm{cl}}^{\mathrm{T}}\boldsymbol{X}\boldsymbol{A}_{\mathrm{cl}}+\boldsymbol{P}^{-\mathrm{T}}\boldsymbol{I}_0^{\mathrm{T}}\boldsymbol{I}_0\boldsymbol{P}^{\mathrm{T}}\overline{\boldsymbol{A}}_{\mathrm{cl}}^{\mathrm{T}}\boldsymbol{X}\boldsymbol{E}_{\mathrm{cl}}+\boldsymbol{E}_{\mathrm{cl}}^{\mathrm{T}}\boldsymbol{X}\overline{\boldsymbol{A}}_{\mathrm{cl}}\boldsymbol{P}\boldsymbol{I}_0^{\mathrm{T}}\boldsymbol{I}_0\boldsymbol{P}^{-1}$$
$$+\boldsymbol{P}^{-\mathrm{T}}\boldsymbol{I}_1\boldsymbol{X}_1\boldsymbol{I}_1^{\mathrm{T}}\boldsymbol{P}^{-1}+h\boldsymbol{A}_{\mathrm{cl}}^{\mathrm{T}}\boldsymbol{Q}^{\mathrm{T}}\boldsymbol{I}_0^{\mathrm{T}}\boldsymbol{U}_1^{-1}\boldsymbol{I}_0\boldsymbol{Q}\boldsymbol{A}_{\mathrm{cl}}+h\overline{\boldsymbol{A}}_{\mathrm{cl}}^{\mathrm{T}}\boldsymbol{Q}^{\mathrm{T}}\boldsymbol{I}_0^{\mathrm{T}}\boldsymbol{U}_2^{-1}\boldsymbol{I}_0\boldsymbol{Q}\overline{\boldsymbol{A}}_{\mathrm{cl}}$$

由 Schur 补引理可知式(7.113)等价于

$$\begin{bmatrix}\boldsymbol{\Phi}_2 & \boldsymbol{E}_{\mathrm{cl}}^{\mathrm{T}}\boldsymbol{X}\overline{\boldsymbol{A}}_{\mathrm{cl}}\boldsymbol{P}\boldsymbol{I}_1 & \boldsymbol{\Lambda}_1\\ * & -(1-\mu)\boldsymbol{X}_1 & \boldsymbol{0}\\ * & * & h^{-1}\boldsymbol{\Gamma}\end{bmatrix}<0 \tag{7.114}$$

这里，$\boldsymbol{\Gamma}$ 与定理 7.20 中的相同，即

$$\boldsymbol{\Phi}_2=\boldsymbol{A}_{\mathrm{cl}}^{\mathrm{T}}\boldsymbol{X}\boldsymbol{E}_{\mathrm{cl}}+\boldsymbol{E}_{\mathrm{cl}}^{\mathrm{T}}\boldsymbol{X}\boldsymbol{A}_{\mathrm{cl}}+\boldsymbol{P}^{-\mathrm{T}}\boldsymbol{I}_0^{\mathrm{T}}\boldsymbol{I}_0\boldsymbol{P}^{\mathrm{T}}\overline{\boldsymbol{A}}_{\mathrm{cl}}^{\mathrm{T}}\boldsymbol{X}\boldsymbol{E}_{\mathrm{cl}}+\boldsymbol{E}_{\mathrm{cl}}^{\mathrm{T}}\boldsymbol{X}\overline{\boldsymbol{A}}_{\mathrm{cl}}\boldsymbol{P}\boldsymbol{I}_0^{\mathrm{T}}\boldsymbol{I}_0\boldsymbol{P}^{-1}+\boldsymbol{P}^{-\mathrm{T}}\boldsymbol{I}_1\boldsymbol{X}_1\boldsymbol{I}_1^{\mathrm{T}}\boldsymbol{P}^{-1}$$

$$\boldsymbol{\Lambda}_1=\left[\boldsymbol{E}_{\mathrm{cl}}^{\mathrm{T}}\boldsymbol{X}\overline{\boldsymbol{A}}_{\mathrm{cl}}\boldsymbol{P}\boldsymbol{I}_0^{\mathrm{T}}\boldsymbol{U}_1\quad \boldsymbol{E}_{\mathrm{cl}}^{\mathrm{T}}\boldsymbol{X}\overline{\boldsymbol{A}}_{\mathrm{cl}}\boldsymbol{P}\boldsymbol{I}_0^{\mathrm{T}}\boldsymbol{U}_2\quad \boldsymbol{A}_{\mathrm{cl}}^{\mathrm{T}}\boldsymbol{Q}^{\mathrm{T}}\boldsymbol{I}_0^{\mathrm{T}}\quad \overline{\boldsymbol{A}}_{\mathrm{cl}}^{\mathrm{T}}\boldsymbol{Q}^{\mathrm{T}}\boldsymbol{I}_0^{\mathrm{T}}\right]$$

为便于处理，假设

$$\boldsymbol{E}_{\mathrm{cl}}^{\mathrm{T}}\boldsymbol{X}=\boldsymbol{X}\boldsymbol{E}_{\mathrm{cl}},\quad \boldsymbol{Z}=\boldsymbol{X}^{-1},\quad \boldsymbol{Z}_1=\boldsymbol{X}_1^{-1} \tag{7.115}$$

将式(7.115)代入式(7.114)，并在式(7.114)两边分别左乘和右乘 $\mathrm{diag}\{\boldsymbol{Z},\boldsymbol{Z}_1,\boldsymbol{\Psi}\}$，再由 Schur 补引理可知式(7.114)等价于

$$\begin{bmatrix}\boldsymbol{\Phi}_3 & \boldsymbol{E}_{\mathrm{cl}}\overline{\boldsymbol{A}}_{\mathrm{cl}}\boldsymbol{P}\boldsymbol{I}_1\boldsymbol{Z}_1 & \boldsymbol{\Lambda}_2 & \boldsymbol{Z}\boldsymbol{P}^{-\mathrm{T}}\boldsymbol{I}_1\\ * & -(1-\mu)\boldsymbol{Z}_1 & \boldsymbol{0} & \boldsymbol{0}\\ * & * & h^{-1}\boldsymbol{\Gamma} & \boldsymbol{0}\\ * & * & * & -\boldsymbol{Z}_1\end{bmatrix}<0 \tag{7.116}$$

式中

$$\boldsymbol{\Phi}_3=\boldsymbol{Z}\boldsymbol{A}_{\mathrm{cl}}^{\mathrm{T}}\boldsymbol{E}_{\mathrm{cl}}^{\mathrm{T}}+\boldsymbol{E}_{\mathrm{cl}}\boldsymbol{A}_{\mathrm{cl}}\boldsymbol{Z}+\boldsymbol{Z}\boldsymbol{P}^{-\mathrm{T}}\boldsymbol{I}_0^{\mathrm{T}}\boldsymbol{I}_0\boldsymbol{P}^{\mathrm{T}}\overline{\boldsymbol{A}}_{\mathrm{cl}}^{\mathrm{T}}\boldsymbol{E}_{\mathrm{cl}}^{\mathrm{T}}+\boldsymbol{E}_{\mathrm{cl}}\overline{\boldsymbol{A}}_{\mathrm{cl}}\boldsymbol{P}\boldsymbol{I}_0^{\mathrm{T}}\boldsymbol{I}_0\boldsymbol{P}^{-1}\boldsymbol{Z}$$

$$\boldsymbol{\Lambda}_2=\left[\boldsymbol{E}_{\mathrm{cl}}\overline{\boldsymbol{A}}_{\mathrm{cl}}\boldsymbol{P}\boldsymbol{I}_0^{\mathrm{T}}\boldsymbol{U}_1\quad \boldsymbol{E}_{\mathrm{cl}}\overline{\boldsymbol{A}}_{\mathrm{cl}}\boldsymbol{P}\boldsymbol{I}_0^{\mathrm{T}}\boldsymbol{U}_2\quad \boldsymbol{Z}\boldsymbol{A}_{\mathrm{cl}}^{\mathrm{T}}\boldsymbol{Q}^{\mathrm{T}}\boldsymbol{I}_0^{\mathrm{T}}\quad \boldsymbol{Z}\overline{\boldsymbol{A}}_{\mathrm{cl}}^{\mathrm{T}}\boldsymbol{Q}^{\mathrm{T}}\boldsymbol{I}_0^{\mathrm{T}}\right]$$

且 $\boldsymbol{\Gamma}$ 与定理 7.20 中的相同。

将 $\boldsymbol{A}_{\text{cl}} = \boldsymbol{A}_0 + \boldsymbol{B}_0\boldsymbol{K}\boldsymbol{C}_0, \overline{\boldsymbol{A}}_{\text{cl}} = \overline{\boldsymbol{A}}_0$ 代入式(7.116)，并令 $\boldsymbol{T} = \boldsymbol{K}\boldsymbol{C}_0\boldsymbol{Z}$，则式(7.116)等价于式(7.111)。证毕。

2. 标称系统的时滞相关分散鲁棒镇定设计——消元法

定理 7.21　对由满足时滞约束(7.86)的标称系统(7.85)组成的奇异关联大系统(7.87)，可以通过广义动态输出反馈控制器(7.93)时滞相关分散鲁棒镇定的充分条件为：对任意给定标量 $h>0, \mu<1$，存在块对角对称正定矩阵 $\boldsymbol{X}$、$\boldsymbol{Z}_1$、$\boldsymbol{U}_1$、$\boldsymbol{U}_2$ (每个子块的维数与相应子系统的维数相匹配)满足

$$\begin{bmatrix} \boldsymbol{\Phi}_4 & \boldsymbol{E}_{\text{cl}}^{\text{T}}\boldsymbol{X}\overline{\boldsymbol{A}}_{\text{cl}}\boldsymbol{P}\boldsymbol{I}_1\boldsymbol{Z}_1 & \boldsymbol{\Lambda}_3 & \boldsymbol{P}^{-\text{T}}\boldsymbol{I}_1 \\ * & -(1-\mu)\boldsymbol{Z}_1 & \boldsymbol{0} & \boldsymbol{0} \\ * & * & h^{-1}\boldsymbol{\Gamma} & \boldsymbol{0} \\ * & * & * & -\boldsymbol{Z}_1 \end{bmatrix} < 0 \tag{7.117}$$

式中

$$\boldsymbol{\Phi}_4 = \boldsymbol{A}_{\text{cl}}^{\text{T}}\boldsymbol{X}\boldsymbol{E}_{\text{cl}} + \boldsymbol{E}_{\text{cl}}^{\text{T}}\boldsymbol{X}\boldsymbol{A}_{\text{cl}} + \boldsymbol{P}^{-\text{T}}\boldsymbol{I}_0^{\text{T}}\boldsymbol{I}_0\boldsymbol{P}^{\text{T}}\overline{\boldsymbol{A}}_{\text{cl}}^{\text{T}}\boldsymbol{X}\boldsymbol{E}_{\text{cl}} + \boldsymbol{E}_{\text{cl}}^{\text{T}}\boldsymbol{X}\overline{\boldsymbol{A}}_{\text{cl}}\boldsymbol{P}\boldsymbol{I}_0^{\text{T}}\boldsymbol{I}_0\boldsymbol{P}^{-1}$$

$$\boldsymbol{\Lambda}_3 = \begin{bmatrix} \boldsymbol{E}_{\text{cl}}^{\text{T}}\boldsymbol{X}\overline{\boldsymbol{A}}_{\text{cl}}\boldsymbol{P}\boldsymbol{I}_0^{\text{T}}\boldsymbol{U}_1 & \boldsymbol{E}_{\text{cl}}^{\text{T}}\boldsymbol{X}\overline{\boldsymbol{A}}_{\text{cl}}\boldsymbol{P}\boldsymbol{I}_0^{\text{T}}\boldsymbol{U}_2 & \boldsymbol{A}_{\text{cl}}^{\text{T}}\boldsymbol{Q}^{\text{T}}\boldsymbol{I}_0^{\text{T}} & \overline{\boldsymbol{A}}_{\text{cl}}^{\text{T}}\boldsymbol{Q}^{\text{T}}\boldsymbol{I}_0^{\text{T}} \end{bmatrix}$$

证明　令 $\boldsymbol{Z}_1 = \boldsymbol{X}_1^{-1}$，在式(7.114)两边分别左乘和右乘矩阵 $\text{diag}\{\boldsymbol{I}, \boldsymbol{Z}_1, \boldsymbol{I}, \boldsymbol{I}, \boldsymbol{I}, \boldsymbol{I}\}$，再由 Schur 补引理可知定理 7.21 成立。证毕。

将 $\boldsymbol{A}_{\text{cl}} = \boldsymbol{A}_0 + \boldsymbol{B}_0\boldsymbol{K}\boldsymbol{C}_0, \overline{\boldsymbol{A}}_{\text{cl}} = \overline{\boldsymbol{A}}_0$ 代入式(7.117)中，容易看出该定理中含有 $\boldsymbol{K}$ 与 $\boldsymbol{X}$ 的耦合项，不便于求解。为便于求解，给出如下定理。

定理 7.22　任意给定标量 $h>0, \mu<1$，存在块对角对称正定矩阵 $\boldsymbol{X}$、$\boldsymbol{Z}_1$、$\boldsymbol{U}_1$、$\boldsymbol{U}_2$ 以及块对角矩阵 $\boldsymbol{K}$ (每个子块的维数与相应子系统的维数相匹配)满足

$$\boldsymbol{E}_{\text{cl}}^{\text{T}}\boldsymbol{X} = \boldsymbol{X}\boldsymbol{E}_{\text{cl}} \tag{7.118}$$

$$\boldsymbol{\Delta}_1 + \boldsymbol{\Sigma}\boldsymbol{\Pi}_1\boldsymbol{K}\boldsymbol{\Pi}_2 + \left(\boldsymbol{\Sigma}\boldsymbol{\Pi}_1\boldsymbol{K}\boldsymbol{\Pi}_2\right)^{\text{T}} < 0 \tag{7.119}$$

时，则称满足时滞约束(7.88)的标称系统(7.87)可以通过控制器(7.93)时滞相关分散鲁棒镇定。式中

$$\boldsymbol{\Delta}_1 = \begin{bmatrix} \boldsymbol{\Phi}_5 & \boldsymbol{X}\boldsymbol{E}_{\text{cl}}\overline{\boldsymbol{A}}_0\boldsymbol{P}\boldsymbol{I}_1\boldsymbol{Z}_1 & \boldsymbol{\Lambda}_4 & \boldsymbol{P}^{-\text{T}}\boldsymbol{I}_1 \\ * & -(1-\mu)\boldsymbol{Z}_1 & \boldsymbol{0} & \boldsymbol{0} \\ * & * & h^{-1}\boldsymbol{\Gamma} & \boldsymbol{0} \\ * & * & * & -\boldsymbol{Z}_1 \end{bmatrix}, \quad \boldsymbol{\Sigma} = \text{diag}\{\boldsymbol{X}, \boldsymbol{I}, \boldsymbol{I}, \boldsymbol{I}, \boldsymbol{I}, \boldsymbol{I}, \boldsymbol{I}\}$$

$$\boldsymbol{\Pi}_1=\left[\left(\boldsymbol{E}_{\mathrm{cl}}\boldsymbol{B}_0\right)^{\mathrm{T}}\quad \mathbf{0}\quad \mathbf{0}\quad \mathbf{0}\quad \left(\boldsymbol{I}_0\boldsymbol{Q}\boldsymbol{B}_0\right)^{\mathrm{T}}\quad \mathbf{0}\quad \mathbf{0}\right]^{\mathrm{T}},\quad \boldsymbol{\Pi}_2=\left[\boldsymbol{C}_0\quad \mathbf{0}\quad \mathbf{0}\quad \mathbf{0}\quad \mathbf{0}\quad \mathbf{0}\quad \mathbf{0}\right]$$

$$\boldsymbol{\Phi}_5=\boldsymbol{A}_0^{\mathrm{T}}\boldsymbol{E}_{\mathrm{cl}}^{\mathrm{T}}\boldsymbol{X}+\boldsymbol{X}\boldsymbol{E}_{\mathrm{cl}}\boldsymbol{A}_0+\boldsymbol{P}^{-\mathrm{T}}\boldsymbol{I}_0^{\mathrm{T}}\boldsymbol{I}_0\boldsymbol{P}^{\mathrm{T}}\overline{\boldsymbol{A}}_0^{\mathrm{T}}\boldsymbol{E}_{\mathrm{cl}}^{\mathrm{T}}\boldsymbol{X}+\boldsymbol{X}\boldsymbol{E}_{\mathrm{cl}}\overline{\boldsymbol{A}}_0\boldsymbol{P}\boldsymbol{I}_0^{\mathrm{T}}\boldsymbol{I}_0\boldsymbol{P}^{-1}$$

$$\boldsymbol{\Lambda}_4=\left[\boldsymbol{X}\boldsymbol{E}_{\mathrm{cl}}\overline{\boldsymbol{A}}_0\boldsymbol{P}\boldsymbol{I}_0^{\mathrm{T}}\boldsymbol{U}_1\quad \boldsymbol{X}\boldsymbol{E}_{\mathrm{cl}}\overline{\boldsymbol{A}}_0\boldsymbol{P}\boldsymbol{I}_0^{\mathrm{T}}\boldsymbol{U}_2\quad \boldsymbol{A}_0^{\mathrm{T}}\boldsymbol{Q}^{\mathrm{T}}\boldsymbol{I}_0^{\mathrm{T}}\quad \overline{\boldsymbol{A}}_0^{\mathrm{T}}\boldsymbol{Q}^{\mathrm{T}}\boldsymbol{I}_0^{\mathrm{T}}\right]$$

将 $\boldsymbol{A}_{\mathrm{cl}}=\boldsymbol{A}_0+\boldsymbol{B}_0\boldsymbol{K}\boldsymbol{C}_0,\overline{\boldsymbol{A}}_{\mathrm{cl}}=\overline{\boldsymbol{A}}_0$ 代入式(7.117)中，并假设 $\boldsymbol{E}_{\mathrm{cl}}^{\mathrm{T}}\boldsymbol{X}=\boldsymbol{X}\boldsymbol{E}_{\mathrm{cl}}$，易证该定理成立。这样就将使系统(7.87)时滞相关分散鲁棒镇定的广义动态输出反馈控制器(7.93)的存在性问题转换成在满足约束条件 $\boldsymbol{E}_{\mathrm{cl}}^{\mathrm{T}}\boldsymbol{X}_{\mathrm{cl}}=\boldsymbol{X}_{\mathrm{cl}}^{\mathrm{T}}\boldsymbol{E}_{\mathrm{cl}}$ 下，包含矩阵变量 $\boldsymbol{K}$ 与 $\boldsymbol{X}$、$\boldsymbol{Z}_1$、$\boldsymbol{U}_1$、$\boldsymbol{U}_2$ 的矩阵不等式(7.119)的可解性问题，接下来根据引理 7.5，给出式(7.119)成立的充分必要条件。

定理 7.23　矩阵不等式(7.119)成立的充分必要条件为由矩阵 $\boldsymbol{\Pi}_1$ 和 $\boldsymbol{\Pi}_2$ 的核空间 $\ker\left(\boldsymbol{\Pi}_1\right)$、$\ker\left(\boldsymbol{\Pi}_2\right)$ 的任意一组基向量作为列向量构成的矩阵 $\boldsymbol{N}_{\Pi_1}$、$\boldsymbol{N}_{\Pi_2}$ 满足

$$\boldsymbol{N}_{\Pi_1}^{\mathrm{T}}\boldsymbol{\Sigma}^{-1}\boldsymbol{\Lambda}_1\boldsymbol{\Sigma}^{-1}\boldsymbol{N}_{\Pi_1}<0,\quad \boldsymbol{N}_{\Pi_2}^{\mathrm{T}}\boldsymbol{\Lambda}_1\boldsymbol{N}_{\Pi_2}<0 \tag{7.120}$$

于是就将具有矩阵变量 $\boldsymbol{K}$ 与 $\boldsymbol{X}$、$\boldsymbol{Z}_1$、$\boldsymbol{U}_1$、$\boldsymbol{U}_2$ 的矩阵不等式(7.119)的可解性问题转化成等价的两个只含有矩阵变量 $\boldsymbol{X}$、$\boldsymbol{Z}_1$、$\boldsymbol{U}_1$、$\boldsymbol{U}_2$ 的矩阵不等式的可解性问题,消去了矩阵变量 $\boldsymbol{K}$ 。因此,通过求解式(7.120)获得一组可行解 $\boldsymbol{X}^*$、$\boldsymbol{Z}_1^*$、$\boldsymbol{U}_1^*$、$\boldsymbol{U}_2^*$，再将 $\boldsymbol{X}^*$、$\boldsymbol{Z}_1^*$、$\boldsymbol{U}_1^*$、$\boldsymbol{U}_2^*$ 代入矩阵不等式(7.119)，得到只含有矩阵变量 $\boldsymbol{K}$ 的一个 LMI，从而应用求解 LMI 的方法来获得矩阵变量 $\boldsymbol{K}$ 的一个可行解 $\boldsymbol{K}^*$，即得到所求控制器的参数矩阵。

由于

$$\boldsymbol{\Sigma}^{-1}\boldsymbol{\Lambda}_1\boldsymbol{\Sigma}^{-1}=\begin{bmatrix}\boldsymbol{\Phi}_6 & \boldsymbol{E}_{\mathrm{cl}}\overline{\boldsymbol{A}}_{\mathrm{cl}}\boldsymbol{P}\boldsymbol{I}_1\boldsymbol{Z}_1 & \boldsymbol{\Lambda}_5 & \boldsymbol{X}^{-1}\boldsymbol{P}^{-\mathrm{T}}\boldsymbol{I}_1\\ * & -(1-\mu)\boldsymbol{Z}_1 & \mathbf{0} & \mathbf{0}\\ * & * & h^{-1}\boldsymbol{\Gamma} & \mathbf{0}\\ * & * & * & -\boldsymbol{Z}_1\end{bmatrix}$$

式中

$$\boldsymbol{\Phi}_6=\boldsymbol{X}^{-1}\boldsymbol{A}_0^{\mathrm{T}}\boldsymbol{E}_{\mathrm{cl}}^{\mathrm{T}}+\boldsymbol{E}_{\mathrm{cl}}\boldsymbol{A}_0\boldsymbol{X}^{-1}+\boldsymbol{X}^{-1}\boldsymbol{P}^{-\mathrm{T}}\boldsymbol{I}_0^{\mathrm{T}}\boldsymbol{I}_0\boldsymbol{P}^{\mathrm{T}}\overline{\boldsymbol{A}}_0^{\mathrm{T}}\boldsymbol{E}_{\mathrm{cl}}^{\mathrm{T}}+\boldsymbol{E}_{\mathrm{cl}}\overline{\boldsymbol{A}}_0\boldsymbol{P}\boldsymbol{I}_0^{\mathrm{T}}\boldsymbol{I}_0\boldsymbol{P}^{-1}\boldsymbol{X}^{-1}$$

$$\boldsymbol{\Lambda}_5=\left[\boldsymbol{E}_{\mathrm{cl}}\overline{\boldsymbol{A}}_0\boldsymbol{P}\boldsymbol{I}_0^{\mathrm{T}}\boldsymbol{U}_1\quad \boldsymbol{E}_{\mathrm{cl}}\overline{\boldsymbol{A}}_0\boldsymbol{P}\boldsymbol{I}_0^{\mathrm{T}}\boldsymbol{U}_2\quad \boldsymbol{X}^{-1}\boldsymbol{A}_0^{\mathrm{T}}\boldsymbol{Q}^{\mathrm{T}}\boldsymbol{I}_0^{\mathrm{T}}\quad \boldsymbol{X}^{-1}\overline{\boldsymbol{A}}_0^{\mathrm{T}}\boldsymbol{Q}^{\mathrm{T}}\boldsymbol{I}_0^{\mathrm{T}}\right]$$

很明显,式(7.120)中的 $\boldsymbol{N}_{\Pi_1}^{\mathrm{T}}\boldsymbol{\Sigma}^{-1}\boldsymbol{\Lambda}_1\boldsymbol{\Sigma}^{-1}\boldsymbol{N}_{\Pi_1}<0$ 是关于矩阵变量 $\boldsymbol{X}^{-1}$、$\boldsymbol{Z}_1$、$\boldsymbol{U}_1$、$\boldsymbol{U}_2$ 的 LMI，而 $\boldsymbol{N}_{\Pi_2}^{\mathrm{T}}\boldsymbol{\Lambda}_1\boldsymbol{N}_{\Pi_2}<0$ 是关于矩阵变量 $\boldsymbol{X}$、$\boldsymbol{Z}_1$、$\boldsymbol{U}_1$、$\boldsymbol{U}_2$ 的 NLMI。因此，存在块对角对称正定矩阵 $\boldsymbol{X}$ 同时满足 $\boldsymbol{N}_{\Pi_1}^{\mathrm{T}}\boldsymbol{\Sigma}^{-1}\boldsymbol{\Lambda}_1\boldsymbol{\Sigma}^{-1}\boldsymbol{N}_{\Pi_1}<0,\boldsymbol{N}_{\Pi_2}^{\mathrm{T}}\boldsymbol{\Lambda}_1\boldsymbol{N}_{\Pi_2}<0$ 的问题为一个非凸优化问题，而且 $\boldsymbol{N}_{\Pi_2}^{\mathrm{T}}\boldsymbol{\Lambda}_1\boldsymbol{N}_{\Pi_2}<0$ 中还含有 $\boldsymbol{X}$ 与 $\boldsymbol{Z}_1$ 的耦合项，故很难找到同时满足式(7.120)的 $\boldsymbol{X}$，为此给出如下迭代算法：

Step1 求解$\begin{cases} N_{\Pi_1}^{\mathrm{T}}\Sigma^{-1}\varDelta_1\Sigma^{-1}N_{\Pi_1} < 0 \\ X^{-1}E_{\mathrm{cl}}^{\mathrm{T}} = E_{\mathrm{cl}}X^{-1} \end{cases}$，获得迭代初值$X_0 = \left(X^{-1}\right)^{-1}, Z_{10} = Z_1$，并令$s = 0$。

Step2 令$s = s + 1$，在$X = X_{s-1}$的条件下求解$N_{\Pi_2}^{\mathrm{T}}\varDelta_1 N_{\Pi_2} < 0$，获得矩阵$Z_1$、$U_1$、$U_2$，并令$Z_{1s} = Z_1, U_{1s} = U_1, U_{2s} = U_2$。

Step3 在$Z_1 = Z_{1s}$的条件下求解$\begin{cases} N_{\Pi_2}^{\mathrm{T}}\varDelta_1 N_{\Pi_2} < 0 \\ E_{\mathrm{cl}}^{\mathrm{T}}X = XE_{\mathrm{cl}} \end{cases}$，获得矩阵$X$、$U_1$、$U_2$，并令$X_s = X, U_{1s} = U_1, U_{2s} = U_2$。

Step4 如果在$X = X_{s-1}$，$Z_1 = Z_{1s}$的条件下，$\begin{cases} N_{\Pi_2}^{\mathrm{T}}\varDelta_1 N_{\Pi_2} < 0 \\ E_{\mathrm{cl}}^{\mathrm{T}}X = XE_{\mathrm{cl}} \end{cases}$存在可行解，且满足$\|X_s - X_{s-1}\| \leqslant \varepsilon$，则获得一组可行解$X^*$、$Z_1^*$、$U_1^*$、$U_2^*$，并转至 Step5，否则令$s = s + 1$，并转至 Step2。

Step5 在X^*、Z_1^*、U_1^*、U_2^*条件下，求解$\varDelta_1 + \Sigma\Pi_1 K\Pi_2 + \left(\Sigma\Pi_1 K\Pi_2\right)^{\mathrm{T}} < 0$，获得矩阵变量$K$。

7.4.3 不确定性奇异关联大系统的时滞相关分散鲁棒镇定

由时变结构不确定性奇异关联大系统(7.91)和控制器(7.93)构成的闭环奇异关联大系统为

$$\begin{aligned} &E_{\mathrm{cl}}\dot{x}_{\mathrm{cl}}(t) = A_{\mathrm{cl}}x_{\mathrm{cl}}(t) + \bar{A}_{\mathrm{cl}}x_{\mathrm{cl}}(t - d(t)) \\ &x_{\mathrm{cl}}(t) = \varphi_{\mathrm{cl}}(t), \quad t \in [-h, 0] \end{aligned} \tag{7.121}$$

式中

$$A_{\mathrm{cl}} = A_0 + B_0KC_0 + LF(t)\left(L_1 + L_2KC_0\right), \quad \bar{A}_{\mathrm{cl}} = \bar{A}_0 + LF(t)L_3$$

$$L = \begin{bmatrix} M \\ 0 \end{bmatrix}, \quad L_1 = [G \quad 0], \quad L_2 = [H \quad 0], \quad L_3 = \left[\bar{G} \quad 0\right]$$

E_{cl}、$x_{\mathrm{cl}}(t)$、$\varphi_{\mathrm{cl}}(t)$、A_0、$\bar{A}_0$、B_0、C_0、K与 7.4.2 节中的相同。

对于 7.4.2 节中关于存在广义动态输出反馈控制器，使奇异关联大系统分散鲁棒镇定的结论，利用引理 7.4 可以很方便地推广到具有时变结构不确定性的系统(7.91)。首先将定理 7.20 推广，有如下结论。

定理 7.24 对由式(7.91)和式(7.93)构成的闭环奇异关联大系统(7.121)，给定标量$h > 0, \mu < 1$，若存在块对角对称正定矩阵Z、Z_1、U_1、U_2，以及块对角矩阵T(每个子块的维数与相应子系统的维数相匹配)，对满足式(7.90)的不确定项有式(7.110)和下面的矩阵不等式成立：

$$\boldsymbol{\Pi}+\begin{bmatrix}\bar{\boldsymbol{\Omega}} & \boldsymbol{E}_{\mathrm{cl}}\boldsymbol{L}\boldsymbol{F}(t)\boldsymbol{L}_3\boldsymbol{P}\boldsymbol{I}_1\boldsymbol{Z}_1 & \bar{\boldsymbol{\Theta}} & \boldsymbol{0}\\ * & \boldsymbol{0} & \boldsymbol{0} & \boldsymbol{0}\\ * & * & \boldsymbol{0} & \boldsymbol{0}\\ * & * & * & \boldsymbol{0}\end{bmatrix}<0 \tag{7.122}$$

则称不确性时滞关联奇异大系统(7.91)可以通过广义动态输出反馈控制器(7.93)时滞相关分散鲁棒镇定。其中

$$\bar{\boldsymbol{\Omega}}=\left[\boldsymbol{E}_{\mathrm{cl}}\boldsymbol{L}\boldsymbol{F}(t)\left(\boldsymbol{L}_1\boldsymbol{Z}+\boldsymbol{L}_2\boldsymbol{T}\right)\right]^{\mathrm{T}}+\boldsymbol{E}_{\mathrm{cl}}\boldsymbol{L}\boldsymbol{F}(t)\left(\boldsymbol{L}_1\boldsymbol{Z}+\boldsymbol{L}_2\boldsymbol{T}\right)$$
$$+\left(\boldsymbol{E}_{\mathrm{cl}}\boldsymbol{L}\boldsymbol{F}(t)\boldsymbol{L}_3\boldsymbol{P}\boldsymbol{I}_0^{\mathrm{T}}\boldsymbol{I}_0\boldsymbol{P}^{-1}\boldsymbol{Z}\right)^{\mathrm{T}}+\boldsymbol{E}_{\mathrm{cl}}\boldsymbol{L}\boldsymbol{F}(t)\boldsymbol{L}_3\boldsymbol{P}\boldsymbol{I}_0^{\mathrm{T}}\boldsymbol{I}_0\boldsymbol{P}^{-1}\boldsymbol{Z}$$
$$\bar{\boldsymbol{\Theta}}=\left[\boldsymbol{E}_{\mathrm{cl}}\boldsymbol{L}\boldsymbol{F}(t)\boldsymbol{L}_3\boldsymbol{P}\boldsymbol{I}_0^{\mathrm{T}}\boldsymbol{U}_1\quad \boldsymbol{E}_{\mathrm{cl}}\boldsymbol{L}\boldsymbol{F}(t)\boldsymbol{L}_3\boldsymbol{P}\boldsymbol{I}_0^{\mathrm{T}}\boldsymbol{U}_2\right.$$
$$\left.\left(\boldsymbol{L}\boldsymbol{F}(t)\left(\boldsymbol{L}_1\boldsymbol{Z}+\boldsymbol{L}_2\boldsymbol{T}\right)\right)^{\mathrm{T}}\boldsymbol{Q}^{\mathrm{T}}\boldsymbol{I}_0^{\mathrm{T}}\quad \left(\boldsymbol{L}\boldsymbol{F}(t)\boldsymbol{L}_3\boldsymbol{Z}\right)^{\mathrm{T}}\boldsymbol{Q}^{\mathrm{T}}\boldsymbol{I}_0^{\mathrm{T}}\right]$$

$\boldsymbol{\Pi}$ 与定理 7.20 中的相同。

将定理 7.20 的 $\boldsymbol{A}_0$、$\boldsymbol{B}_0$、$\bar{\boldsymbol{A}}_0$ 分别用 $\boldsymbol{A}_0+\boldsymbol{L}\boldsymbol{F}(t)\boldsymbol{L}_1$、$\boldsymbol{B}_0+\boldsymbol{L}\boldsymbol{F}(t)\boldsymbol{L}_2$、$\bar{\boldsymbol{A}}_0+\boldsymbol{L}\boldsymbol{F}(t)\boldsymbol{L}_3$ 代替，容易证明该定理成立。定理 7.24 给出了由时变结构不确定性奇异关联系统(7.89)组成的奇异关联大系统(7.91)，可以通过广义动态输出反馈控制器(7.93)时滞相关分散鲁棒镇定的一个充分条件，但该条件含有不确定项，无法应用，下面将利用 LMI 的形式给出定理 7.24 的一个等价形式。

定理 7.25　给定 $h>0, \mu<1, \varepsilon_i>0, i=1,2,3$，若存在块对角对称正定矩阵 $\boldsymbol{Z}$、$\boldsymbol{Z}_1$、$\boldsymbol{U}_1$、$\boldsymbol{U}_2$，以及块对角矩阵 $\boldsymbol{T}$ (每个子块的维数与相应子系统的维数相匹配)满足式(7.110)和如下 LMI：

$$\begin{bmatrix}\boldsymbol{N}_{11} & \boldsymbol{N}_{12} & \boldsymbol{N}_{13} & \boldsymbol{N}_{14} & \boldsymbol{N}_{15}\\ * & \boldsymbol{N}_{22} & \boldsymbol{0} & \boldsymbol{0} & \boldsymbol{N}_{25}\\ * & * & \boldsymbol{N}_{33} & \boldsymbol{0} & \boldsymbol{N}_{35}\\ * & * & * & \boldsymbol{N}_{44} & \boldsymbol{0}\\ * & * & * & * & \boldsymbol{N}_{55}\end{bmatrix}<0 \tag{7.123}$$

则不确性时滞关联奇异大系统(7.91)可以通过控制器(7.93)时滞相关分散鲁棒镇定，且若式(7.110)和式(7.123)存在可行解，那么广义输出反馈控制器参数由 $\boldsymbol{K}=\boldsymbol{T}\boldsymbol{Z}^{-1}\boldsymbol{C}_0^{-1}$ 决定。其中

$$\boldsymbol{N}_{11}=\boldsymbol{\Omega}+\varepsilon_1^{-1}\boldsymbol{E}_{\mathrm{cl}}\boldsymbol{L}\left(\boldsymbol{E}_{\mathrm{cl}}\boldsymbol{L}\right)^{\mathrm{T}},\quad \boldsymbol{N}_{12}=\boldsymbol{E}_{\mathrm{cl}}\boldsymbol{A}_1\boldsymbol{P}\boldsymbol{I}_1\boldsymbol{Z}_1,\quad \boldsymbol{N}_{13}=\boldsymbol{\Theta}$$
$$\boldsymbol{N}_{14}=\left[\boldsymbol{Z}\boldsymbol{P}^{-\mathrm{T}}\boldsymbol{I}_1\quad \left(\boldsymbol{L}_3\boldsymbol{Z}\right)^{\mathrm{T}}\quad \left(\boldsymbol{L}_1\boldsymbol{Z}+\boldsymbol{L}_2\boldsymbol{T}\right)^{\mathrm{T}}\right]$$
$$\boldsymbol{N}_{15}=\left(\boldsymbol{L}_1\boldsymbol{T}+\boldsymbol{L}_2\boldsymbol{Z}+\boldsymbol{L}_3\boldsymbol{P}\boldsymbol{I}_0^{\mathrm{T}}\boldsymbol{I}_0\boldsymbol{P}^{-1}\boldsymbol{Z}\right)^{\mathrm{T}},$$
$$\boldsymbol{N}_{22}=-(1-\mu)\boldsymbol{Z}_1,\quad \boldsymbol{N}_{25}=\left(\boldsymbol{L}_3\boldsymbol{P}\boldsymbol{I}_1\boldsymbol{Z}_1\right)^{\mathrm{T}}$$

$$N_{33} = h^{-1}\boldsymbol{\Gamma} + \mathrm{diag}\left\{\mathbf{0}, \mathbf{0}, \varepsilon_2^{-1}\boldsymbol{I}_0\boldsymbol{QL}\left(\boldsymbol{I}_0\boldsymbol{QL}\right)^{\mathrm{T}}, \varepsilon_3^{-1}\boldsymbol{I}_0\boldsymbol{QL}\left(\boldsymbol{I}_0\boldsymbol{QL}\right)^{\mathrm{T}}\right\}$$

$$N_{35} = \left[\boldsymbol{L}_3\boldsymbol{PI}_0^{\mathrm{T}}\boldsymbol{U}_1 \quad \boldsymbol{L}_3\boldsymbol{PI}_0^{\mathrm{T}}\boldsymbol{U}_2 \quad \mathbf{0} \quad \mathbf{0}\right]^{\mathrm{T}}$$

$$N_{44} = \mathrm{diag}\left\{-\boldsymbol{Z}_1, -\varepsilon_3^{-1}\boldsymbol{I}, -\varepsilon_2^{-1}\boldsymbol{I}\right\}$$

$\boldsymbol{\Omega}$、$\boldsymbol{\Lambda}$、$\boldsymbol{\Gamma}$ 与定理 7.20 中的相同。

证明 定义如下矩阵：

$$\boldsymbol{H}_1^{\mathrm{T}} = \left[\left(\boldsymbol{E}_{\mathrm{cl}}\boldsymbol{L}\right)^{\mathrm{T}} \quad \mathbf{0} \quad \mathbf{0} \quad \mathbf{0} \quad \mathbf{0} \quad \mathbf{0} \quad \mathbf{0}\right], \quad \boldsymbol{H}_2^{\mathrm{T}} = \left[\mathbf{0} \quad \mathbf{0} \quad \mathbf{0} \quad \mathbf{0} \quad \boldsymbol{L}^{\mathrm{T}}\boldsymbol{Q}^{\mathrm{T}}\boldsymbol{I}_0^{\mathrm{T}} \quad \mathbf{0} \quad \mathbf{0}\right]$$

$$\boldsymbol{H}_3^{\mathrm{T}} = \left[\mathbf{0} \quad \mathbf{0} \quad \mathbf{0} \quad \mathbf{0} \quad \mathbf{0} \quad \boldsymbol{L}^{\mathrm{T}}\boldsymbol{Q}^{\mathrm{T}}\boldsymbol{I}_0^{\mathrm{T}} \quad \mathbf{0}\right]$$

$$\boldsymbol{M}_1 = \left[\boldsymbol{L}_1\boldsymbol{Z} + \boldsymbol{L}_2\boldsymbol{T} + \boldsymbol{L}_3\boldsymbol{PI}_0^{\mathrm{T}}\boldsymbol{I}_0\boldsymbol{P}^{-1}\boldsymbol{Z} \quad \boldsymbol{L}_3\boldsymbol{PI}_1\boldsymbol{Z}_1 \quad \boldsymbol{L}_3\boldsymbol{PI}_0^{\mathrm{T}}\boldsymbol{U}_1 \quad \boldsymbol{L}_3\boldsymbol{PI}_0^{\mathrm{T}}\boldsymbol{U}_2 \quad \mathbf{0} \quad \mathbf{0} \quad \mathbf{0}\right]$$

$$\boldsymbol{M}_2 = \left[\boldsymbol{L}_1\boldsymbol{Z} + \boldsymbol{L}_2\boldsymbol{T} \quad \mathbf{0} \quad \mathbf{0} \quad \mathbf{0} \quad \mathbf{0} \quad \mathbf{0} \quad \mathbf{0}\right], \quad \boldsymbol{M}_3 = \left[\boldsymbol{L}_3\boldsymbol{Z} \quad \mathbf{0} \quad \mathbf{0} \quad \mathbf{0} \quad \mathbf{0} \quad \mathbf{0} \quad \mathbf{0}\right]$$

那么式(7.122)可改写为

$$\boldsymbol{\Pi} + \sum_{i=1}^{3}\left(\boldsymbol{H}_i\boldsymbol{F}(t)\boldsymbol{M}_i + \boldsymbol{M}_i^{\mathrm{T}}\boldsymbol{F}^{\mathrm{T}}(t)\boldsymbol{H}_i^{\mathrm{T}}\right) < 0 \tag{7.124}$$

由引理 7.4 可知式(7.124)成立的充要条件是存在标量 $\varepsilon_i > 0, i = 1,2,3$，满足

$$\begin{cases} \boldsymbol{\Pi}_1 = \boldsymbol{\Pi} + \varepsilon_1^{-1}\boldsymbol{H}_1\boldsymbol{H}_1^{\mathrm{T}} + \varepsilon_1\boldsymbol{M}_1^{\mathrm{T}}\boldsymbol{M}_1 \\ \boldsymbol{\Pi}_1 + \sum\limits_{i=2}^{3}\left(\boldsymbol{H}_i\boldsymbol{F}(t)\boldsymbol{M}_i + \boldsymbol{M}_i^{\mathrm{T}}\boldsymbol{F}^{\mathrm{T}}(t)\boldsymbol{H}_i^{\mathrm{T}}\right) < 0 \end{cases} \tag{7.125}$$

$$\begin{cases} \boldsymbol{\Pi}_2 = \boldsymbol{\Pi}_1 + \varepsilon_2^{-1}\boldsymbol{H}_2\boldsymbol{H}_2^{\mathrm{T}} + \varepsilon_2\boldsymbol{M}_2^{\mathrm{T}}\boldsymbol{M}_2 \\ \boldsymbol{\Pi}_2 + \boldsymbol{H}_3\boldsymbol{F}(t)\boldsymbol{M}_3 + \boldsymbol{M}_3^{\mathrm{T}}\boldsymbol{F}^{\mathrm{T}}(t)\boldsymbol{H}_3^{\mathrm{T}} < 0 \end{cases} \tag{7.126}$$

$$\boldsymbol{\Pi}_3 = \boldsymbol{\Pi}_2 + \varepsilon_3^{-1}\boldsymbol{H}_3\boldsymbol{H}_3^{\mathrm{T}} + \varepsilon_3\boldsymbol{M}_3^{\mathrm{T}}\boldsymbol{M}_3 < 0 \tag{7.127}$$

由 Schur 补引理可知式(7.127)等价于式(7.123)。证毕。

7.5 本 章 小 结

本章针对一类具有关联时滞和状态矩阵、控制矩阵以及关联矩阵存在不确定性的关联奇异大系统，通过构造特殊的 Lyapunov-Krasovskii 函数，利用 Lyapunov 稳定性理论与时滞积分矩阵不等式相结合的方法，讨论了该类系统的时滞相关分散鲁棒容许问题，并给出了分散控制器的设计方法。所给出的分散鲁棒镇定判据是与时滞大小相关的，并且用矩阵不等式表示，数值例子说明了该方法的有效性；针对奇异关联大系统，在奇异系统容许的基础上利用矩阵不等式方法，研究其广义输出反馈分散鲁棒 H_∞ 控制器的构造与设计问题，给出了该类控制器存在的充分条件及控制器的参数化条件，广义输出反馈分散鲁棒 H_∞ 控制器可以通过广义

线性约束条件和矩阵不等式的解来构造获得，所得控制器使闭环大系统容许，且满足给定的 H_∞ 性能指标，通过同伦迭代算法求解矩阵不等式问题，提出了矩阵不等式设计方法；此外还研究了基于广义输出反馈的具有状态时滞的奇异关联大系统时滞相关分散鲁棒镇定问题，用 LMI 形式给出了该类系统时滞相关分散鲁棒镇定的充分条件，并给出了使不确定性时滞关联奇异大系统分散鲁棒镇定的广义输出反馈控制器的参数化形式及其设计方法。

参 考 文 献

[1] Dai L Y. Singular Control Systems. Berlin: Springer-Verlag, 1989.

[2] 杨冬梅, 张庆灵, 姚波. 广义系统. 北京: 科学出版社, 2004.

[3] 刘碧玉, 桂卫华, 吴敏. 时滞关联大系统基于分散控制的无源性. 控制理论与应用, 2005, 22(1): 52-56.

[4] 桂卫华, 谢永芳, 吴敏, 等. 基于 LMI 的不确定性关联时滞大系统的分散鲁棒控制. 自动化学报, 2002, 28(1): 155-159.

[5] 关新平, 乌晶, 龙承念. 一类时滞大系统的分散弹性控制器设计: 自适应方法. 自动化学报, 2004, 30(3): 471-475.

[6] 胥布工, 许益芳, 周有训. 关联时滞大系统的分散镇定: 线性矩阵不等方法. 控制理论与应用, 2002, 19(3): 475-478.

[7] 程储旺. 不确定性时滞大系统的分散鲁棒 H_∞控制. 自动化学报, 2001, 27(3): 361-366.

[8] Lu G P, Daniel W C H. Continuous stabilization controllers for singular bilinear systems: The state feedback case. Automatica, 2006, 42(2): 309-314.

[9] Xie Y F, Jiang Z H, Gui W H, et al. Decentralized robust delay-dependent stabilization for singular large scale systems based on descriptor output feedback. Prcoceedings of the 6th World Congress on Control and Automation, 2006: 1191-1195.

[10] Hale J K, Verduyn-Lunel S M. Introduction to Functional Differential Equations. New York: Springer-Verlag, 1993.

[11] 史国栋, 沃松林, 邹云. 一类关联时滞广义大系统的稳定性与分散镇定. 南京理工大学学报, 2006, 30(1): 70-75.

[12] Lee Y S, Moon Y S, Kwon W H, et al. Delay-dependent robust H_∞ control for uncertain systems with a state-delay. Automatic, 2004, 40 (1): 65-72.

[13] Petersen I R. A stabilization algorithm for a class of uncertain linear systems. Systems & Control Letters, 1987, 8(4): 351-357.

[14] Gahinet P, Apkarian P. A linear matrix inequality approach to H_∞ control. International Journal of Robust Nonlinear Control, 2010, 4(4): 421-448.

[15] 俞立. 鲁棒控制——线性矩阵不等式处理方法. 北京: 清华大学出版社, 2002.

[16] 桂卫华, 蒋朝辉, 谢永芳. 基于广义输出反馈的奇异大系统分散鲁棒 H_∞控制. 系统工程与电子技术, 2006, 28(5): 736-740.

[17] Zhai G S, Ikeda M, Fujisaki Y. Decentralized H_∞ controller design: A matrix inequality approach using a homotopy method. Automatica, 2001, 37(4): 565-572.

[18] Wang Y, Bernstein D S, Watson L T. Probability-one homotopy algorithms for solving the coupled Lyapunov equations arising in reduced-order H_2/H_∞ modeling, estimation, and control. Applied Mathematics and Computation, 2001, 123(2): 155-185.
[19] 蒋朝辉, 桂卫华, 谢永芳. 数值界不确定性奇异大系统分散鲁棒 H_∞广义输出反馈控制. 信息与控制, 2006, 35(1): 47-54.
[20] Cao Y Y, Sun Y X, Lam J. Delay dependent robust H_∞ control for uncertain systems with time varying delays. IEEE Proceedings of Control Theory Applications, 1998, 143(3): 338-344.

第 8 章　分散鲁棒控制理论的应用

本章介绍分散鲁棒控制理论在实验室和实际问题中应用的两个例子，以分散鲁棒镇定和分散 H_∞ 控制理论的具体应用为主要内容。这些应用例子反映了分散鲁棒控制理论的应用研究成果，从一个侧面体现了分散鲁棒控制的有效性。在介绍这些应用例子时，主要侧重于如何把实际的控制问题转换成能够应用理论来进行求解的标准问题，也就是应用理论来解决实际问题的基本方法。至于标准问题的求解，则可以根据理论研究的成果，借助于 MATLAB 等商业软件进行。

8.1　电力系统的分散鲁棒控制

电力系统的研究经过了较为漫长的历史阶段[1-3]，随着以大机组、超高压电网为特点的现代大规模电力系统的迅速发展，以及各种新技术的广泛使用，电网结构日趋复杂，电力系统的安全稳定运行面临着严峻考验[4-7]；同时，系统的动态特性对控制作用的要求也越来越高。因此，设计性能优良的控制器，改善电力系统，尤其是大型电力系统的稳定性和运行性能就成为电力系统的重要课题。

现代电力系统是典型的复杂非线性大系统[8]，整个系统在地理位置上分布广泛，各控制站之间实时信息交换不但成本高而且受到很多限制，因此如何按照实际控制站的地理位置进行分散控制成为目前电力系统控制研究所面临的紧迫任务。分散控制是在大系统理论的研究中提出的区别于传统集中控制的概念，要求在大系统中限定各局部控制器只反馈本地可观测量，同时使系统的总体性能达到一定的指标。与集中控制相比，分散控制成本低，易于实现，但需要在信息受限的情况下改善全系统的控制性能，在一定程度上达到集中控制所能够达到的控制目的，因而控制难度明显增大。在电力系统控制的早期阶段，控制器的设计主要基于电力系统的简化模型，往往只考虑单机局部系统。随着研究的深入，研究人员开始从大系统的角度分析电力系统的分散控制问题。近十多年来，为克服传统线性控制方法的不足，一些新的控制手段，如反馈线性化方法、分散控制方法等在电力系统控制中获得了大量的研究[9-14]。这些新方法、新手段的引入提高了电力系统的控制水平，同时也给电力系统分散控制带来了许多新的研究问题。另外，电力系统是一个复杂的动态系统，系统中时刻存在着各种各样的扰动，如大干扰、小干扰、故障、负荷变化等。因此设计电力系统抗干扰的分散控制器也是十分重要的[15-17]，这里利用前面的分散控制理论来研究大型电力系统的分散镇定和一种能够有效抑制扰动影响的分散控制方案。

8.1.1 模型描述

1. 多机电力系统励磁控制模型

电力系统励磁控制设计的数学模型可简单地按单轴与多轴、线性与非线性、单机与多机进行划分。经典的三阶单轴设计模型认为同步发电机在暂态过程中具有“单一轴”的动态特性，从而简化了控制器的设计[2, 3]，但这种假设只是对水轮机组近似成立，对汽轮机组相差甚远。线性模型只能较好地反映系统特定工况附近的动态特性，而非线性模型大多需要通过状态变换或反馈补偿化为线性系统，但状态变换或反馈补偿中都包含机组输出电流或等价量的微分信息，如果考虑发电机交直轴参数不对称情况，微分操作可能导致控制器本身不能稳定工作，从而无法应用。单机模型包括常见的单机——无穷大系统和另一类“准单机模型”情况：在多机环境下设计局部控制器时，假设其他部分机组的状态变量恒定，从而使设计只是基于单一机组的孤立动态。近来，从另外的角度对电力系统的研究采用了更加切合实际的多机模型，多机模型分为隐式和显式两类：前者指用非线性反馈补偿率中包含的本地可测的边界信号(如端电压、电流和功率等)来反映机组间的关联影响，后者指设计模型中显含机组状态量的耦合作用，主要在小范围线性化模型中得到应用。

考虑一个 N 机组的电力系统，同步发电机采用三阶单轴模型，在一些标准的假设之下，相互关联的发电机可以由一些具有衰减潮流的传统模型表示。在此模型中，发电机建模成位于直接轴向暂态电抗之后的电压，电压的功角与机械功角一致且与同步转动框架相关。当电网简化成内母线的表达式时，如果不考虑时滞的影响，则第 i 个具有发电机励磁控制的无损发电机组的模型如下。

机械运动方程

$$\dot{\delta}_i(t)=\omega_i(t) \tag{8.1}$$

$$\dot{\omega}_i(t)=-\frac{D_i}{2H_i}\omega_i(t)+\frac{\omega_0}{2H_i}\left[P_{mi0}-P_{ei}(t)\right] \tag{8.2}$$

发电机电磁动态方程

$$\dot{E}'_{qi}(t)=\frac{1}{T'_{d0i}}\left(E_{fi}(t)-E_{qi}(t)\right) \tag{8.3}$$

式中，$\delta_i(t)$ 为第 i 个发电机的功角(rad)；$\omega_i(t)$ 为第 i 个发电机的相对转速(rad/s)；ω_0 为同步角频率(rad/s)；D_i 为第 i 个发电机的单位阻尼系数；H_i 为第 i 个发电机

的单位惯性常数；$P_{ei}(t)$ 为第 i 个发电机的电磁功率标幺值；P_{mi0} 是机械输入功率，为常数；$E'_{qi}(t)$ 为第 i 个发电机的 q 轴暂态电动势的标幺值；$E_{qi}(t)$ 为第 i 个发电机 q 轴电动势的标幺值；$E_{fi}(t)$ 为励磁绕组等值电动势标幺值；T'_{d0i} 为 d 轴暂态短路时间常数(s)。

电磁方程

$$E_{qi}(t) = E'_{qi}(t) + \left(x_{di} - x'_{di}\right) I_{di}(t) \tag{8.4}$$

$$E_{fi}(t) = k_{ci} u_{fi}(t) \tag{8.5}$$

$$P_{ei}(t) = \sum_{j=1}^{N} E'_{qi}(t) E'_{qj}(t) Y'_{ij} \sin\left(\delta_{ij}(t)\right) \tag{8.6}$$

$$Q_{ei}(t) = -\sum_{j=1}^{N} E'_{qi}(t) E'_{qj}(t) Y'_{ij} \cos\left(\delta_{ij}(t)\right) \tag{8.7}$$

$$I_{di}(t) = \sum_{j=1}^{N} E'_{qj}(t) Y'_{ij} \cos\left(\delta_{ij}(t)\right) = -\frac{Q_{ei}}{E'_{qi}(t)} \tag{8.8}$$

$$I_{qi}(t) = \sum_{j=1}^{N} E'_{qj}(t) Y'_{ij} \sin\left(\delta_{ij}(t)\right) = \frac{P_{ei}}{E'_{qi}(t)} \tag{8.9}$$

$$E_{qi}(t) = x_{adi} I_{fi}(t) \tag{8.10}$$

式中，x_{di} 与 x'_{di} 分别表示第 i 个发电机的 d 轴电抗与暂态电抗标幺值；$I_{di}(t)$ 为第 i 个发电机的 d 轴电流标幺值；$u_{fi}(t)$ 为励磁调节器的输出电压；$I_{qi}(t)$ 为第 i 个发电机的 q 轴电流标幺值；$Q_{ei}(t)$ 为第 i 个发电机无功功率的标幺值；$\delta_{ij}(t) = \delta_i(t) - \delta_j(t)$ 表机组 i 、j 间的功角差；Y'_{ij} 是删除所有物理母线后位于系统内部节点的导纳矩阵的第 i 行第 j 列元素。

在这个系统模型下，控制器的设计多数考虑的是励磁控制，近来多样的控制装置被用来增强电力系统的稳定性能。这里仅以如图 8.1 所示的可控硅定位转换器(TCPS)装置为例，考虑励磁与 TCPS 共同控制的方法。

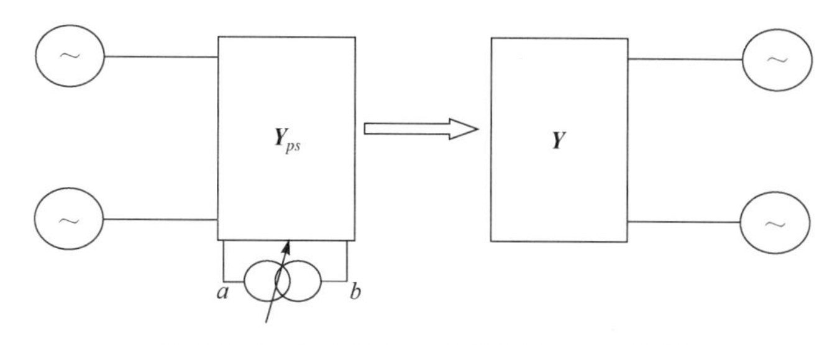

图 8.1　装在多机电力系统中的 TCPS 装置

TCPS 的动力学方程为

$$\varphi(t)=\frac{1}{T_p}\left(-\varphi(t)+\varphi_0+k_p\mu_p(t)\right) \tag{8.11}$$

式中，$\varphi(t)$ 为 TCPS 的相位转换角；φ_0 为在运行点处的 TCPS 的相位转换角；k_p 为 TCPS 控制系统的增益；$\mu_p(t)$ 为 TCPS 控制系统的输入；T_p 为 TCPS 控制系统的时间常数。网络导纳矩阵的相关元素为

$$Y_{11}=Y_{11}'+\frac{1}{k^2Z_{12}},\quad Y_{22}=Y_{22}'+\frac{1}{Z_{12}},\quad Y_{12}=-\frac{\mathrm{e}^{-\mathrm{j}\varphi}}{kZ_{12}},\quad Y_{21}=-\frac{\mathrm{e}^{-\mathrm{j}\varphi}}{kZ_{12}}$$

图 8.1 中 Y 为删去其他节点，仅剩下第 n 个发电机内节点的导纳矩阵，这是假设了 TCPS 阻尼控制装置在初始时刻没有连接在系统中。$\boldsymbol{Y}_{ps}$ 是系统的初始导纳矩阵，连接 a、b 两个节点设置了一个 TCPS 装置

$$\boldsymbol{Y}_{ps}=\begin{bmatrix}\boldsymbol{Y}_K & \boldsymbol{Y}_L\\ \boldsymbol{Y}_{LT} & \boldsymbol{Y}_M\end{bmatrix}$$

式中

$$\boldsymbol{Y}_K=\begin{bmatrix}Y_{aa}(k,\varphi) & Y_{ab}(k,\varphi)\\ Y_{ba}(k,\varphi) & Y_{bb}(k,\varphi)\end{bmatrix}$$

为 TCPS 接入系统时的导纳矩阵。

从上面模型可以看出，多机电力系统通过传输网络具有强非线性、强互联的特征。为了消除非线性性，通常采用直接反馈线性化方法(DFL)。下面利用 DFL 建立多机系统分散控制模型。为此，首先微分式(8.6)中的第 i 个发电机的电磁功率消去发电机电磁动态方程中的 $E_{qi}'(t)$，有

$$\begin{aligned}\dot{P}_{ei}(t)&=\sum_{j=1}^{N}\dot{E}_{qi}'(t)E_{qj}'(t)Y_{ij}'\sin\left(\delta_{ij}(t)\right)+\sum_{j=1}^{N}E_{qi}'(t)\dot{E}_{qj}'(t)Y_{ij}'\sin\left(\delta_{ij}(t)\right)\\&\quad+\sum_{j=1}^{N}E_{qi}'(t)E_{qj}'(t)Y_{ij}'\cos\left(\delta_{ij}(t)\right)\omega_{ij}(t)\\&=\dot{E}_{qi}'(t)I_{qi}(t)+\sum_{j=1}^{N}E_{qi}'(t)\dot{E}_{qj}'(t)Y_{ij}'\sin\left(\delta_{ij}(t)\right)+\sum_{j=1}^{N}E_{qi}'(t)E_{qj}'(t)Y_{ij}'\cos\left(\delta_{ij}(t)\right)\omega_{ij}(t)\end{aligned}$$

由式(8.7)有

$$\begin{aligned}&E_{qi}'(t)\sum_{j=1}^{N}E_{qj}'(t)Y_{ij}'\cos\left(\delta_{ij}(t)\right)\omega_{ij}(t)\\&=E_{qi}'(t)\sum_{j=1}^{N}E_{qj}'(t)Y_{ij}'\cos\left(\delta_{ij}(t)\right)\omega_i(t)-E_{qi}'(t)\sum_{j=1}^{N}E_{qj}'(t)Y_{ij}'\cos\left(\delta_{ij}(t)\right)\omega_j(t)\\&=-Q_{ei}(t)\omega_i(t)-E_{qi}'(t)\sum_{j=1}^{N}E_{qj}'(t)Y_{ij}'\cos\left(\delta_{ij}(t)\right)\omega_j(t)\end{aligned}$$

于是

$$\dot{P}_{ei}(t)=\dot{E}'_{qi}(t)I_{qi}(t)-Q_{ei}(t)\omega_i(t)+\sum_{j=1}^{N}E'_{qi}(t)\dot{E}'_{qj}(t)Y'_{ij}\sin\left(\delta_{ij}(t)\right)$$
$$-E'_{qi}(t)\sum_{j=1}^{N}E'_{qi}(t)Y'_{ij}\cos\left(\delta_{ij}(t)\right)\omega_j(t)$$

由式(8.3)和式(8.4)得

$$\begin{aligned}\dot{P}_{ei}(t)&=\frac{1}{T'_{d0i}}\left[E_{fi}(t)-E'_{qi}(t)+\left(x_{di}-x'_{di}\right)I_{di}(t)\right]I_{qi}(t)-Q_{ei}(t)\omega_i(t)\\&\quad+\sum_{j=1}^{N}E'_{qi}(t)\dot{E}'_{qj}(t)Y'_{ij}\sin\left(\delta_{ij}(t)\right)-E'_{qi}(t)\sum_{j=1}^{N}E'_{qj}(t)Y'_{ij}\cos\left(\delta_{ij}(t)\right)\omega_j(t)\\&=\frac{1}{T'_{d0i}}\left\{\left[E_{fi}(t)+\left(x_{di}-x'_{di}\right)I_{di}(t)\right]I_{qi}(t)-P_{ei}(t)\right\}-Q_{ei}(t)\omega_i(t)\\&\quad+\sum_{j=1}^{N}E'_{qi}(t)\dot{E}'_{qj}(t)Y'_{ij}\sin\left(\delta_{ij}(t)\right)-E'_{qi}(t)\sum_{j=1}^{N}E'_{qj}(t)Y'_{ij}\cos\left(\delta_{ij}(t)\right)\omega_j(t)\end{aligned}$$

令 $\Delta P_{ei}(t)=P_{ei}(t)-P_{mi0}$，有

$$\begin{aligned}\Delta\dot{P}_{ei}(t)&=\frac{1}{T'_{d0i}}\left\{\left[E_{fi}(t)+\left(x_{di}-x'_{di}\right)I_{di}(t)\right]I_{qi}(t)-\Delta P_{ei}(t)-P_{mi0}\right\}-Q_{ei}(t)\omega_i(t)\\&\quad+\sum_{j=1}^{N}E'_{qi}(t)\dot{E}'_{qj}(t)Y'_{ij}\sin\left(\delta_{ij}(t)\right)-E'_{qi}(t)\sum_{j=1}^{N}E'_{qj}(t)Y'_{ij}\cos\left(\delta_{ij}(t)\right)\omega_j(t)\\&=\frac{1}{T'_{d0i}}\left\{\left[k_{ci}u_{fi}(t)+\left(x_{di}-x'_{di}\right)I_{di}(t)\right]I_{qi}(t)-P_{mi0}-\Delta P_{ei}(t)\right\}-Q_{ei}(t)\omega_i(t)\\&\quad+\sum_{j=1}^{N}E'_{qi}(t)\dot{E}'_{qj}(t)Y'_{ij}\sin\left(\delta_{ij}(t)\right)-E'_{qi}(t)\sum_{j=1}^{N}E'_{qj}(t)Y'_{ij}\cos\left(\delta_{ij}(t)\right)\omega_j(t)\end{aligned}\tag{8.12}$$

令

$$v_{fi}(t)=k_{ci}u_{fi}(t)I_{qi}(t)+\left(x_{di}-x'_{di}\right)I_{di}(t)I_{qi}(t)-P_{mi0}-T'_{d0i}Q_{ei}(t)\omega_i(t)$$

则

$$\begin{aligned}\Delta\dot{P}_{ei}(t)&=-\frac{1}{T'_{d0i}}\Delta P_{ei}(t)+\frac{1}{T'_{d0i}}v_{fi}(t)+\sum_{j=1}^{N}E'_{qi}(t)\dot{E}'_{qj}(t)Y'_{ij}\sin\left(\delta_{ij}(t)\right)\\&\quad-E'_{qi}(t)\sum_{j=1}^{N}E'_{qj}(t)Y'_{ij}\cos\left(\delta_{ij}(t)\right)\omega_j(t)\end{aligned}\tag{8.13}$$

于是式(8.1)～式(8.3)可以改为

$$\dot{\delta}_i(t)=\omega_i(t)\tag{8.14}$$

$$\dot{\omega}_i(t)=-\frac{D_i}{2H_i}\omega_i(t)+\frac{\omega_0}{2H_i}\left[P_{mi0}-P_{ei}(t)\right]\tag{8.15}$$

$$\begin{aligned}\Delta\dot{P}_{ei}(t)=&-\frac{1}{T'_{d0i}}\Delta P_{ei}(t)+\frac{1}{T'_{d0i}}v_{fi}(t)+\sum_{j=1}^{N}E'_{qi}(t)\dot{E}'_{qj}(t)Y'_{ij}\sin\left(\delta_{ij}(t)\right)\\&-E'_{qi}(t)\sum_{j=1}^{N}E'_{qj}(t)Y'_{ij}\cos\left(\delta_{ij}(t)\right)\omega_j(t)\end{aligned}\tag{8.16}$$

而运动补偿器可以由一个隐式方程给出

$$u_{fi}(t)=\frac{1}{k_{ci}I_{qi}(t)}\left[v_{fi}(t)-\left(x_{di}-x'_{di}\right)I_{di}(t)I_{qi}(t)+P_{mi0}+T'_{d0i}Q_{ei}(t)\omega_i(t)\right]\tag{8.17}$$

需要说明以下两点：①变量 $P_{ei}(t)$、$Q_{ei}(t)$、$I_{fi}(t)$ 在系统中是可以测量的，从式(8.8)和式(8.9)可以看出 $P_{ei}=E'_{qi}(t)I_{qi}(t)$，$Q_{ei}=E'_{qi}(t)I_{di}(t)$，变量 $I_{qi}(t)$ 和 $I_{di}(t)$ 可以由式(8.4)和式(8.10)计算。变量 $\omega_i(t)$ 和功角 $\delta_i(t)$ 都是可量测的。显然，除了 $I_{qi}(t)=0$ 的区域，这个补偿器都是由定义的。②由于在控制器中没有其他子系统的信息，这个运动补偿器是一个分散控制器。

为了便于分析，将式(8.14)～式(8.16)写成一个一般形式的关联系统

$$\begin{aligned}\dot{\boldsymbol{x}}_i(t)=&\left[\boldsymbol{A}_i+\Delta\boldsymbol{A}_i(t)\right]\boldsymbol{x}_i(t)+\left[\boldsymbol{B}_i+\Delta\boldsymbol{B}_i(t)\right]v_{fi}(t)\\&+\sum_{j=1}^{N}\left\{q_{1ij}\left[\boldsymbol{A}_{1ij}+\Delta\boldsymbol{A}_{1ij}(t)\right]\boldsymbol{g}_{1ij}\left(\boldsymbol{x}_i,\boldsymbol{x}_j\right)\right\}\\&+\sum_{j=1}^{N}\left\{q_{2ij}\left[\boldsymbol{A}_{2ij}+\Delta\boldsymbol{A}_{2ij}(t)\right]\boldsymbol{g}_{2ij}\left(\boldsymbol{x}_i,\boldsymbol{x}_j\right)\right\}\end{aligned}\tag{8.18}$$

式中

$$\boldsymbol{A}_i=\begin{bmatrix}0&1&0\\0&\dfrac{-D_i}{2H_i}&-\dfrac{\omega_o}{2H_i}\\0&0&-\dfrac{1}{T'_{d0i}}\end{bmatrix},\quad\boldsymbol{B}_i=\begin{bmatrix}0\\0\\\dfrac{1}{T'_{d0i}}\end{bmatrix},\quad\boldsymbol{A}_{1ij}=\boldsymbol{A}_{2ij}=\begin{bmatrix}0\\0\\0\end{bmatrix}$$

$$g_{1ij}=\sin\left(\delta_i(t)-\delta_j(t)\right),\quad g_{2ij}=\omega_j(t)$$

不确定性的参数取为

$$\Delta\boldsymbol{A}_i=\begin{bmatrix}0&0&0\\0&0&0\\0&0&\mu_i(t)\end{bmatrix},\quad\Delta\boldsymbol{B}_i=\begin{bmatrix}0\\0\\-\mu_i(t)\end{bmatrix},\quad\Delta\boldsymbol{A}_{1ij}=\begin{bmatrix}0\\0\\\gamma_{1ij}(t)\end{bmatrix},\quad\Delta\boldsymbol{A}_{2ij}=\begin{bmatrix}0\\0\\\gamma_{2ij}(t)\end{bmatrix}$$

式中

$$\mu_i(t)=\frac{1}{T'_{d0i}}-\frac{1}{T'_{d0i}+\Delta T'_{d0i}},\quad \gamma_{1ij}(t)=E'_{qi}(t)\dot{E}'_{qj}(t)Y'_{ij}$$

$$\gamma_{2ij}(t)=-E'_{qi}(t)E'_{qj}(t)Y'_{ij}\cos\left(\delta_{ij}(t)\right)$$

这显然是 n 个孤立子系统通过非线性关联构成的一个关联系统。其中 $\boldsymbol{x}_i=\begin{bmatrix}\delta_i(t)\\ \omega_i(t)\\ \Delta P_{ei}(t)\end{bmatrix}\in\mathbf{R}^3$ 表示系统状态变量，v_{fi} 为系统的控制输入。$\boldsymbol{A}_i$、$\boldsymbol{B}_i$、$\boldsymbol{A}_{1ij}$、$\boldsymbol{A}_{2ij}$ 是具有相应维数的常数矩阵，$\Delta\boldsymbol{A}_i(t)$、$\Delta\boldsymbol{B}_i(t)$、$\Delta\boldsymbol{A}_{1ij}(t)$、$\Delta\boldsymbol{A}_{2ij}(t)$ 为实值、时变不确定参数，非线性未知向量函数 $\boldsymbol{g}_{1ij}\left(\boldsymbol{x}_i,\boldsymbol{x}_j\right)\in\mathbf{R}^{I_{1j}}$ 和 $\boldsymbol{g}_{2ij}\left(\boldsymbol{x}_i,\boldsymbol{x}_j\right)\in\mathbf{R}^{I_{2j}}$ 表示第 i 个子系统中的非线性和其他子系统对其的影响。如果一个子系统是无穷大母线，则关联项中的 $q_{1ij}=q_{2ij}=0$。

对于不确定参数，这里假设它们存在着如下匹配关系：

$$\left[\Delta\boldsymbol{A}_i(t)\quad \Delta\boldsymbol{B}_i(t)\right]=\boldsymbol{L}_i\boldsymbol{F}_i(t)\left[\boldsymbol{E}_{i1}\quad \boldsymbol{E}_{i2}\right]$$

$$\Delta\boldsymbol{A}_{1ij}(t)=\boldsymbol{L}_{1ij}\boldsymbol{F}_{1ij}(t)\boldsymbol{E}_{1ij}$$

$$\Delta\boldsymbol{A}_{2ij}(t)=\boldsymbol{L}_{2ij}\boldsymbol{F}_{2ij}(t)\boldsymbol{E}_{2ij}$$

式中，$\boldsymbol{F}_i(t)$、$\boldsymbol{F}_{1ij}(t)$、$\boldsymbol{F}_{2ij}(t)$ 为相应维数的矩阵，它们的元素都是 Lebesgue 可测的函数，且满足 $\boldsymbol{F}_i^{\mathrm{T}}(t)\boldsymbol{F}_i(t)\leqslant\boldsymbol{I}_i$、$\boldsymbol{F}_{1ij}(t)\boldsymbol{F}_{1ij}^{\mathrm{T}}(t)\leqslant\boldsymbol{I}_{1ij}$、$\boldsymbol{F}_{2ij}(t)\boldsymbol{F}_{2ij}^{\mathrm{T}}(t)\leqslant\boldsymbol{I}_{2ij}$、$\boldsymbol{E}_1$、$\boldsymbol{E}_2$、$\boldsymbol{E}_{1ij}$、$\boldsymbol{E}_{2ij}$、$\boldsymbol{L}_i$、$\boldsymbol{L}_{1ij}$、$\boldsymbol{L}_{2ij}$ 均为具有适当维数的已知矩阵。

关于关联项非线性部分，假设存在着常数矩阵 $\bar{\boldsymbol{W}}_{1i}$、$\bar{\boldsymbol{W}}_{2i}$、$\boldsymbol{W}_{1ij}$、$\boldsymbol{W}_{2ij}$，使得

$$\left\|\boldsymbol{g}_{1ij}\left(\boldsymbol{x}_i,\boldsymbol{x}_j\right)\right\|\leqslant\left\|\bar{\boldsymbol{W}}_{1i}\boldsymbol{x}_i\left(t\right)\right\|+\left\|\boldsymbol{W}_{1ij}\boldsymbol{x}_j\left(t\right)\right\|,\quad \left\|\boldsymbol{g}_{2ij}\left(\boldsymbol{x}_i,\boldsymbol{x}_j\right)\right\|\leqslant\left\|\bar{\boldsymbol{W}}_{2i}\boldsymbol{x}_i\left(t\right)\right\|+\left\|\boldsymbol{W}_{2ij}\boldsymbol{x}_j\left(t\right)\right\|$$

对所有 $i=1,2,\cdots,n$，所有 $t\geqslant 0$ 和所有状态变量 $\boldsymbol{x}_i$、$\boldsymbol{x}_j$ 成立。

对于不确定性的限制为

$$\boldsymbol{L}_i=\begin{bmatrix}0 & 0 & \left|\mu_i(t)\right|_{\max}\end{bmatrix}^{\mathrm{T}},\quad \boldsymbol{F}_i(t)=\begin{bmatrix}0 & 0 & \dfrac{\mu_i(t)}{\left|\mu_i(t)\right|_{\max}}\end{bmatrix}^{\mathrm{T}},\quad \boldsymbol{E}_{1i}=\begin{bmatrix}1 & 0 & 0\\ 0 & 1 & 0\\ 0 & 0 & 1\end{bmatrix}$$

$$\boldsymbol{E}_{2i}=\begin{bmatrix}0\\ 0\\ -1\end{bmatrix},\quad \boldsymbol{L}_{kij}=\begin{bmatrix}0\\ 0\\ \left|\gamma_{kij}(t)\right|_{\max}\end{bmatrix},\quad \boldsymbol{F}_{kij}(t)=\begin{bmatrix}\dfrac{\gamma_{kij}(t)}{\left|\gamma_{kij}(t)\right|_{\max}}\end{bmatrix},\quad \boldsymbol{E}_{kij}=1,\quad \bar{\boldsymbol{W}}_{1i}=\begin{bmatrix}1 & 0 & 0\end{bmatrix}$$

$$\boldsymbol{W}_{1ij}=\begin{bmatrix}1 & 0 & 0\end{bmatrix},\quad \bar{\boldsymbol{W}}_{2i}=\begin{bmatrix}0 & 1 & 0\end{bmatrix},\quad \boldsymbol{W}_{2ii}=\begin{bmatrix}0 & 0 & 0\end{bmatrix},\quad \boldsymbol{W}_{2ij}=\begin{bmatrix}0 & 1 & 0\end{bmatrix}$$

在此多机电力系统中反馈控制器设为 $v_{fi}(t)=-\boldsymbol{K}_i\boldsymbol{x}_i(t)$，由

$$u_{fi}(t)=\frac{1}{k_{ci}I_{qi}}\left[v_{fi}(t)-\left(x_{di}-x'_{di}\right)I_{di}(t)I_{qi}(t)+P_{mi0}+T'_{d0i}Q_{ei}(t)\omega_i(t)\right]$$

得

$$v_{fi}(t)=-K_{\delta i}\left[\delta_i(t)-\delta_{i0}\right]-K_{\omega i}\omega_i(t)-K_{P_{ei}}\left[P_{ei}(t)-P_{mi0}\right]$$

式中，$\begin{bmatrix}K_{\delta i} & K_{\omega i} & K_{P_{ei}}\end{bmatrix}=-\boldsymbol{R}_i^{-1}\left(\boldsymbol{B}_i^{\mathrm{T}}\boldsymbol{P}_i+\boldsymbol{E}_{2i}^{\mathrm{T}}\boldsymbol{E}_{1i}\right)$。

在此励磁控制的基础上再考虑 TCPS 控制，得到另外一个控制器，在两个控制器的共同作用下，系统可以更容易地被镇定。TCPS 的控制为$u_p=-\boldsymbol{K}\tilde{\boldsymbol{x}}(t)$，其中$\boldsymbol{K}=\begin{bmatrix}\boldsymbol{K}_1 & \boldsymbol{K}_2\end{bmatrix}$，$\tilde{\boldsymbol{x}}(t)=\left[\Delta\varphi(t),\ \omega_L(t)\right]$，$\Delta\varphi(t)=\varphi(t)-\varphi_0$。参数取为$T_p=0.05\mathrm{s}$，$k_p=1$。

如果考虑时滞情况，假设由于不同机组关联而产生的时滞为常数$\tau>0$，关联项上应该有$\boldsymbol{g}_{1ij}=\sin\left(\delta_i(t)-\delta_j(t-\tau)\right)$，$\boldsymbol{g}_{2ij}=\omega_j(t-\tau)$。于是，关联系统(8.18)便是一个时滞非线性不确定大系统。

2. 三机时滞电力系统模型

在研究电力系统的稳定性时，三机电力系统经常被作为验证控制策略的特例。三机电力系统由相互关联的两个机组和一个作为无穷大母线的机组构成，整个系统如图 8.2 所示。

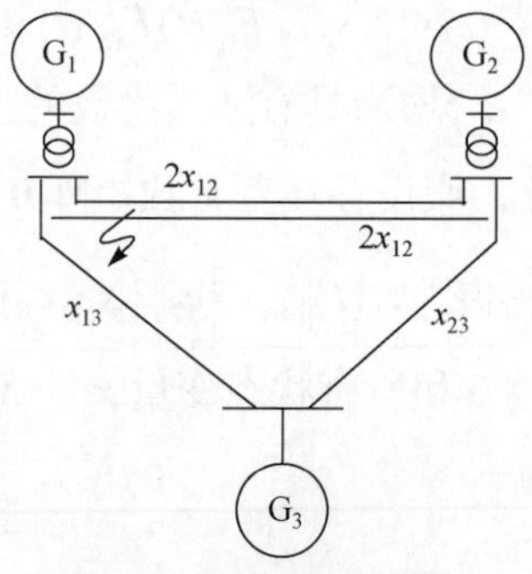

图 8.2　三机电力系统

图 8.2 中，G_1 和 G_2 关联，机组 G_3 作为无穷大母线。在考虑发电机 G_1 与 G_2 关联时，假设它们之间关联信号的传递存在着常数时滞$\tau>0$，于是得到的电力系统模型为如下的非线性不确定关联系统

$$\begin{aligned}\dot{\boldsymbol{x}}_1(t)=&\left(\boldsymbol{A}_1+\Delta\boldsymbol{A}_1\right)\boldsymbol{x}_1(t)+\left(\boldsymbol{B}_1+\Delta\boldsymbol{B}_1\right)v_{f1}(t)+\Delta\boldsymbol{A}_{112}\sin\left(\delta_1(t)-\delta_2(t-\tau)\right)\\&+\Delta\boldsymbol{A}_{211}\omega_1(t)+\Delta\boldsymbol{A}_{212}\omega_2(t-\tau)\end{aligned}\tag{8.19}$$

$$\begin{aligned}\dot{\boldsymbol{x}}_2(t)=&\left(\boldsymbol{A}_2+\Delta\boldsymbol{A}_2\right)\boldsymbol{x}_2(t)+\left(\boldsymbol{B}_2+\Delta\boldsymbol{B}_2\right)v_{f2}(t)+\Delta\boldsymbol{A}_{121}\sin\left(\delta_1(t-\tau)-\delta_2(t)\right)\\&+\Delta\boldsymbol{A}_{221}\omega_1(t-\tau)+\Delta\boldsymbol{A}_{222}\omega_2(t)\end{aligned}\tag{8.20}$$

式中，分散控制器选择状态反馈

$$v_{f1}=a_1\left[\delta_1(t)-\delta_{10}\right]+b_1\omega_1(t)+c_1\left[P_{e1}(t)-P_{m10}\right]$$

$$v_{f2}=a_2\left[\delta_2(t)-\delta_{20}\right]+b_2\omega_2(t)+c_2\left[P_{e2}(t)-P_{m20}\right]$$

它们可以从非线性反馈

$$u_{f1}(t)=\frac{1}{K_{c1}I_{q1}}\left[v_{f1}(t)-\left(x_{d1}-x'_{d1}\right)I_{di}(t)I_{q1}(t)+P_{m10}+T'_{d01}Q_{e1}(t)\omega_1(t)\right]$$

$$u_{f2}(t)=\frac{1}{K_{c2}I_{q2}}\left[v_{f2}(t)-\left(x_{d2}-x'_{d2}\right)I_{d2}(t)I_{q2}(t)+P_{m20}+T'_{d02}Q_{e2}(t)\omega_2(t)\right]$$

中解出。

8.1.2　二机时滞电力系统的线性化和控制问题

1. 模型的建立

从 8.1.1 节可以看出，从多机系统直接简化而得到的三机电力系统是一个典型的复杂非线性系统，正如文献[14]所指出的，对于这种系统的反馈线性化是不容易实现的。

二机电力系统是研究中另外一个常常被考虑的特殊模型。二机电力系统中没有考虑作为无穷大母线的第三个机组，其连接方式如图 8.3 所示。

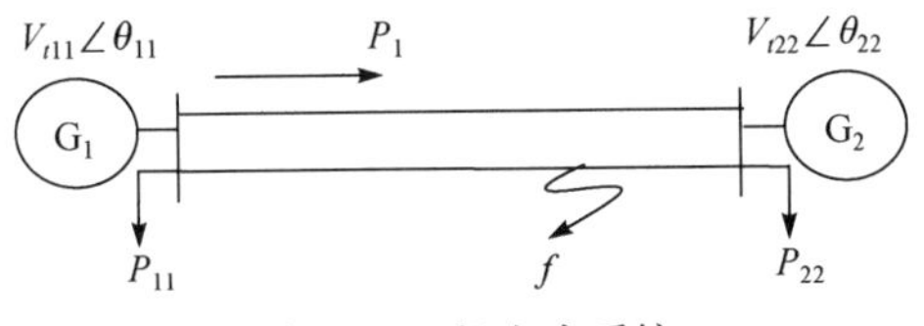

图 8.3　二机电力系统

传输系统用双层电路线表示。假设线抗和分流电容的影响忽略不计，发电机附近的两母线上有负载，故障点 f 位于与发电机 2 相近的 1/4 传输线上。则二机电力系统模型的动态方程为

$$\dot{\delta}_i(t)=\omega_i(t),\quad i=1,2 \tag{8.21}$$

$$\dot{\omega}_i(t)=-\frac{D_i}{2H_i}\omega_i(t)+\frac{\omega_0}{2H_i}\left[P_{mi0}-P_{ei}(t)\right],\quad i=1,2 \tag{8.22}$$

$$\dot{E}'_{qi}(t)=\frac{1}{T'_{d0i}}\left[E_{fi}(t)-E_{qi}(t)\right],\quad i=1,2 \tag{8.23}$$

式中

$$P_{ei}=\frac{E'_{q1}E'_{q2}}{X_1+x'_{d1}+x'_{d2}}\sin\left(\delta_i(t)-\delta_j(t)\right),\quad i,j=1,2,\ j\neq i$$

X_1 为传输线抗，$\delta_i(t)$ 为转角，T'_{d0i} 为 d 轴开电路暂态时间常数，$E'_{qi}(t)$ 为 q 轴暂态电压，$x'_{di}(t)$ 为 d 轴暂态电抗。这里系统电压取 $V_B = 500\text{kV}$，标称频率为 60Hz，$X_1 = 51\Omega,\ r = 0$。系统参数为 $V_{t11} = 1.1\text{pu}$，$V_{t22} = 1.0\text{pu}$，$\theta_{11} = 21.74°$，$\theta_{22} = 0°$，$P_{11} = 100\text{MW}$，$P_{22} = 3000\text{MW}$。假设它们之间关联信号的传递存在着常数时滞 $\tau > 0$，在操作点处取类似文献[15]中的线性化分散模型为

$$\begin{aligned}
&\dot{\delta}_1(t) = \omega_1(t)\\
&\dot{\omega}_1(t) = -23.25\delta_1(t) - 16.07E'_{q1}(t) + 23.50\delta_2(t-\tau) - 17.04E'_{q2}(t-\tau)\\
&\dot{E}'_{q1}(t) = -0.3467\delta_1(t) - 0.2802E'_{q1}(t) + 0.2E_{f1}(t) + 0.3412\delta_2(t-\tau)\\
&\qquad +0.0196E'_{q2}(t-\tau)
\end{aligned} \tag{8.24}$$

$$\begin{aligned}
&\dot{\delta}_2(t) = \omega_2(t)\\
&\dot{\omega}_2(t) = -26.75\delta_2(t) - 30.1E'_{q2}(t) + 27.05\delta_1(t-\tau) + 8.67E'_{q1}(t-\tau)\\
&\dot{E}'_{q2}(t) = -0.176\delta_2(t) - 0.3E'_{q2}(t) + 0.167E_{f2}(t) + 0.1719\delta_1(t-\tau)\\
&\qquad +0.1085E'_{q1}(t-\tau)
\end{aligned} \tag{8.25}$$

2. 二机时滞电力系统的分散镇定

若定义状态变量 $\boldsymbol{x}_1(t) = \begin{bmatrix}\delta_1(t) & \omega_1(t) & E'_{q1}(t)\end{bmatrix}^{\mathrm{T}}$，$\boldsymbol{x}_2(t) = \begin{bmatrix}\delta_2(t) & \omega_2(t) & E'_{q2}(t)\end{bmatrix}^{\mathrm{T}}$，控制变量 $\boldsymbol{u}_1(t) = \boldsymbol{E}_{f1}(t)$，$\boldsymbol{u}_2(t) = \boldsymbol{E}_{f2}(t)$，则式(8.24)与式(8.25)可写成如下矩阵形式：

$$\dot{\boldsymbol{x}}_i(t) = \boldsymbol{A}_i\boldsymbol{x}_i(t) + \boldsymbol{B}_i\boldsymbol{u}_i(t) + \sum_{j=1}^{2}\boldsymbol{A}_{ij}\boldsymbol{x}_j(t-\tau) \tag{8.26}$$

式中

$$\boldsymbol{A}_1 = \begin{bmatrix} 0 & 1 & 0\\ -23.25 & 0 & -16.07\\ -0.3467 & 0 & -0.2802\end{bmatrix},\quad \boldsymbol{B}_1 = \begin{bmatrix}0\\0\\0.2\end{bmatrix},\quad \boldsymbol{A}_{11} = \boldsymbol{0},\quad \boldsymbol{A}_{12} = \begin{bmatrix}0 & 0 & 0\\ 23.5 & 0 & -17.04\\ 0.3412 & 0 & 0.0196\end{bmatrix}$$

$$\boldsymbol{A}_2 = \begin{bmatrix} 0 & 1 & 0\\ -26.75 & 0 & -30.1\\ -0.176 & 0 & -0.3\end{bmatrix},\quad \boldsymbol{B}_2 = \begin{bmatrix}0\\0\\0.167\end{bmatrix},\quad \boldsymbol{A}_{21} = \begin{bmatrix}0 & 0 & 0\\ 27.05 & 0 & 8.67\\ 0.1719 & 0 & 0.1085\end{bmatrix},\quad \boldsymbol{A}_{22} = \boldsymbol{0}$$

直接考虑控制变量是由状态变量的反馈实现的，于是，设计控制器 $\boldsymbol{u} = \begin{bmatrix}\boldsymbol{u}_1 & \boldsymbol{u}_2\end{bmatrix}^{\mathrm{T}}$ 等于反馈增益矩阵与状态变量的乘积。根据第 3 章的定理 3.4，求解 LMIs(3.37)和 LMIs(3.38)可得电力系统(8.26)的分散状态反馈控制器为

$$\boldsymbol{u}_1(t) = \boldsymbol{K}_1\boldsymbol{x}_1(t),\quad \boldsymbol{u}_2(t) = \boldsymbol{K}_2\boldsymbol{x}_2(t) \tag{8.27}$$

这说明作为控制变量的励磁线圈等值电动势应该取为

$$\Delta E_{f1}(t)=\boldsymbol{K}_1\left[\Delta\delta_1\quad\Delta\omega_1\quad\Delta E'_{p1}\right]^{\mathrm{T}},\quad\Delta E_{f2}(t)=\boldsymbol{K}_2\left[\Delta\delta_2\quad\Delta\omega_2\quad\Delta E'_{p2}\right]^{\mathrm{T}}\tag{8.28}$$

才能保证系统在运行点上的稳定性，得到系统稳定性所允许的时滞上界为$\tau=2\mathrm{s}$。例如，在时滞为$\tau=1.2\mathrm{s}$时，可以得出控制器的增益矩阵为

$$\boldsymbol{K}_1=[1717.6903\quad 843.5747\quad -1444.3800]$$
$$\boldsymbol{K}_2=[\,1724.0700\quad 622.2807\quad -1219.2542\,]$$

对于二机系统(8.26)，当时滞为 1.2s 时，取各个状态的初始值均为 1，在没有控制的情况下系统状态如图 8.4 所示。

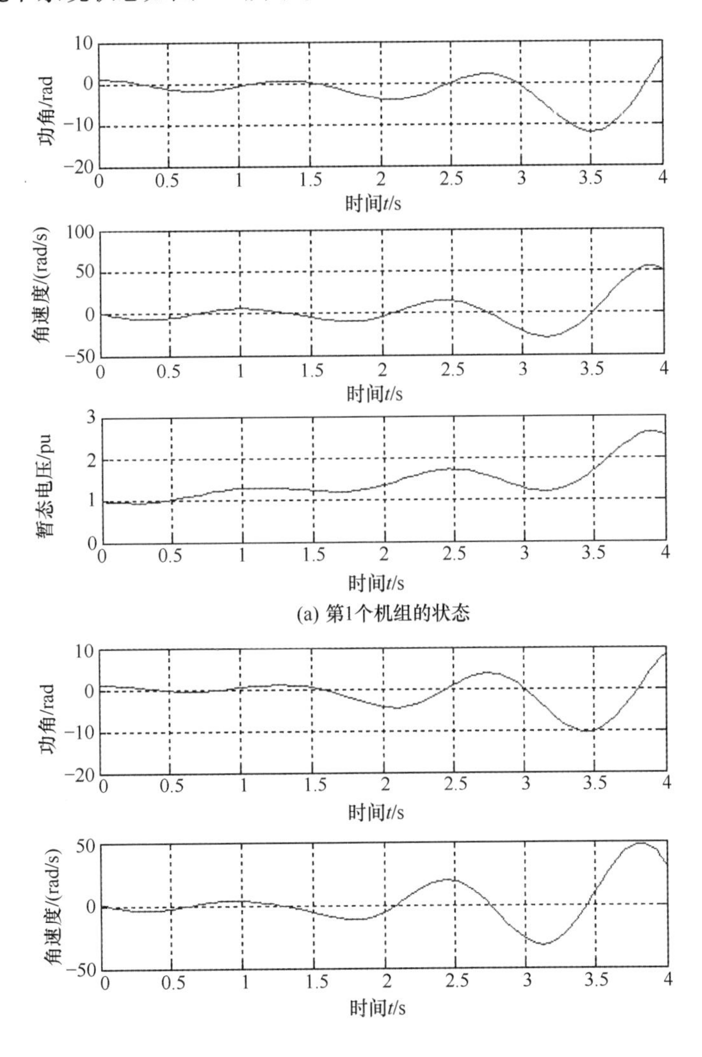

(a) 第1个机组的状态

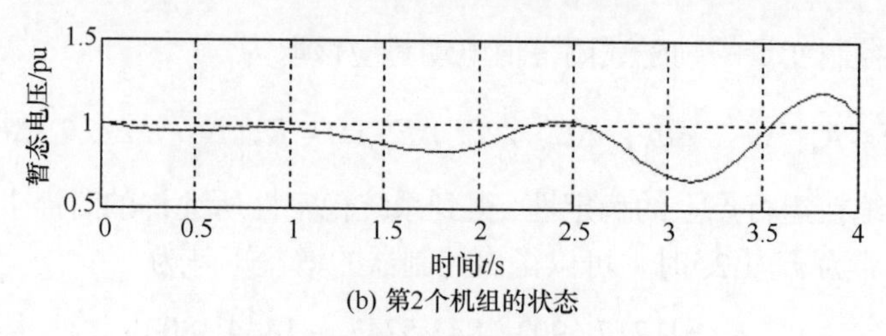

(b) 第2个机组的状态

图 8.4　二机系统未受控制时的系统状态

显然，没有受控的系统状态是不稳定的。在加以控制之后，系统各个状态如图 8.5 所示，可以看到系统各个状态趋于稳定。可见控制的镇定效果在前 8s 左右就已经达到，所以这里提出的控制方法是有效的。

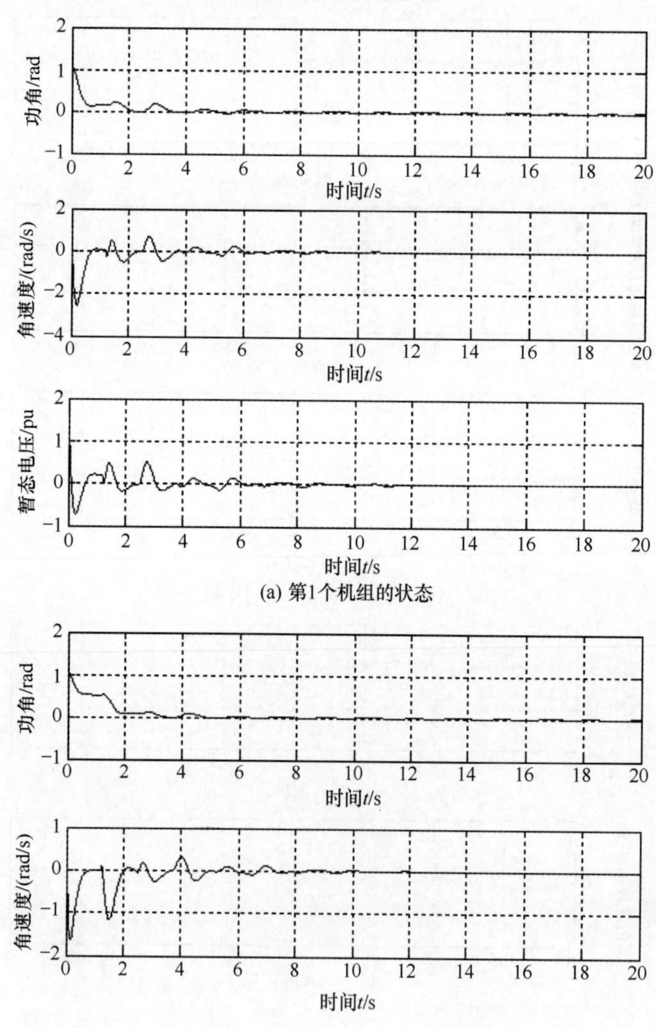

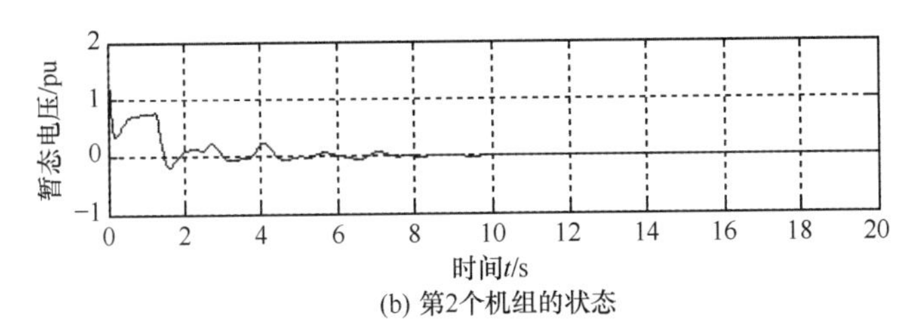

(b) 第2个机组的状态

图 8.5　二机系统在控制器作用之下各变量的稳定状态

3. 二机时滞电力系统的分散 H_∞控制

在系统(8.26)中考虑外部随机噪声和系统的控制输出，可以得到二机时滞电力系统的如下形式

$$\begin{aligned}\dot{\boldsymbol{x}}_i(t)&=\boldsymbol{A}_i\boldsymbol{x}_i(t)+\boldsymbol{B}_i\boldsymbol{u}_i(t)+\boldsymbol{E}_i\varpi_i(t)+\sum_{j=1}^{2}\boldsymbol{A}_{ij}\boldsymbol{x}_j(t-\tau)\\ z_i(t)&=\boldsymbol{C}_i\boldsymbol{x}_i(t)+\boldsymbol{D}_i\boldsymbol{u}_i(t)\end{aligned}\tag{8.29}$$

式中，$\varpi_i(t)\in\mathbf{R}$ 为平方可积的外部噪声扰动信号；$z_i(t)\in\mathbf{R}$ 为控制输出；$\boldsymbol{A}_i$、$\boldsymbol{B}_i$、$\boldsymbol{A}_{ij}$ $(i,j=1,2)$ 同系统(8.26)；其他参数取为 $\boldsymbol{E}_1=[0.1\quad 0.2\quad 0.1]^{\mathrm{T}}$，$\boldsymbol{E}_2=[0.2\quad 0.2\quad 0.2]^{\mathrm{T}}$，$\boldsymbol{C}_1=0.3\boldsymbol{I}$，$\boldsymbol{C}_2=0.1\boldsymbol{I}$，$\boldsymbol{D}_1=0.01[1\quad 1\quad 1]^{\mathrm{T}}$，$\boldsymbol{D}_2=0.01[-1\quad 1\quad 1]^{\mathrm{T}}$。

考虑二机时滞电力系统(8.29)的 H_∞控制问题，取增益 $\gamma=1$，根据第 6 章的定理 6.2，求解 LMI(6.9)可得电力系统(8.29)的分散 H_∞控制器为

$$\boldsymbol{u}_1(t)=\boldsymbol{K}_1\boldsymbol{x}_1(t),\quad \boldsymbol{u}_2(t)=\boldsymbol{K}_2\boldsymbol{x}_2(t)\tag{8.30}$$

最大时滞为 $\tau=0.95\mathrm{s}$。如果取增益 $\gamma=0.5$，解出满足系统 H_∞特性所需要的最大时滞为 $\tau=0.65\mathrm{s}$。

以时滞 0.4s 为例，当 H_∞增益为 $\gamma=0.5$ 时，解出控制器的增益矩阵为

$$\boldsymbol{K}_1=[\,878.8862\quad 415.3202\quad -1020.9436\,]$$
$$\boldsymbol{K}_2=[\,2949.8128\quad 1009.6177\quad -1949.0029\,]$$

同前面，这里给出两机组在所设计的控制器作用下前后的系统输出轨线，分别如图 8.6 和图 8.7 所示。

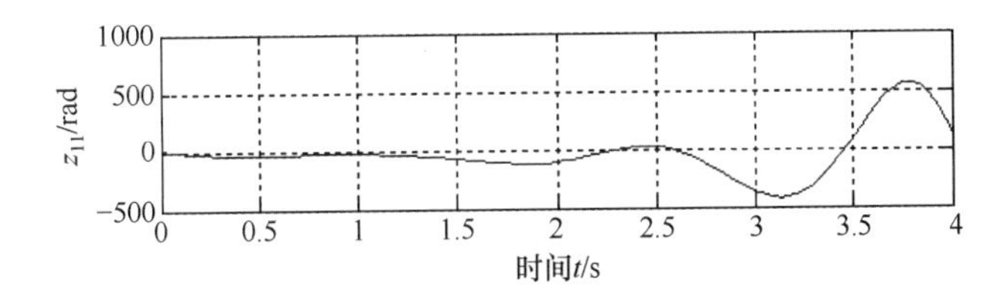

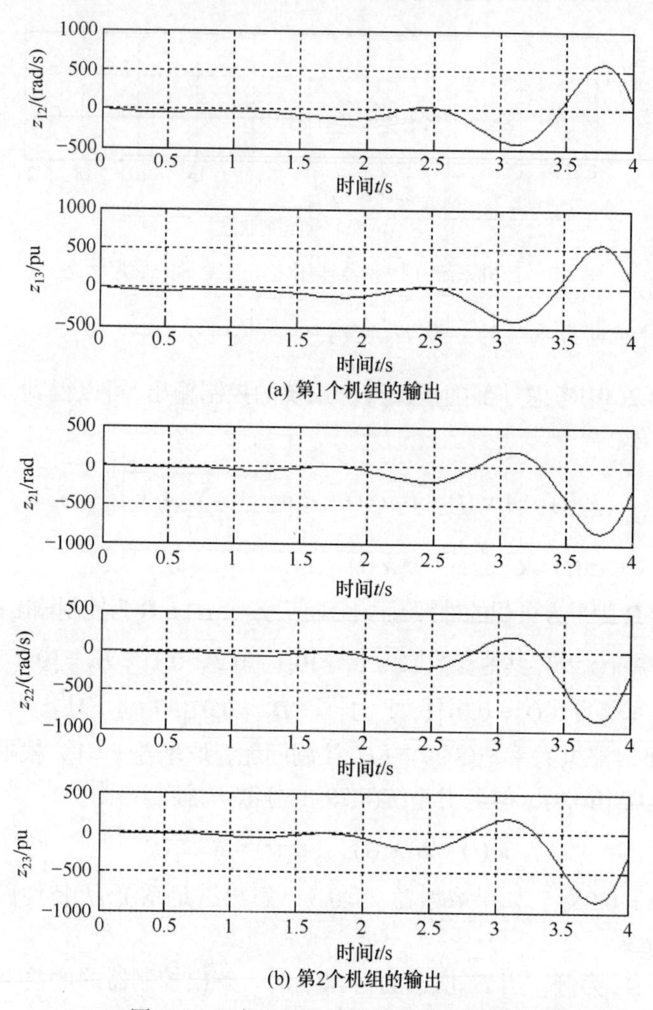

(a) 第1个机组的输出

(b) 第2个机组的输出

图 8.6　两个机组未受控制之前的输出

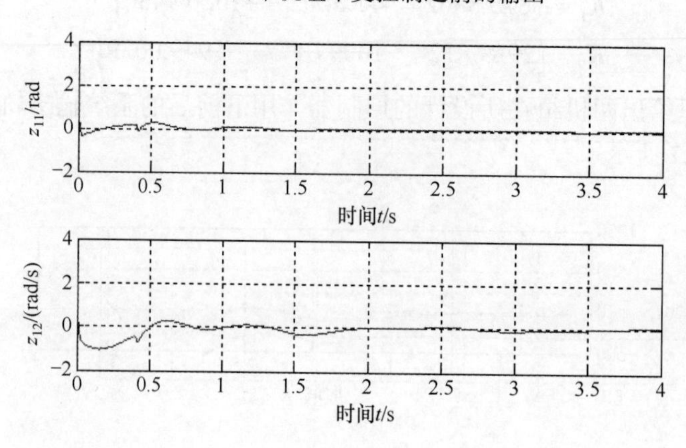

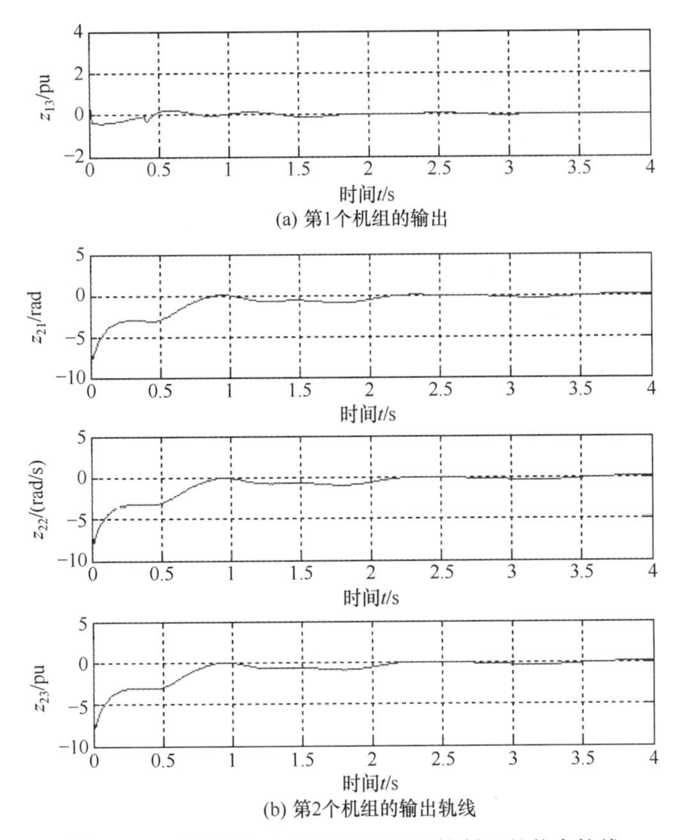

图 8.7　二机时滞电力系统在分散 H_∞控制下的状态轨线

可见 H_∞控制的镇定效果在前 4s 左右就已经达到，所以这里提出的控制方法是有效的。

4. 二机时滞电力系统的分散无源化控制

若在系统(8.29)中的控制输出中考虑有外部扰动，得如下系统：

$$
\begin{aligned}
\dot{\boldsymbol{x}}_i(t) &= \boldsymbol{A}_i\boldsymbol{x}_i(t)+\boldsymbol{B}_i\boldsymbol{u}_i(t)+\boldsymbol{E}_i\varpi_i(t)+\sum_{j=1}^{2}\boldsymbol{A}_{ij}\boldsymbol{x}_j(t-\tau) \\
z_i(t) &= \boldsymbol{C}_i\boldsymbol{x}_i(t)+\boldsymbol{u}_i(t)+H_i\varpi_i(t)
\end{aligned}
\tag{8.31}
$$

参数矩阵 $\boldsymbol{A}_i$、$\boldsymbol{B}_i$、$\boldsymbol{A}_{ij}$ $(i,j=1,2)$ 同系统(8.29)，取 $\boldsymbol{E}_1=10^{-4}[1\quad -1\quad 0.3]^{\mathrm{T}}$，$\boldsymbol{E}_2=10^{-3}[0.14\quad 1\quad -1]^{\mathrm{T}}$，$\boldsymbol{C}_1=0.03[1\quad 1\quad 1]^{\mathrm{T}}$，$\boldsymbol{C}_2=0.01[1\quad 1\quad 1]^{\mathrm{T}}$，$H_1=H_2=0.001$。

根据第 4 章的定理 4.6，此时非线性函数 $\boldsymbol{F}_i(\boldsymbol{x}_i(t))$ 退化为线性函数 $\boldsymbol{x}_i(t)$，即 $\boldsymbol{F}_i(\boldsymbol{x}_i(t))=\boldsymbol{x}_i(t)$，定理 4.6 结果已经成为全局的结果，求解 LMI(4.27)可得满足系统无源性所允许的最大时滞为 $\tau=2.2\mathrm{s}$。这样采用下列等值电动势构成了该系统

的分散镇定控制器输入

$$E_{f1}(t)=\boldsymbol{K}_1\boldsymbol{x}_1(t), \quad E_{f2}(t)=\boldsymbol{K}_2\boldsymbol{x}_2(t)$$

具有这种增益矩阵的分散控制器将可以严格输入无源化镇定电力系统(8.31)。

以时滞为 0.45s 为例，解相应的 LMI 可以求出分散无源化控制器的增益矩阵为

$$\boldsymbol{K}_1=[721.2055 \quad 230.1713 \quad -874.3214],\ \boldsymbol{K}_2=10^5\times[0.1644 \quad 2.2858 \quad -5.9604]$$

同前面，这里给出两机组在所设计的控制器作用下前后的系统输出轨线，分别如图 8.8 和图 8.9 所示。

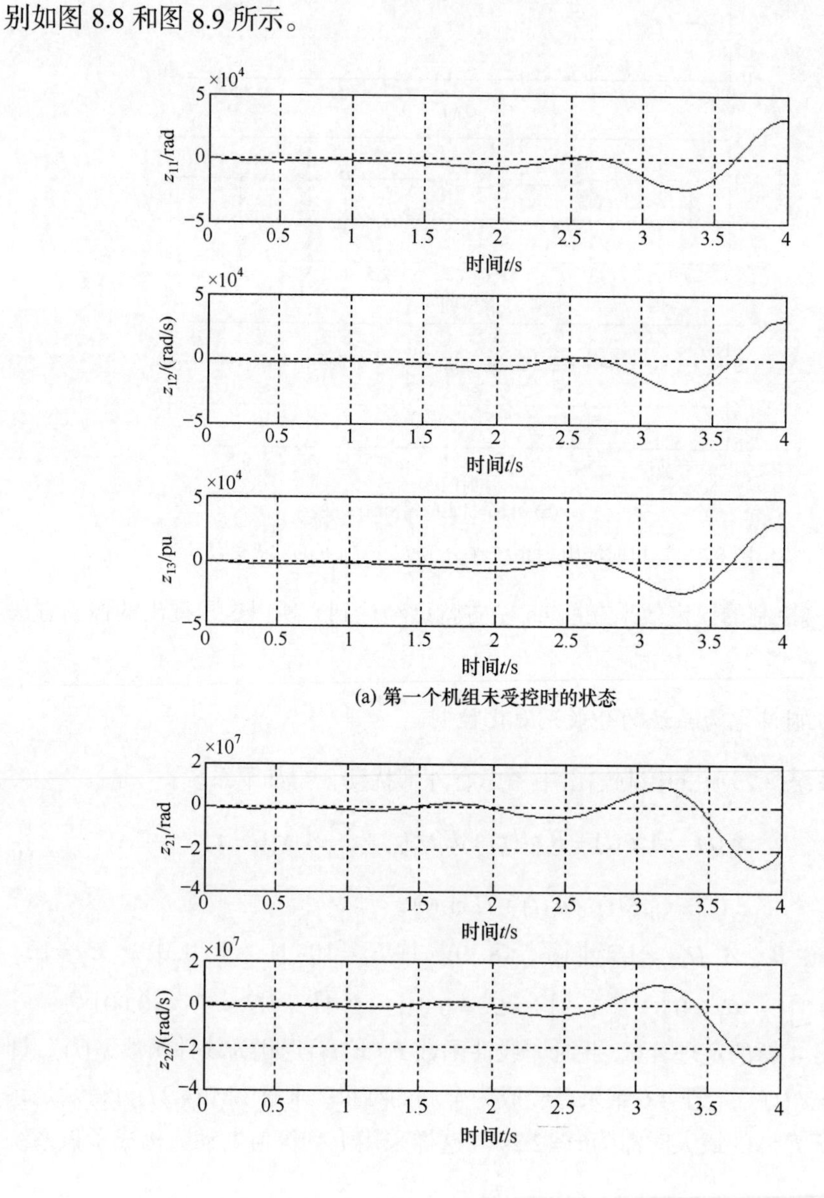

(a) 第一个机组未受控时的状态

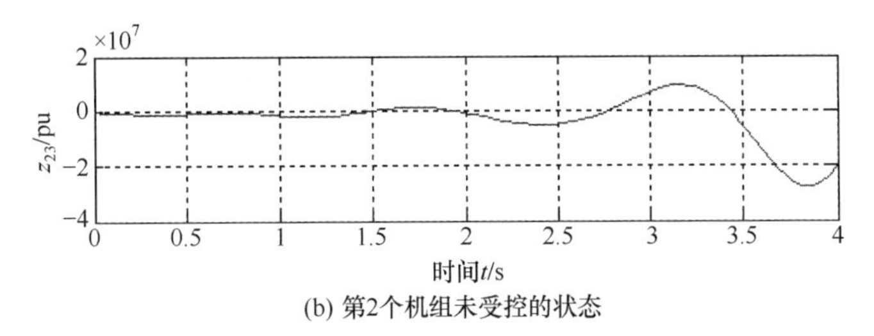

(b) 第2个机组未受控的状态

图 8.8　二机时滞电力系统未受控之前的输出轨线

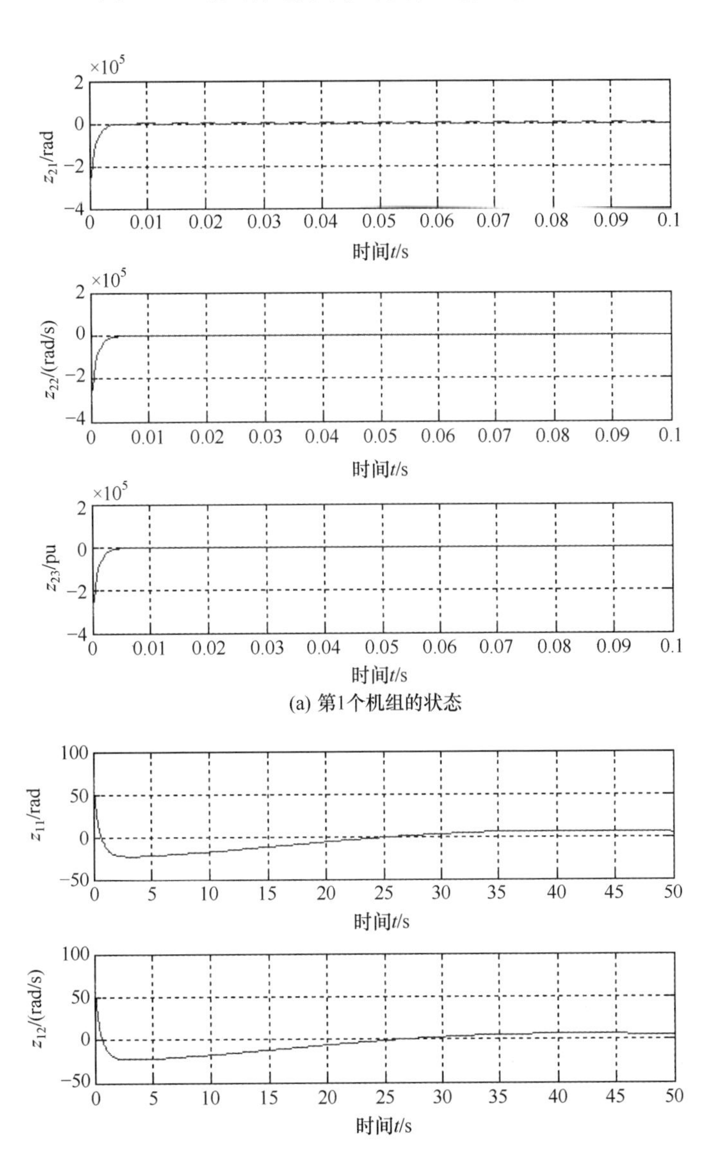

(a) 第1个机组的状态

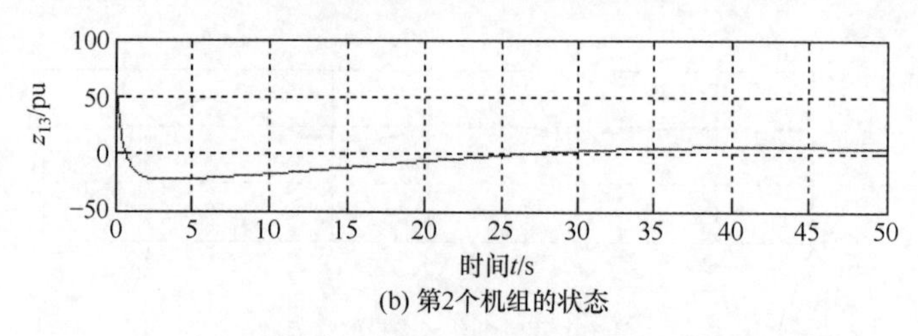

(b) 第2个机组的状态

图 8.9 二机时滞电力系统在分散无源化控制下的状态轨迹

由于两个机组达到运行状态的过程不同，在图 8.9 中可以看到，第 1 个机组状态轨线在 0.1s 内就已经达到了运行状态，而第 2 个机组需要在 25s 时才能达到运行状态。两个机组在 25s 后均达到并稳定于运行状态点上，这是无源化控制所希望达到的结果。

8.2 锌湿法冶炼浸出过程分散 H_∞ 鲁棒控制

8.2.1 浸出过程的工艺分析

炼锌主要采用两种方法，一种是火法炼锌，另一种是湿法炼锌。锌湿法冶炼是有色金属工业生产锌的主要方法，可分为焙烧、浸出、净化和电解四个子过程。湿法炼锌本质上是用稀硫酸浸出焙烧矿中的锌，再对形成的硫酸锌溶液进行净化以除去溶液中的杂质，然后以电解法从溶液中将锌沉积出来，最后将电解析出的锌熔铸成锌。浸出过程是锌湿法冶炼过程的一个重要环节。浸出就是用稀硫酸溶液或来自电解过程的废电解液为溶剂，将含锌焙砂和烟尘中的锌最大限度地溶解出来。浸出的目的是最大限度地浸出锌，以得到符合下一工序要求的硫酸锌溶液。我国许多冶炼厂矿粉浸出采用的是二段浸出工艺，即中性浸出和酸性浸出，其工艺流程如图 8.10 所示。

锌湿法冶炼的生产工艺过程为：锌精矿先进行沸腾焙烧，产生含氧化锌及部分硫酸锌的焙砂和烟尘。将焙砂和烟尘用废电解液或稀硫酸进行两段连续浸出，即中性浸出和酸性浸出。浸出矿浆在浓缩槽内澄清，使液固分离。上清液经过空气冷却塔流程冷却后送去进行两段净化除杂质。净化后的溶液经真空蒸发冷却后进行电解沉积，所产生的阴极锌在低频感应电炉内熔铸成锌锭出厂。

1. 浸出过程化学反应机理

浸出过程是一种液固相的化学反应过程，属于溶解扩散过程。可以认为由下列两个连续阶段组成：①溶剂(稀硫酸)与锌焙砂中的可溶解物(金属化合物)之间的

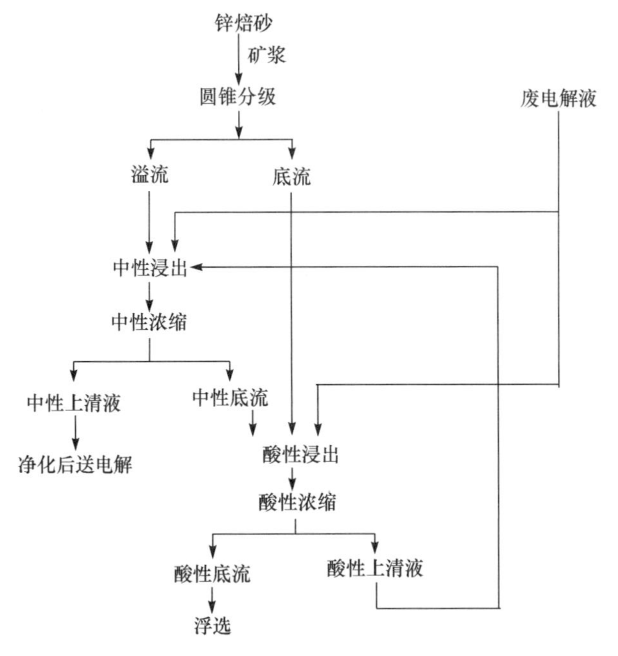

图 8.10　矿粉浸出工艺流程图

化学反应；②化学反应生成物(硫酸盐)溶解进入溶液中。在浸出过程中，主要是氧化锌和硫酸溶液的反应，化学反应方程式为

$$H_2SO_4 + ZnO = ZnSO_4 + H_2O \tag{8.32}$$

写成离子方程式为

$$2H^+ + ZnO = Zn^{2+} + H_2O \tag{8.33}$$

对于浸出的反应过程，其反应机理如图 8.11 所示。呈固体颗粒状的锌焙砂和烟尘与稀硫酸或废电解液直接接触时，就会进行化学反应，这是浸出过程的基本反应。

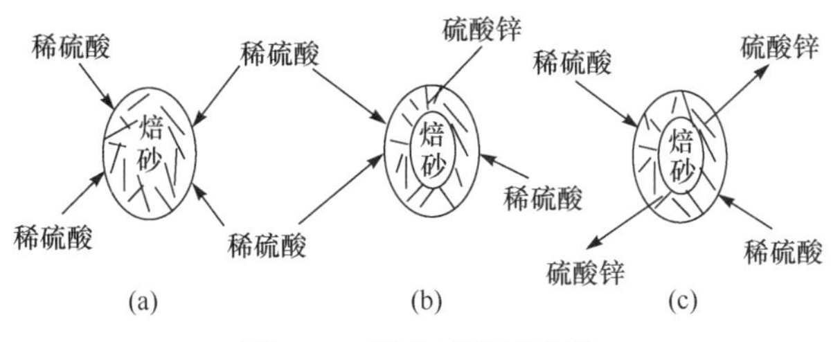

图 8.11　浸出过程示意图

在图 8.11(a)中，稀硫酸与锌焙砂表面开始接触，并开始进行化学反应。对于图 8.11(b)，由于稀硫酸与锌焙砂进行化学反应并在接触表面生成扩散层，即生成

硫酸盐($ZnSO_4$)层。在图 8.11(c)中，扩散层的存在，大大阻碍了锌焙砂与稀硫酸的直接接触，此后的浸出过程决定于稀硫酸通过扩散层与锌焙砂作用的结果和生成物硫酸盐向外扩散的速度，扩散速度越高，则浸出速度越快。总之，当锌焙砂以稀硫酸作为溶剂时，金属化合物与稀硫酸起化学作用，最后使金属变成硫酸盐溶进溶液中。

2. 影响浸出质量的主要因素

由于浸出过程是一个复杂的过程，影响浸出质量的因素有很多，但主要有以下几个方面的因素：

(1) 锌焙砂的质量。浸出的目的是更多地溶解出锌，若锌焙砂含氧化锌越高，颗粒越细，则反应进行得越彻底、迅速。但锌焙砂的颗粒不能过细，否则将使溶液的黏度增大，使矿浆的液固分离困难。因此，合适的颗粒大小和锌焙砂的质量是保证浸出质量的前提。

(2) 化学反应时间。为了使锌焙砂与溶剂充分混合，保证化学反应进行得彻底，必须保持合适的化学反应时间。若反应时间太短，反应不完全，含渣量多，很难确保浸出质量；若反应时间太长，则影响产量。适当的流量是保证化学反应时间是否合适的关键。

(3) 溶液的温度。提高矿浆的温度对浸出过程有利，可以加速整个浸出过程，结合生产工艺，确保良好的化学反应，必须保证整个浸出过程的温度为 60～80℃。

(4) 溶液的 pH。这是一个重要的因素，特别是终点 pH，对浸出过程的控制具有十分重要的意义。

3. 终点 pH 的控制意义

在浸出过程中，利用测 pH 来了解过程反应进行的情况，以达到正确控制浸出终点的目的。

在浸出过程中，由于氧化锌和其他金属化合物的溶解，硫酸逐渐减少，溶液的 pH 逐渐升高，某些杂质的盐类在中性溶液中发生水解生成氢氧化物沉淀而被净化除去。净化除去的完成程度与矿浆的酸度有关，而酸度是用 pH 的大小来表示的。因此，调节和控制浸出终点 pH，以保证最大限度地净化除去溶液中的杂质是非常重要的。

溶液的 pH 越高，对杂质的水解除去越有利。但是硫酸锌在一定的 pH 条件下也会水解沉淀。因此，为了最大限度地溶出锌，浸出终点的 pH 不应达到锌的氢氧化物析出沉淀的 pH。某冶炼厂多年的实践经验表明，中性浸出时，终点 pH 保持在 4.8～5.0，酸性浸出时为 2.5～3.0，氧化锌浸出时为 1.6～3.0 是适宜的。

8.2.2　浸出过程数学模型的建立

浸出过程主要是氧化锌和硫酸溶液的反应，可以将它描述为连续搅拌反应器模式。此化学反应过程为不可逆且等温的过程，整个过程可用图 8.12 描述。

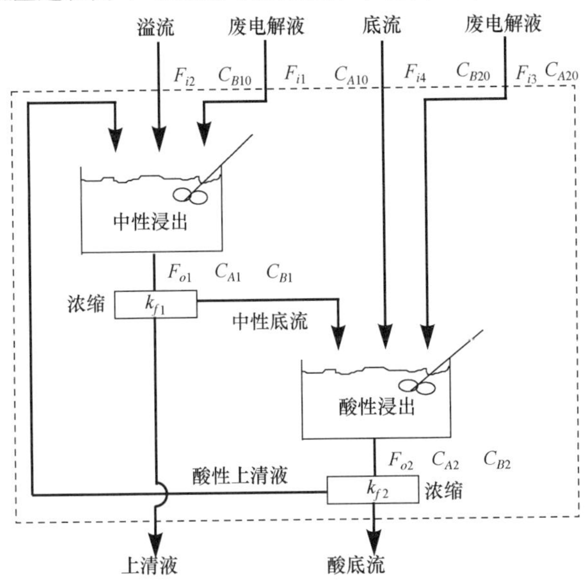

图 8.12　浸出过程模型

中性浸出的输入是分级溢流、废电解液和酸性上清液(图 8.12)，输出经过浓缩分流后，输出上清液和中性底流。其上清液为浸出过程的输出，而中性底流被输出到酸性浸出进行再溶解。酸性浸出的输入为分级底流、废电解液和中性底流，输出经过浓缩分流后，输出酸性上清液与酸底流，其酸性上清液被输到中性浸出，而酸性底流则作为矿渣处理。在浸出过程模型中，中性浸出入口端的分级溢流，其流量和含 ZnO 的浓度分别用 F_{i2} 和 C_{B10} 表示，中性浸出入口端废电解液的流量和含 H_2SO_4 的浓度分别用 F_{i1} 和 C_{A10} 表示，还有来自酸性浸出的上清液。中性浸出出口端的流量用 F_{o1} 表示，其剩余的 H_2SO_4 浓度和没有溶解的 ZnO 浓度分别用 C_{A1} 和 C_{B1} 表示。酸性浸出的入口端分级底流的流量和含 ZnO 的浓度分别用 F_{i4} 和 C_{B20} 表示，其废电解液的流量和含 H_2SO_4 的浓度分别用 F_{i3} 和 C_{A20} 表示，还有来自中性浸出的底流。酸性浸出出口端的流量用 F_{o2} 表示，其剩余的 H_2SO_4 浓度和没有溶解的 ZnO 浓度分别用 C_{A2} 和 C_{B2} 表示。中性浸出和酸性浸出的浓缩系数分别用 k_{f1} 和 k_{f2} 表示，各量之间的关系见图 8.12。需要特别指出的是：上清液的 H^+ 浓度与终点 pH 为负对数关系，即

$$\mathrm{pH} = -\lg(C_{\mathrm{H^+}}) \tag{8.34}$$

从浸出过程工艺分析中得知，浸出过程对控制提出的最主要的要求是保证各浸出终点 pH 的稳定，即在矿浆总流量和锌焙砂的质量改变的情况下，通过调节废电解液的加入量，保持浸出终点 pH 的稳定。属于恒值控制问题。那么浸出终点 pH 就是控制系统的控制目标。

浸出过程的主要任务是最大限度地浸出锌。而影响浸出质量的因素包括终点 pH、锌焙砂的质量、稀硫酸的浓度、化学反应时间、溶液的温度等。从实际生产情况来看，这里的化学反应时间是完全能够保证的。在这里假设反应器的液位变化很小，认为输出流量等于输入流量之和。浸出过程中，溶液温度变化不大，整个过程中认为是等温过程。

在上述前提下，反应器中锌焙砂的含氧化锌的浓度及稀硫酸的 H^+的浓度变化是浸出过程中最主要的扰动。它们将影响终点 pH 的稳定。

如上分析，归纳前提假设为：

(1) 反应温度恒定；

(2) 反应完全，无逆反应；

(3) 反应器的液位变化不大，有

$$F_o=\sum_{j=1}^{n}F_{ij}$$

式中，F_o 为反应器的输出流量；F_{ij} 为第 i 个反应器的第 j 个输入流量。

列写出数学模型的基础是物理和化学定律。对于一个化学过程，涉及生产过程的基本量是质量、能量和动量。若把这些量以 S 表示，则对量 S 的守恒关系为

$$\frac{\begin{bmatrix}\text{系统内}S\\\text{的积累}\end{bmatrix}}{\text{时间间隔}}=\frac{\begin{bmatrix}\text{流入系统}\\\text{的}S\text{量}\end{bmatrix}}{\text{时间间隔}}-\frac{\begin{bmatrix}\text{流出系统}\\\text{的}S\text{量}\end{bmatrix}}{\text{时间间隔}}+\frac{\begin{bmatrix}\text{系统内产}\\\text{生的}S\text{量}\end{bmatrix}}{\text{时间间隔}}-\frac{\begin{bmatrix}\text{系统内消}\\\text{耗的}S\text{量}\end{bmatrix}}{\text{时间间隔}}$$

对于等温化学反应的组分 A，其物料平衡关系为

$$\frac{\mathrm{d}n_A}{\mathrm{d}t}=\frac{\mathrm{d}VC_A}{\mathrm{d}t}=\sum_{i=1}^{N}C_{Ai}F_i-\sum_{j=1}^{M}C_{Aj}F_j\pm rV \tag{8.35}$$

式中，n_A 为组分 A 的摩尔数；C_A 为组分 A 单位体积的摩尔数；F_i 为流入流出流量，V 为反应器的体积；r 为化学反应速度。对于不可逆且等温化学反应

$$\alpha A+\beta B\xrightarrow{K}C+D$$

其公式为

$$r=KC_A^{\alpha}C_B^{\beta} \tag{8.36}$$

式中，K 为反应速度常数；α、β 为反应的级数。

因此，根据图 8.12 中各量之间的关系，对于中性浸出和酸性浸出分别如下：

中性浸出

$$
\begin{aligned}
V_1\frac{\mathrm{d}C_{A1}}{\mathrm{d}t} &= F_{i1}C_{A10}+k_{f2}F_{o2}C_{A2}-F_{o1}C_{A1}-V_1KC_{A1}C_{B1}\\
V_1\frac{\mathrm{d}C_{B1}}{\mathrm{d}t} &= F_{i2}C_{B10}+k_{f2}F_{o2}C_{B2}-F_{o1}C_{B1}-V_1KC_{A1}C_{B1}
\end{aligned}
\tag{8.37}
$$

酸性浸出

$$
\begin{aligned}
V_2\frac{\mathrm{d}C_{A2}}{\mathrm{d}t} &= F_{i3}C_{A20}+k_{f1}F_{o1}C_{A1}-F_{o2}C_{A2}-V_2KC_{A2}C_{B2}\\
V_2\frac{\mathrm{d}C_{B2}}{\mathrm{d}t} &= F_{i4}C_{B20}+k_{f1}F_{o1}C_{B1}-F_{o2}C_{B2}-V_2KC_{A2}C_{B2}
\end{aligned}
\tag{8.38}
$$

这里选 C_{A1}、C_{B1}、C_{A2}、C_{B2} 为状态变量，由于 F_{i2}、F_{i4} 为矿浆流量，在实际控制中是难以控制的，因此一般将其流量固定，在建模中，一般认为这两个量为常量。而选 F_{i1}、F_{i3} 为调节量。C_{B10}、C_{B20} 为扰动量。考虑到反应器的液位变化不大，设输出流量等于输入流量之和，则有

$$
\begin{aligned}
F_{o1} &= \frac{1}{1-k_{f1}k_{f2}}F_{i1}+\frac{1}{1-k_{f1}k_{f2}}F_{i2}+\frac{k_{f2}}{1-k_{f1}k_{f2}}F_{i3}+\frac{k_{f2}}{1-k_{f1}k_{f2}}F_{i4}\\
&= g_{11}F_{i1}+g_{12}F_{i2}+g_{13}F_{i3}+g_{14}F_{i4}\\
F_{o2} &= \frac{k_{f1}}{1-k_{f1}k_{f2}}F_{i1}+\frac{k_{f1}}{1-k_{f1}k_{f2}}F_{i2}+\frac{1}{1-k_{f1}k_{f2}}F_{i3}+\frac{1}{1-k_{f1}k_{f2}}F_{i4}\\
&= g_{21}F_{i1}+g_{22}F_{i2}+g_{23}F_{i3}+g_{24}F_{i4}
\end{aligned}
\tag{8.39}
$$

将式(8.39)代入式(8.37)，得到一组非线性微分方程。可在稳定工作点 $(C_{A1s}, C_{B1s}, C_{A2s}, C_{B2s}, C_{B10s}, C_{B20s}, F_{F3s})$ 附近进行泰勒级数展开，得

$$
\begin{aligned}
\dot{C}'_{A1} &= \left(-\frac{g_{11}F_{i1s}+g_{12}F_{i2s}+g_{13}F_{i3s}+g_{14}F_{i4s}}{V_1}-KC_{B1s}\right)C'_{A1}\\
&\quad+\frac{k_{f2}k_{sn}(g_{21}F_{i1s}+g_{22}F_{i2s}+g_{23}F_{i3s}+g_{24}F_{i4s})}{V_1}C'_{A2}-KC_{A1s}C'_{B1}\\
&\quad+\left(\frac{C_{A10s}+k_{f2}k_{sn}g_{21}C_{A2s}-g_{11}C_{A1s}}{V_1}\right)F'_{i1}\\
&= a_{11}C'_{A1}+a_{12}C'_{B1}+a_{13}C'_{A2}+b_{11}F'_{i1}
\end{aligned}
\tag{8.40}
$$

$$
\begin{aligned}
\dot{C}'_{B1} &= \left(-\frac{g_{11}F_{i1s}+g_{12}F_{i2s}+g_{13}F_{i3s}+g_{14}F_{i4s}}{V_1}-KC_{A1s}\right)C'_{B1}\\
&\quad+\frac{k_{f2}k_{sn}(g_{21}F_{i1s}+g_{22}F_{i2s}+g_{23}F_{i3s}+g_{24}F_{i4s})}{V_1}C'_{B2}-KC_{B1s}C'_{A1}\\
&\quad+\left(\frac{k_{f2}k_{sn}g_{21}C_{B2s}-g_{11}C_{B1s}}{V_1}\right)F'_{i1}+\frac{F_{i2s}}{V_1}C'_{B10}\\
&= a_{21}C'_{A1}+a_{22}C'_{B1}+a_{23}C'_{B2}+b_{12}F'_{i1}+r_{21}C'_{B10}
\end{aligned}
\tag{8.41}
$$

将式(8.39)代入式(8.38)，得到一组非线性微分方程。可在稳定工作点($C_{A1s},C_{B1s},C_{A2s},C_{B2s},C_{B10s},C_{B20s},F_{F3s}$)附近进行泰勒级数展开，同理可导出

$$\dot{C}'_{A2}=a_{31}C'_{A1}+a_{33}C'_{A2}+a_{34}C'_{B2}+b_{21}F'_{i3} \tag{8.42}$$

$$\dot{C}'_{B2}=a_{42}C'_{B1}+a_{43}C'_{A2}+a_{44}C'_{B2}+b_{22}F'_{i3}+r_{42}C'_{B20} \tag{8.43}$$

在浸出过程中控制目标是终点 pH 维持在一定值上。在浸出过程中，随着氧化锌的溶解，终点 pH 将不断升高，所以要不断地加入废电解液，使终点 pH 维持在 4.8～5.2。参考化工过程的 pH 控制，为了要保证某物质或产品在一定的 pH 内进行，总是通过某类酸性或碱性物质的配比并完全混合进行，也是一种成分控制。因此，就需要寻找包括成分控制在内的数学方程式，找出 pH 变化与输入物流比之间的关系。在此过程中，C_{A1} 和 C_{A2} 分别是中性浸出与酸性浸出输出端 H_2SO_4 的浓度，也反映了输出端 H^+的浓度，即反映了输出端的 pH。

因此，系统的状态方程和系统的输出方程的矩阵形式为

$$\begin{bmatrix}\dot{C}'_{A1}\\ \dot{C}'_{B1}\\ \dot{C}'_{A2}\\ \dot{C}'_{B2}\end{bmatrix}=\begin{bmatrix}a_{11}&a_{12}&a_{13}&0\\ a_{21}&a_{22}&0&a_{24}\\ a_{31}&0&a_{33}&a_{34}\\ 0&a_{42}&a_{43}&a_{44}\end{bmatrix}\begin{bmatrix}C'_{A1}\\ C'_{B1}\\ C'_{A2}\\ C'_{B2}\end{bmatrix}+\begin{bmatrix}b_{11}&0\\ b_{12}&0\\ 0&b_{21}\\ 0&b_{22}\end{bmatrix}\begin{bmatrix}F'_{i1}\\ F'_{i3}\end{bmatrix}+\begin{bmatrix}0&0\\ r_{21}&0\\ 0&0\\ 0&r_{42}\end{bmatrix}\begin{bmatrix}C_{B10}\\ C_{B20}\end{bmatrix}$$

$$\begin{bmatrix}C'_{A1}\\ C'_{A2}\end{bmatrix}=\begin{bmatrix}1&0&0&0\\ 0&0&1&0\end{bmatrix}\begin{bmatrix}C'_{A1}\\ C'_{B1}\\ C'_{A2}\\ C'_{B2}\end{bmatrix} \tag{8.44}$$

若令 $x_1=C'_{A1},x_2=C'_{B1},x_3=C'_{A2},x_4=C'_{B2},u_1=C_{B10},u_2=C_{B20},\omega_1=F'_{i1},\omega_2=F'_{i3}$，以及 $z_1=C'_{A1},z_3=C'_{A2}$，则式(8.44)变为如下标准形式的标称系统：

$$\begin{aligned}\dot{\boldsymbol{x}}&=\boldsymbol{Ax}+\boldsymbol{B}_{\omega}\boldsymbol{\omega}+\boldsymbol{Bu}\\ \boldsymbol{z}&=\boldsymbol{Cx}\end{aligned} \tag{8.45}$$

8.2.3 浸出过程分散 H_∞鲁棒控制器的设计

从浸出过程的数学模型可知，可以将整个浸出过程看成由中性和酸性浸出两个子系统组成，而中性浸出获得的中性底流中 H_2SO_4 和 ZnO 的浓度以及酸性浸出的输出酸性上清液中 H_2SO_4 和 ZnO 的浓度分别作为子系统之间的关联作用。中性浸出的输出上清液和酸性上清液中 H_2SO_4 的浓度作为被控输出。考虑到建模的误差和状态反馈的情形，可以将系统(8.45)写成如下 H_∞控制的形式，即

$$
\begin{aligned}
\dot{\boldsymbol{x}}_i(t) &= [\boldsymbol{A}_i + \Delta\boldsymbol{A}_i(t)]\boldsymbol{x}_i(t) + [\boldsymbol{B}_i + \Delta\boldsymbol{B}_i(t)]\boldsymbol{u}_i(t) + \boldsymbol{B}_{\omega i}\boldsymbol{\omega}_i(t) \\
&\quad + \sum_{j=1}^{N}[\boldsymbol{A}_{ij} + \Delta\boldsymbol{A}_{ij}(t)]\boldsymbol{x}_j(t) \qquad i=1,2 \\
\boldsymbol{z}_i(t) &= \boldsymbol{C}_i\boldsymbol{x}_i(t) \\
\boldsymbol{y}_i(t) &= \boldsymbol{x}_i(t)
\end{aligned} \tag{8.46}
$$

式中，$\Delta\boldsymbol{A}_i(t)$、$\Delta\boldsymbol{B}_i(t)$和$\Delta\boldsymbol{A}_{ij}(t)$满足式(5.75)。

根据浸出操作和技术条件要求，结合如图 8.10 所示的连续浸出过程，根据如表 8.1 所示的稳定工作点数据，可以获得式(8.46)中的矩阵系数。

表 8.1　稳态工作点的运行参数

参数名称	参数含义	单位	数值
k_{zn}	中浸浓缩系数	无	1
k_{f1}	中浸分流系数	无	0.2
k_{f2}	酸浸分流系数	无	0.6
K	反应速率	无	1
F_{i2s}	中浸矿浆流量	m^3/h	5.9375
F_{i4s}	酸浸矿浆流量	m^3/h	2.8
F_{i1s}	中浸硫酸流量	m^3/h	89.0625
F_{i_3s}	酸浸硫酸流量	m^3/h	22.2
C_{A1s}	中浸 H_2SO_4 入口浓度	kg/m^3	30～50
C_{A20s}	酸浸 H_2SO_4 入口浓度	kg/m^3	110～130
C_{B1s}	中浸 ZnO 入口浓度	kg/m^3	55～65
C_{1B20s}	酸浸 ZnO 入口浓度	kg/m^3	55～65
C_{A1s}	中浸 H_2SO_4 出口浓度	kg/m^3	0.3～0.5
C_{A2s}	酸浸 H_2SO_4 出口浓度	kg/m^3	1～5
C_{B1s}	中浸 ZnO 出口浓度	kg/m^3	15～6
C_{B2s}	酸浸 ZnO 出口浓度	kg/m^3	1～5
V_1，V_2	反应器体积	m^3	125

$$
\boldsymbol{A}=\begin{bmatrix} -11.00 & 0.24 & -0.4 & 0 \\ -10.00 & -1.4 & 0 & 0.24 \\ 0.200 & 0 & -3.4 & -3.0 \\ 0 & 0.20 & -3.0 & -3.4 \end{bmatrix},\quad
\boldsymbol{B}=\begin{bmatrix} 0.3196 & 0 \\ -0.0876 & 0 \\ 0 & 0.9332 \\ 0 & -0.0164 \end{bmatrix}
$$
$$
\boldsymbol{B}_{\omega}=\begin{bmatrix} 0 & 0 \\ 0.0475 & 0 \\ 0 & 0 \\ 0 & 0.0224 \end{bmatrix},\quad
\boldsymbol{C}=\begin{bmatrix} 1 & 0 & 0 & 0 \\ 0 & 0 & 1 & 0 \end{bmatrix} \tag{8.47}
$$

另外，假定不确定性满足如下关系：

$$D_1 = 0.1, \quad E_{11} = \begin{bmatrix} -0.04 & 0.03 \end{bmatrix}, \quad E_{21} = -0.06$$

$$L_1 = \begin{bmatrix} 0.1 \\ 0.1 \end{bmatrix}, \quad M_1 = \begin{bmatrix} 0.02 \\ 0.01 \end{bmatrix}, \quad N_1 = \begin{bmatrix} 0.03 & 0.1 \end{bmatrix}$$

根据第 5 章的定理 5.8，求解 LMI(5.84)得到分散状态反馈控制器为

$$K = \begin{bmatrix} K_1 & \\ & K_2 \end{bmatrix} = \begin{bmatrix} 8.6125 & 5.9053 & & \\ & & -2.2068 & 5.8234 \end{bmatrix} \tag{8.48}$$

此时取系统的性能 $\gamma_1 = \gamma_2 = 1$。

8.2.4 控制系统研究

(1) 鲁棒稳定性。根据控制的基本思想，浸出过程鲁棒稳定性原理结构图如图 8.13 所示。

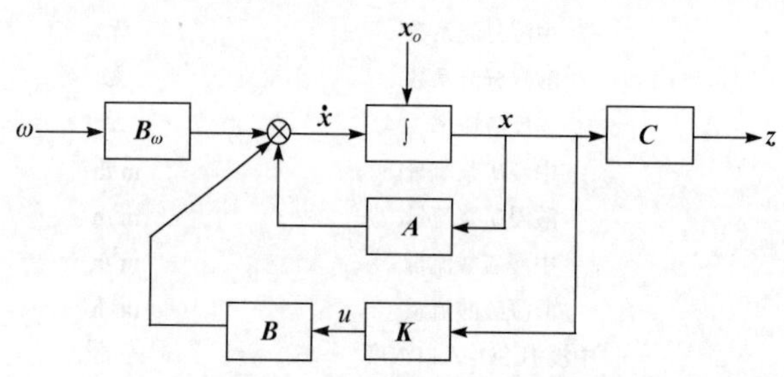

图 8.13　浸出过程鲁棒稳定性原理结构图

设外界干扰ω为 0～0.5 区间的随机数，采用控制器(8.48)，取初始条件 $x_1 = \begin{bmatrix} 2 & 1 \end{bmatrix}^{\mathrm{T}}$, $x_2 = \begin{bmatrix} 3 & 1 \end{bmatrix}^{\mathrm{T}}$ 进行仿真时，两个子系统的状态曲线分别如图 8.14 和图 8.15 所示。取初始条件 $x_1 = \begin{bmatrix} -2 & -3 \end{bmatrix}^{\mathrm{T}}, x_2 = \begin{bmatrix} -5 & -2 \end{bmatrix}^{\mathrm{T}}$ 时，两个子系统的状态曲线分别如图 8.16 和图 8.17 所示。

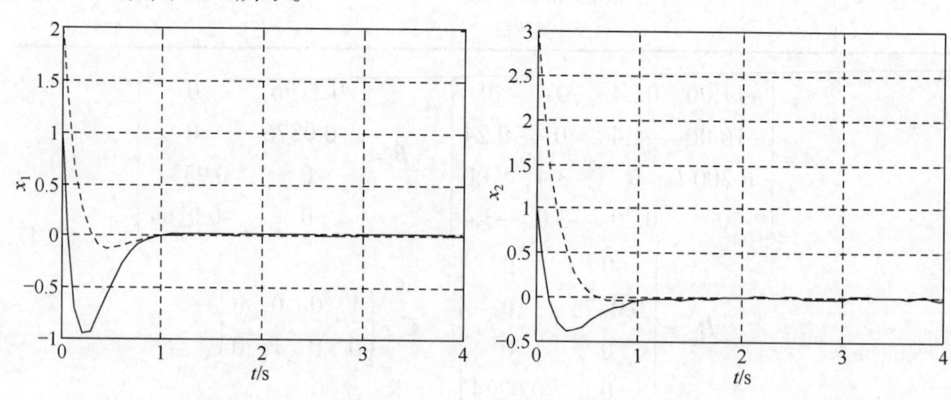

图 8.14　子系统 1 状态响应曲线　　　图 8.15　子系统 2 状态响应曲线

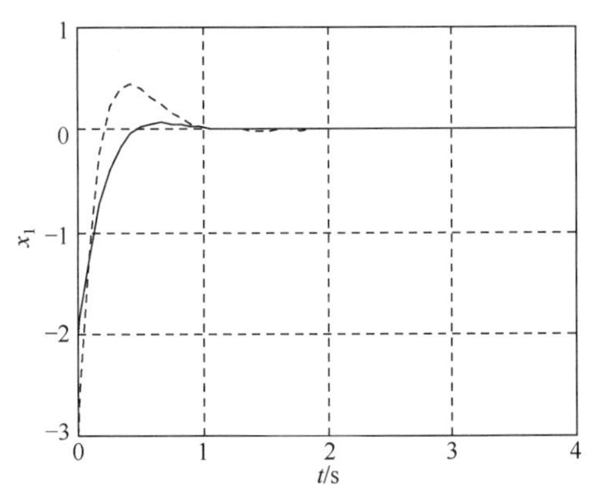

图 8.16　子系统 1 状态响应曲线

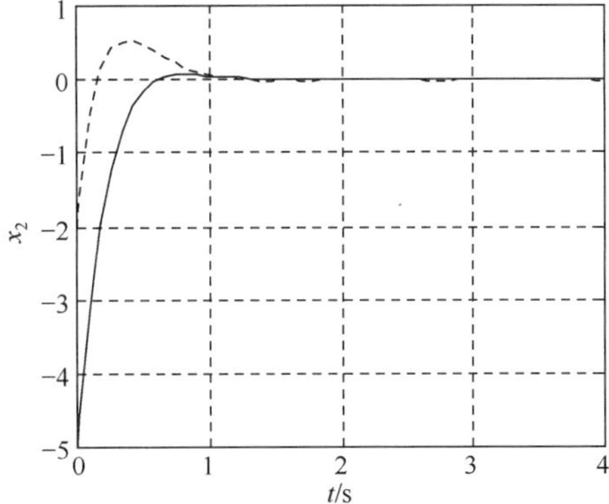

图 8.17　子系统 2 状态响应曲线

设外界干扰ω为脉冲函数，作用于由控制器(8.48)和系统(8.45)形成的闭环系统时，两个子系统的状态轨迹分别如图 8.18 和图 8.19 所示。

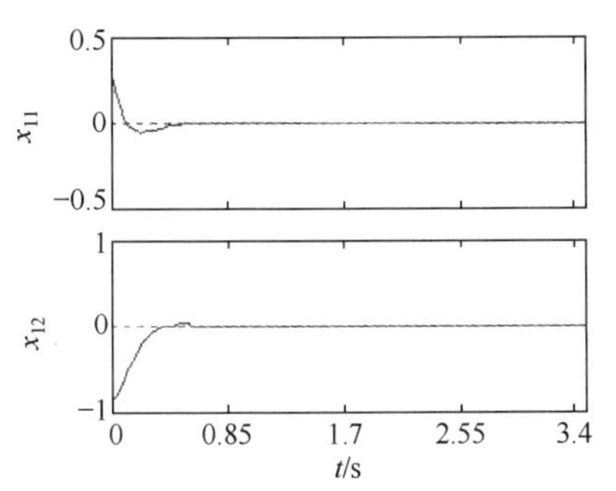

图 8.18　子系统 1 的脉冲响应曲线

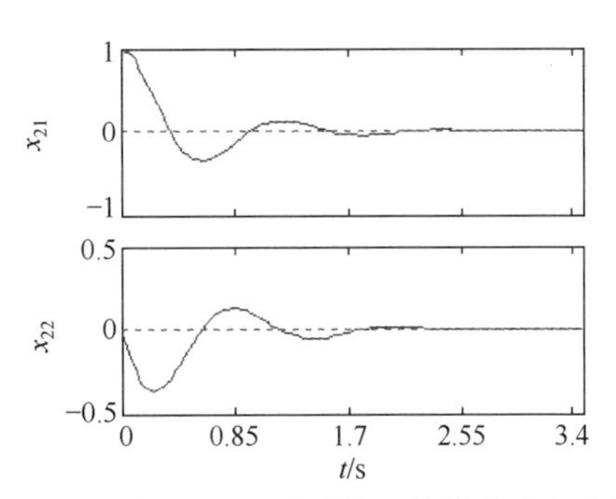

图 8.19　子系统 2 的脉冲响应曲线

从干扰ω到被控输出 z 的闭环系统的最大奇异曲线图如图 8.20 所示。

(2) 性能分析。考虑输出跟踪的情形，设被控对象 P 的状态空间描述为

$$\begin{cases}\dot{\boldsymbol{x}}_i(t)=[\boldsymbol{A}_i+\Delta\boldsymbol{A}_i(t)]\boldsymbol{x}_i(t)+[\boldsymbol{B}_i+\Delta\boldsymbol{B}_i(t)]\boldsymbol{u}_i(t)+\sum_{j=1}^{N}\boldsymbol{A}_{ij}\boldsymbol{x}_j(t)\\ \boldsymbol{y}_i(t)=\boldsymbol{C}_i\boldsymbol{x}_i(t)\end{cases}\quad i=1,2 \tag{8.49}$$

式中，$\boldsymbol{x}_i(t)\in\mathbf{R}^{n_i}$、$\boldsymbol{u}_i(t)\in\mathbf{R}^{m_i}$ 和 $\boldsymbol{y}_i\in\mathbf{R}^{l_i}$ 分别为状态、控制和输出向量。设系统(8.49)满足($\boldsymbol{A}_i$，$\boldsymbol{B}_i$)是可控的，且 $\operatorname{rank}\begin{bmatrix}\boldsymbol{A}_i & \boldsymbol{B}_i\\ \boldsymbol{C}_i & \boldsymbol{0}\end{bmatrix}=n_i+l_i$。

构造如下增广系统 $\boldsymbol{G}$:

$$\begin{cases}\dot{\boldsymbol{x}}_i(t)=[\boldsymbol{A}_i+\Delta\boldsymbol{A}_i(t)]\boldsymbol{x}_i(t)+[\boldsymbol{B}_i+\Delta\boldsymbol{B}_i(t)]\boldsymbol{u}_i(t)+\sum_{j=1}^{N}\boldsymbol{A}_{ij}\boldsymbol{x}_j(t)\\ \dot{\boldsymbol{q}}_i(t)=\boldsymbol{C}_i\boldsymbol{x}_i(t)-\boldsymbol{y}_{ri}\end{cases}\quad i=1,2 \tag{8.50}$$

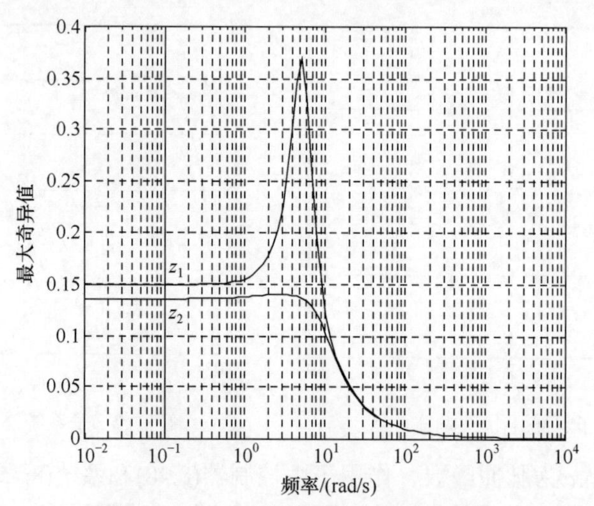

图 8.20 闭环系统的最大奇异值曲线图

式中，$\boldsymbol{q}_i(t)\in\mathbf{R}^{l_i}$ 和 $\boldsymbol{y}_{ri}\in\mathbf{R}^{l_i}$ 分别为状态向量和参考输入向量。

增广系统 $\boldsymbol{G}$ 可重写为

$$\dot{\boldsymbol{z}}_i(t)=[\boldsymbol{A}_{zi}+\Delta\boldsymbol{A}_{zi}]\,\boldsymbol{z}_i(t)+[\boldsymbol{B}_{zi}+\Delta\boldsymbol{B}_{zi}]\,\boldsymbol{u}_i(t)+\sum_{j=1}^{N}\boldsymbol{A}_{zij}\boldsymbol{z}_j(t)+\boldsymbol{\xi}_i,\quad i=1,2 \tag{8.51}$$

式中

$$\boldsymbol{z}_i(t)=\begin{bmatrix}\boldsymbol{x}_i(t)\\ \boldsymbol{q}_i(t)\end{bmatrix},\quad \boldsymbol{A}_{zi}=\begin{bmatrix}\boldsymbol{A}_{ii} & \boldsymbol{0}\\ \boldsymbol{C}_i & \boldsymbol{0}\end{bmatrix},\quad \Delta\boldsymbol{A}_{zi}=\begin{bmatrix}\Delta\boldsymbol{A}_{ii} & \boldsymbol{0}\\ \boldsymbol{0} & \boldsymbol{0}\end{bmatrix},\quad \boldsymbol{A}_{zij}=\begin{bmatrix}\boldsymbol{A}_{ij} & \boldsymbol{0}\\ \boldsymbol{0} & \boldsymbol{0}\end{bmatrix}$$

$$\boldsymbol{B}_{zi}=\begin{bmatrix}\boldsymbol{B}_i\\ \boldsymbol{0}\end{bmatrix},\quad \Delta\boldsymbol{B}_{zi}=\begin{bmatrix}\Delta\boldsymbol{B}_i\\ \boldsymbol{0}\end{bmatrix},\quad \boldsymbol{\xi}_i=\begin{bmatrix}\boldsymbol{0}\\ -\boldsymbol{y}_{ri}\end{bmatrix}$$

$$\boldsymbol{N}_{zi}=\begin{bmatrix}\boldsymbol{N}_i & \boldsymbol{0}\end{bmatrix},\quad \boldsymbol{E}_{z1i}=\begin{bmatrix}\boldsymbol{E}_{1i} & \boldsymbol{0}\end{bmatrix},\quad \boldsymbol{L}_{zi}=\begin{bmatrix}\boldsymbol{L}_i\\ \boldsymbol{0}\end{bmatrix},\quad \boldsymbol{M}_{zi}=\begin{bmatrix}\boldsymbol{M}_i\\ \boldsymbol{0}\end{bmatrix}$$

根据文献[18]的证明方法，可得到如下结果。

定理 8.1 对于不确定性关联大系统(8.51)，若存在对称正定矩阵 $\boldsymbol{X}_i$、矩阵 $\boldsymbol{Y}_i$ 和常数 α_i，满足如下 LMI：

$$\begin{bmatrix}\boldsymbol{S}_i & \sqrt{(N-1)}\begin{bmatrix}\boldsymbol{X}_i & \boldsymbol{X}_i\boldsymbol{N}_{zi}^{\mathrm{T}}\end{bmatrix} & (\boldsymbol{E}_{z1i}\boldsymbol{X}_i+\boldsymbol{E}_{z2i}\boldsymbol{Y}_i)^{\mathrm{T}}\\ \sqrt{(N-1)}\begin{bmatrix}\boldsymbol{X}_i & \boldsymbol{X}_i\boldsymbol{N}_{zi}^{\mathrm{T}}\end{bmatrix}^{\mathrm{T}} & -\begin{bmatrix}\boldsymbol{I}_i & \boldsymbol{0}\\ \boldsymbol{0} & \boldsymbol{I}_i\end{bmatrix} & \boldsymbol{0}\\ (\boldsymbol{E}_{z1i}\boldsymbol{X}_i+\boldsymbol{E}_{z2i}\boldsymbol{Y}_i) & \boldsymbol{0} & -\alpha_i\boldsymbol{I}_i\end{bmatrix}<0 \tag{8.52}$$

式中，$\boldsymbol{S}_i=\boldsymbol{X}_i\boldsymbol{A}_{zi}^{\mathrm{T}}+\boldsymbol{A}_{zi}\boldsymbol{X}_i+\boldsymbol{Y}_i^{\mathrm{T}}\boldsymbol{B}_{zi}^{\mathrm{T}}+\boldsymbol{B}_{zi}\boldsymbol{Y}_i+\alpha_i\boldsymbol{L}_{zi}\boldsymbol{L}_{zi}^{\mathrm{T}}+\boldsymbol{M}_{zi}\boldsymbol{M}_{zi}^{\mathrm{T}}+\sum_{j=1}^{N}\boldsymbol{A}_{zij}\boldsymbol{A}_{zij}^{\mathrm{T}}$，则有分散

鲁棒跟踪控制律

$$u_i(t)=K_i x_i(t)=Y_i X_i^{-1} x_i(t),\quad i=1,2,\cdots,N \tag{8.53}$$

使闭环系统内部稳定，受控系统渐近跟踪参考输入。

将数据代入，求解 LMI(8.52)得输出跟踪控制器

$$K_1=\begin{bmatrix}-39.1605 & -6.9237 & -2.4722\end{bmatrix},\quad K_2=\begin{bmatrix}-13.6827 & -7.4077 & -2.5798\end{bmatrix} \tag{8.54}$$

实验控制系统框图如图 8.21 所示。

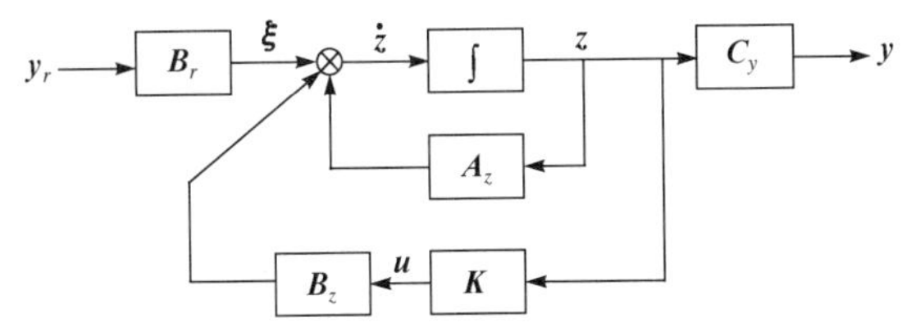

图 8.21　浸出过程控制系统结构框图

图中

$$B_r=\begin{bmatrix}0 & 0\\ 0 & 0\\ 1 & 0\\ 0 & 0\\ 0 & 0\\ 0 & 1\end{bmatrix},\quad C_y=\begin{bmatrix}0 & 0 & 1 & 0 & 0 & 0\\ 0 & 0 & 0 & 0 & 0 & 1\end{bmatrix}$$

设增广系统 G 的初始状态为零，令 $y_{r1}=y_{r2}=1$，当采用输出跟踪控制器(8.54)作用时，子系统 1 和子系统 2 的输出跟踪曲线分别如图 8.22 和图 8.23 所示。结果表明，系统的跟踪性能良好。

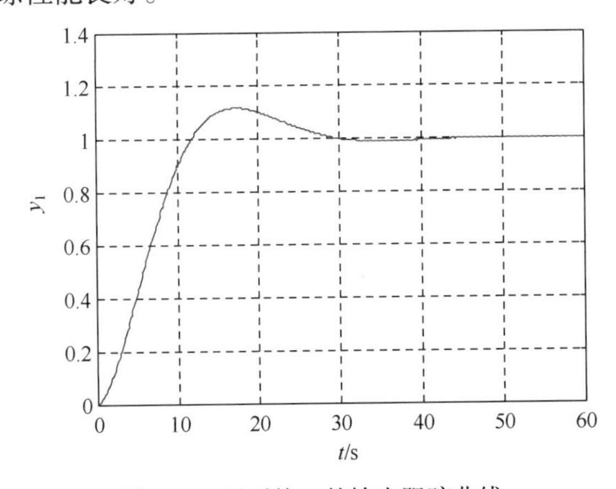

图 8.22　子系统 1 的输出跟踪曲线

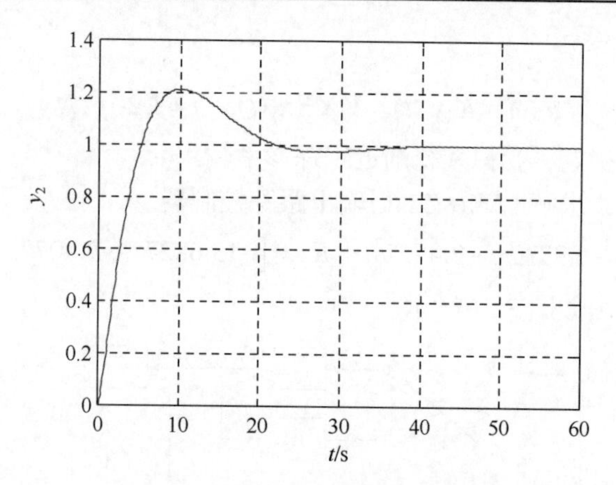

图 8.23　子系统 2 的输出跟踪曲线

8.3　本 章 小 结

本章以电力系统的时滞相关分散励磁控制和锌湿法冶炼过程中浸出工序的分散 H_∞控制为例来说明相关理论方法的应用。针对电力系统的时滞相关分散励磁控制问题，首先建立电力系统的时滞多机数学模型，在此基础上，提出了二机电力系统的分散控制器的设计方法。由于电力系统存在着复杂非线性，在适当的简化假设之下，可以将其转化为线性系统，同时基于关联信息传输产生延迟的假设，这里时滞设在关联系统的关联项上出现。采用前面几章得到的理论结果可以比较容易地设计控制器，实现电力系统的各种控制。这里各个结果均考虑到时滞相关的条件，可以根据时滞的不同来设计控制器。电力系统中的延迟一般不会很大，相对小时滞，这正是时滞相关稳定性与控制结果的特点。从计算机仿真结果可见，根据前几章理论结果得到的分散控制器均可以达到其应有的控制目标；针对锌湿法冶炼过程中浸出工序的分散 H_∞控制问题，通过对浸出工艺过程的反应机理的深入研究，建立了整个浸出过程的数学模型。在此基础上，提出了锌湿法冶炼浸出过程的分散 H_∞鲁棒控制器的设计方法，并进行了控制系统的仿真研究，给出系统稳定性和性能的仿真曲线，说明了设计方法的可行性。

参 考 文 献

[1] Bergen A R. Power Systems Analysis. Englewood: CliffsPrentice-Hall, 1986.
[2] Yu F T S. Electric Power System Dynamics. New York: Academic Press, 1983.
[3] 卢强, 孙元章. 电力系统非线性控制. 北京: 科学出版社, 1993.
[4] 余贻鑫, 王成山. 电力系统稳定性理论与方法. 北京: 科学出版社, 1999.
[5] Kundur P. Power System Stability and Control. New York: McGraw-Hill, 1994.

[6] Wang Y Y, Xie L H, Hill D J, et al. Robust nonlinear controller design for transient stability enhancement of power system. Proceeding of 31th Conference on Decision and Control, 1992: 1117-1122.

[7] Chapman J W, Ilic M D, King C A, et al. Stabilizing a multimachine power system via decentralized feedback linearizing excitation control. IEEE Transactions on Power Systems, 1993, 8(3): 830-839.

[8] 韩英铎, 王仲鸿, 陈淮金. 电力系统最优分散协调控制. 北京: 清华大学出版社, 1997.

[9] Zhu C L, Zhou R J, Wang Y Y. A new decentralized nonlinear voltage controller for multimachine power systems. IEEE Transactions on Power Systems, 1998, 13(1): 211-216.

[10] Tuglie E D, Scala M L, Sbrizzai R, et al. Sequential design of a decentralized control structure for power system stabilizers. Electronic Power Systems Research, 1999, 50(2): 91-98.

[11] Li G J, Lie T T, Soh C B, et al. Decentralized H_∞ control for power system stability enhancement. Electrical Power & Energy Systems, 1998, 20(7): 453-463.

[12] Xi Z R, Cheng D Z, Lu Q, et al. Nonlinear decentralized controller design for multimachine power systems using Hamiltonian function method. Automatica, 2002, 38(3): 527-534.

[13] Guo Y, Hill D J, Wang Y Y. Nonlinear decentralized control of large-scale power systems. Automatica, 2000, 36(9): 1275-1289.

[14] Wang Y Y, Guo G X, Hill D J. Robust decentralized nonlinear controller design for multimachine power systems. Automatica, 1997, 33(9):1725-1733.

[15] Li G J, Lie T T, Soh C B, et al. Design of state-feedback decentralized nonlinear H_∞ controllers in power systems. Electrical Power & Energy Systems, 2002, 24(8): 601-610.

[16] Jain S, Khorrami F, Fardanesh B. Adaptive nonlinear excitation control of power systems with unknown interconnections. IEEE Transactions on Control Systems Technology, 1994, 2(4): 436-446.

[17] Zribi M, Mahmoud M S, Karkoub M, et al. H_∞-controllers for linearised time-delay power systems. IEEE Proceedings of the General Transmission Distribution, 2000, 147(6): 401-408.

[18] 桂卫华, 谢永芳, 陈宁, 等. 基于线性矩阵不等式的分散鲁棒跟踪控制器设计. 控制理论与应用, 2000, 17(5): 651-654.